PHYSIKALISCHE KRYSTALLOGRAPHIE.

Von

Dr. TH. LIEBISCH,

O. Ö. PROFESSOR DER MINERALOGIE AN DER UNIVERSITÄT GÖTTINGEN.

MIT 298 ABBILDUNGEN IM TEXT UND NEUN TAFELN.

LEIPZIG,
VERLAG VON VEIT & COMP.
1891.

Druck von Metzger & Wittig in Leipzig.

Vorwort.

Zu dem Versuch einer übersichtlichen Darlegung des gegenwärtigen Standes der physikalischen Krystallographie fordern die erfolgreichen Untersuchungen auf, welche in neuester Zeit die Kenntniss der physikalischen Eigenschaften krystallisirter Körper bereichert haben. Neben der bislang mit Vorliebe gepflegten Krystalloptik werden auch die übrigen Gebiete der Krystallphysik in wachsendem Masse erschlossen, und es beginnen Beziehungen zwischen den physikalischen Vorgängen in krystallisirten Substanzen hervorzutreten, welche das höchste Interesse in Anspruch nehmen.

Unter welchem Gesichtspunkte das physikalische Verhalten der Krystalle betrachtet werden mag, jedesmal handelt es sich vor allem darum, den Zusammenhang dieses Verhaltens mit der aus den Vorgängen des Wachsthums und der Auflösung erkannten Symmetrie der Krystalle festzustellen. Daher erschien es unerlässlich, eine Charakteristik der nach geometrischen Symmetrieeigenschaften zu unterscheidenden Gruppen krystallisirter Körper vorauszuschicken.

Für die Darstellung der Vorgänge, welche durch gerichtete physikalische Agentien in homogenen Krystallen erzeugt werden, war das Fortschreiten von Symmetriegesetzen der höchsten Ordnung zu solchen niederer Ordnung massgebend. Daher wurden an die Spitze gestellt einmal die Deformationen, bei denen homogene Krystalle homogen bleiben, andererseits die Vorgänge, welche unter dem mathematischen Bilde einer Strömung beschrieben werden können, nämlich die Leitung der Wärme, die Strömung der Elektricität, die magnetische und die dielektrische Polarisation.

Hierauf folgt eine Uebersicht der grundlegenden Forschungen, die in dem letzten Jahrzehnt über die complicirten Vorgänge der elektrischen Erregung dielektrischer Krystalle durch Temperaturänderungen und mechanische Einwirkungen unternommen worden sind.

In dem Kapitel über die optischen Eigenschaften der Krystalle habe ich die experimentell geprüften Gesetze auf den Wegen zu entwickeln versucht, welche zu ihrer Entdeckung geführt haben. Dagegen glaubte ich eine Erörterung der zahlreichen, gegenwärtig aber noch wenig befriedigenden Theorieen der Krystalloptik an dieser Stelle vermeiden zu müssen.

Den Schluss bilden die Untersuchungen über die elastischen Eigenschaften der Krystalle und die interessevollen Anwendungen der Elasticitätstheorie auf die Aenderungen der Doppelbrechung durch Druck, die Theorie der Piëzo- und Pyroelektricität, die elastischen Deformationen dielektrischer Krystalle im elektrischen Felde und die elektrooptischen Erscheinungen in piëzoelektrischen Krystallen. —

Die photographischen Aufnahmen von Interferenzerscheinungen an doppeltbrechenden Krystallplatten, mit deren Hülfe die Lichtdrucktafeln II—IX hergestellt sind, habe ich im August und September 1888 ausgeführt. Den dazu erforderlichen Apparat verdanke ich der Königlich preussischen Akademie der Wissenschaften. Wie aus den Erklärungen jener Tafeln hervorgeht, ist es insbesondere gelungen, auch die im Natrium-Lichte hervortretenden Interferenzerscheinungen zu photographiren.

Göttingen, den 17. August 1890.

Th. Liebisch.

Inhalt.

Einleitung.

1. Ueber die für Krystalle charakteristischen physikalischen Vectorgrössen.

1. In der Erforschung der physikalischen Eigenschaften der Krystalle concentrirt sich das Interesse auf die Vorgänge, welche die Abhängigkeit physikalischer Vectorgrössen von der krystallographischen Orientirung ihrer Richtungen darlegen. Denn für homogene Krystalle ist im Gegensatz zu homogenen amorphen Körpern charakteristisch, dass physikalische Grössen, welche zu ihrer Bestimmung ausser der Angabe eines numerischen Werthes noch die Bezeichnung einer Richtung erfordern, im Allgemeinen auch mit der krystallographischen Orientirung dieser Richtung veränderlich sind. Dadurch tritt in die Elementargesetze, welche sich durch Vectorgrössen ausdrücken, eine neue Reihe von unabhängigen Veränderlichen und mit ihnen eine Reihe von Constanten, welche dem krystallisirten Zustande eigenthümlich sind.

2. Unter den Vorgängen, welche durch gerichtete physikalische Agentien in homogenen Krystallen erzeugt werden, sind, wie von vornherein hervorgehoben werden muss, zwei Klassen zu unterscheiden. Es handelt sich einmal um Vorgänge, bei denen gewisse Krystalle isotrop sind, und andererseits um Vorgänge, bei denen sich alle homogenen Krystalle ohne Ausnahme als anisotrop erweisen.

In der That zeigen die Krystalle des regulären Systems die absolute Gleichartigkeit nach allen Richtungen, wie sie homogenen amorphen Körpern unter der Einwirkung beliebiger physikalischer Agentien eigen ist, in den Dilatationen, welche die Folge einer gleichmässigen Temperaturänderung oder eines allseitig gleichen Druckes sind, in dem Verhalten gegen Strahlung und in den Vorgängen, die unter dem mathematischen Bilde einer Strömung beschrieben werden können, also bei der Leitung der Wärme, der Strömung der Elektricität, der dielektrischen Polarisation, der magnetischen Induction. Dagegen sind diese Krystalle den amorphen Körpern gegenüber physikalisch ausgezeichnet durch die von der krystallographischen Richtung abhängigen Eigenschaften des Wachsthums und der Auflösung, der Spaltbarkeit und der Härte, der Pyro- und Piëzoelektricität, endlich durch die Verschiedenheiten, welche in den Werthen der Dehnungs- und Torsionscoëfficienten mit der Aenderung der Richtung eintreten.

Hieraus geht hervor, dass in einem krystallisirten Körper Richtungen, welche sich unter der Einwirkung gewisser physikalischer Agentien durch übereinstimmendes Verhalten als gleichberechtigt erweisen, unter dem Einfluss anderer Agentien charakteristische Unterschiede darbieten. Gerade die Erforschung dieser auffallenden Verschiedenheiten in der Art der Abhängigkeit des physikalischen Verhaltens von der Richtung bildet eine wesentliche Aufgabe der physikalischen Krystallographie, und es ist Zweck der folgenden Darstellung, über die bislang gewonnenen Ergebnisse eingehend zu berichten.

Einstweilen beachten wir, dass auf Grund der fundamentalen Zweitheilung der hier in Betracht kommenden physikalischen Vorgänge auch die Vectorgrössen, welche Funktionen der krystallographischen Richtung sind, in zwei Klassen geordnet werden müssen, deren Natur sofort anschaulich wird, wenn wir uns der geometrischen Darstellung einer Vectorgrösse durch eine Gerade von entsprechender Richtung und Länge bedienen. Alsdann wird die Abhängigkeit der Intensität einer Vectorgrösse von der Richtung in der einen Klasse durch *Ellipsoide*, und insbesondere bei regulären Krystallen durch Kugeln repräsentirt, in der andern dagegen durch *Flächen höherer Ordnung*, welche in dem speciellen Falle der regulären Krystalle dazu dienen mögen, die unterscheidenden Merkmale derselben gegenüber amorphen Körpern zu veranschaulichen.

Dieselbe durchgreifende Zweitheilung gelangt in der Folge zur Geltung, wenn wir mit Hülfe jener Vectorgrössen die analytischen Ausdrücke für die Elementargesetze der entsprechenden physikalischen Vorgänge bilden. Unter Benutzung eines mit dem Krystall in starrer Verbindung stehenden Systems von Coordinatenaxen werden in diesen Ausdrücken als unabhängige Veränderliche im Allgemeinen auch diejenigen Grössen auftreten, welche zur krystallographischen Orientirung des Coordinatensystems dienen. Nur wenn es sich um physikalische Vorgänge der ersten Klasse in einem regulären Krystall handelt, müssen die analytischen Ausdrücke der Elementargesetze ungeändert bleiben, wie man auch das Coordinatensystem um den Anfangspunkt drehen mag.

3. Die physikalischen Vorgänge der ersten Klasse besitzen einen höheren Grad von Symmetrie als jene der zweiten; allein die Symmetrieverhältnisse verschiedener physikalischer Vorgänge, welche an einem und demselben krystallisirten Körper beobachtet werden, stehen nicht im Widerspruch mit einander. Ordnet man die Vorgänge nach dem Grade ihrer Symmetrie, so findet man, dass zu den schon vorhandenen Symmetrieelementen neue hinzutreten, die mit jenen im Einklang stehen.

Offenbar ist das Symmetriegesetz niedrigster Ordnung, welches an einem krystallisirten Körper beobachtet wird, vor allem charakteristisch für die physikalische Natur desselben. Nun lehrt die Erfahrung den niedrigsten

Grad der Symmetrie in dem auf den Vorgängen des Wachsthums und der Auflösung beruhenden geometrischen Verhalten der Krystalle kennen. Daher definiren wir, hiervon ausgehend, als *krystallographisch übereinstimmende Richtungen* solche, welche durch die Krystallform als gleichberechtigt gegeben werden. Alsdann sind aber die möglichen Anordnungen krystallographisch übereinstimmender Richtungen von vornherein vollständig bekannt. Denn aus dem geometrischen Grundgesetz der Krystalle, das angiebt, welche Richtungen von Ebenen und Geraden in der Begrenzung ungestört auskrystallisirter Körper neben einander auftreten können, folgen, wie in § 2 dieser Einführung des Näheren dargelegt werden soll, die Richtungen von begrenzenden Ebenen und Geraden, welche gleichberechtigt sind, so dass sie an einem vollkommen ausgebildeten Krystall nothwendig gleichzeitig vorkommen müssen. Dieses Resultat gewinnt nun für die physikalische Untersuchung der Krystalle folgende Bedeutung.

Wenn das Elementargesetz eines physikalischen Vorganges in homogenen unsymmetrischen Krystallen gegeben ist, so kennt man auf Grund der Beziehung zwischen der geometrischen und der physikalischen Symmetrie der Krystalle, nach welcher jedes geometrische Symmetrieelement auch ein physikalisches ist, sofort die *Gruppen* von krystallisirten Körpern, welche bei jenem Vorgange nach Symmetrieeigenschaften unterschieden werden müssen. Denn es ist nur erforderlich, die als möglich erkannten geometrischen Symmetrieelemente der Reihe nach in jenes Elementargesetz eintreten zu lassen.

2. Die Symmetrieeigenschaften der Krystallformen.

4. In der Folge haben wir wiederholt Gebrauch zu machen von dem Resultat der geometrischen Krystallographie, welches aussagt, *dass nach geometrischen Symmetrieeigenschaften 32 Gruppen krystallisirter Körper zu unterscheiden sind.*[1] Daher soll eine Charakteristik dieser Gruppen vorangestellt werden. Wir werden dabei mit Rücksicht auf die späteren Anwendungen ganz besonderes Gewicht darauf legen, in jeder Gruppe die Symmetrieelemente kennen zu lernen, welche als die *erzeugenden* bezeichnet werden sollen, insofern ihr Vorhandensein das Hinzutreten der übrigen nach sich zieht.

5. Beachten wir zunächst, dass Flächen in der Begrenzung eines Krystalles nur ihrer Richtung nach völlig bestimmt sind. Wir sind daher be-

[1] Vgl. A. Bravais: Mémoire sur les polyèdres de forme symétrique. Journ. de math. **14**, 141—180, 1849. Études cristallographiques. Journ. de l'éc. polyt. Cah. XXXIV, 101—276, 1851. Gesammelt herausgegeben u. d. T.: Études cristallogr. Paris 1866. 4°. — A. Gadolin: Mémoire sur la déduction d'un seul principe de tous les systèmes cristallographiques avec leurs subdivisions. Acta soc. scient. fennicae. Helsingforsiae. 1871, **9**, 1—71. (Lu le 19 Mars 1867). — P. Curie: Sur les questions d'ordre: répétitions. Bull. soc. min. de France. **7**, 89—111, 1884. Sur la symétrie. ibid. 418—457. — B. Minnigerode: Untersuchungen über die Symmetrieverhältnisse der Krystalle. N. Jahrb. f. Min. Beil.-Bd. **5**, 145—166, 1887. (Datirt Juli 1886).

rechtigt zum Zweck der geometrischen Untersuchung den Flächencomplex einer krystallisirten Substanz durch das Bündel der von einem gemeinsamen Anfangspunkt ausgehenden Flächennormalen zu ersetzen. Zumal die Symmetrieeigenschaften, welche uns hier vor Allem interessiren, erfordern dieses Hülfsmittel der Darstellung.

Ein Bündel von Flächennormalen erzeugt im Schnitt mit einer concentrischen Kugel ein sphärisches Punktsystem Σ, welches dazu dienen soll, die *Anordnung der Symmetrieelemente* eines krystallisirten Körpers in der durch sie bedingten *Kugeltheilung* übersichtlich hervortreten zu lassen. Indem wir dann die Kugeloberfläche nach dem Princip der stereographischen Projection auf eine den Symmetrieverhältnissen entsprechend gewählte Diametralebene abbilden, gewinnen wir die Figuren 20—46, welche das in Rede stehende Ergebniss unmittelbar zur Anschauung bringen.[1]

Da wir uns vorstellen, dass eine Krystallfläche durch die Richtung der von dem Mittelpunkt O der Constructionskugel ausgehenden Normale Op gegeben ist, so kommt jeder Normale ein bestimmter Richtungssinn zu. In jeder durch O gehenden Graden erblicken wir also zwei entgegengesetzt gerichtete gerade Linien, von denen die eine als die *inverse* der anderen bezeichnet werden möge. Die Normalen Op und $O\bar{p}$ einer Fläche h und ihrer parallelen Gegenfläche $\bar{h}$ sind demnach invers. Der Winkel zweier Normalen variirt von 0^0 bis 180^0 und hat nur eine Halbirungsgerade.

6. Wir betrachten jetzt ein sphärisches Punktsystem Σ, welches *gleichberechtigte Punkte* $p, p', p'' \ldots$ enthält. Beziehen wir Σ auf ein rechtwinkliges Axensystem (x_1, x_2, x_3), dessen Anfangspunkt im Kugelmittelpunkt O liegt, so wird der Punkt p bestimmt durch die Richtungscosinus des Radius Op

$$\cos px_1, \quad \cos px_2, \quad \cos px_3.$$

Soll nun p' mit p gleichberechtigt sein, so muss ein zweites rechtwinkliges Axensystem (x_1', x_2', x_3') derart durch O gelegt werden können, dass die Richtungscosinus des Radius Op' in Bezug auf die neuen Axen der Reihe nach den Bestimmungsstücken von Op gleich sind:

$$\cos p'x'_1 = \cos px_1, \quad \cos p'x_2' = \cos px_2, \quad \cos p'x_3' = px_3.$$

Alsdann bieten sich aber, was den Sinn der beiden Axensysteme angeht, zwei Möglichkeiten dar: (x_1, x_2, x_3) und (x_1', x_2', x_3') können von *gleichem* oder von *entgegengesetztem* Sinne sein. Hierin ist eine *Unterscheidung zweier Arten von Symmetrieeigenschaften* begründet, welche eine fundamentale Bedeutung für die folgenden Entwickelungen gewinnt.

Den Punkten x_1, x_2, x_3, p sind die Punkte x_1', x_2', x_3', p' zugeordnet. Während das erste Aggregat eine unveränderliche Lage auf der Kugel behalten soll, sei das zweite um den Kugelmittelpunkt drehbar. Haben nun

[1] Für den vorliegenden Zweck erschien es geboten, abweichend von der gewöhnlichen Darstellungsweise, welche sich auf die obere Hälfte der Kugel beschränkt, die Projection auf ein hinreichendes Stück der unteren Halbkugel auszudehnen.

die beiden Axensysteme gleichen Sinn, so kann man (x_1', x_2', x_3', p') mit (x_1, x_2, x_3, p) *durch eine Drehung zur Deckung bringen.* Besitzen dagegen die Axensysteme entgegengesetzten Sinn, so kann man durch eine Drehung nur bewirken, dass zwei Axen des einen Systems mit den entsprechenden Axen des anderen zusammenfallen; nachdem diese Lage herbeigeführt ist, stellt das zweite Punktaggregat das Spiegelbild des ersten in Bezug auf die gemeinsame Axenebene dar. Demnach wird in diesem Falle das zweite Aggregat im Allgemeinen erst *durch die Verbindung einer Drehung um den Kugelmittelpunkt und einer Spiegelung an einer Diametralebene der Kugel* in das erste Aggregat übergeführt.

Legen wir also die Vorstellung zu Grunde, dass neben dem gegebenen Punktsystem Σ, dessen Lage auf der Kugel eine absolut feste bleiben soll, auf derselben Kugel ein zweites congruentes aber um den Kugelmittelpunkt bewegliches Punktsystem Σ' vorhanden sei, so ist unsere Aufgabe in folgender Weise zu formuliren. Wir fragen einmal nach den *Drehungen,* welche dem beweglichen System zu ertheilen sind, damit irgend ein Punkt desselben der Reihe nach mit den gleichberechtigten Punkten des festen Systems zusammenfällt; die Drehungsaxen dieser Deckbewegungen liefern uns die *Symmetrieaxen* von Σ. Andererseits handelt es sich darum, zu untersuchen, ob Σ' durch *Operationen der zweiten Art, welche im Allgemeinen aus Verbindungen von Drehungen mit Spiegelungen bestehen,* mit Σ zur Deckung zu bringen ist.

7. Die soeben getroffene Unterscheidung findet einen analytischen Ausdruck, wenn wir alle Punkte des Systems Σ auf ein festes, durch den Kugelmittelpunkt O gelegtes Axensystem (x_1, x_2, x_3) beziehen. Dann werden die Richtungscosinus zweier Kugelradien Op und Op' durch eine *orthogonale Substitution* verknüpft,[1]

$$(1) \quad \left| \begin{array}{l} \cos p'x_1 = a_{11} \cos px_1 + a_{12} \cos px_2 + a_{13} \cos px_3 \\ \cos p'x_2 = a_{21} \cos px_1 + a_{22} \cos px_2 + a_{23} \cos px_3 \\ \cos p'x_3 = a_{31} \cos px_1 + a_{32} \cos px_2 + a_{33} \cos px_3, \end{array} \right.$$

denn sie befriedigen die Relation:

$$(2) \quad \cos^2 px_1 + \cos^2 px_2 + \cos^2 px_3 = \cos^2 p'x_1 + \cos^2 p'x_2 + \cos^2 p'x_3 = 1.$$

Die Bedeutung der Coëfficienten a_{hk} ergiebt sich, wenn wir p der Reihe nach mit x_1, x_2, x_3 zusammenfallen lassen, wobei die neuen Lagen von p' mit x_1', x_2', x_3' bezeichnet werden mögen:

$$\cos x'_h x_k = a_{kh}.$$

Da die Operation, welche p nach p' führt, gleichzeitig x_1 nach x_1', x_2 nach x_2' und x_3 nach x_3' bringt, so folgt unmittelbar, was übrigens auch aus (2) zu entnehmen ist, dass (x_1', x_2', x_3') ein neues rechtwinkliges Axensystem bilden, in welchem

[1] Vgl. B. Minnigerode: Untersuchungen über die Symmetrieverhältnisse der Krystalle. N. Jahrb. f. Min. Beil.-Bd. 5, 147, 1887.

$$\cos p' x_h' = \cos p x_h$$

ist. Beachten wir jetzt, dass die Substitutionsdeterminante $| a_{hk} |$ den Werth $+1$ oder -1 annimmt, je nachdem die Axensysteme (x_1, x_2, x_3) und (x_1', x_2', x_3') *gleichen* oder *entgegengesetzten* Sinn besitzen, so erhalten wir den Satz:

Die orthogonalen Substitutionen von der Determinante $+1$ bilden die analytische Darstellung der *Drehungen* des sphärischen Punktsystems Σ, bei denen der Kugelmittelpunkt O fest bleibt; darunter treten, wofern das Punktsystem Symmetrieaxen besitzt, jene ausgezeichneten Substitutionen auf, welche den Deckbewegungen von Σ entsprechen, d. h. den Drehungen, welche jeden Punkt p des Systems mit einem gleichberechtigten p', also das ganze Punktsystem mit sich selbst zur Deckung bringen. Andererseits werden durch die orthogonalen Substitutionen mit der Determinante -1 die *Operationen zweiter Art* dargestellt, welche sich im Allgemeinen aus einer Drehung und einer Spiegelung combiniren; unter ihnen befinden sich, falls das Punktsystem Symmetrieebenen oder jene aus der Verbindung von Deckbewegungsaxen und Spiegelungsebenen hervorgehenden Symmetrieelemente besitzt, die ausgezeichneten Substitutionen, welche den Deckoperationen zweiter Art entsprechen.

8. Es sollen jetzt die orthogonalen Substitutionen für eine Drehung und eine Spiegelung des Punktsystems Σ aufgestellt werden.

Wird Σ um einen Durchmesser l mit den Richtungscosinus $\lambda_1, \lambda_2, \lambda_3$ um den Winkel Θ *gedreht*, so erhält die Substitution (1) die von Euler angegebene Gestalt:

$$\text{(I)}\quad \left|\begin{array}{l} \alpha_1' = [\lambda_1^2(1-\gamma)+\gamma]\,\alpha_1 + [\lambda_1\lambda_2(1-\gamma)+\sigma\lambda_3]\,\alpha_2 + [\lambda_1\lambda_3(1-\gamma)-\sigma\lambda_2]\,\alpha_3 \\ \alpha_2' = [\lambda_2\lambda_1(1-\gamma)-\sigma\lambda_3]\,\alpha_1 + [\lambda_2^2(1-\gamma)+\gamma]\,\alpha_2 + [\lambda_2\lambda_3(1-\gamma)+\sigma\lambda_1]\,\alpha_3 \\ \alpha_3' = [\lambda_3\lambda_1(1-\gamma)+\sigma\lambda_2]\,\alpha_1 + [\lambda_3\lambda_2(1-\gamma)-\sigma\lambda_1]\,\alpha_2 + [\lambda_3^2(1-\gamma)+\gamma]\,\alpha_3, \end{array}\right.$$

worin zur Abkürzung

$$\alpha_h = \cos p x_h, \qquad \alpha_h' = \cos p' x_h,$$
$$\sigma = \pm \sin\Theta, \qquad \gamma = \cos\Theta$$

gesetzt ist. In der That hat die Determinante dieser Substitution den Werth $+1$. Man gewinnt die Gleichungen (I) aus (1), wenn man berücksichtigt, dass für jene Drehung zu den Relationen (2) noch die Bedingungen (3) und (4) hinzutreten. Es ist nämlich, da die Winkel (lp) und (lp') einander gleich sind:

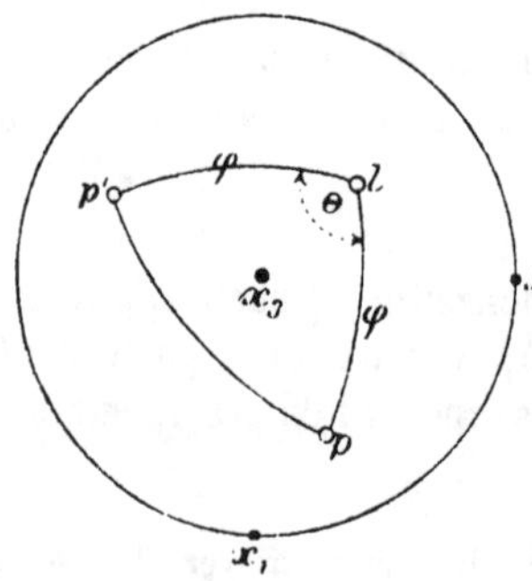

Fig. 1.

$$\text{(3)}\quad \lambda_1\alpha_1 + \lambda_2\alpha_2 + \lambda_3\alpha_3 = \lambda_1\alpha_1' + \lambda_2\alpha_2' + \lambda_3\alpha_3',$$

und aus dem Dreieck lpp' (Fig. 1) ergiebt sich:

$$\cos pp' = \cos^2 lp + \sin^2 lp \,.\, \cos\Theta$$
$$= \cos^2 lp\,(1-\cos\Theta) + \cos\Theta$$

oder:

$$(4)\qquad \alpha_1\alpha_1' + \alpha_2\alpha_2' + \alpha_3\alpha_3' = (\lambda_1\alpha_1 + \lambda_2\alpha_2 + \lambda_3\alpha_3)^2.(1-\cos\Theta) + \cos\Theta.$$

Aus (4) erhält man, da die Coëfficienten von $\alpha_1^2, \ldots, \alpha_1\alpha_2$ auf beiden Seiten einander gleich sein müssen:

$$a_{11} = \lambda_1^2(1-\cos\Theta) + \cos\Theta, \qquad a_{23} + a_{32} = 2\lambda_2\lambda_3(1-\cos\Theta),$$
$$a_{22} = \lambda_2^2(1-\cos\Theta) + \cos\Theta, \qquad a_{31} + a_{13} = 2\lambda_3\lambda_1(1-\cos\Theta),$$
$$a_{33} = \lambda_3^2(1-\cos\Theta) + \cos\Theta, \qquad a_{12} + a_{21} = 2\lambda_1\lambda_2(1-\cos\Theta).$$

Demnach kann man setzen:

$$a_{23} = \lambda_2\lambda_3(1-\cos\Theta) + h_1, \qquad a_{32} = \lambda_2\lambda_3(1-\cos\Theta) - h_1$$
$$a_{31} = \lambda_3\lambda_1(1-\cos\Theta) + h_2, \qquad a_{13} = \lambda_3\lambda_1(1-\cos\Theta) - h_2$$
$$a_{12} = \lambda_1\lambda_2(1-\cos\Theta) + h_3, \qquad a_{21} = \lambda_1\lambda_2(1-\cos\Theta) - h_3$$

und findet dann aus (3)

$$h_1 = \sigma\lambda_1, \qquad h_2 = \sigma\lambda_2, \qquad h_3 = \sigma\lambda_3$$

und darauf aus (2)

$$\sigma^2 = \sin^2\Theta.$$

Um nun die Substitution (1) für eine *Spiegelung* an einer Diametralebene zu bilden, bezeichnen wir die Richtungscosinus der Normale n dieser Ebene mit ν_1, ν_2, ν_3. Dann ist (Fig. 2):

$$\cos px_h = \cos np \cos nx_h + \sin np \sin nx_h \cos(pnx_h)$$
$$\cos p'x_h = \cos np' \cos nx_h + \sin np' \sin nx_h \cos(p'nx_h),$$

folglich:

$$\cos p'x_h - \cos px_h = -2\cos nx_h \cos np.$$

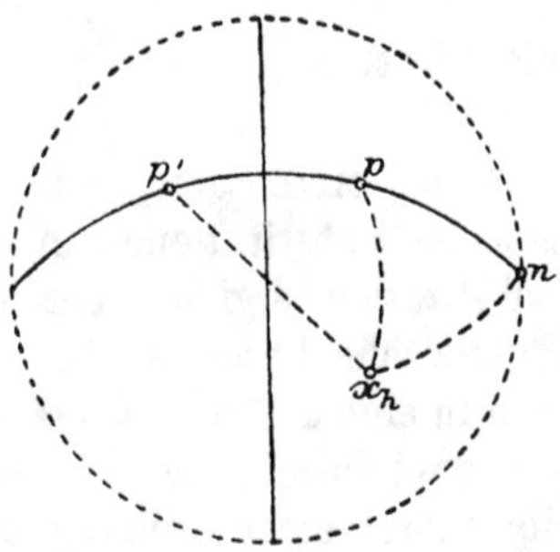

Fig. 2.

Demnach lauten die Gleichungen (1):

$$\text{(II)}\qquad \left|\begin{array}{l} \alpha_1' = \alpha_1 - 2\nu_1(\nu_1\alpha_1 + \nu_2\alpha_2 + \nu_3\alpha_3) \\ \alpha_2' = \alpha_2 - 2\nu_2(\nu_1\alpha_1 + \nu_2\alpha_2 + \nu_3\alpha_3) \\ \alpha_3' = \alpha_3 - 2\nu_3(\nu_1\alpha_1 + \nu_2\alpha_2 + \nu_3\alpha_3). \end{array}\right.$$

Ihre Determinante hat den Werth -1.

9. Zur kürzern *Bezeichnung* einer orthogonalen Substitution (1) soll entweder die Uebereinanderstellung correspondirender Richtungscosinus:

$$\begin{pmatrix} \cos px_1, & \cos px_2, & \cos px_3 \\ \cos p'x_1, & \cos p'x_2, & \cos p'x_3 \end{pmatrix}$$

oder ein einfacher Buchstabe dienen.

Ist $2\pi/n$ der kleinste zu einer Drehungsaxe gehörige Drehwinkel einer Deckbewegung, so heisst die Axe n-zählig oder von der Periode n. Offenbar muss n eine ganze Zahl sein. Der Fall $n = 1$ ist auszuschliessen, da die Eigenschaft, durch eine volle Umdrehung Deckung herbeizuführen, jedem Kugeldurchmesser zukommt. Die Drehung um den kleinsten Drehwinkel

$2\pi/n$ werde bezeichnet mit S_n, die m-malige Wiederholung derselben, also die Drehung um den Winkel $m.(2\pi/n)$ mit S_n^m. Dann führt die Drehung S_n^n zur Anfangslage zurück. Indem wir diese „identische Operation“ mit 1 bezeichnen, erhalten wir für die Gesammtheit der Deckbewegungen um eine n-zählige Axe die Symbole:

$$1,\ S_n,\ S_n^2 \ldots S_n^{n-1}.$$

Operationen zweiter Art sollen die Buchstabenbezeichnung H tragen.

10. Für den Fortgang unserer Entwickelungen ist von entscheidender Bedeutung die Frage nach dem Resultat der *Zusammensetzung mehrerer Operationen erster und zweiter Art* $S, S' \ldots H, H' \ldots$, welche sich symbolisch durch das *Product*

$$SS' \ldots HH' \ldots$$

ausdrückt. Bilden wir das Product von zwei orthogonalen Substitutionen, so multipliciren sich die Determinanten derselben. Demnach haben die Determinanten der Producte

$$SS',\quad SH,\quad HH'$$

die Werthe

$$+1,\quad -1,\quad +1.$$

Der erste Satz, nach welchem die Zusammensetzung von je zwei orthogonalen Substitutionen mit den Determinanten $+1$ wieder eine orthogonale Substitution ergiebt, deren Determinante den Werth $+1$ hat, liefert das Euler'sche Theorem über die *Zusammensetzung von Drehungen* um Axen, die sich in einem Punkt schneiden: zwei nach einander auszuführende Drehungen um zwei Durchmesser s und s' um die Drehwinkel σ und σ' sind zusammen äquivalent einer Drehung um einen Durchmesser s'' mit dem Drehwinkel σ''.

Sind s, s' und σ, σ' gegeben, so findet man die Richtung von s'' und den Werth von σ'' durch folgende *Construction,* wobei von den Schnittpunkten eines jeden Durchmessers mit der Kugelfläche nur je einer, den man beliebig wählen kann, in Betracht kommt (Fig. 3). Man ziehe auf der Kugelfläche zwei grösste Kreise, indem man einmal im Schnittpunkte s des ersten Durchmessers seinen halben Drehwinkel $\sigma/2$ an den durch s und s' gehenden grössten Kreis anträgt, auf derjenigen Seite dieses Kreises, von welcher her die Drehung erfolgt, und andererseits im Schnittpunkt s' des zweiten Durchmessers den zugehörigen halben Drehwinkel $\sigma'/2$, jedoch auf jener Seite des Kreises ss', nach welcher hin die Drehung auszuführen ist; alsdann bestimmen die Schnittpunkte der beiden so gewonnenen grössten Kreise die Lage des gesuchten Durchmessers s'', und der bei s'' befindliche Aussenwinkel des sphärischen Dreiecks $ss's''$ ist die Hälfte des gesuchten Drehwinkels, $\sigma''/2$.

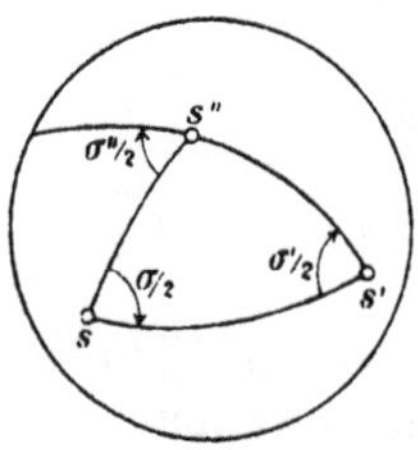

Fig. 3.

Es seien die Durchmesser s, s', s'' Symmetrieaxen von den Perioden n, n', n'' und die Drehwinkel

$$\sigma = m \cdot \frac{2\pi}{n}, \qquad \sigma' = m' \cdot \frac{2\pi}{n'}, \qquad \sigma'' = m'' \cdot \frac{2\pi}{n''},$$

so erhalten die Drehungen die Symbole S_n^m, $S_{n'}^{m'}$, $S_{n''}^{m''}$. Die Beziehung, der zufolge die letzte Drehung das Resultat der Zusammensetzung der beiden anderen darstellt, wird dann symbolisch ausgedrückt durch

$$S_n^m \cdot S_{n'}^{m'} = S_{n''}^{m''}.$$

In den sphärischen Punktsystemen, welche Flächencomplexe krystallisirter Körper repräsentiren, treten, wie alsbald dargelegt werden soll, Drehungsaxen von Deckbewegungen nur in endlicher Anzahl und mit endlichen Perioden auf. Demnach wird ein solches System durch eine endliche Anzahl von Drehungen mit sich selbst zur Deckung gebracht. Nach dem EULER'schen Theorem bildet *die Gesammtheit dieser Drehungen eine Gruppe,* d. h. die Zusammensetzung von je zwei Drehungen führt auf eine der schon vorhandenen Drehungen.

Abweichend verhalten sich die Operationen zweiter Art. Das Product von zwei orthogonalen Substitutionen H und H' mit der Determinante -1 ist eine orthogonale Substitution mit der Determinante $+1$. Demnach sind die Operationen H und H' zusammen einer Drehung äquivalent, *so dass eine endliche Anzahl von Operationen zweiter Art für sich niemals eine Gruppe bilden kann.*

Alle sphärischen Punktsysteme Σ', Σ''..., welche aus einem gegebenen System Σ durch Operationen zweiter Art H', H''... abgeleitet werden können, lassen sich unter einander durch Drehungen zur Deckung bringen. In der That, es seien gegeben die Substitutionen mit der Determinante -1

$$H' = \begin{pmatrix} \xi_1, & \xi_2, & \xi_3 \\ \xi_1', & \xi_2', & \xi_3' \end{pmatrix}, \qquad H'' = \begin{pmatrix} \xi_1, & \xi_2, & \xi_3 \\ \xi_1'', & \xi_2'', & \xi_3'' \end{pmatrix},$$

worin zur Abkürzung

$$\xi_h = \cos px_h, \ \xi_h' = \cos p'x_h, \ \xi_h'' = \cos p''x_h$$

gesetzt ist, so findet man eine bestimmte Substitution S mit der Determinante $+1$, welche der Bedingung

$$H' = H'' \cdot S$$

genügt, nämlich:

$$S = (H'')^{-1} \cdot H' = \begin{pmatrix} \xi_1'', & \xi_2'', & \xi_3'' \\ \xi_1', & \xi_2', & \xi_3' \end{pmatrix}.$$

S stellt die Drehung dar, welche Σ'' mit Σ' zur Deckung bringt.

Unter den Operationen zweiter Art ist von hervorragendem Interesse die *Inversion C,* welche zusammengesetzt werden kann aus einer Umklappung um einen beliebigen Kugeldurchmesser um π und einer Spiegelung an der zu diesem Durchmesser senkrechten Diametralebene. Für sie lautet die Substitution (1):

$$\cos p'x_1 = -\cos px_1, \qquad \cos p'x_2 = -\cos px_2, \qquad \cos p'x_3 = -\cos px_3.$$

Die Inversion fügt also jeder Geraden die inverse, jedem Punkt p des Systems Σ den Gegenpunkt $\bar{p}$ als gleichberechtigt hinzu. Der Kugelmittelpunkt ist für das System Σ ein *Centrum der Symmetrie.*

Nach dem eben bewiesenen Satze *können wir jede Operation zweiter Art durch die Combination einer bestimmten Drehung mit der Inversion erzeugen.*

Die Inversion ist mit jeder Operation erster oder zweiter Art vertauschbar:

$$SC = CS, \quad HC = CH,$$

während im Allgemeinen die Faktoren eines Productes keineswegs vertauscht werden dürfen.

11. Diese einführenden Entwickelungen über Symmetrieeigenschaften sphärischer Punktsysteme sind durchaus unabhängig von dem geometrischen Grundgesetze der Krystalle, welches den Ausgangspunkt für die Beantwortung der Frage nach den möglichen Symmetrieeigenschaften der Krystallpolyëder bildet. Indem wir jetzt dieses Gesetz in der von C. F. Gauss angegebenen Form zu Grunde legen, wonach das Doppelverhältniss von vier Flächen eines Flächenbüschels oder von vier Kanten eines Kantenbüschels eine rationale Zahl ist,[1] gewinnen wir als eine erste Folgerung den Satz, dass den Deckbewegungen von Krystallpolyëdern nur Drehungsaxen mit den Perioden 2, 3, 4 oder 6 zu Grunde liegen können [12]. Daraus schliessen wir mit Hülfe des Theorems über die Zusammensetzung von Drehungen [10] einmal auf die verschiedenen Richtungen, welche in einem Krystallpolyëder gleichberechtigte Axen annehmen können [13], andererseits auf die Richtungen, in denen wir ungleiche Axen neben einander anzutreffen erwarten müssen [14]. Auf diesem Wege finden wir 10 verschiedene Anordnungen von Axen. *Es giebt demnach 10 Gruppen krystallisirter Körper, deren Krystallformen lediglich durch Deckbewegungsaxen charakterisirt sind* [16].

Dieses Ergebniss vorausgeschickt handelt es sich nur noch darum, zu untersuchen, in welchen Fällen ohne Verletzung des geometrischen Grundgesetzes jene 10 Gruppen von Drehungen *durch Operationen zweiter Art erweitert* werden können. Es zeigt sich [17—21], dass diese Erweiterung in 21 Fällen eintreten kann, so dass mit Einschluss der Gruppe der völlig unsymmetrischen Krystalle die Gesammtzahl der Gruppen auf 32 erhöht wird.

12. Wir beginnen mit dem Nachweis des Satzes, *dass Krystallpolyëder nur Deckbewegungsaxen von den Perioden 2, 3, 4 oder 6 besitzen können.*

Zuvörderst ist ersichtlich, *dass eine Axe σ die Richtung einer möglichen Krystallkante und die auf ihr senkrecht stehende Ebene die Richtung einer möglichen Krystallfläche hat.* Nehmen wir an, dass die Periode der Axe eine *gerade* Zahl sei. So existirt zu einer, nicht unter 90° gegen σ geneigten Krystallkante α eine gleichberechtigte Kante α' von der Beschaffenheit, dass α, σ und α' in einer Ebene liegen und $(\alpha\sigma) = (\sigma\alpha')$ ist. Dasselbe gilt von den gleichberechtigten Kanten β und β' (Fig. 4). Die Verbindungsebenen

[1] Th. Liebisch, Geometrische Krystallographie. Leipzig 1881, 37.

$\alpha\alpha'$, $\beta\beta'$ sind mögliche Krystallflächen, folglich ist ihre Durchschnittsgerade, die Axe σ, eine mögliche Krystallkante. Bezeichnet man nun die Halbirungsgeraden der Nebenwinkel von $(\alpha\alpha')$ und $(\beta\beta')$ mit μ und ν, so sind die Doppelverhältnisse $(\alpha\sigma\alpha'\mu) = (\beta\sigma\beta'\nu) = -1$; folglich sind μ und ν mögliche Kanten und ihre auf σ senkrecht stehende Verbindungsebene eine mögliche Fläche. — Es sei jetzt die Periode der Axe σ eine *ungerade* Zahl, dann muss sie mindestens gleich 3 sein. Die mit einer nicht unter 90^0

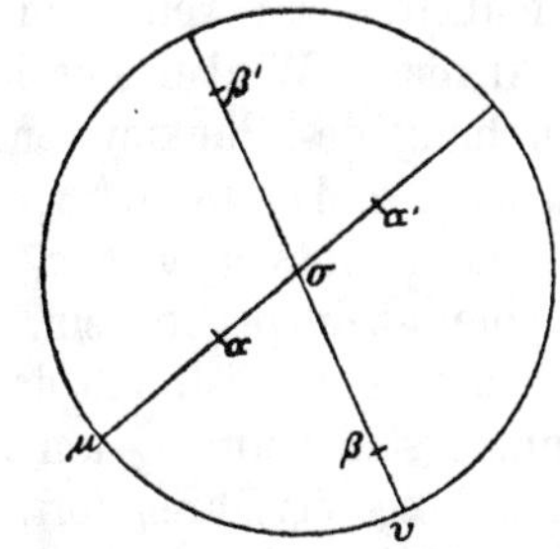

Fig. 4.

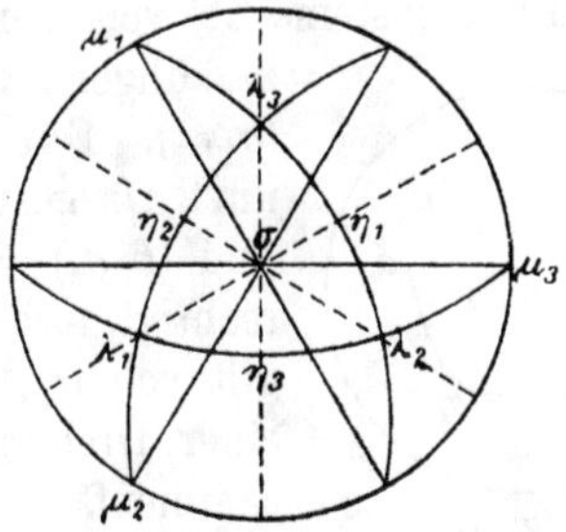

Fig. 5.

gegen σ geneigten Kante λ_1 gleichberechtigten Kanten seien λ_2 und λ_3 (Fig. 5). In der Verbindungsebene $\{\lambda_2\lambda_3\}$ sind zwei Kanten η_1 und μ_1 möglich, von denen die erstere den Winkel $(\lambda_2\lambda_3)$ innen, die letztere aussen halbirt. Analoge Bedeutungen haben η_2, μ_2 in der Ebene $\{\lambda_3\lambda_1\}$ und η_3, μ_3 in der Ebene $\{\lambda_1\lambda_2\}$. Demgemäss sind die Verbindungsebenen $\{\lambda_1\eta_1\}$, $\{\lambda_2\eta_2\}$, $\{\lambda_3\eta_3\}$, welche sich in der Axe σ schneiden, mögliche Flächen, also σ eine mögliche Krystallkante und die auf ihr senkrechte Verbindungsebene der Kanten μ_1, μ_2, μ_3 eine mögliche Fläche. Analog ist der Beweis für eine Periode > 3.

Es bedeute nun σ eine n-zählige Deckbewegungsaxe; dann muss ihr kleinster Drehwinkel $2\pi/n = \psi$ ein aliquoter Theil von 360^0 sein. Ferner sollen α, β, γ, δ vier gleichberechtigte Kanten bedeuten, derart, dass α durch eine Drehung um σ um den Drehwinkel ψ der Reihe nach mit β, γ, δ zur Deckung gelangt. Wir setzen also zunächst $n > 3$ voraus. Da σ die Richtung einer möglichen Kante hat, so sind die Verbindungsebenen von σ mit α, β, γ und mit der Schnittgeraden ε der Ebenen $\{\alpha\beta\}$ und $\{\gamma\delta\}$ mögliche Krystallflächen, welche bezeichnet werden sollen mit a, b, c, e. Folglich ist das Doppelverhältniss:

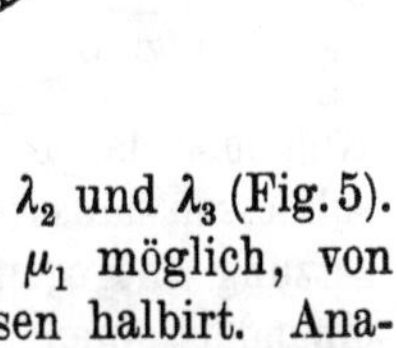

Fig. 6.

$$(\alpha\beta\varepsilon\gamma) = \frac{\sin\alpha\varepsilon}{\sin\beta\varepsilon} : \frac{\sin\alpha\gamma}{\sin\beta\gamma}$$

$$= \frac{\sin(\psi + \frac{1}{2}\psi)}{\sin\frac{1}{2}\psi} \cdot \frac{\sin\psi}{\sin 2\psi} = \frac{2\cos\psi + 1}{2\cos\psi}$$

eine rationale Zahl. Wenn aber $\cos\psi$ einen rationalen Zahlenwerth annehmen soll, so können nur 0, $\pm\frac{1}{2}$, ± 1 in Betracht kommen. Daraus ergiebt sich

$$\psi = 60^0,\ 90^0,\ 120^0,\ 180^0,$$

mithin $n = 6, 4, 3, 2$. Wohl hatten wir $n > 3$ vorausgesetzt; allein es ist offenbar, dass eine n-zählige Axe krystallographisch möglich sein muss, wenn es eine $2n$-zählige ist.

13. Sodann bestimmen wir die verschiedenen möglichen Richtungen, welche *gleichberechtigte* Deckbewegungsaxen in einem Krystall annehmen können.[1]

Es seien σ_1 und σ_2 zwei gleichberechtigte n-zählige Axen eines sphärischen Punktsystems Σ von der Beschaffenheit, dass kein anderes Paar n-zähliger Axen einen kleineren Winkel einschliesse als $(\sigma_1 \sigma_2)$. Durch eine Drehung des Punktsystems um σ_2 um $2\pi/n$ gelange σ_1 nach σ_3, so dass $(\sigma_1 \sigma_2 \wedge \sigma_2 \sigma_3) = 2\pi/n$ und $(\sigma_1 \sigma_2) = (\sigma_2 \sigma_3)$. Dann muss σ_3 mit σ_1 gleichberechtigt, also ebenfalls eine n-zählige Axe sein. Dasselbe gilt von σ_4, wenn dies die Gerade ist, mit der σ_2 nach einer Drehung des Punktsystems um σ_3 um $2\pi/n$ zusammenfällt. Setzt man dieses Verfahren fort, so erhält man eine Gruppe von n-zähligen Axen, welche auf der Kugeloberfläche ein regelmässiges sphärisches Vieleck bestimmen, das sich schliessen muss und nicht sternförmig sein kann, weil sonst, der Voraussetzung entgegen, zwei n-zählige Symmetrieaxen vorhanden wären, die unter einander einen Winkel $< (\sigma_1 \sigma_2)$ bildeten. Demnach kann der Satz ausgesprochen werden:

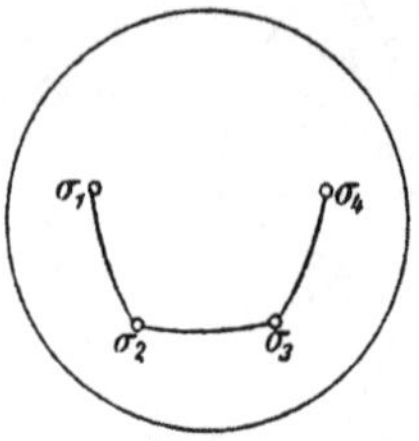

Fig. 7.

Besitzt ein sphärisches Punktsystem zwei gleichberechtigte n-zählige Axen von verschiedenen Richtungen, so existiren p solche Axen, welche wie die Kugelradien nach den Ecken eines, nicht sternförmigen, regelmässigen sphärischen p-Ecks gerichtet sind.

Es sollen nun diese regelmässigen sphärischen Vielecke, welche durch ihre Eckenradien die verschiedenen Richtungen gleichberechtigter n-zähliger Axen bestimmen, aufgesucht werden. Allgemein ist der Flächeninhalt F_p eines regelmässigen sphärischen p-Ecks gegeben durch:

$$F_p = \varphi \cdot \frac{K}{4n},$$

worin φ die Zahlenverbindung $2n - p(n-2)$ und K den Flächeninhalt der Kugeloberfläche $4r^2\pi$ bedeuten. Bemerken wir vorab, dass der Werth $p = 1$ nicht in Betracht kommen kann, und dass für $p = 2$ die Zahl $n = 4$, also unabhängig von n ist; diese Thatsache hat die Bedeutung, *dass jede n-zählige Axe nach den Ecken eines sphärischen Zweiecks, d. h. nach zwei einander entgegengesetzten Richtungen verlaufen kann.* Indem wir jetzt in den Ausdruck für F_p die für n zulässigen Werthe 2, 3, 4, 6 einführen, erhalten wir bestimmte Werthe für die ganzen Zahlen p, die Eckenzahlen der gesuchten Vielecke. Denn es müssen, da der Flächeninhalt F_p positiv ist, die Zahlen

[1] Vgl. L. Sohncke, Entwickelung einer Theorie der Krystallstructur. Leipzig 1879, S. 41—48.

p der Bedingung $\varphi > 0$ genügen. Die folgende Tabelle enthält das Resultat dieser Einführung:

n	φ	p	F_p
2	4	—	$\frac{K}{2}$
3	$6 - p$	2, 3, 4, 5	$\frac{K}{3}, \frac{K}{4}, \frac{K}{6}, \frac{K}{12}$
4	$2(4 - p)$	2, 3	$\frac{K}{4}, \frac{K}{8}$
6	$4(3 - p)$	2	$\frac{K}{6}$

Für $n = 2$ ist $\varphi = 4$, also unabhängig von p. In diesem Falle bleibt die Eckenzahl des sphärischen Vielecks zunächst noch unbestimmt. Da der Flächeninhalt des Vielecks gleich der halben Kugeloberfläche ist, so müssen die Ecken desselben auf einem Hauptkreise der Kugel liegen. Daher der Satz: *Gleichberechtigte **2**-zählige Axen von verschiedener Richtung verlaufen entweder nach zwei einander entgegengesetzten Richtungen oder parallel den Radien nach den Ecken eines regelmässigen ebenen p-Ecks*, dessen Eckenzahl noch zu bestimmen ist [14].

Wird für $n = 3$ von dem sphärischen Zweieck zunächst abgesehen, so haben die nach den Ecken der übrigen sphärischen Vielecke — Dreiecke, Vierecke und Fünfecke — gerichteten Kugelradien dieselben Richtungen wie die Eckendiagonalen des regelmässigen Tetraëders, Hexaëders und Pentagondodekaëders. Da nun das regelmässige Pentagondodekaëder als Krystallform unmöglich ist, weil es 5-zählige Axen besitzt, so ergiebt sich: *Gleichberechtigte **3**-zählige Axen von verschiedener Richtung verlaufen entweder nach zwei einander entgegengesetzten Richtungen oder parallel den Eckendiagonalen des regelmässigen Tetraëders und Hexaëders.*

Für $n = 4$ erhalten wir neben einem Zweieck ein sphärisches Dreieck, welches einen Kugeloktanten umfasst. Die nach seinen Ecken gezogenen auf einander senkrecht stehenden Kugelradien haben die Richtungen der Eckendiagonalen des regelmässigen Oktaëders. Mithin gilt der Satz: *Gleichberechtigte **4**-zählige Axen von verschiedener Richtung verlaufen entweder nach zwei einander entgegengesetzten Richtungen oder parallel den Eckendiagonalen des regelmässigen Oktaëders.*

Endlich ergiebt sich für $n = 6$ nur ein Zweieck. *Gleichberechtige **6**-zählige Axen können nur nach zwei einander entgegengesetzten Richtungen verlaufen.*

Die dem Tetraëder, Hexaëder und Oktaëder entsprechenden sphärischen Vielecke, welche wir auf diese Weise erhalten haben, geben noch zu folgender Bemerkung Anlass. Es seien $\sigma^1, \ldots, \sigma^p$ gleichberechtigte n-zählige Axen ($6 > n > 2$), welche wie die Radien nach den Ecken eines sphärischen p-Ecks gerichtet sind. Eine Drehung der Kugel um σ^1 um $2\pi/n$ führt das p-Eck in eine neue Lage auf der Kugeloberfläche, in der es eine Seite mit der früheren Lage gemein hat. Die Radien nach den neuen Eckpunkten müssen wieder n-zählige mit $\sigma^1 \ldots \sigma^p$ gleichberechtigte Axen sein. Setzt man dieses Verfahren fort, so erhält man doch nur eine *endliche* Anzahl von Axen. Denn die sphärischen Vielecke, welche hier in Betracht kommen, haben die Eigenschaft, die Kugel *lückenlos zu schliessen.* Wir können daher den Satz aussprechen: Sind zwei gleichberechtigte 3-zählige Axen von verschiedener, aber nicht entgegengesetzter Richtung vorhanden, so existiren nur noch zwei gleichberechtigte Axen dieser Art, welche mit jenen wie die Radien nach den Ecken eines Tetraëders oder wie die Eckendiagonalen eines Hexaëders gerichtet sind. Sind zwei gleichberechtigte 4-zählige Axen von verschiedener aber nicht entgegengesetzter Richtung vorhanden, so existirt nur noch eine Axe dieser Art; die drei Axen sind gerichtet wie die Eckendiagonalen eines Oktaëders.

14. Es gilt jetzt die möglichen Arten und Richtungen von *verschiedenen* Deckbewegungsaxen in einem Krystallflächencomplex aufzusuchen.[1]

Wir wollen eine Deckbewegungsaxe *zweiseitig* nennen, wenn die beiden Richtungen derselben deckbar gleich sind. Die Schnittpunkte einer zweiseitigen n-zähligen Axe mit der Constructionskugel seien γ und $\bar{\gamma}$. Dann muss die Kugel derart mit sich selbst zur Deckung gebracht werden können, dass die Richtung $\gamma\bar{\gamma}$ so verläuft, wie vorher die entgegengesetzte Richtung $\bar{\gamma}\gamma$. Dazu ist erforderlich, dass eine zu γ senkrechte 2-zählige Axe α vorhanden ist; diese letzere Axe muss aber nach jeder Drehung um γ um $2\pi/n$ mit einer gleichberechtigten Axe zusammenfallen. Man erhält demnach für:

$n = 6$, drei unter $2\pi/6 = 60^0$ zu einander geneigte zweiseitige Queraxen
$$\alpha_1\bar{\alpha}_1,\ \alpha_2\bar{\alpha}_2,\ \alpha_3\bar{\alpha}_3;$$
$n = 4$, zwei unter $2\pi/4 = 90^0$ zu einander geneigte zweiseitige Queraxen
$$\alpha_1\bar{\alpha}_1,\ \alpha_2\bar{\alpha}_2;$$
$n=3$, drei unter $2\pi/3 = 120^0$ zu einander geneigte einseitige Queraxen $\alpha_1, \alpha_2, \alpha_3$;
$n = 2$, eine zweiseitige Queraxe $\alpha\bar{\alpha}$.

Das Vorhandensein der Axen γ und α bedingt, dass auch noch 2-zählige Axen als Halbirungsgerade der von den Axen α gebildeten Winkel auftreten. Denn nach dem Euler'schen Theorem [10] sind eine Drehung um γ um $2\pi/n$ und eine Drehung um α um $2\pi/2$ zusammen äquivalent einer Drehung um $2\pi/2$ um eine Axe β, welche auf γ senkrecht steht und mit α den Winkel π/n einschliesst. Mithin erhalten wir für:

$n = 6$, drei zweiseitige Queraxen $\beta_1\bar{\beta}_1,\ \beta_2\bar{\beta}_2,\ \beta_3\bar{\beta}_3$; (Fig. 8).

$n = 4$, zwei zweiseitige Queraxen $\beta_1\bar{\beta}_1,\ \beta_2\bar{\beta}_2$; (Fig. 9).

$n = 3$, drei einseitige Queraxen $\bar{\alpha}_1,\ \bar{\alpha}_2,\ \bar{\alpha}_3$, welche mit $\alpha_1,\ \alpha_2,\ \alpha_3$ der Lage nach zusammenfallen, aber entgegengesetzt gerichtet sind; (Fig. 10).

$n = 2$, eine zweiseitige Queraxe $\beta\bar{\beta}$; (Fig. 11).

[1] Vgl. L. Sohncke: Entw. e. Theorie d. Krystallstructur. Leipzig 1879. S. 48—60.

Als Ergebniss dieser Ueberlegung können wir den Satz aussprechen: *Das Vorhandensein einer zweiseitigen n-zähligen Axe bedingt, dass senkrecht zu ihr* a) *n gleichberechtigte 2-zählige Axen, deren je zwei Nachbarrichtungen den Winkel* $2\pi/n$ *einschliessen, und* b) *n gleichberechtigte 2-zählige Axen, deren Richtungen die Winkel* $2\pi/n$ *der vorigen halbiren, auftreten.*

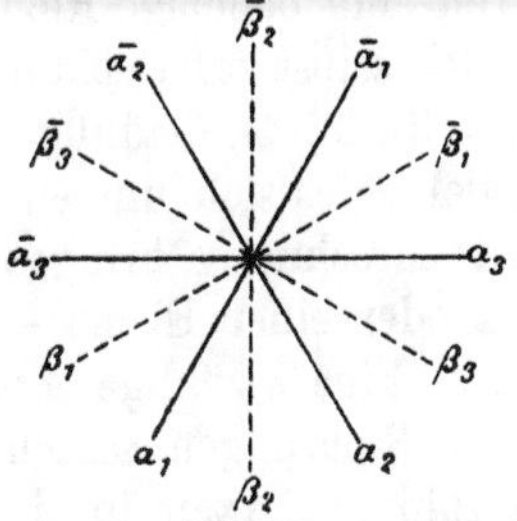

Fig. 8.

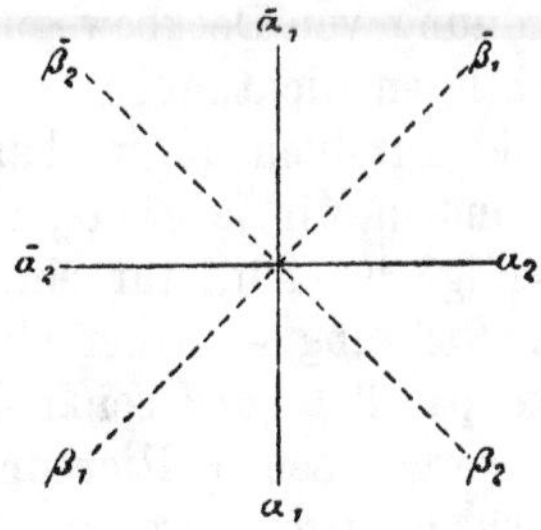

Fig. 9.

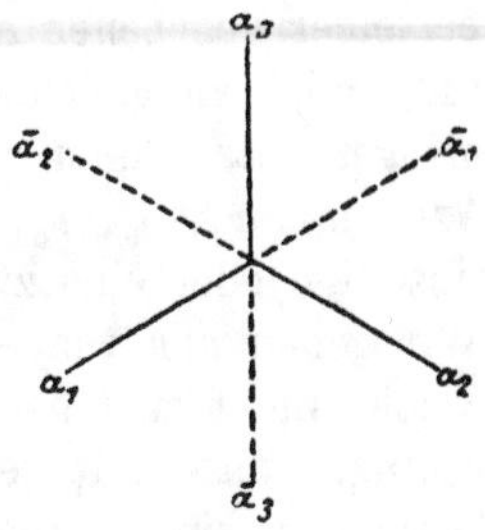

Fig. 10.

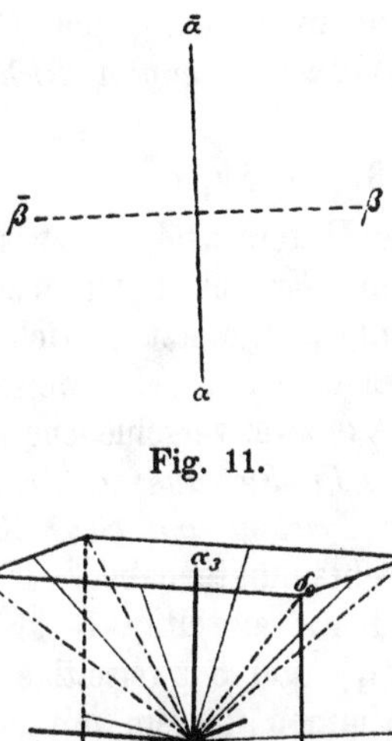

Fig. 11.

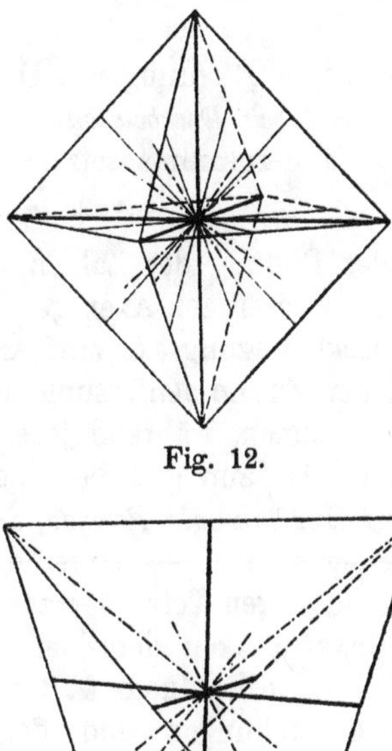

Fig. 12.

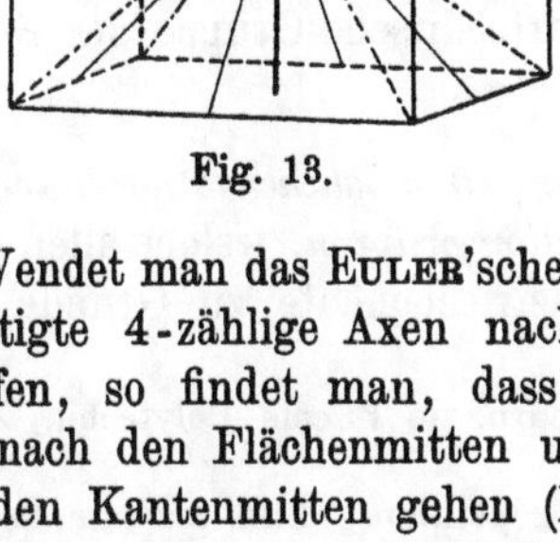

Fig. 13.

Fig. 14.

Wendet man das Euler'sche Theorem auf den Fall an, dass drei gleichberechtigte 4-zählige Axen nach den Ecken des regelmässigen *Oktaëders* verlaufen, so findet man, dass gleichzeitig vier gleichberechtigte 3-zählige Axen nach den Flächenmitten und sechs gleichberechtigte 2-zählige Axen nach den Kantenmitten gehen (Fig. 12). Zu derselben Anordnung gelangt man an der Polarfigur dieses Polyëders, dem *Hexaëder* (Fig. 13).

Endlich erhält man in dem Falle, wo vier gleichberechtigte einseitige 3-zählige Axen nach den Ecken des regelmässigen *Tetraëders* verlaufen, noch drei gleichberechtigte zweiseitige 2-zählige, auf einander senkrecht stehende Axen, welche gegenüberliegende Kantenmitten des Tetraëders verbinden (Fig. 14).

15. Um allgemein die Zahl N der Drehungen zu bestimmen, welche bei einer gegebenen Anordnung von Deckbewegungsaxen eine beliebige Richtung mit den gleichberechtigten Richtungen und mit sich selbst zur Deckung bringen, bezeichnen wir die Anzahlen der vorhandenen 2-, 3-, 4-, 6-zähligen Axen mit ν_2, ν_3, ν_4, ν_6, indem wir jede Axe, gleichviel ob es sich um eine einseitige oder eine zweiseitige handelt, nur einmal in Anrechnung bringen. Wir gehen aus von einer Richtung — einer Geraden oder einer Ebene — welche nicht zu einer Axe parallel oder senkrecht ist. Eine q-zählige Axe bedingt, dass mit jener vorgegebenen Richtung $q—1$ Richtungen gleichberechtigt sind. Demnach existiren, wofern die q-zähligen Axen in der Anzahl ν_q vorhanden sind,

$$1 + (q - 1)\,\nu_q$$

gleichberechtigte Richtungen. Daraus ersieht man, dass sich *die Zahl N der lediglich durch Deckbewegungen bedingten gleichberechtigten Richtungen* in folgender Weise zusammensetzt:[1]

$$N = 1 + \nu_2 + 2\nu_3 + 3\nu_4 + 5\nu_6.$$

Bei der Bildung der Zahlen ν ist keine Unterscheidung zwischen einseitigen und zweiseitigen Axen getroffen worden. Erblicken wir aber nach [5] in jeder Deckbewegungsaxe zwei Axen von entgegengesetztem Richtungssinn, so ist bei der Zusammenfassung der Axen gleicher Art jede zweiseitige Axe doppelt zu rechnen, während jede einseitige Axe zwei verschiedene Axenarten repräsentirt. Alsdann gilt das Theorem:[2] *das Product aus der Anzahl gleichberechtigter Axen in die Periode derselben ist constant und gleich der Anzahl der Deckbewegungen N.* — Unter diesem Gesichtspunkte haben wir z. B. von einem regelmässigen Tetraëder zu unterscheiden 4 einseitige 3-zählige Axen [$4L_3$], 4 inverse Axen derselben Periode [$4l_3$] und 3 zweiseitige 2-zählige Axen [$6L_2$]. Die Producte 4.3 und 6.2 stimmen überein mit der Anzahl der Tetraëderdrehungen und der Anzahl geometrisch gleichberechtigter Richtungen in einem krystallisirten Körper, dessen Symmetrieeigenschaften durch jene Axen gegeben sind (vgl. die tetartoëdrische Gruppe des regulären Systems).

16. In der folgenden *Aufzählung der 10 möglichen Anordnungen von Deckbewegungsaxen und der zugehörigen Rotationsgruppen,* welche allen übrigen Configurationen krystallographischer Symmetrieelemente zu Grunde liegen,

[1] Vgl. A. Bravais: Études cristallogr. Journ. de l'École Polytechn. XXXIV. Cahier, p. 108, 1851.

[2] Vgl. P. Curie: Sur les questions d'ordre: répétitions. Bull. soc. min. de France. 7, p. 94, 103, 1884.

mag gleichzeitig auf die Stellung der hierher gehörigen krystallisirten Körper in der später (S. 33) unter einem anderen Gesichtspunkte durchzuführenden Classification hingewiesen werden. — Das Symbol $m L_n$ bedeutet, dass m gleichberechtigte Axen von der Periode n vorhanden sind. Eine einseitige Axe und ihre inverse werden bezeichnet mit L_n und l_n; wie in [19] dargelegt wird, sind die einseitigen Axen der Rotationsgruppen polar, was durch $\bar{L}_n$ und $\bar{l}_n$ ausgedrückt werden soll.

Die einfachsten Rotationsgruppen sind jene, welche durch *eine einseitige (polare) Deckbewegungsaxe* γ von der Periode 2, 3, 4 oder 6 bedingt sind. Die entsprechenden sphärischen Punktsysteme kommen durch Wiederholung einer einzigen periodischen Drehung, der erzeugenden Rotation S_2, S_3, S_4 oder S_6, mit sich selbst zur Deckung. Nach der in [6] eingeführten Bezeichnung erhalten diese Gruppen von Drehungen folgende Symbole:

$$1,\ S_2:$$

29] Hemimorphie des monoklinen Systems $[\bar{L}_2,\ \bar{l}_2]$.

$$1,\ S_3,\ S_3^2:$$

17] Ogdoëdrie des hexagonalen Systems $[\bar{L}_3,\ \bar{l}_3]$.

$$1,\ S_4,\ S_4^2,\ S_4^3:$$

22] Hemimorphe Tetartoëdrie des tetragonalen Systems $[\bar{L}_4,\ \bar{l}_4]$.

$$1,\ S_6,\ S_6^2,\ S_6^3,\ S_6^4,\ S_6^5:$$

10] Erste hemimorphe Tetartoëdrie des hexagonalen Systems $[\bar{L}_6,\ \bar{l}_6]$.

Demnächst erhalten wir eine durch drei aufeinander senkrecht stehende zweiseitige nicht vertauschbare Axen von der Periode 2 gebildete Anordnung, welche eine Gruppe von 4 Drehungen bedingt; bezeichnen wir Drehungen um jene Axen um $2\pi/2$ mit S_2, S_2', S_2'', so gewinnen wir die Symbole:

$$1,\ S_2,\ S_2',\ S_2'';$$

hierin kann S_2'' durch $S_2 S_2'$ ersetzt werden, wenn S_2 und S_2' zu erzeugenden Drehungen gewählt werden:

27] Hemiëdrie des rhombischen Systems $[2L_2,\ 2L_2',\ 2L_2'']$.

Daran schliessen sich drei Gruppen, in denen eine Axe γ gegenüber den auf ihr senkrecht stehenden Queraxen ausgezeichnet ist.

Eine zweiseitige 3-zählige Axe γ und drei gleichberechtigte einseitige (polare) 2-zählige Queraxen α_1, α_2, α_3 liefern eine Gruppe von 6 Drehungen; die erzeugenden Drehungen sind eine Rotation S_3 um γ um $2\pi/3$ und eine Rotation S_2 um eine der Queraxen α um $2\pi/2$:

$$\begin{aligned} &1,\ S_3,\ S_3^2, \\ &S_2,\ S_3 S_2,\ S_3^2 S_2: \end{aligned}$$

15] Trapezoëdrische Tetartoëdrie des hexagonalen Systems $[2L_3,\ 3\bar{L}_2,\ 3\bar{l}_2]$.

Eine zweiseitige 4-zählige Axe γ und zwei Paare von gleichberechtigten zweiseitigen 2-zähligen Queraxen α_1, α_2 und β_1, β_2 liefern eine Gruppe von

8 Drehungen, welche erzeugt wird durch eine Rotation S_4 um γ um $2\pi/4$ und eine Rotation S_2 um eine der Queraxen α oder β um $2\pi/2$:

$$1,\quad S_4,\quad S_4^2,\quad S_4^3,$$
$$S_2,\ S_4S_2,\ S_4^2S_2,\ S_4^3S_2:$$

20] Trapezoëdrische Hemiëdrie des tetragonalen Systems $[2L_4,\ 4L_2,\ 4L_2']$.

Eine zweiseitige 6-zählige Axe γ und zwei Tripel von gleichberechtigten zweiseitigen 2-zähligen Queraxen α_1, α_2, α_3 und β_1, β_2, β_3 liefern eine Gruppe von 12 Drehungen, welche erzeugt wird durch eine Rotation S_6 um γ um $2\pi/6$ und eine Rotation S_2 um eine der Queraxen α oder β um $2\pi/2$:

$$1,\quad S_6,\quad S_6^2,\quad S_6^3,\quad S_6^4,\quad S_6^5,$$
$$S_2,\ S_6S_2,\ S_6^2S_2,\ S_6^3S_2,\ S_6^4S_2,\ S_6^5S_2:$$

8] Trapezoëdrische Hemiëdrie des hexagonalen Systems $[2L_6,\ 6L_2,\ 6L_2']$.

Die 7 Axen des Tetraëders — vier gleichberechtigte einseitige (polare) 3-zählige Axen δ_0, δ_1, δ_2, δ_3 nach den Ecken und drei gleichberechtigte zweiseitige 2-zählige Axen α_1, α_2, α_3 nach den Kantenmitten — bedingen eine Gruppe von 12 Drehungen, welche sich mit Benutzung einer Rotation S_3 um eine Axe δ um $2\pi/3$ und einer Rotation S_2 um eine Axe α um $2\pi/2$ in folgender Weise darstellen lässt:

$$\begin{array}{lll} 1, & S_3, & S_3^2, \\ S_2, & S_3S_2, & S_3^2S_2, \\ S_2S_3, & S_3S_2S_3, & S_3^2S_2S_3, \\ S_2S_3^2, & S_3S_2S_3^2, & S_3^2S_2S_3^2; \end{array}$$

oder:

$$S_3^\mu,\qquad S_3^\mu S_2 S_3^\nu:$$
$$(\mu = 0, 1, 2;\quad \nu = 0, 1, 2).$$

5] Tetartoëdrie des regulären Systems $[6L_2,\ 4\bar{L}_3,\ 4\bar{l}_3]$.

Endlich liefern die 13 zweiseitigen Axen des Oktaëders — drei gleichberechtigte 4-zählige Axen α_1, α_2, α_3 nach den Ecken, vier gleichberechtigte 3-zählige Axen δ_0, δ_1, δ_2, δ_3 nach den Flächenmitten und sechs gleichberechtigte 2-zählige Axen $\varepsilon_1, \ldots, \varepsilon_6$ nach den Kantenmitten — eine Gruppe von 24 Drehungen, welche wir aus der vorstehenden Gruppe der Tetraëderdrehungen durch Erweiterung mit irgend einer in ihr noch nicht enthaltenen Oktaëderdrehung gewinnen. Berücksichtigen wir z. B., dass irgend eine der 2-zähligen Axen α des Tetraëders mit einer 4-zähligen Axe α des Oktaëders zusammenfällt, und bezeichnen wir eine Drehung um diese Axe um $2\pi/4$ mit S_4, so erhalten wir für die 24 Oktaëderdrehungen folgende Symbole:

$$S_3^\mu,\quad S_3^\mu S_2 S_3^\nu;\quad S_3^\mu S_4,\quad S_3^\mu S_2 S_3^\nu S_4:$$
$$(\mu = 0, 1, 2;\quad \nu = 0, 1, 2).$$

Plagiëdrische Hemiëdrie des regulären Systems $[6L_4,\ 8L_3,\ 12L_2]$.

Die krystallisirten Körper, deren Krystallformen keine anderen Symmetrieelemente als die eben beschriebenen Anordnungen von Deckbewegungsaxen aufweisen, bieten ein hervorragendes Interesse dar. Aus [10] ergiebt sich, dass ein sphärisches Punktsystem, welches *keine Deckoperationen zweiter Art* besitzt, weder mit einem spiegelbildlich gleichen, noch mit dem inversen System congruent ist. Man bezeichnet ein solches System nach H. MARBACH als „gewendet“. Es gehören zu den Körpern, welche durch *„gewendete“ Krystallformen* ausgezeichnet sind, insbesondere jene Substanzen, welche im krystallisirten Zustande ein optisches Drehungsvermögen zeigen oder deren Lösungen optisch activ sind.[1]

17. Wir wenden uns zur *Erweiterung der Rotationsgruppen durch Operationen zweiter Art.* Den Ausgangspunkt bilden allgemein gültige, von B. MINNIGERODE aufgestellte Sätze, die aus folgender Ueberlegung fliessen.[2]

Wir betrachten ein sphärisches Punktsystem Σ, welches durch eine *endliche Gruppe* ($\mathfrak{G}$) *von Operationen erster und zweiter Art* in sich übergeführt wird. Bezeichnen wir die identische Operation mit 1 und die von einander verschiedenen Operationen erster und zweiter Art mit S', $S'' \ldots S^{(n-1)}$ und H', $H'' \ldots H^{(m-1)}$, so ist die für das Punktsystem charakteristische Gruppe von Deckoperationen:

$$(\mathfrak{G}) \qquad \left|\begin{array}{l} 1,\ S'\ S'', \ldots S^{(n-1)}, \\ H',\ H'',\ \ldots\ldots H^{(m-1)}. \end{array}\right| \begin{array}{l} (\mathfrak{S}) \\ (\mathfrak{H}) \end{array}$$

Hierin stellt die erste Reihe, welche mit ($\mathfrak{S}$) bezeichnet werden soll, eine Rotationsgruppe dar. Und die Aufgabe besteht jetzt darin, die Natur der Operationen der zweiten Reihe ($\mathfrak{H}$) näher zu bestimmen.

Es ist sofort ersichtlich, dass $m = n$ sein muss. In der That, bedeutet H irgend eine Operation zweiter Art in ($\mathfrak{G}$), so müssen die aus der Verbindung von H mit der Reihe ($\mathfrak{S}$) hervorgehenden Operationen:

$$H,\ S'H,\ S''H, \ldots S^{(n-1)}H,$$

welche nach [10] von der zweiten Art sind, in ($\mathfrak{G}$) enthalten und von einander verschieden sein. Sie gehören also der Reihe ($\mathfrak{H}$) an und es ist $m \geqq n$.

[1] Vgl. H. MARBACH: Ueber „Hémiédrie non superposable“ oder „gewendete Krystallformen“. Programm. Breslau 1861. – L. PASTEUR bezeichnete eine Krystallform, welche ihrem Spiegelbilde nicht congruent ist, als „hémiédrie non superposable“ (Ann. de chim. et de phys. (3), **24,** 442, 1848; **31,** 67, 1850; **42,** 418, 1854; **50,** 178, 1857. Compt. rend. **42,** 1259, 1856. Leçons sur la dissymétrie moléculaire, professées à la société chimique de Paris. 1864). Nach seinem Vorgange wurden Figuren, welche mit ihren Spiegelbildern nicht zur Deckung gebracht werden können, häufig als solche definirt, welche einer Symmetrieebene entbehren; dass sie auch kein Centrum der Symmetrie besitzen dürfen, wurde von H. MARBACH erkannt. Aber auch in dieser Fassung ist, wie H. MARBACH selbst bemerkt hat (a. a. O. S. 16), die sphenoidische Tetartoëdrie des tetragonalen Systems, deren einfache Formen mit ihren Spiegelbildern congruent sind, obwohl sie keine Symmetrieebene und kein Centrum besitzen, noch nicht ausgeschlossen. Die allgemein zutreffende Definition gewendeter Figuren wurde von B. MINNIGERODE gegeben (N. Jahrb. f. Min. Beil.-Bd. **5,** 149. 1887).

[2] Vgl. B. MINNIGERODE: Untersuchungen über die Symmetrieverhältnisse der Krystalle. N. Jahrb. f. Min. Beil.-Bd. **5,** 149, 1887.

Andererseits müssen die aus der Verbindung von H mit der Reihe ($\mathfrak{H}$) hervorgehenden Operationen erster Art:

$$H'H, \; H''H, \ldots H^{(m-1)}H$$

ebenfalls in der Gruppe enthalten und von einander verschieden sein. Sie gehören also der Reihe ($\mathfrak{S}$) an und es ist $n \geqq m$. Mithin muss $m = n$ sein, und wir erhalten den Satz: *Wird eine Rotationsgruppe dadurch erweitert, dass zu ihren N Deckbewegungen noch Operationen zweiter Art hinzutreten, so kann die Gesammtzahl der Operationen nur verdoppelt werden.*

18. Da die Gruppe ($\mathfrak{G}$) jetzt aufgefasst werden kann als die vermittelst *einer* Operation zweiter Art H erweiterte Rotationsgruppe ($\mathfrak{S}$):

$$(\mathfrak{G}') \qquad \left| \begin{array}{l} 1, \; S', \; S'', \ldots S^{(n-1)}, \\ H, \; S'H, \; S''H, \ldots S^{(n-1)}H, \end{array} \right.$$

so ist die Aufgabe reducirt auf die nähere Bestimmung von H. In dieser Hinsicht gilt nun der fundamentale Satz, dass die Operation H entweder *die Inversion C* oder *eine mit der Inversion verbundene Drehung ΘC* ist; darin bedeutet Θ eine Drehung des Punktsystems Σ um eine seiner Deckbewegungsaxen um die Hälfte des kleinsten zu dieser Axe gehörigen Drehwinkels oder eine Umklappung um eine Gerade, welche nicht zu den Deckbewegungsaxen des Systems gehört.

Wir beachten zunächst, dass nach [10] die Operation H in ($\mathfrak{G}'$) durch die Verbindung einer bestimmten Drehung S mit der Inversion C ersetzt werden kann. Es ist nämlich S mit Rücksicht auf $C^2 = 1$ gegeben durch $S = HC$. Mithin erhalten wir folgende Darstellung der Reihe ($\mathfrak{H}$):

$$SC, \; S'SC, \; S''SC, \ldots S^{(n-1)}SC.$$

Bedeutet nun T irgend eine der Drehungen:

$$S, \; S'S, \; S''S, \ldots S^{(n-1)}S,$$

so kann die Gruppe ($\mathfrak{G}$) auch aufgefasst werden als die vermittelst der Operation TC erweiterte Rotationsgruppe ($\mathfrak{S}$):

$$(\mathfrak{G}'') \qquad \left| \begin{array}{l} 1, \; S', \; S'', \ldots S^{(n-1)}, \\ TC, \; S'TC, \; S''TC, \ldots S^{(n-1)}TC. \end{array} \right.$$

Und aus dieser Darstellung können wir die Beschaffenheit der noch nicht hinreichend bestimmten Drehung T entnehmen.

Die zweimal ausgeführte Operation TC muss in der Gruppe ($\mathfrak{G}''$) enthalten sein. Da $(TC)^2 = T^2$ einer Drehung äquivalent ist, so muss T^2 mit einer Operation der Reihe ($\mathfrak{S}$) identisch sein; m. a. W. T^2 entspricht einer Drehung des Systems um eine Deckbewegungsaxe. Bezeichnen wir die Periode dieser Axe l mit p, so müssen wir berücksichtigen, dass die ganze Zahl p auch den Werth 1 annehmen kann, falls in ($\mathfrak{S}$) nur die identische Operation auftritt. Es werde nun die Drehung um den kleinsten zu l gehörigen Drehwinkel $2\pi/p$ nach [9] bezeichnet mit S_p. Indem wir noch die alsbald zu bestimmende Zahl $\varkappa$ einführen, welche angiebt, wie oft die Drehung S_p wiederholt werden muss, um die Drehung T^2 zu liefern, erhalten wir:

$$T^2 = S_p^\varkappa.$$

Da T^2 einer Drehung um die Axe l um $\varkappa$ $(2\pi/p)$ entspricht, so wird T selbst eine Drehung um $\varkappa(\pi/p)$ oder um $\varkappa(\pi/p)+\pi$ bewirken. Dieses Ergebniss lässt sich aber durch einen einzigen Ausdruck umfassen, wenn wir die *nicht* zu den Deckbewegungen gehörende Drehung des Punktsystems um die Axe l um die *Hälfte* des kleinsten Drehwinkels, d. h. um π/p, benutzen. Wird diese Drehung S_{2p} der Kürze wegen mit Θ bezeichnet, so werden die beiden Fälle:

$$T = \Theta^\varkappa \quad \text{und} \quad T = \Theta^{\varkappa + p}$$

zusammen dargestellt durch

$$T = \Theta^\lambda,$$

worin für λ alle Zahlen der Reihe 0, 1, 2, ... $(2p-1)$ zulässig sind.

Wir müssen jetzt eine Unterscheidung zwischen geraden und ungeraden Zahlen λ treffen.

I. Ist λ eine *gerade* Zahl, so ist $\lambda/2$ eine ganze Zahl; folglich ist die Drehung

$$T = \Theta^\lambda = S_p^{\frac{\lambda}{2}}$$

in der Untergruppe ($\mathfrak{S}$) *enthalten.* Demnach gehört auch die Inversion C zu der Gruppe ($\mathfrak{G}''$), welche wir nun auffassen können als *eine durch die Inversion erweiterte Rotationsgruppe:*

$$(\mathfrak{G}_1) \qquad \left| \begin{array}{lllll} 1, & S', & S'', & \ldots & S^{(n-1)}, \\ C, & S'C, & S''C, & \ldots & S^{(n-1)}C. \end{array} \right.$$

Wir werden also aus den in [16] zusammengestellten Rotationsgruppen neue Gruppen erhalten, indem wir zu den dort beschriebenen Anordnungen von Deckbewegungsaxen ein *Centrum der Symmetrie* hinzutreten lassen. Alsdann gehen aber gleichzeitig die auf den *geradzähligen* Axen senkrechten Ebenen in *Symmetrieebenen* über. Legen wir nämlich die Axe l in eine Deckbewegungsaxe von gerader Periode p, so muss die Drehung

$$S_p^{\frac{p}{2}} \text{ und demnach auch die Operation } S_p^{\frac{p}{2}}C$$

in der Gruppe ($\mathfrak{G}_1$) enthalten sein. Diese letztere aus einer Umklappung um $(p/2)\,(2\pi/p) = \pi$ und der Inversion zusammengesetzte Operation ist aber nach [10] identisch mit einer Spiegelung des Systems an der auf der Axe senkrechten Ebene.

II. Ist λ eine *ungerade* Zahl, so gehört die Drehung T selbst *nicht* der Gruppe ($\mathfrak{G}''$) an. Zerlegen wir aber:

$$T = \Theta^\lambda = \Theta\,.\,\Theta^{\lambda-1} = \Theta\,.\,S_p^{\frac{\lambda-1}{2}},$$

so muss, da $\frac{1}{2}(\lambda-1)$ eine ganze Zahl ist, die Drehung $S_p^{\frac{\lambda-1}{2}}$ in der Untergruppe ($\mathfrak{S}$) enthalten sein. Wird nun dieser Werth von T in ($\mathfrak{G}''$) eingetragen, so ist ersichtlich, dass auch ΘC eine Operation dieser Gruppe bildet, so dass wir $(\mathfrak{G}'')$ als *eine durch die Operation ΘC erweiterte Rotationsgruppe:*

$$(\mathfrak{G}_2) \quad \left| \begin{array}{lllll} 1, & S', & S'', & \ldots & S^{(n-1)} \\ \Theta C, & S'\Theta C, & S''\Theta C, & \ldots & S^{(n-1)}\Theta C \end{array} \right.$$

betrachten können. Wir werden also durch diese Erweiterung aus [16] neue Gruppen ableiten, welche wie die Rotationsgruppen *eines Centrums der Symmetrie entbehren.* Dabei ist zu beachten, dass nur die auf Axen von *ungerader* Periode senkrechten Ebenen in *Symmetrieebenen* übergehen können. Legen wir nämlich die Axe l in eine Deckbewegungsaxe von der Periode p, so muss die Operation

$$(\Theta C)^p$$

der Gruppe $(\mathfrak{G}_2)$ angehören; mit Rücksicht auf $C^2 = 1$ ist diese Operation identisch mit

$$\Theta^p \text{ oder mit } \Theta^p C,$$

je nachdem p eine gerade oder eine ungerade Zahl ist. Es bedeutet aber $\Theta^p = S_{2p}^p$ eine Umklappung um $p(\pi/p) = \pi$, die bei einer geradzähligen Axe schon zu den Deckbewegungen gehört und demnach in der Reihe $(\mathfrak{S})$ enthalten ist, während diese Operation bei einer ungeradzähligen Axe in Verbindung mit der Inversion nach [10] zu einer Spiegelung an der auf der Axe senkrechten Ebene führt.[1]

19. Ehe wir zur Aufzählung der mit dem krystallographischen Grundgesetze verträglichen erweiterten Rotationsgruppen schreiten, müssen wir auf Grund der eben angestellten Untersuchung den Begriff einer *Symmetrieaxe* präcisiren. Wenn wir, wie üblich, alle Deckbewegungsaxen als Symmetrieaxen bezeichnen, so haben wir nach [14] zuvörderst zwischen zweiseitigen und einseitigen Axen zu unterscheiden: eine Symmetrieaxe ist *zweiseitig,* wenn auf ihr eine geradzählige Axe senkrecht steht; alle übrigen Axen sind *einseitig.* Allein in der Natur dieser Axen treten, wie aus [18] hervorgeht, Verschiedenheiten auf, welche für das physikalische Verhalten der Krystalle Bedeutung gewinnen.[2]

Ist die auf einer einseitigen Axe senkrecht stehende Ebene eine Symmetrieebene, sind also die beiden Richtungen dieser Axe spiegelbildlich gleich, so nennen wir die Axe *einseitig von der ersten Art.* Wir finden nach [18] *geradzählige* Axen von dieser Beschaffenheit in den durch die Inversion erweiterten Rotationsgruppen $(\mathfrak{G}_1)$, *ungeradzählige* in den durch die Operation $\Theta C = S_{2p} C$ erweiterten Rotationsgruppen $(\mathfrak{G}_2)$. Denn alsdann ist die Ope-

---

[1] In der Folge soll eine Symmetrieebene, welche auf einer Axe von der Periode n senkrecht steht, mit P_n bezeichnet werden.

[2] Indem ich den Leser bitte, sich die Besonderheiten in der Natur der Symmetrieaxen an Figuren und Modellen geeigneter Krystallformen recht anschaulich zu machen, verweise ich insbesondere auf die Figuren 20—46, welche die Uebersicht der Krystallsysteme begleiten (S. 33).

ration $S_{2p}^{p}C$ sowohl in $(\mathfrak{G}_1)$ wie in $(\mathfrak{G}_2)$ enthalten, da eine Axe von der Periode p erfordert, dass in $(\mathfrak{G}_1)$ die Operationen:

$$\begin{cases} 1, & S_{2p}^2, \ldots S_{2p}^{p} \ldots S_{2p}^{2(p-1)}, \\ C, & S_{2p}^2 C, \ldots S_{2p}^{p} C \ldots S_{2p}^{2(p-1)} C \end{cases}$$

und in $(\mathfrak{G}_2)$ die Operationen:

$$\begin{cases} 1, & S_{2p}^2, \ldots S_{2p}^{p-1} \ldots S_{2p}^{2(p-1)}, \\ S_{2p} C, & S_{2p}^3 C, \ldots S_{2p}^{p} C \ldots S_{2p}^{2p-1} C \end{cases}$$

auftreten.

Hiervon ist die *Einseitigkeit der zweiten Art* zu unterscheiden[1], welche einer Symmetrieaxe dann zukommt, wenn durch eine Drehung S_{2p} um diese Axe um die *Hälfte* des kleinsten der Axe zugehörigen Drehwinkels, (π/p), das System Σ in eine solche Lage Σ' gelangt, dass Σ' das Spiegelbild von Σ in Bezug auf eine zu der Axe senkrechte Ebene ist. Es gehören hierher die einseitigen *ungeradzähligen* Axen in $(\mathfrak{G}_1)$ und die einseitigen *geradzähligen* Axen in $(\mathfrak{G}_2)$. Denn $(\mathfrak{G}_1)$ enthält die Operationen:

$$\begin{cases} 1, & S_{2p}^2, \ldots S_{2p}^{p-1} \ldots S_{2p}^{2(p-1)}, \\ C, & S_{2p}^2 C, \ldots S_{2p}^{p-1} C \ldots S_{2p}^{2(p-1)} C, \end{cases}$$

und $(\mathfrak{G}_2)$ die Operationen:

$$\begin{cases} 1, & S_{2p}^2, \ldots S_{2p}^{p-2} \ldots S_{2p}^{2(p-1)} \\ S_{2p} C, & S_{2p}^3 C, \ldots S_{2p}^{p-1} C, \ldots S_{2p}^{2p-1} C. \end{cases}$$

In beiden Fällen liefert $S_{2p}^{p-1}C$ mit S_{2p} erweitert die Operation $S_{2p}^{p}C$.

Endlich beobachten wir in jenen Anordnungen von Symmetrieelementen, welche *kein Centrum der Symmetrie* besitzen, eine dritte Art einseitiger Axen, welche *polar* genannt werden soll. Dahin gehören die einseitigen Axen der in [16] zusammengestellten Anordnungen von Deckbewegungsaxen und die einseitigen Axen der Gruppen $(\mathfrak{G}_2)$, welche nicht an den Operationen ΘC betheiligt sind. Ist eine p-zählige polare Axe vorhanden, so enthält die Gruppe von Deckoperationen die Drehungen

$$1, \; S_p, \; S_p^2, \ldots S_p^{p-1},$$

aber weder die Verbindungen derselben mit Umklappungen um eine zu jener polaren Axe senkrechten Axe, noch die Operationen $S_{2p}^{m}C$ oder die Inversion C.

Wir bezeichnen hinfort eine p-zählige Axe, welche einseitig von der ersten Art ist, und die inverse Axe mit L_p und l_p, dagegen eine einseitige Axe von der zweiten Art und ihre inverse mit L_p^* und l_p^*, endlich eine polare Axe und ihre inverse mit $\bar{L}_p$ und $\bar{l}_p$.

Auch zweiseitige Symmetrieaxen können die soeben beschriebene charakteristische Eigenschaft der einseitigen Axen zweiter Art besitzen[2]; wir be-

---

[1] Vgl. B. Minnigerode: Untersuchungen über die Symmetrieverhältnisse und die Elasticität der Krystalle. Nachr. Ges. d. Wiss. Göttingen 1884, 203.

[2] Ein Symmetrieelement, welches hier als einseitige oder zweiseitige Symmetrieaxe zweiter Art von der Peride p bezeichnet wird, nennt P. Curie (Sur la Symétrie. Bull. soc min. de France. **7**, 430, 1884) plan de symétrie alterne à pôle d'ordre p.

zeichnen in der Folge eine *zweiseitige Axe zweiter Art* mit $2L_p^*$. Soll eine Axe von ungerader Periode p diese Beschaffenheit zeigen, so muss in der Gruppe die Operation:

$$S_p^{\frac{p-1}{2}} C = S_{2p}^{p-1} C$$

enthalten sein, welche alsdann, mit S_{2p} erweitert, die Spiegelung $S_{2p}^p C$ liefert; dieser Fall kann in den Gruppen $(\mathfrak{G}_1)$ vorliegen. Dagegen erfordert eine Axe von gerader Periode, dass eine Erweiterung der Gruppe der Deckoperationen durch Hinzufügung der Inversion möglich sei, wobei die Drehung

$$S_p^{\frac{p}{2}}$$

zu der Spiegelung $S_p^{\frac{p}{2}} C$ führt. Diesem Verhalten können wir in $(\mathfrak{G}_2)$ begegnen.

20. Zusammenstellung der durch die Inversion erweiterten Rotationsgruppen $(\mathfrak{G}_1)$.

Enthält die Reihe $(\mathfrak{S})$ in $(\mathfrak{G}_1)$ nur die identische Operation, so liefert die Hinzufügung der Inversion eine Gruppe von 2 Operationen:

$$1, \; C:$$

31] Holoëdrische Gruppe des triklinen Systems $[C]$.

Wir lassen nun in die Reihe $(\mathfrak{S})$ die in [16] erhaltenen Rotationsgruppen eintreten.

In 29] wird die auf der Symmetrieaxe senkrechte Ebene eine Symmetrieebene, die Axe also einseitig von der ersten Art; Gruppe von 4 Operationen:

$$1, \; S_2, \; C, \; S_2 C:$$

28] Holoëdrische Gruppe des monoklinen Systems $[L_2, l_2; P_2; C]$.

In 17] wird die Symmetrieaxe einseitig von der zweiten Art; Gruppe von 6 Operationen:

$$1, \; S_3, \; S_3^2, \; C, \; S_3 C, \; S_3^2 C:$$

16] Rhomboëdrische Tetartoëdrie des hexagonalen Systems $[L_3^*, l_3^*; C]$.

In 22] wird die auf der Symmetrieaxe senkrechte Ebene eine Symmetrieebene, die Axe also einseitig von der ersten Art; Gruppe von 8 Operationen:

$$S_4^\mu, \; S_4^\mu C: \qquad (\mu = 0, 1, 2, 3)$$

21] Pyramidale Hemiëdrie des tetragonalen Systems $[L_4, l_4; P_4; C]$.

In 10] wird ebenfalls die auf der Symmetrieaxe senkrechte Ebene eine Symmetrieebene, die Axe also einseitig von der ersten Art; Gruppe von 12 Operationen:

$$S_6^\mu, \; S_6^\mu C: \qquad (\mu = 0, 1, 2, 3, 4, 5)$$

9] Pyramidale Hemiëdrie des hexagonalen Systems $[L_6, l_6; P_6; C]$.

In 27] gehen die Verbindungsebenen der Axen in Symmetrieebenen über; Gruppe von 8 Operationen:

$$\begin{array}{|llll} 1, & S_2, & S_2', & S_2'', \\ C, & S_2 C, & S_2' C, & S_2'' C: \end{array}$$

25] Holoëdrische Gruppe des rhombischen Systems $[2L_2, 2L_2', 2L_2''; P_2, P_2', P_2''; C]$.

In 15] gehen die auf den Queraxen α_1, α_2, α_3 senkrechten Ebenen in Symmetrieebenen über, die Queraxen werden einseitig von der ersten Art, die Axe γ ist zweiseitig von der zweiten Art; Gruppe von 12 Operationen:

$$\begin{array}{|l} 1,\ S_3,\ \ S_3^2;\ S_2,\ \ S_3S_2,\ \ S_3^2S_2, \\ C,\ S_3C,\ S_3^2C;\ S_2C,\ S_3S_2C,\ S_3^2S_2C: \end{array}$$

13] Rhomboëdrische Hemiëdrie des hexagonalen Systems $[2L_3^*,\ 3L_2,\ 3l_2;\ 3P_2;\ C]$.

In 20] gehen die auf den 5 Axen senkrechten Ebenen in Symmetrieebenen über; Gruppe von 16 Operationen:

$$S_4^\mu,\ S_4^\mu S_2;\ S_4^\mu C,\ S_4^\mu S_2 C: \qquad (\mu = 0, 1, 2, 3)$$

18] Holoëdrische Gruppe des tetragonalen Systems $[2L_4,\ 4L_2,\ 4L_2';\ P_4,\ 2P_2,\ 2P_2';\ C]$.

In 8] gehen die auf den 7 Axen senkrechten Ebenen in Symmetrieebenen über; Gruppe von 24 Operationen:

$$S_6^\mu,\ S_6^\mu S_2;\ S_6^\mu C,\ S_6^\mu S_2 C: \qquad (\mu = 0, 1, 2, 3, 4, 5)$$

6] Holoëdrische Gruppe des hexagonalen Systems $[2L_6,\ 6L_2,\ 6L_2';\ P_6,\ 3P_2,\ 3P_2';\ C]$.

In 5] werden die Verbindungsebenen der drei 2-zähligen Axen Symmetrieebenen, die vier polaren 3-zähligen Axen werden einseitig von der zweiten Art; Gruppe von 24 Operationen:

$$S_3^\mu,\ S_3^\mu S_2 S_3^\nu;\ S_3^\mu C,\ S_3^\mu S_2 S_3^\nu C:$$
$$(\mu = 0, 1, 2;\quad \nu = 0, 1, 2)$$

4] Pentagonale Hemiëdrie des regulären Systems $[6L_2,\ 4L_3^*,\ 4l_3^*;\ 3P_2;\ C]$.

Endlich gehen in 3] sowohl die Verbindungsebenen der drei 4-zähligen Axen wie die sechs Halbirungsebenen ihrer Winkel in Symmetrieebenen über; die 3-zähligen Axen werden zweiseitig von der zweiten Art; Gruppe von 48 Operationen:

$$\begin{array}{|llll} S_3^\mu, & S_3^\mu S_2 S_3^\nu; & S_3^\mu S_4, & S_3^\mu S_3 S_3^\nu S_4; \\ S_3^\mu C, & S_3^\mu S_2 S_3^\nu C; & S_3^\mu S_4 C; & S_3^\mu S_2 S_3^\nu S_4 C: \end{array}$$
$$(\mu = 0, 1, 2;\quad \nu = 0, 1, 2)$$

1] Holoëdrische Gruppe des regulären Systems $[6L_4,\ 8L_3^*,\ 12L_2;\ 3P_4,\ 6P_2;\ C]$.

21. Zusammenstellung der durch Operationen ΘC erweiterten Rotationsgruppen ($\mathfrak{G}_2$).

Enthält die Reihe ($\mathfrak{S}$) in ($\mathfrak{G}_2$) nur die identische Operation, so ist $p = 1$. Ein Krystall, für welchen die Gruppe

$$1,\ \Theta C$$

charakteristisch ist, besitzt nur eine Symmetrieebene. Denn für $p = 1$ stellt Θ eine Drehung um $2\pi/2$ dar: $\Theta = S_2$. Lassen wir nun die Drehungsaxe l z. B. mit der Coordinatenaxe x_2 zusammenfallen, so ist:

$$S_2 = \begin{pmatrix} x_1 & x_2 & x_3 \\ \bar{x}_1 & x_2 & \bar{x}_3 \end{pmatrix}, \text{ folglich } S_2 C = \begin{pmatrix} x_1 & x_2 & x_3 \\ x_1 & \bar{x}_2 & x_3 \end{pmatrix};$$

d. h. die Ebene $x_3 x_1$ ist eine Symmetrieebene:

30] Hemiëdrie des monoklinen Systems [P].

Die Erweiterung der eigentlichen Rotationsgruppen in [16] kann jetzt in doppelter Weise erfolgen, je nachdem $p = 1$ oder $= 2, 3, 4, 6$ gewählt wird.

A. Für $p = 1$ stellt Θ eine Drehung um $2\pi/2$ um eine Axe $\mathfrak{l}$ dar, welche nicht Symmetrieaxe des Punktsystems ist. Um in diesem Falle zunächst aus den vier cyclischen Rotationsgruppen neue Gruppen abzuleiten, muss $\mathfrak{l}$ jedesmal *senkrecht* zur polaren Axe γ gelegt werden; anderenfalls würden aus der Einführung einer Axe $\mathfrak{l}$ unendlich viele neue Symmetrieaxen hervorgehen. Nun bedingt aber eine zu γ senkrechte Axe $\mathfrak{l}$ eine durch γ hindurchgehende Symmetrieebene; mithin werden einer n-zähligen Axe γ durch diese Erweiterung n Symmetrieebenen hinzugefügt, welche sich in γ schneiden. Wir erhalten demnach aus 29] eine Gruppe von 4 Operationen:

$$1, \quad S_2, \quad S_2'C, \quad S_2 S_2'C:$$

26] Hemimorphie des rhombischen Systems [$\bar{L}_2$, $\bar{l}_2$; P, P'];

aus 17] eine Gruppe von 6 Operationen:

$$1, \quad S_3, \quad S_3^2, \quad S_2'C, \quad S_3 S_2'C, \quad S_3^2 S_2'C:$$

14] Zweite hemimorphe Tetartoëdrie des hexagonalen Systems [$\bar{L}_3$, $\bar{l}_3$; $3P$];

aus 22] eine Gruppe von 8 Operationen:

$$S_4^\mu, \quad S_4^\mu S_2'C: \qquad (\mu = 0, 1, 2, 3)$$

19] Hemimorphe Hemiëdrie des tetragonalen Systems [$\bar{L}_4$, $\bar{l}_4$; $2P$, $2P'$];

und aus 10] eine Gruppe von 12 Operationen:

$$S_6^\mu, \quad S_6^\mu S_2'C: \qquad (\mu = 0, 1, 2, 3, 4, 5)$$

7] Hemimorphe Hemiëdrie des hexagonalen Systems [$\bar{L}_6$, $\bar{l}_6$; $3P$, $3P'$].

Von den übrigen Rotationsgruppen liefert nach demselben Princip der Erweiterung nur noch die Gruppe der Tetraëderdrehungen 5] etwas neues, indem zu den 7 Symmetrieaxen 6 Symmetrieebenen hinzutreten, welche die Kanten des Tetraëders mit den Mitten der Gegenkanten verbinden; die 2-zähligen Axen werden zweiseitig von der zweiten Art; Gruppe von 24 Operationen:

$$S_3^\mu, \quad S_3^\mu S_2 S_3^\nu; \quad S_3^\mu S_2'C, \quad S_3^\mu S_2 S_3^\nu S_2'C:$$
$$(\mu = 0, 1, 2); \qquad (\nu = 0, 1, 2)$$

2] Tetraëdrische Hemiëdrie des regulären Systems [$6L_2^*$, $4\bar{L}_3$, $4\bar{l}_3$; $6P$].

B. Für $p = 2, 3, 4, 6$ fällt die Drehungsaxe l mit einer Symmetrieaxe s_p zusammen. Das Verfahren der Erweiterung der Rotationsgruppen durch eine Operation ΘC ist jetzt dieses. Es sei eine Anordnung von Symmetrieaxen ($\mathfrak{S}$) aus [16] gegeben. Darunter befinde sich die Axe $s_p = l$. Alsdann müssen wir ($\mathfrak{S}$) zunächst eine Drehung um l um π/p ertheilen, wodurch ($\mathfrak{S}$) in die Lage ($\mathfrak{S}'$) gelangt, so dass l für die Combination von ($\mathfrak{S}$) und ($\mathfrak{S}'$) eine Axe von der Periode $2p$ ist. Darauf ist die zu ($\mathfrak{S}'$) inverse Anordnung ($\bar{\mathfrak{S}}'$) zu bilden. Sollen nun ($\mathfrak{S}$) und ($\bar{\mathfrak{S}}'$) gleichberechtigte Anordnungen von

Axen sein, so sind dadurch neue Symmtrieelemente definirt, welche, zu ($\mathfrak{S}$) hinzugefügt, eine neue Gruppe von Symmtrieeigenschaften erzeugen. Erweiterungen, welche auf Axen von einer Periode > 6 führen, bleiben natürlich ausgeschlossen.

Auf diesem Wege gewinnt man zuvörderst aus den cyclischen Rotationsgruppen zwei neue Gruppen, nämlich aus 29] für $p = 2$ eine Gruppe von 4 Operationen entsprechend einer 2-zähligen Axe, welche einseitig von der zweiten Art ist, und aus 17] für $p = 3$ eine Gruppe von 6 Operationen entsprechend einer 3-zähligen Axe, welche einseitig von der ersten Art ist, verbunden mit einer zu ihr senkrechten Symmetrieebene; bezeichnet man die Drehungen S_2 und S_3 mit S_4^2 und S_6^2, so erhält man die Symbole:

$$1,\ S_4C,\ S_4^2,\ S_4^3C:$$

24] Sphenoidische Tetartoëdrie des tetragonalen Systems [L_2*, l_2*];

$$1,\ S_6C,\ S_6^2,\ S_6^3C,\ S_6^4,\ S_6^5C:$$

12] Sphenoidische Tetartoëdrie des hexagonalen Systems [L_3, l_3; P_3].

Demnächst ergiebt sich aus 27] eine Gruppe von 8 Operationen; lässt man nämlich die Axe l mit der Verticalaxe zusammenfallen, so werden die beiden Queraxen gleichberechtigt, und ihre Winkel werden durch zwei verticale Symmetrieebenen halbirt; indem wir nun eine Drehung um $2\pi/2$ um die Verticalaxe, welche jetzt einseitig von der zweiten Art wird, mit S_4^2 bezeichnen, erhalten wir:

$$\left|\begin{array}{llll} 1, & S_4C, & S_4^2, & S_4^3C, \\ S_2, & S_4CS_2, & S_4^2S_2, & S_4^3CS_2: \end{array}\right.$$

23] Sphenoidische Hemiëdrie des tetragonalen Systems [$2L_2$*, $4L_2$; $2P$].

Analog entnehmen wir aus 15] eine neue Gruppe von 12 Operationen; legen wir wieder die Axe l in die Verticalaxe, so werden ihre Verbindungsebenen mit den Queraxen und die Ebene dieser letzteren Symmetrieebenen:

$$\left|\begin{array}{llllll} 1, & S_6C, & S_6^2, & S_6^3C, & S_6^4, & S_6^5C, \\ S_2, & S_6CS_2, & S_6^2S_2, & S_6^3CS_2, & S_6^4S_2, & S_6^5CS_2: \end{array}\right.$$

11] Sphenoidische Hemiëdrie des hexagonalen Systems [$2L_3$, $3\bar{L}_2$, $3\bar{l}_2$; P_3, $3P$].

---

22. Verschiedenheiten in den Symmetrieeigenschaften bedingen totale Unterschiede in dem physikalischen Verhalten krystallisirter Körper. Dieser Thatsache müssen wir eingedenk bleiben, wenn wir uns nunmehr zur *Eintheilung der nach geometrischen Symmetrieeigenschaften zu unterscheidenden 32 Gruppen krystallisirter Körper in 6 Krystallsysteme* und zu den wechelseitigen geometrischen Beziehungen zwischen den Gruppen jedes Systems wenden. Es werden uns diese rein geometrischen Abhängigkeiten, welche einen so bequemen Ueberblick über die Symmetrieverhältnisse der Krystalle vermitteln, niemals gestatten, die für eine Gruppe eines Krystallsystems erkannten physikalischen Gesetze ohne weiteres auf die übrigen, der Symmetrie nach durchaus verschiedenen Gruppen desselben Systems zu übertragen.

Die Zusammenfassung mehrerer Gruppen zu einem Krystallsystem beruht auf der Uebereinstimmung in der Natur gewisser ausgezeichneter Coordinatenaxen, zu deren Einführung das geometrische Grundgesetz in Verbindung mit den Symmetrieverhältnissen Anlass giebt. Wir haben daher zuvörderst die Bedeutung dieser *krystallographischen Axen* darzulegen.

23. Es sei ein krystallisirter Körper mit bestimmten Symmetrieelementen gegeben, so kennen wir die Anzahl der mit einer beliebigen Krystallfläche gleichberechtigten Flächen, welche, für sich genommen, eine *einfache Krystallform* darstellen. Denn die *Flächenzahl* der allgemeinsten nach den angegebenen Symmetrieeigenschaften möglichen einfachen Form, unter deren Flächen keine zu einer Symmetrieaxe oder einer Symmetrieebene parallel oder senkrecht ist, *muss mit dem Grade der für den Körper charakteristischen Gruppe von Operationen übereinstimmen,* vermöge welcher jede Richtung mit den gleichberechtigten Richtungen und mit sich selbst zur Deckung gebracht wird. Besitzt der Körper nur Symmetrieaxen und zwar 2-, 3-, 4-, 6-zählige in der Zahl $\nu_2, \nu_3, \nu_4, \nu_6$, so ist demnach die Flächenzahl der allgemeinsten einfachsten Krystallform gleich dem Grade der entsprechenden Gruppe von Drehungen [15]

$$N = 1 + \nu_2 + 2\nu_3 + 3\nu_4 + 5\nu_6.$$

Treten dagegen neben Axen noch andere Symmetrieelemente auf, so ergiebt sich die Flächenzahl nach dem in [17] angeführten Satze über die Erweiterung der Rotationsgruppen durch Verdoppelung des Grades der zugehörigen Gruppe von Drehungen. Insbesondere finden wir für den höchsten Grad geometrischer Symmetrie, nämlich für die durch die Inversion erweiterte Gruppe der 24 Oktaëderdrehungen ($\nu_2 = 6$, $\nu_3 = 4$, $\nu_4 = 3$), eine von 48 Flächen umschlossene einfache Form.

Ist nun die Lage einer Fläche h einer einfachen Form durch die Richtungscosinus ihrer Normale p gegeben, so erhalten wir die Richtungscosinus der Normalen der gleichberechtigten Flächen durch eine Gruppe orthogonaler Substitutionen von der Gestalt der Gleichungen (I) (II) in [8]. Wenn es lediglich darauf ankommt, dem *geometrischen Grundgesetz* zu genügen, nach welchem die Indices h_1, h_2, h_3 der Fläche h rationale Zahlen sind, so können zu Coordinatenaxen x_1, x_2, x_3 irgend drei eine Ecke bildende Krystallkanten genommen und die Verhältnisse der Axeneinheiten $a_1 : a_2 : a_3$ durch eine beliebig gewählte Einheitsfläche bestimmt werden. Sollen aber auch die *Symmetrieeigenschaften* in der Bezeichnung der Flächen durch die Verhältnisse

$$\cos(px_1) : \cos(px_2) : \cos(px_3) = \frac{h_1}{a_1} : \frac{h_2}{a_2} : \frac{h_3}{a_3}$$

zum Ausdruck gelangen, *so muss ein System von Coordinatenaxen gewählt werden, welches durch dieselben Operationen, die eine Richtung mit den gleichberechtigten Richtungen zur Deckung bringen, in sich übergeführt wird.* Alsdann nehmen die Substitutionen (I) und (II) ihre einfachste Gestalt an: sie bestehen nur noch in *Vertauschungen der Reihenfolge und der Vorzeichen* der Richtungscosinus $\cos(px_1)$, $\cos(px_2)$, $\cos(px_3)$ oder, was auf dasselbe hinauskommt, der Indices h_1, h_2, h_3. Das Vorhandensein einer Symmetrieeigenschaft ist also unter der Voraussetzung, dass ein krystallographisches Axensystem zu Grunde liegt, identisch mit dem Umstande, dass es zulässig ist, die Richtungscosinus $\pm\cos(px_1)$, $\pm\cos(px_2)$, $\pm\cos(px_3)$ in gewisser Weise zu vertauschen. Hierauf beruht die wohlbekannte Bezeichnung einer einfachen Krystallform durch die Indices *einer* Fläche: die gleichberechtigten Flächen erhalten Symbole, in denen dieselben Indices auftreten, nur mit anderen Vorzeichen versehen und im Allgemeinen auch in anderer Reihenfolge geordnet.

24. Vom Beginn unserer Entwickelungen an bot sich zur Bezeichnung gleichberechtigter Richtungen eine doppelte Möglichkeit dar. Wir konnten einmal, wie in [16—21] geschehen ist, die *Operationen* angeben, welche auszuführen sind, um eine dieser Richtungen mit den übrigen zur Deckung zu bringen. Andererseits konnte die analytische Bezeichnung mit Hülfe der entsprechenden *orthogonalen Substitutionen* gewählt werden. Nachdem diese Substitutionen durch Einführung der krystallographischen Axen auf ihren einfachsten Ausdruck gebracht sind, sollen die beiden Bezeichnungen an einem *Beispiel* gegenübergestellt werden.

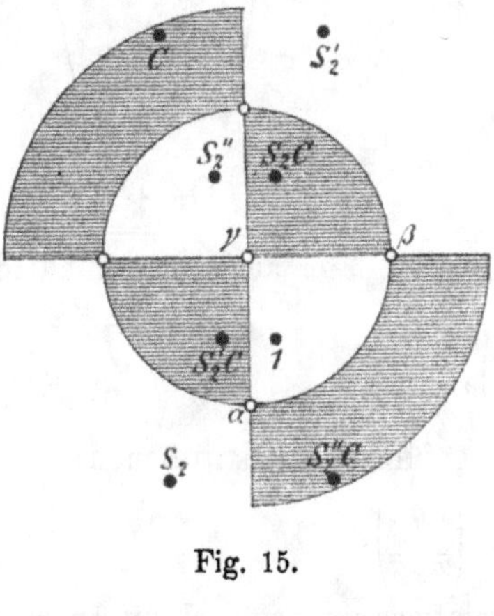

Fig. 15.

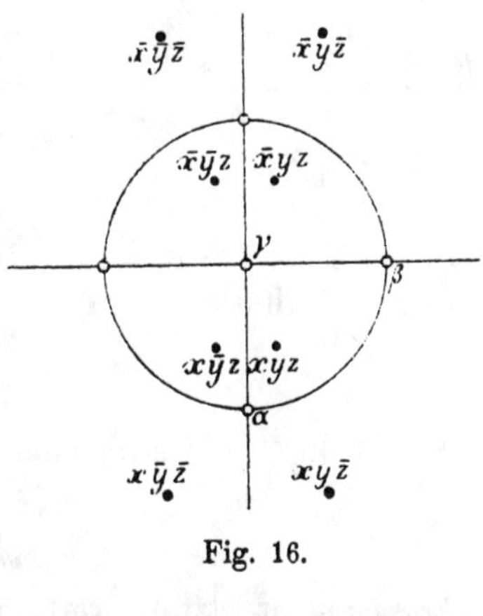

Fig. 16.

Drei auf einander senkrechte nicht vertauschbare 2-zählige Symmetrieaxen α, β, γ bedingen eine Gruppe von vier Operationen: die identische Operation und drei Drehungen um $2\pi/2$, welche bezeichnet wurden mit S_2, S_2', S_2'' (Fig. 15). Diese Axen bilden das einzige, in dem vorliegenden Falle zulässige krystallographische Axensystem; auf sie bezogen seien die Indices einer Fläche im positiven Oktanten x, y, z. Dann sind jene Drehungen identisch mit folgenden Substitutionen:

$$S_2 = \begin{pmatrix} x\,y\,z \\ x\,\bar{y}\,\bar{z} \end{pmatrix}, \quad S_2' = \begin{pmatrix} x\,y\,z \\ \bar{x}\,y\,\bar{z} \end{pmatrix}, \quad S_2'' = \begin{pmatrix} x\,y\,z \\ \bar{x}\,\bar{y}\,z \end{pmatrix}$$

Vier gleichberechtigte Flächen, welche in diesem Falle die allgemeinste einfache Krystallform — ein *rhombisches Sphenoid* (Fig. 19) — darstellen, können daher entweder durch die Symbole der Operationen:

$$1, \quad S_2, \quad S_2', \quad S_2''$$

oder durch die Indices:

$$x\,y\,z, \quad x\,\bar{y}\,\bar{z}, \quad \bar{x}\,y\,\bar{z}, \quad \bar{x}\,\bar{y}\,z$$

bezeichnet werden. Nach dem EULER'schen Theorem über die Zusammensetzung von Drehungen muss man irgend zwei jener Drehungen als die *erzeugenden* betrachten, denn es sind die Producte:

$$S_2' S_2'' = S_2'' S_2' = S_2, \quad S_2'' S_2 = S_2 S_2'' = S_2', \quad S_2 S_2' = S_2' S_2 = S_2''.$$

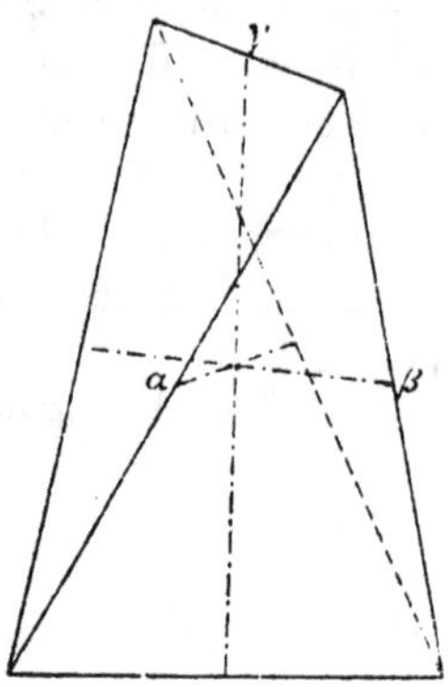

Fig. 17.

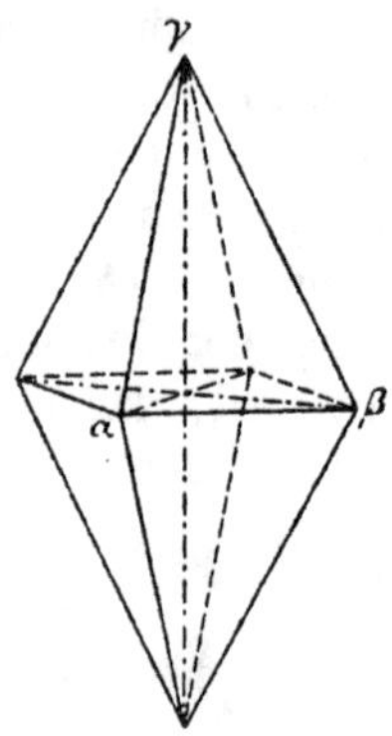

Fig. 18.

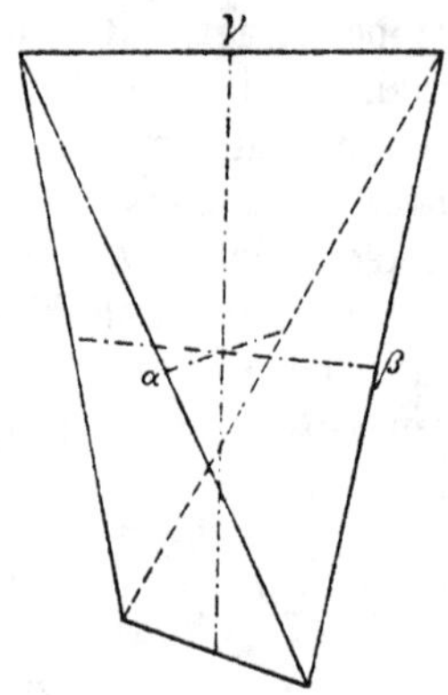

Fig. 19.

In der That erhält man z. B. das Symbol $\bar{x}\,\bar{y}\,z$ aus $x\,y\,z$ einmal direct durch die Substitution:

$$\begin{pmatrix} x\,y\,z \\ \bar{x}\,\bar{y}\,z \end{pmatrix},$$

andererseits durch die nach einander ausgeführten Substitutionen:

$$\begin{pmatrix} x\,y\,z \\ x\,\bar{y}\,\bar{z} \end{pmatrix} \text{ und } \begin{pmatrix} x\,y\,z \\ \bar{x}\,y\,\bar{z} \end{pmatrix}.$$

Erweitern wir jetzt die vorliegende Rotationsgruppe durch die Inversion C, welche identisch ist mit der Substitution:

$$C = \begin{pmatrix} x\,y\,z \\ \bar{x}\,\bar{y}\,\bar{z} \end{pmatrix},$$

zu einer Gruppe von 8 Operationen. Indem wir zu jeder Fläche des rhombischen Sphenoids (Fig. 19) die parallele Gegenfläche (Fig. 17) als gleichberechtigt hinzufügen, erhalten wir eine *rhombische Pyramide* (Fig. 18), deren

8 Flächen bezeichnet werden können durch die Symbole der Operationen:

$$\left| \begin{array}{llll} 1, & S_2, & S_2', & S_2 S_2', \\ C, & S_2 C, & S_2' C, & S_2 S_2' C; \end{array} \right.$$

oder durch die Indices:

$$\left| \begin{array}{llll} x y z, & x \bar{y} \bar{z}, & \bar{x} y \bar{z}, & x \bar{y} \bar{z}, \\ \bar{x} \bar{y} \bar{z}, & \bar{x} y z, & x \bar{y} z, & x y \bar{z}. \end{array} \right.$$

Die von einander unabhängigen Symmetrieelemente einer rhombischen Pyramide sind, wie aus den Symbolen der Operationen deutlich hervortritt, zwei Symmetrieaxen und das Centrum der Symmetrie. Die *erzeugenden* Substitutionen lauten daher:

$$S_2 = \begin{pmatrix} x y z \\ x \bar{y} \bar{z} \end{pmatrix}, \quad S_2' = \begin{pmatrix} x y z \\ \bar{x} y \bar{z} \end{pmatrix}, \quad C = \begin{pmatrix} x y z \\ \bar{x} \bar{y} \bar{z} \end{pmatrix}.$$

Nun bedingt aber die Hinzufügung eines Centrums der Symmetrie, dass die Verbindungsebenen der drei Symmetrieaxen Symmetrieebenen werden (Fig. 16), ein Zusammenhang, der identisch ist mit dem durch die Einführung von C bewirkten Auftreten der drei Substitutionen:

$$S_2 C = \begin{pmatrix} x y z \\ \bar{x} y z \end{pmatrix}, \quad S_2' C = \begin{pmatrix} x y z \\ x \bar{y} z \end{pmatrix}, \quad S_2 S_2' C = \begin{pmatrix} x y z \\ x y \bar{z} \end{pmatrix}.$$

Umgekehrt folgt aus dem Vorhandensein von drei auf einander senkrechten, nicht vertauschbaren Symmetrieebenen, dass ihr Schnittpunkt ein Centrum der Symmetrie und ihre Schnittgeraden 2-zählige Symmetrieaxen sind. Wir können also auch diese Ebenen als von einander unabhängige Symmetrieelemente und die zuletzt erwähnten Substitutionen als die *erzeugenden* betrachten; die erweiterte Rotationsgruppe ist dann dadurch charakterisirt, dass die Umkehrung des Vorzeichens eines Index in dem Symbol einer Fläche auf das Symbol einer gleichberechtigten Fläche führt; auch auf diesem Wege erhält man aus $x y z$ die Symbole der 7 gleichberechtigten Flächen.

25. Wir fassen nunmehr alle Gruppen von Krystallflächencomplexen, welche zwar in ihren Symmetrieeigenschaften verschieden sind, aber *dasselbe krystallographische Axensystem* besitzen, in ein *Krystallsystem* zusammen. Alsdann beruhen die geometrischen Beziehungen zwischen den Gruppen eines Systems darauf, dass aus den Symmetrieelementen der höchst symmetrischen Gruppe jene der weniger symmetrischen Gruppen durch eine gesetzmässige Auswahl hervorgehen. Hierin ist das wohlbekannte Verfahren begründet, nach welchem aus den einfachen Formen jener holoëdrischen Gruppe die Formen der hemiëdrischen, tetartoëdrischen, ogdoëdrischen Gruppen des Systems durch die entsprechende Auswahl der Flächen hergeleitet werden.[1]

[1] Ich möchte hier auf die Beziehung hinweisen, welche zwischen dieser Classification und der Zerlegung der erweiterten Rotationsgruppen in „ausgezeichnete Untergruppen" besteht. So entspricht dem Auftreten von 3 Hemiëdrien im regulären System, dass die, aus 48 Operationen zusammengesetzte, erweiterte Gruppe der Oktaëderdrehungen

Die bequemste Uebersicht dieser Verhältnisse gewinnen wir auf der Constructionskugel. Beachten wir, dass die für die *holoëdrische* Gruppe eines Krystallsystems charakteristische Anordnung von Symmetrieebenen eine *Zerlegung der Kugelfläche in abwechselnd congruente und symmetrische Dreiecke* vermittelt. Durch die Eckpunkte der Dreiecke gehen die für jene Gruppe charakteristischen Symmetrieaxen, derart, dass in dem Eckpunkt einer n-zähligen Axe $2n$ Dreiecke zusammenstossen. Die Gesammtzahl der sphärischen Dreiecke muss mit der allgemeinen Anzahl gleichberechtigter Richtungen, also auch mit der Flächenzahl der *allgemeinsten* einfachen holoëderischen Krystallform übereinstimmen; sie ist nach [23] gegeben durch $2N$. Ein Punkt innerhalb eines Dreiecks gehört demnach einem Aggregat von $2N$ gleichberechtigten Punkten an. Es reducirt sich aber die Anzahl gleichberechtigter Punkte zunächst auf N, wenn wir von einem Punkte einer Dreiecksseite ausgehen, und eine weitere von der Periodicität der Symmetrieaxen abhängige Reduction tritt ein, wenn die mit einem Eckpunkt eines Dreiecks gleichberechtigten Punkte zusammengefasst werden. Hieraus ersieht man, dass in jener Kugeltheilung zugleich die in der holoëdrischen Gruppe enthaltenen einfachen Krystallformen von specieller Flächenlage repräsentirt sind.

Darüber hinaus gestattet uns aber diese Zerlegung der Kugelfläche auch die *geometrischen Beziehungen zwischen den Gruppen eines Systems* zur Anschauung zu bringen. Fällt bei dem Uebergange von der holoëdrischen zu einer hemiëdrischen Gruppe eine Symmetrieebene fort, so möge auf der Constructionskugel von je zwei Dreiecken, welche jetzt aufhören symmetrisch zu sein, das eine schraffirt werden. Die Gesammtheit der Dreiecke, welche mit gleicher Schraffirung zu versehen sind, nachdem eines in dieser Weise bezeichnet wurde, ergiebt sich unmittelbar aus den Symmetrieeigenschaften der beiden Gruppen. Bilden wir jetzt wieder im Innern und auf den Begrenzungsstücken der schraffirten und der nicht schraffirten Gebiete die Aggregate gleichberechtigter Punkte, so überblicken wir nicht allein die möglichen einfachen hemiëdrischen Formen, sondern gleichzeitig auch ihre Beziehungen zu den entsprechenden holoëdrischen Formen; insbesondere ist sofort ersichtlich, welche Formen gestaltlichen Veränderungen nicht unterworfen sind, wenn wir von der höher symmetrischen Gruppe zu der weniger symmetrischen hinabsteigen.

In analoger Weise erfolgt der Uebergang zu einer tetartoëdrischen oder einer ogdoëdrischen Gruppe durch Verwendung von zwei oder von drei verschiedenen Schraffirungen, welche sich zum Theil überlagern werden.

Nach diesem Princip sind die Figuren 20—46 entworfen. Wenn hier davon abgesehen werden musste, in der Weise, wie die Fig. 15 und 16 an einem einfachen Beispiele erläutern, allenthalben die sphärischen Drei-

---

dreierlei „ausgezeichnete Untergruppen“ von 24 Operationen enthält. Vgl. das über die regulären Körper und die Gruppentheorie handelnde Kapitel in F. Klein: Vorlesungen über das Ikosaeder und die Aufl. d. Gleich. vom fünften Grade. Leipzig 1884, S. 1—28.

ecke der Kugeltheilungen mit den Bezeichnungen der Operationen und Substitutionen zu versehen, durch welche das Ausgangsdreieck in die gleichberechtigten Lagen übergeführt wird, so ist doch diese Ergänzung der Figuren für das eingehendere Studium derselben unerlässlich. Ich bitte daher den Leser, sich in dieser Hinsicht vervollständigte Zeichnungen herstellen zu wollen.

26. Zum Schlusse gedenken wir jenes Hülfsmittels der Anschauung, welches sich für die mit Symmetrieebenen ausgestatteten Krystallpolyëder in den *räumlichen Winkelspiegeln* darbietet. Nachdem A. F. Möbius darauf hingewiesen hatte, dass man diese Polyëder als kaleidoskopische Figuren darstellen könne[1], hat E. Hess im Anschlusse an seine Untersuchungen über die Eintheilung einer Kugelfläche in gleiche und ähnliche sphärische Polygone[2] die Theorie der räumlichen Winkelspiegel entwickelt und ihre Verwerthung für krystallographische Zwecke des Näheren erläutert.[3] Was uns an diesen Spiegelapparaten vor allem interessirt, ist die Demonstration der *erzeugenden Symmetrieebenen.* Um die Vorstellungen zu fixiren, setze man eine der 48 Ecken, welche von den 9 Symmetrieebenen eines Hexakisoktaëders bestimmt werden, aus ebenen Spiegelstücken zusammen. In diese Ecke lege man ein im Inneren ausgeschnittenes Dreiseit, dessen Begrenzung den Kanten einer über jener Ecke gelegenen Hexakisoktaëderfläche entspricht. Alsdann wird man, in den Winkelspiegel hineinsehend, das ganze Hexakisoktaëder mit den Verlängerungen seiner Symmetrieebenen und Symmetrieaxen zu erblicken glauben. Man ersieht hieraus, dass von jenen neun Symmetrieebenen die drei Ausschnitte, welche eine der 48 Ecken bilden, nothwendig und ausreichend sind zur Erzeugung des ganzen Polyëders, seiner Symmetrieebenen und Symmetrieaxen.[4]

I. Reguläres System.

Das krystallographische Axensystem wird gebildet von drei auf einander senkrechten gleichberechtigten, den Kanten des Hexaëders parallel gehenden Geraden α_1, α_2, α_3, welche zweiseitige Symmetrieaxen von der Periode 4

[1] A. F. Möbius: Ueber das Gesetz der Symmetrie der Krystalle und die Anwendung dieses Gesetzes auf die Eintheilung der Krystalle in Systeme. Ber. Verhandl. Sächs. Ges. d. Wiss. Math.-phys. Cl. 1849, 65—75. Crelle Journ. 1852, **43**, 365. Gesammelte Werke. Leipzig 1886, **2**, 349—360.

[2] E. Hess: Einleitung in die Lehre von der Kugeltheilung. Leipzig 1883.

[3] E. Hess: a. a. O. S. 262—265. — Ueber ein Problem der Katoptrik. Sitzungsber. Ges. z. Bef. d. ges. Naturw. Marburg 1879, 7—20. — Ueber Polyëder-Kaleidoskope. ibid. 1882, 9—12. — Ueber die Zahl und Lage der Bilder eines Punktes bei drei eine Ecke bildenden Planspiegeln. ibid. 1888, 35—53. — Ueber Polyëderkaleidoskope und deren Anwendung auf die Krystallographie. N. Jahrb. f. Min. 1889, **1**, 54—65.

[4] Nach den Angaben von E. Hess werden Winkelspiegel hergestellt in der optischen Werkstatt von A. Krüss in Hamburg.

oder 2 sind. Die vier gleichberechtigten Halbirungsgeraden ihrer Ecken sind Symmetrieaxen von der Periode 3. In jeder der fünf hierher gehörigen Gruppen begegnen wir einem Hexaëder und einem Dodekaëder.

1] Holoëdrische Gruppe.

Centrum; 13 zweiseitige Symmetrieaxen: drei 4-zählige α_1, α_2, α_3 *parallel den Kanten, vier 3-zählige* $\delta_0, \ldots, \delta_3$ *parallel den Eckendiagonalen und sechs 2-zählige* $\varepsilon_1, \ldots, \varepsilon_6$ *parallel den Flächendiagonalen des Hexaëders; 9 Symmetrieebenen:* p_1, p_2, p_3 *parallel den Flächen und* $d_1, \ldots, d_6$ *parallel den Verbindungsebenen gegenüberliegender Kanten des Hexaëders. Die Axen* δ *sind zweiseitig von der zweiten Art.* Anzahl gleichberechtigter Richtungen 48, entsprechend den Flächen eines Hexakisoktaëders. Die übrigen einfachen Formen sind: Ikositetraëder, Triakisoktaëder, Tetrakishexaëder, Oktaëder, Dodekaëder, Hexaëder. Die Gruppe von 48 Operationen, welche eine Richtung mit den gleichberechtigten zur Deckung bringt, kann unter Benutzung verschiedener erzeugender Operationen mit verschiedenen Symbolen belegt werden. Wir gehen im Anschluss an [16] aus von der Gruppe der 12 Tetraëderdrehungen, und erweitern dieselbe zuvörderst durch eine Oktaëderdrehung und darauf durch die Inversion. Die Tetraëderdrehungen sind gegeben durch die erzeugenden Rotationen S_3 um δ_0 um $2\pi/3$ und S_2 um α_1 um $2\pi/2$ (Fig. 13); führen wir für die Richtungscosinus der Geraden oder der Flächennormale ν, von der wir ausgehen, die Bezeichnungen ein:

Fig. 20.

$$\cos(\nu\alpha_1) = x, \quad \cos(\nu\alpha_2) = y, \quad \cos(\nu\alpha_3) = z,$$

so bedeuten S_3 und S_3^2 cyclische Vertauschungen dieser Grössen; dagegen verlangt S_2, dass der zweite und der dritte Cosinus mit entgegengesetzten Vorzeichen zu nehmen sind. Die Drehungen S_3 und S_2 sind demnach identisch mit den Substitutionen:

$$S_3 = \begin{pmatrix} 1\,2\,3 \\ 3\,1\,2 \end{pmatrix}, \qquad S_2 = \begin{pmatrix} 1\,2\,3 \\ 1\,\bar{2}\,\bar{3} \end{pmatrix}.$$

Um aber die Symbole der Tetraëderdrehungen zu vereinfachen, führen wir neben den erzeugenden Rotationen S_3, S_2 noch die Drehungen S_2' um α_2 um $2\pi/2$ und S_2'' um α_3 um $2\pi/2$ ein, so dass:

$$S_2' = \begin{pmatrix} 1\,2\,3 \\ \bar{1}\,2\,\bar{3} \end{pmatrix}, \quad S_2'' = \begin{pmatrix} 1\,2\,3 \\ \bar{1}\,\bar{2}\,3 \end{pmatrix}.$$

Es bestehen dann die Relationen:

$$S_3^2 S_2 S_3 = S_2', \quad S_3 S_2 S_3^2 = S_2'',$$

und wir erhalten für jene Drehungen an Stelle der auf S. 18 mitgetheilten Tabelle das Schema I. Nunmehr wollen wir als eine hierin noch nicht enthaltene Oktaëderdrehung die Umklappung T um die Axe ε_3 hinzufügen:

$$T = \begin{pmatrix} 1\,2\,3 \\ 2\,1\,\bar{3} \end{pmatrix};$$

daraus ergiebt sich das Schema II. Endlich erweitern wir I und II durch die Inversion:

$$C = \begin{pmatrix} 1\,2\,3 \\ \bar{1}\,\bar{2}\,\bar{3} \end{pmatrix}$$

und gewinnen dadurch III und IV. Die in III auftretende Operation:

$$TC = \begin{pmatrix} 1\,2\,3 \\ \bar{2}\,\bar{1}\,3 \end{pmatrix}$$

bedeutet, dass die auf ε_3 senkrechte Ebene d mit den Indices $\{110\}$ eine Symmetrieebene ist.

Der Zusammenstellung der 48 Operationen:

I.	1	S_3	S_3^2	II.	T	$S_3 T$	$S_3^2 T$
	S_2	$S_3 S_2$	$S_3^2 S_2$		$S_2 T$	$S_3 S_2 T$	$S_3^2 S_2 T$
	S_2'	$S_3 S_2'$	$S_3^2 S_2'$		$S_2' T$	$S_3 S_2' T$	$S_3^2 S_2' T$
	S_2''	$S_3 S_2''$	$S_3^2 S_2''$		$S_2'' T$	$S_3 S_2'' T$	$S_3^2 S_2'' T$
III.	C	$S_3 C$	$S_3^2 C$	IV.	TC	$S_3 TC$	$S_3^2 TC$
	$S_2 C$	$S_3 S_2 C$	$S_3^2 S_2 C$		$S_2 TC$	$S_3 S_2 TC$	$S_3^2 S_2 TC$
	$S_2' C$	$S_3 S_2' C$	$S_3^2 S_2' C$		$S_2' TC$	$S_3 S_2' TC$	$S_3^2 S_2' TC$
	$S_2'' C$	$S_3 S_2'' C$	$S_3^2 S_2'' C$		$S_2'' TC$	$S_3 S_2'' TC$	$S_3^2 S_2'' TC$

mit den *erzeugenden Operationen* S_3, S_2, T und C, entspricht folgende Tabelle der Richtungscosinus gleichberechtigter Geraden oder Flächennormalen, in der wir auch an Stelle der Verhältnisse $x:y:z$ die Verhältnisse der Indices der zugehörigen Geraden oder Flächen setzen können:

I.	xyz	zxy	yzx	II.	$yx\bar{z}$	$xz\bar{y}$	$zy\bar{x}$
	$x\bar{y}\bar{z}$	$z\bar{x}\bar{y}$	$y\bar{z}\bar{x}$		$\bar{y}xz$	$\bar{x}zy$	$\bar{z}yx$
	$\bar{x}y\bar{z}$	$\bar{z}x\bar{y}$	$\bar{y}z\bar{x}$		$y\bar{x}z$	$x\bar{z}y$	$z\bar{y}x$
	$\bar{x}\bar{y}z$	$\bar{z}\bar{x}y$	$\bar{y}\bar{z}x$		$\bar{y}\bar{x}\bar{z}$	$\bar{x}\bar{z}\bar{y}$	$\bar{z}\bar{y}\bar{x}$

III.	$\bar{x}\bar{y}\bar{z}$	$\bar{z}\bar{x}\bar{y}$	$\bar{y}\bar{z}\bar{x}$	IV.	$\bar{y}\bar{x}z$	$\bar{x}\bar{z}y$	$\bar{z}\bar{y}x$
	$\bar{x}yz$	$\bar{z}xy$	$\bar{y}zx$		$y\bar{x}\bar{z}$	$x\bar{z}\bar{y}$	$z\bar{y}\bar{x}$
	$x\bar{y}z$	$z\bar{x}y$	$y\bar{z}x$		$\bar{y}x\bar{z}$	$\bar{x}z\bar{y}$	$\bar{z}y\bar{x}$
	$xy\bar{z}$	$zx\bar{y}$	$yz\bar{x}$		yxz	xzy	zyx.

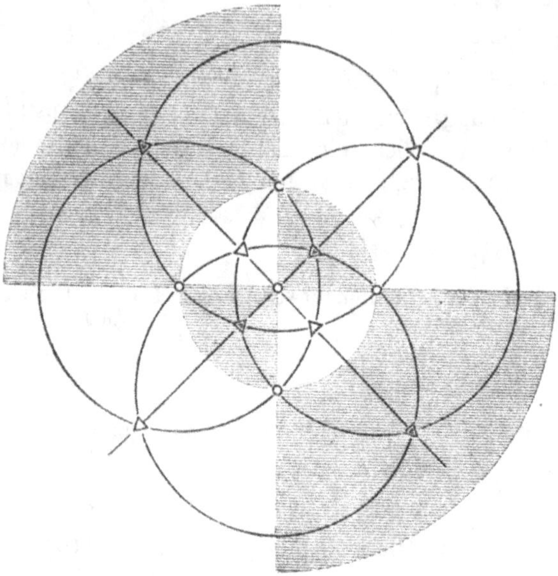

Fig. 21.

Fig. 22.

2] Tetraëdrisch-hemiëdrische Gruppe.

7 Symmetrieaxen: drei zweiseitige 2-zählige α_1, α_2, α_3 *und vier polare 3-zählige* δ_0, δ_1, δ_2, δ_3; *6 Symmetrieebenen* $d_1, \ldots, d_6$. *Die Axen* α *sind zweiseitig von der zweiten Art.* Anzahl gleichberechtigter Richtungen 24, entsprechend den über abwechselnden Oktanten gelegenen Flächengruppen eines Hexakisoktaëders, welche für sich ein Hexakistetraëder bilden. Die übrigen einfachen Formen sind: Triakistetraëder, Deltoëder, Tetrakishexaëder, Tetraëder, Dodekaëder, Hexaëder. Die Gruppe von 24 Operationen ist gegeben durch die Tabellen

I und IV

mit den *erzeugenden Operationen* S_3, S_2 und TC.

3] Plagiëdrisch-hemiëdrische Gruppe.

13 Symmetrieaxen wie in 1], nur sind die Axen δ im gewöhnlichen Sinne zweiseitig. Anzahl gleichberechtigter Richtungen 24, entsprechend den abwechselnden Flächen eines Hexakisoktaëders, welche für sich ein Pentagonikositetraëder bilden. Die übrigen einfachen Formen unterscheiden sich in ihrer Gestalt nicht von den entsprechenden holoëdrischen. Die Gruppe von 24 Drehungen (Oktaëderdrehungen) setzt sich zusammen aus den Tabellen

I und II

mit den *erzeugenden Drehungen* S_3, S_2 und T.

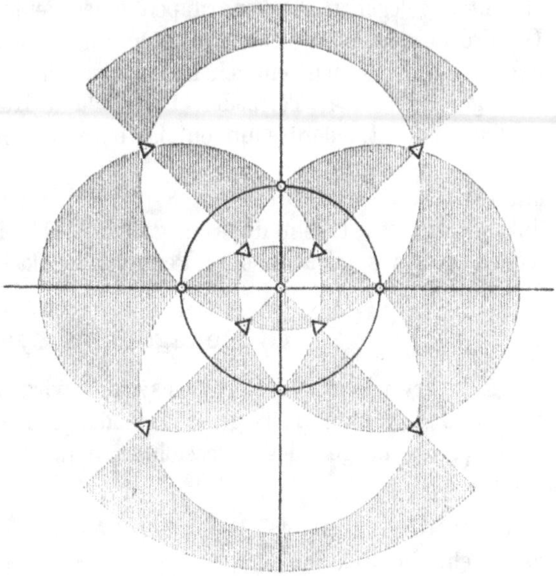

Fig. 23.

4] Pentagonal-hemiëdrische Gruppe.

Centrum; 7 Symmetrieaxen: drei zweiseitige 2-zählige α_1, α_2, α_3 *und vier 3-zählige* δ_0, δ_1, δ_2, δ_3, *welche einseitig von der zweiten Art sind; drei Symmetrieebenen* p_1, p_2, p_3. Anzahl gleichberechtigter Richtungen 24, entsprechend den abwechselnden an den mittleren Kanten eines Hexakisoktaëders gelegenen Flächenpaaren, welche für sich ein Dyakisdodekaëder bilden. Die übrigen einfachen Formen sind: Ikositetraëder, Triakisoktaëder, Pentagondodekaëder, Oktaëder, Dodekaëder, Hexaëder. Die Gruppe der 24 Operationen ist enthalten in den Tabellen

I und III

mit den *erzeugenden Operationen* S_3, S_2 und C.

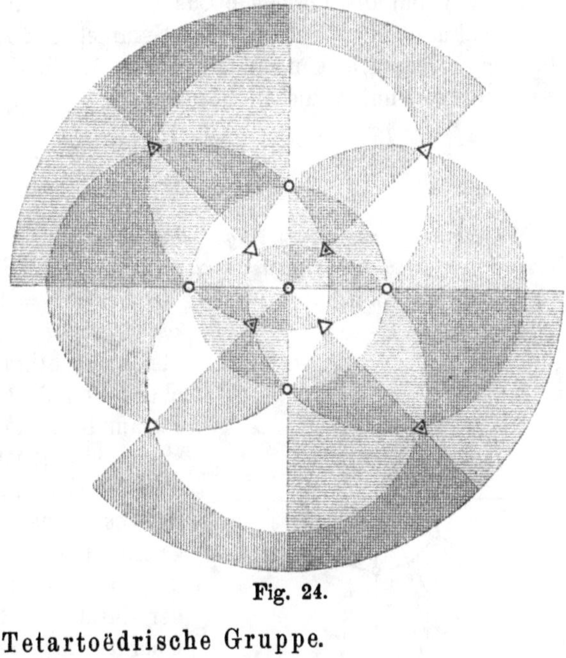

Fig. 24.

5] Tetartoëdrische Gruppe.

7 Symmetrieaxen wie in 2], nur sind die Axen α im gewöhnlichen Sinne zweiseitig. Anzahl gleichberechtigter Richtungen 12, entsprechend den abwechselnden Flächen eines Hexakistetraëders, oder den über abwechselnden Oktanten gelegenen Flächengruppen eines Pentagonikositetraëders oder eines Dyakisdodekaëders, welche für sich ein tetraëdrisches Pentagondodekaëder bilden. Die übrigen einfachen Formen sind: Triakistetraëder, Deltoëder, Pentagondodekaëder, Tetraëder, Dodekaëder, Hexaëder. Die Gruppe der 12 Drehungen (Tetraëderdrehungen) ist enthalten in

I

mit den *erzeugenden Drehungen* S_3 und S_2. Es liefern die Symbole I ein linkes positives, II ein linkes negatives, III ein rechtes negatives, IV ein rechtes positives tetraëdrisches Pentagondodekaëder.

II. Hexagonales System.

Das krystallographische Axensystem wird von 4 Axen, einer Verticalaxe γ und drei unter 120^0 gegen einander geneigten gleichberechtigten Queraxen α_1, α_2, α_3 gebildet. Bezeichnet man die Richtungscosinus einer Geraden ν mit

$$\cos(\nu\alpha_1) = \xi, \quad \cos(\nu\alpha_2) = \eta, \quad \cos(\nu\alpha_3) = \zeta, \quad \cos(\nu\gamma) = \omega,$$

so besteht die Relation

$$\xi + \eta + \zeta = 0.$$

Die Axe γ hat die Periode 6 oder 3; in dem letzteren Falle kann γ durch Hinzunahme eines Centrums der Symmetrie 6-zählig werden oder 3-zählig bleiben. Demnach können unter den 12 hierher gehörigen Gruppen drei Abtheilungen unterschieden werden.

Erste Abtheilung.

6] Holoëdrische Gruppe.

Centrum; sieben zweiseitige Symmetrieaxen: eine 6-zählige Verticalaxe γ und drei + drei 2-zählige Queraxen α_1, α_2, α_3 und β_1, β_2, β_3 mit den Winkeln $(\alpha_2\alpha_3) = \cdot\cdot = (\beta_2\beta_3) = \cdot\cdot = 120^0$, $(\alpha_1\beta_1) = \cdot\cdot = 30^0$; *sieben Symmetrieebenen, welche auf den Axen senkrecht stehen.* Anzahl gleichberechtigter Richtungen 24, entsprechend den 24 Flächen einer dihexagonalen Pyramide. Die übrigen einfachen Formen sind: hexagonale Pyramiden erster und zweiter Ordnung, dihexagonale Prismen, das hexagonale Prisma erster und jenes zweiter Ordnung, die Basis. Gruppe von 24 Operationen, welche unter Benutzung der durch die 6-zählige Axe, eine 2-zählige Queraxe α_3 und das Centrum bedingten *erzeugenden Operationen:*

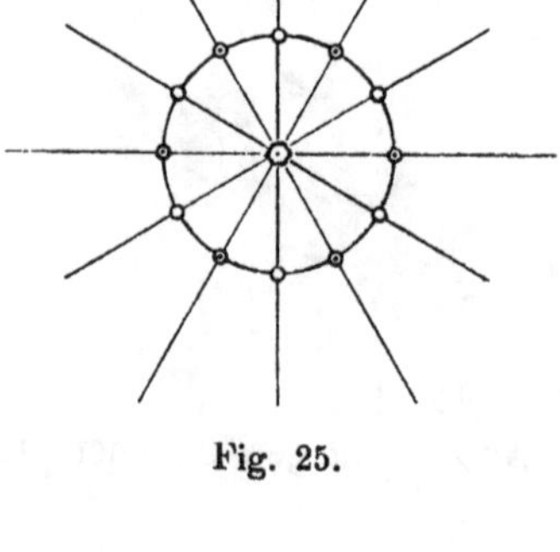

Fig. 25.

$$S_6 = \begin{pmatrix} \xi\eta\zeta\omega \\ \bar\eta\bar\zeta\bar\xi\omega \end{pmatrix}, \quad S_2 = \begin{pmatrix} \xi\eta\zeta\omega \\ \eta\xi\zeta\bar\omega \end{pmatrix}, \quad C = \begin{pmatrix} \xi\eta\zeta\omega \\ \bar\xi\bar\eta\bar\zeta\bar\omega \end{pmatrix}$$

folgende Symbole erhalten:

$$\left|\begin{array}{llllll} 1, & S_6, & S_6{}^2, & S_6{}^3, & S_6{}^4, & S_6{}^5, \\ S_2, & S_6 S_2, & S_6{}^2 S_2, & S_6{}^3 S_2, & S_6{}^4 S_2, & S_6{}^5 S_2, \\ C, & S_6 C, & S_6{}^2 C, & S_6{}^3 C, & S_6{}^4 C, & S_6{}^5 C, \\ S_2 C, & S_6 S_2 C, & S_6{}^2 S_2 C, & S_6{}^3 S_2 C, & S_6{}^4 S_2 C, & S_6{}^5 S_2 C; \end{array}\right.$$

$$\left|\begin{array}{llllll} \xi\eta\zeta\omega, & \bar\eta\bar\zeta\bar\xi\omega, & \zeta\xi\eta\omega, & \bar\xi\bar\eta\bar\zeta\omega, & \eta\zeta\xi\omega, & \bar\zeta\bar\xi\bar\eta\omega, \\ \eta\xi\zeta\bar\omega, & \bar\xi\bar\zeta\bar\eta\bar\omega, & \zeta\eta\xi\bar\omega, & \bar\eta\bar\xi\bar\zeta\bar\omega, & \xi\zeta\eta\bar\omega, & \bar\zeta\bar\eta\bar\xi\bar\omega, \\ \bar\xi\bar\eta\bar\zeta\bar\omega, & \eta\zeta\xi\bar\omega, & \bar\zeta\bar\xi\bar\eta\bar\omega, & \xi\eta\zeta\bar\omega, & \bar\eta\bar\zeta\bar\xi\bar\omega, & \zeta\xi\eta\bar\omega, \\ \bar\eta\bar\xi\bar\zeta\omega, & \xi\zeta\eta\omega, & \bar\zeta\bar\eta\bar\xi\omega, & \eta\xi\zeta\omega, & \bar\xi\bar\zeta\bar\eta\omega, & \zeta\eta\xi\omega. \end{array}\right.$$

7] Hemimorph-hemiëdrische Gruppe.

Eine polare 6-zählige Symmetrieaxe γ und drei + drei durch sie hindurchgehende Symmetrieebenen. Anzahl gleichberechtigter Richtungen 12, entsprechend der oberen oder der unteren Flächengruppe einer dihexagonalen Pyramide; daneben: einfache hexagonale Pyramiden erster und zweiter Ordnung, dihexagonale Prismen, je ein hexagonales Prisma erster und zweiter Ordnung, zwei ungleiche zu γ senkrechte Flächen. Eine Gruppe von 12 Operationen:

$$S_6{}^\mu, \; S_6{}^\mu S_2 C, \qquad (\mu = 0, 1, 2, 3, 4, 5)$$

geht hervor aus den *erzeugenden Operationen:*

$$S_6 = \begin{pmatrix} \xi\eta\zeta\omega \\ \bar\eta\bar\zeta\bar\xi\omega \end{pmatrix}, \quad S_2 C = \begin{pmatrix} \xi\eta\zeta\omega \\ \bar\eta\bar\xi\bar\zeta\omega \end{pmatrix}$$

von denen die letztere bedeutet, dass die auf α_3 senkrecht stehende Ebene eine Symmetrieebene ist.

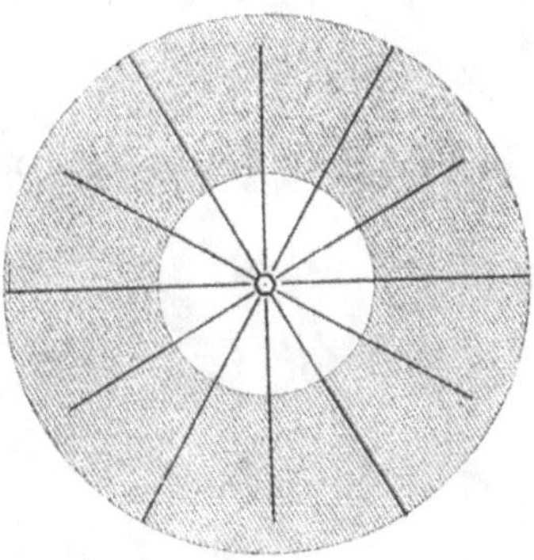

Fig. 26.

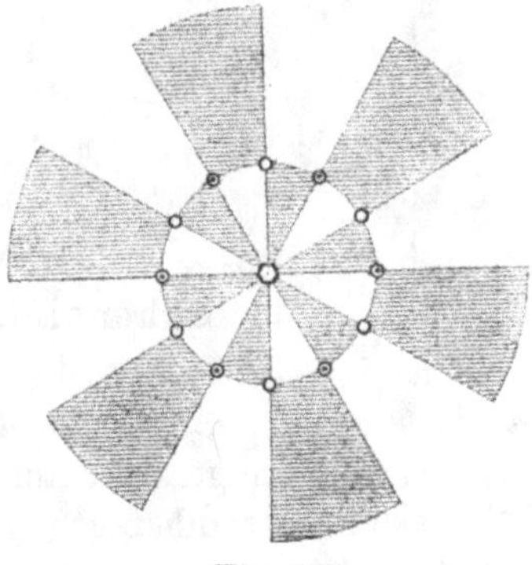

Fig. 27.

8] Trapezoëdrisch-hemiëdrische Gruppe.

Sieben zweiseitige Symmetrieaxen wie in 6]. Anzahl gleichberechtigter Richtungen 12, entsprechend den abwechselnden Flächen einer dihexagonalen Pyramide, welche für sich ein hexagonales Trapezoëder bilden; die übrigen einfachen Formen unterscheiden sich in ihrer Gestalt nicht von den entsprechenden holoëdrischen. Gruppe von 12 Drehungen:

$$S_6^\mu,\ S_6^\mu S_2, \qquad (\mu = 0, 1, 2, 3, 4, 5)$$

mit den *erzeugenden Drehungen* S_6 und S_2.

9] Pyramidal-hemiëdrische Gruppe.

Centrum; eine 4-zählige Symmetrieaxe γ *und eine zu ihr senkrechte Symmetrieebene; demnach ist* γ *einseitig von der ersten Art.* Anzahl gleichberechtigter Richtungen 12, entsprechend den an abwechselnden Seitenkanten einer dihexagonalen Pyramide gelegenen Flächenpaaren, welche für sich eine hexagonale Pyramide dritter Ordnung darstellen; daneben: hexagonale Pyramiden erster und zweiter Ordnung, hexagonale Prismen dritter Ordnung, je ein hexagonales Prisma erster und zweiter Ordnung, die Basis. Gruppe von 12 Operationen:

$$S_6^\mu,\ S_6^\mu C, \qquad (\mu = 0, 1, 2, 3, 4, 5)$$

mit den *erzeugenden Operationen* S_6 und C.

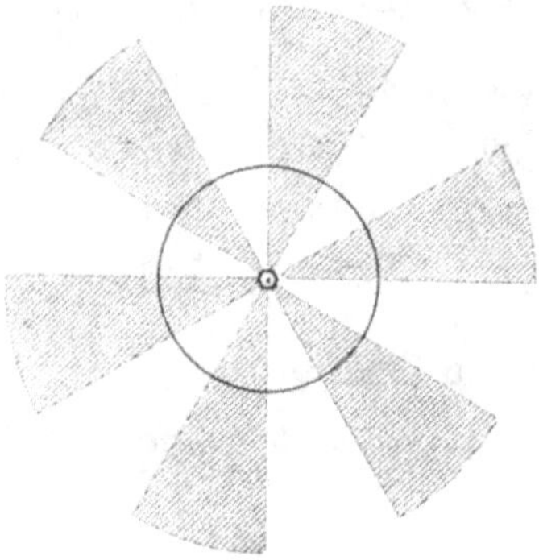

Fig. 28.

10] Erste hemimorph-tetartoëdrische Gruppe.

Eine polare 6-zählige Symmetrieaxe γ. Anzahl gleichberechtigter Richtungen 6, entsprechend der oberen oder der unteren Flächengruppe eines hexagonalen Trapezoëders oder einer hexagonalen Pyramide dritter Ordnung; daneben: einfache hexagonale Pyramiden erster und zweiter Ordnung, hexagonale Prismen dritter Ordnung, je ein Prisma erster und zweiter Ordnung, zwei ungleiche zu γ senkrechte Flächen. Gruppe von 6 Drehungen:

$$S_6^\mu, \qquad (\mu = 0, 1, 2, 3, 4, 5)$$

mit der *erzeugenden Drehung* S_6.

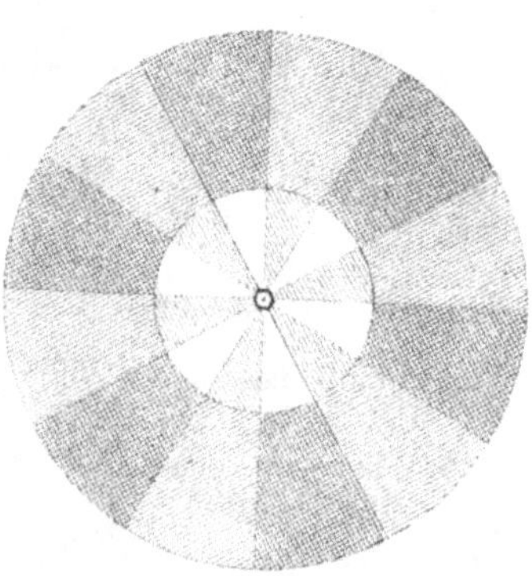

Fig. 29.

Zweite Abtheilung.

11] Sphenoidisch-hemiëdrische Gruppe.

Vier Symmetrieaxen: eine zweiseitige 3-zählige Verticalaxe γ *und drei polare Queraxen* α_1, α_2, α_3; *vier Symmetrieebenen, welche jene Axen verbinden.* Anzahl gleichberechtigter Richtungen 12, entsprechend den an abwechselnden Seitenecken einer dihexagonalen Pyramide gelegenen Flächen, welche für sich eine ditrigonale Pyramide bilden; daneben: hexagonale Pyramiden erster

Ordnung, trigonale Pyramiden zweiter Ordnung, ditrigonale Prismen, das hexagonale Prisma erster Ordnung, zwei correlate trigonale Prismen zweiter Ordnung, die Basis. Gruppe von 12 Operationen:

$$\left|\begin{array}{llllll} 1, & S_6C, & S_6^2, & S_6^3C, & S_6^4, & S_6^5C, \\ S_2, & S_6CS_2, & S_6^2S_2, & S_6^3CS_2, & S_6^4S_2, & S_6^5CS_2; \\ \xi\eta\zeta\omega, & \eta\zeta\xi\varpi, & \zeta\xi\eta\omega, & \xi\eta\zeta\varpi, & \eta\zeta\xi\omega, & \zeta\xi\eta\varpi, \\ \eta\xi\zeta\varpi, & \xi\zeta\eta\omega, & \zeta\eta\xi\varpi, & \eta\xi\zeta\omega, & \xi\zeta\eta\varpi, & \zeta\eta\xi\omega. \end{array}\right.$$

mit den *erzeugenden Operationen:*

$$S_6C = \begin{pmatrix}\xi\eta\zeta\omega \\ \eta\zeta\xi\varpi\end{pmatrix}, \quad S_2 = \begin{pmatrix}\xi\eta\zeta\omega \\ \eta\xi\zeta\varpi\end{pmatrix}.$$

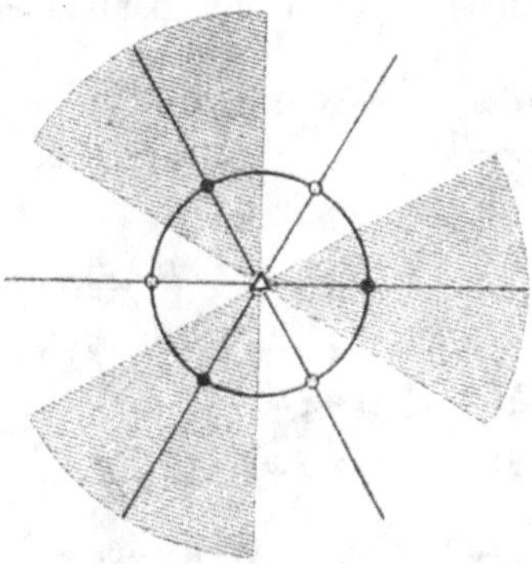

Fig. 30.

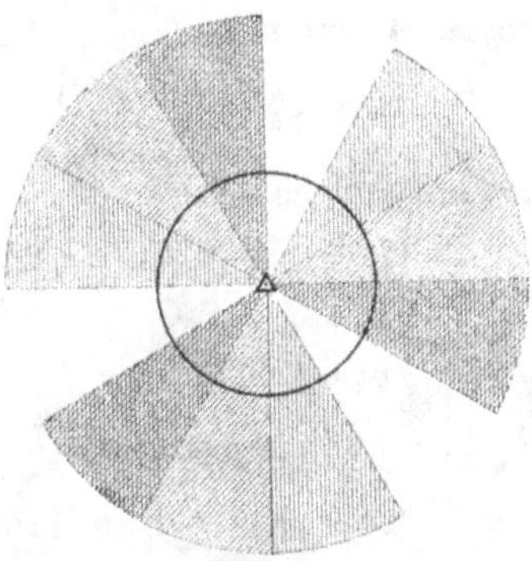

Fig. 31.

12] Sphenoidisch-tetartoëdrische Gruppe.

Eine 3-zählige Symmetrieaxe γ und eine zu ihr senkrechte Symmetrieebene; demnach ist γ einseitig von der ersten Art. Anzahl gleichberechtigter Richtungen 6, entsprechend den an abwechselnden Seitenkanten gelegenen Flächenpaaren einer hexagonalen Pyramide dritter Ordnung oder einer ditrigonalen Pyramide, welche, für sich genommen, eine trigonale Pyramide dritter Ordnung bilden; daneben: trigonale Pyramiden erster und zweiter Ordnung, trigonale Prismen dritter, erster und zweiter Ordnung, die Basis. Gruppe von 6 Operationen:

$$1, \quad S_6C, \quad S_6^2, \quad S_6^3C, \quad S_6^4, \quad S_6^5C,$$

mit der *erzeugenden Operation* S_6C.

Dritte Abtheilung.

13] Rhomboëdrisch-hemiëdrische Gruppe.

Centrum; 4 Symmetrieaxen: eine zweiseitige 3-zählige Verticalaxe γ und drei 2-zählige Queraxen α_1, α_2, α_3; drei auf α_1, α_2, α_3 senkrecht stehende Symmetrieebenen. Demnach sind die Queraxen einseitig von der ersten Art, die

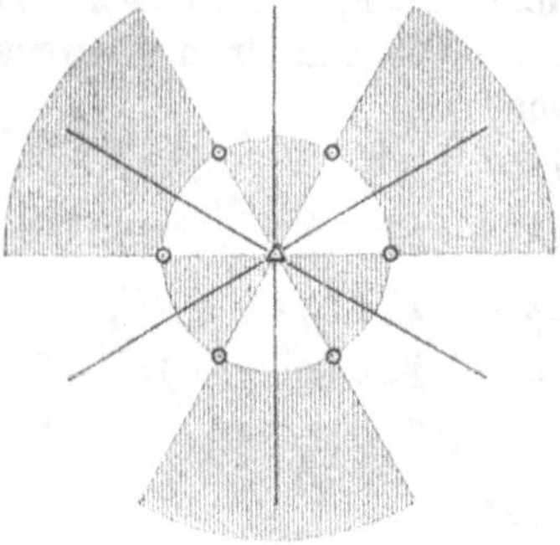

Fig. 32.

Verticalaxe zweiseitig von der zweiten Art. Anzahl gleichberechtigter Richtungen 12, entsprechend den Flächenpaaren einer dihexagonalen Pyramide, welche über abwechselnden durch die Axen γ, α_1, α_2, α_3 bestimmten Dodekanten liegen; diese Flächenpaare bilden für sich ein Skalenoëder. Die übrigen einfachen Formen sind: Rhomboëder erster Ordnung, hexagonale Pyramiden zweiter Ordnung, dihexagonale Prismen, je ein hexagonales Prisma erster und zweiter Ordnung, die Basis. Gruppe von 12 Operationen, welche mit Benutzung der *erzeugenden Operationen:*

$$S_3 = S_6{}^2 = \begin{pmatrix} \xi\eta\zeta\omega \\ \zeta\xi\eta\omega \end{pmatrix}, \quad S_2 = \begin{pmatrix} \xi\eta\zeta\omega \\ \eta\xi\zeta\bar{\omega} \end{pmatrix}, \quad C = \begin{pmatrix} \xi\eta\zeta\omega \\ \bar{\xi}\bar{\eta}\bar{\zeta}\bar{\omega} \end{pmatrix}$$

folgende Symbole erhalten:

$$\begin{array}{|llllll} 1, & S_3, & S_3{}^2; & S_2, & S_3 S_2, & S_3{}^2 S_2; \\ C, & S_3 C, & S_3{}^2 C; & S_2 C, & S_3 S_2 C, & S_3{}^2 S_2 C; \end{array}$$

$$\begin{array}{|llllll} \xi\eta\zeta\omega, & \zeta\xi\eta\omega, & \eta\zeta\xi\omega; & \eta\xi\zeta\bar{\omega}, & \zeta\eta\xi\bar{\omega}, & \xi\zeta\eta\bar{\omega}; \\ \bar{\xi}\bar{\eta}\bar{\zeta}\bar{\omega}, & \bar{\zeta}\bar{\xi}\bar{\eta}\bar{\omega}, & \bar{\eta}\bar{\zeta}\bar{\xi}\bar{\omega}; & \bar{\eta}\bar{\xi}\bar{\zeta}\omega, & \bar{\zeta}\bar{\eta}\bar{\xi}\omega, & \bar{\xi}\bar{\zeta}\bar{\eta}\omega. \end{array}$$

14] Zweite hemimorph-tetartoëdrische Gruppe.

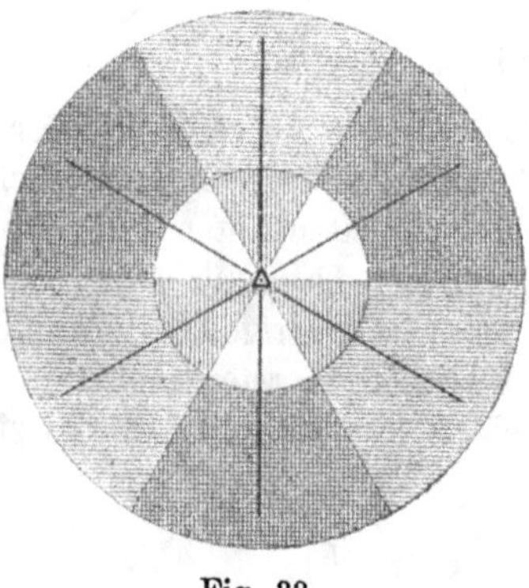

Fig. 33.

Eine polare 3-zählige Symmetrieaxe γ, drei durch sie hindurchgehende gleichberechtigte Symmetrieebenen. Anzahl gleichberechtigter Richtungen 6, entsprechend der oberen oder der unteren Flächengruppe eines Skalenoëders; daneben einfache Formen, welche gebildet werden von den oberen oder den unteren Flächengruppen eines Rhomboëders erster Ordnung und einer hexagonalen Pyramide zweiter Ordnung, ferner ditrigonale Prismen, correlate trigonale Prismen erster Ordnung, das hexagonale Prisma zweiter Ordnung, zwei ungleiche zu γ senkrechte Flächen. Gruppe von 6 Operationen:

$$1,\ S_3,\ S_3{}^2;\quad S_2 C,\ S_3 S_2 C,\ S_3{}^2 S_2 C,$$

mit den *erzeugenden Operationen* S_3 und $S_2 C$.

15] Trapezoëdrisch-tetartoëdrische Gruppe.

Eine zweiseitige 3-zählige Symmetrieaxe γ und drei gleichberechtigte polare 2-zählige Queraxen α_1, α_2, α_3. Anzahl gleichberechtigter Richtungen 6, entsprechend den an abwechselnden Seitenkanten eines Skalenoëders gelegenen Flächenpaaren, welche für sich ein trigonales Trapezoëder bilden; daneben: Rhomboëder erster Ordnung, trigonale Pyramiden zweiter Ordnung, ditrigonale Prismen, das hexagonale Prisma erster Ordnung, zwei correlate trigonale Prismen zweiter Ordnung, die Basis. Gruppe von 6 Drehungen:

$$1,\ S_3,\ S_3^2;\quad S_2,\ S_3 S_2,\ S_3^2 S_2,$$

mit den *erzeugenden Drehungen* S_3 und S_2.

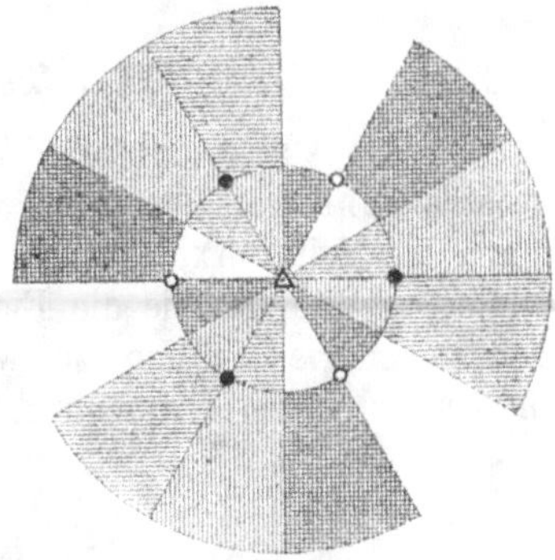

Fig. 34.

16] Rhomboëdrisch-tetartoëdrische Gruppe.

Centrum; eine 3-zählige Symmetrieaxe γ, welche einseitig von der zweiten Art ist. Anzahl gleichberechtigter Richtungen 6, entsprechend den abwechselnden Flächen eines Skalenoëders, welche für sich ein Rhomboëder dritter Ordnung bilden; die übrigen einfachen Formen sind: Rhomboëder erster und zweiter Ordnung, hexagonale Prismen dritter, erster und zweiter Ordnung, die Basis. Gruppe von 6 Operationen:

$$1,\ S_3,\ S_3^2;\quad C,\ S_3 C,\ S_3^2 C,$$

mit den *erzeugenden Operationen* S_3 und C.

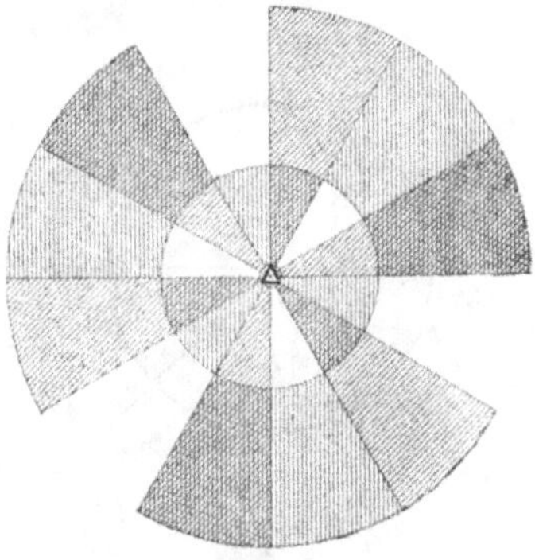

Fig. 35.

17] Ogdoëdrische Gruppe.

Eine polare 3-zählige Symmetrieaxe γ. Anzahl gleichberechtigter Richtungen 3, entsprechend der oberen oder der unteren Flächengruppe einer trigonalen Pyramide dritter Ordnung, eines trigonalen Trapezoëders oder eines Rhomboëders dritter Ordnung; daneben: einfache Formen, welche gebildet werden von der oberen oder der unteren Flächengruppe eines Rhomboëders erster oder zweiter Ordnung; ferner trigonale Prismen dritter Ordnung, je zwei correlate trigonale Prismen erster und zweiter Ordnung, endlich zwei ungleiche zu γ senkrechte Flächen. Gruppe von drei Drehungen:

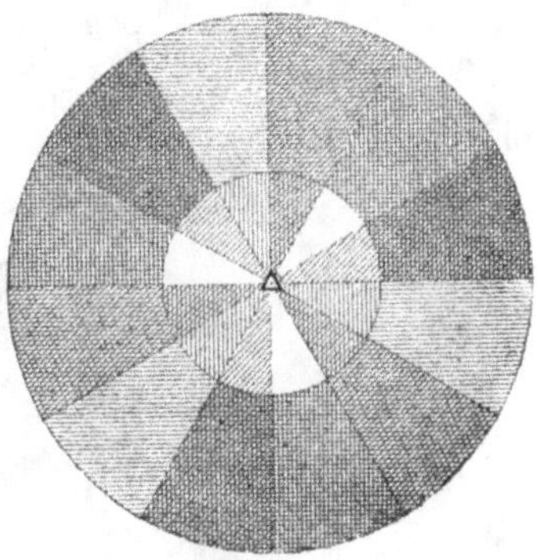

Fig. 36.

$$1,\ S_3,\ S_3^2,$$

mit der *erzeugenden Drehung* S_3.

III. Tetragonales System.

Das krystallographische Axensystem besteht aus drei aufeinander senkrechten Kantenrichtungen γ, α_1, α_2, von denen α_1 und α_2 gleichberechtigt sind; die dritte Axe ist eine Symmetrieaxe von der Periode 4 oder 2, im letzteren Falle hat sie die Eigenschaft, durch Hinzunahme eines Centrums der Symmetrie 4-zählig zu werden. Demnach können unter den sieben hierher gehörigen Gruppen zwei Abtheilungen unterschieden werden.

Erste Abtheilung.

18] Holoëdrische Gruppe.

Centrum; fünf zweiseitige Symmetrieaxen: eine 4-zählige γ und zwei + zwei 2-zählige Queraxen $\alpha_1 \alpha_2$ und $\beta_1 \beta_2$ mit den Winkeln $(\alpha_1 \alpha_2) = (\beta_1 \beta_2) = 90^0$, $(\alpha_1 \beta_1) = \ldots = 45^0$; *fünf Symmetrieebenen, welche auf den Axen senkrecht stehen.* Anzahl gleichberechtigter Richtungen 16, entsprechend den 16 Flächen einer ditetragonalen Pyramide. Die übrigen einfachen Formen sind: tetragonale Pyramiden erster und zweiter Ordnung, ditetragonale Prismen, das tetragonale Prisma erster und jenes zweiter Ordnung, die Basis. Gruppe von 16 Operationen, welche unter Benutzung der durch die 4-zählige Axe, eine 2-zählige Queraxe α_1 und das Centrum bedingten *erzeugenden Operationen:*

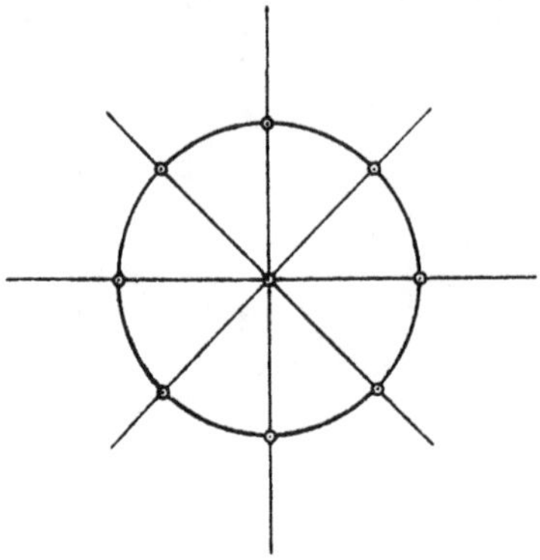

Fig. 37.

$$S_4 = \begin{pmatrix} xyz \\ \bar{y}xz \end{pmatrix}, \quad S_2 = \begin{pmatrix} xyz \\ x\bar{y}\bar{z} \end{pmatrix}, \quad C = \begin{pmatrix} xyz \\ \bar{x}\bar{y}\bar{z} \end{pmatrix}$$

folgende Symbole erhalten:

$$\begin{array}{|llll} 1, & S_4, & S_4^2, & S_4^3, \\ S_2, & S_4 S_2, & S_4^2 S_2, & S_4^3 S_2, \\ C, & S_4 C, & S_4^2 C, & S_4^3 C, \\ S_2 C, & S_4 S_2 C, & S_4^2 S_2 C, & S_4^3 S_2 C; \end{array}$$

$$\begin{array}{|llll} xyz, & \bar{y}xz, & \bar{x}\bar{y}z, & y\bar{x}z, \\ x\bar{y}\bar{z}, & yx\bar{z}, & \bar{x}y\bar{z}, & \bar{y}\bar{x}\bar{z}, \\ \bar{x}\bar{y}\bar{z}, & y\bar{x}\bar{z}, & xy\bar{z}, & \bar{y}x\bar{z}, \\ \bar{x}yz, & \bar{y}\bar{x}z, & x\bar{y}z, & yxz. \end{array}$$

19] Hemimorph-hemiëdrische Gruppe.

Eine polare 4-zählige Symmetrieaxe γ und zwei + zwei durch sie hindurch-

gehende Symmetrieebenen. Anzahl gleichberechtigter Richtungen 8, entsprechend der oberen oder der unteren Flächengruppe einer ditetragonalen Pyramide; daneben: einfache tetragonale Pyramiden erster und zweiter Ordnung, ditetragonale Prismen, je ein tetragonales Prisma erster und zweiter Ordnung, zwei ungleiche zu γ senkrechte Flächen. Die Gruppe von 8 Operationen:

$$S_4^\mu,\ S_4^\mu S_2 C, \qquad (\mu = 0, 1, 2, 3)$$

geht hervor aus den *erzeugenden Operationen:*

$$S_4 = \begin{pmatrix} xyz \\ \bar{y}xz \end{pmatrix}, \qquad S_2 C = \begin{pmatrix} xyz \\ \bar{x}yz \end{pmatrix},$$

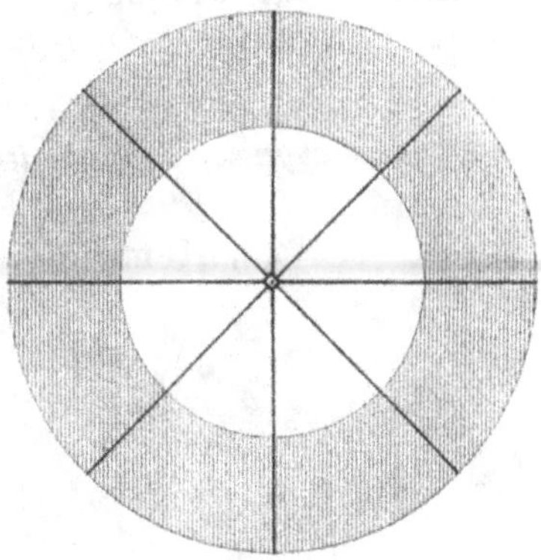

Fig. 38.

von denen die letztere bedeutet, dass die auf a_1 senkrecht stehende Ebene eine Symmetrieebene ist.

20] Trapezoëdrisch-hemiëdrische Gruppe.

Fünf zweiseitige Symmetrieaxen wie in 18]. Anzahl gleichberechtigter Richtungen 8, entsprechend den abwechselnden Flächen einer ditetragonalen Pyramide, welche für sich ein tetragonales Trapezoëder bilden; die übrigen einfachen Formen unterscheiden sich in ihrer Gestalt nicht von den entsprechenden holoëdrischen. Gruppe von 8 Drehungen:

$$S_4^\mu,\ S_4^\mu S_2, \qquad (\mu = 0, 1, 2, 3)$$

mit den *erzeugenden Drehungen* S_4 und S_2.

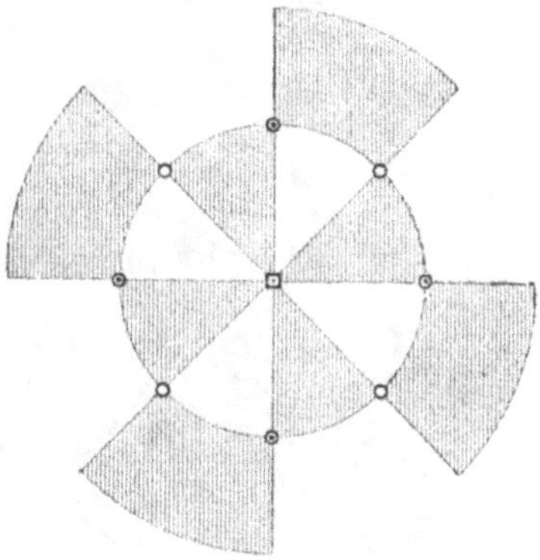

Fig. 39.

21] Pyramidal-hemiëdrische Gruppe.

Centrum; eine 4-zählige Symmetrieaxe γ und eine zu ihr senkrechte Symmetrieebene; demnach ist γ einseitig von der ersten Art. Anzahl gleichberechtigter Richtungen 8, entsprechend den an abwechselnden Seitenkanten einer ditetragonalen Pyramide gelegenen Flächenpaaren, welche für sich eine tetragonale Pyramide dritter Ordnung darstellen; daneben: tetragonale Pyramiden erster und zweiter Ordnung, tetragonale

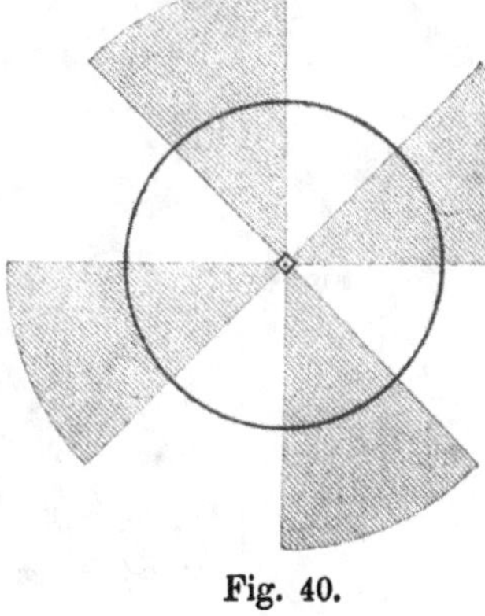

Fig. 40.

Prismen dritter Ordnung, je ein Prisma erster und zweiter Ordnung, die Basis. Gruppe von 8 Operationen:

$$S_4^\mu,\ S_4^\mu C, \qquad (\mu = 0, 1, 2, 3)$$

mit den *erzeugenden Operationen* S_4 und C.

22] Hemimorph-tetartoëdrische Gruppe.

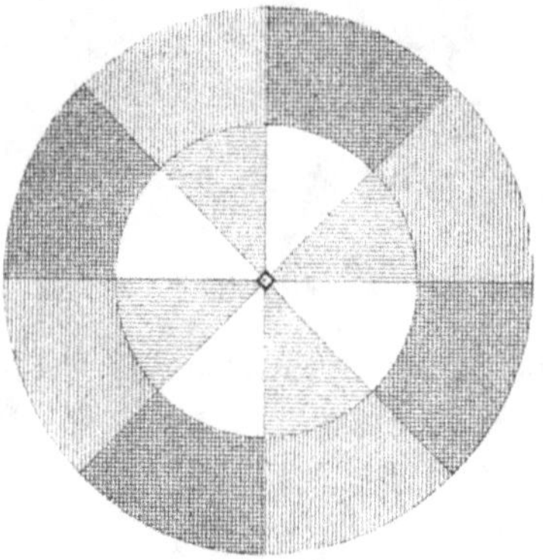

Fig. 41.

Eine polare 4-zählige Symmetrieaxe γ. Anzahl gleichberechtigter Richtungen 4, entsprechend der oberen oder der unteren Flächengruppe eines tetragonalen Trapezoëders oder einer tetragonalen Pyramide dritter Ordnung; daneben: einfache tetragonale Pyramiden erster und zweiter Ordnung, tetragonale Prismen dritter Ordnung, je ein Prisma erster und zweiter Ordnung, zwei ungleiche zu γ senkrechte Flächen. Gruppe von 4 Drehungen:

$$S_4^\mu, \qquad (\mu = 0, 1, 2, 3),$$

mit der *erzeugenden Drehung* S_4.

Zweite Abtheilung.

23] Sphenoidisch-hemiëdrische Gruppe.

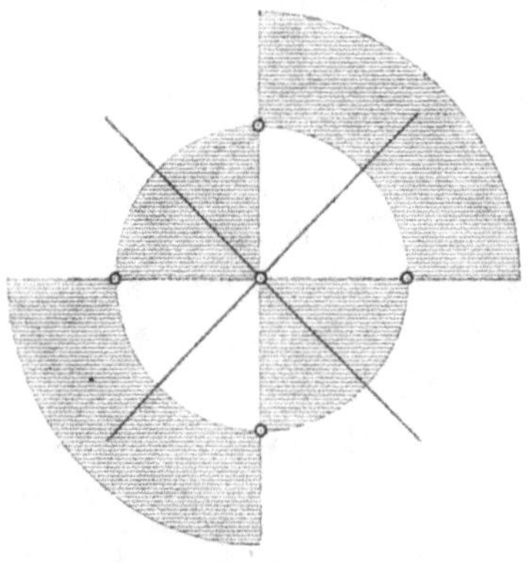

Fig. 42.

Drei auf einander senkrechte zweiseitige 2-zählige Symmetrieaxen γ, α_1, α_2, *von denen* α_1 *und* α_2 *gleichberechtigt sind; in der Axe* γ, *welche zweiseitig von der zweiten Art ist, schneiden sich zwei die Winkel zwischen den Axen* α_1 *und* α_2 *halbirende Symmetrieebenen.* Anzahl gleichberechtigter Richtungen 8, entsprechend den über abwechselnden Oktanten gelegenen Flächenpaaren einer ditetragonalen Pyramide, welche für sich ein ditetragonales Sphenoid bilden; daneben: tetragonale Sphenoide, tetragonale Pyramiden zweiter Ordnung, ditetragonale Prismen, je ein tetragonales Prisma erster und zweiter Ordnung, die Basis. Gruppe von 8 Operationen:

$$\left|\begin{array}{llll} 1, & S_4 C, & S_4^2, & S_4^3 C, \\ S_2, & S_4 C S_2, & S_4^2 S_2, & S_4^3 C S_2; \end{array}\right.$$

$$\left|\begin{array}{llll} xyz, & y\bar{x}\bar{z}, & \bar{x}\bar{y}z, & \bar{y}x\bar{z}, \\ x\bar{y}\bar{z}, & \bar{y}\bar{x}z, & \bar{x}y\bar{z}, & yxz; \end{array}\right.$$

mit den *erzeugenden Operationen*:

$$S_4 C = \begin{pmatrix} xyz \\ y\bar{x}\bar{z} \end{pmatrix}, \qquad S_2 = \begin{pmatrix} xyz \\ x\bar{y}\bar{z} \end{pmatrix}.$$

24] Sphenoidisch-tetartoëdrische Gruppe.

Eine 2-zählige Symmetrieaxe γ, welche einseitig von der zweiten Art ist. Anzahl gleichberechtigter Richtungen 4, entsprechend den abwechselnden Flächen einer tetragonalen Pyramide dritter Ordnung oder eines Disphenoids, welche für sich ein tetragonales Sphenoid dritter Ordnung bilden; daneben: tetragonale Sphenoide erster und zweiter Ordnung, tetragonale Prismen dritter, erster und zweiter Ordnung, die Basis. Gruppe von 4 Operationen:

$$1, \quad S_4 C, \quad S_4^2, \quad S_4^3 C,$$

mit der *erzeugenden Operation* $S_4 C$.

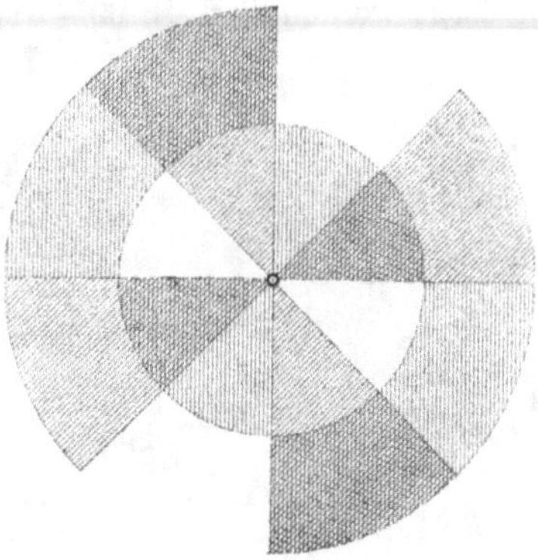

Fig. 43.

IV. Rhombisches System.

Das krystallographische Axensystem wird von drei aufeinander senkrechten nicht vertauschbaren Kantenrichtungen gebildet. Drei Gruppen.

25] Holoëdrische Gruppe.

Centrum; drei auf einander senkrechte nicht vertauschbare zweiseitige Symmetriaxen von der Periode 2, deren Verbindungsebenen Symmetrieebenen sind. Anzahl gleichberechtigter Richtungen 8, entsprechend den 8 Flächen einer rhombischen Pyramide. Einfache Formen: rhombische Pyramiden, rhombische Prismen, Flächenpaare parallel den drei Symmetrieebenen. Gruppe von 8 Operationen:

$$\begin{vmatrix} 1, & S_2, & S_2', & S_2 S_2', \\ C, & S_2 C, & S_2' C, & S_2 S_2' C. \end{vmatrix}$$

$$\begin{vmatrix} xyz, & x\bar{y}\bar{z}, & \bar{x}y\bar{z}, & \bar{x}\bar{y}z, \\ \bar{x}\bar{y}\bar{z}, & \bar{x}yz, & x\bar{y}z, & xy\bar{z}. \end{vmatrix}$$

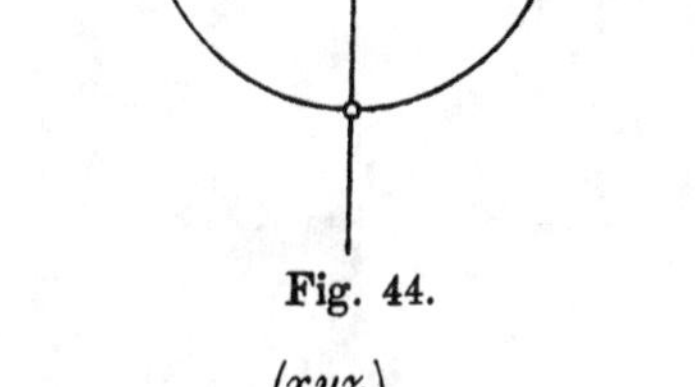

Fig. 44.

Erzeugende Operationen:

$$S_2 = \begin{pmatrix} xyz \\ x\bar{y}\bar{z} \end{pmatrix}, \qquad S_2' = \begin{pmatrix} xyz \\ \bar{x}y\bar{z} \end{pmatrix}, \qquad C = \begin{pmatrix} xyz \\ \bar{x}\bar{y}\bar{z} \end{pmatrix}.$$

An die Stelle dieser Substitutionen können folgende treten, welche das Vorhandensein von drei, den Coordinatenebenen parallelen Symmetrieebenen ausdrücken:

$$\begin{pmatrix} xyz \\ \bar{x}yz \end{pmatrix}, \quad \begin{pmatrix} xyz \\ x\bar{y}z \end{pmatrix}, \quad \begin{pmatrix} xyz \\ xy\bar{z} \end{pmatrix};$$

d. h. das Vorzeichen jeder Coordinate kann mit dem entgegengesetzten vertauscht werden (vgl. S. 29—31).

26] Hemiëdrische Gruppe.

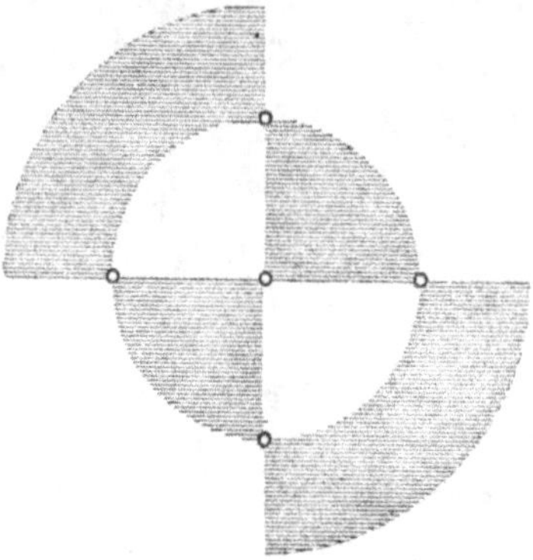

Fig. 45.

Drei auf einander senkrechte nicht vertauschbare zweiseitige Symmetrieaxen von der Periode 2. Anzahl gleichberechtigter Richtungen 4, entsprechend den 4 Flächen eines rhombischen Sphenoids. Einfache Formen: rhombische Sphenoide, rhombische Prismen, Flächenpaare parallel den Verbindungsebenen der Symmetrieaxen.

Gruppe von 4 Drehungen:

$$\begin{matrix} 1, & S_2, & S_2', & S_2 S_2', \\ xyz, & x\bar{y}\bar{z}, & \bar{x}y\bar{z}, & \bar{x}\bar{y}z. \end{matrix}$$

Erzeugende Operationen:

$$S_2 = \begin{pmatrix} xyz \\ x\bar{y}\bar{z} \end{pmatrix}, \quad S_2' = \begin{pmatrix} xyz \\ \bar{x}y\bar{z} \end{pmatrix}.$$

27] Hemimorphe Gruppe.

Eine polare 2-zählige Symmetrieaxe und zwei durch diese Axe hindurchgehende, auf einander senkrecht stehende nicht vertauschbare Symmetrieebenen. Die polare Axe falle mit der Verticalaxe zusammen. Anzahl gleichberechtiger Richtungen 4, entsprechend der oberen oder der unteren Flächengruppe einer rhombischen Pyramide. Daneben als einfache Formen: verticale rhombische Prismen, Flächenpaare entsprechend den beiden oberen oder den beiden unteren Flächen eines rhombischen Prismas mit horizontalen Kanten, zwei Flächenpaare parallel den verticalen Symmetrieebenen und zwei ungleiche horizontale Flächen.

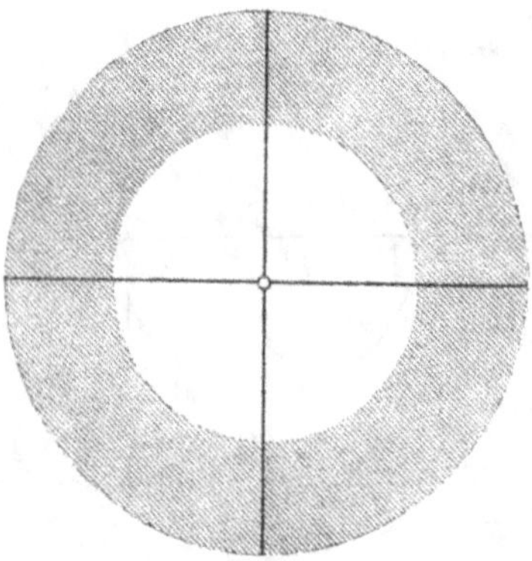

Fig. 46.

Gruppe von 4 Operationen:

$$\begin{matrix} 1, & S_2'', & S_2 C, & S_2'' S_2 C. \\ xyz, & \bar{x}\bar{y}z, & \bar{x}yz, & x\bar{y}z. \end{matrix}$$

Erzeugende Operationen:

$$S_2'' = \begin{pmatrix} xyz \\ \bar{x}\bar{y}z \end{pmatrix}, \qquad S_2 C = \begin{pmatrix} xyz \\ \bar{x}yz \end{pmatrix}.$$

V. Monoklines System.

Das krystallographische Axensystem wird gebildet von drei Kantenrichtungen π_1, π_2, π_3 mit den Winkeln $(\pi_1 \pi_3) \gtreqless 90^0$, $(\pi_2 \pi_1) = (\pi_2 \pi_3) = 90^0$. Drei Gruppen.

28] Holoëdrische Gruppe.

Centrum; eine Symmetrieebene $\pi_1 \pi_3$ und eine auf dieser Ebene senkrecht stehende 2-zählige Symmetrieaxe π_2, welche demnach einseitig von der ersten Art ist. Anzahl gleichberechtigter Richtungen 4, entsprechend den vier Flächen eines monoklinen Prismas. Einfache Formen: monokline Prismen, Flächenpaare aus der Zone der Symmetrieaxe, ein zur Symmetrieebene paralleles Flächenpaar.

Gruppe von vier Operationen:

$$\begin{matrix} 1, & S_2, & C, & S_2 C \\ xyz, & \bar{x}y\bar{z}, & \bar{x}\bar{y}\bar{z}, & x\bar{y}z. \end{matrix}$$

Erzeugende Operationen:

$$S_2 = \begin{pmatrix} xyz \\ \bar{x}y\bar{z} \end{pmatrix}, \qquad C = \begin{pmatrix} xyz \\ \bar{x}\bar{y}\bar{z} \end{pmatrix}.$$

29] Hemimorphe Gruppe.

Eine polare 2-zählige Symmetrieaxe. Anzahl gleichberechtigter Richtungen 2, entsprechend dem rechten oder dem linken Fächenpaar eines monoklinen Prismas. Daneben treten als einfache Formen auf: Flächenpaare aus der Zone der Symmetrieaxe und zwei ungleiche zur Symmetrieaxe senkrechte Flächen.

Gruppe von 2 Operationen:

$$\begin{matrix} 1, & S_2, \\ xyz, & \bar{x}y\bar{z}. \end{matrix}$$

Erzeugende Operationen:

$$S_2 = \begin{pmatrix} xyz \\ \bar{x}y\bar{z} \end{pmatrix}.$$

30] Hemiëdrische Gruppe.

Eine Symmetrieebene. Anzahl gleichberechtigter Richtungen 2, entsprechend dem vorderen oder dem hinteren Flächenpaar eines monoklinen Prismas. Daneben als einfache Formen: einzelne Flächen, welche zur

Symmetrieebene senkrecht stehen, und ein zu dieser Ebene paralleles Flächenpaar.

Gruppe von 2 Operationen:

$$1, \quad S_2C,$$
$$xyz, \quad x\bar{y}z.$$

Erzeugende Operation:

$$S_2C = \begin{pmatrix} xyz \\ x\bar{y}z \end{pmatrix}.$$

VI. Triklines System.

Irgend drei Kantenrichtungen, welche nicht einer und derselben Ebene parallel laufen, können zu krystallographischen Axen gewählt werden. Zwei Gruppen.

31] Holoëdrische Gruppe.

Centrum der Symmetrie. Eine Gerade ist nur mit der inversen Graden, eine Fläche nur mit der parallelen Gegenfläche gleichberechtigt. Einfache Krystallform: ein Paar paralleler Flächen.

Gruppe von 2 Operationen:

$$1, \quad C$$
$$xyz, \quad \bar{x}\bar{y}\bar{z}.$$

32] Hemiëdrische Gruppe.

Vollständig unsymmetrisch.

1. Homogene Deformationen.

(Thermische Ausdehnung. Einfache Schiebungen nach Gleitflächen.)

Erfährt ein homogener Krystall in seiner ganzen Ausdehnung eine Deformation, bei der er homogen bleibt, so erhebt sich vor allem die Frage nach den Aenderungen, welche dabei die Krystallform erleidet. Es zeigt sich, dass die durch das geometrische Grundgesetz der Krystalle definirten Eigenschaften erhalten bleiben, welches auch die Beziehung sein mag, in der jene Deformation zu den Symmetrieeigenschaften des Krystalls steht.

In dieser letzteren Hinsicht kennen wir zwei wesentlich verschiedene Arten homogener Deformationen: eine gleichmässige Temperaturänderung oder ein allseitig gleicher Druck bewirken, wofern die Structur des Krystalls nicht zerstört wird, in krystallographisch gleichberechtigten Richtungen übereinstimmende Richtungsänderungen und Dilatationen; dagegen können die Deformationen, welche in einfachen Schiebungen nach Gleitflächen bestehen, in anfänglich gleichberechtigten Richtungen verschiedene Richtungsänderungen und Dilatationen hervorrufen.

Der Darstellung dieser Vorgänge soll eine Uebersicht der Eigenschaften homogener Deformationen, welche in der Folge überall da zur Anwendung gelangen, wo es sich um lineare Verbindungen von Vectorgrössen handelt, vorausgeschickt werden.[1]

Affinität.

Erhaltung der Indices, der Zonen, der Doppelverhältnisse.

1. Homogene Deformationen haben die Eigenschaft, dass eine Reihe von Theilchen des Körpers, die vor der Deformation auf einer Geraden lag, auch nach derselben geradlinig ist; die Richtung der Geraden und die gegenseitigen Entfernungen ihrer Theilchen haben sich im Allgemeinen geändert. Parallele Geraden erhalten gleiche Richtungsänderungen, bleiben also einander parallel. Auch das Verhältniss, in welchem die Längen paralleler Geraden zu einander stehen, wird durch die Deformation nicht geändert. Daraus folgt, dass alle ähnlichen und ähnlich gelegenen ebenen oder räum-

[1] Ueber die durch einen allseitig gleichen Druck hervorgerufenen Deformationen vgl. das Kapitel über die Elasticität der Krystalle.

lichen Figuren in dem Körper wieder in ähnliche und ähnlich gelegene Figuren übergeführt werden. Die verschiedenen Configurationen, in welche ein Krystall durch homogene Deformationen übergeht, sind nach einer von L. EULER und A. F. MÖBIUS[1] eingeführten Bezeichnung alle unter einander *affin*.

2. Wir entnehmen hieraus als eine erste wichtige Folgerung den Satz, dass die charakteristischen geometrischen Eigenschaften der Krystallformen durch eine homogene Deformation nicht geändert werden: *die Indices der Flächen eines Krystalls, der Zonenverband derselben*[2] *und der Werth des Doppelverhältnisses von vier Flächen eines Büschels bleiben constant.*

In der That, es seien in dem Anfangszustande π_1, π_2, π_3 drei durch den Punkt O im Innern des Krystalls gehende, nicht in einer Ebene liegende Gerade, auf denen die Ebenen e und h die Abschnitte:

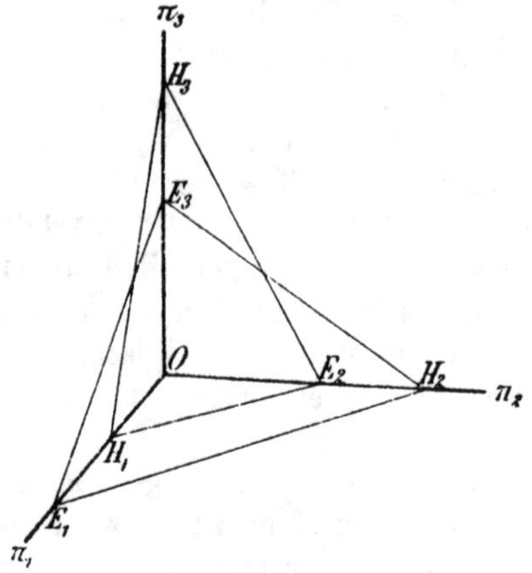

Fig. 47.

$$OE_1 : OE_2 : OE_3 \text{ und } OH_1 : OH_2 : OH_3$$

bilden (Fig. 47). Nach der Deformation seien die Richtungen dieser Geraden und Ebenen bezeichnet mit π_1', π_2', π_3', e', h' und die veränderten Werthe der Abschnitte mit:

$$O'E_1' : O'E_2' : O'E_3' \text{ und } O'H_1' : O'H_2' : O'H_3'.$$

Dann ist nach der Definition der homogenen Deformationen [1]:

$$\frac{OE_1}{OH_1} : \frac{OE_2}{OH_2} : \frac{OE_3}{OH_3} = \frac{O'E_1'}{O'H_1'} : \frac{O'E_2'}{O'H_2'} : \frac{O'E_3'}{O'H_3'},$$

d. h. die Indices der Ebene h bezogen auf π_1, π_2, π_3 als Axen und e als Einheitsfläche sind erhalten geblieben.

Demnach ändern sich von den zur Beschreibung der Form eines Krystalls erforderlichen und ausreichenden Grössen — den Werthen seiner Axenelemente und den Indices seiner Flächen — in Folge einer homogenen Deformation im Allgemeinen nur jene Elemente: die Winkel $(\pi_2\pi_3)$, $(\pi_3\pi_1)$, $(\pi_1\pi_2)$ und die Verhältnisse der Axeneinheiten $OE_1 : OE_2 : OE_3$; die Indices jeder Krystallfläche h:

$$h_1 : h_2 : h_3 = \frac{OE_1}{OH_1} : \frac{OE_2}{OH_2} : \frac{OE_3}{OH_3}$$

bleiben dagegen constant.

[1] Vgl. A. F. MÖBIUS: Der barycentrische Calcul. Leipzig 1827; § 144 f. Gesammelte Werke. Bd. I. Leipzig 1885. — In § 147 bemerkt MÖBIUS, dass der Begriff der Affinität von L. EULER herrührt (Introd. in Anal. Inf. Tom. II, Cap. XVIII: De Similitudine et Affinitate Linearum curvarum. Art. 442. Lausanne 1748).

[2] Vgl. J. GRAILICH und V. VON LANG: Untersuchungen über die physikalischen Verhältnisse krystallisirter Körper. Sitzungsber. Wien. Akad. Math.-Naturw. Cl. **33**, 373—391, 1858. — Vereinfachungen und Berichtigungen gab C. NEUMANN in: Fortschritte der Physik. Jahrgang 1858. **14**, 261; 1860.

Nun enthält die Bedingung dafür, dass drei Flächen h, h', h'' in einer Zone liegen,

$$\begin{vmatrix} h_1 & h_2 & h_3 \\ h_1' & h_2' & h_3' \\ h_1'' & h_2'' & h_3'' \end{vmatrix} = 0,$$

nur die Indices dieser Flächen und nicht jene Axenelemente; sie wird also auch nach der Deformation erfüllt, wenn sie vor derselben befriedigt wurde. Und das Gleiche gilt von dem Werth des Doppelverhältnisses von vier Flächen h, h', h'', h''' einer Zone:

$$\frac{\sin(hh'')}{\sin(h'h'')} : \frac{\sin(hh''')}{\sin(h'h''')} = \frac{(hh'')_\varepsilon}{(h'h'')_\varepsilon} : \frac{(hh''')_\delta}{(h'h''')_\delta},$$

worin ε, $\delta = 1$, 2 oder 3, $(hh'')_1 = h_2 h_3'' - h_3 h_2''$ u. s. w. zu setzen sind.

Deformationsellipsoid.

3. Weiterhin ergiebt sich aus [1], dass ein Kreis in eine Ellipse und eine Kugel in ein Ellipsoid deformirt werden. Dabei wird jedes Paar orthogonaler Durchmesser des Kreises in ein Paar conjugirter Durchmesser der Ellipse (Fig. 48, 49) und jedes Tripel orthogonaler Durchmesser der Kugel in ein Tripel conjugirter Durchmesser des Ellipsoids übergeführt.

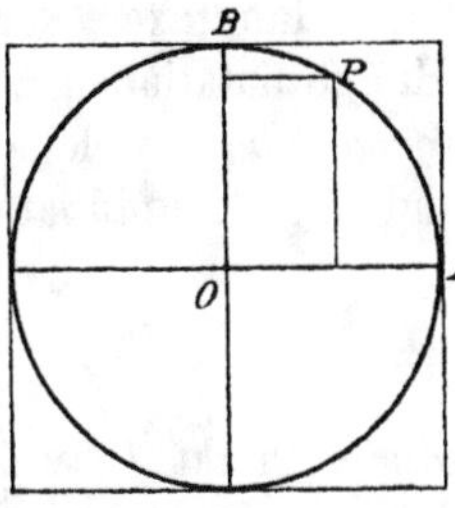

Fig. 48.

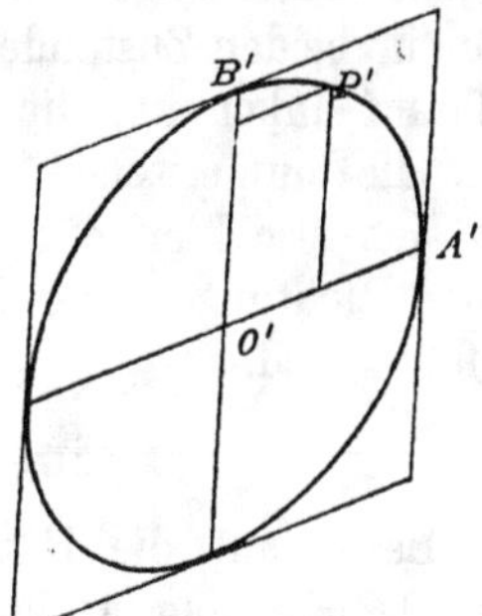

Fig. 49.

Bezeichnen wir die Verhältnisse, in denen sich die Längen der zu den Axen π_1, π_2, π_3 parallelen Geraden durch die Deformation ändern, mit ω_1, ω_2, ω_3 und die Coordinaten eines Punktes P im Anfangszustande mit ξ_1, ξ_2, ξ_3, dagegen die Coordinaten von P' in dem Axensystem π_1', π_2', π_3' mit ξ_1', ξ_2', ξ_3', so bestehen nach [1] die Beziehungen:

(1) $$\xi_1' = \omega_1 \xi_1, \quad \xi_2' = \omega_2 \xi_2, \quad \xi_3' = \omega_3 \xi_3.$$

Denken wir uns nun in dem Krystall vor der Deformation ein Ellipsoid, für welches π_1, π_2, π_3 conjugirte Durchmesser sind, so erhalten wir aus der Gleichung desselben:

$$\frac{\xi_1^2}{\gamma_1^2} + \frac{\xi_2^2}{\gamma_2^2} + \frac{\xi_3^2}{\gamma_3^2} = 1$$

vermöge der Substitution (1):

$$\frac{\xi_1'^2}{\omega_1^2\gamma_1^2}+\frac{\xi_2'^2}{\omega_2^2\gamma_2^2}+\frac{\xi_3'^2}{\omega_3^2\gamma_3^2}=1,$$

d. i. bezogen auf die Axen π_1', π_2', π_3' die Gleichung eines Ellipsoids, für welches diese Axen conjugirte Durchmesser sind. In Folge einer homogenen Deformation bleiben demnach alle Punkte, welche anfänglich der Oberfläche eines Ellipsoids angehörten, auf einem Ellipsoide, und je drei conjugirte Durchmesser des ersten Ellipsoids gehen in conjugirte Durchmesser des zweiten über.

4. Die Deformation ist vollständig bestimmt, wenn das Ellipsoid bekannt ist, in welches eine Kugel vom Radius Eins deformirt wird. Unter allen Tripeln conjugirter Durchmesser dieses *Deformationsellipsoids* ist das von den *Hauptaxen* X_1, X_2, X_3 desselben gebildete dadurch ausgezeichnet, *dass nur die drei Richtungen dieser Axen vor und nach der Deformation auf einander senkrecht stehen und dass die Deformation zu diesen drei Axen, ihren Verbindungsebenen und ihrem Schnittpunkte symmetrisch ist.* Ein aus dem Krystall geschnittener Würfel, dessen Kanten den Hauptaxen parallel gehen, wird in ein rechtwinkliges, jeder andere würfelförmige Theil dagegen in ein schiefwinkliges Parallelepiped verwandelt.

Stellen wir uns nun den ursprünglichen und den deformirten Krystall in der gegenseitigen Lage vor, dass die Richtungen der Hauptaxen der Deformation in beiden Zuständen übereinstimmen, so ist ersichtlich, dass es lediglich darauf ankommt, die Orientirung der Hauptaxen vor der Deformation und die numerischen Werthe der Hauptdilatationen zu ermitteln. Es handelt sich also hier nur um *reine Deformationen*, welche durch *sechs Grössen:* die Richtungen der Hauptaxen und die Hauptdilatationen vollständig definirt sind.

Reine Deformationen.

5. In Bezug auf die Hauptaxen habe ein Punkt P, welcher in der Entfernung $OP = r$ vom Anfangspunkt liegt, *vor* der Deformation die Coordinaten:

$$x_1 = r\varrho_1,\quad x_2 = r\varrho_2,\quad x_3 = r\varrho_3,\quad \varrho_i = \cos(rX_i),\qquad (i = 1, 2, 3)$$

so dass:

$$x_1^2 + x_2^2 + x_3^2 = r^2.$$

Bezeichnet man mit μ_1, μ_2, μ_3 *die Verhältnisse, in denen sich die Längen der zu den Hauptaxen parallelen Geraden durch die Deformation ändern,* so sind die Coordinaten jenes Punktes *nach* der Deformation:

$$x_1' = \mu_1 x_1,\quad x_2' = \mu_2 x_2,\quad x_3' = \mu_3 x_3, \tag{2}$$

und die Entfernung desselben vom Anfangspunkt ergiebt sich aus:

$$x_1'^2 + x_2'^2 + x_3'^2 = r'^2$$

oder:

$$r^2(\mu_1^2\varrho_1^2 + \mu_2^2\varrho_2^2 + \mu_3^2\varrho_3^2) = r'^2.$$

Setzt man nun das Verhältniss, in welchem sich die zu der Richtung OP parallelen Längen durch die Deformation geändert haben, $r'/r = \mu$, so ist:

$$\mu_1^2 \varrho_1^2 + \mu_2^2 \varrho_2^2 + \mu_3^2 \varrho_3^2 = \mu^2, \tag{3}$$

und die Richtungscosinus von OP' sind:

$$\varrho_i' = \frac{\mu_i}{\mu} \varrho_i. \tag{4}$$

6. Es befinde sich jetzt der Punkt P auf der um O mit dem Radius 1 beschriebenen Kugel:

$$x_1^2 + x_2^2 + x_3^2 = 1,$$

welche in das *Deformationsellipsoid*:

$$\frac{x_1'^2}{\mu_1^2} + \frac{x_2'^2}{\mu_2^2} + \frac{x_3'^2}{\mu_3^2} = 1 \tag{I.}$$

übergeht. Dann findet man die Lage des correspondirenden Punktes P' auf dem Ellipsoid durch folgende Construction. Die Gerade OP' schneide das concentrische und coaxiale Ellipsoid mit den Halbaxen $\sqrt{\mu_1}$, $\sqrt{\mu_2}$, $\sqrt{\mu_3}$ in P'', so dass

$$\frac{x_1''^2}{\mu_1} + \frac{x_2''^2}{\mu_2} + \frac{x_3''^2}{\mu_3} = 1, \tag{II.}$$

$$x_1'' : x_2'' : x_3'' = x_1' : x_2' : x_3'.$$

Nun ist, wenn ξ_1, ξ_2, ξ_3 für den Augenblick laufende Punktcoordinaten bedeuten, die Gleichung der Tangentialebene in P'' an dieses zweite Ellipsoid:

$$\frac{x_1'' \xi_1}{\mu_1} + \frac{x_2'' \xi_2}{\mu_2} + \frac{x_3'' \xi_3}{\mu_3} = 1,$$

und die Richtungscosinus der von O auf diese Ebene gefällten Senkrechten verhalten sich wie:

$$\frac{x_1''}{\mu_1} : \frac{x_2''}{\mu_2} : \frac{x_3''}{\mu_3} = \frac{x_1'}{\mu_1} : \frac{x_2'}{\mu_2} : \frac{x_3'}{\mu_3} = x_1 : x_2 : x_3,$$

also wie die Richtungscosinus von OP. Daraus folgt[1]:

Aus der ursprünglichen Lage P eines Punktes auf der Kugel vom Radius 1 erhält man seine Lage P' nach der Deformation, wenn man senkrecht gegen den nach P gezogenen Kugelradius eine Tangentialebene an das zweite Ellipsoid legt, den Berührungspunkt P'' mit dem Mittelpunkt O verbindet und den Schnittpunkt

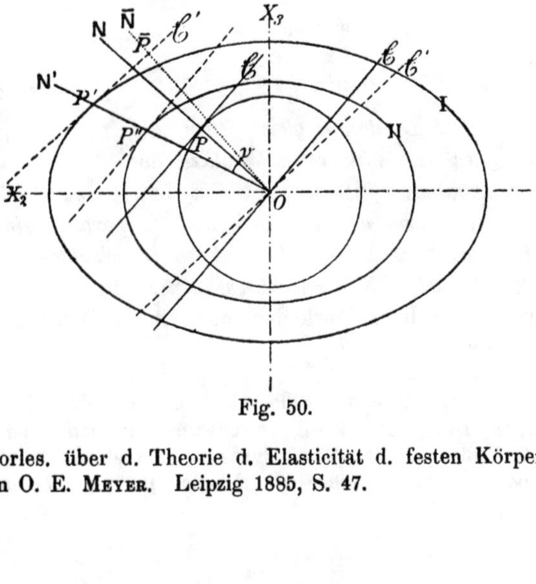

Fig. 50.

[1] Vgl. F. E. Neumann: Vorles. über d. Theorie d. Elasticität d. festen Körper u. d. Lichtäthers. Herausg. von O. E. Meyer. Leipzig 1885, S. 47.

der Geraden OP'' mit dem Deformationsellipsoid aufsucht. Auf dem umgekehrten Wege findet man, wenn P' gegeben ist, die Anfangslage P (Fig. 50).[1]

7. Betrachtet man in der Relation (3) das Verhältniss μ als constant, die Richtung von OP aber als veränderlich, so stellt diese Gleichung einen Kegel zweiten Grades dar, dessen Mittelpunkt in O liegt. Demnach sind die Geraden des Krystalls, deren Längen sich durch die Deformation in demselben Verhältniss μ ändern, vor der Deformation gerichtet wie die Erzeugenden des zu den Hauptaxen symmetrischen Kegels:

$$\mu_1^2\varrho_1^2 + \mu_2^2\varrho_2^2 + \mu_3^2\varrho_3^2 = \mu^2.$$

Wir setzen voraus: $\mu_1 > \mu_2 > \mu_3$, so dass mit X_1, X_2, X_3 die grösste, mittlere, kleinste Hauptaxe des Deformationsellipsoids bezeichnet sind. In dem besonderen Falle nun, wo

$$\mu = \mu_2$$

ist, zerfällt der Kegel gleicher Dilatation in zwei durch die mittlere Hauptaxe X_2 gehende Ebenen; denn seine Gleichung lautet, wenn vor der Deformation irgend eine der Geraden, in denen das Verhältniss $\mu = \mu_2$ ist, mit r^0 bezeichnet wird:

$$(\mu_1^2 - \mu_2^2)\cos^2(r^0X_1) - (\mu_2^2 - \mu_3^2)\cos^2(r^0X_3) = 0$$

oder, da die linke Seite das Product zweier linearer Factoren ist:

$$(5)\quad \left|\begin{array}{l} \sqrt{\mu_1^2 - \mu_2^2}\cos(r^0X_1) + \sqrt{\mu_2^2 - \mu_3^2}\cos(r^0X_3) = 0, \\ \sqrt{\mu_1^2 - \mu_2^2}\cos(r^0X_1) - \sqrt{\mu_2^2 - \mu_3^2}\cos(r^0X_3) = 0. \end{array}\right.$$

Bezeichnet man die Schnittgeraden der hierdurch dargestellten Ebenen und der Ebene X_3X_1 mit K (Fig. 51), so ist:

$$\cos^2(KX_1) + \cos^2(KX_3) = 1$$

und aus (5) ergiebt sich:

$$(6)\quad \cos^2(KX_3) = \frac{\mu_1^2 - \mu_2^2}{\mu_1^2 - \mu_3^2}.$$

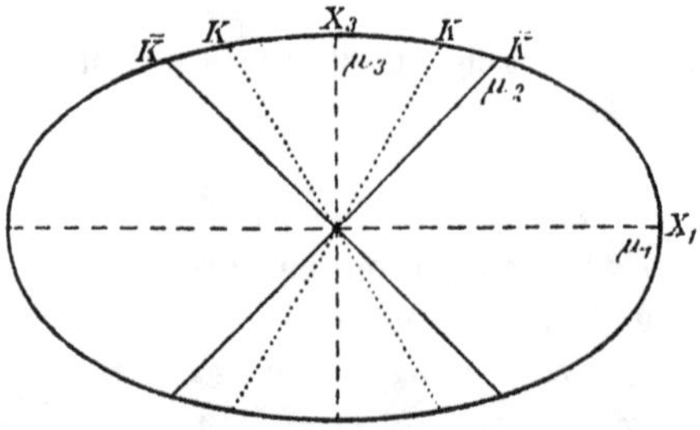

Fig. 51.

Eine Dilatation gleich jener, die in allen zur mittleren Hauptaxe des Deformationsellipsoids parallelen Geraden stattfindet, erfahren also auch alle Geraden, welche vor der Deformation parallel sind zu zwei durch die mittlere Hauptaxe des Deformationsellipsoids gehenden und mit der kleinsten Hauptaxe den Winkel (KX_3) einschliessenden Ebenen $\mathfrak{K}_1$ und $\mathfrak{K}_2$. Die zu diesen Ebenen parallelen Kreise erleiden nur eine Dilatation ihrer Radien nach dem Verhältniss μ_2.

[1] An Stelle des Ellipsoids II kann auch das Ellipsoid mit den Halbaxen $1/\sqrt{\mu_1}$, $1/\sqrt{\mu_2}$, $1/\sqrt{\mu_3}$ („Position-Ellipsoid") zur Construction der Richtung und Länge der Geraden OP' dienen. Vgl. W. J. IBBETSON: An elementary Treatise on the Math. Theory of perfectly Elastic Solids etc. London 1887, p. 34—35.

Bezeichnet man die in der Ebene der grössten und der kleinsten Hauptaxe symmetrisch zu diesen Axen gelegenen Normalen der Ebene $\mathfrak{K}_1$, $\mathfrak{K}_2$ mit N_1, N_2, so werden alle Ebenen, welche einer der Geraden N_1 oder N_2 parallel gehen, die Eigenschaft haben, dass die von ihnen eingeschlossenen Winkel durch die Deformation nicht geändert werden.

Nach der Deformation ist die Lage der Ebenen, in denen keine Verzerrung erfolgt, gegeben durch die Kreisschnittebenen $\bar{\mathfrak{K}}_1$, $\bar{\mathfrak{K}}_2$ des Deformationsellipsoids. Die Gleichungen der beiden Kreise, welche dieses Ellipsoid mit der Kugel vom Radius μ_2 gemein hat, ergeben sich aus der Verbindung von I mit $x_1'^2 + x_2'^2 + x_3'^2 = \mu_2^2$:

$$\left(\frac{1}{\mu_1^2} - \frac{1}{\mu_2^2}\right) x_1'^2 - \left(\frac{1}{\mu_2^2} - \frac{1}{\mu_3^2}\right) x_3'^2 = 0.$$

Bedeutet nun $\bar{K}$ die Schnittgerade einer Kreisschnittebene mit der Ebene $X_3 X_1$ (Fig. 51), so folgt aus dieser Gleichung:

(7) $$\tan^2(\bar{K}X_3) = \frac{x_1'^2}{x_3'^2} = \frac{\mu_1^2}{\mu_3^2} \cdot \frac{\mu_2^2 - \mu_3^2}{\mu_1^2 - \mu_2^2} = \frac{\mu_1^2}{\mu_3^2} \tan^2(KX_3).$$

Demnach ist der Winkel $(\bar{K}X_3) > (KX_3)$: *der von der kleinsten Hauptaxe halbirte Winkel der Ebenen, in denen keine Verzerrung erfolgt, wird durch die Deformation vergrössert.*

8. Die Tangentialebenen der Kugel vom Radius Eins gehen in Tangentialebenen des Deformationsellipsoids über. Die Ebene $\mathfrak{E}$ und ihre Normale N (Fig. 50) nehmen also die Richtungen $\mathfrak{E}'$ und N′ an, derart, dass N′ der zur Ebene $\mathfrak{E}'$ conjugirte Durchmesser des Deformationsellipsoids ist. Es soll jetzt der Winkel ν bestimmt werden, welchen N′ mit der Normale $\bar{N}$ der Ebene $\mathfrak{E}'$ einschliesst. Aus den Gleichungen der durch den Mittelpunkt O parallel zu $\mathfrak{E}$ und $\mathfrak{E}'$ gehenden Ebenen:

$$\mathfrak{E} \quad \Big| \quad \varrho_1 x_1 + \varrho_2 x_2 + \varrho_3 x_3 = 0,$$

$$\mathfrak{E}' \quad \Big| \quad \begin{array}{l} \frac{\varrho_1}{\mu_1} x_1' + \frac{\varrho_2}{\mu_2} x_2' + \frac{\varrho_3}{\mu_3} x_3' = 0 \\ \bar{\varrho}_1 x_1' + \bar{\varrho}_2 x_2' + \bar{\varrho}_3 x_3' = 0, \end{array}$$

worin $\cos(\bar{N} X_i) = \bar{\varrho}_i$ gesetzt ist, folgt, dass die Richtung von $\bar{N}$ gegeben ist durch:

(8) $$\bar{\varrho}_i = \frac{\varrho_i}{\mu_i m}, \quad m^2 = \frac{\varrho_1^2}{\mu_1^2} + \frac{\varrho_2^2}{\mu_2^2} + \frac{\varrho_3^2}{\mu_3^2}.$$

Andererseits ist nach (4) die Richtung von N′ bestimmt durch:

$$\varrho_i' = \frac{\mu_i}{\mu} \varrho_i.$$

Demnach ist:

(9) $$\cos \nu = \bar{\varrho}_1 \varrho_1' + \bar{\varrho}_2 \varrho_2' + \bar{\varrho}_3 \varrho_3' = \frac{1}{m\mu}.$$

Hieraus lässt sich der Betrag der durch eine homogene Deformation bewirkten *Dickenänderung einer planparallelen Krystallplatte* entnehmen. Wir finden (Fig. 50):

$$O\overline{P} = OP' \cos v = \frac{OP'}{m\mu} = \frac{OP}{m},$$

also:

$$O\overline{P} - OP = OP\frac{1-m}{m}.$$

Folglich ist *der Unterschied zwischen der Dickenänderung der Platte* $O\overline{P} - OP$ *und der Längenänderung ihrer Normale* $OP' - OP$ gegeben durch:

$$OP' - O\overline{P} = OP'(1 - \cos v) = OP'\left(1 - \frac{1}{m\mu}\right) = OP\left(\mu - \frac{1}{m}\right).$$

Nur in den Fällen, wo die Normale der Platte einer Symmetrieaxe des Deformationsellipsoids parallel ist, wird dieser Unterschied verschwinden.

Es ist im Hinblick auf die Beobachtungen von Fizeau über die durch gleichmässige Temperaturänderungen bewirkten Dickenänderungen planparalleler Krystallplatten von Interesse, *die Plattenrichtung zu bestimmen, für welche der Winkel* v *ein Maximum erreicht.* Soll

$$\text{(10)} \qquad m^2\mu^2 = \left(\frac{\varrho_1^2}{\mu_1^2} + \frac{\varrho_2^2}{\mu_2^2} + \frac{\varrho_3^2}{\mu_3^2}\right)(\mu_1^2\varrho_1^2 + \mu_2^2\varrho_2^2 + \mu_3^2\varrho_3^2)$$

ein Minimum oder ein Maximum werden, während

$$\text{(11)} \qquad \varrho_1^2 + \varrho_2^2 + \varrho_3^2 = 1$$

ist, so müssen die Bedingungen erfüllt sein:

$$\left|\begin{array}{l} \varrho_1\left(\frac{\mu^2}{\mu_1^2} + \mu_1^2 m^2 + M\right) = 0 \\ \varrho_2\left(\frac{\mu^2}{\mu_2^2} + \mu_2^2 m^2 + M\right) = 0 \\ \varrho_3\left(\frac{\mu^2}{\mu_3^2} + \mu_3^2 m^2 + M\right) = 0. \end{array}\right.$$

Da nach (11) die Richtungscosinus $\varrho_1, \varrho_2, \varrho_3$ nicht gleichzeitig verschwinden können, so ergiebt sich zunächst:

$$\text{(12)} \qquad \left|\begin{array}{l} 2\varrho_1^2 + M_3\varrho_2^2 + M_2\varrho_3^2 = -M \\ M_3\varrho_1^2 + 2\varrho_2^2 + M_1\varrho_3^2 = -M \\ M_2\varrho_1^2 + M_1\varrho_2^2 + 2\varrho_3^2 = -M, \end{array}\right.$$

worin zur Abkürzung:

$$M_1 = \frac{\mu_2^2}{\mu_3^2} + \frac{\mu_3^2}{\mu_2^2}, \quad M_2 = \frac{\mu_3^2}{\mu_1^2} + \frac{\mu_1^2}{\mu_3^2}, \quad M_3 = \frac{\mu_1^2}{\mu_2^2} + \frac{\mu_2^2}{\mu_1^2}$$

gesetzt ist. Die aus der Auflösung dieser Gleichungen (12) hervorgehenden Werthe:

$$\varrho_1^2 : \varrho_2^2 : \varrho_3^2 = \mu_1^2(\mu_2^4 - \mu_3^4) : \mu_2^2(\mu_3^4 - \mu_1^4) : \mu_3^2(\mu_1^4 - \mu_2^4)$$

sind aber unvereinbar mit der in [7] getroffenen Voraussetzung $\mu_1 > \mu_2 > \mu_3$. Mithin können relative Maxima des Winkels v nur stattfinden, wenn einer der Richtungscosinus $\varrho_1, \varrho_2, \varrho_3$ verschwindet, d. h. wenn die Plattennormale N in eine Symmetrieebene des Deformationsellipsoids fällt. Ist z. B. $\varrho_1 = 0$, liegt also N in der Ebene $X_2 X_3$, so folgt aus der zweiten und dritten Gleichung (12), dass $\varrho_2^2 = \varrho_3^2$, oder mit Rücksicht auf (11), dass $\varrho_2^2 = 1/2$, also $\mathrm{N} X_2 = \pm 45^0$ ist. Demnach ergiebt sich der gesuchte Maximalwerth des Winkels ν in der Ebene $X_2 X_3$ aus:

$$\text{(13)} \qquad \cos\nu = \frac{1}{m\mu} = \frac{2\mu_2\mu_3}{\mu_2^2 + \mu_3^2},$$

oder auch aus:

$$\tan\nu = \frac{\mu_2^2 - \mu_3^2}{2\mu_2\mu_3}.$$

Beachten wir noch, dass in diesem Falle nach (4) und (8):

$$\cos \mathrm{N}' X_2 = \frac{\mu_2}{\sqrt{\mu_2^2 + \mu_3^2}}, \quad \cos \bar{\mathrm{N}} X_2 = \frac{\mu_3}{\sqrt{\mu_2^2 + \mu_3^2}},$$

also:

$$\tan \mathrm{N}' X_2 \,.\, \tan \bar{\mathrm{N}} X_2 = \frac{\mu_3}{\mu_2} \cdot \frac{\mu_2}{\mu_3} = 1$$

ist, so können wir jetzt folgenden Satz aussprechen: *eine planparallele Krystallplatte, welche vor der Deformation den Winkel zweier Hauptaxen des Deformationsellipsoids halbirt, hat die Eigenschaft, dass nach der Deformation der Winkel zwischen der neuen Plattennormale* $\bar{\mathrm{N}}$ *und dem aus der ursprünglichen Normale* N *hervorgegangenen Durchmesser* N′ *des Deformationsellipsoids ein relatives Maximum erreicht und dabei von der ursprünglichen Plattennormale* N *halbirt wird.*

9. Das Volumen des Deformationsellipsoids verhält sich zu dem Volumen der Kugel vom Radius Eins wie

$$\frac{4}{3}\pi\mu_1\mu_2\mu_3 : \frac{4}{3}\pi.$$

Demnach ist das Verhältniss, in welchem sich das *Volumen* eines Krystalls durch eine homogene Deformation ändert, gleich dem Producte der Verhältnisse, in denen sich die zu den Hauptaxen des Deformationsellipsoids parallelen Längen ändern:

$$\frac{V'}{V} = \mu_1\mu_2\mu_3.$$

Bezeichnet man die räumliche Dilatation mit τ, die linearen Dilatationen in den Richtungen der Hauptaxen mit λ_1, λ_2, λ_3, so ist:

$$\text{(14)} \qquad \frac{V'}{V} = 1 + \tau = \mu_1\mu_2\mu_3 = (1 + \lambda_1)(1 + \lambda_2)(1 + \lambda_3).$$

Einfache Schiebungen.[1]

10. Von besonderem Interesse sind jene homogenen Deformationen, bei denen *keine Volumenänderung und keine Dilatation nach der mittleren Hauptaxe* X_2 stattfinden. Alsdann ist:

$$(15)\qquad \begin{cases} \mu_1 \mu_2 \mu_3 = 1 \\ \mu_2 = 1 \end{cases}$$

folglich $\mu_1 = 1/\mu_3$. Führen wir die neue Bezeichnung $\mu_1 = \sigma$ ein $(\sigma > 1)$, so ist $\mu_3 = 1/\sigma$. Diese Deformation setzt sich also zusammen aus einer gleichförmigen Elongation aller zur Hauptaxe X_1 parallelen Geraden im Betrage $\sigma - 1$ und einer gleichförmigen Contraction nach den zu X_3 parallelen Richtungen, deren Werth $1 - 1/\sigma$ ist. Die Gleichung des Deformationsellipsoids nimmt die Gestalt an:

$$\frac{x_1^2}{\sigma^2} + x_2^2 + \sigma^2 x_3^2 = 1.$$

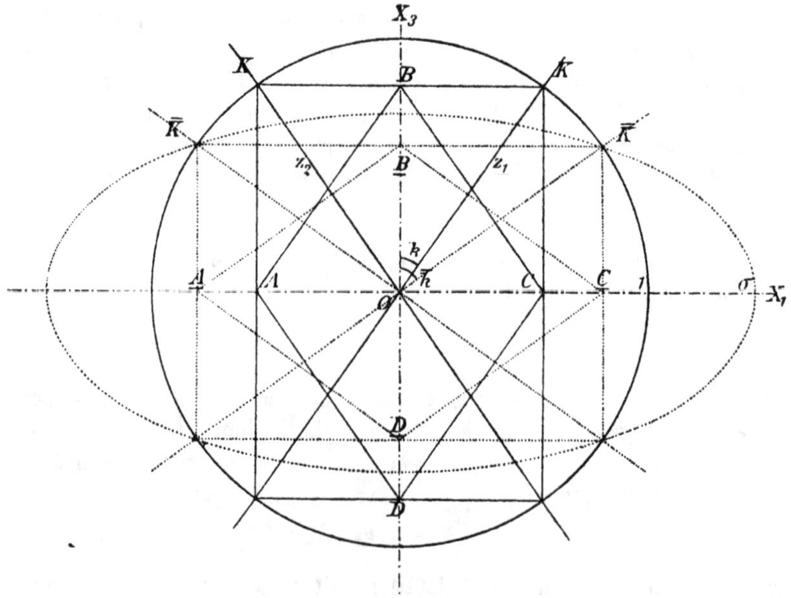

Fig. 52.

Den Schnitt dieses Ellipsoids und der Kugel vom Radius Eins mit der Symmetrieebene $X_3 X_1$ stellt Fig. 52 dar. Durch die, dem Kreis und der Ellipse gemeinsamen Durchmesser $\bar{K}\bar{K}$ gehen die Kreisschnittebenen des

[1] Vgl. W. Thomson and P. G. Tait: Treatise on Natural Philosophy. Cambridge 1867. Vol. I (1) Art. 169 f. — Handbuch der theoretischen Physik. Braunschweig 1871, Bd. I (1), S. 116 f. — W. J. Ibbetson: a. a. O. 38, 69. Aus diesem Werke ist die instructive Figur 52 entnommen.

Ellipsoids, welche uns die Richtungen der Ebenen, in denen keine Verzerrung stattfindet, nach der Deformation liefern. Aus (6) und (7) folgt:

(16) $$\tan KX_3 = \frac{1}{\sigma}, \quad \tan \bar{K}X_3 = \sigma,$$

d. h. $KX_3 + \bar{K}X_3 = 90^0$; die Kreisschnittebenen sind also vor der Deformation unter denselben Winkeln gegen die Hauptaxen X_1, X_3 geneigt, welche nach der Deformation ihre Normalen mit diesen Axen bilden. Mithin wird ein Prisma von rhombischem Querschnitt $ABCD$, dessen Flächen den Ebenen z_1, z_2, in denen keine Verzerrung erfolgt, parallel gehen, wieder in ein solches Prisma $\underline{A}$, $\underline{B}$, $\underline{C}$, $\underline{D}$ deformirt, indem die Winkel in ihre Supplemente übergeführt und die Diagonalen vertauscht werden. Bringen wir nun diese beiden Prismen in die Lage, dass die Flächen CD und $\underline{C}\underline{D}$ zusammenfallen (Fig. 53), so ist ersichtlich, dass man das eine Prisma in das andere verwandelt, indem man die Ebene CD festhält und jede zu ihr parallele Ebene, ohne den Abstand derselben von CD zu ändern, eine diesem Abstand proportionale Strecke hindurch gleiten lässt. Die in Rede stehende Deformation wird daher eine *einfache Schiebung* (simple shear) genannt. Die Ebene der Schiebung ist die auf den Kreisschnitten des Deformationsellipsoids senkrechte Symmetrieebene. Wird eine der beiden Kreisschnittebenen z zur Gleitfläche gewählt, so liefert ihre Schnittgerade mit der Ebene der Schiebung die Richtung dieser Schiebung.

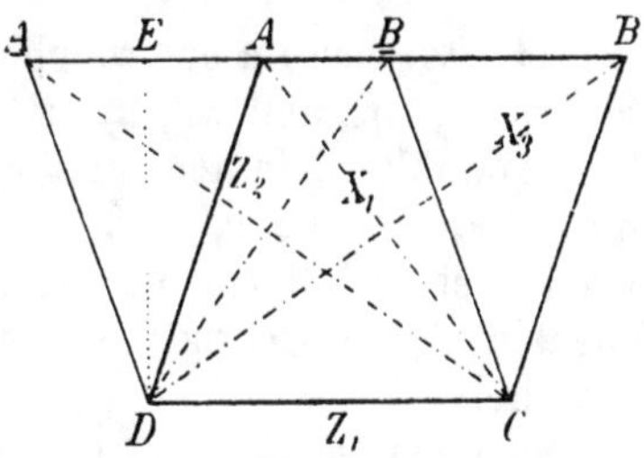

Fig. 53.

Bezeichnet man jetzt mit u die Verschiebung eines Theilchens derjenigen Ebene, deren Abstand von der Gleitfläche z_1 gleich d ist, so besteht die Relation:

$$u = ds,$$

worin der Proportionalitätsfactor s, d. i. der Betrag jener Schiebung, welcher den Theilchen der um die Längeneinheit von der Gleitfläche abstehenden Ebene ertheilt wird, durch den Winkel zwischen den beiden Kreisschnittebenen bestimmt ist. Setzt man nämlich in Fig. 53 den Winkel $(AD\underline{A}) = 2V$, $A\underline{A} = u$, $ED = d$, so ist:

$$\tan V = \frac{u}{2d},$$

also die Grösse der Schiebung:

$$s = 2 \tan V.$$

Nun ist $V = \pi/2 - (ADC) = \pi/2 - 2KX_3$, folglich:

$$\tan V = \cot 2KX_3 = \frac{1}{2}\left(\sigma - \frac{1}{\sigma}\right).$$

Die Grösse der Schiebung s steht demnach mit dem Verhältniss der Schiebung σ in der Beziehung:

(17) $$s = \sigma - \frac{1}{\sigma}.$$

Man findet, wenn die beiden Ebenen z_1, z_2, in denen keine Verzerrung stattfindet, bekannt sind, die Richtungen der grössten Elongation X_1 und der grössten Contraction X_3 *vor* der Deformation, indem man in der Ebene der Schiebung die Diagonalen AC und BD des Rhombus $ABCD$ zieht, dessen Seiten parallel z_1 und z_2 sind. Die Richtungen jener Hauptaxen *nach* der Deformation sind gegeben durch die entsprechenden Diagonalen des Rhombus $\underline{A}\underline{B}CD$.

Allgemeiner analytischer Ausdruck für homogene Deformationen.

11. Es seien im ursprünglichen und im deformirten Zustande bezeichnet: mit π_1, π_2, π_3 und π_1', π_2', π_3' die Richtungen der zu krystallographischen Axen gewählten Kanten, mit a_1, a_2, a_3 und a_1', a_2', a_3' die Axeneinheiten, mit ν_1, ν_2, ν_3 und ν_1', ν_2', ν_3' die Normalen der Axenebenen. Die Anfangspunkte der im allgemeinen schiefwinkligen Axensysteme mögen zusammenfallen in O; im Uebrigen sei ihre gegenseitige Lage eine beliebig aber fest gewählte.

Sind vor der Deformation ξ_1, ξ_2, ξ_3 die Coordinaten eines Theilchens P, dessen Entfernung von O gleich r ist, so ist die Projection von r auf die Normale ν_i gleich der Projection von ξ_i auf dieselbe Richtung:

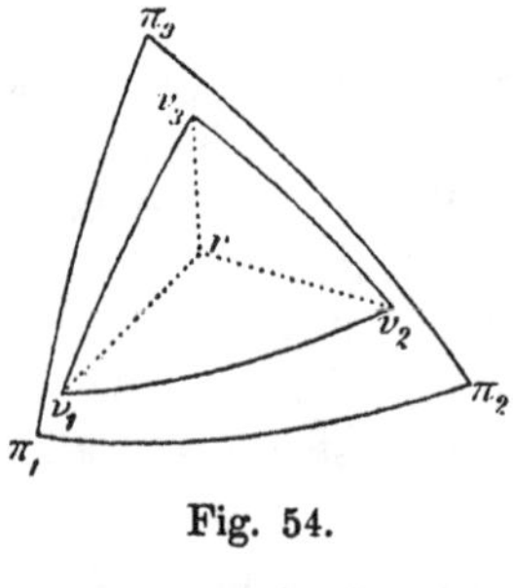

Fig. 54.

$$r \cos(r\nu_i) = \xi_i \cos(\pi_i\nu_i) \qquad (i = 1, 2, 3)$$

also:

$$\xi_i = r\,\frac{\cos(r\nu_i)}{\cos(\pi_i\nu_i)} = r\,\zeta_i.$$

Nach der Deformation sind die Coordinaten desselben Theilchens, dessen Entfernung von O nun gleich r' ist, bezogen auf dasselbe im Raume feste Axensystem $\pi_1\pi_2\pi_3$:

$$\xi_i' = r'\,\frac{\cos(r'\nu_i)}{\cos(\pi_i\nu_i)} = r'\,\zeta_i'.$$

Zwischen diesen Coordinaten bestehen in Folge der Affinität des ursprünglichen und des deformirten Zustandes Beziehungen von folgender Form:

$$(18)\qquad \left|\begin{aligned} \omega\zeta_1' &= g_{11}\zeta_1 + g_{12}\zeta_2 + g_{13}\zeta_3 \\ \omega\zeta_2' &= g_{21}\zeta_1 + g_{22}\zeta_2 + g_{23}\zeta_3 \\ \omega\zeta_3' &= g_{31}\zeta_1 + g_{32}\zeta_2 + g_{33}\zeta_3, \end{aligned}\right.$$

worin:

$$\omega = \frac{r'}{r}.$$

Die Bedeutung der Coëfficienten g_{ik} $(i, k = 1, 2, 3)$ ergiebt sich, wenn man r der Reihe nach mit den Axen π_1, π_2, π_3, also r' gleichzeitig mit π_1', π_2', π_3' zusammenfallen lässt. Bezeichnet man mit ω_k die Länge, welche die Längeneinheit auf der Axe π_k nach der Deformation auf π_k' angenommen hat, so folgt aus (18):

$$\omega_k \frac{\cos(\pi_k' \nu_i)}{\cos(\pi_i \nu_i)} = g_{ik}.$$

Demnach sind g_{1k}, g_{2k}, g_{3k} die Coordinaten, welche das auf der Axe π_k in der Einheit der Entfernung vom Coordinatenanfangspunkt gelegene Theilchen in Folge der Deformation erhalten hat.

Mit Hülfe der Gleichungen (18) können wir zunächst die Frage beantworten, ob es ausser den Hauptaxen der Deformation noch gerade Linien giebt, welche vor und nach der Deformation dieselben Winkel unter einander einschliessen. Wenn in der Orientirung, in der wir uns bei der Ableitung der Gleichungen (18) den ursprünglichen und den deformirten Krystall vorgestellt haben, eine Gerade vorhanden sein soll, deren Anfangsrichtung mit ihrer Richtung nach der Deformation zusammenfällt, so muss für sie:

$$\zeta_1 = \zeta_1', \; \zeta_2 = \zeta_2', \; \zeta_3 = \zeta_3',$$

also nach (18):

$$\text{(19)} \qquad \left| \begin{array}{l} (g_{11} - \omega)\zeta_1 + g_{12}\zeta_2 + g_{13}\zeta_3 = 0 \\ g_{21}\zeta_1 + (g_{22} - \omega)\zeta_2 + g_{23}\zeta_3 = 0 \\ g_{31}\zeta_1 + g_{32}\zeta_2 + (g_{33} - \omega)\zeta_3 = 0 \end{array} \right.$$

sein. Die Grössen $\zeta_1, \zeta_2, \zeta_3$ können nicht gleichzeitig verschwinden, da zwischen ihnen die Relation besteht[1]:

$$1 = \zeta_1 \cos(r\pi_1) + \zeta_2 \cos(r\pi_2) + \zeta_3 \cos(r\pi_3).$$

Demnach ergiebt sich als Bedingung für das gleichzeitige Bestehen der Gleichungen (19):

$$\text{(20)} \qquad \begin{vmatrix} g_{11} - \omega & g_{12} & g_{13} \\ g_{21} & g_{22} - \omega & g_{23} \\ g_{31} & g_{32} & g_{33} - \omega \end{vmatrix} = 0,$$

oder:

$$\omega^3 - \omega^2(g_{11} + g_{22} + g_{33}) + \omega\,(G_{11} + G_{22} + G_{33}) - G = 0,$$

wenn die Determinante der g_{ik} mit G und die zweigliedrigen Unterdeterminanten von G mit G_{ik} bezeichnet werden. Die Auflösung der Gleichung (20) liefert drei Werthe von ω; zu jedem gehört nach (19) ein Werthsystem $\zeta_1, \zeta_2, \zeta_3$. Folglich ist ein Tripel von gleichwinkeligen Geraden vorhanden. Nun war die Orientirung des ursprünglichen und des deformirten Krystalls nur insofern beschränkt, als der Punkt O beiden gemeinsam sein sollte, im übrigen konnte sie eine ganz beliebige sein, d. h. es konnte der ursprüngliche oder der deformirte Krystall noch einer beliebigen Drehung um O unterworfen werden. Für jede auf diese Weise hergestellte Lage gilt unsere Betrachtung. *Demnach giebt es in einem Krystall doppelt unendlich viele Tripel von Geraden, welche nach einer homogenen Deformation dieselben*

[1] Th. Liebisch, Geometr. Krystallogr. 1881, 80 (11).

Winkel unter einander einschliessen wie vor der Deformation. Einen besonderen Fall dieser gleichwinkeligen Geraden bilden die auf einander senkrecht stehenden Hauptaxen der Deformation.[1]

12. Sollen in den Gleichungen (18), welche das Gesetz der Verschiebung der Theilchen in einem triklinen Krystall darstellen, *die Coëfficienten* g_{ik} *numerisch bestimmt werden,* so müssen 1⁰ die Richtungen der Axen $\pi_1'\pi_2'\pi_3'$ in Bezug auf das Axensystem $\pi_1\pi_2\pi_3$ und 2⁰ die Werthe von $\omega_1\,\omega_2\,\omega_3$ gegeben sein.

Es sei an einem triklinen Krystall eine hinreichende Anzahl von Flächenwinkeln vor und nach der Deformation gemessen,. um daraus die krystallographischen Elemente:

$$a_1 : a_2 : a_3, \quad p_1 = (\pi_2\pi_3), \quad p_2 = (\pi_3\pi_1), \quad p_3 = (\pi_1\pi_2)$$
$$a_1' : a_2' : a_3', \quad p_1' = (\pi_2'\pi_3'), \quad p_2' = (\pi_3'\pi_1'), \quad p_3' = (\pi_1'\pi_2')$$

berechnen zu können. Dann muss zur Berechnung der in den g_{ik} auftretenden Werthe von $\cos(\pi_k' \nu_i)$ dem deformirten Krystall noch eine beliebig zu wählende Stellung in Bezug auf das im Raume feste Axensystem π_1, π_2, π_3 ertheilt werden. Wir wollen diese Stellung dadurch fixiren, dass wir π_3' mit π_3 und die Ebene $\pi_3'\pi_1'$ mit $\pi_3\pi_1$ zusammenfallen lassen. Demgemäss erhalten wir, wenn die Winkel:

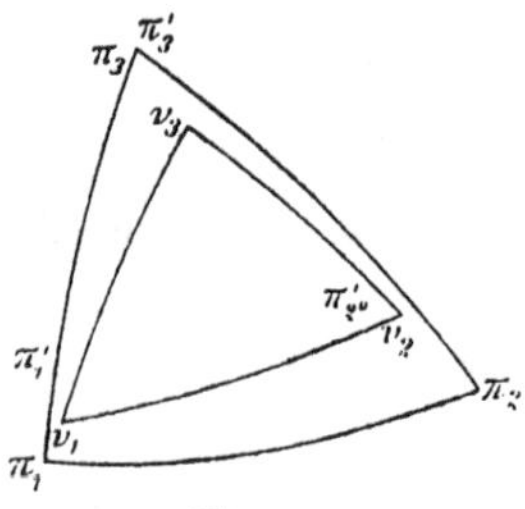

Fig. 55.

$$(\pi_3\pi_1\pi_2) = q_1, \qquad (\pi_1\pi_3\pi_2) = q_3,$$
$$(\pi_1'\pi_3'\pi_2') = q_3'$$

gesetzt werden, aus Fig. 55:

$$g_{11} = \omega_1 \frac{\sin p_2'}{\sin p_2}, \qquad g_{12} = \omega_2 \frac{\sin p_1'}{\sin p_2} \sin(q_3 - q_3') \qquad g_{13} = 0$$

$$g_{21} = 0, \qquad g_{22} = \omega_2 \frac{\sin p_1'}{\sin p_1} \frac{\sin q_3'}{\sin q_3} \qquad g_{23} = 0$$

$$g_{31} = \omega_1 \frac{\sin(p_2 - p_2')}{\sin p_2}, \quad g_{32} = \omega_2 \left\{\cos p_1' - \frac{\sin p_1'}{\sin p_2}\left[\cos q_3' \cos p_2 + \sin q_3' \cot q_1\right]\right\}, \qquad g_{33} = \omega_3$$

$$\cos q_1 = \frac{\cos p_1 - \cos p_2 \cos p_3}{\sin p_2 \sin p_3}$$

$$\cos q_3 = \frac{\cos p_3 - \cos p_1 \cos p_2}{\sin p_1 \sin p_2}, \quad \cos q_3' = \frac{\cos p_3' - \cos p_1' \cos p_2'}{\sin p_1' \sin p_2'}$$

[1] H. J. S. Smith, The Focal Properties of Homographie Figures. Proc. Math. Soc. London. **2**, 196, 1869. — L. Fletcher, The Dilatation of Crystals on Change of Temperature. Phil. Mag. (5) **9**, 81. 1880; **16**, 275, 344, 412, 1883. (p. 276 „Isotropic Lines"). Zeitschr. f. Kryst. **4**, 352, 1880; **8**, 456, 1883. — E. Blasius, Die Ausdehnung der Krystalle durch die Wärme. Ann. Phys. N. F. **22**, 528, 1883. Zeitschr. f. Kryst. **11**, 140, 1885.

Ausserdem kennen wir die *Verhältnisse:*

$$\frac{a_1'}{a_1} : \frac{a_2'}{a_2} : \frac{a_3'}{a_3} = \omega_1 : \omega_2 : \omega_3 .$$

Hieraus ist ersichtlich, dass *zur Bestimmung der absoluten Werthe von $\omega_1, \omega_2, \omega_3$ Messungen von Flächenwinkeln nicht ausreichen;* wir bedürfen dazu noch der Messung der Aenderung einer Länge oder des Volumens.

Homogene Deformationen krystallisirter Körper, welche die Symmetrie derselben ungeändert lassen.

13. Für homogene Deformationen, die in krystallographisch gleichberechtigten Richtungen gleiche Richtungsänderungen und Dilatationen hervorrufen, können wir von vornherein die Gruppen angeben, welche nach Symmetrieeigenschaften zu trennen sind.

Beachten wir zuvörderst, dass bei homogenen Deformationen alle Krystalle *centrisch symmetrisch* sind, da kein Unterschied in dem Verhalten des einen und des inversen Richtungssinnes einer Geraden stattfindet. Daraus folgt, dass sich die 32 nach den Symmetrieeigenschaften der Krystallformen unterschiedenen Gruppen zunächst auf 11 reduciren:

	I. Reguläres System.
1.	1. Holoëdrie = 2. Tetraëdrische Hemiëdrie = 3. Plagiëdrische Hemiëdrie.
2.	4. Pentagonale Hemiëdrie = 5. Tetartoëdrie.
	II. Hexagonales System.
3.	6. Holoëdrie = 7. Hemimorphe Hemiëdrie = 8. Trapezoëdrische Hemiëdrie = 11. Sphenoidische Hemiëdrie.
4.	9. Pyramidale Hemiëdrie = 10. Erste hemimorphe Tetartoëdrie = 12. Sphenoidische Tetartoëdrie.
5.	13. Rhomboëdrische Hemiëdrie = 14. Zweite hemimorphe Tetartoëdrie = 15. Trapezoëdrische Tetartoëdrie.
6.	16. Rhomboëdrische Tetartoëdrie = 17. Ogdoëdrie.
	III. Tetragonales System.
7.	18. Holoëdrie = 19. Hemimorphe Hemiëdrie = 20. Trapezoëdrische Hemiëdrie = 23. Sphenoidische Hemiëdrie.
8.	21. Pyramidale Hemiëdrie = 22. Hemimorphe Tetartoëdrie = 24. Sphenoidische Tetartoëdrie.
	IV. Rhombisches System.
9.	25. Holoëdrie = 26. Hemimorphie = 27. Hemiëdrie.
	V. Monoklines System.
10.	28. Holoëdrie = 29. Hemimorphie = 30. Hemiëdrie.
	VI. Triklines System,
11.	31. Holoëdrie = 32. Hemiëdrie.

Berücksichtigen wir jetzt, dass die in diesen 11 Gruppen enthaltenen Symmetrieebenen und Symmetrieaxen jedesmal auch Symmetrieelemente des Deformationsellipsoids sein müssen, so tritt eine neue Reduction ein.

Zunächst ist ersichtlich, dass in *regulären* Krystallen [**1, 2**], welche stets drei auf einander senkrechte gleichberechtigte Symmetrieaxen besitzen, die Deformationsfläche eine *Kugel* sein muss.

Bei den Krystallen des *hexagonalen* und des *tetragonalen* Systems [**3 bis 8**] fällt eine Hauptaxe des Deformationsellipsoids mit einer krystallographischen Symmetrieaxe zusammen, deren Periode 6, 3 oder 4 ist, so dass die Deformationsfläche die Gestalt eines *Rotationsellipsoids* annehmen muss.

Nur bei den Krystallen des *rhombischen, monoklinen* und *triklinen* Systems [**9 bis 11**] ist das Deformationsellipsoid *dreiaxig*. Seine Hauptaxen müssen bei den rhombischen Krystallen mit den drei krystallographischen Symmetrieaxen zusammenfallen. Bei den monoklinen Krystallen hat eine der Hauptaxen nothwendig die Richtung der krystallographischen Symmetrieaxe, während die Orientirung der beiden anderen Axen nur auf experimentellem Wege zu ermitteln ist. Bei einem triklinen Krystall endlich besitzt keine Hauptaxe eine von vornherein angebbare Richtung.

Demnach sind bei den homogenen Deformationen, welche die krystallographische Symmetrie ungeändert lassen, nur fünf Gruppen krystallisirter Körper zu unterscheiden.

Bezeichnen wir als *Axe der Isotropie* [L_∞][1] eine Grade von der Beschaffenheit, dass alle unter demselben Winkel gegen sie geneigte Geraden übereinstimmendes physikalisches Verhalten zeigen, so ist unter dem Einfluss der in Rede stehenden Deformationen in regulären Krystallen jede Gerade, in hexagonalen und tetragonalen die zur Verticalaxe γ gewählte ausgezeichnete Symmetrieaxe eine Axe der Isotropie; gleichzeitig müssen, da in Bezug auf homogene Deformationen stets ein Centrum der Symmetrie vorhanden ist, jede durch eine solche Axe gelegte Ebene und die zu dieser Axe senkrechte Ebene Symmetrieebenen sein. Die Symmetrieeigenschaften der fünf Gruppen können demnach durch folgende Symbole dargestellt werden:

A. *Isotrope Krystalle* [∞L_∞; ∞P_∞; C].
Reguläres System.

B. *Krystalle mit einer Axe der Isotropie* [$2 L_\infty$, $\infty L_2'$; P_∞, $\infty P_2'$; C].
Hexagonales und tetragonales System.

C. *Krystalle ohne Axe der Isotropie.*
a. Rhombisches System [L_2, L_2', L_2''; P_2, P_2', P_2''; C].
b. Monoklines System [L_2, l_2; P_2; C].
c. Triklines System [C].

[1] Vgl. J. Boussinesq, Étude nouv. sur l'équil. et le mouvem. des corps solides élast. etc. Journ. de Math. (2) **16**, 139, 1871. — P. Curie, Sur les questions d'ordre: répétitions. Bull. soc. min. de France. **7**, 99, 1884; „axe d'ordre infini (d'isotropie)".

Thermische Ausdehnung.

14. Erfährt ein homogener Krystall eine gleichmässige Temperaturänderung, bei der keine Unterbrechung des Zusammenhanges seiner Theilchen und keine Zerstörung des krystallisirten Zustandes eintritt, so erleidet er im Allgemeinen nach verschiedenen Richtungen verschiedene, nach krystallographisch gleichberechtigten Richtungen aber stets übereinstimmende Dilatationen. Demnach ändern sich, wofern der Krystall nicht dem regulären System angehört, die Winkel seiner Flächen und Kanten.

Diese Erscheinung wurde im Jahre 1823 von E. Mitscherlich am Kalkspath entdeckt und alsbald weiter verfolgt.[1] E. Mitscherlich brachte an dem von ihm construirten Reflexionsgoniometer, welches mit einem zwanzigmal vergrössernden Fernrohr verbunden war, und an welchem die Ablesung an vier Nonien mit solcher Genauigkeit geschehen konnte, dass die Mittel von zehn Messungen nur 3″ bis 4″ bei den verschiedenen Beobachtungen von einander abwichen, an der horizontalen Krystallträgeraxe eine Vorrichtung an, welche den Krystall in erwärmtes Quecksilber zu tauchen gestattete. Der Krystall bewegte sich leicht in diesem Quecksilberbade und nur diejenige Fläche desselben ragte auf wenige Augenblicke hervor, welche ein Bild eines Signales reflectiren sollte. Durch Erwärmung des Quecksilbers konnte ein Temperaturunterschied von 10° bis 175° C. hervorgerufen werden. Auf diese Weise fand E. Mitscherlich bei einer Temperaturänderung von 100° C. für die *Aenderung Δ des inneren Flächenwinkels an einer Endkante des Grundrhomboëders* (Fig. 56) am:

	Δ
Kalkspath von Island (105° $4^1/_2$′ bei 10° C.) .	— 8′32″
Dolomit von Traversella (106° 15′)	— 4′ 6″
Breunerit aus dem Pfitschthal (107° $22^1/_2$′) . . .	— 3′29″
Eisenspath von Ehrenfriedersdorf (107°) . .	— 2′22″

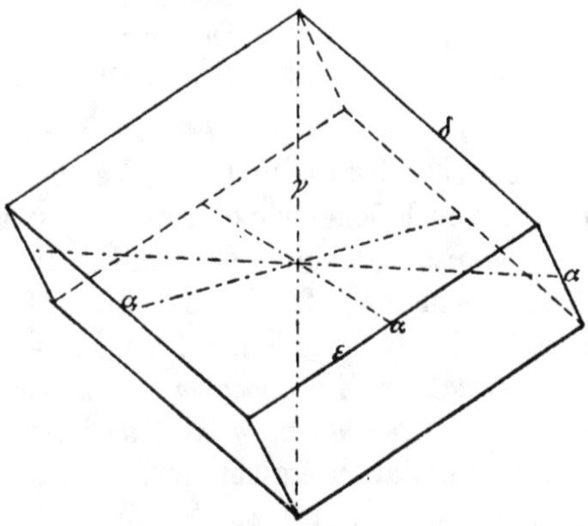

Fig. 56.

Bezeichnet man mit δ und δ' den äusseren Flächenwinkel an einer Endkante des Rhomboëders, mit $a:c$ und $a':c'$ die Verhältnisse der Axen-

[1] E. Mitscherlich, Ausdehnung der Krystalle durch die Wärme. Pogg. Ann. **1**, 125, 1824. Abhandl. Berlin. Akad. aus d. Jahre 1825, 201; Pogg. Ann. **10**, 137, 1827. Ber. Verh. Akad. Berlin. 1837, 67; Pogg. Ann. **41**, 213, 448, 1837. — Vgl. G. Rose, Zur Erinnerung an E. Mitscherlich. Zeitschr. d. deutschen geolog. Gesellschaft. **16**, 39—46, 1864.

einheiten auf den Queraxen α und der Verticalaxe γ bei der gewöhnlichen und der um 100° C. erhöhten Temperatur, so ergiebt sich aus:

$$\frac{c}{a} = \sqrt{3}\tan\chi, \qquad \sin\chi = \frac{\tan\frac{1}{2}\delta}{\sqrt{3}}$$

und den entsprechenden Formeln für $c' : a'$:

	δ	$a:c$	$a':c'$	δ'
Kalkspath . . .	74° 55½′	1 : 0,85448	1 : 0,85720	75° 4′ 2″
Dolomit	73° 45′	1 : 0,83224	1 : 0,83412	73° 49′ 6″
Breunerit . . .	72° 37½′	1 : 0,81158	1 : 0,81262	72° 40′59″
Eisenspath . . .	73°	1 : 0,81840	1 : 0,81912	73° 2′22″.

Bezeichnet man die einem Zuwachse der Temperatur von 100° C. entsprechenden Dilatationen in den Richtungen parallel und senkrecht zur Verticalaxe γ mit λ_1 und λ_3, so ist:

$$\frac{c'}{a'} = \frac{c}{a}\cdot\frac{1+\lambda_1}{1+\lambda_3},$$

also, wenn die Quadrate und Producte der Dilatationen vernachlässigt werden:

$$\frac{c'}{a'} - \frac{c}{a} = \frac{c}{a}(\lambda_1 - \lambda_3).$$

Man erhält für die Differenzen der Dilatationen im:

	$\lambda_1 - \lambda_3$
Kalkspath . . .	0,00318[1]
Dolomit	226
Breunerit . . .	128
Eisenspath . . .	088.

Da zur Ermittelung der Werthe von λ_1 und λ_3 Messungen der Aenderungen von Flächenwinkeln nicht ausreichen, so bestimmte E. Mitscherlich die *Volumendilatation* τ des Kalkspaths nach der Methode von Dulong[2] mit diesem gemeinschaftlich im Winter 1823/24 in Paris. Er fand einen Werth $\tau = 0{,}001961$, der kleiner ist als $\lambda_1 - \lambda_3$. Daraus folgt, *dass sich ein Kalkspathkrystall bei der Erwärmung in der Richtung der Axe γ ausdehnt, während er sich in den dazu senkrechten Richtungen zusammenzieht.* Denn für die Volumendilatation ergiebt sich, da das Deformationsellipsoid ein Umdrehungsellipsoid ist, aus (14) auf S. 59:

$$1 + \tau = (1 + \lambda_3)^2 (1 + \lambda_1)$$

[1] Dieser aus den Messungsresultaten von E. Mitscherlich sich ergebende Werth stimmt überein mit der Differenz der von H. Fizeau gemessenen Hauptausdehnungscoëfficienten des isländischen Kalkspaths (für eine Temperaturerhöhung von 0° auf 100° C.): $\lambda_1 = 0{,}002637$, $\lambda_3 = -0{,}000531$, $\lambda_1 - \lambda_3 = 0{,}003168$, während E. Mitscherlich selbst die Zahl $\lambda_1 - \lambda_3 = 0{,}00342$ angiebt. Durch directe Messung der Dickenänderungen von Kalkspathplatten, die parallel und senkrecht zur Axe γ geschnitten waren, erhielt E. Mitscherlich $\lambda_1 - \lambda_3 = 0{,}00321$.

[2] Dulong et Petit, Recherches sur la mesure des températures et sur les lois de la communication de la chaleur. Ann. chim. phys. (2) **7**, 113, 1818.

der Werth:

$$\tau = 2\lambda_3 + \lambda_1 = 3\lambda_3 + (\lambda_1 - \lambda_3),$$

wenn wieder nur die ersten Potenzen der linearen Dilatationen beibehalten werden. Demnach ist $3\lambda_3 = \tau - (\lambda_1 - \lambda_3) = -0{,}001219$ und:

$$\lambda_1 = 0{,}002775, \quad \lambda_3 = -0{,}000405.$$ [1]

Aus dieser Entdeckung von E. MITSCHERLICH muss man den Schluss ziehen, *dass es im Kalkspath unendlich viele auf einem Kreiskegel gelegene Richtungen giebt, in denen eine Temperaturänderung weder eine Verkürzung noch eine Verlängerung bewirkt.* Um die Neigung dieser Richtungen gegen die Axe der Isotropie γ zu bestimmen, bemerken wir, dass aus (3) auf S. 55 für $\lambda_2 = \lambda_3$ folgt:

$$(1 + \lambda_1)^2 \cos^2 C + (1 + \lambda_3)^2 \sin^2 C = (1 + \lambda)^2,$$

falls mit λ die Dilatation $\mu - 1$ in einer unter dem Winkel C gegen die Axe γ geneigten Richtung bezeichnet wird. Mithin sind die durch die Bedingung $\lambda = 0$ charakterisirten Richtungen gegeben durch:

$$\tan^2 C_0 = -\frac{2 + \lambda_1}{2 + \lambda_3} \cdot \frac{\lambda_1}{\lambda_3}.$$

Angenähert ist:

$$\lambda_1 \cos^2 C + \lambda_3 \sin^2 C = \lambda$$

und:

$$\tan^2 C_0 = -\frac{\lambda_1}{\lambda_3}.$$

Die FIZEAU'schen Werthe für λ_1 und λ_3 ergeben $C_0 = 65^0\,49^1/_2'$. In der That konnte H. FIZEAU an Kalkspathstäbchen, deren Längsrichtung diesen Winkel mit der Axe γ bildeten, keine Längenänderung bei Temperaturänderungen nachweisen.[2]

Beryll und *Jodsilber* haben nach H. FIZEAU die Eigenschaft, bei der Erwärmung sich in der Richtung der Axe der Isotropie zusammenzuziehen und in den dazu senkrechten Richtungen auszudehnen. Die Werthe der Hauptdilatationen für eine Erhöhung der Temperatur von 0^0 auf 100^0 C. sind:

Beryll	Jodsilber
− 0,0000946	− 0,0004397
0,0001503,	0,0000788.

Daraus folgt:

$$C_0 = 38^0\,25^1/_2', \qquad C_0 = 67^0\,0^1/_3'.$$

15. Ein erstes Ergebniss aller über die thermische Ausdehnung der Krystalle angestellten Beobachtungen ist, dass in Bezug auf diese Deformationen die fünf in [13] abgeleiteten Gruppen krystallisirter Körper zu unterscheiden sind.

Die Hauptaxen des thermischen Deformationsellipsoids wurden von

[1] Die Abweichung dieser Werthe von den FIZEAU'schen beruht auf der ungenauen Bestimmung von τ; aus FIZEAU's Werthen λ_1, λ_3 folgt: $\tau = \lambda_1 + 2\lambda_3 = 0{,}001575$.

[2] H. FIZEAU, Ann. chim. phys. (4) **2**, 151—152, 1864.

F. E. NEUMANN „*thermische Axen*“ genannt.[1] Da in regulären, hexagonalen und tetragonalen, rhombischen Krystallen die Lage der thermischen Axen von vorn herein bekannt ist, so handelt es sich bei der Ermittelung der Gestalt des zugehörigen Deformationsellipsoids (Kugel, Rotationsellipsoid, dreiaxiges Ellipsoid) lediglich um die Bestimmung von (1, 2 oder 3) Hauptausdehnungscoëfficienten. Dagegen tritt bei monoklinen und triklinen Krystallen noch die Aufgabe hinzu, die Richtungen von 2, resp. 3 thermischen Axen zu finden.

In dieser Hinsicht müssen wir beachten, dass die Lage eines Deformationsellipsoids, dessen Hauptaxen nicht schon in Folge der Symmetrieeigenschaften des Krystalls eine feste Orientirung besitzen, nur für eine Deformation aus einem bestimmten Anfangszustande in einen bestimmten Endzustand definirt werden kann. Erfährt z. B. ein trikliner Krystall eine gleichmässige Temperaturerhöhung von Θ auf Θ', so ist eine Fläche seines Inneren, die bei der Anfangstemperatur kugelförmig war, durch die Erwärmung in ein dreiaxiges Ellipsoid übergeführt worden, dessen Hauptaxen eine bestimmte Orientirung gegen die Kanten und Flächen des Krystalls bei der Temperatur Θ wie bei Θ' einnehmen. Allein es liegt in den Symmetrieeigenschaften dieses Krystalls kein Grund zu der Annahme vor, dass die durch ein anderes Temperaturintervall Θ und Θ'' gegebenen Hauptaxenrichtungen mit jenen zusammenfallen. Wir werden vielmehr erwarten müssen, dass bei einem Krystall des triklinen Systems drei Gerade, welche den Hauptaxen eines Deformationsellipsoids parallel gehen — also die Eigenschaft haben, dass sie die einzigen Richtungen sind, die vor und nach einer bestimmten Deformation auf einander senkrecht stehen — während dieser oder nach irgend einer anderen Deformation nicht rechtwinklig bleiben.[2]

Was die thermische Ausdehnung trikliner Krystalle angeht, so ist durch BECKENKAMP's Beobachtungen am Anorthit nachgewiesen, dass dieser Körper in der That keine permanenten thermischen Axen besitzt. Ehe wir aber auf dieses Ergebniss des Näheren eingehen, müssen wir der Methoden zur Berechnung der Richtungen der thermischen Axen und der Werthe der Hauptdilatationen in monoklinen und triklinen Krystallen gedenken.

Wir setzen voraus, dass bei den Temperaturen Θ und Θ' eine hinreichende Anzahl von Flächenwinkeln gemessen sei[3], um daraus die Werthe

[1] Vgl. F. E. NEUMANN, Die thermischen, optischen und krystallographischen Axen des Gypssystems. Pogg. Ann. **27**, 245, 1833.

[2] Aus der Beziehung zwischen den Deformationscomponenten und den durch die Deformation geweckten elastischen Kräften, welche der Theorie der Elasticität vollkommen elastischer Krystalle bei constanter Temperatur zu Grunde gelegt wird, folgt, wie später dargelegt werden soll, dass unter allseitig gleichem Druck die Richtungen der Hauptaxen der Deformation auch in einem triklinen Krystall unveränderlich sind. Dieses Resultat beruht indessen auf Voraussetzungen, welche nur angenähert richtig sind.

[3] Ueber die Bestimmung von Flächenwinkeln bei verschiedenen Temperaturen durch Einschliessung der Krystalle in heizbare Luftbäder, welche an der Krystall-

der krystallographischen Elemente berechnen zu können; ausserdem sei die jener Temperaturänderung entsprechende Volumendilatation gemessen. Alsdann besteht die Methode zur Berechnung der Lage und der Gestalt des Deformationsellipsoids darin, dass der analytische Ausdruck für die Affinität des Anfangs- und des Endzustandes einmal mit Hülfe der gemessenen Grössen, andererseits vermittelst der gesuchten Grössen, nämlich der Hauptdilatationen und der Winkel zwischen den Hauptaxen des Ellipsoids und den krystallographischen Axen, gebildet wird. Aus der Vergleichung beider Ausdrücke ergeben sich die zur Berechnung der gesuchten Grössen erforderlichen und ausreichenden Gleichungen.

Monokline Krystalle.

16. Zur Bestimmung der *Richtungen* der beiden in der thermischen Symmetrieebene eines monoklinen Krystalls gelegenen thermischen Axen hat F. E. NEUMANN folgenden Weg eingeschlagen.[1]

Bezeichnen wir bei der Temperatur Θ die Richtungen von Klinoaxe und Verticalaxe mit π_1 und π_3, den Winkel $(\pi_1 \pi_3) = \beta$, das Verhältniss der Axeneinheiten mit $a_1 : a_3$, bei der Temperatur Θ' die entsprechenden Richtungen und Grössen mit π_1', π_3', β', $a_1' : a_3'$, so sind $a_1 : a_3$, $a_1' : a_3'$, β, β' numerisch bekannt.

Bilden die in der Ebene $\pi_1 \pi_3$ gelegenen thermischen Axen X_1, X_3 mit π_3 und π_3' die Winkel $(X_3 \pi_3) = \mu$, $(X_1 \pi_3) = \nu$, $(X_3 \pi_3') = \mu'$, $(X_1 \pi_3') = \nu'$, so sind μ, ν, μ', ν' die gesuchten Grössen (Fig. 57).

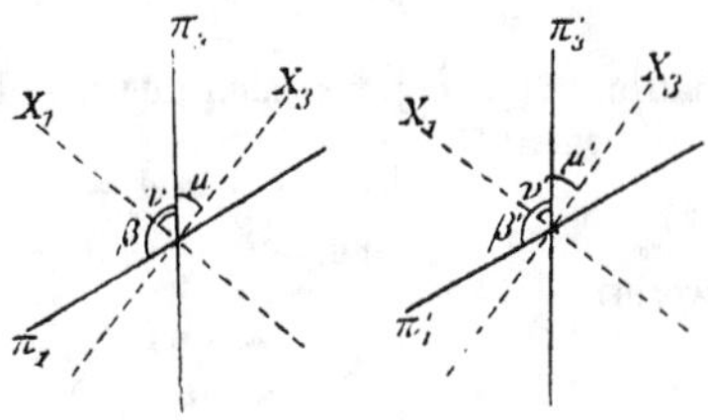

Fig. 57.

Die charakteristischen Eigenschaften der durch die Temperaturänderungen bewirkten homogenen Deformation finden ihren Ausdruck darin, dass 1° die Summe der Winkel $\mu + \nu = \mu' + \nu' = 90^0$, also:

(1) $1 - \cot\mu \cot\nu = 0; \quad 1 - \cot\mu' \cot\nu' = 0$

ist, und dass 2° die Indices der thermischen Axen ungeändert bleiben. Legen wir die

---

trägeraxe eines Reflexionsgoniometers angebracht sind, vgl. F. RUDBERG, Ueber die Veränderung, welche die Doppelbrechung in Krystallen durch Temperaturerhöhung erleidet. Pogg. Ann. **26**, 291, 1832; Taf. VII, Fig. 1. — J. STEFAN, Ueber den Einfluss der Wärme auf die Brechuug des Lichtes in festen Körpern. Sitzungsber. Wien. Akad. **63** (2), 223, 1871. — J. BECKENKAMP, Zeitschr. f. Kryst. **5**, 440, 1881; **6**, 450, 1882. Aenderungen an der Erwärmungsvorrichtung des Goniometers. Tageblatt 58. Vers. d. Naturf. Strassburg 1885. — FR. VOGEL, Aenderung der Lichtbrechung in Glas und Kalkspath mit der Temperatur. Ann. d. Phys. u. Chem. N. F. **25**, 87, 1885. — N. LAGERBORG, Études sur la variation des indices de réfraction et de la densité du sel gemme sous l'influence de la température. (Bihang Sv. Vet.-Akad. Handl. Stockholm 1887, **13**, 1, No. 10).

Ueber Beobachtungen in Räumen von constanter Temperatur vgl. A. SCHRAUF, Ueber die Trimorphie und die Ausdehnungscoëfficienten von Titandioxid. Zeitschr. f. Kryst. **9**, 433, 1884. Die thermischen Constanten des Schwefels. ibid. **12**, 321, 1887. — G. MÜLLER, Ueber den Einfluss der Temperatur auf die Brechung des Lichtes in einigen Glassorten, im Kalkspath und Bergkrystall. Publ. d. astrophysik. Observ. zu Potsdam. **4**, 151, 1885.

[1] Vgl. F. E. NEUMANN, Pogg. Ann. **27**, 257 f., 1833.

Richtungen dieser Axen durch die Endpunkte C, C' von a_3, a_3' (Fig. 58), so werden, wenn die Abschnitte auf π_1:

$$OM = \frac{a_1}{m}, \quad ON = -\frac{a_1}{n}$$

sind, die Abschnitte auf π_1' die Werthe

$$O'M' = \frac{a_1'}{m}, \quad O'N' = -\frac{a_1'}{n}$$

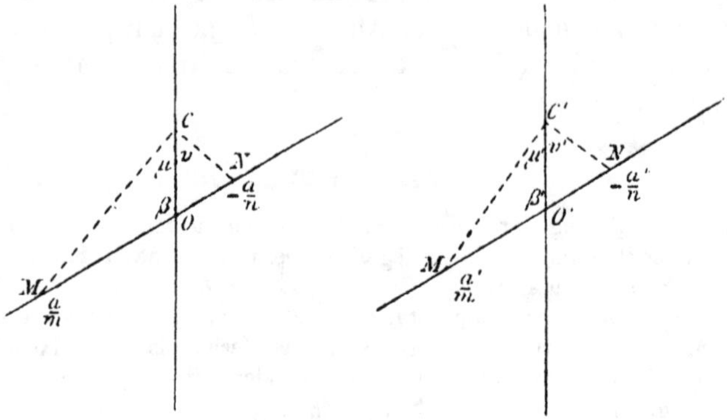

Fig. 58.

haben. Nun ergeben sich aus den Dreiecken OCM, OCN und $O'C'M'$, $O'C'N'$ die Relationen:

(2) $$\left| \begin{array}{l} \cot\mu = mA - \alpha \\ \cot\nu = -(nA - \alpha) \end{array} \right. \qquad \left| \begin{array}{l} \cot\mu' = mA' - \alpha' \\ \cot\nu' = -(nA' - \alpha'), \end{array} \right.$$

worin:

$$\left| \begin{array}{l} A = \dfrac{a_3}{a_1}\,\dfrac{1}{\sin\beta} \\ \alpha = \cot\beta \end{array} \right. \qquad \left| \begin{array}{l} A' = \dfrac{a_3'}{a_1'}\,\dfrac{1}{\sin\beta'} \\ \alpha' = \cot\beta' \end{array} \right.$$

numerisch bekannt sind. Trägt man (2) in (1) ein, so erhält man zwei lineare Gleichungen zur Bestimmung von mn und $m+n$:

$$\left| \begin{array}{l} mnA^2 - (m+n)A\alpha + \alpha^2 + 1 = 0 \\ mnA'^2 - (m+n)A'\alpha' + \alpha'^2 + 1 = 0, \end{array} \right.$$

folglich:

$$mn = \begin{vmatrix} \alpha^2 + 1 & A\alpha \\ \alpha'^2 + 1 & A'\alpha' \end{vmatrix} : \begin{vmatrix} A^2 & -A\alpha \\ A'^2 & -A'\alpha' \end{vmatrix} = p$$

$$m + n = \begin{vmatrix} A^2 & -\alpha^2 - 1 \\ A'^2 & -\alpha'^2 - 1 \end{vmatrix} : \begin{vmatrix} A^2 & -A\alpha \\ A'^2 & -A'\alpha' \end{vmatrix} = s.$$

Hat man hieraus die numerischen Werthe von p und s berechnet, so findet man:

$$m = \frac{s + \sqrt{s^2 - 4p}}{2}, \qquad n = \frac{s - \sqrt{s^2 - 4p}}{2}$$

und darauf die gesuchten Winkel μ, ν, μ', ν' aus (2).

Sind die Aenderungen der Winkel und der Dimensionen des Krystalls sehr klein, so können die höheren Potenzen von

$$A' - A = \Delta A, \quad \alpha' - \alpha = \Delta\alpha$$

vernachlässigt werden. Unter dieser Annahme ist:

$$mn = \frac{1}{A^2}\left(\alpha^2 - \frac{A\Delta\alpha + \alpha\Delta A}{A\Delta\alpha - \alpha\Delta A}\right) = p^*$$

$$m + n = \frac{2}{A^2}\left(\alpha - \frac{\Delta A}{A\Delta\alpha - \alpha\Delta A}\right) = s^*.$$

17. Die F. E. Neumann'schen Formeln zur Berechnung der *Hauptdilatationen* λ_1, λ_2, λ_3 fliessen aus folgender Erwägung. Drückt man die Dilatation in einer beliebigen Richtung OP durch die gegebenen Axenelemente $a_1 : a_2 : a_3$, β, $a_1' : a_2' : a_3'$, β', und die Richtungswinkel von OP aus, so tritt noch eine unbestimmte Grösse auf, weil nur die Verhältnisse der Axeneinheiten bekannt sind. Indem man dann OP mit den thermischen Axen X_1, $X_2 = \pi_2$, X_3 zusammenfallen lässt, erhält man für jede Hauptdilatation eine Gleichung, die mit jener unbestimmten Grösse behaftet ist; zur Elimination derselben dient die Relation (14) auf S. 59, welche die linearen Dilatationen λ_1, λ_2, λ_3 mit der gemessenen räumlichen Dilatation τ verbindet.

Die Coordinaten des Theilchens P in Bezug auf π_1, π_2, π_3 seien a_1/p_1, a_2/p_2, a_3/p_3, seine Entfernung vom Anfangspunkt $OP = r$, so dass:

$$r^2 = \left(\frac{a_1}{p_1}\right)^2 + \left(\frac{a_2}{p_2}\right)^2 + \left(\frac{a_3}{p_3}\right)^2 + 2\,\frac{a_1}{p_1}\,\frac{a_3}{p_3}\cos\beta.$$

Setzen wir $a_i' = a_i + \Delta a_i$, $\beta' = \beta + \Delta\beta$ und die neue Entfernung $r' = r + \Delta r$, so ist, da die Zahlen p_1, p_2, p_3 durch die Deformation nicht geändert werden:

$$(r + \Delta r)^2 = \left(\frac{a_1 + \Delta a_1}{p_1}\right)^2 + \left(\frac{a_2 + \Delta a_2}{p_2}\right)^2 + \left(\frac{a_3 + \Delta a_3}{p_3}\right)^2 + 2\,\frac{a_1 + \Delta a_1}{p_1}\,\frac{a_3 + \Delta a_3}{p_3}\cos(\beta + \Delta\beta)$$

und hieraus folgt bei sehr geringen Deformationen für die Verlängerung der Längeneinheit in der Richtung OP:

$$\frac{\Delta r}{r} = \frac{1}{r^2}\left[\frac{a_1}{p_1}\left(\frac{a_1}{p_1} + \frac{a_3}{p_3}\cos\beta\right)\frac{\Delta a_1}{a_1} + \left(\frac{a_2}{p_2}\right)^2\frac{\Delta a_2}{a_2} + \frac{a_3}{p_3}\left(\frac{a_1}{p_1}\cos\beta + \frac{a_3}{p_3}\right)\frac{\Delta a_3}{a_3} - \frac{a_1}{p_1}\,\frac{a_3}{p_3}\sin\beta\,\Delta\beta\right].$$

Es ist zweckmässig, weiterhin ein rechtwinkliges Coordinatensystem $\mathfrak{X}_1$, $\mathfrak{X}_2$, $\mathfrak{X}_3$ zu benutzen, von der Beschaffenheit, dass $\mathfrak{X}_2$ mit π_2 und $\mathfrak{X}_3$ mit π_3 zusammenfallen (Fig. 59. 60). Die Projection s von r auf die Ebene $\pi_3\pi_1$, $s = r\sin(r\mathfrak{X}_2)$, bilde mit π_3 den Winkel v. Dann ist:

$$\frac{a_1}{p_1} = r\sin(r\mathfrak{X}_2)\cdot\frac{\sin v}{\sin\beta}$$

$$\frac{a_2}{p_2} = r\cos(r\mathfrak{X}_2)$$

$$\frac{a_3}{p_3} = r\sin(r\mathfrak{X}_2)\cdot\frac{\sin(\beta - v)}{\sin\beta}$$

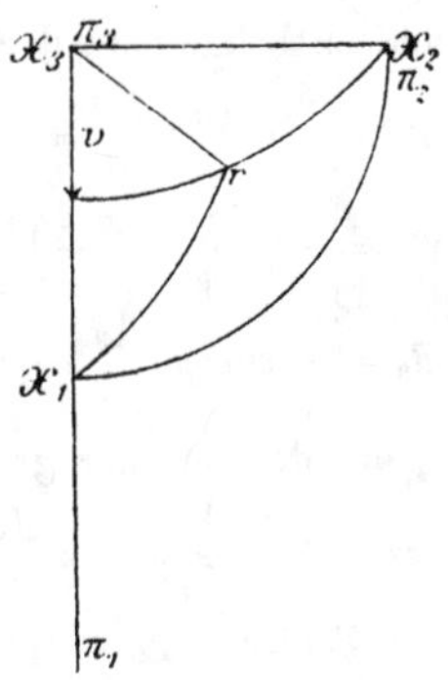

Fig. 59.

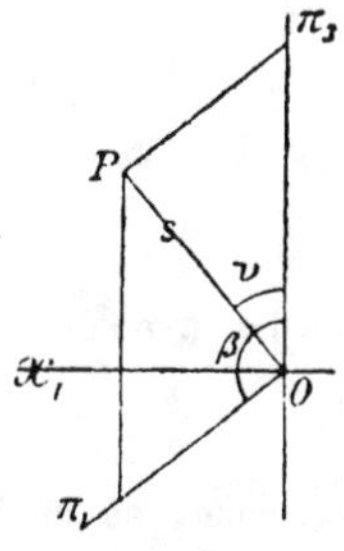

Fig. 60.

folglich:

$$\frac{a_1}{p_1} + \frac{a_3}{p_3}\cos\beta = r\sin(r\mathfrak{X}_2)\cos(\beta - v) = r\left[\cos\beta\cos(r\mathfrak{X}_3) + \sin\beta\cos(r\mathfrak{X}_1)\right]$$

$$\frac{a_1}{p_1}\cos\beta + \frac{a_3}{p_3} = r\sin(r\mathfrak{X}_2)\cos v \qquad = r\cos(r\mathfrak{X}_3)$$

und:

$$\frac{\Delta r}{r} = \cos^2(r\mathfrak{X}_1)\left[\frac{\Delta a_1}{a_1} + \cot\beta\,\Delta\beta\right] + \cos^2(r\mathfrak{X}_2)\frac{\Delta a_2}{a_2} + \cos^2(r\mathfrak{X}_3)\frac{\Delta a_3}{a_3}$$
$$+ \cos(r\mathfrak{X}_1)\cos(r\mathfrak{X}_3)\left[\cot\beta\left(\frac{\Delta a_1}{a_1} - \frac{\Delta a_3}{a_3}\right) - \Delta\beta\right],$$

also ist die Dilatation in der Richtung OP ausgedrückt durch $\Delta a/a$, β, $\Delta\beta$ und die Richtungscosinus von OP. Nun sind aber nicht die Grössen $\Delta a/a$ selbst, sondern nur ihre Differenzen numerisch bekannt, denn es ist bei geringen Deformationen:

$$\frac{\frac{a_1'}{a_3'} - \frac{a_1}{a_3}}{\frac{a_1}{a_3}} = \frac{\Delta a_1}{a_1} - \frac{\Delta a_3}{a_3}, \quad \frac{\frac{a_2'}{a_3'} - \frac{a_2}{a_3}}{\frac{a_2}{a_3}} = \frac{\Delta a_2}{a_2} - \frac{\Delta a_3}{a_3}.$$

Indem man zur Einführung dieser Differenzen in der vorhergehenden Gleichung:

$$\cos^2(r\mathfrak{X}_1)\frac{\Delta a_3}{a_3} + \cos^2(r\mathfrak{X}_2)\frac{\Delta a_3}{a_3}$$

subtrahirt und addirt, erhält man mit Rücksicht auf:

$$\frac{\Delta A}{A} = \frac{\Delta a_3}{a_3} - \frac{\Delta a_1}{a_1} + \cos^2\beta\frac{\Delta\alpha}{\alpha}, \quad \Delta\alpha = -\frac{\Delta\beta}{\sin^2\beta}$$

für jene Dilatation:

$$\frac{\Delta r}{r} = \frac{\Delta a_3}{a_3} - \cos^2(r\mathfrak{X}_1)\frac{\Delta A}{A} - \cos^2(r\mathfrak{X}_2)\left(\frac{\Delta a_3}{a_3} - \frac{\Delta a_2}{a_2}\right) - \cos(r\mathfrak{X}_1)\cos(r\mathfrak{X}_3)\,\alpha\left(\frac{\Delta A}{A} - \frac{\Delta\alpha}{\alpha}\right),$$

worin neben der unbestimmten Grösse $\Delta a_3/a_3$ nur die Richtungscosinus von OP und numerisch bekannte Werthe auftreten. Lassen wir jetzt OP der Reihe nach mit den Hauptaxen X_1, X_2, X_3 zusammenfallen, so geht $\Delta r/r$ in λ_1, λ_2, λ_3 über:

(3) $$\lambda_1 = \frac{\Delta a_3}{a_3} + \mathfrak{R}_1, \quad \lambda_2 = \frac{\Delta a_3}{a_3} + \mathfrak{R}_2, \quad \lambda_3 = \frac{\Delta a_3}{a_3} + \mathfrak{R}_3,$$

worin $\mathfrak{R}_1$, $\mathfrak{R}_2$, $\mathfrak{R}_3$ numerisch bekannt sind:

$$\mathfrak{R}_1 = -\cos^2\mu\frac{\Delta A}{A} + \cos\mu\sin\mu\,\alpha\left(\frac{\Delta A}{A} - \frac{\Delta\alpha}{\alpha}\right)$$
$$\mathfrak{R}_2 = -\left(\frac{\Delta a_3}{a_3} - \frac{\Delta a_2}{a_2}\right)$$
$$\mathfrak{R}_3 = -\sin^2\mu\frac{\Delta A}{A} - \sin\mu\cos\mu\,\alpha\left(\frac{\Delta A}{A} - \frac{\Delta\alpha}{\alpha}\right).$$

Wird nun noch $\Delta a_3/a_3$ aus der für sehr geringe Dilatationen geltenden Relation:

(4) $$\tau = \lambda_1 + \lambda_2 + \lambda_3 = 3\frac{\Delta a_3}{a_3} + (\mathfrak{R}_1 + \mathfrak{R}_2 + \mathfrak{R}_3)$$

berechnet, so sind *die Werthe der Hauptdilatationen durch (3) und (4) vollständig bestimmt.*

18. Gyps.

E. Mitscherlich, Abh. Berl. Akad. für d. Jahr 1825, 201. Pogg. Ann. **10**, 137, 1827. — F. E. Neumann, Pogg. Ann. **27**, 240, 1833; **35**, 81, 203, 1835. — A. J. Ångström, K. Vetensk. Acad. Handl. f. 1850, Stockholm 1851, 451. Pogg. Ann. **86**, 228, 1852. — H. Fizeau, Compt. rend. **66**, 1084, 1868. Pogg. Ann. **135**, 394, 1868. — C. Pape, Pogg. Ann. **135**, 1, 1868. — J. Beckenkamp, Zeitschrift für Krystall. **6**, 450, 1882. — F. E. Neumann, Vorles. üb. d. Theorie d. Elasticität. Leipzig 1885, S. 273.

Aus den Messungen von E. Mitscherlich (1825) ergaben sich für eine Temperaturerhöhung von 100° C. folgende Aenderungen der Winkel:

$$f:f = 110:1\bar{1}0 = 68^{0}38' \quad - 10'50''$$
$$l:l = 111:1\bar{1}1 = 36\ 18 \quad - 8\ 25$$
$$\text{Kante } l/l : f/f = 127\ 44 \quad + 7\ 26.$$

Hieraus schloss F. E. Neumann (1833), dass im Gyps eine Abweichung der thermischen Axen von den optischen Symmetrieaxen nicht festzustellen

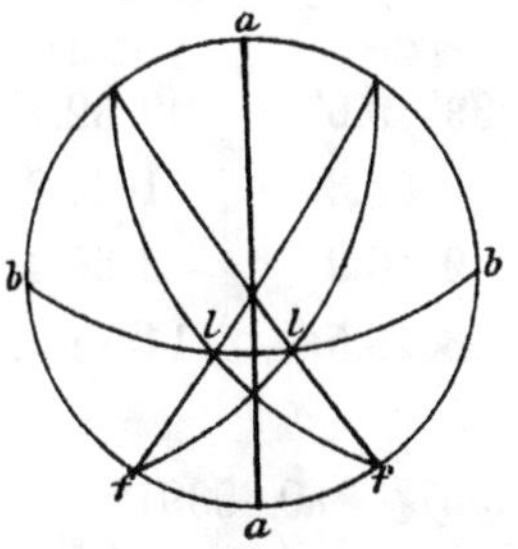

Fig. 61.

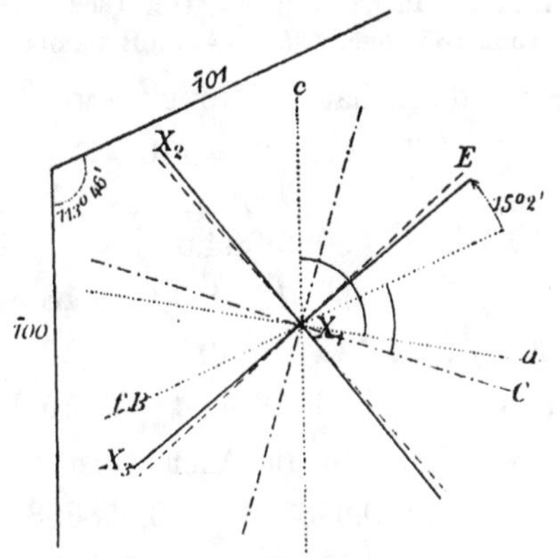

Fig. 62.

sei. Dieses Zusammentreffen kann jedoch nur angenähert stattfinden, wie aus den Beobachtungen von F. E. Neumann über die Dispersion der optischen Symmetrieaxen im Gyps hervorgeht (1835, vgl. die oben citirten Vorlesungen).

J. Beckenkamp hat an Gypskrystallen von Bochnia in Galizien folgende Flächenwinkel gemessen:

$$[b = 010,\ f = 110,\ l = 111,\ l' = 1\bar{1}1]$$

Θ	0°	25°	50°	75°	100°	120°
(lb) . . .	71° 48′ 52.2″	49′ 31.8″	50′ 14.2″	50′ 53.4″	51′ 48.5″	52′ 25.5″
(fb) . . .	55 43 52.9	44 30.9	45 8.3	45 58.4	47 2.0	47 39.0
(lf) . . .	49 16 39.6	15 57.4	15 18.7	14 34.2	13 53.2	12 55.2
$(l'f)$ . . .	72 27 11.5	27 33.2	25 54.6	24 8.2	21 59.5	20 11.9

Daraus ergeben sich die Axenelemente:

a	0.689724	0.689515	0.689301	0.688998	0.688596	0.688395
c	0.413411	0.413251	0.413072	0.412916	0.412661	0.412517
β	98° 56′ 17.7″	58′ 6.4″	59′ 59.0″	61′ 32.8″	63′ 25.6″	65′ 29.6″.

Alsdann folgen aus den Formeln in [16] für $(X_3 c)$ im stumpfen Winkel von Klinoaxe a und Verticalaxe c und für $(X_2 c)$ im spitzen Winkel (ac) die Werthe:

	0°—25°	0°—50°	0°—75°	0°—100°	0°—120°
$(X_3 c)$ . . .	45° 0′ 30″	44° 4′ 0″	46° 48′ 0″	47° 2′ 30″	47° 52′ 10″
$(X_2 c)$ . . .	44 59 50	45 57 10	43 12 50	42 58 10	42 8 20″.

Dagegen beträgt nach H. Fizeau [29] die Neigung der thermischen Axe X_3 gegen die Verticalaxe im Mittel 180°—113° 46′— 15° 2′ = 51° 12′ (Fig. 62). Die Messungen der Flächenwinkel bedürfen daher einer Wiederholung.

Orthoklas (Adular).

H. Kopp, Pogg. Ann. **86**, 157, 1852. — H. Fizeau, Compt. rend. **66**, 1079, 1868. Pogg. Ann. **135**, 385, 1868. — J. Beckenkamp, Zeitschr. f. Kryst. **5**, 439, 452, 1881.

Am Adular hat J. Beckenkamp folgende Winkel gemessen (Fig. 63):

$$[T = 110,\ T' = 1\bar{1}0,\ T'' = \bar{1}\bar{1}0,\ P = 001,\ x = \bar{1}01]$$

Θ	20°	80°	140°	200°
$\frac{1}{2}(TT')$ . . .	30° 36′ 44.0″	37′ 56.9″	39′ 9.6″	40′ 32.1″
$(T''x)$ . . .	69 17 18.3	18 34.0	19 55.3	21 28.3
$(T''P)$ . . .	112 10 40.7	10 1.3	9 16.3	8 26.4
(xP) . . .	50 16 44.4	15 7.3	13 16.5	11 11.9.

Daraus ergeben sich die Axenelemente:

a . . .	0.658398	0,658888	0.659367	0.659912
c . . .	0.555486	0.555596	0.555657	0.555729
β . .	115° 60′ 55.5″	60′ 29.3″	59′ 56.4″	59′ 20.5″

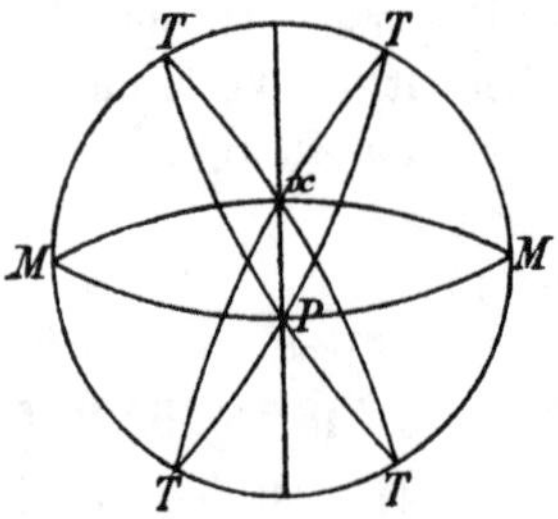

Fig. 63.

Alsdann folgt aus den Formeln in [16]:

	20—80°	20—140°	20—200°
μ . . .	83° 32′	83° 54′	83° 57′
ν . . .	6 30	6 4	6 3.

Die geringen Aenderungen, welche hiernach die Richtungen der in der Symmetrieebene des Adular gelegenen thermischen Axen mit steigender Temperatur zu erleiden scheinen, übersteigen indessen nicht den wahrscheinlichen Fehler in der Bestimmung dieser Richtungen; der wahrscheinlichste Werth von μ ist 83° 54½′.

Vergleicht man diese Angaben mit den von H. Fizeau [29] erhaltenen Ergebnissen, so findet man eine befriedigende Uebereinstimmung: es bildet die thermische Axe X_1 mit der Klinoaxe a im stumpfen Winkel (ac) nach J. Beckenkamp 83° 54½′ — 64° = 19° 54½′, nach H. Fizeau 18° 48′ (Fig. 64). Demnach fallen in der Symmetrieebene des Adular die thermischen Axen auch nicht annähernd mit den optischen Symmetrieaxen zusammen, denn die erste Mittellinie E ist unter ca. 4° 30′ gegen die Klinoaxe geneigt.

Mit Hülfe des von H. Kopp gemessenen cubischen Ausdehnungscoëfficienten des Orthoklases, der für 1° C. im Mittel = 0,0000215 beträgt, hat

J. Beckenkamp nach den Formeln in [17] die linearen Hauptdilatationen für das Temperaturintervall 20°—80° berechnet:

X_1 . . . . . . + 0,000879,
X_2 . . . . . . + 0,000315,
$X_3 (= \pi_2)$ . . + 0,000095.

Allein diese Werthe weichen von den Fizeau'schen erheblich ab. Hiernach findet in den Richtungen der Axen X_2 und X_3 eine Zusammenziehung, längs X_1 aber eine beträchtliche Ausdehnung statt; es sind nämlich die Ausdehnungscoëfficienten für jenes Temperaturintervall in den Richtungen:

X_1 . . . + 0,0011496,
X_2 . . . − 0,0000816,
X_3 . . . − 0,0001140.

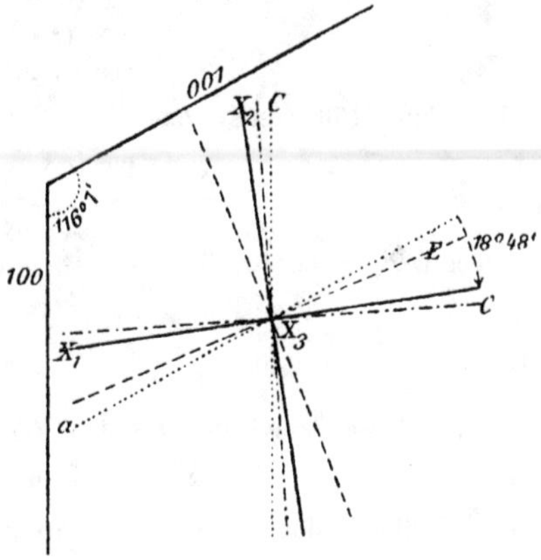

Fig. 64.

Trikline Krystalle.

19. Die von C. Neumann zur Berechnung der Richtungen der thermischen Axen und der Werthe der Hauptausdehnungscoëfficienten trikliner Krystalle angegebene Methode lässt das auf S. 71 entwickelte Princip deutlich hervortreten.[1]

Als festes Coordinatensystem, auf welches der trikline Krystall vor und nach seiner Deformation zu beziehen ist, werde an Stelle des schiefwinkligen krystallographischen Axensystems π_1, π_2, π_3 ein rechtwinkliges Hülfsaxensystem $\mathfrak{X}_1$, $\mathfrak{X}_2$, $\mathfrak{X}_3$ mit demselben Anfangspunkte O zu Grunde gelegt, dessen Lage im Uebrigen beliebig, aber fest zu wählen ist, z. B. der Einfachheit wegen so, dass $\mathfrak{X}_3$ mit π_3 und die Ebene $\mathfrak{X}_3\mathfrak{X}_1$ mit $\pi_3\pi_1$ zusammenfällt. Während der Deformation soll diese Lage unverändert bleiben, d. h. $\mathfrak{X}_3$ mit π_3' und die Ebene $\mathfrak{X}_3\mathfrak{X}_1$ mit $\pi_3'\pi_1'$ zusammenfallen. Alsdann können aus den gegebenen Winkeln:

$$(\pi_2\pi_3) = p_1, \quad (\pi_3\pi_1) = p_2, \quad (\pi_1\pi_2) = p_3$$
$$(\pi_2'\pi_3') = p_1', \quad (\pi_3'\pi_1') = p_2', \quad (\pi_1'\pi_2') = p_3'$$

die Richtungscosinus:

$$\cos(\pi_h\mathfrak{X}_k) = \alpha_{hk}, \quad \cos(\pi_h'\mathfrak{X}_k) = \alpha_{hk}' \qquad (h, k = 1, 2, 3)$$

berechnet werden. Sind, wie in Fig. 65, $p_1, p_2, p_3 < 90^0$, so finden wir:

$$\begin{array}{lll} \alpha_{11} = \sin p_2, & \alpha_{21} = \sin p_1 \cos q_3, & \alpha_{31} = 0 \\ \alpha_{12} = 0, & \alpha_{22} = \sin p_1 \sin q_3, & \alpha_{32} = 0 \\ \alpha_{13} = \cos p_2, & \alpha_{23} = \cos p_1, & \alpha_{33} = 1. \end{array}$$

$$\cos q_3 = \frac{\cos p_3 - \cos p_1 \cos p_2}{\sin p_1 \sin p_2}.$$

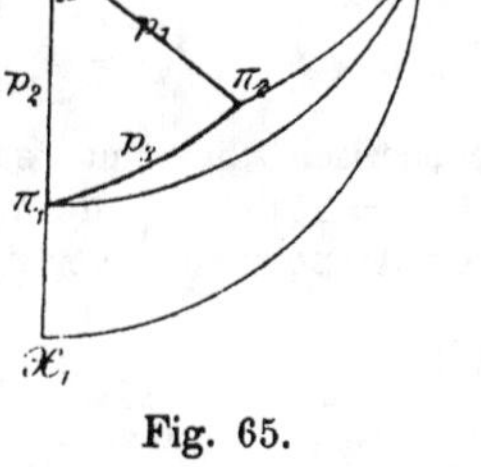

Fig. 65.

Analoge Ausdrücke erhält man für α_{hk}'. Die weitere Rechnung wird aber übersichtlicher, wenn diese beson-

[1] C. Neumann, Ueber die thermischen Axen der Krystalle des ein- und eingliedrigen Systems. Pogg. Ann. **114**, 492, 1861.

deren, numerisch bekannten Werthe von α_{hk} und α_{hk}' noch nicht eingeführt werden.

Vor der Deformation seien die Coordinaten eines Theilchens P, dessen Entfernung von O. mit r bezeichnet werde, in dem Axensystem π_1, π_2, π_3:

$$\mathfrak{a}_h a_h = r \frac{\cos(r\nu_h)}{\cos(\pi_h \nu_h)}, \qquad (h = 1, 2, 3)$$

und in dem Hülfsaxensystem:

$$\mathfrak{x}_k = r\cos(r\mathfrak{X}_k), \qquad (k = 1, 2, 3).$$

Aus der Relation:

$$\cos(r\mathfrak{X}_k) = \cos(\pi_1\mathfrak{X}_k)\frac{\cos(r\nu_1)}{\cos(\pi_1\nu_1)} + \cos(\pi_2\mathfrak{X}_k)\frac{\cos(r\nu_2)}{\cos(\pi_2\nu_2)} + \cos(\pi_3\mathfrak{X}_k)\frac{\cos(r\nu_3)}{\cos(\pi_3\nu_3)}$$

folgt:

$$(1) \qquad \mathfrak{x}_k = \sum_h \alpha_{hk}\mathfrak{a}_h a_h.$$

Durch die Deformation gehen a_h, α_{hk}, $\mathfrak{x}_k$ über in:

$$a_h + \Delta a_h, \quad \alpha_{hk} + \Delta\alpha_{hk}, \quad \mathfrak{x}_k + \Delta\mathfrak{x}_k,$$

während die Zahlen $\mathfrak{a}_1$, $\mathfrak{a}_2$, $\mathfrak{a}_3$ unverändert bleiben. Demnach ist:

$$\mathfrak{x}_k + \Delta\mathfrak{x}_k = \sum_h (\alpha_{hk} + \Delta\alpha_{hk})\,\mathfrak{a}_h(a_h + \Delta a_h),$$

oder, wenn die Aenderungen der Coordinaten eines Theilchens und der Richtungscosinus einer Geraden so gering sind, dass ihre zweiten Dimensionen vernachlässigt werden können:

$$\mathfrak{x}_k + \Delta\mathfrak{x}_k = \sum_h \alpha_{hk}\mathfrak{a}_h a_h + \sum_h \mathfrak{a}_h(a_h\Delta\alpha_{hk} + \alpha_{hk}\Delta a_h).$$

Wir erhalten also für die Aenderungen der rechtwinkligen Coordinaten des Theilchens P:

$$(2) \qquad \Delta\mathfrak{x}_k = \mathfrak{a}_1\Delta(\alpha_{1k}a_1) + \mathfrak{a}_2\Delta(\alpha_{2k}a_2) + \mathfrak{a}_3\Delta(\alpha_{3k}a_3).$$

Aus (1) und (2) gewinnt man die Beziehungen, welche für jedes Theilchen zwischen seinen ursprünglichen Coordinaten und den Veränderungen derselben bestehen, durch Elimination der Zahlen $\mathfrak{a}_1$, $\mathfrak{a}_2$, $\mathfrak{a}_3$. Bezeichnet man die Determinante der α_{hk} mit A und die zweigliedrigen Unterdeterminanten mit A_{hk}, so folgt aus (1):

$$\mathfrak{a}_h = \frac{1}{A a_h}(A_{h1}\mathfrak{x}_1 + A_{h2}\mathfrak{x}_2 + A_{h3}\mathfrak{x}_3)$$

und aus (2):

$$\text{I.} \qquad \left|\begin{array}{l} \Delta\mathfrak{x}_1 = L_{11}\mathfrak{x}_1 + L_{12}\mathfrak{x}_2 + L_{13}\mathfrak{x}_3 \\ \Delta\mathfrak{x}_2 = L_{21}\mathfrak{x}_1 + L_{22}\mathfrak{x}_2 + L_{23}\mathfrak{x}_3 \\ \Delta\mathfrak{x}_3 = L_{31}\mathfrak{x}_1 + L_{32}\mathfrak{x}_2 + L_{33}\mathfrak{x}_3, \end{array}\right.$$

worin:

$$L_{hk} = \frac{1}{A}\left[A_{1k}\frac{\Delta(a_1\alpha_{1h})}{a_1} + A_{2k}\frac{\Delta(a_2\alpha_{2h})}{a_2} + A_{3k}\frac{\Delta(a_3\alpha_{3h})}{a_3}\right].$$

Numerisch bekannt sind die Richtungscosinus α_{hk} und ihre Veränderungen $\Delta\alpha_{hk} = \alpha_{hk}' - \alpha_{hk}$, demnach auch A und A_{hk}. Gegeben sind ferner die Verhältnisse der Axeneinheiten vor und nach der Deformation:

$$(3) \qquad \frac{a_1}{a_3} = a, \quad \frac{a_2}{a_3} = b,$$

$$(4) \qquad \frac{a_1'}{a_3'} = a', \quad \frac{a_2'}{a_3'} = b' \text{ oder } \frac{a_1 + \Delta a_1}{a_2 + \Delta a_2} = a + \Delta a, \quad \frac{a_2 + \Delta a_2}{a_3 + \Delta a_3} = b + \Delta b.$$

Dagegen sind die absoluten Werthe der in L_{hk} auftretenden Grössen:

$$\frac{a_1' - a_1}{a_1} = \frac{\Delta a_1}{a_1}, \quad \frac{a_2' - a_2}{a_2} = \frac{\Delta a_2}{a_2}, \quad \frac{a_3' - a_3}{a_3} = \frac{\Delta a_3}{a_3}$$

nicht bekannt. Subtrahirt man (3) von (4), so ergeben sich bei Vernachlässigung der zweiten Dimensionen der Veränderungen Δ die Beziehungen:

$$\frac{\Delta a_1}{a_1} - \frac{\Delta a_3}{a_3} = \frac{\Delta a}{a}, \quad \frac{\Delta a_2}{a_2} - \frac{\Delta a_3}{a_3} = \frac{\Delta b}{b},$$

folglich ist:

$$\left|\begin{aligned} \frac{\Delta(a_1 \alpha_{1h})}{a_1} &= \alpha_{1h} \frac{\Delta a_1}{a_1} + \Delta \alpha_{1h} = \alpha_{1h} \frac{\Delta a_3}{a_3} + \Delta \alpha_{1h} + \alpha_{1h} \frac{\Delta a}{a} \\ \frac{\Delta(a_2 \alpha_{2h})}{a_2} &= \alpha_{2h} \frac{\Delta a_2}{a_2} + \Delta \alpha_{2h} = \alpha_{2h} \frac{\Delta a_3}{a_3} + \Delta \alpha_{2h} + \alpha_{2h} \frac{\Delta b}{b} \\ \frac{\Delta(a_3 \alpha_{3h})}{a_3} &= \alpha_{3h} \frac{\Delta a_3}{a_3} + \Delta \alpha_{3h} \end{aligned}\right.$$

und:

$$L_{hk} = \frac{1}{A}\left[\frac{\Delta a_3}{a_3}(\alpha_{1h}A_{1k} + \alpha_{2h}A_{2k} + \alpha_{3h}A_{3k}) + A_{1k}\Delta\alpha_{1h} + A_{2k}\Delta\alpha_{2h} + A_{3k}\Delta\alpha_{3h} + \alpha_{1h}A_{1k}\frac{\Delta a}{a} + \alpha_{2h}A_{2k}\frac{\Delta b}{b}\right].$$

Nun ist:

$$\alpha_{1h}A_{1k} + \alpha_{2h}A_{2k} + \alpha_{3h}A_{3k} = \begin{cases} A \text{ wenn } h = k \\ 0 \text{ wenn } h \gtrless k. \end{cases}$$

Demnach erhalten wir mit Benutzung der Bezeichnung:

$$(5) \qquad \frac{1}{A}\left[A_{1k}\Delta\alpha_{1h} + A_{2k}\Delta\alpha_{2h} + A_{3k}\Delta\alpha_{3h} + \alpha_{1h}A_{1k}\frac{\Delta a}{a} + \alpha_{2h}A_{2k}\frac{\Delta b}{b}\right] = \Delta_{hk}$$

für die L_{hk} folgende Ausdrücke:

$$\left|\begin{aligned} &L_{11} = \frac{\Delta a_3}{a_3} + \Delta_{11}, && L_{12} = \Delta_{12}, && L_{13} = \Delta_{13} \\ &L_{21} = \Delta_{21}, && L_{22} = \frac{\Delta a_3}{a_3} + \Delta_{22}, && L_{23} = \Delta_{23} \\ &L_{31} = \Delta_{31}, && L_{32} = \Delta_{32}, && L_{33} = \frac{\Delta a_3}{a_3} + \Delta_{33}. \end{aligned}\right.$$

Hierin sind die Δ_{hk} numerisch bekannt und nur $\Delta a_3/a_3$ bleibt zunächst unbestimmt.

Die Gleichungen I sind der analytische Ausdruck des Gesetzes, nach welchem die Verschiebung der Theilchen eines triklinen Krystalls durch eine unendlich kleine homogene Deformation stattfindet, und zwar sind die Veränderungen der ursprünglichen Coordinaten eines Theilchens ausgedrückt durch diese Coordinaten, durch die gegebenen Grössen $\Delta_{11} \ldots \Delta_{33}$ und eine aus Winkelmessungen nicht zu bestimmende Grösse $\Delta a_3/a_3$.

20. Das in Rede stehende Gesetz kann in einer zweiten Form dargestellt werden, indem ausgedrückt wird, dass die neue Lage des ursprünglich in P gelegenen Theilchens durch eine reine Deformation und eine Drehung des deformirten Krystalls um den Coordinatenanfangspunkt herzustellen ist.

Bezeichnet man die Coordinaten von P in Bezug auf die Hauptaxen X_1, X_2, X_3 mit:

$$x_k = r \cos(r X_k),$$

so bestehen, da:

$$\cos(r X_k) = \cos(X_k \mathfrak{X}_1)\cos(r\mathfrak{X}_1) + \cos(X_k \mathfrak{X}_2)\cos(r\mathfrak{X}_2) + \cos(X_k \mathfrak{X}_3)\cos(r\mathfrak{X}_3)$$

ist, die Relationen:

$$x_k = f_{k1}\mathfrak{x}_1 + f_{k2}\mathfrak{x}_2 + f_{k3}\mathfrak{x}_3,$$

worin die Richtungscosinus:

$$f_{kh} = \cos(X_k \mathfrak{X}_h),$$

welche die Lage der Hauptaxen gegen das Hülfsaxensystem angeben, die gesuchten Grössen sind.

Durch die reine Deformation gelange P nach $\overline{P}$, so dass:

$$\overline{x}_k = \mu_k x_k;$$

durch die Drehung gelange jenes Theilchen von $\overline{P}$ nach P' mit den Coordinaten:

$$x_h' = \overline{x}_h = r' \cos(r' X_k'), \quad \mathfrak{x}_k' = r' \cos(r' \mathfrak{X}_k).$$

Alsdann ergeben sich aus:

$$\cos(r' \mathfrak{X}_k) = \cos(\mathfrak{X}_k X_1') \cos(r' X_1') + \cos(\mathfrak{X}_k X_2') \cdot \cos(r' X_2') + \cos(\mathfrak{X}_k X_3') \cos(r' X_3')$$

die Gleichungen:

$$\mathfrak{x}_k' = f_{1k}' x_1' + f_{2k}' x_2' + f_{3k}' x_3', \quad f_{hk}' = \cos(\mathfrak{X}_k X_h').$$

Demnach ist:

$$\mathfrak{x}_k' = f_{1k}' \mu_1 \sum_i f_{1i} \mathfrak{x}_i + f_{2k}' \mu_2 \sum_i f_{2i} \mathfrak{x}_i + f_{3k}' \mu_3 \sum_i f_{3i} \mathfrak{x}_i, \qquad (i = 1, 2, 3)$$

oder:

(6)
$$\mathfrak{x}_k' = d_{k1} \mathfrak{x}_1 + d_{k2} \mathfrak{x}_2 + d_{k3} \mathfrak{x}_3,$$
$$d_{kh} = \sum_i f_{ik}' f_{ih} \mu_i.$$

Dabei bestehen die 12 Relationen:

(7)
$$\sum_i f_{hi} f_{ki} = \cos(X_h X_k), \qquad \sum_i f_{ih} f_{ik} = \cos(\mathfrak{X}_h \mathfrak{X}_k)$$

und die analogen Relationen für die f'. Der Voraussetzung nach sind die Hauptdilatationen $\lambda_i = \mu_i - 1$ und die Differenzen $f_{ik}' - f_{ik} = \Delta f_{ik}$ so klein, dass ihre zweiten Dimensionen vernachlässigt werden können. Folglich ist:

$$d_{kh} = \sum_i (f_{ik} + \Delta f_{ik}) f_{ih} (1 + \lambda_i) = \sum_i (f_{ik} f_{ih} + f_{ik} f_{ih} \lambda_i + f_{ih} \Delta f_{ik}).$$

Nun ist nach (7):

$$\sum_i (f_{hi} \Delta f_{ki} + f_{ki} \Delta f_{hi}) = 0, \qquad \sum_i (f_{ih} \Delta f_{ik} + f_{ik} \Delta f_{ih}) = 0,$$

also für $h = k$:

(8)
$$d_{hh} = 1 + f_{1h}^2 \lambda_1 + f_{2h}^2 \lambda_2 + f_{3h}^2 \lambda_3$$

und wenn h von k verschieden ist:

(9)
$$\left| \begin{aligned} d_{hk} &= \sum_i (f_{ih} f_{ik} \lambda_i + f_{ik} \Delta f_{ih}) \\ d_{kh} &= \sum_i (f_{ih} f_{ik} \lambda_i - f_{ik} \Delta f_{ih}) \end{aligned} \right.$$

so dass:

$$\frac{d_{hk} + d_{kh}}{2} = f_{1h} f_{1k} \lambda_1 + f_{2h} f_{2k} \lambda_2 + f_{3h} f_{3k} \lambda_3.$$

Benutzt man wieder die Bezeichnung $\mathfrak{x}_k' - \mathfrak{x}_k = \Delta \mathfrak{x}_k$, so geht jetzt (6) über in:

II.
$$\left| \begin{aligned} \Delta \mathfrak{x}_1 &= (d_{11} - 1) \mathfrak{x}_1 + d_{12} \mathfrak{x}_2 + d_{13} \mathfrak{x}_3 \\ \Delta \mathfrak{x}_2 &= d_{21} \mathfrak{x}_1 + (d_{22} - 1) \mathfrak{x}_2 + d_{23} \mathfrak{x}_3 \\ \Delta \mathfrak{x}_3 &= d_{31} \mathfrak{x}_1 + d_{32} \mathfrak{x}_2 + (d_{33} - 1) \mathfrak{x}_3. \end{aligned} \right.$$

Dies ist der zweite Ausdruck des Gesetzes für die Verschiebung der Theilchen; die Veränderungen der ursprünglichen Coordinaten sind ausgedrückt durch diese Coordinaten selbst, die gesuchten Richtungswinkel der Hauptaxen und die gesuchten Werthe der Hauptdilatationen.

21. Aus I und II folgt:

$$(10)\quad \begin{array}{lll} \dfrac{\Delta a_3}{a_3} + \Delta_{11} = d_{11} - 1, & \Delta_{12} = d_{12}, & \Delta_{13} = d_{13} \\ \Delta_{21} = d_{21}, & \dfrac{\Delta a_3}{a_3} + \Delta_{22} = d_{22} - 1, & \Delta_{23} = d_{23} \\ \Delta_{31} = d_{31}, & \Delta_{32} = d_{32}, & \dfrac{\Delta a_3}{a_3} + \Delta_{33} = d_{33} - 1. \end{array}$$

Diese Gleichungen enthalten die Quadrate und Producte der f_{hk}, können also nicht direct zur Berechnung dieser Grössen benutzt werden. Nun ergiebt sich aber aus (8) und (9) mit Rücksicht auf (7):

$$\begin{array}{l} (d_{11} - 1) f_{i1} + \dfrac{d_{12} + d_{21}}{2} f_{i2} + \dfrac{d_{13} + d_{31}}{2} f_{i3} = \lambda_i f_{i1} \\ \dfrac{d_{21} + d_{12}}{2} f_{i1} + (d_{22} - 1) f_{i2} + \dfrac{d_{23} + d_{32}}{2} f_{i3} = \lambda_i f_{i2} \\ \dfrac{d_{31} + d_{13}}{2} f_{i1} + \dfrac{d_{32} + d_{23}}{2} f_{i2} + (d_{33} - 1) f_{i3} = \lambda_i f_{i3}, \end{array}$$

oder nach (10):

$$(11)\quad \begin{array}{l} (\Delta_{11} - R_i) f_{i1} + \dfrac{\Delta_{12} + \Delta_{21}}{2} f_{i2} + \dfrac{\Delta_{13} + \Delta_{31}}{2} f_{i3} = 0 \\ \dfrac{\Delta_{21} + \Delta_{12}}{2} f_{i1} + (\Delta_{22} - R_i) f_{i2} + \dfrac{\Delta_{23} + \Delta_{32}}{2} f_{i3} = 0 \\ \dfrac{\Delta_{31} + \Delta_{13}}{2} f_{i1} + \dfrac{\Delta_{32} + \Delta_{23}}{2} f_{i2} + (\Delta_{33} - R_i) f_{i3} = 0, \end{array}$$

worin:

$$(12)\quad - R_i = \frac{\Delta a_3}{a_3} - \lambda_i. \qquad (i = 1, 2, 3).$$

Da f_{i1}, f_{i2}, f_{i3} nicht gleichzeitig verschwinden können, weil nach (7) die Summe ihrer Quadrate der Einheit gleich ist, so erfordert das gleichzeitige Bestehen dieser Gleichungen, dass die Determinante:

$$(13)\quad \begin{vmatrix} \Delta_{11} - R_i & \dfrac{\Delta_{12} + \Delta_{21}}{2} & \dfrac{\Delta_{13} + \Delta_{31}}{2} \\ \dfrac{\Delta_{21} + \Delta_{12}}{2} & \Delta_{22} - R_i & \dfrac{\Delta_{23} + \Delta_{32}}{2} \\ \dfrac{\Delta_{31} + \Delta_{13}}{2} & \dfrac{\Delta_{32} + \Delta_{23}}{2} & \Delta_{33} - R_i \end{vmatrix} = 0$$

ist; d. h. R_1, R_2, R_3 *sind die Wurzeln der Gleichung dritten Grades* (13). *Für jede Wurzel R_i bestimmen die Gleichungen* (11) *die Verhältnisse der Richtungscosinus f_{i1}, f_{i2}, f_{i3} derjenigen Hauptaxe X_i, welche der Hauptdilatation λ_i entspricht.* Bezeichnet man die Determinante (13) mit $\mathfrak{R}^i$, ihre Unterdeterminanten mit $\mathfrak{R}^i_{ab}$, so ist:

$$(14)\quad f_{i1} : f_{i2} : f_{i3} = \mathfrak{R}^i_{a1} : \mathfrak{R}^i_{a2} : \mathfrak{R}^i_{a3},$$

worin für den Stellenzeiger a irgend eine der Zahlen 1, 2, 3 zu setzen ist. Man findet die Richtungscosinusse selbst bis auf das Vorzeichen eines von ihnen durch Hinzufügung der Relation (7):

$$(15)\quad f_{i1}^2 + f_{i2}^2 + f_{i3}^2 = 1,$$

welche den Proportionalitätsfactor bestimmt. Wählt man das Vorzeichen dieses Factors jedesmal so, dass f_{i3} positiv wird, d. h. dass der Winkel zwischen der Hauptaxe X_i und der positiven Richtung der Axe $\mathfrak{X}_3$ oder der krystallographischen Axe π_3 ein spitzer ist, so sind die bei den f_{ik} willkürlich bleibenden drei Vorzeichen durch diese Festsetzung bestimmt.

Nachdem auf diese Weise die Lage der Hauptaxen in dem Hülfsaxensystem für die reine Deformation ermittelt ist, erhält man *die Winkel zwischen den Hauptaxen und den krystallographischen Axen* aus:

$$(16)\qquad \cos(X_h \pi_k) = f_{h1}\alpha_{k1} + f_{h2}\alpha_{k2} + f_{h3}\alpha_{k3}.$$

22. Ist noch die *räumliche Dilatation* des Krystalls gemessen, so tritt zu den drei Gleichungen (12) hinzu:

$$(17)\qquad \tau = \lambda_1 + \lambda_2 + \lambda_3 = R_1 + R_2 + R_3 + 3\frac{\Delta a_3}{a_3}.$$

Aus (12) und (17) erhält man durch Elimination von $\Delta a_3/a_3$ sofort *die numerischen Werthe der Hauptdilatationen* $\lambda_1, \lambda_2, \lambda_3$.

23. Nach C. Neumann findet man also bei einem triklinen Krystall die Richtungen der Hauptaxen einer reinen Deformation und die Werthe der Hauptdilatationen auf folgendem Wege. Man berechne aus den krystallographischen Elementen:

$$a_1 : a_2 : a_3, \quad (\pi_2\pi_3), \quad (\pi_3\pi_1), \quad (\pi_1\pi_2)$$
$$a_1' : a_2' : a_3', \quad (\pi_2'\pi_3'), \quad (\pi_3'\pi_1'), \quad (\pi_1'\pi_2')$$

zunächst:

$$a_1' - a_1 = \Delta a_1, \quad a_2' - a_2 = \Delta a_2, \quad a_3' - a_3 = \Delta a_3$$
$$\frac{\Delta a_1}{a_1} - \frac{\Delta a_3}{a_3} = \frac{\Delta a}{a}, \quad \frac{\Delta a_2}{a_2} - \frac{\Delta a_3}{a_3} = \frac{\Delta b}{b}$$

und darauf der Reihe nach die Richtungscosinus von π_1, π_2, π_3 und π_1', π_2', π_3' in Bezug auf das Hülfsaxensystem:

$$\left|\begin{matrix} \alpha_{11}, \alpha_{12}, \alpha_{13}; & \alpha_{21}, \alpha_{22}, \alpha_{23}; & \alpha_{31}, \alpha_{32}, \alpha_{33}; \\ \alpha_{11}', \alpha_{12}', \alpha_{13}'; & \alpha_{21}', \alpha_{22}', \alpha_{23}'; & \alpha_{31}', \alpha_{32}', \alpha_{33}', \end{matrix}\right.$$

die Differenzen:

$$\alpha_{hk}' - \alpha_{hk} = \Delta\alpha_{hk},$$

die Werthe der Determinante:

$$A = \begin{vmatrix} \alpha_{11} & \alpha_{12} & \alpha_{13} \\ \alpha_{21} & \alpha_{22} & \alpha_{23} \\ \alpha_{31} & \alpha_{32} & \alpha_{33} \end{vmatrix},$$

ihrer Unterdeterminanten A_{hk} und der Grössen:

$$\Delta_{hk} = \frac{1}{A}\left[A_{1k}\Delta\alpha_{1h} + A_{2k}\Delta\alpha_{2h} + A_{3k}\Delta\alpha_{3h} + \alpha_{1h}A_{1k}\frac{\Delta a}{a} + \alpha_{2h}A_{2k}\frac{\Delta b}{b}\right].$$

Demnächst löse man die Gleichung dritten Grades:

$$\mathfrak{R} = \begin{vmatrix} \Delta_{11} - R & \frac{\Delta_{12} + \Delta_{21}}{2} & \frac{\Delta_{13} + \Delta_{31}}{2} \\ \frac{\Delta_{21} + \Delta_{12}}{2} & \Delta_{22} - R & \frac{\Delta_{23} + \Delta_{32}}{2} \\ \frac{\Delta_{31} + \Delta_{13}}{2} & \frac{\Delta_{32} + \Delta_{23}}{2} & \Delta_{33} - R \end{vmatrix} = 0,$$

deren Wurzeln R_1, R_2, R_3 sind, auf und berechne die Unterdeterminanten von $\mathfrak{R}$, wenn darin der Reihe nach für R jene Wurzeln eingetragen werden:

$$\mathfrak{R}_{a1}^{1}, \mathfrak{R}_{a2}^{1}, \mathfrak{R}_{a3}^{1}; \quad \mathfrak{R}_{a1}^{2}, \mathfrak{R}_{a2}^{2}, \mathfrak{R}_{a3}^{2}; \quad \mathfrak{R}_{a1}^{3}, \mathfrak{R}_{a2}^{3}, \mathfrak{R}_{a3}^{3},$$

worin a irgend eine der Zahlen 1, 2, 3 bedeutet. Man ermittele die Proportionalitätsfactoren ϱ_i aus:

$$(\mathfrak{R}^i_{a1})^2 + (\mathfrak{R}^i_{a2})^2 + (\mathfrak{R}^i_{a3})^2 = \frac{1}{\varrho_i^2}, \qquad (i = 1, 2, 3)$$

und die Richtungscosinus f_{hk} aus:

$$f_{i1} = \varrho_i \mathfrak{R}^i_{a1}, \quad f_{i2} = \varrho_i \mathfrak{R}^i_{a2}, \quad f_{i3} = \varrho_i \mathfrak{R}^i_{a3},$$

endlich *die gesuchten Winkel* $(X_h \pi_k)$ aus:

$$\cos(X_h \pi_k) = f_{h1}\alpha_{k1} + f_{h2}\alpha_{k2} + f_{h3}\alpha_{k3}.$$

Wenn nun noch die räumliche Dilatation ε gemessen ist, findet man aus:

$$\lambda_i = \tfrac{1}{3}(\varepsilon - R_1 - R_2 - R_3) + R_i$$

die Werthe der Hauptdilatationen.

24. Wenden wir uns nun zu den Messungen J. Beckenkamp's am

Anorthit vom Vesuv.[1]

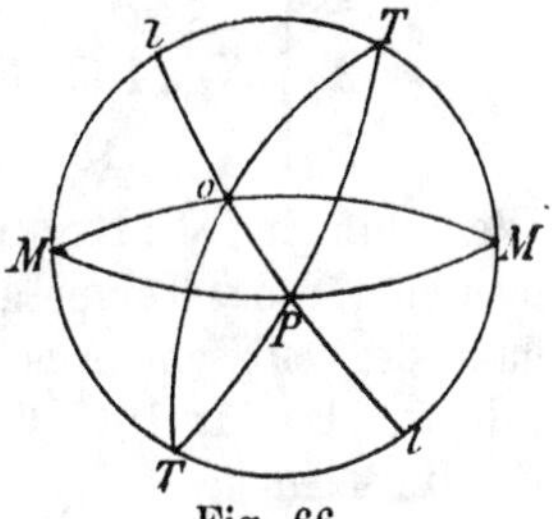

Fig. 66.

Der gemessene Krystall war ziemlich frei von Störungen des Zonenverbandes seiner Flächen und gab gute Reflexe. Für die Winkel zwischen den Flächen (Fig. 66):

$$M = 010, \quad P = 001, \quad l = 110, \quad T = 1\bar{1}0, \quad o = \bar{1}\bar{1}1$$

wurde gefunden:

Θ	20°	80°	140°	200°
(Tl)	59° 32′ 38,1″	33′ 56,3″	35′ 25,5″	37′ 37,0″
(lM)	57 61 39,5	60 52,6	60 00,9	57 52,7
(MP)	85 54 13,1	54 16,3	54 17,6	53 44,7
(TP)	69 19 57,3	21 02,4	22 26,0	24 49,3
(To)	98 33 00,7	32 27,5	32 12,5	32 15,9
(oM)	115 11 59,1	12 04,8	12 17,1	12 49,5
(oP)	57 49 59,1	48 48,6	47 55,9	46 51,3
(Pl)	65 58 09,0	59 16,3	60 38,8	62 47,2.

Daraus ergeben sich folgende Werthe für die Axenelemente in den Oktanten vorn-rechts-oben:

a_1	0,635319	0,635499	0,635689	0,635949
a_2	1	1	1	1
a_3	0,550427	0,550380	0,550425	0,550445
$(\pi_2\pi_3)$	93° 08′ 06,6″	93° 07′ 58,6″	93° 07′ 53,2″	93° 07′ 51,6″
$(\pi_3\pi_1)$	115 53 08,4	115 52 00,1	115 50 32,9	115 48 06,4
$(\pi_1\pi_2)$	91 15 17,1	91 15 36,6	91 15 56,1	91 17 25,1.

Alsdann erhält man nach der Methode von C. Neumann für die Winkel, welche die, den Temperaturintervallen 20°—80°, 20°—140°, 20°—200° entsprechenden thermischen Axen $X_1 X_2 X_3$, $X_1' X_2' X_3'$, $X_1'' X_2'' X_3''$ mit dem in [19] beschriebenen rechtwinkligen Hülfsaxensystem $\mathfrak{X}_1 \mathfrak{X}_2 \mathfrak{X}_3$ einschliessen, die Werthe:

[1] J. Beckenkamp, Ueber die Ausdehnung monosymmetrischer und asymmetrischer Krystalle durch die Wärme. Zeitschr. f. Kryst. **5**, 436, 1881.

		20°–80°		20°–140°		20°–200°
$\mathfrak{X}_1$	X_1	8° 9′ 40″	X_1'	13° 4′ 20″	X_1''	16° 15′ 10″
$\mathfrak{X}_2$		91 56 10		91 22 40		96 5 50
$\mathfrak{X}_3$		82 4 20		77 0 0		75 29 0
$\mathfrak{X}_1$	X_2	89 35 10	X_2'	95 33 30	X_2''	94 33 50
$\mathfrak{X}_2$		13 38 0		30 37 0		38 26 20
$\mathfrak{X}_3$		76 22 20		60 0 10		51 56 20
$\mathfrak{X}_1$	X_3	98 9 50	X_3'	101 49 50	X_3''	105 35 10
$\mathfrak{X}_2$		103 11 10		120 51 30		127 44 50
$\mathfrak{X}_3$		15 35 20		33 31 30		41 57 20.

Weiterhin hat J. Beckenkamp noch die linearen Hauptausdehnungscoëfficienten für das Temperaturintervall 20°–80° unter der Annahme berechnet, dass der cubische Ausdehnungscoëfficient des Anorthit gleich jenem des Adular, also für 1° C. 0,0000215 sei. Dann ergiebt sich aus den Formeln C. Neumann's:

$$\lambda_1 = 0{,}000879, \quad \lambda_2 = 0{,}000427, \quad \lambda_3 = -\,0{,}000016.$$

Es interessirt uns vor Allem das Resultat, wonach *die Richtungen der thermischen Axen im Anorthit für die Temperaturintervalle 20°–80°, 20°–140°, 20°–200° keineswegs zusammenfallen, sondern sehr erhebliche Richtungsunterschiede aufweisen, welche durch Fig. 67 zur Anschauung gebracht werden.* Am stärksten sind die Richtungsänderungen bei den Axen der mittleren und der kleinsten Ausdehung X_2 und X_3.

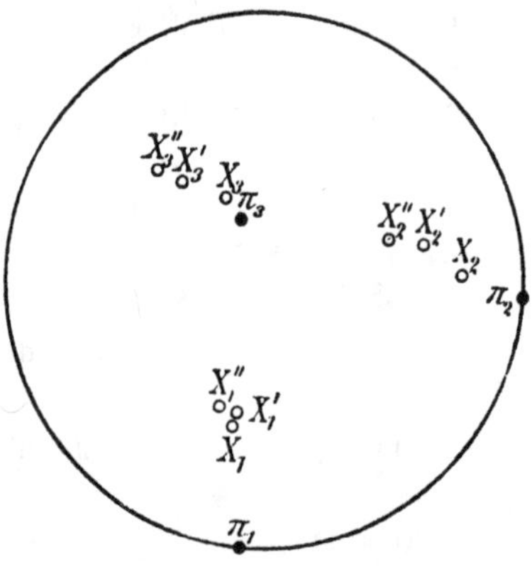

Fig. 67.

25. Die Richtigkeit dieses Ergebnisses wurde von L. Fletcher in Zweifel gezogen[1], der die Vermuthung aussprach, dass es die Vernachlässigung der Quadrate kleiner Grössen in den Formeln von C. Neumann sei, welche zu der Annahme so überraschend grosser Richtungsänderungen der thermischen Axen geführt habe. Der Versuch L. Fletcher's, die Bestimmung der Lage der thermischen Axen in triklinen Krystallen durch eine von der Methode C. Neumann's abweichende Betrachtung durchzuführen, gelang indessen nicht, da die Vernachlässigung kleiner Grössen zweiter Ordnung nicht vermieden werden konnte. Es blieb daher die Aufgabe bestehen, *für eine beliebig grosse homo-*

[1] L. Fletcher, The Dilatation of Crystals on Change of Temperature. II. Phil. Mag. **16**, 275, 344, 412, 1883. Zeitschr. f. Kryst. **8**, 456, 1883.

gene Deformation eines triklinen Krystalls die Lage der Hauptaxen vor und nach der Deformation und die Werthe der Hauptdilatationen zu bestimmen. Diese Aufgabe ist von B. HECHT gelöst worden.[1] Ich werde mich hier damit begnügen, die Endformeln und das Ergebniss der numerischen Rechnung für den Anorthit mitzutheilen, zumal sich gezeigt hat, dass die von C. NEUMANN eingeführte Annäherung, deren Berechtigung von L. FLETCHER beanstandet worden war, in der Natur der thermischen Dilatationen wohl begründet ist.

Gegeben seien vor und nach der Deformation die aus gemessenen Flächenwinkeln zu berechnenden Axenelemente: die Winkel zwischen den krystallographischen Axen π_1, π_2, π_3 und π_1', π_2', π_3' und die Verhältnisse der Axeneinheiten $a_1 : a_2 : a_3$ und $a_1' : a_2' : a_3'$.

Gesucht sind zunächst die Werthe, welche *vor* der Deformation die neun Richtungscosinus der Hauptaxen X_1, X_2, X_3 gegen die schiefwinkligen Axen π_1, π_2, π_3 besitzen, $\alpha_{hk} = \cos(X_h \pi_k)$, und die Werthe der Verhältnisse μ_1, μ_2, μ_3, in denen sich die jenen Hauptaxen parallelen Längen ändern.

Das Resultat ist folgendes. Bezeichnet man:

$$\cos(\pi_i \pi_k) \text{ mit } c_{ik} = c_{ki}, \quad \cos(\pi_i' \pi_k') \text{ mit } c_{ik}' = c_{ki}',$$

die Determinante:

$$\begin{vmatrix} c_{11} c_{12} c_{13} \\ c_{21} c_{22} c_{23} \\ c_{31} c_{32} c_{33} \end{vmatrix} = \Delta,$$

ihre Unterdeterminanten:

$$\begin{vmatrix} c_{i+1, k+1} c_{i+1, k+2} \\ c_{i+2, k+1} c_{i+2, k+2} \end{vmatrix} = \Delta_{ik},$$

die Verhältnisse:

$$\frac{a_1'}{a_1} = \varrho_1, \quad \frac{a_2'}{a_2} = \varrho_2, \quad \frac{a_3'}{a_3} = \varrho_3,$$

und die Summen:

$$\varrho_h \sum_{n=1}^{3} c_{hn}' \varrho_n \Delta_{nk} = S_{hk},$$

so können die hierdurch eingeführten Grössen aus den gegebenen Axenelementen berechnet werden.

Alsdann ergeben sich durch Auflösung der Gleichung dritten Grades:

$$\begin{vmatrix} S_{11} - \Delta \frac{\mu^2}{\varrho^2} & S_{12} & S_{13} \\ S_{21} & S_{22} - \Delta \frac{\mu^2}{\varrho^2} & S_{23} \\ S_{31} & S_{32} & S_{33} - \Delta \frac{\mu^2}{\varrho^2} \end{vmatrix} = 0$$

drei Werthe μ_1^2/ϱ^2, μ_2^2/ϱ^2, μ_3^2/ϱ^2, worin ϱ einen vorläufig unbestimmt bleibenden und aus Messungen von Flächenwinkeln überhaupt nicht zu ermittelnden Factor bedeutet. Der absolute Werth von ϱ ergiebt sich, wenn man das Volumen des Krystalls vor der Deformation (V) und nach derselben (V') bestimmt; denn es ist:

[1] B. HECHT, Ueber die Berechnung der Hauptaxen bei endlichen homogenen Deformationen krystallinischer Körper. Zeitschr. f. Kryst. **11**, 531, 1886. Ueber eine Methode, die Hauptaxen bei endlichen Deformationen krystallinischer Körper direct aus den Winkelbeobachtungen zu berechnen. ibid. **14**, 333, 1888.

$$\frac{V'}{V} = \mu_1 \mu_2 \mu_3,$$

folglich:

$$\varrho^6 = \frac{V'^2}{V^2} \frac{1}{P},$$

worin:

$$P = \frac{\mu_1^2}{\varrho^2} \frac{\mu_2^2}{\varrho^2} \frac{\mu_3^2}{\varrho^2} = \begin{vmatrix} S_{11} & S_{12} & S_{13} \\ S_{21} & S_{22} & S_{23} \\ S_{31} & S_{32} & S_{33} \end{vmatrix} : \Delta^3.$$

Demnächst bestehen zur Berechnung der Werthe von α_{hk} neun Gleichungen von folgender Form ($p = 1, 2, 3$):

$$\left(S_{11} - \Delta \frac{\mu_p^2}{\varrho^2}\right) \alpha_{p1} + S_{12} \alpha_{p2} + S_{13} \alpha_{p3} = 0$$

$$S_{21} \alpha_{p1} + \left(S_{22} - \Delta \frac{\mu_p^2}{\varrho^2}\right) \alpha_{p2} + S_{23} \alpha_{p3} = 0$$

$$S_{31} \alpha_{p1} + S_{32} \alpha_{p2} + \left(S_{33} - \Delta \frac{\mu_p^2}{\varrho^2}\right) \alpha_{p3} = 0.$$

Will man schliesslich noch die Lage bestimmen, welche *nach* der Deformation die Hauptaxen X_1, X_2, X_3 gegen die krystallographischen Axen π_1', π_2', π_3' besitzen, so dienen hierzu die Gleichungen:

$$\cos (X_h \pi_k') = \frac{\mu_h}{\varrho \varrho_k} \alpha_{hk}.$$

Mit Hülfe dieser Formeln hat B. Hecht aus den in [24] angegebenen Axenelementen des Anorthit vom Vesuv. die Winkel zwischen den thermischen Axen und den krystallographischen Axen für drei Temperaturintervalle berechnet.

		20°—80°		20°—140°		20°—200°
π_1	X_1	33° 52′	X_1'	38° 58′ (57′)	X_1''	41° 20′ (17′)
π_2		95 17		94 56 (57)		99 45 (46)
π_3		82 4		76 56 (55)		75 1 (74° 59′)
π_1	X_2	95 39	X_2'	107 48	X_3''	109 51
π_2		16 40		33 32		41 13
π_3		76 45 (15′)		59 45		52 0
π_1	X_3	123 16	X_3'	123 21 (19)	X_3''	124 30 (27)
π_2		105 45		122 3		129 34
π_3		15 31		33 29		41 55 (56).

Die in Klammern eingeschlossenen Zahlen beziehen sich auf die Winkel, welche nach der Erwärmung die thermischen Axen mit den Axen π_1', π_2', π_3' bilden.

Hierin sind direct vergleichbar mit den von J. Beckenkamp berechneten Werthen nur die von den thermischen Axen mit der Axe $\pi_3 = \mathfrak{X}_3$ eingeschlossenen Winkel. Man ersieht, dass die Uebereinstimmung eine befriedigende ist. Die geringen Abweichungen müssen eine Folge der Vernachlässigung von Grössen zweiter Ordnung in den C. NEUMANN'schen Formeln sein.

Die Beobachtungen von H. Fizeau über die thermische Ausdehnung der Krystalle.

26. Das *Dilatometer* von H. FIZEAU beruht auf dem Princip, dass sehr geringe Dickenänderungen planparalleler Platten an den Aenderungen gemessen werden können, welche sie in einer Interferenzerscheinung hervorrufen.[1] Wenn man die an den beiden Grenzflächen einer durchsichtigen Platte reflectirten Strahlen interferiren lässt, so hängen die Interferenzstreifen von den Dickenunterschieden zwischen den verschiedenen Theilen dieser Platte ab. Alle Punkte einer Curve gleichen Gangunterschiedes drücken die Entfernung der beiden Grenzflächen als Function einer besonderen Längeneinheit, nämlich einer halben Wellenlänge der angewandten Lichtsorte, aus. Im Natriumlicht entsprechen zwei aufeinanderfolgende helle Curven einem Dickenunterschiede von 0,0002944 mm. Sind die Streifen hinreichend breit, so vermag das Auge leicht den zehnten Theil eines ganzen Streifens, also eine Dickenänderung der beiden Grenzflächen von 0,00002944 mm, zu schätzen. Wird eine Grenzfläche in Bezug auf die andere langsam und continuirlich verschoben, so tritt eine Verschiebung der Interferenzstreifen ein, derart, dass eine Verschiebung um $1/n$ Streifen einer Dickenänderung der Platte um $(1/n)$. 0,0002944 mm entspricht. Die Beobachtung der Interferenzstreifen liefert also ein ausserordentlich feines Hilfsmittel zur Abschätzung von sehr geringen, nach den gewöhnlichen Messungsmethoden nicht wahrnehmbaren Längenänderungen.

Um dieses Princip zur Messung thermischer Dilatationen anzuwenden, hat H. FIZEAU einen Apparat angegeben, dessen Haupttheil ein Dreifuss ist, bestehend aus einer kleinen dicken Metallscheibe G, welche in drei äquidistanten Punkten ihres Umfanges drei Schrauben K mit sehr geringer Ganghöhe trägt. Auf die Scheibe wird die zu untersuchende planparallele Platte O von 0,010 bis 0,015 m Dicke gelegt, während die über diese Platte hervorragenden Enden der Schrauben eine planconvexe Linse A tragen, deren plane Fläche M der oberen Fläche N der Platte zugewendet ist, so dass eine dünne Luftschicht zwischen M und N eingeschlossen bleibt. In dieser Luftschicht werden die Gangunterschiede erzeugt, welche zu den Interferenzstreifen Anlass geben.

Die planconvexe Linse hat ca. 0,40 m Brennweite. Es befinde sich in ihrer oberen Brennebene F (Fig. 68) eine Lichtquelle ab. Die von ab ausgehenden Strahlen werden nach der Brechung an der convexen Fläche der Linse normal oder doch sehr nahe normal auf die einander parallelen Flächen MN fallen und nach der Reflexion wieder gegen die Brennebene convergiren. Sie geben dort ein reelles Bild ab' von ab,

[1] H. FIZEAU, Recherches sur la dilatation et la double réfraction du cristal de roche échauffé. Compt. rend. **58**, 923, 1864. Ann. chim. phys. (4) **2**, 143, 1864. Pogg. Ann. **123**, 515, 1864. Mémoire sur la dilatation des corps solides par la chaleur. Compt. rend. **62**, 1133, 1866. Ann. chim. phys. (4) **8**, 335, 1866. Pogg. Ann. **128**, 564, 1866. — J. R. BENOÎT, Études sur l'appareil de M. FIZEAU pour la mesure des dilatations. Trav. et Mém. du bur. internat. des poids et mes. Paris **1**, C. 1, 1881. Nouvelles études et mesures de dilatations par la méthode de FIZEAU. ibid. **6**, 1, 1888.

Diese optische Methode ist später von A. CORNU (Compt. rend. **69**, 333, 1869) zum Studium der Deformationen der Oberflächen fester elastischer Körper vorgeschlagen und von K. R. KOCH (Ann. d. Phys. N. F. **5**, 521, 1878; **8**, 325, 1883) durchgeführt worden; vgl. das Kapitel über die elastischen Eigenschaften der Krystalle.

welches man mit einer Lupe sehen kann und dessen Beobachtung ein bequemes Hülfsmittel zur genauen Einstellung der Entfernung FA liefert. Als Lichtquelle wird die Hypothenusenfläche eines kleinen Reflexionsprismas H benutzt, welche nach Einschaltung einer Sammellinse durch eine monochromatische Lampe erleuchtet wird. Bringt man das Auge in die Ebene F, seitlich von dem Prisma, so sieht man die ganze Oberfläche der Linse A erleuchtet und, falls der Apparat eingestellt ist, mit

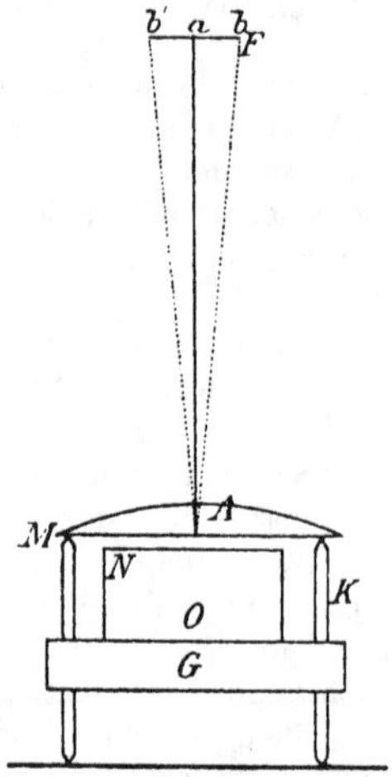

Fig. 68.

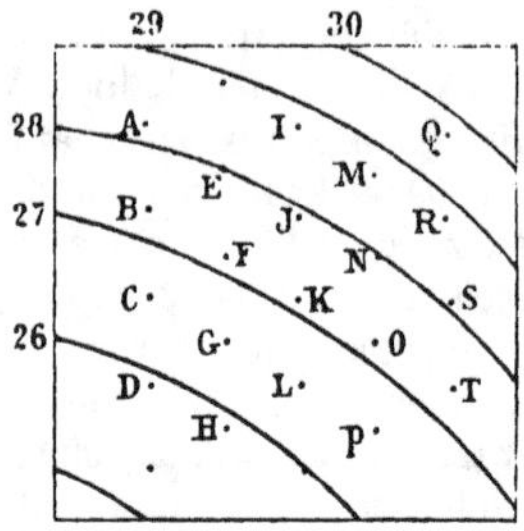

Fig. 69.

Interferenzstreifen oder -Ringen bedeckt.[1] Auf der unteren Planfläche der Linse A sind etwa 20 Punkte regelmässig in Fünfform eingravirt, welche gleichzeitig mit den Interferenzstreifen gesehen werden und zur Bestimmung der Lage dieser Streifen dienen (Fig. 69).

Nachdem der Apparat in dieser Weise hergerichtet ist, wird eine Temperaturänderung bewirken, dass die Flächen M und N eine gegenseitige Verschiebung infolge der combinirten Dilatationen der Schraube und der zu untersuchenden Platte erfahren. Die erstere Ursache wird bei einer Temperaturerhöhung den Abstand der beiden Flächen vergrössern, da die Linse gehoben wird; die letztere wird jenen Abstand vermindern. Je nachdem nun die Platte sich weniger oder mehr ausdehnt als das Metall der Schrauben, wird die erste oder die zweite Wirkung vorwiegen. Ist die trennende Luftschicht im Centrum weniger dick als an den Rändern (was im allgemeinen zutreffen wird, da die Oberflächen fast immer ein wenig convex sind), so sieht man die Interferenzstreifen in dem ersten Falle sich dem Centrum nähern, im zweiten von demselben sich entfernen. Nachdem die Temperatur wieder stationär geworden ist, nehmen die Interferenzstreifen eine neue feste Lage ein. Vergleicht man nun ihre Position vor und nach dem Versuche in Bezug auf die festen Marken der Linse, so bestimmt man die Zahl f der Streifen, welche an jedem Punkte vorbeigegangen ist.

[1] Ueber die Gesetze dieser Interferenzerscheinung vgl. E. Mascart, Sur la théorie de quelques phénomènes d'interférence. Ann. chim. phys. (4) **23**, 116, 1871. Benoît, a. a. O. **1**, C. 47—52. Eine zusammenfassende Darstellung der durch isotrope Platten hervorgerufenen Interferenzerscheinungen und ihrer Anwendungen findet man in: E. Mascart, Traité d'optique. Paris. **1**, 416, 1889; namentlich S. 502f. Vgl. ferner O. Lummer, Ann. d. Phys. N. F. **23**, 49, 513, 1884. **24**, 417, 1885.

Demnach ist die gegenseitige Verschiebung der Flächen M und N gleich $f\lambda/2$, wo λ die Wellenlänge des angewendeten Lichtes bedeutet.

Bezeichnet man jetzt mit E die Dicke der Platte, mit e die Dicke der Luftschicht, mit $E + e = L$ die Länge einer der drei Schrauben, mit α den mittleren Dilatationscoëfficienten der Platte und mit α' den Dilatationscoëfficienten des Metalls der Schrauben zwischen den Endtemperaturen Θ und Θ', so ist der Gangunterschied:

$$f\frac{\lambda}{2} = \pm(E\alpha - L\alpha')(\Theta' - \Theta),$$

je nachdem sich die Platte stärker oder schwächer ausdehnt als die Schrauben. Demnach ist der Dilatationscoëfficient:

$$\alpha = \frac{L\alpha'(\Theta' - \Theta) \pm f\frac{\lambda}{2}}{E(\Theta' - \Theta)}, \tag{1}$$

falls eine Verschiebung der Interferenzstreifen in der Anzahl f nach dem Centrum hin negativ gerechnet wird. Hieraus kann α berechnet werden, wenn α' bekannt ist.

Bevor man die Zahl f in die Formel (1) einführt, ist an ihr eine von der Aenderung des Brechungsindex der Luft, also auch der Wellenlänge λ abhängige Correction anzubringen. Steigt die Temperatur, so nimmt jener Brechungsindex ab; demnach wächst die Wellenlänge, und die hierdurch herbeigeführte Verminderung des Gangunterschiedes hat dieselbe Wirkung, wie eine Verkleinerung des Abstandes der Flächen M und N. Demnach wird, falls unter dem Einfluss der combinirten Dilatationen der Platte und der Schrauben eine gegenseitige Annäherung der Flächen M und N stattfindet, die Wirkung der Aenderung des Brechungsindex der Luft zu dieser Annäherung hinzutreten; sie muss also von der beobachteten Annäherung abgezogen werden. Das Gegentheil tritt ein, wenn der Abstand der Flächen M und N durch die Temperaturerhöhung vergrössert wird.[1] Der numerische Werth dieser Correction ist angenähert:

$$F = f \mp \frac{2e}{\lambda}(n - n'), \tag{2}$$

worin e die Dicke der Luftschicht, F die Zahl der Interferenzstreifen, welche an einer Marke vorbeigeschritten wären, wenn sich der Brechungsindex nicht geändert hätte, n, n' die Brechungsindices vor und nach jener Temperaturerhöhung bedeuten.

Die Fizeau'sche Methode liefert direct nur relative Werthe: um absolute Ausdehnungscoëfficienten mit Hülfe dieses Dilatometers zu bestimmen, muss man zuvörderst die Dilatation α' der Schrauben kennen. Man findet dieselbe, indem man Interferenzstreifen mit grossen Gangunterschieden unmittelbar zwischen der Scheibe des Dreifusses und der Linse A erzeugt. Zu diesem Zweck ist eine Fläche der Scheibe polirt. Wie H. Fizeau und L. Foucault[2] gezeigt haben, können noch bei einem Abstand von ca. 10 mm zwischen den spiegelnden Flächen Interferenzstreifen gebildet werden, welche hinreichend scharf sind, um ohne Schwierigkeit eine Einstellung zu gestatten. Alsdann ergiebt sich:

$$F\frac{\lambda}{2} = L\alpha'(\Theta' - \Theta)$$

$$\alpha' = \frac{F\lambda}{2L(\Theta' - \Theta)}. \tag{3}$$

[1] J. R. Benoît hat auch noch den allerdings geringeren Einfluss berücksichtigt, welchen Aenderungen des Luftdruckes ausüben.

[2] H. Fizeau et L. Foucault, Sur le phénomène des interférences entre deux rayons de lumière dans le cas de grandes différences de marche. Ann. chim. phys. (3) **26**, 138, 1849; **30**, 146, 1850. Pogg. Ann. Erg.-Bd. **2**, 355, 1848. H. Fizeau, Recherches sur les modifications que subit la vitesse de la lumière dans le verre et plurieurs autres corps solides, sous l'influence de la chaleur. Ann. chim. phys. (3) **66**, 429, 1862. Pogg. Ann. **119**, 87, 297, 1863. Vgl. Benoît, a. a. O. **1**, C. 51.

In diesem Falle ist die aus der Aenderung des Brechungsindex der Luft entspringende, der Dicke e proportionale Correction recht beträchtlich; sie kann ein Zehntel der Anzahl der verschobenen Streifen übersteigen und muss offenbar dieser Anzahl hinzugefügt werden, da sich die spiegelnden Flächen bei steigender Temperatur von einander entfernen.

27. Das von J. R. Benoît benutzte Dilatometer des Bureau international des poids et mesures ist von Laurent construirt (Fig. 70. 71). Der ganze Dreifuss besteht

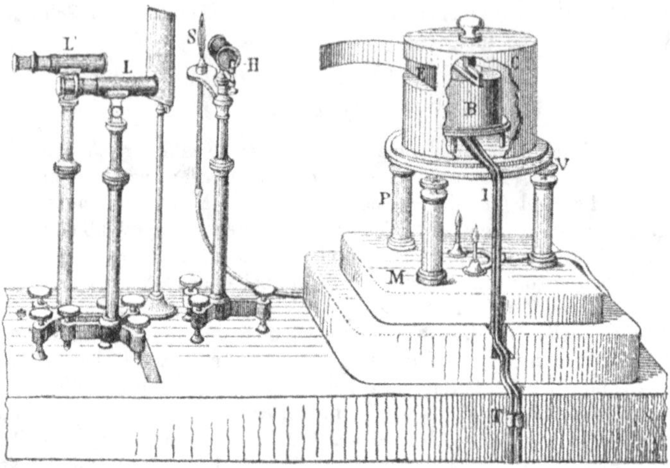

Fig. 70.

aus Platin-Iridium im Verhältniss 1 : 10 (von Matthey in London). Die Scheibe G ist 0,010 m dick und misst 0,038 m im Durchmesser. Eine ihrer Flächen ist spiegelnd polirt, in die andere sind mit einem Stichel kleine stumpfe Zacken geschlagen, welche nach drei concentrischen gleichseitigen Dreiecken angeordnet sind, derart, dass die niedrigsten Zacken sich im Innern befinden. Die zu untersuchende Platte wird dann je nach ihren Dimensionen auf eine dieser Zackengruppen gelegt. Soll der Ausdehnungscoëfficient der Schrauben gemessen werden, so ist der Dreifuss so aufzustellen, dass die spiegelnde Fläche oben liegt.

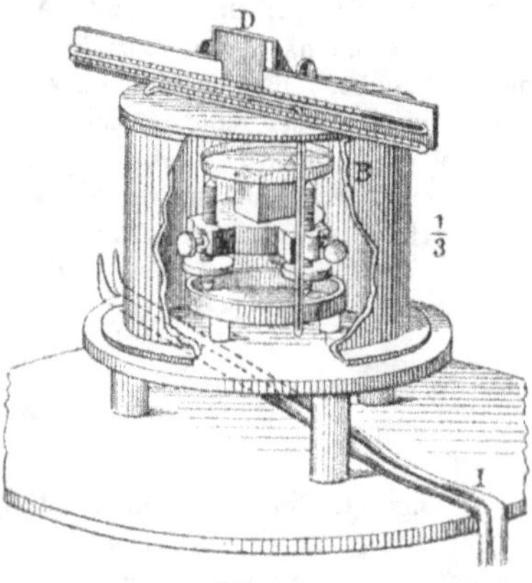

Fig. 71.

Der Dreifuss wird nun in einen cylindrischen Doppelkasten BC aus dickem Kupfer gestellt, um hier verschiedenen Temperaturen ausgesetzt zu werden. Das von einer seitlich aufgestellten Natriumflamme S ausgehende Licht wird durch eine Sammellinse auf ein kleines Reflexionsprisma H geworfen und gelangt darauf durch das Fenster E des äusseren Kastens C nach einem über einer quadratischen Oeffnung in dem Deckel des inneren Kastens B angebrachten Reflexionsprisma D, von wo es nach der Linse A und der Platte O hin gelenkt wird. Die von dem zurückgeworfenen Lichte erzeugten Interferenzstreifen werden mit dem Fernrohr L' beobachtet. Der Doppelkasten wird von drei Porzellanfüssen P getragen, welche auf einer dicken schweren Marmorplatte M stehen. Mit Hülfe der Schrauben V kann das Dilatometer horizontal gestellt werden.

In den inneren Kasten B tauchen die Reservoire von zwei kleinen Thermometern, deren Röhren sich über dem Deckel von B horizontal umlegen. Man beobachtet diese Thermometer mit einem zweiten Fernrohr L, welches an einer horizontalen Schiene des isolirten Steinpfeilers, auf welchem sich der ganze Apparat erhebt, parallel mit sich verschoben werden kann.

Die Hauptschwierigkeit, welche sich der Durchführung dieser Methode entgegenstellt, besteht darin, in dem Apparat so lange eine constante Temperatur zu erhalten, dass thermisches Gleichgewicht eintritt und die Thermometerangaben den thermischen Zustand der zu untersuchenden Platte wirklich darstellen. In dieser Hinsicht ist es J. R. Benoît neuerdings gelungen, Hülfsvorrichtungen anzubringen, welche den Erfolg des Verfahrens sichern.

Wie sich aus den Relationen (1) und (2) ergiebt, erfordert die Bestimmung linearer Ausdehnungscoëfficienten mit Hülfe des Dilatometers von H. Fizeau: 1) die Längenmessungen L, E, e; 2) die Temperaturmessungen Θ, Θ'; 3) die Messung der Verschiebung f. Dazu tritt die Messung des Luftdruckes, um die von der Aenderung des Brechungsindex der Luft abhängige Correction anzubringen. Man findet eine ausführliche Beschreibung aller Einzelheiten des Verfahrens in den wiederholt citirten Untersuchungen von J. R. Benoît.

28. Die lineare Ausdehnung eines festen Körpers ist durch zwei Grössen vollständig charakterisirt: durch den Ausdehnungscoëfficienten bei der Temperatur Θ und durch den Zuwachs dieses Coëfficienten, welcher einer Erhöhung der Temperatur Θ um 1^0 entspricht. In der That hat die Erfahrung gezeigt, dass sich der lineare Ausdehnungscoëfficient α_Θ mit der Temperatur ändert, dass aber der Zuwachs desselben für einen Grad, also $\Delta\alpha/\Delta\Theta$, nahezu constant bleibt. Demnach wird, falls L_0 die Länge eines festen Körpers bei 0^0, L die Länge desselben bei Θ^0 bedeuten, mit hinreichender Genauigkeit:

$$L = L_0(1 + a\Theta + b\Theta^2)$$

zu setzen sein. Die Constanten a, b stehen hiernach mit α_Θ und $\Delta\alpha/\Delta\Theta$ in den Beziehungen:

$$\alpha_\Theta = \frac{1}{L_0}\frac{dL}{d\Theta} = a + 2b\Theta, \quad \frac{\Delta\alpha}{\Delta\Theta} = 2b;$$

$$a = \alpha_\Theta - \Theta\frac{\Delta\alpha}{\Delta\Theta}, \qquad b = \tfrac{1}{2}\frac{\Delta\alpha}{\Delta\Theta}.$$

Die Angaben von H. Fizeau[1] beziehen sich auf die mittlere Temperatur $\Theta = 40^0$ C. Um daraus die Ausdehnung für eine Temperaturerhöhung von Θ_1 auf Θ_2 zu entnehmen, hat man zu beachten, dass die mittlere Temperatur alsdann $\Theta = (\Theta_1 + \Theta_2)/2$ ist; je nachdem dieselbe unter oder über 40^0 liegt, muss man das Product von $\Delta\alpha/\Delta\Theta$ und der Differenz $40^0 - (\Theta_1 + \Theta_2)/2$ von dem Werthe des Ausdehnungscoëfficienten für 40^0 abziehen oder zu diesem Werthe hinzufügen:

[1] Eine Sammlung dieser Angaben ist enthalten in dem Annuaire publié par le bureau des longitudes. Paris. 16^0. Die im Text citirten Werthe sind dem Annuaire pour l'an 1888 entnommen.

$$\alpha_\Theta = \alpha_{40^0} \mp \frac{\Delta\alpha}{\Delta\Theta}\left(40^0 - \frac{\Theta_1 + \Theta_2}{2}\right).$$

Mit Hülfe dieses Ausdehnungscoëfficienten für die mittlere Temperatur Θ erhält man jetzt für die Ausdehnung einer Länge l in Folge jener Temperaturerhöhung:

$$l \,.\, \alpha_\Theta \,.\, (\Theta_2 - \Theta_1).$$

Haben α oder $\Delta\alpha/\Delta\Theta$ negatives Vorzeichen, so gehen sie mit demselben in diese Rechnung ein.

Zur Bestimmung der beiden charakteristischen Grössen ist die Beobachtung der Lage der Interferenzstreifen bei drei verschiedenen stationären Temperaturen Θ_1, Θ_2, Θ_3 erforderlich. Daraus erhält man nach (1) zwei Werthe α, α^*, welche zwei bestimmten mittleren Temperaturen Θ, Θ^* entsprechen. Alsdann ist

$$\frac{\Delta\alpha}{\Delta\Theta} = \frac{\alpha - \alpha^*}{\Theta - \Theta^*},$$

und mit Hülfe dieser Constanten findet man den Werth von α für 40^0.

29. Wir wenden uns jetzt zur Aufzählung der von H. Fizeau erhaltenen Resultate.

Reguläres System.

	α_{40^0}	$\frac{\Delta\alpha}{\Delta\Theta}$	a	b
Diamant	$0{,}0_4 0118$	$0{,}0_6 0144$*	$0{,}0_4 0060$	$0{,}0_6 0072$
Kupfer (Lake superior) . .	1690	0183*	1617	0091
Meteoreisen (Caille) . . .	1095	0175*	1025	0087
Zinkblende	0670	0128*	0619	0064
Manganblende (Nagyag) . .	1519	0217	1432	0108
Kobaltnickelkies	1037	0159	0973	0079
Eisenkies	0913	0178*	0842	0089
Hauerit.	1111	0889	0755	0444
Kobaltglanz	0919	0170*	0851	0085
Ullmannit	1112	— 0015	1118	— 0007
Speiskobalt.	0919	0164	0853	0082
Bleiglanz	2014	0054*	1992	0027
Fahlerz (Alais)	0922	0207	0839	0103
„ (Schwatz)	0871	0225	0781	0112
„ (Dauphiné) . . .	0733	0234	0639	0117
Senarmontit (Constantine) .	1963	0057	1940	0028
Arsenige Säure (künstl.) .	4126	0679	3854	0339
Periklas (künstl.)	1043	0267	0936	0133
Rothkupfererz (Chessy) . .	0093	0210*	0009	0105
Steinsalz	4039	0449	3859	0224
Sylvin	3803	0515	3597	0257
Salmiak.	6255	2975	5065	1487
Bromkalium	4201	0978	3810	0489
Jodkalium	4265	1676	3595	0838
Chlorsilber	3294	1223	2805	0611

	α_{40^0}	$\frac{\Delta\alpha}{\Delta\Theta}$	a	b
Bromsilber	0,0₄3469	0,0₆0383*	0,0₄3316	0,0₆0191
Flussspath	1911	0288*	1796	0144
Spinell (rother, Ceylon) . .	0593	0195	0515	0097
Pleonast (Warwick) . . .	0603	0197	0524	0098
Kreittonit (Bodenmais) . .	0596	0194	0518	0097
Gahnit (Fahlun)	0595	0183	0522	0091
Magnetit	0846	0289	0730	0144
Franklinit	0806	0094	0768	0047
Boracit	0391	0169	0323	0084
Granat (Pyrop, Böhmen) .	0827	0210	0743	0105
„ (Almandin, Indien) .	0837	0180*	0765	0090
„ (edler, Grönland) . .	0832	0131	0780	0065
„ (Spessartin, Haddam)	0824	0214	0738	0107
„ (Melanit, Frascati) .	0734	0143*	0677	0071
„ (Melanit, Magnet Cove)	0736	0174*	0666	0087
„ (Aplom, Sachsen) . .	0743	0070	0715	0035
„ (Orsova)	0745	0178	0674	0089
„ (Hessonit, Ceylon) .	0693	0187*	0618	0093
„ (Grossular, Wilui) .	0693	0160*	0629	0080
„ (Grossular, Oravicza)	0684	0160	0620	0080

Die mit * bezeichneten Substanzen lieferten die genauesten Bestimmungen.

Unter den im regulären System krystallisirenden Körpern zeigen *Diamant* und *Rothkupfererz* eine so geringe Ausdehnung bei niederen Temperaturen, dass es besonderer Sorgfalt bedurfte, um genaue Messungen zu gewinnen. Ueberdies hat, während α sehr klein ist, $\Delta\alpha/\Delta\Theta$ einen beträchtlichen Werth, so dass die Ausdehnung für je einen Grad mit sinkender Temperatur rasch abnimmt, ganz wie bei Wasser in der Nähe seines Dichtigkeitsmaximums. Man wird daher auch bei diesen Körpern ein Dichtigkeitsmaximum erwarten müssen, d. h. ihre bei gewöhnlicher Temperatur positiven Ausdehnungscoëfficienten werden mit sinkender Temperatur abnehmen, bei einer gewissen Temperatur Null und darauf negativ werden. Die Werthe für $\alpha = a + 2b\Theta$ sind:

Diamant $0{,}0_4 0060 + 0{,}0_6 0144\,\Theta$,
Rothkupfererz $0{,}0_4 0009 + 0{,}0_6 0210\,\Theta$.

Daraus folgt, dass Diamant bei $-41{,}7^0$ und Rothkupfererz bei $-4{,}3^0$ ein Maximum der Dichte erreichen; bei noch niedrigeren Temperaturen würden sie sich während der Erwärmung zusammenziehen.[1]

Durch hohe Werthe der thermischen Ausdehnungscoëfficienten zeichnen sich aus: arsenige Säure, die Chloride von Natrium, Kalium, Ammonium und Silber, die Bromide von Kalium und Silber, das Jodid von Kalium.[2]

---

[1] H. Fizeau, Compt. rend. **60,** 1161, 1865; **62,** 1101, 1866; Pogg. Ann. **126,** 611, 1865; **128,** 583, 1866.

[2] H. Fizeau, Compt. rend. **64,** 314, 771, 1867; Pogg. Ann. **132,** 292, 1867.

Zur Vergleichung mögen aus der Reihe der Metalle nach H. FIZEAU angeführt werden:

	α	$\frac{\Delta\alpha}{\Delta\Theta}$		α	$\frac{\Delta\alpha}{\Delta\Theta}$
Indium (geschmolzen)	$0,0_4 4170$	$0,0_6 4238$	Blei (geschmolzen)	$0,0_4 2924$	$0,0_6 0239$
Selen (geschmolzen)	3680	1115	Silber (geschmolzen)	1921	0147
Cadmium (gepresstes Pulver)	3069	0326	Platin (geschmolzen)	0905	0106
Thallium (geschmolzen)	3021	1141	Silicium (krystallinisch)	0276	0146

Nach den Messungen von J. R. BENOÎT (1888) sind die Ausdehnungscoëfficienten von

Platin (rein) $\alpha = 10^{-9}$ (8840,5 + 3,78 Θ)

Iridium (rein) $\alpha = 10^{-9}$ (6314,5 + 7,36 Θ)

Stahl (gehärtet) $\alpha \begin{cases} = 10^{-9}(10283 + 12,00\,\Theta) \\ = 10^{-9}(10387 + 11,90\,\Theta). \end{cases}$

Hexagonales System.

			$\frac{\Delta\alpha}{\Delta\Theta}$	a	b
Wismuth	+	α . . . $0,0_4 1621$	$0,0_6 0209$	$0,0_4 1537$	$0,0_6 0104$
		α' . . . 1208	0311	1084	0155
Antimon	+	α . . . 1692	— 0094	1730	— 0047
		α' . . . 0882	0134	0828	0067
Magnetkies	—	α . . . 0235	0864	— 0111	0432
		α' . . . 3120	— 0165	3186	— 0082
Zinnober	+	α . . . 2147	0151*	2087	0075
		α' . . . 1791	0063*	1766	0031
Pyrargyrit	—	α . . . 0091	1052	— 0330	0526
		α' . . . 2012	— 0231	2104	0115
Quarz	—	α . . . 0781	0205*	0699	0102
		α' . . . 1419	0238*	1324	0119
Rothzinkerz (Spartalit)	—	α . . . 0316	0186	0242	0093
		α' . . . 0539	0123	0490	0061
Korund (blau, Indien)	+	α . . . 0619	0205	0537	0102
		α' . . . 0543	0225	0453	0112
Eisenglanz (Elba)	—	α . . . 0829	0119	0781	0059
		α' . . . 0836	0262	0731	0131
Jodsilber	—	α . . . — 0397	— 0427	— 0226	— 0213
		α' . . . 0065	0138	0010	0069
Kalkspath (Island)	+	α . . . 2621	0160	2557	0080
		α' . . . — 0540	0087	— 0575	0043
Dolomit (Traversella)	+	α . . . 2060	0368	1913	0184
		α' . . . 0415	0193	0338	0096
Magnesit (Bruck)	+	α . . . 2130	0339	1994	0169
		α' . . . 0599	0243	0502	0121
Eisenspath (Sideroplesit)	+	α . . . 1918	0255	1816	0127
		α' . . . 0605	0173	0536	0086
Turmalin (grün, Brasilien)	+	α . . . 0905	0320	0777	0160
		α' . . . 0379	0183	0306	0091
Beryll (Sibirien)	—	α . . . — 0106	0114*	— 0152	0057
		α' . . . 0137	0133*	0084	0066

Tetragonales System.

			$\frac{\Delta\alpha}{\Delta\Theta}$	a	b
Anatas	+	α... 0,0$_4$0819	0,0$_6$0311	0,0$_4$0695	0,0$_6$0155
		α'... 0468	0295	0350	0147
Rutil (Limoges).	+	α... 0919	0225	0829	0112
		α'... 0714	0110	0670	0055
Zinnerz (Sachsen)	+	α... 0392	0119	0344	0059
		α'... 0321	0076	0291	0038
Zirkon	+	α... 0443	0141	0387	0070
		α'... 0233	0191	0157	0095
Vesuvian (Wilui)	−	α... 0740	0174*	0670	0087
		α'... 0839	0167*	0772	0083

In diesen Tabellen bedeuten α und α' die Ausdehnungscoëfficienten in der Richtung der Axe der Isotropie und in den dazu senkrechten Richtungen. Der cubische Ausdehnungscoëfficient ist gegeben durch $\alpha + 2\alpha'$. Je nachdem die Differenz $\alpha - \alpha'$ positiv oder negativ ist, wurde dem Namen des Körpers ein + oder − Zeichen hinzugefügt.

Für die Hauptausdehnungscoëfficienten des *Quarz*[1], der sich in den Richtungen senkrecht zur Axe der Isotropie fast zwei Mal so stark ausdehnt als parallel zu jener Axe, hat J. R. Benoît folgende Werthe erhalten[2]:

$$\alpha = 10^{-9}\,(7110{,}7 + 17{,}12\,\Theta)$$
$$\alpha' = 10^{-9}\,(13162{,}7 + 25{,}26\,\Theta).$$

Ein ausserordentliches Interesse gewähren die Untersuchungen über die thermischen Eigenschaften des *Jodsilber.* Nach den Beobachtungen von H. Fizeau[3] über die thermische Ausdehnung der *hexagonalen* Modification, welche sich auf das Temperaturintervall von − 10° bis + 70° C. erstrecken, wird durch eine *Erwärmung* in der Richtung der Axe der Isotropie eine bedeutende und mit der Erhöhung der Temperatur beständig zunehmende Contraction, in den dazu senkrechten Richtungen eine schwache Ausdehnung, im Ganzen *eine mit steigender Temperatur stetig zunehmende Verringerung des Volumens bewirkt.* Es ist nämlich:

$$\alpha = -\,0{,}0_4 0397, \qquad \frac{\Delta\alpha}{\Delta\Theta} = -\,0{,}0_6 0427,$$
$$\alpha' = +\,0{,}0_4 0065, \qquad \frac{\Delta\alpha'}{\Delta\Theta} = +\,0{,}0_6 0138,$$
$$\alpha + 2\alpha' = -\,0{,}0_4 0267, \qquad \frac{\Delta\alpha}{\Delta\Theta} + 2\frac{\Delta\alpha'}{\Delta\Theta} = -\,0{,}0_6 0151.$$

[1] H. Fizeau, Rech. sur la dilat. et la double réfract. du cristal de roche échauffé. Compt. rend. **58,** 923, 1864. Ann. chim. phys. (4) **2,** 143, 1864. Pogg. Ann. **123,** 515, 1864.

[2] J. R. Benoît, Trav. et Mém. bur. intern. **6,** 119, 121, 1888.

[3] H. Fizeau, Sur la propriété que possède l'iodure d'argent de se contracter par la chaleur et de se dilater par le froid. Compt. rend. **64,** 314, 771, 1867. Pogg. Ann. **132,** 292, 1867. H. Sainte-Claire Deville, Sur les propriétés de l'iodure d'argent. Compt. rend. **64,** 323, 1867. Pogg. Ann. **132,** 307, 1867.

Dem Vorgange der Contraction folgt unter gewöhnlichem Druck bei einer Temperatur, welche von W. Wernicke zu 138—138,5°, von Rodwell zu 142—145,5°, von W. Kohlrausch zu 145°, von E. Mallard und Le Chatelier zu 146° bestimmt wurde, eine *Zustandsänderung*, indem das Jodsilber alsdann unter Wärmeabsorption in eine reguläre Modification übergeht. Diese Transformation ist umkehrbar.

Was die sich hieran anschliessenden Untersuchungen (von E. Mallard über die Beziehungen zwischen den Krystallformen der hexagonalen und der regulären Modification, von E. Mallard und Le Chatelier über den Einfluss des Druckes auf die Umwandlungstemperatur, von M. Bellati und R. Romanese über die specifischen Wärmen jener beiden Modificationen) angeht, so muss ich mich an dieser Stelle damit begnügen, auf die unten citirte Litteratur zu verweisen.[1]

Die Hauptausdehnungscoëfficienten des *Kalkspath* sind nach den Messungen von J. R. Benoît (1888):

$$\alpha = 10^{-9}\ (24963{,}3 + 27{,}34\,\Theta)$$
$$\alpha' = 10^{-9}(-5541{,}5 + 1{,}94\,\Theta).$$

Bemerkenswerth ist, dass die mit dem Kalkspath isomorphen Carbonate auch in den Richtungen senkrecht zur Axe der Isotropie positive Ausdehnungscoëfficienten besitzen.

Im *Beryll* findet in der Richtung der Axe der Isotropie eine deutliche Zusammenziehung, in den dazu senkrechten Richtungen aber eine sehr schwache Ausdehung statt. Noch geringer ist der cubische Ausdehnungscoëfficient:

$$\alpha + 2\alpha' = +0{,}0_4 0168,$$

dessen Werth ziemlich rasch abnimmt, da:

$$\frac{\varDelta\alpha}{\varDelta\Theta} + 2\frac{\varDelta\alpha'}{\varDelta\Theta} = 3{,}80$$

ist. Aus:

---

[1] H. F. Talbot, On a new property of the Jodide of Silver. Phil. Mag. (3) **12**, 258, 1838. Pogg. Ann. **46**, 326, 1839. — W. Wernicke, Brechung und Dispersion des Lichtes in Jod-, Brom- und Chlorsilber. Pogg. Ann. **142**, 560, 1871. — G. T. Rodwell, On the effects of heat on Jodide of Silver. Proc. Roy. Soc. **23**, 97, 1875. On the effect of heat on the Chloride, Bromide and Jodide of Silver. ibid. **25**, 280, 1877; **31**, 291, 1881. On the effect of heat on the Di-iodide of Mercury. ibid. **28**, 284, 1879. On the coëfficients of Expansion of the Di-iodide of Lead, PbJ_2, and of an Alloy of Jodide of Lead with Jodide of Silver, $PbJ_2 . AgJ$. ibid. **32**, 540, 1881. On the effects of heat on certain Haloid Compounds of Silver, Mercury, Lead and Copper. Phil. Trans. **173**, 1125, 1882. — M. Bellati and R. Romanese, On the specific heat and heat of transformation of the Jodide of Silver, AgJ, and of the Alloys $Cu_2J_2 . AgJ$, $Cu_2J_2 . 2AgJ$, $Cu_2J_2 . 3AgJ$, $Cu_2J_2 . 4AgJ$, $Cu_2J_2 . 12AgJ$, $PbJ_2 . AgJ$. Proc. Roy. Soc. **34**, 104, 1882. Phil. Trans. **173**, 1169, 1882. — E. Mallard et Le Chatelier, Sur le dimorphisme de l'iodure d'argent. Compt. rend. **97**, 102, 1883. Bull. soc. min. de France. **6**, 181, 1883. Sur la variation, avec la pression, de la température à laquelle se produit la transformation de l'iodure d'argent. Compt. rend. **99**, 157, 1884. Bull. **7**, 478, 1884. Journ. de phys. (2) **4**, 305, 1885. — W. Kohlrausch, Das elektr. Leitungsvermögen von Chlorsilber, Bromsilber und Jodsilber. Ann. d. Phys. N. F. **17**, 642, 1882.

$$\alpha + 2\alpha' = a + 2a' + 2(b + 2b')\Theta = 0{,}0_4 0016 + 0{,}0_6 0378\,\Theta$$

ergiebt sich für Beryll ein Dichtigkeitsmaximum bei — 4,2° C., so dass dieser Körper ein ähnliches Verhalten zeigt wie Diamant und Rothkupferez.[1] — Nach J. R. BENOÎT (1888) ist:

$$\alpha = 10^{-9}(-1340{,}3 + 8{,}06\,\Theta)$$
$$\alpha' = 10^{-9}\quad(994{,}2 + 9{,}30\,\Theta).$$

Auch diese überaus sorgfältigen, von den FIZEAU'schen nur sehr wenig abweichenden Messungen lassen auf ein Maximum der Dichte schliessen; dasselbe würde aber, wie aus

$$\alpha + 2\alpha' = 10^{-9}(648{,}1 + 26{,}66\,\Theta)$$

hervorgeht, erst bei — 24,3° zu erwarten sein.

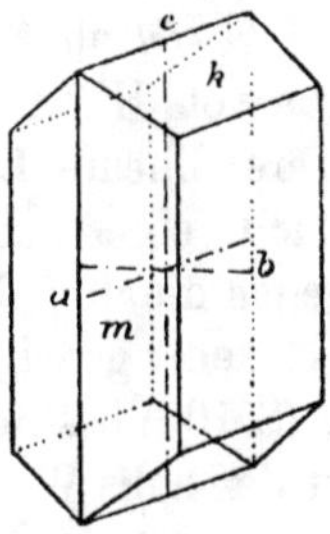

Fig. 72.

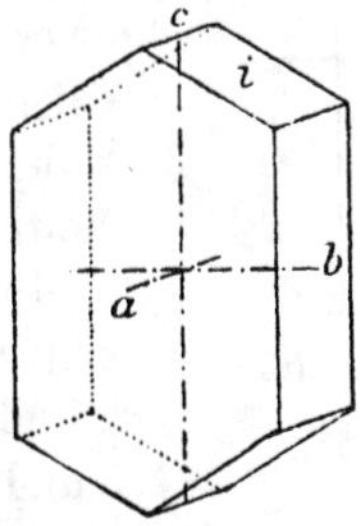

Fig. 73.

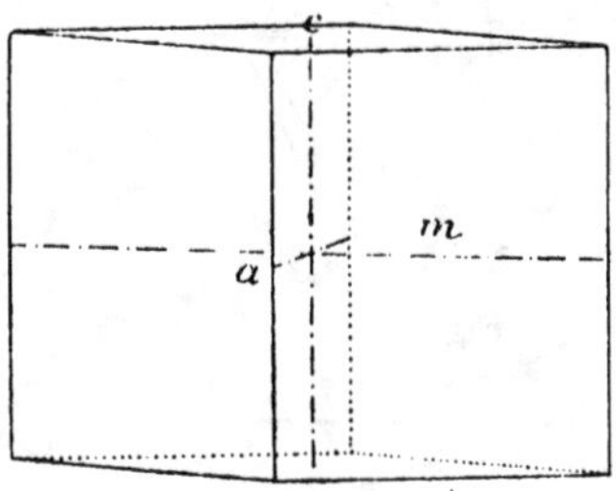

Fig. 74.

Rhombische Krystalle.

		$\frac{\Delta\alpha}{\Delta\Theta}$	a	b
Aragonit . . . . (Fig. 72.)	α [c] 0,0₄3460	0,0₆0337	0,0₄3325	0,0₆0168
	α' [b] 1719	0368	1572	0184
	α'' [a] 1016	0064	0990	0032
Chrysoberyll . . . (Fig. 73.)	α [c] 0602	0220	0514	0110
	α' [a] 0516	0122	0467	0061
	α'' [b] 0601	0101	0561	0050
Topas . . . . . (Fig. 74.)	α [c] 0592	0183*	0519	0091
	α' [a] 0484	0153*	0423	0076
	α'' [b] 0414	0168*	0347	0084

Nach A. SCHRAUF[2] sind die Hauptausdehnungscoëfficienten im:

[1] H. FIZEAU, Compt. rend. **62**, 1144, 1866. Ann. chim. phys. (4) **8**, 356, 1866. Pogg. Ann. **128**, 584, 1866.

[2] A. SCHRAUF, Ueber die Ausdehnungscoëfficienten des Schwefels. Ann. d. Phys. N. F. **27**, 315, 1886. Die thermischen Constanten des Schwefels. Ein Beitrag zur Lehre der Ausdehnungscoëfficienten. Zeitschr. f. Kryst. **12**, 321, 1887. Ueber die Trimorphie und die Ausdehnungscoëfficienten von Titandioxid. Zeitschr. f. Kryst. **9**, 433, 1884.

Schwefel . . ($\Theta = 21{,}25^0$) (Fig. 75.)	α [c]	$0{,}0_4 2144$	*Brookit* . . (Fig. 76.)	α [a]	$0{,}0_4 1449$
	α' [a]	7138		α [b]	1920
	α'' [b]	8604		α [c]	2205

Nach Fr. Pfaff[1] ist die lineare Ausdehnung von 0° bis 100° C. im:

	[a]	[b]	[c]
Baryt (Fig. 77) . .	0,001431	0,002252	0,001490
Coelestin	0,001920	0,001851	0,001490.

In dieser Tabelle beziehen sich die Hauptausdehnungscoëfficienten α und α' auf die Richtungen der Halbirungsgeraden des spitzen und des stumpfen Winkels der optischen Axen, α'' auf die Normale der Ebene dieser Axen. Die darauf folgende Reihe enthält die Bezeichnungen der entsprechenden krystallographischen Axen, welche auch in den Fig. 72—77 eingetragen sind.

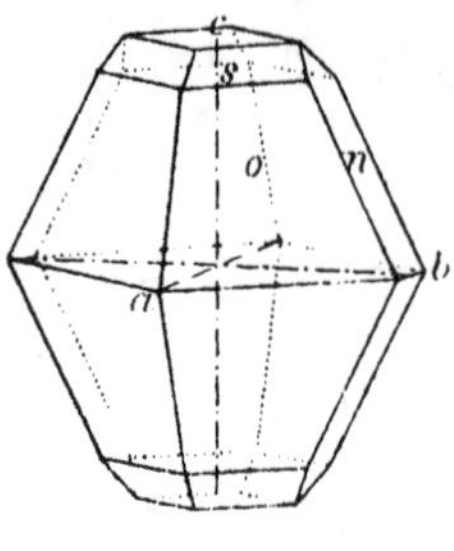

Fig. 75.

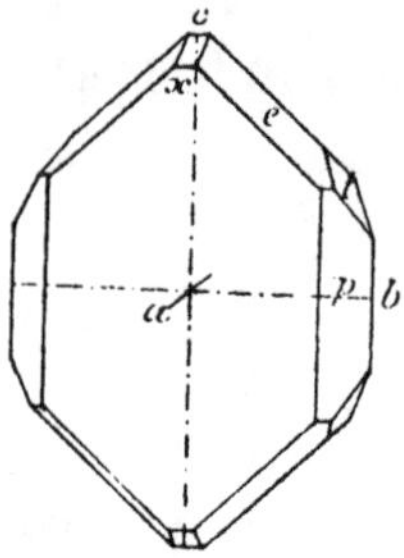

Fig. 76.

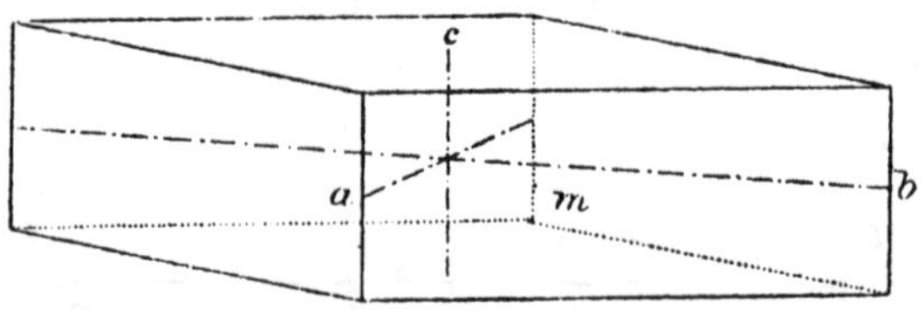

Fig. 77.

An comprimirtem Pulver von *Schwefel* aus Sicilien wurde von H. Fizeau die mittlere lineare Dilatation nach einer unter 54° 44′ gegen die drei thermischen Axen geneigten Richtung (S. 102) bestimmt und dafür der hohe Werth:

$$\alpha^* = 0{,}0_4 6413,$$

$$\frac{\Delta\alpha^*}{\Delta\Theta} = 0{,}0_6 3348$$

gefunden.[2] Aus diesem für 40° C. geltenden Betrage ergiebt sich für 21,25°: $\alpha^* = 0{,}0_4 5785$, nahezu übereinstimmend mit dem aus den Angaben von A. Schrauf fliessenden Werthe $(\alpha + \alpha' + \alpha'')/3 = 0{,}0_4 5962$.

Die von A. Schrauf gewonnenen Hauptausdehnungscoëfficienten wurden durch Messungen von Flächenwinkeln eines Schwefelkrystalls von Truskawice in Galizien und eines künstlichen aus Schwefelkohlenstoff ausgeschiedenen Krystalls, in Verbindung mit einer directen mikroskopischen Messung des Ausdehnungscoëfficienten in der Richtung der Verticalaxe, bestimmt.

Die Untersuchungen von A. Schrauf[3] verfolgen das Ziel, einen *Zusammenhang zwischen den Hauptausdehnungscoëfficienten und den Verhältnissen der krystallographischen Axeneinheiten* aufzusuchen. Von der Ueberlegung ausgehend, dass ein solcher Zusammenhang nur dann erkennbar sein würde,

[1] F. Pfaff, Unters. üb. d. Ausdehnung der Krystalle durch die Wärme. Pogg. Ann. **107**, 148, 1859.

[2] H. Fizeau, Compt. rend. **68**, 1128, 1869. Pogg. Ann. **138**, 30, 1869.

[3] Vgl. ausser den soeben citirten Abhandlungen: Ueber Ausdehnungscoëfficienten, axiale Dichte u. Parameterverhältniss trimetrischer Kryst. Ann. d. Phys. N. F. **28**, 438, 1886.

wenn der „Einfluss, den etwa eine intramolekulare Differenzirung der Substanz hervorbringen könnte", vollständig ausgeschlossen ist, betrachtete er zuvörderst krystallisirte *Grundstoffe.* Am rhombischen *Schwefel* ergab sich, dass die Hauptausdehnungscoëfficienten mit den Längen der Krystallaxen commensurabel sind, da innerhalb der Grenzen der Beobachtungsfehler:

$$\alpha_a : \alpha_b : \alpha_c = 8a : 8b : c.$$

Giebt man also der gewöhnlich zur Grundform gewählten Pyramide des Schwefel das Symbol (881), so sind die Verhältnisse der Hauptausdehnungscoëfficienten identisch mit den Verhältnissen der Axeneinheiten. Aehnliche einfache Beziehungen lassen sich für Antimon und Wismuth ableiten. „Bei Grundstoffen ist jene Ursache, welche die Dimensionen der Krystallgestalt hervorruft, auch massgebend für die axial ungleichen Dilatationscoëfficienten."

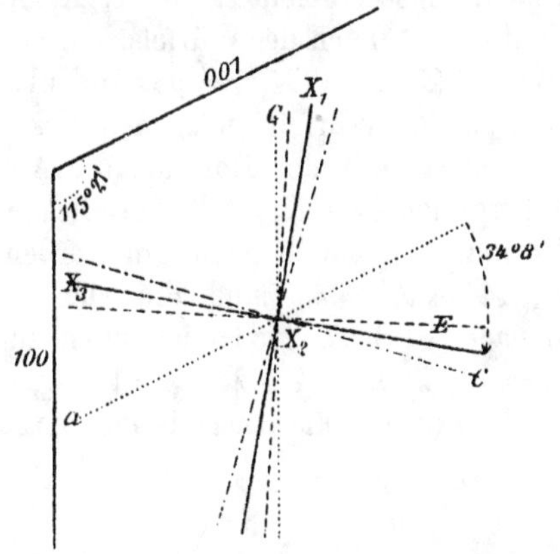

Fig. 78.

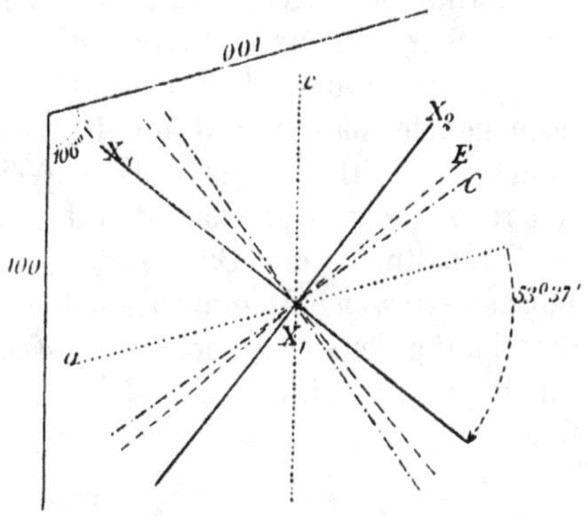

Fig. 79.

Monokline Krystalle.

			$\frac{\Delta\alpha}{\Delta\Theta}$	a	b	
Gyps (Montmartre) Fig. 62, S. 75	$X_1\ \alpha$	0,0₄4163	0,0₆0936	0,0₄3789	0,0₆0468	
	$X_3\ \alpha'$	0157	0109	0113	0054	$(X_3 a) = +47°44'$
	$X_2\ \alpha''$	2933	0343	2796	0171	
Kupferlasur (Chessy)	$X_2\ \alpha$	1259	0203	1178	0101	
	$X_1\ \alpha'$	2081				$(X_1 a) = -29°\ 3'$
	$X_3\ \alpha''$	— 0098				
Orthoklas (Adular, St. Gotthard) Fig. 64, S. 77.	$X_3\ \alpha$	— 0203	0128	— 0254	0064	
	$X_1\ \alpha'$	1905	0106	1863	0053	$(X_1 a) = +18°48'$
	$X_2\ \alpha''$	— 0151	0146	— 0209	0073	
Epidot (Brasilien) Fig. 78.	$X_2\ \alpha$	0913	0255	0811	0127	
	$X_3\ \alpha'$	0334	0206	0252	0103	$(X_3 a) = +34°\ 8'$
	$X_1\ \alpha''$	1086	0305	0964	0152	
Augit (Westerwald) Fig. 79.	$X_1\ \alpha$	1386	0076	1356	0038	
	$X_3\ \alpha'$	0272	0076	0242	0038	$(X_3 a) = +53°37'$
	$X_2\ \alpha''$	0791	0208	0708	0104	

Ein monokliner Krystall ist hinsichtlich seiner thermischen Ausdehnung durch 8 Constanten charakterisirt: es müssen für eine gegebene Temperatur die Werthe der drei Hauptausdehnungscoëfficienten und des Winkels χ, den eine der beiden in der Symmetrieebene gelegenen thermischen Axen mit einer gegebenen krystallographischen Richtung einschliesst, ermittelt werden; ausserdem sind die Zuwachse zu bestimmen, welche diese Grössen durch eine Erhöhung der Temperatur um 1^0 erfahren.

Zur Ermittelung dieser Constanten hat H. Fizeau die Dickenänderungen von vier Platten gemessen, welche in folgender Weise gewonnen wurden.[1] Aus dem Krystall sei ein Würfel geschnitten, an welchem ein Flächenpaar zur Symmetrieebene parallel ist, während die beiden anderen Flächenpaare eine beliebige, aber bekannte Orientirung haben. Wir bezeichnen (ohne Rücksicht auf die relativen Werthe der Ausdehnungscoëfficienten) mit X_1, X_2, X_3 die thermischen Axen, mit $\mathfrak{a}$, $\mathfrak{b}$, $\mathfrak{c}$ die Kantenrichtungen des Würfels. $X_2 = \mathfrak{b}$ sei die Symmetrieaxe. Ferner sei der Winkel $(X_1 \mathfrak{a}) = (X_3 \mathfrak{c}) = \chi$. Die über dem positiven und dem negativen Oktanten des Würfels gelegenen Ecken seien gerade abgestumpft durch ein Flächenpaar mit der Normale $\mathfrak{d}$. Alsdann können an dem in solcher Weise hergerichteten Krystall die Dickenänderungen von vier Platten mit den Normalen $\mathfrak{a}$, $\mathfrak{b}$, $\mathfrak{c}$, $\mathfrak{d}$ gemessen werden. Die Verhältnisse der Dicken $d_\mathfrak{a}/d_\mathfrak{a}' = m_\mathfrak{a}, \ldots, d_\mathfrak{d}/d_\mathfrak{d}' = m_\mathfrak{d}$ sind die vier gegebenen Grössen. Demnach erhalten wir nach [8] S. 57 vier Gleichungen zur Berechnung der vier gesuchten Grössen $\mu_1 = 1 + \lambda_1, \mu_2 = 1 + \lambda_2, \mu_3 = 1 + \lambda_3, \chi$. Die Richtungscosinus jener Normalen in Bezug auf die thermischen Axen sind:

	$\mathfrak{a}$	$\mathfrak{b}$	$\mathfrak{c}$	$\mathfrak{d}$
X_1	$\cos\chi$	0	$\sin\chi$	$\sqrt{\frac{1}{3}}(\cos\chi + \sin\chi$
X_2	0	1	0	$\sqrt{\frac{1}{3}}$
X_3	$-\sin\chi$	0	$\cos\chi$	$\sqrt{\frac{1}{3}}(\cos\chi - \sin\chi)$

Folglich ist:

$$m_\mathfrak{a}^2 = \frac{\cos^2\chi}{\mu_1^2} + \frac{\sin^2\chi}{\mu_3^2}, \quad m_\mathfrak{b} = \frac{1}{\mu^2}, \quad m_\mathfrak{c}^2 = \frac{\sin^2\chi}{\mu_1^2} + \frac{\cos^2\chi}{\mu_3^2},$$

$$m_\mathfrak{d}^2 = \tfrac{1}{3}\left[\frac{1}{\mu_1^2} + \frac{1}{\mu_3^2} + \sin 2\chi\left(\frac{1}{\mu_1^2} - \frac{1}{\mu_3^2}\right) + \frac{1}{\mu_2^2}\right].$$

Eliminirt man μ_1, μ_2, μ_3, so ergiebt sich eine Relation zur Berechnung von χ:

$$m_\mathfrak{a}^2 + m_\mathfrak{c}^2 = \frac{1}{\mu_1^2} + \frac{1}{\mu_3^2}, \quad m_\mathfrak{a}^2 - m_\mathfrak{c}^2 = \cos 2\chi\left(\frac{1}{\mu_1^2} - \frac{1}{\mu_3^2}\right),$$

$$\tan 2\chi = \frac{3 m_\mathfrak{b}^2 - (m_\mathfrak{a}^2 + m_\mathfrak{b}^2 + m_\mathfrak{c}^2)}{m_\mathfrak{a}^2 - m_\mathfrak{c}^2}.$$

---

[1] H. Fizeau, Compt. rend. **66**, 1005, 1072, 1868. Pogg. Ann. **135**, 372, 1868.

Werden hierin wieder nur die ersten Potenzen der Ausdehnungscoëfficienten beibehalten, so ist $d^2/d'^2 = m^2 = 1 - \lambda$, folglich:

$$\tan 2\chi = \frac{3\lambda_{\mathfrak{d}} - (\lambda_{\mathfrak{a}} + \lambda_{\mathfrak{b}} + \lambda_{\mathfrak{c}})}{\lambda_{\mathfrak{a}} - \lambda_{\mathfrak{b}}}.$$

Nachdem χ aus den gegebenen Ausdehnungscoëfficienten in den Richtungen der Normalen $\mathfrak{a}$, $\mathfrak{b}$, $\mathfrak{c}$, $\mathfrak{d}$ gefunden ist, erhält man die Hauptausdehnungscoëfficienten aus:

$$\frac{1}{\mu_1^2} = \frac{1}{2}\left(m_{\mathfrak{a}}^2 + m_{\mathfrak{c}}^2 + \frac{m_{\mathfrak{a}}^2 - m_{\mathfrak{c}}^2}{\cos 2\chi}\right), \quad \frac{1}{\mu_2} = m_{\mathfrak{b}}, \quad \frac{1}{\mu_3^2} = m_{\mathfrak{a}}^2 + m_{\mathfrak{c}}^2 - \frac{1}{\mu_1^2},$$

oder aus den angenähert geltenden Formeln:

$$\lambda_1 = \frac{1}{2}\left(\lambda_{\mathfrak{a}} + \lambda_{\mathfrak{c}} + \frac{\lambda_{\mathfrak{a}} - \lambda_{\mathfrak{c}}}{\cos 2\chi}\right), \quad \lambda_2 = \lambda_{\mathfrak{b}}, \quad \lambda_3 = \lambda_{\mathfrak{a}} + \lambda_{\mathfrak{c}} - \lambda_1.$$

In der Tabelle auf S. 99 bezieht sich der erste Ausdehnungscoëfficient α auf die Richtung der Symmetrieaxe, der zweite gilt für jene thermische Axe, welche der Normale zum Orthopinakoid (100) am nächsten liegt. Die Orientirung dieser Axe ist in der letzten Reihe noch genauer angegeben durch den Winkel, welchen sie mit der Klinoaxe a einschliesst; dieser Winkel ist positiv gerechnet, wenn er von a aus gegen die Verticalaxe c im stumpfen Winkel (ac) genommen werden soll. Ferner bedeuten in der Tabelle X_1, X_2, X_3 die Richtungen der grössten, mittleren, kleinsten thermischen Ausdehnung. Bemerkenswerth sind die negativen Ausdehnungscoëfficienten in den Richtungen X_2, X_3 des Orthoklas und X_3 bei Kupferlasur.

30. Berücksichtigt man, dass die thermischen Dilatationen erfahrungsgemäss sehr kleine Grössen sind, deren Quadrate gegen sie selbst vernachlässigt werden können, so geht die Relation (3) auf S. 55, welche nach Einführung der Hauptdilatationen λ_1, λ_2, λ_3 und der Dilatation λ in der Richtung r lautet:

$$(1+\lambda_1)^2 \cos^2 rX_1 + (1+\lambda_2)^2 \cos^2 rX_2 + (1+\lambda_3)^2 \cos^2 rX_3 = (1+\lambda)^2,$$

über in:

$$(1) \qquad \lambda_1 \cos^2 rX_1 + \lambda_2 \cos^2 rX_2 + \lambda_3 \cos^2 rX_3 = \lambda.$$

Mit derselben Annäherung erhalten wir aus (14) auf S. 59:

$$(2) \qquad \lambda_1 + \lambda_3 + \lambda_3 = \tau;$$

die räumliche Dilatation ist also gegeben durch die Summe der drei Hauptdilatationen. Sie ist aber auch angenähert gleich der Summe der linearen Dilatationen λ, λ', λ'' in irgend drei Richtungen r, r', r'', die vor der Deformation auf einander senkrecht stehen; denn die Addition der für diese Richtungen geltenden Gleichungen (1) ergiebt mit Rücksicht darauf, dass:

$$\cos^2 rX_i + \cos^2 r'X_i + \cos^2 r''X_i = 1$$

$(i = 1, 2, 3)$ ist,

$$(3) \qquad \lambda_1 + \lambda_2 + \lambda_3 = \lambda + \lambda' + \lambda'' = \tau.$$

Uebrigens bedarf man, wie H. FIZEAU bemerkt hat, bei kleinen Deformationen zur Ermittelung der räumlichen Dilatation nur der Messung der „mittleren“ linearen Dilatation in der Richtung, welche eine von den Hauptaxen gebildete Ecke halbirt; denn für $(rX_1) = (rX_2) = (rX_3)$, $\cos^2 rX_i = 1/3$, $(rX_i) = 54^0 44'$ ergiebt sich aus (1) und (2):

$$\lambda_1 + \lambda_2 + \lambda_3 = 3\lambda^* = \tau. \tag{4}$$

Die räumliche Dilatation ist also das Dreifache der mittleren linearen Dilatation.

Um zu prüfen ob die der Relation (4) zu Grunde liegende Vernachlässigung berechtigt ist, hat H. FIZEAU an einigen hexagonalen, tetragonalen und rhombischen Krystallen die aus den Hauptdilatationen berechneten Werthe der mittleren linearen Dilatation λ^* mit den direct gemessenen Werthen derselben verglichen.[1] Die Unsicherheit in dem Schnitt der Krystallplatten betrug 5' bis 10'.

	berechnet	gemessen
Wismuth . . .	$0{,}0_4 1334$	$0{,}0_4 1338$
Quarz	1206	1206
Kalkspath . . .	0514	0507
Beryll	0056	0057
Zirkon	0303	0304
Aragonit . . .	2065	2031
Topas	0497	0497

Am Wismuth wurde λ^* an einer Platte parallel einer Fläche des Grundrhomboëders, deren Normale unter $56^0 24'$ gegen die Axe γ geneigt ist, gemessen und demgemäss λ^* berechnet aus:

$$0{,}0_4 1621 \cos^2 56^0 54' + 0{,}0_4 1208 \sin^2 56^0 54'.$$

31. Nach dem Beobachtungsverfahren von H. FIZEAU wird die Dickenänderung einer Krystallplatte direct der Längenänderung ihrer anfänglichen Normale gleichgesetzt. Genau genommen trifft dies nur zu, wenn die Platte auf einer thermischen Symmetrieaxe senkrecht steht. Die Vernachlässigung des Unterschiedes der beiden Aenderungen in allen Fällen kommt darauf hinaus, den auf S. 57 berechneten Winkel gleich Null zu setzen, welchen die aus der ursprünglichen Plattennormale N hervorgegangene Richtung N' mit der neuen Plattennormale $\bar{\mathrm{N}}$ einschliesst. Werden nur die ersten Potenzen der Ausdehnungscoëfficienten beibehalten, so ist dieser Winkel in der That stets der Null gleich, da alsdann $m\mu = 1$ wird. Um nun eine Vorstellung über den Betrag zu gewinnen, welchen der Winkel $(\mathrm{N}'\bar{\mathrm{N}})$ erreichen kann, sind für die von H. FIZEAU untersuchten krystallisirten Körper die absoluten oder relativen Maxima desselben nach Formel (13) S. 59 für das Temperaturintervall von 0^0 bis 100^0 C. berechnet worden.

[1] H. FIZEAU, Compt. rend. **66**, 1012, 1074, 1868. Pogg. Ann. **135**, 372, 1868.

	$\mu = 1 + 100 . \alpha_{50^0}$	$\mu' = 1 + 100 . \alpha'_{50^0}$	
Wismuth	1,001641	1,001239	1′ 23,0″
Antimon	1,001683	1,000895	2 42,4
Magnetkies	1,000321	1,003104	9 33,0
Zinnober	1,002162	1,001797	1 15,3
Pyrargyrit	1,000196	1,002219	6 56,7
Quarz	1,000801	1,001443	2 12,3
Rothzinkerz	1,000335	1,000551	0 44,8
Korund	1,000639	1,000565	0 13,2
Eisenglanz	1,100840	1,000862	0 4,5
Jodsilber	0,999561	1,000079	1 47,0
Kalkspath	1,002637	0,999468	10 43,4
Dolomit	1,002097	1,000434	5 42,7
Magnesit	1,002163	1,000623	5 17,2
Eisenspath	1,001943	1,000622	4 32,2
Turmalin	1,000937	1,000397	2 3,8
Beryll	0,999905	1,000150	0 50,4
Anatas	1,000850	1,000497	1 13,0
Rutil	1,000941	1,000725	0 44,8
Zinnerz	1,000403	1,000329	0 16,1
Zirkon	1,000457	1,000252	0 42,5
Vesuvian	1,000757	1,000855	0 20,3

	$1 + 100 . \alpha_{50^0}$	$1 + 100 . \alpha'_{50^0}$	$1 + 100 . \alpha''_{50^0}$	Ebene		
				bc	*ca*	*ab*
Aragonit . .	1,003494	1,001756	1,001022	5′57,6″	8′28,7″	2′31,2″
Chrysoberyll .	1,000624	1,000528	1,000611	0 2,6	0 19,8	0 17,2
Topas . . .	1,000610	1,000499	1,000431	0 36,9	0 22,9	0 14,0
				Ebene		
				$X_2 X_3$	$X_3 X_1$	$X_1 X_2$
Orthoklas . .	0,999810	1,001916	0,999864	0′11,1″	7′14,1″	7′ 2,9″
Gyps . . .	1,004257	1,000168	1,002967	9 36,5	14 1,5	4 25,1

Sehr erhebliche Werthe erreichen die Winkel (N′N) in den Symmetrieebenen des rhombischen Schwefel. Für eine Temperaturerhöhung um *einen* Grad C. (bei 21,25⁰) ist:

$1 + \alpha$	$1 + \alpha'$	$1 + \alpha''$	Ebene		
			bc	*ca*	*ab*
$1,0_4 2144$	$1,0_4 7138$	$1,0_4 8604$	13,3″	10,3″	3,0″

Einfache Schiebungen nach Gleitflächen.[1]

32. Homogene Deformationen von der Natur der einfachen Schiebungen, deren charakteristische Eigenschaften auf S. 60 dargelegt wurden, können an Körpern, welche durch *Gleitflächen* ausgezeichnet sind, hervorgerufen werden. Erstrecken sich Deformationen dieser besonderen Art nur auf einen Theil eines einfachen Krystalls, so erhalten wir „einen mechanisch erzeugten Krystallzwilling.“ Indessen bedarf diese Bezeichnung einer präciseren Fassung.

Um die Vorstellungen zu fixiren, betrachten wir zunächst die einfachen Schiebungen am *Kalkspath* nach den Flächen des Rhomboëders $-\frac{1}{2}R$.

Dass im isländischen Kalkspath dünne, zuweilen in lebhaften Farben reflectirende Lamellen nach diesem Rhomboëder auftreten, war schon Chr. Huyghens bekannt.[2] Schiebungen nach den Flächen von $-\frac{1}{2}R$ wurden zuerst von D. Brewster beobachtet.[3] Später hat Fr. Pfaff bei seinen Untersuchungen über den Einfluss eines einseitigen Druckes auf die optischen Eigenschaften der Krystalle an basischen Platten von Kalkspath augenscheinlich Zwillingslamellen nach $-\frac{1}{2}R$ dargestellt, ohne sie indessen zu bemerken.[4] Darauf hat H. W. Dove aus der Uebereinstimmung der Abbildungen Pfaff's mit denen, welche D. Brewster für die von einer Zwillingslamelle durchzogenen Kalkspathplatten mitgetheilt hatte[5], geschlossen, dass es vielleicht gelingen möchte, solche Lamellen durch Druck hervorzubringen; er unternahm es jedoch nicht, diese Vermuthung durch Versuche zu prüfen.[6] Erst E. Reusch gelang es, einfache Methoden zur Darstellung von Zwillingslamellen im Kalkspath aufzufinden.[7]

Zu den Versuchen von E. Reusch bereitet man ein Kalkspathspaltungsstück dadurch vor, dass man an zwei gegenüberliegenden Mittelecken Flächen abfeilt, welche ungefähr auf zwei Spaltungsflächen senkrecht stehen, oder dass man zwei gegenüberliegende Mittelkanten abstumpft. Alsdann spannt man

[1] Th. Liebisch, Ueber eine besondere Art von homogenen Deformationen krystallisirter Körper. Nachr. Ges. d. Wiss. Göttingen 1887, 435. N. Jahrb. f. Min. Beil.-Bd. **6**, 105, 1888.

[2] Chr. Huyghens, Traité de la lumière etc. Leide 1690. Chap. V.

[3] D. Brewster, On the multiplication of images and the colours which accompany them in some specimens of Calcareous Spar. Phil. Trans. f. 1815, 270. On a new optical and mineralogical property of Calcareous Spar. Trans. Edinb. Soc. **8**, 165, 1818. On the form of the integrant Molecule of Carbonate of Lime. Trans. Geol. Soc. **5**, 83, 1821. On a new cleavage in Calcareous Spar, with a notice of a method of detecting Secondary Cleavages in Minerals. Edinb. Journ. of Sc. No. 18, 311—314, 1828. Art. Optics. Edinburgh Encyclopaedia. **15**, 611, 1830.

[4] Fr. Pfaff, Versuche üb. d. Einfluss des Drucks auf die optischen Eigenschaften doppeltbrechender Krystalle. Pogg. Ann. **107**, 333, 1859.

[5] D. Brewster, A Treatise on Optics, new edit. London 1853, 254.

[6] H. W. Dove, Optische Notizen. Pogg. Ann. **110**, 286, 1860.

[7] E. Reusch, Ueber eine besondere Gattung von Durchgängen im Steinsalz und Kalkspath. Monatsber. Berlin. Akad. 1867, 220. Pogg. Ann. **132**, 441, 1867 (mit Zusatz). Weitere Bemerkungen über die durch Druck im Kalkspath hervorgebrachten Erscheinungen. Monatsber. Berlin. Akad. 1872, 243. Pogg. Ann. **147**, 307, 1872.

das Stück mit den Feilflächen in eine Presse mit parallelen Backen oder in einen Schraubstock und setzt es darin einem langsam gesteigerten Drucke aus. Man sieht dann dünne Lamellen parallel den Flächen des Rhomboëders $-\frac{1}{2}R$ den ganzen Krystall oder auch nur einen Theil desselben durchsetzen (Fig. 80). Zuweilen sind die Lamellen hinreichend dick, um die Orientirung der Spaltbarkeit in ihnen constatiren zu können. Oft lösen sich die Lamellen von dem benachbarten unverändert gebliebenen Theile des Krystalls mit glatten Begrenzungsebenen ab. An dem Durchschnitt zweier Lamellen beobachtet man hohle Kanäle. Es gelingt demnach, alle Erscheinungen hervorzubringen, welche an natürlichen Kalkspathkrystallen bekannt sind.[1]

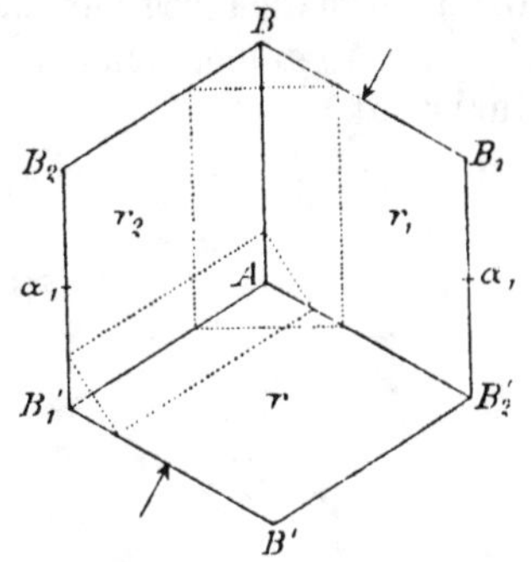

Fig. 80.

Zwillingslamellen erhält man auch, wenn man die Schlagfigur auf einer Fläche des Spaltungsrhomboëders darstellt oder wenn man diese Fläche nach ihrer Symmetrielinie von der Mittelecke zur Endecke hin ritzt.[2]

Nach E. Reusch kann man an 1,5 bis 2 mm dicken Spaltungsplättchen durch blossen Druck mit einem abgerundeten Stahlstift Zwillingslamellen hervorbringen.[3]

Von H. Baumhauer rührt eine seitdem vielfach benutzte Modification der soeben beschriebenen Versuche her, welche gestattet, die Deformation des Kalkspath nach einer Gleitfläche in grösserem Umfange auszuführen.[4] Legt man ein nach einer Kantenrichtung vorwiegend ausgedehntes Spaltungsstück mit einer vorherrschenden Endkante horizontal auf einen Tisch und drückt man auf die gegenüberliegende Endkante senkrecht zu derselben die Schneide eines Messers, so dringt die Klinge allmählich in den Krystall ein und bewirkt gleichzeitig eine Verschiebung desjenigen Theiles des Krystalls, welcher sich zwischen ihr und der oberen Endecke A befindet, nach der Fläche von $-\frac{1}{2}R$, welche die obere Endkante gerade abstumpfen würde (Fig. 81). Die an dem einspringenden Winkel auftretende Begrenzungsebene des verschobenen Theiles ist vollkommen eben und glänzend, wenn

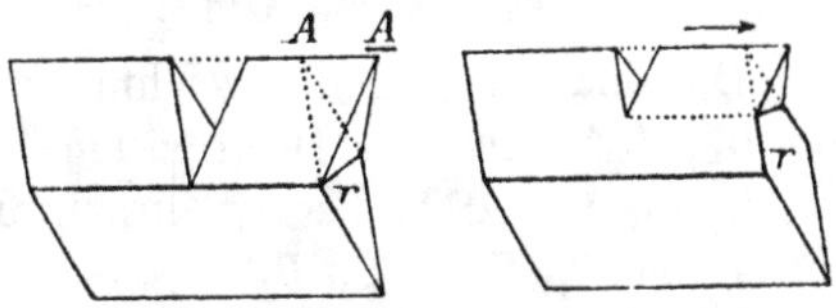

Fig. 81.

[1] Vgl. G. Rose, Ueber die im Kalkspath vorkommenden hohlen Canäle. Abh. Berlin. Akad. f. d. Jahr 1868, 57.

[2] Vgl. G. Rose, a. a. O. Fig. 12, 13.

[3] Sie entstehen auch bei der Herstellung von Dünnschliffen; vgl. G. Linck, Künstliche vielfache Zwillingsstreifung am Calcit. N. Jahrb. f. Min. 1883, **1**, 203.

[4] H. Baumhauer, Ueber künstliche Kalkspathzwillinge nach $-\frac{1}{2}R$. Zeitschr. f. Kryst. **3**, 588, 1879.

es die ursprüngliche Fläche r war, und die Halbirungsebene des Winkels hat genau die Richtung der Gleitfläche.[1]

Während das Verfahren von H. Baumhauer nur einen Schnitt bis zu den Mittelkanten des Spaltungsrhomboëders (Fig. 81), also auch nur die Deformation eines Theiles des Krystalls erlaubt, erreicht man nach O. Mügge zuweilen *eine Deformation des ganzen Rhomboëders*, indem man dasselbe mit zwei gegenüberliegenden Mittelecken B, B' in eine Presse mit parallelen Backen spannt und einem allmählich gesteigerten Druck aussetzt (Fig. 82). Die Deformation beginnt an beiden Ecken in dem durch Fig. 83 erläuterten Sinne. Allerdings sind Präparate dieser Art meist stark von Sprüngen durchsetzt.[2]

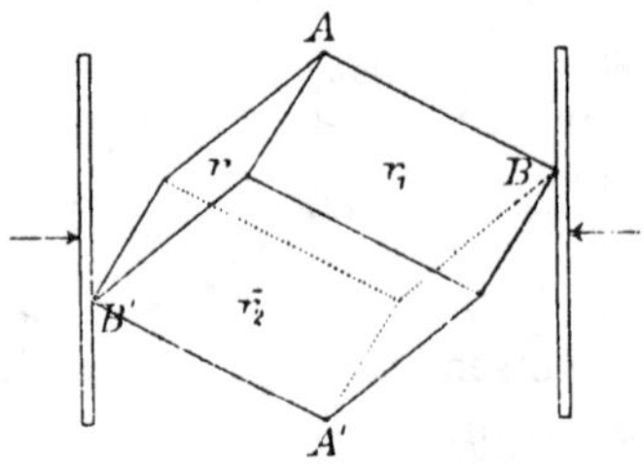

Fig. 82.

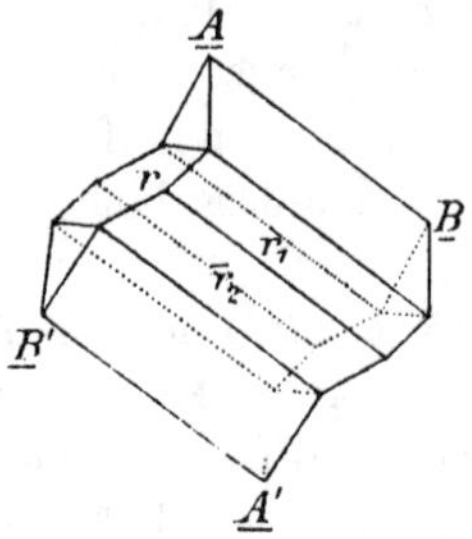

Fig. 83.

33. Um die charakteristischen Eigenschaften dieser Deformation scharf aufzufassen, ist es zweckmässig, von der Betrachtung einer *vollständigen* Deformation auszugehen. Die Flächen des Spaltungsrhomboëders R seien, bezogen auf das Weiss'sche Axensystem:

$$r = 0\bar{1}\bar{1}1, \quad r_1 = 1101, \quad r_2 = \bar{1}011$$
$$\bar{r} = 011\bar{1}, \quad \bar{r}_1 = \bar{1}\bar{1}0\bar{1}, \quad \bar{r}_2 = 10\bar{1}\bar{1}.$$

Die Endecken seien bezeichnet mit A, A', die Mittelecken mit B, B_1, B_2, B', B_1', B_2'. Die zur Deformation benutzte Gleitfläche z_1 gehöre der Zone $[r_1, r_2]$ an, $z_1 = 0112$; es ist dies in Fig. 84 die Richtung der Verbindungsebene von B_1, B_2, B_1', B_2'.

Durch eine vollständige Deformation geht nun das Rhomboëder R in das durch Fig. 85 dargestellte Rhomboëder $\underline{R}$, das Spiegelbild von R in Bezug auf z_1 über. Die Flächen von $\underline{R}$ sind wieder die Spaltrichtungen des deformirten Krystalls, also wieder gleichberechtigte Flächen, allein in ihrem Verhalten während der Deformation findet ein wesentlicher Unterschied statt: in den zu r parallelen Richtungen tritt ebenso wenig wie in den

[1] A. Brezina, Ueber künstliche Kalkspathzwillinge. Verhandl. geol. Reichsanst. Wien 1880, 45.

[2] O. Mügge, Beiträge zur Kenntniss der Structurflächen des Kalkspathes und über die Beziehungen derselben untereinander und zur Zwillingsbildung am Kalkspath und einigen anderen Mineralien. N. Jahrb. f. Min. 1883, 1, 32, 81. 1889, 1, 247.

zur Gleitfläche parallelen Ebenen eine Verzerrung ein; dagegen erleiden die zu r_1 und r_2 parallelen Ebenen eine Verzerrung, indem die zu den Rhomboëderkanten parallelen Geraden dieser Ebenen, welche vor der Deformation einen stumpfen Winkel von $109^0 8' 12''$ bilden, nach der Deformation einen spitzen Winkel von $70^0 51' 48''$ einschliessen, und umgekehrt.

Die Mittelecken B, B' sind in Endecken, die Endecken A, A' in Mittelecken umgewandelt; nur B_1, B_1' und B_2, B_2' sind Mittelecken geblieben. Von den vier Symmetrieaxen α_1, α_2, α_3, γ hat nur die zur Gleitfläche parallele zweizählige Axe α_1 ihre Bedeutung bewahrt und von den drei Symmetrieebenen, welche durch γ hindurchgehen und auf den α senkrecht

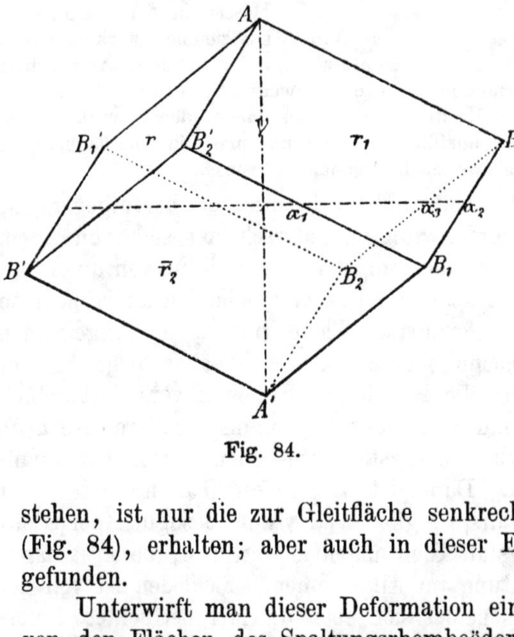

Fig. 84.

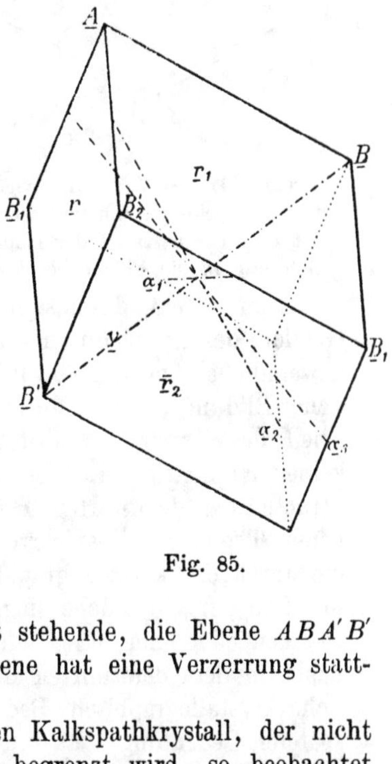

Fig. 85.

stehen, ist nur die zur Gleitfläche senkrecht stehende, die Ebene $ABA'B'$ (Fig. 84), erhalten; aber auch in dieser Ebene hat eine Verzerrung stattgefunden.

Unterwirft man dieser Deformation einen Kalkspathkrystall, der nicht von den Flächen des Spaltungsrhomboëders begrenzt wird, so beobachtet man, dass *die krystallographische Bedeutung der Begrenzungsebenen nach der Deformation im Allgemeinen von der ursprünglichen verschieden ist.* Insbesondere findet man ausser dem Spaltungsrhomboëder keine zweite einfache Krystallform, deren Flächen auch nach der Deformation noch gleichberechtigt sind.

Da der *Zonenverband* erhalten bleibt (S. 52), so ist die neue Bedeutung der Flächen in vielen Fällen sogleich aus der Anschauung zu entnehmen. Stellen wir uns an dem Rhomboëder R in Fig. 84 das basische Flächenpaar $0R$ vor, so ist ersichtlich, dass aus demselben ein Flächenpaar des Rhomboëders $-2R$ hervorgeht, und dass auch umgekehrt ein Flächenpaar des ursprünglichen Rhomboëders $-2R$ in das basische

Flächenpaar des deformirten Krystalls übergeführt wird. Die beiden anderen Flächenpaare von $-2R$ behalten ihre Bedeutung.

Eine ähnliche Beziehung besteht zwischen dem Rhomboëder $-\frac{1}{2}R$ und dem zweiten hexagonalen Prisma $\infty P2$; es bewahren von jenem das zur Gleitrichtung parallele, von diesem das zur Gleitfläche senkrechte Flächenpaar die ursprüngliche Bedeutung, während die beiden anderen Flächenpaare dieser Formen ihre Bedeutung vertauschen. — Man gewinnt ein Präparat zur Veranschaulichung dieser Beziehung nach O. Mügge auf folgende Weise (Fig. 86). Zunächst bewirkt man nach der Methode von H. Baumhauer an einer Kante eines Spaltungsrhomboëders eine Deformation, alsdann legt man die Gleitfläche *e* derselben frei, indem man ein scharfes Messer in den einspringenden Winkel mit ziemlich starkem Druck einpresst oder durch einen kurzen Schlag eintreibt. Dieses Verfahren wiederholt man an einer zweiten, mit der ersten in derselben Endecke zusammenstossenden Kante. Wenn man darauf den Schnitt *S* senkrecht zur dritten Kante der Endecke ausführt, so deformirt man die Gleitflächen *e*, *e* gleichzeitig in die Flächen *b*, *b* des zweiten hexagonalen Prismas.

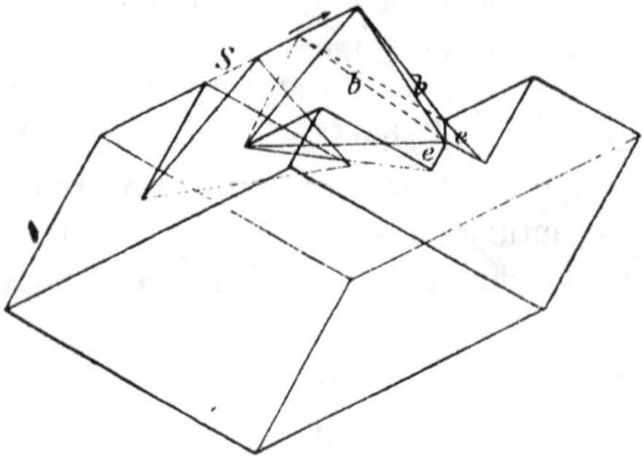

Fig. 86.

Man ersieht, das aus einer unvollständigen Deformation hervorgegangene Gebilde, der „mechanisch erzeugte Zwilling“, unterscheidet sich von einem gewöhnlichen, nach der Zwillingsebene symmetrischen Zwilling von ursprünglicher Bildung sofort dadurch, dass an der Ebene, welche den unveränderten Theil des Krystalls von dem deformirten Theile trennt, im Allgemeinen keine Symmetrie zu dieser Ebene stattfindet. Wohl aber liegt in der Structur des deformirten Theiles die Beziehung zu dem unverändert gebliebenen Theile vor, dass correspondirende Richtungen, insbesondere also auch die durch das krystallographische Axensystem gegebenen Richtungen, symmetrisch zur Gleitfläche liegen. Dabei ist wieder festzuhalten, dass einer Geraden oder einer Ebene des ursprünglichen Krystalls bezüglich der Gleitfläche in dem deformirten Krystall Richtungen entsprechen, deren anfängliche krystallographische Bedeutung im Allgemeinen verschieden ist von der späteren Bedeutung. Es unterscheidet sich eben die hier betrachtete Deformation von jenen homogenen Deformationen, welche, wie die thermische Ausdehnung, dem Symmetriegesetz des Krystalls gehorchen, wesentlich dadurch, dass anfänglich gleichberechtigte Richtungen verschiedene Richtungsänderungen und Dilatationen erfahren können.

34. Die krystallisirten Körper, an denen die mechanische Bildung von Zwillingen nach Gleitflächen mit Sicherheit nachgewiesen wurde — Kalkspath und Natriummitrat, Eisenglanz und Korund, Antimon und Wismuth — Anhydrit — Diopsid, Chorbaryum und Brombaryum, Aethylmalonamid — sind dadurch

[1] O. Mügge, N. Jahrb. f. Min. 1883, 1, 11; Fig. 5.

charakterisirt, dass *die Gleitfläche auf einer Symmetrieebene senkrecht steht und gleichzeitig einer Symmetrieaxe parallel läuft.*[1] Diese Eigenschaft gestattet uns jetzt, die Natur der homogenen Deformationen, welche in jenen Körpern durch mechanische Einwirkungen in Folge des Vorhandenseins von Gleitflächen hervorgerufen werden können, vollständig zu bestimmen. Wir gehen dabei wieder von dem Beispiel des Kalkspath aus. *Die zur Gleitfläche* $z_1 = \{B_1 B_2 B_1' B_2'\}$ in Fig. 84 *parallelen Ebenen legen Wege zurück, welche ihren Abständen von der Gleitfläche proportional sind.* Es handelt sich also um eine *einfache Schiebung,* und die Richtung der Verschiebung der Theilchen ist bestimmt durch die Schnittgerade der Gleitfläche mit der zu ihr senkrechten Symmetrieebene $ABA'B'$, der Ebene der Schiebung. Was die Richtungen der Hauptaxen der Deformation angeht, so ist die Axe, in welcher keine Dilatation stattfindet, gegeben durch die zu jener Symmetrieebene senkrechte Symmetrieaxe α_1. Die beiden anderen Hauptaxen halbiren die Winkel zwischen den beiden Ebenen, in denen keine Verzerrung stattfindet, nämlich der Gleitfläche z_1 und der Fläche r des Spaltungsrhomboëders. Gleichzeitig werden durch den Winkel $(z_1 r)$ die Dilatationen in den Richtungen dieser Axen bestimmt. z_1 und r sind die Kreisschnittebenen des Deformationsellipsoids (vgl. S. 60—62).

35. *Nach der Deformation besitzt der Krystall in seiner Structur dieselben Symmetrieeigenschaften wie in dem anfänglichen Zustande.* Im Allgemeinen bleiben aber nur die zur Gleitfläche z_1 senkrechte Symmetrieebene $X_1 X_3$ und die zu ihr parallele Symmetrieaxe X_2 erhalten. Sind in dem Krystall ausser diesen noch andere Symmetrieelemente vorhanden, so liegen die dem

[1] In dieser Hinsicht ist das Verhalten des mit Kalkspath isomorphen Dolomit besonders lehrreich. Da Dolomit hexagonal, rhomboëdrisch-tetartoëdrisch krystallisirt, so sind die drei verticalen auf den Flächen der Rhomboëder erster Ordnung senkrecht stehenden Ebenen nicht Symmetrieebenen. Als nun G. Tschermak Spaltungsstücke von Dolomit nach dem Verfahren von E. Reusch einer Pressung unterwarf, wurden keine Zwillingslamellen nach $-\frac{1}{2}R$ erzeugt, und als die Richtung des Druckes verändert wurde in der Absicht, Lamellen parallel $-2R$, wie sie zuerst von W. Haidinger an Dolomit aus dem Zillerthal [Neue Art von regelm. Zusammensetzung am D. Pogg. Ann. **63**, 153, 1844] und später von G. Tschermak an sehr vielen Dolomiten beobachtet worden waren, zu erhalten, gaben die Versuche durchaus kein günstiges Resultat. Ebensowenig gelang es, nach dem Verfahren von H. Baumhauer eine Verschiebung hervorzurufen, welche zur Bildung eines Zwillings nach $-\frac{1}{2}R$ geführt hätte. (G. Tschermak, Ueber d. Isomorphie d. rhomboëdr. Carbonate u. d. Natriumsalpeters. Min. petr. Mitth. N. F. **4**, 111, 1882.)

Angaben über die mechanische Erzeugung von Zwillingslamellen, welche der im Text gegebenen Charakteristik zu widersprechen scheinen, wie jene von M. Bauer (Beitrag zur Kenntniss der krystallogr. Verhältnisse des Cyanits. Zeitschr. deutsch. geol. Ges. **30**, 283, 1878; **31**, 244, 1879; **32**, 717, 1880) und von G. H. Williams (Cause of the apparently perfect cleavage in American Sphene (Titanite). Amer. J. of Sc. **29**, 486, 1885) beruhen auf unzureichenden Beobachtungen und bedürfen wiederholter Prüfung. Ebensowenig befriedigen die Mittheilungen von G. vom Rath über Zwillingslamellen im Disthen nach (001) (Zeitschr. f. Kryst. **3**, 8, 1879).

deformirten Zustande angehörenden symmetrisch zu den ursprünglichen in Bezug auf die Gleitfläche. Dieselbe Lage hat das krystallographische Axensystem des deformirten Krystalls zu dem Axensystem des ursprünglichen Krystalls.

Wir bezeichnen die Axen vor der Deformation mit

$$\pi_1 = [100], \quad \pi_2 = [010], \quad \pi_3 = [001].$$

X_2 falle zusammen mit π_2; alsdann sind π_1 und π_3 im Allgemeinen irgend zwei, in der Symmetrieebene $X_1 X_3$ gelegene Kantenrichtungen. Nach der Deformation liegen die Axen $\underline{\pi}_1$ und $\underline{\pi}_3$ symmetrisch zu π_1 und π_3 in Bezug auf z_1, also ihre negativen Richtungen $-\underline{\pi}_1$ und $-\underline{\pi}_3$ symmetrisch zu π_1 und π_3 in Bezug auf die Normale ζ_1 von z_1. Behält man die ursprüngliche Reihenfolge der positiven Axenrichtungen bei, so fällt $\underline{\pi}_2$ mit $-\pi_2$ zusammen.

Durch die Deformation wird die krystallographische Bedeutung der den Krystall begrenzenden Flächen und Kanten im Allgemeinen geändert. Sind die Indices einer Fläche h vor der Deformation gegeben, $h = \{h_1 h_2 h_3\}$, so fragen wir nach den Werthen, welche die Indices jener Fläche in Folge der Deformation annehmen.

Zur Lösung dieser Aufgabe ist die Kenntniss der Ebenen z_1, z_2, in denen keine Verzerrung eintritt, erforderlich und ausreichend. In der That, bestimmt man die Richtung von h durch ihre Schnittgeraden ξ_1, ξ_2 mit diesen Ebenen (Fig. 87), so werden $z_1, z_2, h, \xi_1, \xi_2$ durch die Deformation übergeführt in $\underline{z}_1$, $\underline{z}_2$, $\underline{h}$, $\underline{\xi}_1$, $\underline{\xi}_2$, derart, dass die Winkel, welche die Geraden ξ_1, ξ_2 in den Ebenen z_1, z_2 mit der Symmetrieebene $X_1 X_3$ einschliessen, ungeändert bleiben. Bezeichnet man die Schnittgeraden von z_1 und z_2 mit der Ebene $X_1 X_3$ durch $\varkappa_1$ und $\varkappa_2$, so ist hiernach:

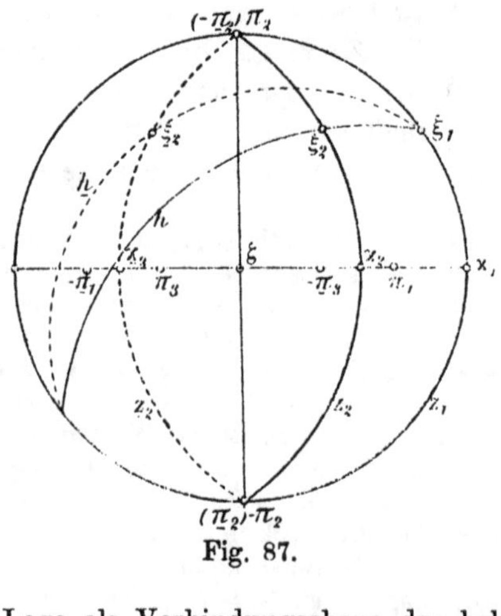

Fig. 87.

$$(\xi_1 \varkappa_1) = (\underline{\xi}_1 \underline{\varkappa}_1), \quad (\xi_2 \varkappa_2) = (\underline{\xi}_2 \underline{\varkappa}_2).$$

Die Fläche $\underline{h}$ ist also in ihrer neuen Lage als Verbindungsebene der bekannten Geraden $\underline{\xi}_1$, $\underline{\xi}_2$ gegeben.

Die Indices der Kreisschnittebenen seien:

$$z_1 = \{z_{11}\, 0\, z_{13}\}, \quad z_2 = \{z_{21}\, 0\, z_{23}\};$$

dann sind die Indices der Geraden ξ_1 und ξ_2:

1. $$\begin{aligned} \xi_{11} : \xi_{12} : \xi_{13} &= -z_{13} h_2 : z_{13} h_1 - z_{11} h_3 : z_{11} h_2, \\ \xi_{21} : \xi_{22} : \xi_{23} &= -z_{23} h_2 : z_{23} h_1 - z_{21} h_3 : z_{21} h_2. \end{aligned}$$

Während der Deformation bleibt die Richtung von ξ_1 in der Ebene z_1 ungeändert; allein gegen das Axensystem $\underline{\pi}_1$, $\underline{\pi}_2$, $\underline{\pi}_3$ hat ξ_1 die Lage, welche vor der Deformation die zu ξ_1 in Bezug auf die Axe $\pi_2 = [010]$ symmetrische Gerade gegen das Axensystem π_1, π_2, π_3 hatte. Demnach ergeben sich die Indices von $\underline{\xi}_1$ aus der Bedingung:

$$\xi_{11} + \underline{\xi}_{11} : \xi_{12} + \underline{\xi}_{12} : \xi_{13} + \underline{\xi}_{13} = 0:1:0$$

oder:

2. $$\underline{\xi}_{11} : \underline{\xi}_{12} : \underline{\xi}_{13} = -\xi_{11} : \xi_{12} : -\xi_{13}.$$

Dagegen ist die Richtung von $\underline{\xi}_2$ gegen $\underline{\pi}_1, \underline{\pi}_2, \underline{\pi}_3$ dieselbe, welche ξ_2 gegen π_1, π_2, π_3 besass; folglich:

3. $$\underline{\xi}_{21} : \underline{\xi}_{22} : \underline{\xi}_{23} = \xi_{21} : \xi_{22} : \xi_{23}.$$

Wir erhalten also für die Indices der Verbindungsebene $\underline{h}$:

$$\underline{h}_1 : \underline{h}_2 : \underline{h}_3 = (\underline{\xi}_1\,\underline{\xi}_2)_1 : (\underline{\xi}_1\,\underline{\xi}_2)_2 : (\underline{\xi}_1\,\underline{\xi}_2)_3$$

aus 2., 3. und 1. die Werthe:

I. $$\left|\begin{aligned} \varrho\underline{h}_1 &= (z_{11}z_{23} + z_{13}z_{21})h_1 - 2z_{11}z_{21}h_3 \\ \varrho\underline{h}_2 &= (z_{11}z_{23} - z_{13}z_{21})h_2 \\ \varrho\underline{h}_3 &= 2z_{13}z_{23}h_1 - (z_{11}z_{23} + z_{13}z_{21})h_3, \end{aligned}\right.$$

worin ϱ einen Proportionalitätsfactor bedeutet.

Da die Axenebene $\{\pi_1, \pi_2\}$ Symmetrieebene und die Axe π_2 Symmetrieaxe von der Periode 2 ist, so sind vier Flächen mit den Indices:

$$h_1 h_2 h_3, \quad h_1 \bar{h}_2 h_3, \quad \bar{h}_1 \bar{h}_2 \bar{h}_3, \quad \bar{h}_1 h_2 \bar{h}_3,$$

welche ein vierseitiges Prisma bilden, dessen Kanten der Symmetrieebene parallel gehen, gleichberechtigt, d. h. sie gehören derselben einfachen Krystallform an. Aus I folgt, dass die Indices dieser Flächen nach der Deformation die Werthe haben:

$$\underline{h}_1 \underline{h}_2 \underline{h}_3, \quad \underline{h}_1 \bar{\underline{h}}_2 \underline{h}_3, \quad \bar{\underline{h}}_1 \bar{\underline{h}}_2 \bar{\underline{h}}_3, \quad \bar{\underline{h}}_1 \underline{h}_2 \bar{\underline{h}}_3;$$

demnach bleiben vier Flächen von der angegebenen Beschaffenheit auch im deformirten Zustande *gleichberechtigt*; ihre krystallographische Bedeutung ist aber im Allgemeinen *geändert* worden.

Krystallflächen, welche durch die Deformation keine Aenderung der Werthe und der Vorzeichen ihrer Indices erfahren, müssen die aus I fliessenden Bedingungen befriedigen:

$$\begin{aligned} h_1 : h_2 : h_3 &= \\ (z_{11}z_{23} + z_{13}z_{21})h_1 - 2z_{11}z_{21}h_3 &: (z_{11}z_{23} - z_{13}z_{21})h_2 : 2z_{13}z_{23}h_1 \\ &- (z_{11}z_{23} + z_{13}z_{21})h_3, \end{aligned}$$

d. h. die Indices h_1, h_2, h_3 müssen gleichzeitig den beiden Gleichungen genügen:

4. $$\left|\begin{aligned} h_2(z_{13}h_1 - z_{11}h_3) &= 0 \\ (z_{23}h_1 - z_{21}h_3)(z_{13}h_1 - z_{11}h_3) &= 0. \end{aligned}\right.$$

Dieser Fall tritt ein:

a) wenn h_2 einen beliebigen Werth hat und $h_1 : h_3 = z_{11} : z_{13}$ ist; die Flächen, welche diese Bedingungen erfüllen, gehören der durch die Gleitfläche z_1 und die zu ihr senkrechte Symmetrieebene bestimmten Zone an;

b) wenn $h_2 = 0$ und $h_1 : h_3 = z_{21} : z_{23}$ ist; dieser Forderung genügt nur die Kreisschnittebene z_2.

Ferner ergeben sich aus I für jene Krystallflächen, deren Indices sich vor und nach der Deformation nicht in ihren absoluten Werthen, sondern nur in dem Vorzeichen des mittleren Index unterscheiden, so dass:

$$\underline{h}_1 : \underline{h}_2 : \underline{h}_3 = h_1 : -h_2 : h_3$$

ist, die Bedingungen:

$$5. \qquad \left| \begin{array}{l} h_2 (z_{23} h_1 - z_{21} h_3) = 0 \\ (z_{13} h_1 - z_{11} h_3)(z_{23} h_1 - z_{21} h_3) = 0. \end{array} \right.$$

Dieser Fall tritt demnach ein,

a) wenn h_2 beliebig und $h_1 : h_3 = z_{21} : z_{23}$ ist, d. h. für die Flächen, welche der durch die Kreisschnittebene z_2 und die zu ihr senkrechte Symmetrieebene bestimmten Zone angehören;

b) wenn $h_2 = 0$ und $h_1 : h_3 = z_{11} : z_{13}$ ist; dieser Forderung genügt nur die Gleitfläche z_1.

Berücksichtigt man nun, dass vier Flächen mit den Indices $h_1 h_2 h_3$, $h_1 \bar{h}_2 h_3$, $\bar{h}_1 \bar{h}_2 \bar{h}_3$, $\bar{h}_1 h_2 \bar{h}_3$ gleichberechtigt sind, so kann man folgenden Satz aussprechen:

Bezeichnend für die in Rede stehenden homogenen Deformationen sind ausser den beiden ausgezeichneten Richtungen von Ebenen, in denen keine Verzerrung erfolgt, zwei ausgezeichnete Zonen von der Beschaffenheit, dass jede ihrer Flächen durch die Deformation in eine gleichberechtigte Fläche übergeführt wird, nämlich in eine Fläche derselben einfachen Krystallform, der sie im ursprünglichen Zustande des Krystalls angehörte; diese Zonen sind bestimmt durch jene beiden Ebenen und die zu ihnen senkrechte Symmetrieebene; alle übrigen Krystallflächen ändern in Folge der Deformation ihre krystallographische Bedeutung.

Die Auflösung der Gleichungen I ergiebt:

$$\text{II.} \qquad \left| \begin{array}{l} \varrho h_1 = (z_{11} z_{23} + z_{13} z_{21}) \underline{h}_1 - 2 z_{11} z_{21} \underline{h}_3 \\ \varrho h_2 = (z_{11} z_{23} - z_{13} z_{21}) \underline{h}_2 \\ \varrho h_3 = 2 z_{13} z_{23} \underline{h}_1 - (z_{11} z_{23} + z_{13} z_{21}) \underline{h}_3, \end{array} \right.$$

d. h. erhält eine Fläche, welche im ursprünglichen Zustande des Krystalls die Indices $h_1 : h_2 : h_3$ *hatte, das Symbol* $\underline{h}_1 : \underline{h}_2 : \underline{h}_3$, *so wird eine Fläche, welche anfänglich die Indices* $\underline{h}_1 : \underline{h}_2 : \underline{h}_3$ *besass, nach der Deformation das Symbol* $h_1 : h_2 : h_3$ *führen.*

Bezeichnet man der Kürze wegen

$$z_{11} : z_{13} = z_1, \quad z_{21} : z_{23} = z_2, \quad h_1 : h_3 = h, \quad \underline{h}_1 : \underline{h}_3 = \underline{h},$$

so folgt aus der ersten und der dritten Gleichung I:

$$6. \qquad 2 z_1 z_2 - (z_1 + z_2)(h + \underline{h}) + 2 h \underline{h} = 0.$$

Mit Hülfe dieser Relation kann man das Verhältniss der Indices einer der beiden Kreisschnittebenen berechnen, wenn das Symbol der anderen Kreisschnittebene und ausserdem die Symbole einer beliebigen Fläche h vor und nach der Deformation bekannt sind. Die Verhältnisse der Indices der beiden Kreisschnittebenen findet man aus zwei Gleichungen von der Form 6., wenn die Symbole zweier Flächen h und h' vor und nach der Deformation gegeben sind.

Mit den vorausgesetzten Symmetrieeigenschaften ist noch ein zweites krystallographisches Axensystem vereinbar, in welchem π_3 sich in der zur Gleitfläche senkrechten Symmetrieebene befindet, während π_1 und π_2 zu dieser Ebene symmetrisch liegen. Wir erhalten unter dieser Annahme folgende Symbole:

$$\{X_1 X_3\} = \{1\bar{1}0\}, \quad X_2 = [1\bar{1}0],$$

$$z_1 = \{z_{11} z_{11} z_{13}\}, \quad z_2 = \{z_{21} z_{21} z_{23}\},$$

und daraus:

1*.
$$\left|\begin{array}{l} \xi_{11} : \xi_{12} : \xi_{13} = z_{13} h_2 - z_{11} h_3 : z_{11} h_3 - z_{13} h_1 : z_{11}(h_1 - h_2), \\ \xi_{21} : \xi_{22} : \xi_{23} = z_{23} h_2 - z_{21} h_3 : z_{21} h_3 - z_{23} h_1 : z_{21}(h_1 - h_2). \end{array}\right.$$

Die Indices von $\underline{\xi}_1$ ergeben sich aus der Bedingung:

$$\xi_{11} + \underline{\xi}_{11} : \xi_{12} + \underline{\xi}_{12} : \xi_{13} + \xi_{13} = 1 : \bar{1} : 0,$$

oder:

2*.
$$\xi_{11} : \underline{\xi}_{12} : \underline{\xi}_{13} = \xi_{12} : \xi_{11} : \xi_{13}.$$

Dagegen ist:

3*.
$$\underline{\xi}_{21} : \underline{\xi}_{22} : \underline{\xi}_{23} = \xi_{21} : \xi_{22} : \xi_{23}.$$

Demnach sind die Indices einer Fläche h nach der Deformation gegeben durch:

I*.
$$\left|\begin{array}{l} \varrho\, \underline{h}_1 = z_{11} z_{23} h_1 + z_{13} z_{21} h_2 - 2 z_{11} z_{21} h_3 \\ \varrho\, \underline{h}_2 = z_{13} z_{21} h_1 + z_{11} z_{23} h_2 - 2 z_{11} z_{21} h_3 \\ \varrho\, \underline{h}_3 = z_{13} z_{23}(h_1 + h_2) - (z_{11} z_{23} + z_{13} z_{21}) h_3. \end{array}\right.$$

Hieraus folgen für jene Krystallflächen, deren Indices durch die Deformation keine Aenderung erleiden, die Bedingungen:

4*.
$$\left|\begin{array}{r} (h_1 - h_2)[z_{13}(h_1 + h_2) - 2 z_{11} h_3] = 0 \\ (z_{23} h_1 - z_{21} h_3)[z_{13}(h_1 + h_2) - 2 z_{11} h_3] = 0, \end{array}\right.$$

welchen genügt wird:

a) durch $h_1 + h_2 : h_3 = 2 z_{11} : z_{13}$, d. h. durch die mit der Gleitfläche z_1 und der zu ihr senkrechten Symmetrieebene in einer Zone liegenden Flächen;

b) durch die Kreisschnittebene z_2.

Demnächst folgt aus I*, dass die beiden ersten Indices jener Fläche h in Folge der Deformation ihre Werthe vertauschen:

$$\underline{h}_1 : \underline{h}_2 : \underline{h}_3 = h_2 : h_1 : h_3,$$

wenn gleichzeitig:

5*.
$$\left|\begin{array}{r} (h_1 - h_2)[z_{23}(h_1 + h_2) - 2 z_{21} h_3] = 0 \\ (z_{13} h_2 - z_{11} h_3)[z_{23}(h_1 + h_2) - 2 z_{21} h_3] = 0; \end{array}\right.$$

dieser Forderung entsprechen:

a) die mit der Kreisschnittebene z_2 und der zu ihr senkrechten Symmetrieebene einer Zone angehörenden Flächen, welche die Eigenschaft haben, dass $h_1 + h_2 : h_3 = z_{21} : z_{23}$ ist;

b) die Gleitfläche z_1.

36. Wenden wir nun diese Ergebnisse auf die in [34] genannten Beispiele an.

Monokline Krystalle.

Zunächst bemerken wir, dass die holoëdrischen Krystalle des monoklinen Systems, bei denen eine Fläche aus der Zone der Symmetrieaxe Gleitfläche ist, den allgemeinsten hierher gehörigen Fall bilden. Die an ihnen auftretenden einfachen Formen, die monoklinen Prismen $(h_1 h_2 h_3)$, die Flächenpaare aus der Zone der Symmetrieaxe $(h_1 0 h_3)$ und das zur Symmetrieebene parallele Flächenpaar (010), haben ohne Ausnahme die Eigenschaft, dass ihre Flächen auch nach der Deformation zu einfachen Formen verbunden bleiben.

Aus den Beobachtungen von G. vom Rath[1] und den Versuchen von O. Mügge[2] ergiebt sich, dass am Diopsid $c = (001)$ Gleitfläche und $a = (100)$ die zweite Kreisschnittebene des Deformationsellipsoids ist. Die beiden ausgezeichneten Zonen sind jene der Klinoaxe π_1 und der Verticalaxe π_3; die Klinodomen und die vertikalen Prismen führen demnach vor und nach der Deformation dieselben Symbole. Insbesondere ergiebt sich, dass die Flächen des Spaltungsprisma $m = (110)$ auch nach der Deformation wieder Spaltflächen sind. Die Transformationsgleichungen lauten nach I:

$$\underline{h}_1 : \underline{h}_2 : \underline{h}_3 = h_1 : - h_2 : - h_3 .$$

Chlorbaryum $= BaCl_2 . 2 H_2O$, *Brombaryum* $= BaBr_2 . 2 H_2O$ und *Aethylmalonamid* $= C_5H_{10}N_2O_2$ gewähren ein besonderes Interesse dadurch, dass sie *zwei* Gleitflächen $a = (100)$ und $c = (001)$ besitzen und demnach zur mechanischen Erzeugung zweier Schaaren von Zwillingslamellen Veranlassung geben.[3] Findet die Schiebung nach a statt, so ist c die zweite Kreisschnittebene des Deformationsellipsoids und umgekehrt.

Einen nach der Gleitfläche a deformirten Krystall von Brombaryum mit den Formen a (100), c (001), p (110), u (111), o ($11\bar{1}$) stellt Fig. 88

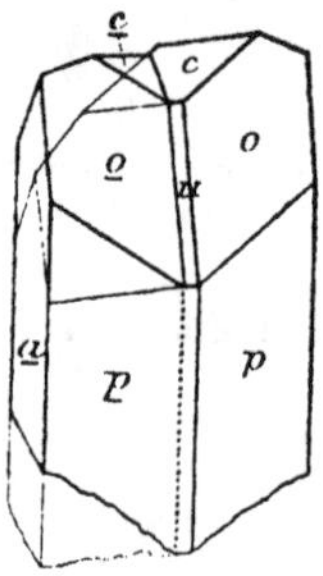

Fig. 88.

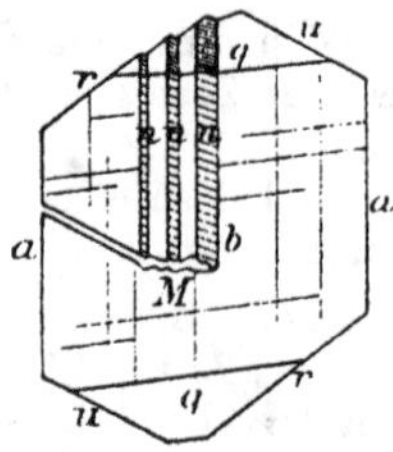

Fig. 89.

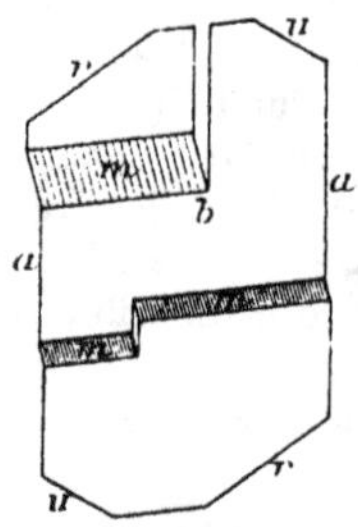

Fig. 90.

dar; während a, c, p ihre Bedeutung bewahrt haben, sind aus den beiden oberen Flächen u die Flächen $\underline{o}$ des deformirten Theiles des Krystalls hervorgegangen, deren Symbole nach den für den Diopsid angegebenen Transformationsgleichungen zu bilden sind.

---

[1] G. vom Rath, Lamellare Zwillingsverwachsung des Augit nach der Basis. Zeitschr. f. Kryst. **5**, 495, 1881; **8**, 47, 1883.

[2] O. Mügge, Ueber künstliche Zwillingsbildung durch Druck am Antimon, Wismuth und Diopsid. N. Jahrb. f. Min. 1886, **1**, 185; 1889, **1**, 238.

[3] O. Mügge, Ueber Umlagerungen in Zwillingsstellung am Chlorbaryum, $BaCl_2 + 2H_2O$. N. Jahrb. f. Min. 1888, **1**, 131. Ueber die Krystallform des Brombaryums, $BaBr_2 . 2H_2O$, und verwandter Salze und über Deformationen derselben. N. Jahrb. f. Min. 1889, **1**, 130. — W. Keith, Krystallogr.-optische Untersuchungen. Inaug.-Dissert. Göttingen 1889. N. Jahrb. f. Min. Beil.-Bd. **6**, 177, 1889. (Aethylmalonamid).

Der Verlauf der Zwillingslamellen n nach $a = (100)$ und m nach $c = (001)$ im Aethylmalonamid wird durch Figg. 89, 90 veranschaulicht. Wenn durch eine bei M eingedrückte Messerspitze Lamellen der ersten Art hervorgerufen werden, welche den nach $b = (010)$ tafelförmigen Krystall nicht vollständig durchsetzen, so bildet sich gleichzeitig ein Spaltriss nach $u = (\bar{1}01)$. Werden Lamellen der zweiten Art erzeugt, so entstehen Spaltrisse oder Verwerfungen nach a.

Rhombische Krystalle.

Holoëdrische Krystalle des rhombischen Systems können den Fall darbieten, dass die Kreisschnittebenen des Deformationsellipsoids durch die beiden gleichberechtigten Flächenrichtungen eines *Prismas* gegeben sind. Dann haben die Hauptaxen und Symmetrieebenen des Ellipsoids die Richtungen der krystallographischen Symmetrieaxen und Symmetrieebenen. Demnach bleiben in diesem wie in dem vorigen Falle alle Symmetrieelemente des Krystalls bei der Deformation erhalten. Bezeichnet man die den Hauptaxen X_1, X_2, X_3 entsprechenden krystallographischen Axen mit π_1, π_2, π_3, die Axeneinheiten mit a_1, a_2, a_3, die Indices der Kreisschnittebenen mit:

$$z_1 = \{z_{11}\, 0\, z_{13}\}, \quad z_2 = \{\bar{z}_{11}\, 0\, z_{13}\},$$

so werden die Abschnitte von z_1 auf π_1 und π_3, a_1/z_{11} und a_3/z_{13}, durch die Deformation vertauscht; der rhombische Querschnitt $ABCD$ jenes Prismas geht in den Rhombus $AB\underline{C}\underline{D}$ über.

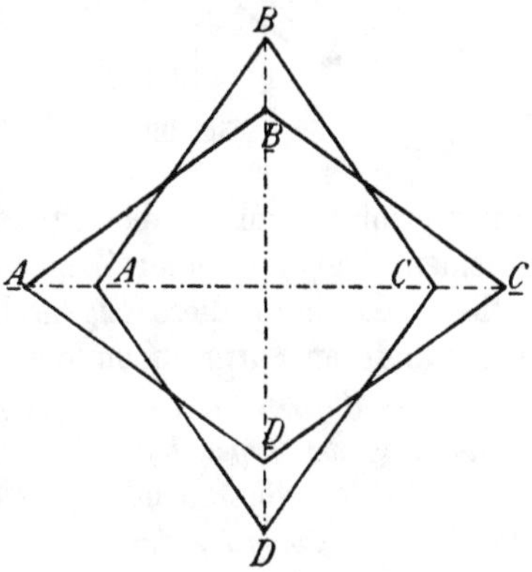

Fig. 91.

Das Verhältniss der Schiebung ist also:

$$\sigma = \cot k = \frac{a_3 z_{11}}{a_1 z_{13}}.$$

Aus I ergiebt sich:

$$\underline{h}_1 : \underline{h}_2 : \underline{h}_3 = \frac{z_{11}}{z_{13}} h_3 : h_2 : \frac{z_{13}}{z_{11}} h_1.$$

In die beiden ausgezeichneten Zonen der Schnittgeraden von z_1 und z_2 mit der zu ihnen senkrechten Symmetrieebene fallen die rhombischen Pyramiden von dem Symbol $(z_{11}p \,.\, q \,.\, z_{13}p)$. Die Flächen dieser Formen haben also die Eigenschaft nach der Deformation dieselben rhombischen Pyramiden zu bilden.

Ist insbesondere $z_1 = \{101\}$, so tritt in Folge der Deformation in dem Symbol einer Fläche $h = \{h_1 h_2 h_3\}$ nur eine Vertauschung des ersten und des dritten Index ein.

Ein Beispiel gewährt nach den Beobachtungen von O. Mügge der *Anhydrit.*[1]

[1] O. Mügge, Ueber künstliche Zwillingsbildung am Anhydrit. N. Jahrb. f. Min. 1883, 2, 258; vgl. 1885, 2, 48.

Hexagonale Krystalle.

Bedienen wir uns zur Beschreibung der einfachen Schiebungen im *Kalkspath*[1] nach $-\frac{1}{2}R$ der auf S. 106 erläuterten Bezeichnung, so ist:

$$\varkappa_1 = \{112\}, \quad \varkappa_2 = \{\bar{1}\bar{1}1\}$$

zu setzen. Die durch diese Flächen und die auf ihnen senkrechte Symmetrieebene bestimmten Zonen sind in Fig. 92 eingetragen. Eine Fläche $h = \{x h_1 h_2 h_3\}$, $x = h_1 - h_2$, führt nach der Deformation das Symbol $\underline{h} = \{\underline{x} \underline{h}_1 \underline{h}_2 \underline{h}_3\}$, $\underline{x} = \underline{h}_1 - \underline{h}_2$, worin, wie aus I* folgt:

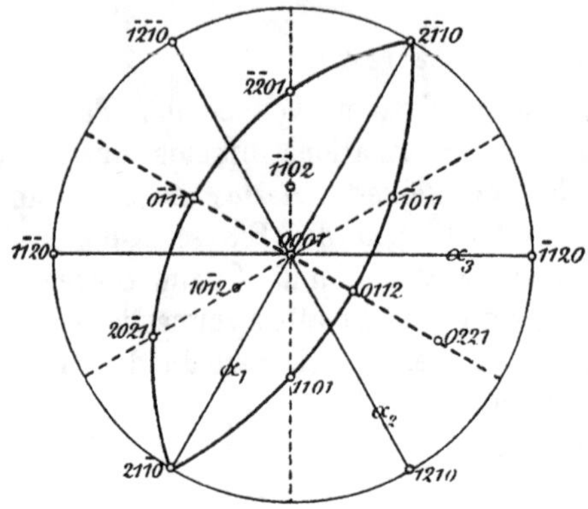

Fig. 92.

$$\left|\begin{array}{l} \varrho \underline{h}_1 = \quad h_1 - 2h_2 + 2h_3 \\ \varrho \underline{h}_2 = -2h_1 + \quad h_2 + 2h_3 \\ \varrho \underline{h}_3 = \quad 2h_1 + 2h_2 + \quad h_3. \end{array}\right.$$

Hiernach bleibt das Spaltungsrhomboëder R des Kalkspath bei dieser Deformation erhalten. Eines seiner Flächenpaare hat die Richtung der Ebene $\varkappa_2$, in der keine Verzerrung erfolgt, und die beiden anderen Flächenpaare, welche eine Verzerrung erleiden, gehören einer Zone an, deren Flächen in gleichberechtigte übergehen. Da nun diese Eigenschaften nicht gleichzeitig noch den Flächen einer anderen Form zukommen können, so ergiebt sich: *das Spaltungsrhomboëder ist die einzige einfache Krystallform, welche durch die Deformation keine Aenderung der krystallographischen Bedeutung ihrer Flächen erfährt.*

Aus den vorstehenden Gleichungen ist ferner ersichtlich, dass *auch die Flächen der übrigen, durch Cohäsionseigenschaften ausgezeichneten Formen des Kalkspath,* $-\frac{1}{2}R$ *und* $\infty P2$, $-2R$ *und* $0R$, *wieder in Flächen dieser Formen übergeführt werden.*

Von dem Rhomboëder $-\frac{1}{2}R$ behält das der Gleitrichtung parallele Flächenpaar seine Bedeutung; die beiden anderen Flächenpaare $|10\bar{1}2|$ und $|\bar{1}102|$ gehen in die zur Gleitfläche nicht senkrecht stehenden Flächenpaare $|1210|$ und $|1\bar{1}20|$ des Prismas $\infty P2$ über. Umgekehrt bleibt von diesem Prisma das zur Gleitfläche senkrechte Flächenpaar $|21\bar{1}0|$ erhalten, die beiden anderen Flächenpaare werden in Flächen des Rhomboëders $-\frac{1}{2}R$ übergeführt.

Aus dem basischen Flächenpaar $|0001|$ entsteht das Flächenpaar $|0221|$ des Rhomboëders $-2R$, welches in die Zone $[\varkappa_1, \varkappa_2]$ fällt, und umgekehrt. Die beiden anderen, mit $\varkappa_2$ in einer der ausgezeichneten Zonen liegenden

[1] Die folgenden Darlegungen gelten auch für *Natriumnitrat* (G. Tschermak; Min. petr. Mitth. N. F. **4**, 111, 1882), *Antimon* und *Wismuth* (O. Mügge, N. Jahrb. f. Min. 1884, **2**, 40; 1886, **1**, 183).

Flächenpaare $|20\bar{2}1|$ und $|\bar{2}\bar{2}01|$ von $-2R$ gehen in Flächen derselben Form über.

Aus dem Winkel zwischen einer Gleitfläche und der gegenüberliegenden Fläche des Spaltungsrhomboëders $(z_1 r) = 70^0 51' 48''$ ergiebt sich für das *Verhältniss der Schiebung*

$$\sigma = \cot \frac{(z_1 r)}{2} = 1{,}40549.$$

Die *Grösse der Schiebung* ist:

$$s = \sigma - \frac{1}{\sigma} = 0{,}693395.$$

Da die Verticalaxe γ gegen die Gleitfläche z_1 unter $63^0 44' 46''$ und gegen die Spaltfläche r unter $45^0 23' 26''$ geneigt ist, so betragen die Winkel zwischen γ und den Hauptaxen der grössten Elongation X_1 und der grössten Contraction X_3:

$$(\gamma X_1) = 90^0 - \tfrac{1}{2}(z_1 r) - (\gamma r) = 9^0 10' 40'', \quad (\gamma X_3) = 80^0 49' 20''.$$

Die Schiebung bewirkt eine Drehung der Hauptaxen um

$$\delta = 90^0 - (z_1 r) = 19^0 8' 12''.$$

Das Spaltungsrhomboëder des Kalkspath ist trefflich geeignet, die Schnittcurven seiner Flächen mit dem Deformationsellipsoid darzustellen. Zu diesem Zwecke ritzt man in eine Spaltfläche einen Kreis und deformirt das Rhomboëder alsdann nach dem Verfahren von H. Baumhauer oder O. Mügge, derart, dass die geritzte Fläche nicht der Gleitfläche gegenüberliegt. Dabei geht der Kreis in eine Ellipse über, deren Halbaxen nach den Diagonalen der Rhomboëderfläche gerichtet sind.[1] In Fig. 93 bedeuten Y_1 und Y_3 die Axen der grössten Elongation und der grössten Contraction. Aus dem Winkel von $101^0 55'$ zwischen den Kanten der Rhomboëderfläche ergiebt sich für das Verhältniss der Ellipsenhalbaxen:

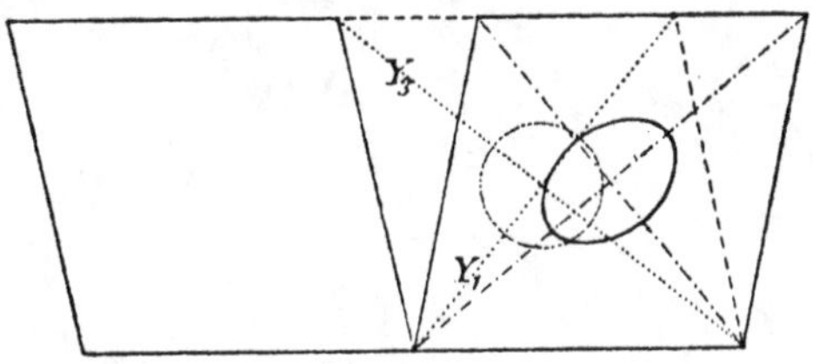

Fig. 93.

$$\tan 50^0 57\tfrac{1}{2}' : \cot 50^0 57\tfrac{1}{2}' = 1{,}233 : 0{,}811.$$

Für die Zwillinge des *Eisenglanz* und des *Korund* nach einer Fläche des Rhomboëders R folgt aus den Beobachtungen von M. Bauer[2] und O. Mügge[3], dass die Ebenen, in denen keine Verzerrung eintritt, 1101 und $\bar{1}\bar{1}02$ sind; die erstere ist Gleitfläche.

---

[1] Diesen Versuch hat H. Baumhauer (Zeitschr. f. Kryst. **3**, 588, 1879) angegeben, ohne daraus auf das Gesetz zu schliessen, welches der Deformation zu Grunde liegt.

[2] M. Bauer, Ueber eine eigenthümliche Zwillingsstreifung am Eisenglanz. Zeitschr. d. deutsch. geol. Gesellsch. **26**, 191, 1874.

[3] O. Mügge, Bemerkungen über die Zwillingsbildung einiger Mineralien. N. Jahrb. f. Min. 1884, **1**, 216. Ueber secundäre Zwillingsbildung am Eisenglanz. N. Jahrb.

Demgemäss ist in 1* zu setzen:

$$z_1 = \{111\}, \quad z_2 = \{\bar{1}\bar{1}2\}$$

und von den Indices der Flächen $h = \{xh_1 h_2 h_3\}$, $x = h_1 - h_2$, und $\underline{h} = \{\underline{x}\underline{h}_1 \underline{h}_2 \underline{h}_3\}$, $\underline{x} = \underline{h}_1 - \underline{h}_2$, sind der erste, zweite und vierte zur Berechnung zu benutzen. Wir finden:

$$\begin{array}{|l} \varrho\underline{x} = \quad 2x - h_1 + 2h_3 \\ \varrho\underline{h}_1 = -x - 2h_1 + 2h_3 \\ \varrho\underline{h}_3 = \quad 2x + 2h_1 - h_3. \end{array}$$

Auch hier ist das Rhomboëder R die einzige einfache Form, welche erhalten bleibt; zwischen $-\frac{1}{2}R$ und $\infty P2$, $-2R$ und $0R$ bestehen dieselben Beziehungen wie beim Kalkspath.

---

f. Min. 1886, **2**, 35; 1889, **1**, 237. Zur Kenntniss der Flächenveränderungen durch secundäre Zwillingsbildung. N. Jahrb. f. Min. 1886, **1**, 146 (Korund).

J. Strüver (Sulle leggi di geminazione e le superficie di scorrimento nella ematite dell'Elba. Rendiconti R. acad. dei Lincei. (4ª) **4** (2), 347, 1888) hat darauf hingewiesen, dass Zwillingslamellen nach R im Eisenglanz von Elba schon von W. Haidinger (Treatise on Mineralogy. Edinburgh 1825, **2**, 406) beschrieben worden sind.

2. Eigenschaften physikalischer Vorgänge, die unter dem Bilde einer Strömung beschrieben werden können.

1. Die physikalischen Vorgänge, mit denen wir uns in den nächstfolgenden Kapiteln zu beschäftigen haben — Leitung der Wärme, Strömung der Elektricität, dielektrische Polarisation, magnetische Induction — bieten unter bestimmten Voraussetzungen in der Form ihrer Elementargesetze so vollständige Analogien dar, dass es zur Erleichterung der Uebersicht dienen wird, wenn zuvörderst die mit jener Gestalt des Elementargesetzes verknüpften gemeinsamen Eigenschaften dargelegt werden.[1]

Es handelt sich jedesmal um Beziehungen zwischen zwei Vectorgrössen, von denen die eine mit Bezug auf eine Linie definirt und als *Kraft* bezeichnet wird, während die andere in Bezug auf ein Flächenstück gemessen und *Strömung* genannt wird.[2] Obwohl dieser letztere Ausdruck an die unhaltbare Vorstellung erinnert, dass jene Vorgänge in der durch eine Kraft hervorgerufenen relativen Bewegung einer strömenden Materie im Innern eines ponderablen Körpers bestehen, erfüllt er den Zweck, als Hülfsmittel der Beschreibung in Fällen zu dienen, in denen von der besonderen physikalischen Natur des Vorganges einstweilen abgesehen werden mag.

2. Zur Bestimmung der Richtung und Grösse von Kraft und Strömung in einem homogenen krystallisirten Körper sei ein rechtwinkliges, mit dem Krystall starr verbundenes Axensystem X_1, X_2, X_3 gewählt, nach welchem die Componenten der beiden Vectorgrössen genommen werden sollen. Dann genügt es erfahrungsgemäss in vielen Fällen zur Beschreibung der in Rede stehenden Vorgänge von der Annahme auszugehen, *dass die Componenten der Strömung homogene und lineare Funktionen der Kraftcomponenten sind.*

Unter dieser Voraussetzung liefert der *allgemeinste* Ansatz Ausdrücke für die Strömungscomponenten, in denen *neun* von einander unabhängige Coëffi-

---

[1] Die Analogien der mathematischen Gesetze jener Vorgänge sind namentlich von W. Thomson aufgedeckt worden (Reprint of Papers on Electrostatics and Magnetism. London 1872. Section 1—10, 36—50, 628, 700, 751—759). Vgl. J. Cl. Maxwell, On Faraday's Lines of Force. Trans. Cambridge Phil. Soc. **10**, 27, 1864 (Read 10. Dec. 1855, 11. Febr. 1856). An Elementary Treatise on Electricity. Oxford 1881, 10], 64—69].

[2] J. Cl. Maxwell, A Treatise on Electricity and Magnetism. Oxford 1873, **1**, 12].

cienten auftreten (S. 122, 125); die hierdurch dargestellten Vorgänge besitzen ein *Centrum der Symmetrie* (S. 124, 139), aber weder Symmetrieaxen, noch Symmetrieebenen.

Wenn man nun auf Grund dieser allgemeinsten Gestalt des Elementargesetzes die von einem Quellpunkte in einem homogenen krystallisirten Körper ausgehende Strömung des Näheren untersucht, so gelangt man, wie G. G. Stokes im Jahre 1851 an dem Beispiel der Wärmeleitung nachgewiesen hat[1], zu *rotatorischen* Bewegungsvorgängen (S. 138), für die sich zu jener Zeit noch kein Analogon darbot. Daher vermuthete Stokes, dass Strömungsvorgänge in Krystallen, wie sie bei der Leitung der Wärme stattfinden, in keinem Falle nur centrische Symmetrie, sondern darüber hinaus stets noch einen höheren Grad der Symmetrie besitzen möchten.[2] In demselben Sinne äusserte sich im Jahre 1873 J. Cl. Maxwell bei der Aufstellung der Relationen, die in homogenen Krystallen zwischen der elektromotorischen Kraft und dem elektrischen Strom nach dem Ohm'schen Gesetz bestehen.[3]

Inzwischen hatte im Jahre 1854 W. Thomson in einer grundlegenden Ahandlung über die Wärmeeffecte und die thermoelektrische Erregung elektrischer Ströme in homogenen Krystallen die Annahme jener allgemeinsten Form des Elementargesetzes zu begründen versucht.[4] Er zeigte, wie eine metallische Struktur künstlich herzustellen sei, die, in grossem Massstabe betrachtet, als ein continuirlicher Körper angesehen werden könne und gerade jene thermischen und elektrischen Eigenschaften besitze, welche durch den Ansatz mit neun von einander unabhängen Coëfficienten ausgedrückt werden. Daraus zog er den Schluss, dass es *Krystalle* geben müsse, bei denen die Beziehung zwischen dem elektrischen Strom und der elektromotorischen Kraft nicht ohne eine besondere Hypothese durch eine geringere Zahl von Coëfficienten darzustellen sei.[5]

Wärmeleitung in Krystallen.

3. Um die Vorstellungen mehr zu fixiren, beginnen wir mit der Betrachtung der *Bewegung der Wärme im Innern eines homogenen Krystalls,* dessen Temperatur Θ an verschiedenen Stellen verschieden ist. Die Erfah-

[1] G. G. Stokes, On the Conduction of Heat in Crystals. Cambr. and Dublin Math. Journ. **6**, 215, 1851.

[2] G. G. Stokes, p. 236.

[3] J. Cl. Maxwell, A Treatise on Electr. and Magn. 1873, **1**, 297].

[4] W. Thomson, On the Dynamical Theory of Heat. Trans. R. Soc. Edinburgh. **21**, 159—167, 1857. (Read 1. Mai 1854). Math. and Phys. Papers. Cambridge 1882, **1**, 273—291.

[5] Dem Wiederabdruck dieser Abhandlung fügte er im Jahre 1882 die Bemerkung hinzu: „Hall's recent great discovery shows that the hypothesis which 28 years ago I refused to admit, was incorrect, and proves the rotatory quality to exist for electrical conduction through metals in the magnetic field.“ (Math. and Phys. Papers. **1**, 281.)

rung lehrt, dass durch jedes Flächenelement in diesem Körper ein Wärmestrom fliesst, der von der Temperaturvertheilung in der nächsten Umgebung dieses Elementes abhängig ist.

Es sei dS_u ein ebenes Flächenelement an der Stelle $P(x_1, x_2, x_3)$ senkrecht zu der Richtung u der zur Zeit t in P stattfindenden Wärmebewegung. Die durch dS_u im Zeitelement dt fliessende Wärmemenge ist proportional $dS_u dt$; bezeichnet man sie mit:

$$U dS_u dt,$$

so wird U die im Punkte P zur Zeit t vorhandene *Strömung* genannt. Es ist U diejenige Wärmemenge, welche durch ein gegen ihre Bewegungsrichtung u senkrechtes Flächenelement von der Grösse Eins während der Zeiteinheit hindurchfliesst.

Stellt man jetzt die Vectorgrösse U durch eine von P in der Richtung u ausgehende Strecke dar, so repräsentiren die senkrechten Projectionen derselben auf die Coordinatenaxen die *Strömungscomponenten* U_1, U_2, U_3. Demnach ist, wenn die Richtungscosinus von u mit $u_h = \cos(uX_h)$, $(h = 1, 2, 3)$, bezeichnet werden,

$$\begin{gathered} U_1 = U u_1, \quad U_2 = U u_2, \quad U_3 = U u_3, \\ U = U_1 u_1 + U_2 u_2 + U_3 u_3, \quad U^2 = U_1^2 + U_2^2 + U_3^2. \end{gathered} \tag{1}$$

Betrachten wir nun ein beliebiges durch den Punkt P gelegtes Flächenelement dS_r mit der Normale r. Durch die Begrenzung von dS_u sei ein Cylinder parallel zur Strömungsrichtung u gelegt, welcher aus der zu r senkrechten Ebene jenes Element dS_r ausschneidet (Fig. 94). Nach dem Princip der Stetigkeit der natürlichen Functionen müssen Richtung und Stärke der Wärmeströmung in einem unendlich kleinen Volumenelement um P für ein unendlich kleines Zeitelement dt als constant angesehen werden. Mithin sind die während der Zeit dt durch dS_u und dS_r fliessenden Wärmemengen gleich gross (dQ); bezeichnet man die Richtungscosinus von r mit $r_h = \cos(rX_h)$, $h = 1, 2, 3$, so ergiebt sich mit Rücksicht auf:

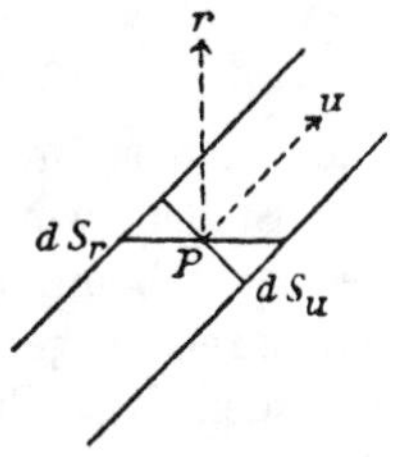

Fig. 94.

$$dS_u = dS_r \cos(ur)$$

für diese Wärmemenge:

$$\begin{aligned} dQ &= U dS_u dt = U \cos(ur)\, dS_r dt \\ &= (U_1 r_1 + U_2 r_2 + U_3 r_3)\, dS_r dt. \end{aligned} \tag{2}$$

Der Factor von $dS_r dt$:

$$U_r = U \cos(ur) = U_1 r_1 + U_2 r_2 + U_3 r_3, \tag{3}$$

welcher die Stärke des Wärmestromes an der Stelle P nach der Richtung r genannt wird, lässt sich demnach geometrisch darstellen, einmal direct durch die senkrechte Projection des Strömungsvectors U auf die Gerade r, andererseits als Summe der senkrechten Projectionen der Strömungscomponenten U_1, U_2, U_3 auf dieselbe Gerade. Für jede zu der Strömungsrichtung

u senkrechte Gerade r verschwindet der Wärmestrom U_r; die Strömung U ist der Maximalwerth von U_r.

Wie die Erfahrung zeigt, ist die Wärmeströmung nicht von dem *absoluten* Werthe der Temperatur Θ in P, sondern nur von der *Aenderung* derselben in der Nähe von P abhängig. Stellen wir uns vor, dass der zur Zeit t vorhandenen Temperaturvertheilung in der ganzen Ausdehnung des Körpers eine gleichförmig vertheilte und der Temperatur von P entgegengesetzt gleiche Temperatur hinzugefügt werde, so ist ersichtlich, dass die Wärmeströmung dadurch keine Aenderung erfahren kann. Nur wenn die Temperatur in der Umgebung des Punktes P constant wird, verschwindet an dieser Stelle die Wärmeströmung. Die Strömung U und ihre Componenten müssen daher stetige homogene Functionen der partiellen Differentialquotienten $\partial\Theta/\partial x_1$, $\partial\Theta/\partial x_2$, $\partial\Theta/\partial x_3$ sein. Da die Superposition verschiedener Temperatursysteme ohne gegenseitige Störung erfolgen kann, so ergiebt sich weiter, dass sich U_1, U_2, U_3 als homogene und *lineare* Funktionen jener Derivirten darstellen lassen, mit Coëfficienten, die von der Temperatur Θ unabhängig sind. Wir setzen mit Rücksicht darauf, dass die Strömung von den wärmeren nach den kälteren Stellen hin gerichtet ist:

$$(4)\qquad \left|\begin{aligned} U_1 &= -a_{11}\frac{\partial\Theta}{\partial x_1} - a_{12}\frac{\partial\Theta}{\partial x_2} - a_{13}\frac{\partial\Theta}{\partial x_3} \\ U_2 &= -a_{21}\frac{\partial\Theta}{\partial x_1} - a_{22}\frac{\partial\Theta}{\partial x_2} - a_{23}\frac{\partial\Theta}{\partial x_3} \\ U_3 &= -a_{31}\frac{\partial\Theta}{\partial x_1} - a_{32}\frac{\partial\Theta}{\partial x_2} - a_{33}\frac{\partial\Theta}{\partial x_3}. \end{aligned}\right.$$

Dies ist das *Elementargesetz der Wärmeleitung in homogenen Krystallen.*

Stellen wir jetzt die Werthe von $-\partial\Theta/\partial x_1$, $-\partial\Theta/\partial x_2$, $-\partial\Theta/\partial x_3$ geometrisch durch Strecken dar, die von P in den Richtungen der Coordinatenaxen ausgehen, so können wir den Vector Ξ construiren, dessen Componenten diese Strecken sind. Indem wir die Richtung dieses Vectors mit ξ bezeichnen, erhalten wir:

$$(5)\qquad \Xi\cos(\xi X_h) = -\frac{\partial\Theta}{\partial x_h} = \Xi_h, \qquad (h = 1, 2, 3)$$

$$(6)\qquad \cos(\xi X_1) : \cos(\xi X_2) : \cos(\xi X_3) = \frac{\partial\Theta}{\partial x_1} : \frac{\partial\Theta}{\partial x_2} : \frac{\partial\Theta}{\partial x_3},$$

$$(7)\qquad \Xi^2 = \left(\frac{\partial\Theta}{\partial x_1}\right)^2 + \left(\frac{\partial\Theta}{\partial x_2}\right)^2 + \left(\frac{\partial\Theta}{\partial x_3}\right)^2.$$

Da nach (6) die Richtungscosinus von ξ den partiellen Derivirten der Temperatur Θ nach den Coordinaten des Punktes P proportional sind, so ergiebt sich eine einfache Beziehung des Vectors Ξ zu der durch den Punkt P hindurchgehenden isothermischen Fläche Θ = const.: *Der Vector Ξ hat die Richtung der Normale dieser Fläche im Punkte P.* Ist die Temperaturvertheilung stationär, so werden demnach die rechtwinkligen Trajectorien der durch die Gleichung Θ = const. dargestellten isothermischen Flächen in jedem ihrer Punkte die Richtung des an dieser Stelle vorhandenen Vectors Ξ angeben.

Die mit negativem Vorzeichen genommene Derivirte der Funktion Θ nach einer beliebigen Richtung r wird das *Temperaturgefäll* nach dieser Richtung genannt. Nun ist:

$$d\Theta = \frac{\partial\Theta}{\partial x_1} dx_1 + \frac{\partial\Theta}{\partial x_2} dx_2 + \frac{\partial\Theta}{\partial x_3} dx_3 .$$

$$dx_h = \cos(r X_h) dr,$$

folglich:

$$\frac{d\Theta}{dr} = \frac{\partial\Theta}{\partial x_1}\cos(r X_1) + \frac{\partial\Theta}{\partial x_2}\cos(r X_2) + \frac{\partial\Theta}{\partial x_3}\cos(r X_3). \tag{8}$$

Fällt die Richtung r insbesondere mit ξ zusammen, so erhält man aus (5). (7) und (8):

$$\Xi = -\frac{d\Theta}{d\xi}. \tag{9}$$

Demnach stellt der Vector Ξ *das Temperaturgefäll an der Stelle* P *in der Richtung der Normale der durch* P *hindurchgehenden isothermischen Fläche dar,* und $\Xi_h = -\partial\Theta / \partial x_h$ ist die Componente dieses Temperaturgefälles nach der Richtung der Coordinatenaxe X_h.

Das Elementargesetz der Wärmeleitung sagt also aus, dass die Componenten der Wärmeströmung an der Stelle P *zur Zeit* t *homogene und lineare Funktionen der Componenten des Temperaturgefälles* $-d\Theta / d\xi$ *sind, welches in der Richtung der Normale* ξ *der isothermischen Fläche an derselben Stelle vorhanden ist.*

Der Differentialausdruck (7) für das Quadrat des Temperaturgefälles Ξ ist eine *Differentialinvariante,* da er sich bei einer Transformation des Coordinatensystems nicht ändert.[1] Führen wir nämlich ein neues rechtwinkliges Axensystem X_1', X_2', X_3' mit demselben Anfangspunkte ein, und bezeichnen wir die Richtungscosinus der neuen Axen nach dem Schema:

	X_1	X_2	X_3
X_1'	c_{11}	c_{12}	c_{13}
X_2'	c_{21}	c_{22}	c_{23}
X_3'	c_{31}	c_{32}	c_{33}

, $\cos(X_h X_k') = c_{kh}$,

so bestehen die Relationen:

$$x_h = c_{1h} x_1' + c_{2h} x_2' + c_{3h} x_3'$$
$$x_k' = c_{k1} x_1 + c_{k2} x_2 + c_{k3} x_3'$$
$$x_1^2 + x_2^2 + x_3^2 = x_1'^2 + x_2'^2 + x_3'^2.$$

[1] G. Lamé bezeichnete Ξ als den Differentialparameter erster Ordnung der Funktion Θ (Leçons sur les coordonnées curvilignes. Paris 1859, 6).

und die analogen Beziehungen:

$$\frac{\partial}{\partial x_h} = c_{1h}\frac{\partial}{\partial x_1'} + c_{2h}\frac{\partial}{\partial x_2'} + c_{3h}\frac{\partial}{\partial x_3'}$$

$$\frac{\partial}{\partial x_k'} = c_{k1}\frac{\partial}{\partial x_1} + c_{k2}\frac{\partial}{\partial x_2} + c_{k3}\frac{\partial}{\partial x_3}$$

$$\left(\frac{\partial}{\partial x_1}\right)^2 + \left(\frac{\partial}{\partial x_2}\right)^2 + \left(\frac{\partial}{\partial x_3}\right)^2 = \left(\frac{\partial}{\partial x_1'}\right)^2 + \left(\frac{\partial}{\partial x_2'}\right)^2 + \left(\frac{\partial}{\partial x_3'}\right)^2.$$

Da die Gleichungen (4) ungeändert bleiben, wenn sie den Substitutionen:

$$\begin{pmatrix} x_1, & x_2, & x_3 \\ -x_1, & -x_2, & -x_3 \end{pmatrix}, \qquad \begin{pmatrix} U_1, & U_2, & U_3 \\ -U_1, & -U_2, & -U_3 \end{pmatrix}$$

unterworfen werden, so ergiebt sich, dass *homogene Krystalle in Bezug auf den Vorgang der Wärmeleitung stets ein Centrum der Symmetrie besitzen;* eine Verschiedenheit der Wärmeleitungsfähigkeit in dem einen und dem entgegengesetzten Richtungssinne derselben Geraden kann in ihnen nicht auftreten.[1]

Die neun Coëfficienten a_{hk} der Gleichungen (4) werden die *Coëfficienten der Wärmeleitungsfähigkeit* des Krystalls genannt. Ihre Werthe sind abhängig von der Substanz und von der Orientirung des Coordinatensystems.

Es seien die Einheiten von Länge, Zeit und Masse mit $[L]$, $[T]$ und $[M]$, ferner die Einheiten von Wärme und Temperatur mit $[H]$ und $[\Theta]$ bezeichnet. Alsdann sind die Dimensionen der für die Flächeneinheit und die Zeiteinheit genommenen Wärmeströmung U gegeben durch $[HL^{-2}T^{-1}]$. Wird nun als Wärmeeinheit die Wärmemenge genommen, welche im Stande ist, die Masseneinheit einer Normalsubstanz um einen Temperaturgrad zu erwärmen, so sind ihre Dimensionen $[M\Theta] = [ML^2T^{-2}]$. Demnach erhalten wir für *die Dimensionen der Wärmeströmung und der Coëfficienten der Leitungsfähigkeit in colorimetrischem Maass:*

$$\begin{matrix} U, & \qquad a \\ [MT^{-3}], & \qquad [ML^{-1}T^{-1}]. \end{matrix}$$

4. Aus dieser Darlegung entnehmen wir folgende *bemerkenswerthe Verschiedenheiten in dem Verhalten amorpher und krystallisirter Körper.*

Soll das durch die Gleichungen (4) ausgesprochene Elementargesetz für einen homogenen *amorphen* Körper gelten, so darf in den Relationen (4) keine Aenderung eintreten, welche Lage übrigens auch dem Coordinatensystem ertheilt werden mag. Jene Gleichungen müssen demnach auch ungeändert bleiben bei den Substitutionen:

$$\begin{pmatrix} x_h \\ -x_h \end{pmatrix}, \quad \begin{pmatrix} U_h \\ -U_h \end{pmatrix}, \qquad (h = 1, 2, 3)$$

und bei den cyclischen Vertauschungen von (x_1, x_2, x_3) und (U_1, U_2, U_3). Mithin müssen sie die Form annehmen:

[1] Auf die experimentellen Untersuchungen über diesen Gegenstand werde ich in dem folgenden Kapitel näher eingehen.

(10) $$U_1 = -a\frac{\partial\Theta}{\partial x_1}, \quad U_2 = -a\frac{\partial\Theta}{\partial x_2}, \quad U_3 = -a\frac{\partial\Theta}{\partial x_3},$$

worin nur ein einziger Coëfficient der Leitungsfähigkeit auftritt. Aus (10) folgt nun, dass *in homogenen amorphen Körpern die Richtung der Strömung an einer Stelle $P(x_1, x_2, x_3)$ stets mit der Normale der durch diesen Punkt hindurchgehenden isothermischen Fläche zusammenfällt, während in homogenen Krystallen diese beiden Richtungen im Allgemeinen keineswegs übereinstimmen.*

Ferner begegnen wir einem wesentlichen Unterschiede zwischen amorphen und krystallisirten Körpern, wenn wir mit Hülfe der Gleichungen (3) und (4) den Ausdruck für die Stärke des Wärmestromes U_r zur Zeit t an der Stelle P durch ein beliebiges Flächenelement dS_r bilden:

(11) $$U_r = -(a_{11}r_1 + a_{21}r_2 + a_{31}r_3)\frac{\partial\Theta}{\partial x_1} - (a_{12}r_1 + a_{22}r_2 + a_{32}r_3)\frac{\partial\Theta}{\partial x_2} - (a_{13}r_1 + a_{23}r_2 + a_{33}r_3)\frac{\partial\Theta}{\partial x_3}.$$

Denn hieraus ist ersichtlich, dass U_r im Allgemeinen nicht dem Temperaturgefäll in der Richtung r:

$$\frac{d\Theta}{dr} = \frac{\partial\Theta}{\partial x_1}r_1 + \frac{\partial\Theta}{\partial x_2}r_2 + \frac{\partial\Theta}{\partial x_3}r_3$$

proportional ist, sondern durch eine homogene bilineare Funktion der Temperaturgefälle nach den Coordinatenaxen und der Richtungscosinus der Geraden r dargestellt wird. Aber für amorphe Körper ergiebt sich in der That aus (3) und (10) diese Proportionalität:

(12) $$U_r = -a\frac{d\Theta}{dr}.$$

Ist also P' ein dem Punkte P auf der Geraden r benachbarter Punkt, *so wird der Wärmestrom von P nach P' in amorphen Körpern stets der Differenz der Temperaturen an diesen beiden Stellen proportional sein*; *dagegen kann in krystallisirten Körpern diese Proportionalität im Allgemeinen nicht stattfinden.*

---

5. Elementargesetz. — Wie in dem eben betrachteten Beispiel der Leitung der Wärme werden wir auch bei der Untersuchung der Strömung der Elektricität, der dielektrischen Polarisation und der magnetischen Induction in homogenen krystallisirten Körpern zu Elementargesetzen von der Gestalt der Gleichungen (4) gelangen. Wir knüpfen daher die weiteren, für jeden dieser Vorgänge geltenden Entwickelungen an diese allgemeinen Beziehungen zwischen den Vectorgrössen Ξ und U, welche jetzt als die an der Stelle P zur Zeit t vorhandene *Kraft* und die von ihr hervorgerufene *Strömung* bezeichnet werden sollen.

Die Auflösung der Gleichungen:

I $$\begin{aligned} U_1 &= a_{11}\Xi_1 + a_{12}\Xi_2 + a_{13}\Xi_3 \\ U_2 &= a_{21}\Xi_1 + a_{22}\Xi_2 + a_{23}\Xi_3 \\ U_3 &= a_{31}\Xi_1 + a_{32}\Xi_2 + a_{33}\Xi_3 \end{aligned}$$

sei:

$$\text{II}\qquad \begin{aligned} \Xi_1 &= \alpha_{11} U_1 + \alpha_{21} U_2 + \alpha_{31} U_3 \\ \Xi_2 &= \alpha_{12} U_1 + \alpha_{22} U_2 + \alpha_{32} U_3 \\ \Xi_3 &= \alpha_{13} U_1 + \alpha_{23} U_2 + \alpha_{33} U_3. \end{aligned}$$

Dann sollen die neun Grössen a_{hk} in I als *Coëfficienten der Leitungsfähigkeit* und die Grössen α_{hk} in II als *Coëfficienten des Widerstandes* bezeichnet werden.[1] Zwischen diesen von der Substanz des Krystalls und der Orientirung des Coordinatensystems abhängigen Coëfficienten bestehen die Beziehungen:

$$(1)\qquad \alpha_{hk} = \frac{A_{hk}}{A}, \quad a_{hk} = \frac{\mathrm{A}_{hk}}{\mathrm{A}}, \quad A\mathrm{A} = 1,$$

worin A und A die Determinanten $|a_{hk}|$ und $|\alpha_{hk}|$, A_{hk} und A_{hk} die zweigliedrigen Unterdeterminanten derselben bedeuten.

Den Ausgangspunkt unserer Untersuchung bildet die Bemerkung, dass die rechten Seiten der Gleichungen I und II, in denen wir $a_{hk} \gtreqless a_{kh}$ und $\alpha_{hk} \gtreqless \alpha_{kh}$ voraussetzen, eine *Zerlegung* in ein zur Diagonale symmetrisches und in ein antisymmetrisches System gestatten. Daraus folgt sofort, *dass die Strömung U als Resultante zweier Strömungen V, W und die Kraft* Ξ *als Resultante zweier Kräfte* H, Z *aufgefasst werden kann.* Wir fragen nach den Beziehungen zwischen den Vectorgrössen V, W, Ξ oder U, H, Z.[2]

Setzen wir in I:

$$(2)\qquad \begin{aligned} a_{23} + a_{32} &= 2b_1, & a_{31} + a_{13} &= 2b_2, & a_{12} + a_{21} &= 2b_3, \\ a_{23} - a_{32} &= 2t_1, & a_{31} - a_{13} &= 2t_2, & a_{12} - a_{21} &= 2t_3, \end{aligned}$$

so stellen sich die Componenten der Strömung U als die Summen entsprechender Componenten zweier Strömungen V, W folgendermassen dar:

$$\begin{aligned} U_1 &= V_1 + W_1 \\ U_2 &= V_2 + W_2 \\ U_3 &= V_3 + W_3, \end{aligned}$$

worin:

$$\text{I}^{\text{a}}\quad \begin{aligned} V_1 &= a_{11}\Xi_1 + b_3\,\Xi_2 + b_2\,\Xi_3 \\ V_2 &= b_3\,\Xi_1 + a_{22}\Xi_2 + b_1\,\Xi_3 \\ V_3 &= b_2\,\Xi_1 + b_1\,\Xi_2 + a_{33}\Xi_3, \end{aligned} \qquad \text{I}^{\text{b}}\quad \begin{aligned} W_1 &= t_3\Xi_2 - t_2\Xi_3 \\ W_2 &= t_1\Xi_3 - t_3\Xi_1 \\ W_3 &= t_2\Xi_1 - t_1\Xi_2. \end{aligned}$$

Was zunächst die geometrische Deutung der Gleichungen I^{a} angeht,

---

[1] J. Cl. Maxwell, A Treatise on Electricity and Magnetism. Oxford 1873, **1**, 297], 298].

[2] Diese Zerlegung der Gleichungen I und II, welche für die folgenden Betrachtungen von fundamentaler Bedeutung ist, wurde von G. G. Stokes (Conduction of Heat in Crystals. Cambr. and Dublin Math. Journ. **6**, 215, 1851) eingeführt. Die auf S. 127 abgeleitete Deutung der Gleichungen (I^{b}), von denen der alsbald näher zu bestimmende rotatorische Effect abhängt, rührt von W. Thomson her (Dyn. Theory of Heat. Trans. R. Soc. Edinburgh. **21**, 165, 1857. Math. and Phys. Papers, 1882, 1, 282); vgl. J. Cl. Maxwell, A Treatise on Electr. and Magn. 1873, **1**, 299], 303].

so ergiebt sie sich aus dem Zusammenhange zwischen einem Radiusvector des Ellipsoids:

$$f(x_1, x_2, x_3) \equiv a_{11} x_1^2 + a_{22} x_2^2 + a_{33} x_3^2 + 2 b_1 x_2 x_3 + 2 b_2 x_3 x_1 + 2 b_3 x_1 x_2 = 1$$

und der Tangentialebene im Endpunkte desselben. Denn die Gleichung der Tangentialebene an das Ellipsoid f in dem Punkte mit den Coordinaten Ξ_1, Ξ_2, Ξ_3 lautet:

$$V_1 x_1 + V_2 x_2 + V_3 x_3 = 1.$$

Andererseits ist, wenn N den Abstand dieser Ebene vom Mittelpunkt des Ellipsoids und v_1, v_2, v_3 die Richtungscosinus ihrer Normale bedeuten:

$$v_1 x_1 + v_2 x_2 + v_3 x_3 = N,$$

so dass:

$$(3) \qquad V_h = V \cos(V X_h) = \frac{1}{N} v_h, \qquad (h = 1,2,3).$$

Betrachtet man also den Kraftvector Ξ als Radiusvector des Ellipsoids f, so ist die Richtung des Strömungsvectors V gegeben durch die Normale der Tangentialebene an dieses Ellipsoid im Endpunkte von Ξ, und die Grösse des Vectors V ist gleich dem reciproken Werthe des Abstandes der Tangentialebene vom Mittelpunkte des Ellipsoids.

In den Gleichungen I^b können wir die nach (2) durch die Leitungscoëfficienten ausgedrückten Grössen t_1, t_2, t_3 als Componenten eines Vectors t auffassen. Bezeichnen wir die Richtungscosinus der Vectorgrössen W, t, Ξ mit:

$$\cos(W X_h) = w_h, \quad \cos(t X_h) = \lambda_h, \quad \cos(\Xi X_h) = \xi_h,$$

so gehen die Gleichungen (I^b) über in:

$$(4) \qquad \left| \begin{aligned} W w_1 &= \Xi t (\lambda_3 \xi_2 - \lambda_2 \xi_3) \\ W w_2 &= \Xi t (\lambda_1 \xi_3 - \lambda_3 \xi_1) \\ W w_3 &= \Xi t (\lambda_2 \xi_1 - \lambda_1 \xi_2). \end{aligned} \right.$$

Wir beachten nun, dass zwei von dem Anfangspunkt O ausgehende und den Winkel ψ einschliessende Strecken Ξ, t ein Parallelogramm mit dem Flächeninhalt $\Xi t \sin \psi$ bestimmen, und dass andererseits die Richtungscosinus der zur Verbindungsebene von Ξ und t senkrechten Geraden, die mit W bezeichnet werden soll, gegeben sind durch:

$$(5) \qquad \left| \begin{aligned} \sin \psi . w_1 &= \lambda_3 \xi_2 - \lambda_2 \xi_3 \\ \sin \psi . w_2 &= \lambda_1 \xi_3 - \lambda_3 \xi_1 \\ \sin \psi . w_3 &= \lambda_2 \xi_1 - \lambda_1 \xi_2. \end{aligned} \right.$$

Aus der Vergleichung von (4) und (5) folgt:

$$(6) \qquad \Xi t (\lambda_3 \xi_2 - \lambda_2 \xi_3) = \Xi t \sin \psi . w_1, \text{ u. s. f.}$$

Demnach erhalten wir den gesuchten Strömungsvector W der Richtung und Grösse nach aus dem gegebenen Kraftvector Ξ und dem durch die Leitungscoëfficienten ausgedrückten Vector t, indem wir auf der zur Verbindungsebene Ξ, t senkrechten Geraden eine Strecke W abtragen, welche gleich dem Inhalte

$\Xi t \sin\psi$ *des durch* Ξ *und* t *bestimmten Parallelogramms oder, was auf dasselbe hinauskommt, gleich dem Producte des Vectors* t *in die senkrecht zu* t *genommene Componente des Vectors* Ξ *ist.* Dabei ist die Strecke W in dem Richtungssinne abzutragen, der durch die Componente $\Xi \sin\psi$ nach einer Drehung um t in dem positiven Drehungssinne um 90° angezeigt wird.

Wenden wir uns jetzt zu den Gleichungen II, so erhalten wir in analoger Weise nach Einführung der Grössen:

$$(7)\quad \left|\begin{array}{lll} \alpha_{32}+\alpha_{23}=2\beta_1, & \alpha_{13}+\alpha_{31}=2\beta_2, & \alpha_{21}+\alpha_{12}=2\beta_3, \\ \alpha_{32}-\alpha_{23}=2\tau_1, & \alpha_{13}-\alpha_{31}=2\tau_2, & \alpha_{21}-\alpha_{12}=2\tau_3, \end{array}\right.$$

für die Componenten der Kraft Ξ die Ausdrücke:

$$\left|\begin{array}{l} \Xi_1 = \mathrm{H}_1 + \mathrm{Z}_1 \\ \Xi_2 = \mathrm{H}_2 + \mathrm{Z}_2 \\ \Xi_3 = \mathrm{H}_3 + \mathrm{Z}_3, \end{array}\right.$$

$$(\mathrm{II^a})\quad \left|\begin{array}{l} \mathrm{H}_1 = \alpha_{11} U_1 + \beta_3 U_2 + \beta_2 U_3 \\ \mathrm{H}_2 = \beta_3 U_1 + \alpha_{22} U_2 + \beta_1 U_3 \\ \mathrm{H}_3 = \beta_2 U_1 + \beta_1 U_2 + \alpha_{33} U_3, \end{array}\right. \qquad (\mathrm{II^b})\quad \left|\begin{array}{l} \mathrm{Z}_1 = \tau_3 U_2 - \tau_2 U_3 \\ \mathrm{Z}_2 = \tau_1 U_3 - \tau_3 U_1 \\ \mathrm{Z}_3 = \tau_2 U_1 - \tau_1 U_2. \end{array}\right.$$

Betrachten wir nun den Strömungsvector U als Radiusvector des Ellipsoids:

$$\varphi(x_1, x_2, x_3) \equiv \alpha_{11} x_1^2 + \alpha_{22} x_2^2 + \alpha_{33} x_3^2 + 2\beta_1 x_2 x_3 + 2\beta_2 x_3 x_1 + 2\beta_3 x_1 x_2 = 1,$$

so ist die Richtung des Kraftvectors H gegeben durch die Normale der Tangentialebene an dieses Ellipsoid im Endpunkte von U, und die Grösse des Vectors H ist gleich dem reciproken Werthe des Abstandes der Tangentialebene vom Mittelpunkte des Ellipsoids. Dagegen erhalten wir den Kraftvector Z aus U und dem nach (7) durch die Widerstandscoëfficienten ausgedrückten Vector τ, indem wir auf der zur Verbindungsebene U, τ senkrechten Geraden eine Strecke Z abtragen, welche gleich dem Inhalte $U\tau \sin\chi$ des durch U und τ bestimmten Parallelogramms ist.

6. Arbeit. — Die zur Unterhaltung der Strömung in der Zeiteinheit durch Ueberwindung des Widerstandes geleistete Arbeit S ist gegeben durch die Summe der Producte der Strömungscomponenten in die Componenten der die Strömung erzeugenden Kraft:

$$S = U_1 \Xi_1 + U_2 \Xi_2 + U_3 \Xi_3.$$

Demnach ist:

$$\begin{aligned} S &= a_{11} \Xi_1^2 + a_{22} \Xi_2^2 + a_{33} \Xi_3^2 + 2 b_1 \Xi_2 \Xi_3 + 2 b_2 \Xi_3 \Xi_1 + 2 b_3 \Xi_1 \Xi_2 \\ &= \alpha_{11} U_1^2 + \alpha_{22} U_2^2 + \alpha_{33} U_3^2 + 2\beta_1 U_2 U_3 + 2\beta_2 U_3 U_1 + 2\beta_3 U_1 U_2. \end{aligned}$$

Da S positiv sein muss, so müssen die Coëfficienten der Leitungsfähigkeit a_{11}, a_{22}, a_{33} und die Verbindungen:

$$a_{22} a_{33} - b_1^2, \quad a_{33} a_{11} - b_2^2, \quad a_{11} a_{22} - b_3^2$$

positiv sein. Analoge Bedingungen gelten für die Coëfficienten des Widerstandes.[1]

[1] J. Cl. Maxwell, A Treatise on Electr. and Magn. **1**, 299], 300].

7. Ellipsoid der linearen Leitungsfähigkeiten. — Von den beiden in [5] eingeführten Ellipsoiden f und φ besitzt das letztere eine wichtige physikalische Bedeutung.

Wir setzen voraus, dass die Kraft Ξ ein *Potential* Φ habe, so dass die Componenten von Ξ gegeben sind durch:

$$(8) \qquad \Xi_1 = -\frac{\partial \Phi}{\partial x_1}, \quad \Xi_2 = -\frac{\partial \Phi}{\partial x_2}, \quad \Xi_3 = -\frac{\partial \Phi}{\partial x_3}.$$

Diese Gleichungen entsprechen den Relationen (5) auf S. 122. Das Potential Φ ist das Analogon der Temperatur Θ. Es gelten also namentlich auch die auf S. 125 abgeleiteten Sätze über das abweichende Verhalten amorpher und krystallisirter Körper.

Die Fundamentalgleichungen I stellen die Componenten der Strömung an der Stelle $P(x_1, x_2, x_3)$ zur Zeit t als homogene und lineare Funktionen der Componenten des Potentialgefälles $-d\Phi/d\xi$ dar, welches in der Richtung der Normale ξ der durch den Punkt P hindurchgehenden Fläche gleichen Potentials zu derselben Zeit an derselben Stelle vorhanden ist. Bilden wir nun den Ausdruck für *das in der Richtung der Strömung vorhandene Potentialgefäll,* der nach (8) auf S. 123 lautet:

$$-\frac{d\Phi}{du} = -\frac{\partial \Phi}{\partial x_1} u_1 - \frac{\partial \Phi}{\partial x_2} u_2 - \frac{\partial \Phi}{\partial x_3} u_3,$$

so ergiebt sich eine einfache Beziehung zwischen dieser Grösse und der Strömung U. Denn nach II ist:

$$-\frac{\partial \Phi}{\partial x_h} = U(\alpha_{1h} u_1 + \alpha_{2h} u_2 + \alpha_{3h} u_3),$$

folglich:

$$(9) \qquad U = -\frac{d\Phi}{du} \cdot \frac{1}{\varphi(u_1, u_2, u_3)}.$$

Hierin kann der Factor $1/\varphi(u_1, u_2, u_3)$ als Coëfficient der Leitungsfähigkeit des Krystalls in der Richtung u bezeichnet werden, denn er misst die grössere oder geringere Fähigkeit des Krystalls die Strömung U in dieser Richtung hindurchschreiten zu lassen. Er soll hinfort *Coëfficient der linearen Leitungsfähigkeit* genannt werden, da er den Leitungscoëfficienten eines in der Richtung u aus dem Krystall geschnittenen Stabes repräsentirt.

Beachten wir jetzt, dass aus der Gleichung des Ellipsoids φ für das Quadrat das Radiusvectors R in der Richtung u folgt:

$$R^2 = \frac{1}{\varphi(u_1, u_2, u_3)},$$

so können wir den Satz aussprechen: *Trägt man von einem Anfangspunkte O nach jeder Richtung u eine Strecke R auf, welche gleich der Quadratwurzel aus dem linearen Leitungscoëfficienten nach dieser Richtung ist, so erfüllen die Endpunkte dieser Strecken das Ellipsoid der linearen Leitungsfähigkeiten*[1]:

$$\varphi(x_1, x_2, x_3) = 1.$$

[1] Die Bedeutung dieses Ellipsoids ist von J. Boussinesq erkannt worden: Note sur un nouvel ellipsoide qui joue un grand rôle dans la théorie de la chaleur. Compt.

8. Hauptaxen der Leitungsfähigkeit. — Wird an Stelle der Coordinatenaxen X_1, X_2, X_3 ein neues rechtwinkliges Axensystem X_1', X_2', X_3' mit demselben Anfangspunkte nach dem auf S. 133 mitgetheilten Schema der Richtungscosinus eingeführt, so mögen die neuen Componenten der Strömung und der Kraft mit U_1', U_2', U_3' und Ξ_1', Ξ_2', Ξ_3' und die neuen Coëfficienten der Leitungsfähigkeit mit a'_{hm} bezeichnet werden. Dann nehmen die Fundamentalgleichungen I die Gestalt an:

$$\text{I}' \qquad \begin{array}{|l} U_1' = a_{11}'\Xi_1' + a_{12}'\Xi_2' + a_{13}'\Xi_3' \\ U_2' = a_{21}'\Xi_1' + a_{22}'\Xi_2' + a_{23}'\Xi_3' \\ U_3' = a_{31}'\Xi_1' + a_{32}'\Xi_2' + a_{33}'\Xi_3'. \end{array}$$

Um hierin die Werthe der Coëfficienten a' durch die ursprünglichen Leitungscoëfficienten a und jene Richtungscosinus auszudrücken, gehen wir aus von den durch das Schema der Richtungscosinus gegebenen Transformationsgleichungen:

$$U_h' = \sum_k c_{hk} U_k \qquad (h, k = 1, 2, 3)$$

und ersetzen zunächst U_k nach I durch:

$$U_k = \sum_l a_{kl} \Xi_l \qquad (l = 1, 2, 3)$$

und darauf Ξ_l nach den Transformationsgleichungen:

$$\Xi_l = \sum_m c_{ml} \Xi_m', \qquad (m = 1, 2, 3)$$

so dass jetzt U_h' folgendermassen dargestellt ist:

$$U_h' = \sum_{k,l,m} a_{kl} c_{hk}\; c_{ml} \Xi'_m.$$

Vergleicht man diesen Ausdruck mit I', wonach:

$$U_h' = \sum_m a'_{hm} \Xi'_m,$$

so erhält man die gesuchten *Werthe der neuen Coëfficienten der Leitungsfähigkeit:*

$$(10) \qquad a'_{hm} = \sum_{k,l} c_{hk} c_{ml} a_{kl}.$$

Mit Hülfe dieser Relationen überzeugt man sich, dass der Werth von:

$$4t^2 = (a_{23} - a_{32})^2 + (a_{31} - a_{13})^2 + (a_{12} - a_{21})^2$$

durch die Transformation der Coordinatenaxen nicht geändert wird. *Demnach ist der Vector t unabhängig von der Wahl des Coordinatensystems und nach Grösse und Richtung in dem Krystall unveränderlich.*

Als ein System ausgezeichneter Coordinatenaxen bieten sich die *Hauptaxen* C_1, C_2, C_3 *des Ellipsoids f* dar, welche als *Hauptaxen der Leitungs-*

rend. **65**, 104, 1867. Sur les spirales que décrit la chaleur en se répandant à partir d'un point intérieur, dans un milieu homogène dissymétrique. Compt. rend. **66**, 1194, 1868. Étude sur la propagation de la chaleur dans les milieux homogènes. Thèse, Paris 1867, 4°, 60 p. Étude sur les surfaces isothermes et sur les courants de chaleur, dans les milieux homogènes chauffés en un de leurs points. Journ. de math. (2) **14**, 265, 1869.

fähigkeit bezeichnet werden sollen.[1] Führt man die eben erläuterte Transformation an dem Ellipsoid f durch, so geht die Gleichung desselben über in:

$$\sum_{h,m} a'_{hm} x'_h x'_m = 1.$$

Nun wird dieses Ellipsoid auf seine Hauptaxen bezogen sein, falls:

$$2b_1' = a_{23}' + a_{32}' = 0, \quad 2b_2' = a_{31}' + a_{13}' = 0, \quad 2b_3' = a_{12}' + a_{21}' = 0.$$

Setzt man also c_1, c_2, c_3 für die Quadrate der reciproken Werthe der Halbaxen, so lautet jetzt die Gleichung des Ellipsoids f:

$$c_1 x_1^2 + c_2 x_2^2 + c_3 x_3^2 = 1 \tag{11}$$

und die Fundamentalgleichungen I nehmen die einfache Gestalt an:

$$\text{I*} \quad \left| \begin{aligned} U_1 &= c_1 \Xi_1 - T_3 \Xi_2 + T_2 \Xi_3 \\ U_2 &= c_2 \Xi_2 - T_1 \Xi_3 + T_3 \Xi_1 \\ U_3 &= c_3 \Xi_3 - T_2 \Xi_1 + T_1 \Xi_2, \end{aligned} \right.$$

worin U_h, Ξ_h, T_h die Componenten der Vectorgrössen U, Ξ, t, nach der Axe C_h bedeuten.

9. Hauptaxen des Widerstandes. — In analoger Weise ergiebt sich, dass der Vector τ von der Wahl des Coordinatensystems unabhängig ist, und dass die Gleichungen II eine vereinfachte Gestalt empfangen, wenn die Hauptaxen Γ_1, Γ_2, Γ_3 des Ellipsoids φ, welche Hauptaxen des Widerstandes genannt werden sollen, zu Coordinatenaxen gewählt werden.

Im Allgemeinen fallen die Hauptaxen der Leitungsfähigkeit und des Widerstandes nicht zusammen. Denn es ist:

$$2\beta_1 = \alpha_{32} + \alpha_{23}$$

$$= \frac{a_{13}a_{21} - a_{11}a_{23} + a_{31}a_{12} - a_{11}a_{32}}{A} = 2\,\frac{b_2 b_3 + t_2 t_3 - a_{11} b_1}{A},$$

und analoge Ausdrücke ergeben sich für $2\beta_2$ und $2\beta_3$. Beziehen wir nun das Ellipsoid f auf seine Hauptaxen, so verschwinden b_1, b_2, b_3, aber nicht gleichzeitig β_1, β_2, β_3, so lange t_1, t_2, t_3 von Null verschieden sind.

10. Flächen gleichen Potentials in einem homogenen unbegrenzten krystallinischen Körper. — Wir nehmen jetzt an, dass die Strömung in einem homogenen unbegrenzten krystallinischen Körper *stationär* sei, so dass alle auf den Strömungszustand bezüglichen Grössen *von der Zeit unabhängig* sind. Dann liefert die sogenannte Continuitätsgleichung:

$$\frac{\partial U_1}{\partial x_1} + \frac{\partial U_2}{\partial x_2} + \frac{\partial U_3}{\partial x_3} = 0$$

nach I, (2) und (8) folgende Differentialgleichung für das Potential Φ:

$$a_{11}\frac{\partial^2\Phi}{\partial x_1^2} + a_{22}\frac{\partial^2\Phi}{\partial x_2^2} + a_{33}\frac{\partial^2\Phi}{\partial x_3^2} + 2b_1\frac{\partial^2\Phi}{\partial x_2\,\partial x_3} + 2b_2\frac{\partial^2\Phi}{\partial x_3\,\partial x_1} + 2b_3\frac{\partial^2\Phi}{\partial x_1\,\partial x_2} = 0. \tag{12}$$

[1] J. Cl. Maxwell, A Treatise on Electr. and Magn. 1873, 302].

Wählen wir zu Coordinatenaxen insbesondere die Hauptaxen der Leitungsfähigkeit C_1, C_2, C_3, so nimmt die Gleichung (12), deren Coëfficienten sich in derselben Weise transformiren wie die Coëfficienten des Ellipsoids f, die Gestalt an:

(13) $$c_1 \frac{\partial^2 \Phi}{\partial x_1^2} + c_2 \frac{\partial^2 \Phi}{\partial x_2^2} + c_3 \frac{\partial^2 \Phi}{\partial x_3^2} = 0.$$

Die folgenden Entwickelungen werden nun ausserordentlich vereinfacht durch die Betrachtung eines *Hülfskörpers*, der aus dem krystallinischen Körper durch eine homogene Deformation hervorgeht. In der That gestattet diese von G. G. Stokes eingeführte Methode die vorliegenden Probleme zu reduciren auf die entsprechenden Aufgaben für amorphe Körper und also auch umgekehrt aus bekannten Eigenschaften amorpher Körper unmittelbar die entsprechenden Eigenschaften der Krystalle abzuleiten.[1]

Es sei eine reine Deformation dadurch definirt, dass aus dem Ellipsoid h mit den Halbaxen $\sqrt{c_1}$, $\sqrt{c_2}$, $\sqrt{c_3}$, dessen Hauptaxen der Richtung nach mit den Axen C_1, C_2, C_3 des Ellipsoids f zusammenfallen:

$$\frac{x_1^2}{c_1} + \frac{x_2^2}{c_2} + \frac{x_3^2}{c_3} = 1$$

eine Kugel mit dem Radius $\sqrt{\mathfrak{C}}$:

$$\xi_1^2 + \xi_2^2 + \xi_3^2 = \mathfrak{C}$$

hervorgeht. Dabei werden also alle zur Axe C_h parallele Geraden in dem Verhältniss $\sqrt{c_h} : \sqrt{\mathfrak{C}}$ geändert, und ein Punkt $P(x_1, x_2, x_3)$ gelangt an die Stelle Π (ξ_1, ξ_2, ξ_3), so dass:

(14) $$x_h : \xi_h = \sqrt{c_h} : \sqrt{\mathfrak{C}}.$$

Uebrigens ist es zweckmässig, die Deformation so zu wählen, dass keine Volumenänderung eintritt. Alsdann muss das Volumen des Ellipsoids h gleich jenem der Kugel sein, also auch:

(15) $$c_1 c_2 c_3 = \mathfrak{C}^3.$$

Setzen wir ferner voraus, dass die Werthe des Potentials Φ an einander entsprechenden Stellen P und Π des ursprünglichen und des deformirten Körpers übereinstimmen, so ist:

(16) $$\frac{\partial^2 \Phi}{\partial x_h^2} = \frac{\mathfrak{C}}{c_h} \frac{\partial^2 \Phi}{\partial \xi_h^2}$$

und die Differentialgleichung (12) geht über in die für einen homogenen amorphen Körper geltende Gleichung:

(17) $$\mathfrak{C} \left(\frac{\partial^2 \Phi}{\partial \xi_1^2} + \frac{\partial^2 \Phi}{\partial \xi_2^2} + \frac{\partial^2 \Phi}{\partial \xi_3^2} \right) = 0.$$

Wir schreiten nun zur Uebertragung des folgenden Satzes: Ist in einem unbegrenzten homogenen amorphen Körper an irgend einer Stelle O eine

[1] G. G. Stokes, On the Conduction of Heat in Crystals. Cambr. and Dubl. Math. Journ. **6**, 215, 1851.

Quelle vorhanden, von der eine Strömung ausgeht, so sind die Flächen gleichen Potentials concentrische Kugeln, deren Mittelpunkt in jener Quelle liegt, und das Potential in irgend einem Punkte Π ist für einen stationären Strömungszustand umgekehrt proportional der Entfernung dieses Punktes von der Quelle.

Um zunächst noch den letzten Theil dieses Satzes zu beweisen, sei die in der Quelle während der Zeiteinheit erzeugte Menge der strömenden Materie bezeichnet mit Q. Wir betrachten ein Flächenelement dS_r an der Stelle Π (ξ_1, ξ_2, ξ_3) auf der um O mit dem Radius r beschriebenen Kugel. Nach (2) und (12) auf S. 121, 125 fliesst durch dS_r in der Zeiteinheit die Menge:

$$dQ = -\mathfrak{C}\frac{d\Phi}{dr}dS_r.$$

Demnach fliesst durch die ganze Kugelfläche:

$$Q = -\mathfrak{C}\frac{d\Phi}{dr}4\pi r^2.$$

Mithin ist:

$$-\frac{d\Phi}{dr} = \frac{Q}{4\pi\mathfrak{C}}\frac{1}{r^2}.$$

Hieraus ergiebt sich aber für das Potential in dem Punkte Π:

$$\Phi = \frac{Q}{4\pi\mathfrak{C}}\frac{1}{r} + C,$$

oder, da das Potential in unendlicher Entfernung Null und daher auch $C = 0$ ist:

$$\Phi = \frac{Q}{4\pi\mathfrak{C}}\frac{1}{r} = \frac{Q}{4\pi\mathfrak{C}}\frac{1}{\sqrt{\xi_1^2 + \xi_2^2 + \xi_3^2}}. \tag{18}$$

Wenden wir jetzt auf diesen Ausdruck die Transformationsgleichungen (14) und (15) auf S. 132 an, so finden wir:

$$\Phi = \frac{Q}{4\pi\sqrt{c_1 c_2 c_3}}\frac{1}{\sqrt{\frac{x_1^2}{c_1} + \frac{x_2^2}{c_2} + \frac{x_3^2}{c_3}}}, \tag{19}$$

d. h.: *Befindet sich in einem unbegrenzten homogenen krystallinischen Körper an irgend einer Stelle O eine Quelle, von der eine Strömung ausgeht, so sind die Flächen gleichen Potentials ähnliche und ähnlich liegende Ellipsoide, deren gemeinsamer Mittelpunkt jene Quelle ist; ihre Hauptaxen sind gerichtet wie die durch die Quelle gelegten Hauptaxen der Leitungsfähigkeit. Darunter tritt insbesondere das Hauptellipsoid*[1] *auf, dessen Halbaxen gleich den Quadratwurzeln aus den Hauptleitungsfähigkeiten sind:*

$$\frac{x_1^2}{c_1} + \frac{x_2^2}{c_2} + \frac{x_3^2}{c_3} = 1. \tag{20}$$

In den Punkten eines gegebenen Radiusvectors ist das Potential umgekehrt proportional der Entfernung von dem Quellpunkte O.

---

[1] Die Bezeichnung „ellipsoide principal" rührt von G. Lamé her: Leçons sur la théorie analytique de la chaleur. Paris 1861, 42.

Beachten wir nun, dass die Producte correspondirender Halbaxen des Ellipsoids f und des Hauptellipsoids h nach (11) und (20) der Einheit gleich sind, so folgt, dass diese concentrischen Ellipsoide *reciproke Polaren in Bezug auf eine Kugel vom Radius Eins* mit dem Mittelpunkte O sind. Legen wir also die Gleichung des Ellipsoids f in der allgemeinen Gestalt (S. 127), bezogen auf ein beliebiges rechtwinkliges Axensystem mit dem Anfangspunkte O, zu Grunde:

$$a_{11}x_1^2 + a_{22}x_2^2 + a_{33}x_3^2 + 2b_1x_2x_3 + 2b_2x_3x_1 + 2b_3x_1x_2 = 1,$$

so gelangen wir zu der entsprechenden Gleichung des Hauptellipsoids, indem wir in der durch Ebenencoordinaten dargestellten Gleichung des Ellipsoids f:

$$\begin{vmatrix} a_{11} & b_3 & b_2 & 0 & u_1 \\ b_3 & a_{22} & b_1 & 0 & u_2 \\ b_2 & b_1 & a_{33} & 0 & u_3 \\ 0 & 0 & 0 & -1 & 1 \\ u_1 & u_2 & u_3 & 1 & 0 \end{vmatrix} = 0$$

die Grössen u durch Punktcoordinaten ersetzen. Bezeichnen wir also:

$$\begin{vmatrix} a_{11} & b_3 & b_2 \\ b_3 & a_{22} & b_1 \\ b_2 & b_1 & a_{33} \end{vmatrix} = \mathfrak{A}, \qquad \begin{aligned} a_{22}a_{33} - b_1^2 &= \mathfrak{A}_{11}, \\ b_2 b_3 - a_{11}b_1 &= \mathfrak{B}_1, \end{aligned} \qquad \text{u. s. f.},$$

so lautet die gesuchte Gleichung des Hauptellipsoids:

$$\mathfrak{A}_{11}x_1^2 + \mathfrak{A}_{22}x_2^2 + \mathfrak{A}_{33}x_3^2 + 2\mathfrak{B}_1x_2x_3 + 2\mathfrak{B}_2x_3x_1 + 2\mathfrak{B}_3x_1x_2 = \mathfrak{A}.$$

Demnach erhalten wir als eine dem Ausdruck (19) entsprechende Lösung der Differentialgleichung (12) folgenden *Werth des Potentials*[1]*:*

$$\Phi = \frac{Q}{4\pi} \frac{1}{\sqrt{\mathfrak{A}_{11}x_1^2 + \cdots + 2\mathfrak{B}_3x_1x_2}}.$$

11. Beziehungen zwischen dem Hauptellipsoid h, dem Ellipsoid der linearen Leitungsfähigkeiten φ und den Vectorgrössen t, τ.[2] — *Die beiden Ellipsoide h und φ berühren sich in den Endpunkten eines gemeinsamen, mit dem Vector τ zusammenfallenden Durchmessers und ihre gemeinsamen Tangentialebenen in diesen Punkten stehen senkrecht auf dem Vector t.*

Dem Nachweis dieser Beziehungen liegen folgende Relationen zu Grunde:

$$A = |a_{hk}| =$$
$$\mathfrak{A} + a_{11}t_1^2 + a_{22}t_2^2 + a_{33}t_3^2 + 2(b_1t_2t_3 + b_2t_3t_1 + b_3t_1t_2),$$
$$A\alpha_{11} = a_{22}a_{33} - a_{23}a_{32} = a_{22}a_{33} - b_1^2 + t_1^2 = \mathfrak{A}_{11} + t_1^2,$$
$$A\beta_1 = A\frac{\alpha_{32} + \alpha_{23}}{2} = b_2b_3 - a_{11}b_1 + t_2t_3 = \mathfrak{B}_1 + t_2t_3,$$

[1] Von J. Cl. Maxwell ohne Beweis mitgetheilt: A Treatise on Electr. and Magn. 1873, 302].

[2] In anderer Form zuerst von J. Boussinesq dargelegt; vgl. die auf S. 129 citirten Abhandlungen.

(22) $$A\tau_1 = A\,\frac{\alpha_{32}-\alpha_{23}}{2} = -(a_{11}t_1 + b_3 t_2 + b_2 t_3), \quad \text{u. s. f.}$$

Hieraus ist ersichtlich, dass die Gleichungen der Ellipsoide h und φ:

(23) $$h - 1 = \mathfrak{A}^{-1}(\mathfrak{A}_{11}x_1^2 + \cdots + 2\mathfrak{B}_3 x_1 x_2) - 1 = 0$$

(24) $$\varphi - 1 = (\alpha_{11}x_1^2 + \cdots + 2\beta_3 x_1 x_2) - 1 = 0,$$

zu der Beziehung führen:

(25) $$A\varphi - \mathfrak{A}h = (t_1 x_1 + t_2 x_2 + t_3 x_3)^2.$$

Demnach muss ein Werthsystem x_1, x_2, x_3, welches gleichzeitig (23) und (24) befriedigen soll, der Bedingung genügen:

(26) $$(t_1 x_1 + t_2 x_2 + t_3 x_3)^2 = A - \mathfrak{A} = \\ a_{11}t_1^2 + a_{22}t_2^2 + a_{33}t_3^2 + 2(b_1 t_2 t_3 + b_2 t_3 t_1 + b_3 t_1 t_2).$$

Diese Gleichung stellt die beiden an das Hauptellipsoid gelegten Tangentialebenen dar, welche auf dem Vector t senkrecht stehen. In der That, bezeichnen wir die Coordinaten des Berührungspunktes einer beliebigen Tangentialebene an dieses Ellipsoid mit $\varepsilon_1, \varepsilon_2, \varepsilon_3$, so lautet ihre Gleichung:

$$\mathfrak{A}^{-1}[(\mathfrak{A}_{11}\varepsilon_1 + \mathfrak{B}_3\varepsilon_2 + \mathfrak{B}_2\varepsilon_3)x_1 + \cdot\cdot] - 1 = 0.$$

Andererseits wird diese Ebene dargestellt durch:

$$d_1 x_1 + d_2 x_2 + d_3 x_3 - \delta = 0,$$

falls δ ihren Abstand vom Anfangspunkte O und d_1, d_2, d_3 die Richtungscosinus ihrer Normale bedeuten. Mithin ist:

$$\delta\mathfrak{A}^{-1}(\mathfrak{A}_{11}\varepsilon_1 + \mathfrak{B}_3\varepsilon_2 + \mathfrak{B}_2\varepsilon_3) = d_1, \quad \text{u.. s. f.},$$

folglich:

(27) $$\delta\varepsilon_1 = a_{11}d_1 + b_3 d_2 + b_2 d_3, \quad \text{u. s. f.}$$

Da aber diese Ausdrücke für die Coordinaten $\varepsilon_1, \varepsilon_2, \varepsilon_3$ der Gleichung des Hauptellipsoids (24) genügen müssen, so ergiebt sich:

$$a_{11}d_1^2 + \cdots + 2b_3 d_1 d_2 = \delta^2.$$

Demnach erhalten wir für jene Tangentialebene:

(28) $$d_1 x_1 + d_2 x_2 + d_3 x_3 = \pm\sqrt{a_{11}d_1^2 + \cdots + 2b_3 d_1 d_2}\,.$$

Aus der Vergleichung von (22) mit (27) und von (26) mit (28) folgt aber sofort das vorausgeschickte Theorem.

Die auf dem Vector t senkrecht stehenden Ebenen $t_1 x_1 + t_2 x_2 + t_3 x_3 =$ const. sind für beide Ellipsoide conjugirt zu dem gemeinsamen Durchmesser τ, und ihre Schnittcurven mit diesen Ellipsoiden sind, da für sie nach (25) die Relation $A\varphi - \mathfrak{A}h =$ const. besteht, ähnliche und ähnlich liegende Ellipsen. Die grössere Schnittellipse gehört dem Ellipsoid φ an. *Demnach umgiebt das Ellipsoid der linearen Leitungsfähigkeiten das Hauptellipsoid.*

Geht das Hauptellipsoid durch die Deformation (14) in eine Kugel über, so wird gleichzeitig das Ellipsoid der linearen Leitungsfähigkeiten in ein abgeplattetes Rotationsellipsoid verwandelt.

12. Strömungscurven in einem unbegrenzten homogenen krystallinischen Körper. — Nach diesen Vorbereitungen wenden wir uns zur Bestimmung der Strömungscurve, auf der sich zu einer gegebenen Zeit der Punkt $P(x_1, x_2, x_3)$ befindet. Zu Grunde liege das System der durch die Quelle

O gelegten Hauptaxen der Leitungsfähigkeit, so dass die Componenten der Strömung im Punkte P ausgedrückt sind durch:

$$\text{I}^* \quad \left| \begin{array}{l} U_1 = c_1 \Xi_1 - T_3 \Xi_2 + T_2 \Xi_3 \\ U_2 = c_2 \Xi_2 - T_1 \Xi_3 + T_3 \Xi_1 \\ U_3 = c_3 \Xi_3 - T_2 \Xi_1 + T_1 \Xi_2 . \end{array} \right.$$

Um durch diese Gleichungen die Strömungscurven zu definiren, haben wir zweierlei zu beachten: schreiten wir von dem Punkte P in der Richtung der Strömung fort, so sind die Zuwachse der Coordinaten von P proportional den Componenten der Strömung:

$$dx_1 : dx_2 : dx_3 = U_1 : U_2 : U_3 ;$$

andererseits ist nach (19) das Potential Φ im Punkte P eine Funktion von $x_1^2/c_1 + x_2^2/c_2 + x_3^2/c_3$, so dass:

$$\Xi_1 : \Xi_2 : \Xi_3 = \frac{\partial \Phi}{\partial x_1} : \frac{\partial \Phi}{\partial x_2} : \frac{\partial \Phi}{\partial x_3} = \frac{x_1}{c_1} : \frac{x_2}{c_2} : \frac{x_3}{c_3} .$$

Demnach erhalten wir aus I* die *Differentialgleichungen der Strömungscurven:*

$$(29) \quad \begin{gathered} dx_1 : dx_2 : dx_3 = \\ x_1 - \frac{T_3}{c_2} x_2 + \frac{T_2}{c_3} x_3 : x_2 - \frac{T_1}{c_3} x_3 + \frac{T_3}{c_1} x_1 : x_3 - \frac{T_2}{c_1} x_1 + \frac{T_1}{c_2} x_2 . \end{gathered}$$

Jetzt würde zur näheren Bestimmung der Strömungscurven die Integration dieser Gleichungen erforderlich sein. Da es uns aber vor allem darauf ankommt, eine klare Vorstellung von der Gestalt dieser Curven zu gewinnen, gehen wir zunächst wieder vermittelst der Deformation (14) auf den amorphen Hülfskörper zurück, der, wie G. G. Stokes gezeigt hat, eine durch ihre Einfachheit und Anschaulichkeit überraschende Lösung der vorliegenden Aufgabe vermittelt.[1]

Bezeichnen wir der Kürze wegen:

$$T_1 / \sqrt{c_2 c_3} = \omega_1 , \quad T_2 / \sqrt{c_3 c_1} = \omega_2 , \quad T_3 / \sqrt{c_1 c_2} = \omega_3 ,$$

so geht (29) über in:

$$(30) \quad \begin{gathered} d\xi_1 : d\xi_2 : d\xi_3 = \\ \xi_1 - \omega_3 \xi_2 + \omega_2 \xi_3 : \xi_2 - \omega_1 \xi_3 + \omega_3 \xi_1 : \xi_3 - \omega_2 \xi_1 + \omega_1 \xi_2 . \end{gathered}$$

Die Bedeutung dieser Gleichungen lässt sich aber sofort angeben. Stellen wir uns einen isotropen elastischen festen Körper vor, der im Quellpunkte O fixirt ist und sich nach allen Richtungen gleichförmig *ausdehnt.* Die Geschwindigkeit der Ausdehnung sei an allen Punkten der Einheit gleich, so dass ein Theilchen, welches am Ende der Zeit t in der Entfernung r vom Quellpunkte liegt, am Ende der Zeit $t + dt$ den Abstand $r(1 + dt)$ besitzt.

[1] 17 Jahre später ist Boussinesq, ohne die Arbeit von Stokes zu kennen, mit Hülfe des Ellipsoids φ zu einer Construction der Strömungscurven gelangt (vgl. die auf S. 129 citirten Abhandlungen).

Dieser feste Körper möge sich gleichzeitig *drehen* mit der Winkelgeschwindigkeit:

$$\omega = \sqrt{\omega_1^2 + \omega_2^2 + \omega_3^2}$$

um eine Axe, deren Richtungscosinus gegeben sind durch ω_1/ω, ω_2/ω, ω_3/ω. Alsdann werden die Richtungen der Bewegung der Theilchen dieses Körpers übereinstimmen mit den Strömungsrichtungen des Hülfskörpers. Und die Strömungsrichtungen im Krystall werden erhalten, indem die ganze Configuration der Deformation (14) unterworfen wird.

Hieraus ist ersichtlich, dass die Differentialgleichungen (30) ihre einfachste Gestalt annehmen werden, wenn wir den Hülfskörper auf ein recht-

Fig. 94.

winkliges Axensystem $\mathfrak{X}$, $\mathfrak{Y}$, $\mathfrak{Z}$ beziehen, in welchem eine Axe, z. B. $\mathfrak{Z}$, mit der soeben definirten Drehungsaxe zusammenfällt; denn unter dieser Voraussetzung ist:

$$(31) \qquad d\mathfrak{x} : d\mathfrak{y} : d\mathfrak{z} = \mathfrak{x} - \omega\mathfrak{y} : \mathfrak{y} + \omega\mathfrak{x} : \mathfrak{z}.$$

Um diese Gleichungen zu deuten, führen wir in der zur Drehungsaxe senkrechten Ebene Polarcoordinaten ein:

$$\mathfrak{x} = r\cos\psi, \quad \mathfrak{y} = r\sin\psi.$$

Dann geht zunächst:

$$(\mathfrak{y} + \omega\mathfrak{x})\, d\mathfrak{x} = (\mathfrak{x} - \omega\mathfrak{y})\, d\mathfrak{y}$$

über in:

$$(a) \qquad \omega\, dr = r\, d\psi,$$

d. i. *die Differentialgleichung eines Systems gleichwinkeliger (logarithmischer) Spiralen* (Fig. 94), *in welchem der Winkel* ϑ *zwischen der Tangente und dem Radiusvector in einem beliebigen Punkte gegeben ist durch* $\vartheta = \operatorname{arc}\tan\omega$.

Andererseits folgt aus (31):

$$\frac{d\mathfrak{z}}{\mathfrak{z}} = \frac{(\mathfrak{x} - \omega\mathfrak{y})d\mathfrak{x} + (\mathfrak{y} + \omega\mathfrak{x})d\mathfrak{y}}{(\mathfrak{x} - \omega\mathfrak{y})^2 + (\mathfrak{y} + \omega\mathfrak{x})^2}$$

$$= \frac{1}{1+\omega^2}\left(\frac{\mathfrak{x}d\mathfrak{x} + \mathfrak{y}d\mathfrak{y}}{\mathfrak{x}^2 + \mathfrak{y}^2} + \omega\,\frac{\mathfrak{x}d\mathfrak{y} - \mathfrak{y}d\mathfrak{x}}{\mathfrak{x}^2 + \mathfrak{y}^2}\right)$$

$$= \frac{1}{1+\omega^2}\left(\frac{dr}{r} + \omega\, d\psi\right).$$

Demnach ist:

$$(1+\omega^2)\log\mathfrak{z} + \text{const.} = \log r + \omega\psi,$$

oder, mit Rücksicht auf (a), $= (1+\omega^2)\log r$, so dass wir erhalten:

(b) $$\mathfrak{z} = mr,$$

worin m eine willkürliche Constante bedeutet. *Hierdurch wird ein System von Kreiskegeln dargestellt, deren Axen mit der Drehungsaxe* $\mathfrak{Z}$ *zusammenfallen.*

Das Resultat unserer Entwickelungen ist also dieses. Wir beschreiben in dem Hülfskörper in der zur Axe $\mathfrak{Z}$ senkrechten Ebene eine gleichwinkelige Spirale, welche dadurch bestimmt ist, dass ihr Pol in der Quelle O liegt, und dass der Winkel zwischen der Tangente und dem Radiusvector in einem beliebigen Punkte $= \operatorname{arc}\tan\omega$ ist. Dieser Spirale ertheilen wir durch Drehung um O alle möglichen Lagen in der $\mathfrak{X}\mathfrak{Y}$-Ebene, und in jeder Lage nehmen wir sie zur Leitcurve eines Cylinders, dessen Erzeugende der Axe $\mathfrak{Z}$ parallel laufen. Ferner stellen wir uns ein System von Kreiskegeln vor, deren gemeinsame Spitze die Quelle und deren Umdrehungsaxe die $\mathfrak{Z}$-Axe ist. Dann erhalten wir in den *räumlichen Spiralen,* welche von dem System der Schnittcurven der Cylinder und der Kegel gebildet werden, *die Strömungscurven in dem Hülfskörper.* Der centrale Kegel, die Axe $\mathfrak{Z}$ selbst, repräsentirt die einzige Richtung, in der ein *geradliniger* Strom auftritt.

Um hieraus *die Strömungscurven in dem krystallinischen Körper* zu gewinnen, haben wir nur noch die ganze Configuration im Sinne der Relationen (14) zu deformiren. *Dabei geht die Richtung der geradlinigen Strömung* $\mathfrak{Z}$ *über in den Vector* τ, also in den gemeinsamen Durchmesser des Hauptellipsoids und des Ellipsoids der linearen Leitungsfähigkeiten.

Bezeichnen wir nämlich mit T_h und T_h die Componenten von t und τ nach der Axe C_h, so ist nach I* und (22):

$$c_1 T_1 : c_2 T_2 : c_3 T_3 = \mathrm{T}_1 : \mathrm{T}_2 : \mathrm{T}_3 .$$

Die entsprechenden Grössen in dem amorphen Körper seien T_h' und T_h', so ist auch:

$$c_1 T_1' : c_2 T_2' : c_3 T_3' = \mathrm{T}_1' : \mathrm{T}_2' : \mathrm{T}_3'.$$

Nun besteht nach (14) die Beziehung:

$$T_1 : T_2 : T_3 = \sqrt{c_1}\, T_1' : \sqrt{c_2}\, T_2' : \sqrt{c_3}\, T_3',$$

folglich verhalten sich:

$$\omega_1 : \omega_2 : \omega_3 : = \sqrt{c_1}\, T_1 : \sqrt{c_2}\, T_2 : \sqrt{c_3}\, T_3 = \mathrm{T}_1' : \mathrm{T}_2' : \mathrm{T}_3'.$$

Die Verhältnisse der Richtungscosinus der Axe $\mathfrak{Z}$ stimmen also überein mit den Richtungscosinus der aus dem Vector $\mathfrak{r}$ durch die Deformation hervorgehenden Geraden.

13. Symmetrieeigenschaften. — Nachdem die mit dem Elementargesetz I verknüpften rotatorischen Strömungsvorgänge erläutert sind, erhebt sich vor allem die Frage, in welchen Gruppen krystallisirter Körper diese eigenartigen Erscheinungen zu erwarten sind.

Da die Gleichungen I ungeändert bleiben, wenn gleichzeitig die Componenten Ξ_h durch $-\Xi_h$ und U_h durch $-U_h$, $(h = 1, 2, 3)$, ersetzt werden, *so besitzen homogene Krystalle in Bezug auf Strömungsvorgänge stets ein Centrum der Symmetrie:* jede Gerade ist mit der inversen gleichberechtigt.

Ist ausserdem noch eine *Symmetrieaxe von der Periode n* vorhanden, die mit der Coordinatenaxe X_3 zusammenfallen möge, so müssen die neun Coëfficienten der Leitungsfähigkeit gewissen Bedingungen genügen.[1] Es sei der kleinste Drehwinkel einer Deckbewegung $2\pi/n = \psi$, $\cos\psi = \gamma$, $\sin\psi = \sigma$. Wird das Coordinatensystem um X_3 um ψ in die Lage X_1', X_2', $X_3' = X_3$ gedreht, so mögen die Componenten der Vectorgrössen U und Ξ in Bezug auf die Axe X_h' bezeichnet werden mit U_h' und Ξ_h':

$$(1)\qquad \begin{aligned} U_1' &= U_1\gamma - U_2\sigma & \Xi_1' &= \Xi_1\gamma - \Xi_2\sigma \\ U_2' &= U_1\sigma + U_2\gamma & \Xi_2' &= \Xi_1\sigma + \Xi_2\gamma \\ U_3' &= U_3\,, & \Xi_3' &= \Xi_3\,. \end{aligned}$$

Durch diese Transformation des Coordinatensystems dürfen die Fundamentalgleichungen I nicht geändert werden, d. h. es muss wieder:

$$U_h' = a_{h1}\,\Xi_1' + a_{h2}\,\Xi_2' + a_{h3}\,\Xi_3' \qquad (h = 1, 2, 3)$$

sein. Trägt man aber die Werthe (1) in diese Gleichungen ein, so ergiebt sich:

$$\begin{aligned} U_1\gamma - U_2\sigma &= a_{11}(\Xi_1\gamma - \Xi_2\sigma) + a_{12}(\Xi_1\sigma + \Xi_2\gamma) + a_{13}\Xi_3 \\ U_1\sigma + U_2\gamma &= a_{21}(\Xi_1\gamma - \Xi_2\sigma) + a_{22}(\Xi_1\sigma + \Xi_2\gamma) + a_{23}\Xi_3 \\ U_3 &= a_{31}(\Xi_1\gamma - \Xi_2\sigma) + a_{32}(\Xi_1\sigma + \Xi_2\gamma) + a_{33}\Xi_3\,, \end{aligned}$$

und die hieraus fliessenden Werthe der Strömungscomponenten müssen identisch sein mit den durch die Gleichungen I gegebenen. Dazu ist erforderlich, dass die Leitungscoëfficienten folgende Relationen befriedigen:

$$\begin{array}{r|l} 1. & a_{11} = (a_{11}\gamma + a_{12}\sigma)\gamma + (a_{21}\gamma + a_{22}\sigma)\sigma \\ 2. & a_{12} = (-a_{11}\sigma + a_{12}\gamma)\gamma + (-a_{21}\sigma + a_{22}\gamma)\sigma \\ 3. & a_{13} = a_{13}\gamma + a_{23}\sigma \\ 4. & a_{21} = -(a_{11}\gamma + a_{12}\sigma)\sigma + (a_{21}\gamma + a_{22}\sigma)\gamma \\ 5. & a_{22} = -(-a_{11}\sigma + a_{12}\gamma)\sigma + (-a_{21}\sigma + a_{22}\gamma)\gamma \\ 6. & a_{23} = -a_{13}\sigma + a_{23}\gamma \\ 7. & a_{31} = a_{31}\gamma + a_{32}\sigma \\ 8. & a_{32} = -a_{31}\sigma + a_{32}\gamma. \end{array}$$

[1] B. Minnigerode, Ueber Wärmeleitung in Krystallen. N. Jahrb. f. Min. 1886, **1**, 1.

Zunächst ergiebt sich aus der Verbindung der Relationen 3. und 6., 7. und 8., deren Determinante nur für $\cos\psi = 1$ verschwindet, dass für *jede* Symmetrieaxe X_3 die Coëfficienten:

(a) $$a_{13} = a_{23} = 0, \quad a_{31} = a_{32} = 0$$

sind. Ferner entnehmen wir aus 1. und 2. oder aus 4. und 5., dass in dem Falle, wo $\sin^2\psi$ von Null verschieden, also die Periode der Symmetrieaxe X_3 grösser als 2 ist, die Relationen bestehen:

(b) $$a_{11} = a_{22}, \quad a_{12} + a_{21} = 0.$$

Für eine 2-zählige Axe gelten also nur die Bedingungen (*a*).

Dieses Ergebniss gestattet die Fundamentalgleichungen I für die durch Symmetrieeigenschaften ausgezeichneten Gruppen krystallisirter Körper aufzustellen.

Triklines System 31, 32].

In diesem Falle gelten die allgemeinen Gleichungen I mit 9 Coëfficienten.

Monoklines System 28, 29, 30].

Alle monoklinen Krystalle besitzen in Bezug auf Strömungsvorgänge ein Centrum der Symmetrie, eine Symmetrieebene und eine zu ihr senkrechte 2-zählige Symmetrieaxe. Fällt diese Axe mit X_2 zusammen, so ist nach (a): $a_{12} = a_{21} = a_{32} = a_{23} = 0$, folglich:

$$\left| \begin{aligned} U_1 &= a_{11}\Xi_1 + a_{13}\Xi_3 \\ U_2 &= a_{22}\Xi_2 \\ U_3 &= a_{31}\Xi_1 + a_{33}\Xi_3, \end{aligned} \right.$$

worin nur 5 Coëfficienten auftreten. Den Symmetrieeigenschaften entsprechend ändern sich diese Gleichungen nicht bei den Substitutionen:

$$\begin{pmatrix} U_1 & U_2 & U_3 \\ -U_1 & U_2 & -U_3 \end{pmatrix}, \quad \begin{pmatrix} \Xi_1 & \Xi_2 & \Xi_3 \\ -\Xi_1 & \Xi_2 & -\Xi_3 \end{pmatrix}.$$

Mit der Symmetrieaxe fallen je eine Hauptaxe der Ellipsoide f, φ, h und die Vectoren t, τ zusammen.

Rhombisches System 25, 26, 27].

Alle rhombischen Krystalle haben hier ein Centrum der Symmetrie und drei auf einander senkrechte Symmetrieebenen, deren Schnittgeraden 2-zählige Symmetrieaxen sind. Da nach (a):

$$a_{23} = a_{32} = a_{31} = a_{13} = a_{12} = a_{21} = 0$$

ist, so folgt:

$$U_1 = a_{11}\Xi_1, \quad U_2 = a_{22}\Xi_2, \quad U_3 = a_{33}\Xi_3.$$

Diese Gleichungen bleiben ungeändert bei der Vertauschung von U_h, Ξ_h mit $-U_h$, $-\Xi_h$. Vectorgrössen t, τ sind in rhombischen Krystallen nicht vorhanden. Das Ellipsoid der linearen Leitungsfähigkeiten φ ist identisch mit dem Hauptellipsoid h; die Hauptaxen von h und f fallen mit den krystallographischen Symmetrieaxen zusammen.

Tetragonales System.

Tetragonale Krystalle besitzen in Bezug auf Strömungsvorgänge stets eine Symmetrieaxe X_3 von der Periode 4. Demnach sind hier die Ellipsoide f, h, φ Rotationsellipsoide, also X_3 eine Axe der Isotropie. In den Gruppen 21, 22, 24] ist nur diese ausgezeichnete Symmetrieaxe vorhanden; dagegen treten in den übrigen Gruppen 18, 19, 20, 23] noch 2-zählige Queraxen hinzu. Wir haben also zwei Klassen tetragonaler Krystalle zu unterscheiden.

21] *Pyramidale Hemiëdrie,* 22] *Hemimorphe Tetartoëdrie,* 24] *Sphenoidische Tetartoëdrie.*

Nach (a) und (b) ist:

$$\left| \begin{aligned} U_1 &= a_{11}\Xi_1 + a_{12}\Xi_2 \\ U_2 &= -a_{12}\Xi_1 + a_{11}\Xi_2 \\ U_3 &= a_{33}\Xi_3. \end{aligned} \right.$$

Den Symmetrieeigenschaften entsprechend werden diese Gleichungen nicht geändert durch die Substitutionen:

$$\begin{pmatrix} U_3 \\ -U_3 \end{pmatrix}, \begin{pmatrix} \Xi_3 \\ -\Xi_3 \end{pmatrix}; \quad \begin{pmatrix} U_1 & U_2 \\ U_2 & -U_1 \end{pmatrix}, \begin{pmatrix} \Xi_1 & \Xi_2 \\ \Xi_2 & -\Xi_1 \end{pmatrix},$$

von denen die beiden ersteren der horizontalen Symmetrieebene, die letzteren der 4-zähligen Axe entsprechen. Die Vectoren t, τ fallen mit der Axe der Isotropie zusammen.

18] *Holoëdrie,* 19] *Hemimorphe Hemiëdrie,* 20] *Trapezoëdrische Hemiëdrie,* 23] *Sphenoidische Hemiëdrie.*

Da die Hauptaxen X_1, X_2 mit gleichberechtigten 2-zähligen Queraxen zusammenfallen, so ist:

$$U_1 = a_{11}\Xi_1, \quad U_2 = a_{11}\Xi_2, \quad U_3 = a_{33}\Xi_3.$$

Diese Gleichungen bleiben auch noch ungeändert bei den Vertauschungen von U_1 und U_2, Ξ_1 und Ξ_2. Die rotatorischen Glieder fehlen; die Ellipsoide φ und h fallen zusammen.

Hexagonales System.

Auch in diesem Systeme müssen zwei Klassen unterschieden werden. Hexagonale Krystalle besitzen entweder eine 6-zählige oder eine 3-zählige Symmetrieaxe, die für Strömungsvorgänge eine Axe der Isotropie ist. In der ersten Klasse ist daneben keine weitere Symmetrieaxe vorhanden, während in der zweiten noch 2-zählige Queraxen hinzutreten. Es entsprechen:

9] *Pyramidale Hemiëdrie,* 10] *Erste hemimorphe Tetartoëdrie,* 12] *Sphenoidische Tetartoëdrie,* 16] *Rhomboëdrische Tetartoëdrie,* 17] *Ogdoëdrie*

der ersten Klasse des tetragonalen Systems;

6] *Holoëdrie,* 7] *Hemimorphe Hemiëdrie,* 8] *Trapezoëdrische Hemiëdrie,* 11] *Sphenoidische Hemiëdrie,* 13] *Rhomboëdrische Hemiëdrie,* 14] *Zweite hemimorphe Tetartoëdrie,* 15] *Trapezoëdrische Tetartoëdrie*

der zweiten Klasse des tetragonalen Systems.

Reguläres System 1 bis 5].

Da hier drei auf einander senkrechte gleichberechtigte Symmetrieaxen vorhanden sind, so gehen die Ellipsoide f und h in Kugeln über. In Bezug auf Strömungsvorgänge sind die regulären Krystalle isotrop. Für jedes Coordinatensystem gelten die Gleichungen:

$$U_1 = a\Xi_1, \quad U_2 = a\Xi_2, \quad U_3 = a\Xi_3.$$

Demnach erhalten wir im Ganzen sechs Gruppen krystallisirter Körper:

A. Isotrope Krystalle (reguläres System).

B. Krystalle mit einer Axe der Isotropie.

a) Hexagonale und tetragonale Krystalle der ersten Klasse.

b) Hexagonale und tetragonale Krystalle der zweiten Klasse.

C. Krystalle ohne Axe der Isotropie.

a) Rhombisches System.

b) Monoklines System.

c) Triklines System.

Die Vectorgrössen t und τ, von denen die in [12] definirte spiralförmige Gestalt der Strömungscurven abhängt, treten auf im triklinen System, im monoklinen System und in der ersten Klasse des hexagonalen und des tetragonalen Systems, d. h. in Krystallen, welche selbst dann, wenn ihre Symmetrieelemente durch Hinzufügung eines Centrums der Symmetrie erweitert werden, keine oder nur eine einzige Symmetrieaxe besitzen.

3. Wärmeleitung.

Gestalt und Orientirung der isothermischen Flächen in Krystallen.

1. Theorie von Duhamel. — Die Erforschung der Gesetze der Wärmeleitung in homogenen Krystallen beginnt mit einer theoretischen Untersuchung von DUHAMEL.[1] Ihren Ausgangspunkt bildet die Hypothese, dass der Vorgang der Wärmeleitung auf einer *inneren Strahlung zwischen den Molekülen* beruhe. Jedes Molekül M strahlt nach einem benachbarten Molekül M' eine Wärmemenge, die proportional ist der Zeit, der sehr geringen Differenz der Temperaturen Θ, Θ' in jenen Punkten und einer von der Länge r und den Richtungscosinus α, β, γ der Verbindungsgeraden MM' abhängigen Funktion F. Demnach ist der Ausdruck für die während des Zeitelementes dt von dem Volumenelement dv in M an das Volumenelement dv' in M' abgegebene Wärmemenge:

$$dv\,dv'(\Theta - \Theta')\,F(r, \alpha, \beta, \gamma)\,dt.$$

Die Funktion F hat für beide Richtungen der Geraden MM' denselben Werth:

$$F(r, \alpha, \beta, \gamma) = F(r, -\alpha, -\beta, -\gamma),$$

so dass ein Unterschied der Wärmeleitungsfähigkeit in einander entgegengesetzten Richtungen derselben Geraden nicht stattfinden kann. Da ein homogener Krystall betrachtet wird, so ändert sich der Werth von F nicht, wenn man das Punktepaar M, M' durch ein anderes mit demselben Werthsystem r, α, β, γ ersetzt. Ausserdem wird angenommen, dass sich die Strahlung auf bedeutend grössere Entfernungen als den Abstand r erstreckt. Demnach kann die Summe der durch ein ebenes Flächenelement strömenden Wärmemengen so gebildet werden, als wäre der Körper continuirlich.

Unter diesen Voraussetzungen findet DUHAMEL, dass die Componenten des Maximums des Wärmestromes (oder der Strömung S. 121) in einem beliebigen Punkte eines homogenen Krystalls als homogene und lineare Funktionen der Componenten des an jener Stelle vorhandenen Temperaturgefälles dargestellt werden können. Die Hypothese der molekularen Strahlung er-

---

[1] J. M. C. DUHAMEL, Sur les équations générales de la propagation de la chaleur dans les corps solides dont la conductibilité n'est pas la même dans tous les sens. Journ. de l'école polytechn. (Cah. 21), T. **13**, 356, 1832; prés. à l'Acad. 7 avril 1828.

fordert aber, wie von vornherein hervorgehoben werden muss, dass im allgemeinsten Falle nur *sechs* Coëfficienten auftreten, die ein zur Diagonale symmetrisches System bilden[1] (S. 126, I[a]). Daher existiren stets wenigstens drei zu einander senkrechte Richtungen, die in Bezug auf die Wärmeleitungsfähigkeiten *Symmetrieaxen* von der Periode 2 sind. Wählt man diese Hauptaxen der Leitungsfähigkeit zu Coordinatenaxen, so lautet die Differentialgleichung, welche das Gesetz der Wärmeleitung im Innern homogener Krystalle ausdrückt:

$$\varrho c \frac{\partial \Theta}{\partial t} = c_1 \frac{\partial^2 \Theta}{\partial x_1^2} + c_2 \frac{\partial^2 \Theta}{\partial x_2^2} + c_3 \frac{\partial^2 \Theta}{\partial x_3^2}. \tag{1}$$

Hierin bedeuten c_1, c_2, c_3 die Hauptleitungsfähigkeiten, Θ die im Punkte x_1, x_2, x_3 zur Zeit t herrschende Temperatur, ϱ die Dichte und c die specifische Wärme des Krystalls. Liegt der Punkt x_1, x_2, x_3 an der Oberfläche des Krystalls, so muss Θ der Bedingung genügen:

$$c_1 \frac{\partial \Theta}{\partial x_1} \cos(n x_1) + c_2 \frac{\partial \Theta}{\partial x_2} \cos(n x_2) + c_3 \frac{\partial \Theta}{\partial x_3} \cos(n x_3) = h(\Theta - \Theta_0),$$

worin n die in jenem Punkte nach Innen errichtete Normale der Oberfläche, h die äussere Leitungsfähigkeit des Krystalls und Θ_0 die Temperatur des umgebenden Mediums bedeuten.

Die Integration der Differentialgleichung (1) wurde von Duhamel in dieser ersten Abhandlung nur in zwei Fällen ausgeführt, unter Bedingungen, die zur experimentellen Bestimmung der Wärmeleitungsfähigkeiten ungeeignet sind. Daher gab diese Theorie keinen directen Anlass zu Beobachtungen.

2. Methode von H. de Senarmont zur Ermittelung der Gestalt und der Lage isothermischer Flächen in Krystallen.[2] — Erst im Jahre 1847 unternahm es H. de Senarmont nach einer dem Verfahren von J. Ingen-Housz[3]) analogen Methode die Gruppen krystallisirter Körper zu ermitteln, in denen eine Abhängigkeit der Wärmeleitungsfähigkeit von der Richtung vorhanden ist. Nach dieser Methode wird aus dem zu untersuchenden Krystall eine dünne homogene Platte geschnitten, durch deren Centrum ein enges Loch gebohrt wird. Die Begrenzungsebenen der horizontal gestellten

[1] Nach einer von G. Lamé eingeführten Bezeichnung handelt es sich um den Fall der „égalité symétrique“ (Leç. sur la théorie anal. de la chaleur. 1861, § VIII).

[2] H. de Senarmont, Mémoire sur la conductibilité des substances cristallisées par la chaleur. Compt. rend. **25**, 459, 707, 1847. Rapport sur ce Mémoire; Rapporteur M. *Biot.* ib. 829. Ann. chim. phys. (3) **21**, 457, 1847; **22**, 179. 1848. Pogg. Ann. **73**, 191; **74**, 190; **75**, 50, 482, 1848. Expériences sur les modifications que les agents mécaniques impriment à la conductibilité des corps homogènes pour la chaleur. Compt. rend. **26**, 501, 1848. Ann. chim. phys. (3) **23**, 257, 1848. Pogg. Ann. **76**, 119, 1849. Note sur les propriétés thermiques de la tourmaline. Ann. chim. phys. (3) **28**, 279, 1850. Pogg. Ann. **80**, 175, 1850.

[3] J. Ingen-Housz, Vermischte Schriften physisch-medic. Inhalts. Wien. 2. Aufl. **2**, 341, 1784. Sur les métaux comme conducteurs de la chaleur. Journ. de phys. **34**, 1789.

Platte werden mit dünnen Wachsschichten überzogen. Um die Platte zu erwärmen, wird in das Loch ein Draht oder eine enge Metallröhre eingeführt und an dem einen Ende erhitzt. Durch die Mittheilung der Wärme an die Krystallplatte beginnt das Wachs in der Umgebung der Durchbohrung zu schmelzen und sich von dem Erwärmungscentrum zurückzuziehen. Auf diese Weise bezeichnet ein Wulst von Wachs eine der Schmelztemperatur desselben entsprechende Isotherme auf der Platte. Nachdem die Schmelzfigur die gewünschte Grösse erreicht hat, wird die Erwärmung unterbrochen. Bei dem Erkalten bleibt der innere Rand des von Wachs befreiten Gebietes hinreichend sichtbar, um die Messung der Durchmesser und der krystallographischen Orientirung der Schmelzfigur zu gestatten.

Die von Senarmont nach diesem Verfahren hergestellten Schmelzfiguren waren auf beliebig orientirten Flächen regulärer Krystalle und auf basischen Platten hexagonaler und tetragonaler Krystalle kreisförmig, in allen übrigen Fällen dagegen elliptisch gestaltet. Indem Senarmont die Orientirung der elliptischen Schmelzfiguren näher bestimmte, gelangte er zu dem Resultat, dass nach der Gestalt und der Lage der isothermischen Ellipsoide nur dieselben *fünf Gruppen* krystallisirter Körper zu unterscheiden seien, welche wir bei der Untersuchung der homogenen Deformationen auf S. 66 kennen gelernt haben.

Senarmont's Beobachtungen konnten sich nur auf die Symmetrieeigenschaften der Wärmeleitung in Krystallen erstrecken, sogar die Gestalt der Schmelzfiguren und der isothermischen Flächen konnte nur mit einem gewissen Vorbehalt beschrieben werden. Die von Senarmont offen gelassene Frage nach der Abhängigkeit der Schmelzfiguren von den Werthen der inneren Wärmeleitungsfähigkeiten wurde in unmittelbarem Anschluss an seine Mittheilungen von Duhamel auf Grund der soeben skizzirten Theorie beantwortet. Es ergab sich, dass nach dem Senarmont'schen Verfahren *weder absolute, noch relative* Messungen von Wärmeleitungsfähigkeiten ausgeführt werden können, da die Halbaxen eines isothermischen Ellipsoids sich nicht wie die Hauptleitungsfähigkeiten selbst, sondern wie die *Quadratwurzeln* aus diesen Grössen verhalten. Ehe wir aber hierauf des Näheren eingehen, sollen die Messungsergebnisse von Senarmont zusammengestellt werden.

Krystalle mit einer Axe der Isotropie γ.

Elliptische Schmelzfiguren auf Flächen parallel zur Axe γ ergaben folgende Verhältnisse der Halbaxen in den Richtungen senkrecht und parallel zu γ.

Hexagonales System.		*Tetragonales System.*	
Beryll	0,91 : 1	Rutil	0,79 : 1
Kalkspath	0,90 : 1	Vesuvian	1,1 : 1
Turmalin	1,27 : 1	Quecksilberchlorür	0,76 : 1
Quarz	0,76 : 1		

Demnach sind die isothermischen Rotationsellipsoide in der Richtung der Axe der Isotropie *verlängert* im Beryll, Kalkspath, Quarz, Rutil und Quecksilberchlorür, dagegen *abgeplattet* im Turmalin und Vesuvian. In die erste Klasse gehört ausserdem noch Zinnerz, in die zweite Eisenglanz und Korund.

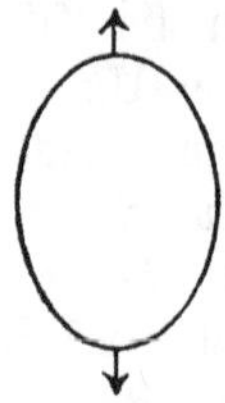

Fig. 95. Quarz.

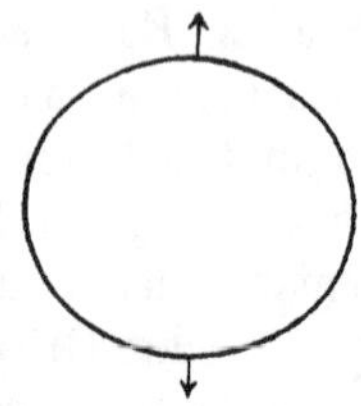

Fig. 96. Turmalin.

Krystalle ohne Axe der Isotropie.

Rhombisches System. Es wurden untersucht: Antimonglanz, Bournonit, Aragonit, Baryt, Topas, Staurolith, Pinit. Aber nur am *Antimonglanz* konnten befriedigende Messungen ausgeführt werden; das Verhältniss der Halbaxen der elliptischen Schmelzfiguren ist:

auf (100) in den Richtungen $\acute{c}:\bar{b} = 1{,}8$
„ (010) „ $\acute{c}:\breve{a} = 1{,}4$
„ (001) „ $\breve{a}:\bar{b} = 1{,}3.$

Demnach sind die Wärmeleitungsfähigkeiten in den Richtungen der Symmetrieaxen: $\acute{c} > \breve{a} > \bar{b}$, und es verhalten sich die Halbaxen der isothermischen Ellipsoide in den Richtungen:

$$\acute{c}:\breve{a}:\bar{b} = 1{,}8:1{,}3:1.$$

Monoklines System. Im *Gyps* fällt die kleinste Halbaxe eines isothermischen Ellipsoids mit der krystallographischen Symmetrieaxe zusammen, die grösste Halbaxe ist in der Symmetrieebene unter 50° gegen den faserigen Bruch geneigt. Ausserdem wurden geprüft: Glauberit, Orthoklas, Augit, Wolframit.[1]

Triklines System. Kupfervitriol erwies sich wegen seines Gehaltes an Krystallwasser als ungeeignet zu diesen Versuchen.[2] Dagegen konnten Spaltungsstücke von Kaliumdichromat benutzt werden. —

Von besonderem Interesse ist die Beobachtung von Senarmont, dass in den Fällen, wo *die Platte nicht auf einer Symmetrieaxe der Wärmeleitung senkrecht steht*, die Verbindungsgerade der Mittelpunkte der Schmelzfiguren auf den beiden Begrenzungsebenen nicht mit der Plattennormale zusammenfällt. Auf einer 8 mm dicken, unter 45° gegen die Axe der Isotropie geneigten und auf beiden Seiten mit Wachs überzogenen Quarzplatte lagen die Schmelzfiguren symmetrisch zum Hauptschnitt der

---

[1] H. Fizeau hat einige Messungen von A. Des Cloizeaux über die Orientirung der Hauptaxen der Wärmeleitung in *monoklinen* Krystallen mitgetheilt (Compt. rend. **66**, 1072, 1868. Pogg. Ann. **135**, 372, 1868). Die folgenden Winkelangaben beziehen sich auf die in den Figuren 62, 64, 78, 79 des Textes mit *C* bezeichneten Axen; *a* und *c* bedeuten Klinoaxe und Verticalaxe.

	(*Ca*)
Orthoklas	22° 7′ im stumpfen Winkel (*ac*)
Epidot	40 27 (?) im stumpfen Winkel (*ac*)
Augit	18 53 im spitzen Winkel (*ac*).

Im *Gyps* beträgt die Neigung von *C* gegen den faserigen Bruch nach Des Cloizeaux 39° 46′ im stumpfen Winkel zwischen dem faserigen Bruch und der Verticalaxe.

[2] Dieser Körper wurde später von C. Pape untersucht (Die Wärmeleitung im Kupfervitriol. Ann. d. Phys. N. F. **1**, 126, 1877).

Platte, aber excentrisch zur Durchbohrung. An den Endpunkten der Symmetrielinie waren die Krümmungen jeder der beiden Figuren ungleich, und zwar befand sich die stärkere Krümmung an der am weitesten von der Durchbohrung entfernten Stelle. Ueberdies waren die beiden Figuren entgegengesetzt orientirt, so dass sie die Leitcurven eines zum Hauptschnitt symmetrischen Cylinders bildeten, dessen Mittellinie sich mit der Durchbohrung kreuzte und dabei gegen die Axe der Isotropie, also gegen die Richtung des Maximums der Wärmeleitungsfähigkeit hin neigte.[1] Analoge Resultate ergab eine Platte von Gyps senkrecht zur Halbirungsgeraden des spitzen Winkels der optischen Axen.[2] —

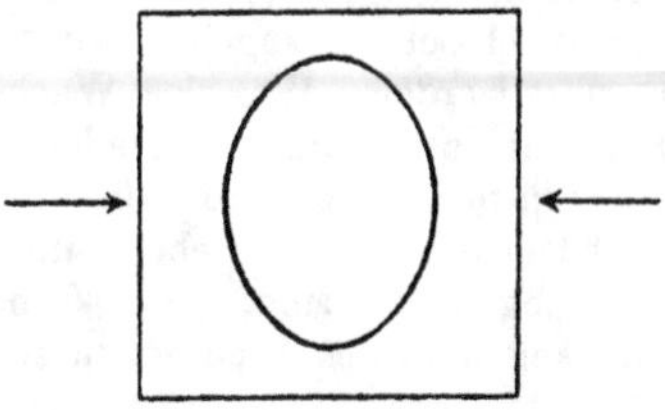

Fig. 97. Comprimirter Glaswürfel.

Senarmont hat ferner die Aenderungen der Wärmeleitungsfähigkeiten veranschaulicht, welche in isotropen Körpern durch *einseitigen Druck* herbeigeführt werden. Comprimirt man einen Glaswürfel in einer Presse mit parallelen Backen, und stellt man alsdann auf einer zur Druckrichtung parallelen Fläche eine Schmelzfigur her, so erhält man eine Ellipse, deren kleinere Halbaxe in die Druckrichtung fällt.[3]

3. Modificationen der Senarmont'schen Methode. — Wohl ist das Verfahren von Senarmont später mit einigen Abänderungen, unter denen die von W. C. Röntgen vorgeschlagene am zweckmässigsten ist, wiederholt angewendet worden. Indessen haben die auf theoretischem Wege von G. G. Stokes und J. Boussinesq angeregten Fragen hierdurch bislang keine Förderung erfahren.

V. von Lang untersuchte hexagonale und tetragonale Krystalle nach folgender Methode.[4] Eine hinreichend dünne und homogene, parallel zur Verticalaxe geschnittene Platte wurde in der Mitte durchbohrt, so dass durch das enge Loch (0,6 mm) eine Nähnadel eingeführt werden konnte. Die Nadel wurde vertical in einen Schraubstock

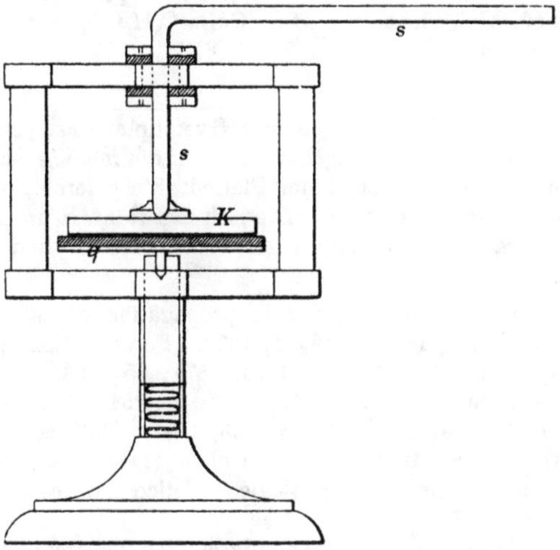

Fig. 98. $^1/_2$ nat. Gr.

[1] Ann. chim. phys. (3) **22**, 187; Compt. rend. **25**, 839.

[2] Ann. chim. phys. (3) **22**, 206.

[3] Zur Demonstration von Schmelzfiguren ist die in Fig. 98 abgebildete, von dem Mechaniker R. Fuess in Berlin construirte Vorrichtung geeignet. Die Krystallplatte *K* befindet sich zwischen dem durch eine Spiralfeder emporgedrückten Teller *q* und einer Kupferplatte, in welche der Kupferdraht *s* eingeschraubt ist. Die strahlende Wärme der seitlich aufgestellten, zur Erwärmung von *s* dienenden Flamme wird durch einen Schirm abgehalten.

[4] V. von Lang: Orientirung der Wärmeleitungsfähigkeit einaxiger Krystalle. Sitzungsber. Wien. Akad. **54** (2), 163, 1866; Pogg. Ann. **135**, 29, 1868.

geklemmt. Um das Herabgleiten der Platte zu verhindern, wurde unter dieselbe ein dünner Kork gesteckt. Die obere Fläche der Platte war mit einer möglichst dünnen Wachsschicht (Mischuug von Wachs und Terpentin mit einem Schmelzpunkt von etwa 40° C.) überzogen. Zur Erwärmung dieser Vorrichtung wurde von den Poldrähten einer galvanischen Batterie der eine mit dem Schraubstock verbunden, während der andere an den oberen Theil der Nadel in grösserer oder geringerer Entfernung von der Wachsschicht angelegt wurde. Auf diese Weise konnte die Erhitzung der Nadel regulirt werden. War das Wachs hinreichend weit geschmolzen, so wurde der obere Poldraht entfernt und die Nadel aus der noch warmen Platte gezogen. — Der Charakter der Wärmeleitung wird von V. von Lang als *positiv* oder als *negativ* bezeichnet, je nachdem die isothermischen Ellipsoide in der Richtung der Axe der Isotropie verlängert oder abgeplattet sind. Das Verhältniss der Quadratwurzeln aus den Wärmeleitungsfähigkeiten in den Richtungen senkrecht und parallel zu dieser Axe beträgt:

	Hexagonales System.		
Kalium-Kadmiumchlorid	$4KCl . CdCl_2$	0,94 : 1	+
Ammonium-Kadmiumchlorid	$4(NH_4)Cl . CdCl_2$	—	+
Nickelsiliciumfluorid	$NiSiF_6 . 6H_2O$	0,93 : 1	+
Ferrocyankalium + Kalium-Natriumnitrat	$K_4Fe(CN)_6 . 2(KNO_3 . NaNO_3)$	1 : 0,9	—
Unterschwefelsaures Calcium	$CaS_2O_6 . 4H_2O$	—	+
Unterschwefelsaures Blei	$PbS_2O_6 . 4H_2O$	—	—
	Tetragonales System.		
Ammoniumkupferchlorid	$2(NH_4)Cl . CuCl_2 . 2H_2O$	0,93 : 1	+
Magnesiumplatincyanür	$Mg(CN)_2 . Pt(CN)_2 . 7H_2O$	1 : 0,92	—
Saures Kaliumphosphat	H_2KPO_4	1 : 0,83	—
Saures Ammoniumphosphat	$H_2(NH_4)PO_4$	1 : 0,88	—
Kaliumarsenat	HK_2AsO_4	1 : 0,88	—
Ammoniumarsenat	$H(NH_4)_2AsO_4$	1 : 0,84	—
Nickelsulfat	$NiSO_4 . 6H_2O$	1 : 0,94	—
Kupfer-Calciumacetat	$CuCa(C_2H_3O_2)_4 . 8H_2O$	0,91 : 1	+
Harnstoff	$CO(NH_2)_2$	0,89 : 1	+

Um die Durchbohrung der Krystallplatten zu vermeiden, bediente sich E. Jannettaz[1] einer kleinen Platinkugel, welche auf die mit Wachs überzogenen Platten gelegt wurde. An die Kugel waren dünne Platindrähte gelöthet, deren Erwärmung durch einen elektrischen Strom erfolgte. Die Leitungsdrähte wurden durch einen dicht über der Kugel angebrachten, mit Wasser gefüllten flachen Cylinder geführt, um die Einwirkung der

[1] E. Jannettaz: Sur la propagation de la chaleur dans les corps cristallisés. Ann. chim. phys. (4) **29**, 5, 1873. Ferner: Compt. rend. **75**, 940, 1082, 1501, 1872; **78**, 413, 1202, 1874; **81**, 1254, 1875; **95**, 996, 1882; **99**, 1019, 1884. Bull. soc. géol. de France. (3) **1**, 117, 252, 1873; **2**, 264, 1874; **3**, 499, 1875; **4**, 116, 553, 1876; **5**, 410, 1877; **6**, 202, 1878; **9**, 196, 1881. Bull. soc. min. de France. **1**, 19, 1878; **2**, 6, 1879; **7**, 469, 1884. Journ. de phys. (1) **5**, 150, 247, 1876. — Des surfaces isothermes en minéralogie et en géologie. Notice sur les travaux scient. de M. E. Jannettaz. Meulan 1882.

Dem von Jannettaz aufgestellten Theorem über den Zusammenhang von Wärmeleitung und Spaltbarkeit in Krystallen widerspricht vor Allem die Thatsache, dass die Wärmeleitungsfähigkeit andere Symmetrieeigenschaften besitzt als die Cohäsionseigenschaften.

strahlenden Wärme auf die Schmelzfigur abzuhalten. Auf diese Weise erhielt JANNETTAZ folgende Werthe.

Krystalle mit einer Axe der Isotropie γ.

Verhältniss der Quadratwurzeln aus den Wärmeleitungsfähigkeiten in den Richtungen senkrecht und parallel zu γ:

Hexagonales System.

Antimon	—	1,591	Apatit	+	0,963
Quarz	+	0,762	Pyromorphit	+	0,973
Eisenglanz	—	1,1	Turmalin	—	1,1 .. 1,19
Korund	+	0,9	Eudialyt	—	1,132
Kalkspath	+	0,913	Pennin	—	1,576
Magnesit	—	1,07	Troostit	+	0,854
Dolomit	—	1,05	Beryll	+	0,9
Eisenspath	—	1,09	Chabasit	+	0,984
Mesitinspath	—	1,065			

Tetragonales System.

Rutil	+	0,8	Skapolith	+	0,854
Zinnerz	+	0,79	Vesuvian*	+	0,95
Zirkon	+	0,90	* Nach SENARMONT —.		

Krystalle ohne Axe der Isotropie.

Rhombisches System.

Verhältnisse der Quadratwurzeln aus den Wärmeleitungsfähigkeiten in den Richtungen der Symmetrieaxen:

	a [100]		*b* [010]		*c* [001]
Baryt (Fig. 77, S. 98)	1,064	:	1,027	:	1
Cölestin	1,037	:	1,083	:	1
Anhydrit *)	0,971	:	0,943	:	1
Staurolith	0,971	:	0,901	:	1
Lievrit	1,155	:	1,005	:	1

*) *a* bedeutet die Halbirungsgerade des spitzen, *b* jene des stumpfen Winkels der optischen Axen.

Monoklines System.

Die Zahlen der zweiten Reihe beziehen sich auf die Symmetrieaxe *b* [010], jene der dritten Reihe auf die zur Verticalaxe *c* [001] benachbarte Hauptaxe der Wärmeleitung. Die vierte Reihe enthält den Winkel zwischen den beiden letzteren Axen; je nachdem derselbe im stumpfen oder im spitzen Winkel zwischen Verticalaxe und Klinoaxe liegt, ist das Vorzeichen + oder — hinzugefügt.

Tremolit	0,6	:	0,754	:	1	— 5°
Hornblende	0,706	:	0,8	:	1	
Epidot	0,934	:	1,088	:	1	—14½°
Orthoklas (Mikroklin)	0,793	:	0,951	:	1	± 4°
Gyps	0,8	:	0,65	:	1	+17°

Ein erheblich einfacheres und genaueres Verfahren zur Erzeugung von Isothermen auf Krystallflächen ist von W. C. RÖNTGEN angegeben worden.[1] Die vorher gut

[1] W. C. RÖNTGEN: Ueber eine Variation der SENARMONT'schen Methode zur Bestimmung der isothermen Flächen in Krystallen. Pogg. Ann. **151**, 603, 1874. Ueber eine Methode zur Erzeugung von Isothermen auf Krystallen. Zeitschr. f. Krystr. **3**, 17, 1879.

polirte und gereinigte Fläche wird behaucht und darauf während sehr kurzer Zeit mit einer heissen Metallspitze (einem zugespitzten ca. 3 mm dicken Kupferdraht) berührt. Dadurch wird der Krystall erwärmt, und die Hauchschicht verdunstet um die Spitze herum in einer scharf begrenzten, sich stetig vergrössernden Figur. Um dieselbe bei einer passenden Grösse zu fixiren, wird die Fläche nach Entfernung der Metallspitze möglichst rasch mit Lycopodium aus einer weithalsigen Flasche bestreut. Das Pulver bleibt dann nach einem vorsichtigen Klopfen des mit der bestreuten Fläche abwärts gekehrten Krystalls an den mit Hauch bedeckten Stellen fest haften und fällt von dem Gebiet, wo der Hauch verdunstet war, vollständig ab. Die scharf markirte Grenze dieser von Lycopodium freien Stelle bezeichnet alsdann die gewünschte Isotherme. Die ganze Operation — Behauchen, Erwärmen, Bestreuen — darf nur etwa 3 Secunden in Anspruch nehmen.

Schlecht polirbare Flächen der wasserhaltigen Krystalle bedingen Modificationen des Verfahrens. In dem ersten Falle wird, nachdem ein möglichst ebener Schliff hergestellt ist, der Krystall erwärmt und die schräg gehaltene Fläche mit einigen Tropfen einer sehr schwachen Lösung von weissem Schellack in absolutem Alkohol übergossen; die an der Fläche adhärirende Lösung verdunstet rasch und lässt einen festen, sehr dünnen und glatten Ueberzug von Schellack zurück. In dem letzteren Falle darf die Metallspitze nicht so heiss sein, dass sie ein tiefes Loch schmilzt und Sprünge hervorruft. Man setzt sie zunächst auf die nicht behauchte Fläche, so dass ein kleines Loch eingeschmolzen und Krystallwasser ausgetrieben wird. Letzteres condensirt sich auf der Fläche. Die Spitze muss nun so lange auf dem Krystall bleiben, bis dieses Wasser wieder verdunstet ist, was öfters mehrere Secunden beansprucht. Erst jetzt wird nach Wegnahme der Spitze die Fläche behaucht, und die Isotherme nach dem soeben beschriebenen Verfahren erzeugt.

Zur Messung der Axen der Isothermen empfiehlt Röntgen einen Längencomparator oder eine Theilmaschine mit schwach vergrösserndem Mikroskop, so dass ein grösserer Theil der Figur übersehen werden kann.

Messungen auf Prismenflächen des Quarzes ergaben ein um so kleineres Axenverhältniss der isothermischen Ellipsen, je grösser diese Figuren waren. Diese Erscheinung rührt wahrscheinlich von der Strahlung der heissen Metallspitze her.

4. Theoreme von Duhamel über isothermische Flächen. — Durch die Beobachtungen von H. de Senarmont wurde Duhamel veranlasst aus seiner Theorie eine Reihe von Sätzen über isothermische Flächen in homogenen Krystallen abzuleiten.[1] Dabei ist wieder zu beachten, dass es sich in dem allgemeinsten von Duhamel betrachteten Falle um Krystalle handelt, die neben einem Centrum der Symmetrie noch drei auf einander senkrechte Symmetrieebenen besitzen, deren Schnittgeraden Symmetrieaxen von der Periode 2 sind.

Ist in einem beliebigen Punkte O eines nach allen Richtungen unbegrenzten krystallinischen Körpers eine Wärmequelle vorhanden, so bilden die isothermischen Flächen eine continuirliche Reihe ähnlicher und ähnlich gelegener Ellipsoide („ellipsoides principaux"), deren Hauptaxen den durch die Wärmequelle gehenden Symmetrieaxen parallel laufen und deren Halb-

[1] J. M. C. Duhamel: Remarques à l'occasion du Rapport de M. Biot. Compt. rend. **25**, 842, 1847. Sur la propagation de la chaleur dans les cristaux. ib. 870. Mémoire sur la propagation de la chaleur dans les corps cristallisés. ib. **27**, 129, 1848; vollständig veröffentlicht im: Journ. de l'école polytechn. (Cap. 32) T. **19**, 155, 1848.

axen sich wie die Quadratwurzeln aus den Hauptleitungsfähigkeiten verhalten. Die Strömung verläuft von O aus geradlinig nach allen Richtungen; sie ist daher in einem beliebigen Punkte P nach dem Radiusvector OP gerichtet. In einer beliebigen Ebene sind die isothermischen Curven ähnliche und ähnlich gelegene Ellipsen, deren gemeinsamer Mittelpunkt in den Schnittpunkt dieser Ebene mit dem zu ihr in dem System der Hauptellipsoide conjugirten Durchmesser fällt. Geht die Erwärmung von allen Punkten einer Geraden aus, so sind die isothermischen Curven in jeder zu dieser Geraden conjugirten Ebene Ellipsen, die den Schnittcurven der Ebene mit dem System der Hauptellipsoide ähnlich sind, und deren gemeinsamer Mittelpunkt jener Geraden angehört.

Befindet sich in einem Punkte O einer planparallelen unbegrenzten Platte eine Wärmequelle, so sind die isothermischen Curven auf den beiden Begrenzungsebenen gegeben durch die Schnittcurven derselben mit dem um O beschriebenen System der Hauptellipsoide. Die Mittelpunkte dieser isothermischen Flächen liegen auf dem zur Plattenrichtung conjugirten Durchmesser der Hauptellipsoide.

Dieser letzte Satz umfasst die Beobachtungen von Senarmont, da die seitlichen Begrenzungen der Platten einen wahrnehmbaren Einfluss auf die Gestalt der Schmelzfiguren nicht ausüben.

5. Weiterbildung der Theorie durch Stokes. — Eine allgemeinere, von der Hypothese der molekularen Strahlung völlig unabhängige Theorie der Wärmeleitung in Krystallen wurde von G. G. Stokes entwickelt.[1] Ihre Grundlage bildet, wie auf S. 120 f. dargelegt worden ist, die Thatsache, dass die Wärmeströmung durch ein Flächenelement von der Vertheilung der Temperaturen in der nächsten Umgebung desselben abhängt, und dass die Strömung verschwindet, wenn diese Temperaturen einander gleich werden. Daraus folgt, dass die Strömungscomponenten in einem Punkte jenes Elementes lineare und homogene Funktionen der partiellen Differentialquotienten der in diesem Punkte vorhandenen Temperatur nach den Coordinaten des Punktes sein müssen.

Die Ableitung der mit diesem Elementargesetz verknüpften Erscheinungen wurde von G. G. Stokes ausserordentlich vereinfacht durch die Betrachtung eines isotropen Hülfskörpers, den man sich durch eine homogene Deformation aus dem Krystall entstanden denken kann. Man gewinnt auf diesem Wege ein sehr einfaches Uebertragungsprincip, welches insbesondere gestattet, die von Duhamel durch mühsame Deductionen gewonnenen Sätze über isothermische Flächen aus selbstverständlichen Eigenschaften isotroper Körper zu entnehmen. Darüber hinaus leistet der Hülfskörper vortreffliche Dienste bei der Untersuchung der wesentlich complicirteren rotatorischen Strömungsvorgänge, die wir auf S. 135—139 kennen gelernt haben.

[1] G. G. Stokes, On the Conduction of Heat in Crystals. Cambr. and Dubl. Math. Journ. **6**, 215, 1851.

6. Um den Hülfskörper vollständig zu definiren, müssen wir die allgemeinen Gleichungen für die Aenderung der Temperatur im Inneren und an der Oberfläche eines Krystalls aufstellen.

Es seien Θ die Temperatur, U_1, U_2, U_3 die Strömungscomponenten *im Inneren* des Krystalls an der Stelle $P(x_1, x_2, x_3)$ zur Zeit t. Das Volumenelement $dx_1\,dx_2\,dx_3$ bei P erleidet während des Zeitelementes dt einen Wärmeverlust, der in doppelter Weise ausgedrückt werden kann. Durch die Fläche $dx_2\,dx_3$ tritt ein die Wärmemenge $U_1\,dx_2\,dx_3\,dt$, dagegen tritt durch die gegenüberliegende Fläche aus die Wärmemenge:

$$\left(U_1 + \frac{\partial U_1}{\partial x_1}dx_1\right)dx_2\,dx_3\,dt.$$

Die Differenz dieser beiden Werthe und die analog gebildeten Differenzen für die beiden anderen Flächenpaare ergeben für den ganzen Wärmeverlust des Volumenelementes den Ausdruck:

$$\left(\frac{\partial U_1}{\partial x_1} + \frac{\partial U_2}{\partial x_2} + \frac{\partial U_3}{\partial x_3}\right)dx_1\,dx_2\,dx_3\,dt.$$

Bezeichnen wir jetzt mit ϱ die Dichte, mit c die specifische Wärme des Volumenelementes, so enthält dasselbe zur Zeit t die Wärmemenge: $\varrho\,dx_1\,dx_2\,dx_3\,c\,\Theta$, dagegen zur Zeit $t + dt$ die Wärmemenge:

$$\varrho\,dx_1\,dx_2\,dx_3\,c\left(\Theta + \frac{\partial \Theta}{\partial t}dt\right).$$

Demnach ist der Wärmeverlust jenes Elementes auch ausgedrückt durch:

$$-\varrho\,dx_1\,dx_2\,dx_3\,c\frac{\partial \Theta}{dt}.$$

Folglich lautet *die allgemeine Gleichung, welche angiebt, wie sich die Temperatur Θ im Inneren des Krystalls an der Stelle P durch die Temperatur der Umgebung ändert:*

$$-\varrho\,c\frac{\partial \Theta}{\partial t} = \frac{\partial U_1}{\partial x_1} + \frac{\partial U_2}{\partial x_2} + \frac{\partial U_3}{\partial x_3}.$$

Ein Krystall, in welchem die Temperatur an verschiedenen Stellen verschieden ist, bildet nicht mehr einen homogenen Körper. In der gewöhnlichen, eine erste Annäherung darstellenden Theorie der Wärmeleitung werden indessen die mit der Aenderung der Temperatur verbundenen Deformationen und Dichtigkeitsänderungen vernachlässigt, so dass ϱ in der ganzen Ausdehnung des Krystalls einen constanten Werth besitzt. Ebenso wird die Abhängigkeit der specifischen Wärme und der in den Strömungscomponenten auftretenden Coëfficienten der Wärmeleitungsfähigkeit von der Temperatur unberücksichtigt gelassen. Bekanntlich nehmen die Dichte und die Leitungsfähigkeiten mit steigender Temperatur sehr langsam ab, während die specifische Wärme mit wachsender Temperatur merklich zunimmt. Für geringe Temperaturintervalle werden aber die aus der Aenderung von c hervorgehenden Glieder kleine Grössen zweiter Ordnung sein, da c nur in dem Producte $c . \partial\Theta / \partial t$ auftritt.[1]

Tragen wir die Werthe für die Strömungscomponenten ein (S. 122, 4), so ergiebt sich:

$$\varrho c \frac{\partial \Theta}{\partial t} = a_{11} \frac{\partial^2 \Theta}{\partial x_1^2} + a_{22} \frac{\partial^2 \Theta}{\partial x_2^2} + a_{33} \frac{\partial^2 \Theta}{\partial x_3^2} + (a_{23} + a_{32}) \frac{\partial^2 \Theta}{\partial x_2 \partial x_3} + (a_{31} + a_{13}) \frac{\partial^2 \Theta}{\partial x_3 \partial x_1} + (a_{12} + a_{21}) \frac{\partial^2 \Theta}{\partial x_1 \partial x_2},$$

oder, wenn die Hauptaxen der Wärmeleitungsfähigkeit, d. h. die Hauptaxen des Ellipsoids f (S. 127, 130—131), zu Coordinatenaxen gewählt werden:

$$\varrho c \frac{\partial \Theta}{\partial t} = c_1 \frac{\partial^2 \Theta}{\partial x_1^2} + c_2 \frac{\partial^2 \Theta}{\partial x_2^2} + c_3 \frac{\partial^2 \Theta}{\partial x_3^2}.$$

Wir bemerken, *dass diese Differentialgleichung für die Aenderung der Temperatur an der Stelle P und demnach auch die hieraus fliessenden Theoreme über isothermische Flächen unabhängig davon sind, ob in den Ausdrücken für die Componenten der Strömung neun oder nur sechs Coëfficienten der inneren Wärmeleitungsfähigkeit auftreten, da nur die Verbindungen* $a_{23} + a_{32}$, $a_{31} + a_{13}$, $a_{12} + a_{21}$ *in diese Gleichung eingehen; die Anzahl der Coëfficienten gewinnt lediglich Bedeutung für die Gestalt der Strömungscurven.*

In dem Punkte $M(x_1, x_2, x_3)$ der *Oberfläche* herrsche zur Zeit t die Temperatur Θ. Es sei dS ein Oberflächenelement an dieser Stelle, n die Richtung der nach Aussen gezogenen Normale, M' ein Punkt in der nach Innen gerichteten Verlängerung von n in der Entfernung δ von M. Wir betrachten das Volumenelement, welches begrenzt wird von dS, von der durch M' parallel zur Tangentialebene in M gelegten Ebene und von der durch dS parallel zur Normale n gelegten Cylinderfläche. Dieses Element werde unbegrenzt verkleinert, so dass seine Höhe δ gegenüber den linearen Dimensionen von dS verschwindet, was zulässig ist, so lange die Krümmung in M nicht unendlich gross ist. Dann wird die an der Grundfläche bei M' eintretende, wie die durch dS austretende Wärmemenge proportional $dS\,dt$ sein. Der Inhalt der Cylinderfläche verschwindet im Grenzfall gegenüber dS, also ist auch die durch diese Fläche eintretende Wärmemenge im Grenzfall gleich Null. Demnach wird alsdann die durch die Grundfläche bei M' eintretende Wärmemenge gleich der durch dS austretenden Wärmemenge.

[1] W. Hergesell hat dargelegt, dass der aus der Veränderlichkeit der specifischen Wärme gegen die Theorie der Wärmeleitung erhobene Einwand nur bei denjenigen Anwendungen dieser Theorie zutrifft, in denen das Temperaturmaass Fourier's („En général, les températures sont des nombres proportionels aux quantités de chaleurs ajoutées." Théorie de la chaleur. Cap. 1. Art. 29.) der thermometrischen Eigentemperatur proportional genommen wird (Erörterungen zur Fourier-Poisson'schen Wärmeleitungstheorie. Ann. d. Phys. N. F. **15**, 19, 1882).

Ueber eine Verallgemeinerung der Wärmeleitungsgleichung auf Grund der beiden Hauptsätze der Thermodynamik vgl. das Kapitel über die elastischen Eigenschaften der Krystalle.

Erstere ist nach (2), S. 121, gegeben durch: $U_n\,dS\,dt$, worin die Strömung U_n den Werth hat:

$$U_n = U_1 \cos(nX_1) + U_2 \cos(nX_2) + U_3 \cos(nX_3).$$

Bezüglich der letzteren soll angenommen werden, dass sie der Differenz der Temperaturen Θ und Θ_0 an der Stelle M und in dem umgebenden Mittel proportional sei: $h(\Theta - \Theta_0)\,dS\,dt$. Folglich ist:

$$U_n = h(\Theta - \Theta_0),$$

oder nach (11), S. 125:

$$\sum_{k,l=1}^{3} a_{kl} \frac{\partial \Theta}{\partial x_l} \cos(nX_k) + h(\Theta - \Theta_0) = 0.$$

Hierin treten die Coëfficienten a_{kl} der inneren Wärmeleitungsfähigkeit *getrennt* auf.

Der Factor h — die Wärmemenge, welche in der Zeiteinheit aus der Oberflächeneinheit in das angrenzende Mittel austritt, wenn die Temperaturdifferenz 1° C. beträgt — wird die *äussere Wärmeleitungsfähigkeit* genannt. Diese Grösse muss für eine ebene Begrenzungsfläche eines homogenen Krystalls eine Constante sein; über die Abhängigkeit derselben von der Orientirung der Begrenzungsfläche sind bislang weder Hypothesen vorgeschlagen noch Beobachtungen angestellt worden.

7. Es werde jetzt ein *Hülfskörper* folgendermassen definirt. Dem Punkte P des Krystalls mit den auf die Hauptaxen der Leitungsfähigkeit C_1, C_2, C_3 bezogenen Coordinaten x_1, x_2, x_3 entspreche der Punkt $\Pi(\xi_1, \xi_2, \xi_3)$, so dass die Relationen (14) und (16) auf S. 132 bestehen:

$$x_h : \xi_h = \sqrt{c_h} : \sqrt{\mathfrak{C}}, \qquad \frac{\partial^2 \Theta}{\partial x_h^2} = \frac{\mathfrak{C}}{c_h} \frac{\partial^2 \Theta}{\partial \xi_h^2}, \qquad (h = 1, 2, 3).$$

Ferner seien einander gleich: die Volumen entsprechender Räume (also $c_1 c_2 c_3 = \mathfrak{C}^3$), die Temperaturen in den Punkten P, Π, die Dichten ϱ und die specifischen Wärmen c der beiden Körper. Unter diesen Voraussetzungen geht die für den Krystall geltende Gleichung:

$$c\varrho \frac{\partial \Theta}{\partial t} = c_1 \frac{\partial^2 \Theta}{\partial x_1^2} + c_2 \frac{\partial^2 \Theta}{\partial x_2^2} + c_3 \frac{\partial^2 \Theta}{\partial x_3^2}$$

über in:

$$c\varrho \frac{\partial \Theta}{\partial t} = \mathfrak{C}\left(\frac{\partial^2 \Theta}{\partial \xi_1^2} + \frac{\partial^2 \Theta}{\partial \xi_2^2} + \frac{\partial^2 \Theta}{\partial \xi_3^2}\right).$$

Nehmen wir also noch an, dass der Hülfskörper die innere Leitungsfähigkeit $\mathfrak{C}$ besitzt, und dass in gleichen Zeiten und nach correspondirenden Richtungen gleiche Wärmemengen durch correspondirende Flächenelemente strömen, so können die Theoreme, welche sich auf die Leitung der Wärme im Inneren des Hülfskörpers beziehen, sofort auf die Wärmeströmung im Krystall übertragen werden.

Befindet sich P an der Oberfläche des Krystalls, so liegt auch Π an der Oberfläche des Hülfskörpers, und der Gleichung:

$$U_n = h(\Theta - \Theta_0)$$

entspricht die Oberflächenbedingung:

$$\mathfrak{U}_\nu = \eta(\Theta - \Theta_0),$$

wenn $\mathfrak{U}_\nu$ die Strömung und η die äussere Leitungsfähigkeit des Hülfskörpers an der Stelle Π bedeuten. Hieraus folgt:

$$\eta = h\frac{\mathfrak{U}_\nu}{U_n},$$

worin $\mathfrak{U}_\nu / U_n$ durch die Leitungscoëfficienten des Krystalls, die Richtungscosinus der Normale n und die Leitungsfähigkeit $\mathfrak{C}$ auszudrücken sind.

8. Wir können nun folgende *Theoreme über isothermische Flächen und Curven* in Krystallen, deren Hauptaxen der Leitungsfähigkeit gleichzeitig 2-zählige Symmetrieaxen sind, unmittelbar aus bekannten Eigenschaften isotroper Körper entnehmen.

Befindet sich in einem unbegrenzten homogenen isotropen Körper an irgend einer Stelle O eine Wärmequelle, so bilden die isothermischen Flächen ein System von Kugeln, deren gemeinsamer Mittelpunkt in O liegt. Die Kugel, deren Radius gleich der Quadratwurzel aus der inneren Wärmeleitungsfähigkeit $\mathfrak{C}$ ist, wird die Hauptkugel genannt. Die Wärmeströmung in irgend einem Punkte P erfolgt in der Richtung OP. Ist die Temperatur stationär und in unendlicher Entfernung Null, so ist sie in irgend einem Punkte umgekehrt proportional der Entfernung desselben von der Wärmequelle.

Ist in einem unbegrenzten homogenen krystallinischen Körper eine Wärmequelle O vorhanden, so bilden die isothermischen Flächen ein System ähnlicher und concentrischer Ellipsoide, deren Hauptaxen mit den durch O gezogenen Hauptaxen der Leitungsfähigkeit zusammenfallen, und deren Halbaxen den Quadratwurzeln aus den Hauptleitungsfähigkeiten c_1, c_2, c_3 proportional sind. Das Ellipsoid mit den Halbaxen $\sqrt{c_1}$, $\sqrt{c_2}$, $\sqrt{c_3}$ wird Hauptellipsoid h genannt. Die Wärmeströmung in irgend einem Punkte P findet in der Richtung OP statt. Ist die Temperatur stationär und in unendlicher Entfernung Null, so ändert sie sich auf einem gegebenen Radiusvector in dem umgekehrten Verhältniss der Entfernung von O.

In einem begrenzten oder unbegrenzten isotropen Körper, in welchem die Temperatur von Punkt zu Punkt verschieden und in Bezug auf die Zeit constant oder veränderlich ist, hat die Wärmeströmung an irgend

Ist in einem Krystall an der Stelle P die Richtung der isothermischen Fläche J gegeben, so findet man die Richtung der Strömung durch folgende Construction. Parallel zu der Tangentialebene der Fläche J in P

einer Stelle P die Richtung der Normale der durch P hindurchgehenden isothermischen Fläche J, d. h. sie ist parallel zu dem Radius der Hauptkugel nach dem Berührungspunkte derselben mit einer Tangentialebene, welche zu der in P an die Fläche J gelegten Tangentialebene parallel läuft.

lege man eine Tangentialebene an das Hauptellipsoid und verbinde den Mittelpunkt desselben mit dem Berührungspunkte; dann bezeichnet diese Verbindungsgerade die Strömungsrichtung. M. a. W.: die Strömung in P ist gerichtet wie der Durchmesser des Hauptellipsoids, welcher conjugirt ist zu einer, der Tangentialebene der Fläche J in P parallelen Diametralebene.

Aus einem homogenen isotropen Körper sei eine planparallele Platte geschnitten, deren Seitenflächen von dem Centrum hinreichend entfernt sind, um keinen merkbaren Einfluss auf die Gestalt der isothermischen Flächen in der Umgebung des Mittelpunktes auszuüben. Wird nun einer Reihe von Punkten auf der Mittelpunktsnormale Wärme mitgetheilt, so sind die isothermischen Flächen Rotationsflächen, deren Axe jene Normale ist, und die isothermischen Curven der Begrenzungsebenen der Platte sind Kreise, deren Mittelpunkte auf jener Normale liegen.

In einer planparallelen Krystallplatte, deren Seitenflächen genügend weit von einander abstehen, so dass die Platte als unbegrenzt betrachtet werden kann, befinde sich auf einer Geraden, welche dem zu der Plattenrichtung conjugirten Durchmesser des Hauptellipsoids parallel läuft, eine Reihe von Wärmequellen. Alsdann wird jede isothermische Fläche erzeugt durch eine Ellipse, deren Ebene der Plattenrichtung parallel ist, deren Mittelpunkt in jene Gerade fällt, und deren Halbaxen parallel und proportional sind den Halbaxen der Schnittellipse des Hauptellipsoids mit einer zur Plattenrichtung parallelen Ebene. Insbesondere sind die isothermischen Curven auf den Begrenzungsebenen mit dieser Schnittellipse ähnlich und ähnlich gelegen.

Charakteristisch für das Verhalten von Krystallplatten sind namentlich folgende specielle Fälle des letzten Theorems. Die Wärmequelle befinde sich in dem Punkte O im Inneren der Platte. Steht die Platte senkrecht auf einer der drei Symmetrieaxen, so fällt die Verbindungsgerade der Mittelpunkte der isothermischen Ellipsen auf den Begrenzungsebenen in die durch O gelegte Plattennormale; die Ellipsenhalbaxen gehen den beiden anderen Symmetrieaxen parallel und sind proportional den Quadratwurzeln aus den entsprechenden Hauptleitungsfähigkeiten. Für jede andere Plattenrichtung ist die Verbindungsgerade der Ellipsenmittelpunkte geneigt gegen die Plattennormale; ihre Richtung ist nach jenem Theorem zu ermitteln. Liegt die Platte insbesondere parallel zu einer Kreisschnittebene des Hauptellipsoids, so sind die isothermischen Curven auf den Begrenzungsebenen Kreise, aber die Verbindungsgerade ihrer Mittelpunkte ist ebenfalls geneigt zur Plattennormale.

Das zuletzt ausgesprochene Theorem enthält auch die Erklärung der auf S. 146 beschriebenen SENARMONT'schen Beobachtungen am Quarz und Gyps. Um in diesem Falle elliptische Schmelzfiguren zu erhalten, muss die Platte in der Richtung des zur Plattenebene conjugirten Durchmessers des Hauptellipsoids durchbohrt werden.

9. Die theoretischen Untersuchungen von G. Lamé, B. Minnigerode und J. Boussinesq. — Eine Verallgemeinerung der DUHAMEL'schen Theorie wurde auch von G. LAMÉ unternommen.[1] Er gelangte zu den von G. G. STOKES aufgestellten Ausdrücken für die Strömungscomponenten mit neun Coëfficienten der Leitungsfähigkeit (S. 122, 4), gab ihnen aber eine irrthümliche Deutung, indem er mit diesem Ansatz die Annahme einer Verschiedenheit der Leitungsfähigkeit in dem einen und dem inversen Richtungssinne derselben Geraden vereinbar hielt. Auf diesem Wege glaubte er eine Erklärung für die pyroelektrischen Eigenschaften der Krystalle, welche polare Symmetrieaxen besitzen, gefunden zu haben.[2]

Der fundamentale Fehler des LAMÉ'schen Werkes wurde zuerst von B. MINNIGERODE aufgedeckt[3] und später auch von J. BOUSSINESQ erkannt.[4]

In den Arbeiten von J. BOUSSINESQ wird die von G. G. STOKES begonnene Untersuchung der Strömungscurven (S. 135) fortgeführt und namentlich die Bedeutung des Ellipsoids der linearen Leitungsfähigkeiten φ (S. 129) dargelegt. Verbreitet sich im Inneren eines homogenen Krystalls eine Wärmeströmung U in der Richtung u, so ist dieselbe gleich dem Product des Temperaturgefälles nach u in das Quadrat des in die Richtung u fallenden Radiusvectors jenes Ellipsoids (S. 129, 9):

$$U = -\frac{d\Theta}{du}\,\frac{1}{\varphi(u_1, u_2, u_3)}.$$

Das Ellipsoid φ hat mit dem Hauptellipsoid h einen Durchmesser, den Vector τ, gemein (S. 134). Die zu τ conjugirten Diametralebenen von φ und h fallen zusammen und ihre Schnittcurven mit φ und h sind ähnliche und ähnlich liegende Ellipsen, von denen die grössere dem Ellipsoid der linearen Leitungsfähigkeiten angehört.

In den folgenden von J. BOUSSINESQ untersuchten Fällen handelt es sich um die Wärmeleitung von einem einzigen Quellpunkte O aus, in einem krystallinischen Körper, der keine Symmetrieaxen und also hier auch keine Symmetrieebenen besitzt.

---

[1] G. LAMÉ, Leçons sur la théorie analytique de la chaleur. Paris 1861.

[2] p. VI der Vorrede, § XV, XXXVIII.

[3] B. MINNIGERODE, Ueber Wärmeleitung in Krystallen. Inaug.-Dissert. Göttingen 1862. Eine spätere, unter demselben Titel erschienene Arbeit (N. Jahrb. f. Min. 1886, 1, 1) behandelt namentlich die Symmetrieeigenschaften dieses Vorganges; vgl. S. 139.

[4] Vgl. die auf S. 129 citirten Abhandlungen.

a. *Wärmeleitung in einem unbegrenzten krystallinischen Körper.*

Die isothermischen Flächen sind concentrische, mit dem Hauptellipsoid h ähnliche und ähnlich gelegene Ellipsoide. Die spiralförmigen Strömungscurven liegen auf Kegeln, deren gemeinsamer Mittelpunkt die Wärmequelle O ist und deren Leitcurven gegeben sind durch die Schnittellipsen des Hauptellipsoids mit den zu dem Vector τ conjugirten Ebenen. In allen Punkten einer Erzeugenden sind die Tangenten an die von ihr geschnittenen Spiralen unter einander parallel. Um die Richtung einer Tangente zu bestimmen, muss man in dem Punkte, wo die Erzeugende ihre Leitellipse trifft, eine Tangente an diese Curve legen und in einem bestimmten Sinne bis zum Schnitt mit dem Ellipsoid φ verlängern; die Verbindungsgerade des Endpunktes mit O bezeichnet die gesuchte Richtung. Sind die Ellipsoide h und φ insbesondere Rotationsflächen um den Vector τ, so schneiden die Spiralen alle Erzeugenden unter einem constanten Winkel.

b. *Wärmeleitung in einem geradlinigen Stabe.*

Stellen wir uns vor, dass von dem Quellpunkte O aus sehr dünne unbegrenzte Stäbe geschnitten seien, die gleichzeitig an dieser Stelle erwärmt werden und in derselben Weise ausstrahlen (was der Fall sein wird, wenn sie gleiche Dimensionen besitzen und mit einem Ueberzuge, der ihnen übereinstimmende äussere Leitungsfähigkeiten ertheilt, versehen sind). Alsdann liegen die Punkte gleicher Temperatur in jedem Augenblicke auf Ellipsoiden, die mit dem Ellipsoid der linearen Leitungsfähigkeiten φ ähnlich und ähnlich gelegen sind. In jedem Stabe sind die isothermischen Flächen Ebenenelemente von constanter Richtung; jenes Element, welches den Schnittpunkt des Stabes mit dem Ellipsoid φ enthält, berührt in seiner Verlängerung das Hauptellipsoid. Die Strömung verläuft geradlinig.

c. *Wärmeleitung in einer planparallelen Platte.*

Die isothermischen Curven auf den Begrenzungsebenen einer sehr dünnen planparallelen unbegrenzten Platte gehören Ellipsoiden an, die mit dem Ellipsoid der linearen Leitungsfähigkeiten φ ähnlich und ähnlich gelegen sind. Vergleicht man verschieden gerichtete, aber in der Art der Erwärmung und Ausstrahlung übereinstimmende Platten, so befinden sich ihre isothermischen Curven zu derselben Zeit auf verschiedenen Ellipsoiden. Um die einer gegebenen Temperatur entsprechenden Ellipsoide zu erhalten, muss man für jede Platte das mit φ ähnliche und ähnlich gelegene Ellipsoid construiren, welches die Schnittcurven der Begrenzungsebenen der Platte mit dem Hauptellipsoid berührt. Die isothermischen Flächen sind Cylinder, welche die isothermischen Curven zu Leitcurven haben und den mit dem Hauptellipsoid h ähnlichen und ähnlich gelegenen Ellipsoiden umgeschrieben sind. Die Strömungscurven sind Spiralen, die in den Schnittpunkten mit einer von der Wärmequelle O aus gezogenen Geraden stets unter einander parallel laufen; die Richtung ihrer Tangenten in diesen Punkten wird in analoger Weise wie im Falle a. construirt.

10. Versuche über einseitige Wärmeleitung. — Wie G. LAMÉ, so vermuthete auch O. J. LODGE, dass in den Richtungen polarer Symmetrieaxen einseitige Wärmeleitung stattfinde. Im Verein mit S. P. THOMPSON suchte er den experimentellen Nachweis hierfür am *Turmalin* zu erbringen.[1]

Nach der SENARMONT'schen Methode wurden die Isothermen auf einer parallel zur Hauptaxe geschnittenen Turmalinplatte bestimmt. Bei der ersten Versuchsreihe wurde Wachs, bei der zweiten Quecksilber-Kupferjodid, das bei 94° schwarz wird[2], angewendet. Der Erwartung entsprechend zeigten die Isothermen die Form einer nach dem analogen Pole des Krystalls hin verlängerten Ellipse. Für das Verhältniss der Verlängerung ergab sich im Mittel 100:129. Die einzelnen Beobachtungen schwanken zwischen den Grenzen 100:117 und 100:142.

Eine einfachere Methode beruht auf der Anwendung eines umkehrbaren Contactthermometers. Die parallel zur Basis geschnittene, 2,32 mm dicke Turmalinplatte wurde zwischen zwei Glasröhren eingekittet. In die obere Röhre wurde eine abgewogene Menge Quecksilber und ein Thermometer gebracht, in die untere wurde Wasserdampf eingeblasen, welcher die Krystallplatte und das Quecksilber erwärmte. Nachdem in dieser Anordnung die Zeit gemessen war, die verfloss, bis sich das Quecksilber um eine bestimmte Anzahl von Graden erwärmt hatte, wurde das Quecksilber in die zweite Röhre gefüllt und der Dampf in die erste Röhre geblasen. Schliesslich wurde noch die Krystallplatte in umgewendeter Stellung benützt. Auch nach dieser Methode ergab sich, dass die Wärme nach dem analogen Pol hin schneller geleitet wird: Die Mittelwerthe der Zeiten, die zu einer gleichen Temperaturerhöhung erforderlich waren, verhielten sich wie 100:119. Indessen schwanken die einzelnen Werthe zwischen 100:94,5 und 100:142, so dass der erstere Grenzwerth geradezu der Erwartung widerspricht. Im Ganzen

---

[1] S. P. THOMPSON und O. J. LODGE: On Unilateral Conductivity in Tourmaline Crystals. Phil. Mag. (5) **8**, 18, 1879. — O. J. LODGE: Modern Views of Electricity. London 1889, 122.

[2] Die Verbindung $HgJ_2 . Cu_2J_2$ ist, wie zuerst von Ed. MEUSEL (Zur Kenntniss der Jodide. Ber. deutsch. chem. Ges. **3**, 124, 1870) gezeigt wurde, bei gewöhnlicher Temperatur roth, wird aber bei ca. 70° (?) schwarz. Dieses Verhalten benutzte bald darauf A. M. MAYER (On a precise Method of tracing the Progress and of determining the Boundary of a Wave of Conducted Heat. Amer. J. of Sc. (3) **4**, 37, 1872) zur Erzeugung isothermischer Curven nach dem SENARMONT'schen Verfahren. — Vgl. über die bei der Zustandsänderung auftretenden Aenderungen des Volumens und der specifischen Wärme M. BELLATI e R. ROMANESE, Proprietà termiche notevoli di alcuni joduri doppi (Atti R. Ist. Ven. di sc. lett. (5) **6**, 1051; 1880. Nuovo Cimento (3) **8**, 215, 1880), über die gleichzeitige Aenderung des elektrischen Leitungsvermögens S. P. THOMPSON, On the Double Jodide of Mercury and Copper (Rep. Brit. Assoc. 1881, 600. Nature **24**, 469, 1881).

zeigen die Beobachtungen unter einander so bedeutende Abweichungen, dass aus ihnen nicht mit Sicherheit auf eine einseitige Wärmeleitungsfähigkeit geschlossen werden kann.[1]

11. Zur Prüfung der hierdurch angeregten Frage wurde eine wesentlich genauere Untersuchung der Wärmeleitungsfähigkeit des Turmalin von Fr. Stenger[2] ausgeführt. Seine Methode ist der von H. F. Weber[3] für Flüssigkeiten angewandten nachgebildet. Man lässt die Krystallplatte *f* und die in einem auf ihr ruhenden Kupfercylinder angebrachte Löthstelle eines Thermoelementes die Temperatur des Arbeitszimmers annehmen, bringt dann die untere Fläche der Platte durch Contact mit glatten Eisflächen *d* auf die Temperatur 0°, so dass ein Temperaturgefäll und eine stetige Wärmeströmung in der Richtung der Normale der Krystallplatte von der oberen nach der unteren Begrenzungsebene entstehen, und beobachtet nun den Temperaturverlauf des Thermoelementes mit Spiegel, Scala und Fernrohr an einem empfindlichen Galvanometer *G*. Das von Fr. Stenger benutzte Galvanometer hatte geringen Widerstand (0,8 Siemens-Einheiten, wenn, wie bei den folgenden Beobachtungen, alle Windungen hinter einander geschaltet waren), astatisches Nadelpaar und kräftige Dämpfung.

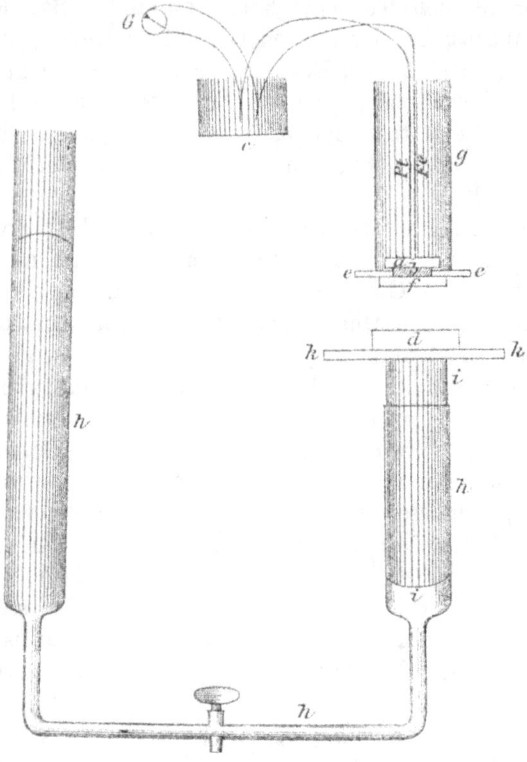

Fig. 99.

Die eine Löthstelle *a* des Thermoelementes — ein etwa 4 mm hoher

[1] Versuche über einseitige Leitung der Elektricität im Turmalin ergaben negative Resultate.

[2] Fr. Stenger: Zur Wärmeleitungsfähigkeit des Turmalins. Ann. d. Phys. N. F. **22**, 522, 1884.

[3] H. F. Weber: Untersuchungen über die Wärmeleitung in Flüssigkeiten. Vierteljahrsschr. d. naturf. Ges. Zürich **24**, 252, 355, 1879. Ann. d. Phys. N. F. **10**, 103, 304, 472; **11**, 347, 1880. Repert. f. Exp.-Physik. **16**, 389, 1880.

Kupfercylinder, in dessen obere Fläche ein Platindraht und ein Eisendraht eingelöthet waren — befand sich, um sicheren Contact zu erhalten, in einer auf der Turmalinplatte *f* befindlichen dünnen Quecksilberschicht *b*; die beiden Löthstellen, welche der Eisen- und der Platindraht mit den nach dem Galvanometer führenden Drähten bildeten, befanden sich in einem Glasgefäss *c* mit Terpentinöl, das in einen mit Watte ausgekleideten hölzernen Kasten eingesetzt war, um die Temperatur möglichst constant zu erhalten. Die Ablesung der Temperaturen des Terpentinöls geschah an einem Geissler'schen Thermometer, an dem man ein Hundertel eines Grades ablesen konnte.

Um das auf dem Eise gebildete Schmelzwasser zu verdrängen und einen beständigen Contact der Turmalinplatte mit dem Eise zu sichern, musste der in ihrer Lage unverändert erhaltenen Platte *f* die planparallele Eisplatte *d* von unten her genähert und so fest angepresst werden, dass am Umfang beständig das Schmelzwasser herausgetrieben wurde.

Zu diesem Zwecke war zunächst die Turmalinplatte mit ein wenig Wachs und Colophonium auf eine mit einem kreisförmigen Loch von entsprechender Grösse versehene Ebonitplatte *e* und diese auf ein kurzes Glasrohr *g* aufgekittet; das Glasrohr wurde in einem Stativ festgeklemmt.

Andererseits befand sich vertical unter der Platte der eine Schenkel eines communicirenden Rohres *h*, der mit dem zweiten längeren Schenkel durch ein dünneres, mit einem Hahn versehenes Zwischenstück verbunden war. Im kürzeren Schenkel konnte sich mit leichter Reibung ein Probirglas *i* verschieben, welches eine Glasplatte *k* trug. Das ganze Rohr wurde mit Quecksilber gefüllt, so dass sich *k* etwa 2 cm unter *f* befand; sodann wurde der Hahn geschlossen und der längere Schenkel bis zum Rande mit Quecksilber gefüllt. Sollte nun die untere Fläche von *f* auf 0^0 abgekühlt werden, so wurde ein planparalleles Eisstück von etwa 1 cm Dicke auf *k* gelegt und der Hahn geöffnet. Alsdann hob das Quecksilber das Probirglas nebst Eisplatte und presste sie gegen die Turmalinplatte an.

Jeder einzelne Versuch setzt sich nun aus folgenden Operationen zusammen. Zuerst wird die Ruhelage des Magnetnadelsystems im Galvanometer bei ungeschlossenem Stromkreise beobachtet. Sodann wird unter Ausschaltung der drei Löthstellen kurzer Schluss hergestellt, um zu prüfen, ob ausserhalb des Thermoelementes elektromotorische Kräfte existiren. Darauf wird die Temperatur des Terpentinöls abgelesen und nach Entfernung des kurzen Schlusses die Einstellung der Magnetnadeln beobachtet. Nachdem die Eisplatte auf die Glasplatte *k* gelegt und der Hahn geöffnet ist, wird nun vom Moment der Berührung der Platten *d* und *f* an in bestimmten, durch eine Secundenuhr gegebenen Zeitpunkten der Temperaturverlauf im Kupfercylinder an der Einstellung der Magnetnadeln mit Hülfe des Fernrohrs verfolgt. Um aus den Ablesungen die zugehörigen Temperaturen in Scalentheilen ausgedrückt zu erhalten, wurde der Kupfercylinder *a* in Eis gepackt und die Einstellung notirt. Den Schluss jedes Versuches bildet die Controle, ob die Temperatur des Terpentinöls und die Einstellung der Magnetnadeln bei ungeschlossenem Strome und bei kurzem Schluss dieselben sind, wie zuvor.

Nach diesem Verfahren wurden zwei Turmalinplatten (aus Brasilien, 5,8 mm dick, und von Ceylon, 3,2 mm dick) untersucht, indem bald die analoge, bald die antiloge Endfläche mit der Eisplatte zur Berührung gebracht wurde. Die Resultate wurden graphisch dargestellt durch Curven, deren Abscissen die Zahl der Secunden, vom Beginn des Contactes der Platten d und f an gerechnet, bedeuten, während die Ordinaten die zugehörigen Temperaturen der Löthstelle a, in Scalentheilen ausgedrückt, angeben. Die Empfindlichkeit des Galvanometers war so gewählt, dass einer Temperaturdifferenz von einem Grad etwa 60 Scalentheile] entsprachen.

Wie man aus den von Stenger mitgetheilten Figuren ersieht, fällt für jede der beiden Platten die Curve für den Wärmestrom vom analogen zum antilogen Pol sehr nahe zusammen mit der Curve für die entgegengesetzte Stromrichtung: die grösste Differenz zwischen zwei zusammengehörigen Ordinaten ist etwa 1 Proc.; Differenzen von diesem Betrage ergeben sich aber für verschiedene Versuche bei derselben Lage der Platte.

Hieraus folgt, dass eine einseitige Leitung der Wärme im Turmalin entweder nur einen sehr geringen Betrag erreicht, oder, was wahrscheinlicher ist, gar nicht existirt. Dieses Ergebniss befindet sich also im Einklang mit der Theorie der Wärmeleitung.

Bestimmung der inneren Wärmeleitungsfähigkeiten nach absolutem calorimetrischem Maasse.

12. Forbes, Lodge. — Der erste, von G. G. Forbes unternommene Versuch zur Messung der inneren Wärmeleitungsfähigkeiten im Eis und im Quarz nach den zur Axe der Isotropie parallelen und senkrechten Richtungen war erfolglos. Nicht nur ergaben sich bei verschiedenen Beobachtungen sehr verschiedene Werthe für die Wärmeleitungsfähigkeit im Quarz parallel zur Axe (0,340, 0,498, 0,553, 0,745 mit Benutzung der Maasseinheiten: Centimeter, Minute, 1^0 C.), auch der von H. de Senarmont aus der Gestalt der Schmelzfiguren sicher festgestellte (positive) Charakter der Wärmeleitung in diesem Körper wurde von Forbes falsch bestimmt.[1]

Später hat O. J. Lodge eine Modification der von Fourier angegebenen, von Biot, Despretz, Forbes, G. Wiedemann und Franz benutzten Methode zur Messung der Wärmeleitungsfähigkeiten empfohlen.[2] Nach diesem Ver-

---

[1] G. Forbes, On the Thermal Conductivity of Ice, and a new Method of Determining the Conductivity of Different Substances. Proc. Roy. Soc. Edinburgh 8, 62, 1875.

[2] O. J. Lodge, On a Method of measuring the Absolute Thermal Conductivity of Crystals and other Rare Substanzes. Part. I. Phil. Mag. (5) 5, 110, 1878.

fahren beobachtet man die stationäre Temperaturcurve längs eines cylindrischen Stabes der gegebenen Substanz, welcher an dem einen Ende erhitzt, an dem anderen der Atmosphäre ausgesetzt wird. Schaltet man nun in einen gehälfteten Stab eine Krystallplatte ein, so erhält die Temperaturcurve an den Verbindungsstellen eine Discontinuität. Allein, wenn die Curve längs jedes Stabes beobachtet wird, so ist es doch möglich, sie für den Krystall zu berechnen. Die Methode von LODGE ist demnach folgende: ein cylindrisches Stück eines Krystalles mit ebenen Endflächen wird zwischen zwei Stäbe von demselben Querschnitte aus einem Metall, dessen Leitungsfähigkeit hinreichend genau gemessen ist, eingeschaltet. Der Contact wird durch dünne Plättchen von Zinnfolie verbessert. Alsdann wird ein Ende dieser Combination erwärmt und das andere abgekühlt. Nachdem das Ganze einen stationären Zustand erreicht hat, beobachtet man die Temperaturcurve. — Den in Aussicht gestellten Nachweis der Leistungsfähigkeit dieses Verfahrens hat LODGE bislang nicht geliefert.

13. Messungen von Tuchschmid am Steinsalz, Kalkspath und Quarz. — Auf Veranlassung von H. F. WEBER hat A. TUCHSCHMID 1883 die ersten zuverlässigen Bestimmungen der inneren Wärmeleitungsfähigkeit krytallisirter Körper ausgeführt.[1]

Die bekannte WEBER'sche Methode zur Bestimmung des Wärmeleitungsvermögens von Flüssigkeiten lässt sich mit Vortheil auch auf schlecht leitende feste Körper ausdehnen (vgl. S. 160). Man hat nur die von zwei Kupferplatten eingeschlossene Flüssigkeitsschicht durch eine dünne planparallele Platte der zu prüfenden Substanz zu ersetzen. Die von TUCHSCHMID benutzten Krystallplatten hatten eine Dicke von 0,3 bis 0,4 cm und eine Fläche von 12 bis 15 cm². Um einen gleichmässigen Contact der drei Platten zu bewirken, wurde etwas Glycerin zwischen die Berührungsflächen eingeführt. Allein aus den in dieser Anordnung mit Platten von Steinsalz, Kalkspath und Quarz angestellten Versuchen ergaben sich so unerwartet grosse Werthe für das Leitungsvermögen dieser Körper, dass der Einfluss des Glycerin, welches in Folge seiner geringen Leitungsfähigkeit (nach H. F. WEBER 0,04 gr cm^{-1} min^{-1}) dem Wärmestrom einen bedeutenden Widerstand entgegensetzt und den Process der Abkühlung erheblich verzögert, eliminirt werden musste. Zu diesem Zwecke wurde bei den Versuchen an Kalkspath und Quarz die untere Kupferplatte ausgeschaltet und darauf die untere Fläche der Krystallplatte direct mit Wasser bespült. Dadurch wurde der Einfluss *einer* Glycerinschicht beseitigt. Unter der Voraussetzung, dass in der ursprünglichen Anordnung die obere Glycerinschicht dieselbe Wirkung ausübt, wie die untere, konnte nun aus der Combination der beiden Versuche die Leitungsfähigkeit der Krystallplatte mit einiger Sicherheit berechnet

[1] A. TUCHSCHMID, Das innere Wärmeleitungsvermögen von Quarz, Kalkspath und Steinsalz. Inaug.-Dissert. Zürich 1883. 8⁰. 48 S.

werden. An dem leicht löslichen Steinsalz lässt sich der Einfluss der Glycerinschichten auf diesem Wege nicht ermitteln; da indessen die Leitungsfähigkeit im Steinsalz nur wenig von der mittleren Leitungsfähigkeit im Kalkspath verschieden ist, so wird auch jener Einfluss annähernd derselbe sein.

Die Ergebnisse dieser Untersuchung sind in der folgenden Tabelle zusammengestellt. Zum Vergleich sind die für Kupfer benutzten Werthe hinzugefügt. c_γ, $\mathfrak{c}$ und c_α bedeuten die Leitungsfähigkeiten in der Richtung der Axe der Isotropie γ, in einer unter 45° gegen sie geneigten und in einer zu ihr senkrechten Richtung. Die zu Grunde liegenden Einheiten sind: Gramm, Centimeter, Minute, 1° Celsius.

	Kupfer	Steinsalz		Kalkspath	Quarz
Dichte	8,85	2,20		2,71	2,65
Specifische Wärme . . .	0,0935	0,219		0,206	0,190
Aeussere Leitungsfähigkeit	0,006	—		—	—
			c_γ	0,576	1,576
Innere Leitungsfähigkeit .	55	0,6	$\mathfrak{c}$	0,518	1,272
($\mathrm{gr\ cm^{-1}\ min^{-1}}$)			c_α	0,472	0,957

Hieraus folgt für das Verhältniss der Halbaxen einer Schmelzfigur auf einer zur Axe γ parallelen Fläche in den Richtungen parallel und senkrecht zu γ:

	Kalkspath	*Quarz*
$\sqrt{c_\gamma}\,/\,\sqrt{c_\alpha}$ . . .	1,105	1,283,

also nahe übereinstimmend mit den Angaben von H. DE SENARMONT (S. 145):

1,1   1,3.

Die Gleichung der Hauptellipse auf einer zur Axe γ parallelen Fläche lautet (S. 133, 20 und S. 155):

$$\frac{\cos^2 \Gamma}{c_\gamma} + \frac{\sin^2 \Gamma}{c_\alpha} = \frac{1}{\mathfrak{c}},$$

wenn mit $\mathfrak{c}$ die Leitungsfähigkeit in einer unter dem Winkel Γ gegen die Axe γ geneigten Richtung bezeichnet wird. Aus den gemessenen Werthen von c_γ und c_α ergiebt sich hieraus für $\Gamma = 45°$:

	Kalkspath	*Quarz*
$\mathfrak{c}$ . . .	0,519	1,191.

Mithin besteht bei Kalkspath eine vollständige Uebereinstimmung zwischen Beobachtung und Berechnung, während bei Quarz eine Abweichung vorhanden ist.

14. Wärmeleitungsfähigkeit schlecht leitender Gesteine. — Ueber die Werthe der Wärmeleitungsfähigkeiten, welche in schlecht leitenden gesteinsbildenden Mineralien zu erwarten sind, giebt eine auf H. F. WEBER's Veranlassung von G. STADLER ausgeführte Untersuchung einigen Aufschluss.[1] Es wurde ein gleichmässig erwärmter Würfel aus dem zu untersuchenden Gestein von einem bestimmten Zeitmomente an längs seiner ganzen Oberfläche dauernd auf eine bestimmte Temperatur abgekühlt, indem senkrecht auf jede Würfelfläche vermittelst eines Rohres ein Strahl einer Wasserleitung gerichtet wurde. Vom Momente der Kühlung an beginnt die Wärmeströmung von jeder Stelle des Würfels nach seiner Oberfläche hin, und die Temperatur sinkt in jedem Punkte von ihrem Anfangswerthe in stetiger Weise auf die Temperatur des Wassers herab. Aus der Differentialgleichung für die Aenderung der Temperatur folgt, dass sich der absolute Werth der Wärmeleitungsfähigkeit des Gesteins aus dem an einer bestimmten Stelle des Würfels beobachteten zeitlichen Verlaufe der Temperaturänderung ableiten lässt, falls die Kantenlänge des Würfels, die Dichte und die specifische Wärme des Gesteins gemessen sind.

In der folgenden Uebersicht der Resultate bedeuten ϱ die Dichte, c die specifische Wärme, k die Wärmeleitungsfähigkeit. Die letzte Reihe enthält den sogenannten Temperaturleitungscoefficienten, d. i. den Quotienten aus der Wärmeleitungsfähigkeit und der specifischen Wärme der Volumeneinheit. Als Maasseinheiten sind wieder vorausgesetzt: Gramm, Centimeter, Minute, 1° Celsius.

	ϱ	c	k	$k/\varrho c$
Thoniger Kalk I (Jura; enthält sehr viel Thon)	2,590	0,2077	0,3996	0,7428
Thoniger Kalk II (Jura; enthält weniger Thon als I)	2,706	0,2060	0,4849	0,8699
Kalkstein (Jura)	2,658	0,2061	0,5260	0,9602
Marmor (Carrara)	2,699	0,2066	0,4900	0,8788
Granit I (Schwarzwald) . . .	2,660	0,1949	0,4545	0,8767
Granit II (Baveno)	2,596	0,1941	0,5850	0,1610
Granit III (Schwarzwald) . . .	2,660	0,1963	0,4841	0,9271
Gneiss (Osogna, Tessin) . . .	2,685	0,1947	0,4902	0,9377
Syenit	2,510	0,1986	0,2653	0,5322
Porphyr	2,620	0,1966	0,5013	0,9732
Basalt (Mittelrhein)	2,970	0,1988	0,4035	0,6834
Serpentin	2,680	0,2439	0,5037	0,7706
Trachyt (Siebengebirge) . . .	2,550	0,2089	0,2759	0,5179
Andesit	2,780	0,1993	0,4111	0,7420
Nagelfluh-Conglomerat I (St. Gallen)	2,034	0,2071	0,3554	0,8454
desgl. II	2,730	0,2107	0,5399	0,9386
Molasse-Sandstein I (dicht) . .	2,570	0,2056	0,4882	0,9240
Molasse-Sandstein II (weniger dicht)	2,060	0,2010	0,1822	0,4400

[1] G. STADLER: Bestimmung des absoluten Wärmeleitungsvermögens einiger Gesteine. Inaug.-Dissert. Zürich 1889. 8°. 40 S.

Die Abhängigkeit der specifischen Wärme, des inneren und äusseren Wärmeleitungsvermögens von der Temperatur hat R. WEBER am *Gneiss* (Dichte $\varrho = 2{,}683$) zu bestimmen versucht.[1]

		für Temperaturen von
Specifische Wärme c . . .	$0{,}1723 + 0{,}000353\,\Theta$	0 bis 60°
	$0{,}2005 + 0{,}000248\,(\Theta - 60^0)$	60 „ 100°
Innere Leitungsfähigkeit k .	$[5{,}7786 - 0{,}0162\,\Theta]\,10^{-4}$ (gr cm^{-1} sec^{-1})	0 „ 100°
Aeussere Leitungsfähigkeit h	$[3{,}0293 + 0{,}00575\,\Theta]\,10^{-4}$ „	0 „ 100°

Hiernach ist die Veränderlichkeit des inneren Leitungsvermögens ungefähr die dreifache von derjenigen der äusseren Leitungsfähigkeit. Ueberdies haben die Coëfficienten von Θ in k und h entgegengesetzte Vorzeichen.

[1] R. WEBER, Das Wärmeleitungsvermögen von Gneiss und seine Abhängigkeit von der Temperatur. Inaug.-Dissert. Zürich 1878. Vierteljahrsschr. d. naturf. Ges. Zürich **23**, 209, 1878.

4. Elektrische Ströme.

1. Das Ohm'sche Gesetz. — Ein homogener leitender Krystall sei dem Einflusse gegebener elektromotorischer Kräfte unterworfen. In einem Punkte P desselben sei die resultirende, in der Richtung ξ wirkende, elektromotorische Kraft Ξ vorhanden; es sei also Ξ die auf eine in P gelegene Einheit positiver Elektricität ausgeübte Kraft. Andererseits sei die an der Stelle P in der Richtung u stattfindende stationäre elektrische Strömung bezeichnet mit U, so dass U diejenige Elektricitätsmenge bedeutet, welche durch ein gegen ihre Bewegungsrichtung u senkrechtes Flächenelement von der Grösse Eins während der Zeiteinheit hindurchströmt. Die Componenten der Vectorgrössen Ξ und U nach einem mit dem Krystall starr verbundenen rechtwinkligen System von Coordinatenaxen X_1, X_2, X_3 seien bezeichnet mit Ξ_1, Ξ_2, Ξ_3 und U_1, U_2, U_3.

Alsdann sind unter der Voraussetzung, dass die elektromotorische Kraft Ξ lediglich von einer Potentialdifferenz herrührt, nach dem auf homogene anisotrope Körper erweiterten Ohm'schen Gesetze *die Componenten der an der Stelle P vorhandenen elektrischen Strömung homogene und lineare Funktionen der Componenten der an derselben Stelle vorhandenen elektromotorischen Kraft;* also sind auch umgekehrt die Kraftcomponenten homogene und lineare Funktionen der Strömungscomponenten. Es gelten demnach die Gleichungen I und II auf S. 125—126:

$$\text{I}\quad \begin{aligned} U_1 &= a_{11}\Xi_1 + a_{12}\Xi_2 + a_{13}\Xi_3 \\ U_2 &= a_{21}\Xi_1 + a_{22}\Xi_2 + a_{23}\Xi_3 \\ U_3 &= a_{31}\Xi_1 + a_{32}\Xi_2 + a_{33}\Xi_3, \end{aligned} \qquad \text{II}\quad \begin{aligned} \Xi_1 &= \alpha_{11}U_1 + \alpha_{21}U_2 + \alpha_{31}U_3 \\ \Xi_2 &= \alpha_{12}U_1 + \alpha_{22}U_2 + \alpha_{32}U_3 \\ \Xi_3 &= \alpha_{13}U_1 + \alpha_{23}U_2 + \alpha_{33}U_3, \end{aligned}$$

und die aus diesem Elementargesetz gezogenen Folgerungen (vgl. S. 120—142). Die Coëfficienten der Leitungsfähigkeit a_{hk} und die Coëfficienten des Widerstandes α_{hk} sind abhängig von der Natur des Krystalls und von der Temperatur.

2. Beobachtungen am Wismuth und Eisenglanz. — Ch. Matteucci hat am *Wismuth*, welches hexagonal, rhomboëdrisch-hemiëdrisch krystallisirt, das *Verhältniss* der elektrischen Leitungsfähigkeiten in den Richtungen parallel und senkrecht zur Axe der Isotropie gemessen.[1] Es gelingt genügend grosse

[1] Ch. Matteucci, Notes sur certaines propriétés physiques du bismuth cristallisé ou soumis à la compression. Compt. rend. **40**, 541, 913, 1855. Ann. chim. phys. (3)

homogene Stücke dieses Metalls zu gewinnen, indem man eine 20 bis 25 mm dicke Schicht in einem flachen Schmelztiegel sehr langsam erkalten lässt. Zur krystallographischen Orientirung dient alsdann die vollkommenste Spaltbarkeit nach der Basis $c = (0001)$. Mit Hülfe eines Differential-Galvanometers von E. Becquerel ergab sich für das Verhältniss der Leitungsfähigkeit in einem Stäbchen, dessen Längsrichtung auf jener Spaltungsrichtung senkrecht stand, zu der Leitungsfähigkeit in einem Stäbchen, dessen Längsrichtung der Basis parallel lief, der Werth 1 : 1,6

Messungen der *absoluten Werthe* des elektrischen Leitungsvermögens nach verschiedenen Richtungen sind zuerst von H. Bäckström am *Eisenglanz*, welcher ebenfalls der rhomboëdrischen Hemiëdrie des hexagonalen Systems angehört, ausgeführt worden. Gleichzeitig wurde die Abhängigkeit der Leitungsfähigkeit von der Temperatur untersucht.[1]

Die Zusammensetzung dieses Eisenglanzes von der Peder Ankers Grube auf der Insel Langö bei Kragerö in Norwegen ist nach einer älteren Analyse von C. Rammelsberg[2]: TiO_2 3,55, Fe_2O_3 93,63, FeO 3,26, Summe 100,44.

Das Material bestand aus grossen basischen Platten. Mit Hülfe der dreiseitigen Streifung und der gut ausgebildeten dreiseitigen Aetzgrübchen der Endflächen konnte eine genaue krystallographische Orientirung der zu prüfenden Stäbchen bewirkt werden. Die Längsrichtungen der drei Stäbchensorten waren der Verticalaxe γ, einer Queraxe α oder der Halbirungsgeraden β des Winkels zweier Queraxen parallel.

Zur Herstellung zuverlässiger Contacte wurden die Endflächen jedes Stabes auf galvanischem Wege unter Anwendung einer Lösung von Cyankupfer in Cyankalium mit Kupfer überzogen und darauf amalgamirt. Um den Stab in die Stromleitung einzuführen, wurde er zwischen zwei vertikalen, an den Innenseiten amalgamirten Kupferfedern eingeklemmt, welche durch einen grösseren, in den Erhitzungsapparat passenden Korkstöpsel gesteckt waren.

Als Erhitzungsapparat diente für Temperaturen unterhalb 100° ein Blechgefäss mit doppelten Wänden, deren Zwischenraum mit Wasser gefüllt war. Für höhere Temperaturen wurde ein ähnliches Gefäss von Schmiedeeisen angewendet, dessen Zwischenraum Quecksilber enthielt.

Der Leitungswiderstand wurde mittelst einer Wheatstone'schen Brücke in Walzenform nach der von F. Kohlrausch angegebenen Construction mit einem Widerstandsetalon von 100 Ohm bestimmt. Der Strom durfte, um eine Erwärmung durch denselben zu vermeiden, nur schwach sein und nur momentan geschlossen werden. Bei länger andauerndem Strome ändert sich der Widerstand in Folge der Erwärmung des ganzen Stabes; ferner tritt, weil Eisenglanz gegen Kupfer sehr stark thermoelektrisch ist, ein recht bedeutender Peltier-Effect auf, welcher einen Strom in der zu dem Hauptstrome entgegengesetzten Richtung und daher einen Fehler in der Bestimmung des Widerstandes erzeugt.

Zunächst ergab sich, wie zu erwarten war, dass der Widerstand in den zur Axe γ senkrechten Richtungen α und β gleich gross ist. Bezeichnet man

---

43, 467, 1855. Sur un appareil destiné à démontrer et mesurer la différence de conductibilité du bismuth cristrallisé. Compt. rend. **42**, 1133, 1856.

[1] H. Bäckström, Elektrisches und thermisches Leitungsvermögen des Eisenglanzes Öfvers. K. Vetensk.-Akad. Förh. 1888, No. 8, 533.

[2] C. Rammelsberg, Zusammensetzung des Titaneisens, sowie der rhomboëdr. u. oktaëdr. krystallisirten Eisenoxyde. Pogg. Ann. **104**, 497, 1858.

die Widerstände von Stäben von 1 cm Länge und 1 mm² Querschnitt mit w_γ und w_α, je nachdem die Längsrichtung parallel oder senkrecht zur Axe γ liegt, so ist bei:

	w_γ	w_α
0° C.	80,8	40,8
17	68,7	35,1
100	33,1	18,3.

Mithin ist der Widerstand längs der Axe der Isotropie fast doppelt so gross als senkrecht zu ihr.

Das Verhältniss w_γ / w_α nimmt mit wachsender Temperatur ziemlich stark ab:

	0°	17°	100°	236,7°
w_γ / w_α . . .	1,98	1,96	1,81	1,55.

Was den *Einfluss der Temperatur* auf die absoluten Werthe der Widerstände angeht, so vermindert sich der Widerstand mit steigender Temperatur (wie bei Elektrolyten und Isolatoren), obwohl Eisenglanz ein ziemlich guter Leiter ist, und die Leitung, wie K. Ångström und H. Bäckström in einer besonderen Versuchsreihe nachgewiesen haben, ohne Polarisation stattfindet. Stellt man den Widerstand als Funktion der Temperatur nach der Relation:

$$w_\Theta = w_o(1 - a\,\Theta)$$

dar, so hat der Temperaturcoëfficient a einen recht bedeutenden, mit wachsender Temperatur ebenfalls abnehmenden Werth:

	a_γ	a_α
0—17°	0,00834	0,00824
0—100	624	551
0—236,7	343	318.

Auch der Ansatz:

$$w_\Theta = w_o(1 + a\,\Theta + b\,\Theta^2)$$

genügt noch nicht, um die Abhängigkeit des Widerstandes von der Temperatur mit hinlänglicher Genauigkeit auszudrücken. Als die Bestimmungen für 0° und 100° in Oelbädern, in denen sich eine gleichmässigere Temperatur herstellen lässt, wiederholt wurden, ergab sich:

$$a_\gamma = 0{,}006491, \qquad a_\alpha = 0{,}006064, \qquad a_\gamma / a_\alpha = 1{,}07.$$

Bezeichnet man den Widerstand in einem mit der Längsrichtung unter dem Winkel Γ gegen die Axe der Isotropie geneigten Stabe mit w, so ist die Gleichung des *Hauptellipsoids* (S. 133, 20):

$$w_\gamma \cos^2\Gamma + w_\alpha \sin^2\Gamma = w.$$

H. Bäckström fand:

Γ	w gemessen	w berechnet
27° 15′	60,93	61,69
28 35	60,00	61,00
38 06	54,65	55,91.

Um das *elektrische Leitungsvermögen* mit dem *Wärmeleitungsvermögen* zu vergleichen, ermittelte H. Bäckström nach einer im Princip mit dem von C. Christiansen benutzten Verfahren[1] übereinstimmenden Methode das Verhältniss der Wärmeleitungsfähigkeiten im Eisenglanz in den Richtungen senkrecht und parallel zur Axe γ. Es ergab sich $c_\alpha / c_\gamma = 1{,}12$ für 50° C., während bei derselben Temperatur das Verhältniss der elektrischen Leitungswiderstände $w_\gamma / w_\alpha = 1{,}8$ ist. Demnach herrscht nur in dem Charakter des Leitungsvermögens für Wärme und Elektricität, nicht in dem Verhältniss der Hauptleitungsfähigkeiten Uebereinstimmung.

Thermoelektrische Ströme.

3. Charakteristische Eigenschaft der thermoelektrisch anisotropen Krystalle. — *Für das thermoelektrische Verhalten eines homogenen krystallisirten Körpers, der nicht dem regulären Systeme angehört, ist zunächst charakteristisch, dass Stäbe, welche nach krystallographisch verschiedenen Richtungen aus demselben geschnitten sind, im Allgemeinen verschiedene Stellen in der thermoelektrischen Reihe einnehmen. Daher werden zwei Stäbe von dieser Beschaffenheit zu einander in einer thermoelektrischen Beziehung stehen, wie zwei verschiedene Metalle.*

4. Beobachtungen an Krystallen des hexagonalen Systems. — J. Svanberg[2] sägte aus Bruchstücken von *Wismuth* und *Antimon* Stäbe, deren Längsrichtungen zu der vollkommensten Spaltrichtung nach der Basis $c = (0001)$ parallel oder senkrecht waren. Die ersteren, zur Axe der Isotropie senkrechten Stäbe *A* erwiesen sich positiver, die letzteren, zu dieser Axe parallelen Stäbe *B* dagegen negativer in der thermoelektrischen Reihe als jeder andere aus demselben Metall geschnittene Stab. Die thermoelektrische Kraft zwischen den Antimonstäben *A* und *B* oder zwischen den Wismuthstäben *A* und *B* war ziemlich bedeutend. Ein Stab von anderer Richtung oder eine Masse von unregelmässig krystallinischem Gefüge verhielt sich negativ gegen *A* und positiv gegen *B*. — Hieraus geht hervor, dass bei der Bestimmung der thermoelektrischen Kraft zwischen einem homogenen Stabe aus Wismuth oder Antimon und einem anderen Metall die krystallographische Orientirung jenes Stabes beachtet werden muss.

An denselben Metallen hat R. Franz die Thermoströme untersucht,

[1] C. Christiansen: Einige Versuche über die Wärmeleitung. Ann. d. Phys. N. F. **14**, 23, 1881.

[2] J. Svanberg, Om den thermoëlektriska kraften hos krystalliserad vismut och antimon, beroende af den elektriska strömmens fortplantnings-riktning relatift till kristallisations-planerna. Öfvers. K. Vetensk.-Akad. Förh. 1850, 93. Expériences sur le pouvoir thermo-électrique du bismuth et de l'antimoine cristallisés. Compt. rend. **31**, 250, 1850. Pogg. Ann. Erg.-Bd. **3**, 153, 1853.

welche entstehen, wenn verschieden orientirte Würfel zusammengelegt und an der Berührungsfläche erwärmt werden.[1]

Zunächst wurden Würfel aus grösseren Spaltstücken von *Wismuth* so geschnitten, dass die basische Spaltrichtung zu einem Flächenpaar des Würfels parallel lief oder unter 30° oder 60° gegen dasselbe geneigt war. Es wurden nun zwei Würfel zusammengelegt und durch quadratische Säulen von Kupfer mit den Drähten eines Multiplicators in Verbindung gesetzt. Die Berührungsfläche wurde erwärmt durch einen in einem Sandbade erhitzten Glascylinder, der durch Mikrometerschrauben genau auf jene Fläche eingestellt werden konnte. Eine Hebelvorrichtung gestattete die Kupfersäulen und die Würfel mit einem Druck von 7,5 kg an einander zu pressen. — Diese Versuche ergaben, dass kein Thermostrom entsteht, wenn die Berührungsflächen der beiden Würfel in die Zone der Verticalaxe γ fallen. Dagegen wird ein Strom erzeugt, wenn die Basis *c* mit einer gegen sie geneigten Fläche zur Berührung kommt, und die Stärke des Stromes erreicht ihr Maximum bei der Zusammenlegung der Basis mit einer zur Axe der Isotropie γ parallelen Fläche. Dabei fliesst der Strom, falls die Anordnung der Fig. 100 entspricht, in der Richtung von 𝔅 nach 𝔄, also von dem Würfel, dessen Axe der Isotropie in die Stromrichtung fällt, zu dem zweiten Würfel hin. — Analoge Resultate wurden am *Antimon* gewonnen.

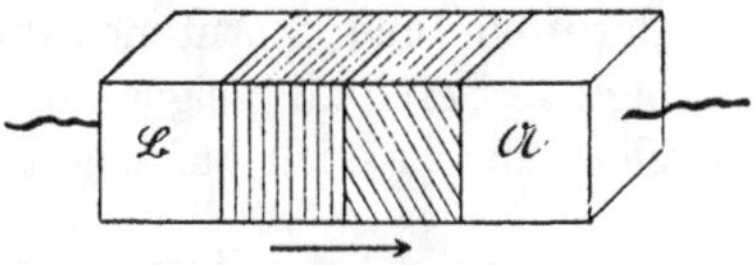

Fig. 100.

Die Beobachtungen von J. Svanberg und R. Franz sind bald darauf von Ch. Matteucci bestätigt worden.[2]

Eine quantitative Bestimmung der Verschiedenheiten in dem thermoelektrischen Verhalten von Wismuth und Antimon in den Richtungen parallel und senkrecht zur Axe der Isotropie hat A. Matthiessen auszuführen versucht.[3] Aus künstlich hergestellten Krystallen wurden Würfel von etwa 8 mm Kantenlänge geschnitten, an denen ein Flächenpaar zur basischen Spaltrichtung parallel lag. Es wurden nun ein solcher Würfel *w* und ein Stück chemisch reinen Silbers *s* zwischen zwei Kasten *A*, *B* von Kupferblech geklemmt. *A* war mit erwärmtem, *B* mit kaltem Oel gefüllt. Der Kasten *B* war in zwei, von einander durch Kautschuk isolirte Hälften derart getheilt, dass die verticale Scheidewand auf den einander zugekehrten Kastenwänden senkrecht stand. An jede Kastenhälfte war ein Leitungsdraht gelöthet. Werden jetzt die Drähte mit einander in leitende Verbindung gebracht, so fliesst in der Schliessung ein Strom, dessen elektromotorische Kraft gleich der elektromotorischen Kraft einer Thermokette ist, die nur aus

[1] R. Franz, Untersuchungen über thermoelektrische Ströme. Pogg. Ann. **83**, 374, 1851; **85**, 388, 1852.

[2] Ch. Matteucci, Ann. chim. phys. (3) **43**, 470, 1855.

[3] A. Matthiessen: Ueber die thermo-elektrische Spannungsreihe. Mitgetheilt von *G. Kirchhoff.* Pogg. Ann. **103**, 412, 1858.

den Metallen *w* und *s* besteht, und deren Löthstellen die Temperaturen des Oels in den beiden Kasten haben. Um nun diese elektromotorische Kraft zu messen, wurden in die Schliessung eingeschaltet: ein Multiplicator, eine aus Silber und Argentan gebildete Thermokette, deren Löthstellen in jene beiden Oelmassen tauchten, und zwei Commutatoren, deren Zweck es war, den Strom im Multiplicator umzukehren und die beiden Ketten bald so in Verbindung zu setzen, dass sie einander verstärkten, bald so, dass sie einander entgegen wirkten. Jene Stellung des Würfels *w*, in welcher die basischen Flächen mit den Wänden der Kupferkasten in Berührung waren, so dass der Strom in der Richtung der Axe der Isotropie hindurchfloss, wurde als die axiale, jede der beiden anderen Stellungen als eine äquatoriale bezeichnet. Nach diesem Verfahren konnte das Verhältniss der elektromotorischen Kräfte der aus Silber und Argentan bestehenden und einer aus Silber und Wismuth oder Antimon zusammengesetzten Kette gemessen werden. Die an 4 Wismuthwürfeln und 2 Antimonwürfeln in axialer und äquatorialer Stellung erlangten Resultate zeigen indessen unter einander so bedeutende Abweichungen, dass ich auf eine Aufzählung derselben nicht eingehe.

5. Eine vollständigere quantitative Bestimmung der Abhängigkeit der thermo-elektromotorischen Kraft von der Richtung wurde von H. Bäckström[1] an demselben *Eisenglanz* von der Peder Ankers Grube auf der Insel Langö bei Krageró in Norwegen durchgeführt, der vorher zur Bestimmung des elektrischen Leitungsvermögens gedient hatte (S. 168).

An zwei Holzscheiben, von welchen die obere beweglich ist und mittelst einer Schraube heruntergedrückt werden kann, sind zwei Dosen von *Kupferblech* befestigt, zwischen welche der Krystall oder der Stab gelegt oder gestellt wird. Durch diese Kupferdosen kann Wasser oder Dampf geleitet werden. An jeder Dose ist ein Kupferdraht festgelöthet, welcher mit einem Lippmann'schen Capillarelektrometer mit Wassermanometer in Verbindung gesetzt werden kann. Bei dem guten Wärmeleitungsvermögen des Kupfers kann man annehmen, dass die Contactstelle zwischen der Dose und dem Krystall dieselbe Temperatur besitzt, wie der hindurchströmende Wasserstrom oder Dampfstrom, vorausgesetzt, dass nicht das Wärmeleitungsvermögen der angewandten Substanz sehr gross ist. Diesem Uebelstande wurde durch Aufeinanderlegen mehrerer Krystalle, also durch Erzeugen eines hinlänglich grossen Uebergangswiderstandes abgeholfen. Die Temperatur der oberen, vom Wasserdampf durchströmten Dose wurde also auf 100° angenommen; die Temperatur der unteren Dose wurde dadurch gemessen, dass der Wasserstrom unmittelbar nach dem Passiren durch die Dose ein Proberöhrchen durchströmte, in welches ein Thermometer hineingesteckt war. Haben die Dosen constante Temperatur angenommen, so werden sie mit dem Capillarelektrometer verbunden. Dabei zieht sich der Quecksilbermeniskus zurück; um ihn wieder in seine ursprüngliche Lage zu bringen, ist ein bei kleinen elektromotorischen Kräften der elektromotorischen Kraft proportionaler Druck nöthig, welcher mittelst eines Manometers gemessen und in Millimeter Wasserdruck ausgedrückt wird. Da die Empfindlichkeit des Elektrometers für sehr kleine elektromotorische Kräfte bestimmt war, konnte durch einfaches Multipliciren mit einem Reduktionsfaktor die thermoelektromotorische Kraft in Volt ausgedrückt werden.

[1] H. Bäckström: Beiträge zur Kenntniss der Thermoelekricität der Krystalle. Öfvers. K. Vetensk.-Akad. Förh. 1888, No. 8, 553.

Auf diesem Wege ergab sich, in Uebereinstimmung mit den Beobachtungen von R. Franz am Wismuth, dass alle zur Verticalaxe γ parallelen Flächen des Eisenglanz gleichwerthig sind, dass aber zwischen diesen Flächen und der Basis eine thermo-elektromotorische Kraft besteht.

Der Strom fliesst an der wärmeren Contactfläche	Thermo-elektromotorische Kraft in Volt für einen Grad	
von der Basis zum Kupfer	0,0002879	τ_γ
von den zur Axe der Isotropie parallelen Flächen zum Kupfer	0,0003138	τ_α
von den zur Axe der Isotropie parallelen Flächen zur Basis	0,0000259	

Für einen unter $\omega = 27^0\,15'$ gegen die Axe γ geneigten Stab betrug die thermoelektrische Kraft $\tau = 0{,}0002923$ Volt.

An dem im *rhombischen* System krystallisirenden *Arsenkies* wurde für die thermo-elektromotorische Kraft in Volt für einen Grad gefunden:

auf einer Fläche von (110) zu Kupfer . . . 0,0002410
" " " " (101) zu Kupfer . . . 0,0002429.

6. Ueber einen angeblichen Zusammenhang zwischen dem thermoelektrischen Verhalten und der Krystallform regulärer, pentagonal-hemiëdrischer Krystalle. — Im Jahre 1844 zeigte W. G. Hankel, dass sich *Kobaltglanz* von Tunaberg in Schweden in Oktaëdern krystallisirt gegen Kupfer negativ, dagegen in Hexaëdern positiv verhält. *Eisenkies* war gegen Kupfer in Combinationen des Hexaëders und Oktaëders negativ, dagegen in Pentagondodekaëdern π (210) und in Combinationen von π (210) mit einem Diploëder positiv.[1]

Unabhängig hiervon fand H. Marbach 1857, dass Krystalle von Eisenkies und Kobaltglanz nach ihrem thermoelektrischen Verhalten in zwei Klassen zerfallen, in der Weise, dass die Krystalle der einen Klasse in der thermoelektrischen Reihe jenseits des positiven Antimon, jene der anderen Klasse jenseits des negativen Wismuth zu stellen sind, so dass je zwei Krystalle der beiden Klassen einen stärkeren Thermostrom liefern als die Combination Antimon und Wismuth. Unter 58 Krystallen zeigten vier sogar an verschiedenen Stellen entgegengesetzte thermoelektrische Eigenschaften.[2]

Diese Beobachtungen wurden später von C. Friedel[3] und J. Strüver[4] bestätigt.

Darauf glaubte G. Rose[5] — gestützt auf die Prüfung von 179 Eisenkieskrystallen (unter denen sich 71 gegen Kupfer positive, 62 negative und 46 Krystalle mit positiven

[1] W. G. Hankel, Ueber die Thermoelektricität der Metalle und metallischen Mineralien. Pogg. Ann. **62**, 197, 1844.

[2] H. Marbach, Nouvelles relations entre les formes cristallines et les propriétés thermo-électriques. Compt. rend. **45**, 705, 1857.

[3] C. Friedel, Sur les propriétés pyro-électriques des cristaux bons conducteurs de l'électricité. Ann. chim. phys. (4) **17**, 79, 1869.

[4] J. Strüver, Studi sulla mineralogia italiana. Pirite del Piemonte e dell' Elba. Mem. d. R. Acad. delle Scienze di Torino. Class. di Sc. Fis. e Mat. (2) **26**, 1869.

[5] G. Rose, Ueber den Zusammenhang zwischen hemiëdrischer Krystallform und thermo-elektrischem Verhalten beim Eisenkies und Kobaltglanz. Monatsber. Berlin.

und negativen Stellen befanden) und 19 Kobaltglanzkrystallen — den Satz aufstellen zu können, dass ein *Zusammenhang des thermoelektrischen Verhaltens dieser Körper mit ihrer Hemiëdrie* stattfinde. Es sollten die in der thermoelektrischen Reihe auf der Seite des Antimon stehenden (positiven) Krystalle sich von den auf der Seite des Wismuth stehenden (negativen) Krystallen krystallographisch dadurch unterscheiden, dass jene von hemiëdrischen Formen der ersten Ordnung, diese von Formen zweiter Ordnung begrenzt werden. Krystalle mit positiven und negativen Stellen wurden als Ergänzungszwillinge gedeutet.

Indessen hatte J. Stefan[1] schon 1865 nachgewiesen, dass sich der in der *holoëdrischen* Gruppe des regulären Systems krystallisirende *Bleiglanz* in thermoelektrischer Beziehung gegen Kupfer bald positiv, bald negativ verhält, und später haben A. Schrauf und Edw. Dana[2] noch mehrere holoëdrisch krystallisirende Mineralien von ähnlichem Verhalten gefunden.

Auch C. Friedel[3] hat dargelegt, dass der von G. Rose als unzweifelhaft hingestellte Satz keineswegs als bewiesen gelten kann.

7. Beobachtungen von C. Friedel an regulären, tetraëdrisch-hemiëdrischen Krystallen. — Wird eine planparallele, auf einer polaren 3-zähligen Symmetrieaxe senkrecht stehende Platte von *Fahlerz* eingeklemmt in eine aus zwei isolirten Platindrähten gebildete Zange, die mit einem Galvanometer in Verbindung steht, so wird nach den Angaben von C. Friedel[4] durch die gleichförmige Erwärmung der Platte in einem Wasserbade ein elektrischer Strom hervorgerufen, welcher stets von der auf der Seite einer Tetraëderecke des Krystalls gelegenen Begrenzungsebene der Platte nach der gegenüberliegenden, zu einer Tetraëderfläche parallelen Grenzebene hin gerichtet ist.

Eine wesentliche Schwierigkeit dieser Versuchsanordnung besteht in der Herstellung genau gleich grosser Contactstellen zwischen den Platindrähten und den Plattenebenen. Geringe Verschiedenheiten in den Contacten genügen, um unabhängig von der besonderen krystallographischen Beschaffenheit der Platte bei Temperaturänderungen Thermoströme zu erzeugen.

8. Die von W. Thomson entdeckten umkehrbaren Wärmeeffecte und thermoelektrischen Erregungen elektrischer Ströme in homogenen Krystallen.[5] — Nachdem W. Thomson 1851 aus den beiden Hauptsätzen der Thermodynamik

---

Akad. 1870, 327. Pogg. Ann. **142,** 1, 1871. — Diese Abhandlung enthält nur Resultate, eine genauere Beschreibung ist nicht erschienen.

Vgl. P. Groth, Ueber die Krystallform und die thermoelektrischen Eigenschaften des Speiskobalt (Pogg. Ann. **152**, 249, 1874) und die Bemerkungen von M. Bauer über diese letztere Abhandlung (Zeitschr. deutsch. geol. Ges. **27**, 246, 1875).

[1] J. Stefan, Ueber einige Thermoelemente von grosser elektromotorischer Kraft. Sitzungsber. Wien. Akad. **51,** (2), 260, 1865. Pogg. Ann. **124,** 632, 1865.

[2] A. Schrauf und Edw. Dana, Notiz über die thermoelektrischen Eigenschaften von Mineralvarietäten. Sitzungsber. Wien. Akad. **69,** (1), 142, 1874. Amer. J. of Sc. (3) **8,** 255, 1875.

[3] C. Friedel, Sur les relations pouvant exister entre les propriétés thermo-électriques et la forme cristalline. Compt. rend. **78,** 508, 1874.

[4] C. Friedel, Ann. chim. phys. (4) **17,** 93, 1869.

[5] W. Thomson, A Mechanical Theory of Thermo-electric Currents in Crystalline Solids (Abstract). Proc. R. Soc. Edinburgh. **3,** 255, May 1854. — On the Dynamical Theory of Heat. Part VI: Thermo-electric Currents. §§ 147—155: On Thermo-electric Currents in Linear Conductors of Crystalline Substance. §§ 156—170: On the Thermal Effects and the Thermo-electric Excitation of Electrical Currents in Homogeneous Crystalline Solids. §§ 172—181: On the general Equations of Thermo-electric Action

eine Theorie der thermoelektrischen Ströme in linearen *isotropen* Leitern entwickelt hatte, in welcher er namentlich die Abhängigkeit der umkehrbaren Wärmewirkungen eines Stromes von der elektromotorischen Kraft und den Temperaturen an den Contactstellen und im Inneren der Leiter des Stromkreises feststellte, gab er im Jahre **1854** eine Erweiterung dieser Theorie auf leitende, in thermoelektrischer Beziehung *anisotrope* Krystalle. Die von ihm auf diesem Wege entdeckten Vorgänge weichen von allen bis dahin bekannt gewordenen thermoelektrischen Erscheinungen ab und können ihrer Natur nach nur in thermoelektrisch anisotropen Körpern auftreten.

In jenen *isotropen* Leitern beschränken sich die mit der Stromrichtung umkehrbaren Wärmewirkungen eines Stromes auf Wärmeentwickelungen oder Wärmeabsorptionen an der *Contactstelle zweier Leiter* (Peltier-Effect) und auf die Erzeugung oder die Absorption von Wärme im *Inneren eines ungleichmässig erwärmten Leiters* (Thomson-Effect).

Es befinde sich nun in dem Kreise eines stationären Stromes ein parallelepipedisch gestalteter Stab aus einem leitenden *Krystall,* der nicht dem regulären System angehört und demnach die in [3] beschriebene charakteristische Eigenschaft besitzt. Die Längsrichtung des Stabes sei beliebig gewählt und jedenfalls nicht einer Symmetrieaxe parallel. Ist dieser Stab in seiner ganzen Ausdehnung *gleichmässig erwärmt,* so muss, wie W. Thomson gezeigt hat, ein in der Längsrichtung fliessender Strom *Wärmewirkungen auf den Seitenflächen* des Stabes erzeugen. Findet auf einer Seitenfläche eine Wärmeentwickelung statt, so erfolgt auf der gegenüberliegenden Fläche eine gleich grosse Wärmeabsorption.

Es mögen jetzt zwei einander gegenüberliegende Seitenflächen jenes Stabes auf *verschiedenen,* die beiden Endflächen desselben auf gleichen Temperaturen erhalten werden. Verbindet man dann die Endflächen durch einen homogenen, gleichmässig erwärmten, leitenden Schliessungsbogen, so ergiebt die W. Thomson'sche Theorie, dass ein *elektrischer Strom* erregt wird, der nach der *Längsrichtung* des Stabes und durch den Schliessungsbogen fliesst.

9. Umkehrbare Wärmeeffecte, welche durch elektrische Ströme in gleichförmig erwärmten Krystallen mit einer Axe der Isotropie hervorgerufen werden. — Wir wenden uns nun zu der Ableitung der soeben charakterisirten Vorgänge und beginnen mit der Untersuchung der thermoelektrischen Erscheinungen in einem Stabe aus einem Krystall des hexagonalen oder tetragonalen Systems, der longitudinal in einen, aus dem isotropen Normalmetall $\mathfrak{M}$ hergestellten Stromkreis eingeschaltet ist.

in any homogeneous or heterogeneous crystallized or noncrystallized solid. Trans. R. Soc. Edinburgh **21,** 153, 1857 (Read 1 May 1854). Phil. Mag. (4) **11,** 379, 433, 1856. — Experimental Researches in Thermo-electricity. § III: On Thermo-electricity in crystalline metals, and in metals in a state of mechanical strain. Proc. R. Soc. London. **7,** 49, May 1854. — Diese Abhandlungen sind gesammelt in: Math. and phys. Papers. Cambridge 1882, **1,** 324, 266, 467.

Der Stab habe die Gestalt eines rechtwinkligen Parallelepipeds mit den Kantenlängen a, b, l (Fig. 101). Die vordere und die hintere Seitenfläche mit dem Flächeninhalt bl seien parallel zum Hauptschnitt der Längsrichtung l, d. h. zu einer gleichzeitig der Richtung l und der Axe der Isotropie OZ parallel laufenden Ebene. Alsdann ist jede zu diesen Seitenflächen parallele Ebene eine thermoelektrische Symmetrieebene, und die Kanten a des Stabes haben die Richtung einer Symmetrieaxe von der Periode 2. Der Winkel (lZ) werde $= \omega$ gesetzt.

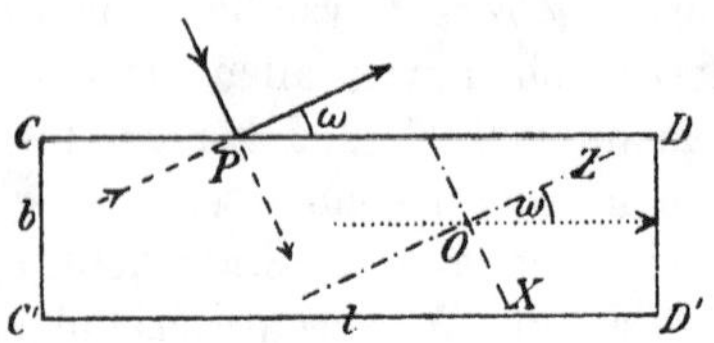

Fig. 101.

Fliesst durch eine Endfläche des Stabes, deren Inhalt ab ist, in der Zeiteinheit die Elektricitätsmenge $\mathfrak{Q}$, so möge die Strömung durch diese Fläche (die Stromintensität für die Flächeneinheit) hinfort bezeichnet werden mit $U = \mathfrak{Q}/ab$.

Ferner seien τ_γ und τ_α die thermoelektrischen Kräfte zwischen dem Normalmetall und zwei Stäben, die parallel und senkrecht zur Axe der Isotropie OZ aus dem Krystall geschnitten sind.

Diese Definitionen vorausgeschickt, betrachten wir zunächst einen in seiner ganzen Ausdehnung *gleichförmig erwärmten* Stab.

I. Wärmeeffecte an der oberen und der unteren Seitenfläche des Stabes.

Wir setzen voraus, dass ein stationärer elektrischer Strom den Stab in seiner Längsrichtung l von links nach rechts (Fig. 101) durchfliesse. Dann können wir uns vorstellen, dass *die in irgend einem Punkte P der oberen Seitenfläche vorhandene Strömung U zerlegt werde in zwei Componenten U_γ* und U_α nach der Axe der Isotropie OZ und derjenigen zu OZ senkrechten Richtung OX, welche in die durch P gehende Symmetrieebene $CDD'C'$ (die Ebene der Zeichnung in Fig. 101) fällt. Diese Strömungscomponenten sind demnach gegeben durch:

$$U_\gamma = U \cos\omega, \qquad U_\alpha = U \sin\omega.$$

Es ist jetzt die Annahme gestattet, dass die Componente U_γ einem Strome angehört, welcher den Stab in der Richtung OZ kreuzt und durch die obere Seitenfläche CD in einen aus dem Normalmetall gebildeten Conductor *austritt*, während die Componente U_α einem aus demselben Conductor durch CD *eintretenden* und den Stab in der Richtung OX durchschreitenden Strome entspricht. Denn diese Annahme kommt darauf hinaus, in dem supponirten, an die obere Seitenfläche angrenzenden Conductor $\mathfrak{M}$ einen *parallel* CD fliessenden resultirenden Strom vorauszusetzen, der indessen, da jenes Normalmetall isotrop sein soll, keinen Einfluss auf die thermischen Wirkungen an den Seitenflächen oder im Innern des Stabes gewinnen kann.

Jeder dieser beiden Ströme wird an der Contactfläche CD des Stabes und des Normalmetalls einen *Peltier-Effect* hervorrufen.

Nun sind die Neigungswinkel von U_γ und U_α gegen die Normale der oberen Seitenfläche $90^0 - \omega$ und ω. Demnach erhalten wir für die Stärke des an der Stelle P nach der Richtung der Normale der Contactfläche aus dem Stabe *austretenden* Stromes den Werth (per Flächeneinheit): $U_b = U_\gamma \cos(90^0 - \omega)$ und für die Stärke des nach dieser Richtung in den Stab *eintretenden* Stromes: $U_b' = U_\alpha \cos\omega$, so dass:

$$U_b = U_b' = U \cos\omega \sin\omega.$$

Mithin finden nach dem für die Peltier'sche Wärme geltenden Gesetze an der Contactfläche per Flächeneinheit und Zeiteinheit die Wärmeabsorptionen statt:

$$Q = -\frac{1}{J} \cdot U_b \cdot \vartheta \cdot \tau_\gamma, \qquad Q' = \frac{1}{J} \cdot U_b' \cdot \vartheta \cdot \tau_\alpha,$$

worin J das mechanische Aequivalent der Wärmeeinheit und ϑ die absolute Temperatur der Contactfläche bedeuten.

Nach dem allgemeinen Principe der Superposition thermoelektrischer Wirkungen ist die Summe $Q + Q'$ der Betrag der Wärmeabsorption per Flächeneinheit und Zeiteinheit, falls beide Ströme gleichzeitig vorhanden sind. Nun ist aber die Resultante dieser Ströme lediglich der ursprünglich gegebene longitudinale Strom in dem Stabe. Daraus folgt: *durchfliesst ein stationärer elektrischer Strom von der Intensität U per Flächeneinheit den gleichmässig erwärmten Stab in der Längsrichtung l, so erzeugt derselbe an der oberen Seitenfläche CD eine Wärmeabsorption im Betrage:*

$$\text{(I)} \qquad \frac{1}{J} \cdot U \cos\omega \sin\omega \cdot \vartheta \cdot (\tau_\alpha - \tau_\gamma)$$

per Flächeneinheit und Zeiteinheit, demnach an der ganzen Seitenfläche CD in der Zeiteinheit die Wärmeabsorption:

$$\frac{1}{J} \cdot Ual \cos\omega \sin\omega \cdot \vartheta \cdot (\tau_\alpha - \tau_\gamma).$$

Eine analoge Betrachtung lehrt, dass *gleichzeitig eine gleich grosse Wärmeentwickelung an der unteren Seitenfläche $C'D'$ stattfindet.*

Diese Wärmeeffecte sind ganz unabhängig von dem Mittel, welches die Seitenflächen des Stabes umgiebt, da der in dieser Betrachtung supponirte, an den Stab angrenzende Conductor $\mathfrak{M}$ keinen Einfluss auf die Erscheinung ausüben kann. Sie verschwinden für $\omega = 0^0$ oder 90^0, d. h. für Stäbe, deren Längsrichtungen zur Axe der Isotropie parallel oder senkrecht liegen; in diesen Fällen haben die Seitenflächen CD und $C'D'$ die Richtungen von thermoelektrischen Symmetrieebenen. —

An der *vorderen* und der *hinteren* Seitenfläche kann in keinem Falle ein durch den Strom hervorgerufener Wärmeeffect eintreten, da diese Flächen die Richtung einer Symmetrieebene besitzen.

II. Wärmeeffecte an den Endflächen des Stabes.

Zerlegen wir nun die an einem Punkte P der Fläche CC', durch welche der Strom aus dem Normalmetall $\mathfrak{M}$ in den Stab eintritt, vorhandene Strömung U in die Componenten U_γ und U_α nach OZ und OX, so sind die nach der Normale l jener Fläche genommenen Componenten von U_γ und U_α:

$$U_l = U_\gamma \cos\omega, \qquad U_l' = U_\alpha \sin\omega; \qquad U_l + U_l' = U.$$

Demnach erfolgt nach dem Gesetze für die Peltier'sche Wärme an der *Eintrittsfläche* per Flächeneinheit und Zeiteinheit die Wärmeabsorption:

$$\text{(II)} \quad \frac{1}{J} \cdot U_l \,.\, \vartheta \,.\, \tau_\gamma + \frac{1}{J} \cdot U_l' \,.\, \vartheta \,.\, \tau_\alpha, \quad \text{oder:} \quad \frac{1}{J} \cdot U \,.\, \vartheta\,(\tau_\gamma \cos^2\omega + \tau_\alpha \sin^2\omega).$$

Eine Wärmeentwickelung von demselben Betrage findet gleichzeitig an der *Austrittsfläche* DD' statt.

Bezeichnet man den in Klammern eingeschlossenen Faktor des Ausdruckes (II) mit τ, so ist ersichtlich,[1] *dass die Abhängigkeit des an einer Endfläche durch den Strom hervorgerufenen Peltier-Effectes von der Längsrichtung des Stabes durch die Quadrate der Radien* $\sqrt{\tau}$ *des Umdrehungsovaloids:*

$$\tau_\gamma \cos^2\omega + \tau_\alpha \sin^2\omega = \tau$$

repräsentirt werden kann. Die Richtung der Umdrehungsaxe ist durch die Axe der Isotropie OZ bestimmt. Die Längen der Halbaxen parallel und senkrecht zu OZ sind gegeben durch $\sqrt{\tau_\gamma}$ und $\sqrt{\tau_\alpha}$.

10. Elektromotorische Kräfte, welche durch ungleichmässige Temperaturvertheilungen in Krystallen mit einer Axe der Isotropie hervorgerufen werden. — Auf das in [9] erhaltene Resultat gestützt, untersuchen wir jetzt das thermoelektrische Verhalten jenes Stabes, wenn zwei einander gegenüberliegende Begrenzungsflächen desselben auf gleichförmig vertheilten, aber *verschiedenen* Temperaturen ϑ_1 und ϑ_1' gehalten werden.

I. Auf den Seitenflächen CD und $C'D'$ herrschen verschiedene Temperaturen ϑ_1 und ϑ_1', auf den Endflächen CC' und DD' dagegen übereinstimmende Temperaturen ϑ_0.

Wieder befinde sich der Stab in einem aus dem Normalmetall gebildeten Stromkreise. Dann wird ein in der Längsrichtung von links nach rechts (Fig. 101) durch den Stab fliessender Strom jedenfalls die eben betrachteten umkehrbaren Wärmewirkungen hervorrufen, nämlich in der Zeiteinheit:

1. an der oberen Seitenfläche CD die Wärmeabsorption

$$\frac{1}{J}\,\vartheta_1\,(\tau_\alpha - \tau_\gamma)\cos\omega\sin\omega \,.\, Ual,$$

[1] Th. Liebisch, Ueber thermoelektrische Ströme in Krystallen. Nachr. Ges. d. Wiss. Göttingen 1889, No. 20, S. 531.

2. an der unteren Seitenfläche $C'D'$ die Wärmeentwickelung

$$\frac{1}{J}\vartheta_1'(\tau_\alpha - \tau_\gamma)\cos\omega\sin\omega\,.\,Ual,$$

3. an der linken Endfläche CC' die Wärmeabsorption

$$\frac{1}{J}\vartheta_0(\tau_\gamma\cos^2\omega + \tau_\alpha\sin^2\omega)\,.\,Uab,$$

4. an der rechten Endfläche DD' eine Wärmentwickelung von demselben Betrage. Wir bezeichnen diese Werthe in der Folge der Kürze wegen mit:

$$\Omega(\vartheta_1)\,.\,Ual,\qquad \Omega(\vartheta_1')\,.\,Ual,\qquad \Pi(\vartheta_0)\,.\,Uab.$$

Bilden wir nun die Summe der einzelnen Wärmewirkungen, so heben sich die an den Endflächen erzeugten Wirkungen gegenseitig auf, und es bleibt nur die Wärmeabsorption:

$$[\Omega(\vartheta_1) - \Omega(\vartheta_1')]\,.\,Ual.$$

Diese umkehrbare Wärmewirkung ist dem zweiten Hauptsatz der Thermodynamik unterworfen. Demnach muss:

$$\left[\frac{\Omega(\vartheta_1)}{\vartheta_1} - \frac{\Omega(\vartheta_1')}{\vartheta_1'}\right]\cdot Ual = 0$$

sein. Damit dieser Ausdruck verschwindet, muss entweder der Factor $\Omega(\vartheta_1)/\vartheta_1 - \Omega(\vartheta_1')/\vartheta_1'$ der Null gleich sein, oder es muss eine bislang noch nicht berücksichtigte umkehrbare Wärmewirkung existiren. Nun ist aber mit einer an Gewissheit grenzenden Wahrscheinlichkeit anzunehmen, dass sich der Werth des Quotienten $\Omega(\vartheta)/\vartheta$ auch für Krystalle mit dem Werthe der Temperatur ϑ ändert, so dass jener Factor in der That von Null verschieden ist. Daher wird im Allgemeinen neben den in [9] untersuchten, an einem gleichförmig erwärmten Stabe allein in Betracht kommenden Wärmewirkungen in dem vorliegenden Falle eines Stabes mit ungleich erwärmten Seitenflächen CD und $C'D'$ *noch eine andere umkehrbare Wärmewirkung* vorhanden sein, die nothwendig im *Inneren* des Stabes stattfinden muss.

Beachten wir, dass der Stab homogen und die Einwirkung des Stromes in der ganzen Ausdehnung des Stabes eine gleichmässige sein soll. Die neue Wärmewirkung wird daher an allen Stellen einer zur Längsrichtung parallelen Geraden dieselbe sein. In einem Querschnitte des Stabes aber ändert sich in einer zur Kantenrichtung b parallelen Geraden die Temperatur von Punkt zu Punkt. Wäre die Temperatur in der Richtung b constant, so würde eben die in Rede stehende Wärmewirkung nicht eintreten; mithin wird dieselbe an einer beliebigen Stelle O dem hier vorhandenen Temperaturgefäll in der Richtung der Kante b, $d\vartheta/db$, proportional sein. Wir können daher für den Betrag der während der Zeiteinheit durch einen Strom mit der Strömung U in der Volumeneinheit des Stabes hervorgerufenen Wärmeabsorption setzen:

$$\chi\cdot U\cdot\frac{d\vartheta}{db},$$

worin χ einen noch unbekannten, von der Natur des Krystalls abhängigen Factor bedeutet, der constant oder eine Function der Temperatur ϑ sein mag. Folglich ist die Wärmeabsorption in einer zur Ebene der Fig. 101 senkrechten Schicht des Stabes von der Breite a, der Länge l und der Dicke db gegeben durch:

$$\chi\, U \frac{d\vartheta}{db} a l db \quad \text{oder} \quad \chi U a l d\vartheta,$$

und die gesammte, während der Zeiteinheit durch den Strom in dem Stabe hervorgerufene Wärmeabsorption hat den Werth:

$$(1) \qquad \left[\Omega(\vartheta_1) - \Omega(\vartheta_1') + \int_{\vartheta_1'}^{\vartheta_1} \chi\, d\vartheta\right].\, Ual.$$

Die Grösse χ ist jetzt durch die Bedingung zu bestimmen, welche der zweite Hauptsatz der Thermodynamik für diese umkehrbare Wärmewirkung liefert:

$$\frac{\Omega(\vartheta_1)}{\vartheta_1} - \frac{\Omega(\vartheta_1')}{\vartheta_1} + \int_{\vartheta_1'}^{\vartheta_1} \frac{\chi}{\vartheta} d\vartheta = 0.$$

Denn aus dieser Gleichung folgt:

$$\frac{\chi}{\vartheta} = -\frac{d}{d\vartheta}\left(\frac{\Omega}{\vartheta}\right).$$

Trägt man den hierdurch gegebenen Werth von χ in (1) ein, *so ergiebt sich nunmehr für die gesammte, während der Zeiteinheit durch den Strom in dem Stabe hervorgerufene Wärmeabsorption der Ausdruck:*

$$(2) \qquad Ual \int_{\vartheta_1'}^{\vartheta_1} \frac{\Omega}{\vartheta} d\vartheta,$$

worin nur noch gegebene Grössen auftreten.

Das mechanische Aequivalent dieser Wärmeabsorption ist die durch den Strom in der Zeiteinheit geleistete Arbeit: $UabF$, wenn mit F die elektromotorische Kraft bezeichnet wird. Demnach findet die Beziehung statt:

$$UabF = J.\, Ual \int_{\vartheta_1'}^{\vartheta_1} \frac{\Omega}{\vartheta} d\vartheta$$

oder:

$$(a) \qquad F = J \frac{l}{b} \int_{\vartheta_1'}^{\vartheta_1} \frac{\Omega}{\vartheta} d\vartheta = \cos\omega \sin\omega \cdot \frac{l}{b} \cdot \int_{\vartheta_1'}^{\vartheta_1} (\tau_\alpha - \tau_\gamma)\, d\vartheta.$$

Wir können daher den Satz aussprechen: *werden die obere und die untere Seitenfläche CD und $C'D'$ des Stabes auf verschiedenen Temperaturen ϑ und ϑ', die beiden Endflächen CC' und DD' dagegen auf gleichen Temperaturen gehalten, und werden alsdann diese Endflächen durch einen homogenen, gleichmässig erwärmten Schliessungsbogen aus dem Normalmetall verbunden, so wird ein elektrischer Strom erregt, welcher nach der Längsrichtung des Stabes* *fliesst mit der elektromotorischen Kraft F, die als Funktion jener Temperaturen ϑ, ϑ', der thermoelektrischen Kräfte τ_α, τ_γ, des Winkels ω, der Länge l und der Dicke b des Stabes gegeben ist durch* (a).

Aus der Relation (a) ist ersichtlich, dass die elektromotorische Kraft F verschwindet für $\omega = 0^0$ oder 90^0, d. h. für Stäbe, deren Längsrichtung zur Axe der Isotropie parallel oder senkrecht liegt; in diesen Fällen ist die Längsrichtung eine thermoelektrische Symmetrieaxe.

II. Auf den Endflächen CC' und DD' herrschen verschiedene Temperaturen ϑ_0 und ϑ_0', auf den Seitenflächen CC und $C'D'$ dagegen übereinstimmende Temperaturen ϑ_1.

Eine analoge Betrachtung, in der an die Stelle von $\Omega(\vartheta_1)$, $\Omega(\vartheta_1')$, b, db die Grössen $\Pi(\vartheta_0)$, $\Pi(\vartheta_0')$, l, dl treten, zeigt, dass in dem vorliegenden Falle ein elektrischer Strom entsteht, dessen elektromotorische Kraft gegeben ist durch:

(b)
$$F = J\int_{\vartheta_0'}^{\vartheta_0} \frac{\Pi}{\vartheta}\, d\vartheta = \int_{\vartheta_0'}^{\vartheta_0} (\tau_\gamma \cos^2\omega + \tau_\alpha \sin^2\omega)\, d\vartheta.$$

Die Abhängigkeit der thermoelektrischen Kraft:

(b*)
$$\frac{dF}{d\vartheta} = \tau_\gamma \cos^2\omega + \tau_\alpha \sin^2\omega = \tau$$

von der Längsrichtung des Stabes wird demnach durch dasselbe Umdrehungsovaloid dargestellt, welches die Abhängigkeit des Peltier-Effectes an den Endflächen des Stabes von jener Richtung angiebt (S. 178). Dieses Resultat war zu erwarten, da der Peltier-Effect der thermoelektrischen Kraft und der absoluten Temperatur proportional ist.

Aus (b) folgt:

$$\frac{dF}{dl} = (\tau_\gamma \cos^2\omega + \tau_\alpha \sin^2\omega)\frac{d\vartheta}{dl} = \tau\,\frac{d\vartheta}{dl}$$
$$\frac{\partial F}{\partial z} = \tau_\gamma \frac{\partial \vartheta}{\partial z}, \quad \frac{\partial F}{\partial x} = \tau_\alpha \frac{\partial \vartheta}{\partial x}.$$

Demnach ist das Gefäll der elektromotorischen Kraft nach einer gegebenen Richtung gleich dem Produkte der thermoelektrischen Kraft und des Temperaturgefälles nach dieser Richtung.

Wenden wir die Gleichung (b*) auf Bäckström's Messungen am *Eisenglanz* an, so erhalten wir aus den auf S. 173 mitgetheilten Werthen:

$$\tau_\gamma = 0{,}0002879, \quad \tau_\alpha = 0{,}0003138, \quad \omega = 27^0\, 15'$$

für die thermoelektrische Kraft $\tau = 0{,}0002933$. Demnach herrscht eine befriedigende Uebereinstimmung zwischen diesem berechneten und dem beobachteten Betrage ($\tau = 0{,}0002923$).

11. Elementargesetze der thermoelektrischen Erscheinungen. — Diese Ergebnisse gestatten uns jetzt die Elementargesetze der thermoelektrischen Erscheinungen für den allgemeinsten Fall eines unsymmetrischen leitenden Krystalls anzugeben.

I. Die umkehrbaren Wärmewirkungen eines elektrischen Stromes in einem gleichförmig erwärmten leitenden Krystall des triklinen Systems.

Ein rechtwinkliges Parallelepiped mit den Kantenlängen a_1, a_2, a_3 aus einem homogenen leitenden Krystall des triklinen Systems sei vollständig eingebettet in das homogene isotrope Normalmetall $\mathfrak{M}$. Der in einer gegebenen Richtung hindurchfliessende stationäre elektrische Strom habe nach den Richtungen jener Kanten die Strömungscomponenten U_1, U_2, U_3. Das Parallelepiped werde in allen seinen Punkten auf der absoluten Temperatur ϑ erhalten.

Ferner sollen mit Q_1, Q_2, Q_3 die in der Zeiteinheit an denjenigen Seitenflächen $a_2 a_3$, $a_3 a_1$, $a_1 a_2$, an welchen die positiven Strömungscomponenten eintreten, absorbirten Wärmemengen bezeichnet werden. Dieselben Wärmemengen werden in derselben Zeit an den gegenüberliegenden Seitenflächen entwickelt.

Unter diesen Voraussetzungen ist aus den in [9] gewonnenen Ergebnissen zu entnehmen, *dass die Peltier'schen Wärmen Q_1, Q_2, Q_3 homogene und lineare Functionen der Strömungscomponenten U_1, U_2, U_3 sind*, von der Form:

$$\begin{aligned} Q_1 &= a_2 a_3 \frac{\vartheta}{J}(\tau_{11} U_1 + \tau_{12} U_2 + \tau_{13} U_3) \\ Q_2 &= a_3 a_1 \frac{\vartheta}{J}(\tau_{21} U_1 + \tau_{22} U_2 + \tau_{23} U_3) \\ Q_3 &= a_1 a_2 \frac{\vartheta}{J}(\tau_{31} U_1 + \tau_{32} U_2 + \tau_{33} U_3). \end{aligned} \tag{1}$$

Hierin bedeutet J wieder das mechanische Aequivalent der Wärmeeinheit. Die neun Coëfficienten τ_{hk} sind die für den Krystall charakteristischen thermoelektrischen Kraftcomponenten.

Ist der Krystall an einer Stelle P seiner Oberfläche gegen das Normalmetall durch ein Flächenstück begrenzt, dessen Normale in P die Richtung n hat, so ist die per Flächeneinheit und Zeiteinheit an dieser Stelle absorbirte Wärmemenge Q gegeben durch:

$$Q = \frac{\vartheta}{J} \sum_{h,k=1}^{3} \tau_{hk} U_k \cos(n a_h).$$

II. Die elektromotorischen Kräfte, welche durch eine ungleichmässige Temperaturvertheilung in einem leitenden Krystall des triklinen Systems erzeugt werden.

Werden jetzt einander gegenüberliegende Seitenflächen des Parallelepipeds auf verschiedenen Temperaturen gehalten, so wird dadurch ein elektrischer Strom hervorgerufen. Es sei ein rechtwinkliges Axensystem X_1, X_2, X_3 parallel zu den Kantenrichtungen des Parallelepipeds durch den Mittelpunkt O desselben gelegt. Die nach der Axe X_h genommene Componente des stärksten Temperaturgefälles an der Stelle $P(x_1, x_2, x_3)$, $\partial \vartheta / \partial x_h$, welche gleich dem Quotienten aus der Temperaturdifferenz der zu X_h senkrechten Seitenflächen und der Kantenlänge a_h ist, soll positiv gerechnet werden, wenn die Temperatur in der Richtung der positiven, zu X_h parallelen Strömungscomponente U_h zunimmt.

Aus den Darlegungen in [10] folgt nun, *dass die Componenten des Gefälles der elektromotorischen Kraft F homogene und lineare Functionen der Componenten des Temperaturgefälles sind*, in denen die thermoelektrischen Kraftcomponenten τ_{hk} als Coëfficienten auftreten. Beachten wir noch, dass nach den soeben gewonnenen Relationen (I) ein in der Richtung X_h fliessender Strom Wärmewirkungen Q_1, Q_2, Q_3 hervorruft, die von τ_{1h}, τ_{2h}, τ_{3h} abhängen, so ergiebt sich für das in Rede stehende Elementargesetz:

$$\text{(II)}\qquad \begin{aligned} \frac{\partial F}{\partial x_1} &= -\left(\tau_{11}\frac{\partial \vartheta}{\partial x_1} + \tau_{21}\frac{\partial \vartheta}{\partial x_2} + \tau_{31}\frac{\partial \vartheta}{\partial x_3}\right) \\ \frac{\partial F}{\partial x_2} &= -\left(\tau_{12}\frac{\partial \vartheta}{\partial x_1} + \tau_{22}\frac{\partial \vartheta}{\partial x_2} + \tau_{32}\frac{\partial \vartheta}{\partial x_3}\right) \\ \frac{\partial F}{\partial x_3} &= -\left(\tau_{13}\frac{\partial \vartheta}{\partial x_1} + \tau_{23}\frac{\partial \vartheta}{\partial x_2} + \tau_{33}\frac{\partial \vartheta}{\partial x_3}\right). \end{aligned}$$

Hierin sind rechts negative Vorzeichen gewählt, damit für die nach den positiven Richtungen der Strömungscomponenten genommenen Componenten der elektromotorischen Kraft positive Werthe gelten.

Bezeichnen wir mit ξ die Richtung des stärksten Temperaturgefälles an der Stelle P, so sind die Componenten desselben:

$$\frac{\partial \vartheta}{\partial x_h} = \frac{d\vartheta}{d\xi}\cos(\xi X_h) \qquad (h = 1, 2, 3).$$

Demnach hat die nach ξ genommene Componente der elektromotorischen Kraft:

$$\frac{dF}{d\xi} = \frac{\partial F}{\partial x_1}\cos(\xi X_1) + \frac{\partial F}{\partial x_2}\cos(\xi X_2) + \frac{\partial F}{\partial x_3}\cos(\xi X_3)$$

mit Rücksicht auf (II) den Werth:

$$\frac{dF}{d\xi} = -\sum_{h,k=1}^{3}\tau_{hk}\frac{\partial \vartheta}{\partial x_h}\cos(\xi X_k) = -\sum_{h,k=1}^{3}\tau_{hk}\cos(\xi X_h)\cos(\xi X_k)\cdot\frac{d\vartheta}{d\xi}.$$

Folglich erhalten wir für *die thermoelektrische Kraft τ in der Richtung ξ des stärksten Temperaturgefälles:*

$$\text{(II*)}\qquad \tau = \frac{dF}{d\vartheta} = \sum_{h,k=1}^{3}\tau_{hk}\cos(\xi X_h)\cos(\xi X_k),$$

worin rechts das negative Vorzeichen fortgelassen ist, da hinfort τ positiv gerechnet werden soll, wenn die elektromotorische Kraft von einer wärmeren nach einer kälteren Stelle des Krystalls hin gerichtet ist.

Hieraus ist ersichtlich, dass wir zwei verschiedene Oberflächen benutzen können, um die Abhängigkeit der thermoelektrischen Kraft τ von der Richtung ξ des stärksten Temperaturgefälles und von den Werthen der neun thermoelektrischen Constanten τ_{hk} geometrisch darzustellen.[1] Setzen wir zunächst:

$$\frac{1}{\sqrt{\tau}} \cos(\xi X_h) = y_h, \qquad y_1^2 + y_2^2 + y_3^2 = \frac{1}{\tau},$$

so geht die Gleichung (II*) über in:

$$\text{(E)} \qquad \begin{aligned} 1 = \tau_{11} y_1^2 + \tau_{22} y_2^2 + \tau_{33} y_3^2 + (\tau_{23} + \tau_{32}) y_2 y_3 \\ + (\tau_{31} + \tau_{13}) y_3 y_1 + (\tau_{12} + \tau_{21}) y_1 y_2. \end{aligned}$$

Andererseits erhalten wir durch die Substitution:

$$\sqrt{\tau} \cos(\xi X_h) = x_h, \qquad x_1^2 + x_2^2 + x_3^2 = \tau,$$

den Ausdruck:

$$\text{(F)} \qquad (x_1^2 + x_2^2 + x_3^2)^2 = \sum_{h,k=1}^{3} \tau_{hk} x_h x_k.$$

Betrachten wir nun y_1, y_2, y_3 und x_1, x_2, x_3 als Punktcoordinaten in dem Coordinatensytem X_1, X_2, X_3, so bedeutet (E) die Gleichung eines *Ellipsoids* und (F) die Gleichung eines *Ovaloids*. Der gemeinsame Mittelpunkt dieser Oberflächen ist der Anfangspunkt O. Auf einer von O ausgehenden Geraden schneidet das Ellipsoid die Strecke $1/\sqrt{\tau}$ und das Ovaloid die Strecke $\sqrt{\tau}$ ab. Wählen wir jetzt zu Coordinatenaxen die in ihren Richtungen übereinstimmenden Hauptaxen $\mathfrak{X}_1, \mathfrak{X}_2, \mathfrak{X}_3$ der beiden Oberflächen, so gehen die Gleichungen derselben über in:

$$\text{(E)} \qquad 1 = \mathfrak{t}_1 \mathfrak{y}_1^2 + \mathfrak{t}_2 \mathfrak{y}_2^2 + \mathfrak{t}_3 \mathfrak{y}_3^2,$$

$$\text{(F)} \qquad (\mathfrak{z}_1^2 + \mathfrak{z}_2^2 + \mathfrak{z}_3^2)^2 = \mathfrak{t}_1 \mathfrak{z}_1^2 + \mathfrak{t}_2 \mathfrak{z}_2^2 + \mathfrak{t}_3 \mathfrak{z}_3^2,$$

wenn mit $1/\sqrt{\mathfrak{t}_h}$, $(h = 1, 2, 3)$, die Halbaxen des Ellipsoids und mit $\sqrt{\mathfrak{t}_h}$ die Halbaxen des Ovaloids bezeichnet werden.[2]

Das Resultat dieser Entwickelung kann durch folgenden Satz ausgesprochen werden: *Ein leitender Krystall des triklinen Systems mit den thermoelektrischen Constanten τ_{hk} sei in das Normalmetall $\mathfrak{M}$ eingebettet. Durch eine ungleichmässige Erwärmung des Krystalls sei ein Thermostrom hervorgerufen. An der Stelle P werde die Richtung des stärksten Temperaturgefälles bezeichnet mit ξ. Alsdann wird die thermoelektrische Kraft in der Richtung ξ repräsentirt* 1) *in dem Ellipsoid* (E) *durch den reciproken Werth des Quadrates des zu ξ parallelen Radiusvector und* 2) *in dem Ovaloid* (F) *durch das Quadrat des zu ξ parallelen Radiusvector.*

---

[1] Th. Liebisch, Nachr. Ges. d. Wiss. Göttingen 1889, No. 20, S. 531.

[2] Die Oberflächen (E) und (F) stehen in derselben Beziehung zu einander wie das Indexellipsoid (Mac Cullagh) = Polarisationsellipsoid (Cauchy) und die Fresnel'sche Elasticitätsfläche = Ovaloid (F. E. Neumann): (F) ist die inverse Fläche von (E).

5. Magnetische Induction.

Einstellung der Krystalle im homogenen Magnetfelde.

1. Hypothese von Poisson. — Poisson hat in seiner Theorie der magnetischen Induction[1] wiederholt auf die Möglichkeit hingewiesen, dass Kugeln aus homogenen krystallisirten Körpern, die sich in einem gleichartigen Magnetfelde um ihren Mittelpunkt drehen können, in verschiedenen Richtungen verschieden starke Magnetisirungen erfahren. Da indessen experimentelle Untersuchungen über diesen Gegenstand noch nicht vorlagen, so beschränkte er seine Betrachtungen weiterhin auf Fälle, in denen jene Verschiedenheiten nicht eintreten.

Nach der Auffassung von Poisson besteht ein magnetisirter Körper aus magnetischen Elementen, die in einem für den Magnetismus undurchdringlichen Medium liegen. In homogenen isotropen Körpern sind diese Elemente kugelförmig und gleich weit von einander entfernt; jedes derselben enthält gleiche Mengen positiver und negativer magnetischer Flüssigkeit, theils im neutralen Zustande im Innern, theils im freien Zustande an der Oberfläche. Dagegen sind in krystallisirten Körpern die magnetischen Elemente im Allgemeinen nicht kugelförmig, ihre Anordnung ist aber eine regelmässige. „Supposons, par exemple, que les élémens magnétiques sont des ellipsoides dont les axes ont la même direction dans toute l'étendue d'un même corps, et que ce corps est une sphère aimantée par influence, dans laquelle la force coercitive est nulle; les attractions ou répulsions qu'elle exercera au-dehors seront différentes dans le sens des axes de ses élémens et dans tout autre sens; en sorte que, si l'on fait tourner cette sphère sur elle même, son action sur un même point changera, en général, en grandeur et en direction .... il serait curieux de chercher si le premier cas n'aurait pas lieu lorsque ces substances sont cristallisées; on pourrait s'en assurer par l'expérience, soit en approchant un cristal d'une aiguille aimantée librement suspendue, soit en faisant osciller de petites aiguilles taillées dans

---

[1] S. D. Poisson: Mémoire sur la théorie du magnétisme. Mém. de l'Ac. Roy. des sc. de l'Inst. de France **5**, 247, 488. Années 1821—22. 1826. Mémoire sur la théorie du magnétisme en mouvement. ib. **6**, 441. Année 1823. 1827. Auszüge: Ann. chim. phys. **25**, 115, 221, 1824; **28**, 5, 1825. Pogg. Ann. **1**, 301, 1824; **3**, 429, 1825.

des cristaux en toute sorte de sens et soumises à l'action d'un très fort aimant.“[1]

2. **Beobachtungen von Plücker.** — Experimente, wie sie POISSON wünschte, wurden erst im Jahre 1847 von J. PLÜCKER angestellt, als er die Versuche wiederholte, durch welche M. FARADAY bewiesen hatte, dass bei weitem die meisten, wahrscheinlich aber alle Körper entweder magnetisch oder diamagnetisch polarisirbar sind.[2]

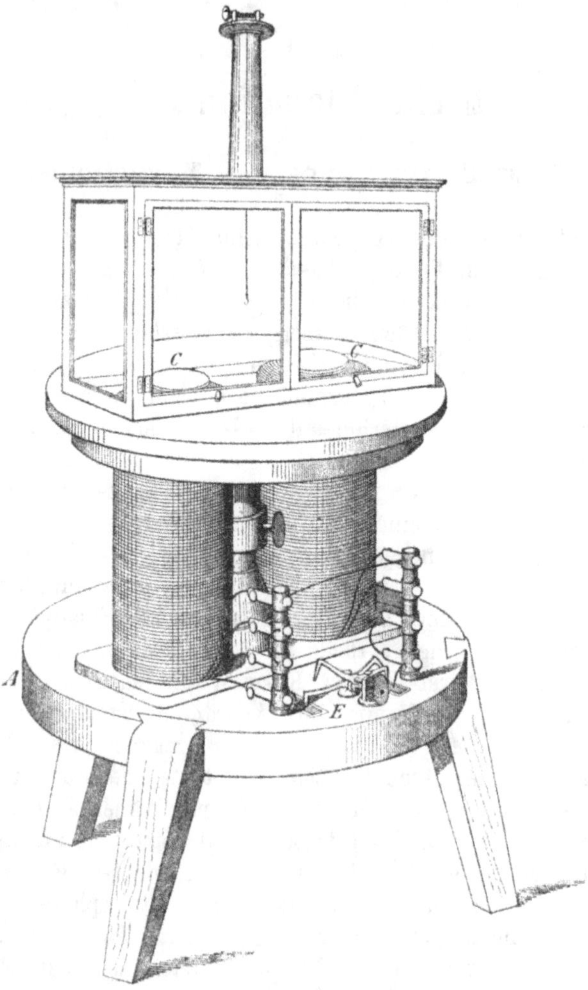

Fig. 102.

PLÜCKER bediente sich eines grossen Elektromagneten (Fig. 102) mit konisch zugespitzten Polen, die beliebig einander genähert oder von einander entfernt werden konnten. Eine Tischplatte, die höher und tiefer gestellt werden konnte und mit zwei runden Oeffnungen versehen war, durch welche die Schenkel des Elektromagneten hindurchgingen, trug einen Glaskasten mit einer COULOMB'schen Drehwage. Auf der Welle dieser letzteren wickelte sich ein Coconfaden von 60 bis 300 mm

[1] a. a. O. 5, 528—529.

[2] J. PLÜCKER: Ueber die Abstossung der optischen Axen der Krystalle durch die Pole der Magnete. Pogg. Ann. 72, 315, 1847. Daran schliessen sich folgende Abhandlungen: Ueber die neue Wirkung des Magnets auf einige Krystalle, die eine vorherrschende Spaltungsfläche besitzen. ib. 76, 576, 1849. Ueber die magnetischen Beziehungen der positiven und negativen optischen Axen der Krystalle. ib. 77, 447, 1849.

Länge, der in einer Schlinge zwischen den Polen den zu untersuchenden Krystall trug.[1]

Schon der erste Versuch zeigte das von Poisson vorhergesehene charakteristische Verhalten derjenigen Krystalle, welche verschieden stark inducirt werden, wenn sich ihre Lage gegen die Kraftlinien des Magnetfeldes ändert: Plücker fand, dass eine parallel zur Verticalaxe aus einem grünen *Turmalin* geschnittene Platte zwischen den Polen des Elektromagneten eine bestimmte Einstellung annimmt. Die Kantenrichtungen der Platte seien bezeichnet mit α, β, γ, so dass γ die Richtung der Verticalaxe bedeutet und $\alpha > \beta$ ist. Wenn diese Platte an einem Coconfaden so aufgehängt wurde, dass die Richtung des Fadens mit der Richtung der Axe γ zusammenfiel, so stellte sie sich, wie es jeder magnetische Körper von gleicher Form gethan haben würde, in der Weise, dass α in die Richtung der Verbindungsgeraden der Polspitzen fiel. Dieses Resultat war zu erwarten, da die Turmalinplatte so stark magnetisch war, dass sie, in der unmittelbaren Nähe einer Polspitze aufgehängt, von dieser angezogen wurde. Dieselbe Platte wurde nun so aufgehängt, dass α in die Richtung des Coconfadens fiel und γ in der Horizontalebene frei schwingen konnte. Die Polspitzen waren einander nicht zu nahe und wurden zuletzt ganz fortgenommen. Als magnetischer Körper hätte sich die Platte so stellen müssen, dass die Längsrichtung γ mit der Linie der Polspitzen zusammenfiel. Sie stellte sich aber, wie ein diamagnetischer Körper von gleicher Form gethan haben würde, mit γ senkrecht gegen diese Linie. Als endlich dieselbe Platte so aufgehängt wurde, dass β vertical stand, nahm sie wieder mit Entschiedenheit die Stellung ein, dass γ in die äquatoriale Lage kam. Hiernach musste als erwiesen betrachtet werden, dass in einem homogenen Magnetfelde die Richtung der Verticalaxe γ des Turmalin, dessen Masse magnetisch ist, von den Polen des Magneten *abgestossen* wird.

Ergebniss fortgesetzter Beobachtungen in Betreff des Verhaltens krystallisirter Substanzen gegen den Magnetismus. ib. **78**, 427, 1849. Ueber die Theorie des Diamagnetismus, die Erklärung des Ueberganges magnetischen Verhaltens in diamagnetisches und mathematische Begründung der bei Krystallen beobachteten Erscheinungen. ib. **86**, 1, 1852.

Commentatio de crystallorum et gazorum conditione magnetica qualis hodie intelligitur. Bonnae, 1854. Sur le magnétisme et le diamagnétisme. Ann. chim. phys. (3) **29**, 129. 1850. Action du magnétisme sur les axes des cristaux. Moigno, Cosmos, **7**, 391, 1855. On the Magnetic Induction of Crystals. Phil. Trans. 1858, 543. Das magnetische Verhalten der verschiedenen Glimmer und seine Beziehung zum optischen Verhalten derselben. Pogg. Ann. **110**, 397, 1860.

J. Plücker und A. Beer: Ueber die magnetischen Axen der Krystalle und ihre Beziehung zur Krystallform und zu den optischen Axen. Pogg. Ann. **81**, 115, 1850; **82**, 42, 1851.

[1] Ueber die Anordnung der Versuche zur Ermittelung des magnetischen Verhaltens der Krystalle und die Vorsichtsmassregeln zur Vermeidung von Irrthümern vgl. das Kapitel über Diamagnetismus in: G. Wiedemann, Die Lehre von der Elektricität, **3**, 789, 1883.

Durch eine Reihe weiterer Beobachtungen an hexagonalen und tetragonalen Krystallen (Kalkspath, Quarz, Zirkon, Beryll, Vesuvian, Korund) glaubte Plücker (1847) das folgende empirische Gesetz begründet zu haben: Wenn man einen beliebigen Krystall mit einer einzigen optischen Axe γ zwischen die beiden Pole eines Magneten bringt, so wird diese Axe von jedem der beiden Pole abgestossen, gleichviel, ob der Charakter der Doppelbrechung positiv oder negativ und die Masse des Krystalls magnetisch oder diamagnetisch ist. Hiernach war vorauszusehen, dass bei Krystallen mit zwei optischen Axen, also bei rhombischen, monoklinen oder triklinen Substanzen, eine analoge Wirkung stattfinden werde. Als eine solche konnte man entweder eine Abstossung der beiden optischen Axen erwarten, oder auch nur eine Abstossung auf die Halbirungsgerade ihres spitzen Winkels. Beobachtungen an Glimmer, Topas, Staurolith, Hornblende, Aragonit, Kaliumsalpeter, Glaubersalz, Zucker schienen für die erste allgemeinere Annahme zu sprechen.

Indessen zeigten sich bei der Fortsetzung der Versuche, die mit äusserster Vorsicht und mit sorgfältig gereinigtem Material angestellt werden müssen, sehr bald Ausnahmen von dieser Regel. So gelangte Plücker 1849 zu der Ansicht, dass nur die optischen Axen der Krystalle mit negativem Charakter der Doppelbrechung eine Abstossung erfahren, während die Axen optisch positiver Krystalle angezogen werden; wieder sollte das magnetische oder diamagnetische Verhalten der Masse des Krystalls keinen Unterschied bedingen.

Allein auch diese nicht ohne Verwahrung hingestellte Behauptung konnte nicht aufrecht erhalten werden gegenüber den Thatsachen, die in unmittelbarem Anschluss an jene ersten Entdeckungen Plücker's von M. Faraday, H. Knoblauch und J. Tyndall, Plücker und A. Beer in einer Folge bewunderungswürdiger Experimentaluntersuchungen gewonnen wurden.

Als Plücker in Gemeinschaft mit Beer eine Fortsetzung seiner Beobachtungen unternahm und dabei insbesondere rhombische, monokline und trikline Krystalle eingehend prüfte (1850), erkannte er die Bedeutung der *magnetischen Axen:* Wird die Richtung einer magnetischen Axe zur Aufhängungsrichtung gewählt, so findet keine Einstellung des Krystalls im Magnetfelde statt; der Krystall verhält sich alsdann wie eine amorphe Substanz. Gleichzeitig ergab sich eine *Classification* der krystallisirten Körper nach ihrem magnetischen Verhalten in dieselben 5 Gruppen, welche wir auf S. 66 kennen gelernt haben.

Endlich trat als abschliessendes Resultat dieser Arbeiten die Analogie hervor, welche in dem Verhalten der Krystalle und der Induction in einem *Ellipsoid* aus einer isotropen magnetischen oder diamagnetischen Substanz besteht. Die Einstellung der Krystalle mit *einer* magnetischen Axe konnte durch ein Umdrehungsellipsoid, jene der Krystalle mit *zwei* magnetischen Axen durch ein dreiaxiges Ellipsoid repräsentirt werden.

Zu der Zeit, als PLÜCKER dieses Ergebniss veröffentlichte (1858), lag aber schon eine Theorie der magnetischen Induction von W. THOMSON (1851) vor, welche eine vollständige Erklärung der mannigfachen, an Krystallen beobachteten Erscheinungen gewährte. Ehe wir diese theoretischen Entwickelungen darlegen, müssen wir zuvor noch auf die Entdeckungen hinweisen, mit denen FARADAY und später KNOBLAUCH und TYNDALL die Kenntniss der magnetischen Eigenschaften der Krystalle bereichert haben.[1]

3. Versuche und theoretische Anschauungen von Faraday. — Die Beschreibung der Versuche von FARADAY und die Schilderung der allmählichen Entwickelung und Erweiterung seiner theoretischen Anschauungen über die Natur der Kräfte, welche das Verhalten krystallisirter Körper im Magnetfelde bedingen, sind in den Reihen XXII, XXVI und XXX seiner Experimentaluntersuchungen enthalten.[2]

Unmittelbar nach der Veröffentlichung von PLÜCKER's erster Abhandlung entdeckte FARADAY hexagonale Krystalle, die sich abweichend von jenem PLÜCKER'schen empirischen Gesetz so einstellen, dass die Richtung der krystallographischen Verticalaxe γ von den Polen des Elektromagneten *angezogen* wird.

Wismuth krystallisirt hexagonal, rhomboëdrisch-hemiëdrisch und besitzt eine vollkommene Spaltbarkeit nach der Basis $c = (0001)$, eine minder vollkommene nach dem Rhomboëder $s = \pi(02\bar{2}1)$. Seine Masse ist stark *diamagnetisch*. Hängt man aber ein homogenes Bruchstück von beliebiger Form, in dem nur nicht eine einzelne Richtung allzusehr vorherrschen darf, in dem Magnetfelde so auf, dass die Spaltfläche c der Aufhängungsrichtung parallel ist, so stellt es sich anscheinend unabhängig von der diamagnetischen Wirkung seiner Masse stets mit der Spaltrichtung c in die Aequatorialebene des Elektromagneten, also *mit der Axe γ in die Verbindungsgerade der Pole*. Ist der Wismuthkrystall einer Polspitze so nahe, dass er abgestossen wird, so geschieht dies in der Art, dass seine Axe γ dem Pole zugekehrt ist.

Analog verhalten sich die mit Wismuth isomorphen Metalle *Antimon* und *Arsen*, wofern sie eisenfrei sind.

Nach den mannigfachsten Abänderungen der Versuche glaubte FARADAY

---

[1] Einen Beitrag zur Geschichte dieser Forschungen gab J. TYNDALL, FARADAY as a Discoverer. London 1868. (In deutscher Uebersetzung herausg. von H. HELMHOLTZ. Braunschweig 1870.) Der hier in Betracht kommende Abschnitt bildet auch die Einleitung zu den gesammelten Abhandlungen von J. TYNDALL, Researches on Diamagnetism and Magne-crystallic Action. London 1870.

[2] M. FARADAY, Experimental Researches in Electricity. **3.** London 1855. Hierin: Series XXII. On the crystalline polarity of bismuth (and other bodies), and on its relation to the magnetic form of force. 2454—2639. (Phil. Trans. 1849, 1. Pogg. Ann. Erg.-Bd. **3**, 1, 1853.) Series XXVI. Magnetic conducting power. 2797—2846. (Phil. Trans. 1851, 29. Pogg. Ann. Erg.-Bd. **3**, 108, 1853.) Ferner: Series XXX. Constancy of differential magnecrystallic force in different media. Action of heat on magnecrystals. (Phil. Trans. 1856, 159. Pogg. Ann. **100**, 111, 439, 1857.)

zur Deutung dieser Erscheinungen eine neue Kraftform annehmen zu müssen. „2469. The results are, altogether, very different from those produced by diamagnetic action. They are equally distinct from those discovered and described by Plücker, in his beautiful researches into the relation of the optic axis to magnetic action; for there the force is equatorial, whereas here it is axial. So they appear to present us a new force, or a new form of force, in the molecules of matter, which, for convenience sake, I will conventionally designate by a new word, as the *magnecrystallic* force. — 2479. I have already stated that the magnecrystallic force does not manifest itself by attraction or repulsion, or, at least, does not cause approach or recession, but gives *position* only. The *law* of action appears to be, that, *the line or axis of magnecrystallic force* (being the resultant of the action of all the molecules), *tends to place itself parallel, or as a tangent, to the magnetic curve or line of magnetic force, passing through the place where the crystal is situated.* — 2613. Though I have spoken of the magnecrystallic axis as a given line or direction, yet I would not wish to be understood as supposing that the force decreases, or state changes, in an equal ratio all round from it. It is more probable that the variation is different in degree in different directions, dependent on the powers which give difference of form to the crystals.“

War Faraday anfänglich geneigt, die axial wirkende „magnecrystallic force“ zu unterscheiden von der in den Plücker'schen Versuchen hervortretenden, in äquatorialer Richtung wirkenden „optic axis force“ (2592), so gewann er doch bald die Ueberzeugung, dass eine und dieselbe Ursache dem magnetischen Verhalten aller Krystalle zu Grunde liege (2633, 2836).

Seine *Erklärung* lautet: in krystallisirten Körpern ist das Leitungsvermögen für magnetische Kraftlinien in verschiedenen Richtungen verschieden; wird ein Krystall in einem gleichförmigen Magnetfelde aufgehängt, so wird er sich in eine solche Lage drehen oder zu drehen streben, dass die Kraftlinien mit dem geringsten Widerstande durch ihn hindurchgehen (2837). In der That sind hierdurch die Gesetze der magnetischen Induction in Krystallen gegeben.

Es war nun erforderlich, *den experimentellen Nachweis* zu liefern, dass im *Wismuth* eine Verschiedenheit der diamagnetischen Wirkung nach verschiedenen Richtungen stattfindet. Ein Wismuthkrystall musste sich am wenigsten diamagnetisch erweisen, wenn seine magnecrystallic axis γ mit der Richtung der Kraftlinien des Feldes zusammenfiel. In dieser und der um 90^0 gedrehten Stellung musste er äquivalent sein mit zwei Substanzen von verschiedenem Leitungsvermögen für magnetische Kraftlinien. Daher musste er an der von Faraday construirten Differentialtorsionswage (2773) analoge Differentialphänomene darbieten wie Sauerstoff und Stickstoff (2774) oder irgend zwei andere verschiedene Körper. Diese auf Faraday's theoretische Vorstellungen gegründete Erwartung (2839) wurde alsbald durch das Experiment bestätigt (2841).

FARADAY versuchte ähnliche Resultate an einem Würfel von *Kalkspath,* dessen optische Axe auf zwei Flächen senkrecht stand, zu erhalten. Wird dieser Würfel im Magnetfelde derart aufgehängt, dass die optische Axe horizontal und zunächst parallel, darauf aber senkrecht zu der Richtung der Kraftlinien steht, so muss er in der ersten Stellung diamagnetischer sein als in der zweiten. Indessen konnte damals ein deutliches Ergebniss nicht erlangt werden, theils weil die Kraft des Kalkspath in jeder Beziehung viel schwächer ist als die des Wismuth, theils wegen der Unvollkommenheit der Torsionswage und der ungünstigen Gestalt und Grösse des Kalkspath. Wie FARADAY ausdrücklich bemerkte, würden eine Kugel oder ein Cylinder, dessen Axe zur optischen Axe senkrecht ist, zweckmässigere Formen sein (2842).

In der That war etwas später J. TYNDALL so glücklich, mit vollkommeneren Hülfsmitteln an Kugeln nicht nur von Wismuth, sondern auch von Kalkspath und Eisenspath den experimentellen Beweis für die Richtigkeit der FARADAY'schen Betrachtungen zu liefern.[1]

4. Beobachtungen von Knoblauch und Tyndall.[2] — Das empirische Gesetz von PLÜCKER (S. 188) beruht auf dem zufälligen Umstande, dass die ersten, auf ihre Einstellung im Magnetfelde untersuchten durchsichtigen Krystalle im optischen und im magnetischen Verhalten übereinstimmende Unterschiede zeigten: nur die optischen Axen der Krystalle von negativem Charakter der Doppelbrechung erfuhren Abstossung, während die Axen der optisch positiven Krystalle von den Magnetpolen angezogen wurden, und diese Abstossungen und Anziehungen erfolgten anscheinend unabhängig von dem Magnetismus oder Diamagnetismus der Masse. Allein bald nach dem Erscheinen der ersten Abhandlung PLÜCKER's gelang es KNOBLAUCH und TYNDALL nachzuweisen, dass zwei isomorphe Körper von gleichem Charakter der Doppelbrechung abweichende magnetische Eigenschaften besitzen, wenn die Masse in dem einen Falle magnetisch, in dem anderen diamagnetisch ist. Sie zeigten, dass *Kalkspath,* dessen Charakter der Doppelbrechung negativ ist, allerdings in Uebereinstimmung mit den Angaben PLÜCKER's seine optische Axe äquatorial stellt, wofern er aus chemisch reinem Calciumcarbonat besteht, dass dagegen eine isomorphe Beimischung von Eisencarbonat sofort

[1] J. TYNDALL, On Diamagnetism and Magne-crystallic Action. Phil. Mag. (4) **2**, 165, 1851. Pogg. Ann. **83**, 384, 1851.

[2] H. KNOBLAUCH und J. TYNDALL, Ueber das Verhalten krystallisirter Körper zwischen den Polen eines Magnetes. Pogg. Ann. **79**, 233; **81**, 481, 1850. (Von KNOBLAUCH geschrieben). — J. TYNDALL and H. KNOBLAUCH, On the Deportment of Crystalline Bodies between the Poles of a Magnet. Phil. Mag. (3) **36**, 178, 1850. Second Memoir on the Magneto-optic Properties of Crystals and the Relation of Magnetism and Diamagnetism to Molecular Arrangement. ib. (3) **37**, 1, 1850. (Von TYNDALL verfasst.) — Vgl. ferner: J. TYNDALL, On the Nature of the Force by which Bodies are repelled from the Poles of a Magnet. Phil. Trans. 1855, 1. Phil. Mag. (4) **10**, 153, 257, 1855. On the Relation of Diamagnetic Polarity to Magnecrystallic Action. Phil. Mag. (4) **11**, 125, 1856.

die axiale Einstellung der optischen Axe herbeiführt, ohne gleichzeitig in dem Charakter der Doppelbrechung eine Aenderung zu bewirken. Nun ist die Masse des reinen Calciumcarbonats diamagnetisch, jene der Mischungen mit Eisencarbonat aber magnetisch, wie sich an dem Verhalten cylindrischer, aus dem Pulver dieser Substanzen hergestellter Stäbe leicht feststellen liess. *Demnach wendet sich dieselbe Richtung, die sich in einem diamagnetischen Krystall äquatorial einstellt, in einem isomorphen magnetischen Krystall axial.*

Knoblauch und Tyndall fanden auch die Erklärung für die einander widersprechenden Angaben von Faraday und Plücker über das Verhalten des *Antimon.* Vor einem einzigen Pole aufgehängt wurden alle untersuchten Antimonkrystalle, wie diamagnetische Körper, ihrer ganzen Masse nach abgestossen. Allein im gleichförmigen Magnetfelde stellte sich, wenn die basische Spaltungsrichtung $c = (0001)$ zur Aufhängungsrichtung parallel war, ein Theil der Krystalle mit dieser Spaltfläche äquatorial, wie in den Versuchen von Faraday, ein anderer Theil axial, übereinstimmend mit der Beobachtung von Plücker. Die chemische Analyse ergab, dass die ersteren Krystalle vollkommen rein waren, während die letzteren eine geringe Menge Eisen enthielten. Es ist mehr als wahrscheinlich, dass von dieser Menge, wenngleich sie eine Anziehung des ganzen Stücks vor einem Pole nicht bewirken konnte, die Drehung in die axiale Lage zwischen den Magnetpolen herrührte.

Genügt es zur Erklärung der Einstellung der Krystalle im gleichförmigen Magnetfelde eine Ungleichheit der diamagnetischen Wirkung nach verschiedenen Richtungen in einem diamagnetischen, eine Ungleichheit der Magnetisirung in einem magnetischen Krystall anzunehmen, so erhebt sich die Frage, auf welchen Umstand eine solche Verschiedenheit in einem und demselben Körper zurückzuführen ist. Knoblauch und Tyndall zogen aus der Untersuchung *spaltbarer Krystalle* und *einseitig comprimirter Körper* den Schluss, dass in Körpern, deren Theile nicht nach allen Seiten hin gleich weit von einander abstehen, die magnetische oder diamagnetische Wirkung, welche sich an ihnen zwischen Magnetpolen kundgiebt, immer nach der Richtung am stärksten sei, in welcher die materiellen Theile am nächsten bei einander liegen. Diesem empirischen Satze über den Zusammenhang zwischen dem magnetischen Verhalten und den Cohäsionseigenschaften steht aber vor allem die Thatsache entgegen, dass die beiden, in eine so einfache Beziehung gestellten Eigenschaften verschiedene Symmetrieverhältnisse besitzen.

5. Zusammenfassung der Beobachtungen über die Einstellung der Krystalle im homogenen Magnetfelde. —

Krystalle mit einer Axe der Isotropie.

(Hexagonales und tetragonales System.)

Der Charakter der magnetischen Induction wird nach Plücker als *positiv* oder als *negativ* bezeichnet, je nachdem die Axe der Isotropie mit der Richtung der *grössten* oder der *kleinsten* magnetischen oder diamagnetischen Induction zusammenfällt. Demnach wird ein Krystall des hexagonalen oder tetragonalen Systems, der zwischen den

Polen eines Elektromagneten so aufgehängt ist, dass die Axe der Isotropie in der Horizontalebene frei schwingen kann, sich mit dieser Axe in die Verbindungsgerade der Pole *(axial)* stellen, wenn er ***paramagnetisch und positiv*** oder ***diamagnetisch und negativ*** ist; dagegen wird er sich mit dieser Axe in die Aequatorebene des Elektromagneten *(äquatorial)* stellen, falls er *paramagnetisch und negativ* oder ***diamagnetisch und positiv*** ist. Diese vier Fälle sollen unterschieden werden durch die Symbole: $+\pi$, $-\delta$, $-\pi$, $+\delta$.

		Krystallsystem	Charakter der Doppelbrechung
$+\pi$	Eisenspath $FeCO_3$ . . .	Hexagonal	—
	(Ca, Fe) CO_3	„	—
	(Mg, Fe) CO_3	„	—
$-\delta$	Wismuth	Hexagonal	
	Antimon	„	
	Arsen	„	
	Eis	„	—
	Zirkon	Tetragonal	+
	$H_2(NH_4)AsO_4$	„	—
	$Hg(CN)_2$	„	
	Mellit	„	—
$-\pi$	Turmalin	Hexagonal	—
	Beryll	„	—
	Dioptas	„	—
	Vesuvian	Tetragonal	—
	$(NH_4)Cl . CuCl . 2H_2O$.	„	—
	$NiSO_4 . 6H_2O$	„	—
$+\delta$	Kalkspath $CaCO_3$ . . .	Hexagonal	—
	$NaNO_3$	„	—
	Mimetesit	„	+
	Wulfenit	Tetragonal	—

Krystalle ohne Axe der Isotropie.

Rhombisches System.

Zur vollständigen Orientirung der rhombischen Krystalle soll ausser den *Verhältnissen der krystallographischen Axeneinheiten* noch das *optische Schema* angeführt werden, welches folgende Bedeutung hat. Es seien die in ihren Richtungen mit den krystallographischen Axen zusammenfallenden optischen Symmetrieaxen mit x, y, z bezeichnet, in der Anordnung, dass dem Indexellipsoid (MAC CULLAGH) = Polarisationsellipsoid (CAUCHY) die Gleichung zukommt:

$$\mathfrak{a}^2x^2 + \mathfrak{b}^2y^2 + \mathfrak{c}^2z^2 = 1,$$

falls $\mathfrak{a} > \mathfrak{b} > \mathfrak{c}$ die Hauptlichtgeschwindigkeiten des Krystalls sind. Alsdann stellen wir die optischen Symmetrieaxen in der durch die krystallographischen Axen $\breve{a}$, $\bar{b}$, $\dot{c}$ bestimmten Reihenfolge zusammen. In diesem Schema soll der positive oder negative Charakter der Doppelbrechung dadurch angedeutet werden, dass unter z das Zeichen + oder unter x das Zeichen — gesetzt wird.

Um nun die Orientirung eines rhombischen Krystalls im Magnetfelde zu bestimmen, hat man denselben zwischen den Magnetpolen so aufzuhängen, dass die drei krystallographischen Axen der Reihe nach zur Aufhängungsrichtung parallel liegen. Für jede Aufhängung ist zu ermitteln, welche der beiden horizontalen Axen in die axiale oder äquatoriale Richtung fällt. Auf diesem Wege seien z. B. folgende Einstellungen beobachtet:

Aufhängungsrichtung	Axial	Aequatorial
a	*b*	*c*
b	*a*	*c*
c	*b*	*a*.

Dann wird, falls die Masse des Krystalls *magnetisch* ist, die magnetische Induction am stärksten sein in der Richtung der Axe *b*, welche sich zwei Mal axial einstellt, dagegen am schwächsten in der Richtung *c*, welche zwei Mal in die Aequatorialebene fällt. Bezeichnen wir jetzt die Richtungen der grössten, mittleren, kleinsten magnetischen Induction mit $\mathfrak{x}$, $\mathfrak{y}$, $\mathfrak{z}$, so wird die magnetische Orientirung dieses Krystalls repräsentirt werden können durch das Symbol:

$$\pi\,(\mathfrak{y}\,\mathfrak{x}\,\mathfrak{z}),$$

worin die magnetischen Symmetrieaxen in der durch die krystallographischen Axen $\breve{a}$, $\bar{b}$, $\dot{c}$ gegebenen Reihenfolge aufgezählt sind. — Wäre dagegen die Masse des Krystalls *diamagnetisch*, so würde aus jenen Beobachtungen folgen, dass die diamagnetische Induction am stärksten ist in der Richtung der Axe *c*, dagegen am schwächsten in der Richtung *b*. In diesem Falle würde die Orientirung des Krystalls auszudrücken sein durch das Symbol:

$$\delta\,(\mathfrak{y}\,\mathfrak{z}\,\mathfrak{x}),$$

worin $\mathfrak{x}$, $\mathfrak{y}$, $\mathfrak{z}$ die Richtungen der grössten, mittleren, kleinsten diamagnetischen Induction bedeuten.

Die möglichen Fälle sind in der folgenden Tabelle vereinigt. Wählt man zur Aufhängungsrichtung der Reihe nach die Axen:

$$\breve{a} \mid \ddot{b} \mid \dot{c}$$

und stellen sich dabei:							so ist die Orientirung:	
	axial			äquatorial			π	δ
1.	*b*	*a*	*b*	*c*	*c*	*a*	$\mathfrak{y}\,\mathfrak{x}\,\mathfrak{z}$	$\mathfrak{y}\,\mathfrak{z}\,\mathfrak{x}$
2.	*b*	*a*	*a*	*c*	*c*	*b*	$\mathfrak{x}\,\mathfrak{y}\,\mathfrak{z}$	$\mathfrak{z}\,\mathfrak{y}\,\mathfrak{x}$
3.	*b*	*c*	*b*	*c*	*a*	*a*	$\mathfrak{z}\,\mathfrak{x}\,\mathfrak{y}$	$\mathfrak{x}\,\mathfrak{z}\,\mathfrak{y}$
4.	*c*	*c*	*b*	*b*	*a*	*a*	$\mathfrak{z}\,\mathfrak{y}\,\mathfrak{x}$	$\mathfrak{x}\,\mathfrak{y}\,\mathfrak{z}$
5.	*c*	*a*	*a*	*b*	*c*	*b*	$\mathfrak{x}\,\mathfrak{z}\,\mathfrak{y}$	$\mathfrak{z}\,\mathfrak{x}\,\mathfrak{y}$
6.	*c*	*c*	*a*	*b*	*a*	*b*	$\mathfrak{y}\,\mathfrak{z}\,\mathfrak{x}$	$\mathfrak{y}\,\mathfrak{x}\,\mathfrak{z}$

Um den magnetischen Charakter vollständig zu definiren, müssen nun noch die Richtungen der beiden, in der Ebene der grössten und der kleinsten Axe der magnetischen oder diamagnetischen Induction gelegenen magnetischen Axen bestimmt werden. Alsdann wird nach Plücker jener Charakter *positiv* oder *negativ* genannt, je nachdem der spitze Winkel der magnetischen Axen von der Axe der grössten oder der kleinsten Induction halbirt wird.

Bislang ist der Charakter der Induction erst bei einer sehr kleinen Zahl von Körpern ermittelt worden. Als Beispiel möge das *Zinksulfat* angeführt werden.

Optische Orientirung	Magnetische Orientirung
$z\,\underline{x}\,y$.	$\delta\,(\mathfrak{y}\,\mathfrak{z}\,\mathfrak{x})$.

Die magnetischen Axen liegen in der Ebene $\bar{b}\,\dot{c}$ und bilden nach Plücker den Winkel 95°, dessen Halbirungsgerade die Axe $\dot{c}$ ist. Hiernach würde Zinksulfat einen *negativen* magnetischen Charakter besitzen. —

Die Angaben über das magnetische Verhalten von Mineralien des rhombischen Systems haben geringen Werth, da die untersuchten Krystalle nachträglich nicht analysirt wurden. Es wurden geprüft von J. Plücker: Aragonit, Anhydrit, Topas, Staurolith; von H. Knoblauch und J. Tyndall: Baryt, Cölestin, Topas, Cordierit; von J. Grailich und V. von Lang: Aragonit, Anhydrit, Baryt, Cölestin.

Aus der Reihe künstlich dargestellter Körper des rhombischen Systems wurden untersucht von J. Plücker: Zinksulfat, Nickelsulfat, Magnesiumsulfat, Magnesiumchromat, Saures Kaliumsulfat, Citronensäure, Seignettesalz; von H. Knoblauch und J. Tyndall: Kaliumnitrat und die Sulfate des Zink, Nickel und Magnesium.

Die folgende Tabelle giebt eine Uebersicht der von J. Grailich und V. von Lang[1] untersuchten rhombischen Krystalle mit Ausschluss der oben genannten Mineralien.

		$\breve{a} : b : \breve{c}$	Optische Orientirung	Magnetische Orientirung
Magnesiumcadmiumchlorid	$MgCl_2 . 2\,CdCl_2 . 12\,H_2O$	0,913 : 1 : 0,304	$y\,x\,\underset{+}{z}$	$\delta\,(\mathfrak{x}\,\mathfrak{y}\,\mathfrak{z})$
Nickelcadmiumchlorid	$NiCl_2 . 2\,CdCl_2 . 12\,H_2O$	0,913 : 1 : 0,343	$y\,x\,\underset{+}{z}$	$\pi\,(\mathfrak{x}\,\mathfrak{y}\,\mathfrak{z})$
Kobaltcadmiumchlorid	$CoCl_2 . 2\,CdCl_2 . 12\,H_2O$	0,913 : 1 : 0,343	$y\,x\,\underset{+}{z}$	$\pi\,(\mathfrak{x}\,\mathfrak{y}\,\mathfrak{z})$
Calciumplatinocyanid	$CaPt(CN)_4 . 3\,H_2O$ . . .	0,90 : 1 : 0,336	$x\,y\,\underset{+}{z}$	$\delta\,(\mathfrak{x}\,\mathfrak{y}\,\mathfrak{z})$
Nitroprussidnatrium	$FeNa_2(CN)_5(NO) . 2\,H_2O$	0,765 : 1 : 0,411		$\delta\,(\mathfrak{y}\,\mathfrak{x}\,\mathfrak{z})$
Unterschwefelsaures Natrium	$Na_2S_2O_6 . 2\,H_2O$	0,989 : 1 : 0,594	$\underset{+}{z}\,x\,y$	$\delta\,(\mathfrak{z}\,\mathfrak{x}\,\mathfrak{y})$
Ammoniumsulfat	$(NH_4)_2SO_4$	0,564 : 1 : 0,731	$\underset{+}{z}\,y\,x$	$\delta\,(\mathfrak{y}\,\mathfrak{z}\,\mathfrak{x})$
Kaliumsulfat	K_2SO_4	0,573 : 1 : 0,746	$y\,x\,\underset{+}{z}$	$\delta\,(\mathfrak{y}\,\mathfrak{z}\,\mathfrak{x})$
Kaliumchromat	K_2CrO_4	0,569 : 1 : 0,730	$y\,\underset{-}{x}\,z$	$\delta\,(\mathfrak{y}\,\mathfrak{z}\,\mathfrak{x})$
Saures Kaliumsulfat	$KHSO_4$	0,861 : 1 : 1,935	$\underset{+}{z}\,x\,y$	$\delta\,(\mathfrak{z}\,\mathfrak{y}\,\mathfrak{x})$
Nickelsulfat	$NiSO_4 . 7\,H_2O$	0,981 : 1 : 0,566	$z\,y\,\underset{-}{x}$	$\pi\,(\mathfrak{y}\,\mathfrak{z}\,\mathfrak{x})$
Zinksulfat	$ZnSO_4 . 7\,H_2O$	0,980 : 1 : 0,563	$z\,\underset{-}{x}\,y$	$\delta\,(\mathfrak{y}\,\mathfrak{z}\,\mathfrak{x})$
Magnesiumsulfat	$MgSO_4 . 7\,H_2O$	0,99 : 1 : 0,571	$z\,\underset{-}{x}\,y$	$\delta\,(\mathfrak{y}\,\mathfrak{z}\,\mathfrak{x})$
Magnesiumchromat	$MgCrO_4 . 7\,H_2O$	0,99 : 1 : 0,571	$z\,\underset{-}{x}\,y$	$\delta\,(\mathfrak{y}\,\mathfrak{x}\,\mathfrak{z})$
Uranylnitrat	$UO_2(NO_3)_2 . 6\,H_2O$ . . .	0,874 : 1 : 0,609	$x\,y\,\underset{+}{z}$	$\delta\,(\mathfrak{x}\,\mathfrak{z}\,\mathfrak{y})$
Lithiumacetat	$Li(C_2H_3O_2) . 2\,H_2O$ . . .	0,62 : 1 : ?	$\underset{-}{x}\,y\,z$	$\delta\,(\mathfrak{x}\,\mathfrak{z}\,\mathfrak{y})$
Baryumformiat	$Ba(CHO_2)_2$	0,756 : 1 : 0,864	$\underset{+}{z}\,y\,x$	$\delta\,(\mathfrak{y}\,\mathfrak{x}\,\mathfrak{z})$
Strontiumformiat	$Sr(CHO_2)_2 . 2\,H_2O$ . . .	0,608 : 1 : 0,595	$z\,y\,\underset{-}{x}$	$\delta\,(\mathfrak{x}\,\mathfrak{z}\,\mathfrak{y})$
Saures Ammoniummalat	$(NH_4)C_4H_5O_5$	0,723 : 1 : 0,777	$y\,z\,\underset{-}{x}$	$\delta\,(\mathfrak{z}\,\mathfrak{y}\,\mathfrak{x})$
Citronensäure	$C_6H_8O_7 . H_2O$	0,674 : 1 : 1,662	$y\,\underset{+}{z}\,x$	$\delta\,(\mathfrak{x}\,\mathfrak{y}\,\mathfrak{z})$
Natriumcitrat	$Na_3C_6H_5O_7 . 5\,H_2O$ . . .	0,627 : 1 : 0,246	$\underset{-}{x}\,y\,z$	$\delta\,(\mathfrak{y}\,\mathfrak{x}\,\mathfrak{z})$
Ammoniumnatriumtartrat	$(NH_4)NaC_4H_4O_6 . 4\,H_2O$	0,823 : 1 : 0,420	$y\,z\,\underset{-}{x}$	$\delta\,(\mathfrak{x}\,\mathfrak{z}\,\mathfrak{y})$
Kaliumnatriumtartrat	$KNaC_4H_4O_6 . 4\,H_2O$ . .	0,832 : 1 : 0,430	$\underset{+}{z}\,y\,x$	$\delta\,(\mathfrak{x}\,\mathfrak{z}\,\mathfrak{y})$

[1] J. Grailich und V. von Lang, Untersuchungen über die physikalischen Verhältnisse krystallisirter Körper. 2. Orientirung der magnetischen Verhältnisse in Krystallen des rhombischen Systems. Sitzungsber. Wien. Akad. **32**, 43, 1858.

Monoklines System.

Um in einem monoklinen Krystalle die Richtungen der beiden auf der Symmetrieaxe *b* [010] senkrecht stehenden magnetischen Symmetrieaxen zu bestimmen, müssen, während der Krystall nach *b* im Magnetfelde aufgehängt ist, in der Horizontalebene desselben die äquatoriale und die axiale Richtung markirt werden. Je nachdem *b* mit der Axe der grössten, kleinsten oder mittleren Induction zusammenfällt, sind drei Arten der Orientirung zu unterscheiden. In den beiden ersteren Fällen liegt die Ebene der magnetischen Axen parallel zu *b*; in dem letzteren Falle steht sie auf *b* senkrecht. Hierfür fand J. Plücker folgende Beispiele.

	Magnetisch:	*Diamagnetisch:*
1.	Diopsid Kaliumferricyanid $K_3Fe(CN)_6$	Unterschwefligsaures Natrium $Na_2S_2O_3 . 5H_2O$
2.		Natriumacetat $NaC_2H_3O_2 . 3H_2O$ Bleiacetat $PbC_4H_6O_4 . 3H_2O$
3.	Kupferformiat $CuC_2H_2O_4 . 4H_2O$ Kupferacetat $CuC_4H_6O_4 . H_2O$	. . .

Triklines System.

Unter den von J. Plücker untersuchten Körpern — Kupfervitriol $CuSO_4 . 5H_2O$, Kaliumdichromat $K_2Cr_2O_7$, Traubensäure $C_4H_6O_6 . H_2O$, Disthen Al_2SiO_5 — beansprucht Disthen dadurch ein besonderes Interesse, dass einfache Krystalle dieses Minerals an einem Coconfaden horizontal aufgehängt schon unter dem Einfluss des Erdmagnetismus eine bestimmte Einstellung annehmen.

Theorie der magnetischen Induction in Krystallen von W. Thomson.

Im Jahre 1850, noch vor der Veröffentlichung der auf S. 190 f. beschriebenen Versuche von Faraday und Tyndall am Wismuth und Kalkspath, wurde von W. Thomson dargelegt, dass in krystallisirten Körpern im Allgemeinen nach krystallographisch verschiedenen Richtungen verschiedene Intensitäten der Magnetisirung durch ein unveränderliches homogenes Magnetfeld erzeugt werden müssen, und dass hierin die einzig mögliche Erklärung für die Einstellung der Krystalle zwischen Magnetpolen zu suchen ist.[1]

6. Intensität der Magnetisirung. — Als eine experimentell festgestellte Thatsache ist anzusehen, dass jedes Volumenelement eines magnetisch polarisirbaren Körpers durch Induction in einen kleinen Magneten verwandelt wird, der durch die Richtung seiner Axe und sein magnetisches Moment definirt ist. *Intensität der Magnetisirung* $\mathfrak{J}$ an der Stelle P des Körpers nennt man

[1] W. Thomson, On the Theory of Magnetic Induction in Crystalline Substances. Brit. Assoc. Rep. 1850, (pt. 2), 23. On the Theory of Magnetic Induction in Crystalline and Non-crystalline Substances. Phil. Mag. (4) **1**, 177—186, 1851. Reprint of Papers on Electrostatics and Magnetism. London 1872, 465. Sui fenomeni magneto-cristallini. Nuovo Cimento, **4**, 192, 1856.

das Verhältniss des magnetischen Momentes eines Volumenelementes an dieser Stelle zu dem Element; $\mathfrak{J}$ bedeutet also den Werth des magnetischen Momentes für die Volumeneinheit an der Stelle *P*. Demnach ist die Intensität der Magnetisirung eine Vectorgrösse, die bestimmt ist durch ihren numerischen Werth und ihre Richtung, nämlich die Richtung der magnetischen Axe des Volumenelementes. Sie kann also durch eine Gerade von bestimmter Länge und Richtung repräsentirt werden. Es sei ein mit dem Körper starr verbundenes rechtwinkliges Axensystem zu Grunde gelegt, so stellen die Projectionen jener Graden auf die Coordinatenaxen die Componenten $\mathfrak{J}_1$, $\mathfrak{J}_2$, $\mathfrak{J}_3$ der Intensität der Magnetisirung dar. Bezeichnen wir die Richtung von $\mathfrak{J}$ mit i und $\cos(\mathfrak{J}X_n) = i_n$, so ist $\mathfrak{J}_n = \mathfrak{J}i_n$, $(n = 1, 2, 3)$, und:

$$\mathfrak{J} = \mathfrak{J}_1 i_1 + \mathfrak{J}_2 i_2 + \mathfrak{J}_3 i_3, \qquad \mathfrak{J}^2 = \mathfrak{J}_1{}^2 + \mathfrak{J}_2{}^2 + \mathfrak{J}_3{}^2.$$

7. Kraft im Innern des magnetisirten Körpers. — Es soll jetzt die durch eine magnetisirende Kraft inducirte temporäre Magnetisirung unter der Voraussetzung bestimmt werden, dass sie bei jeder Stellung des Körpers gegen die Kraftlinien des Magnetfeldes von früheren Magnetisirungen dieses Körpers unabhängig ist. Alsdann rührt die auf ein Volumenelement einwirkende magnetische Kraft her 1. von der inducirenden Wirkung des ursprünglichen Magnetfeldes, in welches der Körper gebracht wurde, 2. von der Magnetisirung der übrigen Elemente. Jeder der beiden Antheile $\mathfrak{F}$, $\mathfrak{G}$ der resultirenden Kraft $\mathfrak{H}$ besitzt ein Potential. Bezeichnen wir mit V das Potential der magnetisirenden Kraft des Feldes in dem Punkte P, mit Ω das von der inducirten Magnetisirung herrührende Potential in demselben Punkte, so ist das Gesammtpotential U der resultirenden Kraft an der Stelle P:

$$U = V + \Omega.$$

Um die an der Stelle P im Innern des magnetisirten Körpers auf den Magnetpol Eins ausgeübte Kraft vollständig zu bestimmen, ist bekanntlich erforderlich, diese Stelle durch eine Höhlung auszuscheiden, so dass sich P ausserhalb der wirkenden magnetischen Massen befindet. Die Herstellung einer freien Oberfläche im Innern des magnetisirten Körpers ist aber äquivalent mit der Einführung einer magnetischen Oberflächenschicht, die im Allgemeinen eine endliche, von der Gestalt und der Orientirung der Höhlung abhängige Wirkung auf die eingeschlossenen Punkte ausübt. Diese Kraft tritt also zu der von den äusseren magnetischen Massen herrührenden Kraft hinzu. Kann nun die Intensität der Magnetisirung der Grösse und Richtung nach in der ganzen Ausdehnung der Höhlung als constant angesehen werden, so gelingt es, die von der Oberflächenschicht der Höhlung abhängige Kraft für gewisse einfache Formen derselben zu bestimmen.

Wir gehen aus von der *polaren Definition der magnetischen Kraft*, welche voraussetzt, dass die Höhlung ein unendlich dünner Cylinder sei, dessen Axe in einem isotropen Körper stets mit der Richtung der Intensität der Magnetisirung im Punkte P zusammenfällt. Alsdann hängt die magnetische

Kraft $\mathfrak{H}$ an der Stelle P nur von dem Werthe des Potentials U der ausserhalb des Cylinders gelegenen Massen ab, und ihre Componenten sind gegeben durch:

$$\mathfrak{H}_n = \mathfrak{H} h_n = -\frac{\partial U}{\partial x_n},$$

falls die Richtung von $\mathfrak{H}$ mit h und $\cos(\mathfrak{H} X_n)$ mit h_n bezeichnet werden.

8. Verhalten einer gleichförmig magnetisirten Kugel in einem homogenen Magnetfelde. — Wenn ein homogener Körper in ein gleichförmiges Magnetfeld gebracht wird, so ändert sich im Allgemeinen die von der inducirten Magnetisirung herrührende Kraft $\mathfrak{G}$ und demnach auch die resultirende Kraft $\mathfrak{H}$ in seinem Innern von Punkt zu Punkt. Da sich nun der Zustand eines magnetisirten Körpers nur aus seinen äusseren Wirkungen bestimmen lässt, so kommen für die Beobachtung lediglich solche Fälle in Betracht, in denen nicht nur das Magnetfeld gleichförmig ist, sondern auch die von der inducirten Magnetisirung erzeugte Kraft $\mathfrak{G}$ an allen Stellen des Körpers eine constante Grösse und Richtung besitzt. Damit diese letztere Bedingung erfüllt werde, muss der Körper von einer vollständigen Oberfläche zweiter Ordnung begrenzt sein.[1] Der einzige Fall eines Körpers von endlichen Dimensionen ist also der eines Ellipsoids oder einer Grenzform desselben. Um auf dem einfachsten Wege die magnetische Induction in irgend einem homogenen Körper zu bestimmen, müssen wir daher das Verhalten einer *Kugel* in einem homogenen Magnetfelde untersuchen.

Dabei ist zu beachten, dass die Intensität der Magnetisirung einer gleichförmig magnetisirten Kugel in einem homogenen Magnetfelde von dem Kugelradius unabhängig ist. Denn für das von der inducirten Magnetisirung herrührende Potential Ω in dem Punkte $P(x_1, x_2, x_3)$ im Innern der Kugel erhalten wir den Ausdruck:

$$\Omega = \frac{4\pi}{3}(\mathfrak{J}_1 x_1 + \mathfrak{J}_2 x_2 + \mathfrak{J}_3 x_3),$$

worin der Radius der Kugel nicht auftritt.[2] Bezeichnen wir noch die Richtung der magnetisirenden Kraft des Feldes $\mathfrak{F}$ mit f und ihre Componenten mit $\mathfrak{F}_1, \mathfrak{F}_2, \mathfrak{F}_3$, so ist das Potential der Kraft $\mathfrak{F}$ im Punkte P:

$$V = -(\mathfrak{F}_1 x_1 + \mathfrak{F}_2 x_2 + \mathfrak{F}_3 x_3).$$

Folglich ist das Gesammtpotential der resultirenden magnetischen Kraft $\mathfrak{H}$ an dieser Stelle:

$$U = V + \Omega = -[(\mathfrak{F}_1 - \tfrac{4}{3}\pi\mathfrak{J}_1)x_1 + (\mathfrak{F}_2 - \tfrac{4}{3}\pi\mathfrak{J}_2)x_2 + (\mathfrak{F}_3 - \tfrac{4}{3}\pi\mathfrak{J}_3)x_3]$$

und die Componenten der Kraft $\mathfrak{H}$ sind gegeben durch:

$$\mathfrak{H}_n = -\frac{\partial U}{\partial x_n} = \mathfrak{F}_n - \tfrac{4}{3}\pi\mathfrak{J}_n. \qquad (n = 1, 2, 3).$$

---

[1] Vgl. J. Cl. Maxwell, A Treatise on Electr. and Magn. 2, 437].

[2] Vgl. F. E. Neumann, Vorlesungen über die Theorie des Magnetismus, namentl. üb. d. Theorie der magn. Induction. Leipzig 1881, S. 27.

9. Elementargesetz der magnetischen Induction. — Es befinde sich nun eine gleichförmig magnetisirte Kugel eines homogenen anisotropen Krystalls in einem gleichförmigen Magnetfelde mit der magnetisirenden Kraft $\mathfrak{F}$. Bezogen auf ein mit der Kugel starr verbundenes rechtwinkliges Axensystem X_1, X_2, X_3 seien die Componenten von $\mathfrak{F}$, die Componenten der resultirenden magnetischen Kraft $\mathfrak{H}$ und die Componenten der Intensität der Magnetisirung in einem beliebigen Punkte $P(x_1, x_2, x_3)$ der Kugel der Reihe nach bezeichnet mit $\mathfrak{F}_1, \mathfrak{F}_2, \mathfrak{F}_3, \mathfrak{H}_1, \mathfrak{H}_2, \mathfrak{H}_3$ und $\mathfrak{J}_1, \mathfrak{J}_2, \mathfrak{J}_3$. Alsdann ergiebt sich, unabhängig von der Hypothese der magnetischen Flüssigkeiten, lediglich aus dem in [7] angenommenen Princip der Superposition magnetischer Inductionen das schon von Poisson aufgestellte Elementargesetz:

Die Componenten der Intensität der Magnetisirung $\mathfrak{J}$ in dem Punkte P sind homogene und lineare Funktionen der Componenten der an der Stelle P vorhandenen magnetischen Kraft $\mathfrak{H}$:

$$\text{I}\qquad \begin{aligned} \mathfrak{J}_1 &= r_{11}\mathfrak{H}_1 + r_{12}\mathfrak{H}_2 + r_{13}\mathfrak{H}_3 \\ \mathfrak{J}_2 &= r_{21}\mathfrak{H}_1 + r_{22}\mathfrak{H}_2 + r_{23}\mathfrak{H}_3 \\ \mathfrak{J}_3 &= r_{31}\mathfrak{H}_1 + r_{32}\mathfrak{H}_2 + r_{33}\mathfrak{H}_3, \end{aligned}$$

worin die Coëfficienten r_{hk} von der Natur des Krystalls und der Wahl des Coordinatensystems abhängen.

Im elektromagnetischen Maasssysteme haben die Grössen $\mathfrak{J}$ und $\mathfrak{H}$ die Dimension $[M^{\frac{1}{2}} L^{-\frac{1}{2}} T^{-1}]$; die Coëfficienten r besitzen die Dimension 0.

Tragen wir die in [8] abgeleiteten Werthe für $\mathfrak{H}_1, \mathfrak{H}_2, \mathfrak{H}_3$ in die Relationen I ein, so folgt:

$$\text{I}^*\qquad \begin{aligned} (1 + \tfrac{4}{3}\pi r_{11})\mathfrak{J}_1 + \tfrac{4}{3}\pi r_{12}\,\mathfrak{J}_2 + \tfrac{4}{3}\pi r_{13}\,\mathfrak{J}_3 &= r_{11}\mathfrak{F}_1 + r_{12}\mathfrak{F}_2 + r_{13}\mathfrak{F}_3 \\ \tfrac{4}{3}\pi r_{21}\,\mathfrak{J}_1 + (1 + \tfrac{4}{3}\pi r_{22})\mathfrak{J}_2 + \tfrac{4}{3}\pi r_{23}\,\mathfrak{J}_3 &= r_{21}\mathfrak{F}_1 + r_{22}\mathfrak{F}_2 + r_{23}\mathfrak{F}_3 \\ \tfrac{4}{3}\pi r_{31}\,\mathfrak{J}_1 + \tfrac{4}{3}\pi r_{32}\,\mathfrak{J}_2 + (1 + \tfrac{4}{3}\pi r_{33})\mathfrak{J}_3 &= r_{31}\mathfrak{F}_1 + r_{32}\mathfrak{F}_2 + r_{33}\mathfrak{F}_3. \end{aligned}$$

Die Auflösung dieser Gleichungen liefert eine zweite Form für das Elementargesetz der magnetischen Induction, wonach *die Componenten der Intensität der Magnetisirung $\mathfrak{J}$ homogene und lineare Funktionen der magnetisirenden Kraft des Feldes $\mathfrak{F}$* sind:

$$\text{II}\qquad \begin{aligned} \mathfrak{J}_1 &= \varrho_{11}\mathfrak{F}_1 + \varrho_{12}\mathfrak{F}_2 + \varrho_{13}\mathfrak{F}_3 \\ \mathfrak{J}_2 &= \varrho_{21}\mathfrak{F}_1 + \varrho_{22}\mathfrak{F}_2 + \varrho_{23}\mathfrak{F}_3 \\ \mathfrak{J}_3 &= \varrho_{31}\mathfrak{F}_1 + \varrho_{32}\mathfrak{F}_2 + \varrho_{33}\mathfrak{F}_3. \end{aligned}$$

Zwischen den Coëfficienten ϱ_{hk} und r_{hk} bestehen die Beziehungen:

$$\left|\begin{aligned} R'\varrho_{11} &= r_{11} + \tfrac{4}{3}\pi(r_{33}r_{11} - r_{13}r_{31} + r_{11}r_{22} - r_{12}r_{21}) + (\tfrac{4}{3}\pi)^2 R \\ R'\varrho_{23} &= r_{23} - \tfrac{4}{3}\pi(r_{13}r_{21} - r_{23}r_{11}) \\ R'\varrho_{32} &= r_{32} - \tfrac{4}{3}\pi(r_{31}r_{12} - r_{32}r_{11}), \\ &\ldots\ldots \end{aligned}\right.$$

worin R' und R die Determinanten der Coëfficienten der linken und der rechten Seite in I* bedeuten. Hieraus ist ersichtlich, dass in dem Systeme der Magnetisirungscoëfficienten ϱ nur dann $\varrho_{hk} = \varrho_{kh}$ sein wird, wenn auch das System der Coëfficienten r zur Diagonale symmetrisch ist. In der That ist aber, wie W. THOMSON gezeigt hat, stets $\varrho_{hk} = \varrho_{kh}$ und $r_{hk} = r_{kh}$, da eine im Magnetfelde sich drehende Kugel nicht eine unerschöpfliche Quelle von Energie sein kann.

10. Folgerung aus dem Princip der Erhaltung der Energie. – Um die Gleichheit der Magnetisirungscoëfficienten ϱ_{hk} und ϱ_{kh} nachzuweisen, bilden wir das Moment des Kräftepaares, welches auf die Kugel in dem homogenen Magnetfelde einwirkt und sie um eine Gerade zu drehen strebt, die auf den Richtungen i und f der Magnetisirung und der Kraftlinien des Feldes senkrecht steht. Für die Volumeneinheit beträgt dieses Moment:

$$d = \mathfrak{J}\mathfrak{F} \sin (if).$$

Bezeichnen wir die Richtungscosinus von i und f in Bezug auf das Axensystem X_1, X_2, X_3 mit i_1, i_2, i_3 und f_1, f_2, f_3, so ist:

$$\sin^2 (if) = (i_2 f_3 - i_3 f_2)^2 + (i_3 f_1 - i_1 f_3)^2 + (i_1 f_2 - i_2 f_1)^2,$$

folglich:

$$\begin{aligned} d^2 &= (\mathfrak{J}_2\mathfrak{F}_3 - \mathfrak{J}_3\mathfrak{F}_2)^2 + (\mathfrak{J}_3\mathfrak{F}_1 - \mathfrak{J}_1\mathfrak{F}_3)^2 + (\mathfrak{J}_1\mathfrak{F}_2 - \mathfrak{J}_2\mathfrak{F}_1)^2 \\ &= d_1{}^2 + d_2{}^2 + d_3{}^2, \end{aligned}$$

wenn d_1, d_2, d_3 die Componenten von d nach den Coordinatenaxen bedeuten. Demnach ist das Moment des Kräftepaares, welches die ganze Kugel mit dem Radius a um die Axe X_1 in dem Sinne von X_2 gegen X_3 zu drehen strebt:

$$\begin{aligned} D_1 &= \tfrac{4}{3}\pi a^3 . d_1 = \tfrac{4}{3}\pi a^3 (\mathfrak{J}_2\mathfrak{F}_3 - \mathfrak{J}_3\mathfrak{F}_2) \\ &= \tfrac{4}{3}\pi a^3 [\varrho_{23}\mathfrak{F}_3{}^2 - \varrho_{32}\mathfrak{F}_2{}^2 + (\varrho_{22} - \varrho_{33})\mathfrak{F}_2\mathfrak{F}_3 + \mathfrak{F}_1(\varrho_{21}\mathfrak{F}_3 - \varrho_{31}\mathfrak{F}_2)]. \end{aligned}$$

Fällt die Richtung der magnetischen Kraft des Feldes insbesondere in die Ebene $X_2 X_3$, so dass $(\mathfrak{F} X_2) = \psi$ und:

$$\mathfrak{F}_1 = 0, \quad \mathfrak{F}_2 = \mathfrak{F}\cos\psi, \quad \mathfrak{F}_3 = \mathfrak{F}\sin\psi$$

ist, so leistet das auf die Kugel wirkende Kräftepaar bei der Drehung derselben um den Winkel $d\psi$ die Arbeit $D_1 d\psi$ oder:

$$\tfrac{4}{3}\pi a^3 \mathfrak{F}^2 [\varrho_{23}\sin^2\psi - \varrho_{32}\cos^2\psi + (\varrho_{22} - \varrho_{33})\sin\psi\cos\psi] d\psi.$$

Mithin beträgt die bei einer vollen Umdrehung der Kugel geleistete Arbeit:

$$\int_0^{2\pi} D_1 d\psi = \tfrac{4}{3}\pi^2 a^3 \mathfrak{F}^2 (\varrho_{23} - \varrho_{32}).$$

Damit nun die Kugel, welche in ihre ursprüngliche Lage unter den anfänglichen Bedingungen zurückgekehrt ist, nicht eine unerschöpfliche Quelle von Energie werde, muss dieser Ausdruck der Null gleich, also $\varrho_{23} = \varrho_{32}$ sein. In analoger Weise folgt $\varrho_{31} = \varrho_{13}$, $\varrho_{12} = \varrho_{21}$.

Demnach ergiebt sich aus dem Princip der Erhaltung der Energie, dass die Erscheinungen der magnetischen Induction in einem homogenen Krystall des triklinen Systems nicht von neun, sondern von s e c h s *Magnetisirungscoëfficienten* ϱ_{11}, ϱ_{22}, ϱ_{33}, ϱ_{23}, ϱ_{31}, ϱ_{12} *abhängen.*

Wir bemerken den fundamentalen Unterschied gegenüber den Vorgängen der stationären Strömung der Wärme und der Elektricität. In der That ist zur Unterhaltung dieser Vorgänge ein continuirlicher Aufwand von Energie erforderlich, während der durch die Wirkung eines unveränderlichen Magnetfeldes einmal hergestellte Zustand der Magnetisirung eine beliebig lange Zeit hindurch ohne Aufwand von Energie bestehen bleibt.

11. Inductionsellipsoid. — Die Relationen II gestatten eine ähnliche geometrische Deutung wie die Geichungen I[a] auf S. 126—127:

Betrachtet man den Kraftvector $\mathfrak{F}$ als Radiusvector des Ellipsoids:

$$\varrho_{11}x_1^2 + \varrho_{22}x_2^2 + \varrho_{33}x_3^2 + 2\varrho_{23}x_2x_3 + 2\varrho_{31}x_3x_1 + 2\varrho_{12}x_1x_2 = 1,$$

so ist die Richtung der Magnetisirung $\mathfrak{J}$ gegeben durch die Normale der Tangentialebene an dieses Ellipsoid im Endpunkte von $\mathfrak{F}$ und die Grösse des Vectors $\mathfrak{J}$ ist gleich dem reciproken Werthe des Abstandes der Tangentialebene vom Mittelpunkte des Ellipsoids.

Im Allgemeinen fällt die Richtung der Magnetisirung nicht zusammen mit der Richtung der Kraftlinien des homogenen Magnetfeldes, in welches die Kugel gebracht wurde. Es sind aber stets, auch in einem triklinen Krystall, drei auf einander senkrecht stehende gerade Linien — *die Symmetrieaxen des Inductionsellipsoids* — vorhanden, von der Beschaffenheit, dass die Magnetisirung der Kugel in der Richtung der Kraftlinien des Feldes stattfindet, sobald eine dieser Linien zu den Kraftlinien parallel ist.

Bezogen auf seine Symmetrieaxen $\mathfrak{X}_1$, $\mathfrak{X}_2$, $\mathfrak{X}_3$ sei die Gleichung des Inductionsellipsoids:

$$\varrho_1\mathfrak{x}_1^2 + \varrho_2\mathfrak{x}_2^2 + \varrho_3\mathfrak{x}_3^2 = 1.$$

Demnach sind die Halbaxen gegeben durch die reciproken Werthe der Quadratwurzeln aus den *Hauptmagnetisirungscoëfficienten* ϱ_1, ϱ_2, ϱ_3.

Das Elementargesetz II nimmt jetzt die Form an:

$$\mathfrak{J}_{01} = \varrho_1\mathfrak{F}_{01}, \quad \mathfrak{J}_{02} = \varrho_2\mathfrak{F}_{02}, \quad \mathfrak{J}_{03} = \varrho_3\mathfrak{F}_{03},$$

worin $\mathfrak{J}_{01}$, $\mathfrak{J}_{02}$, $\mathfrak{J}_{03}$ und $\mathfrak{F}_{01}$, $\mathfrak{F}_{02}$, $\mathfrak{F}_{03}$ die auf die Symmetrieaxen des Inductionsellipsoids bezogenen Componenten der Magnetisirung und der magnetischen Kraft des Feldes bedeuten. Man kann daher den Hauptmagnetisirungscoëfficienten ϱ_h eines Krystalls auch definiren als den Coëfficienten, mit welchem die magnetische Kraft eines homogenen Magnetfeldes multiplicirt werden muss, um die Intensität der Magnetisirung einer Kugel aus jenem Krystall zu erhalten, die in das Feld derart eingeführt wird, dass die Symmetrieaxe $\mathfrak{X}_h$ den Kraftlinien des Feldes parallel ist.

Bezeichnet man die nach den Symmetrieaxen des Inductionsellipsoids genommenen Componenten der resultirenden magnetischen Kraft $\mathfrak{H}$ an der Stelle P mit $\mathfrak{H}_{01}$, $\mathfrak{H}_{02}$, $\mathfrak{H}_{03}$, und setzt man

$$\mathfrak{J}_{01} = r_1\mathfrak{H}_{01}, \quad \mathfrak{J}_{02} = r_2\mathfrak{H}_{02}, \quad \mathfrak{J}_{03} = r_3\mathfrak{H}_{03},$$

so ergiebt sich, da nach [8]:

$$\mathfrak{H}_{0n} = \mathfrak{F}_{0n} - \tfrac{4}{3}\pi \mathfrak{J}_{0n} \qquad (n = 1, 2, 3)$$

ist, für das Elementargesetz der magnetischen Induction:

$$\mathfrak{J}_{01} = \frac{r_1}{1 + \frac{4}{3}\pi r_1} \mathfrak{F}_{01}$$

$$\mathfrak{J}_{02} = \frac{r_2}{1 + \frac{4}{3}\pi r_2} \mathfrak{F}_{02}$$

$$\mathfrak{J}_{03} = \frac{r_3}{1 + \frac{4}{3}\pi r_3} \mathfrak{F}_{03}.$$

Demnach bestehen zwischen den Coëfficienten r_n und ϱ_n die Beziehungen:

$$r_n = \frac{\varrho_n}{1 - \frac{4}{3}\pi \varrho_n}, \qquad \varrho_n = \frac{r_n}{1 + \frac{4}{3}\pi r_n}.$$

Sind die Hauptmagnetisirungscoëfficienten sehr klein, wie bei allen diamagnetischen und der überwiegenden Mehrzahl der magnetischen Krystalle, so ist $r_n = \varrho_n$ zu setzen. In diesem Falle ist die Einstellung der Krystalle im Magnetfelde von ihrer Gestalt unabhängig, wofern nicht die Dimensionen derselben nach verschiedenen Richtungen allzu ungleich sind.

12. Magnetische Permeabilität. — Die Hauptmagnetisirungscoëfficienten ϱ_1, ϱ_2, ϱ_3 werden von W. THOMSON die *magnetischen Hauptaufnahmefähigkeiten* (principal magnetic susceptibilities) genannt. Ihre Einführung beruht auf der „polaren“ Definition der magnetischen Kraft an einer Stelle P im Inneren des magnetisirten Krystalls (S. 197). Legt man aber die „elektromagnetische“ Definition jener Kraft zu Grunde, indem man für die Höhlung, durch welche der Punkt P ausgeschieden wird, die Form einer dünnen kreisförmigen, zur Richtung der Magnetisirung senkrecht stehenden Platte wählt, so ist die inducirte Magnetisirung des Krystalls durch drei andere Constanten μ_1, μ_2, μ_3 charakterisirt, welche W. THOMSON die *magnetischen Hauptdurchlässigkeiten* (principal magnetic permeabilities) nennt.[1]

Um die Beziehung zwischen den Coëfficienten ϱ_n und μ_n aufzustellen, hat man zu beachten,[2] dass auf einen magnetischen Einheitspol an der Stelle P durch die magnetische Oberflächenschicht der Höhlung eine Kraft ausgeübt wird, deren Componenten nach den Symmetrieaxen der Magnetisirung gegeben sind durch $4\pi\mathfrak{J}_{01}$, $4\pi\mathfrak{J}_{02}$, $4\pi\mathfrak{J}_{03}$. Diese Componenten treten demnach zu den Componenten der Kraft $\mathfrak{H}$ hinzu. Setzt man nun:

$$\mathfrak{H}_{01} + 4\pi\mathfrak{J}_{01} = \mathfrak{B}_{01}, \quad \mathfrak{H}_{02} + 4\pi\mathfrak{J}_{02} = \mathfrak{B}_{02}, \quad \mathfrak{H}_{03} + 4\pi\mathfrak{J}_{03} = \mathfrak{B}_{03},$$

[1] W. THOMSON, Magnetic Permeability, and Analogues in Electro-static Induction, Conduction of Heat, and Fluid Motion. Reprint of Papers on Electrost. and Magn. London 1872, p. 482. — Von hervorragendem Interesse sind die Abbildungen in der Note: Diagrams of Lines of Force; to illustrate Magnetic Permeability. Repr. p. 485. Vgl. On certain Magnetic Curves; with Applications to Problems in the Theories of Heat, Electricity und Fluid Motion. From Rep. Brit. Assoc. 1852, Repr. p. 514.

[2] Vgl. J. CL. MAXWELL, A Treatise on Electr. and Magn. **2,** 399, 400, 428.

so wird die Vectorgrösse $\mathfrak{B}$, deren Componenten $\mathfrak{B}_{01}$, $\mathfrak{B}_{02}$, $\mathfrak{B}_{03}$ sind, *die magnetische Induction an der Stelle P im Innern des Krystalls genannt.* In diesem Sinne genommen besitzt also die Bezeichnung „magnetische Induction" eine *quantitative* Bedeutung. Es ergiebt sich nunmehr für das Elementargesetz der inducirten Magnetisirung:

$$\mathfrak{B}_{01} = (1 + 4\pi r_1)\mathfrak{H}_{01}$$
$$\mathfrak{B}_{02} = (1 + 4\pi r_2)\mathfrak{H}_{02}$$
$$\mathfrak{B}_{03} = (1 + 4\pi r_3)\mathfrak{H}_{03}.$$

Und die hierin auftretenden Coëfficienten:

$$1 + 4\pi r_n = \mu_n, \qquad (n = 1, 2, 3),$$

sind jene magnetischen Hauptdurchlässigkeiten in den Richtungen der Symmetrieaxen $\mathfrak{X}_1$, $\mathfrak{X}_2$, $\mathfrak{X}_3$. Demnach besteht die Beziehung:

$$\mu_n = 1 + \frac{4\pi\varrho_n}{1 - \frac{4}{3}\pi\varrho_n}.$$

Die magnetische Permeabilität ist für alle Körper *positiv*, nämlich für den leeren Raum gleich 1, für magnetische Körper > 1 und für diamagnetische Substanzen < 1.

Die magnetische Induction $\mathfrak{B}$ ist eine Vectorgrösse von der Natur einer Strömung. Sie befriedigt dieselben Stetigkeitsbedingungen wie die Strömung der Wärme und der Elektricität. Erst durch die Einführung dieser Grösse tritt in den Problemen der Leitung der Wärme, der Strömung der Elektricität, der magnetischen und der dielektrischen Polarisation jene Analogie hervor, welche W. Thomson eben mit Benutzung des Begriffes der Permeabilität auszudrücken suchte. Aus seiner Darlegung sei folgende Stelle hervorgehoben.

„The singular combination of mathematical acuteness, with experimental research and profound physical speculation, which Faraday, though not a „mathematician", presented, is remarkably illustrated by his use of the expression, *conducting power of a magnetic medium for lines of force.* The analogue corresponding to conducting power of a solid for heat, or, as it is shortly called, „thermal conductivity", is, in electrostatic induction, the „specific inductive capacity" of the di-electric; in magnetism it is not what has hitherto been called magnetic inductive capacity, — a quality which is negative in dia-magnetics, but it is Faraday's „conducting power for lines of force"; and in hydrokinetics it is flux per unit area, per unit intensity of energy. The common word „permeability" seems well adapted to express the specific quality in each of the four analogous subjects. Adopting it we have *thermal permeability,* a synonym for thermal conductivity; *permeability for lines of electric force,* a synonym for the electro-static inductive capacity of an insulator; *magnetic permeability*, a synonym for conducting power for lines of magnetic force; and *hydrokynetic permeability*, a name for the specific quality of a porous solid, according to which, when placed in a mowing frictionless liquid, it modifies the flow."

13. Gleichgewichtsstellungen einer Kugel in einem homogenen Magnetfelde. — Es sei eine Kugel aus einem homogenen anisotropen Krystall in einem gleichförmigen Magnetfelde in solcher Weise unterstützt, dass sie sich um ihren Mittelpunkt, der unbeweglich bleiben soll, frei drehen kann. Unter dieser Voraussetzung wird sich die Kugel nur dann im Gleichgewichte befinden, wenn das von der Einwirkung des Feldes an ihr hervorgerufene Drehungsmoment D gleich Null ist. Bezogen auf die Symmetrieaxen der Magnetisirung $\mathfrak{X}_1$, $\mathfrak{X}_2$, $\mathfrak{X}_3$ ist das Quadrat dieses Drehungsmomentes nach [10] und [11]:

$$\begin{aligned} D^2 &= (\tfrac{4}{3}\pi a^3)^2[(\mathfrak{J}_{02}\mathfrak{F}_{03} - \mathfrak{J}_{03}\mathfrak{F}_{02})^2 + (\mathfrak{J}_{03}\mathfrak{F}_{01} - \mathfrak{J}_{01}\mathfrak{F}_{03})^2 + (\mathfrak{J}_{01}\mathfrak{F}_{02} - \mathfrak{J}_{02}\mathfrak{F}_{01})^2] \\ &= (\tfrac{4}{3}\pi a^3)^2\mathfrak{F}^4[(\varrho_2-\varrho_3)^2 f_{02}^2 f_{03}^2 + (\varrho_3-\varrho_1)^2 f_{03}^2 f_{01}^2 + (\varrho_1-\varrho_2)^2 f_{01}^2 f_{02}^2] \\ &= (\tfrac{4}{3}\pi a^3)^2\mathfrak{F}^4 \mathrm{P}^2. \end{aligned}$$

Hieraus ergeben sich für die Richtungscosinus der Axe l des auf die Kugel wirkenden Kräftepaares die Werthe:

$$\cos(l\mathfrak{X}_1) = \frac{\varrho_2-\varrho_3}{\mathrm{P}} f_{02} f_{03}, \quad \cos(l\mathfrak{X}_2) = \frac{\varrho_3-\varrho_1}{\mathrm{P}} f_{03} f_{01}, \quad \cos(l\mathfrak{X}_3) = \frac{\varrho_1-\varrho_2}{\mathrm{P}} f_{01} f_{02}.$$

Soll nun $D = 0$ sein, so müssen die in P enthaltenen Quadrate einzeln verschwinden, so dass:

$$(\varrho_2-\varrho_3) f_{02} f_{03} = 0, \quad (\varrho_3-\varrho_1) f_{03} f_{01} = 0, \quad (\varrho_1-\varrho_2) f_{01} f_{02} = 0.$$

Da aber vorausgesetzt wurde, dass die Hauptmagnetisirungscoëfficienten ϱ_1, ϱ_2, ϱ_3 von einander verschieden seien, so müssen hiernach, wenn Gleichgewicht bestehen soll, je zwei der Richtungscosinus f_1, f_2, f_3 verschwinden. *Demnach ist für eine Gleichgewichtsstellung der Kugel erforderlich, dass eine der Symmetrieaxen der Magnetisirung mit der Richtung der Kraftlinien des Feldes zusammenfällt.*

Hat die Axe l insbesondere die Richtung der Symmetrieaxe $\mathfrak{X}_1$, so ist das Drehungsmoment, wie aus:

$$D_1 = \tfrac{4}{3}\pi a^3 \,.\, \mathfrak{F}^2 \,.\, (\varrho_2-\varrho_3) f_{02} f_{03}$$

hervorgeht, proportional der *Differenz* $\varrho_2 - \varrho_3$, welche aus den reciproken Werthen der Quadrate der Halbaxen in der Schnittellipse des Inductionsellipsoids mit der zur Drehungsaxe $\mathfrak{X}_1$ senkrechten Diametralebene gebildet ist.

Es gilt aber ganz allgemein der Satz: *wenn die Kugel unter der Einwirkung des Magnetfeldes um einen beliebig gerichteten Durchmesser l rotirt, so ist das Drehungsmoment des Kräftepaares stets proportional der Differenz der reciproken Werthe der Quadrate der Halbaxen in der Schnittellipse des Inductionsellipsoids mit der zur Drehungsaxe l senkrechten Diametralebene desselben.* Um den Nachweis hierfür zu liefern setzen wir voraus, dass $\varrho_1 > \varrho_2 > \varrho_3$, also $\mathfrak{X}_1$ die Symmetrieaxe der stärksten, $\mathfrak{X}_3$ jene der schwächsten Magnetisirung sei. Dann bestehen zwischen den Halbaxen des Inductionsellipsoids die Ungleichungen $1/\sqrt{\varrho_1} < 1/\sqrt{\varrho_2} < 1/\sqrt{\varrho_3}$. Die in der Ebene $\mathfrak{X}_3\mathfrak{X}_1$ gelegenen Normalen der Kreisschnitte des Inductionsellipsoids seien bezeichnet mit A, A'.

Bedeutet $2V$ den von der grössten Halbaxe des Inductionsellipsoids $\mathfrak{X}_3$ halbirten Winkel (AA'), so ist:

$$(1) \qquad \cos^2 V = \frac{\varrho_2 - \varrho_3}{\varrho_1 - \varrho_3}, \quad \sin^2 V = \frac{\varrho_1 - \varrho_2}{\varrho_1 - \varrho_3}.$$

Ferner seien bezeichnet die Halbaxen der Ellipse, in welcher das Inductionsellipsoid von der zur Drehungsaxe l senkrechten Diametralebene geschnitten wird, mit $1/\sqrt{\sigma_1}$ und $1/\sqrt{\sigma_2}$ $(\sigma_1 > \sigma_2)$ und die Winkel $(lA) = \varphi$, $(lA') = \varphi'$, wobei φ und φ' von Null bis π genommen werden sollen. Alsdann gilt die Relation[1]:

$$(2) \qquad \sigma_1 - \sigma_2 = (\varrho_1 - \varrho_3)\sin\varphi\sin\varphi'.$$

Mit Rücksicht auf (1) nimmt der Ausdruck für das Quadrat des Drehungsmomentes folgende Gestalt an:

$$D^2 = (\tfrac{4}{3}\pi a^3)^2 \mathfrak{F}^4 (\varrho_1 - \varrho_3)^2 [f_{02}^2 f_{03}^2 \cos^4 V + f_{03}^2 f_{01}^2 + f_{01}^2 f_{02}^2 \sin^4 V].$$

Mithin ist nach (2):

$$D = \tfrac{4}{3}\pi a^3 . \mathfrak{F}^2 \cdot \frac{\sigma_1 - \sigma_2}{\sin\varphi \sin\varphi'} \cdot [f_{02}^2 f_{03}^2 \cos^4 V + f_{03}^2 f_{01}^2 + f_{01}^2 f_{02}^2 \sin^4 V]^{\frac{1}{2}}.$$

Hieraus folgt aber der soeben ausgesprochene Satz.

14. Die magnetischen Axen. — Fällt die Drehungsaxe l mit der Normale einer Kreisschnittebene des Inductionsellipsoids zusammen, so ist $\sigma_1 = \sigma_2$ und φ oder $\varphi' = 0$. Demnach erhält das Drehungsmoment D den unbestimmten Werth $0/0$, und die Kugel befindet sich im *indifferenten Gleichgewicht.* Man bezeichnet nach J. Plücker die Richtungen der Normalen A und A' als die *magnetischen Axen.* Wird die Kugel nach der Richtung einer magnetischen Axe zwischen den Polen eines Elektromagneten aufgehängt, so kann sie keine bestimmte Einstellung annehmen; sie verhält sich alsdann wie ein magnetisch isotroper Körper.

Der magnetische Charakter wird *positiv* oder *negativ* genannt, je nachdem der spitze Winkel der magnetischen Axen von der Symmetrieaxe der stärksten oder der schwächsten Induction halbirt wird; mithin ist nach der in [13] getroffenen Festsetzung in dem ersteren Falle $2V > 90^0$, in dem letzteren dagegen $< 90^0$.

Je nachdem $2V = \pi$ oder $= 0$ ist, erhält man den speciellen Fall eines Krystalls mit einer Axe der Isotropie von positivem oder von negativem magnetischen Charakter; in dem ersteren Falle ist $\varrho_2 = \varrho_3$, in dem letzteren $\varrho_1 = \varrho_2$.

[1] Diese Gleichung wird im Zusammenhange mit anderen Relationen in dem über die optischen Eigenschaften der Krystalle handelnden Kapitel abgeleitet werden. Je nachdem man das Inductionsellipsoid mit dem Indexellipsoid (Mac Cullagh) = Polarisationsellipsoid (Cauchy) oder mit dem von Fresnel zur Construction der Strahlenfläche benutzten Ellipsoid vergleicht, entsprechen den Hauptmagnetisirungscoëfficienten die Quadrate der Hauptlichtgeschwindigkeiten oder die Quadrate der Hauptbrechungsverhältnisse und den magnetischen Axen die optischen Axen oder die Strahlenaxen.

15. Potentielle Energie einer magnetisirbaren Kugel in einem homogenen Magnetfelde. — Das auf die Kugel wirkende Kräftepaar leistet bei einer Drehung der Kugel um den Winkel $\delta\varepsilon$ um den Durchmesser l die Arbeit $D\delta\varepsilon$, wenn D das Drehungsmoment des Kräftepaares bedeutet. Bezeichnet man mit W die potentielle Energie der Kugel, so ist demnach die Aenderung derselben:

$$\delta W = -D\delta\varepsilon. \tag{1}$$

Das Drehungsmoment hat den Werth:

$$D = v \cdot \mathfrak{J}\mathfrak{F} \sin\varepsilon,$$

worin v das Volumen der Kugel und ε den Winkel (if) zwischen den Richtungen der Intensität der Magnetisirung und der Kraftlinien des Feldes bedeuten. Es seien jetzt $\lambda_1, \lambda_2, \lambda_3$, i_1, i_2, i_3 und f_1, f_2, f_3 die Richtungscosinus von l, i und f in einem beliebigen, mit der Kugel starr verbundenen rechtwinkligen Axensysteme X_1, X_2, X_3; alsdann folgt mit Rücksicht darauf, dass l auf i und f senkrecht steht,

$$\begin{aligned} D &= v\mathfrak{J}\mathfrak{F}[\lambda_1 \sin\varepsilon \,.\, \lambda_1 + \lambda_2 \sin\varepsilon \,.\, \lambda_2 + \lambda_3 \sin\varepsilon \,.\, \lambda_3] \\ &= v\mathfrak{J}\mathfrak{F}[(i_2 f_3 - i_3 f_2)\lambda_1 + (i_3 f_1 - i_1 f_3)\lambda_2 + (i_1 f_2 - i_2 f_1)\lambda_3] \\ &= v[(\mathfrak{J}_2\mathfrak{F}_3 - \mathfrak{J}_3\mathfrak{F}_2)\lambda_1 + (\mathfrak{J}_3\mathfrak{F}_1 - \mathfrak{J}_1\mathfrak{F}_3)\lambda_2 + (\mathfrak{J}_1\mathfrak{F}_2 - \mathfrak{J}_2\mathfrak{F}_1)\lambda_3]. \end{aligned}$$

Bei der Drehung der Kugel um den unendlich kleinen Winkel $\delta\varepsilon$ ändern sich die Richtungscosinus der Kraftlinien f_1, f_2, f_3. Zerlegen wir die Drehung $\delta\varepsilon$ in die Drehungen um die Coordinatenaxen:

$$\delta\varepsilon_1 = \lambda_1\delta\varepsilon, \quad \delta\varepsilon_2 = \lambda_2\delta\varepsilon, \quad \delta\varepsilon_3 = \lambda_3\delta\varepsilon,$$

so ist:

$$\delta f_1 = f_2\delta\varepsilon_3 - f_3\delta\varepsilon_2 = (f_2\lambda_3 - f_3\lambda_2)\delta\varepsilon,$$

folglich:

$$\mathfrak{F}\delta f_1 = (\mathfrak{F}_2\lambda_3 - \mathfrak{F}_3\lambda_2)\delta\varepsilon$$

oder:

$$\delta\mathfrak{F}_1 = (\mathfrak{F}_2\lambda_3 - \mathfrak{F}_3\lambda_2)\delta\varepsilon.$$

Analoge Werthe gewinnt man für $\delta\mathfrak{F}_2$ und $\delta\mathfrak{F}_3$ durch cyclische Vertauschung der Indices. Demnach ergiebt sich jetzt für die Aenderung der Energie der Kugel, ausgedrückt durch die Componenten der magnetischen Kraft des Feldes, die Componenten der Intensität der Magnetisirung und das Volumen der Kugel:

$$\delta W = -v(\mathfrak{J}_1\delta\mathfrak{F}_1 + \mathfrak{J}_2\delta\mathfrak{F}_2 + \mathfrak{J}_3\delta\mathfrak{F}_3). \tag{2}$$

Auch aus dieser Gleichung gehen die auf S. 200 gewonnenen Relationen $\varrho_{hk} = \varrho_{kh}$ zwischen den Magnetisirungscoëfficienten hervor: damit die sich drehende Kugel nicht eine unerschöpfliche Quelle von Energie wird, muss die rechte Seite von (2) ein *vollständiges Differential* darstellen; demnach muss, da nach dem Elementargesetze (II) in [9] $\mathfrak{J}_1, \mathfrak{J}_2, \mathfrak{J}_3$ homogene lineare Funktionen von $\mathfrak{F}_1, \mathfrak{F}_2, \mathfrak{F}_3$ sind, W eine quadratische Funktion von $\mathfrak{F}_1, \mathfrak{F}_2, \mathfrak{F}_3$ sein.

Aus (2) folgt:

$$W = -\frac{v\mathfrak{F}^2}{2}\left[\varrho_{11} f_1^2 + \varrho_{22} f_2^2 + \varrho_{33} f_3^2 + 2\varrho_{23} f_2 f_3 + 2\varrho_{31} f_3 f_1 + 2\varrho_{12} f_1 f_2\right]. \tag{3}$$

Wählt man insbesondere die Symmetrieaxen $\mathfrak{X}_1$, $\mathfrak{X}_2$, $\mathfrak{X}_3$ zu Coordinatenaxen, so ist:

$$W = -\frac{v\mathfrak{F}^2}{2}(\varrho_1 f_{01}^2 + \varrho_2 f_{02}^2 + \varrho_3 f_{03}^2). \tag{4}$$

Kann sich nun die Kugel um ihren Mittelpunkt frei drehen, so ist sie nach [13] nur dann im Gleichgewichte, wenn eine der Symmetrieaxen mit der Richtung f der Kraftlinien des Feldes zusammenfällt, d. h. wenn für die Richtungscosinus f_{01}, f_{02}, f_{03} eines der Werthsysteme 1, 0, 0; 0, 1, 0; 0, 0, 1 gilt. Die besondere Natur des Gleichgewichts ergiebt sich aus dem Werthe der potentiellen Energie.

Wir betrachten zunächst *magnetische* Krystalle, deren Hauptmagnetisirungscoëfficienten ϱ_1, ϱ_2, ϱ_3 *positiv* sind.

Krystalle ohne Axe der Isotropie.

(Rhombisches, monoklines, triklines System.)

Sind jene Coëfficienten von einander verschieden, $\varrho_1 > \varrho_2 > \varrho_3$, so befindet sich die Kugel im *stabilen* Gleichgewichte, wenn die Energie ein Minimum, also der in Klammern eingeschlossene Factor in (4) ein Maximum ist. Dieser Fall tritt ein, wenn die Symmetrieaxe der stärksten Magnetisirung $\mathfrak{X}_1$ in die Richtung f der Kraftlinien fällt, so dass

$$W = -\frac{v\mathfrak{F}^2}{2}\varrho_1$$

ist. Da jede Stellung, welche die Kugel in diesem Falle durch eine Drehung um die Richtung f annimmt, eine Gleichgewichtslage ist, so könnte dieses Gleichgewicht auch als ein neutrales bezeichnet werden.

Die Kugel ist im *labilen* Gleichgewichte, wenn eine der Symmetrieaxen $\mathfrak{X}_2$, $\mathfrak{X}_3$ zur Richtung der Kraftlinien parallel läuft, also die Axe der stärksten Magnetisirung zu dieser Richtung senkrecht steht.

Krystalle mit einer Axe der Isotropie.

(Hexagonales und tetragonales System.)

I. Sind die beiden kleineren Hauptmagnetisirungscoëfficienten einander gleich ($\varrho_2 = \varrho_3$), handelt es sich also um einen Krystall von *positivem* magnetischen Charakter, so ist die Kugel im *stabilen* Gleichgewichte, wenn die Axe der Isotropie in die Richtung f der Kraftlinien fällt. Wieder könnte dieses Gleichgewicht ein neutrales genannt werden, da jede Stellung, in welche die Kugel durch Drehung um die Richtung f gelangt, eine Gleichgewichtslage ist.

Die Kugel befindet sich im *labilen* Gleichgewichte, falls die Axe der Isotropie senkrecht zu den Kraftlinien steht.

II. Besitzt der Krystall einen *negativen* magnetischen Charakter ($\varrho_1 = \varrho_2$), so wird sich die Kugel in einem *stabilen* Gleichgewichtszustande befinden, wenn die zur Axe der Isotropie senkrechte Ebene den Kraftlinien parallel läuft. Unter zwei Gesichtspunkten kann in diesem Falle das Gleichgewicht als ein neutrales bezeichnet werden: denn es wird jede Stellung, in welche die Kugel durch eine Drehung um die Richtung der Kraftlinien oder um die Axe der Isotropie gebracht werden kann, eine Gleichgewichtslage sein. Die Kugel ist im *labilen* Gleichgewichte, wenn die Axe der Isotropie den Kraftlinien parallel gerichtet ist.

Isotrope Krystalle.
(Reguläres System.)

Da die Energie für $\varrho_1 = \varrho_2 = \varrho_3$ einen constanten Werth besitzt, so befindet sich eine Kugel aus einem magnetisch isotropen Krystall unter dem Einflusse eines homogenen Magnetfeldes in jeder Stellung im Gleichgewichte. —

Handelt es sich um *diamagnetische* Krystalle, so sind die Werthe von ϱ_1, ϱ_2, ϱ_3 *negativ*. Daraus folgen Sätze, welche den soeben abgeleiteten entgegengesetzt sind: das *stabile* Gleichgewicht tritt ein, wenn die Richtung der schwächsten Magnetisirung zu den Kraftlinien parallel ist.

Das Resultat ist also dieses. *Eine um ihren Mittelpunkt frei bewegliche Krystallkugel sucht sich in einem homogenen Magnetfelde so einzustellen, dass die Symmetrieaxe der grössten magnetischen oder der kleinsten diamagnetischen Induction in die Richtung der Kraftlinien fällt.*

16. Experimentelle Prüfung der Theorie von W. Thomson. — Das Drehungsmoment D, welches in einem homogenen Magnetfelde mit horizontalen Kraftlinien auf eine, um ihren verticalen Durchmesser drehbare Krystallkugel ausgeübt wird, ist nach [13] abhängig von der Feldstärke $\mathfrak{F}$, dem Volumen der Kugel v, den Werthen der Hauptmagnetisirungscoëfficienten der Kugel ϱ_1, ϱ_2, ϱ_3 und den zur Orientirung der Kugel in dem Magnetfelde dienenden Grössen. Wir wollen diese Orientirung bestimmen durch die Richtungscosinus der magnetischen Symmetrieaxen $\mathfrak{X}_1$, $\mathfrak{X}_2$, $\mathfrak{X}_3$ gegen ein rechtwinkliges Axensystem, welches durch die Richtung der Kraftlinien f und die Aufhängungsrichtung l gegeben ist. Die zu f und l senkrechte Gerade sei bezeichnet mit e, so dass le die Aequatorialebene des Feldes ist. Das Schema der Richtungscosinus sei:

	$\mathfrak{X}_1$	$\mathfrak{X}_2$	$\mathfrak{X}_3$
f	f_{01}	f_{02}	f_{03}
e	e_{01}	e_{02}	e_{03}
l	l_{01}	l_{02}	l_{03}

Unter diesen Voraussetzungen ist nach [13], S. 204:

$$D^2 = v^2 \mathfrak{F}^4 \mathrm{P}\,[(\varrho_2 - \varrho_3) f_{02} f_{03} l_{01} + (\varrho_3 - \varrho_1) f_{03} f_{01} l_{02} + (\varrho_1 - \varrho_2) f_{01} f_{02} l_{03}]$$
$$= v^2 \mathfrak{F}^4 \mathrm{P}\,[\varrho_1 f_{01} (f_{02} l_{03} - f_{03} l_{02}) + \varrho_2 f_{02} (f_{03} l_{01} - f_{01} l_{03}) + \varrho_3 f_{03} (f_{01} l_{02} - f_{02} l_{01})]$$

oder:

$$D = \pm\, v \mathfrak{F}^2 [\varrho_1 f_{01} e_{01} + \varrho_2 f_{02} e_{02} + \varrho_3 f_{03} e_{03}].$$

Hieraus ergiebt sich insbesondere für einen *Krystall mit einer Axe der Isotropie* $\mathfrak{X}_1$, in welchem $\varrho_2 = \varrho_3$ ist:

$$D = \pm\, v \mathfrak{F}^2 (\varrho_1 - \varrho_2) f_{01} e_{01}$$

oder:

$$(1) \qquad D = \pm\, v \mathfrak{F}^2 (\varrho_1 - \varrho_2) \sin^2 \vartheta \sin \psi \cos \psi,$$

falls mit ϑ die Neigung der Axe der Isotropie γ gegen die Aufhängungsrichtung und mit ψ der Winkel zwischen dem Hauptschnitte der Aufhängungsrichtung (d. i. der Verbindungsebene $l\mathfrak{X}_1$) und der Aequatorialebene le bezeichnet wird, so dass:

$$f_{01} = \sin \vartheta \sin \psi, \quad e_{01} = \sin \vartheta \cos \psi.$$

Das Gesetz (1) ist durch Fr. Stenger und W. König einer experimentellen Prüfung unterzogen worden.[1] Das Material dieser, durch Genauigkeit der Methoden und Sorgfalt der Durchführung ausgezeichneten Arbeiten bildeten Kugeln aus *Kalkspath von Island.* Im Kalkspath, einem *positiven* Krystall mit *diamagnetischer* Masse, ist die Induction am grössten in der Richtung der Axe der Isotropie γ, aber ϱ_1 und ϱ_2 haben negative Werthe. Eine Kalkspathkugel sucht daher ihre Axe γ mit dem Drehungsmomente:

$$(2) \qquad D = v \mathfrak{F}^2 (\varrho_2 - \varrho_1) \sin^2 \vartheta \sin \psi \cos \psi$$

in die Aequatorialebene zu stellen.

Ermittelt man nun den Werth dieses Drehungsmomentes für eine Kalkspathkugel mit dem Volumen v und der Orientirung ϑ, ψ in einem Magnetfelde von der Intensität $\mathfrak{F}$, so ergiebt sich hieraus der Werth der *Differenz* ϱ *der Hauptmagnetisirungsconstanten des Kalkspath:*

$$\varrho = \varrho_2 - \varrho_1 = \frac{1}{v \mathfrak{F}^2 \sin^2 \vartheta \sin \psi \cos \psi} \cdot D.$$

Und diese Differenz muss, wenn die W. Thomson'sche Theorie gelten soll, sich als *constant* erweisen bei einer Aenderung der Intensität des Feldes oder der Orientirung der Kugel oder endlich bei der Einführung einer Kugel von anderem Volumen.

Das Drehungsmoment D kann nach einer Torsionsmethode oder durch Beobachtung der Schwingungsdauer der Kugel gemessen werden.

---

[1] Fr. Stenger, Ueber das Verhalten des Kalkspaths im homogenen magnetischen Felde. Ann. d. Phys. N. F. **20**, 304, 1883. Ueber die Gesetze des Krystallmagnetismus. ibid. **35**, 331, 1888.

W. König, Magnetische Untersuchungen an Krystallen. Ann. d. Phys. N. F. **31**, 273, 1887.

1. Torsionsmethoden. Die Kugel sei an einem Torsionskopfe *bifilar* derart aufgehängt, dass ihr verticaler Durchmesser unter dem Winkel ϑ gegen die Axe der Isotropie geneigt ist. Bezeichnet man mit M das Trägheitsmoment der Aufhängung, mit T_0 die auf unendlich kleine Bogen reducirte Schwingungsdauer der noch nicht magnetisirten Kugel, so ist die Directionskraft der Torsion:

$$\tau = \frac{\pi^2 M}{T_0^2}.$$

Um insbesondere die Abhängigkeit des Drehungsmomentes D von dem Winkel ϑ zu untersuchen, sei der Kugel, während der Elektromagnet noch nicht erregt ist, eine Ruhelage ertheilt, in welcher die Axe der Isotropie in der Aequatorialebene des Feldes liegt, so dass also $\psi = 0$ ist. Wird nun der Torsionskopf um den Winkel φ_0 gedreht, und darauf der Magnetismus erregt, so wird jetzt die Kugel aus der äquatorialen Stellung um einen Winkel φ_m abgelenkt, für welchen die Beziehung gilt:

$$\tau \sin(\varphi_0 - \varphi_m) = D,$$

falls in dem Ausdruck (2) φ_m an Stelle von ψ gesetzt wird. Demnach besteht zwischen den durch Messung zu bestimmenden Grössen v, M, T_0, $\mathfrak{F}$, ϑ, φ_0, φ_m und der gesuchten Differenz $\varrho = \varrho_2 - \varrho_1$ die Relation:

$$\varrho = \frac{\pi^2 M}{T_0^2} \frac{\sin(\varphi_0 - \varphi_m)}{v\, \mathfrak{F}^2 \sin^2 \vartheta \sin \varphi_m \cos \varphi_m}.$$

Bedient man sich einer *unifilaren* Aufhängung, so ist:

$$\tau(\varphi_0 - \varphi_m) = D,$$

wenn in (2) wieder ψ durch φ_m ersetzt wird. Für geringe Torsionen, wie sie hier zur Anwendung kommen, ergiebt sich aus (2):

$$D = v\, \mathfrak{F}^2 (\varrho_2 - \varrho_1) \sin^2 \vartheta \,.\, \varphi_m,$$

so dass:

$$\varrho = \frac{\pi^2 M}{T_0^2} \frac{1}{v\, \mathfrak{F}^2 \sin^2 \vartheta} \frac{\varphi_0 - \varphi_m}{\varphi_m}.$$

2. Schwingungsmethode. Nachdem die Directionskraft der Torsion $\tau = \pi^2 M / T_0^2$ an der nicht magnetisirten Kugel ermittelt ist, wird der Elektromagnet erregt und die Schwingungsdauer T_m der magnetischen Kugel bestimmt und auf unendlich kleine Bogen reducirt. Befindet sich in der Ruhelage der Kugel die Axe γ wieder in der Aequatorialebene ($\psi = 0$), so besteht die Relation:

$$\tau + v\, \mathfrak{F}^2 (\varrho_2 - \varrho_1) \sin^2 \vartheta = \frac{\pi^2 M}{T_m^2}.$$

Folglich ist:

$$\varrho = \frac{\pi^2 M}{v\, \mathfrak{F}^2 \sin^2 \vartheta} \left(\frac{1}{T_m^2} - \frac{1}{T_0^2}\right).$$

Apparat und Beobachtungsmethode von Fr. Stenger. — Die Einrichtung des von Fr. Stenger in seiner ersten Arbeit benutzten Apparates wird durch das Schema Fig. 103 erläutert.

Magnetfeld. A und B sind die horizontalen Schenkel eines Ruhmkorff'schen Elektromagnets mit flachen, im Durchmesser 17 cm messenden und um 8,8 cm von einander abstehenden Polplatten; die Enden der Drahtumwickelungen sind mit $a\,b\,c\,d$ bezeichnet.

P ist die stromgebende, aus acht grossen Bunsen'schen Elementen bestehende Batterie. Um den Strom und die Intensität des Feldes constant zu erhalten, wurde mit der Abnahme des Stromes Ballastwiderstand ausgeschaltet. Zu den groben Einstellungen diente ein Widerstandsapparat N, wie man ihn für elektrische Beleuchtungen braucht, um Widerstände zwischen 1/10 und 6—10 Ohm ein- oder ausschalten zu können, für die genaue Einstellung dagegen ein mit Quecksilber gefülltes enges Glasrohr, in welchem einer der Leitungsdrähte auf und ab bewegt werden konnte. Die Unveränderlichkeit der Stromstärke wurde mit einem in einem Nebenschluss befindlichen Galvanometer O mit astatischem Nadelsystem controlirt.

In der zweiten Arbeit bediente sich Fr. Stenger einer Accumulatorenbatterie von 24 Elementen, die zu sechs hintereinander, zu vier nebeneinander geschaltet waren. Die Batterie wurde höchstens auf $^1/_3$ ihrer Capacität entladen und so für die Dauer der Messungen eine ausreichende Constanz in der Stromstärke erzielt. Besondere Vorrichtungen zur Stromregulirung waren daher nicht erforderlich.

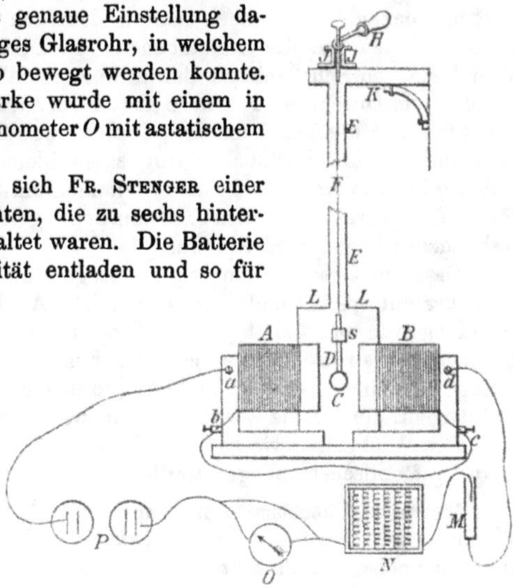

Fig. 103.

Die Feldstärke erwies sich als constant innerhalb eines cylindrischen Raumes von mindestens 10 cm Durchmesser, dessen Endflächen um 1 cm von den Polplatten abstehen. Differenzen, welche die Beobachtungsfehler übersteigen, d. h. $^1/_2$ Proc. überschreiten, waren in den angegebenen Grenzen nicht vorhanden. Die Bestimmung der Feldstärke in absolutem Maasse erfolgte nach der von Fr. Stenger angegebenen Methode, welche gestattet Feldstärken bis auf 0,1 Proc. genau, sicher und bequem zu messen.[1]

Dass die Kraftlinien horizontal liegen, wurde in folgender Weise geprüft. Dünne geradlinige, etwa 2 cm lange Drähte aus weichem Eisen (Blumendraht) wurden in der Mitte des Feldes an Coconfäden befestigt, so dass sie sich um ihren Mittelpunkt beliebig drehen konnten, ohne der Anziehung der Pole als Ganzes Folge leisten zu können. Der Elektromagnet wurde dann so montirt, dass die beiden Enden des Drahtes in demselben kathetometrisch beobachteten Niveau lagen.

Aufhängung. In der Mitte des Feldes befand sich die Kalkspathkugel C, aufgekittet auf den mit dem Spiegel s versehenen Holzstab D. An D schloss sich mit einem Bajonettverschluss die untere Klemmvorrichtung des Silberdrahtes F von etwa 3 m Länge an, der mit seinem oberen Ende in einen cylindrischen Messingstab eingeklemmt war und mit Hülfe des Hebels H tordirt werden konnte. Dieser obere Theil bildete so einen Torsionskopf, der fest an die Wand des Zimmers angeschraubt wurde. Der Bajonettverschluss gewährte den Vortheil einer leichten Trennung der Kugel von dem Drahte, wie sie zur Messung des Winkels ϑ erforderlich ist. Die ganze Aufhängung ist theils von dem Holzkasten L, der in seiner vorderen Wandung

[1] Fr. Stenger: Zur absoluten Messung homogener magnetischer Felder. Ann. d. Phys. N. F. **33**, 312, 1888.

zur Beobachtung der in s gespiegelten Scala eine mit einer Glasplatte verschlossene Oeffnung besitzt, theils von der Röhre E nach aussen abgeschlossen.

Diese von Fr. Stenger in seiner ersten Arbeit benutzte Aufhängevorrichtung hat sich indessen nicht bewährt. Sie besass zweifellos eine, wenn auch nur sehr geringe, magnetische Richtkraft, deren Einfluss bei diesen sehr subtilen Messungen störend hervortritt. *In der That beruht hierauf, wie W. König nachgewiesen hat, die von Fr. Stenger anfänglich gefundene Abweichung zwischen seinen Beobachtungen und der W. Thomson'schen Theorie.* Daher suchte Fr. Stenger in seiner zweiten Arbeit eine möglichst einfache Aufhängung herzustellen, aus Substanzen, deren Oberflächen leicht mit Säuren gereinigt werden können. Vor allem musste demnach Holz vermieden werden. Es wurde schliesslich ein dünnes Glasstäbchen von 1 cm Länge und 1 mm Durchmesser mit einer Spur von Schellack an den Aufhängedraht gekittet. Dieser Draht, aus Silber von 0,07 mm Durchmesser, wurde kürzer als früher gewählt, etwa 1 m, um zur Messung des Winkels ϑ die Kugel mit dem Drahte ohne Gefahr durch das Zimmer transportiren zu können. Das Glasstäbchen trug einen kleinen platinirten Spiegel von etwa 3 mm² und wurde mit etwas Wachs und Colophonium auf der Kugel befestigt. Oben wurde der Aufhängedraht in einen Torsionskopf gelöthet, der in ein mit der Wand fest verbundenes Brett eingesetzt war.

Dass auf diese Aufhängung das Magnetfeld keine Richtkraft ausübte, wurde durch Ablesung mit Spiegel und Scala constatirt. Auch die durch den Spiegel bedingte Luftdämpfung war unmerklich. Ebenso trat keine messbare Dämpfung des Systems durch die Inductionsströme ein, welche das Feld in der dünnen Platinschicht des Spiegels erzeugt. Endlich war auch die Dämpfung durch Luftreibung und innere Reibung im Aufhängedrahte für die Versuche ohne wahrnehmbaren Einfluss.

Der Winkel ϑ zwischen der Drehungsaxe der Kugel und der Axe der Isotropie wurde auf optischem Wege ermittelt.

Apparat und Beobachtungsmethode von W. König. — *Aufhängung.* Ein zwischen den Wänden einer Fensternische gut befestigter Holzbalken trug den Torsionskopf einer Drehwage nebst dem daran befindlichen Glasrohre. An das untere Ende dieses letzteren konnten engere, kurze Glasröhren angesetzt werden, welche in kleine viereckige, aus Spiegelglasplatten gekittete Kästchen ausliefen. Die letzeren dienten zur Aufnahme der Krystallkugeln und waren so gebaut, dass jedes Kästchen der zugehörigen Kugel nur eben Platz gewährte. Diese Einrichtung gestattete die Kugeln unter Luftabschluss schwingen zu lassen, ohne die Wahl und Anordnung des magnetischen Feldes wesentlich zu beeinträchtigen. Die Kugeln wurden direct mittelst ganz kleiner Glashäkchen, welche mit einem Tropfen Colophoniumkitt oder Fischleim an den Kugeln befestigt waren, an den Aufhängefaden gehängt.

Die Aufhängung war eine *bifilare* von sehr einfacher Gestalt. Ein Coconfaden wurde unter Belastung so aufgehängt, dass er frei austordiren konnte. Nach Verlauf eines Tages wurden seine Enden unter möglichster Vermeidung erneuter Drillung zusammengeknüpft, der Knoten über einen an der Axe des Torsionskopfes befestigten, 1 mm dicken Kupferdrahthaken gelegt und mit einem Tropfen Kitt daran befestigt. In die frei herabhängende Schlinge wurden unten die Kugeln mit ihren Glashäkchen einfach eingehakt. Die ganze Länge der Aufhängung betrug ungefähr 0,5 m.

Magnetfeld. Das Glasgehäuse mit der schwingenden Kugel befand sich in der Mitte des homogenen Magnetfeldes zwischen den ebenen Polflächen eines Ruhmkorff'schen Elektromagnets, der durch einen Strom von 1 bis 5 Bunsen'schen Elementen erregt wurde. Grösse und Abstand der Polflächen konnten variirt werden. Die Intensität des Feldes wurde bei jedem Versuche besonders bestimmt nach der von G. Quincke ausführlich beschriebenen Methode. [1]

[1] G. Quincke, Elektrische Untersuchungen. § 63. Stärke des Magnetfeldes des Ruhmkorff'schen Elektromagnets. Ann. d. Phys. N. F. **24,** 348, 1885.

Es war nicht möglich die ***Bestimmung der Schwingungsdauern*** an den kleinen und leichten Kalkspathkugeln, deren Schwingungen sich verhältnissmässig rasch beruhigten, nach der GAUSS'schen Methode auszuführen. Daher wurde die Zeitdauer einer Anzahl (10 oder 20) auf einander folgender einfacher Schwingungen mit Hülfe eines Chronoskopes oder, bei den genaueren Messungen, eines elektrischen Registrirapparates bestimmt. Dabei war es auch nicht erforderlich besondere Vorsorge zu treffen, um den magnetisirenden Strom längere Zeit hindurch constant zu erhalten.

Zugleich mit den Schwingungsdauern wurden *die Amplituden der Schwingungen* an dem Okularmikrometer eines stark vergrössernden, auf die Oberfläche der Kugel eingestellten Mikroskops abgelesen; ihr Winkelwerth konnte aus der Vergrösserung des Mikroskops und den Dimensionen der Kugel berechnet und damit die Schwingungsdauer auf unendlich kleine Bogen reducirt werden.

In einer besonderen Untersuchung wurde geprüft, ob die Schwingungen der magnetisirten Kugeln von den umgebenden Metallmassen der Pole des Elektromagnets eine dämpfende Wirkung in gleicher Weise erleiden, wie sie eine schwingende Magnetnadel von nahen Metallmassen erfährt. Es ergab sich indessen, dass der Einfluss dieser Dämpfung hier nicht wesentlich in Betracht kommt.

Die Beobachtungen der Schwingungsdauern wurden zunächst dazu benutzt, um festzustellen, ob der Werth der Differenz der Hauptmagnetisirungscoëfficienten des Kalkspath sich mit der Stärke des Feldes ändert. Die Kugeln wurden so aufgehängt, dass die Richtung der Axe der Isotropie in die Horizontalebene fiel ($\vartheta = 90^0$), also das Drehungsmoment am grössten war. Sie befanden sich zwischen den kleinen Polen des Elektromagnets von 45 mm Durchmesser, die so eng wie möglich an einander gerückt wurden. Die Magnetisirung erfolgte nach einander durch 5, 4, 3, 2 und 1 BUNSEN'sche Elemente. Es zeigte sich, dass jene Differenz bis zu einer Magnetisirung von 3000 cm g sec hinauf so gut wie constant blieb.

Zur Messung des Winkels ϑ diente eine optische Methode.

Resultate der Messungen von Fr. Stenger und W. König am Kalkspath. — Das Ergebniss dieser Beobachtungen über die Abhängigkeit des Drehungsmomentes, welches auf eine um eine verticale Axe drehbare Kalkspathkugel in einem homogenen Magnetfelde mit horizontalen Kraftlinien ausgeübt wird, von der Feldstärke und der Orientirung der Kugel gegen die Kraftlinien ist, *dass die Messungen mit der Theorie von W. Thomson vollständig übereinstimmen.*

Allein für verschiedene Kalkspathkugeln ergaben sich erheblich verschiedene Werthe für die Differenz der Hauptmagnetisirungscoëfficienten $\varrho = \varrho_2 - \varrho_1$, wie aus folgender Tabelle hervorgeht (alle Angaben im C. G. S.-System):

		Gewicht	$\varrho \times 10^{10}$
W. KÖNIG	Kugel 1	1,018	1080
	„ 2	4,116	1160
	„ 3	11,810	1080
FR. STENGER	Parallelepiped IV	17,775	797
	Kugel V	23,682	788
	„ III	49,067	900
	„ I	119,10	(innerhalb der Fehlergrenzen identisch mit dem Werth für II)
	„ II	129,03	803

Die Kugeln I und II sind aus demselben Material hergestellt, wahrscheinlich auch 1 und 3. Im specifischen Gewichte dieser vollkommen wasserhellen Kalkspathe sind nur äusserst geringe Verschiedenheiten vorhanden. Ob die Ursache des abweichenden magnetischen Verhaltens in kleinen Beimengungen isomorpher Carbonate zu suchen ist, konnte nachträglich nicht geprüft werden. Dass es wasserhelle Kalkspathe giebt, die sich mit der Axe der Isotropie im Magnetfelde sogar axial stellen, ist schon von KNOBLAUCH und TYNDALL beobachtet worden (S. 191); als Ursache wurde ein Gehalt an $FeCO_3$ festgestellt.[1] Allein bei sämmtlichen von FR. STENGER und W. KÖNIG untersuchten Kalkspathen stellte sich wie bei chemisch reinem $CaCO_3$ jene Axe in die Aequatorialebene des Magnetfeldes, so dass zweifellos, wie auch aus dem specifischen Gewichte folgt, der vielleicht vorhandene Gehalt an isomorphem Eisencarbonat nur sehr gering sein kann.

Beobachtungen am Quarz. — Aus Messungen der Schwingungsdauern zweier Quarzkugeln hatte W. KÖNIG den Schluss gezogen, dass die Differenz der Hauptmagnetisirungscoëfficienten mit wachsenden Werthen der Feldstärken abnimmt. Der Betrag dieser Differenz ist indessen bei Quarz so klein, dass die grösste Vorsicht geboten ist, weil die geringste äussere Verunreinigung der Kugel die Resultate erheblich beeinträchtigt. FR. STENGER konnte bei der Wiederholung der Versuche eine Abhängigkeit jener Differenz von der Intensität des Feldes nicht bestätigen.

O. TUMLIRZ hat gefunden, dass zwei sehr homogene, senkrecht zur Axe der Isotropie geschnittene Quarzplatten, deren Substanz sich als diagmagnetisch erwies, zwischen den Polen eines Elektromagnets eine dauernde magnetische Polarität annahmen, nicht nur in der Richtung jener Axe, sondern auch in allen dazu senkrechten Richtungen.[2]

17. Bewegungen magnetisirbarer Krystalle in einem ungleichförmigen Magnetfelde. — Dieselben Gesetze, welche für das Verhalten einer Krystallkugel in einem homogenen Magnetfelde gelten, können auf ein *ungleichförmiges* Feld angewendet werden, wenn das Volumen v der Kugel als unendlich klein vorausgesetzt wird. Alsdann werden sich in dem Ausdrucke für die potentielle Energie W der Kugel (S. 207) im Allgemeinen die Stärke des Magnetfeldes und die auf die Symmetrieaxen $\mathfrak{X}_1$, $\mathfrak{X}_2$, $\mathfrak{X}_3$ der Kugel bezogenen Richtungscosinus der Kraftlinien, also die Grössen $\mathfrak{F}, f_{01}, f_{02}, f_{03}$, mit der Bewegung der Kugel ändern. Daraus ergiebt sich zunächst folgender Satz:

Die mechanische Arbeit, welche aufzuwenden ist, um die unendlich kleine Krystallkugel von einer Stelle P, wo die magnetische Kraft des Feldes die Stärke $\mathfrak{F}$ und die Richtungscosinus f_{01}, f_{02}, f_{03} besitzt, an die Stelle P′ überzuführen, wo die Werthe der entsprechenden Grössen durch $\mathfrak{F}', f_{01}', f_{02}', f_{03}'$ gegeben sind, beträgt:

$$W' - W = -\frac{v}{2}[\mathfrak{F}'^2(\varrho_1 f_{01}'^2 + \varrho_2 f_{02}'^2 + \varrho_3 f_{03}'^2) - \mathfrak{F}^2(\varrho_1 f_{01}^2 + \varrho_2 f_{02}^2 + \varrho_3 f_{03}^2)].$$

[1] H. KNOBLAUCH und J. TYNDALL, Pogg. Ann. **79**, 235, 1850.

[2] O. TUMLIRZ, Ueber das Verhalten des Bergkrystalls im magnetischen Felde. Sitzungsber. Wien. Akad. **91** (2), 301, 1885. Ann. d. Phys. N. F. **27**, 133, 1886.

Isotrope Krystalle.[1]

In isotropen Körpern ist $\varrho_1 = \varrho_2 = \varrho_3$, also:

$$W' - W = -\frac{v\varrho}{2}(\mathfrak{F}'^2 - \mathfrak{F}^2).$$

Demnach ist die Aenderung der Energie an der Stelle P:

$$d\,W = -\frac{v\varrho}{2}\,d(\mathfrak{F}^2),$$

und die Kraft, mit der die Kugel an der Stelle P sich längs des Weges dn zu bewegen sucht, ist gegeben durch:

$$-\frac{v\varrho}{2}\,\frac{\partial(\mathfrak{F}^2)}{\partial n}.$$

Diese Relationen enthalten den mathematischen Ausdruck für das von M. Faraday als Resultat seiner Versuche ausgesprochene Gesetz, wonach in einem ungleichförmigen Magnetfelde eine sehr kleine Kugel aus einem isotropen *magnetischen* Körper (mit positivem ϱ) sich nach den Stellen hin bewegt, wo die magnetische Kraft ein Maximum ist, während eine Kugel aus einem *diamagnetischen* Körper (mit negativem ϱ) die Tendenz hat, sich nach den Stellen minimaler Kraft zu bewegen. Es lässt sich jetzt der Sinn präcisiren, in welchem die Bezeichnungen „Anziehung“ und „Abstossung“ der Wirkung eines Magnets auf einen magnetischen oder einen diamagnetischen Körper beigelegt werden können. Hiernach kann der Ausdruck „Anziehung“ bei magnetischen Körpern gebraucht werden, um die Kraft anzugeben, mit der eine kleine Kugel in der Richtung der stärksten Zunahme der Intensität des Feldes getrieben wird. Da ausserhalb des wirkenden Magnets ein absolutes Maximum der Feldstärke nicht vorhanden ist, so gelangt die sich selbst überlassene Kugel schliesslich an die Oberfläche des Magnets. Dagegen findet der Ausdruck „Abstossung“ bei diamagnetischen Körpern Anwendung, um die Kraft zu bezeichnen, mit der eine kleine Kugel nach der Richtung der stärksten Abnahme der magnetischen Kraft des Feldes hin getrieben, also von Stellen grösserer Feldstärke fort bewegt wird.

Anisotrope Krystalle.

Wenn eine sehr kleine Kugel aus einem magnetisch anisotropen Krystall in einem ungleichförmigen Felde, ohne dass sich ihr Mittelpunkt verschiebt, so gedreht wird, dass eine magnetische Symmetrieaxe $\mathfrak{X}_h$ in die Richtung der Kraftlinien fällt, so wird sie sich nach der Richtung der schnellsten Aenderung der Feldstärke zu bewegen suchen, mit einer Kraft, welche dem jener Symmetrieaxe entsprechenden Hauptmagnetisirungscoëfficienten ϱ_h proportional ist. Je nachdem nun ϱ_h einen positiven oder einen negativen

[1] W. Thomson, Remarks on the Forces experienced by Inductively Magnetized Ferromagnetic or Diamagnetic Non-Crystalline Substances. Phil. Mag. **37**, 241, 1850. Reprint 1872 p. 500.

Werth hat, wird die Kugel in der Richtung der stärksten Zunahme oder der schnellsten Abnahme der Intensität des Feldes getrieben.

Hiernach lässt sich z. B. das Verhalten einer *Kalkspathkugel* voraussehen. Ein chemisch reiner Kalkspathkrystall ist ein diamagnetischer Körper mit einer Axe der Isotropie γ von positivem magnetischen Charakter. Demnach wird das Verhalten einer Kalkspathkugel dadurch bestimmt sein, dass sich die Axe γ senkrecht zu den Kraftlinien zu stellen und die Kugel als Ganzes von Stellen grösserer nach Stellen geringerer Feldstärke zu bewegen sucht. Diese Bewegungstendenz wird die Kugel in schwächerem Maasse erfahren, wenn ihre Axe γ schon senkrecht zu den Kraftlinien steht, als wenn sie ihnen parallel läuft.

18. Beobachtungen von J. Tyndall am Kalkspath, Wismuth und Eisenspath. — Die soeben dargelegten theoretischen Entwickelungen W. Thomson's erfuhren sofort eine directe Bestätigung durch eine Reihe von Experimenten, welche J. Tyndall im Laboratorium von Magnus in Berlin ausführte.[1] Unabhängig von W. Thomson untersuchte J. Tyndall gerade den von W. Thomson als Beispiel gewählten Körper und gelangte zu Resultaten, die mit jenen theoretischen Voraussagungen vollständig übereinstimmen.[2]

Die von J. Tyndall benutzte *Torsionswage* war in folgender Weise construirt. Aus zwei einander gegenüberliegenden Seitenflächen AC und BD eines quadratischen Holzkastens (Fig. 104) wurden zwei diagonal gegenüberstehende kreisförmige Oeffnungen ausgesägt, hinreichend gross, um Drahtrollen a, d von etwa 4 Zoll Durchmesser auf-

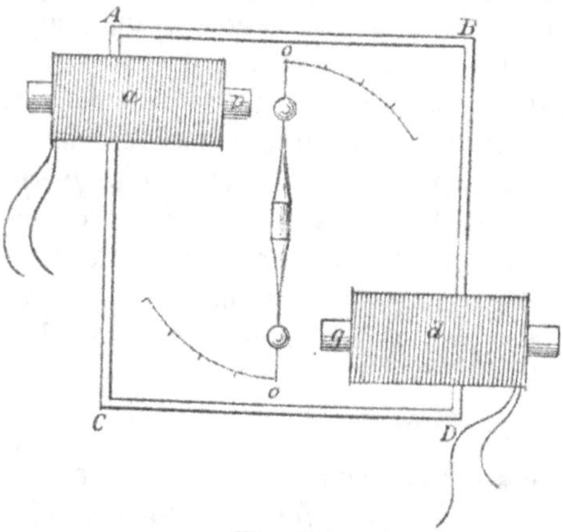

Fig. 104.

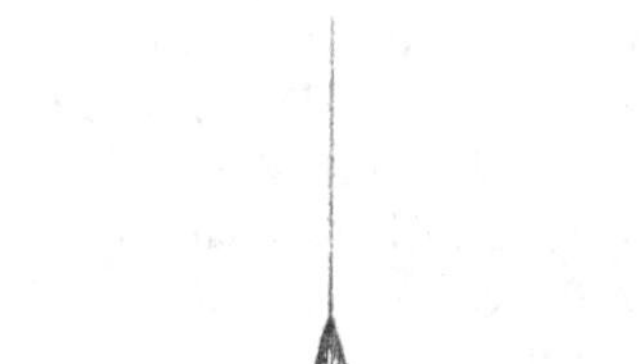
Fig. 105.

zunehmen. Jede Rolle enthielt einen Kern von weichem Eisen, der so weit vorgeschoben wurde, dass die Mittellinie oo $^1/_4$ Zoll von der inneren Endfläche eines jeden Kernes abstand. Die Entfernung zwischen den Polen p, q der Elektromagnete betrug 6 Zoll.

[1] J. Tyndall, On Diamagnetism and Magne-crystallic Action. Phil. Mag. (4) **2**, 174, 1851. Pogg. Ann. **83**, 397 f., 1851.

[2] Auf die von M. Faraday über das Verhalten des Wismuth angestellten theoretischen Betrachtungen und die im Anschlusse daran unternommenen Versuche wurde auf S. 190 hingewiesen.

In dem Raume zwischen pq wurde ein kleiner leichter Holzstab (Fig. 105) aufgehängt, an dessen Enden zwei löffelartige Vertiefungen zur Aufnahme kleiner Kugeln ausgehölt waren. Der Stab ruhte in einem Papierbügel, welcher von einem feinen Silberdrahte getragen wurde. Der Draht, etwa drei Fuss lang, befand sich in einer Glasröhre, an deren oberen Ende er mit einem Torsionskopfe verbunden war. Die Röhre stand auf einer dicken Glasplatte, welche den Kasten bedeckte und somit auch den Stab vor Luftströmungen schützte. Etwas unterhalb des Niveaus der Axen der Eisenkerne war ein Boden von Bristolpapier dicht an die Drahtrollen anschliessend gelegt; darauf befanden sich die in Fig. 104 angegebenen Gradtheilungen.

Es wurden nun zwei Kugeln des zu untersuchenden Körpers in die Vertiefungen des Stabes gelegt und das Gleichgewicht durch Verschieben des Stabes in dem Papierbügel hergestellt; zu diesem Zwecke konnten die Seitenflächen AB und CD des Kastens geöffnet werden. Der Torsionskopf wurde dann so vorgerichtet, dass in der Ruhelage des Stabes ein dünner, am Stabe befestigter Glasfaden auf den Nullpunkt der Gradtheilung des Papiers zeigte, während gleichzeitig der Zeiger am Torsionskopfe auf dem Nullpunkte des Theilkreises stand.

Nunmehr wurden die Elektromagnete a, d durch einen Strom derart erregt, dass die Pole p, q ungleichnamig waren. Dadurch mussten magnetische Kugeln angezogen, diamagnetische Kugeln abgestossen werden. Alsdann wurde bei constantem Strome der Zeiger des Torsionskopfes in dem zu jener Bewegungsrichtung entgegengesetzten Sinne gedreht, bis der Stab wieder über der Nulllinie oo stand. Die dazu erforderliche Torsion ist ein Maass für die wirkende, dem benutzten Abstande entsprechende Kraft der Anziehung oder Abstossung.

Wenn der Glasfaden auf Null stand, trennte gewöhnlich ein Abstand von $^1/_{12}$ Zoll die Kugeln von den Endflächen der Eisenkerne. Die Stromstärke wurde an einer Tangentenbussole gemessen und durch einen Rheostaten zweckmässig abgeändert. Vor Beginn einer jeden Versuchsreihe wurde der kleine Balken geprüft. Er erwies sich bei sehr schwachem Strome in geringem Maasse diamagnetisch; eine messbare Störung konnte er indessen nicht herbeiführen.

Kalkspath (diamagnetisch, positiv). Die Kugeln wurden einmal so auf den Stab gebracht, dass die Axen γ parallel zu den Axen der Magnetstäbe lagen, und darauf so umgelegt, dass die Axen senkrecht zu den Magnetstäben standen. Das Verhältniss der Abstossungen in den Richtungen parallel und senkrecht zur Axe der Isotropie γ war im Mittel 100:91. Demnach wird in der That Kalkspath am stärksten abgestossen, wenn die Axe der Isotropie in die Richtung der Kraftlinien fällt.

Wismuth (diamagnetisch, negativ). Das Verhältniss der Abstossungen in den Richtungen parallel und senkrecht zur Axe der Isotropie beträgt 71:100.[1]

[1] Am *Wismuth* wurde nahezu gleichzeitig von W. G. Hankel die abstossende Wirkung eines Magnetpoles nach krystallographisch verschiedenen Richtungen, und zwar ebenfalls mittelst einer Torsionswage gemessen, aber nicht durch directe Beobachtung der Ablenkungswinkel, sondern durch Compensirung der abstossenden Kraft mit Hülfe der Torsion. An einem Cylinder von Wismuth, von 18 mm Länge und 8,4 mm Durchmesser, in welchem die basische Spaltrichtung parallel zur Längsrichtung lag, ergab sich für das Verhältniss der kleinsten zur grössten Abstossung nahezu derselbe Werth, nämlich 67:100. Bedeutet φ die Neigung der Axe der Isotropie gegen die Kraftlinien, so stimmen die nach der Formel:

$$90{,}7 + 45{,}3 \sin^2 \varphi$$

Eisenspath (magnetisch, positiv). Nachdem die Pole p, q der Elektromagnete mit Bristolpapier bedeckt waren, berührten die Kugeln in der Anfangslage eben noch das Papier. Wurden nun die Elektromagnete erregt, so erfuhren die Kugeln eine Anziehung. Alsdann wurde der Zeiger am Torsionskopfe der Anziehung entgegen gedreht, bis die Kugeln wieder frei lagen. Daraus ergab sich für das Verhältniss der Anziehungen in den Richtungen parallel und senkrecht zur Axe der Isotropie der Werth 100 : 71.

19. Absolute Werthe der Hauptmagnetisirungscoëfficienten. — In einem homogenen Magnetfelde lassen sich nur *Differenzen* von Hauptmagnetisirungscoëfficienten ermitteln. Um die *absoluten Werthe* dieser Coëfficienten zu bestimmen, muss man ein ungleichförmiges, aber symmetrisches Feld zu Hülfe nehmen, in welchem die magnetische Kraft an jeder Stelle bekannt ist. Der einzige, in dieser Hinsicht bislang unternommene Versuch[1] ist in Folge eines Irrthums in der numerischen Rechnung[2] erfolglos geblieben.

Die von H. A. Rowland entwickelte Methode beruht auf der Bestimmung der Anzahl der Schwingungen eines zwischen den Polen eines Elektromagnets aufgehängten Stabes. In diesem Falle besitzt das Kraftfeld ausser einem Centrum der Symmetrie in der Verbindungsgeraden der beiden Pole eine Axe der Isotropie und in der zu dieser Geraden im Centrum senkrechten Ebene eine Symmetrieebene. Die Axe ist einseitig von der ersten Art (S. 22), so dass die Symmetrieeigenschaften des Feldes durch das Symbol:

$$L_\infty;\ l_\infty;\ P_\infty;\ C$$

repräsentirt werden. Ist die Vertheilung der Kraft in diesem Felde ermittelt, so kann man das auf den symmetrisch aufgehängten Stab wirkende Drehungsmoment berechnen; die Vergleichung desselben mit der Schwingungszeit des Stabes giebt alsdann das Mittel zur Berechnung der Magnetisirungscoëfficienten.

Diese Methode hat W. W. Jacques auf Stäbe von *Wismuth* und *Kalkspath* angewendet, um nach den von H. A. Rowland abgeleiteten Formeln die Hauptdiamagnetisirungscoëfficienten zu bestimmen. Kleine Stäbe (circa 15 mm lang, 2 mm² im Querschnitt) würden aus eisenfreien Krystallen gespalten, auf Specksteinplatten mit Oel geschliffen und, um auch von den Oberflächen alle Spuren von Eisen zu entfernen, mit kochender Salzsäure und destillirtem Wasser gereinigt. Nachdem die Vertheilung der Intensität in dem etwa hühnereigrossen Magnetfelde, in welchem die Versuche ausgeführt wurden, mittelst einer kleiner Inductionsspirale nach absolutem

berechneten Werthe der Abstossungen mit den beobachteten sehr gut überein. (Messungen der Abstossungen des krystallisirten Wismuths durch die Pole eines Magneten mittelst der Drehwage. Ber. Verh. sächs. Ges. d. Wiss. math.-phys. Cl. 1851, 99.)

[1] H. A. Rowland and W. W. Jacques, On the Diamagnetic Constants of Bismuth and Calc-spar in Absolute Measure. Amer. Journ. of Sc. (3) **18**, 360, 1879.

[2] Nach einer Mittheilung Rowland's an A. von Ettingshausen. Ann. d. Phys. N. F. **17**, 274, 1882.

Maasse festgestellt war, wurde ein Stab an einem einzigen äusserst dünnen Coconfaden in kleinen Schlingen aus etwas gröberem Cocon aufgehängt. Der Stab war umgeben von einem Glaskasten, der Faden von einem etwa 4 Fuss langen Glasrohr. Die kleinen Schwingungen, in welche der Stab durch das Schliessen und Oeffnen des Stromes versetzt wurde, konnten mit Hülfe einer Secundenuhr und eines horizontalen Mikroskopes von etwa 6 Zoll Focalabstand, welches auf eine Marke auf einer Endfläche des Stabes gerichtet war, gemessen werden. Jeder Stab wurde in zwei Stellungen, mit horizontaler und mit vertikaler Axe untersucht. Ausser der Schwingungszeit mussten Länge und Querschnitt des Stabes, das Trägheitsmoment für jede der beiden Stellungen und bei Kalkspath die krystallographische Orientirung im Magnetfelde bestimmt werden.

Es ergaben sich für die Hauptmagnetisirungscoëfficienten ϱ_1 und ϱ_2 parallel und senkrecht zur Axe der Isotropie folgende Werthe im C.G.S.-System:

	Wismuth	*Kalkspath*
ϱ_1	$-12554 . 10^{-12}$	$-37930 . 10^{-12}$
ϱ_2	$-14324 . 10^{-12}$	$-40330 . 10^{-12}$.

Hiernach würden die beiden diamagnetischen Körper, Wismuth und Kalkspath, übereinstimmenden magnetischen Charakter besitzen müssen, da $\varrho_2 - \varrho_1$ in beiden Fällen negativ gefunden wurde. Bekanntlich ist aber Wismuth negativ, Kalkspath positiv (S. 193, 217). Wäre die Annahme gestattet, dass bei Kalkspath nur eine Verwechselung des Vorzeichens stattgefunden hat, so würde doch der Werth $\varrho = \varrho_2 - \varrho_1 = -24 . 10^{-10}$ viel zu klein sein gegenüber den von Fr. Stenger und W. König für diese Differenz gemessenen Werthen (S. 213).

Unter der Voraussetzung, dass wenigstens das *Verhältniss* ϱ_2 / ϱ_1 für Kalkspath richtig bestimmt sei, hat W. König hieraus und aus dem von ihm für die *Differenz* $\varrho_2 - \varrho_1$ gefundenen Mittelwerthe 1135×10^{-10} (S. 210) die *absoluten Werthe* von ϱ_1 und ϱ_2 berechnet.[1]

Dabei ist zu beachten, dass die Versuche in Luft angestellt, also nur die Differenzen der auf den leeren Raum bezogenen Werthe ϱ_1, ϱ_2 gegen die Magnetisirungsconstante $\mathfrak{r}$ der Luft bestimmt worden sind. Demnach ist:

nach Jacques $(\varrho_2 - \mathfrak{r}) / (\varrho_1 - \mathfrak{r}) = 0{,}9405$

nach W. König $(\varrho_2 - \mathfrak{r}) - (\varrho_1 - \mathfrak{r}) = 1135 . 10^{-10}$

zu setzen. Daraus folgt für die Richtungen parallel und senkrecht zur Axe der Isotropie:

$$\varrho_1 - \mathfrak{r} = -19075 . 10^{-10}$$
$$\varrho_2 - \mathfrak{r} = -17940 . 10^{-10}.$$

Nach den auf S. 217 erwähnten Versuchen von J. Tyndall ist für Kalkspath im Mittel:

$$(\varrho_2 - \mathfrak{r}) / (\varrho_1 - \mathfrak{r}) = 0{,}91 \text{ (genauer } 0{,}9093).$$

[1] W. König, Ann. d. Phys. N. F. **31**, 300, 1887.

Diese Zahl ist etwas kleiner als die von JACQUES gefundene.[1] Es würde hieraus folgen:

$$\varrho_1 - \mathfrak{r} = - 12514 . 10^{-10}$$
$$\varrho_2 - \mathfrak{r} = - 11379 . 10^{-10}.$$

Die Zahlen lassen wenigstens erkennen, von welcher Grössenordnung die Hauptmagnetisirungscoëfficienten des Kalkspath sind. Zuverlässige Werthe dieser Coëfficienten sind gegenwärtig noch für keinen krystallisirten Körper festgestellt.

20. Einstellung der Krystalle in einem Magnetfelde, welches von einer magnetisirbaren Flüssigkeit erfüllt ist. — Bislang ist kein magnetisch anisotroper Krystall bekannt geworden, welcher die Eigenschaft hat, dass die Ueberschüsse der auf den leeren Raum bezogenen Hauptmagnetisirungscoëfficienten über den ebenfalls auf den leeren Raum bezogenen Magnetisirungscoëfficienten der Luft verschiedene Vorzeichen haben. Man kann aber eine Versuchsanordnung herstellen, in welcher die scheinbaren Magnetisirungscoëfficienten eines Krystalls zum Theil positiv und zum Theil negativ sind. Zu diesem Zwecke muss man das Magnetfeld mit einer magnetisirbaren Flüssigkeit anfüllen, deren absoluter Magnetisirungscoëfficient zwischen dem grössten und dem kleinsten absoluten Hauptmagnetisirungscoëfficienten des Krystalls liegt. Alsdann wird eine frei bewegliche Kugel aus diesem Krystall von Stellen stärkerer nach Stellen schwächerer magnetischer Kraft gedrängt werden, falls ihre Symmetrieaxe der stärksten Magnetisirung in die Richtung der Kraftlinien fällt; sie wird in dem entgegengesetzten Sinne getrieben werden, wenn ihre Symmetrieaxe der schwächsten Magnetisirung den Kraftlinien parallel läuft.

Diese äusserst schwachen Wirkungen sind gleichwohl von M. FARADAY mit bewunderungswürdiger Präcision nachgewiesen werden.[2]

21. Einfluss der Temperatur auf das magnetische Verhalten der Krystalle. — Aus zahlreichen Versuchen von M. FARADAY folgt, dass in einem magnetisch anisotropen Krystall die Differenzen der Magnetisirungscoëfficienten nach verschiedenen Richtungen mit wachsender Temperatur merklich abnehmen. Denn FARADAY beobachtete, dass sich die Kraft der Einstellung der Krystalle zwischen Magnetpolen mit der Erhöhung der Temperatur vermindert.[3]

Diese Krystalle hingen an dem Draht einer Torsionswage und tauchten in ein Bad von Terpentinöl, Wasser oder Oel, das in einem Kupfergefäss

---

[1] Für Wismuth sind die Abweichungen zwischen den Messungen von JACQUES und den von TYNDALL und HANKEL beobachteten Werthen dieses Quotienten noch bedeutender; vgl. S. 217.

[2] M. FARADAY, Experim. Researches. Series XXX. 3365—3393. Phil. Trans. 1856, 159. Pogg. Ann. **100**, 112, 1857.

[3] M. FARADAY, Experim. Researches. Series XXII. 2569—2573. Phil. Trans. 1849, 26. Pogg. Ann. Erg.-Bd. **3**, 40, 1853. Series XXX. 3394—3420, 3421—3430. Phil. Trans. 1856, 168. Pogg. Ann. **100**, 439, 1857.

zwischen den Polen des Elektromagnets stand. In der Regel wurde, nachdem das Bad erwärmt war, bei langsam sinkender Temperatur die Torsion des Drahtes bestimmt, welche das Umschlagen des Krystalls um 180° bewirkte.

Die Differenz der Hauptmagnetisirungscoëfficienten des *Wismuth* wird durch eine Temperaturerhöhung von 100° auf 280° F. auf weniger als die Hälfte reducirt. Im *Eisenspath* wird jene Differenz durch eine Erwärmung von 70° auf 289° F. auf den dritten Theil herabgemindert.

22. Theorem von W. Thomson über die Wärmeeffecte, welche durch die Bewegung eines magnetisirbaren Krystalls in einem Magnetfelde hervorgerufen werden. — Aus diesen experimentellen Thatsachen ergiebt sich mit Hülfe der Principien der Thermodynamik das folgende Theorem[1]:

Ein magnetisch anisotroper Krystall wird in einem Magnetfelde eine Abkühlung erfahren, wenn er aus einer Anfangslage, in welcher die Symmetrieaxe der grössten magnetischen oder der kleinsten diamagnetischen Induction zu den Kraftlinien des Feldes parallel ist, in eine Endlage gedreht wird, in welcher jene Axe auf den Kraftlinien senkrecht steht. Wird der Krystall in dem entgegengesetzten Sinne gedreht, so findet eine Erwärmung desselben statt.

Mit dem Krystall sei ein rechtwinkliges System von Coordinatenaxen X_1, X_2, X_3 starr verbunden. Das ganze in dem Magnetfelde auf den Krystall wirkende magnetische Kraftsystem sei reducirt auf die Kraftcomponenten P_1, P_2, P_3 nach den Coordinatenaxen und die Drehungsmomente Λ_1, Λ_2, Λ_3 um diese Axen. Die Grössen P und Λ seien bekannte Funktionen der Temperatur ϑ.

Alsdann ist nach einem zuerst von W. Thomson abgeleiteten Satze der Thermodynamik[2] die Wärmemenge dQ, welche dem Krystall zugeführt werden muss, um zu verhindern, dass er sich abkühlt bei einer Verschiebung um dx_1, dx_2, dx_3 in den Richtungen der Coordinatenaxen und einer Drehung um $d\varepsilon_1$, $d\varepsilon_2$, $d\varepsilon_3$ um diese Axen, gegeben durch:

$$dQ = -\frac{\vartheta}{J}\left[\frac{\partial \mathrm{P}_1}{\partial \vartheta}dx_1 + \frac{\partial \mathrm{P}_2}{\partial \vartheta}dx_2 + \frac{\partial \mathrm{P}_3}{\partial \vartheta}dx_3 + \frac{\partial \Lambda_1}{\partial \vartheta}d\varepsilon_1 + \frac{\partial \Lambda_2}{\partial \vartheta}d\varepsilon_2 + \frac{\partial \Lambda_3}{\partial \vartheta}d\varepsilon_3\right],$$

worin ϑ die absolute Temperatur und J das mechanische Aequivalent der Wärmeeinheit bedeuten.

Die Temperaturerniedrigung, welche der Krystall erfährt, wenn ihm weder Wärme zugeführt, noch Wärme entzogen wird, beträgt $dQ/\mathfrak{C}$, wenn mit $\mathfrak{C}$ die gesammte Wärmecapacität des Krystalls bezeichnet wird, also das Product seiner Masse in seine specifische Wärme für die Masseneinheit.

[1] W. Thomson, Thermomagnetism. Nichol's Cyclopaedia of the Physical Sciences. 2. ed. 1860. Phil. Mag. (5) **5**, 24, 1878. Math. and Phys. Papers **1**, 313, 1882.

[2] Vgl. das Kapitel über Elasticität der Krystalle.

Sind nun die Richtungen von x_1, x_2, x_3 und die Drehungssinne von ε_1, ε_2, ε_3 so gewählt, dass die Grössen P und Λ positive Werthe haben, so sind die Grössen

$$-\frac{\partial \mathrm{P}_n}{\partial \vartheta} \text{ und } -\frac{\partial \Lambda_n}{\partial \vartheta} \qquad (n = 1, 2, 3)$$

nach den Beobachtungen von FARADAY positiv. Daher erleidet ein Krystall, der sich bei erhöhter Temperatur mit verminderter Kraft zwischen Magnetpolen einstellt, eine Abkühlung, wenn er so bewegt wird, dass eine mechanische Arbeitsleistung gegen die magnetische Kraft erforderlich ist.

6. Dielektrische Polarisation.

1. Einstellung krystallisirter Körper zwischen elektrischen Polen. — Die erfolgreichen Untersuchungen über das Verhalten krystallisirter Körper im Magnetfelde regten die Frage an, ob analoge Erscheinungen in einem elektrischen Felde nachzuweisen seien. Eine erste Orientirung auf diesem Gebiete gewann H. KNOBLAUCH durch eine Reihe von Versuchen über die Einstellung dielektrischer und leitender Krystalle zwischen elektrischen Polen.[1]

Kreisrunde Scheiben aus hexagonalen, rhombischen und monoklinen Krystallen wurden horizontal aufgehängt zwischen den Polen einer aus 400 Paaren von Zink und Goldpapier oder einer aus 2000 Paaren von Silberpapier und Braunstein bestehenden Säule an einem Coconfaden von mehr als 1 m Länge. Die verticalen Polplatten der Säule konnten dem Krystall beliebig genähert werden; um sie ausser Wirksamkeit zu setzen, hatte man sie nur durch einen leitenden Körper zu verbinden, oder ihre freie Elektricität durch Berührung mit den Händen fortzuführen. Dieses Verfahren lieferte folgende Resultate.

Hexagonales System.

Kalkspath von Island .	Scheibe parallel zur Axe der Isotropie γ	γ äquatorial
Kalkspath mit $FeCO_3$.	„	„
Eisenspath	„	„
Turmalin	„	γ axial
Beryll	Flacher Cylinder parallel γ	„
Wismuth	Cylinder senkrecht zu γ, vertical aufgehängt	„

Rhombisches System.

Baryt Fig. 77, S. 98	Scheibe parallel $(ab) = (001)$	a äquatorial
Aragonit Fig. 72, S. 97	Scheibe parallel $[c] = [001]$	c äquatorial
Kaliumnitrat Fig. 72, S. 97 . . .	„	„

Monoklines System.

Gyps Fig. 62, S. 75	Scheibe parallel zur vollkommensten Spaltrichtung (010)	Eine Gerade, welche nur wenig von der Diagonale eines durch die Richtungen (100) und $(\bar{1}01)$ bestimmten Rhombus abweicht, stellt sich äquatorial.

---

[1] H. KNOBLAUCH, Ueber das Verhalten krystallisirter Körper zwischen elektrischen Polen. Ber. Berlin. Akad. 1851, 271. Pogg. Ann. **83**, 289, 1851.

Bei gewissen dielektrischen Krystallen wurde eine von der krystallographischen Orientirung abhängige Einstellung verhindert durch die fortdauernde Wirkung der in einer willkürlichen Anfangslage hervorgerufenen elektrischen Vertheilung. Wurden horizontal aufgehängte Scheiben von *Quarz* oder *Topas* auf kurze Zeit in einer beliebigen Orientirung der Einwirkung der schwachen elektrischen Kräfte zwischen den Polen ausgesetzt, so erwies sich dieser Einfluss als hinreichend, um die in Rotation versetzte Scheibe augenblicklich in ihrer Bewegung zu hemmen und in jener Orientirung festzuhalten. Kleine Würfel von *Topas* oder *Turmalin* wurden dem positiven Pole gegenüber so stark negativ, auf der Seite des negativen Poles so stark positiv elektrisch, dass die hier stattfindende Anziehung sie immer wieder in die einmal angenommene Stellung gewaltsam zurückführte, auch wenn man sie unter Ableitung der Elektricität von den Polen eine halbe Umdrehung hatte ausführen lassen.

2. Trennung des Vorganges der dielektrischen Polarisation von den Erscheinungen unvollkommener Leitung. — Ein Fortschritt über diese Ergebnisse hinaus wurde erst erzielt, als L. Boltzmann und E. Root auf Grund der von M. Faraday, J. Cl. Maxwell und H. von Helmholtz entwickelten Ideen darauf Bedacht nahmen, die elektrischen Vorgänge, welche lediglich durch dielektrische Polarisation hervorgerufen werden, zu trennen von den durch Spuren einer elektrischen Leitung bedingten Erscheinungen.

Während der Vorgang der reinen Polarisation in äusserst kurzer Zeit nach dem Beginn der Wirksamkeit der elektrischen Kräfte eintritt und alsdann, wie die magnetische Polarisation (S. 201), unter der Einwirkung unveränderlicher Kräfte constant bleibt, erfordern die Erscheinungen der unvollkommenen Leitung zu ihrer Entwickelung eine längere Zeit und nehmen mit der Dauer der Einwirkung der elektrischen Kräfte an Intensität zu.

Demnach bietet sich eine doppelte Aufgabe dar. Um die von der dielektrischen Polarisation abhängige Einstellung eines in höherem oder geringerem Maasse isolirenden Krystalls zu ermitteln, muss man denselben in ein homogenes elektrisches Feld bringen, in welchem die elektrische Kraft ihrer Grösse nach constant bleibt, während ihre Richtung periodisch in so rascher Folge commutirt werden kann, dass der Einfluss einer Leitung ausgeschlossen ist. Andererseits muss die Einstellung dieses Krystalls in einem homogenen elektrischen Felde beobachtet werden, dessen Kraft längere Zeit hindurch constante Grösse und Richtung besitzt, um die Fortführung der durch Influenz hervorgerufenen Elektricität durch Leitung zu gestatten.

3. Beobachtungen von E. Root.[1] — Zur Herstellung eines homogenen elektrischen Feldes bediente sich E. Root des in Fig. 106 abgebildeten *Condensators*. Zwei möglichst eben abgeschliffene, vertical stehende Messing-

[1] E. Root, Zur Kenntniss der elektrischen Polarisation. Inaug.-Dissert. Berlin 1876. 8°. 93 S. Pogg. Ann. **158**, 1, 425, 1876.

platten A, B sind an einen 4 mm dicken, 3 cm breiten cylindrischen Hartgummirahmen durch Schrauben befestigt und mit mechanischer Genauigkeit einander parallel gestellt. Der Rahmen, welcher das Feld von äusseren Luftströmungen abschliessen soll, ist an vier Stellen mit kreisrunden Oeffnungen versehen. In die obere Oeffnung ist eine verticale Glasröhre von 1 cm Durchmesser und 1 m Höhe eingeschraubt, an deren oberem Ende sich ein zum Aufwickeln eines Coconfadens dienender Aufsatz befindet. Die beiden horizontalen, durch Spiegelglasplatten verschlossenen, 18 mm weiten Oeffnungen bilden zwei Fenster zur Beobachtung des aufgehängten Krystalls. Die untere, in Fig. 106 nicht sichtbare Oeffnung gestattet einen Krystall einzuführen und aufzuhängen; sie kann durch einen Hartgummipfropfen verschlossen werden, auf welchen eine kleine Glasschale gekittet ist. Die ganze Vorrichtung wird von zwei mit den äusseren Fortsätzen der Messingplatten verbundenen Hartgummistäbchen getragen, die auf zwei Messingsäulen ruhen. Das Fussbrett ist in der Richtung der unteren Oeffnung des Rahmens durchbohrt.

Fig. 106. $^1/_4$ natürl. Grösse.

Dieser Apparat gestattet ein cylindrisches elektrisches Feld mit horizontalen Kraftlinien herzustellen von 200 mm Durchmesser und 25,40 mm Länge in axialer Richtung.

Um die Ladung der Condensatorplatten A, B mit voller Sicherheit und constanter Geschwindigkeit zu wechseln, construirte E. Root *Commutatoren* nach verschiedenen Principien. Es gelang ihm die Zahl der Commutationen bis auf 6090 in der Secunde zu steigern.

Zur *Ladung* der Platten benutzte er zwei grosse galvanische Säulen, eine Gassiot'sche von 5000 und eine Daniell'sche von 1000 Elementen.

4. Der fundamentale Unterschied zwischen Polarisation und Leitung gelangte bei der Einstellung einer kreisrunden, parallel zur Axe der Isotropie γ geschnittenen Scheibe von *Kalkspath* zur Geltung. Die zwischen den Condensatorplatten horizontal aufgehängte Scheibe stellte sch bei constanter Ladung der Platten vermöge der Leitung *axial,* d. h. mit der Axe γ' in die Richtung der Kraftlinien. Auch wenn sie weniger als 2 Minuten in dem mit den Polen der Daniell'schen Batterie direct verbundenen Condensator geblieben war, kehrte sie sich mit einer Umkehrung der Pole selbst um; die in ihr eingetretene Ladung dauerte also noch einige Zeit hindurch an. Wurden dagegen die Pole des Condensators rasch commutirt, so nahm die Scheibe lediglich in Folge der dielektrischen Polarisation eine *äquatoriale* Lage an.

Aus Beobachtungen der Schwingungsdauern, welche vertical aufgehängte kreisrunde Scheiben oder Kugeln von Kalkspath, Quarz, Aragonit und Schwefel in dem elektrischen Felde zwischen den Condensatorplatten ausführen, wenn sie aus ihrer Ruhelage abgelenkt werden, schliesst E. Root, dass die dielektrische Polarisation weniger als 0,000 008 21 Secunden braucht, um sich vollständig zu entwickeln. Dagegen brauchen alle dielektrischen Erscheinungen, welche von der Zeit abhängen, mehr als 0,00286 Secunden, um sich bemerkbar zu machen. Die untersuchten Krystalle, Schwefel nicht ausgenommen, zeigten bei dauernder Ladung des Condensators oder langsamer Commutation der Pole desselben eine dielektrische Nachwirkung, welche z. B. bei Aragonit innerhalb 0,0208 Sec. bemerkbar wurde, ausserhalb 0,007 Sec. aber nicht mehr zu spüren war.

5. Theorie der reinen dielektrischen Polarisation. — Wenn ein homogener Isolator in einem elektrischen Felde in einen Polarisationszustand versetzt wird, so erhält jedes Volumenelement ein elektrisches Moment, gerade so wie ein Volumenelement eines magnetisch polarisirbaren Körpers im Magnetfelde ein magnetisches Moment empfängt. Die Theorie der reinen dielektrischen Polarisation ist daher lediglich eine Uebertragung der W. Thomson'schen Theorie der magnetischen Induction auf das elektrische Gebiet.

Wir erhalten für die Abhängigkeit der Intensität der Elektrisirung $\mathfrak{J}$ von der resultirenden elektrischen Kraft $\mathfrak{H}$ und der elektrischen Kraft $\mathfrak{F}$ des Feldes Elementargesetze, welche den Relationen I und II auf S. 199 entsprechen. Wieder folgt aus dem Princip der Erhaltung der Energie die Gleichheit der zur Diagonale symmetrischen Coëfficienten in I und II, so dass ein trikliner Krystall nur sechs Coëfficienten der dielektrischen Polarisation ϱ_{hk} besitzt (S. 200). Es sind stets, auch in einem triklinen Krystall, drei auf einander senkrechte Geraden, die Symmetrieaxen $\mathfrak{X}_1$, $\mathfrak{X}_2$, $\mathfrak{X}_3$ des Inductionsellipsoids:

$$\varrho_1 \mathfrak{x}_1^2 + \varrho_2 \mathfrak{x}_2^2 + \varrho_3 \mathfrak{x}_3^2 = 1,$$

vorhanden, von der Beschaffenheit, dass die Polarisation einer Kugel in der Richtung der Kraftlinien eines homogenen elektrischen Feldes stattfindet, sobald eine jener Geraden zu den Kraftlinien parallel ist (S. 201, 204). Die

Normalen der Kreisschnitte dieses Ellipsoids, die dielektrischen Axen, stimmen in ihren Eigenschaften mit den magnetischen Axen überein (S. 205).

Ferner entspricht der magnetischen Induction $\mathfrak{B}$ an einer Stelle P die Grösse, welche MAXWELL in quantitativem Sinne als elektrische Induction durch eine Fläche an einer bestimmten Stelle bezeichnet hat. Das Analogon der magnetischen Hauptdurchlässigkeiten μ_1, μ_2, μ_3 in den Richtungen der Symmetrieaxen bilden die Hauptdielektricitätsconstanten. Dem Elementargesetze auf S. 203 entsprechend sind die Componenten der elektrischen Induction $\mathfrak{B}$ in einem Punkte P gleich den Producten aus den Hauptdielektricitätsconstanten und den Componenten der an der Stelle P vorhandenen elektrischen Kraft $\mathfrak{H}$:

$$\mathfrak{B}_1 = \mu_1 \mathfrak{H}_1, \quad \mathfrak{B}_2 = \mu_2 \mathfrak{H}_2, \quad \mathfrak{B}_3 = \mu_3 \mathfrak{H}_3.$$

Nach der MAXWELL'schen Theorie der durch eine elektromotorische Kraft in einem Dielektricum hervorgerufenen elektrischen Verschiebung ist die Verschiebung $\mathfrak{D}$ an der Stelle P gleich dem Quotienten der elektrischen Induction $\mathfrak{B}$ durch 4π. Demnach kann das Elementargesetz der reinen dielektrischen Polarisation auch als eine Beziehung zwischen der elektrischen Verschiebung und der elektrischen Kraft ausgesprochen werden[1]:

$$4\pi \mathfrak{D}_1 = \mu_1 \mathfrak{H}_1, \quad 4\pi \mathfrak{D}_2 = \mu_2 \mathfrak{H}_2, \quad 4\pi \mathfrak{D}_3 = \mu_3 \mathfrak{H}_3.$$

6. Beziehung zwischen den Dielektricitätsconstanten und den Brechungsindices eines durchsichtigen isolirenden Krystalls. — Die Bestimmungen von Dielektricitätsconstanten empfangen ein hervorragendes Interesse durch die von J. CL. MAXWELL aufgestellte elektrische Theorie des Lichtes, nach welcher die Dielektricitätsconstante eines isotropen Dielektricums gleich dem Quadrate des Brechungsindex dieses Körpers für sehr grosse Wellenlängen ist.[2]

Bedient man sich zur Darstellung der Abhängigkeit des Brechungsindex ν von der Wellenlänge des Lichtes λ z. B. der zweigliedrigen Cauchy'schen Dispersionsformel:

$$\nu = \mathrm{A} + \frac{\mathrm{B}}{\lambda^2},$$

so ist für $\lambda = \infty$, $\nu = \mathrm{A}$; demnach würde nach MAXWELL die Dielektricitätsconstante:

$$\mu = \mathrm{A}^2$$

sein. Man muss also für zwei gegebene Wellenlängen λ, λ' die zugehörigen Werthe ν, ν' bestimmen, um nach der, aus:

$$\nu = \mathrm{A} + \frac{\mathrm{B}}{\lambda^2}, \quad \nu' = \mathrm{A} + \frac{\mathrm{B}}{\lambda'^2}$$

[1] J. CL. MAXWELL, A Treatise on Electr. and Magn. 2. ed. **1**, 101e, f.].

[2] J. CL. MAXWELL, A Dynamical Theory of the Electromagnetic Field. Phil. Trans. **155**, 459, 1865. A Treatise on Electr. and Magn. **2**, 781—805.]

fliessenden Relation:

$$A = \frac{\nu \lambda^2 - \nu' \lambda'^2}{\lambda^2 - \lambda'^2}$$

den Werth von A und darauf μ zu berechnen.

In der That stimmen für gewisse isolirende Körper, namentlich für Gase, die beobachteten und die berechneten Werthe von μ sehr nahe überein; allein in der überwiegenden Mehrzahl der flüssigen und festen dielektrischen Körper sind die Dielektricitätsconstanten erheblich grösser als die mit Hülfe einer Dispersionsformel berechneten Werthe der Quadrate der Brechungsindices für unendlich lange Wellen.

Wie J. Hopkinson hervorgehoben hat, sprechen diese Abweichungen keineswegs gegen die Richtigkeit der Maxwell'schen elektrischen Lichttheorie. Vielmehr geht aus ihnen hervor, dass die Interpolationsformeln, welche im Gebiete der Lichtwellenlängen die Abhängigkeit des Brechungsindex von der Wellenlänge mit hinreichender Genauigkeit darstellen, ihre Gültigkeit für so lange Wellen, wie sie bei der Bestimmung der Dielektricitätsconstanten benutzt werden, verlieren.[1]

Das Elementargesetz der dielektrischen Polarisation in einem Krystall mit den Hauptdielektricitätsconstanten μ_1, μ_2, μ_3:

$$\mathfrak{B}_1 = \mu_1 \mathfrak{H}_1, \quad \mathfrak{B}_2 = \mu_2 \mathfrak{H}_2, \quad \mathfrak{B}_3 = \mu_3 \mathfrak{H}_3$$

führt zu folgendem Satze über die Abhängigkeit der elektrischen Induction $\mathfrak{B}$ von der elektromotorischen Kraft $\mathfrak{H}$: *Betrachtet man den Kraftvector $\mathfrak{H}$ als Radiusvector des Ellipsoids*:

$$(\mathfrak{E}) \qquad \mu_1 \mathfrak{x}_1^2 + \mu_2 \mathfrak{x}_2^2 + \mu_3 \mathfrak{x}_1^2 = 1,$$

so ist die Richtung der elektrischen Induction $\mathfrak{B}$ (oder die Richtung der elektrischen Verschiebung) gegeben durch die Normale der Tangentialebene an dieses Ellipsoid im Endpunkte von $\mathfrak{H}$, und die Grösse des Vectors $\mathfrak{B}$ ist gleich dem reciproken Werthe des Abstandes der Tangentialebene vom Mittelpunkte des Ellipsoids.

Es seien jetzt die Hauptbrechungsindices des Krystalls für sehr grosse Wellenlängen bezeichnet mit A_1, A_2, A_3, so kann nach Maxwell die Gleichung jenes Ellipsoids auch in folgender Form geschrieben werden:

$$(\mathfrak{E}) \qquad A_1^2 \mathfrak{x}_1^2 + A_2^2 \mathfrak{x}_2^2 + A_3^2 \mathfrak{x}_3^2 = 1.$$

Dieses ist aber die Gleichung des von A. Fresnel zur Construction der Strahlenfläche (Fresnel'schen Wellenfläche) benutzten Ellipsoids. Die Richtung der Verschiebung eines Aethertheilchens und die Richtung der durch diese Verschiebung geweckten elastischen Kraft stehen nach Fresnel's Theorie der Doppelbrechung in derselben, durch das Ellipsoid ($\mathfrak{E}$) vermittelten Beziehung zu einander wie die Richtungen von $\mathfrak{B}$ und $\mathfrak{H}$.

[1] J. Hopkinson, On the Refractive Index and Specific Inductive Capacity of Transparent Insulating Media. Phil. Mag. (5) **13**, 242, 1882.

Ist $\mu_1 > \mu_2 > \mu_3$, also auch $A_1 > A_2 > A_3$, so ist $\mathfrak{X}_1$ die Symmetrieaxe der grössten, $\mathfrak{X}_3$ jene der kleinsten dielektrischen Permeabilität und gleichzeitig $\mathfrak{X}_1$ die kleinste, $\mathfrak{X}_3$ die grösste Halbaxe des Fresnel'schen Ellipsoids. In der Fresnel'schen Auffassung ist $\mathfrak{X}_1$ die Symmetrieaxe der kleinsten, $\mathfrak{X}_3$ jene der grössten optischen Elasticität.

Die Abhängigkeit der Dielektricitätsconstanten eines anisotropen Krystalls von der Richtung lässt sich daher voraussagen, wenn die optischen Eigenschaften des Krystalls ermittelt sind. Es kann in diesem Falle also auch die Einstellung einer um ihren Mittelpunkt frei beweglichen Kugel aus dem Krystall in einem homogenen elektrischen Felde vorherbestimmt werden, da die Kugel die Symmetrieaxe der grössten elektrischen Induction $\mathfrak{X}_1$ den Kraftlinien parallel zu stellen sucht.

Die Beobachtungen von E. Root über die Einstellung von Scheiben, Linsen und Kugeln aus Kalkspath, rhombischem Schwefel und Aragonit, die in dem Condensator (Fig. 106, S. 225) aufgehängt waren, liefern eine Bestätigung dieses Satzes.

7. Methoden von L. Boltzmann zur Bestimmung der Dielektricitätsconstanten krystallisirter Körper. — Ein frei beweglicher, dielektrisch polarisirbarer Körper muss von einem mit Elektricität geladenen Körper, in dessen Nähe er gebracht wird, angezogen werden, gerade so wie ein frei beweglicher, magnetisch polarisirbarer Körper von einem Magneten angezogen wird.

L. Boltzmann hat diese Anziehungen quantitativ zu bestimmen gelehrt.[1] Den Ausgangspunkt seiner Versuche bildet der Satz, *dass unter dem Einflusse elektrischer Kräfte eine Kugel L aus einem isotropen dielektrischen Körper, dessen Dielektricitätsconstante μ ist,*

$$\frac{\mu - 1}{\mu + 2}$$

mal so stark angezogen wird, als eine gleich grosse isolirte und ursprünglich unelektrische Kugel L' aus einem isotropen leitenden Körper, falls die Kugeln so klein sind, dass bei der Berechnung der Elektrisirung das elektrische Feld als homogen betrachtet werden kann. Ist das Verhältniss der Anziehungen h und h' der dielektrischen und der leitenden Kugel gemessen, so ergiebt sich aus $h : h' = \mu - 1 : \mu + 2$ der Werth der Dielektricitätsconstante:

$$\mu = \frac{h'}{h} + 2 : \frac{h'}{h} - 1,$$

[1] L. Boltzmann, Experimentaluntersuchung über die elektrostatische Fernwirkung dielektrischer Körper. Sitzungsber. Wien. Akad. **68** (2), 81, 1873. Ueber einige an meinen Versuchen über die elektrostatische Fernwirkung dielektrischer Körper anzubringende Correctionen. ibid. **70** (2), 307, 1874. Auszug: Experimentaluntersuchung über das Verhalten nicht leitender Körper unter dem Einflusse elektrischer Kräfte. Pogg. Ann. **153**, 525, 1874.

In einer elementaren Ableitung dieses Satzes[1] berechnet L. Boltzmann zunächst die Anziehung h, welche eine elektrische Ladung $+E$ auf eine kleine isotrope dielektrische Kugel L mit dem Radius b ausübt; h ist eine Funktion der Grössen m, b, E und des Abstandes der Kugel von der Ladung. Alsdann ergiebt sich für $\mu = \infty$ die Anziehung h' auf eine gleich grosse, an die Stelle jener dielektrischen Kugel gebrachte isolirte leitende Kugel L'. Der Abstand der Kugel L von der Ladung E sei hinreichend gross, um die Kraftlinien des Feldes als unter einander parallel und die Kugel als gleichförmig polarisirt ansehen zu können. Die unelektrische Kugel L kann man betrachten als eine Superposition zweier Kugeln A und B, von denen A gleichförmig mit der Elektricitätsmenge $-e$ und B gleichförmig mit der Elektricitätsmenge $+e$ geladen ist. Alsdann kann die durch die Wirkung der Ladung E hervorgerufene Polarisation der Kugel L so dargestellt werden, dass die beiden anfänglich zusammenfallenden Kugeln A und B in der Richtung der Verbindungsgeraden von E mit dem Mittelpunkte von L verschoben sind: Die negative Kugel A hat sich ein wenig der Ladung $+E$ genähert, die positive Kugel B ein wenig von ihr entfernt (Fig. 107). Die Gesammtwirkung der polarisirten dielektrischen Kugel L ist die Resultante der von den idealen Kugeln A und B ausgeübten Kräfte, und die Wirkung auf die Kugel L setzt sich zusammen aus den Wirkungen auf die Kugeln A und B.

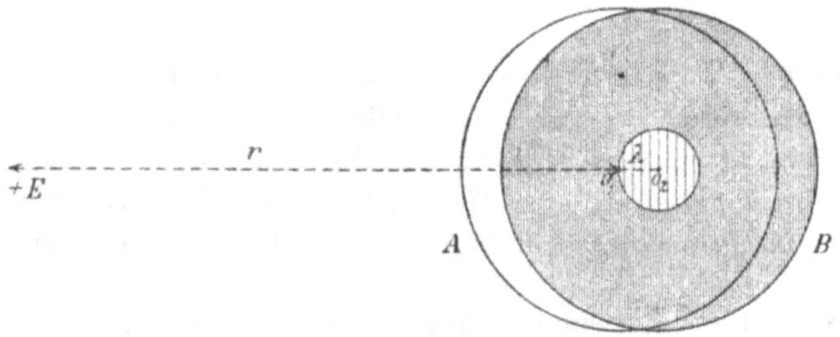

Fig. 107.

Der sehr kleine Abstand der Mittelpunkte o_1 und o_2 von A und B sei bezeichnet mit λ. Auf äussere Punkte wirken A und B so, als wären ihre Ladungen $-e$ und $+e$ in o_1 und o_2 concentrirt. Demnach ist das dielektrische Moment der beiden Kugeln $= e\lambda$. Da jede der Kugeln das Volumen $4\pi b^3/3$ besitzt, so ist demnach das dielektrische Moment jeder Volumeneinheit:

$$\mathfrak{J} = \frac{3}{4\pi b^3} e\lambda.$$

Die von A auf E ausgeübte Anziehung ist, wenn $Eo_1 = r$ gesetzt wird, Ee/r^2, und die von B auf E ausgeübte Abstossung ist $Ee/(r+\lambda)^2$. Demnach ist die ganze von der Ladung E auf die elektrische Kugel L ausgeübte

[1] Mitgetheilt in J. E. H. Gordon, A Physical Treatise on Electricity and Magnetism. London. 1, 136, 1880.

Anziehung h, unter Vernachlässigung der Grössen von der Ordnung λ^2, zunächst gegeben durch:

$$h = \frac{Ee}{r^2} - \frac{Ee}{(r+\lambda)^2} = \frac{2E}{r^3} e\lambda.$$

Das Moment $e\lambda$ ist abhängig von E, b, r und von der auf Luft bezogenen Dielektricitätsconstante μ. Es handelt sich jetzt darum, $e\lambda$ durch diese Grössen auszudrücken.

Nach dem Elementargesetz der dielektrischen Polarisation ist das elektrische Moment der Volumeneinheit $\mathfrak{J}$ an irgend einer Stelle P der Kugel L proportional der in P vorhandenen elektromotorischen Kraft $\mathfrak{H}$:

$$\mathfrak{J} = k\mathfrak{H},$$

und die Constante k steht mit der Dielektricitätsconstante μ in der Beziehung:

$$\mu = 1 + 4\pi k.$$

Um den Werth von $\mathfrak{H}$ zu berechnen, müssen wir in o_1 eine Einheit positiver Elektricität annehmen und die auf sie ausgeübte Gesammtkraft bestimmen. Die Ladung $+E$ übt eine Abstossung:

$$\mathfrak{H}_1 = \frac{E}{r^2}$$

aus. Die Kugel A wirkt nicht auf o_1. Die Kugel B können wir ersetzen durch eine um o_2 als Mittelpunkt mit dem Radius λ beschriebene Kugel, deren elektrische Ladung mit ε bezeichnet sei, und eine sie umgebende Hohlkugel; die letztere wirkt ebenfalls nicht auf o_1, dagegen übt die erstere auf o_1 die Abstossung:

$$\mathfrak{H}_2 = \frac{\varepsilon}{\lambda^2}$$

aus. Da nun B gleichförmig geladen sein sollte, so ist das Verhältniss $\varepsilon : e$ gleich dem Verhältniss der Volumen der entsprechenden Kugeln $\frac{4}{3}\pi\lambda^3 : \frac{4}{3}\pi b^3$, also:

$$\varepsilon = \frac{e\lambda^3}{b^3}, \quad \mathfrak{H}_2 = \frac{e\lambda}{b^3},$$

Folglich ist:

$$\mathfrak{H} = \mathfrak{H}_1 - \mathfrak{H}_2 = \frac{E}{r^2} - \frac{e\lambda}{b^3} = \frac{\mathfrak{J}}{k} = \frac{3}{4\pi b^3 k} e\lambda,$$

und hieraus ergiebt sich für das gesuchte Moment:

$$e\lambda = \frac{4\pi k b^3}{(4\pi k + 3) r^2} E = \frac{\mu - 1}{\mu + 2} \frac{b^3}{r^2} E.$$

Mithin ist die Anziehung h auf die dielektrische Kugel:

$$h = \frac{\mu - 1}{\mu + 2} \frac{2b^3}{r^5} E^2.$$

Um hieraus die Anziehung h' auf eine gleich grosse, ursprünglich unelektrische leitende Kugel an derselben Stelle abzuleiten, haben wir $\mu = \infty$ zu setzen[1]; alsdann folgt:

[1] Vgl. über diese Rechnungsregel: E. Cohn und L. Arons, Leitungsvermögen und Dielektricitätsconstante. Ann. d. Phys. N. F. 28, 455, 1886.

$$h' = \frac{2b^3}{r^5} E^2.$$

Demnach ist das Verhältniss:

$$\mathfrak{E} = \frac{h'}{h} = \frac{\mu + 2}{\mu - 1}.$$

8. Zu einer ersten Versuchsreihe diente der in Fig. 108 dargestellte Apparat, welcher zur Erläuterung der Methode sehr geeignet ist, wenngleich er nicht erlaubt hinreichend genaue Messungen auszuführen. An zwei etwa 2 m langen Coconfäden hingen 2 Kugeln L und L' von etwa 7 mm Durchmesser, die eine aus reinem Schwefel, die andere gleich grosse und gleich schwere, aus derselben Substanz hergestellt, aber mit Stanniol überzogen. Der Abstand ihrer Mittelpunkte betrug etwa 90 mm. Möglichst genau in der Mitte zwischen L und L' befand sich eine feste Metallkugel M von 26 mm Durchmesser. Ein von M ausgehender isolirter Draht konnte bald mit einer Leydener Flasche, bald mit der Erde leitend verbunden, und dadurch die Kugel M geladen und wieder entladen werden. Die geladene Kugel M zog die pendelnden Kugeln L und L' ungleichmässig etwas näher heran; nach der Entladung entfernten sich L und L' wieder. Diese Bewegungen wurden an einer hinter den Fäden aufgestellten, in Millimeter getheilten Scala mit zwei auf die Fäden eingestellten Fernrohren abgelesen. Aus den Beobachtungen der Ruhelagen und der Umkehrpunkte der Fäden konnten die Anzahlen der Theilstriche entnommen werden, um welche die Fäden durch die Einwirkung der Ladung der Kugel M auf die Kugeln L und L' abgelenkt wurden. Da diese Ablenkungen a und a' ($a' > a$) sehr klein waren, so konnten die anziehenden Kräfte h und h' proportional a und a' gesetzt werden, so dass nunmehr mit Hülfe von:

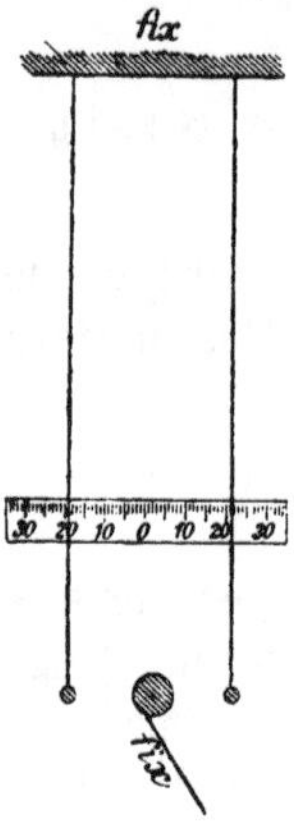

Fig. 108.

$$\mathfrak{E} = \frac{h'}{h} = \frac{a'}{a}.$$

die Dielektricitätsconstante μ zu berechnen ist.

Damit durch eine etwa auf den pendelnden Kugeln vorhandene Ladung das Resultat nicht beeinträchtigt werde, wurde, nach einer von H. von Helmholtz herrührenden Idee, die Kugel M abwechselnd positiv und negativ geladen. Immerhin waren genügende Messungen nicht zu erlangen, da die Ablenkungen nicht viel grösser als 1 Theilstrich ausfielen, die Aufstellung von M in die Mitte zwischen L und L' sehr schwierig war, die Bewegungen der Kugel durch Luftströmungen gestört wurden und die Coconfäden nicht hinreichend isolirten.

9. Viel geeigneter erwies sich ein zweiter, von L. Boltzmann construirter Apparat, in welchem die zu untersuchende dielektrische Kugel L von einer *Drehwage* getragen wurde (Fig. 109). Ein Coconfaden hing von einem mit einem verticalen Träger (Fig. 110) fest verbundenen Kupferdrahte *AB* herab und war um einen etwa $^1/_4$ mm dicken Kupferdrahthaken *CD* geschlungen, welcher einen geradlinigen horizontalen Hebel *EF* aus 1 mm dickem Kupferdraht trug. Bei *E* war ein ebener Spiegel *S* angekittet, dessen Stellung mittelst Scala und Fernrohr abgelesen werden konnte. Gleichzeitig diente *S* zur Aequilibirung des Hebels, an dessen Ende *F* ein horizontaler, etwa

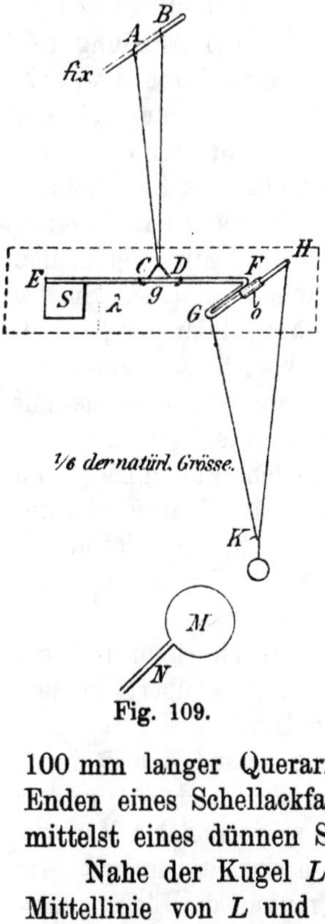

Fig. 109.

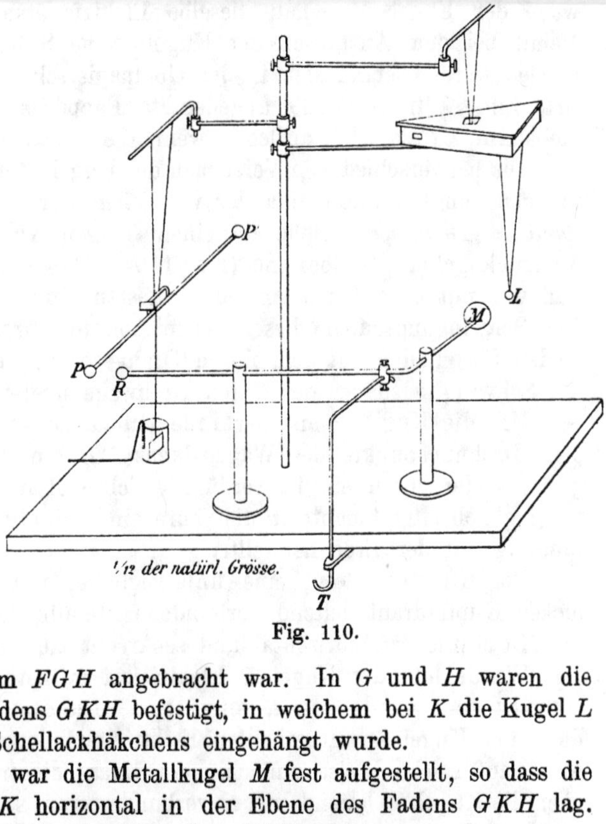

Fig. 110.

100 mm langer Querarm *FGH* angebracht war. In *G* und *H* waren die Enden eines Schellackfadens *GKH* befestigt, in welchem bei *K* die Kugel *L* mittelst eines dünnen Schellackhäkchens eingehängt wurde.

Nahe der Kugel *L* war die Metallkugel *M* fest aufgestellt, so dass die Mittellinie von *L* und *K* horizontal in der Ebene des Fadens *GKH* lag. Der Zuleitungsdraht *N* hatte ebenfalls diese Richtung.

Um zu vermeiden, dass die Ladung der Kugel *M* ausser auf *L* auch noch auf die übrigen Bestandtheile der Drehwage wirke, befanden sich die in Fig. 109 mit einem punktirten Rechtecke umschlossenen Theile in einer mit den erforderlichen Ausschnitten versehenen Schachtel aus Goldpapier (Fig. 110).

Sollten bei *K* sehr leichte Kugeln eingehängt werden, so wurde der Haken *o* des Drahtes *GH* mit einem Gegengewicht versehen, das, von der Goldpapierschachtel umschlossen, einer Einwirkung der Ladung *M* entzogen war.

Der Gang der Versuche war nun folgender. Es wurde bei *K* eine dielektrische Kugel *L* eingehängt und der Stand der Drehwage durch Spiegelablesung bestimmt, während die Kugel M unelektrisch war. Alsdann wurde der Kugel M Elektricität mitgetheilt und wieder durch Spiegelablesung bestimmt, um welchen Winkel dabei der Hebelarm der Drehwage abgelenkt wurde. Darauf wurde an die Stelle der Kugel L eine gleich grosse und gleich schwere, mit Stanniol bekleidete Kugel L' aus derselben Substanz gehangen und von Neuem der Ablenkungswinkel der Drehwage gemessen, wenn der Kugel M genau dieselbe Elektricitätsmenge mitgetheilt wurde. Damit bei dem Austausch der Kugeln eine Störung der Einstellung vermieden werde, befand sich in der Goldpapierschachtel eine durch die punktirte Linie λ in Fig. 109 angedeutete Pappdeckelwand, auf die sich der Hebelarm EF sogleich auflegte, wenn die Kugel L entfernt wurde.

Die bei verschiedenen Versuchen der Kugel M mitgetheilten Elektricitätsmengen konnten unter einander verglichen werden mit Hülfe einer *zweiten ähnlichen Drehwage*, welche aus einem langen Kupferdraht mit zwei hohlen Messingkugeln P, P' bestand (Fig. 110). Dieser Draht trug einen Spiegel und war mit Coconfäden an einem festen Kupferdraht bifilar aufgehängt. Die Schwingungsdauer dieser Wage konnte durch Verschieben eines der beiden Coconfäden auf dem festen Draht so regulirt werden, dass sie mit der Schwingungsdauer der ersten Drehwage übereinstimmte.

Um die Kugel P mit der Erde leitend zu verbinden, war zunächst an dem Drehungspunkte des Wagebalkens PP' ein verticaler Platindraht angelöthet, der unten ein in verdünnte Schwefelsäure tauchendes Platinblech trug; gleichzeitig tauchte in die Säure ein Platindraht, der die leitende Verbindung mit der Erde herstellte.

Der Kugel P stand eine unbewegliche, mit M durch einen isolirten dicken Kupferdraht leitend verbundene Metallkugel R gegenüber, so dass die Mittellinie PR horizontal und senkrecht zu PP' lag.

Wurde nun der Kugel R Elektricität mitgetheilt, so lud sich P durch Influenz und wurde von R angezogen. Die *Anziehung* ist dem Quadrate der jener Kugel R mitgetheilten Elektricitätsmenge proportional. Man gewann auf solche Weise zunächst ein Maass dieser Elektricitätsmenge. Da aber die Kugel M leitend mit R verbunden war, so musste die Elektricitätsmenge auf M proportional der auf R angesammelten sein.

Die beiden *Ablesefernrohre* befanden sich von ihren Spiegeln 2,2 m entfernt; über einem Fernrohre war eine in Millimeter getheilte Scala angebracht.

Zur *Ladung* der wirkenden Kugeln M und R wurden drei verschiedene Vorrichtungen benutzt, welche gestatteten das System MR dauernd (22 bis 90 Secunden) oder nur eine kurze, aber genau gegebene Zeit hindurch ($^1/_{10}$ Secunde) oder endlich abwechselnd in schneller Aufeinanderfolge entgegengesetzt zu laden. Zur Herstellung der alternirenden Ladung, durch welche der Einfluss einer etwa schon ursprünglich auf der zu untersuchenden Kugel vorhandenen Elektricität eliminirt werden sollte, diente eine elektromagnetisch zwischen den Elektroden einer Influenzmaschine oscillirende Stimmgabel, welche in der Secunde 180 ganze Schwingungen ausführte, so dass M und R nach jeder halben Schwingung abwechselnd positiv und gleich stark negativ geladen wurden.

Die Kräfte, welche auf die Kugeln L und P von den wirkenden Kugeln M und R ausgeübt werden, sind den Quadraten der an M und R mitgetheilten Elektricitätsmengen proportional, falls sich ausser diesen Elektricitätsmengen nichts verändert, und die sehr kleinen Ablenkungen der Drehwagen h_1 und h_2 sind jenen Kräften proportional. Demnach stellt der Quotient $h_1 : h_2$ die Ablenkung der ersten Drehwage für den Fall dar, dass die an M und R mitgetheilte Elektricität an der zweiten Drehwage die Ablenkung Eins erzeugt. Boltzmann nennt $h_1 : h_2$ die reducirte Anziehung der Kugel L.

Nachdem die reducirten Anziehungen $h_1 : h_2 = h$ und $h_1' : h_2' = h'$ für eine ursprünglich unelektrische, dielektrische Kugel L und die ihr entsprechende, mit Stanniol bekleidete, ursprünglich ebenfalls unelektrische, leitende Kugel L' bestimmt waren, lieferte der Quotient $h' : h = \mathfrak{E}$ die gesuchte, zur Berechnung der Dielektricitätsconstante erforderliche Zahl.

10. Dielelektricitätsconstanten des rhombischen Schwefel. — Die in [9] beschriebene Methode von L. Boltzmann[1] bietet ein Mittel, die Dielektricitätsconstanten eines kleinen krystallisirten Körpers in verschiedenen Richtungen zu messen. Als eine hierzu sehr geeignete Substanz erwies sich die rhombische Modification des *Schwefel*, welche so ausgezeichnet isolirt, dass die Dauer der Einwirkung der elektrischen Kraft ohne Einfluss auf die Stärke der Anziehung ist. Ob die wirkende Metallkugel M während eines ganzen, über eine Minute in Anspruch nehmenden Versuches dauernd positiv oder dauernd negativ oder endlich abwechselnd $^1/_{200}$ Secunde positiv, darauf $^1/_{200}$ Secunde negativ, dann wieder $^1/_{200}$ Secunde positiv u. s. w. geladen wurde, sobald nur die Mengen der positiven und der negativen Elektricität bei der dauernden und der alternirenden Ladung jedesmal übereinstimmten, wurde eine Schwefelkugel L auch jedesmal genau gleich stark von der Kugel M angezogen. Hieraus folgt, *dass die Anziehung nur von einer in äusserst kurzer Zeit sich herstellenden dielektrischen Polarisation der Moleküle herrührt,* nicht aber daher, dass die Kugel L in Folge eines geringen Leitungsvermögens durch Influenz geladen wird. Denn in dem letzteren Falle hätte die Anziehung unter dem Einflusse alternirender Ladungen vielmal kleiner sein müssen, als unter der Einwirkung einer dauernden Ladung.

Es wurden zwei Kugeln von 17,5 und 14,5 mm Durchmesser benutzt. Die Bestimmung der optischen Symmetrieaxen war leicht auszuführen, da die Erscheinung der konischen Refraction mit freiem Auge ohne jedes weitere Hülfsmittel sehr deutlich sichtbar ist, sobald man durch jene Kugeln einen Lichtpunkt betrachtet. An jede Kugel wurde in der Richtung einer

[1] L. Boltzmann, Ueber die Verschiedenheit der Dielektricitätsconstante des krystallisirten Schwefels nach verschiedenen Richtungen. Sitzungsber. Wien. Akad. **70** (2), 342 1874. Im Auszuge: Pogg. Ann. **153**, 531, 1874.

Symmetrieaxe ein Schellackstiel geklebt, der in jeder der beiden durch diese Axe hindurchgehenden Symmetrieebenen einen Haken besass. Auf diese Weise gelang es eine Kugel so aufzuhängen, dass die Elektricität successive in zwei auf einander senkrechten Richtungen, welche fast genau mit Symmetrieaxen zusammenfielen, einwirkte.

Die elektromagnetische Stimmgabel machte 32 ganze Schwingungen in der Secunde. Die Drehwagen führten eine ganze Schwingung in 25 Secunden aus. Das Trägheitsmoment der ersten Drehwage betrug 7854 g mm², jenes der zweiten 674000 g mm². Die bewegliche Kugel der zweiten Drehwage besass einen Durchmesser von 25,8 mm.

In der rhombischen Modification des Schwefel (Fig. 75, S. 98) liegen die optischen Axen in der Ebene $(\breve{a}\,\acute{c}) = (010)$; die Halbirungsgerade des spitzen Winkels dieser Axen ist die Verticalaxe $\acute{c}$ und der Charakter der Doppelbrechung ist positiv.[1] Demnach entsprechen nach der auf S. 193 eingeführten Bezeichnung den krystallographischen Symmetrieaxen $\breve{a}$, $\bar{b}$, $\acute{c}$ die optischen Symmetrieaxen x, y, z.

Nach A. Schrauf[2] haben die Hauptbrechungsindices für die Wellenlängen, welche den Fraunhofer'schen Linien *B*, *D*, *E*, *H* entsprechen, folgende Werthe:

	B	*D*	*E*	*H*
α	1,93651	1,95047	1,96425	2,01704
β	2,02098	2,03832	2,05443	2,11721
γ	2,22145	2,24052	2,25875	2,32967

Demnach ergiebt sich für das von der Wellenlänge unabhängige Glied A in der zweigliedrigen Cauchy'schen Dispersionsformel S. 227:

	A_α	A_β	A_γ
aus *B* und *E*	1,8957	1,9714	2,1679
aus *D* und *H*	1,8939	1,9715	2,1659

Daraus folgen nach Maxwell's Theorie für die Dielektricitätsconstanten in den Richtungen der Axen $x = \breve{a}$, $y = \bar{b}$, $z = \acute{c}$ die Werthe:

$$\mu_\alpha = A_\alpha{}^2 = 3{,}591$$
$$\mu_\beta = A_\beta{}^2 = 3{,}886$$
$$\mu_\gamma = A_\gamma{}^2 = 4{,}596,$$

[1] Demgemäss ist die Halbirungsgerade des spitzen Winkels der optischen Axen im Fresnel'schen Sinne die *kleinste*, nicht, wie Boltzmann angiebt, die „grösste Hauptelasticitätsaxe".

[2] A. Schrauf, Bestimmung der optischen Constanten krystallisirter Körper. I. Reihe. Sitzungsber. Wien. Akad. **41**, 805, 1860.

und die hieraus fliessenden Werthe der Zahl $\mathfrak{E} = \mu + 2 : \mu - 1$, welche angiebt, um wie viel Mal unter denselben Umständen eine mit Stanniol belegte Schwefelkugel stärker angezogen wird als die Schwefelkugel selbst, sind nun mit den von L. BOLTZMANN beobachteten Werthen zu vergleichen.

	Berechnet	Beobachtet		
		1. Kugel	2. Kugel	Mittel
$\mathfrak{E}_\alpha$	2,157	2,06 (2,04; 2,07)	2,07 (2,03; 2,10)	2,067
$\mathfrak{E}_\beta$	2,040	2,02	2,00	2,010
$\mathfrak{E}_\gamma$	1,812	1,79 (1,73; 1,82)	1,805 (1,80; 1,81)	1,795

Aus den beobachteten Werthen von $\mathfrak{E}$ ergeben sich die Dielektricitätsconstanten:

$$\mu_\alpha = 3{,}811, \quad \mu_\beta = 3{,}970, \quad \mu_\gamma = 4{,}773,$$

welche nur wenig grösser sind als die nach der MAXWELL'schen Theorie berechneten Werthe. *Die von* L. BOLTZMANN *gemessenen Hauptdielektricitätsconstanten der rhombischen Modification des Schwefel stimmen also sehr nahe überein mit den von der elektrischen Lichttheorie geforderten, aus den Hauptbrechungsindices abzuleitenden Werthen.*

11. Beobachtungen von Romich und Nowak über die Abhängigkeit der dielektrischen Polarisation im Flussspath, Kalkspath und Quarz von der Zeit. — Unter der Leitung von L. BOLTZMANN haben ROMICH und NOWAK dieselbe Methode zur Bestimmung von Dielektricitätsconstanten auf Kugeln von Flussspath, Kalkspath und Quarz angewendet.[1] Jede derselben wurde zuerst der Einwirkung einer „alternirenden" Ladung der Kugel *M* ausgesetzt, deren Zeichen in einer Minute 64 mal wechselte, darauf aber der Wirkung einer „dauernden" Ladung, welche erst nach Verlauf von drei Halbschwingungen der Stimmgabel ihr Zeichen änderte. Dabei erforderte eine ganze Schwingung etwa 25 Secunden. Aus diesen Versuchen ergaben sich folgende Werthe.

	Alternirende Ladung		Dauernde Ladung		g
	$\mathfrak{E}_0$	μ_0	$\mathfrak{E}$	μ	
Flussspath 1	1,527	6,7	1,491	7,1	1,024
„ 2	1,485	7,2	1,339	9,9	1,109
„ 3	1,526	6,7	1,438*	7,9*	1,061*
Kalkspath ⊥ γ	1,445	7,7	1,338	9,9	1,080
„ ‖ γ	1,463	7,5	1,399	8,5	1,046
„ 3	1,403	8,4	1,394*	8,6*	1,006*
Quarz 1	1,829*	4,6*	0,991*	∞*	1,838*
„ 2	1,826*	4,6*	1,003*	1000*	1,821*

[1] ROMICH und NOWAK, Experimentaluntersuchung dielektrischer Körper in Bezug auf ihre dielektrische Nachwirkung. Sitzungsber. Wien. Akad. **70** (2), 380, 1874.

Das Zeichen ∞ für μ soll andeuten, dass die Krystallkugel so stark wie eine isolirte Metallkugel angezogen wurde. Die mit * bezeichneten Werthe sind wegen der Unsicherheit der Correctionen vielleicht etwas ungenau. Die Zahl g giebt an, wie vielmal stärker sich eine Kugel bei „dauernder" Ladung polarisirt als bei „alternirender", so dass $g = \mathfrak{E}_0 / \mathfrak{E}$ ist.

Aus der Tabelle ist ersichtlich, dass die Dielektricitätsconstanten μ für Flussspath, Kalkspath und Quarz erheblich *grösser* sind, als die nach der elektrischen Lichttheorie zu erwartenden Werthe, und dass namentlich Quarz um so stärker dielektrisch polarisirt erscheint, je länger er der Einwirkung unveränderlicher elektromotorischer Kräfte ausgesetzt wird. Demnach ist die dielektrische Polarisation im Quarz von einer starken „elektrischen Absorption" (M. Faraday) oder „dielektrischen Nachwirkung" (L. Boltzmann) begleitet. Beim Kalkspath war diese Erscheinung nicht mit Sicherheit zu constatiren.

12. Beobachtungen von Rowland und Nichols über elektrische Absorption im Kalkspath und Quarz. — Die Theorien der elektrischen Absorption von R. Clausius, J. Cl. Maxwell und H. A. Rowland[1] nehmen übereinstimmend an, dass in vollkommen *homogenen* isolirenden Körpern die dielekrische Polarisation nicht von elektrischer Absorption begleitet sei. Daher sollte in isolirenden Krystallen, die sich im polarisirten Lichte als homogen erweisen, keine elektrische Absorption stattfinden, wenigstens nicht unter der Bedingung, dass eine unbegrenzte planparallele Platte den Raum zwischen zwei Condensatorplatten vollständig ausfüllt. Um dieser Bedingung zu genügen haben Rowland und E. H. Nichols[2] einen Schutzringcondensator benutzt und

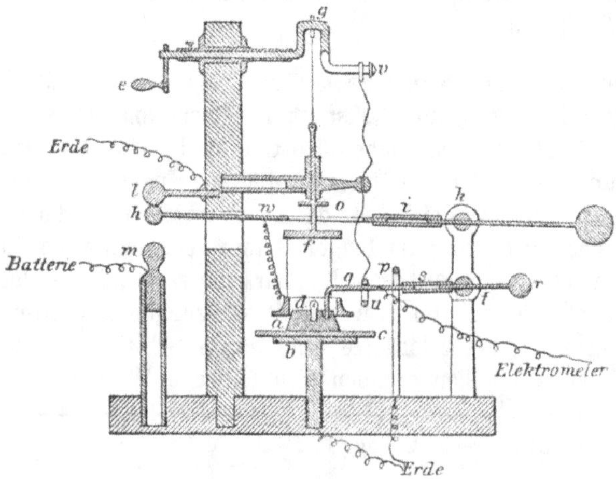

Fig. 111.

[1] R. Clausius, Abhandlungen über die mechanische Wärmetheorie. 2. Abth. Braunschweig 1867, 135. — J. Cl. Maxwell, A Treatise on Electr. and Magn. **1**, 325]. — H. A. Rowland, Note on the Theory of Electric Absorption. Amer. Journ. of Math. **1**, 53, 1878.

[2] H. A. Rowland and E. H. Nichols, Electric Absorption of Crystals. Phil. Mag. (5) **11**, 414, 1881.

die Kupferplatten *a*, *b* desselben amalgamirt. Auf die obere konisch begrenzte Platte *a* (Fig. 111) wurde ein Schutzring *d* aus Kupfer sorgfältig aufgepasst. War dieser Ring herabgelassen, so diente er dazu, die Platte *a* zu laden oder zu entladen. Die Platte *b* war mit der Erde verbunden. Zwischen *a* und *b* befand sich die planparallele Krystallplatte *c* von etwa 35 mm Durchmesser.

Die Ladung erfolgte durch eine auf schwaches Potential geladene Leydener Batterie von sehr grossen Flaschen mit je 1 Quadratfuss Belegung. Es genügte, die Ladung durch eine Lane'sche Maassflasche zu bestimmen. Der Ladungsrückstand wurde durch ein Thomson'sches Quadranten-Elektrometer gemessen.

Die Uebertragung der Ladung auf den Condensator und ebenso die Entladung desselben konnte durch eine halbe Umdrehung einer Kurbel bewirkt werden. Zu diesem Zwecke hing der Schutzring *d* an drei Seidenfäden von der Metallplatte *f* herab, welche mit Hülfe der Kurbelstange *g* gehoben und gesenkt werden konnte. Ein dünner Draht verband den Schutzring mit einem horizontal liegenden Hebel *w* aus Metall, welcher die Kugel *h* trug; dieser Hebel war durch die Glasröhre *i* isolirt und konnte sich um die Axe *k* drehen. Stand die Kurbel so, wie es die Fig. 111 angiebt, so wurde die Kugel *h* durch das Gegengewicht *n* emporgedrückt gegen die mit der Erde verbundene Kugel *l*. Wurde aber durch eine halbe Umdrehung der Kurbel die Platte *f* herabgelassen, so drückte das Stück *o* den Hebel *w* nieder, so dass die Kugel *h* die mit der Batterie verbundene Kugel *m* berührte.

Ein zweiter um *t* drehbarer und durch die Glasröhre *s* isolirter Hebel *q* war durch einen sehr feinen Draht mit einem Quadrantenpaar des Elektrometers verbunden. Ruhte der Ring *u* auf dem Hebel *q*, so drückte er denselben auf die Condensatorplatte *a*, welche auf diese Weise in Verbindung mit dem Elektrometer gesetzt wurde. Wenn dagegen durch eine Drehung des Armes *v* der Ring *u* gehoben wurde, so bewirkte das Gegengewicht *r* eine Bewegung des Hebels *q* bis zu dem mit der Erde verbundenen Anschlag *p*; in dieser Stellung waren also alle Quadranten des Elektrometers zur Erde abgeleitet.

Vor jedem Versuche wurde die Kurbel in eine solche Lage gebracht, dass der Schutzring *d* auf der Krystallplatte aufruhte. Dabei fand noch keine Berührung zwischen *o* und *w* statt, so dass der Schutzring zur Erde abgeleitet blieb. Wurde jetzt die Kurbel gedreht, so senkte sich die Kugel *h* auf *m* herab, und auf diese Weise wurde der Condensator während einer bestimmten Zeit (10 bis 30 Secunden) geladen. Darauf wurde durch die entgegengesetzte Bewegung zunächst die Kugel *h* gehoben und der Condensator entladen, darauf der Schutzring *d* gehoben und endlich der Hebel *q*, der anfänglich mit *p* in Berührung war, herabgedrückt, so dass er sich auf die Condensatorplatte *a* legte. Ein etwa vorhandener Ladungsrückstand musste daher sofort von dem Elektrometer angezeigt werden. Der Ausschlag des Elektrometers hängt ab von der Natur des Dielektricums, von der Dicke der Platte *c*, von der Stärke und der Dauer der Ladung und von der Dauer der Entladung.

Es ergab sich, *dass in homogenen Spaltungsplatten von Kalkspath in der That keine elektrische Absorption stattfand,* selbst dann nicht, wenn das Elektrometer sehr empfindlich gemacht, die Condensatorplatte bis zum Maximum geladen und der Contact 30 Secunden hindurch unterhalten wurde. Dagegen wurde in Platten von *Quarz*, die zur Axe der Isotropie senkrecht waren, ein Rückstand bemerkt, der etwa $^1/_9$ von dem in Glasplatten beobachteten betrug. Rowland und Nichols nahmen zur Erklärung dieses Verhaltens an, dass ihren Platten aus linksdrehendem Quarz einige Moleküle rechtsdrehenden Quarzes beigemengt seien, welche die Inhomogeneität bewirken. Begründeter ist wohl die Annahme, dass die Rückstandsbildung im Quarz durch die nie fehlenden Flüssigkeitseinschlüsse dieses Minerals hervorgerufen wird.

13. Dielektricitätsconstanten und Leitungsfähigkeiten. — Unter den bislang geprüften krystallisirten Körpern hat sich nur der rhombische Schwefel als ein nahezu vollkommener Isolator erwiesen. Alle übrigen dielektrischen Krystalle sind in geringerem oder höherem Maasse leitend. Daher ist zu ihrer vollständigen Charakteristik die Kenntniss ihrer Hauptdielektricitätsconstanten und ihrer Hauptleitungsfähigkeiten erforderlich.

Um Dielektricitätsconstanten leitender Körper zu bestimmen, muss man die Beobachtung der strömenden Elektricität heranziehen. Alsdann lassen sich jene Grössen, wie namentlich E. Cohn und L. Arons an leitenden Flüssigkeiten nachgewiesen haben,[1] aus der Messung des zeitlichen Verlaufes elektrischer Ladungen entnehmen. In Uebereinstimmung mit den Vorstellungen Maxwell's[2] ergab sich, dass in einem nicht vollkommen isolirenden Körper unter der Einwirkung unveränderlicher elektromotorischer Kräfte zwei gleichzeitige und von einander unabhängige Vorgänge stattfinden, welche sich einfach superponiren: eine dielektrische Polarisation und eine Leitung. Durch eine geeignete Combination von Beobachtungen gelang es die Grössen, welche diese beiden Vorgänge bestimmen, von einander zu trennen und zu messen: die Dielektricitätsconstante, wie sie definirt ist für einen Isolator aus dem Verhalten ruhender Elektricität, und die Leitungsfähigkeit, definirt aus der stationären Strömung.

Dasselbe Ziel hat J. Curie an Krystallen verfolgt.[3] Es sei aus einem

[1] E. Cohn und L. Arons, Leitungsvermögen und Dielektricitätsconstante. Ann. d. Phys. N. F. **28**, 454, 1886. Messung der Dielektricitätsconstanten leitender Flüssigkeiten. Ebenda. **33**, 13, 1888.

[2] J. Cl. Maxwell, A Treatise on Elektr. and Magn. **1**, 325].

[3] J. Curie, Recherches sur la pouvoir inducteur spécifique et sur la conductibilité des corps cristallisés. Thèses prés. à la Fac. des Sc. de Paris 1888, 4°, 63 p. (Gesammelt aus: Lumière électrique. **28, 29**, 1888.) Wieder abgedruckt in: Ann. chim. phys. (6) **17**, 385; **18**, 203, 1889.

dielektrischen Krystall eine planparallele Platte geschnitten, die hinreichend dünn, aber auch breit genug ist, um die Herstellung eines gleichförmigen elektrischen Feldes zu gestatten. Die beiden Plattenflächen seien durch Versilberung oder irgend ein anderes Verfahren mit leitenden Belegungen A, B versehen. Darauf werde die Belegung A dieses Condensators mit der Erde leitend verbunden, also auf dem Potential Null gehalten, die Belegung B dagegen mit einer Elektricitätsquelle, dem einen Pol einer Säule, in leitende Verbindung gesetzt und dadurch auf ein constantes Potential V gebracht. In dem Momente, wo diese letztere Verbindung hergestellt wird, findet in unmessbar kurzer Zeit eine Ladung der Fläche A statt und es beginnt ein Ladungsstrom, dessen Intensität sehr rasch abnimmt. Im Allgemeinen hört dieser Strom nach kürzerer oder längerer Dauer vollständig auf; in seltenen Fällen nimmt er einen constanten Werth an. Bei der Entladung des Condensators durch Verbindung der Belegung B mit der Erde empfängt die Belegung A plötzlich eine neue, der ursprünglichen gleiche Ladung von entgegengesetztem Zeichen, und es tritt nun ein dem Ladungsstrome entgegengesetzter Entladungsstrom auf, dessen Intensität mit der Zeit abnimmt, um nach kürzerer oder längerer Dauer vollständig zu verschwinden.

Um die experimentelle Thatsache der Aenderung des Ladungsstromes mit der Zeit vergleichen zu können mit dem stationären Zustande, bezeichnet J. Curie als *Leitungsfähigkeit zur Zeit t* den Quotienten der Intensität des Ladungsstromes zu dieser Zeit durch die äussere elektromotorische Kraft, das Potential der Ladungssäule. Dabei ist vorausgesetzt, dass die Belegung B dieses Potential zur Zeit Null erhalten habe.

Die Versuche lassen keinen Zweifel darüber, dass es sich bei den Erscheinungen der instantanen und der allmählich abnehmenden Ladung um zwei von verschiedenen Ursachen abhängige Vorgänge handelt: Agentien, welche auf die mit der Zeit veränderliche Ladung einwirken, äussern nicht den geringsten Einfluss auf die von den Dielektricitätsconstanten abhängige instantane Ladung.

Demnach muss man, um die Eigenschaften jener dielektrischen Platte vollständig zu bestimmen, folgende Grössen ermitteln; 1) den Werth der Dielektricitätsconstante für die Richtung der Plattennormale, 2) die Intensität des Ladungsstromes zu verschiedenen Zeiten t, von dem Beginn der Ladung an bis zum Verschwinden des Stromes oder bis zum Eintritt einer constanten Leitungsfähigkeit, 3) die Intensität des Entladungsstromes zu verschiedenen Zeiten. Unter diesem Gesichtspunkte hat J. Curie eine Reihe krystallisirter Körper bei verschiedenen Temperaturen untersucht. Die von ihm benutzten neuen Methoden zur Messung von Dielektricitätsconstanten und Leitungsfähigkeiten beruhen auf der von J. und P. Curie entdeckten Thatsache, dass ein piëzoelektrischer Krystall, wie Quarz, eine constante Elektricitätsquelle darbietet (vgl. Kapitel 7).

14. Zunächst ergab sich, dass bei einem Theile der untersuchten krystallisirten Körper, nämlich bei Quarz, Kalkspath, Topas, Steinsalz, Alaun und

Flussspath, die Ladungsdauer einen ausserordentlich geringen Einfluss auf den Werth der *Dielektricitätsconstanten* ausübt; dagegen vermindert sich dieser Werth mit der Kürze der Ladungszeit beträchtlich bei Turmalin, Beryll und Glimmer in Folge des Ladungsstromes, der selbst in sehr kurzer Zeit bedeutende Elektricitätsmengen geben kann.

Verschiedene Krystalle derselben Substanz lieferten sehr nahe übereinstimmende Werthe der Dielektricitätsconstanten. Diese Thatsache verdient besonders hervorgehoben zu werden gegenüber den beträchtlichen Abweichungen in den Leitungsfähigkeiten. So variirte in dem mit besonderer Sorgfalt untersuchten Quarz an Platten senkrecht zur Axe der Isotropie die Dielektricitätsconstante nur um $^1/_{30}$ ihres Betrages; dagegen änderten sich bei derselben Temperatur die Werthe der Leitungsfähigkeiten im Verhältniss von 55 : 1. Demnach sind die Dielektricitätsconstanten in demselben Maasse charakteristisch für die Substanz, wie andere physikalische Constanten, z. B. die optischen.

Ferner ist sehr bemerkenswerth, dass die Dielektricitätsconstanten sich so wenig mit der krystallographischen Richtung ändern. Sie unterscheiden sich z. B. im Quarz für Platten senkrecht oder parallel zur Axe der Isotropie nur um $^1/_{100}$ ihrer Werthe, während die Leitungsfähigkeit in der Richtung dieser Axe 2500 mal so gross ist als in den auf dieser Axe senkrechten Richtungen.

Mit alleiniger Ausnahme des rhombischen Schwefel sind die Dielektricitätsconstanten der krystallisirten Körper bedeutend grösser als nach der elektrischen Lichttheorie von Maxwell zu erwarten ist. Zweifellos wachsen ihre Werthe mit der Ladungsdauer. Indessen übt die Verminderung der Ladungsdauer keinen regelmässigen Einfluss aus: für gewisse Körper ist derselbe beträchtlich, bei anderen dagegen kaum wahrnehmbar.

Von den Flüssigkeitseinschlüssen scheinen die Dielektricitätsconstanten im Gegensatze zu den Leitungsfähigkeiten unabhängig zu sein. Doch bedarf dieser Gegenstand noch einer genaueren Untersuchung.

15. Stellt man die Intensität eines Ladungsstromes als Funktion der Zeit durch eine Curve dar, deren Abscissen die Zeiten und deren Ordinaten die Intensitäten repräsentiren, so ergeben die Versuche von J. Curie folgende allgemeingültige Gesetze.

1) *Die Ordinaten der Intensitätscurve sind proportional der elektromotorischen Kraft.* Dieses Gesetz wurde an einer grossen Zahl von Körpern für elektromotorische Kräfte von 1 bis 300 Volt bestätigt gefunden.

2) *Für eine constante elektromotorische Kraft sind die Ordinaten der Intensitätscurven umgekehrt proportional der Dicke der dielektrischen Platte.*

3) *Jede Aenderung der elektromotorischen Kraft zwischen den Plattenflächen wirkt so, als wäre sie allein vorhanden.* Nach diesem Gesetze der Superposition sind die Ordinaten der Intensitätscurve eines aus mehreren Ladungen resultirenden Stromes gegeben durch die algebraische Summe der Ordinaten der Intensitätscurven der den einzelnen Ladungen entsprechenden Ströme.

Die Gesetze 1) und 2) gestatten für jede Platte eine *Curve der specifischen Leitungsfähigkeit* c als Function der Zeit t vom Beginn der Einwirkung der elektromotorischen Kraft an zu berechnen. Indessen werden die Curven (t, c) sehr lang. Es ist daher zweckmässiger, die Beobachtungen graphisch darzustellen durch Curven, deren Abscissen und Ordinaten durch $\log t$ und $\log c$ gegeben sind. Diese Darstellung empfängt ein besonderes Interesse durch die von J. Curie festgestellte Thatsache, dass die Curven $(\log t, \log c)$ häufig *gerade Linien* sind. Sie werden alsdann durch Gleichungen von der Form:

$$\log c = \log a - n \log t$$

ausgedrückt, worin a und n Constanten bedeuten; n ist stets positiv. Hieraus folgt, dass die ursprünglichen Curven (t, c) hyperbolisch sind:

$$c = a\,t^{-n}.$$

Ein ausgezeichneter Vertreter dieses Typus ist *Muscovit*, dessen Leitungsfähigkeit rasch bis auf Null sinkt, so dass die Curve $(\log t, \log c)$ eine steil geneigte Gerade ist. Ferner gehören hierher: parallel zur Axe der Isotropie geschnittene und längere Zeit erhitzte Quarzplatten und reine Turmaline.

Ein zweiter Typus wird durch *Kalkspath* repräsentirt, dessen Leitungsfähigkeit anfänglich constant ist, nach Verlauf einer gewissen Zeit aber abnimmt. Die Curve $(\log t, \log c)$ ist stark concav gegen die Abscissenaxe, und die Curve (t, c) wird durch einen Exponentialausdruck von folgender Form dargestellt:

$$c = a\,e^{-b t^n}.$$

Endlich ist ein dritter Typus durch das *Glas* gegeben, dessen Leitungsgfähikeit sich einem constanten Werthe nähert. Die Curve $(\log t, \log c)$ ist concav gegen die Abscissenaxe.

Uebrigens scheint jede vollständige Ladungscurve eine Vereinigung dieser drei Typen darzubieten, so dass die Abnahme der Leitungsfähigkeit mit wachsender Zeit der Reihe nach dem zweiten, ersten und dritten Typus entspricht, wobei der constante Endwerth von c in den meisten Fällen äusserst klein ist.

Das auffallendste Resultat der Messungen von J. Curie ist der Nachweis einer *Abhängigkeit der Leitungsfähigkeit dielektrischer Krystalle von eingeschlossenen Flüssigkeiten.* In allen Fällen, wo solche Einschlüsse unter dem Mikroskop wahrgenommen werden konnten, ergab sich auch eine beträchtliche Leitungsfähigkeit, welche beim Austrocknen abnahm, um sofort zurückzukehren, wenn die Aufnahme von Wasser gestattet wurde.

Hiermit steht im Zusammenhange, dass die Leitungsfähigkeit in verschiedenen Platten derselben krystallisirten Substanz sehr verschieden sein kann. So geben Quarzplatten senkrecht zur Axe der Isotropie bei derselben Temperatur nach Grösse und Form wesentlich von einander abweichende Curven (t, c); die Leitungsfähigkeit wechselt im Verhältniss von 25 : 1. Aehnliche Beobachtungen wurden am Steinsalz gewonnen. Es ist in hohem Grade wahrscheinlich, dass diese auffallende Veränderlichkeit einer specifischen Eigenschaft lediglich von den in wechselnden Verhältnissen eingeschlossenen Flüssigkeiten herrührt.

Diese Deutung findet eine Stütze in den Beobachtungen von E. DU BOIS-REYMOND über die von ihm als „innere Polarisation" bezeichnete Erscheinung, welche in porösen, mit Flüssigkeiten getränkten Körpern eintritt, wenn sie von einem elektrischen Strome durchflossen werden.[1] Durch Anfeuchten erwärmter Porzellanplatten hat J. CURIE verschiedene Typen leitender dielektrischer Körper nachgeahmt. Die Ströme, welche durch feuchtes Porzellan fliessen, gehorchen dem Gesetz der Superposition, und die elektromotorischen Kräfte der inneren Polarisation können mehrere hundert Volt erreichen.

16. In der folgenden Zusammenstellung der Messungsresultate von J. CURIE bedeuten μ die Dielektricitätsconstante, c die specifische Leitungsfähigkeit in elektrostatischen C.G.S.-Einheiten, Θ die Temperatur, t die Zeit, ν den Brechungsindex (S. 227).

Isotrope Krystalle.

Flussspath. Vollkommen rein und farblos. $\mu = 6{,}80$ ($\nu^2 = 2{,}07$) übereinstimmend mit den Messungen von ROMICH und NOWAK (S. 237). Die Leitungsflüssigkeit ist bei 20° $< 0{,}0001$.

$$c = 0{,}0270 \,.\, t^{-0{,}056} \text{ bei } 110^0; \quad c = 1{,}738 \,.\, t^{-0{,}060} \text{ bei } 155^0.$$

Steinsalz. $\mu = 5{,}85$ ($\nu^2 = 2{,}38$). Die Leitungsfähigkeit ist sehr gering und bei 20° $< 0{,}0001$.

$$c = 0{,}00133 \,.\, t^{-0{,}164} \text{ bei } 100^0; \quad c = 0{,}0044 \,.\, t^{-0{,}166} \text{ bei } 150^0.$$

Die Werthe geben indessen nur die Grössenordnung an; verschiedene Platten zeigen enorme Unterschiede. Während nach J. CURIE die Leitungsfähigkeiten nach verschiedenen Richtungen übereinstimmen, glaubte F. BRAUN Abweichungen in den Richtungen der Normalen der Hexaëder-, Oktaëder- und Dodekaëderflächen wahrgenommen zu haben.[2]

Zinkblende. Das Gesetz der Superposition der elektromotorischen Kräfte scheint hier nicht zu gelten. Wahrscheinlich sind die Flüssigkeitseinschlüsse von bedeutendem Einfluss.

Alaun. $\mu = 6{,}36$ ($\nu^2 = 2{,}2$). Vollkommen reine und durchsichtige Krystalle zeigen Unregelmässigkeiten, welche von der Entwässerung der Substanz herzurühren scheinen.

Krystalle mit einer Axe der Isotropie.

μ_γ und μ_α bedeuten die Hauptdielektricitätsconstanten in der Richtung der Axe der Isotropie γ und den zu ihr senkrechten Richtungen α. Der Brechungsindex der ordentlichen Strahlen ist mit ω, der Hauptbrechungsindex der ausserordentlichen Strahlen mit ε bezeichnet. Für unendlich grosse Wellenlängen soll nach MAXWELL's Theorie (S. 227) $\mu_\gamma = \varepsilon^2$ und $\mu_\alpha = \omega^2$ sein.

---

[1] E. DU BOIS-REYMOND, Ueber die innere Polarisation poröser, mit Elektrolyten getränkter Halbleiter. Monatsber. Berlin. Akad. 1856, 450. Vgl. ferner ib. 1859, 68; 1860, 846.

[2] F. BRAUN, Ueber das elektrische Verhalten des Steinsalzes. Ann. d. Phys. N. F. **31**, 855, 1887.

Beryll. Farblos und durchsichtig. Die Dielektricitätsconstanten sind sehr veränderlich mit der Ladungsdauer. Für eine Ladungszeit von 1 Secunde ergaben sich an einer

Platte senkrecht zu γ . . . $\mu_\gamma = 6{,}24$ ($\varepsilon^2 = 2{,}48$)
„ parallel „ „ . . . $\mu_\alpha = 7{,}58$ ($\omega^2 = 2{,}50$).

Der Charakter der dielektrischen Polarisation stimmt also überein mit dem negativen Charakter der Doppelbrechung. — Die Leitungsfähigkeit in der Richtung γ ist bedeutend grösser als in den Richtungen α, in denen sie kaum wahrgenommen werden kann. Dieses Verhalten ist bedingt durch feine röhrenförmige, parallel zur Axe γ angeordnete und mit Flüssigkeit erfüllte Hohlräume.

Kalkspath. Die Werthe $\mu_\gamma = 8{,}02$ ($\varepsilon^2 = 2{,}26$) und $\mu_\alpha = 8{,}48$ ($\omega^2 = 2{,}75$) stimmen nahezu überein mit den Messungen von Romich und Nowak (S. 237). Der Einfluss der Ladungsdauer kann nur sehr gering sein. — Die Leitungsfähigkeiten in den Richtungen γ und α sind von derselben Grössenordnung. Sie wachsen mit der Temperatur und verändern sich nicht erheblich mit der Ladungsdauer. Allein verschiedene Platten verhalten sich recht verschieden. Der Grad der Trockenheit scheint von wesentlichem Einfluss zu sein.

Turmalin. Einer Ladungsdauer von 1 Secunde entsprechen die Werthe $\mu_\gamma = 6{,}05$ ($\varepsilon^2 = 2{,}63$) und $\mu_\alpha = 7{,}10$ ($\omega^2 = 2{,}70$). — Ein Theil der Turmaline isolirt fast vollkommen, ein anderer ist stark leitend. Die Leitungsfähigkeit kann durch Entfernung der Flüssigkeitseinschlüsse vermindert werden. Im Widerspruch mit der Maxwell'schen elektrischen Theorie der Absorption des Lichtes ergaben Platten aus farbigen Turmalinen in den Richtungen γ und α dieselbe Leitungsfähigkeit.

Quarz ist von J. Curie besonders eingehend untersucht worden. Die Hauptdielektricitätsconstanten sind, wie nach der schwachen Doppelbrechung zu erwarten ist, von einander wenig verschieden. Sie scheinen auch in verschiedenen Krystallen nicht merklich zu variiren. Im Mittel ergab sich:

$$\mu_\gamma = 4{,}55 \; (\varepsilon^2 = 2{,}41)$$
$$\mu_\alpha = 4{,}49 \; (\omega^2 = 2{,}38).$$

Mit der Ladungsdauer nahmen die Werthe von μ_γ und μ_α zu (vgl. S. 237, 240):

	μ_γ	μ_α
Ladungsdauer 0,02 Sec.	4,55	4,51
„ 1 „	4,60	4,54.

Ueberraschende Eigenthümlichkeiten bietet die *Leitungsfähigkeit* des Quarz dar. Eine Platte parallel zur Axe der Isotropie bildet bei gewöhnlicher Temperatur einen vorzüglichen Isolator; demnach besitzt Quarz in allen zur Axe γ senkrechten Richtungen kaum eine Spur von Leitungsfähigkeit. Dagegen lässt sich an Platten parallel zur Basis nachweisen, dass er in der Richtung der Axe γ leitet. Die unmittelbar nach der Herstellung der Ladung beträchtliche Leitungsfähigkeit c_γ sinkt in den beiden ersten Minuten rasch und darauf sehr allmählich noch weiter herab (nach 10 Tagen auf $^1/_{30}$). In verschiedenen Krystallen variiren die Werthe der Leitungsfähigkeiten. Die Zunahme der Leitungsfähigkeit mit der Temperatur ist aus folgender Tabelle ersichtlich:

$\Theta =$	20°	100°	140°	200°	250°	300°
$c_\gamma =$	$0{,}0603 \,.\, t^{-0{,}286}$	$0{,}45 \,.\, t^{-0{,}525}$	$10{,}8 \,.\, t^{-0{,}52}$	$246 \,.\, t^{-0{,}72}$	$955 \,.\, t^{-0{,}11}$	$32400 \,.\, t^{-0{,}16}$
$C_\gamma =$	0,0076	1,10	2,14	13,2	576	16100.

C_γ bedeutet die einer Ladungsdauer von 1 Minute entsprechende Leitungsfähigkeit; der Betrag derselben steigt durch eine Temperaturerhöhung von 20 bis 300° von 0,008 bis auf 16000 elektrostatische C.G.S.-Einheiten, wächst also im Verhältniss 1 : 2 000 000.

An Platten parallel zur Axe γ erhielt J. Curie:

$\Theta =$	20^0	100^0	160^0
$c_\alpha =$	$0{,}00112 \,.\, t^{-0{,}907}$	$0{,}000\,229 \,.\, t^{-0{,}3}$	$0{,}00261 \,.\, t^{-0{,}06}$
$C_\alpha =$	0,000 027 5	0,000 676 0	0,002 090 0.

Zur Erläuterung des abweichenden Verhaltens der Richtungen γ und α möge folgende Zusammenstellung dienen:

Ladungsdauer	10 Sec.	1 Min.	10 Min.	1 Stunde
c_γ	0,086 600	0,007 250 0	0,003 720 00	0,002 240 0
c_α	0,000 110	0,000 027 5	0,000 003 99	0,000 000 0.

Die enorme Differenz der Werthe von c_γ und c_α veranlasst eine eigenartige Erscheinung in einer zur Axe γ parallelen Platte, deren Seitenflächen mit leitenden Belegungen versehen und zur Erde abgeleitet sind (Fig. 112). Ladet man bei gewöhnlicher Temperatur die Plattenfläche B positiv, so beobachtet man auf der gegenüberliegenden Fläche A die gewöhnliche instantane Ladung. Darauf constatirt man an Stelle der geringen positiven Elektricitätsmenge, welche durch Leitung übergeführt wird, wenn die Seitenflächen unbelegt sind, die allmähliche Entwickelung einer kleinen negativen Elektricitätsmenge, wie wenn die Dielektricitätsconstante abgenommen hätte. Bei 50° erfolgt diese Entwickelung schneller und bei 75° ist das negative Quantum der instantanen Ladung gleich. Bei 100° und 120° geht jene Entwickelung so rasch vor sich, dass an dem mit A verbundenen Elektrometer kaum noch ein Ausschlag wahrzunehmen ist, so dass sich von 120° an die Platte wie ein Körper mit der Dielektricitätsconstante Null verhält. Bei der Entladung treten dieselben Erscheinungen auf, nur sind die Vorzeichen der Elektricität die entgegengesetzten. Man überzeugt sich übrigens, dass hierbei auf den Seitenflächen nur die den Enden der Axe γ entsprechenden Stellen wirksam sind.

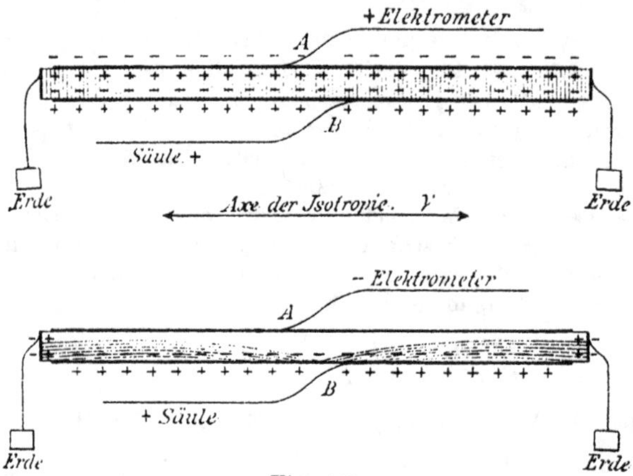

Fig. 112.

Zur Erklärung dieser Erscheinung muss man eine fortschreitende Ablenkung der Kraftlinien aus der auf den Plattenflächen A, B senkrechten Richtung α in die zu A, B parallele Richtung γ annehmen (Fig. 112). In der That lässt sich nachweisen, dass ein ziemlich starker Strom fliesst zwischen der mit der Säule verbundenen Fläche B und jenen mit der Erde verbundenen Stellen der Seitenflächen, welche den Enden der Richtung γ entsprechen.

Erhitzt man eine basische Quarzplatte auf 200° so findet man nach dem Abkühlen ihre Leitungsfähigkeit vermindert. *Nach einer Erhitzung auf Weissgluth ist die Platte nicht mehr leitend.* Die zur Axe γ parallelen Platten zeigen, nachdem sie andauernd erhitzt worden sind, keine Spur einer Ablenkung der Kraftlinien. Höchst wahrscheinlich beruht dieses Verhalten der Quarzplatten auf dem durch die Erhitzung bewirkten Entweichen der Flüssigkeitseinschlüsse. Die Werthe der Dielektricitätsconstanten ändern sich auch durch längere Erhitzung nicht. —

E. Warburg und F. Tegetmeier[1] fanden, dass eine basische Quarzplatte, deren Flächen durch Belegungen von Gold oder Graphit leitend gemacht sind, unter längerer Einwirkung einer nach der Axe der Isotropie γ gerichteten grossen elektromotorischen Kraft bei etwa 230° eine permanente Veränderung erleidet, indem sie das elektrische Leitungsvermögen, welches sie im frischen Zustande besitzt, bis auf einen sehr kleinen Theil einbüsst. In den zu γ senkrechten Richtungen α erwies sich Quarz auch bei höherer Temperatur als ausgezeichneter Isolator. Die permanente Veränderung betrifft das Innere des Quarz, sie ist aber nicht mit Veränderungen des optischen und pyroelektrischen Verhaltens verknüpft. Ihre nähere Untersuchung hat ergeben, *dass Quarz in der Richtung der Axe γ bei höherer Temperatur elektrolytisch leitet*, ungefähr so gut, wie gewöhnliche Gläser, und dass bei der Elektrolyse einer basischen Platte, wenn Natriumamalgam die Anode bildet, Natrium nach Massgabe des Faraday'schen Gesetzes durch die Platte hindurchwandert, während das Gewicht der Platte ungeändert bleibt. Es scheint hieraus zu folgen, dass der Quarz Natrium oder ein durch Natrium ersetzbares Metall enthält; wahrscheinlich ist Natrium als Na_2SiO_3 vorhanden und dieses im Quarz ähnlich verbreitet, wie ein Salz in seinem Lösungsmittel.

Krystalle ohne Axe der Isotropie.

Die Leitungsfähigkeit des rhombischen *Schwefel* ist bei gewöhnlicher Temperatur fast Null, jedenfalls $< 0{,}0001$ elektrostatische C.G.S.-Einheiten.

Eine Spaltungsplatte von farblosem *Topas* aus Sachsen ergab in der Richtung der Verticalaxe $\mu = 6{,}56$ (Quadrat des entsprechenden Brechungsindex 2,61); die Leitungsfähigkeit in dieser Richtung ist bei gewöhnlicher Temperatur $< 0{,}0001$.

An einer Spaltungsplatte von *Gyps* nach (010) beträgt der Werth der Dielektricitätsconstante in der Richtung der Symmetrieaxe $\mu = 6{,}33$ (das Quadrat des entsprechenden Brechungsindex ist 2,32). Bei der Bestimmung der Leitungsfähigkeit traten Anomalien auf, wie sie der Alaun zeigt; dieselben beruhen wahrscheinlich ebenfalls auf der Entwässerung der Substanz.

Die Dielektricitätsconstante einer Spaltungsplatte von *Glimmer* (Muscovit) verändert sich mit der Ladungsdauer. Für einen äusserst kleinen Bruchtheil einer Secunde ist $\mu = 4{,}6$; einer Ladungsdauer von 1 Secunde entspricht der Werth $\mu = 8{,}0$. — Die Leitungsfähigkeit ist bei gewöhnlicher Temperatur unmittelbar nach der Herstellung der Ladung recht beträchtlich, nimmt aber sehr rasch ab und verschwindet nach einigen Minuten ganz. Für $\Theta = 20°$ ist:

Ladungsdauer	10 Sec.	1 Min.	10 Min.	1 Stunde
c	0,000 457	0,000 103	0,000 015	0,000 003.

Für $\Theta = 100°$ ergeben sich grössere Werthe von c:

Ladungsdauer	10 Sec.	1 Min.	10 Min.
c	0,001 030	0,000 257	0,000 066.

Auch W. H. Schultze hat an Spaltungsplatten von *Muscovit* (Connecticut, Bengalen) und *Biotit* (Monroe) nachgewiesen, dass die Leitungsfähigkeit mit der Temperatur zunimmt; nach Erreichung eines Maximalwerthes sinkt sie wieder, um bei einer gewissen hohen Temperatur verschwindend klein zu werden.[2]

---

[1] E. Warburg und F. Tegetmeier, Ueber eine besondere Art von elektrischer Polarisation in Krystallen. Ann. d. Phys. N. F. **32**, 442, 1887. Ueber die elektrolytische Leitung des Bergkrystalls. Nachr. Ges. d. Wiss. Göttingen. 1888, 210. Ann. d. Phys. N. F. **35**, 455, 1888.

[2] W. H. Schultze, Das elektrolytische Verhalten des Glimmers bei hoher Temperatur. Ann. d. Phys. N. F. **36**, 655, 1889.

17. Fortpflanzung freier Elektricität auf der Oberfläche dielektrischer Krystalle. — Ueber die Leitungsfähigkeit der Oberflächen isolirender Krystalle haben nahezu gleichzeitig G. Wiedemann und H. de Senarmont Versuche angestellt.

Das Verfahren von G. Wiedemann war folgendes.[1] Auf eine mit Lycopodium oder Mennige bestreute Fläche eines Krystalls wurde eine Nähnadel senkrecht aufgesetzt. Wurde nun der Nadel durch Berührung mit dem Knopf einer mit positiver Elektricität geladenen Leydener Flasche Elektricität mitgetheilt, so entfernte sich das Pulver von der Nadel nach allen Seiten. Auf diese Weise wurde eine im Allgemeinen elliptisch gestaltete Figur mit strahligen Verästelungen frei gelegt, welche grosse Aehnichkeit mit den Lichtenberg'schen Figuren hatte. Stand die Fläche auf einer Axe der Isotropie senkrecht, so bildete sich eine kreisförmige Figur.

Nach dieser Methode wurden untersucht: Flussspath, Alaun; Apatit, Kalkspath, Turmalin, Quarz; Kupfer-Calciumacetat; Aragonit, Baryt, Cölestin; Gyps, Borax, Epidot, Feldspath.

Nach einer etwas abweichenden Methode erhielt H. de Senarmont analoge Ergebnisse.[2] Der Krystall wurde mit einem zur Erde abgeleiteten Stanniolblatte umhüllt, aus welchem auf der zu untersuchenden Fläche ein kreisförmiges Loch ausgeschnitten war. Im Centrum des unbedeckten Flächenstückes wurde eine Metallspitze aufgestellt. Die ganze Vorrichtung wurde unter die Glasglocke einer Luftpumpe gebracht und die Metallspitze mit dem positiven Conductor einer Elektrisirmaschine verbunden. Alsdann beobachtete man unter hinreichend schwachem Druck auf gut gereinigten Oberflächen im Dunklen, je nach der Natur der Krystallfläche kreisförmige oder elliptisch gestaltete Lichtfiguren.

Nach diesem Verfahren untersuchte H. de Senarmont folgende Substanzen: Beryll, Apatit, Kalkspath, Turmalin, Quarz; Zinnerz, Rutil, Vesuvian; Schwefel, Antimonglanz, Aragonit, Baryt, Cölestin, Topas, Staurolith, Seignettesalz; Gyps, Glauberit, Borax, Epidot, Glimmer, Feldspath.

Am *Turmalin* hatten G. Wiedemann und H. de Senarmont übereinstimmend auf Flächen parallel zur Axe der Isotropie γ elliptische Figuren beobachtet, deren längere Axe in der Richtung von γ fiel. Dagegen zog S. P. Thompson[3] aus der Maxwell'schen elektrischen Lichttheorie den Schluss, dass die längere Axe auf γ senkrecht stehen müsse. Auf ganz reinen und ebenen Oberflächen konnte er nach dem Verfahren von G. Wiedemann ein bestimmtes Resultat nicht erlangen; dagegen erhielt er eine Bestätigung seiner Folgerung einmal nach der Senarmont'schen Methode und andererseits auf dem Wege, dass er einen Tropfen Olivenöl auf die Krystallfläche brachte und in denselben mittelst einer Nadel die Entladung einer Leydener Flasche einleitete. In der Mitte der Spritzfigur bildete sich ein elliptisch gestalteter Fleck, dessen längere Axe auf γ senkrecht stand und etwa doppelt so gross war, als die kürzere Axe.

[1] G. Wiedemann, Ueber das elektrische Verhalten krystallisirter Körper. Pogg. Ann. **76**, 404; **77**, 534, 1849. Ann. chim. phys. (3) **29**, 229, 1850. Note sur la conductibilité superficielle des corps cristallisés pour l'électricité de tension. Compt. rend. **30**, 110, 1850. Die Lehre von der Elektricität. **2**, 67, 1883.

[2] H. de Senarmont, Mémoire sur la conductibilité superficielle des corps cristallisés pour l'électricité de tension. Compt. rend. **29**, 750, 1849. Ann. chim. phys. (3) **28**, 257, 1850.

[3] S. P. Thompson, On the Opacity of Tourmaline Crystals. Phil. Mag. (5) **12**, 112, 1881.

7. Pyroelektricität und Piëzoelektricität.

Wir wenden uns jetzt zu elektrischen Erregungen schlecht leitender Krystalle, welche durch die mit Temperaturänderungen oder mechanischen Einwirkungen verbundenen elastischen Deformationen hervorgerufen werden. Beschränken wir uns dabei auf Fälle, wo die elektrische Vertheilung in einer gesetzmässigen Beziehung zu den Symmetrieeigenschaften steht, und beachten wir, dass elastische Deformationen ihrer Natur nach centrisch symmetrisch sind, während eine dielektrische Polarisation eines Centrums der Symmetrie entbehrt, so ist ersichtlich, dass die in Rede stehenden elektrischen Erregungen nur in Krystallen zu erwarten sind, die kein Centrum der Symmetrie besitzen. Die vorhandenen Beobachtungen umfassen indessen, so weit sie der zuerst ausgesprochenen Voraussetzung genügen, nur solche Krystalle ohne Centrum der Symmetrie, welche durch eine oder mehrere polare Symmetrieaxen ausgezeichnet sind.

Pyroelektricität.[1]

1. Bestäubungsverfahren von A. Kundt. — In erster Linie handelt es sich um die Ermittelung der Beziehung zwischen der Krystallform und der elektrischen Vertheilung auf der Oberfläche eines pyroelektrischen Krystalls. An Stelle der älteren mühsamen und zeitraubenden Methoden, nach denen jede Stelle der Oberfläche mit Hülfe eines Elektroskops oder eines Elektrometers geprüft werden musste, hat A. Kundt 1883[2] ein überaus einfaches

[1] Die ältere Geschichte der Pyroelektricität wurde dargestellt von: P. Th. Riess, Die Lehre von der Reibungselektricität. Berlin 1853, **2**, 460; und W. G. Hankel, Uebersicht über die Entwickelung der Lehre von der Thermoelektricität der Krystalle. Abh. sächs. Ges. d. Wiss. **10** (15), 345, 1874.

Die von Brewster (Observations on the Pyro-Electricity of Minerals. Edinb. Journ. of Sc. **1**, 208, 1824. Pogg. Ann. **2**, 297, 1824.) gewählte Bezeichnung Pyroelektricität soll keineswegs ausdrücken, dass ein hoher Wärmegrad zur Hervorrufung dieser Erscheinungen erforderlich ist; sie soll dazu dienen, die in Rede stehenden Vorgänge von den thermoelektrischen Erscheinungen in gut leitenden Krystallen zu trennen.

[2] A. Kundt, Ueber eine einfache Methode zur Untersuchung der Thermo-, Actino- und Piëzoelektricität der Krystalle. Sitzungsber. Akad. Berlin. 1883, 421. Ann. d. Phys. N. F. **20**, 592, 1883. — A. Kundt und E. Blasius, Bemerkungen über Untersuchung der Pyroelektricität der Krystalle. Ann. d. Phys. N. F. **28**, 145. 1886.

und bequemes Verfahren angewendet, welches den grossen Vorzug besitzt, auf einmal die elektrische Vertheilung auf der ganzen Oberfläche eines Krystalls zur Anschauung zu bringen. Die Methode ist dem Verfahren von LICHTENBERG nachgebildet, welches dazu dient, die Anordnung der positiven und negativen Elektricität auf einem Isolator, auf welchen Elektricität übergeströmt ist, sichtbar zu machen.

In dem Moment, in welchem die während einer Aenderung der Temperatur oder des Druckes auf einem Krystall entwickelte elektrische Ladung bestimmt werden soll, bestäubt man denselben mit einem Gemenge von Schwefel und Mennige, welches durch ein engmaschiges Sieb von Baumwolle hindurchgesiebt wird. Bei diesem Vorgange wird das Schwefelpulver negativ, die Mennige positiv elektrisch, und ebenso wie bei den Lichtenberg'schen Figuren setzt sich nun der Schwefel auf die elektrisch positiven, die Mennige auf die elektrisch negativen Theile der Krystalloberfläche. Die Anordnung des gelben und des rothen Pulvers giebt dann ein sehr anschauliches Bild von der Vertheilung der elektrischen Ladung auf der Oberfläche des Krystalls.

Nicht mehr verwendbar ist das Gemenge bei der Schmelztemperatur des Schwefels; letzterer wird dann am besten durch sehr fein zertheilte, aus Wasserglas niedergeschlagene Kieselsäure ersetzt. Lang andauernde Untersuchungen erfordern Vorsichtsmassregeln, damit der Mennigestaub nicht der Gesundheit nachtheilige Folgen hervorrufe. Man bestäubt dann die Krystalle unter einem Abzuge. Nöthigenfalls kann die Mennige durch das Oxyd eines anderen schweren Metalls, z. B. Eisenoxyd, ersetzt werden.

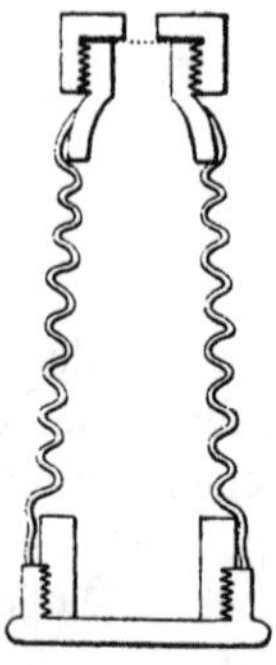

Fig. 113. 1/5 natürl. Grösse.

Zum Bestäuben dient eine Art Blasebalg aus Leder (Fig. 113), der am breiteren Ende mit einem abschraubbaren Deckel versehen ist, um das Pulvergemisch einzufüllen. An dem anderen Ende ist über die Oeffnung ein Stück Mousselin gelegt, durch dessen Maschen das Pulver geblasen wird. Das Mousselinstück wird durch einen aufgeschraubten Deckel, der in der Mitte ein Loch von ca. 6 mm Durchmesser hat, festgehalten. Beim Bestäuben muss der Apparat in einiger Entfernung von den Krystallen gehalten werden, so dass der Luftstrom letztere nicht direct trifft, vielmehr nur die langsam niederfallenden Pulvertheilchen in die Nähe der Krystalle kommen. Die Erwärmung der Krystalle erfolgt in einem Luftbade. Die erreichbare Maximaltemperatur hängt von der Substanz ab. Vor dem Bestäuben zieht man die Krystalle durch eine mit der Erde in leitender Verbindung stehende Alkoholflamme, um die auf ihrer Oberfläche vorhandene Elektricität zu beseitigen. —

Um in einer planparallelen Krystallplatte eine intensive radiale Wärmebewegung zu erzeugen, legt man die von etwa vorhandener Oberflächenelektricität befreite Platte auf einen erhitzten, vertical stehenden Messing- oder Kupfercylinder und bestäubt sie möglichst schnell nach dem Auflegen.

Der in Fig. 114 abgebildete Apparat gestattet die Temperatur des Metallcylinders *d* wenigstens angenähert zu ermitteln, um auf diese Weise ein Zerspringen der Platte thunlichst zu verhüten und dabei doch der erlaubten Temperaturgrenze möglichst nahe zu kommen.

Auf einen eisernen Dreifuss *aaaa* mit einem Ringe *bb* wird ein massiver Kupferkegel *cc* und auf diesen ein kleinerer Kegel *d* gesetzt, auf dessen obere Endfläche dann die zu untersuchenden Platten gelegt werden. Für grössere Platten sind dickere, für kleinere Platten dünnere Kegel *d* vortheilhafter. In dem Kegel *c* befindet sich seitlich eine Bohrung zur Aufnahme eines Thermometers. Auf der gegenüberliegenden Seite ist eine Messingfassung angeschraubt, in welche der Griff *e* einfasst. Ueber den Kegel *d* kann die Glimmerscheibe *f* geschoben werden.

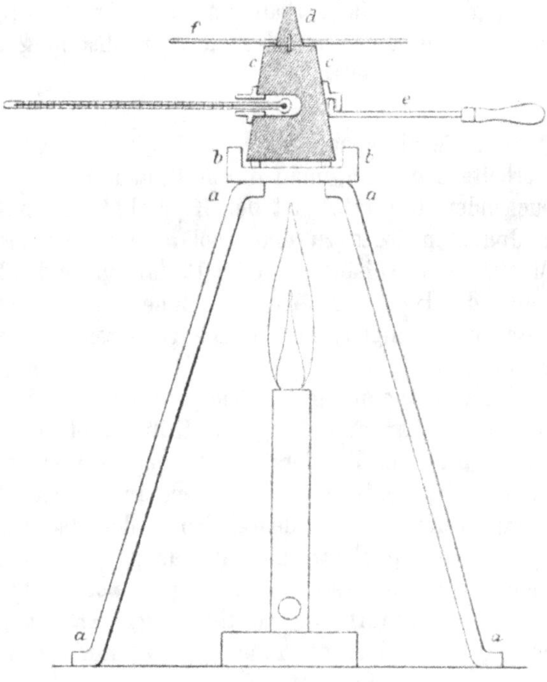

Fig. 114. 1/3 natürl. Grösse.

Ist der Kegel *c* durch einen kleinen Gasbrenner erhitzt, so hebt man ihn mit dem Griff ab, setzt ihn auf eine Steinplatte, schiebt die Glimmerplatte auf und legt nun die vorher gereinigte Krystallplatte auf den Kegel *d*, nachdem das Thermometer die gewünschte Temperatur angenommen hat. Die Glimmerplatte verhindert, dass beim Bestäuben die ganze Metallmasse mit dem Pulver bedeckt wird. —

Setzt man den kleinen Kegel *d* auf ein Stück feste Kohlensäure, die mit einer Presse comprimirt ist, so erhält man beim Bestäuben die einer Temperaturverminderung entsprechende Pulvertheilung. —

Zu beachten ist, dass eine Trennung des Pulvergemisches in seine Bestandtheile auch eintreten kann, wenn man dasselbe in einen von zwei unelektrischen Flächen gebildeten einspringenden Winkel sehr kräftig hineinbläst. Es ist bisher nicht gelungen, diese Erscheinung, bei welcher die Elektricität keine Rolle spielt, zu erklären. Sie kann aber bei ungünstigen Aufstellungen des Krystalls oder an Krystallen mit einspringenden Flächenwinkeln zu Irrthümern Anlass geben.

Auch durch Risse oder Sprünge kann die Vertheilung des Pulvergemisches modificirt werden; wo dieselben bis an die Oberfläche des Krystalls heranreichen, geben sie auf den mit Mennige überlagerten Gebieten zur Bildung gelber Schwefeladern, dagegen auf den mit Schwefel bedeckten Flächen zum Absatz von rothen Mennigeadern Anlass. Daher müssen Untersuchungen über die elektrische Vertheilung an durchaus homogenen Krystallen ausgeführt werden. —

Die KUNDT'sche Methode hat Revisionen der älteren Beobachtungen über Pyroelektricität veranlasst, welche die früher gewonnenen Ergebnisse vielfach berichtigt haben. Darüber hinaus ist es mit ihrer Hülfe gelungen, das pyroelektrische Verhalten gewisser krystallisirter Körper von complicirtem Bau, die auf anderem Wege nur unvollständig untersucht werden konnten, völlig klar zu stellen.

2. Bezeichnungen. — Die bequemste Uebersicht des pyroelektrischen Verhaltens gewinnt man durch Bestäubung einer Kugel aus dem zu untersuchenden Krystall. Ist der Krystall homogen, so beobachtet man an den Endpunkten jedes zu einer polaren Symmetrieaxe parallelen Durchmessers Maxima von Anhäufungen der Bestandtheile des Pulvergemisches. Allgemein sollen die Richtungen von Durchmessern, an deren Enden Maxima der elektrischen Ladungen von entgegengesetzten Zeichen auftreten, *elektrische Axen* genannt werden.

Zur Bezeichnung der Pole elektrischer Axen bietet sich ein von P. RIESS und G. ROSE vorgeschlagenes Hülfsmittel dar, welches die Art der Elektricität bei einer Temperaturänderung unzweideutig angiebt.[1] Hiernach nennt man *analog* elektrischen Pol jenen, an welchem das algebraische Zeichen des Temperaturzuwachses dem Zeichen der dadurch erregten Elektricität entspricht, *antilog* elektrischen Pol denjenigen, an welchem diese Zeichen einander entgegengesetzt sind. Der analoge Pol einer elektrischen Axe wird also durch Erwärmung positiv, durch Erkaltung negativ, der antiloge Pol hingegen durch Erwärmung negativ, durch Erkaltung positiv elektrisch.

3. Elektrische Vertheilung auf der Oberfläche pyroelektrischer Krystalle. — Wie sich aus der Uebersicht auf S. 33—50 ergiebt, treten polare Symmetrieaxen in folgenden 12 Gruppen auf.

Reguläres System.

2] Tetraëdrisch-hemiëdrische Gruppe; vier polare 3-zählige Axen (*Zinkblende, Helvin*).

5] Tetartoëdrische Gruppe; vier polare 3-zählige Axen (*Natriumchlorat*).

[1] P. RIESS und G. ROSE, Ueber die Pyroelektricität der Mineralien. Abh. Akad. d. Wiss. Berlin. Aus dem Jahre 1843, 59.

Hexagonales System.

7] Hemimorph-hemiëdrische Gruppe; eine polare 6-zählige Axe.

10] Erste hemimorph-tetartoëdrische Gruppe; eine polare 6-zählige Axe.

11] Sphenoidisch-hemiëdrische Gruppe; drei polare 2-zählige Axen.

14] Zweite hemimorph-tetartoëdrische Gruppe; eine polare 3-zählige Axe (*Turmalin*).

15] Trapezoëdrisch-tetartoëdrische Gruppe; drei polare 2-zählige Axen (*Quarz*).

17] Ogdoëdrische Gruppe; eine polare 3-zählige Axe.

Tetragonales System.

19] Hemimorph-hemiëdrische Gruppe; eine polare 4-zählige Axe.

22] Hemimorph-tetartoëdrische Gruppe; eine polare 4-zählige Axe.

Rhombisches System.

27] Hemimorphe Gruppe; eine polare 2-zählige Axe (*Kieselzinkerz, Struvit*).

Monoklines System.

29] Hemimorphe Gruppe; eine polare 2-zählige Axe (*Rohrzucker, Weinsäure*).

Schlecht leitende krystallisirte Körper aus den Gruppen 7], 17] und 19] sind bislang noch nicht auf ihr pyroelektrisches Verhalten untersucht worden. Für die Gruppen 10], 11] und 22] sind Beispiele gegenwärtig noch nicht bekannt.

I. Krystalle mit einer einzigen polaren Symmetrieaxe.

Turmalin (Taf. I, Figg. 1, 2).

Hexagonal, rhomboëdrisch-hemimorph. $a : c = 1 : 0{,}4474$.

G. Rose, Ueber den Zusammenhang zwischen der Form und der elektrischen Polarität der Krystalle. I. Abh. Turmalin. Abh. Akad. d. Wiss. Berlin 1836, 215. Pogg. Ann. 39, 285, 1836. — P. Riess und G. Rose, Ueber die Pyroelektricität der Mineralien. Abh. Akad. d. Wiss. Berlin 1843, 59. Pogg. Ann. 59, 353, 1843; 61, 659, 1844. — H. Schedtler, Experimentelle Untersuchungen über das elektrische Verhalten des Turmalins. N. Jahrb. f. Min. Beil.-Bd. 4, 519, 1886.

Nach G. Rose hat man, um unmittelbar aus der Krystallform die Lage der elektrischen Pole zu erkennen, nur das trigonale Prisma *a* und die Stellung der oberen und der unteren Flächengruppe des Grundrhomboëders *p* gegen dasselbe zu beachten: An dem antilog elektrischen Pole erscheinen die Flächen *p* auf die Kanten des Prismas *a* aufgesetzt; an dem analog elektrischen Pole bilden die Flächen *p* mit den Flächen *a* horizontale Combinationskanten. In der weit überwiegenden Mehrzahl der Fälle bleibt die Bestimmung der Pole nach dieser Regel nicht zweifelhaft; die Formen *a* und *p* fehlen nur sehr selten, und wo sie nicht vorhanden sind, lässt sich ihre Lage aus den übrigen Endflächen beurtheilen. Scheinbare Ausnahmen erklären sich dadurch, dass die neben dem Prisma *a* auftretenden Flächen des correlaten trigonalen Prismas *a'* zuweilen grösser sind als die Flächen *a*.

Die pyroelektrische Ladung ist abhängig von der chemischen Zusammensetzung: rothe, grüne und braune Turmaline entwickeln unter gleichen Bedingungen bedeutend grössere Elektricitätsmengen als schwarze Krystalle.

Fig. 1 stellt eine sehr verbreitete Combination dar, welche gebildet wird von dem zweiten hexagonalen Prisma $b = (11\bar{2}0)$ mit dem trigonalen Prisma $a = (10\bar{1}0)$, den oberen Flächengruppen der Rhomboëder $p = (10\bar{1}1)$ und $o = (02\bar{2}1)$ am antilogen Pole und den unteren Flächengruppen der Rhomboëder $p = (10\bar{1}\bar{1})$ und $n = (01\bar{1}\bar{2})$ am analogen Pole.

In Fig. 2 ist ein Turmalin von Schaitansk im Ural abgebildet. Neben den Prismen *b* und *a* treten am antilogen Pole die oberen Flächengruppen des Rhomboëders $p = (10\bar{1}1)$ und des Skalenoëders $t = (21\bar{3}1)$, am analogen Pole nur die basische Fläche $c = (000\bar{1})$ auf.

Kieselzinkerz (Taf. I, Fig. 3[1]).

$(HOZn)_2SiO_3$. Rhombisch, hemimorph. $a:b:c = 0{,}7835:1:0{,}4778$.

F. Köhler, Die Krystallform des Turmalins, Zinksilicats und Boracits in Bezug auf ihre Pyroelektricität. Pogg. Ann. **17**, 146, 1829. — W. G. Hankel, Ueber die Thermoelektricität der Krystalle. Pogg. Ann. **49**, 503, 1840. — P. Riess und G. Rose, Ueber die Pyroelektricität der Mineralien. Abh. Akad. d. Wiss. Berlin. 1843, 70. Pogg. Ann. **59**, 368, 1843. — M. Bauer und R. Brauns, Beitrag zur Kenntniss der krystallogr. und pyroelektr. Verhältnisse des Kieselzinkerzes. N. Jahrb. f. Min. 1889, **1**, 1.

Fig. 3 auf Taf. I stellt einen Krystall von Altenberg bei Aachen dar. An dem analog elektrischen Pole treten die oberen Flächengruppen von $c = (001)$, $s = (101)$, $t = (301)$, $e = (011)$ auf; der antilog elektrische Pol wird begrenzt durch die unteren Flächengruppen von $v = (12\bar{1})$ und $e = (01\bar{1})$. Nach M. Bauer und R. Brauns sind am analogen Pole auf den Flächen *t* in den Richtungen der Symmetrielinien häufig schmale Zonen vorhanden, in denen bei abnehmender Temperatur eine Entwickelung von positiver Elektricität stattfindet, während an den Kanten der Flächen *t* gegen $m = (110)$ und $b = (010)$ eine negative elektrische Erregung beobachtet wird.

Struvit (Taf. I, Figg. 4, 4).

$Mg(NH_4)PO_4 . 6H_2O$. Rhombisch, hemimorph. $a:b:c = 0{,}5667:1:0{,}9121$.

J. F. L. Hausmann, Notiz über die Krystallisation und Pyroelektricität des Struvits. Nachr. Ges. d. Wiss. Göttingen, 1846, 121. — P. Riess, Fortschr. d. Physik. 1846, 363. Die Lehre von der Reibungselektricität **2**, 485, 1853. — E. Kalkowsky, Ueber Struvit von Homburg v. d. Höhe. Zeitschr. f. Kryst. **11**, 1, 1885.

Die gewöhnliche Form des Struvit aus dem Grunde der Nicolai-Kirche in Hamburg (1846) wird durch Fig. 4 auf Taf. I veranschaulicht. An dem

[1] In Fig. 3 auf Taf. I sind die Zeichen + und — zu vertauschen.

antilog elektrischen Pole sind die oberen Flächengruppen von $r = (101)$ und $q = (011)$ vorhanden, an dem analog elektrischen Pole dagegen die unteren Flächengruppen von $c = (00\bar{1})$ und $u = (10\bar{3})$. Wie aus Fig. 5 zu ersehen ist, zeigt sich nach E. KALKOWSKY im Centrum der Basis c bei abnehmender Temperatur ein kleines positiv erregtes Feld. Dieselbe Erscheinung wurde am Struvit von Homburg vor der Höhe beobachtet. — Schon die Wärme der Hand reicht zur Bestimmung der Pole aus.

Rohrzucker.

$C_{12}H_{22}O_{11}$. Monoklin, hemimorph. $a : b : c = 1{,}2595 : 1 : 0{,}8782$; $\beta = 103^0\,30'$.

W. G. HANKEL, Ueber die Thermoelektricität der Krystalle. Pogg. Ann. **49**, 495, 1840. — P. RIESS, Die Lehre von der Reibungselektricität. **2**, 486, 1853.

Rohrzucker ist durch Hygroskopie bei gewöhnlicher Temperatur leitend, bei der Erwärmung und kurze Zeit danach isolirend; er wird leicht pyroelektrisch. Neben $a = (100)$, $c = (001)$, $r = (\bar{1}01)$ treten am antilog elektrischen Pole die linken Flächengruppen von $p = (1\bar{1}0)$, $q = (0\bar{1}1)$ und $o = (1\bar{1}1)$, am analog elektrischen Pole die rechten Flächen von $p = (110)$ auf.

Weinsäure.

$C_7H_6O_6$. Monoklin, hemimorph. $a : b : c = 1{,}2747 : 1 : 1{,}0266$; $\beta = 100^0\,17'$.

R. BÖTTGER, Unterscheidung der krystallisirten Traubensäure von der Weinsäure hinsichtlich ihres thermoelektrischen Verhaltens. Pogg. Ann. **43**, 659, 1838. — W. G. HANKEL, Ueber die Thermoelektricität der Krystalle. Pogg. Ann. **49**, 500, 1840.

Krystalle von Weinsäure werden schon durch die Handwärme elektrisch erregt. Bei der Rechtsweinsäure findet man neben $a = (100)$, $c = (001)$, $r = (101)$, $r' = (\bar{1}01)$ am analog elektrischen Pole die linken Flächen von $p = (1\bar{1}0)$, am antilog elektrischen Pole die rechten Flächengruppen von $p = (110)$ und $q = (011)$. Krystalle der Linksweinsäure zeigen am linken Ende der Symmetrieaxe den antilog elektrischen Pol und die Flächen q.

II. Krystalle mit drei polaren Symmetrieaxen.

Quarz (Taf. I, Figg. 6—12).

SiO_2. Hexagonal, trapezoëdrisch-tetartoëdrisch. $a : c = 1 : 1{,}0999$.

W. G. HANKEL, Ueber die Thermoelektricität der Krystalle. Pogg. Ann. **50**, 605, 1840. Ueber die thermoelektrischen Eigenschaften des Bergkrystalles. Abh. sächs. Ges. d. Wiss. **8** (13), 323, 1866. Pogg. Ann. **131**, 621, 1867. Ueber die aktino- und piëzo-elektrischen Eigenschaften des Bergkrystalles und ihre Beziehungen zu den thermoelektrischen. Abh. sächs. Ges. d. Wiss. **12** (20), 457, 1881. Ann. d. Phys. N. F. **17**, 163, 1882. Neue Beobachtungen über die Thermo- und Aktinoelektricität des Bergkrystalles als Erwiderung auf einen Aufsatz von C. FRIEDEL und J. CURIE. Ber. sächs. Ges. d. Wiss. 1883, 35. Ann. d. Phys. N. F. **19**, 818, 1883. Berichtigung einer Angabe des Hrn. v. KOLENKO in Betreff der thermoelektrischen Vertheilung an Bergkrystallen. Ann. d. Phys. N. F. **26**, 150, 1885. Fortsetzung der Versuche über das elektrische Verhalten der Quarz- und der Boracitkrystalle. Abh. sächs. Ges. d. Wiss. **14** (24), 271, 1887. — C. Friedel, Sur la pyroélectricité dans la topaze, la blende et le quartz. Bull. soc. min. **2,** 31, 1879. — C. Friedel et J. Curie, Sur la pyroélectricité du quartz. Bull. soc. min. **5,** 282, 1883. Compt. rend. **96,** 1262, 1389, 1883. — W. C. Röntgen, Ueber die thermo-, aktino- und piëzo-elektrischen Eigenschaften des Quarzes. Ber. Oberhess. Ges. f. Natur- u. Heilk. **22,** 181, 1883. Ann. d. Phys. N. F. **19,** 513, 1883. — A. Kundt, Ueber eine einfache Methode zur Untersuchung der Thermo-, Aktino- und Piëzoelektricität der Krystalle. Sitzungsber. Akad. Berlin. 1883. 421. Ann. d. Phys. N. F. **20,** 592, 1883. — B. von Kolenko, Die Pyroelektricität des Quarzes in Bezug auf sein krystallographisches System. Zeitschr. f. Kryst. **9,** 1, 1884. Erwiderung betreffend die Pyroelektricität des Quarzes. Ann. d. Phys. N. F. **29,** 416, 1886.

Die pyroelektrische Vertheilung auf der Oberfläche von Quarzkrystallen ist erst durch die Untersuchungen von W. C. Röntgen, A. Kundt und B. von Kolenko völlig klargestellt worden.

Um das Bestäubungsverfahren anzuwenden, erwärmt man einen Quarzkrystall im Luftbade, bis er in seinem ganzen Inneren eine Temperatur von 40—50° C. angenommen hat — eine stärkere Erwärmung erzeugt leicht Sprünge nach den Rhomboëderflächen p, z — nimmt ihn dann heraus, überfährt ihn schnell mit einer Alkoholflamme, um die auf seiner Oberfläche etwa schon vorhandene Elektricität zu entfernen, und bestäubt ihn, während er sich im freien Luftraum abkühlt. Das Bestreichen mit einer Alkoholflamme ist keineswegs unbedingt erforderlich; die Vertheilung der Bestandtheile des Pulvergemisches tritt aber dadurch schärfer hervor.

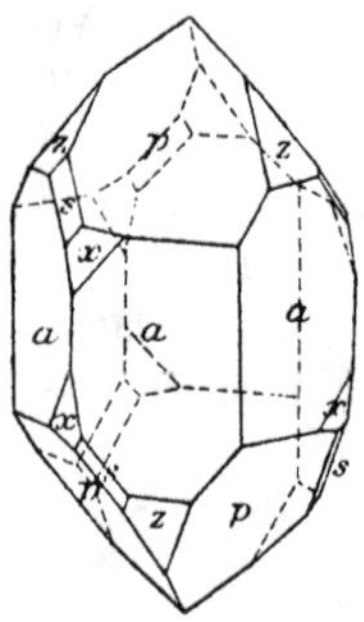

Fig. 115.

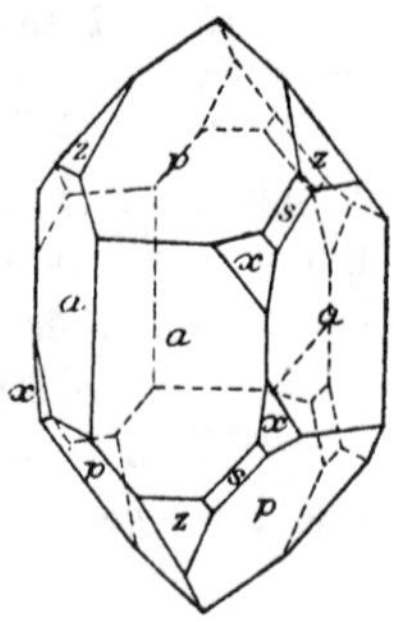

Fig. 116.

Zur Beschreibung des Verhaltens *einfacher* homogener Krystalle (Figg. 115, 116) seien die Richtungen der drei polaren Queraxen bezeichnet mit α_1, α_2, α_3, in der Weise, dass $-\alpha$ die Richtung einer Queraxe nach einer Kante des Prismas $a = (10\bar{1}0)$, an welcher Flächen der trigonalen Pyramide $s = (11\bar{2}1)$ und der directen trigonalen Trapezoëder $x = (51\bar{6}1)$, $y = (41\bar{5}1)$, $u = (31\bar{4}1)$ u. s. w. auftreten, bedeutet, während $+\alpha$ den entgegengesetzten Richtungssinn angiebt.

Die Bestäubung zeigt elektrische Zonen parallel zu den Kanten des Prismas a. *Die analog elektrischen Zonen liegen an den Enden der Axenrichtungen* $-\alpha_1$, $-\alpha_2$, $-\alpha_3$; *die antilog elektrischen Zonen treten an den Enden der Axenrichtungen* $+\alpha_1$, $+\alpha_2$, $+\alpha_3$ *auf.* Demnach erscheinen nach der Bestäubung bei der Abkühlung die drei Kanten des Prismas a, an welchen die Flächen der trigonalen Pyramide s und der directen trigonalen Trapezoëder liegen, roth, während die übrigen Kanten gelb gefärbt sind (Taf. I, Figg. 6, 7, 8).

Stellt man einen einfachen Quarzkrystall so auf, dass dem Beobachter vorn oben eine Fläche des Grundrhomboëders p zugewendet ist, so liegt bei der Abkühlung eine elektrisch negative (rothe) Zone an einem *linken* Krystall links unter p (Fig. 7), an einem *rechten* Krystall rechts unter p (Fig. 8). Man kann demnach den Charakter eines Quarzkrystalls, an welchem die charakteristischen Flächen s, x fehlen, aus seinem elektrischen Verhalten erst ermitteln, nachdem die Rhomboëder p und z unterschieden sind.

Den Verlauf der elektrischen Zonen auf einer Quarzkugel stellt Fig. 12 auf Taf. I dar.

Von hervorragendem Interesse ist der durch W. C. RÖNTGEN geführte Nachweis, dass die durch Erwärmung einer Quarzplatte oder einer Quarzkugel entwickelte Elektricität an derselben Stelle je nach der Art des Erwärmens dem Zeichen nach verschieden sein kann.

Auf eine parallel zur Basis geschnittene homogene Quarzplatte wurde ein Stanniolring von 2 und 4 cm Durchmesser geklebt. Dieser Ring wurde dann in den Richtungen β_1, β_2, β_3 durchschnitten, so dass sechs von einander isolirte Ringstücke mit den Symmetrielinien $\pm\alpha_1$, $\pm\alpha_2$, $\pm\alpha_3$ entstanden. Das erste, dritte und fünfte Stück wurden durch Drähte mit dem einen Halbringe eines Kirchhoff-Thomson'schen Elektrometers, das zweite, vierte und sechste Stück, sowie der zweite Halbring des Elektrometers mit der Erde verbunden. Als nun der *centrale* stanniolfreie Theil der anfänglich die Zimmertemperatur besitzenden Platte durch Aufsetzen eines wärmeren Messingcylinders oder auf irgend eine andere Art erwärmt wurde, erwies sich die elektrische Ladung der Ringstücke entgegengesetzt derjenigen Ladung, welche das Elektrometer anzeigte, wenn der jenen Stanniolring umgebende *peripherische* Theil der Platte durch aufgelegte wärmere Metallringe, oder durch Strahlung u. s. w. eine Erwärmung erfuhr.

Später hat B. VON KOLENKO festgestellt, *dass die Enden der polaren Symmetrieaxen* $+\alpha_1$, $+\alpha_2$, $+\alpha_3$, *welche bei der Abkühlung eines ganzen Krystalls positiv elektrisch werden, auch positive Elektricität zeigen, wenn eine aus dem Krystall parallel zur Basis geschnittene Platte durch Aufsetzen eines warmen Metallcylinders von dem Centrum aus erwärmt wird.* — Fig. 9 auf Taf. I veranschaulicht das Resultat der Bestäubung einer auf dem Apparat Fig. 114 vom Centrum aus sich erwärmenden Quarzplatte aus einem rechten Krystall (vgl. Fig. 8).

W. C. RÖNTGEN hat gefunden, *dass durch Erwärmung einer Platte vom Centrum aus oder durch eine Abkühlung derselben von der Peripherie aus jedes Ringstück diejenige Elektricität erhält, welche erregt wird durch eine Compression der Platte in der Richtung der zu jenem Ringstück gehörigen elektrischen Axe* α. RÖNTGEN zieht hieraus den Schluss, dass die auf sehr verschiedene Weise, durch Wärmeleitung, Strahlung oder Druckänderung hervorzurufende Elektricitätsentwickelung auf eine gemeinsame Ursache zurückzuführen ist. In der That erzeugen die centrale Erwärmung oder die peripherische Abkühlung in der Platte Spannungsänderungen derselben Art, wie ein auf die seitlichen Begrenzungsflächen ausgeübter gleichförmiger Druckzuwachs, während die centrale Abkühlung oder die peripherische Erwärmung eine Druckabnahme hervorrufen analog der durch einen seitlichen gleichförmigen Zug hergestellten Spannungsänderung.

III. Krystalle mit vier polaren Symmetrieaxen.

Zinkblende.

(Zn, Fe) S. Regulär, tetraëdrisch-hemiëdrisch.

C. Friedel, Sur la pyroélectricité dans la topaze, la blende et le quartz. Bull. soc. min. **2**, 31, 1879. — C. Friedel et J. Curie, Sur la pryroélectricité dans la blende, le chlorate de sodium et la boracite. Bull. soc. min. **6**, 191, 1883. Compt rend. **97**, 61, 1883.

Der Nachweis dafür, dass Zinkblende vier elektrische Axen in den Richtungen der vier polaren Symmetrieaxen besitzt, wurde von C. Friedel nach folgendem Verfahren erbracht. Eine planparallele, zu einer Tetraëderfläche parallele Platte wurde horizontal auf einen Träger gelegt, der mit Hülfe einer Schraubenbewegung eine rasche verticale Verschiebung der Platte auszuführen erlaubte. Die untere Fläche der Platte war leitend mit der Erde verbunden. Ueber der Platte hing an einem isolirten, mit einem Thomson-Branly'schen Elektrometer verbundenen Drahte eine kleine metallene, auf etwa 100° erhitzte Halbkugel. Wurde die Platte bis zur Berührung mit der Halbkugel gehoben, so erfuhr die Nadel des Elektrometers eine Ablenkung. Durch Umkehrung der Platte änderte sich das Vorzeichen der durch das Elektrometer angezeigten Ladung der oberen Plattenfläche.

Helvin.

(Mn, Be, Fe)$_7$ (SiO$_4$)$_3$ S. Regulär, tetraëdrisch-hemiëdrisch.

W. G. Hankel, Ueber die thermoelektrischen Eigenschaften des Helvins, u. s. w. Abh. sächs. Ges. d. Wiss. **12** (20), 551, 1882.

Beim Erkalten zeigten die grösseren und glänzenderen Tetraëderflächen positive, die kleineren matten Tetraëderflächen negative elektrische Ladung.

Natriumchlorat.

$NaClO_3$. Regulär, tetartoëdrisch.

C. Friedel et J. Curie, Bull. soc. min. **6**, 191, 1883. Compt. rend. **97**, 61, 1883.

Das Vorhandensein von vier elektrischen Axen wurde auf demselben Wege wie bei der Zinkblende nachgewiesen.

4. Krystallzwillinge. — Das Kundt'sche Bestäubungsverfahren ist trefflich geeignet, Zwillingsbildungen schlecht leitender Krystalle mit polaren Symmetrieaxen zu untersuchen. Insbesondere dient diese Methode dazu, die am häufigsten auftretenden Zwillinge des *Quarz* zu erkennen, welche auf optischem Wege nicht von einfachen Krystallen zu unterscheiden sind, da ihnen das Gesetz zu Grunde liegt, dass zwei rechte oder zwei linke Krystalle die Richtung der Verticalaxe γ gemein haben und zu ihr symmetrisch liegen. Die Verwachsung der beiden Individuen ist eine überaus mannigfache. Stets ergiebt sich aber auch da, wo weder aus dem Auftreten der trigonalen Pyramide und der Trapezoëder noch aus der Vertheilung glänzender und matter Felder auf der Oberfläche eine Zwillingsbildung erschlossen werden kann, aus der Anordnung der Bestandtheile des Pulvergemisches nach dem Bestäuben sofort die Art der Zusammensetzung des Krystalls. Eine Reihe complicirter Verwachsungen ist auf diesem Wege von B. von Kolenko untersucht und durch Abbildungen veranschaulicht worden.

Die elektrische Prüfung der Ergänzungszwillinge des Quarz, welche aus einem linken und einem rechten Krystall gebildet sind nach dem Gesetz, dass die beiden Individuen zu den Flächen des zweiten hexagonalen Prismas symmetrisch stehen, ergab ein mit dem bekannten optischen Verhalten übereinstimmendes Resultat. Aus den Fig. 10 und 11 auf Taf. I ist zu ersehen, wie sich der complicirte Aufbau des brasilianischen Amethyst mit Hülfe des Bestäubungsverfahrens vollständig und durchaus unabhängig von der optischen Prüfung ermitteln lässt.[1]

Nicht minder werthvoll sind die über den Aufbau des *Boracit* und des *brasilianischen Topas* von K. Mack gewonnenen Aufschlüsse, welche die Vorzüge des Bestäubungsverfahrens gegenüber den älteren Methoden in helles Licht gesetzt haben. Eine ausführlichere Darlegung der Ergebnisse würde die Grenzen dieser Schrift überschreiten. Es möge hier nur auf die Figuren 15 und 16, Taf. I, hingewiesen werden, aus denen ersichtlich ist, dass die im polarisirten Licht hervortretende charakteristische Feldertheilung einer basischen Spaltplatte des brasilianischen Topas auch das pyroelektrische Verhalten desselben beherrscht.

Boracit: F. Köhler, Pogg. Ann. **17**, 146, 1829. — W. G. Hankel, Pogg. Ann. **50**, 471, 1840; **56**, 58, 1842; **61**, 282, 1844; **74**, 231, 1848. Abh. sächs. Ges. d. Wiss. **4** (6), 151, 1857; **14** (24), 299, 1887. — G. Karsten, Pogg. Ann. **71**, 243, 1847. — P. Riess und G. Rose, Abh. Akad. d. Wiss. Berlin. 1843, 82. Pogg. Ann. **59**, 376, 1843. — C. Friedel et J. Curie, Bull. soc. min. **6**, 191, 1883. Compt. rend. **97**, 61, 1883. — K. Mack, Zeitschr. f. Kryst. **8**, 503, 1884. Ann. d. Phys. N. F. **21**, 410, 1884.

Rhodicit: G. Rose, Reise nach dem Ural etc. **1**, 469, 1837. — P. Riess und G. Rose, Abh. Akad. d. Wiss. Berlin. 1843, 88.

Topas: P. Riess und G. Rose, Abh. Akad. d. Wiss. Berlin. 1843, 91; Pogg. Ann. **59**, 353, 1843; **61**, 659, 1844. — W. G. Hankel, Abh. sächs. Ges. d. Wiss. **9** (14), 359, 1871. Pogg. Ann. Jubelband, 649, 1874. — C. Friedel et J. Curie, Bull. soc. min. **8**, 16, 1885. Compt. rend. **100**, 213, 1885. — K. Mack, Ann. d. Phys. N. F. **28**, 153, 1886.

5. Versuche von Gaugain. — Die Erforschung der quantitativen Beziehungen zwischen der Aenderung der Temperatur und der Entwickelung der Elektricität in pyroelektrischen Krystallen wurde von J. M. Gaugain 1856—57 begonnen. Die Resultate seiner Beobachtungen am Turmalin sind folgende.[2]

[1] Vgl. B. von Kolenko, Zeitschr. f. Kryst. **9**, 12—14, 1884. — A. Kundt und E. Blasius, Ann. d. Phys. N. F. **28**, 147, 1886.

[2] F. M. Gaugain, Note sur les propriétés électriques de la tourmaline. Compt. rend. **42**, 1264, 1856. Note sur l'électricité des tourmalines. Relation entre la quantité

Wenn man eine beliebige Anzahl von Turmalinen zu einer Batterie vereinigt, indem man ihre gleichnamigen Pole mit einem Kupferdraht umschlingt, so ist die von denselben gelieferte Elektricitätsmenge gleich der Summe der Elektricitätsmengen, welche von den einzelnen Turmalinen unter denselben Umständen erzeugt worden wären.

Wenn man eine Reihe von Turmalinen derselben Art von gleichem Querschnitte hintereinander schaltet, indem man die ungleichnamigen Pole durch Kupferdrähte verbindet, so ist die von dieser Säule gelieferte Elektricitätsmenge nicht grösser als die von einem einzelnen Turmalin erzeugte.

Die von einem Turmalin entwickelte Elektricitätsmenge ist proportional seinem Querschnitte und unabhängig von seiner Länge. Dabei wurde als Maass für die Menge der Elektricität die Anzahl der Entladungen eines zur Selbstentladung eingerichteten Elektroskops benutzt.

Die Elektricitätsmenge, welche ein Turmalin entwickelt, wenn seine Temperatur um eine bestimmte Anzahl von Graden sinkt, ist unabhängig von der zu der Abkühlung erforderlichen Zeit.

Die bei einer Temperaturerhöhung entwickelten Elektricitätsmengen sind ebenso gross, wie die einer gleich grossen Temperaturerniedrigung entsprechenden.

6. Theorie der Pyroelektricität von W. Thomson. — Den leitenden Gesichtspunkt für eine tiefer eindringende Erforschung der Gesetze der Pyroelektricität gab W. THOMSON 1860 durch die Bemerkung,[1] dass ein pyroelektrischer Krystall mit einer polaren Symmetrieaxe sich wahrscheinlich in seinem Inneren permanent in jenem Zustande elektrischer Polarität befindet, von dem M. FARADAY gezeigt hat, dass er temporär in gewöhnlichen dielektrischen Körpern durch die Einwirkung äusserer elektromotorischer Kräfte hervorgerufen wird, und dass dieser natürliche Zustand dielektrischer Polarisation des Krystalls eine Funktion der Temperatur ist.

Im Allgemeinen wirkt ein polarisirter dielektrischer Körper nach Aussen so, als wäre auf seiner Oberfläche eine elektrische Ladung von einer bestimmten Flächendichtigkeit σ und in seinem Inneren eine elektrische Vertheilung von einer bestimmten Dichtigkeit ϱ vorhanden. Ist der Körper insbesondere gleichförmig polarisirt, nämlich so, dass die Intensität der Elektrisirung (S. 226) ihrer Grösse und Richtung nach in der ganzen Ausdehnung des Körpers constant bleibt, so ist $\varrho = 0$; in diesem Falle ist also die äussere

d'électricité développée et la vitesse du refroidissement. ib. **43,** 916, 1856. Troisième note sur l'électricité des tourmalines. ib. **43,** 1122, 1856. Quatrième note sur l'électricité des tourmalines; action hygrométrique; lois de la section et de la longueur. ib. **44,** 628, 1857. Mémoire sur l'électricité des tourmalines. Ann. chim. phys. (3) **57,** 5, 1859. Sur l'origine unique des forces électromotrices. Art. 382—388: Cristaux pyro-électriques. Ann. chim. phys. (4) **6,** 41, 1865.

[1] W. THOMSON, On the thermoelectric, thermomagnetic and pyroelectric properties of matter. Nichol's Cyclopaedia of Phys. Sc. 2. ed. 1860. Phil. Mag. (5) **5,** 26, 1878. Math. phys. Papers. **1,** 315.

Wirkung des Körpers äquivalent der Wirkung jener fingirten elektrischen Oberflächenschicht.

Nun hat man für einen pyroelektrischen Krystall mit einer einzigen polaren Symmetrieaxe eine gleichförmige innere Polarisation anzunehmen, derart, dass die elektrischen Axen der Moleküle parallel zur Symmetrieaxe liegen. Demnach wird ein solcher Krystall nach Aussen so wirken, wie eine auf seiner Oberfläche vertheilte elektrische Schicht von einer bestimmten Flächendichtigkeit.

Die inducirende Wirkung der molekularen Polarisation des Krystalls auf ein äusseres, nicht vollkommen isolirendes Mittel besteht nun darin, dass sich der Oberfläche des Krystalls allmählich eine reelle elektrische Schicht auflagert, welche der Wirkung jener Polarisation auf alle äusseren Punkte vollkommen das Gleichgewicht hält.

Wird jetzt die Temperatur des Krystalls geändert, so ändert sich gleichzeitig seine molekulare Polarisation, während die aufgelagerte elektrische Oberflächenschicht langsamer folgt, je nach dem grösseren oder geringeren Widerstande, welche der elektrischen Leitung in dem Krystall oder auf der Oberfläche desselben dargeboten wird. Bevor die Neutralisirung wieder hergestellt ist, hat man also Gelegenheit die *Differenz* zwischen den äusseren Wirkungen der molekularen Polarisation und der aufgelagerten elektrischen Schicht zu beobachten.

7. Fundamentalversuche von Ed. Riecke. — Einen entscheidenden Beweis für die Richtigkeit der W. Thomson'schen Theorie der pyroelektrischen Erregung hat Ed. Riecke gegeben.[1]

Wenn ein Turmalin in einem Trockenkasten während mehrerer Stunden erhitzt worden ist, so erweist sich derselbe unmittelbar nach dem Herausnehmen stets unelektrisch. *Will man die bei der Abkühlung hervortretende Polarität permanent erhalten, so muss man den Turmalin nach der Entfernung aus dem Trockenkasten in einen Raum versetzen, in welchem die Bildung einer leitenden Oberflächenschicht verhindert wird.* Bis zu einem genügenden Grade ist dies der Fall unter der Glocke einer Luftpumpe, wenn die in derselben enthaltene Luft gut getrocknet, von Staub befreit und schwach verdünnt worden ist.

Die benutzte Glocke hatte oben eine Oeffnung mit ebenem Rande, welche durch eine aufgeschliffene Glasplatte verschlossen werden konnte. An diese Platte war in excentrischer Stellung eine Schellacksäule angekittet, welche an ihrem unteren Ende mit zwei Haken versehen war. Die Turmaline wurden mit Hülfe von Coconfäden, welche um ihre Mitte und das obere Ende geschlungen waren, an diesen Haken aufgehängt, so dass sie frei in dem Raume der Glocke hingen. In dieser stand seitlich gegen die Mitte der Oeffnung verschoben ein gewöhnliches Goldblattelektroskop, dessen

[1] Ed. Riecke, Zwei Fundamentalversuche zur Lehre von der Pyroelektricität. Nachr. Ges. d. Wiss. Göttingen. 1887, 151. Ann. d. Phys. N. F. **31**, 889, 1887.

Divergenz einen Maassstab für die elektrische Ladung des Turmalins lieferte. Die excentrische Befestigung der Schellacksäule machte es möglich, durch Drehen der Verschlussplatte den Turmalin dem Knopfe des Elektroskops so weit zu nähern, dass er gerade über demselben hing, oder ihn in horizontalem Sinne um den Durchmesser der oberen Oeffnung von dem Elektroskope zu entfernen. Der Raum des Recipienten wurde getrocknet durch wiederholtes Auspumpen und Zulassen von trockener Luft; ausserdem befand sich in demselben noch ein besonderes Trockengefäss, welches bei der Mehrzahl der Versuche mit concentrirter Schwefelsäure gefüllt war; bei einigen Versuchen wurde statt dieser wasserfreie Phosphorsäure angewandt. Die Divergenz der Goldblätter wurde gemessen mit Hülfe eines ausserhalb der Glocke aufgestellten Glasmaassstabes. Die Stellen der Theilung, welche mit den Goldblättern des Elektroskops zusammenfielen, wurden mit einem Fernrohr beobachtet, das in der Entfernung von einigen Metern aufgestellt war.

In der folgenden Tabelle bedeutet T die Zeit, in welcher die anfänglich vorhandene Differenz zwischen der Temperatur Θ_1 des Trockenkastens und der Temperatur Θ_0 des Abkühlungsraumes unter der Glasglocke auf den Betrag von $^1/_2{}^0$ herabsank. Ferner ist mit T_m *der grösste Zeitraum* bezeichnet, *nach dessen Ablauf noch die polare Ladung eines abgekühlten Turmalins mit Hülfe des Elektroskops nachgewiesen wurde.*

Turmalin	T	T_m
von Brasilien . . .	0,58 Stunden	30 Stunden
„ Elba	0,85 „	24 „
„ „	1,4 „	21 „
„ Snarum	1,0 „	23 „
„ Kärnten	1,7 „	24 „
„ Mursinsk . . .	0,48 „	5,5 „

Während aus diesen Beobachtungen folgt, *dass ein Turmalin, dessen Oberfläche in einen Zustand vollkommener Isolation versetzt ist, in der That einen permanent elektrischen Körper bildet, dessen elektrisches Hauptmoment in die Richtung seiner Symmetrieaxe fällt*, ergiebt sich aus einer zweiten Versuchsreihe, *dass die von dem Turmalin während der Abkühlung entwickelte Elektricität stets dasselbe Zeichen besitzt.* Hierzu dienten Turmaline, deren Enden mit Stanniol überzogen waren. Wurde nun die während der Abkühlung entwickelte Elektricität immer wieder durch Ableitung der Belegungen neutralisirt, so war in dem Zeichen dieser Elektricität kein Wechsel zu beobachten. Daraus folgt, dass die Entwickelung der molekularen Elektricität während der Abkühlung stets in demselben Sinne fortschreitet.

Bei diesen letzteren Versuchen wurde ein Fechner'sches Elektroskop benutzt; die Zambonische Säule, welche zur Ladung der Platten diente, befand sich im Innern einer mit einem Schlitze versehenen Glasröhre. Der eine Pol derselben war zur Erde abgeleitet, der andere wurde gebildet durch eine schmale Messingplatte, welche an einer beliebigen Stelle der Säule durch den Schlitz hindurch zwischen die Platten geschoben werden konnte. Es war auf diese Weise leicht, dem Elektroskop die für die Ausführung der Versuche passende Empfindlichkeit zu geben. Die Platten der Säule wurden mit Hülfe eines an einem einarmigen Hebel wirkenden Gewichtes mit constantem Druck zusammengepresst. Von den Platten des Elektroskops war die eine verbunden mit dem positiven Pole der Säule, die andere zur Erde abgeleitet.

Wenn die an ihren Enden mit Stanniol überzogenen Turmaline nach genügender Erhitzung aus dem Trockenkasten heraus genommen waren, so wurde das negativ elektrische Ende mit dem Knopfe des Elektroskops in leitende Verbindung gebracht, während das andere nach der Erde abgeleitet wurde.

Dies geschah bei einem Theile der Versuche so, dass das untere negative Ende des Turmalins direct an den Knopf des Elektroskops angelegt wurde, während das andere von der Klemme eines mit der Gasleitung durch einen Draht verbundenen Messingstativs gehalten war. In anderen Fällen wurde das untere Ende des Turmalins mit einem Drahte verbunden, welcher, in der Verlängerung der Axe liegend, an seinem Ende eine kleine Schale von Messing trug; das obere Ende des Turmalins wurde mit einer Messingzange gefasst und der Turmalin mit dieser an dem Stativ befestigt. Die an dem Ende des Drahtes befindliche Messingschale wurde durch Herabschieben der Stativklammer federnd gegen den Knopf des Elektroskops gedrückt. Bei den übrigen Versuchen war das obere Ende der Krystalle mit Spiraldrähten verbunden, welche oben hakenförmig umgebogen waren. Mit den Haken wurden die Krystalle an den Arm des Stativs gehängt, während die an den unteren Enden befindlichen Messingschalen sich in Folge der Dehnung des Drahtes auf den Knopf des Elektroskops aufsetzten.

Es wurde nun zunächst bestätigt, dass *bei der Abkühlung der erhitzten Turmaline die Ausschläge des Aluminiumblattes stets nach der Seite der positiven Elektrode hin erfolgten*, dass also in der That während derselben die entwickelte Elektricität stets dasselbe Zeichen besitzt.

Die Empfindlichkeit des Elektroskops war so regulirt, dass nach einiger Zeit das Aluminiumblatt desselben an die positive Elektrode anschlug. Die in dem Blatte befindliche negative Elektricität strömte dann nach der Erde ab, während dasselbe gleichzeitig eine positive Ladung annahm, welche einen schwachen Ausschlag nach der anderen Elektrode hin bewirkte. Die fortschreitende Entwickelung der Elektricität des sich abkühlenden Turmalins erzeugte aber sofort eine abermalige negative Ladung des Blattes und nach einiger Zeit erfolgte ein neues Anschlagen desselben an die positive Elektrode.

Man sieht, dass ebenso wie bei den Beobachtungen von GAUGAIN *die Zahl der Entladungen ein Maass für die Menge der entwickelten Elektricität* bildet. Es wurden nun die Anschläge des Aluminiumblattes an die positive Elektrode gezählt und die Zeiten beobachtet, zu welchen dieselben erfolgten.

Die nach dieser Methode an 13 Turmalinkrystallen ausgeführten Beobachtungen wurden benutzt, um das von ED. RIECKE[1] auf theoretischem

[1] ED. RIECKE, Ueber die Pyroelektricität des Turmalins. Nachr. Ges. d. Wiss. Göttingen. 1885, 405. Ann. d. Phys. N. F. **28**, 43, 1886.

Wege abgeleitete Gesetz zu prüfen, welches angiebt, *wie die Ladung eines sich frei abkühlenden Turmalins wächst, unter der Voraussetzung, dass der Einfluss der oberflächlichen Leitung vernachlässigt werden kann.* Hiernach ist jene Ladung zur Zeit t gegeben durch:

I $$E = E_m (1 - e^{-at}).$$

E_m bedeutet den bis zur Abkühlung auf die Temperatur des umgebenden Raumes erreichten Maximalwerth der Ladung. a ist der in der NEWTON'schen Abkühlungsformel auftretende Coëfficient: $a = Sh/cM$, worin M die Masse, S die Oberfläche, c die specifische Wärme und h die äussere Wärmeleitungsfähigkeit des Turmalin bedeuten. Die beobachteten und die berechneten Werthe der Ladung stimmen unter einander gut überein.

Das Product aus der Maximalladung E_m und der Länge eines Turmalin repräsentirt das elektrische Moment desselben unter der Annahme, dass die ganze Ladung auf die Enden concentrirt ist. Dividirt man dieses Product durch das Gewicht des Turmalin, so erhält man *das elektrische Moment m der Gewichtseinheit.* Die folgende Zusammenstellung zeigt *bei 10 Turmalinen eine annähernde Uebereinstimmung der Werthe von m.* Auffallend ist die grosse Verschiedenheit der Bruchstücke a, b des Turmalin von Mursinsk I, sowie die schwache Erregung des Turmalin von Snarum II.

Turmaline von	m
Brasilien I	17,6
„ II	18,9
„ III	22,3
„ IV	18,7
„ V	16,0
„ VI	18,4
Elba III	19,7
Snarum II	5,2
Mursinsk I_a	9,2
„ I_b	16,1
„ II	17,5
„ III	16,7
„ IV	11,6

Dabei liegen als Einheiten zu Grunde: cm, g und eine willkürliche elektrische Einheit. Nun hat ED. RIECKE für den Turmalin von Brasilien I eine Endflächendichtigkeit von 60 C.G.-Einheiten gefunden; ebenso gross würde dann das elektrische Moment der Volumeneinheit sein, und demnach das elektrische Moment der Gewichtseinheit etwa gleich 20 C.G.-Einheiten.

Der soeben angegebene Ausdruck I für die Ladung zur Zeit t ergiebt sich aus folgender Ueberlegung unter den Annahmen, dass die Moleküle des Turmalin in der Richtung der Symmetrieaxe γ eine permanente elektrische Polarität besitzen, und dass der Oberfläche des Turmalin eine gewisse elektrische Leitungsfähigkeit zukomme.

In die Richtung der Symmetrieaxe falle eine Axe eines mit dem Turmalinkrystall starr verbundenen rechtwinkligen Coordinatensystems. Bei der Temperatur Θ sei ε_0

das elektrische Moment der Volumeneinheit. *Dieses Moment wird in doppelter Weise von der Temperatur abhängig sein können*; einmal, insofern mit der Temperatur die *Dichtigkeit der ponderabeln Masse*, welche als Träger der dielektrischen Polarisation betrachtet wird, sich ändert; dann aber, weil *diese Polarisation selbst* von der Temperatur abhängig sein kann. Bezeichnet man nun den thermischen Ausdehnungscoëfficienten des Turmalin in der Richtung seiner Symmetrieaxe mit α, in den dazu senkrechten Richtungen mit α', so wird das elektrische Moment der Volumeneinheit bei der Temperatur $\Theta + \vartheta$ gegeben sein durch:

$$\varepsilon\,[1 - (\alpha + 2\,\alpha')\,\vartheta],$$

worin für ε der jener Temperatur $\Theta + \vartheta$ entsprechende Werth:

$$\varepsilon = \varepsilon_0 + \frac{d\,\varepsilon_0}{d\,\Theta}\,\vartheta = \varepsilon_0\,(1 + \delta\,.\,\vartheta)$$

zu setzen ist. Demnach ergiebt sich für das neue Moment der Ausdruck:

$$\sigma = \varepsilon_0\,[1 - (\alpha + 2\,\alpha' - \delta)\,\vartheta].$$

Besitzt der Turmalin in seinem ganzen Inneren dieselbe Temperatur $\Theta + \vartheta$, so wird man das elektrische Moment jeder einzelnen Volumeneinheit dadurch erhalten, dass man die zur Symmetrieaxe senkrechten Endflächen desselben mit entgegengesetzten elektrischen Schichten von der Dichte σ belegt. Denkt man sich jetzt diese Belegung bei allen Volumeneinheiten hergestellt, *so werden sich die entgegengesetzten elektrischen Schichten im ganzen Innern des Turmalin zerstören, so dass nur eine Belegung seiner Oberfläche übrig bleibt.* Ist der Turmalin durch zwei zur Symmetrieaxe senkrechte Endflächen begrenzt, so ist auf diesen die elektrische Dichtigkeit gleich σ, während die zur Symmetrieaxe parallelen Flächen unelektrisch bleiben.

Behält nun die Temperatur des umgebenden Raumes längere Zeit hindurch den constanten Werth $\Theta + \Theta'$, *so wird die Leitungsfähigkeit der Oberfläche des Turmalin Veranlassung geben zu der Bildung einer elektrischen Oberflächenschicht, welche jener mit der molekularen Elektricität äquivalenten, fingirten Oberflächenbelegung gerade entgegengesetzt ist und daher ihre Wirkung zerstört:* Der Turmalin erscheint vollkommen *unelektrisch.*

Nunmehr sinke die Temperatur plötzlich auf $\Theta + \vartheta$. Dadurch nimmt die Dichtigkeit der fingirten Oberflächenbelegung zu um:

$$\varepsilon_0\,(\alpha + 2\,\alpha' - \delta)\,(\Theta' - \vartheta),$$

während die Dichtigkeit der aufgelagerten elektrischen Schicht nur um:

$$\varepsilon_0\,2\,\alpha'\,(\Theta' - \vartheta)$$

wächst. *Demnach überwiegt jetzt die Wirkung der molekularen Elektricität, und die Dichtigkeit der auf den Endflächen des Turmalin* f r e i *w e r d e n d e n elektrischen Ladung ist:*

$$E = \varepsilon_0\,(\alpha - \delta)\,(\Theta' - \vartheta).$$

Kühlt sich der Turmalin im freien Luftraume ab, so hat man zur Bestimmung der Temperatur ϑ die Gleichung:

$$\vartheta = \Theta' e^{-at},$$

wo der Abkühlungscoëfficient a die oben angegebene Bedeutung hat, und die Zeit t von dem Momente an gerechnet wird, in welchem die Abkühlung beginnt. Folglich ergiebt sich für *die Dichtigkeit der frei werdenden Elektricität* der Werth:

$$E = \varepsilon_0\,(\alpha - \delta)\,\Theta'\,(1 - e^{-at}).$$

8. Die Untersuchungen von Ed. Riecke verfolgen das Ziel, die quantitativen Beziehungen aufzudecken, welche zwischen der pyroelektrischen Ladung des Turmalin, der Temperatur der Erhitzung, der durch die Ausstrahlung

bedingten Temperaturabnahme und der elektrischen Leitungsfähigkeit seiner Oberfläche bestehen.

Die *Beobachtungsmethode* war folgende: Der Raum eines Trockenkastens wurde auf eine constante Temperatur erhitzt, der Turmalin in demselben während einer bestimmten Zeit erwärmt, herausgenommen und mit Hülfe einer denselben umfassenden Schlinge von Cocon mit vertical stehender Axe über dem Knopfe eines Goldblattelektroskops in geeigneter Entfernung aufgehängt. Während der Turmalin der freien Abkühlung überlassen war, wurde die Divergenz der Goldblätter beobachtet. Zu diesem Zwecke wurden dieselben mittelst einer Linse auf eine matte Glastafel projicirt, auf welche ein Glasmaassstab aufgeklebt worden war. Die Beleuchtung der Goldblätter geschah durch eine in einiger Entfernung aufgestellte Lampe, deren Strahlen durch eine Linse in paralleler Richtung auf die Goldblätter geworfen wurden. Unmittelbar nach der Herausnahme der Turmaline aus dem Trockenkasten konnte nie eine Divergenz der Goldblätter beobachtet werden. Dieselbe wuchs mit fortschreitender Abkühlung, erreichte ein gewisses Maximum, um dann schneller oder langsamer wieder zu verschwinden.

Nach den Beobachtungen von Ed. Riecke ist die Ursache der *Leitungsfähigkeit der Oberfläche* des Turmalin zweifellos in einer Condensation von Feuchtigkeit zu suchen. Die hierdurch gebildete leitende Oberflächenschicht ist der Grund, weshalb jeder Turmalin im gewöhnlichen Zustande unelektrisch erscheint und die durch eine Volumenänderung bedingte Ladung nach kürzerer oder längerer Zeit wieder verschwindet. Der Werth dieser Leitungsfähigkeit hängt ab von der Temperatur und der Feuchtigkeit der Luft; der Grad ihrer Veränderlichkeit ist bei verschiedenen Erwärmungstemperaturen und verschiedenen Turmalinen ein verschiedener.

Das Gesetz, nach welchem bei der Abkühlung des Turmalin die elektrische Ladung η ansteigt und wieder verschwindet, ist gegeben durch:

II $$\eta = \mathrm{H}\,\frac{q e^{-at} - a e^{-at}}{q - a}.$$

Hierin bedeutet H den Maximalwerth, welchen die Ladung erreicht, t die von dem Eintritt des Maximalwerthes der Ladung an gerechnete Zeit, a den Coëfficient der Newton'schen Abkühlungsformel; q ist proportional der Leitungsfähigkeit der Oberfläche.

Ed. Riecke fand, dass dieses Gesetz für die Zeit, in welcher die Ladung η abnimmt, unter Benutzung von Mittelwerthen für q und a die Beobachtungen gut darstellt. Für wachsende Ladungen η würde dieselbe Funktion, nur mit anderen Werthen der mit der Zeit t continuirlich wachsenden Oberflächenleitungsfähigkeit anzuwenden sein.

Das *Maximum der elektrischen Ladung* H wurde bei der Abkühlung erreicht, wenn der Turmalin zuvor in seinem ganzen Inneren die Temperatur des Erwärmungsraumes angenommen hatte.

Was den Einfluss der Erwärmungstemperatur auf die elektrische Ladung anlangt, so zeigten Turmaline von Snarum und Elba ein ziemlich *gleichmässiges* Anwachsen der Ladung bis zu den höchsten angewandten Temperaturen. Dagegen erreichte ein Turmalin aus Brasilien bei einer Erwärmung auf 70 bis 80° ein Maximum der Ladung, welches bei stärkerer Erwärmung schnell zu einem viel kleineren Betrage herabsank. Dieses Verhalten scheint dadurch bedingt zu sein, dass dieser Turmalin bei höherer Temperatur bis zu dem Grade *leitend* wurde, dass das Potential der entwickelten Elektricität einen bestimmten Betrag nicht überschreiten konnte. Diese bei höherer Temperatur sich einstellende Abnahme der Isolation ist wohl zu unterscheiden von der bei sinkender Temperatur wachsenden Leitungsfähigkeit der Oberfläche q.

Die Relation II fliesst aus folgender Erwägung:

Bei der Ableitung des Ausdruckes I wurde vorausgesetzt, dass die dem Turmalin aufgelagerte elektrische Schicht während der Abkühlung keine Veränderung erleidet. Wenn aber die *Oberfläche des Turmalins leitend* ist, so muss jedes Auftreten von freier Elektricität Veranlassung zu einer elektrischen Scheidung geben, welche diese freie Elektricität allmählich wieder zum Verschwinden bringt. Es soll angenommen werden, dass die Verminderung der freien Elektricität in jedem Augenblicke der vorhandenen freien Elektricität proportional sei.

Der Turmalin werde aus einem Raume von der constanten Temperatur $\Theta + \Theta'$ in einen Raum von der gleichfalls constanten Temperatur Θ versetzt. Zu irgend einer Zeit t seien seine Temperatur $\Theta + \vartheta$ und die Dichtigkeiten 1) der freien Elektricität gleich η, 2) der fingirten, an die Stelle der inneren molekularen Vertheilung zu setzenden Oberflächenschicht gleich σ und 3) der aufgelagerten Schicht gleich σ'. Alsdann ist:

$$\eta = \sigma - \sigma'.$$

Während der Zeit dt nehme die Temperatur des Turmalin ab um $d\vartheta$. Die gleichzeitige Zunahme der Dichtigkeit der freien Elektricität ist:

$$d\eta = d\sigma - d\sigma'.$$

Nun ist aber (S. 265):

$$d\sigma = \varepsilon_0 (\alpha + 2\alpha' - \delta)\, d\vartheta, \quad d\sigma' = \varepsilon_0 2\alpha' d\vartheta + q\eta\, dt,$$

folglich:

$$d\eta = \varepsilon_0 (\alpha - \delta)\, d\vartheta - q\eta\, dt.$$

Andererseits folgt aus $\vartheta = \Theta' e^{-at}$ auf S. 265 für die Temperaturabnahme $d\vartheta$ während der Zeit dt:

$$d\vartheta = a\,\Theta' e^{-at}\, dt.$$

Mithin ergiebt sich für die elektrische Dichtigkeit η die Differentialgleichung:

$$\frac{d\eta}{dt} + q\eta = \varepsilon_0 (\alpha - \delta)\, a\,\Theta' e^{-at}.$$

Da für $t = 0$ auch η gleich Null ist, so nimmt das Integral die Form an:

$$\eta = \varepsilon_0 (\alpha - \delta)\, a\,\Theta \frac{e^{-at} - e^{-qt}}{q - a}.$$

Demnach tritt der Maximalwerth der Ladung η ein zur Zeit:

$$t_1 = \frac{\log q - \log a}{q - a}$$

und ist gegeben durch:

$$\mathrm{II} = \varepsilon_0 (\alpha - \delta)\, a\,\Theta \left(\frac{a^a}{q^q}\right)^{\frac{1}{q-a}}.$$

Rechnen wir jetzt die Zeit von dem Augenblicke an, in welchem die Dichtigkeit η der freien Elektricität diesen Maximalwerth H erreicht, so erhalten wir jene Relation:

$$\text{II} \qquad \eta = \mathrm{H}\,\frac{q e^{-at} - a e^{-qt}}{q - a}\,.$$

Die zur Zeit vorliegende Weiterbildung der W. THOMSON'schen Theorie der Pyroelektricität durch ED. RIECKE beschränkt sich auf Krystalle mit einer einzigen polaren Symmetrieaxe. Darüber hinaus bietet sich nun die Aufgabe dar, die zu Grunde liegende Vorstellung auf Krystalle mit *mehreren* polaren Symmetrieaxen zu übertragen, also anzunehmen, dass die Moleküle dieser Krystalle mit einem mehrpaarigen System elektrischer Pole verbunden und gegen einander in bestimmter Weise orientirt sind.

Eine während des Druckes erschienene Fortsetzung der Beobachtungen von ED. RIECKE[1] beschäftigt sich zunächst mit dem Verhalten des Abkühlungscoëfficienten a des Turmalin während der Abkühlung. Es ergab sich, dass die untersuchten Turmaline *drei Typen* darbieten: 1) bei den grünen Krystallen aus Brasilien und den braunen Krystallen von Gouverneur ist a constant; 2) für rothe Krystalle von Mursinsk nähert sich der anfänglich variable Coëfficient a einem constanten Werthe; 3) Krystalle von Elba zeigen durchaus veränderliche Werthe von a. Dieselben Typen sind hinsichtlich der Abhängigkeit des Abkühlungscoëfficienten von der Temperatur zu unterscheiden: 1) a bleibt vollkommen constant; 2) bis zu gewissen hohen Temperaturen ist a constant, um darauf abzunehmen; 3) die Mittelwerthe von a nehmen im Allgemeinen mit der Temperatur ab. Was endlich die Abhängigkeit der entwickelten Elektricitätsmenge E_m von der Erhitzungstemperatur Θ anlangt, so ergeben sich wieder dieselben Gruppen, und zwar wird die Beziehung zwischen E_m und Θ dargestellt durch Ausdrücke von folgender Form:

$$1)\quad \mathrm{E}_m = a\,\Theta + b\,\Theta^2$$
$$2)\quad \mathrm{E}_m = a\,\Theta + b\,\Theta^2 - c\,\Theta^3$$
$$3)\quad \mathrm{E}_m = a\,\Theta - b\,\Theta^3.$$

9. Theorem von W. Thomson über den Wärmeeffect, welcher durch die Bewegung eines pyroelektrischen Krystalls in einem elektrischen Felde hervorgerufen wird. — Sind die Moleküle eines pyroelektrischen Krystalls permanent elektrisch polarisirt, so ergiebt sich, wie W. THOMSON 1877 bemerkt hat[1], auf demselben Wege, der zur Aufstellung des für magnetisch anisotrope Krystalle geltenden Theorems (S. 221) führte, dass die Bewegung jenes Krystalls in einem elektrischen Felde einen Wärmeeffect hervorruft. Ein pyroelektrischer Krystall erfährt eine Abkühlung oder eine Erwärmung, je nachdem er bei constanter äusserer Temperatur so bewegt wird, dass die Einwirkung des Feldes seine innere Polarisation zu verkleinern oder zu vergrössern sucht. Dieser lediglich durch die innere Polarisation bedingte Wärmeeffect ist unabhängig von der in einem umgebenden, nicht vollkommen isolirenden Mittel der Oberfläche des Krystalls sich auflagernden elektrischen Schicht, welche jene Polarisation für den Aussenraum neutralisirt.

---

[1] ED. RIECKE, Zur Lehre von der Pyroelektricität des Turmalins, III. Mittheilung. Nachr. Ges. d. Wiss. Göttingen. 1890.

[2] W. THOMSON, Math. Phys. Papers 1, 316.

Piëzoelektricität.

10. Entdeckung der Piëzoelektricität. — Im Jahre 1880 haben J. und P. Curie gefunden,[1] dass eine Entwickelung von Elektricität in dielektrischen Krystallen mit polaren Symmetrieaxen auch durch elastische Deformationen hervorgerufen wird: während der Deformation entwickeln sich entgegengesetzte Elektricitäten an den Enden einer polaren Axe; kehrt der Krystall in seinen ursprünglichen Zustand zurück, so findet eine elektrische Erregung in dem umgekehrten Sinne statt.

Legt man z. B. einen von zwei basischen Endflächen begrenzten Turmalin zwischen zwei nach aussen isolirte Zinnplatten und klemmt ihn darauf in einen Schraubstock, so laden sich während des Verstärkens oder beim Nachlassen des Druckes die beiden Platten mit entgegengesetzten Elektricitäten, was man leicht nachweisen kann, wenn man jede Platte mit einem Quadrantenpaar eines W. Thomson'schen Elektrometers verbindet, dessen Nadel einen Pol einer galvanischen Säule bildet.

Nach dieser Methode wurden untersucht: Turmalin, Kieselzinkerz, Rohrzucker, Weinsäure; Quarz; Zinkblende, Helvin, Natriumchlorat.

Aus der Vergleichung des pyroelektrischen und des piëzoelektrischen Verhaltens ergab sich alsbald folgende Beziehung: *Bei der Compression in der Richtung einer polaren Symmetrieaxe wird derjenige Pol positiv elektrisch, an welchem bei der Abkühlung des ganzen Krystalls eine positive elektrische Erregung stattfindet.* Nach der früher (S. 252) erwähnten Bezeichnung ist dies der antiloge Pol.

Auf Grund dieser Relation stellten J. und P. Curie das folgende allgemeine Gesetz auf: Welches auch die bestimmende Ursache sein mag, eine Aenderung der Temperatur oder eine Aenderung des Druckes, in beiden Fällen entstehen, wenn sich der Krystall in der Richtung einer polaren Symmetrieaxe zusammenzieht, elektrische Pole in einem bestimmten Sinne; dehnt sich der Krystall in jener Richtung aus, so haben die elektrischen Pole umgekehrte Vorzeichen.

11. Anwendung des Bestäubungsverfahrens von A. Kundt zum Nachweise der Piëzoelektricität. — Die Elektricitätserregung durch elastische Deformationen kann an den soeben genannten krystallisirten Körpern leicht nach-

[1] J. et P. Curie, Développement par compression de l'électricité polaire dans les cristaux hémièdres à faces inclinées. Compt. rend. **91**, 294, 1880. Bull. soc. min. de France, **3**, 90, 1880. Sur l'électricité polaire dans les cristaux hémièdres à faces inclinées. Compt. rend. **91**, 383, 1880. Lois de dégagement de l'électricité par pression dans la tourmaline. Compt. rend. **92**, 186, 1881. Sur les phénomènes électriques de la tourmaline et des cristaux hémièdres à faces inclinées. Compt. rend. **92**, 350, 1881. Les cristaux hémièdres à faces inclinées, comme sources constantes d'électricité. Compt. rend. **93**, 204, 1881. Phénomènes électriques des cristaux hémièdres à faces inclinées. Journ. de phys. (2) **1**, 245, 1882. — Die Bezeichnung „Piëzoelektricität" rührt von W. G. Hankel her (Abh. sächs. Ges. d. Wiss. **12** (20), 462, 1881).

gewiesen werden, indem man einen Krystall, der im Schraubstock einer Druckänderung unterworfen wird, nach dem von A. KUNDT[1] angegebenen Verfahren bestäubt (S. 249). Sehr geeignet zu diesem Versuche ist eine Quarzplatte parallel zur Basis (Taf. I, Fig. 13, 14). Presst man eine aus einem einfachen Krystall geschnittene Platte in der Richtung einer polaren Symmetrieaxe α (S. 256), so erhält man nach dem Bestäuben die in Fig. 13 dargestellte Anordnung der Bestandtheile des Pulvergemisches. Dagegen ergiebt sich bei einer Compression in der Richtung einer Zwischenaxe β die in Fig. 14 gezeichnete Vertheilung. Vor dem Pressen sind die Platten durch Ueberfahren mit einer Alkoholflamme von der auf der Oberfläche vorhandenen Elektricität zu befreien.

12. Messung der durch Druck entwickelten Elektricitätsmengen nach absolutem Maasse. — Um auf experimentellem Wege die Gesetze der Piëzoelektricität zu erforschen haben J. und P. CURIE die durch Druck entwickelten Elektricitätsmengen nach absolutem Maasse gemessen. Zu diesem Zwecke benutzten sie die Methode der Gegenstellung.

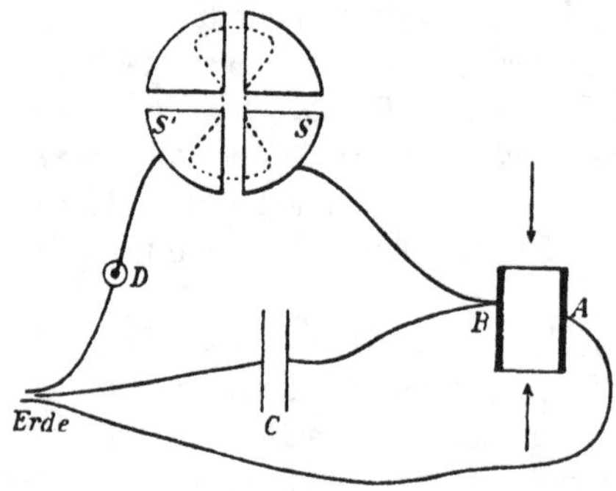

Fig. 117.

Der Krystall hatte die Form eines rechtwinkligen Parallelepipeds. Zwei einander gegenüberliegende Flächen A, B waren vollständig mit Zinnplatten bedeckt. Die Fläche A wurde zur Erde abgeleitet (Fig. 117).

Nachdem die Nadel eines Thomson-Mascart'schen Quadrantenelektrometers durch eine Säule geladen war, wurde die Fläche B mit dem Quadrantenpaar S und gleichzeitig mit einem cylindrischen Maasscondensator C, dessen Capacität C nach seinen Dimensionen bekannt war, verbunden. War dieses System von Leitern gut isolirt, so wurde das andere Quadrantenpaar S' mit dem einen Pole eines Daniell'schen Elementes D verbunden, dessen anderer Pol zur Erde abgeleitet war.

Hierdurch erfuhr die Nadel des Elektrometers eine Ablenkung. Um sie wieder in die Nulllage zurückzuführen, musste auf ein Flächenpaar des Parallelepipeds durch Gewichte ein regulirbarer Druck ausgeübt werden. Nach dem Eintritt der Nullstellung der Nadel befinden sich die Zinnplatte B, der Condensator C und das Quadrantenpaar S auf dem Potentiale des Daniell, und man kennt das hierzu erforderliche Gewicht P. Bezeichnet man die elektromotorische Kraft des Daniell'schen Elements mit D, die Capacität des

[1] A. KUNDT, Ueber eine einfache Methode zur Untersuchung der Thermo-, Actino- und Piëzoelektricität der Krystalle. Sitzungsber. Berlin. Akad. **16,** 421, 1883. Ann. d. Phys. N. F. **20,** 592, 1883.

aus B, S und den Leitern gebildeten Systems mit c, so ist die entwickelte Elektricitätsmenge:

$$m = (C + c) D.$$

Nunmehr schaltet man den Condensator aus und bestimmt den Druck P', der jetzt zur Herstellung der Nulllage der Nadel nöthig ist. Die entwickelte Elektricitätsmenge ist:

$$m' = c D.$$

Die auf solche Weise bestimmte Gewichtsdifferenz $P - P'$ giebt das Gewicht, welches erforderlich ist, um den Condensator durch eine aus dem Krystall entwickelte Elektricitätsmenge $m - m' = CD$ auf das Potential eines Daniell zu laden. Nach dieser Methode wurden Krystalle von Turmalin und Quarz untersucht.

Turmalin.

Das rechtwinklige Parallelepiped besass zwei mit Zinnplatten belegte basische Flächen. Compressionen in den zur Symmetrieaxe γ senkrechten Richtungen α erzeugten auf den Basisflächen elektrische Erregungen von demselben Sinne, wie eine Compression in der Richtung der Axe γ. Diese Erregungen gehorchen folgenden Gesetzen.

1) Die an den Basisflächen durch einen Druck in den Richtungen γ oder α entwickelten Elektricitätsmengen sind gleich gross und von entgegengesetzten Zeichen.

2) Die durch eine gewisse Vermehrung des Druckes entwickelte Elektricitätsmenge ist entgegengesetzt gleich der durch eine eben so grosse Verminderung des Druckes hervorgerufenen.

3) Die an jedem Pole entwickelte Elektricitätsmenge ist der Aenderung des Druckes proportional.

4) Für eine und dieselbe in der Richtung der elektrischen Axe γ ausgeübte Druckänderung ist die an einem Pole entwickelte Elektricitätsmenge unabhängig von den Dimensionen des Krystalls.

5) Dagegen ist für eine und dieselbe in einer Richtung α ausgeübte Druckänderung die an einem Pole entwickelte Elektricitätsmenge proportional dem Verhältniss der Dicke L des Krystalls in der Druckrichtung α zu der Länge l desselben in der Richtung γ; sie bleibt aber unabhängig von der dritten Dimension des Parallelepipeds.

Bezeichnet man die elektrische Entwickelung mit m, den Druck mit P, so ist nach 4) für einen in der Richtung γ ausgeübten Druck:

$$m = \varkappa P \tag{1}$$

und nach 5) für einen in der Richtung α ausgeübten Druck:

$$m' = \varkappa' \frac{L}{l} P. \tag{2}$$

Der Versuch zeigt, dass $\varkappa = \varkappa'$ ist. Diese Grösse nennen J. und P. Curie die piëzoelektrische Constante. Sie fanden, dass ein Druck von 1 kg in der

Richtung der elektrischen Axe γ des Turmalin eine Elektricitätsmenge entwickelt, welche eine Kugel von 14,3 cm Radius auf das Potential eines Daniell bringen würde. Demnach ist diese Elektricitätsmenge gleich 0,053 elektrostatischen C.G.S.-Einheiten, und die piëzoelektrische Constante des Turmalin hat in denselben Einheiten den Werth:

$$\varkappa = 5{,}3 \,.\, 10^{-8}.$$

Dieses ist also die Elektricitätsmenge, welche durch einen in der Richtung der elektrischen Axe ausgeübten Druck von einer Dyne auf einer basischen Endfläche entwickelt wird.

Beachten wir noch, dass in dem Falle, wo der Druck senkrecht zur elektrischen Axe ausgeübt wird, die entwickelte Elektricitätsmenge nach 5) und (2) von dem Quotienten zweier Dimensionen L und l des Krystalls abhängt. Daraus geht hervor, dass man jene Menge beträchtlich vermehren kann, indem man eine im Sinne der elektrischen Axe sehr dünne, in der Richtung L des Druckes oder Zuges dagegen möglichst ausgedehnte Lamelle wählt.

Quarz.

Aus einem einfachen Krystall sei ein rechtwinkliges Parallelepiped geschnitten, an welchem ein Flächenpaar senkrecht steht zu der 3-zähligen Symmetrieaxe γ (der optischen Axe), während die beiden seitlichen Flächenpaare zu einer polaren Queraxe α und einer Zwischenaxe β senkrecht liegen (Fig. 118).

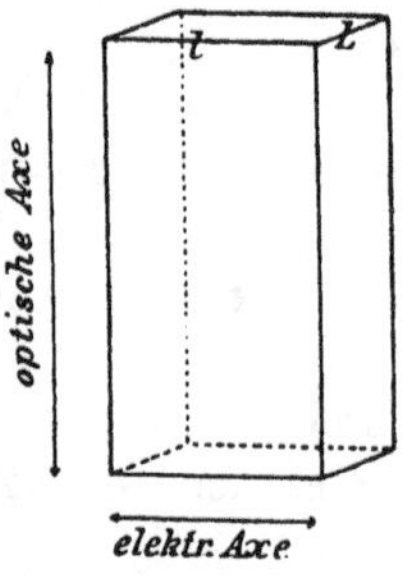

Fig. 118.

1) Comprimirt man den Krystall im Sinne der elektrischen Axe α, so findet auf den zu α senkrechten Flächen eine elektrische Erregung:

$$m = \varkappa P$$

statt. Ein Druck $P = 1$ kg entwickelt eine Elektricitätsmenge, welche eine Kugel von 16,6 cm Radius auf das Potential eines Daniell bringen würde. Demnach ist diese Elektricitätsmenge gleich 0,063 elektrostatischen C.G.S.-Einheiten.[1] Daraus folgt für die piëzoelektrische Constante des Quarz:

$$\varkappa = 6{,}3 \,.\, 10^{-8}.$$

Dem auf S. 269 angeführten allgemeinen Satze entsprechend beobachtet man eine Entwickelung negativer Elektricität an demjenigen Ende der Axe α, an welchem die Flächen der trigonalen Pyramide s und der directen trigonalen Trapezoëder liegen.

2) Comprimirt man den Krystall in der Richtung der Axe γ, so tritt an keiner Stelle des Krystalls eine elektrische Wirkung hervor.

---

[1] Einen hiermit nahe übereinstimmenden Werth, 0,06142 (C.G.S.), erhielt später P. Czermak (Ueber das elektrische Verhalten des Quarzes I. Sitzungsber. Wien. Akad. **96** (2), 1217, 1887).

3) Eine Compression in der Richtung der Zwischenaxe β bewirkt eine elektrische Erregung auf den zur elektrischen Axe α senkrechten Flächen, deren Vorzeichen entgegengesetzt sind den Zeichen der durch einen Druck in der Richtung α erzeugten Elektricitätsentwickelung. Bezeichnet man die Dimensionen des Parallelepipeds in den Richtungen β und α mit L und l, so ist die entwickelte Menge:

$$m' = - \varkappa \frac{L}{l} P;$$

sie ist also unabhängig von der Länge des Krystalls in der Richtung der Axe γ.

Dielektrische Krystalle mit polaren Symmetrieaxen bieten nach der Entdeckung von J. und P. Curie constante Elektricitätsquellen dar, die zu jeder Zeit bei einem bestimmten Drucke oder Zuge dieselbe Elektricitätsmenge liefern und daher mit Vortheil zur Construction von Messapparaten verwendet werden können. In der That ist es jenen Forschern gelungen eine in der Richtung einer elektrischen Axe α sehr dünne Quarzlamelle zur Bestimmung von Capacitäten, Dielektricitätsconstanten, schwachen Leitungsfähigkeiten und elektromotorischen Kräften zu benutzen. Vgl. Compt. rend. **93,** 204, 1881; **106,** 1287, 1888; namentlich aber die auf S. 240 citirten Thèses = Ann. chim. phys. (7) **17,** 385, 1889 und Journ. de phys. (2) **8,** 149, 1889.

13. Piëzoelektrische Versuche am Quarz von W. C. Röntgen. — An einer Quarzkugel von 3,0 cm Durchmesser hat Röntgen des Näheren untersucht, wie sich die durch Druck in der Richtung eines Durchmessers entwickelte Elektricität mit der Orientirung dieses Durchmessers gegen die Richtungen der Symmetrieaxen ändert.[1]

Die Kugel lag auf dem Objecttische eines Mikroskops, und der Druck wurde durch Belastung des Tubus mit 2 kg ausgeübt.

In die centrale Oeffnung des Objecttisches wurde, je nachdem die untere Seite der Kugel abgeleitet oder isolirt werden sollte, eine Messingscheibe oder eine Hartgummischeibe eingelegt. Erstere war mit einer centralen, 0,25 cm weiten Vertiefung versehen, so dass die aufgelegte Kugel die Scheibe in einem kleinen Kreise berührte. Auf die Hartgummischeibe wurde genau central ein 1,0 cm langer und 0,4 cm dicker Messingcylinder gekittet, der oben zur Unterstützung der Kugel ebenfalls mit einer kleinen Vertiefung versehen war.

Der leicht bewegliche Mikroskoptubus besass an seinem unteren Ende einen durch Hartgummi isolirten, unten abgerundeten Messingstift, welcher den Druck auf die Kugel ausübte. Beim Herunterlassen des Tubus fand keine merkliche Reibung des Stiftes gegen die Kugel statt; eine solche ist jedenfalls zu vermeiden, da sie eine ziemlich starke Elektricitätsentwickelung zur Folge haben würde.

Um die Piëzoelektricität an der Druckstelle zu prüfen wurde das Goldblatt eines Fechner'schen Elektroskops mit dem Messingstift am Mikroskoptubus verbunden. Sollte dagegen die Kugeloberfläche ausserhalb der Druckstellen untersucht werden, so wurde

[1] W. C. Röntgen, Ueber die durch elektrische Kräfte erzeugte Aenderung der Doppelbrechung des Quarzes. (2. Abhandl.) Ber. Oberhess. Ges. für Natur- u. Heilkunde **22,** 97, 1883. Ann. d. Phys. N. F. **18,** 534, 1883. Ueber die thermo-, actino- und piëzoelektrischen Eigenschaften des Quarzes. Ber. Oberhess. Ges. **22,** 181, 1883. Ann. d. Phys. N. F. **19,** 513, 1883.

jenes Goldblatt mit einem kleinen, an einem Hartgummistab befestigten Halter verbunden, in welchen je nach Bedarf ein einfacher Messingdraht oder ein mit einem kleinen Metallscheibchen versehener Draht eingesetzt werden konnte. Der Stab wurde von einem mit Gelenken versehenen Stativ getragen. Auf diese Weise gelang es die mit dem Elektroskop isolirt verbundene Elektrode an jede Stelle der Kugel anzulegen.

Die Durchmesser der Kugel (Fig. 119), welche durch die Richtungen der 3-zähligen Symmetrieaxe, der polaren Queraxen und der Zwischenaxen bestimmt sind, seien bezeichnet mit γ, α_1, α_2, α_3, β_1, β_2, β_3. Alsdann theilen die grössten Kugelkreise $\gamma\beta_1$, $\gamma\beta_2$, $\gamma\beta_3$ die Oberfläche der Kugel in sechs sphärische Zweiecke, deren Mitten die Endpunkte der zu den elektrischen Axen α_1, α_2, α_3 parallelen Durchmesser sind. Die Endpunkte einer Axe α und die zugehörigen Zweiecke sollen mit den Zeichen der Elektricitäten versehen werden, welche eine Compression in der Richtung dieser Axe hervorruft.

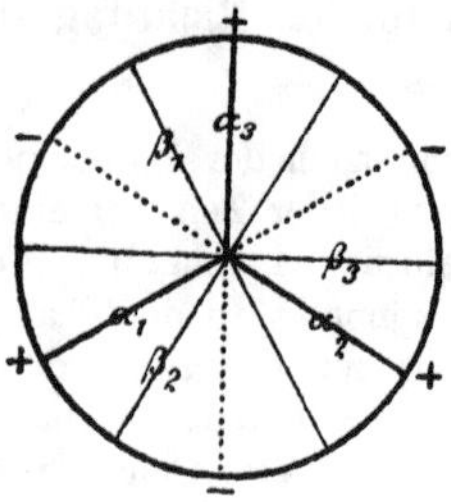

Fig. 119.

Mit Hülfe dieser Bezeichnung lassen sich die Ergebnisse der Versuche durch folgende Sätze aussprechen.

1) Ein Druck nach einer elektrischen Axe α_h bewirkt an den Druckstellen Maxima der elektrischen Erregung. Die zu dieser Axe senkrechte Ebene $\gamma\beta_h$ trennt die Kugeloberfläche in zwei mit entgegengesetzten Elektricitäten geladene Hälften. Auf dem in dieser Ebene $\gamma\beta_h$ gelegenen Kugelkreise ist keine Elektricität wahrzunehmen.

2) Ein Druck nach einem Durchmesser, welcher einer Verbindungsebene $\gamma\beta_h$ angehört, liefert an den Druckstellen keine Elektricität. Die Ebene $\gamma\beta_h$ trennt die Kugeloberfläche in zwei mit entgegengesetzten Elektricitäten geladene Hälften. Die Maxima der Erregung liegen an den Enden der zu $\gamma\beta_h$ senkrechten Axe α_h; ihre Vorzeichen sind aber entgegengesetzt den in Fig. 119 angegebenen Zeichen der durch einen Druck nach dieser Axe α_h entwickelten Elektricitäten.

3) Liegt die Druckrichtung senkrecht zu γ und zwischen zwei unter 30^0 gegen einander geneigten Axen α und β (z. B. α_1 und β_2), so wird auch dann noch die Kugel durch eine die Axe γ enthaltende Ebene in zwei entgegengesetzt elektrische Hälften getheilt. Allein diese Ebene ist zur Druckrichtung unter einem von 90^0 und 0^0 verschiedenen Winkel geneigt; sie fällt in den spitzen Winkel zwischen der Druckrichtung und der zweitfolgenden Axe β (in unserem Beispiele also β_1).

4) Comprimirt man die Kugel nach einem beliebig gerichteten Durchmesser, so wird ihre Oberfläche stets durch eine die Axe γ enthaltende Ebene in zwei entgegengesetzt gerichtete Hälften getrennt.

5) Zunahme des Druckes in der Richtung der Symmetrieaxe γ bewirkt schwache elektrische Erregungen in den sechs, durch die Ebenen $\gamma\beta$ begrenzten Feldern. Die Druckstellen bleiben stets unelektrisch.

Demnach findet, wie auch die Druckrichtung orientirt sein mag, an den Enden der Axe γ niemals eine Elektricitätsentwickelung statt.[1]

14. Elastische Deformationen piëzoelektrischer Krystalle im elektrischen Felde. — Zwischen reciproken Erscheinungen wird durch die Principien der Thermodynamik eine qualitative Beziehung hergestellt, derzufolge die eine Erscheinung vorausgesagt werden kann, wenn die andere bekannt ist. Der Sinn des reciproken Phänomens wird durch die Regel bestimmt, dass sich dieses Phänomen der Erzeugung des ursprünglichen Vorganges entgegenstellt.

Wie G. Lippmann bemerkt hat[2], sind reciproke Vorgänge die Entwickelung von Elektricität durch eine elastische Deformation eines dielektrischen Krystalls mit polaren Symmetrieaxen und die durch eine Elektrisirung dieses Krystalls hervorgerufene elastische Deformation desselben. Wird der Krystall so in ein homogenes elektrisches Feld gebracht, dass die Kraftlinien oder eine Projection derselben mit einer polaren Symmetrieaxe zusammenfallen, so tritt eine Ausdehnung oder eine Zusammenziehung in der Richtung dieser Axe auf. Eine Dilatation des Krystalls wird hervorgerufen durch eine Elektrisirung in dem Sinne, welcher der durch eine Compression in der Richtung jener Symmetrieaxe erzeugten Elektricitätsentwickelung entspricht. Eine Elektrisirung in dem umgekehrten Sinne bewirkt eine Zusammenziehung.

Dieses Theorem wurde alsbald durch Versuche von J. und P. Curie, W. C. Röntgen und A. Kundt bestätigt.

15. Elektrooptische Versuche am Quarz von A. Kundt. — Eine sehr anschauliche Darstellung der elastischen Deformationen des Quarz im elektrischen Felde bieten die Versuche von A. Kundt dar.[3]

Aus einem einfachen Krystall wurde ein rechtwinkliges Parallelepiped von quadratischem Querschnitt $abcd$ (Fig. 120) und 30 mm Länge in der Richtung der Symmetrieaxe γ geschnitten. Die Seitenflächen ab und cd standen senkrecht auf einer elektrischen Axe α_3, also ad und bc senkrecht auf einer Zwischenaxe β_3.

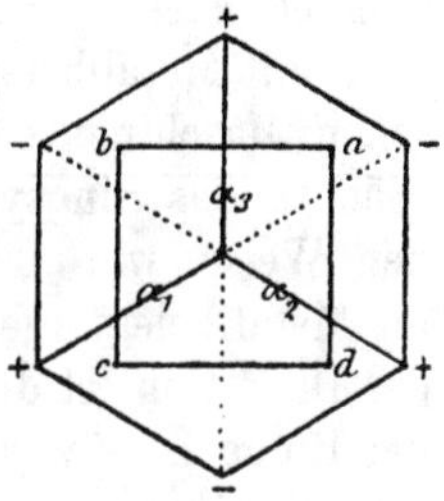

Fig. 120.

Durch einen Druck in der Richtung α_3 wurde die Fläche ab positiv, cd negativ elektrisch. Eine Compression in der Richtung bd bewirkte, dass an der

[1] Später hat W. C. Röntgen die Elektricitätsentwickelung untersucht, welche durch die *Torsion* eines Quarzcylinders, dessen Axe der Symmetrieaxe γ parallel ist, erzeugt wird (Elektrische Eigenschaften des Quarzes. Ann. d. Phys. N. F. **39**, 16, 1890).

[2] G. Lippmann, Principe de la conservation de l'électricité. (VI. Électrisation des cristaux hémièdres par compression. Déformation de ces cristaux produite par l'influence électrique. VII. Phénomènes pyro-électriques. Froid produit par l'électrisation.) Ann. chim. phys. (5) **24**, 145, 1881. Journ. de phys. (1) **10**, 381, 1881.

[3] A. Kundt, Ueber das optische Verhalten des Quarzes im elektrischen Felde. Ann. d. Phys. N. F. **18**, 228, 1883.

Kante b eine negative, an d eine positive Erregung stattfand. Endlich erzeugte ein Druck nach ac negative Elektricität an der Kante a, positive an c.

Mithin wird nach dem LIPPMANN'schen Theorem dieses Parallelepiped in einem elektrischen Felde, dessen Kraftlinien auf einem Seitenflächenpaar senkrecht stehen, folgende Deformationen erfahren müssen:

1) Wenn ab positiv und cd negativ elektrisirt wird, so findet in der Richtung α_3 eine Dilatation statt.

2) Wenn umgekehrt ab negativ und cd positiv elektrisirt wird, so erfolgt in der Richtung α_3 eine Zusammenziehung und nach β_3 eine Ausdehnung.

3) Ist bc positiv und ad negativ, so dehnt sich der Krystall nach α_1 aus und zieht sich in der Richtung α_2 zusammen.

4) Ist dagegen bc negativ und ad positiv, so findet nach α_1 eine Zusammenziehung und nach α_2 eine Ausdehnung statt.

Das Auftreten dieser elastischen Deformationen kann aber leicht auf optischem Wege nachgewiesen werden.

Wie MOIGNO und SOLEIL[1] und besonders eingehend E. MACH und J. MERTEN[2] gezeigt haben, beobachtet man an einer senkrecht zur optischen Axe geschnittenen Quarzplatte in einem Polarisationsapparat für convergentes Licht bei einer seitlichen Compression eine Verlängerung der ursprünglich kreisförmigen isochromatischen Curven in der Druckrichtung. Demnach wird Quarz durch einen senkrecht zur optischen Axe ausgeübten Druck optisch zweiaxig, derart, dass die Ebene der optischen Axen zur Druckrichtung parallel liegt.

In den KUNDT'schen Versuchen befand sich das Quarzparallelepiped in einem horizontalen Polarisationsapparat, dessen Gesichtsfeld ein System von zwei bis drei concentrischen Ringen zeigte. Wurde nun ein Seitenflächenpaar mit Metallbelegungen versehen, welche mit den Elektroden einer Holtz'schen Maschine verbunden waren, so änderte sich bei der Elektrisirung der Flächen das Ringsystem in einer dem LIPPMANN'schen Theorem entsprechenden Weise, wie aus Fig. 121 bis 124 hervorgeht. In diesen Figuren sind die Metallbelegungen mit AB, CD und AD, BC bezeichnet. Die Richtung der Dilatation ist durch eine gestrichelte Linie angegeben. Die Verlängerung der Ringe ist etwas stärker gezeichnet, als sie bei den Versuchen beobachtet wurde; sie konnte aber selbst bei schwacher Elektrisirung immer deutlich wahrgenommen werden.[3]

[1] MOIGNO et SOLEIL, Note sur un nouveau caractère distinctif entre les cristaux à un axe, positifs et négatifs. Compt. rend. **30**, 361, 1850. MOIGNO, Répertoire d'optique moderne. **4**, 1592, 1850.

[2] E. MACH und J. MERTEN, Bemerkungen über die Aenderung der Lichtgeschwindigkeit im Quarz durch Druck. Sitzungsber. Wien. Akad. **72** (2), 315, 1875. Pogg. Ann. **156**, 639, 1875.

[3] Messende elektrooptische Versuche hat P. CZERMAK am Quarz nach dieser Methode auszuführen begonnen (Ueber das elektrische Verhalten des Quarzes II. Sitzungsber. Wien. Akad. **97** (2a), 301, 1888).

Die leitende Idee der KUNDT'schen Versuche, an den Aenderungen des optischen Verhaltens piëzoelektrischer Krystalle im elektrischen Felde die elastischen Deformationen derselben nachzuweisen, liegt auch den zu derselben Zeit und mit gleichem Erfolge von W. C. RÖNTGEN am Quarz angestellten elektrooptischen Beobachtungen zu Grunde.[1]

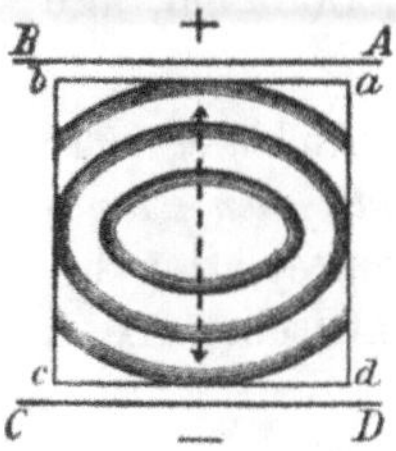

Fig. 121.

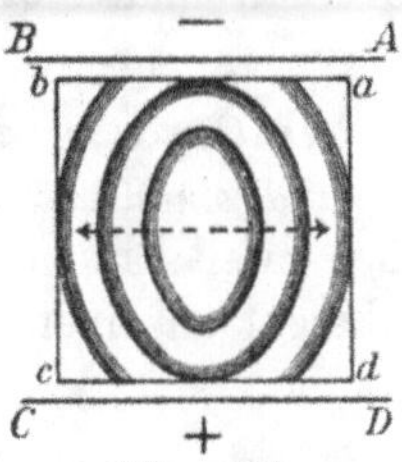

Fig. 122.

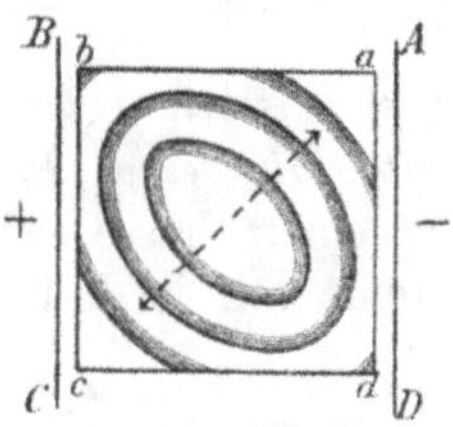

Fig. 123.

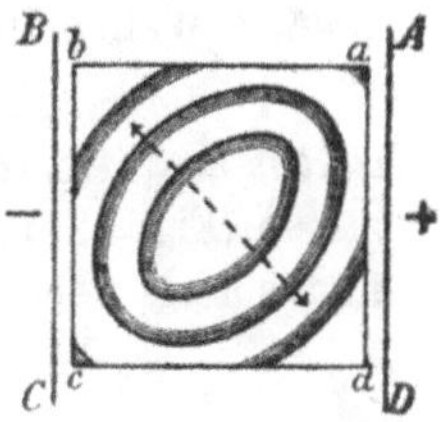

Fig. 124.

16. Messung der elastischen Deformationen piëzoelektrischer Krystalle im elektrischen Felde. — Weniger leicht als auf optischem Wege lassen sich durch directe Messungen die äusserst kleinen elastischen Deformationen dielektrischer Krystalle mit polaren Symmetrieaxen unter der Einwirkung elektrischer Kräfte nachweisen. Trotzdem ist es J. und P. CURIE gelungen, am Quarz ein mit der Rechnung überraschend gut übereinstimmendes Resultat zu erhalten.[2]

1) Wird an dem Quarzparallelepiped Fig. 118, S. 272, auf den zur elektrischen Axe α senkrecht stehenden, mit Metallbelegungen versehenen Seitenflächen eine Potentialdifferenz V (in elektrostatischen C.G.S.-Einheiten) hergestellt, welche der durch eine Compression in der Richtung α hervorgerufenen Elektrisirung entspricht, so findet *im Sinne dieser elektrischen Axe* α eine Ausdehnung:

$$\delta = \varkappa\, V = 6{,}3 \,.\, 10^{-8} \,.\, V(\mathrm{cm})$$

statt. Sie beträgt demnach für $V = 1$ (etwa 300 Volt) nur 0,000 000 063 cm und für eine Potentialdifferenz $V = 14{,}8$ (etwa 4400 Volt), welche einer Funkenlänge von 1 mm in Luft entspricht, 0,0 000 009 cm, also etwa $^1/_{50}$ Wellenlänge.

2) Während diese Ausdehnung in der Richtung α von den Dimensionen des Krystalls unabhängig ist, kann die durch dieselbe Potentialdifferenz *in*

[1] W. C. RÖNTGEN, Ueber die durch elektrische Kräfte erzeugte Aenderung der Doppelbrechung des Quarzes. Ber. Oberhess. Ges. für Natur- u. Heilkunde. **22**, 49, 97, 1882—83. Ann. d. Phys. N. F. **18**, 213, 534, 1883. Bemerkung zu der Abhandlung des Hrn. A. KUNDT: „Ueber das optische Verhalten des Quarzes im elektrischen Felde". Ann. d. Phys. N. F. **19**, 319, 1883.

[2] J. et P. CURIE, Contractions et dilatations produites par des tensions électriques dans les cristaux hémièdres à faces inclinées. Compt. rend. **93**, 1137, 1881. Déformations électriques du quartz. Compt. rend. **95**, 914, 1882. Dilatation électrique du quartz. Journ. de phys. (2) **8**, 149, 1889. (Lumière électr. **30**, 423, 465, 521, 575, 1888; **31**, 66, 1889.)

der auf α senkrechten Zwischenaxe β hervorgerufenen Dilatation, welche von den Kantenlängen l und L des Parallelepipeds abhängt:

$$\delta = -\varkappa \frac{L}{l} V = -6{,}3 \,.\, 10^{-8} \,.\, \frac{L}{l} V\,(\text{cm})$$

durch Verminderung von l und Vergrösserung von L beträchtlich gesteigert werden. Ist $L/l = 100$ und $V = 14{,}8$, so erhält man $\delta = 0{,}00009$ cm, also etwa 2 Wellenlängen.

1) *Messung der elektrischen Dilatation des Quarz in der Richtung einer elektrischen Axe α mit Hülfe einer Presse und eines piëzoelektrischen Manometers* (Fig. 125). In einer Presse zwischen zwei starken Bronceplatten befinden sich zwei Systeme von je drei, senkrecht zu einer elektrischen Axe α

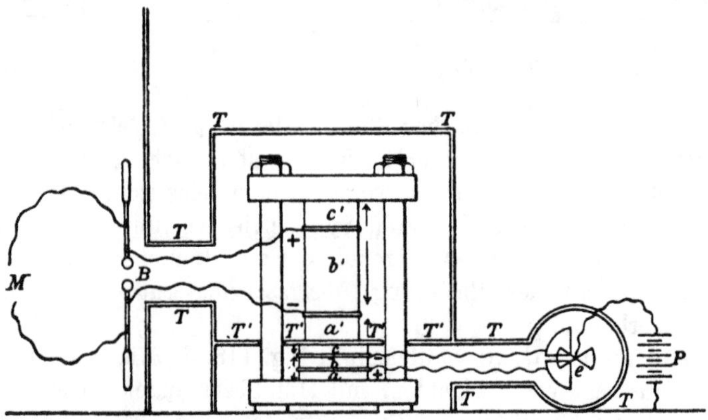

Fig. 125.

geschnittenen Quarzplatten a, b, c und a', b', c', welche durch Metallplatten getrennt sind. Die Richtungssinne der polaren Axen α (in Fig. 125 durch Pfeile angedeutet) sind so gewählt, dass bei einer Ladung der Metallplatten des oberen Systems die Quarzplatten a', b', c' sich in demselben Sinne ausdehnen oder zusammenziehen, und dass andererseits bei einer Compression oder Dilatation des unteren Systems ein Zusammenwirken der Quarzplatten a, b, c bei der Ladung der zwischengelagerten Metallplatten eintritt.

Die Metallplatten des unteren, als Manometer dienenden Systems sind mit einem Quadrantenelektrometer e verbunden, dessen Nadel durch die Säule P geladen wird.

Die Metallplatten des oberen Systems stehen in Verbindung mit einer Holtz'schen Maschine M, einer Batterie Leydener Flaschen und einem Funkenmikrometer B. Um bei der Ladung dieser Platten auf hohe Potentiale das Ueberspringen von Funken zu vermeiden, sind die oberen Quarzplatten dicker als die unteren gewählt.

Die beiden Plattensysteme sind durch eine zur Erde abgeleitete Kupferplatte T' getrennt und der ganze Apparat ist von einer abgeleiteten Metallhülle T umgeben.

Nachdem die Presse stark angezogen ist, werden die Metallplatten des oberen Systems geladen. Die hierdurch erzeugte Dickenänderung der Quarzplatten a', b', c' bewirkt eine Compression oder Dilatation der unteren Quarzplatten a, b, c und gleichzeitig eine Elektricitätsentwickelung, welche eine Ablenkung der Nadel des Elektrometers veranlasst.

Es ergab sich, dass die Ablenkungen der Nadel proportional sind den durch die Schlagweiten des Funkenmikrometers gemessenen Potentialdifferenzen der oberen Metallplatten.

Der Apparat ist zwar äusserst empfindlich; allein seine Bestandtheile sind allzu elastisch, um genauere Bestimmungen der durch die Elektrisirung der oberen Quarzplatten in der Richtung ihrer elektrischen Axen α hervorgerufenen Dilatationen zu gestatten.

2) *Messung der elektrischen Dilatation des Quarz in der Richtung einer Zwischenaxe β mit Hülfe eines Fühlhebels und eines Mikroskops* (Fig. 126). QQ bedeutet eine vertical gestellte, lange und dünne Quarzplatte. Die mit Stanniol belegten Flächen sind parallel zur optischen Axe γ und zu einer

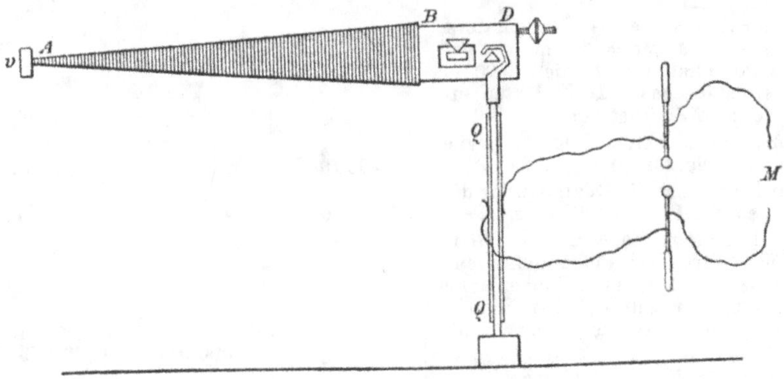

Fig. 126.

Zwischenaxe β, also senkrecht zu einer elektrischen Axe α. Die Richtung β steht vertical, γ liegt horizontal und senkrecht zur Ebene der Zeichnung.

Die Platte ist unten befestigt und oben mit einem Haken versehen, welcher auf der nach oben gekehrten Schneide an dem kürzeren Arme des Fühlhebels ABD aufliegt. Das Mittelstück BD des Hebels (aus Ebonit) ruht mit der nach unten gewendeten Schneide auf einer festen Platte. An dem aus Carton hergestellten Arme AB ist eine Glasplatte v angebracht, auf welche als Einstellungsmarke ein kleines Spinnennetz geklebt ist. Die Ablenkungen von v werden durch ein Mikroskop mit Ocularmikrometer beobachtet. Der Abstand der Schneiden beträgt 8 mm; der Cartonarm ist 30—60 cm lang.

Die Belegungen der Quarzplatte stehen in Verbindung mit einer Holtz'schen Maschine, einer Batterie Leydener Flaschen und einem Funkenmikrometer.

In dieser Anordnung bestimmt man die einer bestimmten Funkenlänge entsprechende Verschiebung des Endpunktes v und findet alsdann mit Hülfe der Constanten des Mikroskops und des Hebels den *gemessenen* Werth der Dilatation der Platte in der Richtung β.

Andererseits kann man den Zug messen, der an der Quarzplatte in der Richtung β wirken muss, um eine Elektricitätsmenge zu entwickeln, welche zur Ladung eines Condensators von bekannter Capacität auf das Potential von 1 Daniell erforderlich ist. Zu diesem Zwecke befestigt man die Platte in verticaler Stellung so, dass der Haken unten liegt, und bringt hier die zu jener Elektricitätsentwickelung nothwendigen Gewichte an. Aus der durch einen Zug von 1 Dyne entwickelten Elektricitätsmenge folgt alsdann der *berechnete* Werth der Dilatation.

	Quarzplatte I.	II.	III.
Länge der Stanniolbelegung	2,8 cm	4,0 cm	4,0 cm
Dicke der Platte	0,24	0,065	0,112
Der zur Ladung eines Condensators, dessen Capacität = 50 cm ist, auf das Potential eines Daniell (0,00374 elektrostatische C.G.S.-Einheiten) erforderliche Zug beträgt	258 g	48,5 g	78,0 g
Demnach entwickelt ein Zug von 1 Dyne die Elektricitätsmenge	$7{,}39 \cdot 10^{-7}$	$39{,}3 \cdot 10^{-7}$	$22{,}3 \cdot 10^{-7}$
Demnach beträgt die Dilatation für die Einheit der Potentialdifferenz, $V = 1$	$7{,}39 \cdot 10^{-7}$	$39{,}3 \cdot 10^{-7}$	$22{,}3 \cdot 10^{-7}$
Folglich beträgt die *berechnete Dilatation* für die Potentialdifferenz $V = 14{,}8$, welche einer Funkenlänge von 1 mm in Luft zwischen Kugeln von 6 cm Durchmesser entspricht, in mm	—	**0,00058** mm	**0,000 330** mm
Dagegen für $V = 65{,}2$ (Funkenlänge 6 mm)	**0,00048** mm	—	—
Verschiebung des Endpunktes v des Fühlhebels, ausgedrückt in Theilen des Okularmikrometers, für eine Funkenlänge von 1 mm	—	6,70	6,70
Verschiebung für 6 mm Funkenlänge	5,0	—	—
Ein Intervall der Theilung des Okularmikrometers entspricht ohne Objectiv	0,00413 mm	0,00413 mm	0,00361 mm
Verschiebung des Endpunktes v in mm	0,0206	0,0276	0,0242
Verhältniss der Armlängen des Hebels	40,8	46,5	77,3
Folglich sind *die gemessenen Dilatationen der Quarzplatten*	**0,00050** mm	**0,00061** mm	**0,000 313** mm

Die Unterschiede zwischen den gemessenen und den berechneten Werthen der Dilatationen übersteigen kaum die Fehler der Ablesung am Ocularmikrometer: ein Beweis für die Regelmässigkeit, mit der im Quarz die piëzoelektrischen Vorgänge und die durch elektrische Kräfte erzeugten elastischen Deformationen verlaufen.

8. Optische Eigenschaften.

Einleitung.

CHR. HUYGHENS, dem Begründer der Undulationstheorie des Lichtes, verdanken wir die Erkenntniss, dass die optischen Probleme, in denen es sich um die Bestimmung der *Fortpflanzungsrichtungen* von Lichtbewegungen im Inneren und an den Grenzflächen homogener Körper handelt, gelöst sind, wenn für jeden einzelnen Körper die Gestalt der *Strahlenfläche* bekannt ist.[1] Daher steht unter den Aufgaben der Krystalloptik in erster Linie die Ermittelung der Strahlenflächen der krystallisirten Körper, zu deren experimenteller Bestimmung die Principien der Undulationstheorie allgemein gültige Methoden darbieten.

1. Strahlenflächen und Normalenflächen. — In einem homogenen Körper gehe von einem Leuchtpunkte eine homogene Lichtbewegung aus. Die Punkte, welche nach einer gegebenen Zeit T von der Bewegung ergriffen werden, erfüllen eine geschlossene Oberfläche, welche die jener Zeit T entsprechende *Strahlenfläche* Σ_T genannt wird. Sehen wir einstweilen von der besonderen Natur der Bewegung in den einzelnen Punkten dieser Fläche ab, so besitzt die geometrische Gestalt der Strahlenfläche im Leuchtpunkte stets ein Centrum der Symmetrie. Diese Oberfläche definirt den Körper in optischer Beziehung für eine bestimmte Wellenlänge des Lichtes und eine bestimmte Temperatur. Kennt man ihre Gestalt für irgend eine Zeit, z. B. für die Zeiteinheit $T = 1$, so ist auch die jeder anderen Zeit entsprechende Strahlenfläche gegeben; denn alle diese Flächen sind ähnlich und ähnlich gelegen in Bezug auf den Leuchtpunkt.

Eine Strahlenfläche wird aus einer oder aus mehreren Schalen bestehen, je nachdem die Lichtbewegung in jeder Fortpflanzungsrichtung sich mit einer einzigen oder mit mehreren von einander verschiedenen Geschwindigkeiten verbreiten kann.

Die Erscheinungen der Reflexion und Brechung des Lichtes an den Grenzflächen homogener, vollkommen durchsichtiger Körper wurden von

---

[1] CHR. HUYGHENS, Traité de la Lumière où sont expliquées les causes de ce qui luy arrive dans la reflexion et dans la refraction et particulièrement dans l'étrange refraction du cristal d'Islande. Leide 1690.

CHR. HUYGHENS und A. FRESNEL erklärt durch die nach ihnen benannten fundamentalen Principien der geometrischen Optik, das HUYGHENS'sche Princip der einhüllenden Wellen und das FRESNEL'sche Princip der Interferenzen.[1]

In einem homogenen unbegrenzten Körper habe zur Zeit T eine von dem Leuchtpunkte O ausgehende Lichtbewegung die Punkte der Strahlenfläche Σ_T erreicht. Zur Zeit $T + t$ sei die Bewegung auf der Strahlenfläche Σ_{T+t} angelangt. Alsdann kann die letztere Fläche betrachtet werden als die *Enveloppe* aller Strahlenflächen Σ_t, welche der Zeit t entsprechen und um die Punkte von Σ_T als Mittelpunkte beschrieben sind (Fig. 127).

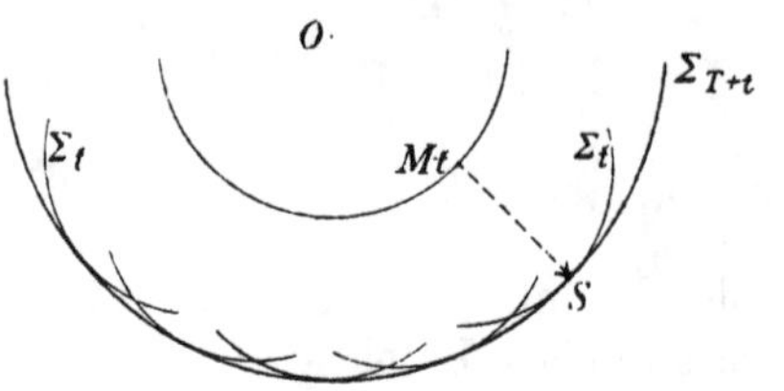

Fig. 127.

Man findet die Richtung des *Lichtstrahls*, der durch irgend einen Punkt S der Fläche Σ_{T+t} hindurchgeht, indem man diesen Punkt mit dem Mittelpunkte M_t derjenigen Fläche Σ_t verbindet, welche in S die Strahlenfläche Σ_{T+t} berührt.

Um die Fortpflanzung des Lichtes nach Ablauf der Zeit T zu bestimmen, kann man hinfort den Leuchtpunkt O unberücksichtigt lassen, wenn man dafür die Punkte der Strahlenfläche Σ_T als Mittelpunkte elementarer Strahlenflächen einführt. Die Bewegung auf diesen letzteren Flächen wird in allen Punkten, die nicht ihrer Enveloppe angehören, durch Interferenz zerstört.

Es bedeute Σ' die äussere, Σ'' die innere Schale einer der Zeiteinheit entsprechenden zweischaligen Strahlenfläche Σ (Fig. 128). Ein von dem Mittelpunkte O ausgehender Strahl OS schneide Σ' in S' und Σ'' in S''. Dann repräsentirt OS' die Fortpflanzungsgeschwindigkeit des schnelleren, OS'' jene des langsameren Strahles. Die Radien der Strahlenfläche Σ stellen demnach die Strahlengeschwindigkeiten dar.

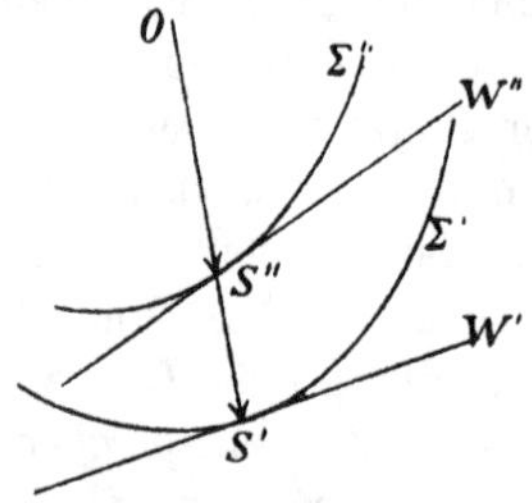

Fig. 128.

Die Tangentialebenen W' und W'' an die Strahlenfläche Σ in S' und S'' sind im Allgemeinen einander nicht parallel. Aber die Tangentialebenen in den Schnittpunkten von OS mit den äusseren (inneren) Schalen aller Strahlenflächen Σ_T laufen unter einander und zu W' (W'') parallel.

Die Principien der einhüllenden Wellen und der Interferenzen gelten nicht nur für Strahlenflächen, sondern darüber hinaus für irgend welche stetigen Oberflächen Φ, deren Punkte gleichzeitig von einer Lichtbewegung

[1] A. FRESNEL, Premier Mémoire sur la diffraction de la lumière (1815). Deuxième Mémoire (1815). Note sur l'application du principe de HUYGHENS et de la théorie des interférences aux phénomènes de la réflexion et de la diffraction (1818). Explication de la réfraction dans le système des ondes (1821). Oeuvres compl. **1**, 28, 117, 201, 373.

ergriffen werden. Wieder bildet die Fläche Φ_{T+t}, auf welcher eine Lichtbewegung zur Zeit $T + t$ angelangt ist, die Enveloppe aller Strahlenflächen Σ_t, deren Mittelpunkte sich in den zur Zeit T von der Bewegung ergriffenen Punkten der Fläche Φ_T befinden. Derartige Oberflächen können durch Reflexion oder Brechung hervorgerufen werden. Sie unterscheiden sich von den Strahlenflächen dadurch, dass sie im Allgemeinen nicht mehr concentrisch und einander ähnlich sind.

Von besonderem theoretischem Interesse und hervorragender praktischer Bedeutung ist der einfachste Fall, in welchem die Oberflächen Φ *eben* sind.

In einem homogenen unbegrenzten Körper mögen sich zur Zeit T alle Punkte einer unbegrenzten Ebene W_T in demselben Bewegungszustande befinden. Dann bleibt diese ebene Welle, indem sie sich fortpflanzt, stets eben und sich selbst parallel. Zur Zeit $T + t$ ist die Wellenebene W_{T+t} die Tangentialebene correspondirender Schalen aller Strahlenflächen Σ_t, welche um die Punkte von W_T als Mittelpunkte beschrieben sind.

Es sei (Fig. 129) S ein beliebiger Punkt auf der Wellenebene W_{T+t}. Die Verbindungsgerade von S mit dem Mittelpunkte M derjenigen Strahlenfläche Σ_t, welche W_{T+t} in S berührt, ist der durch S gehende Strahl, der im Allgemeinen nicht auf W_{T+t} senkrecht steht. Alle zu W_{T+t} gehörigen Strahlen sind einander parallel. Es pflanzt sich also ein Bündel unter einander paralleler Strahlen gleicher Art fort, so dass die in demselben Bewegungszustande befindlichen Punkte auf einer Ebene liegen. *Die schwingende Bewegung einer ebenen Welle überträgt sich von einer Lage der Welle zur folgenden in der Richtung der zugehörigen Strahlen, die im Allgemeinen von der Richtung der Wellennormale verschieden ist.* Wir müssen demnach unterscheiden zwischen der Fortpflanzungsgeschwindigkeit $\mathfrak{s}$ der schwingenden Bewegung in der Strahlenrichtung und der Geschwindigkeit $\mathfrak{q}$, mit der die zugehörige ebene Welle in der Richtung ihrer Normale fortschreitet. Bezeichnet man den Winkel zwischen Wellennormale und Strahl mit ω, so ist:

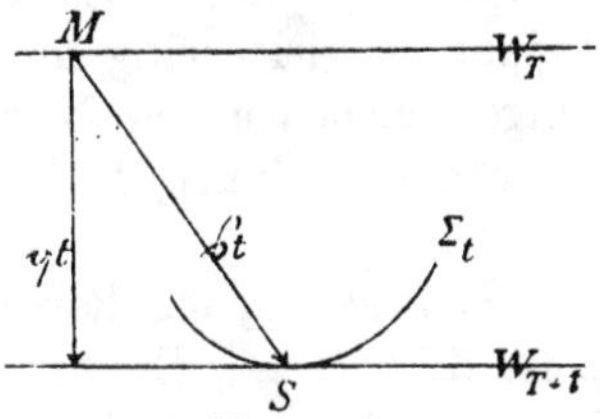

Fig. 129.

$$\cos \omega = \frac{\mathfrak{q}}{\mathfrak{s}}.$$

Beachten wir, dass hiernach zur experimentellen *Bestimmung einer Wellenebene* nur erforderlich ist die Ermittelung zweier Elemente: ihrer Geschwindigkeit und der Richtung ihrer Normale. Soll auch *der zugehörige Strahl* vollständig und unabhängig von der Strahlenfläche Σ bestimmt werden, so muss noch die Angabe von zwei weiteren Elementen hinzutreten: des Winkels zwischen Wellennormale und Strahl und der Orientirung der Verbindungsebene dieser Geraden gegen ein mit dem Körper starr verbundenes Coordinatensystem.

Stellen wir uns nun vor, dass die Ebene W_T um den Punkt M in beliebige Lagen gedreht werde, so ist die nach der Zeiteinheit resultirende Wellenebene W_{T+1} stets Tangentialebene an die um M als Mittelpunkt beschriebene Strahlenfläche Σ. Hierauf beruht *die von* A. Fresnel *eingeführte Auffassung der Strahlenfläche Σ als Enveloppe aller Wellenebenen,* welche zu einer bestimmten Zeit T den Mittelpunkt M der Fläche Σ gemein hatten und sich hierauf während der Zeiteinheit fortgepflanzt haben. Jeder Punkt von Σ ist Schnittpunkt der in ihm diese Fläche berührenden Wellenebenen mit allen benachbarten Wellenebenen.

Die Bestimmung der Gestalt der Strahlenfläche eines homogenen Körpers ist hierdurch zurückgeführt auf die Bestimmung der Fortpflanzungsgeschwindigkeiten ebener Wellen. Auf diese Bemerkung gründen sich die wichtigsten *Methoden zur experimentellen Prüfung der Gesetze der Doppelbrechung und zur Ermittelung der optischen Constanten der Krystalle.*

Denkt man sich auf allen von dem Punkte M ausgehenden Wellennormalen die Werthe der Fortpflanzungsgeschwindigkeiten q der zugehörigen Wellenebenen als Längen aufgetragen, so erfüllen die Endpunkte derselben die *Oberfläche der Wellengeschwindigkeiten* oder die *Normalenfläche.* Da jene Endpunkte gleichzeitig die Fusspunkte der von dem Mittelpunkte M auf die Tangentialebenen von Σ gefällten Senkrechten sind, so kann die Normalenfläche auch definirt werden als die Fusspunktfläche der Strahlenfläche.

2. Brechung und Reflexion ebener Wellen an ebenen Grenzflächen homogener Körper. — Es bedeute $\mathfrak{G}$ die ebene Grenzfläche zweier homogener Körper. Eine im ersten Körper einfallende Wellenebene habe zur Zeit T die Lage W und zur Zeit $T+1$ die Lage W'; ihre Schnittgeraden mit der Grenzebene seien Y und Y' (Fig. 130). Die aus dieser einfallenden Wellenebene hervorgehenden gebrochenen Wellen müssen nach den soeben erläuterten Principien jedenfalls zur Zeit $T+1$ die Gerade Y' enthalten und gleichzeitig die um die Punkte der Geraden Y als Mittelpunkte beschriebenen Strahlenflächen $\Sigma^{(2)}$ des zweiten Körpers berühren. Sie sind daher

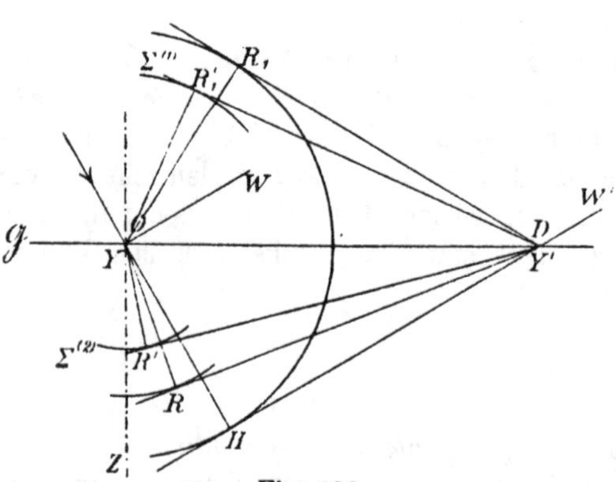

Fig. 130.

gegeben durch die in den zweiten Körper fallenden Tangentialebenen, welche man durch die Gerade Y' an eine dieser Flächen $\Sigma^{(2)}$ legen kann. Von diesen Ebenen werden zugleich alle um die Punkte der Grenzebene als Mittelpunkte beschriebenen Strahlenflächen $\Sigma^{(2)}_{1-\tau}$ berührt, welche den Zeiten $1-\tau$ entsprechen, wo τ alle Werthe zwischen 0 und 1 und alle negativen Werthe von 0 an, für die noch eine Schnittgerade der einfallenden Wellenebene mit der Grenzebene existirt, erhalten kann.

Eine analoge Ueberlegung zeigt, dass die aus derselben einfallenden Welle hervorgehenden reflectirten Wellen gegeben sind durch die in den ersten Körper fallenden Tangentialebenen, welche man durch die Gerade Y' an eine um einen Punkt der Geraden Y als Mittelpunkt beschriebene Strahlenfläche $\Sigma^{(1)}$ des ersten Körpers legen kann.

Beachten wir noch, dass durch den Berührungspunkt H der Ebene W' mit jeder der eben genannten Strahlenflächen $\Sigma^{(1)}$ der von dem Mittelpunkte O dieser Fläche ausgehende, zu W' gehörige Strahl hindurchgehen muss, so gelangen wir jetzt zu folgender *Construction*:

Um einen beliebigen Punkt O der Geraden Y, in der zur Zeit T die einfallende Wellenebene W die Grenzebene $\mathfrak{S}$ schneidet, beschreibe man die Strahlenflächen $\Sigma^{(1)}$ und $\Sigma^{(2)}$. Man verlängere den durch den Einfallspunkt O gehenden, zu W gehörigen Strahl über O hinaus bis zum Schnitt H mit der correspondirenden Schale von $\Sigma^{(1)}$ und lege in H an diese Schale die Tangentialebene W'. Durch die Schnittgerade Y' von W' mit der Grenzebene lege man nun die in den zweiten Körper fallenden Tangentialebenen an $\Sigma^{(2)}$ und die in den ersten Körper fallenden Tangentialebenen an $\Sigma^{(1)}$; jene liefern die Richtungen der gebrochenen, diese die Richtungen der reflectirten Wellenebenen. Die Radien von O nach den Berührungspunkten dieser Wellenebenen mit ihren Strahlenflächen bezeichnen die Richtungen der gebrochenen und der reflectirten Strahlen.

Unter den Folgerungen aus dieser Huyghens'schen Construction verdienen hier zunächst die folgenden hervorgehoben zu werden.

Eine ebene Welle, die an einer oder an mehreren Grenzebenen homogener Körper gebrochen oder reflectirt wird, bleibt stets eben. Ein Bündel unter einander paralleler Strahlen bleibt also nach irgend einer Anzahl von Reflexionen oder Brechungen an ebenen Grenzflächen homogener Körper immer ein Bündel paralleler Strahlen.

Die *Normalen* der aus einer einfallenden Welle W an der Grenzebene zweier homogener Körper hervorgehenden gebrochenen und reflectirten Wellenebenen liegen *in der Einfallsebene*, d. h. in der durch die Normalen OZ und OH der Grenzebene und der einfallenden Welle gegebenen Ebene. Und diese Normalen sind dem *Sinusgesetz* unterworfen, demzufolge der Quotient aus der Fortpflanzungsgeschwindigkeit jeder einzelnen Welle und dem Sinus des Winkels zwischen den Normalen der Welle und der Grenzebene einen constanten Werth besitzt. In der That, bezeichnet man die Geschwindigkeiten der in Fig. 130 für zweischalige Strahlenflächen $\Sigma^{(1)}$ und $\Sigma^{(2)}$ dargestellten Wellen mit $OH = \mathfrak{p}$, $OR = \mathfrak{q}$, . ., $OR_1' = \mathfrak{q}_1'$ und die Winkel zwischen den Wellennormalen und dem Einfallsloth mit i, r, . ., r_1', so ist, wenn D den Schnittpunkt der Einfallsebene mit der Geraden Y' bedeutet:

$$OD = \frac{\mathfrak{p}}{\sin i} = \frac{\mathfrak{q}}{\sin r} = \frac{\mathfrak{q}'}{\sin r'} = \frac{\mathfrak{q}_1}{\sin r_1} = \frac{\mathfrak{q}_1'}{\sin r_1'}.$$

Hieraus ist ersichtlich, dass die Richtung einer ebenen Welle nach irgend einer Zahl von Brechungen und Reflexionen an ebenen Grenzflächen homogener Körper nur abhängt von den Fortpflanzungsgeschwindigkeiten in den Richtungen der Normalen, welche diese Welle bei dem Durchgang durch jene Körper besitzt; sie bleibt dagegen unabhängig von den Elementen, welche die zugehörigen Strahlen bestimmen. Die Bedeutung dieser Bemerkung für die experimentelle Bestimmung von Normalenflächen und die Prüfung der Gesetze der Doppelbrechung wird sofort hervortreten, wenn wir uns nunmehr zur Untersuchung des Durchganges ebener Wellen durch planparallele Platten und ebenflächige Prismen wenden.

Zuvor sei noch darauf hingewiesen, dass zur Lösung des Problems der Brechung und Reflexion an der ebenen Grenzfläche zweier homogener Körper gegeben sein müssen: die Strahlenflächen $\Sigma^{(1)}$ und $\Sigma^{(2)}$, die Orientirungen von Grenzebene und Einfallsebene gegen ein mit den beiden Körpern starr verbundenes Coordinatensystem und der Winkel i zwischen den Normalen der einfallenden Welle und der Grenzebene. Alsdann sind nach der eben abgeleiteten Regel die Richtungen der gebrochenen und reflectirten Wellennormalen und Strahlen zu construiren und demgemäss auch zu berechnen.

3. Planparallele Platten. — Wir betrachten den Durchgang ebener Wellen homogenen Lichtes durch eine planparallele Platte aus einem homogenen Körper, der eine zweischalige Strahlenfläche vierter Ordnung und vierter Klasse besitzt. Es sollen die gebrochenen und gespiegelten Wellenebenen und Strahlen unter der Voraussetzung bestimmt werden, dass die Platte von einem einfach brechenden Mittel umgeben ist.[1]

Die Grenzebenen der Platte seien bezeichnet mit $\mathfrak{G}$ und $\mathfrak{G}'$. Auf $\mathfrak{G}$ falle in der Einfallsebene $\mathfrak{E}$ aus dem äusseren Mittel der Strahl JO. Um den Einfallspunkt O als Mittelpunkt construire man die Strahlenfläche des äusseren Mittels — eine Kugel, deren Radius die Lichtgeschwindigkeit $\mathfrak{v}$ in diesem Mittel repräsentirt, — und die Strahlenfläche Σ der Platte.

Nun lege man durch den Schnittpunkt H des einfallenden Strahles mit dem jenseits $\mathfrak{G}$ liegenden Theile der Kugel an diese letztere die zur einfallenden Wellenebene parallele Tangentialebene, welche die Grenzebene $\mathfrak{G}$ in der zur Einfallsebene senkrechten Geraden D schneidet. Durch D lege man an die Kugel die in das äussere Mittel fallende Tangentialebene DF, welche die Richtung der an $\mathfrak{G}$ reflectirten Welle liefert, und an die Strahlenfläche Σ die vier Tangentialebenen DR, DR', DR_1, DR_1', von denen die beiden ersteren in der Platte liegen und die Richtungen der an $\mathfrak{G}$ gebrochenen Wellenebenen bestimmen. Die in der Einfallsebene gelegenen Wellennormalen OR, OR', OR_1, OR_1' repräsentiren durch ihre Längen zugleich die Geschwindigkeiten $\mathfrak{q}$, $\mathfrak{q}'$, $\mathfrak{q}_1$, $\mathfrak{q}_1'$ ($\mathfrak{q} > \mathfrak{q}'$, $\mathfrak{q}_1 > \mathfrak{q}_1'$) ihrer Wellen.

[1] J. Mac Cullagh, Geometrical Propositions applied to the Wave Theory of Light. Trans. Irish Acad. **17**, 251, 1833. Coll. Works. 34, 1880.

Die Berührungspunkte S, S', S_1, S_1' dieser vier Wellenebenen und der Fläche Σ fallen im Allgemeinen nicht in die Einfallsebene. Demnach liegen auch die zugehörigen Strahlen, deren Richtungen und Geschwindigkeiten durch die Radien $OS = \mathfrak{s}$, $OS' = \mathfrak{s}'$, $OS_1 = \mathfrak{s}_1'$, $OS_1' = \mathfrak{s}_1'$ ($\mathfrak{s} > \mathfrak{s}'$, $\mathfrak{s}_1 > \mathfrak{s}_1'$) gegeben sind, im Allgemeinen nicht in der Ebene $\mathfrak{E}$.

Nimmt der Einfallswinkel in der Ebene $\mathfrak{E}$ alle möglichen Werthe an, so umhüllen die Wellenebenen DR, DR', DR_1, DR_1' einen der Strahlenfläche Σ umschriebenen Cylinder vierter Klasse $\mathfrak{C}$, dessen Erzeugenden die Richtung der Normale der Ebene $\mathfrak{E}$ besitzen. Die Schnittgeraden der Wellenebenen mit der Einfallsebene umhüllen den Normalschnitt dieses Cylinders, eine Curve vierter Klasse $\mathfrak{C}'$, welche für die Construction der gebrochenen und der im Inneren der Platte gespiegelten Wellenebenen allein in Betracht kommt.

Die gebrochenen Strahlen OS, OS' treffen die Grenzebene $\mathfrak{G}'$ in den Punkten O_1, O_1', wo jeder von ihnen in zwei gespiegelte Strahlen und einen austretenden Strahl zerlegt wird. Die durch O_1 gehende, dem Strahle OS zugehörige, also zu OR parallele Wellennormale liegt in einer der Einfallsebene $\mathfrak{E}$ parallelen Ebene $\mathfrak{E}_1$, in der wir nun, da die Fläche Σ in ihrem Mittelpunkte ein Centrum der Symmetrie besitzt, zur Construction der gespiegelten und der gebrochenen Wellennormalen eine Figur erhalten, welche der Constructionsfigur in der Ebene $\mathfrak{E}$ congruent ist. Verlängert man den Strahl OS über O_1 bis zum Schnittpunkt T mit dem äusseren Mantel der um O_1 als Mittelpunkt beschriebenen Strahlenfläche Σ_1 des Krystalls, so schneidet die in T an Σ_1 gelegte Tangentialebene die Grenzebene $\mathfrak{G}'$ in der auf $\mathfrak{E}_1$ senkrecht stehenden Geraden D_1 derart, dass $O_1 D_1 = OD$ ist. Die durch D_1 an die Fläche Σ_1 und die um O_1 als Mittelpunkt beschriebene Kugel mit dem Radius $\mathfrak{v}$ gelegten Tangentialebenen sind den durch die Gerade D gehenden Wellenebenen parallel. Insbesondere sind die beiden in den Krystall fallenden Tangentialebenen, welche die Richtungen der im Inneren der Platte an $\mathfrak{G}'$ reflectirten Wellenebenen haben, parallel zu DR_1 und DR_1'. Die Wellenebene $D_1 J_1$ des austretenden Strahles ist parallel zu der Wellenebene des einfallenden Strahles JO.

Dieselbe Construction ist in der durch O_1' parallel zu $\mathfrak{E}$ laufenden Ebene $\mathfrak{E}_1'$ auszuführen.

Daraus ist ersichtlich, dass die beiden Paare der aus der Zerlegung von OS und OS' an der Grenzebene $\mathfrak{G}'$ hervorgehenden gespiegelten Strahlen parallel jenen Radien OS_1, OS_1' der Strahlenfläche Σ laufen, die nach den Berührungspunkten der beiden durch die Gerade D gehenden und in das einfach brechende Mittel fallenden Tangentialebenen DR_1, DR_1' gezogen sind.

Da die Strahlenfläche centrisch symmetrisch ist, so kann dieser Zusammenhang zwischen den in Rede stehenden Strahlenrichtungen auch so ausgesprochen werden: Die Richtungen der durch Spiegelung von OS oder OS' an der zweiten Grenzebene $\mathfrak{G}'$ erzeugten Strahlen sind parallel den Richtungen jener beiden Strahlen, welche aus der Brechung eines in der

Richtung des reflectirten Strahles OF auf die erste Grenzebene $\mathfrak{G}$ einfallenden Strahles entstehen würden.

Jeder der vier an $\mathfrak{G}'$ reflectirten Strahlen wird an der Grenzebene $\mathfrak{G}$ von neuem in ein Strahlenpaar zerlegt, welches dem Paare OS, OS' parallel ist, u. s. f. Die durch $\mathfrak{G}$ in das einfach brechende Mittel austretenden Strahlen sind dem im Einfallspunkte O reflectirten, die durch $\mathfrak{G}'$ austretenden Strahlen dem in jenem Punkte einfallenden Strahle parallel.

4. Die HUYGHENS'sche Construction der gebrochenen und gespiegelten Wellenebenen und Strahlen kann, wie W. HAMILTON und J. MAC CULLAGH unabhängig von einander gefunden haben[1], auch in der Weise ausgeführt werden, dass die Kugel mit dem Radius $\mathfrak{v}$ und die Strahlenfläche Σ durch ihre Reciprokalflächen in Bezug auf eine concentrische Kugel, deren Radius gleich der Längeneinheit ist, ersetzt werden. Diese Construction besitzt den Vorzug grösserer Anschaulichkeit, da sie *die Richtungen der gebrochenen und gespiegelten Wellennormalen durch die Schnittpunkte einer ebenen Curve mit einer Geraden bestimmt.*

Die Reciprokalfläche jener Kugel ist wieder eine Kugel mit dem Radius $\nu = 1/\mathfrak{v}$.

Die Reciprokalfläche von Σ ist eine Fläche vierter Ordnung und vierter Klasse $\mathfrak{J}$, deren Gleichung in Punktcoordinaten sofort aus der in Ebenencoordinaten ausgedrückten Gleichung von Σ dadurch erhalten wird, dass die Ebenencoordinaten durch Punktcoordinaten ersetzt werden.

Aus dieser Beziehung zwischen Σ und $\mathfrak{J}$ ergiebt sich, dass die Richtungen und Geschwindigkeiten der *Strahlen* dargestellt werden durch die Radien der Strahlenfläche und die reciproken Werthe der vom Mittelpunkte auf die Tangentialebenen der Fläche $\mathfrak{J}$ gefällten Senkrechten. Die Richtungen und Geschwindigkeiten der *Wellennormalen* werden repräsentirt durch die vom Mittelpunkt auf die Tangentialebenen der Strahlenfläche gefällten Senkrechten und die reciproken Werthe der Radien der Fläche $\mathfrak{J}$. Folglich besteht zwischen der Fläche $\mathfrak{J}$ und der Normalenfläche, deren Radien die Geschwindigkeiten der Wellenebenen darstellen, die Beziehung, *dass $\mathfrak{J}$ die inverse Fläche der Normalenfläche ist,* d. h. aus ihr durch Transformation mittelst reciproker Radien hervorgeht.

Bedeuten jetzt $\mathfrak{q}$ und σ correspondirende Radien der Normalenfläche und der Fläche $\mathfrak{J}$, deren Richtungscosinus q_1, q_2, q_3 sind, so ist $\sigma = 1/\mathfrak{q}$, und aus der Gleichung der Normalenfläche in Polarcoordinaten:

$$f\,(q_1,\, q_2,\, q_3,\, \mathfrak{q}) = 0$$

folgt sofort die Gleichung der Fläche $\mathfrak{J}$:

$$f\left(q_1,\, q_2,\, q_3,\, \frac{1}{\sigma}\right) = 0.$$

[1] W. HAMILTON, Essay on the Theory of Systems of Rays. III. Suppl. Trans. Irish Acad. 17, 144, 1883. — J. MAC CULLAGH: Geometrical Propositions etc. ibid. 17, 252. Coll. Works 36.

Auf Grund dieser Beziehung zur Normalenfläche wurde die Fläche $\mathfrak{J}$ von Hamilton als „*surface of wave slowness*" Wellenträgheitsfläche, von Mac Cullagh als „*surface of indices*" oder „*index surface*" bezeichnet.[1]

Wir übertragen jetzt die Huyghens'sche Construction auf die Indexfläche $\mathfrak{J}$. Dabei entspricht der Kugel mit dem Radius $\mathfrak{v}$ die Kugel mit dem Radius ν; dem Cylinder $\mathfrak{C}$ die Schnittcurve Γ von Einfallsebene und Indexfläche; der in der Grenzebene gelegenen und auf der Einfallsebene senkrecht stehenden Geraden D die in der Einfallsebene gelegene und auf der Grenzebene senkrecht stehende Gerade Δ, deren Entfernung vom Einfallspunkte gleich dem reciproken Werth der Entfernung der Geraden D von diesem Punkte ist. Ferner entsprechen den durch D an die Strahlenfläche Σ gelegten Tangentialebenen die Schnittpunkte der Geraden Δ mit der Curve Γ in der Einfallsebene, die mit P, P', P_1, P_1' bezeichnet werden mögen, endlich den Berührungspunkten jener Ebenen mit der Fläche Σ die in P, P', P_1, P_1' an die Indexfläche gelegten Tangentialebenen. Die Verlängerungen der Wellennormalen OR, OR', OR_1, OR_1' treffen die Indexfläche in den Punkten P, P', P_1, P_1', und es ist:

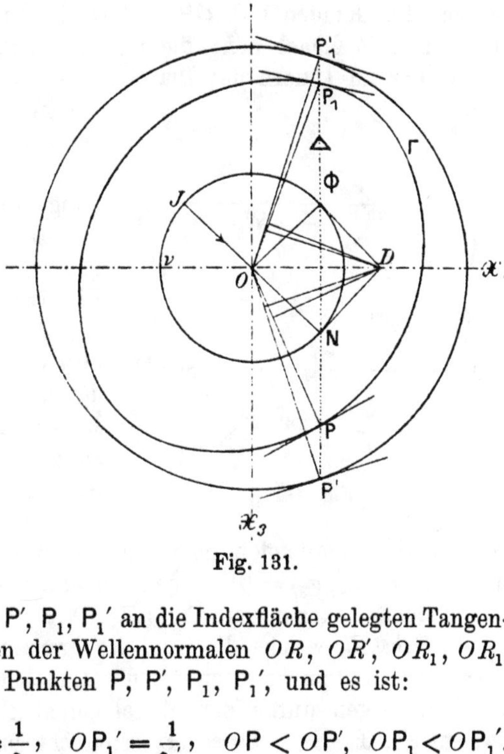

Fig. 131.

$$O\mathsf{P} = \frac{1}{\mathfrak{q}}, \quad O\mathsf{P}' = \frac{1}{\mathfrak{q}'}, \quad O\mathsf{P}_1 = \frac{1}{\mathfrak{q}_1}, \quad O\mathsf{P}_1' = \frac{1}{\mathfrak{q}_1'}, \quad O\mathsf{P} < O\mathsf{P}', \; O\mathsf{P}_1 < O\mathsf{P}_1'.$$

Die Verlängerungen der Strahlen OS, OS', OS_1, OS_1' stehen senkrecht auf den in P, P', P_1, P_1' an die Indexfläche gelegten Tangentialebenen und die Abstände dieser Ebenen vom Einfallspunkte sind:

$$\frac{1}{\mathfrak{s}}, \quad \frac{1}{\mathfrak{s}'}, \quad \frac{1}{\mathfrak{s}_1}, \quad \frac{1}{\mathfrak{s}_1'}.$$

[1] Von Hamilton wurde sie auch „surface of components of normal slowness or simply surface of components" genannt (a. a. O. 142), während Mac Cullagh ursprünglich die Bezeichnung „surface of refraction" gewählt hatte (a. a. O. **17**, 252. Coll. Works 36, 96, 163). Der Entdecker dieser Fläche ist Cauchy, dem auch ein Theil ihrer Beziehungen zur Strahlenfläche bekannt war (Exerc. de math., V. Paris 1830; Applic. des form. qui représ. le mouvem. d'un syst. de molec. sollicit. par des forces d'attract. ou de répuls. mut. à la théorie de la lumière, p. 36, 2. Théorême).

Die *Construction* ist nun in folgender Weise auszuführen: Man verlängere die einfallende Wellennormale JO über den Einfallspunkt bis zum Schnittpunkt N mit der Indexfläche des äusseren einfach brechenden Mittels (der Kugel mit dem Radius $\mathfrak{v}$). Durch N lege man eine Parallele Δ zur Normale der Grenzebene, welche jene Kugel in dem Punkte Φ und die Indexfläche $\mathfrak{J}$ in den Punkten P, P′, P_1, P_1' schneidet. Die Gerade OΦ hat die Richtung der Normale der an der Grenzebene $\mathfrak{G}$ gespiegelten Wellenebene; die Geraden OP, OP' liefern die Richtungen der Normalen der gebrochenen Wellenebenen; die Geraden OP_1, OP_1' sind parallel den Normalen der im Innern der Platte an der Grenzebene $\mathfrak{G}'$ reflectirten Wellenebenen. Die zugehörigen Strahlen sind gerichtet wie die Normalen der in P, P′, P_1, P_1' an die Indexfläche $\mathfrak{J}$ gelegten Tangentialebenen.[1]

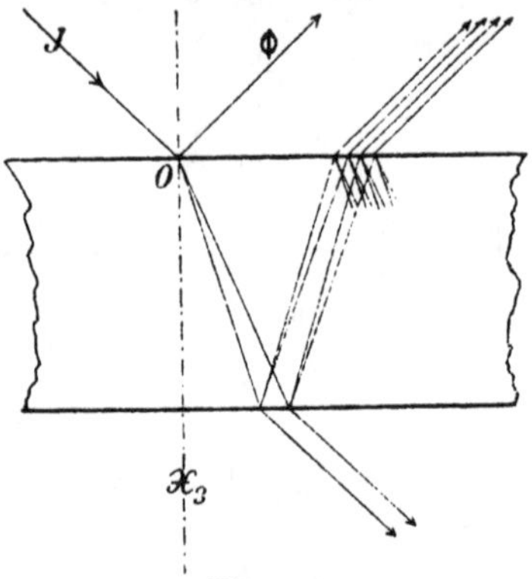

Fig. 132.

Das System der aus JO hervorgehenden Wellennormalen wird durch Fig. 132 veranschaulicht.

Die Richtungen der Wellennormalen OP, OP', OP_1, OP_1' *sind bestimmt, wenn die Winkel* r, r', r_1, r_1' *bekannt sind, die sie mit der Normale der Grenzebene einschliessen.* Um diese Winkel zu berechnen, müssen folgende Grössen gegeben sein: 1) die Fortpflanzungsgeschwindigkeit $\mathfrak{v}$ des einfallenden homogenen Lichtes; 2) die Gleichung der Indexfläche $\mathfrak{J}(x_1, x_2, x_3) = 0$ bezogen auf ein rechtwinkliges, mit der Platte starr verbundenes Axensystem X_1, X_2, X_3, dessen Anfangspunkt in O liegt; 3) die Grössen, welche die Lage der Grenzebene und der Einfallsebene gegen dieses Axensystem angeben; 4) der Einfallswinkel i.

Wir legen durch den Einfallspunkt ein zweites rechtwinkliges Axensystem $\mathfrak{X}_1$, $\mathfrak{X}_2$, $\mathfrak{X}_3$. Es sei $\mathfrak{X}_3$ senkrecht zur Grenzebene, $\mathfrak{X}_2$ senkrecht zur Einfallsebene. Die positive Richtung von $\mathfrak{X}_3$ gehe in die Platte hinein. Der positive Quadrant $\mathfrak{X}_3\mathfrak{X}_1$ enthalte die gebrochenen Wellennormalen OP, OP'. Die positive Axe $\mathfrak{X}_2$ wählen wir so, dass man von ihr auf die Ebene $\mathfrak{X}_3\mathfrak{X}_1$ herabsehend die positive Axe $\mathfrak{X}_3$ in dem zur Bewegungsrichtung des Uhrzeigers entgegengesetzten Drehungssinne auf dem kürzesten Wege in die positive Axe $\mathfrak{X}_1$ überführt. Dann ist nach 3) das System der Richtungscosinus:

[1] Ein specieller Fall dieser Construction ist die von E. Reusch angegebene und später mehrfach benutzte Construction für zwei einfach brechende Mittel (Pogg. Ann. 1862, **117**, 241). Vgl. R. Radau: Pogg. Ann. 1863, **118**, 452. E. Lommel, Zeitschr. f. Math. u. Phys. 1875, **20**, 213. P. Zech: Zeitschr. f. Math. u. Phys. 1879, **24**, 172.

	X_1	X_2	X_3
$\mathfrak{X}_1$	c_{11}	c_{12}	c_{13}
$\mathfrak{X}_2$	c_{21}	c_{22}	c_{23}
$\mathfrak{X}_3$	c_{31}	c_{32}	c_{33}

als bekannt anzusehen. Bedeuten x_1, x_2, x_3 die Coordinaten eines Punktes in dem ersten, $\mathfrak{x}_1$, $\mathfrak{x}_2$, $\mathfrak{x}_3$ die Coordinaten desselben Punktes in dem zweiten System, so ist:

$$(\alpha) \qquad \begin{aligned} x_1 &= c_{11}\mathfrak{x}_1 + c_{21}\mathfrak{x}_2 + c_{31}\mathfrak{x}_3 \\ x_2 &= c_{12}\mathfrak{x}_1 + c_{22}\mathfrak{x}_2 + c_{32}\mathfrak{x}_3 \\ x_3 &= c_{13}\mathfrak{x}_1 + c_{23}\mathfrak{x}_2 + c_{33}\mathfrak{x}_3. \end{aligned}$$

Die Gleichung der Einfallsebene ist $\mathfrak{x}_2 = 0$. Um nun die *Gleichung der Schnittcurve* Γ *von Einfallsebene und Indexfläche,* bezogen auf das zweite Axensystem, zu bilden, haben wir die Werthe (α) in die Gleichung der Indexfläche einzutragen und dabei $\mathfrak{x}_2 = 0$ zu setzen. Das Resultat ist eine Gleichung vierten Grades in $\mathfrak{x}_1$ und $\mathfrak{x}_3$:

$$\Gamma(\mathfrak{x}_1, \mathfrak{x}_3) = 0.$$

Nun seien $\mathfrak{x}_1$, $\mathfrak{x}_3$ insbesondere die Coordinaten eines der vier Schnittpunkte P der Geraden Δ mit der Curve Γ. r bedeute die Neigung der zugehörigen Wellennormale gegen $\mathfrak{X}_3$, also auch gegen Δ; dabei ist r von 0 bis $\pi/2$ zu nehmen und positiv zu rechnen in dem Drehungssinne von $\mathfrak{X}_3$ nach $\mathfrak{X}_1$ (Fig. 131). Bezeichnet man den Schnittpunkt von Δ und $\mathfrak{X}_1$ mit C, so ergiebt sich aus den Dreiecken OCN und OCP:

$$\mathfrak{x}_1 = \frac{\sin i}{\mathfrak{v}}, \quad \mathfrak{x}_3 = \frac{\sin i}{\mathfrak{v}} \frac{1}{\tan r}.$$

Setzt man diese Werthe in die Gleichung der Curve Γ ein, so erhält man eine Gleichung vierten Grades für $\tan r$:

$$g(r) = a_0 \tan^4 r + 4a_1 \tan^3 r + 6a_2 \tan^2 r + 4a_3 \tan r + a_4 = 0,$$

deren Coëfficienten sich aus den gegebenen Grössen zusammensetzen und *deren Wurzeln die trigonometrischen Tangenten der vier gesuchten Winkel sind.*

Da die Curve Γ im Einfallspunkte ein Centrum der Symmetrie besitzt, so muss $g(r)$ vom zweiten Grade in $\sin^2 i$ sein, so dass man für $\sin i$ und $-\sin i$ dieselben vier Werthe von $\tan r$ erhält. Andererseits gehören zu jedem gegebenen Werthe von $\tan r$ zwei, durch $g(r) = 0$ bestimmte Werthe von $\sin^2 i$, von denen der eine der schnelleren, der andere der langsameren der beiden Wellen entspricht, deren Normale in der Einfallsebene den Winkel r mit der Normale der Grenzebene einschliesst.

Im Allgemeinen kann die Gleichung $g(r) = 0$ nur durch Näherungsmethoden aufgelöst werden. Die besonderen Fälle, in denen die Auflösung leicht gelingt, sind durch Symmetrieeigenschaften ausgezeichnet.

I. *Wenn die Schnittcurve* Γ *von Indexfläche und Einfallsebene symmetrisch zur Grenzebene ist,* so müssen die vier Wurzeln der Gleichung $g(r) = 0$ paarweise einander entgegengesetzt gleich sein:

$$\pm \tan r, \quad \pm \tan r';$$

d. h. $g(r)$ ist vom zweiten Grade in $\tan^2 r$, also:

$$a_1 = 0, \quad a_3 = 0.$$

Dieser Fall tritt ein, wenn die Grenzebene eine optische Symmetrieebene oder ihre Schnittgerade mit der Einfallsebene eine optische Symmetrieaxe ist.

II. *Wenn die Schittcurve* Γ *in zwei Curven zweiter Ordnung zerfällt,* so ist $g(r)$ ein Product aus zwei Factoren des zweiten Grades in $\tan r$:

$$g(r) = \varphi(r) \cdot \psi(r).$$

Dieser Fall tritt, wie später gezeigt werden soll, ein, wenn die Einfallsebene eine optische Symmetrieebene ist.

5. Ist die Geschwindigkeit $\mathfrak{v}$ des Lichtes in dem äusseren Mittel *grösser* als in der Platte, so liegt die Kugel mit dem Radius $\mathfrak{v}$ ausserhalb der Strahlenfläche Σ, also die Kugel mit dem Radius v innerhalb der Indexfläche $\mathfrak{J}$ (Fig. 131, S. 289). Die Wurzeln der Gleichung $g(r) = 0$ sind in diesem Falle reell und im Allgemeinen von einander verschieden. Jedem Einfallswinkel i entsprechen zwei gebrochene Wellenebenen.

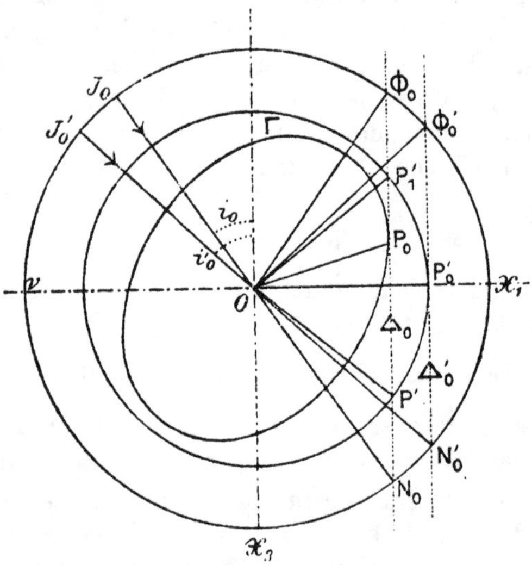

Fig. 133.

Ist dagegen $\mathfrak{v}$ *kleiner* als die Geschwindigkeiten in der Platte, so umschliesst die Kugel mit dem Radius v die Indexfläche. In diesem Falle kann, wie aus Fig. 133 sofort zu ersehen ist, an der Grenzebene $\mathfrak{G}$ *totale Reflexion* eintreten.

Wächst der Einfallswinkel i von Null an, so liefert die Gerade Δ zunächst vier reelle Schnittpunkte P, P′, P_1, P_1' auf der aus zwei reellen Zweigen bestehenden Curve Γ. Für einen bestimmten Werth i_0 jenes Winkels fallen P und P_1 zusammen in P_0, d. h. Δ berührt den inneren Zweig der Curve; von hier an werden die Schnittpunkte von Δ mit dem inneren Zweige imaginär. Für einen grösseren Werth i_0' fallen P′ und P_1' zusammen in P_0', so dass Δ den äusseren Zweig von Γ berührt, und für noch grössere Werthe des Einfallswinkels sind alle Schnittpunkte der Geraden Δ mit der Curve Γ imaginär.

Die Winkel i_0 und i_0' sind *die Grenzwinkel der totalen Reflexion* für die Grenzebene 𝔊 und die Einfallsebene 𝔈; i_0 ist der Grenzwinkel der schnelleren, i_0' jener der langsameren Welle ($i_0 < i_0'$, Fig. 134). Diese Grenzwinkel sind also dadurch charakterisirt, dass für sie die beiden schnelleren oder die beiden langsameren der vier aus der Zerlegung der einfallenden Welle hervorgehenden Wellen DR, DR', DR_1, DR_1' ($OR > OR'$, $OR_1 > OR_1'$) und demnach auch die zugehörigen Strahlen zusammenfallen.

Die in den Berührungspunkten P_0 und P_0' an die Indexfläche gelegten Tangentialebenen stehen auf der Grenzebene senkrecht. Daraus folgt, dass *der einem Grenzwinkel der totalen Reflexion i_0 oder i_0' entsprechende gebrochene Strahl OS_0 oder OS_0'* **in** *der Grenzebene liegt*; dagegen fällt die zugehörige Wellennormale $O\mathsf{P}_0$ oder $O\mathsf{P}_0'$, welche stets der Einfallsebene angehört, im Allgemeinen *nicht* in die Grenzebene.[1]

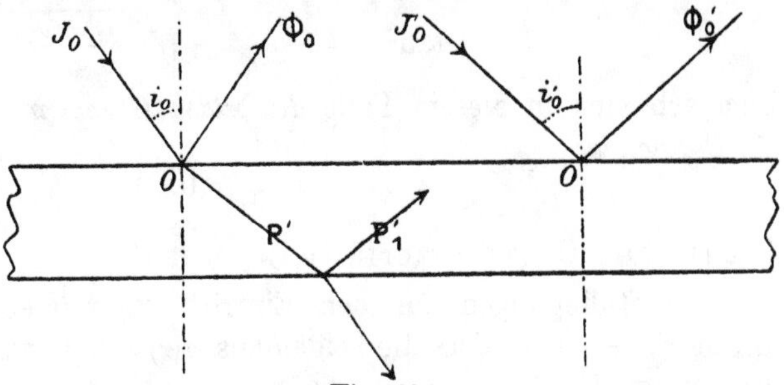

Fig. 134.

In den Grenzfällen, wo die Gerade Δ die Curve Γ berührt, besitzt die Gleichung $g(r) = 0$ zwei reelle, einander gleiche Wurzeln. Die beiden Grenzwinkel i_0 und i_0' der totalen Reflexion für die Grenzebene 𝔊 und die Einfallsebene 𝔈 sind also dadurch charakterisirt, dass für sie die Discriminante $\mathbf{D}$ der Gleichung $g(r) = 0$ verschwindet:

$$\mathbf{D} = \mathbf{I}^3 - 6\mathbf{J}^2 = 0,$$

worin:

$$\mathbf{I} = 2(a_0 a_4 - 4 a_1 a_3 + 3 a_2 a_2)$$

$$\mathbf{J} = 6 \begin{vmatrix} a_0 & a_1 & a_2 \\ a_1 & a_2 & a_3 \\ a_2 & a_3 & a_4 \end{vmatrix}$$

gesetzt ist.

Die für den Beginn der totalen Reflexion geltende Bedingung $\mathbf{D} = 0$ nimmt in den durch Symmetrieeigenschaften ausgezeichneten Fällen I und II, S. 292, sehr einfache Gestalten an.

I. Die Curve Γ ist symmetrisch zur Grenzebene.

Sollen die Wurzeln eines der beiden Paare $\pm \tan r$, $\pm \tan r'$ einander gleich sein, so muss:

[1] Th. Liebisch, Ueber die Totalreflexion an optisch einaxigen Krystallen. N. Jahrb. f. Min. 1885, 1, 246. Ueber die Totalreflexion an doppeltbrechenden Krystallen. Ebenda. 1885, 2, 181. 1886, 2, 47.

$$\pm \tan r = \infty \text{ oder } \pm \tan r' = \infty$$

sein, denn der Werth Null entspricht der normalen Incidenz; d. h. *ist die Grenzebene eine optische Symmetrieebene oder ihre Schnittgerade mit der Einfallsebene eine optische Symmetrieaxe, so liegen für den Grenzwinkel der totalen Reflexion die gebrochenen Wellennormalen in der Grenzebene;* sie fallen also mit der Schnittgeraden von Grenzebene und Einfallsebene zusammen. Da $g(r) = 0$ die Form hat:

$$a_0 \tan^4 r + 6 a_2 \tan^2 r + a_4 = 0,$$

so ist:

$$\tan^2 r = -\frac{3a_2}{a_0} \pm \sqrt{\frac{9\,a_2{}^2 - a_0 a_4}{a_0{}^2}}$$

Demnach sind in diesem Falle *die beiden Grenzwinkel i_0, i_0' bestimmt durch die Bedingung:*

$$a_0 = 0.$$

II. Die Curve Γ zerfällt in zwei Curven zweiter Ordnung.

Die Bedingungen für den Eintritt der totalen Reflexion bestehen in diesem Falle darin, dass die beiden aus $g(r) = 0$ hervorgehenden Gleichungen des zweiten Grades:

$$\varphi(r) = 0, \quad \psi(r) = 0$$

je zwei reelle, einander gleiche Wurzeln besitzen.

In dem äusseren Mittel erhalten wir im Allgemeinen in jeder Einfallsebene zwei Paare von Grenzstrahlen der totalen Reflexion. Die Strahlen jedes Paares liegen symmetrisch zur Normale der Grenzebene. *Nimmt die Einfallsebene auf der Grenzebene 𝔊 alle möglichen Lagen an, so erfüllen die Paare der Grenzstrahlen in dem äusseren Mittel zwei zur Normale der Grenzebene symmetrische Kegel 𝔎 und 𝔎′ mit gemeinsamem Scheitel im Einfallspunkte O.* Wie aus der auf S. 293 beschriebenen Construction der Grenzstrahlen folgt, erhält man diese Kegel, indem man die Schnittcurve, welche der zur Normale der Grenzebene parallele Tangentencylinder der Indexfläche 𝔍 (die Gesammtheit der Geraden Δ) auf der Kugel mit dem Radius 𝔳 (der Indexfläche des äusseren Mittels) erzeugt, mit dem Einfallspunkte verbindet.

Die Gleichung $\mathbf{D} = 0$, welche die Grenzwinkel i_0 und i_0' bestimmt, stellt, wenn in ihr die zur Orientirung der Einfallsebene dienenden Grössen als Veränderliche betrachtet werden, *die Gleichung der Kegel der Grenzstrahlen dar.*

Geht man von einem äusseren Mittel mit hinreichend kleiner Lichtgeschwindigkeit 𝔳 aus, derart, dass die Kegel 𝔎 und 𝔎′ gleichzeitig reell sind, so kann man es durch Vergrösserung von 𝔳 dahin bringen, dass zunächst der äussere Kegel 𝔎′ imaginär wird, d. h. dass eine Grenzbrechung nur noch für die schnelleren Strahlen der Grenzebene möglich ist. Bei weiterer Vergrösserung von 𝔳 wird auch 𝔎 imaginär, und die Erscheinung der totalen Reflexion verschwindet vollständig.

6. Prismen. — Wir wenden jetzt die HUYGHENS'sche Construction auf die Brechung ebener Wellen durch ein Prisma mit ebenen Grenzflächen 𝔊, 𝔊′ an. Das Prisma sei umgeben von einem einfach brechenden Mittel, in welchem die Fortpflanzungsgeschwindigkeit für Licht von der Wellenlänge λ gleich $\mathfrak{v}$ ist.

Indem wir alle Richtungen von Wellennormalen und Strahlen durch einen Punkt O der Prismenkante gelegt denken, betrachten wir diesen Punkt einmal als Einfallspunkt auf der Eintrittsfläche 𝔊, andererseits als Austrittspunkt auf der Austrittsfläche 𝔊′ (Fig. 135). Hierdurch wird der Vortheil erreicht, dass die um O als Mittelpunkt beschriebenen Strahlenflächen des äusseren Mittels und des Prismas gleichzeitig zur Construction der gebrochenen und der austretenden Wellenebenen und Strahlen dienen.[1]

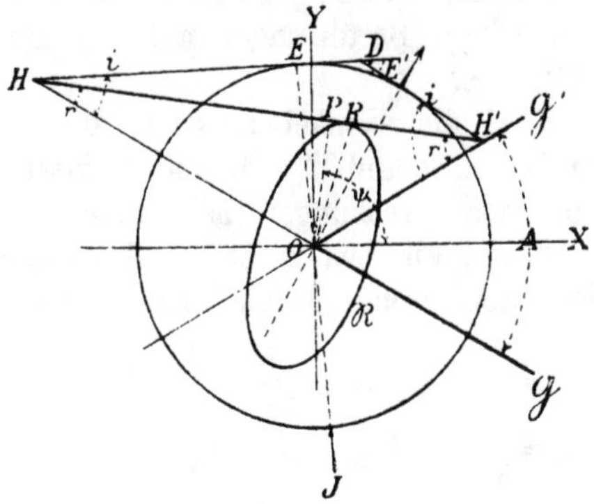

Fig. 135.

Aus der HUYGHENS'schen Construction ergiebt sich zunächst, dass die aus einer zur Prismenkante parallelen einfallenden Wellenebene hervorgehenden gebrochenen und austretenden ebenen Wellen zu dieser Kante parallel bleiben. Demnach fallen die *Richtungen* der austretenden Strahlen, welche einem in einer Querschnittsebene des Prismas eintretenden Strahle JO entsprechen, wieder in Ebenen, die zur Prismenkante senkrecht stehen. Allein die absolute Lage jener Strahlen gegen das Prisma wird hierdurch noch nicht bestimmt.

Einstweilen haben wir es lediglich mit der Brechung ebener Wellen zu thun. In dieser Hinsicht ergiebt sich der fundamentale Satz: *dass jede gebrochene Wellenebene durch zwei Grössen vollständig bestimmt ist: durch den Winkel ψ, welchen ihre Normale OP mit einer gegen das Prima festen Ebene, z. B. mit der Halbirungsebene des inneren Prismenwinkels einschliesst, und durch ihre Fortpflanzungsgeschwindigkeit* $\mathfrak{p}$. Zwischen den Grössen ψ, $\mathfrak{p}$ und den am Prisma mit Hülfe eines Spectrometers zu messenden vier Winkeln — dem Prismenwinkel (𝔊 𝔊′) $= A$, der Neigung i der einfallenden Welle gegen die Eintrittsfläche 𝔊, der Neigung i' der austretenden Welle gegen die Austrittsfläche 𝔊′ und der Ablenkung D der Wellenebene — bestehen Relationen, welche uns gestatten jene Grössen ψ, $\mathfrak{p}$ zu bestimmen ohne das Gesetz zu kennen, welches die Abhängigkeit der Geschwindigkeit $\mathfrak{p}$ von der Fortpflanzungsrichtung in dem Prisma ausdrückt.

In der durch O gehenden Querschnittsebene des Prismas (Fig. 135) sei

[1] A. CORNU, De la réfraction à travers un prisme suivant une loi quelconque. Ann. de l'éc. norm. sup. (2) 1, 231, 1872.

JO der einfallende Strahl; seine Verlängerung schneide in E die Kugel mit dem Radius $\mathfrak{v}$. Dann giebt die Tangentialebene in E die Richtung der einfallenden Welle. Ihre Schnittgerade mit der Eintrittsfläche werde mit H bezeichnet. Demnach sind die gebrochenen Wellenebenen gegeben durch die jenseits O liegenden Tangentialebenen, welche durch H an die Strahlenfläche des Primas gelegt werden können. Es sei HH' eine gebrochene Wellenebene, welche die Austrittsfläche in H' schneidet; ihre Normale ist $OP = \mathfrak{p}$. Die Richtung der entsprechenden austretenden Wellenebene ist alsdann bestimmt durch die Tangentialebene, welche jenseits O durch H' an die Kugel gelegt werden kann; ist E' ihr Berührungspunkt, so giebt OE' die Richtung des austretenden Strahles.

Bezeichnet man noch mit r und r' die Winkel zwischen der gebrochenen Wellenebene und den Prismenflächen $\mathfrak{G}$ und $\mathfrak{G}'$, so bestehen zwischen den sechs Winkeln A, i, i' r, r', D und dem Brechungsverhältniss $\mathfrak{v}/\mathfrak{p} = n$ die folgenden vier Beziehungen, von denen die beiden ersten das Sinusgesetz, die beiden letzten aus der Figur abzulesende Winkelrelationen darstellen:

(1) $\sin i = n \sin r,$ (3) $r + r' = A,$

(2) $\sin i' = n \sin r',$ (4) $i + i' = A + D.$

Dazu tritt:

$$\psi = \frac{\pi}{2} + \frac{r - r'}{2} = \frac{\pi}{2} + r - \frac{A}{2} = \frac{\pi}{2} - r' + \frac{A}{2}. \tag{5}$$

Mit Hülfe der Gleichungen (1)—(4) können drei der darin auftretenden sieben Grössen eliminirt werden. Die übrig bleibende Relation zwischen den vier anderen Grössen dient dazu, eine derselben zu berechnen, wenn die drei übrigen gegeben sind. *Wir betrachten als gesuchte Grössen das Brechungsverhältniss n und den Winkel ψ*, als zu eliminirende Grössen die Winkel r, r', welche nicht gemessen werden können, und einen der Winkel D, i, i'.

Bildet man:

$$\sin i + \sin i' = n(\sin r + \sin r')$$
$$\sin i - \sin i' = n(\sin r - \sin r')$$

oder:

$$\sin\frac{i+i'}{2}\cos\frac{i-i'}{2} = n\sin\frac{r+r'}{2}\cos\frac{r-r'}{2} \tag{6}$$

$$\sin\frac{i-i'}{2}\cos\frac{i+i'}{2} = n\sin\frac{r-r'}{2}\cos\frac{r+r'}{2} \tag{7}$$

so ergiebt sich durch Elimination von n:

$$\tan\frac{r-r'}{2} = \tan\frac{A}{2}\tan\frac{i-i'}{2}\cot\frac{i+i'}{2} \tag{8}$$

oder, indem noch i' und r' und darauf i' und r eliminirt werden:

$$\tan\left(r - \frac{A}{2}\right) = \tan\frac{A}{2}\tan\left(i - \frac{A+D}{2}\right)\cot\frac{A+D}{2} = \tan\left(\frac{A}{2} - r'\right). \tag{9}$$

Durch Beobachtungen können die Winkel A, D, i, i' bestimmt werden; zwischen ihnen besteht die Relation (4), so dass drei dieser Winkel zur Berechnung der Elemente ψ, $\mathfrak{p}$ der gebrochenen Welle erforderlich und ausreichend sind. *Sind A, D, i gegeben, so berechnet man zunächst r oder r' aus* (9), *darauf ψ aus* (5) *und $\mathfrak{p}$ aus* (1) *und* (2) *oder besser aus* (6) *und* (7); die Benutzung eines dieser Formelpaare gewährt eine Verification der Rechnung. *Sind A, i, i' gegeben, so berechnet man aus* (8) *die Differenz $r - r'$ und alsdann ψ und $\mathfrak{p}$ wie im vorigen Falle.*

Weitere Relationen gewinnt man aus (6) und (7) durch Multiplication einander entsprechender Seiten:

(10) $$n^2 = \frac{\sin\frac{i+i'}{2}}{\sin\frac{r+r'}{2}} \cdot \frac{\sin\frac{i-i'}{2}}{\sin\frac{r-r'}{2}},$$

durch Elimination von $\frac{r-r'}{2}$:

(11) $$n^2 = C^2 \sin^2 \frac{i-i'}{2} + S^2 \cos^2 \frac{i-i'}{2},$$

worin:

$$C = \frac{\cos\frac{A+D}{2}}{\cos\frac{A}{2}}, \qquad S = \frac{\sin\frac{A+D}{2}}{\sin\frac{A}{2}}$$

gesetzt ist, oder:

(12) $$n^2 = \frac{\sin^2 i + \sin^2 i' + 2 \sin i \sin i' \cos A}{\sin^2 A}$$

und endlich durch Elimination von $\frac{i-i'}{2}$:

(13) $$\frac{1}{n^2} = \frac{1}{C^2} \sin^2 \frac{r-r'}{2} + \frac{1}{S^2} \cos^2 \frac{r-r'}{2}$$

oder nach (5):

$$\frac{1}{n^2} = \frac{1}{C^2} \cos^2 \psi + \frac{1}{S^2} \sin^2 \psi$$

(14) $$\frac{1}{n^2} = \frac{1}{2}\left(\frac{1}{C^2} + \frac{1}{S^2}\right) + \frac{1}{2}\left(\frac{1}{C^2} - \frac{1}{S^2}\right) \cos 2\psi.$$

Aus (5) und (8) folgt:

(15) $$\tan \psi = -\frac{S}{C} \cot \frac{i-i'}{2}.$$

Die Bedeutung dieser Relationen beruht darin, dass diese Beziehungen für irgendwie beschaffene homogene Körper gelten und vollständig unabhängig sind von der Gestalt der Strahlenfläche und der Orientirung des Prismas; sie stützen sich lediglich auf die für den Uebergang ebener Wellen durch ebene Grenzflächen aus einem homogenen Mittel in ein anderes geltenden Gesetze. Hierauf gründet sich eine von G. G. Stokes vorgeschlagene *Methode zur Prüfung der Gesetze der Doppelbrechung.*[1]

[1] G. G. Stokes, Report on Double Refraction. Rep. British Assoc. for 1862, 272. Sur l'emploi du prisme dans la vérification de la loi de la double réfraction. Compt. rend. **77**, 1150, 1872. On the Law of Extraordinary Refraction in Iceland Spar. Phil. Mag. (4), **44**, 316, 1872.

Nimmt der Einfallswinkel i in der Querschnittsebene des Prismas alle möglichen Werthe an, so umhüllen die gebrochenen von dem Einfallspunkte O ausgehenden und zur Prismenkante parallelen Wellenebenen nach Verlauf der Zeiteinheit die um O als Mittelpunkt beschriebene Strahlenfläche, also auch den dieser Fläche umschriebenen Cylinder $\mathfrak{C}$, dessen Erzeugenden der Prismenkante parallel sind.

Die von O auf die gebrochenen Wellenebenen gefällten Normalen, deren Längen die Fortpflanzungsgeschwindigkeiten $\mathfrak{p}$ dieser Wellen repräsentiren, bestimmen durch ihre Endpunkte *die Schnittcurve* $\mathfrak{P}$ *der Normalenfläche mit dem Querschnitt des Prismas.* $\mathfrak{P}$ ist die Fusspunktcurve jener Curve $\mathfrak{R}$, welche der Cylinder $\mathfrak{C}$ auf dem Querschnitt erzeugt. Bezeichnen wir mit P den Fusspunkt der Normale einer bestimmten Wellenebene ($OP = \mathfrak{p}$), mit R den Berührungspunkt dieser Wellenebene auf der Curve $\mathfrak{R}$, so ist OR die Projection des zu der Wellennormale OP gehörigen Strahles OS auf den Querschnitt des Prismas. Durchläuft P die Curve $\mathfrak{P}$, so beschreibt R die Curve $\mathfrak{R}$ (Fig. 135, S. 295).

Sind nun an einem Prisma drei der Winkel A, D, i, i' gemessen und ist daraus ein Werthepaar ψ, $\mathfrak{p}$ berechnet, also die Richtung und die Geschwindigkeit einer gebrochenen Wellenebene bestimmt, so kennt man die Richtung und die Länge eines Radius der Curve $\mathfrak{P}$. Hieraus ist ersichtlich, dass *die Schnittcurve der Normalenfläche des Prismas mit der Querschnittsebene desselben experimentell durch eine beliebige Zahl ihrer Punkte ermittelt werden kann.*

---

7. Eintheilung der Krystalle nach optischen Symmetrieeigenschaften. — Bevor wir die optischen Eigenschaften der Krystalle im Einzelnen darlegen, möge eine kurze Uebersicht ihrer Symmetrieverhältnisse vorausgeschickt werden. Ausführlichere Erläuterungen bleiben den folgenden Kapiteln vorbehalten.

Erfahrungsgemäss sind *sieben Klassen* krystallisirter Körper zu unterscheiden.

A. Isotrope Krystalle.

In jedem homogenen Krystall des *regulären Systems* sind alle Richtungen in optischer Beziehung gleichberechtigt. Die Mehrzahl der bekannten regulären Körper ist gleichzeitig einfach brechend. Demnach ist die Strahlenfläche für jede Wellenlänge und jede Temperatur *eine Kugel.* Der Kugelmittelpunkt ist zugleich ein Centrum der Symmetrie, jeder Durchmesser eine Axe der Isotropie, jede Diametralebene eine Symmetrieebene. Die Symmetrieverhältnisse dieser isotropen und einfach brechenden Krystalle sind daher nach den früher (S. 66) eingeführten Bezeichnungen durch das folgende Symbol darzustellen:

(1) $$\infty L_\infty;\quad \infty P_\infty,\quad C.$$

Eine geringere Zahl regulär krystallisirender Körper zeigt ein optisches Drehungsvermögen. Ihre Strahlenfläche besteht aus *zwei concentrischen Kugeln*, welche kein Centrum der Symmetrie besitzen. Noch ist jeder Durchmesser eine Axe der Isotropie, allein Symmetrieebenen sind nicht vorhanden. Für diese Klasse isotroper Krystalle erhalten wir daher das Symbol:

(2) $$\infty L_\infty .$$

Die hierher gehörigen Körper dürfen auch in ihrer Krystallform kein Centrum der Symmetrie und keine Symmetrieebene darbieten. Demnach können nur plagiëdrisch-hemiëdrische oder tetartoëdrische Krystalle des regulären Systems (S. 36, 37) ein optisches Drehungsvermögen zeigen.

Die Krystalle aller übrigen Systeme sind optisch anisotrop.

B. Krystalle mit einer Axe der Isotropie.

In jedem Krystall des *hexagonalen* oder des *tetragonalen Systems* sind die gegen die krystallographische Verticalaxe γ unter demselben Winkel geneigten Richtungen optisch gleichberechtigt. Daher ist die Strahlenfläche eine *Umdrehungsfläche*, deren Umdrehungsaxe die Richtung der Axe γ besitzt. Jede auf γ senkrecht stehende Gerade ist eine Symmetrieaxe von der Periode 2, so dass γ zweiseitig ist.

Eine Trennung der beiden Systeme ist auf optischem Wege nicht möglich. Wohl aber sind in jedem Systeme nach den speciellen Symmetrieeigenschaften der Strahlenflächen wieder zwei Klassen zu unterscheiden.

Die Strahlenfläche eines Krystalls der ersten Klasse besteht, wie die von Chr. Huyghens für den Kalkspath aufgefundene Fläche, aus zwei Oberflächen zweiter Ordnung: einer *Kugel* und einem *Umdrehungsellipsoid*, welche den in die Richtung der Axe der Isotropie γ fallenden Durchmesser gemein haben und sich an den Endpunkten desselben berühren. Der gemeinsame Mittelpunkt ist gleichzeitig ein Centrum der Symmetrie. Jede durch die Axe γ hindurchgehende und die auf γ senkrechte Ebene sind optische Symmetrieebenen. Diese Eigenschaften werden repräsentirt durch das Symbol:

(3) $$2 L_\infty, \quad \infty L_2'; \quad P_\infty, \quad \infty P_2'; \quad C.$$

Die Krystalle der zweiten Klasse zeigen in der Richtung der Axe der Isotropie ein optisches Drehungsvermögen. Ihre Strahlenfläche besteht aus *zwei sich nicht berührenden Rotationsflächen* und besitzt weder ein Centrum der Symmetrie noch Symmetrieebenen. Sie wird daher charakterisirt durch das Symbol:

(4) $$2 L_\infty, \quad \infty L_2'.$$

Hierher können nur solche hexagonale und tetragonale Krystalle gehören, welche auch in ihrer Krystallform des Centrums der Symmetrie und der Symmetrieebenen entbehren. Dieser Fall liegt vor einerseits in der trapezoëdrischen Hemiëdrie, der ersten hemimorphen Tetartoëdrie, der trapezoëdrischen Tetartoëdrie und der Ogdoëdrie des hexagonalen Systems (S. 39, 40, 42, 43), andererseits in der trapezoëdrischen Hemiëdrie und der hemimorphen Tetartoëdrie des tetragonalen Systems (S. 45, 46).

C. Kystalle ohne Axe der Isotropie.

Für die Krystalle des *rhombischen, monoklinen* und *triklinen Systems* ist die von A. Fresnel entdeckte Strahlenfläche charakteristisch: eine Oberfläche vierter Ordnung und vierter Klasse mit einem Centrum der Symmetrie und drei auf einander senkrechten zweiseitigen 2-zähligen Symmetrieaxen X_1, X_2, X_3, deren Verbindungsebenen Symmetrieebenen sind. Die Fresnel'sche Strahlenfläche hat zwei Paare reeller Knotenpunkte, welche an den Endpunkten zweier Durchmesser (der Strahlenaxen) liegen, und zwei Paare singulärer Tangentialebenen, von denen sie in Kreisen berührt wird; die beiden Normalen dieser Ebenenpaare werden optische Axen genannt.

Zur Unterscheidung jener drei Systeme dient vor allem die Abhängigkeit der Orientirung der optischen Symmetrieaxen X_1, X_2, X_3 von der Wellenlänge des Lichtes und von der Temperatur. Um die hier stattfindenden Beziehungen zu erläutern, müssen wir beachten, dass den rhombischen, monoklinen und triklinen Krystallen in optischer Beziehung jedesmal die Symmetrieeigenschaften der holoëdrischen Gruppe des Systems zukommen.

Im *rhombischen* System hat die holoëdrische Gruppe (S. 47) gerade jene Symmetrieverhältnisse, welche der Fresnel'schen Strahlenfläche eigen sind. Das Symbol derselben lautet:

(5) $$2L_2,\quad 2L_2',\quad 2L_2'';\quad P_2,\quad P_2',\quad P_2'';\quad C.$$

Hier fallen demnach die optischen Symmetrieaxen für jede Wellenlänge und bei jeder Temperatur in die Richtungen der krystallographischen Symmetrieaxen.

Die holoëdrische Gruppe des *monoklinen* Systems (S. 49) besitzt ausser einem Centrum eine 2-zählige Symmetrieaxe π_2 und eine zu ihr senkrechte Symmetrieebene:

(6) $$L_2;\quad P_2;\quad C.$$

Demnach wird für jede Wellenlänge und bei jeder Temperatur eine der optischen Symmetrieaxen mit π_2 zusammenfallen, während die beiden anderen ihre Orientirung in der Symmetrieebene mit der Wellenlänge und der Temperatur ändern.

In den Krystallen des *triklinen* ,Systems, dessen holoëdrische Gruppe nur ein Centrum der Symmetrie besitzt:

(7) $$C,$$

ist die krystallographische Orientirung aller drei optischen Symmetrieaxen von der Wellenlänge und der Temperatur abhängig.

Eine systematische Darstellung der Krystalloptik in dieser, den Symmetrieeigenschaften genau entsprechenden Anordnung ist durch die Natur des Gegenstandes und die historische Entwickelung der Forschung ausgeschlossen. Um so mehr erscheint es geboten, am Schluss dieses Kapitels die Ergebnisse unter dem soeben dargelegten Gesichtspunkte zusammenzufassen.

Die Huyghens'sche Strahlenfläche.

8. Durch eine glückliche Conception gewann CHR. HUYGHENS das Gesetz für die Fortpflanzung homogenen Lichtes im Kalkspath.[1] Er hatte gezeigt, wie das Gesetz der Brechung und der Reflexion des Lichtes für zwei einfach brechende Körper aus der Annahme hergeleitet werden könne, dass die Strahlenfläche in jedem dieser Körper eine Kugel sei. Im Kalkspath befolgt einer der beiden aus einem einfallenden Strahle hervorgehenden gebrochenen Strahlen das gewöhnliche Brechungsgesetz; seine Strahlenfläche ist daher durch eine *Kugel* gegeben. Der ausserordentliche Strahl zeigt in allen gegen die krystallographische Verticalaxe γ (Fig. 57, S. 67) gleich geneigten Richtungen dasselbe Verhalten. Indem HUYGHENS vermuthete, das Gesetz der Fortpflanzungsgeschwindigkeit dieses Strahles möchte dem gewöhnlichen Gesetze an Einfachheit zunächst stehen, nahm er an, dass die Abhängigkeit der Fortpflanzungsgeschwindigkeit des ausserordentlichen Strahles von der Richtung durch ein *Umdrehungsellipsoid* darzustellen sei, dessen Umdrehungsaxe jene Axe γ ist. Da in der Richtung γ nur eine einzige Strahlengeschwindigkeit zu beobachten ist, so musste ausserdem angenommen werden, dass die Kugel und das Ellipsoid den zu γ parallelen Durchmesser gemein haben.

Die Gestalt dieser Strahlenfläche ist also für eine bestimmte Wellenlänge des Lichtes und eine bestimmte Temperatur durch *zwei* Grössen gegeben: den Radius der Kugel $\mathfrak{o}$ (die Geschwindigkeit der ordentlichen Strahlen) und den Aequatorialradius des Ellipsoids $\mathfrak{e}$ (die Geschwindigkeit der zur Axe γ senkrechten ausserordentlichen Strahlen). Man bezeichnet $\mathfrak{o}$ und $\mathfrak{e}$ als *Hauptlichtgeschwindigkeiten*, ihre reciproken Werthe $\omega = 1/\mathfrak{o}$ und $\varepsilon = 1/\mathfrak{e}$ als *Hauptbrechungsindices.* Die Axe der Isotropie γ wird *optische Axe* genannt.

Wir können jetzt die Huyghens'sche *Construction für den Durchgang des Lichtes durch eine planparallele Platte* (S. 286) an dem Beispiel einer Kalkspathspaltungsplatte erläutern. Es möge die Einfallsebene insbesondere mit dem Hauptschnitte[2] dieser Platte zusammenfallen (Fig. 136). Auf die Ein-

[1] CHR. HUYGHENS, Traité de la lumière. Leide 1690. Chap. V.

[2] Als Hauptschnitt einer Ebene in einem Krystall mit einer Axe der Isotropie γ wird die zur Normale jener Ebene und zur Axe γ parallele Ebene bezeichnet. Unter dem Hauptschnitte einer Geraden versteht man die zu dieser Geraden und zur Axe γ parallele Ebene.

trittsfläche 𝔊 falle unter dem Winkel i der Strahl JO auf. Wir beschreiben um O als Mittelpunkt die Huyghens'sche Strahlenfläche und die Kugel, deren Radius die Fortpflanzungsgeschwindigkeit des Lichtes in dem äusseren Mittel repräsentirt. Die Tangentialebene der Kugel im Schnittpunkte H der Verlängerung von JO schneide die Grenzebene 𝔊 in der zur Einfallsebene senkrechten Geraden D. Dann bestimmen unter den von D ausgehenden Tan-

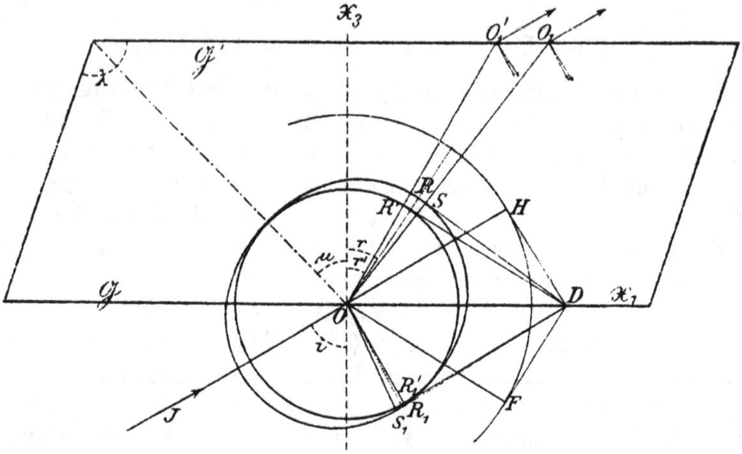

Fig. 136.

gentialebenen der Huyghens'schen Strahlenfläche DR', DR die Richtungen der gebrochenen Wellen, während DR_1', DR_1 die Richtungen der an der Grenzebene 𝔊' in das Innere des Kalkspath reflectirten Wellen liefern. Die Radien nach den Berührungspunkten geben die Richtungen der gebrochenen und der im Inneren reflectirten Strahlen OR', OS und OR_1', OS_1. Da die Huyghens'sche Strahlenfläche eine Umdrehungsfläche ist, so haben der ausserordentlich gebrochene Strahl OS und die Normale OR seiner Wellenebene DR denselben Hauptschnitt, der in dem vorliegenden Beispiele mit der Einfallsebene zusammenfällt. Wir ersehen hieraus, dass ein ausserordentlich gebrochener Strahl nicht aus der Einfallsebene heraustritt, falls diese letztere Ebene die Richtung einer optischen Symmetrieebene besitzt. Die an 𝔊' austretenden Strahlen sind dem einfallenden Strahle parallel, und der an 𝔊 reflectirte Strahl OF wird durch den Radius der Kugel nach dem Berührungspunkte F der von D ausgehenden und in das äussere Mittel fallenden Tangentialebene DF bestimmt.

9. Chr. Huyghens beobachtete, dass mit der Doppelbrechung des Lichtes im Kalkspath eine Erscheinung verbunden ist, welche später von L. Malus als *Polarisation* des Lichtes bezeichnet wurde.

Ein durch ein Diaphragma begrenztes Bündel von parallelen Strahlen natürlichen Lichtes falle senkrecht auf eine Spaltungsplatte von Kalkspath, deren Hauptschnitt in Fig. 137 durch einen Pfeil angedeutet ist. Die beiden gebrochenen Strahlenbündel O, E erscheinen dem Auge von nahezu gleicher Intensität. Dass ihre Eigenschaften aber von denen des natürlichen Lichtes abweichen, ergiebt sich aus ihrem Verhalten gegenüber einer zweiten Kalkspathplatte. Es erzeugen nämlich O und E in dieser Platte im Allgemeinen

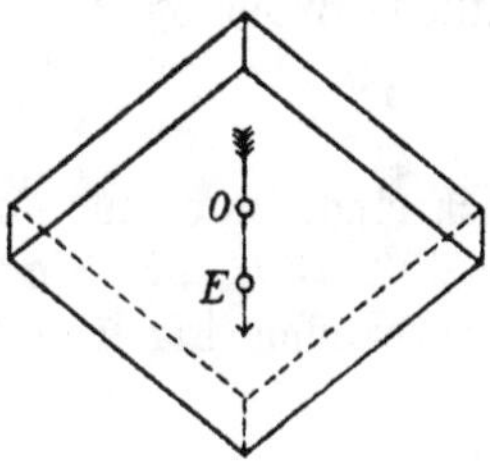

Fig. 137.

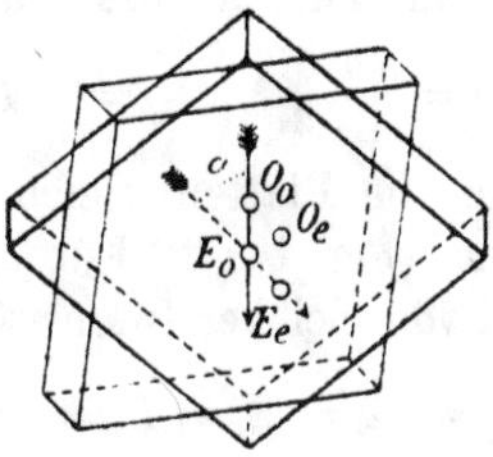

Fig. 138.

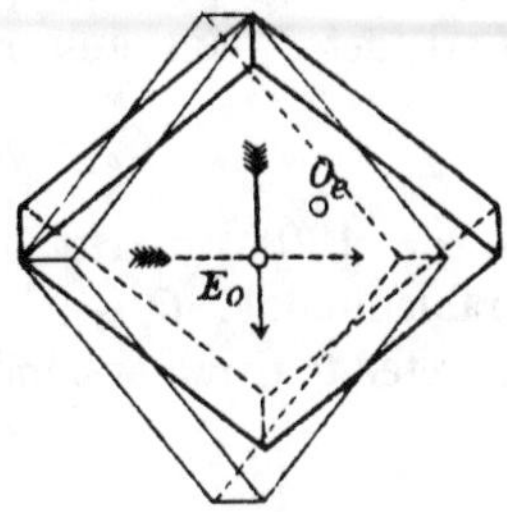

Fig. 139.

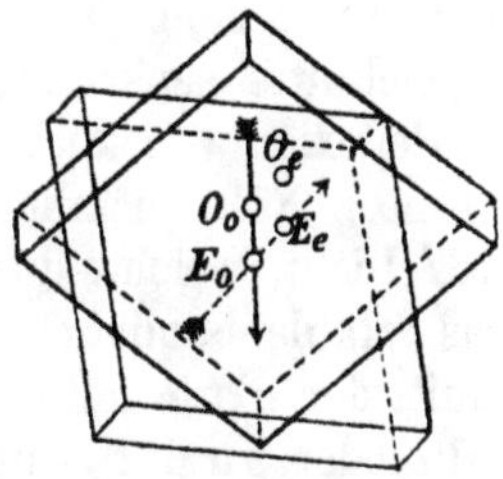

Fig. 140.

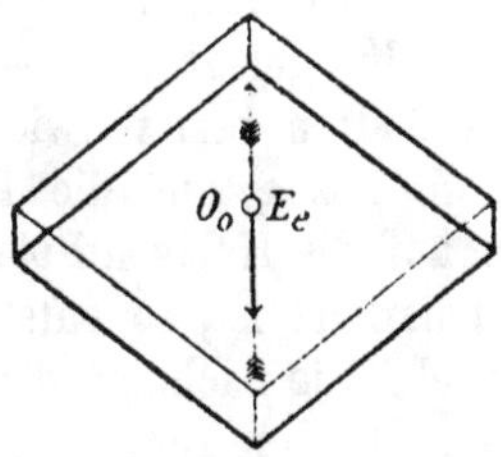

Fig. 141.

wieder je zwei gebrochene Strahlenbündel O_o, O_e und E_o, E_e, *deren Intensitäten mit dem Winkel α zwischen den Hauptschnitten der beiden Platten veränderlich sind.* Die hier stattfindende Abhängigkeit wird angenähert dargestellt durch folgende von Malus aufgestellte Ausdrücke.[1]

Bedeuten J die Intensität des auf die erste Platte fallenden natürlichen Lichtes und m einen Factor, welcher die Schwächung der Intensität durch Reflexion an den Grenzflächen und durch Absorption im Kalkspath angiebt, so sind die Intensitäten jener Strahlenbündel:

$$O = m\frac{J}{2}, \qquad E = m\frac{J}{2},$$
$$O_o = m O \cos^2\alpha, \quad O_e = m O \sin^2\alpha,$$
$$E_o = m E \sin^2\alpha, \quad E_e = m E \cos^2\alpha.$$

[1] E. L. Malus, Théorie de la double réfraction de la lumière dans les substances cristallisées. Paris 1810. Mém. prés. à l'Inst. par div. sav. Sc. math. et phys. **2**, 303, 1811. (Chap III, p. 413.)

Nach den photometrischen Messungen von H. Wild (Pogg. Ann. **118**, 237, 1863) würde man beim Kalkspath einen Fehler bis zu $^1/_{20}$ des Verhältnisses der Lichtintensitäten begehen, wenn man sich an das Malus'sche Gesetz halten wollte. Bei Körpern von so starker Doppelbrechung muss man die Malus'schen Ausdrücke durch die von F. E. Neumann (Theoret. Unters. der Gesetze etc. Abh. Berlin. Akad. 1835) entwickelten Formeln ersetzen.

In der That wird der HUYGHENS'sche Fundamentalversuch durch diese Formeln beschrieben. Sind die beiden Platten einander parallel, $\alpha = 0$, so erfährt in der zweiten Platte O eine ordentliche, E eine ausserordentliche Brechung:

$$O_o = m\,O = m^2 \frac{J}{2}, \quad E_e = m\,E = m^2 \frac{J}{2}.$$

Stehen dagegen die Hauptschnitte der Platten aufeinander senkrecht, $\alpha = 90^0$, so erleidet O eine ausserordentliche, E eine ordentliche Brechung (Fig. 139):

$$O_e = m\,O = m^2 \frac{J}{2}, \quad E_o = m\,E = m^2 \frac{J}{2}.$$

Ist $\alpha = 180^0$, so tritt, falls die Platten gleich dick sind, nur ein einziges Strahlenbündel $O_o + E_e$ aus (Fig. 141). Für $\alpha = 45^0$, 135^0, ... sind vier austretende Strahlenbündel von gleicher Intensität vorhanden (Fig. 138, 140):

$$O_o = O_e = E_o = E_e = m^2 \frac{J}{4}.$$

L. MALUS fand, dass der ordentlich gebrochene Strahl O in Bezug auf seinen Hauptschnitt und der ausserordentlich gebrochene Strahl E in Bezug auf die durch ihn gelegte, zu seinem Hauptschnitte senkrechte Ebene dieselben Eigenschaften besitzt, wie ein durch Reflexion vollständig polarisirter Lichtstrahl in Bezug auf die Reflexionsebene. Fällt nämlich durch das Diaphragma auf die Kalkspathplatte Fig. 137 Licht, welches durch Reflexion vollständig polarisirt ist, so entsteht nur das Strahlenbündel O oder nur das Strahlenbündel E, je nachdem der Hauptschnitt der Platte mit der Reflexionsebene des einfallenden Lichtes zusammenfällt oder zu ihr senkrecht steht. Nach der von MALUS eingeführten Bezeichnung ist demnach der ordentliche Strahl nach seinem Hauptschnitte, der ausserordentliche Strahl senkrecht zu seinem Hauptschnitte polarisirt.

Das Gesetz der Fortpflanzung und der Polarisation des Lichtes im Kalkspath kann jetzt so ausgesprochen werden: *Alle nach ihrem Hauptschnitte polarisirten Strahlen von derselben Wellenlänge pflanzen sich mit constanter Geschwindigkeit fort, welche gegeben ist durch den Radius der Kugel der Huyghens'schen Strahlenfläche; dagegen besitzen die senkrecht zu ihrem Hauptschnitte polarisirten Strahlen eine mit ihrer Neigung gegen die Axe der Isotropie γ veränderliche Geschwindigkeit, welche durch die Radien des Umdrehungsellipsoids der Huyghens'schen Strahlenfläche dargestellt wird.*

Bezeichnen wir hinfort als *Polarisationsrichtung*[1] eines ordentlichen Strahles die in seinem Hauptschnitte gelegene Normale desselben und als Polarisationsrichtung eines ausserordentlichen Strahles die Normale seines Hauptschnittes, so haben diese beiden Richtungen für jede gegebene Strahlenrichtung eine krystallographisch feste Orientirung, welche von den Werthen der Fortpflanzungsgeschwindigkeiten unabhängig ist und von vorn herein angegeben werden kann. Die Verbindungsebene eines Strahles mit der Polarisationsrichtung desselben wird die *Polarisationsebene* des Strahles genannt.

[1] J. MAC CULLAGH nannte diese Polarisationsrichtung „the *transversal* of the polarized ray". Coll. Works 88.

Stellen wir uns nun vor, dass an dem Endpunkte jedes Radiusvectors der Huyghens'schen Strahlenfläche die zugehörige Polarisationsrichtung markirt sei, so ergiebt sich die auf S. 299 beschriebene *physikalische Symmetrie* dieser Fläche.

10. J. B. Biot[1] erkannte, dass unter den Krystallen, deren Strahlenflächen die von Huyghens angegebene Gestalt besitzen, zwei Arten zu unterscheiden seien, welche nach dem Vorschlage von A. Fresnel als optisch *positive* und optisch *negative* Krystalle bezeichnet werden.

In der Strahlenfläche eines Krystalls von positivem Charakter der Doppelbrechung umgiebt die Kugel das Ellipsoid ($\mathfrak{o} > \mathfrak{e}$). Bei einem negativen Krystall umschliesst das Ellipsoid die Kugel ($\mathfrak{o} < \mathfrak{e}$).

Der ausserordentliche Strahl ist demnach der langsamere bei den positiven, der schnellere bei den negativen Krystallen, und die *Differenz* zwischen den Fortpflanzungsgeschwindigkeiten der ordentlichen und der ausserordentlichen Strahlen ist in jenem Falle stets positiv, in diesem stets negativ.

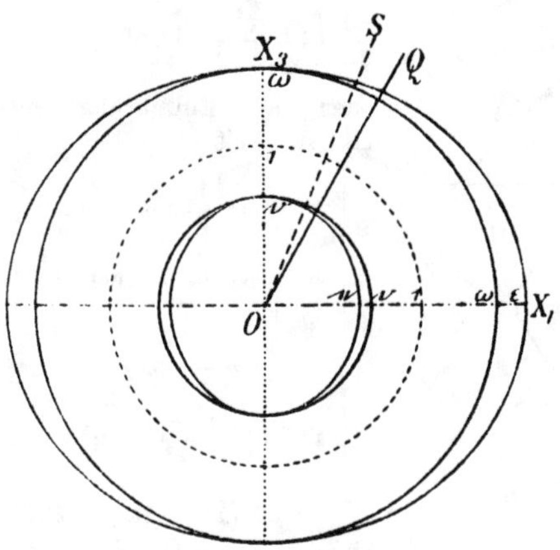

Fig. 142.

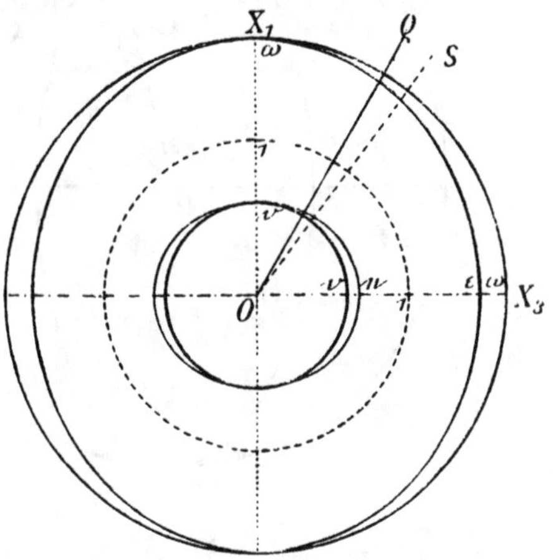

Fig. 143.

Die Figuren 142 und 143 stellen, jene für einen positiven, diese für einen negativen Krystall, die Schnittcurven der Huyghens'schen Strahlenfläche[2] und der zugehörigen Indexfläche mit einer durch die Axe der Isotropie gehenden Ebene dar.

Es ist ersichtlich, dass der Winkel zwischen einem ausserordentlichen Strahl OS und der optischen Axe bei einem positiven Krystall kleiner, bei einem negativen Krystall grösser ist, als die Neigung der zugehörigen Wellennormale OQ gegen die optische Axe.

[1] J. B. Biot, Mémoire sur la découverte d'une propriété nouvelle dont jouissent les forces polarisantes de certains cristaux (1814). Mém. de la classe des sc. math. et phys. de l'Inst. Année 1812. **13** (2), 19, 1816. Gilbert Ann. d. Phys. **65**, 1—3, 1820.

[2] Gyps-Modelle dieser Fläche liefert die Verlagshandlung von L. Brill in Darmstadt.

11. Bezogen auf ein rechtwinkliges Axensystem, dessen Axe X_3 mit der optischen Axe zusammenfällt, lautet die *Gleichung der Huyghens'schen Strahlenfläche* (Fig. 144):

$$\text{I} \qquad \begin{aligned} &\textit{Kugel:} && x_1^2 + x_2^2 + x_3^2 = \mathfrak{o}^2, \\ &\textit{Ellipsoid:} && \frac{x_1^2 + x_2^2}{\mathfrak{e}^2} + \frac{x_3^2}{\mathfrak{o}^2} = 1. \end{aligned}$$

Daraus ergiebt sich für die *Geschwindigkeit* $\mathfrak{s}$ *eines unter dem Winkel s gegen die optische Axe geneigten ausserordentlichen Strahles* ($x_2 = 0$, $x_1 = \mathfrak{s} \sin s$, $x_3 = \mathfrak{s} \cos s$) die Relation:

$$(1) \qquad \frac{\sin^2 s}{\mathfrak{e}^2} + \frac{\cos^2 s}{\mathfrak{o}^2} = \frac{1}{\mathfrak{s}^2}.$$

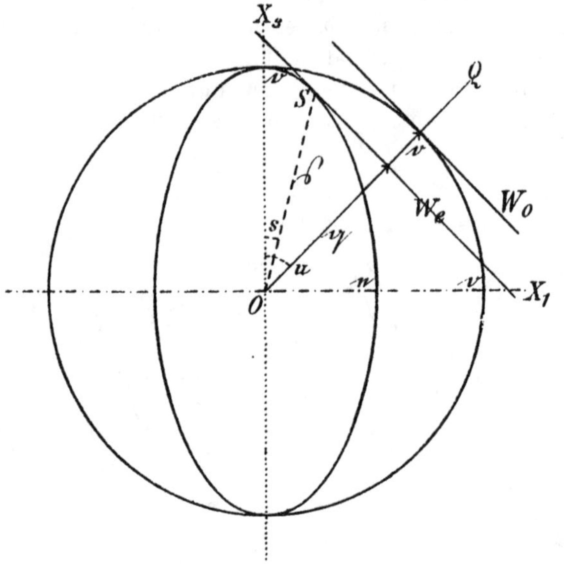

Fig. 144.

Je nachdem $\mathfrak{o} > \mathfrak{e}$ oder $\mathfrak{o} < \mathfrak{e}$ ist, kann man hierfür setzen:

$$\frac{1}{\mathfrak{e}^2}\left(1 - \frac{\mathfrak{o}^2 - \mathfrak{e}^2}{\mathfrak{o}^2}\cos^2 s\right) = \frac{1}{\mathfrak{s}^2},$$

$$\frac{1}{\mathfrak{o}^2}\left(1 - \frac{\mathfrak{e}^2 - \mathfrak{o}^2}{\mathfrak{e}^2}\sin^2 s\right) = \frac{1}{\mathfrak{s}^2}$$

oder nach Einführung eines Hülfswinkels χ:

$$\frac{1}{\mathfrak{s}} = \frac{1}{\mathfrak{e}}\cos\chi, \qquad \sin^2\chi = \frac{\mathfrak{o}^2 - \mathfrak{e}^2}{\mathfrak{o}^2}\cos^2 s,$$

$$\frac{1}{\mathfrak{s}} = \frac{1}{\mathfrak{o}}\cos\chi, \qquad \sin^2\chi = \frac{\mathfrak{e}^2 - \mathfrak{o}^2}{\mathfrak{e}^2}\sin^2 s.$$

Aus (1) folgt, dass die Differenz der Quadrate der reciproken Werthe der Geschwindigkeiten von zwei gleichgerichteten Strahlen dem Quadrat des Sinus des Neigungswinkels zur optischen Axe proportional ist:

$$(2) \qquad \frac{1}{\mathfrak{s}^2} - \frac{1}{\mathfrak{o}^2} = \left(\frac{1}{\mathfrak{e}^2} - \frac{1}{\mathfrak{o}^2}\right)\sin^2 s.$$

Da die Huyghens'sche Strahlenfläche eine Umdrehungsfläche ist, so muss ein ausserordentlicher Strahl OS und die Normale OQ seiner Wellenebene W_e mit der optischen Axe X_3 in einer Ebene liegen. Es seien jetzt x_1', x_3' die Coordinaten des Endpunktes S eines in der Ebene $X_1 X_3$ gelegenen ausserordentlichen Strahles OS. Die zugehörige Wellenebene W_e steht auf $X_1 X_3$ senkrecht und schneidet diese Ebene in der, die Ellipse:

$$\frac{x_1^2}{\mathfrak{e}^2} + \frac{x_3^2}{\mathfrak{o}^2} = 1$$

berührenden Geraden:

$$\frac{x_1 x_1'}{\mathfrak{e}^2} + \frac{x_3 x_3'}{\mathfrak{o}^2} = 1,$$

deren Abschnitte auf X_1 und X_3 die Werthe haben:

$$\frac{\mathfrak{e}^2}{x_1'} = \frac{\mathfrak{q}}{\sin u}, \quad \frac{\mathfrak{o}^2}{x_3'} = \frac{\mathfrak{q}}{\cos u},$$

falls mit u die Neigung der Wellennormale OQ gegen die optische Axe bezeichnet wird. Trägt man die hierdurch bestimmten Werthe von x_1', x_3' in die Gleichung der Ellipse ein, so ergiebt sich:

(1*) $\mathfrak{e}^2 \sin^2 u + \mathfrak{o}^2 \cos^2 u = \mathfrak{q}^2.$

Betrachtet man in dieser Gleichung u und $\mathfrak{q}$ als veränderlich, so stellt sie, falls die Winkel u in der Ebene $X_1 X_3$ genommen werden, das *Oval* mit den Halbaxen $\mathfrak{o}, \mathfrak{e}$ dar, welches die Fusspunktcurve der Ellipse mit den Halbaxen $\mathfrak{o}, \mathfrak{e}$ ist (Fig. 145). Dieses Oval und der Kreis mit dem Radius $\mathfrak{o}$ bilden die Schnittcurve der *Normalenfläche* mit der Ebene $X_1 X_3$. Die Fläche selbst wird durch die Umdrehung dieser Curve um die optische Axe X_3 erzeugt.

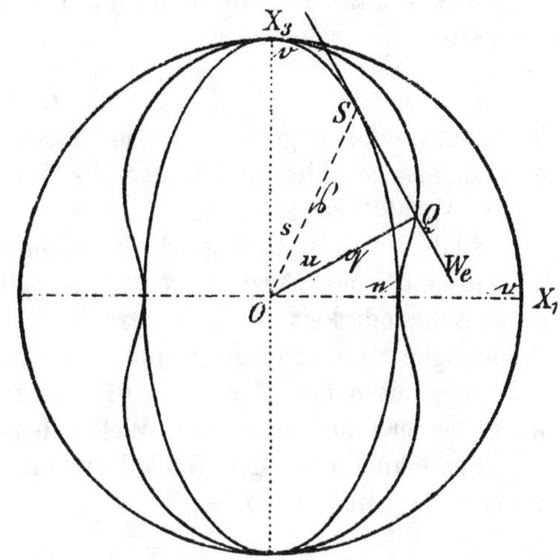

Fig. 145.

An Stelle von (1*) kann man, je nachdem $\mathfrak{o} > \mathfrak{e}$ oder $\mathfrak{o} < \mathfrak{e}$ ist, setzen:

$$\mathfrak{o}^2\left(1 - \frac{\mathfrak{o}^2 - \mathfrak{e}^2}{\mathfrak{o}^2}\sin^2 u\right) = \mathfrak{q}^2, \quad \mathfrak{e}^2\left(1 - \frac{\mathfrak{e}^2 - \mathfrak{o}^2}{\mathfrak{e}^2}\cos^2 u\right) = \mathfrak{q}^2$$

oder nach Einführung des Hülfswinkels χ:

$$\left|\begin{array}{l} \mathfrak{q} = \mathfrak{o}\cos\chi \\ \sin^2\chi = \dfrac{\mathfrak{o}^2 - \mathfrak{e}^2}{\mathfrak{o}^2}\sin^2 u, \end{array}\right. \qquad \left|\begin{array}{l} \mathfrak{q} = \mathfrak{e}\cos\chi \\ \sin^2\chi = \dfrac{\mathfrak{e}^2 - \mathfrak{o}^2}{\mathfrak{e}^2}\cos^2 u. \end{array}\right.$$

Nach (1*) ist die Differenz der Quadrate der Geschwindigkeiten von zwei gleichgerichteten Wellenebenen dem Quadrat des Sinus des Winkels zwischen der Wellennormale und der optischen Axe proportional:

(2*) $$\mathfrak{o}^2 - \mathfrak{q}^2 = (\mathfrak{o}^2 - \mathfrak{e}^2)\sin^2 u.$$

Stellen wir nun die Gleichungen der Strahlenfläche und der Normalenfläche in ihrer einfachsten Gestalt, ausgedrückt durch die Polarcoordinaten $\mathfrak{s}$, s und $\mathfrak{q}$, u, einander gegenüber:

Strahlenfläche.	*Normalenfläche.*
Kugel: $\mathfrak{s} = \mathfrak{o}$	*Kugel:* $\mathfrak{q} = \mathfrak{o}$
Ellipsoid: $\dfrac{1}{\mathfrak{s}^2} = \dfrac{\cos^2 s}{\mathfrak{o}^2} + \dfrac{\sin^2 s}{\mathfrak{e}^2}$,	*Ovaloid:* $\mathfrak{q}^2 = \mathfrak{o}^2\cos^2 u + \mathfrak{e}^2\sin^2 u$,

so lassen sie den zwischen Strahlen und Wellenebenen herrschenden Dualismus hervortreten und führen zu folgendem *Uebertragungsprincip*: die für Strahlen geltenden Formeln gehen in die auf Wellenebenen bezüglichen dadurch über, dass an Stelle von:

$$\mathfrak{o},\ \mathfrak{e},\ \mathfrak{s},\ s$$

gesetzt wird:

$$\frac{1}{\mathfrak{o}},\ \frac{1}{\mathfrak{e}},\ \frac{1}{\mathfrak{q}},\ u.$$

Jedem Satze über Strahlen entspricht hiernach ein Satz über ebene Wellen. Aus:

(3) $$\tan u = \frac{x_1'}{\mathfrak{e}^2} \cdot \frac{\mathfrak{o}^2}{x_3'} = \frac{\mathfrak{o}^2}{\mathfrak{e}^2} \tan s$$

folgt, dass die trigonometrischen Tangenten der Neigungen eines ausserordentlichen Strahles und seiner Wellennormale zur optischen Axe ein *constantes* Verhältniss besitzen.

Sind die Hauptlichtgeschwindigkeiten $\mathfrak{o}$, $\mathfrak{e}$ und die Neigung s eines ausserordentlichen Strahles gegen die optische Axe gegeben, so findet man die Geschwindigkeit $\mathfrak{s}$ dieses Strahles aus (1), den Winkel u zwischen der zugehörigen Wellennormale und der optischen Axe aus (3) und die Geschwindigkeit $\mathfrak{q}$ der Welle aus (2). Auf dem umgekehrten Wege bestimmt man den zu einer gegebenen Wellenebene gehörigen Strahl.

Bezeichnet man den Winkel zwischen dem Strahl OS und der Wellennormale OQ mit ϖ, so ist:

$$\cos \varpi = \cos(u - s) = \frac{\mathfrak{q}}{\mathfrak{s}}$$

und:

$$\tan \varpi = \frac{\tan u - \tan s}{1 + \tan u \tan s} = \frac{(\mathfrak{o}^2 - \mathfrak{e}^2)\tan u}{\mathfrak{o}^2 + \mathfrak{e}^2 \tan^2 u}$$

oder:

(4) $$\tan \varpi = \pm \frac{\mathfrak{o}^2 - \mathfrak{e}^2}{\mathfrak{q}^2} \sin u \cos u.$$

Demnach fällt ein ausserordentlicher Strahl mit seiner Wellennormale nur zusammen, wenn er zur optischen Axe parallel oder senkrecht liegt.

Aus (4) gewinnt man den Maximalwerth von ϖ, indem man die Ableitung von $\tan \varpi$ nach $\tan u$ der Null gleich setzt. Es ergiebt sich, dass *der Winkel zwischen einem ausserordentlichen Strahl und der Normale der zugehörigen Wellenebene seinen grössten Werth ϖ_m erreicht,* wenn:

$$\tan^2 u_m = \frac{\mathfrak{o}^2}{\mathfrak{e}^2}$$

oder:

$$\tan u_m = \pm \frac{\mathfrak{o}}{\mathfrak{e}},\quad \tan s_m = \pm \frac{\mathfrak{e}}{\mathfrak{o}}$$

ist. In diesem Falle ist also die Summe der Winkel u_m und s_m gleich 90°. Der *Maximalwerth von ϖ* ist gegeben durch:

(5) $$\tan \varpi_m = \pm \frac{\mathfrak{o}^2 - \mathfrak{e}^2}{2\,\mathfrak{o}\mathfrak{e}}.$$

Die folgende Tabelle enthält eine Zusammenstellung der Hauptbrechungsindices ω, ε, der Hauptlichtgeschwindigkeiten $\mathfrak{o}$, $\mathfrak{e}$, der Differenzen der Quadrate dieser letzteren Grössen $\pm(\mathfrak{o}^2 - \mathfrak{e}^2)$ und der Winkel s_m, u_m, ϖ_m.

		ω	ε	$\mathfrak{o}$	$\mathfrak{e}$	$\pm(\mathfrak{o}^2-\mathfrak{e}^2)$	s_m	u_m	ϖ_m	
Hg_2Cl_2 [3]	+	1,96	2,60	0,510	0,385	0,11188	37° 0,7′	52°59,3′	15°58,6′	roth
Natriumnitrat [2]	—	1,5852	1,3348	0,63084	0,74917	0,16329	49 55,0	40 5,0	9 50,0	Na
Dolomit [4]. . .	—	1,68174	1,50256	0,59462	0,66552	0,08934	48 13,2	41 46,8	6 26,4	Na
Kalkspath [7]. .	—	1,65850	1,48635	0,60295	0,67279	0,08911	48 8,0	41 52,0	6 16,0	Na
Rutil [1]. . . .	+	2,6158	2,9029	0,38229	0,34448	0,02747	42 1,3	47 58,7	5 57,4	Na
Proustit [4]. . .	—	3,0877	2,7924	0,32386	0,35812	0,02335	47 52,5	42 7,5	5 45,0	Na
Zirkon [9] . . .	+	1,92	1,97	0,521	0,508	0,01360	44 15,8	45 44,2	1 28,4	roth
Turmalin [6] . .	—	1,6366	1,6193	0,61103	0,61754	0,00800	45 18,2	44 41,8	0 36,4	Na
Phenakit [3] . .	+	1,6540	1,6697	0,60459	0,59891	0,00683	44 43,8	45 16,2	0 32,4	Na
Anatas [8] . . .	—	2,53536	2,49588	0,39442	0,40066	0,00496	45 27,0	44 33,0	0 54,0	Na
Beryll [8] . . .	—	1,58208	1,57565	0,63207	0,63466	0,00328	45 7,0	44 53,0	0 14,0	Na
Korund [8]. . .	—	1,7675	1,7592	0,56577	0,56844	0,00303	45 8,1	44 51,9	0 16,2	roth
Apatit [5] . . .	—	1,64607	1,64172	0,60750	0,60912	0,00197	45 4,5	44 55,4	0 9,1	Na

[1] BAERWALD, [2] CORNU, [3] DES CLOIZEAUX, [4] FIZEAU, [5] HEUSSER, [6] MILLER, [7] RUDBERG, [8] SCHRAUF, [9] SENARMONT.

12. Das Huyghens'sche Gesetz für die Fortpflanzung des Lichtes im Kalkspath ist nach verschiedenen Methoden mit äusserster Sorgfalt experimentell geprüft worden, ohne dass jemals eine die Beobachtungsfehler übersteigende Abweichung constatirt werden konnte. Die höchste Genauigkeit haben die Beobachtungen an Prismen nach der auf S. 295 erläuterten Methode erreicht.

Wenn die Wellenlänge des Lichtes und die Beobachtungstemperatur constant bleiben, so muss ein *beliebig* orientirtes Prisma unter allen Einfallswinkeln, welche den Durchgang des Lichtes gestatten, für die Geschwindigkeit der ordentlichen (stärker abgelenkten [1]) Welle einen constanten Werth $\mathfrak{o}$ ergeben. Hiermit stimmen die Beobachtungen von W. SWAN [2] überein, welche unter einander nur um 0,00002 abweichen.

Ein *Prisma, dessen Kante parallel zur Axe der Isotropie liegt,* wird unter allen Einfallswinkeln auch für die Geschwindigkeit der ausserordentlichen (schwächer abgelenkten) Welle einen constanten Werth $\mathfrak{e}$ liefern.

Um das Gesetz zu prüfen, nach welcher sich die Geschwindigkeit $\mathfrak{q}$ einer ausserordentlichen Welle in einer durch die Axe der Isotropie γ hin-

[1] Die ordentliche Welle erfährt in Prismen optisch positiver Krystalle ($\mathfrak{o} > \mathfrak{e}$) eine schwächere, in Prismen optisch negativer Krystalle ($\mathfrak{o} < \mathfrak{e}$) eine stärkere Ablenkung als die zu demselben Einfallswinkel gehörige ausserordentliche Welle.

[2] W. SWAN, Experiments on the Ordinary Refraction of Iceland Spar. Trans. Edinb. Roy. Soc. **16,** 375, 1847.

durchgehenden Ebene mit dem Winkel u zwischen der Wellennormale und der Axe γ ändert:

$$\mathfrak{q}^2 = \mathfrak{o}^2 \cos^2 u + \mathfrak{e}^2 \sin^2 u,$$

muss man ein Prisma benutzen, dessen *Kante zur Axe γ senkrecht* steht. Die Neigungen der Prismenflächen gegen γ seien mit Hülfe von Krystallflächen oder Spaltflächen, die in der Begrenzung des Prismas erhalten geblieben sind, ermittelt, so dass der Winkel ϱ zwischen der Halbirungsgeraden X des Prismenwinkels A und der Axe γ bekannt ist. Bedienen wir uns zur Erläuterung dieses Falles der Fig. 135, S. 295, worin die längere Ellipsenhalbaxe die Richtung von γ angeben möge, so ist ersichtlich, dass u mit dem durch die Orientirung des Prismas gegebenen Winkel ϱ und der Neigung ψ der Wellennormale gegen X in der Beziehung steht:

$$u = \psi - \varrho,$$

so dass:

$$\mathfrak{q}^2 = \mathfrak{o}^2 \cos^2(\psi - \varrho) + \mathfrak{e}^2 \sin^2(\psi - \varrho). \tag{1}$$

Hiernach würde, nachdem der Werth von $\mathfrak{o}$ gefunden ist, zur Berechnung der Hauptlichtgeschwindigkeit $\mathfrak{e}$ ein Werthepaar ψ, $\mathfrak{q}$ für eine einzige ausserordentlich gebrochene Welle genügen, denn es ist nach (1):

$$\mathfrak{e} = \frac{\mathfrak{q} \cos \chi}{\sin(\psi - \varrho)}, \quad \sin \chi = \frac{\mathfrak{o} \cos(\psi - \varrho)}{\mathfrak{q}}. \tag{2}$$

Da indessen die Beobachtungsfehler alsdann das Resultat erheblich beeinträchtigen würden, so wird man unter verschiedenen Einfallswinkeln eine grössere Anzahl (m) von Beobachtungen anstellen, aus jeder derselben die Elemente ψ_h, $\mathfrak{q}_h$, $(h = 1, 2, \ldots m)$ der ausserordentlich gebrochenen Wellen berechnen und aus den zugehörigen Werthen von $\mathfrak{e}$ das Mittel nehmen. Darauf können nach (2) mit Hülfe der Hauptlichtgeschwindigkeiten $\mathfrak{o}$, $\mathfrak{e}$ rückwärts die den Winkeln ψ_h entsprechenden Werthe von $\mathfrak{q}_h$ berechnet werden. Ergiebt sich nun, dass die Differenzen der beobachteten und der berechneten Werthe von $\mathfrak{q}_h$ kleiner sind als die wahrscheinlichen Fehler der einzelnen Beobachtungen, so gewähren die Messungen mit der ihnen eigenen Genauigkeit eine Verification des Huyghens'schen Gesetzes.

Diese Methode ist von R. T. Glazebrook[1] und Ch. S. Hastings[2] an Kalkspathprismen durchgeführt worden. Letzterer erhielt unter sorgfältig-

[1] R. T. Glazebrook: Double Refraction and Dispersion in Iceland Spar: an Experimental Investigation, with a Comparison with Huyghens' Construction for the Extraordinary Wave. Philos. Trans. London 1880, 2, 421. — Wie K. Schering bemerkt hat, würde Glazebrook eine noch grössere Uebereinstimmung zwischen Beobachtung und Berechnung erzielt haben, wenn er zur Berechnung von $\mathfrak{e}$ nicht nur eine Beobachtung benutzt, sondern für $\mathfrak{e}$ denjenigen Werth gewählt hätte, welcher sich sämmtlichen Beobachtungen am besten anschliesst. N. Jahrb. f. Min. 1882, 2, 3.

[2] Ch. S. Hastings, On the law of Double Refraction in Iceland Spar. Amer. Journ. of Sc. (3) **35**, 60, 1888.

ster Berücksichtigung der Fehler des Spektrometers und des Einflusses der Temperatur im Mittel folgende Werthe der Hauptbrechungsindices für die FRAUNHOFER'sche Linie D_2 bei 20° C.:

$$\omega = \frac{1}{\mathfrak{o}} = 1{,}658\,389, \quad \varepsilon = \frac{1}{\mathfrak{e}} = 1{,}486\,452.$$

Mit Hülfe von ω und ε wurden die Werthe der Brechungsindices $n = 1/\mathfrak{q}$ der ausserordentlichen Wellen für die in der folgenden Tabelle angegebenen Winkel u berechnet:

u	n beobachtet	n berechnet
31° 19′ 45,68″	1,606 113	1,606 110
31 19′ 58,34	1,606 102	1,606 100.

Hieraus folgt, dass keine Aussicht vorhanden ist, durch die genaueste der bekannten Beobachtungsmethoden eine Abweichung von dem Huyghens'schen Gesetze zu constatiren.

13. Nach der auf S. 290 angedeuteten Methode bestimmen wir nun die gebrochenen und reflectirten Wellen und Strahlen, welche bei dem Durchgange einer ebenen Welle durch eine *planparallele Platte* eines gewöhnlichen optisch einaxigen Krystalls auftreten, wenn das äussere Mittel einfach brechend ist.

Die Orientirung der Grenzebene $\mathfrak{G}$ ist durch den Winkel μ zwischen ihrer Normale $\mathfrak{X}_3$ und der optischen Axe X_3 gegeben. Die Einfallsebene $\mathfrak{E}$ soll durch ihre Neigung gegen den Hauptschnitt $\mathfrak{H}$ der Grenzebene, $(\mathfrak{H}\mathfrak{E}) = \vartheta$, fixirt werden.

Aus einer unter dem Winkel i einfallenden Welle W_i entstehen an der Eintrittsfläche $\mathfrak{G}$ der Platte eine reflectirte und zwei gebrochene Wellenebenen, W_r und W_o, W_e; jede der letzteren liefert an der Austrittsfläche $\mathfrak{G}'$ zwei reflectirte Wellen W_o', W_e' und eine zu W_i parallele austretende Welle. Gesucht sind zunächst *die Richtungen und Geschwindigkeiten dieser Wellen*, falls gegeben sind: die Lichtgeschwindigkeit $\mathfrak{v}$ in dem äusseren Mittel, die Hauptlichtgeschwindigkeiten $\mathfrak{o}$, $\mathfrak{e}$ im Krystall, dessen Charakter als *negativ* angenommen wird ($\mathfrak{o} < \mathfrak{e}$), und die Winkel μ, ϑ, i.

Es seien bezeichnet: mit E, R, D_o, D_e, D_o', D_e' die Normalen der Wellenebenen W_i, W_r, W_o, W_e, W_o', W_e', mit i, i_r, φ_o, φ_e, φ_o', φ_e' die Neigungen dieser Normalen gegen die Plattennormale $\mathfrak{X}_3$, mit u_o, u_e, u_o', u_e' die Neigungen von D_o, D_e, D_o', D_e' gegen die optische Axe X_3 und mit $\mathfrak{q}$, $\mathfrak{q}'$ die Geschwindigkeiten der Wellenebenen W_e, W_e'.

Nach dem Reflexionsgesetze ist:

(1) $$i_r = 180^0 - i.$$

Zur Bestimmung der Winkel φ bedienen wir uns der Indexfläche. Durch den Einfallspunkt O, den Mittelpunkt der Constructionskugel Fig. 146, sei ein mit der Platte starr verbundenes rechtwinkliges Axensystem X_1, X_2, X_3 gelegt, in welchem X_3 zur optischen Axe parallel ist, während X_1 in den Hauptschnitt der Grenzebene fällt. Ferner gehe durch O das auf S. 290 beschriebene, mit der Einfallsebene veränderliche Axensystem $\mathfrak{X}_1$, $\mathfrak{X}_2$, $\mathfrak{X}_3$. Alsdann ist das System der Richtungscosinus:

	X_1	X_2	X_3
$\mathfrak{X}_1$	$\cos\mu\cos\vartheta$	$-\sin\vartheta$	$-\sin\mu\cos\vartheta$
$\mathfrak{X}_2$	$-\cos\mu\sin\vartheta$	$-\cos\vartheta$	$\sin\mu\sin\vartheta$
$\mathfrak{X}_3$	$-\sin\mu$	0	$-\cos\mu$

Dabei ist angenommen, dass $-\mathfrak{X}_3$ in den positiven Quadranten $X_3 X_1$ fällt, und dass man von der positiven Axe X_2 auf die Ebene $X_3 X_1$ herabsehend die positive Axe X_3 in dem zur Bewegungsrichtung des Uhrzeigers entgegengesetzten Drehungssinne auf dem kürzesten Wege in die positive Axe X_1 überführt. Demnach lauten die Transformationsformeln (α) (S. 291):

$$\begin{aligned} x_1 &= \mathfrak{x}_1 \cos\mu \cos\vartheta - \mathfrak{x}_2 \cos\mu \sin\vartheta - \mathfrak{x}_3 \sin\mu \\ x_2 &= -\mathfrak{x}_1 \sin\vartheta - \mathfrak{x}_2 \cos\vartheta \\ x_3 &= -\mathfrak{x}_1 \sin\mu \cos\vartheta + \mathfrak{x}_2 \sin\mu \sin\vartheta - \mathfrak{x}_3 \cos\mu, \end{aligned}$$

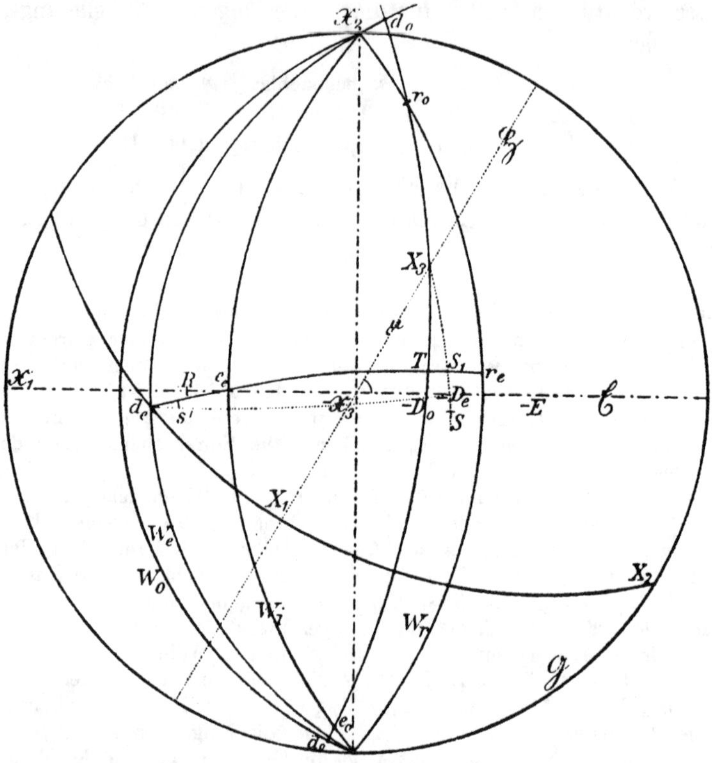

Fig. 146.

und die *Gleichung der Indexfläche*:

$$\left|\begin{array}{ll} \mathfrak{o}^2(x_1^2 + x_2^2 + x_3^2) = 1 & \text{(Kugel)} \\ \mathfrak{e}^2(x_1^2 + x_2^2) + \mathfrak{o}^2 x_3^2 = 1 & \text{(Ellipsoid)} \end{array}\right.$$

geht über in:

$$\left|\begin{array}{l} \mathfrak{o}^2(\mathfrak{x}_1^2 + \mathfrak{x}_2^2 + \mathfrak{x}_3^2) = 1 \\ \mathfrak{g}_{11}\mathfrak{x}_1^2 + \mathfrak{g}_{22}\mathfrak{x}_2^2 + \mathfrak{g}_{33}\mathfrak{x}_3^2 + 2\mathfrak{g}_{23}\mathfrak{x}_2\mathfrak{x}_3 + 2\mathfrak{g}_{31}\mathfrak{x}_3\mathfrak{x}_1 + 2\mathfrak{g}_{12}\mathfrak{x}_1\mathfrak{x}_2 = 1, \end{array}\right.$$

worin:

$$\begin{aligned} \mathfrak{g}_{11} &= \mathfrak{e}^2 + (\mathfrak{o}^2 - \mathfrak{e}^2)\sin^2\mu\cos^2\vartheta \\ \mathfrak{g}_{22} &= \mathfrak{e}^2 + (\mathfrak{o}^2 - \mathfrak{e}^2)\sin^2\mu\sin^2\vartheta \\ \mathfrak{g}_{33} &= \mathfrak{e}^2 + (\mathfrak{o}^2 - \mathfrak{e}^2)\cos^2\mu \\ \mathfrak{g}_{23} &= -(\mathfrak{o}^2 - \mathfrak{e}^2)\sin\mu\cos\mu\sin\vartheta \\ \mathfrak{g}_{31} &= (\mathfrak{o}^2 - \mathfrak{e}^2)\sin\mu\cos\mu\cos\vartheta \\ \mathfrak{g}_{12} &= -(\mathfrak{o}^2 - \mathfrak{e}^2)\sin^2\mu\sin\vartheta\cos\vartheta. \end{aligned}$$

Hieraus erhält man durch die auf S. 291 erläuterte Substitution:

$$\mathfrak{x}_1 = \frac{\sin i}{\mathfrak{v}}, \quad \mathfrak{x}_2 = 0, \quad \mathfrak{x}_3 = \frac{\sin i}{\mathfrak{v}} \frac{1}{\tan \varphi}$$

die zur Bestimmung der gesuchten Winkel φ dienenden Gleichungen:

$$(2) \qquad \left| \begin{array}{l} \sin^2 \varphi = \frac{\mathfrak{o}^2}{\mathfrak{v}^2} \sin^2 i \\ a_0 \tan^2 \varphi + 2 a_1 \tan \varphi + a_2 = 0, \end{array} \right.$$

mit den Coëfficienten:

$$a_0 = \mathfrak{g}_{11} \sin^2 i - \mathfrak{v}^2, \quad a_1 = \mathfrak{g}_{13} \sin^2 i\,, \quad a_2 = \mathfrak{g}_{33} \sin^2 i.$$

Ist die Geschwindigkeit des Lichtes in dem äusseren Mittel grösser als in dem Krystall, $\mathfrak{v} > \mathfrak{o} > \mathfrak{e}$, so folgen aus der ersten Gleichung (2) zwei reelle Werthe φ_0 und φ_0':

$$\varphi_0 = \text{arc} \sin \left(\frac{\mathfrak{o}}{\mathfrak{v}} \sin i \right), \quad \varphi_0' = 180^0 - \varphi_0\,,$$

und aus der zweiten Gleichung (2) zwei relle, von einander verschiedene Werthe für $\tan \varphi_e$ mit entgegengesetzten Vorzeichen; die positive Wurzel liefert φ_e, die negative φ_e'.

Nachdem auf solche Weise die *Richtungen* der im Inneren der Platte sich fortpflanzenden Wellen bestimmt sind, findet man die *Geschwindigkeiten der ausserordentlichen Wellen* aus:

$$\mathfrak{q} = \mathfrak{v} \frac{\sin \varphi_e}{\sin i}, \quad \mathfrak{q}' = \mathfrak{v} \frac{\sin \varphi_e'}{\sin i}$$

und die Winkel u_o, u_e nach der zur Erläuterung von Fig. 146 dienenden Fig. 147 aus den Gleichungen:

$$(4) \qquad \begin{array}{l} \cos u_o = \cos (\overline{D}_o X_3) = \cos \mu \cos \varphi_o + \sin \mu \sin \varphi_o \cos \vartheta \\ \cos u_e = \cos (\overline{D}_e X_3) = \cos \mu \cos \varphi_e + \sin \mu \sin \varphi_e \cos \vartheta. \end{array}$$

Analoge Formeln gelten für u_o' und u_e'.

Die Polarisationsrichtung jeder im Krystall sich fortpflanzenden Welle hat eine durch die Fortpflanzungsrichtung und die Geschwindigkeit der Welle bestimmte krystallographische Orientirung: sie liegt im Hauptschnitt oder senkrecht zum Hauptschnitt der Wellennormale, je nachdem die Welle eine ordentliche oder eine ausserordentliche ist. Es seien d_o, d_e, d_o', d_e' die Polarisationsrichtungen der Wellen W_o, W_e, W_o', W_e' und δ_o, δ_e, δ_o', δ_e' die Winkel dieser Richtungen gegen die Einfallsebene. Dann erhält man zunächst nach Fig. 146, 147 aus den Dreiecken $\mathfrak{X}_3 X_3 D_o$ und $\mathfrak{X}_3 X_3 D_e$ für die Azimute δ_o, δ_e die Relationen:

$$(5) \qquad \begin{array}{l} \sin \delta_o = \frac{\sin \mu \sin \vartheta}{\sin u_o}\,, \\ \sin (\delta_e - 90^0) = - \cos \delta_e = \frac{\sin \mu \sin \vartheta}{\sin u_e}. \end{array}$$

Analoge Ausdrücke gelten für δ_o' und δ_e'.

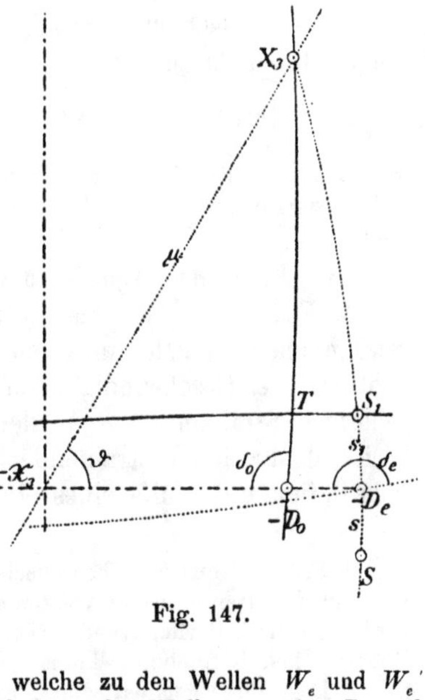

Fig. 147.

Demnächst handelt es sich um die Ermittelung der *Richtungen und Geschwindigkeiten der ausserordentlichen Strahlen* S und S', welche zu den Wellen W_e und W_e' gehören. Diese Strahlen liegen in den Hauptschnitten der Wellennormalen D_e und

D_e' und sind bestimmt durch ihre Winkel gegen die optische Axe $(X_3 S) = \sigma$ und $(X_3 S') = \sigma'$:

$$\tan\sigma = \frac{\mathfrak{e}^2}{\mathfrak{o}^2}\tan u_e, \quad \tan\sigma' = \frac{\mathfrak{e}^2}{\mathfrak{o}^2}\tan u_e'. \tag{6}$$

Bezeichnet man die Winkel $(D_e S) = s$ und $(D_e' S') = s'$, so ist nach (4), S. 308:

$$\tan s = \frac{\mathfrak{e}^2 - \mathfrak{o}^2}{\mathfrak{q}^2}\sin u_e \cos u_e, \quad \tan s' = \frac{\mathfrak{e}^2 - \mathfrak{o}^2}{\mathfrak{q}'^2}\sin u_e' \cos u_e', \tag{7}$$

und mit Hülfe von s und s' ergeben sich die Geschwindigkeiten $\mathfrak{s}$, $\mathfrak{s}'$ jener Strahlen aus:

$$\mathfrak{s} = \frac{\mathfrak{q}}{\cos s}, \quad \mathfrak{s}' = \frac{\mathfrak{q}'}{\cos s'}. \tag{8}$$

Mit Rücksicht auf spätere Anwendungen beachten wir noch, dass die Relation (7) vermöge der Beziehungen (S. 307, 313):

$$(\mathfrak{o}^2 - \mathfrak{e}^2)\sin^2 u_e = \mathfrak{o}^2 - \mathfrak{q}^2, \quad \mathfrak{o}\sin\varphi_e = \mathfrak{q}\sin\varphi_o$$

übergeht in:

$$\tan s = \frac{\sin(\varphi_e - \varphi_o)\sin(\varphi_o + \varphi_e)}{\sin^2\varphi_e}\cot u_e. \tag{7*}$$

Aus den Dreiecken $\mathfrak{X}_3 X_3 \bar{D}_o$ und $\mathfrak{X}_3 X_3 \bar{D}_e$ entnehmen wir:

$$\cot\delta_o \sin\vartheta = \sin\varphi_o \cot\mu - \cos\varphi_o \cos\vartheta$$
$$-\tan\delta_e \sin\vartheta = \sin\varphi_e \cot\mu - \cos\varphi_e \cos\vartheta.$$

Hieraus folgt:

$$\frac{\sin\varphi_o}{\sin\varphi_e} = \frac{\cot\delta_o + \cos\varphi_o \cot\vartheta}{-\tan\delta_e + \cos\varphi_e \cot\vartheta}$$

oder:

$$\cot\delta_o \sin\varphi_e + \tan\delta_e \sin\varphi_o = \cot\vartheta \sin(\varphi_o - \varphi_e).$$

Endlich ergiebt sich aus dem Dreieck $X_3 \bar{D}_o D_e$:

$$\cot u_e \sin(\varphi_e - \varphi_o) = \cot\delta_o \cos\delta_e + \cos(\varphi_e - \varphi_o)\sin\delta_e$$

oder mit Rücksicht auf (7*):

$$[\cot\delta_o \cot\delta_e + \cos(\varphi_e - \varphi_o)]\sin(\varphi_o + \varphi_e) - \frac{\tan s \sin^2\varphi_e}{\sin\delta_e} = 0.$$

Diese für die Theorie der Reflexion des Lichtes wichtigen Beziehungen sind von F. E. Neumann und J. Mac Cullagh aufgestellt worden.[1]

14. Eine neue Epoche der Krystalloptik begann mit der Entdeckung von A. Fresnel, dass die Lösung der fundamentalen Aufgabe: in einem gewöhnlichen optisch einaxigen Krystall für eine gegebene Fortpflanzungsrichtung die Geschwindigkeiten und die Polarisationsrichtungen der zugehörigen Strahlen (oder Wellenebenen) zu bestimmen, in viel einfacherer Weise als durch die Strahlenfläche (oder Normalenfläche) und das Gesetz der Polarisation mit Hülfe eines einzigen Ellipsoids dargestellt werden können.[2]

[1] F. E. Neumann, Theoretische Untersuchung der Gesetze, nach welchen das Licht an der Grenze zweier vollkommen durchsichtigen Medien reflektirt und gebrochen wird. Abhandl. Berlin. Akad. 1835. — J. Mac Cullagh, On the Laws of Cristalline Reflexion and Refraction. Trans. Irish Acad. **18,** 1837. Coll. Works 1880, p. 87.

[2] Dass diese geometrische Transformation des Huyghens'schen Gesetzes und die dadurch nahegelegte Verallgemeinerung desselben der Weg war, auf welchem A. Fresnel

Die Fresnel'schen Sätze ergeben sich sofort, wenn wir die geometrische Beziehung beachten, welche zwischen den Fortpflanzungsgeschwindigkeiten zweier Strahlen oder zweier Wellenebenen von gemeinsamer Fortpflanzungsrichtung besteht. Bezeichnen wir diese Geschwindigkeiten mit $\mathfrak{o}$, $\mathfrak{s}$ oder $\mathfrak{o}$, $\mathfrak{q}$, so sind $\mathfrak{s}$ und $\mathfrak{q}$ bestimmt durch:

$$\frac{1}{\mathfrak{s}^2} = \frac{\cos^2 s}{\mathfrak{o}^2} + \frac{\sin^2 s}{\mathfrak{e}^2},$$

Ist OS eine gegen die optische Axe unter dem Winkel s geneigte Strahlenrichtung, so schneidet die auf OS senkrechte Diametralebene das Ellipsoid:

$$(\mathfrak{E}) \qquad \frac{x_1^2 + x_2^2}{\mathfrak{o}^2} + \frac{x_3^2}{\mathfrak{e}^2} = 1$$

in einer Ellipse, deren Halbaxen $\mathfrak{o}$ und $\mathfrak{s}$ in der Aequatorialebene des Ellipsoids und in dem Hauptschnitt von OS liegen, so dass:

$$\frac{1}{\mathfrak{s}^2} = \frac{\cos^2 s}{\mathfrak{o}^2} + \frac{\sin^2 s}{\mathfrak{e}^2}$$

ist. Hieraus folgt:

Die Geschwindigkeiten $\mathfrak{o}$, $\mathfrak{s}$ zweier Strahlen von gemeinsamer Fortpflanzungsrichtung OS sind gegeben durch die Halbaxen der Ellipse, in welcher das Ellipsoid ($\mathfrak{E}$) von der zu OS senkrechten Diametralebene geschnitten wird.

Da die Halbaxe $\mathfrak{o}$ senkrecht zum Hauptschnitte von OS steht, während $\mathfrak{s}$ in diese Ebene fällt, so ergiebt sich:

Die Polarisationsrichtung jedes der beiden Strahlen steht senkrecht zu der Halbaxe der Schnittellipse, welche die Fortpflanzungsgeschwindigkeit des Strahles darstellt.

$$\mathfrak{q}^2 = \mathfrak{o}^2 \cos^2 u + \mathfrak{e}^2 \sin^2 u.$$

Ist OQ eine gegen die optische Axe unter dem Winkel u geneigte Wellennormalenrichtung, so schneidet die auf OQ senkrechte Diametralebene das Ellipsoid:

$$(E) \qquad \frac{x_1^2 + x_2^2}{\omega^2} + \frac{x_3^2}{\varepsilon^2} = 1$$

in einer Ellipse, deren Halbaxen ω und σ in der Aequatorialebene des Ellipsoids und in dem Hauptschnitt von OQ liegen, so dass:

$$\frac{1}{\sigma^2} = \frac{\cos^2 u}{\omega^2} + \frac{\sin^2 u}{\varepsilon^2}$$

ist. Hieraus folgt:

Die Geschwindigkeiten $\mathfrak{o}$, $\mathfrak{q}$ zweier Wellenebenen mit gemeinsamer Wellennormale OQ sind gegeben durch die reciproken Werthe der Halbaxen ω, σ der Ellipse, in welcher das Ellipsoid (E) von der zu OQ senkrechten Diametralebene geschnitten wird.

Da die Halbaxe ω senkrecht zum Hauptschnitte von OQ steht, während σ in diese Ebene fällt, so ergiebt sich:

Die Polarisationsrichtung jeder der beiden Wellen steht senkrecht zu der Halbaxe der Schnittellipse, welche den reciproken Werth der Fortpflanzungsgeschwindigkeit der Welle darstellt.

---

das nach ihm benannte Gesetz der Fortpflanzung des Lichtes in Krystallen ohne Axe der Isotropie aufgefunden hat, wurde erst aus dem von E. Verdet herausgegebenen wissenschaftlichen Nachlasse Fresnel's ersichtlich. Vgl. die „Introduction aux oeuvres d'Augustin Fresnel" (1866) im ersten Bande der Fresnel'schen Werke und in E. Verdet, Notes et mémoires. Paris 1872, 313.

Wir bezeichnen das Ellipsoid (𝔈) hinfort als das Fresnel'sche (Fig. 148, 149) und (E) nach Mac Cullagh als Indexellipsoid (Fig. 150, 151). Die nebenstehenden Figuren entsprechen den Figuren 142, 143 auf S. 305.

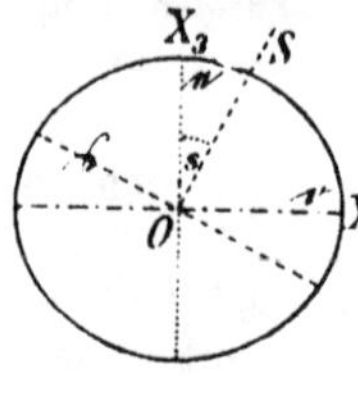

Fig. 148.

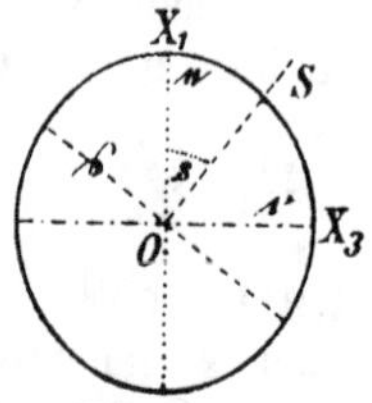

Fig. 149.

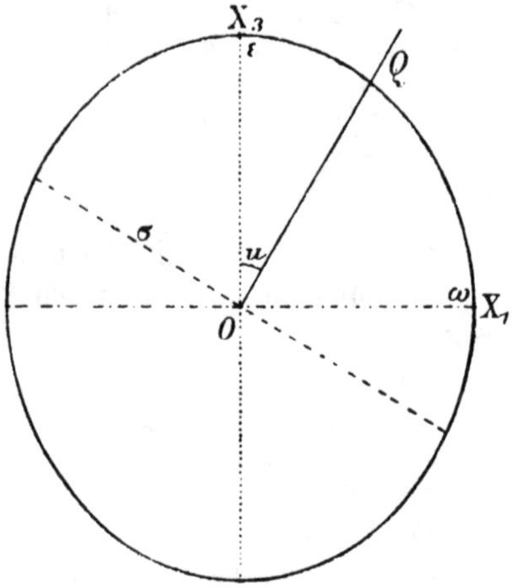

Fig. 150.

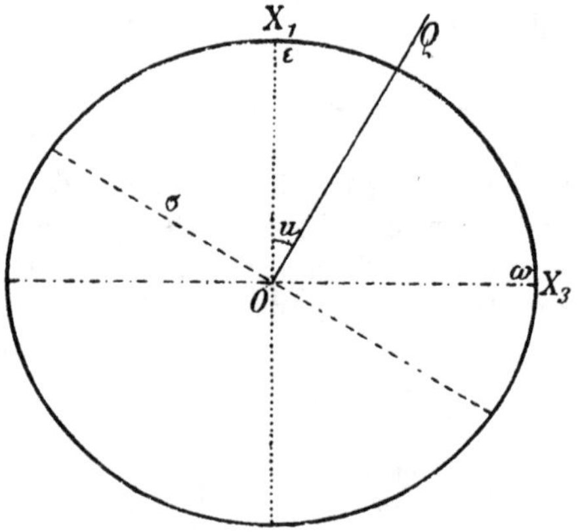

Fig. 151.

Die Fresnel'sche Strahlenfläche.

15. Als J. B. Biot und D. Brewster die Interferenzerscheinungen untersuchten, welche planparallele Platten optisch anisotroper Krystalle im convergenten polarisirten Lichte darbieten, fanden sie neben Krystallen mit einer Axe der Isotropie auch Krystalle ohne Axe der Isotropie. Die Entdeckung des Gesetzes der Fortpflanzung und Polarisation des Lichtes in dieser letzteren Klasse krystallisirter Körper war A. Fresnel vorbehalten. Sie gelang ihm, wie aus seinen nachgelassenen Schriften hervorgeht[1], durch eine Verallgemeinerung der soeben (S. 315) beschriebenen Constructionen, welche die Huyghens'sche Strahlenfläche aus dem Ellipsoid (𝔈) und die

[1] A. Fresnel, Premier mémoire sur la double réfraction (19. nov. 1821). Oeuvres compl. 2, No. XXXVIII, XXXIX. Der von Fresnel in dem berühmten Mémoire sur la double rèfraction (Mém. de l'acad. des sc. 7, 45, 1821. Oeuvr. compl. 2, No. XLVII) veröffentlichte Versuch einer mechanischen Theorie der Doppelbrechung enthält keine Andeutung über den Weg, der ihn zu seiner Entdeckung geführt hat.

zugehörige Normalenfläche aus dem Ellipsoid (E) abzuleiten gestatten: Ersetzt man diese Umdrehungsellipsoide durch *Ellipsoide mit drei ungleichen Axen*, so ergeben sich durch Uebertragung jener Constructionen sofort die Strahlenfläche, die Normalenfläche und das Gesetz der Polarisation für Krystalle ohne Axe der Isotropie.

Man lege durch den Mittelpunkt O des Fresnel'schen Ellipsoids:

$$(\mathfrak{E}) \qquad \frac{x_1^2}{\mathfrak{a}_1^2} + \frac{x_2^2}{\mathfrak{a}_2^2} + \frac{x_3^2}{\mathfrak{a}_3^2} = 1$$

eine Ebene, deren Normale OS die Richtungscosinus s_1, s_2, s_3 hat:

$$s_1 x_1 + s_2 x_2 + s_3 x_3 = 0,$$

bestimme die Halbaxen $\mathfrak{s}'$, $\mathfrak{s}''$ der Schnittellipse und trage auf OS nach beiden Seiten hin die Längen $\mathfrak{s}'$, $\mathfrak{s}''$ ab. Der Ort der so für alle Richtungen OS erhaltenen Punkte ist die Fresnel'*sche Strahlenfläche mit den Hauptlichtgeschwindigkeiten $\mathfrak{a}_1$, $\mathfrak{a}_2$, $\mathfrak{a}_3$.*

Die Polarisationsrichtung jeder der beiden in der Richtung OS sich fortpflanzenden Strahlen steht senkrecht zu derjenigen Halbaxe $\mathfrak{s}$ der Schnittellipse, welche die Fortpflanzungsgeschwindigkeit des Strahles darstellt.[1]

Es sei $\mathfrak{s}' > \mathfrak{s}''$, so fällt hiernach die Polarisationsrichtung des schnelleren Strahles OS' in die Halbaxe $\mathfrak{s}''$, jene des langsameren Strahles OS'' in die Halbaxe $\mathfrak{s}'$ der Schnittellipse.

Die Ebene $S\mathfrak{s}''$ soll als Polarisationsebene H' des schnelleren, $S\mathfrak{s}'$ als Polarisationsebene H'' des langsameren Strahles bezeichnet werden.

Man lege durch den Mittelpunkt O des Indexellipsoids:

$$(\mathrm{E}) \qquad \mathfrak{a}_1^2 x_1^2 + \mathfrak{a}_2^2 x_2^2 + \mathfrak{a}_3^2 x_3^2 = 1$$

eine Ebene, deren Normale OQ die Richtungscosinus q_1, q_2, q_3 hat:

$$q_1 x_1 + q_2 x_2 + q_3 x_3 = 0,$$

bestimme die Halbaxen σ_1, σ_2 der Schittellipse und trage auf OQ nach beiden Seiten hin die reciproken Werthe jener Halbaxen $1/\sigma_1 = \mathfrak{q}_1$, $1/\sigma_2 = \mathfrak{q}_2$ ab. Der Ort der so für alle Richtungen OQ erhaltenen Punkte ist die zu jener Strahlenfläche gehörige Normalenfläche.

Die Polarisationsrichtung jeder der beiden in der Richtung OQ sich fortpflanzenden Wellenebenen steht senkrecht zu derjenigen Halbaxe σ der Schnittellipse, welche den reciproken Werth der Fortpflanzungsgeschwindigkeit $\mathfrak{q}$ der Wellenebene darstellt.

Es sei $\mathfrak{q}_1 > \mathfrak{q}_2$, so fällt hiernach die Polarisationsrichtung der schnelleren Welle OQ_1 in die Halbaxe σ_2, jene der langsameren Welle OQ_2 in die Halbaxe σ_1 der Schnittellipse.

Die Ebene $Q\sigma_2$ soll als Polarisationsebene $\mathfrak{H}_1$ der schnelleren, $Q\sigma_1$ als Polarisationsebene $\mathfrak{H}_2$ der langsameren Wellenebene bezeichnet werden.

Wir bemerken, dass sich hier wieder ein *Uebertragungsprincip* darbietet (vgl. S. 308); ersetzt man der Reihe nach:

$$\mathfrak{a}_1,\ \mathfrak{a}_2,\ \mathfrak{a}_3,\ OS,\ s_1,\ s_2,\ s_3,\ \mathfrak{s}',\ \mathfrak{s}''$$

durch:

$$\frac{1}{\mathfrak{a}_1},\ \frac{1}{\mathfrak{a}_2},\ \frac{1}{\mathfrak{a}_3},\ OQ,\ q_1,\ q_2,\ q_3,\ \frac{1}{\mathfrak{q}_1},\ \frac{1}{\mathfrak{q}_2},$$

[1] Gypsmodelle des Ellipsoids ($\mathfrak{E}$) und der Strahlenfläche liefert die Verlagshandlung von L. Brill in Darmstadt.

so gehen die für Strahlen geltenden Sätze in die entsprechenden Sätze für Wellenebenen über.

In der Folge soll vorausgesetzt werden, dass die Hauptlichtgeschwindigkeiten die Bedingung erfüllen:

$$\mathfrak{a}_1 > \mathfrak{a}_2 > \mathfrak{a}_3.$$

Bezeichnen wir ihre reciproken Werthe, die Hauptbrechungsindices, mit α_1, α_2, α_3, so ist demnach:

$$\alpha_1 < \alpha_2 < \alpha_3.$$

Folglich sind die Symmetrieaxen X_1, X_2, X_3 so bezeichnet, dass X_1 die grösste, X_3 die kleinste Halbaxe des Fresnel'schen Ellipsoids und X_1 die kleinste, X_3 die grösste Halbaxe des Indexellipsoids bedeuten. Wir können diese Symmetrieaxen aber noch in anderer Weise definiren, wenn wir nach der soeben angegebenen Construction die Geschwindigkeiten der mit ihren Wellennormalen zusammenfallenden Strahlen bestimmen, welche sich in den Richtungen jener Axen fortpflanzen (Fig. 152):

Fortpflanzungs-richtung	Schnellerer Strahl		Langsamerer Strahl	
	Geschwindig-keit	Polarisations-richtung	Geschwindig-keit	Polarisations-richtung
X_1	$\mathfrak{a}_2$	X_3	$\mathfrak{a}_3$	X_2
X_2	$\mathfrak{a}_1$	X_3	$\mathfrak{a}_3$	X_1
X_3	$\mathfrak{a}_1$	X_2	$\mathfrak{a}_2$	X_1

Hiernach bedeutet X_1 die Symmetrieaxe, in der sich zwei Strahlen mit der mittleren und der kleinsten Hauptlichtgeschwindigkeit fortpflanzen, u. s. f.

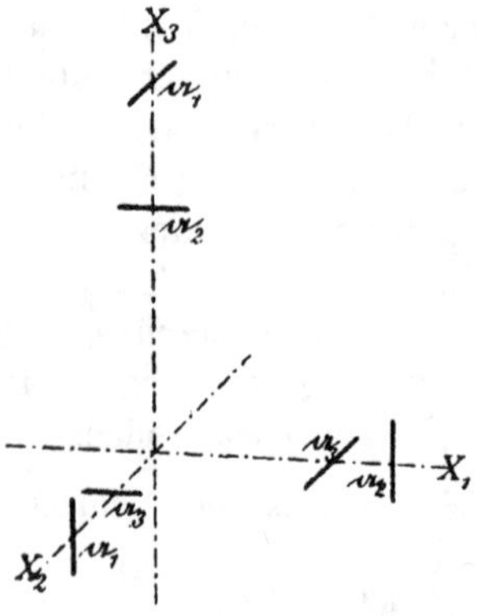

Fig. 152.

Da die krystallographische Orientirung und die Gestalt des Fresnel'schen Ellipsoids und des Indexellipsoids bekannt sind, wenn *die Richtungen der optischen Symmetrieaxen* X_1, X_2, X_3 *und die Werthe der Hauptlichtgeschwindigkeiten* $\mathfrak{a}_1$, $\mathfrak{a}_2$, $\mathfrak{a}_3$ gegeben sind, so besitzt ein vollkommen durchsichtiger Krystall ohne Axe der Isotropie für eine bestimmte Wellenlänge und eine bestimmte Temperatur im Allgemeinen und höchstens *sechs* optische Constanten. Diese Anzahl vermindert sich indessen, wenn in Folge der krystallographischen Symmetrie eine oder mehrere der Axen X_1, X_2, X_3 eine von vornherein anzugebende feste Orientirung besitzen. In rhombischen Krystallen sind die Richtungen aller drei optischen Symmetrieaxen schon durch die Krystallform bestimmt. In Krystallen des monoklinen Systems kann die Richtung einer optischen Symmetrieaxe vorausbestimmt werden; die beiden anderen Axen ändern ihre Orientirung mit der Wellenlänge und der Temperatur. Daher beträgt die Anzahl jener optischen Constanten für rhombische Krystalle nur drei, für monokline nur vier. Dagegen sind in triklinen Krystallen die Richtungen aller drei optischen Symmetrieaxen Functionen von Wellenlänge und Temperatur. Man bezeichnet die erstere Abhängigkeit als *Dispersion der optischen Symmetrieaxen.*

Strahlenaxen.

Es giebt zwei ausgezeichnete Richtungen, nach denen sich jedesmal nur ein einziger Strahl fortpflanzen kann, dessen Palorisationsrichtung eine beliebige ist. Diese Richtungen sind gegeben durch die Normalen 𝔄, 𝔄' der Kreisschnittebenen des FRESNEL'schen Ellipsoids (Fig. 153_a).

Optische Axen.

Es giebt zwei ausgezeichnete Richtungen, nach denen sich jedesmal nur eine einzige Wellenebene fortpflanzen kann, deren Polarisationsrichtung eine beliebige ist. Diese Richtungen sind gegeben durch die Normalen A, A' der Kreisschnittebenen 𝔎, 𝔎' des Indexellipsoids (Fig. 153_b).

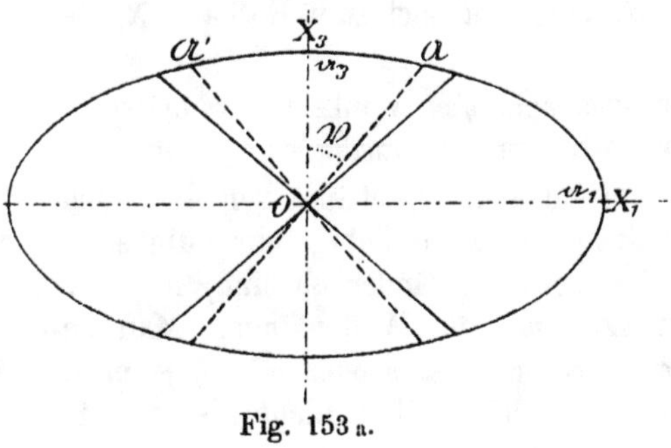

Fig. 153 a.

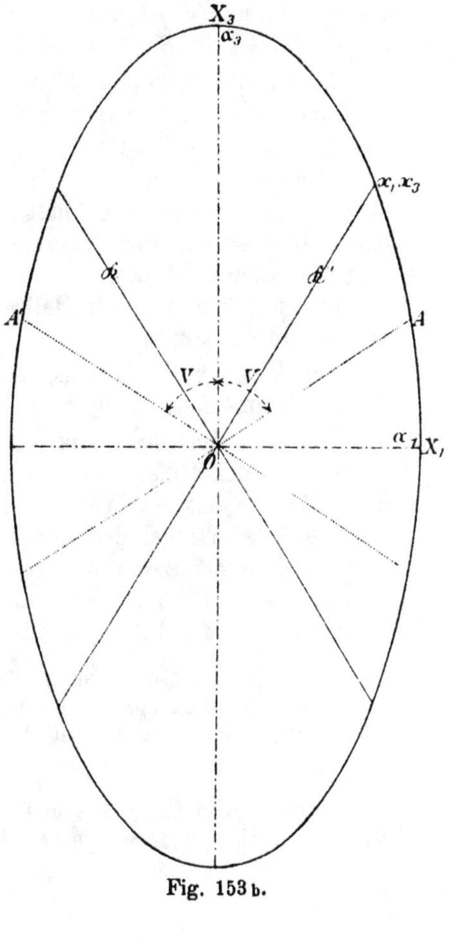

Fig. 153 b.

Wir bezeichnen den von der kleinsten Halbaxe X_3 des FRESNEL'schen Ellipsoids halbirten Winkel der Strahlenaxen:

$$(\mathfrak{A}\mathfrak{A}') = 2\mathfrak{V}.$$

Alsdann ist aus Fig. 153a zu entnehmen:

$$\sin \mathfrak{V} = \frac{\mathfrak{a}_3}{\mathfrak{a}_2}\sqrt{\frac{\mathfrak{a}_1^2 - \mathfrak{a}_2^2}{\mathfrak{a}_1^2 - \mathfrak{a}_3^2}}$$

$$\cos \mathfrak{V} = \frac{\mathfrak{a}_1}{\mathfrak{a}_2}\sqrt{\frac{\mathfrak{a}_2^2 - \mathfrak{a}_3^2}{\mathfrak{a}_1^2 - \mathfrak{a}_3^2}}.$$

Wir bezeichnen den von der grössten Halbaxe X_3 des Indexellipsoids halbirten Winkel der optischen Axen:

$$(AA') = 2\,V.$$

Alsdann ist aus Fig. 153b zu entnehmen:

$$\sin V = \sqrt{\frac{\mathfrak{a}_1^2 - \mathfrak{a}_2^2}{\mathfrak{a}_1^2 - \mathfrak{a}_3^2}}$$

$$\cos V = \sqrt{\frac{\mathfrak{a}_2^2 - \mathfrak{a}_3^2}{\mathfrak{a}_1^2 - \mathfrak{a}_3^2}}.$$

Daraus folgt:

$$\sin \mathfrak{V} = \frac{\mathfrak{a}_3}{\mathfrak{a}_2} \sin V,$$

Da $\mathfrak{a}_2 > \mathfrak{a}_3$ ist, so ist also *der Winkel der optischen Axen* $2\,V$ *stets grösser als der Winkel der Strahlenaxen* $2\mathfrak{V}$.

Man nennt einen optisch zweiaxigen Krystall in Bezug auf den *Charakter der Doppelbrechung* *positiv* oder *negativ*, je nachdem der Winkel $2\,V$ kleiner oder grösser als $\pi/2$ ist.[1]

Zuweilen bezeichnet man jene optische Symmetrieaxe, welche den *spitzen* Winkel der optischen Axen halbirt, als *erste Mittellinie* (Bisectrix). Man kann daher auch sagen, der Charakter der Doppelbrechung eines optisch zweiaxigen Krystalls ist positiv oder negativ, je nachdem die erste Mittellinie die Richtung der grössten Halbaxe X_3 oder der kleinsten Halbaxe X_1 des Indexellipsoids besitzt.

Die mit der Halbirungsgeraden des *stumpfen* Winkels der optischen Axen zusammenfallende Symmetrieaxe wird *zweite Mittellinie* genannt.

Da die Grösse des Winkels der optischen Axen abhängt von dem Quotienten aus den Differenzen der Quadrate der Hauptlichtgeschwindigkeiten, deren Werthe mit der Wellenlänge des Lichtes veränderlich sind, so ändert sich auch der Winkel der optischen Axen mit der Wellenlänge. Man bezeichnet diese *Dispersion der optischen Axen* mit $\varrho < v$ oder $\varrho > v$, je nachdem der *spitze* Winkel der optischen Axen für rothes Licht kleiner oder grösser als der für blaues Licht ist.

Die folgende Tabelle giebt eine Uebersicht der Hauptbrechungsindices, der Hauptlichtgeschwindigkeiten und der Winkel $2\mathfrak{V}$, $2\,V$ für eine Reihe von 24 optisch zweiaxigen Substanzen, welche auch in der Folge als Beispiele herangezogen werden sollen.

---

[1] Die Figuren 153a, 153b und die daraus abgeleiteten Figuren beziehen sich demnach auf einen Krystall von *negativem* Charakter der Doppelbrechung.

		α_1	α_2	α_3	$\mathfrak{a}_1$	$\mathfrak{a}_2$	$\mathfrak{a}_3$	$2\mathfrak{V}$	$2V$	
1. *Andalusit*[3] .	−	1,632	1,638	1,643	0,6127	0,6105	0,6086	83°37,2′	83°14,2′	r
2. *Anglesit*[1] . .	+	1,87709	1,88226	1,89365	0,53275	0,53128	0,52808	67 48,7	68 16, 7	Na
3. *Anhydrit*[2] . .	+	1,56962	1,57553	1,61362	0,63710	0,63471	0,61972	42 43,9	43 49,1	Na
4. *Aragonit*[3] . .	−	1,53013	1,68157	1,68589	0,65354	0,59468	0,59316	19 37,1	17 50,2	D
5. *Axinit*[3] . . .	−	1,6720	1,6779	1,6810	0,59809	0,59599	0,59489	72 15,8	71 58,2	r
6. *Borax*[10] . .	−	1,4468	1,4686	1,4715	0,69119	0,68093	0,67959	40 11,5	39 34,2	Na
7. *Cerussit*[9] . .	−	1,80368	2,07628	2,07803	0,55442	0,48163	0,48122	9 28,7	8 13,9	D
8. *Chrysoberyll*[3]	+	1,7470	1,7484	1,7565	0,57241	0,57195	0,56931	45 6,8	45 20,0	g
9. *Cölestin*[1] . .	+	1,62198	1,62367	1,63092	0,61653	0,61587	0,61315	51 30,4	51 45,2	Na
10. *Cordierit*[3] . .	−	1,535	1,541	1,546	0,6515	0,6489	0,6468	83 14,0	82 50,0	o
11. *Datolith*[3] . .	−	1,6260	1,6535	1,6700	0,61500	0,60477	0,59880	75 52,1	74 23,3	g
12. *Diopsid*[3] . .	+	1,6727	1,6798	1,7026	0,59783	0,59531	0,58734	58 6,8	58 58,8	g
13. *Euklas*[3] . .	+	1,6520	1,6553	1,6710	0,60533	0,60411	0,59844	49 7,0	49 36,9	g
14. *Glimmer* . .	−	1,5609	1,5941	1,5997	0,64067	0,62730	0,62511	44 47,7	43 48,8	Na
15. *Gyps* . . .	+	1,52072	1,52277	1,53048	0,65758	0,65670	0,65339	54 33,5	54 51,5	D
16. *Kieselzinkerz*[3]	+	1,615	1,618	1,635	0,6192	0,6180	0,6116	46 11,2	46 41,9	g
17. *Natrolith*[3] . .	+	1,4768	1,4797	1,4887	0,67714	0,67582	0,67172	59 9,2	59 33,0	r
18. *Olivin*[3] . . .	+	1,661	1,678	1,697	0,6020	0,5960	0,5893	86 41,0	87 54,6	g
19. *Orthoklas*[5] (Adular) . .	−	1,5192	1,5230	1,5246	0,65823	0,65660	0,65591	66 16,1	66 5,1	Na
20. *Orthoklas*[5] (Sanidin) . .	−	1,5206	1,5250	1,5253	0,65764	0,65573	0,65561	29 3,5	28 58,3	Na
21. *Schwefel*[9] . .	+	1,95047	2,03832	2,24052	0,51270	0,49060	0,44632	64 56,8	72 20,2	D
22. *Schwerspath*[4]	+	1,63630	1,63745	1,64797	0,61113	0,61071	0,60681	36 30,6	36 45,2	D
23. *Topas*[8] . . .	+	1,61161	1,61375	1,62109	0,62050	0,61967	0,61687	56 39,6	56 56,5	D
24. *Weinsäure*[6] .		1,4948	1,5347	1,6051	0,66900	0,65160	0,62302	73 0,0	76 56,4	Na

[1] A. Arzruni, [2] J. Danker, [3] A. Des Cloizeaux, [4] J. C. Heusser, [5] F. Kohlrausch, [6] W. Kohlrausch, [7] V. von Lang, [8] F. Rudberg, [9] A. Schrauf, [10] G. Tschermak.
D = Fraunhofer'sche Linie, Na = Natriumlicht; r = roth, g = gelb, o = orange.

16. Es handelt sich jetzt darum, die auf S. 317 durch Construction gefundenen Fortpflanzungsgeschwindigkeiten und Polarisationsrichtungen zweier Strahlen oder zweier Wellenebenen von gemeinsamer Fortpflanzungsrichtung analytisch zu bestimmen. In dieser Hinsicht werden wir folgende Sätze ableiten, welche die Grundlage der weiteren Entwickelungen bilden.

Die Geschwindigkeiten $\mathfrak{s}'$, $\mathfrak{s}''$ ($\mathfrak{s}' > \mathfrak{s}''$) der beiden in der Richtung OS sich fortpflanzenden Strahlen S', S'' sind gegeben als Funktionen der Hauptlichtgeschwindigkeiten $\mathfrak{a}_1$, $\mathfrak{a}_2$, $\mathfrak{a}_3$ und der auf die optischen Symmetrieaxen X_1, X_2, X_3 bezogenen Richtungscosinus s_1, s_2, s_3 von OS durch die Wurzeln

Die Geschwindigkeiten $\mathfrak{q}_1$, $\mathfrak{q}_2$ ($\mathfrak{q}_1 > \mathfrak{q}_2$) der beiden in der Richtung OQ sich fortpflanzenden Wellenebenen Q_1, Q_2 sind gegeben als Funktionen der Hauptlichtgeschwindigkeiten $\mathfrak{a}_1$, $\mathfrak{a}_2$, $\mathfrak{a}_3$ und der auf die optischen Symmetrieaxen X_1, X_2, X_3 bezogenen Richtungscosinus q_1, q_2, q_3 von OQ durch die Wurzeln

$\mathfrak{s}'^2$, $\mathfrak{s}''^2$ *der in Bezug auf* $\mathfrak{s}^2$ *quadratischen Gleichung*:

$$\text{I.}\quad \frac{\mathfrak{a}_1^2 s_1^2}{\mathfrak{a}_1^2-\mathfrak{s}^2}+\frac{\mathfrak{a}_2^2 s_2^2}{\mathfrak{a}_2^2-\mathfrak{s}^2}+\frac{\mathfrak{a}_3^2 s_3^2}{\mathfrak{a}_3^2-\mathfrak{s}^2}=0.$$

Die Richtungscosinus $\mathfrak{s}_1''$, $\mathfrak{s}_2''$, $\mathfrak{s}_3''$ *der Polarisationsrichtung des schnelleren Strahles* S' *sind gegeben durch:*

$$\text{II.}\quad \mathfrak{s}_1'':\mathfrak{s}_2'':\mathfrak{s}_3''=\frac{\mathfrak{a}_1^2 s_1}{\mathfrak{a}_1^2-\mathfrak{s}''^2}:\frac{\mathfrak{a}_2^2 s_2}{\mathfrak{a}_2^2-\mathfrak{s}''^2}:\frac{\mathfrak{a}_3^2 s_3}{\mathfrak{a}_3^2-\mathfrak{s}''^2},$$

die Richtungscosinus $\mathfrak{s}_1'$, $\mathfrak{s}_2'$, $\mathfrak{s}_3'$ *der Polarisationsrichtung des langsameren Strahles* S'' *durch*:

$$\mathfrak{s}_1':\mathfrak{s}_2':\mathfrak{s}_3'=\frac{\mathfrak{a}_1^2 s_1}{\mathfrak{a}_1^2-\mathfrak{s}'^2}:\frac{\mathfrak{a}_1^2 s_2}{\mathfrak{a}_2^2-\mathfrak{s}'^2}:\frac{\mathfrak{a}_3^2 s_3}{\mathfrak{a}_3^2-\mathfrak{s}'^2},$$

$\mathfrak{q}_1^2$, $\mathfrak{q}_2^2$ *der in Bezug auf* $\mathfrak{q}^2$ *quadratischen Gleichung:*

$$\frac{q_1^2}{\mathfrak{a}_1^2-\mathfrak{q}^2}+\frac{q_2^2}{\mathfrak{a}_2^2-\mathfrak{q}^2}+\frac{q_3^2}{\mathfrak{a}_3^2-\mathfrak{q}^2}=0.$$

Die Richtungscosinus σ_{21}, σ_{22}, σ_{23} *der Polarisationsrichtung* σ_2 *der schnelleren Welle* Q_1 *sind gegeben durch:*

$$\sigma_{21}:\sigma_{22}:\sigma_{23}=\frac{q_1}{\mathfrak{a}_1^2-\mathfrak{q}_2^2}:\frac{q_2}{\mathfrak{a}_2^2-\mathfrak{q}_2^2}:\frac{q_3}{\mathfrak{a}_3^2-\mathfrak{q}_2^2},$$

die Richtungscosinus σ_{11}, σ_{12}, σ_{13} *der Polarisationsrichtung* σ_1 *der langsameren Welle* Q_2 *durch:*

$$\sigma_{11}:\sigma_{12}:\sigma_{13}=\frac{q_1}{\mathfrak{a}_1^2-\mathfrak{q}_1^2}:\frac{q_2}{\mathfrak{a}_2^2-\mathfrak{q}_1^2}:\frac{q_3}{\mathfrak{a}_3^2-\mathfrak{q}_1^2}.$$

Um diese Theoreme zu beweisen, beachten wir, dass in einem Ellipsoid 1) die Summe der Quadrate der reciproken Werthe von irgend drei zu einander senkrechten Durchmessern einen constanten Werth und 2) das Parallelepiped, dessen Kanten drei conjugirte Halbmesser sind, ein constantes Volumen besitzt. Diese Sätze liefern, auf das *Indexellipsoid* E angewendet, die Werthe von $\mathfrak{q}_1^2+\mathfrak{q}_2^2$ und $\mathfrak{q}_1^2\mathfrak{q}_2^2$, ausgedrückt durch die gegebenen Grössen $\mathfrak{a}_1$, $\mathfrak{a}_2$, $\mathfrak{a}_3$, q_1, q_2, q_3, so dass alsdann $\mathfrak{q}_1^2$ und $\mathfrak{q}_2^2$ die Wurzeln der Gleichung:

$$\mathfrak{q}^4-(\mathfrak{q}_1^2+\mathfrak{q}_2^2)\,\mathfrak{q}^2+\mathfrak{q}_1^2\mathfrak{q}_2^2=0$$

sind. Bezeichnet man nämlich den auf der Wellennormale OQ durch das Indexellipsoid bestimmten Abschnitt mit $1/l$, so bilden dieser Abschnitt und die Halbaxen $\sigma_1=1/\mathfrak{q}_1$, $\sigma_2=1/\mathfrak{q}_2$ der Ellipse, in welcher das Indexellipsoid von der zu OQ senkrechten Ebene geschnitten wird, drei zu einander senkrechte Halbmesser. Demnach ist nach dem *ersten* Satze:

$$\mathfrak{q}_1^2+\mathfrak{q}_2^2+l^2=\mathfrak{a}_1^2+\mathfrak{a}_2^2+\mathfrak{a}_3^2.$$

Nun folgt aus der Gleichung des Indexellipsoids E (S. 317):

$$l^2=\mathfrak{a}_1^2 q_1^2+\mathfrak{a}_2^2 q_2^2+\mathfrak{a}_3^2 q_3^2,$$

also ist mit Rücksicht auf:

$$q_1^2+q_2^2+q_3^2=1$$

die Summe der Quadrate der Geschwindigkeiten:

$$\mathfrak{q}_1^2+\mathfrak{q}_2^2=q_1^2(\mathfrak{a}_2^2+\mathfrak{a}_3^2)+q_2^2(\mathfrak{a}_3^2+\mathfrak{a}_1^2)+q_3^2(\mathfrak{a}_1^2+\mathfrak{a}_2^2).$$

Bedeutet jetzt $1/\mathfrak{p}$ den Abstand einer zur Ebene der Ellipse parallelen Tangentialebene des Indexellipsoids vom Mittelpunkte, so ist nach dem *zweiten* Satze:

$$\mathfrak{q}_1\mathfrak{q}_2\mathfrak{p}=\mathfrak{a}_1\mathfrak{a}_2\mathfrak{a}_3.$$

Nun ergiebt sich aus der Gleichung des Indexellipsoids:

$$\frac{1}{\mathfrak{p}^2}=\frac{q_1^2}{\mathfrak{a}_1^2}+\frac{q_2^2}{\mathfrak{a}_2^2}+\frac{q_3^2}{\mathfrak{a}_3^2},$$

also ist das Product der Quadrate der Geschwindigkeiten:

$$\mathfrak{q}_1^2\mathfrak{q}_2^2=q_1^2\mathfrak{a}_2^2\mathfrak{a}_3^2+q_2^2\mathfrak{a}_3^2\mathfrak{a}_1^2+q_3^2\mathfrak{a}_1^2\mathfrak{a}_2^2.$$

Daraus geht hervor, dass $\mathfrak{q}_1^2$ und $\mathfrak{q}_2^2$ die Wurzeln der Gleichung:

$$\mathfrak{q}^4 - \{q_1^2(\mathfrak{a}_2^2 + \mathfrak{a}_3^2) + q_2^2(\mathfrak{a}_3^2 + \mathfrak{a}_1^2) + q_3^2(\mathfrak{a}_1^2 + \mathfrak{a}_2^2)\}\mathfrak{q}^2 + q_1^2\mathfrak{a}_2^2\mathfrak{a}_3^2 + q_2^2\mathfrak{a}_3^2\mathfrak{a}_1^2 + q_3^2\mathfrak{a}_1^2\mathfrak{a}_2^2 = 0$$

sind, welche mit I identisch ist.

Diese Gleichung liefert für $\mathfrak{q}^2$ zwei reelle positive Werthe $\mathfrak{q}_1^2$, $\mathfrak{q}_2^2$, welche zwischen $\mathfrak{a}_1^2$ und $\mathfrak{a}_2^2$, $\mathfrak{a}_2^2$ und $\mathfrak{a}_3^2$ liegen (vgl. S. 335).

Für $\mathfrak{q}$ erhalten wir also zwei positive und zwei gleich grosse negative Werthe, entsprechend der Thatsache, dass eine Wellenebene, welche sich nach dem einen Richtungssinne einer Geraden mit einer bestimmten Geschwindigkeit und Polarisationsrichtung fortpflanzt, sich auch nach dem entgegengesetzten Richtungssinne jener Geraden mit derselben Geschwindigkeit und Polarisationsrichtung verbreiten kann.

Die Geschwindigkeit $\mathfrak{q}_1$ der schnelleren Welle befriedigt die Gleichung:

$$\frac{q_1^2}{\mathfrak{a}_1^2-\mathfrak{q}_1^2} + \frac{q_2^2}{\mathfrak{a}_2^2-\mathfrak{q}_1^2} + \frac{q_3^2}{\mathfrak{a}_3^2-\mathfrak{q}_1^2} = 0,$$

und die Richtungscosinus σ_{11}, σ_{12}, σ_{13} des Radiusvectors $1/\mathfrak{q}_1 = \sigma_1$ des Indexellipsoids erfüllen, da σ_1 auf OQ senkrecht steht, die Bedingung:

$$\sigma_{11}\,q_1 + \sigma_{12}\,q_2 + \sigma_{13}\,q_3 = 0.$$

Aus der Vergleichung dieser Beziehungen folgt die Relation II:

$$\sigma_{11} : \sigma_{12} : \sigma_{13} = \frac{q_1}{\mathfrak{a}_1^2-\mathfrak{q}_1^2} : \frac{q_2}{\mathfrak{a}_2^2-\mathfrak{q}_1^2} : \frac{q_3}{\mathfrak{a}_3^2-\mathfrak{q}_1^2}.$$

Das Uebertragungsprincip (S. 317) liefert die analogen Sätze für Strahlen.

17. Trägt man auf allen von O ausgehenden Strahlenrichtungen die Werthe der Fortpflanzungsgeschwindigkeiten $\mathfrak{s}'$, $\mathfrak{s}''$ als Längen auf, so erfüllen die Endpunkte derselben die *Strahlenfläche*, deren Gleichung in Polarcoordinaten[1] durch I, S. 322:

$$\frac{\mathfrak{a}_1^2 s_1^2}{\mathfrak{a}_1^2 - \mathfrak{s}^2} + \frac{\mathfrak{a}_2^2 s_2^2}{\mathfrak{a}_2^2 - \mathfrak{s}^2} + \frac{\mathfrak{a}_3^2 s_3^2}{\mathfrak{a}_3^2 - \mathfrak{s}^2} = 0$$

gegeben ist, falls die Richtungscosinus s_1, s_2, s_3 und der Radiusvector $\mathfrak{s}$ als variabel betrachtet werden.

Bezeichnet man mit x_1, x_2, x_3 die Coordinaten des Endpunktes S des Radiusvectors $\mathfrak{s}$, so ist:

$$x_1 = s_1\,\mathfrak{s}, \quad x_2 = s_2\,\mathfrak{s}, \quad x_3 = s_3\,\mathfrak{s}$$
$$x_1^2 + x_2^2 + x_3^2 = \mathfrak{s}^2,$$

Trägt man auf allen von O ausgehenden Wellennormalen die Werthe der Fortpflanzungsgeschwindigkeiten $\mathfrak{q}_1$, $\mathfrak{q}_2$ der zugehörigen Wellenebenen als Längen auf, so erfüllen die Endpunkte derselben die *Normalenfläche*, deren Gleichung in Polarcoordinaten durch I, S. 322:

$$\frac{q_1^2}{\mathfrak{a}_1^2-\mathfrak{q}^2} + \frac{q_2^2}{\mathfrak{a}_2^2-\mathfrak{q}^2} + \frac{q_3^2}{\mathfrak{a}_3^2-\mathfrak{q}^2} = 0$$

gegeben ist, falls die Richtungscosinus q_1, q_2, q_3 und der Radiusvector $\mathfrak{q}$ als variabel betrachtet werden.

Bezeichnet man mit x_1, x_2, x_3 die Coordinaten des Endpunktes Q des Radiusvectors $\mathfrak{q}$, so ist:

$$x_1 = q_1\,\mathfrak{q}, \quad x_2 = q_2\,\mathfrak{q}, \quad x_3 = q_3\,\mathfrak{q}$$
$$x_1^2 + x_2^2 + x_3^2 = \mathfrak{q}^2,$$

[1] W. Hamilton, Third Supplement to an Essay on the Theory of Systems of Rays. Trans. Irish Acad. **17**, 130, 1837. (Read 1832.)

und die Gleichung der Strahlenfläche lautet in Punktcoordinaten[1]:

$$\sum_{h=1}^{3} \frac{\mathfrak{a}_h^2 x_h^2}{\mathfrak{a}_h^2 - (x_1^2 + x_2^2 + x_3^2)} = 0.$$

und die Gleichung der Normalenfläche lautet in Punktcoordinaten:

$$\sum_{h=1}^{3} \frac{x_h^2}{\mathfrak{a}_h^2 - (x_1^2 + x_2^2 + x_3^2)} = 0.$$

Die Strahlenfläche wird von jeder Symmetrieebene in einem Kreise und einer Ellipse geschnitten. Denn setzt man in der durch Polarcoordinaten dargestellten Gleichung:

$$s_1^2 \mathfrak{a}_1^2 (\mathfrak{a}_2^2 - \mathfrak{s}^2)(\mathfrak{a}_3^2 - \mathfrak{s}^2) + s_2^2 \mathfrak{a}_2^2 (\mathfrak{a}_3^2 - \mathfrak{s}^2)(\mathfrak{a}_1^2 - \mathfrak{s}^2) + s_3^2 \mathfrak{a}_3^2 (\mathfrak{a}_1^2 - \mathfrak{s}^2)(\mathfrak{a}_2^2 - \mathfrak{s}^2) = 0$$

der Reihe nach $s_1 = 0$, $s_2 = 0$, $s_3 = 0$ oder in der durch Punktcoordinaten dargestellten Gleichung:

$$(x_1^2 + x_2^2 + x_3^2)(\mathfrak{a}_1^2 x_1^2 + \mathfrak{a}_2^2 x_2^2 + \mathfrak{a}_3^2 x_3^2) - \mathfrak{a}_1^2(\mathfrak{a}_2^2 + \mathfrak{a}_3^2) x_1^2 - \mathfrak{a}_2^2(\mathfrak{a}_3^2 + \mathfrak{a}_1^2) x_2^2 - \mathfrak{a}_3^2(\mathfrak{a}_1^2 + \mathfrak{a}_2^2) x_3^2 + \mathfrak{a}_1^2 \mathfrak{a}_2^2 \mathfrak{a}_3^2 = 0$$

der Reihe nach $x_1 = 0$, $x_2 = 0$, $x_3 = 0$, so erhält man als Gleichungen der Schnittcurven in der

Ebene	Kreis		Ellipse	
$X_2 X_3$	$\mathfrak{s} = \mathfrak{a}_1$	$x_2^2 + x_3^2 = \mathfrak{a}_1^2$	$\frac{1}{\mathfrak{s}^2} = \frac{s_2^2}{\mathfrak{a}_3^2} + \frac{s_3^2}{\mathfrak{a}_2^2}$	$1 = \frac{x_2^2}{\mathfrak{a}_3^2} + \frac{x_3^2}{\mathfrak{a}_2^2}$
$X_3 X_1$	$\mathfrak{s} = \mathfrak{a}_2$	$x_3^2 + x_1^2 = \mathfrak{a}_2^2$	$\frac{1}{\mathfrak{s}^2} = \frac{s_3^2}{\mathfrak{a}_1^2} + \frac{s_1^2}{\mathfrak{a}_3^2}$	$1 = \frac{x_3^2}{\mathfrak{a}_1^2} + \frac{x_1^2}{\mathfrak{a}_3^2}$
$X_1 X_2$	$\mathfrak{s} = \mathfrak{a}_3$	$x_1^2 + x_2^2 = \mathfrak{a}_3^2$	$\frac{1}{\mathfrak{s}^2} = \frac{s_1^2}{\mathfrak{a}_2^2} + \frac{s_2^2}{\mathfrak{a}_1^2}$	$1 = \frac{x_1^2}{\mathfrak{a}_2^2} + \frac{x_2^2}{\mathfrak{a}_1^2}.$

In der Ebene $X_2 X_3$ umschliesst der Kreis die Ellipse (Fig. 154). Aus II, S. 322 ergiebt sich für $s_1 = 0$:

$$(\mathfrak{a}_1^2 - \mathfrak{s}''^2)\mathfrak{s}_1'' = 0,$$

also $\mathfrak{s}_1'' = \cos(\mathfrak{s}'' X_1) = 0$; d. h. die Polarisationsrichtung $\mathfrak{s}''$ des schnelleren Strahles, dessen Geschwindigkeit für alle der Ebene $X_2 X_3$ angehörigen Richtungen den constanten Werth $\mathfrak{a}_1$ besitzt, steht auf der Symmetrieaxe X_1 senkrecht, fällt also in die Ebene $X_2 X_3$, wie auch der Strahl in der Ebene $X_2 X_3$ gerichtet sein mag. Demnach fällt die Polarisationsrichtung $\mathfrak{s}'$ des langsameren Strahles stets mit X_1 zusammen.

In der Ebene $X_1 X_2$ liegt der Kreis ganz innerhalb der Ellipse (Fig. 155). Nach II ist für $s_3 = 0$:

$$(\mathfrak{a}_3^2 - \mathfrak{s}'^2)\mathfrak{s}_3' = 0,$$

also $\mathfrak{s}_3' = \cos(\mathfrak{s}' X_3) = 0$; d. h. die Polarisationsrichtung $\mathfrak{s}'$ des langsameren Strahles liegt in der Ebene $X_1 X_2$, so dass jene des schnelleren Strahles stets mit X_3 zusammenfällt.

[1] A. Fresnel, Mém. sur la double réfraction. Mém. de l'acad. des sc. **7**, 136, 1821. Pogg. Ann. **23**, 519, 1831.

In der Ebene $X_3 X_1$ schneiden sich Kreis und Ellipse (Fig. 156). *Die Radien nach den vier reellen Knotenpunkten der Strahlenfläche sind die Strahlenaxen* $O\mathfrak{A}$, $O\mathfrak{A}'$ (S. 319).[1] Je nachdem eine Strahlenrichtung OS in den von der Axe X_3 halbirten Winkel $2\mathfrak{V}$ der Strahlenaxen oder in den Nebenwinkel fällt, besitzt der langsamere Strahl OS'' oder der schnellere Strahl OS' die constante Geschwindigkeit $\mathfrak{a}_2$ und eine in die Ebene $X_3 X_1$ fallende Polarisationsrichtung. Für die Strahlenaxen selbst ist die Polarisationsrichtung nach II unbestimmt.

Die Coordinaten der reellen Knotenpunkte sind bestimmt durch:

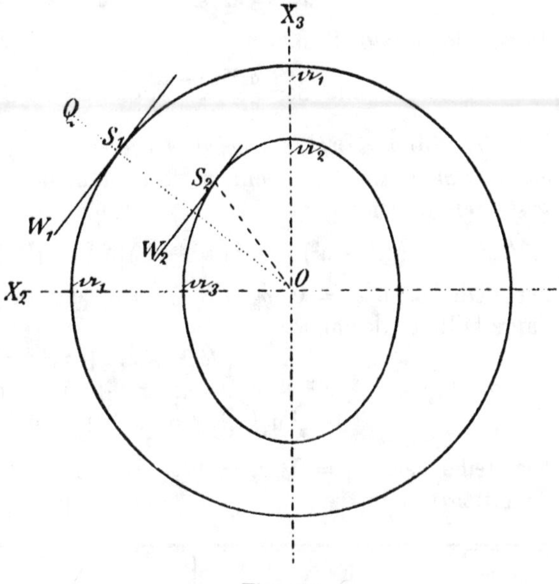

Fig. 154.

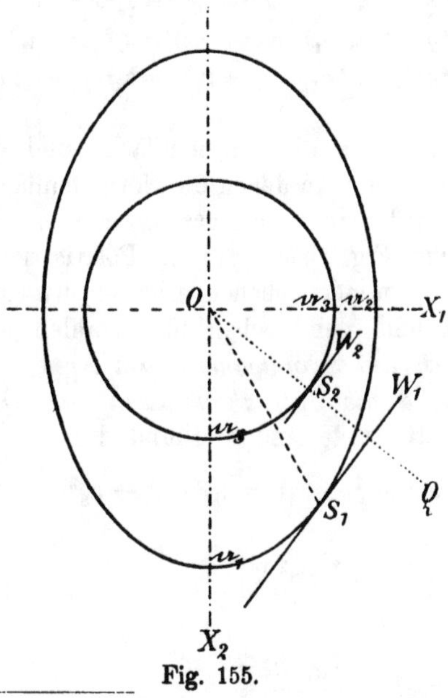

Fig. 155.

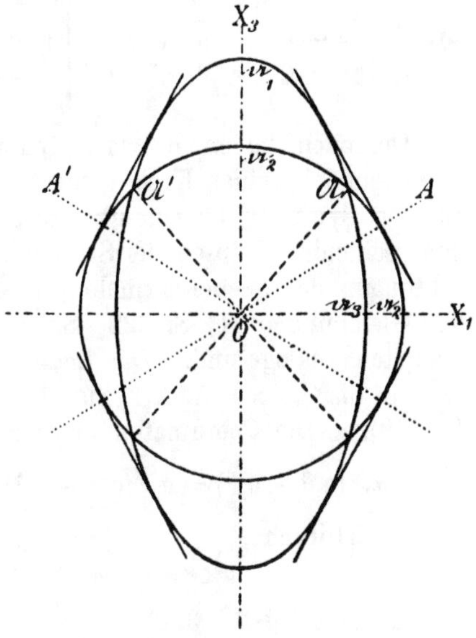

Fig. 156.

---

[1] „Lines of single ray-velocity“ oder „cusp-rays“ nach W. Hamilton, Third Suppl. p. 132.

$$x_1^2(\mathfrak{a}_3^2 - \mathfrak{a}_1^2) = \mathfrak{a}_3^2(\mathfrak{a}_2^2 - \mathfrak{a}_1^2), \quad x_3^2(\mathfrak{a}_1^2 - \mathfrak{a}_3^2) = \mathfrak{a}_1^2(\mathfrak{a}_2^2 - \mathfrak{a}_3^2)$$

oder auch durch:

$$x_1^2 = \mathfrak{a}_2^2 \sin^2 \mathfrak{V}, \quad x_3^2 = \mathfrak{a}_2^2 \cos^2 \mathfrak{V}.$$

Daraus folgt (vgl. S. 320):

$$\sin^2 \mathfrak{V} = \frac{\mathfrak{a}_3^2}{\mathfrak{a}_2^2}\,\frac{\mathfrak{a}_1^2 - \mathfrak{a}_2^2}{\mathfrak{a}_1^2 - \mathfrak{a}_3^2}, \quad \cos^2 \mathfrak{V} = \frac{\mathfrak{a}_1^2}{\mathfrak{a}_2^2}\,\frac{\mathfrak{a}_2^2 - \mathfrak{a}_3^2}{\mathfrak{a}_1^2 - \mathfrak{a}_3^2}.$$

Die Normalenfläche wird von jeder Symmetrieebene in einem Kreise und einem Oval geschnitten. Denn setzt man in der durch Polarcoordinaten dargestellten Gleichung:

$$q_1^2(\mathfrak{a}_2^2 - \mathfrak{q}^2)(\mathfrak{a}_3^2 - \mathfrak{q}^2) + q_2^2(\mathfrak{a}_3^2 - \mathfrak{q}^2)(\mathfrak{a}_1^2 - \mathfrak{q}^2) + q_3^2(\mathfrak{a}_1^2 - \mathfrak{q}^2)(\mathfrak{a}_2^2 - \mathfrak{q}^2) = 0$$

der Reihe nach $q_1 = 0$, $q_2 = 0$, $q_3 = 0$ oder in der durch Punktcoordinaten dargestellten Gleichung:

$$\begin{gathered}(x_1^2 + x_2^2 + x_3^2)^3 \\ - [(\mathfrak{a}_2^2 + \mathfrak{a}_3^2)x_1^2 + (\mathfrak{a}_3^2 + \mathfrak{a}_1^2)x_2^2 + (\mathfrak{a}_1^2 + \mathfrak{a}_2^2)x_3^2](x_1^2 + x_2^2 + x_3^2) \\ + \mathfrak{a}_2^2\mathfrak{a}_3^2 x_1^2 + \mathfrak{a}_3^2\mathfrak{a}_1^2 x_2^2 + \mathfrak{a}_1^2\mathfrak{a}_2^2 x_3^2 = 0\end{gathered}$$

der Reihe nach $x_1 = 0$, $x_2 = 0$, $x_3 = 0$, so erhält man als Gleichungen der Schnittcurven in der

Ebene	Kreis		Oval	
$X_2 X_3$	$\mathfrak{q} = \mathfrak{a}_1$	$x_2^2 + x_3^2 = \mathfrak{a}_1^2$	$\mathfrak{q}^2 = \mathfrak{a}_3^2 q_2^2 + \mathfrak{a}_2^2 q_3^2$	$(x_2^2 + x_3^2)^2 = \mathfrak{a}_3^2 x_2^2 + \mathfrak{a}_2^2 x_3^2$
$X_3 X_1$	$\mathfrak{q} = \mathfrak{a}_2$	$x_3^2 + x_1^2 = \mathfrak{a}_2^2$	$\mathfrak{q}^2 = \mathfrak{a}_1^2 q_3^2 + \mathfrak{a}_3^2 q_1^2$	$(x_3^2 + x_1^2)^2 = \mathfrak{a}_1^2 x_3^2 + \mathfrak{a}_3^2 x_1^2$
$X_1 X_2$	$\mathfrak{q} = \mathfrak{a}_3$	$x_1^2 + x_2^2 = \mathfrak{a}_3^2$	$\mathfrak{q}^2 = \mathfrak{a}_2^2 q_1^2 + \mathfrak{a}_1^2 q_2^2$	$(x_1^2 + x_2^2)^2 = \mathfrak{a}_2^2 x_1^2 + \mathfrak{a}_1^2 x_2^2.$

Demnach haben in jeder Symmetrieebene die Strahlenfläche und die Normalenfläche einen Kreis gemein. Die Ovale, in denen die Normalenfläche von den Symmetrieebenen geschnitten wird, sind die Fusspunktcurven der entsprechenden Ellipsen der Strahlenfläche (Fig. 157). Für die Polarisationsrichtungen der Wellennormalen in den Symmetrieebenen erhalten wir aus den Gleichungen II, S. 322, Sätze, welche den soeben für Strahlen abgeleiteten analog sind. *Die Radien nach den Schnittpunkten von Kreis und Oval in der Ebene* $X_3 X_1$ (Fig. 158) *sind die optischen Axen OA, OA'* (S. 319).[1] Die Coordinaten jener Schnittpunkte sind bestimmt durch:

$$x_1^2(\mathfrak{a}_1^2 - \mathfrak{a}_3^2) = \mathfrak{a}_2^2(\mathfrak{a}_1^2 - \mathfrak{a}_2^2), \quad x_3^2(\mathfrak{a}_1^2 - \mathfrak{a}_3^2) = \mathfrak{a}_2^2(\mathfrak{a}_2^2 - \mathfrak{a}_3^2)$$

oder auch durch:

$$x_1^2 = \mathfrak{a}_2^2 \sin^2 V, \quad x_3^2 = \mathfrak{a}_2^2 \cos^2 V.$$

Daraus folgt (vgl. S. 320):

$$\sin^2 V = \frac{\mathfrak{a}_1^2 - \mathfrak{a}_2^2}{\mathfrak{a}_1^2 - \mathfrak{a}_3^2}, \quad \cos^2 V = \frac{\mathfrak{a}_2^2 - \mathfrak{a}_3^2}{\mathfrak{a}_1^2 - \mathfrak{a}_3^2}.$$

[1] „Lines of single normal velocity" nach W. Hamilton, Third Suppl. p. 132.

Die Gleichung der Normalenfläche in Polarcoordinaten (S. 322):

$$\text{I.}\qquad \frac{q_1^2}{\mathfrak{a}_1^2-\mathfrak{q}^2}+\frac{q_2^2}{\mathfrak{a}_2^2-\mathfrak{q}^2}+\frac{q_3^2}{\mathfrak{a}_3^2-\mathfrak{q}^2}=0$$

gestattet noch eine zweite Deutung. Eine Wellenebene mit der Fortpflanzungsgeschwindigkeit $\mathfrak{q}$, deren Normale die Richtungscosinus q_1, q_2, q_3 besitzt, hat nach der Zeiteinheit die Gleichung:

$$q_1 x_1 + q_2 x_2 + q_3 x_3 - \mathfrak{q} = 0.$$

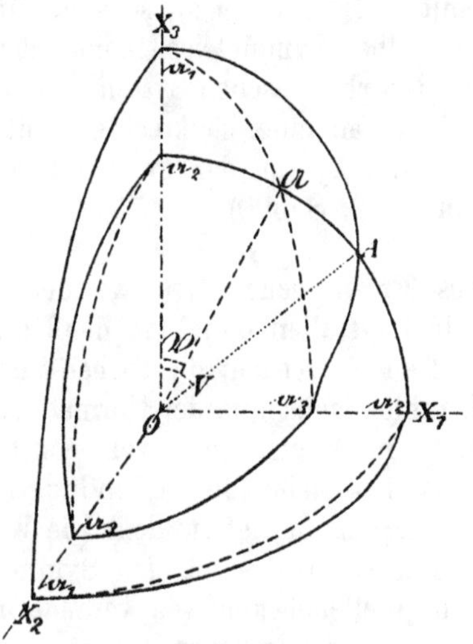

Fig. 157.

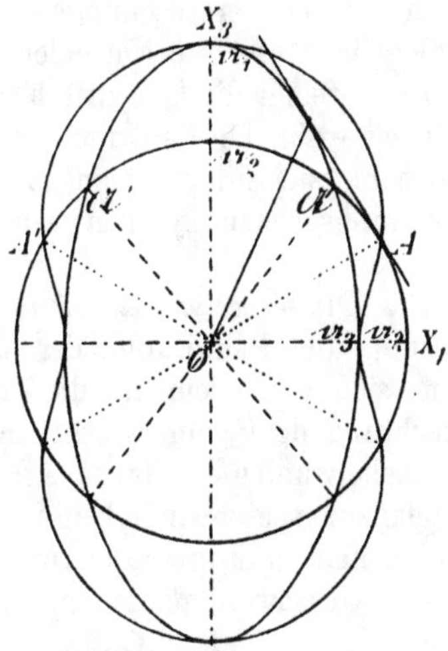

Fig. 158.

Bezeichnet man jetzt nach J. Plücker die negativen reciproken Werthe der Abschnitte dieser Ebene auf den Axen X_1, X_2, X_3 als die Coordinaten derselben: $A_h = -q_h/\mathfrak{q}$, so lautet ihre Gleichung:

$$A_1 x_1 + A_2 x_2 + A_3 x_3 + 1 = 0,$$

und I geht über in:

$$\frac{A_1^2}{\mathfrak{a}_1^2-\mathfrak{q}^2}+\frac{A_2^2}{\mathfrak{a}_2^2-\mathfrak{q}^2}+\frac{A_3^2}{\mathfrak{a}_3^2-\mathfrak{q}^2}=0$$

$$\mathfrak{q}^2=\frac{1}{A_1^2+A_2^2+A_3^2}$$

oder:

$$(A_1^2\mathfrak{a}_2^2\mathfrak{a}_3^2 + A_2^2\mathfrak{a}_3^2\mathfrak{a}_1^2 + A_3^2\mathfrak{a}_1^2\mathfrak{a}_2^2)(A_1^2 + A_2^2 + A_3^2)$$
$$-\left[A_1^2(\mathfrak{a}_2^2+\mathfrak{a}_3^2) + A_2^2(\mathfrak{a}_3^2+\mathfrak{a}_1^2) + A_3^2(\mathfrak{a}_1^2+\mathfrak{a}_2^2)\right] + 1 = 0.$$

Da dieser Gleichung alle von dem Mittelpunkte O ausgehenden Wellenebenen nach der Zeiteinheit genügen müssen, so repräsentirt sie die Enveloppe dieser Wellenebenen, also die Fresnel'sche Strahlenfläche, in Ebenencoordinaten.[1]

[1] J. Plücker, Discussion de la forme générale des ondes lumineuses. Journ. für Math. **19**, 13, 1838.

Während die Fresnel'sche Strahlenfläche, wie aus ihren Gleichungen hervorgeht, eine Oberfläche vierter Ordnung und vierter Klasse ist, stellt die Normalenfläche eine Oberfläche sechster Ordnung und vierter Klasse dar. Beachtet man, dass die linke Seite der Gleichung der Normalenfläche in Punktcoordinaten (S. 326) und die partiellen Ableitungen derselben nach x_1, x_2, x_3 für $x_1 = x_2 = x_3 = 0$ identisch verschwinden, so ist ersichtlich, dass die Normalenfläche in ihrem Mittelpunkte einen isolirten Doppelpunkt besitzt.

Da die Gleichungen dieser Flächen in Punktcoordinaten ungeändert bleiben bei den Vertauschungen von x_h mit $-x_h$ $(h = 1, 2, 3)$, so sind für die Strahlenfläche und die Normalenfläche dieselben Symmetrieelemente charakteristisch, welche die holoëdrische Gruppe des rhombischen Systems definiren (S. 31, 47—48): ein Centrum O und drei auf einander senkrechte nicht vertauschbare zweiseitige Symmetrieaxen X_1, X_2, X_3 von der Periode 2, deren Verbindungsebenen Symmetrieebenen sind (vgl. S. 300).

18. Die *experimentelle Prüfung* des Fresnel'schen Gesetzes der Fortpflanzung und Polarisation des Lichtes in Krystallen ohne Axe der Isotropie musste sich vor Allem auf die Eigenschaften erstrecken, die soeben aus der Betrachtung der Symmetrieebenen der Strahlenfläche und der Normalenfläche entwickelt wurden. Wir sahen: 1) dass eine Wellenebene von constanter Fortpflanzungsgeschwindigkeit ihre Polarisationsebene (die Verbindungsebene ihrer Normale und ihrer Polarisationsrichtung) nicht ändert, denn die Wellen mit den Geschwindigkeiten $\mathfrak{a}_1$, $\mathfrak{a}_2$, $\mathfrak{a}_3$ sind polarisirt nach den Symmetrieebenen X_2X_3, X_3X_1, X_1X_2; 2) dass die Wellenebenen von veränderlicher Geschwindigkeit, deren Normalen in die Symmetrieebenen fallen, die auf S. 326 beschriebenen Ovale umhüllen.

Zur Verification dieser Kennzeichen bietet sich in erster Linie wieder die Prismenmethode (S. 295, 309) dar. Als Material dienten zunächst Krystalle des *rhombischen* Systems, deren optische Symmetrie für alle Wellenlängen und alle Temperaturen mit jener der Normalenfläche übereinstimmt, so dass die Richtungen der optischen Symmetrieaxen und Symmetrieebenen durch die Krystallform gegeben sind. An Prismen von Aragonit und Topas, deren Kanten einer Symmetrieaxe parallel lagen, hat F. Rudberg[1] in Uebereinstimmung mit der unter 1) angeführten charakteristischen Eigenschaft gefunden, dass die Fortpflanzungsgeschwindigkeit der senkrecht zur Prismenkante polarisirten gebrochenen Welle für alle Einfallswinkel constant ist. Um das unter 2) hervorgehobene Merkmal zu prüfen, hat R. T. Glazebrook[2] ausgedehnte Messungen an Prismen von Aragonit angestellt, deren Genauig-

[1] J. Rudberg, Untersuchungen über die Brechung des farbigen Lichtes im Aragonit und im farblosen Topase. Pogg. Ann. **17**, 1. 1828.

[2] R. T. Glazebrook, An Experimental Investigation into the Velocities of Normal Propagation of Plane Waves in a Biaxal Crystal, with a Comparison of the Results with Theory. Proc. Roy. Soc. **27**, 496, 1878. On Plane Waves in a Biaxal Crystal. Phil. Trans. 1879, **1**, 287.

keit indessen hinter dem mit der Prismenmethode erreichbaren Maass zurückgeblieben ist, wohl in Folge der Schwierigkeiten, welche die Beschaffenheit der Krystallflächen des Aragonit einer sicheren Orientirung geschliffener Prismen entgegenstellt. Jedenfalls werden die von GLAZEBROOK angegebenen Abweichungen von dem Fresnel'schen Gesetze durch die späteren Beobachtungen über Totalreflexion nicht bestätigt. Vielmehr ergiebt sich aus diesen Untersuchungen, dass Abweichungen von dem Fresnel'schen Gesetze an rhombischen und monoklinen Krystallen nicht auftreten. Auch aus der Uebereinstimmung der Interferenzerscheinungen an planparallelen Platten im homogenen convergenten polarisirten Lichte muss man den Schluss ziehen, dass für alle Krystalle ohne Axe der Isotropie das Fresnel'sche Gesetz zutrifft.

19. Es gilt jetzt die Beziehung zwischen einem Strahle und der zugehörigen Wellenebene aufzusuchen. Wir werden nachweisen, dass:

eine Strahlenrichtung OS, die zu dem schnelleren Strahle gehörige Wellennormale OQ' und die Polarisationsrichtung $\mathfrak{s}'$ des langsameren Strahles in einer Ebene liegen.

eine Wellennormale OQ, der zu der schnelleren Welle zugehörige Strahl OS_1 und die Polarisationsrichtung σ_1 der langsameren Welle in einer Ebene liegen.

Aus der Zusammenfassung dieser beiden Sätze ergiebt sich alsdann, dass die mit Hülfe des Fresnel'schen Ellipsoids und des Indexellipsoids nach dem auf S. 317 beschriebenen Verfahren construirten Polarisationsrichtungen eines Strahles und der zugehörigen Wellenebene identisch sind: *sie fallen zusammen mit der Normale der Ebene, welche den Strahl mit der Normale seiner Wellenebene verbindet.*

Um diese Sätze zu beweisen, betrachten wir eine Wellenebene Q, deren Normale OQ die Richtungscosinus q_1, q_2, q_3 hat und deren Fortpflanzungsgeschwindigkeit $\mathfrak{q}$ ist. Zur Zeit t wird diese Wellenebene dargestellt durch die Gleichung:

$$(1) \qquad q_1 x_1 + q_2 x_2 + q_3 x_3 - \mathfrak{q} t = 0.$$

Gleichzeitig besteht die Relation:

$$(2) \qquad q_1^2 + q_2^2 + q_3^2 = 1,$$

und $\mathfrak{q}^2$ ist eine der beiden Wurzeln der Gleichung II (S. 322):

$$(3) \qquad \frac{q_1^2}{\mathfrak{a}_1^2 - \mathfrak{q}^2} + \frac{q_2^2}{\mathfrak{a}_2^2 - \mathfrak{q}^2} + \frac{q_3^2}{\mathfrak{a}_3^2 - \mathfrak{q}^2} = 0,$$

deren linke Seite mit Φ bezeichnet werden möge. Die Gleichung (1) enthält vier Parameter $q_1, q_2, q_3, \mathfrak{q}$, zwischen denen die Beziehungen (2) und (3) bestehen; demnach sind nur zwei dieser Parameter unabhängig veränderlich, die beiden anderen können mit Hülfe von (2) und (3) eliminirt werden.

Die Normale einer Wellenebene, welche gleichzeitig mit Q von dem Erschütterungscentrum ausging und Q sehr nahe liegt, hat die Richtungscosinus $q_h + dq_h$ ($h = 1, 2, 3$) und die Fortpflanzungsgeschwindigkeit $\mathfrak{q} + d\mathfrak{q}$. Ihre Gleichung ist also zur Zeit t:

$$(4) \qquad (q_1 + dq_1)x_1 + (q_2 + dq_2)x_2 + (q_3 + dq_3)x_3 - (\mathfrak{q} + d\mathfrak{q})t = 0.$$

Die Coordinaten x_1, x_2, x_3 aller Punkte der Durchschnittsgeraden der Ebenen (1) und (4) befriedigen demnach die Bedingung:

$$(\mathrm{a}) \qquad x_1\, dq_1 + x_2\, dq_2 + x_3\, dq_3 - t\, d\mathfrak{q} = 0.$$

Die Grössen dq_h und $d\mathfrak{q}$ müssen aber wegen des Bestehens von (2) und (3) ausserdem noch folgende Gleichungen befriedigen:

$$(\mathrm{b}) \qquad q_1\, dq_1 + q_2\, dq_2 + q_3\, dq_3 = 0$$

$$(\mathrm{c}) \qquad \frac{\partial \Phi}{\partial q_1} dq_1 + \frac{\partial \Phi}{\partial q_2} dq_2 + \frac{\partial \Phi}{\partial q_3} dq_3 + \frac{\partial \Phi}{\partial \mathfrak{q}} d\mathfrak{q} = 0.$$

In der letzten Gleichung ist:

$$\frac{\partial \Phi}{\partial q_h} = \frac{2 q_h}{\mathfrak{a}_h^2 - \mathfrak{q}^2}, \qquad \frac{\partial \Phi}{\partial \mathfrak{q}} = 2\mathfrak{q} \sum_{h=1}^{3} \frac{q_h^2}{(\mathfrak{a}_h^2 - \mathfrak{q}^2)^2} = \frac{2\mathfrak{q}}{\mathrm{N}^2},$$

so dass (c) lautet:

$$(\mathrm{c}^*) \qquad \frac{q_1\, dq_1}{\mathfrak{a}_1^2 - \mathfrak{q}^2} + \frac{q_2\, dq_2}{\mathfrak{a}_2^2 - \mathfrak{q}^2} + \frac{q_3\, dq_3}{\mathfrak{a}_3^2 - \mathfrak{q}^2} + \frac{\mathfrak{q}\, d\mathfrak{q}}{\mathrm{N}^2} = 0.$$

Wenn die linken Seiten von (a), (b), (c) der Null gleich sein sollen, so muss auch jede mit Hülfe von irgend welchen Factoren gebildete lineare Verbindung derselben verschwinden. Addirt man nun jene Gleichungen, nachdem man die zweite mit $-\mu$, die dritte mit $-\nu$ multiplicirt hat, und ordnet man das Resultat nach dq_1, dq_2, dq_3, $d\mathfrak{q}$, so ergiebt sich:

$$\sum_{h=1}^{3} \left(x_h - \mu q_h - \nu \frac{\partial \Phi}{\partial q_h}\right) dq_h - \left(t + \nu \frac{\partial \Phi}{\partial \mathfrak{q}}\right) d\mathfrak{q} = 0.$$

Diese Gleichung muss gelten für jede von den unendlich vielen, der Wellenebene Q benachbarten Wellenebenen, d. h. wie man auch q_1, q_2, q_3 um die unendlich kleinen Werthe dq_1, dq_2, dq_3 und demgemäss $\mathfrak{q}$ um $d\mathfrak{q}$ ändern möge. Daraus ergiebt sich, dass diese Beziehung nur dadurch bestehen kann, dass gleichzeitig jeder der Coëfficienten von dq_h und $d\mathfrak{q}$ für sich verschwindet. Demnach ist:

$$(\mathrm{d}) \qquad \begin{aligned} x_h &= \mu q_h + \nu \frac{\partial \Phi}{\partial q_h} \\ t &= -\nu \frac{\partial \Phi}{\partial \mathfrak{q}}. \end{aligned}$$

x_1, x_2, x_3 sind jetzt die Coordinaten des Schnittpunktes der Wellenebene Q mit allen benachbarten Wellenebenen zur Zeit t, oder mit anderen Worten, die Coordinaten des Punktes der Strahlenfläche, in welchem dieselbe von jener Wellenebene zur Zeit t berührt wird. Der Factor ν ergiebt sich aus der letzten Gleichung (d):

$$\nu = -t \Big/ \frac{\partial \Phi}{\partial \mathfrak{q}}.$$

Den Werth des Factors μ erhält man, indem man die Ausdrücke (d) für x_1, x_2, x_3 in (1) einträgt und dabei (2) und (3) berücksichtigt:

$$\mu = \mathfrak{q}t.$$

Demnach sind μ und ν proportional der Zeit t; d. h. der Durchschnittspunkt einer ebenen Welle mit allen benachbarten Wellenebenen, dessen Bahn der zu jener Welle gehörende Strahl ist, pflanzt sich geradlinig fort.

Es seien jetzt x_1, x_2, x_3 insbesondere die Coordinaten des Punktes, bis zu welchem sich der zur Wellenebene Q gehörige Strahl OS in der Zeiteinheit fortgepflanzt hat, so ist:

$$\mu = \mathfrak{q}, \quad \nu = -\frac{\mathrm{N}^2}{2\mathfrak{q}},$$

folglich:

$$(5) \qquad \begin{aligned} x_1 &= q_1\left(\mathfrak{q} - \frac{\mathrm{N}^2}{\mathfrak{q}} \frac{1}{\mathfrak{a}_1^2 - \mathfrak{q}^2}\right) \\ x_2 &= q_2\left(\mathfrak{q} - \frac{\mathrm{N}^2}{\mathfrak{q}} \frac{1}{\mathfrak{a}_2^2 - \mathfrak{q}^2}\right) \\ x_3 &= q_3\left(\mathfrak{q} - \frac{\mathrm{N}^2}{\mathfrak{q}} \frac{1}{\mathfrak{a}_3^2 - \mathfrak{q}^2}\right). \end{aligned}$$

Bezeichnet man die Geschwindigkeiten der beiden in der Richtung OQ (q_1, q_2, q_3) sich fortpflanzenden Wellenebenen mit $\mathfrak{q}_1$ und $\mathfrak{q}_2$ ($\mathfrak{q}_1 > \mathfrak{q}_2$), die Richtungscosinus ihrer Polarisationsrichtungen σ_2 und σ_1 mit σ_{21}, σ_{22}, σ_{23} und σ_{11}, σ_{12} σ_{13}, die Geschwindigkeiten der zugehörigen Strahlen OS_1 und OS_2 mit $\mathfrak{s}_1$ und $\mathfrak{s}_2$, die Richtungscosinus derselben mit s_{11}, s_{12}, s_{13} und s_{21}, s_{22}, s_{23}, endlich die Werthe von N für $\mathfrak{q} = \mathfrak{q}_1$ und $\mathfrak{q} = \mathfrak{q}_2$ mit N_1 und N_2, so ist, wenn in (5):

$$x_h = s_{1h}\mathfrak{s}_1 \quad \text{oder} \quad x_h = s_{2h}\mathfrak{s}_2 \qquad (h = 1, 2, 3)$$

gesetzt wird und die Relationen II, S. 322, eingeführt werden:

$$(5^*) \qquad \begin{aligned} s_{11}\mathfrak{s}_1 &= q_1\mathfrak{q}_1 - \frac{\mathrm{N}_1}{\mathfrak{q}_1}\sigma_{11}, & s_{21}\mathfrak{s}_2 &= q_1\mathfrak{q}_2 - \frac{\mathrm{N}_2}{\mathfrak{q}_2}\sigma_{21} \\ s_{12}\mathfrak{s}_1 &= q_2\mathfrak{q}_1 - \frac{\mathrm{N}_1}{\mathfrak{q}_1}\sigma_{12}, & s_{22}\mathfrak{s}_2 &= q_2\mathfrak{q}_2 - \frac{\mathrm{N}_2}{\mathfrak{q}_2}\sigma_{22} \\ s_{13}\mathfrak{s}_1 &= q_3\mathfrak{q}_1 - \frac{\mathrm{N}_1}{\mathfrak{q}_1}\sigma_{13}, & s_{23}\mathfrak{s}_2 &= q_3\mathfrak{q}_2 - \frac{\mathrm{N}_2}{\mathfrak{q}_2}\sigma_{23}. \end{aligned}$$

Hieraus folgen die Gleichungen:

$$(6) \qquad \begin{vmatrix} s_{11} & q_1 & \sigma_{11} \\ s_{12} & q_2 & \sigma_{12} \\ s_{13} & q_3 & \sigma_{13} \end{vmatrix} = 0, \quad \begin{vmatrix} s_{21} & q_1 & \sigma_{21} \\ s_{22} & q_2 & \sigma_{22} \\ s_{23} & q_3 & \sigma_{23} \end{vmatrix} = 0,$$

welche den vorausgeschickten Satz liefern, wonach OQ, OS_1, σ_1 und OQ, OS_2, σ_2 in einer Ebene liegen.

Wenn man die Gleichungen (5*) quadrirt und addirt, so ergiebt sich:

$$(7) \qquad \mathfrak{s}_1^2 = \mathfrak{q}_1^2 + \frac{\mathrm{N}_1^2}{\mathfrak{q}_1^2}, \quad \mathfrak{s}_2^2 = \mathfrak{q}_2^2 + \frac{\mathrm{N}_2^2}{\mathfrak{q}_2^2}.$$

Diese Beziehungen gestatten die Fortpflanzungsgeschwindigkeiten $\mathfrak{s}_1$ und $\mathfrak{s}_2$ der zu einer Wellennormalenrichtung gehörigen Strahlen zu berechnen.

Mit Rücksicht auf (7) nehmen die Gleichungen (5) die Form an:

$$x_h = \mathfrak{q}\, q_h \left(1 - \frac{\mathfrak{s}^2 - \mathfrak{q}^2}{\mathfrak{a}_h^{\,2} - \mathfrak{q}^2}\right) = s_{\varepsilon h} \mathfrak{s}_\varepsilon. \qquad (\varepsilon = 1, 2)$$

Demnach kann jetzt *die Beziehung zwischen einer Wellenebene und dem zugehörigen Strahle in der symmetrischen Gestalt* geschrieben werden.

$$(5^{**}) \qquad \begin{aligned} \frac{s_{\varepsilon 1}\, \mathfrak{s}_\varepsilon}{\mathfrak{a}_1^{\,2} - \mathfrak{s}_\varepsilon^{\,2}} &= \frac{q_1\, \mathfrak{q}_\varepsilon}{\mathfrak{a}_1^{\,2} - \mathfrak{q}_\varepsilon^{\,2}} \\ \frac{s_{\varepsilon 2}\, \mathfrak{s}_\varepsilon}{\mathfrak{a}_2^{\,2} - \mathfrak{s}_\varepsilon^{\,2}} &= \frac{q_2\, \mathfrak{q}_\varepsilon}{\mathfrak{a}_2^{\,2} - \mathfrak{q}_\varepsilon^{\,2}} \\ \frac{s_{\varepsilon 3}\, \mathfrak{s}_\varepsilon}{\mathfrak{a}_3^{\,2} - \mathfrak{s}_\varepsilon^{\,2}} &= \frac{q_3\, \mathfrak{q}_\varepsilon}{\mathfrak{a}_3^{\,2} - \mathfrak{q}_\varepsilon^{\,2}}. \end{aligned}$$

Addirt man die Gleichungen (5), nachdem sie der Reihe nach mit x_1, x_2, x_3 multiplicirt sind, so folgt:

$$(8) \qquad \frac{q_1 x_1}{\mathfrak{a}_1^{\,2} - \mathfrak{q}^2} + \frac{q_2 x_2}{\mathfrak{a}_2^{\,2} - \mathfrak{q}^2} + \frac{q_3 x_3}{\mathfrak{a}_3^{\,2} - \mathfrak{q}^2} = \frac{\mathfrak{q}(\mathfrak{q}^2 - \mathfrak{s}^2)}{N^2} = -\frac{1}{\mathfrak{q}}.$$

Werden andererseits die Gleichungen (5**), in denen $\mathfrak{s}_\varepsilon^{\,2} = x_1^{\,2} + x_2^{\,2} + x_3^{\,2}$ ist, addirt, nachdem sie der Reihe nach mit $-x_1$, $-x_2$, $-x_3$ multiplicirt sind, so ergiebt sich mit Benutzung von (8) *die Gleichung der Strahlenfläche in Punktcoordinaten:*

$$\sum_{h=1}^{3} \frac{x_h^{\,2}}{x_1^{\,2} + x_2^{\,2} + x_3^{\,2} - \mathfrak{a}_h^{\,2}} = 1,$$

welche sich leicht in die beiden auf S. 324 angegebenen Formen überführen lässt, indem man von:

$$\frac{s_{\varepsilon 1}^2}{\mathfrak{s}_\varepsilon^{\,2} - \mathfrak{a}_1^{\,2}} + \frac{s_{\varepsilon 2}^2}{\mathfrak{s}_\varepsilon^{\,2} - \mathfrak{a}_2^{\,2}} + \frac{s_{\varepsilon 3}^2}{\mathfrak{s}_\varepsilon^{\,2} - \mathfrak{a}_3^{\,2}} = \frac{1}{\mathfrak{s}_\varepsilon^{\,2}}$$

die Identität:

$$\frac{s_{\varepsilon 1}^2}{\mathfrak{s}_\varepsilon^{\,2}} + \frac{s_{\varepsilon 2}^2}{\mathfrak{s}_\varepsilon^{\,2}} + \frac{s_{\varepsilon 3}^2}{\mathfrak{s}_\varepsilon^{\,2}} = \frac{1}{\mathfrak{s}_\varepsilon^{\,2}}$$

subtrahirt. [1]

Die Bestimmung der beiden zu einer gegebenen Strahlenrichtung gehörigen Wellennormalen erfordert jetzt nur die Anwendung des Uebertragungsprincips (S. 317, 322). Bezeichnet man die Geschwindigkeiten der

[1] Die Ableitung der Gleichung der Strahlenfläche aus der Gleichung (3) der Normalenfläche (S. 329) wurde nahezu gleichzeitig gefunden von A. Smith (Investigation of the Equation of Fresnel's Wave Surface. Trans. Cambr. Phil. Soc. 6 (1), 85, 1836. Method of finding the Equation to Fresnel's Wave-Surface. Phil. Mag. 12, 335, 1838) und C. E. Senff (Experimentelle und theoretische Untersuchungen über die Gesetze der doppelten Strahlenbrechung und Polarisation des Lichtes in den Krystallen des zwei- und eingliedrigen Systems. Dorpat 1837, 4°, p. 101).

beiden in der Richtung OS (s_1, s_2, s_3) sich fortpflanzenden Strahlen OS' und OS'' mit $\mathfrak{s}'$ und $\mathfrak{s}''$ ($\mathfrak{s}' > \mathfrak{s}''$), die Richtungscosinus ihrer Polarisationsrichtungen mit $\mathfrak{s}_1''$, $\mathfrak{s}_2''$, $\mathfrak{s}_3''$ und $\mathfrak{s}_1'$, $\mathfrak{s}_2'$, $\mathfrak{s}_3'$, die Geschwindigkeiten der zugehörigen Wellen mit $\mathfrak{q}'$ und $\mathfrak{q}''$, die Richtungscosinus ihrer Normalen mit q_1', q_2', q_3' und q_1'', q_2'', q_3'', so erhalten wir die gesuchten Beziehungen aus (5) und (5*) durch die Vertauschungen:

$$\mathfrak{a}_h \;\; \mathfrak{q}_1 \;\; \mathfrak{q}_2 \;\; \mathfrak{s}_1 \;\; \mathfrak{s}_2 \;\; q_h \;\; \sigma_{1h} \;\; \sigma_{2h} \;\; s_{1h} \;\; s_{2h},$$
$$\frac{1}{\mathfrak{a}_h} \;\; \frac{1}{\mathfrak{s}'} \;\; \frac{1}{\mathfrak{s}''} \;\; \frac{1}{\mathfrak{q}'} \;\; \frac{1}{\mathfrak{q}''} \;\; s_h \;\; \mathfrak{s}_h' \;\; \mathfrak{s}_h'' \;\; q_h' \;\; q_h''.$$

Alsdann folgt aus:

$$\begin{vmatrix} q_1' & s_1 & \mathfrak{s}_1' \\ q_2' & s_2 & \mathfrak{s}_2' \\ q_3' & s_3 & \mathfrak{s}_3' \end{vmatrix} = 0, \qquad \begin{vmatrix} q_1'' & s_1 & \mathfrak{s}_1'' \\ q_2'' & s_2 & \mathfrak{s}_2'' \\ q_3'' & s_3 & \mathfrak{s}_3'' \end{vmatrix} = 0$$

der vorausgeschickte Satz, demzufolge einerseits OS, OQ' und die Polarisationsrichtung $\mathfrak{s}'$, andererseits OS, OQ'' und die Polarisationsrichtung $\mathfrak{s}''$ in einer Ebene liegen.

20. Da die Lage der optischen Axen bekannt ist, wenn die Richtungen der optischen Symmetrieaxen und die Werthe der Hauptlichtgeschwindigkeiten gegeben sind, so kann man die Fortpflanzungsrichtung und die Polarisationsrichtung einer Wellenebene auf die optischen Axen beziehen. Alsdann nimmt die Lösung der fundamentalen Aufgabe, *für eine gegebene Wellennormalenrichtung OQ die Polarisationsrichtungen σ_1, σ_2 und die Geschwindigkeiten $\mathfrak{q}_1$, $\mathfrak{q}_2$ der beiden zugehörigen Wellenebenen zu bestimmen*, eine sehr einfache Gestalt an.

Durch den Mittelpunkt O des Indexellipsoids seien eine Wellenebene und ihre Normale OQ gelegt. In der Schnittellipse müssen die einander gleichen Durchmesser $\varkappa$, $\varkappa'$, in denen jene Wellenebene die Kreisschnitte K, K' des Ellipsoids schneidet, symmetrisch zu den Hauptaxen σ_1, σ_2 der Ellipse liegen, oder mit anderen Worten: die auf einander senkrechten Axen σ_1, σ_2 müssen die von $\varkappa$ und $\varkappa'$ gebildeten Winkel halbiren (Fig. 159). Nun ist $\varkappa$ senkrecht auf der Ebene QA und $\varkappa'$ senkrecht auf QA'; folglich halbiren die Polarisationsebenen $Q\sigma_1 = \mathfrak{H}_2$ und $Q\sigma_2 = \mathfrak{H}_1$ die von QA und QA' eingeschlossenen Winkel. Wir erhalten also den FRESNEL'schen Satz:[1] *Die Polarisationsebenen $\mathfrak{H}_1$, $\mathfrak{H}_2$ zweier Wellen mit gemeinsamer Wellennormale OQ sind die Halbirungsebenen der Winkel, welche die Verbindungsebenen der Wellennormale und der optischen Axen A, A' einschliessen.* Gleichzeitig ist ersichtlich, dass die Polarisationsebene $\mathfrak{H}_1$ der *schnelleren* Welle bei den Krystallen von *positivem* Charakter der Doppelbrechung durch den *spitzen* Winkel der

[1] A. FRESNEL, Second mémoire sur la double réfraction. Oeuvr. compl. **2**, 581, 1868. Pogg. Ann. **23**, 542, 1831.

optischen Axen, bei den Krystallen von *negativem* Charakter durch den *stumpfen* Winkel dieser Axen hindurchgeht.

Führt man jetzt die von 0 bis π genommenen Winkel zwischen der Wellennormale OQ und den optischen Axen ein:

$$(QA) = \varphi, \quad (QA') = \varphi',$$

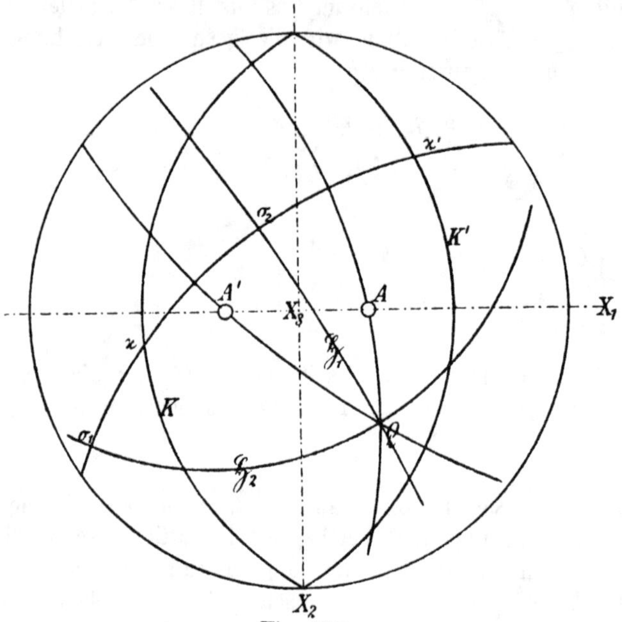

Fig. 159.

so lassen sich, wie F. E. NEUMANN gezeigt hat,[1] *die als Wurzeln der Gleichung II, S. 322, gegebenen Quadrate der Geschwindigkeiten der beiden Wellen,* $\mathfrak{q}_1^2$ *und* $\mathfrak{q}_2^2$ $(\mathfrak{q}_1 > \mathfrak{q}_2)$, *getrennt und ohne Wurzelzeichen durch die Hauptlichtgeschwindigkeiten und jene Winkel ausdrücken:*

$$\mathfrak{q}_1^2 = \mathfrak{a}_1^2 + (\mathfrak{a}_3^2 - \mathfrak{a}_1^2)\sin^2\frac{\varphi' - \varphi}{2}$$

$$\mathfrak{q}_2^2 = \mathfrak{a}_1^2 + (\mathfrak{a}_3^2 - \mathfrak{a}_1^2)\sin^2\frac{\varphi' + \varphi}{2},$$

oder:

$$\text{(1)} \quad \begin{aligned} \mathfrak{q}_1^2 &= \frac{\mathfrak{a}_1^2 + \mathfrak{a}_3^2}{2} + \frac{\mathfrak{a}_1^2 - \mathfrak{a}_3^2}{2}\cos(\varphi' - \varphi) \\ \mathfrak{q}_2^2 &= \frac{\mathfrak{a}_1^2 + \mathfrak{a}_3^2}{2} + \frac{\mathfrak{a}_1^2 - \mathfrak{a}_3^2}{2}\cos(\varphi' + \varphi). \end{aligned}$$

Mit Hülfe der optischen Axen lassen sich also der äussere und der innere Mantel der Normalenfläche getrennt darstellen. Die Differenz der Quadrate der Geschwindigkeiten zweier gleichgerichteter Wellenebenen ist dem Producte der Sinus der Winkel φ und φ' proportional:

$$\text{(2)} \quad \mathfrak{q}_1^2 - \mathfrak{q}_2^2 = (\mathfrak{a}_1^2 - \mathfrak{a}_3^2)\sin\varphi\sin\varphi'.$$

Zunächst lässt sich in die Gleichung II der halbe Winkel V der optischen Axen einführen. Schreibt man nämlich II in folgender Form:

$$q_1^2\frac{\mathfrak{a}_2^2 - \mathfrak{q}^2}{\mathfrak{a}_1^2 - \mathfrak{q}^2} + q_2^2 + q_3^2\frac{\mathfrak{a}_2^2 - \mathfrak{q}^2}{\mathfrak{a}_3^2 - \mathfrak{q}^2} = 0$$

[1] F. E. NEUMANN, Ueber die optischen Axen und die Farben zweiaxiger Krystalle im polarisirten Licht. Pogg. Ann. **33**, 277, 1834.

oder, mit Rücksicht auf $q_1^2 + q_2^2 + q_3^2 = 1$:

$$q_1^2 \frac{\mathfrak{a}_2^2 - \mathfrak{a}_1^2}{\mathfrak{a}_1^2 - \mathfrak{q}^2} + q_3^2 \frac{\mathfrak{a}_2^2 - \mathfrak{a}_3^2}{\mathfrak{a}_3^2 - \mathfrak{q}^2} = -1,$$

so geht sie, falls:

$$\text{(a)} \qquad \frac{\mathfrak{a}_1^2 - \mathfrak{q}^2}{\mathfrak{a}_3^2 - \mathfrak{a}_1^2} = -x, \quad \frac{\mathfrak{a}_3^2 - \mathfrak{q}^2}{\mathfrak{a}_3^2 - \mathfrak{a}_1^2} = 1 - x$$

gesetzt wird, über in:

$$\frac{q_1^2 \sin^2 V}{x} + \frac{q_3^2 \cos^2 V}{1-x} = 1.$$

Nun haben die Richtungscosinus der optischen Axen A und A' die Werthe: $\sin V$, 0, $\cos V$ und $-\sin V$, 0, $\cos V$. Demnach ist:

$$\cos\varphi = \quad q_1 \sin V + q_3 \cos V$$
$$\cos\varphi' = -q_1 \sin V + q_3 \cos V,$$

und:

$$2 q_1 \sin V = \cos\varphi - \cos\varphi' = 2 \sin\frac{\varphi' - \varphi}{2} \sin\frac{\varphi' + \varphi}{2}$$

$$2 q_3 \cos V = \cos\varphi + \cos\varphi' = 2 \cos\frac{\varphi' - \varphi}{2} \cos\frac{\varphi' + \varphi}{2}.$$

Folglich:

$$\frac{\sin^2\frac{\varphi' - \varphi}{2} \sin^2\frac{\varphi' + \varphi}{2}}{x} + \frac{\left(1 - \sin^2\frac{\varphi' - \varphi}{2}\right)\left(1 - \sin^2\frac{\varphi' + \varphi}{2}\right)}{1 - x} = 1.$$

In dieser Gestalt lässt aber die Gleichung II die Werthe ihrer Wurzeln unmittelbar ablesen:

$$\text{(b)} \qquad x_1 = \sin^2\frac{\varphi' - \varphi}{2}, \quad x_2 = \sin^2\frac{\varphi' + \varphi}{2}.$$

Ersetzt man hierin x durch den Werth (a), so erhält man die gesuchten Werthe (1) von $\mathfrak{q}_1^2$ und $\mathfrak{q}_2^2$.

Der kleinste Werth von $\varphi' - \varphi$ ist Null; dann liegt OQ in der Ebene $X_2 X_3$ und $\mathfrak{q}_1$ erreicht seinen grössten Werth $\mathfrak{a}_1$. Die Polarisationsebene ist $X_2 X_3$. Der grösste Werth von $\varphi' - \varphi$ ist $2V$; dann liegt OQ in der Ebene $X_3 X_1$ in dem von der Axe X_1 halbirten Winkel der optischen Axen und $\mathfrak{q}_1$ erhält den Werth $\mathfrak{a}_2$. Die Polarisationsebene ist $X_3 X_1$. In analoger Weise findet man, dass für den kleinsten Werth $2V$ von $\varphi + \varphi'$ die Wellennormale OQ in die Ebene $X_3 X_1$ in den von der Axe X_3 halbirten Winkel der optischen Axen fällt und $\mathfrak{q}_2 = \mathfrak{a}_2$ ist. Die Polarisationsebene ist $X_3 X_1$. Dagegen gehört für den grössten Werth π jener Summe OQ der Ebene $X_1 X_2$ an; es ist $\mathfrak{q}_2 = \mathfrak{a}_3$ und $X_1 X_2$ Polarisationsebene. Demnach ist: $\mathfrak{a}_1 > \mathfrak{q}_1 > \mathfrak{a}_2 > \mathfrak{q}_2 > \mathfrak{a}_3$.

Aus den Gleichungen (1) ersieht man, dass alle Wellen, für welche die Differenz oder die Summe der Neigungen ihrer Normale zu den optischen Axen denselben Werth hat, auch dieselbe Geschwindigkeit besitzen. Betrachtet man φ und φ' als veränderlich bei constanten Werthen von $\mathfrak{q}_1$ oder $\mathfrak{q}_2$, so stellen jene Gleichungen den geometrischen Ort der Wellennormalen mit den Geschwindigkeiten $\mathfrak{q}_1$ oder $\mathfrak{q}_2$ dar. Hieraus folgt, dass jedem Werth der Geschwindigkeit $\mathfrak{q}_1$ oder $\mathfrak{q}_2$ ein *Kegel zweiten Grades* entspricht, dessen Focallinien die optischen Axen sind.[1]

[1] Diese „Geschwindigkeitskegel“ wurden von A. Beer eingeführt (Ueber eine neue Art, die Gesetze der Fortpfl. u. Polaris. d. Lichtes in opt. zweiax. Medien darzustellen. Arch. Math. Phys. **16**, 223, 1851). Vgl. B. Hecht, Ueber die Anwendung der Chaulnes'schen Methode zur Bestimmung der optischen Verhältnisse eines optisch zweiaxigen Krystalls. N. Jahrb. f. Min. Beil.-Bd. **6**, 258, 1889.

Führt man neben den Winkeln φ, φ' noch den von den Verbindungsebenen der Wellennormale Q mit den optischen Axen A, A' gebildeten Winkel $(AQA') = 2\beta$ ein, so nehmen die mit N_1 und N_2 bezeichneten Grössen, welche auf S. 330 definirt wurden durch:

$$\frac{1}{N_\varepsilon^2} = \frac{q_1^2}{(\mathfrak{a}_1^2 - \mathfrak{q}_\varepsilon^2)^2} + \frac{q_2^2}{(\mathfrak{a}_2^2 - \mathfrak{q}_\varepsilon^2)^2} + \frac{q_3^2}{(\mathfrak{a}_3^2 - \mathfrak{q}_\varepsilon^2)^2}, \qquad (\varepsilon = 1, 2)$$

eine zu weiteren Discussionen sehr geeignete Form an.[1] Es ist, abgesehen vom Vorzeichen:

(3)
$$N_1 = \frac{\mathfrak{a}_1^2 - \mathfrak{a}_3^2}{2} \sin\beta \sin(\varphi' - \varphi)$$
$$N_2 = \frac{\mathfrak{a}_1^2 - \mathfrak{a}_3^2}{2} \cos\beta \sin(\varphi' + \varphi).$$

Um diese Formeln abzuleiten multipliciren wir die Gleichungen II, S. 322:

$$N_1 = \frac{\mathfrak{a}_1^2 - \mathfrak{q}_1^2}{q_1}\sigma_{11}, \quad N_1 = \frac{\mathfrak{a}_2^2 - \mathfrak{q}_1^2}{q_2}\sigma_{12}, \quad N_1 = \frac{\mathfrak{a}_3^2 - \mathfrak{q}_1^2}{q_3}\sigma_{13}$$

der Reihe nach mit q_1^2, q_2^2, q_3^2. Alsdann lautet ihre Summe:

$$N_1 = (\mathfrak{a}_1^2 - \mathfrak{q}_1^2) q_1 \sigma_{11} + (\mathfrak{a}_2^2 - \mathfrak{q}_1^2) q_2 \sigma_{12} + (\mathfrak{a}_3^2 - \mathfrak{q}_1^2) q_3 \sigma_{13}.$$

Addirt man hierzu die mit $\mathfrak{q}_1^2 - \mathfrak{a}_2^2$ multiplicirte Relation:

$$0 = q_1 \sigma_{11} + q_2 \sigma_{12} + q_3 \sigma_{13},$$

so wird:

$$N_1 = (\mathfrak{a}_1^2 - \mathfrak{a}_2^2) q_1 \sigma_{11} + (\mathfrak{a}_3^2 - \mathfrak{a}_2^2) q_3 \sigma_{13}$$

oder:

$$N_1 = (\mathfrak{a}_1^2 - \mathfrak{a}_3^2)[q_1 \sigma_{11} \sin^2 V - q_3 \sigma_{13} \cos^2 V].$$

Nun ist:

a. $$\cos\varphi = q_1 \sin V + q_3 \cos V$$

b. $$\cos\varphi' = -q_1 \sin V + q_3 \cos V,$$

ferner, wenn die Winkel der Polarisationsrichtungen σ_1, σ_2 gegen die optischen Axen mit:

$$(\sigma_1 A) = \chi_1, \quad (\sigma_1 A') = \chi_1', \quad (\sigma_2 A) = \chi_2, \quad (\sigma_2 A') = \chi_2'$$

bezeichnet werden:

c. $$\cos\chi_1 = -\sin\beta \sin\varphi = \sigma_{11} \sin V + \sigma_{13} \cos V$$

d. $$\cos\chi_1' = \sin\beta \sin\varphi' = -\sigma_{11} \sin V + \sigma_{13} \cos V$$

e. $$\cos\chi_2 = \cos\beta \sin\varphi = \sigma_{21} \sin V + \sigma_{23} \cos V$$

f. $$\cos\chi_2' = \cos\beta \sin\varphi' = -\sigma_{21} \sin V + \sigma_{23} \cos V.$$

Demnach hat die Summe der Producte a. d und b. c den Werth:

$$\tfrac{1}{2} \sin\beta \sin(\varphi' - \varphi) = -q_1 \sigma_{11} \sin^2 V + q_3 \sigma_{13} \cos^2 V.$$

Folglich ist für die *schnellere* Welle:

$$N_1 = -\frac{\mathfrak{a}_1^2 - \mathfrak{a}_3^2}{2} \sin\beta \sin(\varphi' - \varphi),$$

[1] F. E. Neumann, Theoret. Unters. d. Gesetze etc. Abh. Berlin. Akad. 1835, 97—99. J. Mac Cullagh, On the Laws of cryst. Refl. etc. Trans. Irish Acad. 18, 1837. Coll. Works, 129, 137, 1880.

worin nun noch β durch V, φ, φ' ausgedrückt werden kann; denn in dem Dreieck QAA' ist:

$$\sin^2\beta = \frac{\sin\left(V - \frac{\varphi - \varphi'}{2}\right)\sin\left(V + \frac{\varphi - \varphi'}{2}\right)}{\sin\varphi\sin\varphi'}.$$

In analoger Weise ergiebt sich für die *langsamere* Welle aus a. f + b. e:

$$\tfrac{1}{2}\cos\beta\sin(\varphi' + \varphi) = -q_1\sigma_{21}\sin^2 V + q_3\sigma_{23}\cos^2 V,$$

so dass:

$$N_2 = -\frac{\mathfrak{a}_1^2 - \mathfrak{a}_3^2}{2}\cos\beta\sin(\varphi' + \varphi),$$

$$\cos^2\beta = \frac{\sin\left(-V + \frac{\varphi + \varphi'}{2}\right)\sin\left(V + \frac{\varphi + \varphi'}{2}\right)}{\sin\varphi\sin\varphi'}.$$

Auf dieses Ergebniss gestützt finden wir für die Winkel der Wellennormale OQ gegen die zugehörigen Strahlen OS_1, OS_2, welche nach S. 283 gegeben sind durch:

$$\cos(QS_1) = \cos\omega_1 = \frac{\mathfrak{q}_1}{\mathfrak{s}_1}, \quad \cos(QS_2) = \cos\omega_2 = \frac{\mathfrak{q}_2}{\mathfrak{s}_2},$$

folgende Ausdrücke:

$$\tan^2\omega_1 = \frac{\mathfrak{s}_1^2 - \mathfrak{q}_1^2}{\mathfrak{q}_1^2} = \frac{N_1^2}{\mathfrak{q}_1^4}, \quad \tan^2\omega_2 = \frac{\mathfrak{s}_2^2 - \mathfrak{q}_2^2}{\mathfrak{q}_2^2} = \frac{N_2^2}{\mathfrak{q}_2^4},$$

oder, abgesehen vom Vorzeichen:

$$(4)\quad \begin{aligned} \tan\omega_1 &= \frac{N_1}{\mathfrak{q}_1^2} = \frac{\mathfrak{a}_1^2 - \mathfrak{a}_3^2}{2\mathfrak{q}_1^2}\sin\beta\sin(\varphi' - \varphi) \\ \tan\omega_2 &= \frac{N_2}{\mathfrak{q}_2^2} = \frac{\mathfrak{a}_1^2 - \mathfrak{a}_3^2}{2\mathfrak{q}_2^2}\cos\beta\sin(\varphi' + \varphi). \end{aligned}$$

Um den Sinn festzustellen, in welchem die Winkel ω_1, ω_2 zu rechnen sind, betrachten wir die Schnittcurven der Strahlenfläche mit den Symmetrieebenen derselben (Fig. 154—156, S. 325). Es liegt der Strahl mit ververänderlicher Geschwindigkeit in der

Ebene	zwischen der Wellennormale und
$X_2 X_3$	X_3
$X_3 X_1$	X_3
$X_1 X_2$	X_2.

Daraus folgt, dass für eine beliebige Wellennormale OQ der langsamere Strahl S_2 in der Halbirungsebene $\mathfrak{H}_1$ des Winkels (AQA') von Q aus gegen X_3 hin, der schnellere Strahl S_1 dagegen in der Halbirungsebene $\mathfrak{H}_2$ des Nebenwinkels gegen $X_3 X_2$ hin liegt (vgl. Fig. 160, S. 340).

In analoger Weise lassen sich die Polarisationsebenen und Geschwindigkeiten von Strahlen mit Hülfe der Strahlenaxen bestimmen. *Die Polarisationsebenen $S\mathfrak{S}' = H'$, $S\mathfrak{S}'' = H''$ zweier Strahlen OS', OS'' von gemeinsamer Fortpflanzungsrichtung OS sind die Halbirungsebenen der Winkel, welche die*

Verbindungsebenen der Strahlenrichtung und der Strahlenaxen $\mathfrak{A}, \mathfrak{A}'$ einschliessen. Bezeichnet man die Winkel:

$$(S\mathfrak{A}) = \gamma, \quad (S\mathfrak{A}') = \gamma',$$

so sind die *Geschwindigkeiten* $\mathfrak{s}', \mathfrak{s}''$ der beiden Strahlen gegeben durch:

$$(1^*)\qquad \begin{aligned} \frac{1}{\mathfrak{s}'^2} &= \tfrac{1}{2}\left(\frac{1}{\mathfrak{a}_1^2} + \frac{1}{\mathfrak{a}_3^2}\right) + \tfrac{1}{2}\left(\frac{1}{\mathfrak{a}_1^2} - \frac{1}{\mathfrak{a}_3^2}\right)\cos(\gamma' - \gamma) \\ \frac{1}{\mathfrak{s}''^2} &= \tfrac{1}{2}\left(\frac{1}{\mathfrak{a}_1^2} + \frac{1}{\mathfrak{a}_3^2}\right) + \tfrac{1}{2}\left(\frac{1}{\mathfrak{a}_1^2} - \frac{1}{\mathfrak{a}_3^2}\right)\cos(\gamma' + \gamma). \end{aligned}$$

Hierdurch sind die beiden Mäntel der Strahlenfläche getrennt dargestellt. Gleichzeitig ergiebt sich:

$$(2^*)\qquad \frac{1}{\mathfrak{s}'^2} - \frac{1}{\mathfrak{s}''^2} = \left(\frac{1}{\mathfrak{a}_1^2} - \frac{1}{\mathfrak{a}_3^2}\right)\sin\gamma\,\sin\gamma',$$

d. h. die Differenz der reciproken Quadrate der Geschwindigkeiten zweier gleichgerichteter Strahlen ist dem Product der Sinus der beiden Winkel proportional, welche die Strahlenrichtung mit den Strahlenaxen bildet. Im Allgemeinen gehören zu jeder Strahlenrichtung OS zwei Wellenebenen, deren Normalen OQ' und OQ'' in den Polarisationsebenen H' und H'' liegen. Bezeichnet man die Winkel $(SQ') = \omega'$ $(SQ'') = \omega''$, $(\mathfrak{A} S \mathfrak{A}') = \zeta$, so liefert das Uebertragungsprincip:

$$(4^*)\qquad \begin{aligned} \tan\omega' &= \tfrac{1}{2}\mathfrak{s}'^2\left(\frac{1}{\mathfrak{a}_1^2} - \frac{1}{\mathfrak{a}_3^2}\right)\sin\zeta\,\sin(\gamma' - \gamma) \\ \tan\omega'' &= \tfrac{1}{2}\mathfrak{s}''^2\left(\frac{1}{\mathfrak{a}_1^2} - \frac{1}{\mathfrak{a}_3^2}\right)\cos\zeta\,\sin(\gamma' + \gamma). \end{aligned}$$

Die Normale OQ'' der langsameren Welle liegt in der Halbirungsebene H'' des Winkels $(\mathfrak{A} S \mathfrak{A}')$ von S aus gegen $X_1 X_2$ hin, die Normale OQ' der schnelleren Welle dagegen in der Halbirungsebene H' des Nebenwinkels gegen X_1 hin.

Relative Maxima des Winkels ω zwischen Strahl und Wellennormale, $\omega_m = (S_0 Q_0)$, treten in den drei Symmetrieebenen auf.[1] Wie in dem Falle der einaxigen Krystalle (S. 308) ergänzen sich die Winkel des Strahls S_0 und der Wellennormale Q_0 gegen eine in ihrer Ebene gelegene Symmetrieaxe zu 90°. Es ist in der Ebene:

$$\begin{aligned} &X_2 X_3, \quad \tan(S_0 X_2) = \frac{\mathfrak{a}_2}{\mathfrak{a}_3}, \quad \omega_m = (S_0 X_2) - (Q_0 X_2) \\ &X_3 X_1, \quad \tan(S_0 X_3) = \frac{\mathfrak{a}_3}{\mathfrak{a}_1}, \quad \omega_m = -(S_0 X_3) + (Q_0 X_3) \\ &X_1 X_2, \quad \tan(S_0 X_1) = \frac{\mathfrak{a}_1}{\mathfrak{a}_2}, \quad \omega_m = (S_0 X_1) - (Q_0 X_1). \end{aligned}$$

[1] W. Walton, On the Obliquity of a Ray in a Biaxal Crystal. Quart. Journ. of pure and appl. Math. **4**, 1, 1861.

Die folgende Tabelle gewährt eine Uebersicht der Werthe von ω_m in den auf S. 321 aufgezählten Substanzen.

	Ebene $X_2 X_3$		Ebene $X_3 X_1$		Ebene $X_1 X_2$	
	ω_m	$(Q_0 X_2)$	ω_m	$(Q_0 X_3)$	ω_m	$(Q_0 X_1)$
1. *Andalusit* . .	0°10,6′	44°54,7′	0°23,2′	45°11,6′	0°12,6′	44°53,7′
2. *Anglesit* . .	0 20,8	44 49,6	0 30,2	45 15,1	0 9,4	44 55,3
3. *Anhydrit* . .	1 22,2	44 18,9	1 35,0	45 47,5	0 12,8	44 53,6
4. *Aragonit* . .	0 8,8	44 55,6	5 32,8	47 46,4	5 24,0	42 18,0
5. *Axinit* . . .	0 6,4	44 56,8	0 18,4	45 9,2	0 12,0	44 54,0
6. *Borax* . . .	0 6,8	44 56,6	0 58,2	45 29,1	0 51,4	44 34,3
7. *Cerussit* . .	0 3,0	44 58,5	8 5,2	49 2,6	8 2,2	40 58,9
8. *Chrysoberyll* .	0 16,0	44 52,0	0 18,8	45 9,4	0 2,8	44 58,6
9. *Cölestin* . .	0 15,2	44 52,4	0 18,8	45 9,4	0 3,6	44 58,2
10. *Cordierit* . .	0 11,2	44 54,4	0 24,6	45 12,3	0 13,4	44 53,3
11. *Datholith* . .	0 34,0	44 43,0	1 31,8	45 45,9	0 57,8	44 31,1
12. *Diopsid* . .	0 46,4	44 36,8	1 1,1	45 30,5	0 14,6	44 52,7
13. *Euklas* . . .	0 32,6	44 43,7	0 39,4	45 19,7	0 6,8	44 56,6
14. *Glimmer* . .	0 12,0	44 54,0	1 24,4	45 42,2	0 12,4	44 23,8
15. *Gyps* . . .	0 17,4	44 51,3	0 22,0	45 11,0	0 4,6	44 57,7
16. *Kieselzinkerz*	0 36,0	44 42,0	0 42,4	45 21,2	0 6,4	44 56,8
17. *Natrolith* . .	0 20,8	44 49,6	0 27,6	45 13,8	0 6,8	44 56,6
18. *Olivin* . . .	0 38,8	44 40,6	1 13,8	45 36,9	0 35,0	44 42,5
19. *Orthoklas* . .	0 3,6	44 58,2	0 12,0	45 6,0	0 8,6	44 55,7
20. „ . .	0 0,6	44 59,7	0 10,6	45 5,3	0 10,0	44 55,0
21. *Schwefel* . .	5 24,6	42 17,7	7 55,0	48 57,5	2 31,4	43 44,3
22. *Schwerspath* .	0 22,0	44 49,0	0 24,4	45 12,2	0 2,4	44 58,8
23. *Topas* . . .	0 15,6	44 52,2	0 20,2	45 10,1	0 4,6	44 57,7
24. *Weinsäure* .	2 34,2	43 42,9	4 4,8	47 2,4	1 30,6	44 14,7

21. Fasst man die auf S. 333, 337 entwickelten Beziehungen zusammen, so ersieht man, dass die Verbindungsebene einer Wellennormale mit einem der zugehörenden Strahlen *gleichzeitig* die beiden Winkel (oder deren Nebenwinkel) halbirt, welche man erhält, indem man die Wellennormale mit den optischen Axen und den Strahl mit den Strahlenaxen durch Ebenen verbindet. Daher kann man *zu einer gegebenen Wellennormale Q die zugehörenden Strahlenrichtungen S_1, S_2 und umgekehrt zu einem Strahle S die zugehörenden Wellennormalen Q', Q'' in folgender Weise construiren.*[1]

Es sei die Wellennormale Q gegeben (Fig. 160). Man halbire den Winkel (AQA') der Ebenen, welche durch Q und die optischen Axen gelegt sind, durch $Q\sigma_2$ und den Nebenwinkel durch $Q\sigma_1$. Durch die Strahlenaxe $\mathfrak{A}$ lege man zwei auf $Q\sigma_2$ und $Q\sigma_1$ senkrecht stehende Ebenen $\mathfrak{A}P_2N_2$ und $\mathfrak{A}P_1N_1$, welche jene Halbirungsebenen in P_2 und P_1 schneiden, und in denen die Geraden N_2 und N_1 so gewählt sind, dass $(\mathfrak{A}P_2) = (P_2N_2)$ und $(\mathfrak{A}P_1) = (P_1N_1)$ ist.

[1] J. J. Sylvester, Analytical Development of Fresnel's Optical Theory of Crystals. Phil. Mag. 12, 81, 1838.

Dann schneiden die Verbindungsebenen von N_2 und N_1 mit der zweiten Strahlenaxe $\mathfrak{A}'$ die Ebenen $Q\sigma_2$ und $Q\sigma_1$ in den gesuchten Strahlen S_2 und S_1.

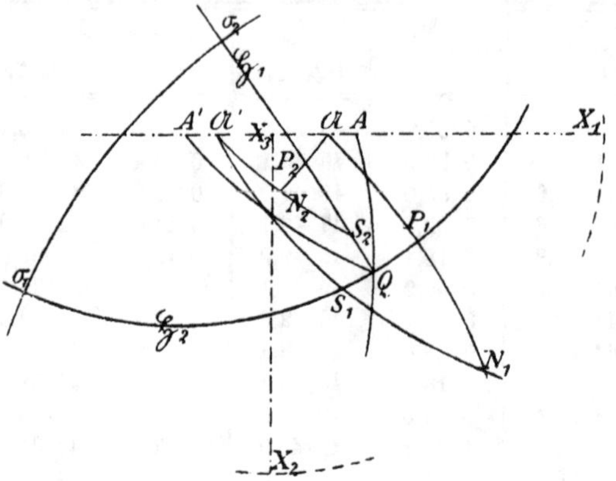

Fig. 160.

Wenn der Strahl S gegeben ist, so halbire man den Winkel $(\mathfrak{A} S \mathfrak{A}')$ durch $S\mathfrak{P}''$ und seinen Nebenwinkel durch $S\mathfrak{P}'$, lege durch die optische Axe A zwei auf $S\mathfrak{P}''$ und $S\mathfrak{P}'$ senkrecht stehende Ebenen $A\mathfrak{P}''\mathfrak{N}''$, $A\mathfrak{P}'\mathfrak{N}'$ und bestimme $\mathfrak{N}', \mathfrak{N}''$ so, dass $(A\mathfrak{P}'') = (\mathfrak{P}''\mathfrak{N}'')$, $(A\mathfrak{P}') = (\mathfrak{P}'\mathfrak{N}')$ ist. Dann sind die gesuchten Wellennormalen Q', Q'' die Schnittgeraden der Ebenen $A'\mathfrak{N}''$, $A'\mathfrak{N}'$ und $S\mathfrak{P}''$, $S\mathfrak{P}'$.

22. *Fällt die Wellennormale Q mit einer der optischen Axen zusammen,* so wird, wie aus dieser Construction hervorgeht, die Lage der Polarisationsebenen $Q\sigma_1$, $Q\sigma_2$, also auch die Lage der zugehörenden Strahlen unbestimmt; die einer optischen Axe correspondirenden Strahlen erfüllen also einen geometrischen Ort, dessen Natur sich aus folgender Erwägung ergiebt.

Es sei S ein zur optischen Axe A gehörender Strahl (Fig. 161). Dann ist die Ebene SA der Bedingung unterworfen, dass sie den Nebenwinkel von $(\mathfrak{A} S \mathfrak{A}')$ halbirt.

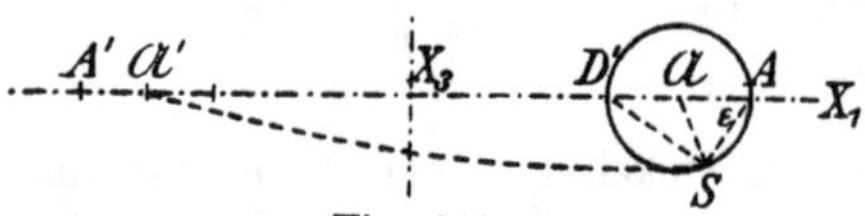

Fig. 161.

Die Halbirungsebene des Winkels $(\mathfrak{A} S \mathfrak{A}')$ selbst schneide die Ebene der optischen Axen in der Geraden D'. Gehen wir nun zu einem anderen, ebenfalls der Axe A zugehörenden Strahle S über, so behält die Gerade D' ihre Lage, denn das Doppelverhältniss der vier durch S gehenden Ebenen SA, SD', $S\mathfrak{A}$, $S\mathfrak{A}'$ ist stets ein harmonisches:

$$S(A D' \mathfrak{A} \mathfrak{A}') = -1.$$

Folglich ist auch das Doppelverhältniss der vier Geraden A, D', $\mathfrak{A}$, $\mathfrak{A}'$ ein harmonisches:

$$(A D' \mathfrak{A} \mathfrak{A}') = -1,$$

und, da die Lage von A, $\mathfrak{A}$, $\mathfrak{A}'$ unveränderlich ist, so ist auch D' eine feste Gerade und ihre Neigung zur optischen Axe $(D'A) = \delta$ ein fester Winkel.

Die um O als Mittelpunkt beschriebene Constructionskugel habe den Radius $\mathfrak{a}_2$. In dem bei S rechtwinkligen Dreieck SAD' (Fig. 161) ist, wenn $(SAD') = \varepsilon$, $(SA) = \Theta$ gesetzt wird:

$$\cos \varepsilon = \frac{\tan \Theta}{\tan \delta}.$$

Ferner ist, wenn $AS = \varrho$ die Projection des Strahles S auf die durch den Endpunkt der Axe A gehende Wellenebene (Fig. 162, 164) bedeutet:

$$\varrho = \mathfrak{a}_2 \tan \Theta = \mathfrak{a}_2 \tan \delta \cos \varepsilon$$

oder, wenn die Projection AD der Geraden D' auf dieselbe Ebene mit d bezeichnet wird (Fig. 163, 164):

$$\varrho = d \cos \varepsilon.$$

Hierin kann der Winkel ε alle möglichen Werthe annehmen; der entsprechende Werth von ϱ ist jedesmal durch diese Relation bestimmt. Daraus ergiebt sich, dass der Endpunkt des Strahles S auf jener Wellenebene einen *Kreis* beschreibt, der durch den Endpunkt der optischen Axe A hindurchgeht und dessen Durchmesser $d = \mathfrak{a}_2 \tan \delta$ ist. Mit anderen Worten: *Die zu einer optischen Axe gehörende Wellenebene berührt die Strahlenfläche in einem durch den Endpunkt dieser Axe gehenden Kreise von dem Durchmesser d. Demnach erfüllen die zu einer optischen Axe gehörenden Strahlen einen elliptischen Kegel, auf dessen Mantel auch diese Axe selbst liegt* (Fig. 165).

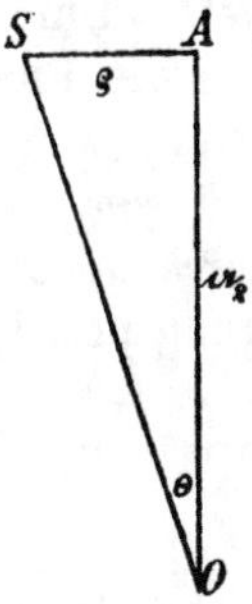

Fig. 162.

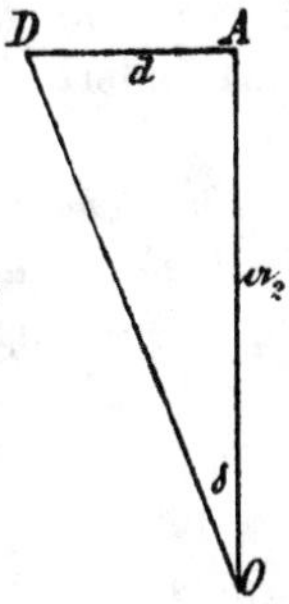

Fig. 163.

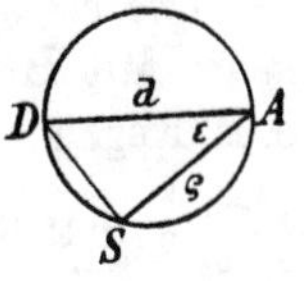

Fig. 164.

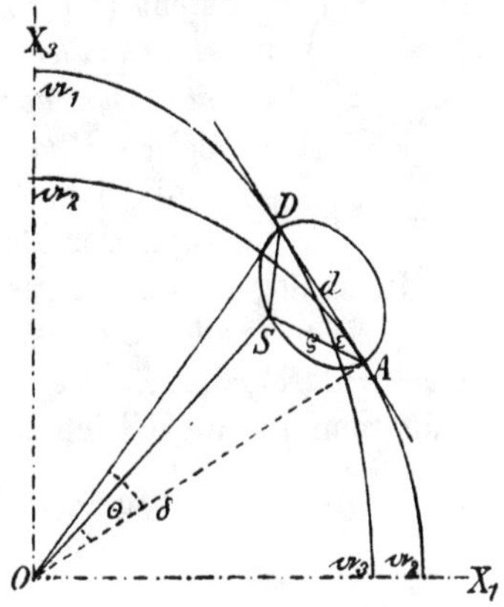

Fig. 165.

Die einfachste Form der *Gleichung des Strahlenkegels*[1] erhält man aus (4), S. 337 durch die Substitution $\mathfrak{q}_1 = \mathfrak{a}_2$, $\varphi = 0$, $\varphi' = 2V$, $\pi/2 - \beta = \varepsilon$:

$$\tan \Theta = \frac{\mathfrak{a}_1^2 - \mathfrak{a}_3^2}{2\mathfrak{a}_2^2} \sin 2V \cos \varepsilon,$$

eine Beziehung zwischen den veränderlichen Winkeln Θ, ε, durch welche jeder Strahl des Kegels seiner Richtung nach bestimmt ist, und den optischen Constanten des Krystalls.

Der *Durchmesser des Berührungskreises* hat den Werth:

$$d = \frac{\varrho}{\cos \varepsilon} = \frac{\mathfrak{a}_2 \tan \Theta}{\cos \varepsilon} = \frac{\mathfrak{a}_1^2 - \mathfrak{a}_3^2}{2\mathfrak{a}_2} \sin 2V.$$

[1] F. E. Neumann, Theoret. Unters. etc. Abh. Berlin. Akad. 1835, 95.

Für die *Oeffnung δ des Strahlenkegels in der Symmetrieebene $X_3 X_1$* ergiebt sich:

$$\tan\delta = \frac{d}{\mathfrak{a}_2} = \frac{\mathfrak{a}_1^2 - \mathfrak{a}_3^2}{2\mathfrak{a}_2^2} \sin 2V,$$

oder:

$$\tan\delta = \frac{1}{\mathfrak{a}_2^2}\sqrt{(\mathfrak{a}_1^2 - \mathfrak{a}_2^2)(\mathfrak{a}_2^2 - \mathfrak{a}_3^2)}.$$

Der Oeffnungswinkel ist hierdurch direct als Function der Hauptlichtgeschwindigkeiten dargestellt; man kann ihn aber auch durch die halben Winkel V, $\mathfrak{V}$ zwischen den optischen Axen und den Strahlenaxen ausdrücken, denn aus $(A D \mathfrak{A} \mathfrak{A}') = -1$ folgt:

$$2\cot(AD) = \cot(A\mathfrak{A}) + \cot(A\mathfrak{A}')$$

oder:

$$2\cot\delta = \cot(V + \mathfrak{V}) + \cot(V - \mathfrak{V}) = \frac{\sin 2V}{\sin(V+\mathfrak{V})\sin(V-\mathfrak{V})}.$$

Die Polarisationsebene jedes Strahles des Kegels ist dadurch bestimmt, dass sie durch den Strahl OS geht und senkrecht zur Verbindungsebene SA des Strahles mit seiner Wellennormale, der optischen Axe, steht (Fig. 166). *Demnach schneiden sich die Polarisationsebenen aller Strahlen des Kegels in dem der optischen Axe in der Symmetrieebene $X_3 X_1$ gegenüberliegenden Strahle OD, dessen Polarisationsebene auf $X_3 X_1$ senkrecht steht.* Durchläuft der Strahl einen Halbkreis, so ändert sich die Richtung der Polarisationsebene nur um 90°.

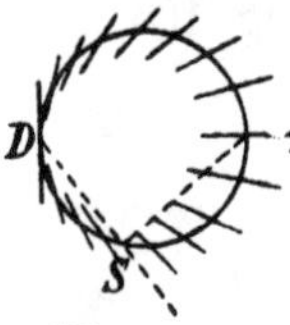

Fig. 166.

In analoger Weise ergiebt sich, *dass zu einer Strahlenaxe $\mathfrak{A}$ unendlich viele Wellennormalen OQ gehören, welche einen elliptischen, durch die Axe selbst hindurchgehenden Kegel bilden.* Mit Hülfe des Uebertragungsprincips erhält man für die Gleichung dieses Kegels:

$$\tan\Theta^* = \frac{\mathfrak{a}_2^2}{2}\frac{\mathfrak{a}_1^2 - \mathfrak{a}_3^2}{\mathfrak{a}_1^2\mathfrak{a}_3^2} \sin 2\mathfrak{V} \cos\varepsilon^*,$$

Fig. 167.

worin $\Theta^* = (Q\mathfrak{A})$, $\varepsilon^* = (Q\mathfrak{A}A)$ die Winkel bedeuten, welche die Richtung der Wellennormale OQ bestimmen (Fig. 167). Der Oeffnungswinkel δ^* des Kegels in der Symmetrieebene $X_3 X_1$ ist gegeben durch:

$$\tan\delta^* = \frac{\mathfrak{a}_2^2}{2}\frac{\mathfrak{a}_1^2 - \mathfrak{a}_3^2}{\mathfrak{a}_1^2\mathfrak{a}_3^2}\sin 2\mathfrak{V} = \frac{1}{\mathfrak{a}_1\mathfrak{a}_3}\sqrt{(\mathfrak{a}_1^2 - \mathfrak{a}_2^2)(\mathfrak{a}_2^2 - \mathfrak{a}_3^2)},$$

oder durch:

$$-2\cot\delta^* = \cot(\mathfrak{V} + V) + \cot(\mathfrak{V} - V) = \frac{\sin 2\mathfrak{V}}{\sin(\mathfrak{V}+V)\sin(\mathfrak{V}-V)}.$$

Der Kegel (Fig. 168) schneidet die in der Entfernung $1/\mathfrak{a}_2$ vom Mittelpunkt senkrecht zur Strahlenaxe gelegte Ebene in einem Kreise mit dem Durchmesser:

$$d^* = \frac{1}{\mathfrak{a}_2}\tan\delta^* = \frac{\mathfrak{a}_2}{2}\frac{\mathfrak{a}_1^2 - \mathfrak{a}_3^2}{\mathfrak{a}_1^2\mathfrak{a}_3^2}\sin 2\mathfrak{V}$$

und die auf der Strahlenaxe in ihrem Endpunkte senkrechte Ebene in einem Kreise mit dem Durchmesser:

$$d^* \mathfrak{a}_2{}^2 = \mathfrak{a}_2 \tan \delta^* = \frac{\mathfrak{a}_2}{\mathfrak{a}_1 \mathfrak{a}_3} \sqrt{(\mathfrak{a}_1{}^2 - \mathfrak{a}_2{}^2)(\mathfrak{a}_2{}^2 - \mathfrak{a}_3{}^2)}.$$

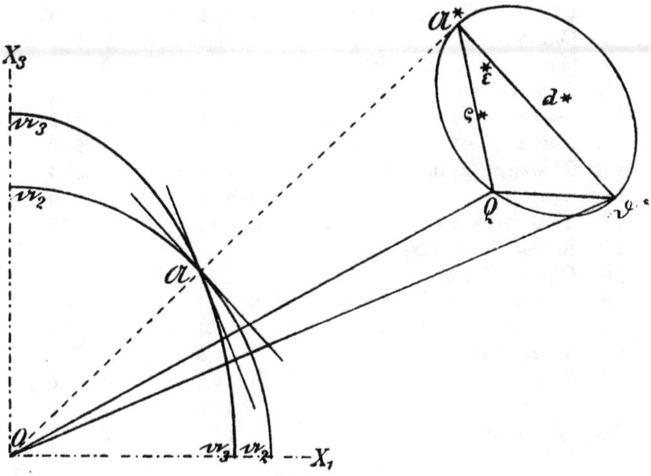

Fig. 168.

Die Polarisationsebenen aller Wellennormalen des Kegels schneiden sich in der Normale $O\mathfrak{D}^*$, welche der Strahlenaxe in der Symmetrieebene $X_3 X_1$ gegenüberliegt; die Polarisationsebene von $O\mathfrak{D}^*$ steht senkrecht auf $X_3 X_1$ (Fig. 169).

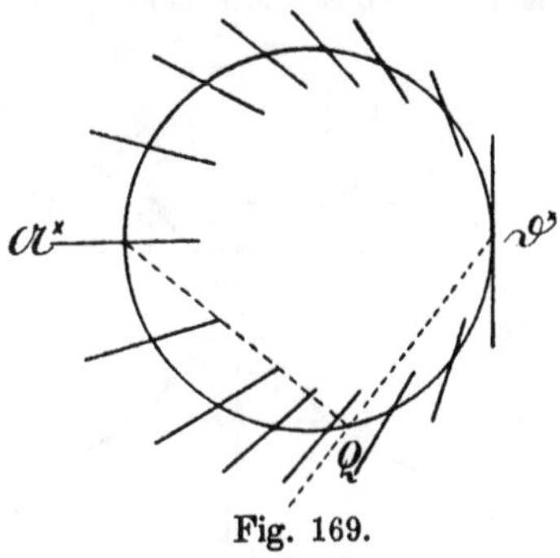

Fig. 169.

Vergleicht man die Figuren 166 und 169, so ersieht man, wie sich der zu einer optischen Axe gehörige Strahlenkegel und der zu einer Strahlenaxe gehörige Kegel von Wellennormalen sofort durch die Orientirung ihrer Polarisationsebenen gegen die optischen Symmetrieaxen X_3, X_1 von einander unterscheiden.

Die folgende Tabelle giebt eine Uebersicht der Oeffnungswinkel der Strahlenkegel und Normalenkegel nach den auf S. 321 zusammengestellten Werthen der Hauptlichtgeschwindigkeiten.

	δ	δ^*
1. *Andalusit* (Brasilien) . .	0° 22,9′	0° 22,9′
2. *Anglesit* (Monte Poni) .	0 28,0	0 28,0
3. *Anhydrit* (Hallein) . . .	1 4,5	1 5,8
4. *Aragonit* (Böhmen) . .	1 52,0	1 42,2
5. *Axinit* (Dauphiné) . . .	0 17,6	0 17,6

	δ	δ^*
6. *Borax*	0° 37,5′	0° 37,0′
7. *Cerussit*	1 20,4	1 9,9
8. *Chrysoberyll* (Brasilien) .	0 13,2	0 13,3
9. *Cölestin*	0 14,8	0 14,8
10. *Cordierit* (Bodenmais) . .	0 24,4	0 24,4
11. *Datolith* (Andreasberg) .	1 29,0	1 28,4
12. *Diopsid* (Ala)	0 51,7	0 52,2
13. *Euklas* (Brasilien) . . .	0 29,7	0 29,9
14. *Glimmer* (Ostindien) . .	0 59,5	0 58,4
15. *Gyps*	0 17,9	0 18,0
16. *Kieselzinkerz*	0 30,5	0 30,8
17. *Natrolith* (Auvergne) . .	0 23,7	0 23,8
18. *Olivin* (Torre del Greco)	1 13,7	1 13,7
19. *Orthoklas* (St. Gotthard) .	0 11,1	0 11,1
20. „ (Eifel) . . .	0 5,1	0 5,1
21. *Schwefel* (Swoczowice) .	7 10,9	7 33,0
22. *Schwerspath* (England) .	0 14,5	0 14,6
23. *Topas*	0 16,9	0 16,9
24. *Weinsäure*	3 54,0	3 58,3

23. Die soeben beschriebenen Strahlenkegel und Normalenkegel waren A. Fresnel entgangen. Sie wurden erst von W. Hamilton bei der Untersuchung der geometrischen Beziehungen zwischen Strahlenfläche und Indexfläche (S. 349) entdeckt.[1] Daraus ergaben sich sofort *zwei für Krystalle ohne Axe der Isotropie charakteristische Brechungsgesetze.*

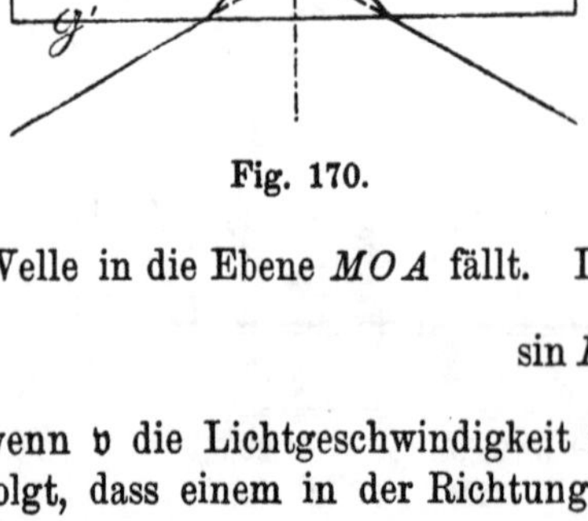

Fig. 170.

Es sei eine planparallele Platte (Fig. 170), deren Flächen 𝔊, 𝔊′ zur Halbirungsgeraden OM des spitzen Winkels der optischen Axen senkrecht stehen, von einem einfach brechenden Mittel umgeben. Dann wird eine ebene Welle, welche sich in der Richtung einer *optischen Axe* OA mit der Geschwindigkeit $\mathfrak{a}_2$ fortpflanzt, an 𝔊 so gebrochen, dass die Normale AB der austretenden Welle in die Ebene MOA fällt. Der Brechungswinkel E ist gegeben durch:

$$\sin E = \frac{\mathfrak{v}}{\mathfrak{a}_2} \sin V,$$

wenn $\mathfrak{v}$ die Lichtgeschwindigkeit in dem äusseren Mittel bedeutet. Daraus folgt, dass einem in der Richtung BA einfallenden Strahle nur eine einzige,

[1] W. R. Hamilton, Third Supplement to an Essay on the Theory of Systems of Rays. Trans. Irish Acad. 17, 132, 1837 (Read 22. Oct. 1832).

in der Richtung einer optischen Axe sich fortpflanzende gebrochene Wellenebene entspricht. Da nun diese Ebene die um A beschriebene Strahlenfläche in einem Kreise berührt, so gehört zu BA ein elliptischer Kegel gebrochener Strahlen, welcher bei der Brechung an der Austrittsfläche $\mathfrak{S}'$ einen zu BA parallelen Strahlencylinder erzeugt.

Andererseits können sich in der Krystallplatte unendlich viele, einen Kegel umhüllende Wellenebenen mit verschiedenen Geschwindigkeiten so fortpflanzen, dass ihre Strahlen die Richtung einer *Strahlenaxe* $O\mathfrak{A}$ und die constante Geschwindigkeit $\mathfrak{a}_2$ besitzen. Construiren wir nun in dem Punkte $\mathfrak{A}$ der Grenzebene $\mathfrak{S}$ zu jeder dieser Wellenebenen die Normale der in das äussere Mittel gebrochenen Welle, so erhalten wir einen Kegel $\mathfrak{K}$ von austretenden Wellennormalen. Jetzt möge umgekehrt aus dem äusseren einfach brechenden Mittel der Kegel von Strahlen $\mathfrak{K}$ eintreten. Dann werden alle gebrochenen Strahlen in $\mathfrak{A}O$ zusammenfallen und sich mit der Geschwindigkeit $\mathfrak{a}_2$ fortpflanzen, um an der Fläche $\mathfrak{S}'$ einen Kegel austretender Strahlen zu erzeugen.

24. Auf Veranlassung von W. Hamilton unternahm alsbald H. Lloyd[1] die experimentelle Prüfung der inneren und der äusseren konischen Refraction. Zu diesen Versuchen wählte er *Aragonit*, weil sich aus den von F. Rudberg mit Sorgfalt gemessenen Werthen der Hauptbrechungsindices relativ grosse Oeffnungswinkel für den Strahlenkegel und den Normalenkegel ergaben (vgl. die Tabelle auf S. 343). Im Aragonit (Fig. 72, S. 97) ist die Ebene der optischen Axen (100), die erste Mittellinie $\grave{c}$, der Charakter der Doppelbrechung negativ. Daher entsprechen den krystallographischen Axen $\breve{a}$, $\bar{b}$, $\grave{c}$ die optischen Symmetrieaxen X_2, X_3, X_1.

Um die *innere konische Refraction zu beobachten*, liess Lloyd auf eine parallel zur Basis geschnittene Aragonitplatte A in der Ebene der optischen Axen ein dünnes, durch die sehr engen Oeffnungen e und e' in den Metallplatten c und c' begrenztes Strahlenbündel fallen (Fig. 171). Dann verliessen die Platte im Allgemeinen zwei gebrochene Strahlenbündel, die auf einem Schirm S aufgefangen wurden. Durch Verschieben der Krystallplatte und der mit ihr fest verbundenen Metallplatte c wurde erreicht, dass sich die beiden Bilder auf S erweiterten, um sich bei einer bestimmten Lage zu einem Ringe zu schliessen. Der Durchmesser des Ringes änderte sich nicht mit der Entfernung des Schirmes von der Platte, und die Prüfung des austretenden

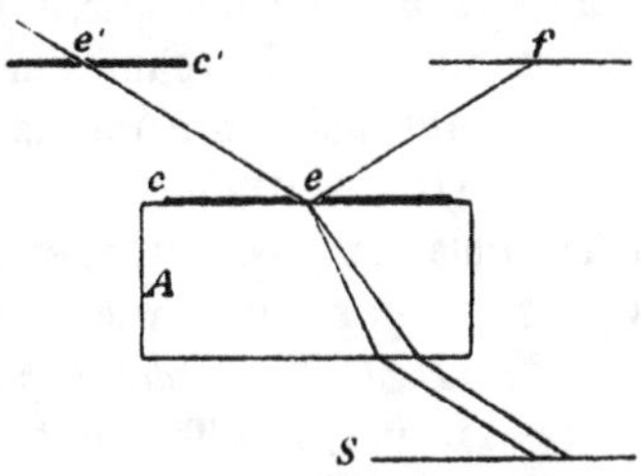

Fig. 171.

[1] Lloyd: On the Phenomena presented by Light in its passage along the Axes of Biaxal Crystals. Trans. Irish acad. **17**, 145, 1833. Miscellaneous Papers connect. w. phys. sc. London 1877, 1—18. Phil. Mag. (3) **2**, 112, 207, 1833. Pogg. Ann. **28**, 91, 104, 1833.

Strahlencylinders mit Hülfe einer Turmalinplatte bestätigte die auf S. 342 beschriebenen Polarisationseigenschaften.[1]

Um ein vergrössertes Bild des Ringes zu erhalten, muss man an Stelle des Schirmes S eine Lupe einschalten und auf das virtuelle Bild der Oeffnung e einstellen. Das Diaphragma c' ist dann nicht mehr erforderlich.

Zur mikroskopischen Beobachtung der Erscheinungen, welche durch Aenderungen des Einfallswinkels und durch wachsende Durchmesser des einfallenden Strahlenbündels hervorgerufen werden, eignet sich ein Apparat, der aus einer unter dem Objecttisch eines Mikroskops angebrachten Beleuchtungsvorrichtung und einem auf dem Objecttisch befestigten Krystallträger besteht.[2] — Die Beleuchtungsvorrichtung befindet sich in einer Hülse, welche durch Triebbewegung in der Richtung der Axe des Mikroskops gehoben und gesenkt und mit Hülfe einer Schlittenführung in einer zur Mikroskopaxe senkrechten Richtung verschoben werden kann. Sie wird gebildet von einer Hülse, welche oben ein mit der Frontlinse dem Objecttisch zugewendetes Objectivsystem und unten eine excentrische Diaphragmenscheibe s trägt. Durch Drehung dieser Scheibe gelangen der Reihe nach neun Oeffnungen von 0,2 bis 7 mm Durchmesser in das Centrum der Hülse. — Der Krystallträger besteht aus einer ringförmigen Metallplatte p, welche mit Stellschrauben auf dem Objecttisch des Mikroskops ruht, und auf welcher sich ein Lager für eine zur Mikroskopaxe senkrechte Drehungsaxe d erhebt. Mit dem Lager ist ein zur Bestimmung der Drehung des Krystalls dienender Theilkreis t verbunden. Die Axe d trägt über dem Mittelpunkt der Platte p einen Metallring a, in welchen eine Hülse b mit der zu untersuchenden Krystallplatte drehbar eingeführt wird. — Lässt man nun das einfallende Licht der Reihe nach durch jene neun kreisförmigen Oeffnungen treten, so wächst mit dem Durchmesser der Oeffnung die Breite des hellen Ringes bis endlich eine helle, annähernd kreisförmig begrenzte Fläche entsteht. Da in dem hellsten centralen Gebiete dieser Fläche Lichtstrahlen von allen möglichen Polarisationsrichtungen zusammentreffen, so verhält sich dasselbe einem Analysator gegenüber wie natürliches (unpolarisirtes) Licht.

Zur *Beobachtung des Kegels der äusseren konischen Refraction* benutzte H. Lloyd zunächst folgende Vorrichtung.

Eine Sammellinse wurde im Abstande ihrer Brennweite von der Eintrittsfläche einer Aragonitplatte, deren Begrenzungsebenen senkrecht zur Halbirungsgeraden des spitzen Winkels der optischen Axen standen, in der Lage angebracht, dass der centrale Theil des einfallenden Lichtkegels eine

[1] Die Vertheilung der Intensität des Lichtes in dem Strahlenkegel, der aus einem einzelnen polarisirten oder unpolarisirten Lichtstrahl oder aus einem Strahlencylinder hervorgeht, wurde von F. E. Neumann eingehend untersucht (Abh. Berlin. Akad. 1835, 112). Vgl. A. Beer, Pogg. Ann. **83**, 194, 1851; **85**, 67, 1852.

[2] Dieser Apparat bildet ein Attribut der von R. Fuess in Berlin construirten Mikroskope für krystallographische Untersuchungen (N. Jahrb. f. Min. Beil. Bd. **7**, 55, 73, 85, 1890).

der Richtung einer Strahlenaxe des Aragonits entsprechende Einfallsrichtung hatte. Die Austrittsfläche der Krystallplatte wurde durch eine dünne, mit einer sehr engen Oeffnung versehene Metallplatte bedeckt. Durch wiederholte Prüfung wurde erreicht, dass die Verbindungsgerade dieser Oeffnung mit dem Brennpunkt der Linse auf der Eintrittsfläche in die Richtung jener Strahlenaxe fiel. Alsdann konnte der austretende hohle Kegel mit blossem Auge betrachtet werden, wenn die Beleuchtung durch eine hinreichend entfernte Lampe erfolgte. Anwendung von Sonnenlicht gestattete den Kegel auf eine matte Glastafel zu projiciren und auf diese Weise die mit der Entfernung der Tafel von der Austrittsfläche wachsenden Querschnitte des Kegels zu beobachten.

Eine Abänderung des Versuches bestand darin, dass auch die Eintrittsfläche durch eine dünne, mit einer engen Oeffnung versehene Metallplatte bedeckt und die Lampe nach Entfernung der Linse dicht an die Eintrittsfläche gerückt wurde.

Da die Einstellung nach diesem Verfahren mit mannigfachen Schwierigkeiten verbunden ist, schlug Lissajous[1] eine Anordnung des Versuches vor, welche auf folgender Erwägung beruht (Fig. 172). In dem vollen Lichtkegel, welcher durch eine Sammellinse L auf die mit einem engen Diaphragma versehene Eintrittsfläche 𝔊 der Krystallplatte geworfen wird, ist der enge hohle Kegel enthalten, der in einen sehr dünnen, zu einer Strahlenaxe parallelen Cylinder gebrochen wird. Bleibt die Austrittsfläche der Krystallplatte unbedeckt, so treten aus derselben ein voller Lichtkegel, dessen Centrum sich im Innern der Krystallplatte befindet, und ein hohler Kegel, dessen Centrum der Austrittsfläche angehört. Eine Linse L' von kurzer Brennweite vereinige die Strahlen des ersten Kegels in σ und die Strahlen des zweiten Kegels in δ; jene divergiren sehr stark von σ und können dadurch abgeblendet werden, dass ein enges Diaphragma in δ angebracht wird, welches nur den hohlen Kegel durchtreten lässt. Der hierdurch isolirte Kegel kann durch eine von seinem Centrum δ hinreichend entfernte Linse betrachtet werden.

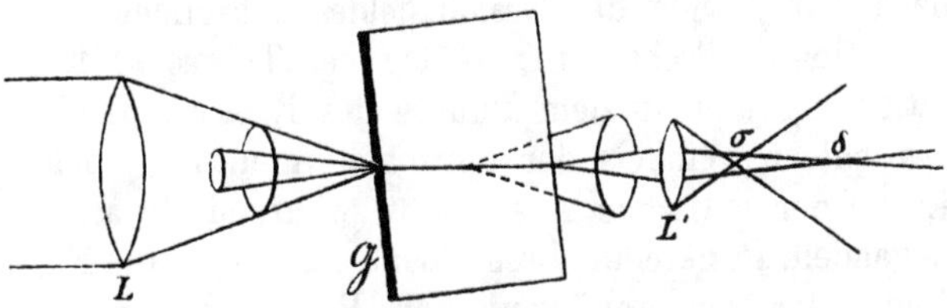

Fig. 172.

Diese indirecte Methode erlaubt den Kegel der äusseren konischen Refraction erst nach der Wiedervereinigung seiner Strahlen in δ zu verfolgen. Die Versuche von Lloyd empfangen aber ihr Interesse wesentlich dadurch, dass sie eine directe Beobachtung jenes Kegels von dem in der

[1] F. Billet: Traité d'optique physique. Paris 1859, **2**, 571—572. — Laurent: Appareils pour montrer la réfraction conique. Journ. de phys. 1874, **3**, 23. — Lissajous: Observations sur la note précédente. ib. 25.

Austrittsfläche gelegenen Centrum an gestatten. Hält man an der Forderung fest, dass die Austrittsfläche der Krystallplatte mit einem Diaphragma zu versehen sei, durch welches die Lage des zu einer Strahlenaxe parallelen Strahlencylinders im Inneren der Krystallplatte fixirt wird, so kann man jenen Kegel unter dem Mikroskop in folgender Weise beobachten.[1] Auf den Ring *a* des auf S. 346 beschriebenen Apparates wird eine Metallplatte *c* mit einer centralen Oeffnung *e* von 0,07 mm Durchmesser gesetzt. Wieder sei eine zur ersten Mittellinie senkrechte Aragonitplatte derart in den Ring *a* eingeführt, dass die Ebene der optischen Axen senkrecht zur Drehungsaxe *d* steht. Der Krystallträger werde in die Lage gebracht, dass die Platte *c* dem Tubus des Mikroskops zugewendet ist und die Oeffnung *e* in die Mikroskopaxe fällt. Nach Entfernung des Oculars werde der Mikroskoptubus so eingestellt, dass man durch das Objectivsystem die Oeffnung *e* deutlich sieht. Die Beleuchtungsvorrichtung sei so justirt, dass ein Bild einer Oeffnung der Scheibe *s* auf der Eintrittsfläche der Krystallplatte entworfen wird und die Oeffnung *e* gut beleuchtet erscheint. Alsdann kann man durch Drehung der Axe *d* der Krystallplatte eine solche Stellung geben, dass man beim Heben des Tubus neben der Oeffnung *e* einen sich stetig vergrössernden und nach dem Rande des Gesichtsfeldes rückenden hellen Ring erblickt. Hält man ein Nicol'sches Prisma über den Tubus, so findet man, dass die Polarisationsrichtung an dem Punkte des Kreises, welcher der Halbirungsgeraden des spitzen Winkels der optischen Axen am nächsten liegt, senkrecht zur Ebene der optischen Axen steht, während sie an dem diametral gegenüberliegenden Punkte in diese Ebene fällt, — eine Eigenschaft, welche für den Kegel der äusseren konischen Refraction an Krystallen von negativem Charakter der Doppelbrechung bezeichnend ist (S. 343).

H. Lloyd hat die Wirkungen von Oeffnungen verschiedener Gestalt und Grösse, die auf der Austrittsfläche der Aragonitplatte angebracht waren, untersucht. Aus einer hinreichend grossen kreisförmigen Oeffnung trat ein Kegel, der sich auf die Glastafel als eine helle, annähernd kreisförmig begrenzte Fläche projicirte, deren hellstes, centrales Gebiet unpolarisirt war. Wurde auf der Eintrittsfläche ein enger geradliniger, zur Ebene der optischen Axen paraller Spalt und auf der Austrittsfläche eine enge kreisförmige Oeffnung angebracht, so besass die Projection des austretenden Strahlenbündels die Gestalt einer *Conchoide*, deren Pol die Projection der Strahlenaxe des austretenden Kegels bildete und deren Asymptote durch die Richtung jenes Spaltes gegeben war.[2]

Die nahe Uebereinstimmung zwischen den aus den Rudberg'schen Werthen der Hauptbrechungsindices des Aragonit berechneten Oeffnungswinkeln δ und δ^* (S. 343) und den aus Lloyd's Messungen hervorgehenden

[1] Th. Liebisch, Ueber eine Vorrichtung zur Beobachtung der äusseren konischen Refraction unter dem Mikroskop. Nachr. Ges. d. Wiss. Göttingen. 1888, 124.

[2] Vgl. R. B. Clifton, On the Conical Refraction of a Straight Line. Quart. Journ. of Math. 3, 360, 1860.

Werthen dieser Winkel lieferte eine experimentelle Bestätigung der von HAMILTON aus dem Fresnel'schen Gesetze der Fortpflanzung des Lichtes in optisch zweiaxigen Krystallen gezogenen Schlüsse, obwohl jene Messungen nicht mit der erreichbaren Genauigkeit angestellt werden konnten.[1]

25. Die *Indexfläche* der Krystalle ohne Axe der Isotropie ist die *Reciprocalfläche der Fresnel'schen Strahlenfläche* in Bezug auf eine concentrische Kugel vom Radius Eins. Sie ist daher, wie die Strahlenfläche, eine Oberfläche vierter Ordnung und vierter Klasse. Ihre Gleichung in Punktcoordinaten ist sofort aus der Gleichung der Strahlenfläche in Ebenencoordinaten (S. 327) zu entnehmen:[2]

$$(\mathfrak{a}_2^2\mathfrak{a}_3^2x_1^2+\mathfrak{a}_3^2\mathfrak{a}_1^2x_2^2+\mathfrak{a}_1^2\mathfrak{a}_2^2x_3^2)(x_1^2+x_2^2+x_3^2)$$
$$-[(\mathfrak{a}_2^2+\mathfrak{a}_3^2)x_1^2+(\mathfrak{a}_3^2+\mathfrak{a}_1^2)x_2^2+(\mathfrak{a}_1^2+\mathfrak{a}_2^2)x_3^2]+1=0.$$

Andererseits ist die Indexfläche die *inverse Fläche der Normalenfläche.* Wir erhalten demnach ihre Gleichung in Polarcoordinaten aus der entsprechenden Gleichung der Normalenfläche (S. 323), indem wir die Geschwindigkeit $\mathfrak{q}$ einer ebenen Welle, deren Normale die Richtungscosinus q_1, q_2, q_3 besitzt, durch den Brechungsindex $\sigma = 1/\mathfrak{q}$ derselben ausdrücken:

$$\frac{q_1^2}{\mathfrak{a}_1^2\sigma^2-1}+\frac{q_2^2}{\mathfrak{a}_2^2\sigma^2-1}+\frac{q_3^2}{\mathfrak{a}_3^2\sigma^2-1}=0.$$

Aus dem geometrischen Zusammenhange zwischen Normalenfläche und Indexfläche ergiebt sich, dass die letztere aus dem Indexellipsoid:

$$\text{(E)}\qquad \mathfrak{a}_1^2x_1^2+\mathfrak{a}_2^2x_2^2+\mathfrak{a}_3^2x_3^2=\frac{x_1^2}{\alpha_1^2}+\frac{x_2^2}{\alpha_2^2}+\frac{x_3^2}{\alpha_3^2}=1,$$

dessen Halbaxen die Hauptbrechungsindices $\alpha_1 < \alpha_2 < \alpha_3$ des Krystalls sind, dadurch abgeleitet werden kann, dass man auf den im Mittelpunkte errichteten Normalen der Centralschnitte dieses Ellipsoids nach beiden Seiten hin Längen gleich den Halbaxen der Schnittellipsen abträgt. Dem inneren Mantel der Normalenfläche entspricht also der äussere Mantel der Indexfläche und umgekehrt. Die optischen Axen A, A' sind für beide Flächen singuläre Radien nach den reellen Knotenpunkten.

---

[1] Dass die Erscheinungen der konischen Refractionen an sich noch nicht ausreichend sind, um auf experimentellem Wege zwischen den Theorien der Doppelbrechung, welche das Fresnel'sche Gesetz als eine Annäherung ergeben, zu entscheiden, ist von G. G. STOKES dargelegt worden (Report on Double Refraction. Rep. Brit. Assoc. 1862, 270).

Zur Demonstration der konischen Refractionen eignet sich trefflich eine Kugel aus rhombischem Schwefel. Vgl. die auf S. 235 citirte Abhandlung von L. BOLTZMANN (Sitzungsber. Wien. Akad. **70** (2), 344, 1874) und A. SCHRAUF, Ueber die Verwendung einer Schwefelkugel zur Demonstration singulärer Schnitte an der Strahlenfläche. Ann. d. Phys. N. F. **37**, 127, 1889.

[2] J. PLÜCKER, Discussion de la forme générale des ondes lumineuses. Journ. für Math. **19**, 40, 1839.

Jede der drei Symmetrieebenen schneidet die Indexfläche in einem Kreise und einer Ellipse:

	Kreis	Ellipse
$X_2 X_3$-Ebene:	$x_2^2 + x_3^2 = \alpha_1^2,$	$\frac{x_2^2}{\alpha_3^2} + \frac{x_3^2}{\alpha_2^2} = 1$
$X_3 X_1$-Ebene:	$x_3^2 + x_1^2 = \alpha_2^2,$	$\frac{x_3^2}{\alpha_1^2} + \frac{x_1^2}{\alpha_3^2} = 1$
$X_1 X_2$-Ebene:	$x_1^2 + x_2^2 = \alpha_3^2,$	$\frac{x_1^2}{\alpha_2^2} + \frac{x_2^2}{\alpha_1^2} = 1.$

In der $X_2 X_3$-Ebene umgiebt die Ellipse den Kreis. In der $X_1 X_2$-Ebene wird die Ellipse vom Kreise umschlossen. In der $X_3 X_1$-Ebene schneiden sich Kreis und Ellipse (Fig. 173); die Radien nach den Schnittpunkten sind die optischen Axen. Die auf einer Strahlenaxe senkrecht stehende Tangentialebene der Indexfläche berührt dieselbe in einem Kreise, welchen wir schon auf S. 343 des Näheren untersucht haben.

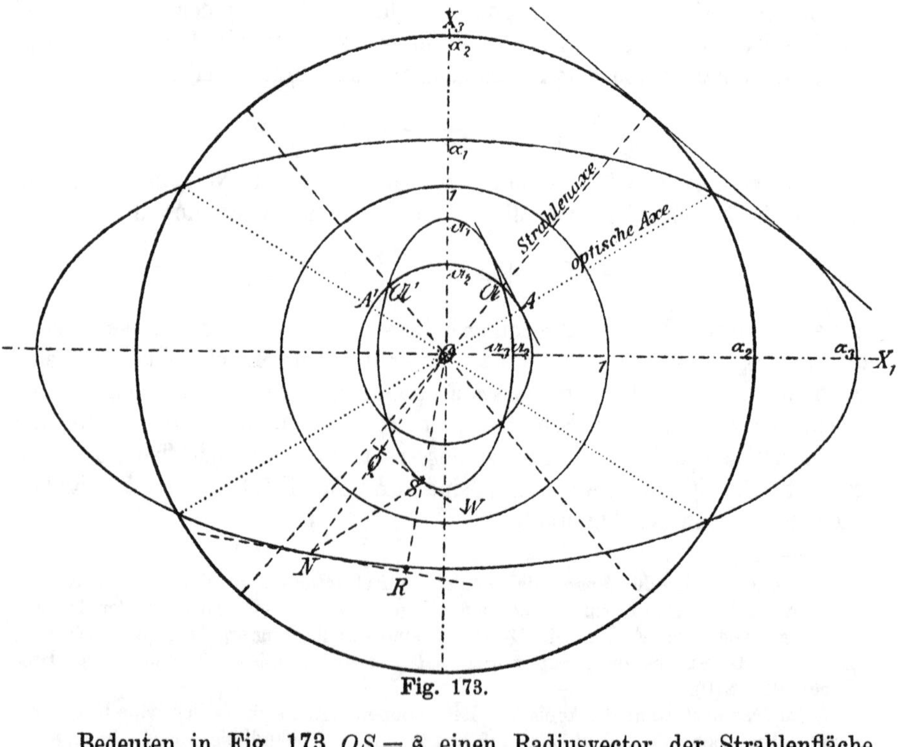

Fig. 173.

Bedeuten in Fig. 173 $OS = \mathfrak{s}$ einen Radiusvector der Strahlenfläche, W die Tangentialebene in S, Q den Fusspunkt der vom Mittelpunkte O auf W gefällten Senkrechten $OQ = \mathfrak{q}$, N denjenigen Schnittpunkt der Verlängerung von OQ mit der Indexfläche, dessen Abstand vom Mittelpunkte $ON = 1/\mathfrak{q}$ ist, so durchlaufen gleichzeitig S die Strahlenfläche, Q die Normalenfläche, N die Indexfläche; dabei umhüllt die zu dem Strahle OS gehörige Wellenebene W die Strahlenfläche.

Die Polarisationsrichtung des Strahles OS und der Wellenebene W steht senkrecht zur Ebene SOQ. Die Polarisationsebenen von OS und W stehen in OS und OQ senkrecht auf SOQ. Mac Cullagh bezeichnete die in SN auf SOQ senkrechte Ebene als Polarebene des Strahles OS.

26. Um eine vollständige Uebersicht der geometrischen Beziehungen zwischen den durch einen Strahl OS gegebenen Richtungen von Geraden und Ebenen zu gewinnen, kehren wir zu dem Ausgangspunkte unserer Entwickelungen zurück. Wir benutzten auf S. 317:

zur Construction der Strahlenfläche das *Fresnel'sche Ellipsoid*

[Ellipsoïde direct; deuxième ellipsoïde Billet, Verdet; ellipsoïde principal Mallard; erstes Ellipsoid Plücker; Ergänzungsellipsoid V. von Lang]:

$$(\mathfrak{E}) \qquad \frac{x_1^2}{\mathfrak{a}_1^2} + \frac{x_2^2}{\mathfrak{a}_2^2} + \frac{x_3^2}{\mathfrak{a}_3^2} = 1,$$

dessen Halbaxen die Hauptlichtgeschwindigkeiten sind.

zur Construction der Normalenfläche das *Indexellipsoid*

[Ellipsoïde des élasticités Fresnel; ellipsoid of indices Mac Cullagh; ellipsoïde de polarisation Cauchy; ellipsoïde inverse (des racines carrées) des élasticités = ellipsoïde inverse des vitesses = premier ellipsoïde Billet, Verdet; zweites Ellipsoid Plücker; Ellipsoid der gleichen Arbeit Stefan; Elasticitätsellipsoid Kirchhoff]:

$$(\mathrm{E}) \qquad \frac{x_1^2}{\alpha_1^2} + \frac{x_2^2}{\alpha_2^2} + \frac{x_3^2}{\alpha_3^2} = 1,$$

dessen Halbaxen die Hauptbrechungsindices sind.

Diese Ellipsoide können wir durch ihre inversen Flächen ersetzen. Bezeichnen wir mit:

$\mathfrak{s}$ und $\mathfrak{r}$ diejenigen Radien des Ellipsoids ($\mathfrak{E}$) und der inversen Fläche ($\mathfrak{F}$), deren Richtungscosinus $\mathfrak{s}_1$, $\mathfrak{s}_2$, $\mathfrak{s}_3$ sind, so lautet die Gleichung von:

$$(\mathfrak{E}) \qquad \frac{\mathfrak{s}_1^2}{\mathfrak{a}_1^2} + \frac{\mathfrak{s}_2^2}{\mathfrak{a}_2^2} + \frac{\mathfrak{s}_3^2}{\mathfrak{a}_3^2} = \frac{1}{\mathfrak{s}^2},$$

also die Gleichung von:

$$(\mathfrak{F}) \quad \alpha_1^2 \mathfrak{s}_1^2 + \alpha_2^2 \mathfrak{s}_2^2 + \alpha_3^2 \mathfrak{s}_3^2 = \mathfrak{r}^2,$$

oder in Punktcoordinaten:

$$\alpha_1^2 x_1^2 + \alpha_2^2 x_2^2 + \alpha_3^2 x_3^2 = (x_1^2 + x_2^2 + x_3^2)^2.$$

Die Halbaxen des *Ovaloids* ($\mathfrak{F}$) sind die Hauptbrechungsindices. Die Nor-

σ_ε und $\mathfrak{q}_\varepsilon$ diejenigen Radien des Ellipsoids (E) und der inversen Fläche (F), deren Richtungscosinus $\sigma_{\varepsilon 1}$, $\sigma_{\varepsilon 2}$, $\sigma_{\varepsilon 3}$ sind, so lautet die Gleichung von:

$$(\mathrm{E}) \qquad \frac{\sigma_{\varepsilon 1}^2}{\alpha_1^2} + \frac{\sigma_{\varepsilon 2}^2}{\alpha_2^2} + \frac{\sigma_{\varepsilon 3}^2}{\alpha_3^2} = \frac{1}{\sigma_\varepsilon^2}$$

also die Gleichung von:

$$(\mathrm{F}) \quad \mathfrak{a}_1^2 \sigma_{\varepsilon 1}^2 + \mathfrak{a}_2^2 \sigma_{\varepsilon 2}^2 + \mathfrak{a}_3^2 \sigma_{\varepsilon 3}^2 = \frac{1}{\sigma_\varepsilon^2},$$

oder in Punktcoordinaten:

$$\mathfrak{a}_1^2 x_1^2 + \mathfrak{a}_2^2 x_2^2 + \mathfrak{a}_3^2 x_3^2 = (x_1^2 + x_2^2 + x_3^2)^2.$$

Die Halbaxen des *Ovaloids*[1] (F) [Surface d'élasticité Fresnel] sind die Haupt-

[1] Die Bezeichnung „Ovaloid" rührt von Senff her.

malen der Kreisschnitte von (𝔈) und (𝔉) liefern die Strahlenaxen. Bezeichnen wir die Winkel eines Radius gegen die Strahlenaxen mit λ, λ', so ist:

$$\frac{1}{\mathfrak{s}^2} = \mathfrak{r}^2 = \alpha_2{}^2 - (\alpha_1{}^2 - \alpha_3{}^2) \cos\lambda \cos\lambda'.$$

lichtgeschwindigkeiten. Die Normalen der Kreisschnitte von (E) und (F) liefern die optischen Axen. Bezeichnen wir die Winkel eines Radius gegen die optischen Axen mit l, l', so ist:[1]

$$\frac{1}{\sigma_e{}^2} = \mathfrak{q}^2 = \mathfrak{a}_2{}^2 - (\mathfrak{a}_1{}^2 - \mathfrak{a}_3{}^2) \cos l \cos l'.$$

Fig. 174 stellt die Durchschnitte mit der Symmetrieebene $X_3 X_1$ dar; von Innen nach aussen folgen: (𝔈), (F), (E), (𝔉). Die geometrischen

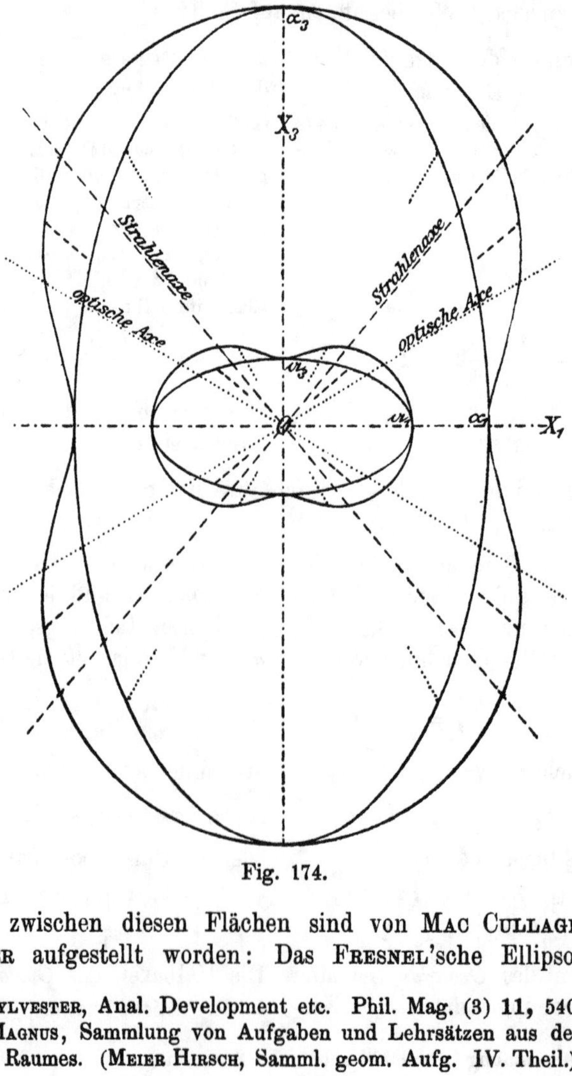

Fig. 174.

Beziehungen zwischen diesen Flächen sind von Mac Cullagh, Magnus[2] und Plücker aufgestellt worden: Das Fresnel'sche Ellipsoid und das

[1] J. J. Sylvester, Anal. Development etc. Phil. Mag. (3) **11**, 540, 1837.

[2] L. J. Magnus, Sammlung von Aufgaben und Lehrsätzen aus der analytischen Geometrie des Raumes. (Meier Hirsch, Samml. geom. Aufg. IV. Theil.) Berlin 1837.

Indexellipsoid sind Reciprokalflächen (reciproke Polaren in Bezug auf eine Kugel vom Radius Eins); die Ovaloide ($\mathfrak{F}$) und (F) sind die inversen Flächen von ($\mathfrak{E}$) und (E) oder die Fusspunktflächen von (E) und ($\mathfrak{E}$).

An die Stelle der auf S. 317 beschriebenen Constructionen können wir nun die folgenden setzen:

Man lege durch das Ovaloid ($\mathfrak{F}$) eine Diametralebene, bestimme die Halbaxen $\mathfrak{r}$, $\mathfrak{r}'$ der Schnittcurve und trage auf der Mittelpunktsnormale jener Ebene die reciproken Werthe der Halbaxen ab; der Ort der so erhaltenen Punkte ist die *Strahlenfläche* [FRESNEL'sche Wellenfläche, surface de l'onde, surface des ondes lumineuses, surface of ray velocities HAMILTON, Strahlenfläche CLEBSCH].

Man lege durch das Ovaloid (F) eine Diametralebene, bestimme die Halbaxen $\mathfrak{q}_1$, $\mathfrak{q}_2$ der Schnittcurve und trage auf der Mittelpunktsnormale jener Ebene die Halbaxen ab; der Ort der so erhaltenen Punkte ist die *Normalenfläche* [surface des vitesses normales SENARMONT, surface d'élasticité à deux nappes BILLET, surface of wave velocities HAMILTON, Wellenfläche CLEBSCH].

In Fig. 175 sind die zu dem Strahl OS und der Wellennormale OQ gehörigen Radien der Flächen ($\mathfrak{E}$), ($\mathfrak{F}$), (E), (F) dargestellt: es durchlaufen gleichzeitig s das Fresnel'sche Ellipsoid ($\mathfrak{E}$), r das Ovaloid ($\mathfrak{F}$), n das Indexellipsoid, q das Ovaloid (F), S die Strahlenfläche, Q die Normalenfläche und N die Indexfläche.[1]

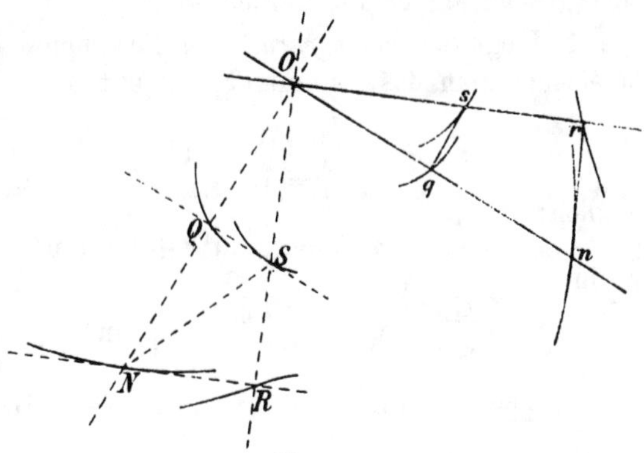

Fig. 175.

27. Mit Hülfe der Gleichung der Indexfläche (S. 349) sollen jetzt nach dem auf S. 290—292 angegebenen Verfahren die Richtungen der Wellenebenen bestimmt werden, welche bei der Brechung ebener Wellen homogenen Lichtes an einer ebenen Grenzfläche eines optisch zweiaxigen Krystalls erzeugt werden, wenn das äussere Mittel einfach brechend ist. Wir erhalten für die Coëfficienten der Gleichung:

$$g(r) = a_0 \tan^4 r + 4\, a_1 \tan^3 r + 6\, a_2 \tan^2 r + 4\, a_3 \tan r + a_4 = 0,$$

deren Wurzeln die trigonometrischen Tangenten der Winkel zwischen der Plattennormale und den Normalen der gebrochenen und der im Inneren der Platte gespiegelten Wellenebenen liefern, folgende Werthe:[2]

[1] In FRESNEL's Theorie der Doppelbrechung bedeutet Os die Richtung der elastischen Kraft, welche durch eine Schwingung in der Richtung On geweckt wird.

[2] TH. LIEBISCH, Ueber die Totalreflexion an doppeltbrechenden Krystallen. N. Jahrb. f. Min. 1885, 2, 191. Die Gleichung $g(r) = 0$ stimmt überein mit der von G. KIRCHHOFF

$$a_0 = \frac{\sin^4 i}{\mathfrak{v}^4}[\mathfrak{a}_2^2\mathfrak{a}_3^2 c_{11}^2 + \mathfrak{a}_3^2\mathfrak{a}_1^2 c_{12}^2 + \mathfrak{a}_1^2\mathfrak{a}_2^2 c_{13}^2]$$
$$- \frac{\sin^2 i}{\mathfrak{v}^2}[(\mathfrak{a}_2^2 + \mathfrak{a}_3^2) c_{11}^2 + (\mathfrak{a}_3^2 + \mathfrak{a}_1^2) c_{12}^2 + (\mathfrak{a}_1^2 + \mathfrak{a}_2^2) c_{13}^2] + 1$$
$$4\,a_1 = 2\frac{\sin^4 i}{\mathfrak{v}^4}[\mathfrak{a}_2^2\mathfrak{a}_3^2 c_{11} c_{31} + \mathfrak{a}_3^2\mathfrak{a}_1^2 c_{12} c_{32} + \mathfrak{a}_1^2\mathfrak{a}_2^2 c_{13} c_{33}]$$
$$- 2\frac{\sin^2 i}{\mathfrak{v}^2}[(\mathfrak{a}_2^2 + \mathfrak{a}_3^2) c_{11} c_{31} + (\mathfrak{a}_3^2 + \mathfrak{a}_1^2) c_{12} c_{32} + (\mathfrak{a}_1^2 + \mathfrak{a}_2^2) c_{13} c_{33}]$$
$$6\,a_2 = \frac{\sin^4 i}{\mathfrak{v}^4}[\mathfrak{a}_2^2\mathfrak{a}_3^2 (c_{11}^2 + c_{31}^2) + \mathfrak{a}_3^2\mathfrak{a}_1^2 (c_{12}^2 + c_{32}^2) + \mathfrak{a}_1^2\mathfrak{a}_2^2 (c_{13}^2 + c_{33}^2)]$$
$$- \frac{\sin^2 i}{\mathfrak{v}^2}[(\mathfrak{a}_2^2 + \mathfrak{a}_3^2) c_{31}^2 + (\mathfrak{a}_3^2 + \mathfrak{a}_1^2) c_{32}^2 + (\mathfrak{a}_1^2 + \mathfrak{a}_2^2) c_{33}^2]$$
$$4\,a_3 = 2\frac{\sin^4 i}{\mathfrak{v}^4}[\mathfrak{a}_2^2\mathfrak{a}_3^2 c_{11} c_{31} + \mathfrak{a}_3^2\mathfrak{a}_1^2 c_{12} c_{32} + \mathfrak{a}_1^2\mathfrak{a}_2^2 c_{13} c_{33}]$$
$$a_4 = \frac{\sin^4 i}{\mathfrak{v}^4}[\mathfrak{a}_2^2\mathfrak{a}_3^2 c_{31}^2 + \mathfrak{a}_3^2\mathfrak{a}_1^2 c_{32}^2 + \mathfrak{a}_1^2\mathfrak{a}_2^2 c_{33}^2].$$

Für die Anwendungen dieser Gleichung kommen vor allem jene ausgezeichneten Lagen der Grenzebenen und Einfallsebenen in Betracht, welche dadurch charakterisirt sind, dass die Bedingungen I und II auf S. 292 einzeln oder gleichzeitig erfüllt werden.

I. Liegt die *Platte parallel zu einer optischen Symmetrieebene* $X_2 X_3$, und bezeichnet man das Azimut $(\mathfrak{X}_1 X_2)$ mit δ, so ist:

$$c_{11} = 0, \quad c_{12} = \cos\delta, \quad c_{13} = \sin\delta$$
$$c_{31} = 1, \quad c_{32} = 0, \quad c_{33} = 0,$$

folglich:

$$g(r) = a_0 \tan^4 r + 6\,a_2 \tan^2 r + a_4 = 0,$$

worin:

$$a_0 = \left(\frac{\sin^2 i}{\mathfrak{v}^2}\mathfrak{a}_1^2 - 1\right)\left(\frac{\sin^2 i}{\mathfrak{v}^2}[\mathfrak{a}_2^2 \sin^2\delta + \mathfrak{a}_3^2\cos^2\delta] - 1\right)$$
$$6\,a_2 = \frac{\sin^4 i}{\mathfrak{v}^4}(\mathfrak{a}_2^2\mathfrak{a}_3^2 + \mathfrak{a}_1^2[\mathfrak{a}_2^2\sin^2\delta + \mathfrak{a}_3^2\cos^2\delta]) - \frac{\sin^2 i}{\mathfrak{v}^2}(\mathfrak{a}_2^2 + \mathfrak{a}_3^2)$$
$$a_4 = \frac{\sin^4 i}{\mathfrak{v}^4}\mathfrak{a}_2^2\mathfrak{a}_3^2.$$

Ist insbesondere $\delta = 0$ oder 90^0, so liegt *auch die Einfallsebene parallel zu einer optischen Symmetrieebene* $X_1 X_2$ oder $X_1 X_3$, und die Curve Γ zerfällt in einen Kreis und eine Ellipse. Wir erhalten z. B. für $\delta = 0$:

$$g(r) = \varphi(r) \cdot \psi(r) = 0$$

worin:

$$\varphi(r) = \left(\frac{\sin^2 i}{\mathfrak{v}^2}\mathfrak{a}_3^2 - 1\right)\tan^2 r + \frac{\sin^2 i}{\mathfrak{v}^2}\mathfrak{a}_3^2$$
$$\psi(r) = \left(\frac{\sin^2 i}{\mathfrak{v}^2}\mathfrak{a}_1^2 - 1\right)\tan^2 r + \frac{\sin^2 i}{\mathfrak{v}^2}\mathfrak{a}_2^2.$$

---

auf anderem Wege abgeleiteten Gleichung (26) auf S. 78 der Abhandlung: Ueber die Refl. und Brech. des Lichts an der Grenze krystallinischer Mittel. Abh. Berlin. Akad. 1876.

Die Curve Γ besteht in diesem Falle aus dem Kreise mit dem Radius $1/\mathfrak{a}_3$ und der Ellipse $\mathfrak{a}_2{}^2 x_1{}^2 + \mathfrak{a}_1{}^2 x_2{}^2 = 1$.

II. Liegt die *Platte parallel zu einer optischen Symmetrieaxe* X_1, so möge $(\mathfrak{X}_3 X_2) = \mu$ gesetzt und die Neigung der Einfallsebene $\mathfrak{X}_3 \mathfrak{X}_1$ gegen $X_2 X_3$ mit δ bezeichnet werden, so dass:

$$c_{11} = \sin\delta, \quad c_{12} = \sin\mu\cos\delta, \quad c_{13} = \cos\mu\cos\delta$$
$$c_{31} = 0 \qquad c_{32} = \cos\mu \qquad c_{33} = -\sin\mu.$$

Ist insbesondere $\delta = 0$, so liegt *die Einfallsebene parallel zu der optischen Symmetrieebene* $X_2 X_3$, und wir erhalten:

$$g(r) = \varphi(r) \, . \, \psi(r) = 0$$
$$\varphi(r) = \left(\frac{\sin^2 i}{\mathfrak{v}^2} \mathfrak{a}_1{}^2 - 1\right) \tan^2 r + \frac{\sin^2 i}{\mathfrak{v}^2} \mathfrak{a}_1{}^2$$
$$\psi(r) = A_0 \tan^2 r + 2 A_1 \tan r + A_2,$$

worin:

$$A_0 = \frac{\sin^2 i}{\mathfrak{v}^2} (\mathfrak{a}_3{}^2 \sin^2\mu + \mathfrak{a}_2{}^2 \cos^2\mu) - 1$$
$$A_1 = \frac{\sin^2 i}{\mathfrak{v}^2} (\mathfrak{a}_3{}^2 - \mathfrak{a}_2{}^2) \sin\mu\cos\mu$$
$$A_2 = \frac{\sin^2 i}{\mathfrak{v}^2} (\mathfrak{a}_3{}^2 \cos^2\mu + \mathfrak{a}_2{}^2 \sin^2\mu).$$

Für $\delta = 90^0$ liegt *die Symmetrieaxe* X_1 *in der Einfallsebene:*

$$g(r) = a_0 \tan^4 r + 6 a_2 \tan^2 r + a_4 = 0$$

worin:

$$a_0 = \left(\frac{\sin^2 i}{\mathfrak{v}^2} \mathfrak{a}_2{}^2 - 1\right)\left(\frac{\sin^2 i}{\mathfrak{v}^2} \mathfrak{a}_3{}^2 - 1\right)$$
$$6 a_2 = \frac{\sin^4 i}{\mathfrak{v}^4} (\mathfrak{a}_2{}^2 \mathfrak{a}_3{}^2 + \mathfrak{a}_3{}^2 \mathfrak{a}_1{}^2 \cos^2\mu + \mathfrak{a}_1{}^2 \mathfrak{a}_2{}^2 \sin^2\mu)$$
$$- \frac{\sin^2 i}{\mathfrak{v}^2} (\mathfrak{a}_1{}^2 + \mathfrak{a}_2{}^2 \sin^2\mu + \mathfrak{a}_3{}^2 \cos^2\mu)$$
$$a_4 = \frac{\sin^4 i}{\mathfrak{v}^4} \mathfrak{a}_1{}^2 (\mathfrak{a}_2{}^2 \sin^2\mu + \mathfrak{a}_3{}^2 \cos^2\mu).$$

28. Stellen wir uns vor, dass die bei dem Uebergange ebener Wellen homogenen Lichtes aus einem isotropen Körper in einen optisch zweiaxigen Krystall zu betrachtenden Richtungen von Geraden und Ebenen durch den Einfallspunkt O gelegt seien, so ist es, wie F. E. Neumann gezeigt hat,[1] zweckmässig, *diese Richtungen auf die optischen Axen* A, A' *des Krystalls zu beziehen,* deren Lage bekannt ist, falls die Hauptlichtgeschwindigkeiten und die krystallographische Orientirung der optischen Symmetrieaxen des Krystalls gegeben sind. Alsdann ist zunächst die Lage der Grenzebene $\mathfrak{G}$ zu fixiren durch die Winkel ihrer Normale $\mathfrak{x}_3$ gegen die optischen Axen:

$$(\bar{\mathfrak{x}}_3 A) = \mu, \quad (\bar{\mathfrak{x}}_3 A') = \mu'.$$

Beschreiben wir um O eine Constructionskugel und bezeichnen wir den von den Verbindungsebenen $\bar{\mathfrak{x}}_3 A$ und $\bar{\mathfrak{x}}_3 A'$ eingeschlossenen Winkel mit $2h$, so ist aus den Fig. 176 und 177 ersichtlich, dass:

$$\cos 2h = \frac{\cos 2V - \cos\mu\cos\mu'}{\sin\mu\sin\mu'} \tag{1}$$

[1] F. E. Neumann, Pogg. Ann. **33**, 279, 1834. Abh. Berl. Akad. 1835.

ist. Es sei nun $\mathfrak{H}$ die in den Winkel $(A\,A') = 2\,V$ fallende Halbirungsebene von $2h$, so wollen wir jetzt auf diese Ebene das Azimut ϑ der Einfallsebene $\mathfrak{E}$ beziehen. Die Drehung $(\mathfrak{H}\,\mathfrak{E}) = \vartheta$ soll, von der positiven, in das Innere des Krystalls sich erstreckenden Richtung $\mathfrak{X}_3$ her betrachtet, in der zu dem Bewegungssinne des Uhrzeigers entgegengesetzten Richtung erfolgen.

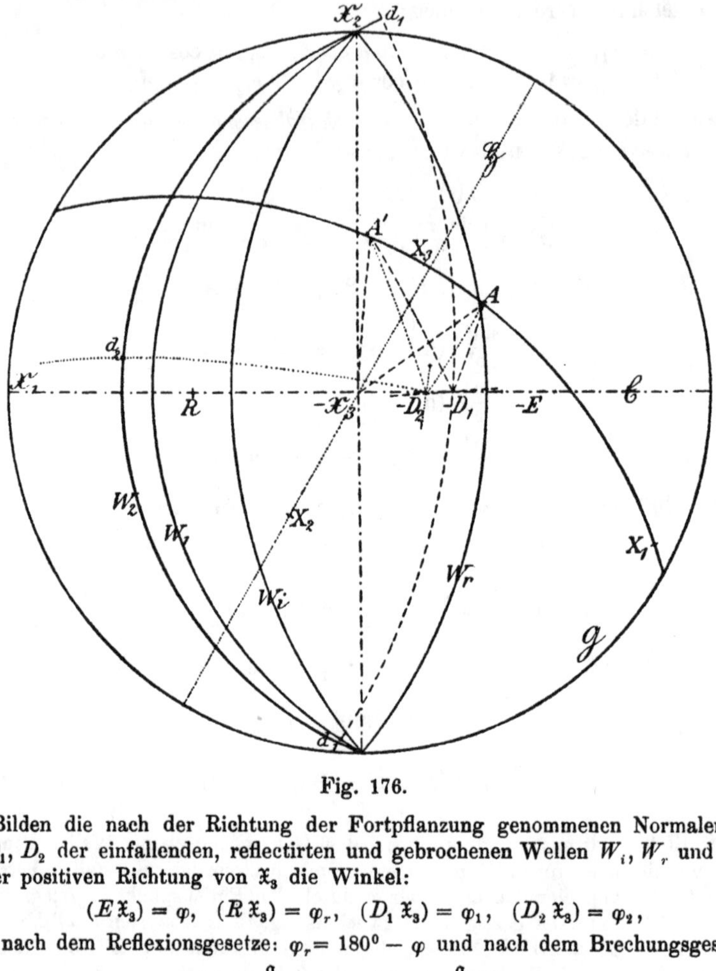

Fig. 176.

Bilden die nach der Richtung der Fortpflanzung genommenen Normalen E, R und D_1, D_2 der einfallenden, reflectirten und gebrochenen Wellen W_i, W_r und W_1, W_2 mit der positiven Richtung von $\mathfrak{X}_3$ die Winkel:

$$(E\,\mathfrak{X}_3) = \varphi, \quad (R\,\mathfrak{X}_3) = \varphi_r, \quad (D_1\,\mathfrak{X}_3) = \varphi_1, \quad (D_2\,\mathfrak{X}_3) = \varphi_2,$$

so ist nach dem Reflexionsgesetze: $\varphi_r = 180^0 - \varphi$ und nach dem Brechungsgesetze:

$$\sin\varphi_1 = \frac{\mathfrak{q}_1}{\mathfrak{v}}\sin\varphi, \quad \sin\varphi_2 = \frac{\mathfrak{q}_2}{\mathfrak{v}}\sin\varphi, \tag{2}$$

falls mit $\mathfrak{q}_1$ und $\mathfrak{q}_2$ ($\mathfrak{q}_1 > \mathfrak{q}_2$) die Fortpflanzungsgeschwindigkeiten von W_1 und W_2 bezeichnet werden.

Die Lage der Wellennormalen D_1, D_2 in Bezug auf die optischen Axen ist gegeben durch die Winkel:

$$(D_1\,A) = u_1, \quad (D_1\,A') = u_1', \quad (A\,D_1\,A') = 2\,i_1,$$
$$(D_2\,A) = u_2, \quad (D_2\,A') = u_2', \quad (A\,D_2\,A') = 2\,i_2.$$

Aus den Dreiecken $A\,\mathfrak{X}_3\,D_1$ und $A'\,\mathfrak{X}_3\,D_1$ folgt:

$$\begin{aligned}\cos u_1 &= \cos\mu\,\cos\varphi_1 + \sin\mu\,\sin\varphi_1\,\cos(\vartheta - h)\\ \cos u_1' &= \cos\mu'\,\cos\varphi_1 + \sin\mu'\,\sin\varphi_1\,\cos(\vartheta + h).\end{aligned} \tag{3}$$

In analoger Weise erhalten wir:

$$(4)\qquad \begin{aligned} \cos u_2 &= \cos\mu \cos\varphi_2 + \sin\mu \sin\varphi_2 \cos(\vartheta - h) \\ \cos u_2' &= \cos\mu' \cos\varphi_2 + \sin\mu' \sin\varphi_2 \cos(\vartheta + h). \end{aligned}$$

Für die Geschwindigkeiten der beiden gebrochenen Wellen bestehen die Relationen:

$$(5)\qquad \mathfrak{q}_1^{\,2} = \frac{\mathfrak{a}_1^{\,2} + \mathfrak{a}_3^{\,2}}{2} + \frac{\mathfrak{a}_1^{\,2} - \mathfrak{a}_3^{\,2}}{2} \cos(u_1' - u_1)$$

$$(6)\qquad \mathfrak{q}_2^{\,2} = \frac{\mathfrak{a}_1^{\,2} + \mathfrak{a}_3^{\,2}}{2} + \frac{\mathfrak{a}_1^{\,2} - \mathfrak{a}_3^{\,2}}{2} \cos(u_2' + u_2).$$

Aus (2), (3), (5) oder (2), (4), (6) folgt eine Gleichung vierten Grades für $\tan\varphi$, welche mit $g(r) = 0$, S. 353 übereinstimmt.

Die Dreiecke $D_1 A A'$ und $D_2 A A'$ liefern:

$$(7)\qquad \cos 2 i_1 = \frac{\cos 2V - \cos u_1 \cos u_1'}{\sin u_1 \sin u_1'}$$

$$(8)\qquad \cos 2 i_2 = \frac{\cos 2V - \cos u_2 \cos u_2'}{\sin u_2 \sin u_2'}.$$

Die gebrochenen Strahlen S_1 und S_2 bilden mit ihren Wellennormalen die Winkel:

$$(D_1 S_1) = s_1, \quad (D_2 S_2) = s_2,$$

welche gegeben sind durch:

$$(9)\qquad \tan s_1 = \frac{\mathfrak{a}_1^{\,2} - \mathfrak{a}_3^{\,2}}{2\mathfrak{q}_1^{\,2}} \sin i_1 \sin(u_1' - u_1)$$

$$(10)\qquad \tan s_2 = \frac{\mathfrak{a}_1^{\,2} - \mathfrak{a}_3^{\,2}}{2\mathfrak{q}_2^{\,2}} \cos i_2 \sin(u_2' + u_2).$$

Die Polarisationsrichtungen d_1, d_2 der gebrochenen Wellenebenen W_1, W_2 besitzen eine bestimmte, von der Polarisationsrichtung der einfallenden Welle W_i unabhängige krystallographische Orientirung. Die auf die Einfallsebene $\mathfrak{E}$ bezogenen Azimute der Polarisationsebenen $D_1 d_1$, $D_2 d_2$ seien bezeichnet mit δ_1, δ_2 (Fig. 177). Dabei soll jedes Azimut von $\mathfrak{E}$ aus in dem Sinne positiv gerechnet werden, welcher von der positiven Seite der Wellennormale her betrachtet der Bewegungsrichtung des Uhrzeigers entgegengesetzt ist. *Zwischen diesen Azimuten δ_1, δ_2, den Brechungswinkeln φ_1, φ_2 und den Winkeln s_1, s_2 besteht eine für die Theorie der Reflexion des Lichtes an Krystallflächen wichtige, von* F. E. NEUMANN *aufgestellte Relation,*[1] welche aus Fig. 177 abzuleiten ist:

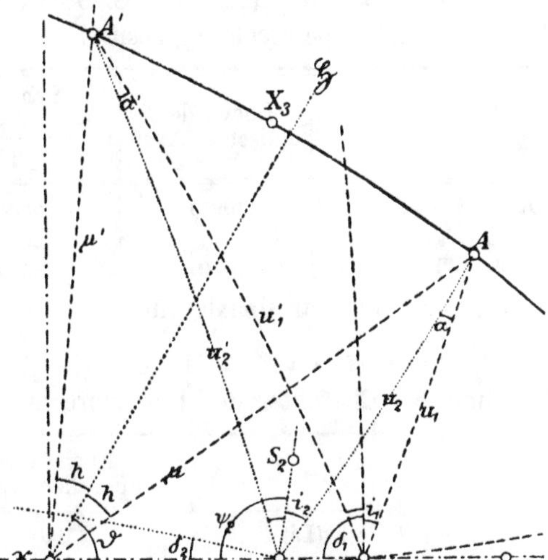

Fig. 177.

$$(11)\qquad [\cot\delta_1 \cot\delta_2 + \cos(\varphi_1 - \varphi_2)] \sin(\varphi_1 + \varphi_2) + \frac{\tan s_1 \sin^2\varphi_1}{\sin\delta_1} - \frac{\tan s_2 \sin^2\varphi_2}{\sin\delta_2} = 0.$$

[1] F. E. NEUMANN, Abh. Berlin. Akad. 1835, 103 (Ableitung von G. JACOBI S. 105—107). — Vgl. J. MAC CULLAGH, Coll. Works, 112.

29. Da die Hauptlichtgeschwindigkeiten eines optisch zweiaxigen Krystalls ($\mathfrak{a}_1 > \mathfrak{a}_2 > \mathfrak{a}_3$) Funktionen der Wellenlänge λ und der Temperatur Θ sind, so können die *Grenzfälle* $\mathfrak{a}_1 = \mathfrak{a}_2$ oder $\mathfrak{a}_2 = \mathfrak{a}_3$ oder $\mathfrak{a}_1 = \mathfrak{a}_2 = \mathfrak{a}_3$ eintreten.

Wird für ein Werthsystem λ, Θ insbesondere $\mathfrak{a}_1 = \mathfrak{a}_2$, also der Winkel der optischen Axen $2V$ und der Winkel der Strahlenaxen $2\mathfrak{V}$ gleich Null, so ist der Krystall *für dieses Werthepaar* λ, Θ *optisch einaxig*, und zwar von positivem Charakter der Doppelbrechung. Wird $\mathfrak{a}_2 = \mathfrak{a}_3$, so erhalten wir $2V = 2\mathfrak{V} = \pi$, und der Krystall ist negativ optisch einaxig.[1] Einaxigkeit kann indessen bei einem Krystall des rhombischen, monoklinen oder triklinen Systems immer nur für eine Wellenlänge und auch für diese nur bei einer bestimmten Temperatur eintreten. Für jede andere Wellenlänge bleibt der Krystall bei derselben Temperatur optisch zweiaxig, und mit der Temperatur ändert sich die Wellenlänge, für die er einaxig wird. Im Gegensatz zu optisch zweiaxigen Krystallen von dieser besonderen Beschaffenheit sind hexagonale und tetragonale Krystalle für alle Wellenlängen und Temperaturen optisch einaxig.

Aus der Reihe der optisch zweiaxigen Körper, welche bei gewöhnlicher Temperatur für verschiedene Lichtwellenlängen eine Kreuzung der Ebene der optischen Axen und daher für eine bestimmte Wellenlänge Einaxigkeit zeigen, seien die folgenden hervorgehoben.

Brookit[2] = TiO_2 (Fig. 76, S. 98). Rhombisch. Erste Mittellinie $\check{a}$. Charakter der Doppelbrechung positiv.

	Ebene der optischen Axen	Scheinbare Winkel der optischen Axen $2E$ (Fig. 170, S. 344)	
		Tirol	Tremadoc
Roth (Li) . . .	(001)	55° 2½′	57° 59′
Gelb (Na) . . .	„	30 16½	38 10
Grün (Tl) . . .	(010)	33 48	21 40

Brookit von Tirol war einaxig für Licht von der Wellenlänge 0,000 555 mm.

Manganpikrat[3] = $Mn[C_6H_2(NO_2)_3O]_2 \cdot 5H_2O$. Rhombisch. Erste Mittellinie $\acute{c}$. Charakter der Doppelbrechung negativ.

	Ebene der optischen Axen	$2E$
Roth (Li) . . .	(100)	41° 53′
Gelb (Na) . . .	(010)	15 30
Grün (Tl) . . .	„	57 13

[1] Die optische Axe eines einaxigen Krystalls entspricht weder einer der optischen Axen noch einer der Strahlenaxen eines zweiaxigen Krystalls: sie bildet den Grenzfall, in welchem jene beiden Paare von Axen in eine einzige Axe zusammenfallen.

[2] V. von Zepharovich, Ueber Brookit, Wulfenit und Skolezit. Zeitschr. f. Kryst. **8**, 577, 1884.

[3] Th. Hiortdahl, Mangan- und Eisenpikrat. Forh. Vidensk. Selsk. Christiania. 1882, No. 7. Zeitschr. f. Kryst. **7**, 69, 1883.

Eisenpikrat[1] = $Fe[C_6H_2(NO_2)_3O]_2 . 5H_2O$. Rhombisch. Erste Mittellinie $\mathfrak{c}$. Charakter der Doppelbrechung negativ.

	Ebene der optischen Axen	2E
Roth (Li) . . .	(100)	50° 16′
Gelb (Na) . . .	„	24 48
Grün (Tl) . . .	(010)	46 54

In anderen Fällen (Gyps, Glauberit, Orthoklas) wird eine Kreuzung der Ebenen der optischen Axen durch Erhöhung der Temperatur hervorgerufen.

Die Brennebenen gerader Linien, welche mit einem Mikroskop durch doppeltbrechende Krystallplatten betrachtet werden.

30. A. Fresnel eröffnete seine Untersuchungen über die Gesetze der Doppelbrechung mit der Entdeckung, dass in Krystallen ohne Axe der Isotropie kein Strahl das gewöhnliche Brechungsgesetz befolgt. Die von ihm angewendeten Beobachtungsmethoden erfordern indessen eine grosse Geschicklichkeit in der Herstellung von Krystallpräparaten. Daher ist von hervorragendem Interesse ein von H. C. Sorby aufgefundenes Verfahren, welches mit sehr einfachen Hülfsmitteln das abweichende Verhalten einfach brechender und doppeltbrechender, optisch einaxiger und optisch zweiaxiger Krystalle zu demonstriren gestattet.

Schon 1767 wurde von de Chaulnes[2] eine Methode zur Bestimmung der Brechungsindices von Flüssigkeiten oder durchsichtigen planparallelen Platten einfach brechender fester Körper angewendet, welche auch in neuerer Zeit mehrfach benutzt worden ist, wenn genauere Messungen durch Prismenbeobachtungen oder durch Ermittelung von Grenzwinkeln der Totalreflexion nicht ausführbar waren.

[1] Th. Hiortdahl, Mangan- und Eisenpikrat. Forh. Vidensk. Selsk. Christiania. 1882, No. 7. Zeitschr. f. Kryst. **7**, 69, 1883.

[2] Duc de Chaulnes, Mémoire sur quelques expériences relatives à la Dioptrique. Hist. de l'acad. roy. des sc. Année 1767. Paris 1770, 162. Mém. de l'acad. roy. des sc. Année 1767, 423. — Vgl. D. Brewster, Treatise on new Phil. Instrum. Edinburgh 1813, 247. — L. Moser, Verfahren bei der Bestimmung des Brechungsindex durch Mikroskope. In: Dove, Repert. d. Phys. **5**, 395, 1844. — A. Bertin, Note sur la mesure des indices de réfraction des lames transparentes et des liquides à l'aide du microscope ordinaire. Compt. rend. **28**, 447, 1849. Ann. chim. phys. (3) **26**, 288, 1849. Pogg. Ann. **76**, 611, 1849. — H. Wild, Neues Photometer und Polarimeter etc. Pogg. Ann. **99**, 258, 1856. — L. Bleekrode, On the Experimental Determination of the Index of Refraction of Liquefied Gases. Proc. Roy. Soc. **37**, 339, 1884. Journ. de phys. (2) **4**, 109, 1885.

Die CHAULNES'sche Methode setzt voraus, dass die Verschiebung gemessen werden kann, welche einem Mikroskoptubus zu ertheilen ist, damit ein geeignetes Object von feiner Structur direct und nach der Bedeckung durch eine durchsichtige Platte deutlich gesehen werde. Sie erfordert also, dass an der Mikrometerschraube des Tubus eine Kreistheilung und an dem Stativ ein an diese Theilung heranreichender fester Zeiger angebracht seien, derart, dass die Ganghöhe der Schraube bestimmt und ihre Umdrehungen abgelesen werden können.

Ist das Mikroskop anfänglich auf O (Fig. 178) eingestellt, so wird man dasselbe nach Einschaltung einer durchsichtigen *einfachbrechenden* Platte P, deren Begrenzungsebenen 𝔊, 𝔊′ senkrecht zur optischen Axe des Mikroskops stehen, *um eine Strecke x heben* müssen, welche in folgender *Beziehung zu der Dicke l und dem Brechungsindex n_λ der Platte* steht.

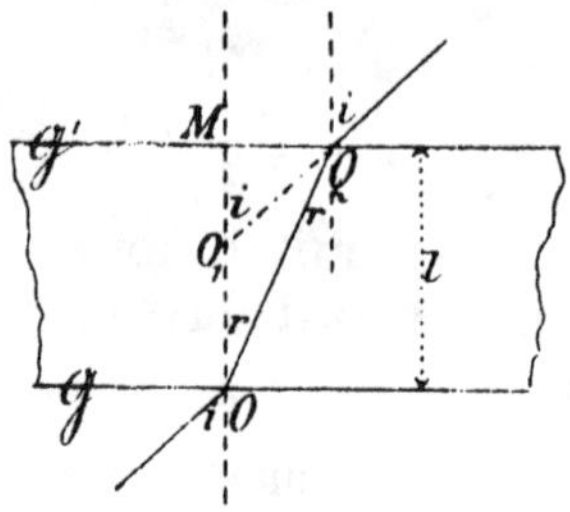

Fig. 178.

Die Platte werde mit homogenem Licht von der Wellenlänge λ beleuchtet. Ein in O unter dem Winkel i einfallender Strahl, dessen Brechungswinkel r ist, durchschreitet die Platte in der Richtung OQ und tritt in das Objectiv des Mikroskops so ein, als käme er von O_1 her. Es ist, wenn die durch O gelegte Plattennormale die Austrittsfläche in M schneidet:

$$MO_1 = MO\frac{\tan r}{\tan i}$$

also:

$$OO_1 = x = l\left(1 - \frac{\tan r}{\tan i}\right).$$

Sind die Winkel i und r hinreichend klein, so kann man hierfür setzen:

$$MO_1 = MO\frac{\sin r}{\sin i} = \frac{l}{n_\lambda}$$

$$x = l\left(1 - \frac{1}{n_\lambda}\right).$$

Um diese Strecke x muss der Tubus *gehoben* werden, wenn das Object wieder deutlich gesehen werden soll. Die Messung dieser Verschiebung gestattet also, wenn die Dicke der Platte bekannt ist, den gesuchten *Brechungsindex* zu berechnen aus:

$$n_\lambda = \frac{l}{l - x}.$$

Die Hebung wächst mit der Dicke und dem Brechungsindex der Platte. Aus der folgenden Tabelle ist der Betrag der Verschiebung des Tubus für eine Plattendicke $l = 1$ mm zu entnehmen.

n	$1/n$	$1 - 1/n$
1,40	0,714	0,286 mm
1,45	0,690	0,310
1,50	0,667	0,333
1,55	0,645	0,355
1,60	0,625	0,375
1,65	0,606	0,394
1,70	0,588	0,412
1,75	0,571	0,429
1,80	0,556	0,444
1,85	0,541	0,459
1,90	0,526	0,474
1,95	0,513	0,487
2,00	0,500	0,500

31. Als H. C. Sorby[1] **1877** dieses Verfahren auf *Platten doppeltbrechender Krystalle* anwandte, wobei *als Object ein Glasmikrometer mit zwei senkrecht zu einander stehenden Schaaren von Theilungslinien* diente, beobachtete er eigenthümliche, bis dahin kaum beachtete Erscheinungen, deren Erklärung von G. G. Stokes[2] in demselben Jahre gefunden wurde.

Das Objectgitter war unter dem Tisch des Mikroskops und so weit als möglich unter den Linsen eines achromatischen Condensors befestigt. Unmittelbar unter dem Gitter befand sich ein Irisdiaphragma, welches verschieden weite kreisförmige Blendungen unter das Gitter zu bringen gestattete. Das verkleinerte Bild des Gitters und der Blendung konnte leicht auf die untere oder die obere Begrenzungsebene oder auf das Centrum der zu untersuchenden Krystallplatte eingestellt werden.[3]

Betrachtet man das Gitter durch eine *senkrecht zur optischen Axe* geschnittene *Kalkspathplatte,* so erblickt man bei *zwei* verschiedenen Einstellungen des Mikroskops *beide* Liniensysteme des Gitters, wie man auch die Platte in ihrer Ebene gegen das festliegende Gitter drehen möge. Die beiden Bilder liegen, wenn die Platte hinreichend genau geschnitten ist, über einander. Das Bild der kreisförmigen Blendung erscheint unverzerrt und in jeder der beiden Brennebenen umgeben von einem lichtschwachen Kreisringe, welcher von dem ausserhalb jener Brennebene liegenden Bilde herrührt (Fig. 179).

---

[1] H. C. Sorby, On some hitherto Undescribed Optical Properties of Doubly Refracting Crystals. Proc. Roy. Soc. London **26,** 384, 1877. On a simple Method for Determining the Index of Refraction of small portions of Transparent minerals. Min. Mag. **1,** 97, 98, 194, 1877. On the Determination of the Minerals in thin Sections of Rocks by means of their Indices of Refraction. **2,** 1. Further improvements in studying the Optical Characters of Minerals. **2,** 103, 1878.

[2] G. G. Stokes, On the Foci of Lines seen through a Crystalline Plate. Proc. Roy. Soc. London. **26,** 386, 1877.

[3] Eine nach diesen Angaben construirte Vorrichtung bildet ein Attribut der von R. Fuess in Berlin construirten Mikroskope für krystallographische Untersuchungen (vgl. S. 346).

Schaltet man eine *Kalkspathspaltungsplatte* ein, so erblickt man zwei in der Richtung des Hauptschnittes der Platte von einander getrennte Bilder: im Mittelpunkt des Gesichtsfeldes das ordentliche, nach dem Hauptschnitt polarisirte Bild o, gegen die Peripherie hin verschoben, der oberen Endecke der Platte gegenüberliegend das ausserordentliche, senkrecht zum Hauptschnitte polarisirte Bild e (Fig. 180). Dreht man die Platte in ihrer Ebene, so bleibt o im Mittelpunkt und erscheint stets unverzerrt; e dagegen bewegt sich mit dem Hauptschnitt und erscheint verzerrt und im weissen Licht farbig gesäumt, derart, dass der rothe Rand dem Mittelpunkt des Gesichtsfeldes zugewendet ist.

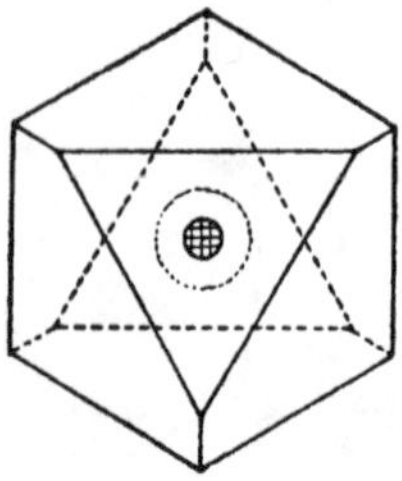

Fig. 179.

Der Hauptschnitt der Platte sei parallel einem Liniensystem des Gitters. Ausgehend von der Stellung des Mikroskoptubus, in welcher im ordentlichen Bilde o beide Liniensysteme deutlich gesehen werden, erhält man durch Senken des Tubus zuvörderst eine Stellung, in welcher das ausserordentliche Bild senkrecht zum Haupt-

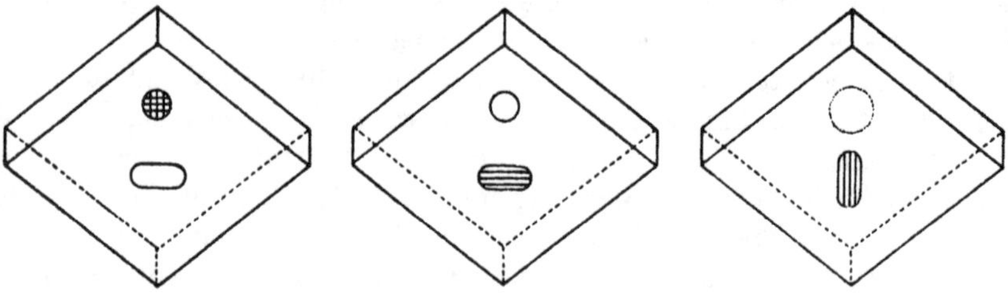

Fig. 180.

schnitt verlängert ist und nur die zum Hauptschnitt senkrechten Linien sichtbar sind (e_1). Darauf gewinnt man durch weiteres Senken eine Stellung des Tubus, in welcher das ausserordentliche Bild in der Richtung parallel zum Hauptschnitt verlängert erscheint und nur die zum Hauptschnitt parallelen Linien gesehen werden können (e_2). Für das ordentliche Bild ist charakteristisch, dass beim Drehen der Platte stets beide Liniensysteme des Gitters gleich gut sichtbar bleiben. Dreht man dagegen bei einer der beiden letzteren Stellungen des Tubus die Platte in ihrer Ebene, so erscheint das eine oder das andere Liniensystem des Gitters nur dann vollkommen scharf, wenn der Hauptschnitt der Platte die Richtung eines Liniensystems besitzt.

Im weissen Licht erblickt man durch dicke Platten hindurch in e_1 keine Linien in Folge der starken Dispersion; die Linien treten aber sofort hervor, wenn die Beleuchtung durch homogenes Licht erfolgt.

Eine *parallel zur optischen Axe geschnittene Kalkspathplatte* giebt ebenfalls zu drei verschiedenen Einstellungen des Mikroskops Veranlassung. Da in diesem Falle die drei Bilder über einander liegen, so trennen wir sie mit Hülfe eines auf das Ocular gesetzten Nicol'schen Prismas.

Steht der Hauptschnitt des Nicols senkrecht zur Axe der Platte, so gelangen nur die ordentlichen, durch die Platte gegangenen Strahlen in das Auge des Beobachters. Man findet eine Einstellung des Tubus, in welcher beide Liniensysteme gleichzeitig deutlich gesehen werden, wie auch die Platte in ihrer Ebene gedreht werden möge.

Richtet man dagegen den Hauptschnitt des Nicols parallel zur Axe der Platte, so werden nur die ausserordentlichen, durch die Platte gegangenen Strahlen austreten können. Man findet dann in zwei verschiedenen Brennebenen die kreisförmige Blendung in der Richtung des Hauptschnitts der Platte oder senkrecht zu derselben verlängert. Die Liniensysteme des Gitters sind nur sichtbar, wenn sie parallel und senkrecht zum Hauptschnitte der Platte liegen, und es giebt zwei von einander getrennte Einstellungen des Mikroskoptubus, in denen jedesmal nur ein Liniensystem gesehen wird, entweder das zur Axe parallele, oder das zu dieser Axe senkrechte.

Die Reihenfolge der drei Bilder beim Senken des Mikroskoptubus ist: 1) ausserordentliches, senkrecht zur Axe verlängertes Bild mit dem zur Axe normalen Liniensystem; 2) ordentliches Bild; 3) ausserordentliches, parallel zur Axe verlängertes Bild mit dem nach dieser Axe gerichteten Liniensystem. Die Pfeile in Fig. 181 bezeichnen die Polarisationsrichtungen.

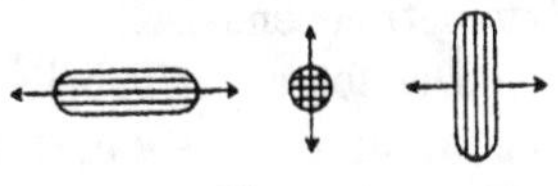

Fig. 181.

32. Betrachten wir nun, um zu der von G. G. Stokes gegebenen Erklärung dieser Erscheinungen zu gelangen, zunächst den einfachsten Fall einer *Platte aus einem optisch einaxigen Krystall, deren Begrenzungsebenen senkrecht zur optischen Axe stehen* (Fig. 182). Der Charakter der Doppelbrechung sei negativ. Ein von dem Punkte O an der Eintrittsfläche $\mathfrak{G}$ ausgehendes dünnes, aus *ordentlichen* Strahlen bestehendes Strahlenbündel, dessen Axe die Plattennormale OM ist, wird sich so verhalten, als wäre die Platte einfach brechend mit dem Brechungsindex ω; d. h. war das Mikroskop anfänglich auf O eingestellt, so ist die Verschiebung:

$$x_o = l - l/\omega$$

erforderlich, damit O nach Einschaltung der der Platte wieder deutlich gesehen werde.

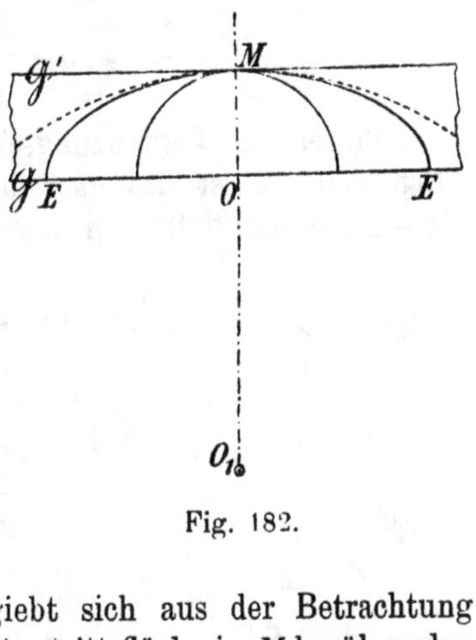

Fig. 182.

Die Wirkung eines von O ausgehenden Bündels von *ausserordentlichen* Strahlen ergiebt sich aus der Betrachtung des um O als Mittelpunkt beschriebenen, die Austrittsfläche in M berührenden Ellipsoids der Strahlenfläche. Bedeutet t die Zeit, welche eine von O ausgehende Lichtbewegung braucht, um auf dieses Ellipsoid zu gelangen, so ist der Umdrehungshalbmesser $OM = \mathfrak{o}t = l$ und der Aequatorialhalbmesser $OE = \mathfrak{e}t = l\mathfrak{e}/\mathfrak{o}$. Eine durch OM gelegte Ebene schneidet das Ellipsoid in der Ellipse EME. Für die in der Nähe von OM liegenden Strahlen können wir diese Ellipse ersetzt denken durch ihren Krümmungskreis in M, dessen Radius $\varrho = (OE)^2 : OM = t\mathfrak{e}^2/\mathfrak{o}$ ist, und dies gilt, da OM die Richtung der optischen Axe ist, für alle durch OM gelegten Ebenen; d. h. *die Platte verhält sich für das ausserordentliche Strahlenbündel so wie eine einfach brechende Platte, in welcher die Geschwindigkeit des Lichtes* $\mathfrak{e}^2/\mathfrak{o}$, *also der Brechungsindex* ε^2/ω *ist.* Demnach wird O auch nach der Verschiebung:

$$x_e = l - l\,\omega/\varepsilon^2$$

deutlich gesehen. Wir erhalten also *zwei verschiedene Einstellungen des Mikroskops, in denen beide Liniensysteme bei jeder Orientirung des Gitters gleichzeitig gesehen werden,* da jede durch OM gelegte Brechungsebene eine optische Symmetrieebene ist.

Die folgende Tabelle enthält die hier in Betracht kommenden Werthe von ω, $\mathfrak{o}$, ε, $\mathfrak{e}$, ε^2/ω, ω/ε^2 in Kalkspath und Natriumnitrat für Natriumlicht und die Verschiebungen x_o, x_e für eine Plattendicke $l = 1$ mm.

	Kalkspath	Natriumnitrat
ω	1,65850	1,5852
$\mathfrak{o} = 1/\omega$	0,60295	0,63084
ε	1,48635	1,3348
$\mathfrak{e} = 1/\varepsilon$	0,67279	0,74917
ε^2/ω	1,33207	1,12395
ω/ε^2	0,75071	0,88972
$x_o = 1 - 1/\omega$	0,397 mm	0,369 mm
$x_e = 1 - \omega/\varepsilon^2$	0,249 mm	0,110 mm

Liegen die Begrenzungsebenen der *Platte parallel zur optischen Axe* (Fig. 183), so ist das *ausserordentliche,* von O ausgehende Strahlenbündel, dessen Axe die Plattennormale OM ist, nur noch symmetrisch zu dem durch OM gehenden Hauptschnitt und zu der auf dem Hauptschnitt senkrechten Ebene. *Damit eine Linie des Gitters deutlich gesehen werde, muss sie in eine dieser beiden Symmetrieebenen fallen,* denn nur in dieser Lage kann bei einer bestimmten Einstellung des Mikroskops jedes Element der Linie im Bilde in der Richtung der wirklichen Linie erscheinen. In der zur optischen Axe senkrechten Ebene befolgen die ausserordentlichen Strahlen das gewöhnliche Brechungsgesetz mit ε als Brechungsindex. Für die Brechung im Hauptschnitt gilt eine der soeben angestellten Betrachtung ähnliche Ueberlegung. Das um O als Mittelpunkt beschriebene, die Austrittsfläche in M berührende

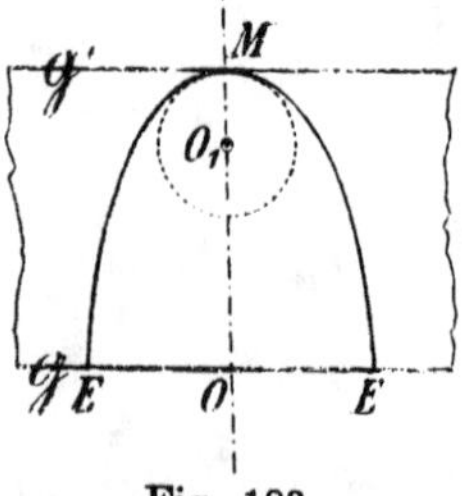

Fig. 183.

Ellipsoid der Strahlenfläche für die Zeit $t = l/\mathfrak{e}$ wird von dem Hauptschnitt der Platte in einer Ellipse mit den Halbaxen $OM = \mathfrak{e}t = l$ und $OE = \mathfrak{o}t = l\mathfrak{o}/\mathfrak{e}$ geschnitten. Für die zu OM benachbarten Strahlen können wir die Ellipse ersetzt denken durch ihren Krümmungskreis in M, dessen Radius $\varrho = (OE)^2 : OM = t\mathfrak{o}^2/\mathfrak{e}$ ist. Demnach erfolgt die Brechung im Hauptschnitte so wie in einem einfachbrechenden Mittel mit dem Brechungsindex ω^2/ε.

Daraus ergiebt sich, dass in diesem Falle *drei Einstellungen des Mikroskops* vorhanden sind, bei denen *beide Liniensysteme* oder *nur das eine* oder *nur das andere Liniensystem des Gitters* deutlich gesehen werden: 1) für das *ordentliche*, im Hauptschnitt polarisirte Strahlenbündel mit dem Brechungsindex ω, welches *beide Liniensysteme gleichzeitig* deutlich sehen lässt; 2) für das *ausserordentliche*, senkrecht zum Hauptschnitt polarisirte Strahlenbündel mit dem Brechungsindex ε, welches ein deutliches Bild der *im Hauptschnitt gelegenen* Linien giebt; 3) für das *ausserordentliche*, senkrecht zum Hauptschnitt polarisirte Strahlenbündel mit dem Brechungsindex ω^2/ε, welches ein deutliches Bild der *senkrecht zum Hauptschnitt* stehenden Linien liefert.

Bezeichnet man mit x_o, x_e', x_e'' die Verschiebungen des Mikroskoptubus für eine Plattendicke $l = 1$ mm, so ist für:

	Kalkspath	Natriumnitrat
ω^2/ε	1,85055	1,88257
ε/ω^2	0,54037	0,53118
$x_o = 1 - 1/\omega$	0,397 mm	0,369 mm
$x_e' = 1 - 1/\varepsilon$	0,327 mm	0,251 mm
$x_e'' = 1 - \varepsilon/\omega^2$	0,459 mm	0,469 mm

33. Wir wenden uns nun zur Untersuchung des *allgemeinen* Falles einer *beliebig geschnittenen Platte eines doppeltbrechenden Krystalls* und betrachten ein dünnes, von dem Punkt O an der Eintrittsfläche $\mathfrak{G}$ (Fig. 184) ausgehendes Strahlenbündel von der Beschaffenheit, dass seine Axe nach dem Austritt senkrecht zur Platte steht, d. h. dass die im Krystall zu der Axe des Bündels gehörende Wellenebene den Begrenzungsebenen der Platte parallel ist. Einer der beiden Mäntel der um O als Mittelpunkt beschriebenen Strahlenfläche berühre die Austrittsfläche in M, dann ist der Strahl OM jene Axe des Bündels. Bedeutet $\mathfrak{q}$ die Geschwindigkeit in der Richtung der zugehörigen Wellennormale NM, so ist $l/\mathfrak{q} = t$ die Zeit, in der sich die von O ausgehende Lichtbewegung bis zu dem in Rede stehenden Mantel der Strahlenfläche ausbreitet. OPQ sei ein zu OM

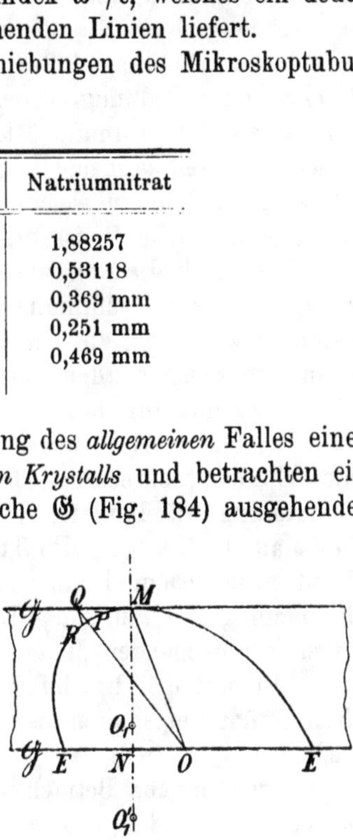

Fig. 184.

benachbarter Strahl, der die Strahlenfläche in P, die Austrittsfläche in Q schneidet. Die Verzögerung der in Q ankommenden Bewegung in Bezug auf die Bewegung in M wird gleich der Zeit τ sein, welche das Licht braucht, um von P nach Q zu gelangen. Die Gestalt der austretenden Strahlenfläche wird nur von dem Werth dieser Verzögerung abhängen, wenn τ als Funktion der beiden Coordinaten betrachtet wird, welche die Lage von Q auf der Austrittsfläche bestimmen. Ist QM eine kleine Grösse erster Ordnung, so ist τ eine kleine Grösse zweiter Ordnung und zur Bestimmung der Brechung des dünnen Strahlenbündels brauchen wir die Verzögerung nur bis auf diese Ordnung zu kennen. Für die wirkliche Verzögerung können wir irgend eine Grösse einsetzen, die zu ihr in einem Verhältniss steht, dessen Grenzwerth die Einheit ergiebt. Daraus folgt: wenn die Lichtbewegung im Krystall über den in M die Austrittsfläche berührenden Mantel EME der Strahlenfläche hinaus fortschreitet, so können wir annehmen, sie erfolge in einem einfach brechenden Mittel mit einer Geschwindigkeit, welche gleich der Wellengeschwindigkeit $\mathfrak{q}$ in der Richtung der Plattennormale ist. Denn ist QR normal zur Strahlenfläche, so wird die wirkliche Wellengeschwindigkeit in der Richtung RQ von jener in der Richtung NM um eine kleine Grösse erster Ordnung abweichen, und da die Entfernung RQ eine kleine Grösse zweiter Ordnung ist, so können wir die Aenderung der Wellengeschwindigkeit vernachlässigen, also den Krystall als ein einfachbrechendes Mittel behandeln, in welchem sich eine Strahlenfläche fortpflanzt, die schon auf irgend welche Weise die Gestalt EME erlangt hat.

Die durch die Normale NM gelegten Schnitte des Mantels EME haben bezüglich ihrer Krümmung in M die Eigenschaft, dass Schnitte, welche symmetrisch liegen zu den beiden auf einander senkrecht stehenden Hauptkrümmungsebenen, den Hauptschnitten der Strahlenfläche im Punkte M, gleiche Krümmung besitzen. Damit das eine oder das andere der beiden Liniensysteme des rechtwinkligen Gitters deutlich gesehen werde, müssen diese Linien senkrecht zu den Hauptschnitten liegen. Es seien O_1, O_1' die Krümmungsmittelpunkte, r, r' die Krümmungsradien in den Hauptschnitten des Mantels EME im Punkte M; dann kann man die Schnittcurve dieses Mantels in jedem Hauptschnitt ersetzt denken durch den zugehörenden Krümmungskreis, und die Brechung in den Hauptschnitten erfolgt so, wie in einfachbrechenden Mitteln mit den Fortpflanzungsgeschwindigkeiten r/t, r'/t, also mit den Brechungsindices $t/r = 1/\varrho$, $t/r' = 1/\varrho'$, wenn ϱ, ϱ' die Hauptkrümmungsradien der für die Zeiteinheit genommenen Strahlenfläche bedeuten.

Eine ähnliche Betrachtung gilt für den zweiten Mantel der Strahlenfläche. Die beiden von O ausgehenden dünnen Strahlenbündel sind senkrecht zu einander polarisirt.

Das Resultat kann jetzt so ausgesprochen werden: *Wird eine Platte eines optisch zweiaxigen Krystalls eingeschaltet, so giebt es im Allgemeinen* v i e r *Einstellungen des Mikroskoptubus, in denen das eine oder das andere Liniensystem des rechtwinkligen Gitters deutlich gesehen wird; dabei muss das Gitter so orientirt sein, dass seine Linien senkrecht stehen zu den durch die Plattennormale gehenden Hauptschnitten des inneren oder des äusseren Mantels der Strahlenfläche; der scheinbare Brechungsindex ist jedesmal gegeben durch den reciproken Werth des Hauptkrümmungsradius in demjenigen Hauptschnitte, auf welchem die deutlich sichtbaren Linien senkrecht stehen.* In dem besonderen Falle, wo die Platte auf einer optischen Symmetrieebene des Krystalls senkrecht steht, haben die Hauptschnitte des inneren und des äusseren Mantels der Strahlenfläche dieselben Richtungen, da sie parallel und senkrecht zu jener Ebene liegen.

34. Indem wir dazu übergehen, dieses Ergebniss auf specielle Fälle anzuwenden, betrachten wir zunächst eine *Platte eines optisch einaxigen Krystalls, deren Normale unter dem Winkel μ zur optischen Axe geneigt ist* (Fig. 185). Neben dem *ordentlichen* Bilde treten *zwei ausserordentliche* Bilder auf (S. 362). Bezeichnet man mit ϱ, ϱ' die Hauptkrümmungsradien des Ellipsoids der Strahlenfläche in den durch die Plattennormale gehenden Hauptschnitten, von denen der erste mit dem Hauptschnitt der Platte zusammenfällt, so sind:

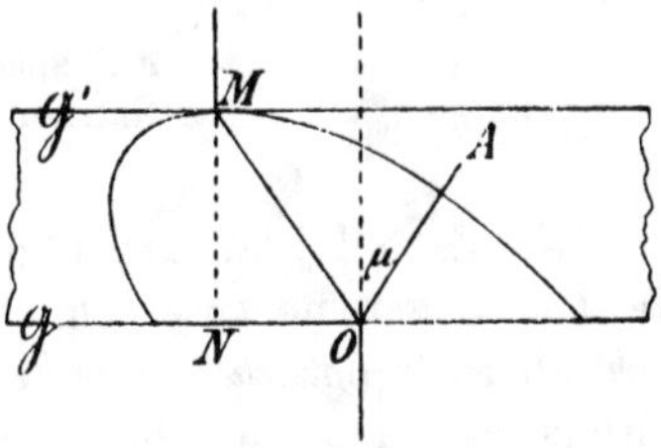

Fig. 185.

(1) $$\frac{1}{\varrho} = \frac{(\mathfrak{o}^2 \cos^2 \mu + \mathfrak{e}^2 \sin^2 \mu)^{\frac{3}{2}}}{\mathfrak{o}^2 \mathfrak{e}^2}$$

(2) $$\frac{1}{\varrho'} = \frac{(\mathfrak{o}^2 \cos^2 \mu + \mathfrak{e}^2 \sin^2 \mu)^{\frac{1}{2}}}{\mathfrak{e}^2}$$

die scheinbaren Brechungsindices des ausserordentlichen Strahlenbündels bei der Einstellung des Mikroskoptubus auf das *senkrecht*, resp. *parallel* zum Hauptschnitt der Platte gelegene Liniensystem des Gitters.

	Kalkspath	Natriumnitrat
μ	44° 36′ 34″	43° 42′
$1/\varrho$	1,5807	1,4699
$1/\varrho'$	1,4103	1,2291
$1-\varrho$	0,3674	0,3197
$1-\varrho'$	0,2910	0,1864

Wächst μ von 0° bis 90°, so ändern sich die Werthe des Krümmungsradius ϱ von $\mathfrak{e}^2/\mathfrak{o}$ bis $\mathfrak{o}^2/\mathfrak{e}$, von denen der eine grösser, der andere kleiner als $\mathfrak{o}$ ist. Daher giebt es einen besonderen Werth $\bar{\mu}$, für welchen $\varrho = \mathfrak{o}$ wird. Aus (1) folgt:

$$(3) \qquad \tan^2 \bar{\mu} = \frac{\mathfrak{o}^{\frac{2}{3}} (\mathfrak{o}^{\frac{2}{3}} + \mathfrak{e}^{\frac{2}{3}})}{\mathfrak{e}^{\frac{4}{3}}}.$$

In diesem besonderen Falle sind, wie bei einer zur optischen Axe senkrecht stehenden Platte ($\mu = 0$), *nur zwei Einstellungen des Mikroskops vorhanden,* in denen deutliche Bilder gesehen werden. Aber die beiden Fälle sind leicht zu unterscheiden, denn eine dem Werthe $\bar{\mu}$ entsprechende Platte hat folgende charakteristische Eigenschaften: 1) das ordentliche und das ausserordentliche Bild sind nach bestimmten Ebenen polarisirt; 2) bei einer der beiden Einstellungen wird nur ein Liniensystem, das parallel zum Plattenhauptschnitt gelegene, deutlich gesehen; 3) dieses ausserordentliche Bild, welches dem Index $1/\varrho'$ entspricht, wird undeutlich, wenn die Platte über dem Gitter in ihrer Ebene gedreht wird.

Es ist für Natriumlicht im:

Kalkspath . . . . $\bar{\mu} = 53^\circ 15'$
Natriumnitrat . . $\bar{\mu} = 67^\circ\ 7'$.

35. Es soll jetzt das allgemeine Theorem, S. 366, auf *optisch zweiaxige Krystalle* angewendet werden. Stehen die Begrenzungsebenen der *Platte senkrecht zu einer optischen Symmetrieaxe* X_1, so können die Liniensysteme des Gitters nur dann deutlich gesehen werden, wenn sie den beiden anderen Symmetrieaxen X_2, X_3 parallel gehen. Die scheinbaren Brechungsindices sind gegeben durch die reciproken Werthe der Krümmungsradien, welche die Schnittcurven K_2, E_2, K_3, E_3 der Strahlenfläche mit den Symmetrieebenen $X_1 X_2$, $X_1 X_3$ in den Punkten $\mathfrak{a}_2$, $\mathfrak{a}_3$ besitzen (Fig. 186, vgl. Fig. 152, S. 318).

	Krümmungsradius	Scheinbarer Brechungsindex	Polarisationsrichtung	Richtung des im Brennpunkt befindl. Liniensystems
Kreis K_2 . . .	$\mathfrak{a}_2$	α_2	X_3	X_2
Ellipse E_2 . . .	$\mathfrak{a}_1{}^2/\mathfrak{a}_3$	$\alpha_1{}^2/\alpha_3$	X_2	
Ellipse E_3 . . .	$\mathfrak{a}_1{}^2/\mathfrak{a}_2$	$\alpha_1{}^2/\alpha_2$	X_3	X_3
Kreis K_3 . . .	$\mathfrak{a}_3$	α_3	X_2	

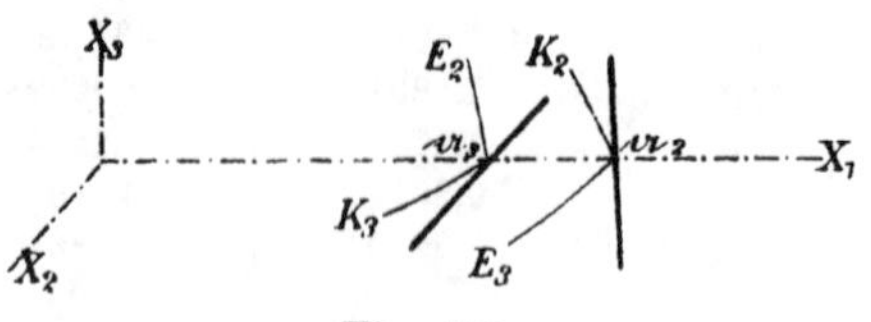

Fig. 186.

Wählt man als Beispiel eine parallel zur Basis geschnittene Platte von *Aragonit* (Fig. 187), so erblickt man beim Senken des Mikroskoptubus zwei kreuzförmig gestaltete Bilder des Diaphragmas, da die vier Brennpunkte zwei Paare benachbarter Punkte bilden. Sind die Liniensysteme des Gitters parallel zu X_2 und X_3, so ergiebt sich folgende Anordnung der Bilder:

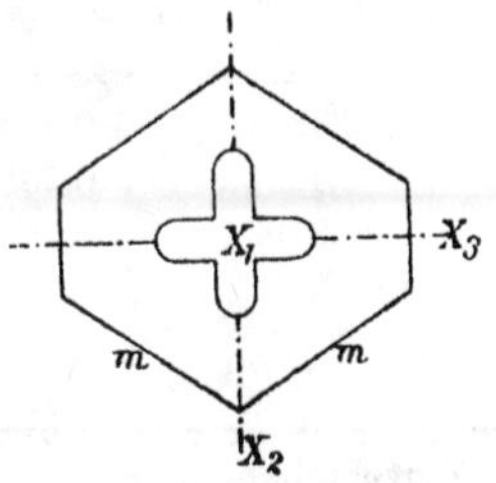

Fig. 187.

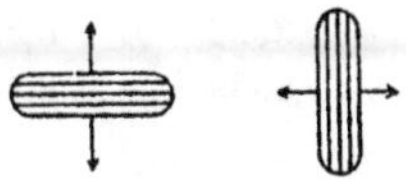
Fig. 188.

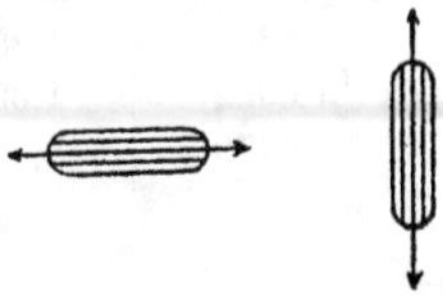
Fig. 189.

Scheinbarer Brechungsindex für Na-Licht . .	$\alpha_3 = 1{,}6859$	$\alpha_2 = 1{,}6816$	$\frac{\alpha_1^2}{\alpha_2} = 1{,}3922$	$\frac{\alpha_1^2}{\alpha_3} = 1{,}3887$
Verschiebung x des Tubus für eine Platte von 1 mm Dicke	$1 - \frac{1}{\alpha_3} = 0{,}4068$	$1 - \frac{1}{\alpha_2} = 0{,}4054$	$1 - \frac{\alpha_2}{\alpha_1^2} = 0{,}2817$	$1 - \frac{\alpha_3}{\alpha_1^2} = 0{,}2799$

Die Pfeile in Fig. 188, 189 bezeichnen die Polarisationsrichtungen.

Drei den optischen Symmetrieebenen parallele Platten bieten neun scheinbare Brechungsindices dar, die sich in folgender Weise nach der Richtung des in der Brennebene befindlichen Liniensystems X_l und der Richtung der Normale X_n der Polarisationsebene des beobachteten Bildes anordnen lassen:

		Richtung des in der Brennebene befindlichen Liniensystems		
		X_1	X_2	X_3
Richtung der Normale der Polarisationsebene	X_1	α_1	α_3^2/α_1	α_2^2/α_1
	X_2	α_3^2/α_2	α_2	α_1^2/α_2
	X_3	α_2^2/α_3	α_1^2/α_3	α_3

Sind X_l und X_n verschieden, so bestimmen sie die Begrenzungsebenen der Platte; fallen sie zusammen, so kann die Platte einer der beiden jene Axe enthaltenden Symmetrieebenen parallel gehen.

Die folgenden Tabellen geben eine Uebersicht der scheinbaren Brechungsindices im Aragonit und im rhombischen Schwefel; rechts stehen die Verschiebungen x des Mikroskoptubus für eine Platte von 1 mm Dicke. Man ersieht daraus, dass eine Schwefelplatte durch ihre stärkere Doppelbrechung eine sehr deutliche Trennung der vier Brennebenen hervorruft.

Aragonit (Na-Licht).

	Scheinbare Brechungsindices			Verschiebungen x		
	X_1	X_2	X_3	X_1	X_2	X_3
X_1	1,5301	1,8576	1,8481	0,3464	0,4617	0,4589
X_2	1,6902	1,6816	1,3922	0,4084	0,4054	0,2817
X_3	1,6773	1,3887	1,6859	0,4038	0,2799	0,4068

Schwefel (Na-Licht).

	Scheinbare Brechungsindices			Verschiebungen x		
	X_1	X_2	X_3	X_1	X_2	X_3
X_1	1,9505	2,5737	2,1301	0,4873	0,6114	0,5305
X_2	2,4628	2,0383	1,8664	0,5940	0,5094	0,4642
X_3	1,8544	1,6980	2,2405	0,4607	0,4111	0,5537

35. Die Begrenzungsebenen der Platte seien *senkrecht zur Symmetrieebene* $X_3 X_1$ und die Plattennormale bilde mit X_3 den Winkel Θ. In diesem Falle werden die Liniensysteme des Gitters deutlich gesehen, wenn sie parallel und senkrecht zu $X_3 X_1$ liegen.

Die *Hauptkrümmungsradien in der Symmetrieebene*, welche die Strahlenfläche in einem Kreise mit dem Radius $\mathfrak{a}_2$ und in der Ellipse:

$$\frac{x_3^2}{\mathfrak{a}_1^2} + \frac{x_1^2}{\mathfrak{a}_3^2} = 1$$

schneidet, sind $\mathfrak{a}_2$ und ϱ, letzterer gegeben durch:

$$(1) \qquad \frac{1}{\varrho} = \frac{(\mathfrak{a}_1^2 \cos^2 \Theta + \mathfrak{a}_3^2 \sin^2 \Theta)^{\frac{3}{2}}}{\mathfrak{a}_1^2 \mathfrak{a}_3^2}.$$

Demnach sind die Einstellungen des Mikroskops auf *das parallel X_2 gelegene Liniensystem* bestimmt durch die Brechungsindices $\mathfrak{a}_2$ mit der Polarisationsebene $X_3 X_1$ und $1/\varrho$ mit der parallel X_2 gehenden Polarisationsebene.

Um die *scheinbaren Brechungsindices des Lichtes für das zu $X_3 X_1$ parallele Liniensystem* zu finden, müssen wir den Krümmungsradius in einem der Ebene $X_3 X_1$ angehörenden Punkte der Strahlenfläche für den zu $X_3 X_1$ *senkrechten* Normalschnitt bestimmen. Gehört der Punkt dem *Kreise* mit dem Radius $\mathfrak{a}_2$ an, so ist:

$$(2) \qquad \frac{1}{\varrho_\varkappa} = \frac{\mathfrak{a}_2 [(\mathfrak{a}_2^2 - \mathfrak{a}_1^2) \cos^2 \Theta + (\mathfrak{a}_2^2 - \mathfrak{a}_3^2) \sin^2 \Theta]}{\mathfrak{a}_3^2 (\mathfrak{a}_2^2 - \mathfrak{a}_1^2) \cos^2 \Theta + \mathfrak{a}_1^2 (\mathfrak{a}_2^2 - \mathfrak{a}_3^2) \sin^2 \Theta}$$

der Werth des scheinbaren Brechungsindex für Licht, welches nach der Ebene $X_3 X_1$ polarisirt ist. Liegt dagegen der Punkt auf der *Ellipse* mit den Halbaxen $\mathfrak{a}_1$, $\mathfrak{a}_3$, so liefert:

$$(3) \qquad \frac{1}{\varrho_\epsilon} = \frac{[(\mathfrak{a}_2^2 - \mathfrak{a}_1^2) \cos^2 \Theta + (\mathfrak{a}_2^2 - \mathfrak{a}_3^2) \sin^2 \Theta] (\mathfrak{a}_1^2 \cos^2 \Theta + \mathfrak{a}_3^2 \sin^2 \Theta)^{\frac{1}{2}}}{\mathfrak{a}_1^2 (\mathfrak{a}_2^2 - \mathfrak{a}_1^2) \cos^2 \Theta + \mathfrak{a}_3^2 (\mathfrak{a}_2^2 - \mathfrak{a}_3^2) \sin^2 \Theta}$$

den scheinbaren Brechungsindex für das senkrecht zur Ebene $X_3 X_1$ polarisirte Licht.[1]

Wir erhalten demnach folgende Tabelle:

	Richtung des in der Brennebene befindlichen Liniensystems	
	$\perp X_3 X_1$	$\parallel X_3 X_1$
Polarisationsebene $\parallel X_3 X_1$	a_2	$1/\varrho_\varkappa$
" $\perp X_3 X_1$	$1/\varrho$	$1/\varrho_\varepsilon$

Die für $1/\varrho_\varkappa$ und $1/\varrho_\varepsilon$ gewonnenen Ausdrücke gelten, welche Voraussetzung auch über die relative Grösse der mit a_1, a_2, a_3 bezeichneten Hauptlichtgeschwindigkeiten getroffen werden möge. Man ersieht daraus, dass jene Werthe beständig *positiv* bleiben, wenn a_2 die *grösste* oder die *kleinste* Hauptlichtgeschwindigkeit bedeutet. Ist aber a_2 die *mittlere* Hauptlichtgeschwindigkeit, so *wechseln*, wenn der Winkel Θ von Null bis 90^0 wächst, *beide Werthe zweimal das Vorzeichen*, einmal bei dem Durchgang durch Null, das zweite Mal bei dem Durchgang durch Unendlich. Es werden nämlich *beide Krümmungsradien gleichzeitig unendlich gross*, *wenn die Platte auf einer optischen Axe senkrecht steht*, denn alsdann ist $\Theta = V$ und (S. 320):

$$\tan^2 \Theta = \frac{a_1^2 - a_2^2}{a_2^2 - a_3^2}.$$

Dagegen *verschwindet* $\varrho_\varkappa$, *wenn die Platte zu einer Strahlenaxe senkrecht ist*, denn in diesem Falle wird $\Theta = \mathfrak{V}$ und (S. 320):

$$\tan^2 \Theta = \frac{a_3^2 (a_1^2 - a_2^2)}{a_1^2 (a_2^2 - a_3^2)}.$$

ϱ_ε *wird der Null gleich*, *wenn die Plattennormale die Richtung der in einem Knotenpunkte der Strahlenfläche auf der Ellipse mit den Halbaxen* a_3, a_1 *senkrechten Geraden hat*, also:

$$\tan^2 \Theta = \frac{a_1^2 (a_1^2 - a_2^2)}{a_3^2 (a_2^2 - a_3^2)}$$

ist. Dieser letzte Werth von Θ möge mit Θ_u bezeichnet werden. Demnach ändern sich die Werthe von $\varrho_\varkappa$ und ϱ_ε mit dem Winkel Θ in folgender Weise (vgl. Fig. 157, S. 327): Für $\Theta = 0$ ist die Platte senkrecht zur Symmetrieaxe X_3 und $\varrho_\varkappa = a_3^2/a_2$, $\varrho_\varepsilon = a_1$. Wächst der Winkel Θ, so nimmt $\varrho_\varkappa$ ab, während ϱ_ε zunimmt. Wird $\Theta = \mathfrak{V}$, so ist $\varrho_\varkappa = 0$, um von hier an für alle zwischen $\mathfrak{V}$ und V liegenden Winkel Θ negative Werthe und für $\Theta = V$ den Werth $-\infty$ anzunehmen. Dagegen bleibt ϱ_ε positiv und erreicht für $\Theta = V$ den Werth $+\infty$. Nunmehr ist für wachsende Werthe von Θ $\varrho_\varkappa$ beständig positiv und nimmt dabei ab, bis es für $\Theta = 90^0$ den Werth a_1^2/a_2 erhält. Gleichzeitig nimmt ϱ_ε negativ ab bis zu -0 für

[1] Ueber die Ableitung der Ausdrücke für $\varrho_\varkappa$ und ϱ_ε vgl. STOKES, a. a. O. S. 394—395.

$\Theta = \Theta_{''}$, um darauf wieder positiv zu wachsen bis zu dem Endwerthe $\mathfrak{a}_3$ für $\Theta = 90^0$, also für eine zur Symmetrieaxe X_1 senkrechte Platte. Hiernach sind die zu den Strahlenaxen und den optischen Axen benachbarten Richtungen durch ausserordentlich rasche Aenderungen der Werthe der scheinbaren Brechungsindices ausgezeichnet.

Vergleichen wir jetzt die Werthe ϱ und ϱ_ε für die Hauptkrümmungsradien der Strahlenfläche in den Punkten, welche auf der Ellipse in $X_3 X_1$ liegen, und lassen wir zunächst wieder jede beschränkende Voraussetzung über die relative Grösse von $\mathfrak{a}_1$, $\mathfrak{a}_2$, $\mathfrak{a}_3$ fallen. Da für:

Θ	ϱ	ϱ_ε
0	$\mathfrak{a}_3^2/\mathfrak{a}_1$	$\mathfrak{a}_1$
90^0	$\mathfrak{a}_1^2/\mathfrak{a}_3$	$\mathfrak{a}_3$

ist, da also das Verhältniss $\varrho : \varrho_\varepsilon$ sich von $\mathfrak{a}_3^2/\mathfrak{a}_1^2$ bis zu $\mathfrak{a}_1^2/\mathfrak{a}_3^2$ ändert, derart, dass der eine Endwerth grösser, der andere kleiner als die Einheit ist, *so müssen für einen bestimmten Werth von Θ die Krümmungsradien ϱ und ϱ_ε einander gleich werden*, wofern sie positiv bleiben. Dieser Fall tritt aber unter der Voraussetzung $\mathfrak{a}_1 > \mathfrak{a}_2 > \mathfrak{a}_3$ in den durch die Axe X_2 gehenden Symmetrieebenen $X_2 X_3$ und $X_1 X_2$ ein. Demgemäss sind in jeder dieser beiden Ebenen *vier reelle Nabelpunkte* vorhanden. Die Richtungen der Radien nach diesen Punkten ergeben sich aus folgender Ueberlegung. Setzt man die Werthe (1) und (3) von ϱ und ϱ_ε einander gleich, so folgt:

$$\tan^4 \Theta = \frac{\mathfrak{a}_1^2 (\mathfrak{a}_2^2 - \mathfrak{a}_1^2)}{\mathfrak{a}_3^2 (\mathfrak{a}_2^2 - \mathfrak{a}_3^2)},$$

eine Relation, die sofort ersehen lässt, dass die Nabelpunkte in der Ebene $X_3 X_1$ imaginär sind. Bezeichnen wir jetzt *die Winkel, welche in der Ebene $X_2 X_3$ die Radien nach den reellen Nabelpunkten mit der Axe X_3 einschliessen*, durch Θ_{23} und die entsprechenden Winkel in der Ebene $X_1 X_2$ gegen die Axe X_2 mit Θ_{12}, so erhalten wir aus der vorstehenden Formel durch cyclische Vertauschung von $\mathfrak{a}_1$, $\mathfrak{a}_2$, $\mathfrak{a}_3$:

$$(4) \qquad \tan^4 \Theta_{23} = \frac{\mathfrak{a}_2^2 (\mathfrak{a}_3^2 - \mathfrak{a}_2^2)}{\mathfrak{a}_1^2 (\mathfrak{a}_3^2 - \mathfrak{a}_1^2)}, \quad \tan^4 \Theta_{12} = \frac{\mathfrak{a}_3^2 (\mathfrak{a}_1^2 - \mathfrak{a}_3^2)}{\mathfrak{a}_2^2 (\mathfrak{a}_1^2 - \mathfrak{a}_2^2)}.$$

	Θ_{23}	Θ_{12}
Aragonit . . .	44° 52′	69° 26′
Schwefel . . .	41 19	51 9

Liegen die Grenzebenen einer Krystallplatte senkrecht zur Normale eines Nabelpunktes, so zeigt eines der Bilder *beide* Liniensysteme des Gitters, und die Deutlichkeit der Linien wird nicht vermindert, wenn die Platte in ihrer Ebene über dem festliegenden Gitter gedreht wird. In dieser Beziehung gleicht also jene Platte eines optisch zweiaxigen Krystalls einer in beliebiger Richtung aus einem optisch einaxigen Krystall geschnittenen Platte (S. 362).

Die Bedeutung der Sorby'schen Beobachtungsmethode für die Unterscheidung einfachbrechender und doppeltbrechender, optisch einaxiger und optisch zweiaxiger Krystalle beruht darauf, dass nach diesem Verfahren Aenderungen der Brechung in benachbarten Richtungen mit vollkommener Deutlichkeit hervortreten, obwohl die absoluten Brechungen nahezu übereinstimmen. In dieser Hinsicht sind die Sorby'schen Phänomene den Interferenzerscheinungen planparalleler Platten im convergenten polarisirten Lichte zur Seite zu stellen.[1]

Kummer'sche Strahlenbündel.

36. Von der Gestalt der Strahlenfläche eines Krystalls hängen, wie Kummer nachgewiesen hat[2], die Eigenschaften eines unendlich dünnen Strahlenbündels im Inneren dieses Krystalls ab. Im Allgemeinen gehen die Lichtstrahlen eines solchen Bündels durch zwei auf der Axe des Bündels senkrecht stehende Linien (Leitlinien oder *Brennlinien*) hindurch, deren Verbindungsebenen mit der Axe die *Fokalebenen* genannt werden. Auf der Einführung dieser Ebenen beruht *die Unterscheidung dreier Arten von Strahlenbündeln:* in dem ersten Falle bilden die Fokalebenen einen rechten, in dem zweiten einen spitzen Winkel; die Fokalebenen der Bündel dritter Art sind imaginär.[3] Für jede bestimmte Richtung in einem Krystall und für jeden Schnittpunkt des derselben parallelen Radiusvectors der Strahlenfläche kann man die Lage der einen Fokalebene willkürlich wählen. Die Lage der anderen Fokalebene ist alsdann durch folgenden Satz bestimmt: Versteht man unter conjugirten Richtungen auf der Strahlenfläche die Richtungen zweier conjugirten Durchmesser des zu dem betreffenden Punkte der Strahlenfläche gehörigen, unendlich kleinen Dupin'schen Kegelschnitts, der Indicatrix, so hat jedes unendlich dünne Strahlenbündel im Inneren des Krystalls die Eigenschaft, dass seine beiden Fokalebenen aus der Strahlenfläche, deren Mittelpunkt auf der Axe des Bündels liegend angenommen wird, zwei Curven ausschneiden, welche sich in conjugirten Richtungen schneiden.

Es giebt immer eine bestimmte Lage der ersten Fokalebene, bei welcher die zweite Fokalebene mit ihr einen rechten Winkel bildet, so dass also die Strahlenbündel

---

[1] Wesentlich geringer ist der Werth dieser Methode für die Bestimmung der Brechungsindices von Krystallplatten. Eine Kritik der von M. Bauer und R. Scharizer am Glimmer ausgeführten Messungen gab B. Hecht, Ueber die Anwendung der Chaulnes'schen Methode zur Bestimmung der optischen Verhältnisse eines optisch zweiaxigen Krystalls. N. Jahrb. f. Min. Beil.-Bd. **6**, 271, 1889.

[2] Kummer, Allgemeine Theorie der geradlinigen Strahlensysteme. Journ. f. Math. **57**, 189, 1860. Modelle der allgemeinen, unendlich dünnen, geradlinigen Strahlensysteme. Monatsber. Berlin. Akad. 1860, 469. — Vgl. R. Weibauer, De generalibus et infinite tenuibus luminis fascibus, praecipue in chrystallis. Inaug.-Dissert. Berlin 1861. Ueber allgemeine Strahlensysteme des Lichtes in verschiedenen Mitteln. Zeitschr. f. Math. u. Phys. **8**, 369, 1863. Theorie der geradlinigen Strahlensysteme des Lichts. Progr. Realschule zu Bromberg. 1854.

[3] Copien der Kummer'schen Modelle der drei Arten unendlich dünner Strahlenbündel fertigt W. Apel in Göttingen an.

der ersten Art, deren Fokalebenen auf einander senkrecht stehen, für alle beliebigen Richtungen ihrer Axen in jedem Krystalle Statt haben, aber im Allgemeinen nur für eine bestimmte Lage der Fokalebenen.

In einfach brechenden Krystallen können nur Strahlenbündel erster Art auftreten. Da nämlich die Strahlenfläche eine Kugel ist, so ist die Indicatrix stets ein *Kreis*; daher stehen alle conjugirten Richtungen auf einander senkrecht, und da die Radien stets zur Strahlenfläche senkrecht sind, so müssen auch die Fokalebenen der Strahlenbündel stets auf einander senkrecht stehen.

Dasselbe gilt von den *ordentlichen* Strahlen der gewöhnlichen *optisch einaxigen Krystalle.* Was nun die Bündel *ausserordentlicher* Strahlen angeht, so haben wir zu beachten, dass die Indicatrix in dem Endpunkte eines Radiusvectors des Rotationsellipsoids der Huyghens'schen Strahlenfläche eine *Ellipse* ist, welche zu dem Hauptschnitte jenes Radius symmetrisch liegt. Daher ist die Richtung, in welcher die erste Fokalebene liegen muss, damit die zweite auf ihr *senkrecht* stehe, durch den Hauptschnitt der Axe des Strahlenbündels gegeben. Drehen wir jetzt, von dieser Lage ausgehend, die erste Fokalebene um die Axe des Bündels, so wird der Winkel der beiden Fokalebenen *kleiner*, und er erreicht ein bestimmtes *Minimum*, für welches die beiden Fokalebenen so liegen, dass ihr Winkel von jenen ausgezeichneten, auf einander senkrechten Fokalebenen halbirt wird. Bezeichnet man die Neigung des Bündels gegen die Axe der Isotropie mit s, den Radius des Ellipsoids in dieser Richtung mit $\mathfrak{s}$, so ist nach (1), S. 306:

$$\mathfrak{s}^2 = \frac{\mathfrak{o}^2 \mathfrak{e}^2}{\mathfrak{o}^2 \sin^2 s + \mathfrak{e}^2 \cos^2 s}.$$

Kummer findet nun für den kleinsten Winkel Γ der beiden Fokalebenen der in dieser Richtung liegenden Strahlenbündel:

$$(1) \qquad \tan\frac{\Gamma}{2} = \frac{\mathfrak{s}}{\mathfrak{o}} \quad \text{oder} \quad \tan\frac{\Gamma}{2} = \frac{\mathfrak{o}}{\mathfrak{s}},$$

je nachdem der Charakter der Doppelbrechung positiv oder negativ ist. Für die auf der Axe der Isotropie senkrechten Richtungen ($s = 90^0$) erhält man die Strahlenbündel mit den kleinsten Winkeln der Fokalebenen, welche in einem optisch einaxigen Krystall überhaupt auftreten können. Alsdann ist:

$$(2) \qquad \tan\frac{\Gamma'}{2} = \frac{\mathfrak{e}}{\mathfrak{o}} \quad \text{oder} \quad \tan\frac{\Gamma'}{2} = \frac{\mathfrak{o}}{\mathfrak{e}}.$$

Hieraus folgt für *Kalkspath:* $\Gamma' = 83^0\,45'\,50''$. Steht die Axe des Strahlenbündels senkrecht auf einem Flächenpaar des Spaltungsrhomboëders ($s = 44^0\,36^1/_2{}'$), so ist $\Gamma = 87^0\,5'$.

Im Inneren eines *optisch zweiaxigen* Krystalls treten nicht nur Strahlenbündel *erster* und *zweiter* Art auf, und zwar für alle Winkel der beiden Fokalebenen von 90° bis 0°, sondern auch Bündel *dritter* Art. Es ist nämlich in den Punkten der Fresnel'schen Strahlenfläche, welche innerhalb der Berührungskreise der vier singulären Tangentialebenen liegen (Fig. 165, S. 341), die Indicatrix eine Hyperbel; sie besitzt demnach ausser reellen auch imaginäre conjugirte Durchmesser.

Lässt man ein Strahlenbündel aus dem Inneren eines Krystalls in ein einfachbrechendes Mittel, z. B. in Luft, austreten, so verwandelt es sich stets in ein Bündel erster Art. Man kann daher umgekehrt jedes in einem Krystall mögliche Strahlenbündel dadurch erzeugen, dass man ein passendes Bündel erster Art auf den Krystall auffallen lässt.

Ein Strahlenbündel der ersten Art mit einem beliebigen Abstande der auf einander senkrechten Brennlinien erzeugt man am einfachsten durch eine convexe sphärische Linse, indem man auf die Mitte derselben ein Strahlenbündel durch eine enge Oeffnung fallen lässt und alsdann die Axe der Linse gegen die Axe des Bündels neigt. Mit dieser Neigung wächst der Abstand der Brennlinien.

Die von KUMMER auf theoretischem Wege gewonnenen Ergebnisse wurden von G. QUINCKE durch messende Versuche bestätigt.[1] Die Methode der Prüfung bestand in einer *objectiven Darstellung der Brennlinien.* Es wurde mit einem Heliostaten Sonnenlicht in horizontaler Richtung auf einen Schirm geworfen, der senkrecht zur Einfallsrichtung stand; derselbe konnte auf einer den Lichtstrahlen parallelen, mit einer Scala versehenen Messingschiene von 1 m Länge parallel mit sich selbst verschoben werden und besass eine runde Oeffnung von 10 mm Durchmesser. Vor dieser Oeffnung wurde ein schwarzes Papierblättchen befestigt; der Stich einer äusserst feinen Nähnadel in diesem Blättchen bildete die Begrenzung der einfallenden Strahlen. Auf der Schiene waren ausserdem angebracht ein Träger mit einer Convexlinse, die zur Erzeugung eines einfallenden Strahlenbündels erster Art um eine verticale Axe auf einem horizontalen Kreise messbar gedreht werden konnte, und ein zweiter Träger mit einem Metallschirm, in welchem eine cylindrische Metallhülse von 30 mm Durchmesser um eine horizontale Axe messbar gedreht werden konnte. Auf die Hülse wurde ein Spaltungsstück von *Kalkspath* so aufgekittet, dass ein Flächenpaar desselben auf der Axe des einfallenden Strahlenbündels und der Axe der Hülse senkrecht stand. Hinter der Schiene war ein horizontales Mikroskop aufgestellt, welches durch einen Schlitten auf einem eisernen Rahmen genau parallel mit der Schiene verschoben werden konnte. Im Ocular befand sich ein Glasmikrometer mit zwei auf einander senkrechten Liniensystemen. Ein verticaler Kreis erlaubte eine Drehung des Mikroskops um seine Axe zu messen.

Die Brennweite der Convexlinse und ihre Neigung gegen die Richtung des einfallenden Lichtes wurden nun so gewählt, dass die erste Brennlinie i des durch die Linse erzeugten Strahlenbündels auf die Eintrittsfläche, die zweite Brennlinie des im Inneren des Kalkspath hervorgerufenen Strahlenbündels auf die Austrittsfläche des Spaltungsstückes fiel. Alsdann war der Abstand der beiden Brennlinien gleich der Dicke der Kalkspathplatte. Um die Brennlinien objectiv darzustellen wurde die Austrittsfläche mit einer Harzlösung bestrichen und dadurch matt gemacht; die Eintrittsfläche wurde zu demselben Zwecke mit Hülfe eines Glasröhrchens behaucht.

Auf der Austrittsfläche entstanden nun zwei Brennlinien o, e, dem ordentlichen und ausserordentlichen Strahlenbündel entsprechend. Dass die Linie o senkrecht stand auf der Brennlinie i der Eintrittsfläche konnte nachgewiesen werden, indem i zuerst auf einer matten Glastafel aufgefangen und das Glasmikrometer des Mikroskops darauf eingestellt wurde. Durch Verschieben des Schlittens wurde dann das Mikroskop nach Einschaltung des Kalkspath auf die Austrittsfläche desselben gerichtet und so die Neigung von i gegen o, resp. e bestimmt.

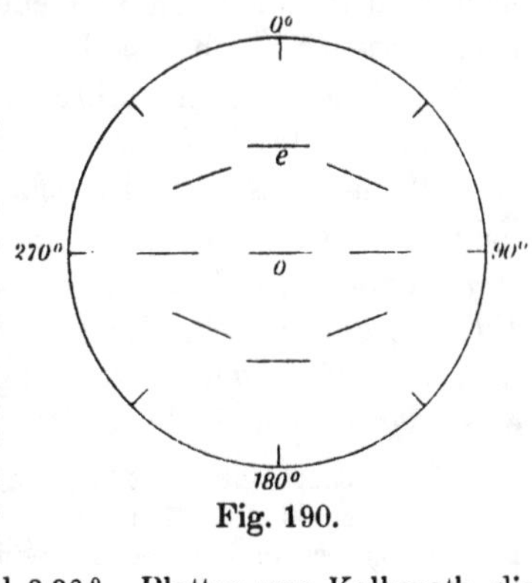

Fig. 190.

Steht der Hauptschnitt der Kalkspathplatte parallel zur Brennlinie i, so liegen o und e einander parallel und horizontal. Wenn der nach oben zeigende Richtungssinn der optischen Axe dem Heliostaten zugewendet ist, so befindet sich e über o (Fig. 190). Dreht man nun die Platte, so behält die Brennlinie o ihre Lage, während die Linie e um o herumgeht und dabei ihre Neigung gegen o in der Weise ändert, wie es die Figur angiebt. Das Maximum dieser Neigung ist nach KUMMER $90^0 - \Gamma = 2^0\,55'$; QUINCKE fand im Mittel $3{,}36^0$. Platten von Kalkspath, die parallel zur optischen Axe geschnitten waren, ergaben für $90^0 - \Gamma' = 6{,}29^0$, während die Theorie $6^0\,14'\,10''$ erfordert.

[1] G. QUINCKE, Experimentelle Untersuchungen über KUMMER'sche Strahlenbündel. Monatsber. Berlin. Akad. 1862. Pogg. Ann. **117,** 563, 1862.

Auch am *Aragonit* hat QUINCKE eine Reihe interessanter Beobachtungen angestellt und namentlich die rasche Aenderung des Winkels zwischen den beiden Brennlinien in der Nähe der Strahlenaxen verfolgt.

Prismen doppeltbrechender Krystalle.

37. In der Einleitung (S. 295—298) wurde der Weg angedeutet, auf welchem die Gestalt einer ebenen Schnittcurve $\mathfrak{P}$ der Normalenfläche eines homogenen Körpers an einem Prisma desselben experimentell bestimmt werden kann. Es erhebt sich nun die Frage, ob durch dieselbe Beobachtungsmethode auch die Gestalt der Normalenfläche selbst gefunden werden kann. Dieses Ziel wird erreicht sein, wenn es gelingt, *die Werthe der Hauptlichtgeschwindigkeiten* eines Krystalls zu berechnen aus den Richtungswinkeln ψ und den Fortpflanzungsgeschwindigkeiten $\mathfrak{p}$ einer gewissen Anzahl gebrochener Wellenebenen, die sich in einem Prisma parallel zur Kante desselben fortpflanzen.[1]

In dieser Hinsicht werden wir den wichtigen Satz ableiten, dass die Hauptlichtgeschwindigkeiten $\mathfrak{o}$, $\mathfrak{e}$ eines gewöhnlichen *optisch einaxigen* Krystalls, dessen Strahlenfläche die von HUYGHENS angegebene Gestalt besitzt, an einem einzigen beliebig geschnittenen Prisma aus je einer Messung für eine ordentliche und eine ausserordentliche Wellenebene entnommen werden können, falls die krystallographische Orientirung des Prismas vorher ermittelt ist. Dagegen gestattet ein beliebig geschnittenes Prisma eines *optisch zweiaxigen* Krystalls nur dann die eindeutige Bestimmung der drei Hauptlichtgeschwindigkeiten, wenn zuvor Näherungswerthe dieser Grössen gewonnen sind; daher wird man Prismen von speciellen, durch Symmetrieeigenschaften ausgezeichneten Orientirungen, in denen die Ermittelung der Hauptlichtgeschwindigkeiten leichter durchzuführen ist, in diesem Falle vorziehen.

Ein zweites Problem tritt hervor, wenn man die Bilder betrachtet, welche ein Prisma eines doppeltbrechenden Krystalls von einem geradlinigen Spalt im Collimator eines Spektrometers erzeugt. *Ist das Prisma so justirt, dass seine Kante zum Spalt parallel läuft, so ist im Allgemeinen jedes der beiden Bilder gegen die Spaltrichtung unter einem Winkel φ_0' geneigt.* Man muss dem Spalt eine gewisse Neigung φ_0 gegen die Prismenkante ertheilen, damit eines der beiden Bilder in eine zu dieser Kante parallele Stellung gelangt.

Diese Erscheinung ist bequem zu beobachten an der hexagonalen, rhomboëdrisch-hemiëdrischen Modification des *Natriumnitrat* = $NaNO_3$. Zwei in einer Mittelkante zusammenstossende Flächen des Grundrhomboëders bilden ein Prisma mit dem Winkel $A = 73^\circ 33' 48''$, welches vermöge der schwachen Brechung jener stark doppeltbrechenden Substanz ($\omega = 1,5852$, $\varepsilon = 1,3348$ für Na-Licht) gleichzeitig der ordentlichen und der ausserordentlichen gebrochenen Wellenebene den Austritt gestattet, — eine Eigenschaft,

[1] TH. LIEBISCH, Ueber die Bestimmung der Lichtbrechungsverhältnisse doppeltbrechender Krystalle durch Prismenbeobachtungen. N. Jahrb. f. Min. 1886, **1**, 14.

welche dem entsprechenden Rhomboëder des isomorphen Kalkspath nicht zukommt. Justirt man nun das Prisma auf dem Spektrometer derart, dass die Prismenkante dem Spalt parallel läuft, und benutzt man als Lichtquelle eine monochromatische Flamme, so erblickt man im Beobachtungsfernrohr zwei Bilder, von denen nur das ordentliche zur Spaltrichtung parallel ist, ***während das ausserordentliche Bild unter einem Winkel*** φ_0' ***gegen jene Richtung geneigt erscheint.*** **Bei dem Minimum der Ablenkung ist:**

$$\varphi_0' = 23^0\,45' = -\,\varphi_0.$$

A. Cornu empfing durch diese Beobachtung die Anregung zu einer grundlegenden Untersuchung über die Brechung des Lichtes durch Prismen.[1] Es ergab sich, dass eine Neigung φ_0' des Bildes gegen die zur Prismenkante parallele Spaltrichtung eintritt, wenn der zu einer gebrochenen, der Prismenkante parallel laufenden Wellenebene HH' gehörige Strahl OS nicht in die Querschnittsebene des Prismas fällt, wenn also die um den Einfallspunkt O (Fig. 191) beschriebene Strahlenfläche des Prismas von HH' ausserhalb der Querschnittsebene berührt wird. *Dem Abstande des Berührungspunktes S von der Querschnittsebene sind die trigonometrischen Tangenten jener Neigungen φ_0' und φ_0 proportional.*

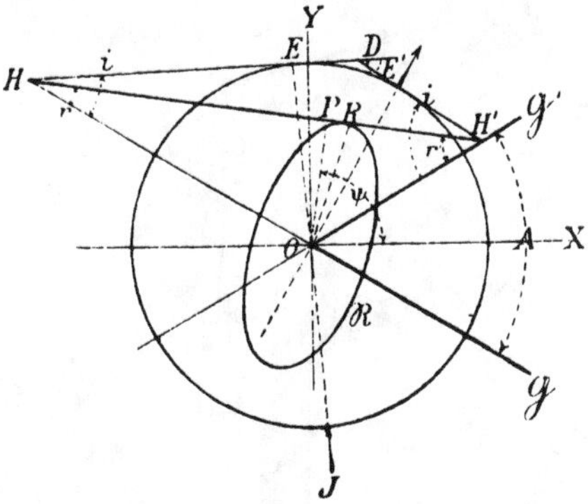

Fig. 191.

Die Untersuchung von A. Cornu gipfelt in dem Nachweise, dass ausser dem Richtungswinkel ψ und der Geschwindigkeit $\mathfrak{p}$ einer zur Prismenkante parallelen *Wellenebene W* auch noch diejenigen Grössen, welche den zu dieser Wellenebene im Prisma gehörigen *Strahl* bestimmen, für den Fall eines beliebigen homogenen anisotropen Körpers, dessen Strahlenfläche nicht bekannt zu sein braucht, lediglich durch Winkelmessungen ermittelt werden können. Der im Allgemeinen nicht in der Querschnittsebene liegende Strahl OS (Fig. 192) erfordert zu seiner vollständigen Bestimmung ausser den Elementen ψ, $\mathfrak{p}$ seiner Wellenebene W noch *zwei* Grössen (S. 283): seine Neigung ζ gegen die Normale OP dieser Wellenebene und den Winkel Ω, welchen die Verbindungsebene SOP von Strahl und Wellennormale mit der Ebene des Prismenquerschnitts ROP einschliesst. Die am Spektrometer zu messenden Winkel

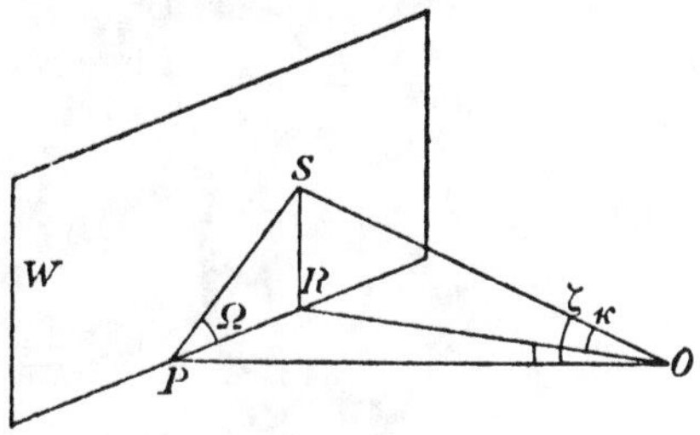

Fig. 192.

[1] A. Cornu, De la réfraction à travers un prisme suivant une loi quelconque. Ann. de l'éc. norm. (2) **1**, 231, 1872; **3**, 1, 1874.

A, D, i, i', zwischen denen die Relation $A + D = i + i'$ besteht, reichen, wie auf S. 296—297 gezeigt wurde, zur Bestimmung eines Werthepaares ψ, $\mathfrak{p}$ aus; sie genügen aber nicht zur Ermittelung des zugehörigen Werthepaares ζ, Ω. Nun bieten sich aber noch jene Neigungen φ_0', φ_0 der Messung am Spektrometer dar. Und diese Winkel ermöglichen im Verein mit A, D, i, i', in der That *die vollständige Bestimmung des gebrochenen Strahles* OS.

Ehe wir unter den soeben entwickelten Gesichtspunkten die Brechung durch Prismen des Näheren untersuchen, schicken wir einige Bemerkungen über die Hülfsmittel der Beobachtung voraus.

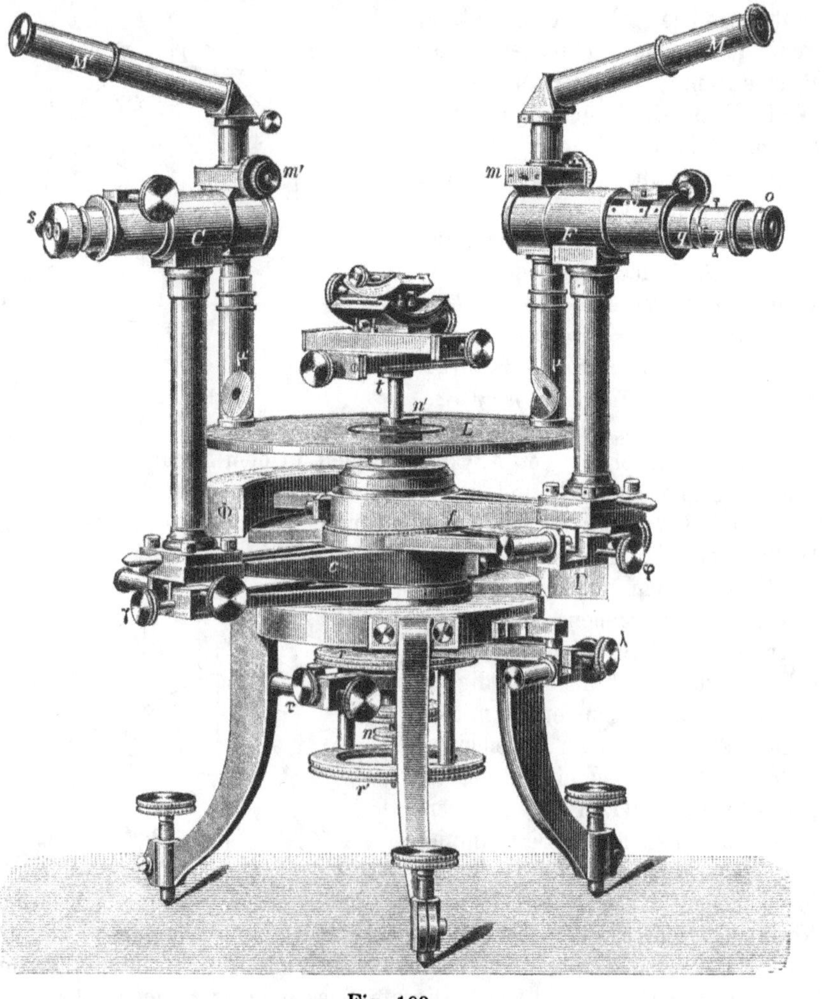

Fig. 193.

38. Ein *Spektrometer*, welches dazu dienen soll, die Hauptlichtgeschwindigkeiten doppeltbrechender Krystalle an Prismen zu bestimmen, muss so beschaffen sein, dass

Prismenträger, Theilkreis und Beobachtungsfernrohr unabhängig von einander gedreht und festgestellt werden können, damit für verschiedene zur Prismenkante parallele Wellenebenen die zugehörigen Eintrittswinkel i, Austrittswinkel i' und Ablenkungswinkel D gemessen werden können. Ist ausserdem auch noch das Collimatorrohr für sich drehbar eingerichtet, so ist dadurch die Möglichkeit geboten, die Messungsmethoden jener Winkel zu vermehren.

Vorzüglich geeignet zu Prismenbeobachtungen sind die von R. Fuess in Berlin construirten Spektrometer.[1] *Das grösste Modell* (I) ist in Fig. 193 perspectivisch abgebildet; Fig. 194 stellt die Lagerung der Axen im Durchschnitt dar. Das Stativ besteht aus einem Dreifuss, welcher eine centrale Büchse a trägt. Die cylindrische Durchbohrung von a dient zuvörderst zur Aufnahme der hohlen Axe l, an deren unterem Ende die Scheibe r und der mit r durch zwei Säulen ϱ fest verbundene Ring r' sitzen. Mit Hülfe dieses Ringes kann die Axe l in ihrem Lager gedreht werden. Oben trägt die Axe l den von zehn zu zehn Minuten getheilten Kreis L. An l greift das Klemm- und Mikrometerwerk λ an. — In l steckt eine zweite, an ihrem unteren Fortsatze mit einer konischen Scheibe versehene hohle Axe e, welche zur Führung eines cylindrischen, die Centrir- und Justirvorrichtung tragenden Stabes t dient. Der Stab kann mit Hülfe der Schraubenmutter n in der Axe e verschoben und durch den Ring n' an das obere Ende von e festgeklemmt werden. Mit e ist ferner die Klemme und Mikrometerschraube τ verbunden. — Um die Büchse a drehen sich concentrisch zwei horizontale Arme c, f, von denen jeder auf der einen Seite eine Säule und ein auf dieser ruhendes Fernrohr (C, F), auf der anderen Seite ein Gegengewicht (Γ, Φ) trägt. Jeder Arm kann für sich an die Büchse a festgeklemmt und durch eine Mikrometerschraube bewegt werden (γ, φ).

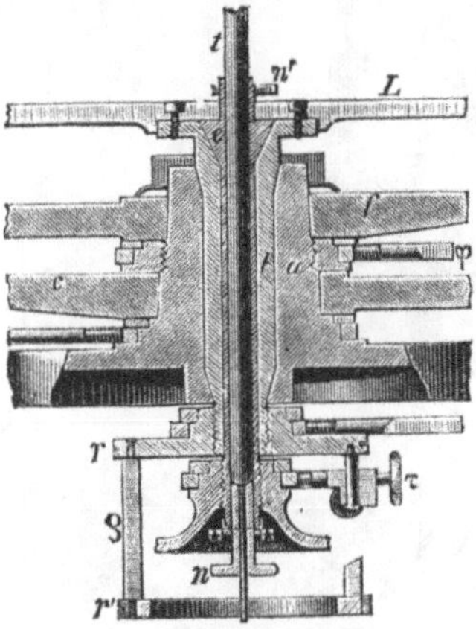

Fig. 194.

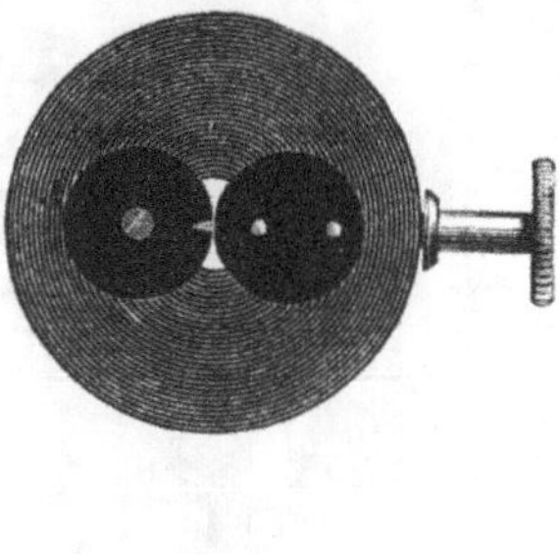

Fig. 195.

Die Signalrohre s des Collimators C und die Ocularrohre p des Beobachtungsfernrohres F sind mit Führungsrippen und Anschlagringen versehen; die letzteren gestatten die Einstellung der Signale und der Ocularfadenkreuze auf die durch die Drehungsaxe des Theilkreises gegebene Richtung zu fixiren.[2] Correctionen in den Richtungen der

[1] Th. Liebisch, Die krystalloptischen Apparate. In: Bericht über die wiss. Instr. auf der Berliner Gewerbeausstellung i. J. 1879. S. 321.

[2] Die verschiedenen Signalrohre, welche diesem Spektrometer beigegeben werden, enthalten ein Fadenkreuz, einen geradlinigen Spalt oder den von M. Websky vorgeschlagenen, von zwei Kreisscheiben begrenzten Spalt (Fig. 195). Die letztere Vorrichtung ist bei der Beleuchtung mit monochromatischen Flammen oder mit einer Geissler'schen Wasserstoffröhre dem geradlinigen Spalt vorzuziehen.

optischen Axen des Collimators und des Beobachtungsfernrohres sind mit Hülfe der Stellschrauben an den Signalen und den Ocularfadenkreuzen auszuführen. Vor das Objectiv des Beobachtungsfernrohres kann eine Vorschlaglupe gesetzt werden, deren Entfernung von der geometrischen Drehungsaxe T des Theilkreises gleich ihrer Brennweite ist, so dass man durch die Lupe mit dem Fernrohr eine in jener Drehungsaxe liegende Krystallkante deutlich sieht. — Die Stellung des Theilkreises L zu dem Collimator C und dem Beobachtungsfernrohr F wird mit Hülfe der gebrochenen Mikroskope μ und μ' an den Ocularschraubenmikrometern m und m' abgelesen. Die Ablesung ergiebt direct 10 Secunden. Die Rohre M und M', welche die reflectirenden Glasprismen und die Oculare der Mikroskope enthalten, sind drehbar. — Wenn der Flächenwinkel und die Brechungsverhältnisse eines Prismas gemessen werden sollen, so muss man dieses Prisma auf dem Krystallträger in die Lage bringen, dass seine Kante in die Drehungsaxe T des Theilkreises fällt. Dabei muss das Prisma zwei Grade von Freiheit behalten: eine

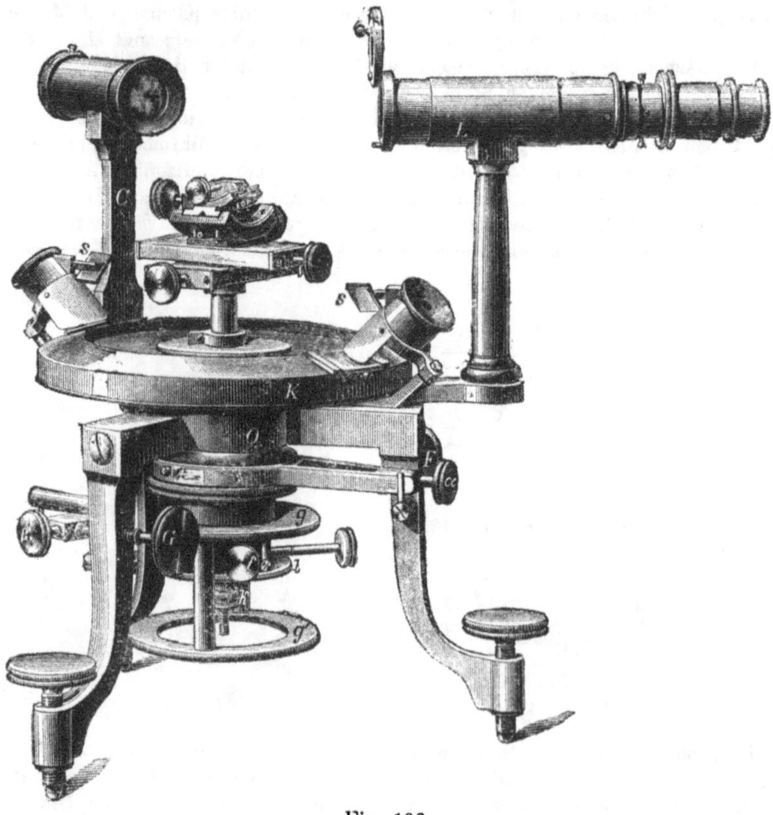

Fig. 196.

Drehung um T und eine Verschiebung in der Richtung T. Daraus ergiebt sich, dass zur Justirung und Centrirung des Prismas vier Bewegungen nothwendig und ausreichend sind: Drehungen um zwei auf einander und auf T senkrecht stehende Axen und Verschiebungen in den Richtungen dieser Axen. Demgemäss besteht der Krystallträger (Fig. 193) aus zwei Cylinderschlitten, welche gestatten, die Kante des Prismas parallel zur Axe T zu stellen, und aus zwei ebenen Schlitten, durch deren Bewegung jene Kante mit T zur Deckung gebracht werden kann.

Das kleinere Modell II (Fig. 196, 197) unterscheidet sich von dem grossen Spektrometer im Wesentlichen dadurch, dass der Kreis in Viertelgrade getheilt ist, dass die Ablesung durch Nonien erfolgt, und dass der Collimator mit dem Dreifuss fest verbunden ist. Die konische Durchbohrung der Büchse *o* nimmt zunächst eine hohle Axe *b* auf, welche an ihrem unteren Ende die Scheibe *c* mit der Klemm- und Mikrometervorrichtung α, an ihrem oberen Ende den Nonienkreis *d* trägt. In *b* befindet sich eine zweite hohle Axe *e*, mit welcher unten die Scheibe *g* mit dem Klemm- und Mikrometerwerk β, oben der Theilkreis *f* verbunden ist. In *e* steckt eine dritte, cylindrisch durchbohrte Axe *h*, an deren unterem Fortsatze sich die Scheibe *i* mit der Klemme

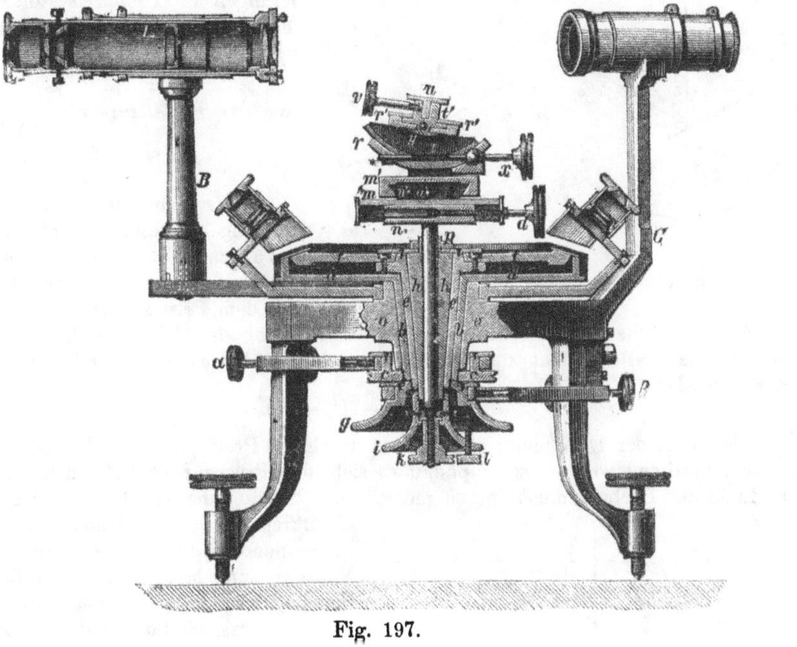

Fig. 197.

und Mikrometerschraube befindet. Diese Axe dient zur Führung des Stabes, auf welchem die Centrir- und Justirvorrichtung sitzt. Mit Hülfe der Schraubenmutter *k* lässt sich der Stab in verticaler Richtung verschieben. Das Beobachtungsfernrohr *L* ruht auf einer Säule *B*, welche von einer mit dem Nonienkreise *d* fest verbundenen Schiene getragen wird.

Wenn genaue Messungen erzielt werden sollen, so bedürfen die verschiedenen Theile des Spektrometers einer sorgfältigen *Justirung.* Ueber die zweckmässigsten Methoden zur Einstellung der Ocularfadenkreuze des Beobachtungsfernrohres *F* und der Signale des Collimators *C* in die Hauptbrennebenen der Objective, zur Justirung der optischen Axen von *F* und *C*, zur Einstellung der Ocularfadenkreuze und der Signale auf die durch die Drehungsaxe des Theilkreises gegebene Richtung, endlich zur Justirung des Prismas vgl. A. Cornu, Sur le spectre normal du soleil, App. I. Sur le réglage du goniomètre etc. Ann. de l'éc. norm. (2) **9**, 71, 1880. M. Websky, Ueber Einrichtung und Gebrauch der von R. Fuess in Berlin nach dem System Babinet gebauten Reflexions-Goniometer, Modell II. Zeitschr. f. Kryst. **4**, 545, 1880.

Ueber die Fehler in der Bestimmung von Brechungsindices, welche durch eine geringe Krümmung der Prismenflächen, namentlich bei stärker brechenden Substanzen, hervorgerufen werden, vgl. die eingehenden Untersuchungen von A. CORNU (a. a. O. 76—94) und W. VOIGT (Ueber den Einfluss einer Krümmung der Prismenflächen auf die Messungen von Brechungsindices und über die Beobachtungen des Hrn. CALDERON an der Zinkblende. Zeitschr. f. Kryst. **5**, 113, 1881).

39. Theilkreis und Collimator seien festgeklemmt, Dem centrirten und justirten Prisma werde eine bestimmte Stellung gegeben, durch welche der Einfallswinkel i fixirt ist (Fig. 198). Stellt man jetzt das Beobachtungsfernrohr der Reihe nach ein: auf das abgelenkte Strahlenbündel, auf das direct vom Collimator C kommende Bündel und auf das an der Eintrittsfläche reflectirte Bündel, so ist, wenn die Ablesungen am Theilkreise mit F_d, F_s, F_r bezeichnet werden, der *Ablenkungswinkel:*

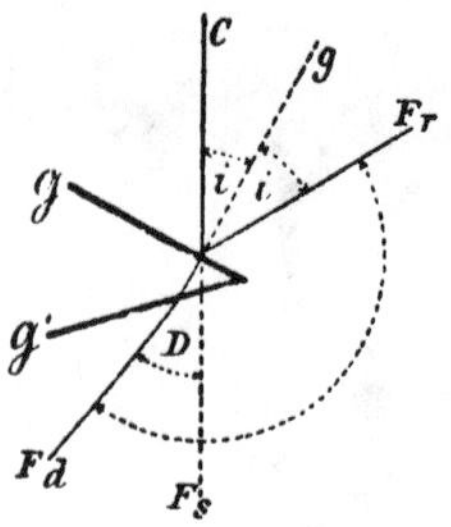
Fig 198.

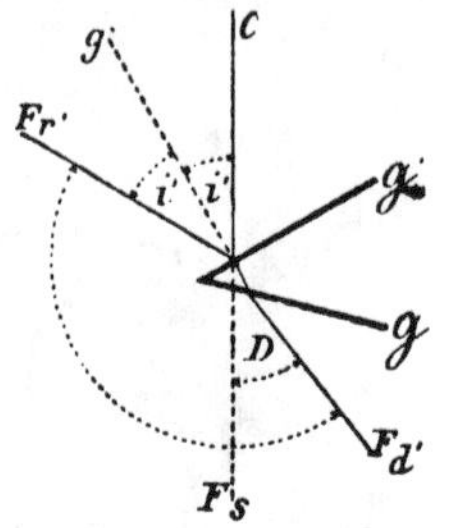
Fig. 199.

$$D = F_d - F_s$$

und der *Einfallswinkel:*

$$i = 90^0 - \frac{F_s - F_r}{2}.$$

Wird nun das Fernrohr in der Stellung F_r festgeklemmt, dagegen die Klemmschraube des Theilkreises gelüftet, so kann man den Theilkreis mit dem Prisma drehen, bis das an der Austrittsfläche des Prismas gespiegelte Strahlenbündel C die Richtung F_r angenommen hat. Bezeichnet man die entsprechende Ablesung mit F_r', so ist der *Prismenwinkel:*

$$A = 180^0 - (F_r' - F_r).$$

Soll jetzt der Durchgang des Lichtes durch das Prisma unter mehreren Einfallswinkeln bestimmt werden, so empfiehlt es sich, den Prismenwinkel A am Beginn oder am Ende der Beobachtungsreihe zu messen und die Stellung des Prismas gegen den Theilkreis bei den Messungen von D und i unverändert zu lassen. Denn unter dieser Voraussetzung kann man zur Prüfung der Genauigkeit jener Messungen den Umstand benutzen, dass die Summe der Ablesungen F_s und F_r constant bleiben muss.[1] In der That, dreht man den Theilkreis mit dem Prisma aus der anfänglichen, durch den Einfallswinkel i gegebenen Stellung um den Winkel $+ x$ (Fig. 200), so nehmen die Ablesungen F_s und F_r um x zu, während das an der Eintrittsfläche gespiegelte Strahlenbündel den Winkel $-2x$ beschreibt. Demnach ist:

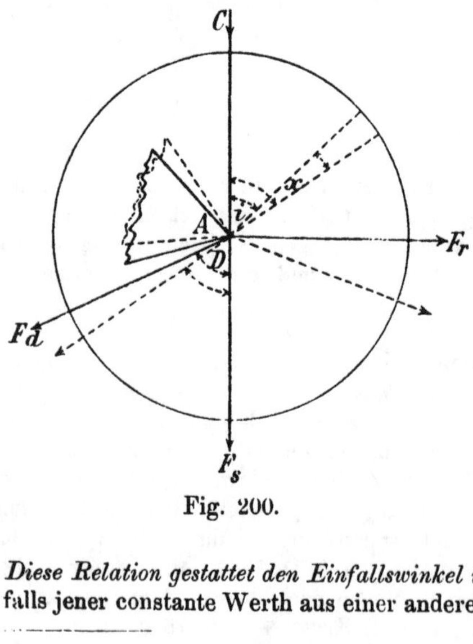
Fig. 200.

$$F_s + F_r = \text{const.}$$

Hieraus folgt:

$$i = 90^0 + \frac{\text{const.}}{2} - F_s.$$

Diese Relation gestattet den Einfallswinkel i lediglich aus der Ablesung F_s zu entnehmen, falls jener constante Werth aus einer anderen Messung bereits bekannt ist. Insbesondere

[1] V. VON LANG, Sitzungsber. Wien. Akad. **76** (2), 796, 1877. Phil. Mag. (5) **7**, 136, 1879.

kann man auf diesem Wege den Einfallswinkel auch noch bestimmen, wenn derselbe zu klein sein sollte, um nach dem vorhin beschriebenen Verfahren direct gemessen werden zu können.[1]

Zuweilen ist es erforderlich, dem Prisma die Stellung zu geben, in welcher $i = 0$ ist, also *senkrechter Einfall* stattfindet. Zu diesem Zweck bestimmt man für eine beliebige Stellung desselben den Werth von i aus $i = 90^0 - (F_s - F_r)/2$ und dreht alsdann Theilkreis mit Prisma um diesen Winkel.

Um den zu dem Einfallswinkel i gehörigen *Austrittswinkel* i' zu messen, gebe man dem Beobachtungsfernrohr die Stellung $F_{d'}$ (Fig. 199), derart, dass:

$$F_d - F_s = F_s - F_{d'} = D$$

ist, und drehe darauf das Prisma in die Lage, dass die frühere Austrittsfläche zur Eintrittsfläche wird und die Richtung des abgelenkten Strahlenbündels mit $F_{d'}$ zusammenfällt. Alsdann findet der Einfall des Lichtes unter dem Winkel i' statt, dessen Betrag dadurch bestimmt wird, dass man das Fernrohr in die Richtung des an der Eintrittsfläche reflectirten Strahlenbündels $F_{r'}$ bringt:

$$i' = 90^0 - \tfrac{1}{2}(F_{r'} - F_s).$$

Ist der Collimator C drehbar, wie an dem grossen Spektrometer Fig. 193, so kann der Austrittswinkel i' dadurch gemessen werden, dass C, während das Prisma und das Beobachtungsfernrohr die in Fig. 198 bezeichneten Stellungen behalten, in die Lage C' gedreht wird, in welcher das an der Fläche $\mathfrak{G}'$ reflectirte Licht die Richtung F_d erhält. Alsdann ist:

$$i' = \tfrac{1}{2}(F_d - C').$$

40. Zur Messung der Neigung φ_0' des Bildes eines geradlinigen Spaltes gegen die Spaltrichtung dient ein von R. Fuess construirtes *Oculargoniometer*[2] (Fig. 201). In die Hülse a, welche in die Hülse q des Fernrohres F (Fig. 193, S. 378) eingeführt wird, ist ein Kopfstück eingeschraubt, welches vorn cylindrisch ausgedreht ist und hier einen schwer drehbaren Ring i aufnimmt. Durch länglich geschlitzte Löcher des Kopfstückes dringen vier Justirschrauben, welche ihr Muttergewinde in dem Ringe i finden; sie dienen zur Centrirung des mit einem Fadenkreuz versehenen Diaphragmas e. Die Gestalt jener Löcher gestattet dem Ringe i auch nach der Einführung des Oculars in das Fernrohr eine geringe Drehung zu ertheilen und auf diese Weise die Fäden des Fadenkreuzes e genau in die zur Axe des Spektrometers parallele und senkrechte Lage zu bringen. In jenes Kopfstück ist ausserdem ein Hohlkegel eingeschraubt, welcher das Axenlager für den Theilkreis d bildet. An d können mit Hülfe des Nonius n zwei Minuten abgelesen werden. Auf der vorderen Fläche der Scheibe d befindet sich ein vorspringender Ring, welcher von vier auf die Hülse f wirkenden Justirschrauben durchsetzt wird. Die Hülse f enthält hinten ein Diaphragma mit *einem* diametralen Faden und vorn ein Ramsden'sches Ocular. — Zur Justirung des Oculargoniometers ist zunächst erforderlich, dass der Faden f durch die Drehungsaxe des Theilkreises d gehe und der Mittelpunkt des Fadenkreuzes e in dieselbe Axe falle. Ausserdem muss diese Ocularaxe

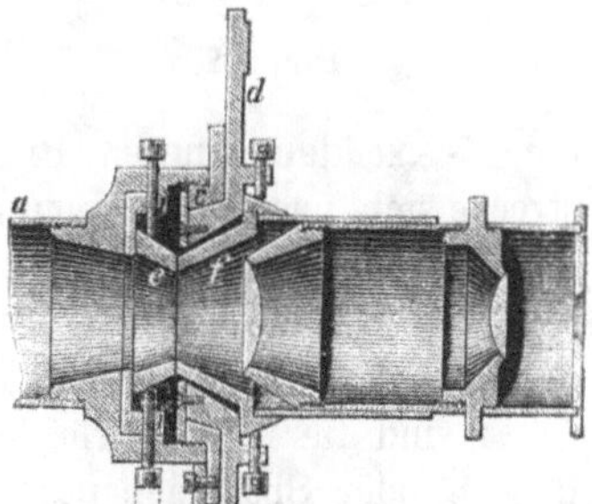

Fig. 201.

[1] Ueber die Bestimmung des zum Minimum der Ablenkung gehörigen Einfallswinkels vgl. A. Cornu, Ann. de l'éc. norm. (2) **3**, 8, 15, 1874.

[2] Th. Liebisch, N. Jahrb. f. Min. 1886, **2**, 51.

senkrecht zur Drehungsaxe des ganzen Spektrometers gerichtet sein. — Man erreicht diese Einstellung auf folgendem Wege. Zuvörderst stellt man den Faden f, dessen Drehungsebene dicht an der Ebene des Fadenkreuzes e liegt und der deshalb gleichzeitig mit e deutlich gesehen wird, mit Hülfe seiner Justirschrauben so ein, dass er nach einer Drehung des Theilkreises d um 180° mit seiner ursprünglichen Lage zur Deckung gelangt. Abweichungen von dieser Einstellung können mit Hülfe des von vorn herein nur annähernd justirten Fadenkreuzes e sehr genau beurtheilt werden. Alsdann wird der Mittelpunkt von e mit Hülfe der zugehörigen Justirschrauben mit dem Faden f zur Deckung gebracht. Zum Schluss wird auf dem gewöhnlichen Wege das ganze Fernrohr senkrecht zur Spektrometeraxe gerichtet, wobei die vier (in der Figur nicht dargestellten) Justirschrauben der Hülse a benutzt werden.

41. Wir wenden uns nun zu der Ableitung des Satzes, dass die *Hauptlichtgeschwindigkeiten eines optisch einaxigen Krystalls* an einem beliebig geschnittenen Prisma bestimmt werden können.

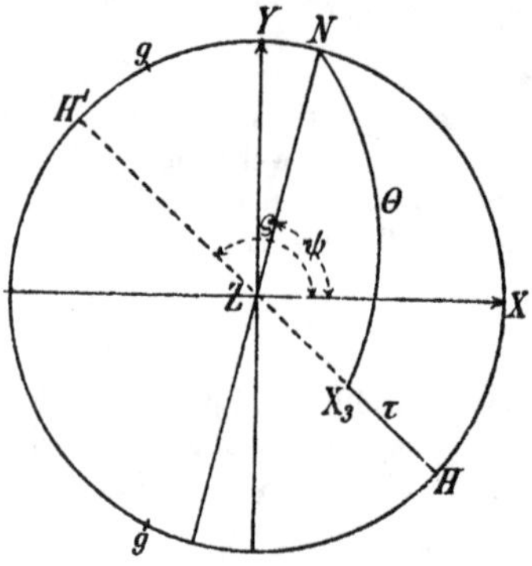

Fig. 202.

Die in Betracht kommenden Geraden und Ebenen seien durch den Einfallspunkt O, den Mittelpunkt einer Constructionskugel gelegt (Fig. 202); g, g' seien die Normalen der Eintrittsfläche $\mathfrak{G}$ und der Austrittsfläche $\mathfrak{G}'$, so dass $(g g') = \pi - A$ ist.

Wir führen ein rechtwinkliges Coordinatensystem X, Y, Z mit dem Mittelpunkte in O ein. Die Prismenkante werde zur Z-Axe gewählt und über dem Prismenquerschnitt positiv gerechnet, die Y-Axe halbire den äusseren, die X-Axe den inneren Prismenwinkel. Die positive Richtung von X erstrecke sich nach dem Inneren des Prismas, jene von Y entspreche dem Sinn der Fortpflanzung des Lichtes. Ferner bedeuten X_3 die optische Axe und HH' die Durchschnittsgerade des Hauptschnitts $X_3 Z$ der Prismenkante mit dem Querschnitt XY des Prismas. Zur Orientirung der Prismenflächen $\mathfrak{G}$, $\mathfrak{G}'$ sind die Winkel erforderlich, welche $\mathfrak{G}$, $\mathfrak{G}'$ mit zwei bekannten Krystallflächen oder Spaltflächen, die nicht gleichzeitig der Prismenkante parallel laufen, einschliessen. Wir setzen voraus, dass die von diesen vier Flächen gebildeten sechs Winkel, die durch eine bekannte Relation verbunden sind,[1] gegeben seien, und dass daraus die Lage der Prismenflächen gegen die optische Axe auf trigonometrischem Wege berechnet sei. Zu diesem Zwecke sind zwei Winkel zwischen der optischen Axe und solchen Richtungen, welche in Bezug auf das Prisma eine gegebene Lage besitzen, zu berechnen; wir wählen hierzu nach dem Vorgange von A. Cornu[2]: 1) die Neigung der optischen Axe zum Querschnitt des Prismas:

$$\tau = (X_3 H) = \frac{\pi}{2} - (X_3 Z)$$

[1] Th. Liebisch, Geometrische Krystallographie S. 78 (5).

[2] A. Cornu Ann. de l'éc. norm. (2) **3**, 23, 1874.

und 2) den Winkel, welchen der Hauptschnitt der Prismenkante mit der Halbirungsebene des inneren Prismenwinkels einschliesst:

$$\varrho = (XOH').$$

Dabei soll ϱ von der Halbirungsebene aus in dem Sinne positiv gerechnet werden, in welchem die positive X-Axe auf dem kürzesten Wege in die positive Y-Axe übergeführt wird.

Die um O beschriebene Normalenfläche wird von der Einfallsebene in einem Kreise mit dem Radius $\mathfrak{o}$ und einem Oval $\mathfrak{P}$ geschnitten. Jene Halbaxe von $\mathfrak{P}$, welche auf dem Hauptschnitt der Prismenkante senkrecht steht, ist gleich $\mathfrak{e}$. Die in den Hauptschnitt fallende Halbaxe $\mathfrak{h}$ repräsentirt die Geschwindigkeit einer ausserordentlichen Welle, deren Normale OH unter dem Winkel τ gegen die optische Axe geneigt ist:

$$\mathfrak{h}^2 = \mathfrak{o}^2 \cos^2 \tau + \mathfrak{e}^2 \sin^2 \tau.$$

Es bedeute jetzt ON die Normale einer gebrochenen ausserordentlichen Wellenebene, deren Geschwindigkeit $\mathfrak{p}$ ist. Bezeichnet man die Neigung von ON gegen X, welche in demselben Sinn wie ϱ gerechnet werden soll, mit ψ und den Winkel zwischen ON und der optischen Axe mit Θ, so ist:

$$\mathfrak{p}^2 = \mathfrak{o}^2 \cos^2 \Theta + \mathfrak{e}^2 \sin^2 \Theta$$

und aus dem Dreieck NX_3Z ergiebt sich:

$$\cos \Theta = \sin(ZX_3) \cos(NZX_3) = -\cos \tau \cos(\varrho - \psi).$$

Demnach erhalten wir als Gleichung des Ovals $\mathfrak{P}$ in Polarcoordinaten:

$$\mathfrak{p}^2 = \mathfrak{h}^2 \cos^2(\varrho - \psi) + \mathfrak{e}^2 \sin^2(\varrho - \psi)$$

oder:

$$\mathfrak{p}^2 = \tfrac{1}{2}(\mathfrak{h}^2 + \mathfrak{e}^2) + \tfrac{1}{2}(\mathfrak{h}^2 - \mathfrak{e}^2) \cos 2(\varrho - \psi).$$

Wenn nun an einem Prisma, dessen Orientirung durch die Winkel τ, ϱ gegeben ist, der Prismenwinkel A, der Einfallswinkel i einer parallel zur Prismenkante eintretenden Wellenebene und die Ablenkungen D, D_e der beiden austretenden Wellenebenen gemessen sind, so können die Hauptlichtgeschwindigkeiten in folgender Weise berechnet werden:[1]

Man findet die constante Geschwindigkeit $\mathfrak{o}$ *der ordentlichen Welle aus:*

$$(1) \qquad \tan\left(r - \frac{A}{2}\right) = \tan\frac{A}{2} \tan\left(i - \frac{A+D}{2}\right) \cot\frac{A+D}{2}$$

$$\mathfrak{o} = \mathfrak{v}\frac{\sin r}{\sin i},$$

[1] Nach diesem Verfahren hat M. Born die Hauptlichtgeschwindigkeiten des *Dolomit* von Traversella ermittelt (Beiträge zur Bestimmung der Lichtbrechungsverhältnisse doppeltbrechender Krystalle durch Prismenbeobachtungen. Inaug.-Dissert. Königsberg 1886. N. Jahrb. f. Min. Beil.-Bd. 5, 4, 1887.

darauf die Geschwindigkeit $\mathfrak{p}$ *der gebrochenen ausserordentlichen Welle aus:*

$$\tan\left(r_e - \frac{A}{2}\right) = \tan\frac{A}{2}\tan\left(i - \frac{A+D_e}{2}\right)\cot\frac{A+D_e}{2} \tag{2}$$

$$\mathfrak{p} = \mathfrak{v}\frac{\sin r_e}{\sin i}$$

und den Winkel ψ *aus:*

$$\psi = \frac{\pi}{2} - \frac{A}{2} + r_e. \tag{3}$$

Durch τ, ϱ, ψ *ist die Neigung* Θ *der Normale dieser Welle gegen die optische Axe bestimmt:*

$$\cos\Theta = -\cos\tau\cos(\varrho - \psi). \tag{4}$$

Folglich kennt man in:

$$\mathfrak{p}^2 = \mathfrak{o}^2\cos^2\Theta + \mathfrak{e}^2\sin^2\Theta \tag{5}$$

alle Grössen bis auf die Hauptlichtgeschwindigkeit $\mathfrak{e}$ *der ausserordentlichen Welle; die letztere kann also hieraus berechnet werden. Durch Einführung des Hülfswinkels* χ *gewinnt man die logarithmisch bequemen Formeln:*

$$\mathfrak{e} = \mathfrak{p}\frac{\cos\chi}{\sin\Theta}, \quad \sin\chi = \frac{\mathfrak{o}\cos\Theta}{\mathfrak{p}}. \tag{5*}$$

Die umgekehrte Aufgabe besteht darin, aus den Hauptlichtgeschwindigkeiten $\mathfrak{o}$, $\mathfrak{e}$, den Winkeln A, τ, ϱ und der Geschwindigkeit $\mathfrak{p}$ einer zur Prismenkante parallelen ausserordentlichen Wellenebene der Reihe nach die Winkel ψ, i, D_e zu berechnen. Dazu dienen die Formeln:

$$\mathfrak{h}^2 = \mathfrak{o}^2\cos^2\tau + \mathfrak{e}^2\sin^2\tau$$

$$\cos 2(\varrho - \psi) = \frac{2\mathfrak{p}^2 - (\mathfrak{h}^2 + \mathfrak{e}^2)}{\mathfrak{h}^2 - \mathfrak{e}^2}$$

$$r = \psi + \frac{A}{2} - \frac{\pi}{2}, \quad r' = A - r,$$

$$\sin i = \frac{\mathfrak{v}}{\mathfrak{p}}\sin r, \quad \sin i' = \frac{\mathfrak{v}}{\mathfrak{p}}\sin r'$$

$$D_e = A - i - i'.$$

42. Die Berechnung der Hauptlichtgeschwindigkeiten vereinfacht sich, wenn die Halbirungsgerade des inneren oder des äusseren Prismenwinkels eine optische Symmetrieaxe ist, oder wenn beides gleichzeitig stattfindet. Wir haben in dieser Hinsicht sechs Fälle zu unterscheiden, je nachdem eine der Axen X, Y, Z zur optischen Axe senkrecht oder parallel liegt.

1. *Die Halbirungsgerade des inneren Prismenwinkels* A *steht senkrecht zum Hauptschnitt der Prismenkante;* dann ist $\varrho = 90^0$, also:

$$\cos\Theta = -\cos\tau\sin\psi.$$

2. *Der Hauptschnitt der Prismenkante halbirt den inneren Prismenwinkel;* in diesem Falle wird $\varrho = 0$ oder 180^0, also:

$$\cos\Theta = \mp\cos\tau\cos\psi.$$

3. *Die optische Axe liegt im Querschnitt des Prismas;* alsdann ist $\tau = 0$ oder 180°, also:

$$\cos \Theta = \mp \cos (\varrho - \psi).$$

4. *Die optische Axe halbirt den inneren Prismenwinkel;* demnach ist $\varrho = 0$ oder 180° und $\tau = 0$ oder 180°, also:

$$\cos \Theta = \mp \cos \psi.$$

5. *Die optische Axe halbirt den Aussenwinkel des Prismas;* folglich ist $\varrho = 90^{\circ}$ und $\tau = 0$ oder 180°, also:

$$\cos \Theta = \mp \sin \psi.$$

6. *Die Prismenkante liegt parallel zur optischen Axe;* dann ist $\tau = 90^{\circ}$, also:

$$\cos \Theta = 0, \quad \sin \chi = 0, \quad \mathfrak{e} = \mathfrak{p}.$$

Dieser einfachste Fall, in welchem die Geschwindigkeit $\mathfrak{p}$ der ausserordentlichen Welle direct die Hauptlichtgeschwindigkeit $\mathfrak{e}$ liefert, ist zugleich dadurch ausgezeichnet, dass eine kleine Abweichung in der Orientirung des Prismas von der vorgeschriebenen Lage den geringsten Einfluss auf das Resultat ausübt.[1]

43. Von besonderem Werth für die Bestimmung der Hauptlichtgeschwindigkeiten doppeltbrechender Krystalle durch Prismenbeobachtungen sind diejenigen *Fälle, in welchen durch Messung des Minimums der Ablenkung unmittelbar eine oder zwei Hauptlichtgeschwindigkeiten gefunden werden.* Da die beiden Hauptlichtgeschwindigkeiten $\mathfrak{o}$, $\mathfrak{e}$ eines *optisch einaxigen* Krystalls an einem einzigen beliebig orientirten Prisma durch Beobachtung des Einfallswinkels und des Ablenkungswinkels für eine ordentliche und eine ausserordentliche zur Prismenkante parallele Wellenebene vollständig bestimmt werden können, falls die krystallographische Orientirung des Prismas bekannt ist, so ist die Möglichkeit gegeben, jene Geschwindigkeiten insbesondere auch durch Beobachtung des Minimums der Ablenkungen der beiden Wellen zu ermitteln.

Für die *ordentliche* Welle verhält sich der Krystall wie ein isotroper Körper, so dass:

1. $$\mathfrak{o} = \frac{\sin \frac{A}{2}}{\sin \frac{A + \Delta_o}{2}},$$

falls mit Δ_o das Minimum der Ablenkung jener Welle bezeichnet wird. Der Einfallswinkel ist gleich dem Austrittswinkel und die gebrochene Welle liegt parallel zur Halbirungsebene des Prismenwinkels A.

Zur Berechnung von $\mathfrak{e}$ dient eine Gleichung,[2] die aus folgender Ueber-

---

[1] Vgl. M. Born, N. Jahrb. f. Min. Beil.-Bd. **5**, 13—16. 1887.

[2] G. G. Stokes: On a Formula for Determining the Optical Constants of Doubly Refracting Crystals. Cambr. and Dublin Math. Journ. **1**, 183, 1846. Math. and Phys.

legung fliesst. Die Geschwindigkeit $\mathfrak{p}$ einer *ausserordentlichen* Welle ist vermöge der allgemein gültigen Relation (14) auf S. 297 ausgedrückt durch den Prismenwinkel A, die Ablenkung D und den Richtungswinkel ψ:

a. $$\mathfrak{p}^2 = \mathsf{M} + \mathsf{N} \cos 2\psi,$$

worin:

$$\mathsf{M} = \tfrac{1}{2} \frac{\cos^2 \frac{A}{2}}{\cos^2 \frac{A+D}{2}} + \tfrac{1}{2} \frac{\sin^2 \frac{A}{2}}{\sin^2 \frac{A+D}{2}} = \tfrac{1}{2}\left(\frac{1}{C^2} + \frac{1}{S^2}\right)$$

$$\mathsf{N} = \tfrac{1}{2} \frac{\cos^2 \frac{A}{2}}{\cos^2 \frac{A+D}{2}} - \tfrac{1}{2} \frac{\sin^2 \frac{A}{2}}{\sin^2 \frac{A+D}{2}} = \tfrac{1}{2}\left(\frac{1}{C^2} - \frac{1}{S^2}\right).$$

Andererseits genügt $\mathfrak{p}$ der Gleichung des Ovals $\mathfrak{P}$, in welchem die Normalenfläche des Krystalls von der Querschnittsebene des Prismas geschnitten wird, und ist auf diese Weise ausgedrückt durch die Hauptlichtgeschwindigkeiten $\mathfrak{o}$, $\mathfrak{e}$, die zur Orientirung des Prismas dienenden Winkel ϱ, τ und den Richtungswinkel ψ:

b. $$\mathfrak{f}(\mathfrak{p}, \psi) = \mathfrak{p}^2 - \tfrac{1}{2}(\mathfrak{h}^2 + \mathfrak{e}^2) - \tfrac{1}{2}(\mathfrak{h}^2 - \mathfrak{e}^2)\cos 2(\varrho - \psi) = 0,$$

worin:

c. $$\mathfrak{h}^2 = \mathfrak{o}^2 \cos^2 \tau + \mathfrak{e}^2 \sin^2 \tau.$$

Aus a. und b. ergiebt sich durch Elimination von $\mathfrak{p}$ die Gleichung:

α. $$\mathfrak{F}(D, \psi) = \mathsf{M} + \mathsf{N}\cos 2\psi - \tfrac{1}{2}(\mathfrak{h}^2 + \mathfrak{e}^2) - \tfrac{1}{2}(\mathfrak{h}^2 - \mathfrak{e}^2)\cos 2(\varrho - \psi) = 0.$$

Das Minimum der Ablenkung Δ_e ist nun charakterisirt durch $\partial D / \partial \psi = 0$, also durch:

β. $$\frac{\partial \mathfrak{F}}{\partial \psi} = 0,$$

oder:

$$\mathsf{N} \sin 2\psi + \tfrac{1}{2}(\mathfrak{h}^2 - \mathfrak{e}^2)\sin 2(\varrho - \psi) = 0.$$

Eliminirt man jetzt aus α und β den Winkel ψ, so erhält man eine zur Berechnung von $\mathfrak{e}$ geeignete Relation zwischen $\mathfrak{o}$, $\mathfrak{e}$, ϱ, τ, A, Δ_e. Zunächst folgt aus α und β:

γ. $$\mathsf{M}\sin 2\psi - \tfrac{1}{2}(\mathfrak{h}^2 + \mathfrak{e}^2)\sin 2\psi - \tfrac{1}{2}(\mathfrak{h}^2 - \mathfrak{e}^2)\sin 2\varrho = 0$$

Papers. Cambridge **1,** 148, 1880. — H. de Senarmont: Note sur quelques formules propres à la détermination des trois indices principaux dans les cristaux biréfringents. Nouv. Ann. de Math. **16,** 273, 1857. — V. von Lang: Ueber die Minimum-Ablenkung der Lichtstrahlen durch doppeltbrechende Prismen. Sitzungsber. Wien. Akad. **33,** 155, 1858. Die Aenderungen der Krystallaxen des Aragonits durch die Wärme gerechnet aus Rudberg's Beobachtungen. Ib. **33,** 577. — H. Topsoe og C. Christiansen: Krystallografisk-optiske Undersoegelser, med saerligt Hensyn til isomorfe Stoffer. Vidensk. Selsk. Skr. 5 Raekke, naturv. og math. afd. 9. B. IX. Kjöbenhavn 1873. Ann. chim. phys. (5) **1,** 5, 1874. Pogg. Ann. Erg.-Bd. VI, 499, 1874. — A. Cornu: De la réfraction à travers un prisme suivant une loi quelconque. Ann. scient. de l'École Normale (2) **1,** 231, 1872; **3,** 25, 1874. — M. Born, N. Jahrb. f. Min. Beil.-Bd. **5,** 16, 1887.

und darauf aus β und γ:

$$\frac{1}{C^2} = \tfrac{1}{2}(\mathfrak{h}^2 + \mathfrak{e}^2) + \tfrac{1}{2}(\mathfrak{h}^2 - \mathfrak{e}^2)\cos 2\varrho + \tfrac{1}{2}(\mathfrak{h}^2 - \mathfrak{e}^2)\sin 2\varrho \tan\psi$$

$$\frac{1}{S^2} = \tfrac{1}{2}(\mathfrak{h}^2 + \mathfrak{e}^2) - \tfrac{1}{2}(\mathfrak{h}^2 - \mathfrak{e}^2)\cos 2\varrho + \tfrac{1}{2}(\mathfrak{h}^2 - \mathfrak{e}^2)\sin 2\varrho \cot\psi\,,$$

so dass:

$$\cot\psi = -\frac{(\mathfrak{h}^2 - \mathfrak{e}^2)\sin\varrho\cos\varrho}{\mathfrak{h}^2\cos^2\varrho + \mathfrak{e}^2\sin^2\varrho - \frac{1}{C^2}}$$

$$\cot\psi = -\frac{\mathfrak{h}^2\sin^2\varrho + \mathfrak{e}^2\cos^2\varrho - \frac{1}{S^2}}{(\mathfrak{h}^2 - \mathfrak{e}^2)\sin\varrho\cos\varrho}.$$

Und hieraus ergiebt sich nun die gesuchte Beziehung:

II.
$$A_0\,\mathfrak{e}^4 + 2A_1\,\mathfrak{e}^2 + A_2 = 0\,,$$

worin:

$$A_0 = \sin^2\tau$$

$$2A_1 = \left(\mathfrak{o}^2 + \frac{\sin^2\varrho}{C^2} + \frac{\cos^2\varrho}{S^2}\right)\cos^2\tau - \frac{1}{C^2} - \frac{1}{S^2}$$

$$A_2 = -\,\mathfrak{o}^2\left(\frac{\sin^2\varrho}{C^2} + \frac{\cos^2\varrho}{S^2}\right)\cos^2\tau + \frac{1}{C^2 S^2}$$

und:

$$\frac{1}{C} = \frac{\cos\frac{A}{2}}{\cos\frac{A+\Delta_e}{2}}\,,\quad \frac{1}{S} = \frac{\sin\frac{A}{2}}{\sin\frac{A+\Delta_e}{2}}.$$

Hierbei ist bemerkenswerth, dass auch für die ausserordentliche Welle der zum Minimum der Ablenkung Δ_e gehörige Einfallswinkel nicht gemessen zu werden braucht. Allerdings ist die Gleichung II quadratisch in $\mathfrak{e}^2$; allein von den beiden Wurzeln kann mit Rücksicht auf die schwache Doppelbrechung der bekannten krystallisirten Körper nur diejenige in Betracht gezogen werden, für welche die zugehörige ausserordentliche Welle annähernd parallel zur Halbirungsebene des Prismenwinkels A liegt, also Einfallswinkel und Austrittswinkel nahezu einander gleich sind.

Als Beispiel möge die von A. Cornu[1] am *Kalkspath* ausgeführte Bestimmung der Hauptlichtgeschwindigkeiten für Na-Licht dienen. Die Orientirung des aus einem Spaltungsrhomboëder geschnittenen Prismas erläutert Fig. 203. In die Constructionskugel Fig. 204 sind die Pole g, g' der Prismenflächen $\mathfrak{G}$, $\mathfrak{G}'$, die Pole h, h' der Rhomboëderflächen R, R', die Spur der optischen Axe X_3, die durch das Prisma gegebenen Axen X, Y, Z und der Hauptschnitt HH' der Prismenkante Z eingetragen.

Es handelte sich zunächst um die Berechnung der *Neigung* τ der optischen Axe X_3 gegen den Prismenquerschnitt gg' und des *Azimuts* ϱ des Hauptschnittes HH' gegen die Halbirungsebene ZX des Prismenwinkels $(\mathfrak{G}\,\mathfrak{G}') = A$. Aus den Flächenwinkeln:

(gg') =	119°	34′	33″,	(hh') =	74°	55′	55,25″
(gh) =	83	3	4,5,	$(g'h)$ =	109	6	30,75
(gh') =	105	18	6,75,	$(g'h')$ =	135	6	48,75

[1] A. Cornu, Ann. de l'éc. norm. (2) **3**, 4, 20, 41, 1874.

ergab sich auf trigonometrischem Wege nach Fig. 204:

$$\tau = 26^0\,4'\,20{,}65'', \quad \varrho = 127^0\,44'\,41{,}95''.$$

Alsdann wurden die Prismenwinkel und das Minimum der Ablenkung für die ordentliche und die ausserordentliche Welle gemessen (15° C.):

$$A = 60^0\,25'\,17{,}88'', \quad \Delta_o = 52^0\,41'\,37{,}85'', \quad \Delta_e = 43^0\,26'\,23{,}51''.$$

Daraus folgt nach I:

$$\omega = \frac{1}{\mathfrak{o}} = 1{,}658\,325$$

und nach II:

$$\varepsilon = \frac{1}{\mathfrak{e}} = 1{,}486\,37.$$

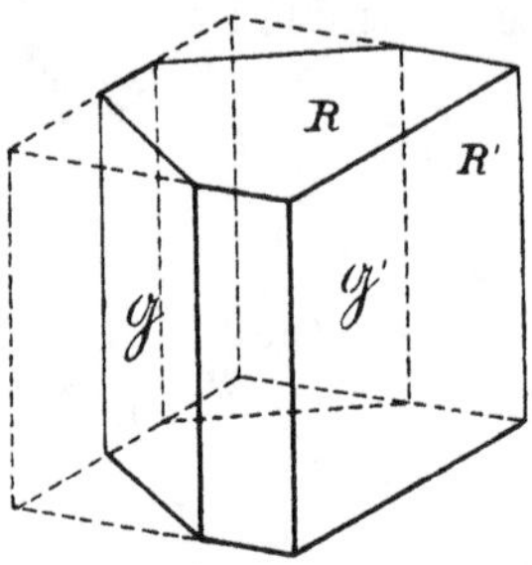

Fig. 203.

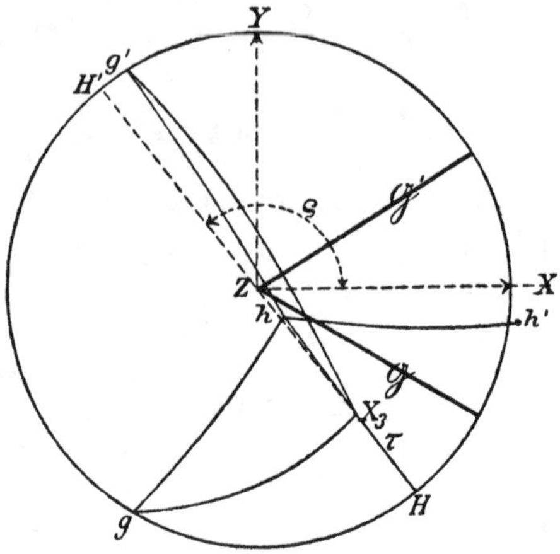

Fig. 204.

Wendet man die Formel II auf die durch Symmetrieeigenschaften ausgezeichneten Fälle 1—6 (S. 386) an, so ergiebt sich, dass zur Bestimmung der Hauptlichtgeschwindigkeiten eines optisch einaxigen Krystalls mit Hülfe des Minimums der Ablenkung am zweckmässigsten Prismen gewählt werden, in denen:

2. der Hauptschnitt der Prismenkante den inneren Prismenwinkel A halbirt,
4. die optische Axe den Winkel A halbirt,
6. die Prismenkante zur optischen Axe parallel liegt.

Denn in diesen drei Fällen findet man jene Hauptlichtgeschwindigkeiten direct aus:

$$\mathfrak{o} = \frac{\sin\frac{A}{2}}{\sin\frac{A+\Delta_o}{2}}, \qquad \mathfrak{e} = \frac{\sin\frac{A}{2}}{\sin\frac{A+\Delta_e}{2}}.$$

Bei der Herstellung der Prismen ist darauf zu achten, dass die Neigung des Hauptschnitts der Prismenkante gegen die Halbirungsebene des inneren Prismenwinkels nur gering ist und jedenfalls 2° nicht überschreitet.[1]

[1] Ueber den Einfluss dieser Neigung auf die Werthe von $\mathfrak{o}$ und $\mathfrak{e}$ vgl. M. Born, N. Jahrb. f. Min. Beil.-Bd. 5, 16—39, 1887.

44. Wir untersuchen jetzt ein *Prisma eines optisch zweiaxigen Krystalls*[1] von beliebiger Orientirung und stellen zuvörderst die Gleichung der Curve $\mathfrak{P}$ auf, in welcher die Normalenfläche des Krystalls von der Querschnittsebene des Prismas geschnitten wird. Die Richtungscosinus der durch das Prisma gegebenen Axen X, Y, Z in Bezug auf die optischen Symmetrieaxen X_1, X_2, X_3 seien (Fig. 205):

	X_1	X_2	X_3
X	α	β	γ
Y	α_1	β_1	γ_1
Z	α_2	β_2	γ_2

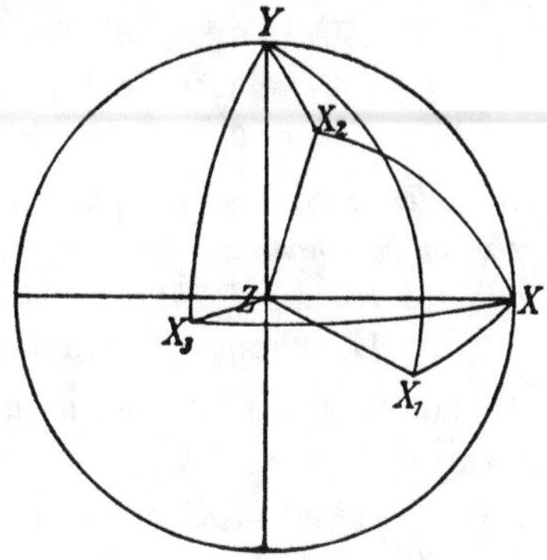

Fig. 205.

Bedeuten x_1, x_2, x_3 die Coordinaten eines Punktes bezogen auf die Symmetrieaxen, x, y, z die Coordinaten desselben Punktes in dem Axensystem X, Y, Z, so ist:

$$(1)\qquad \begin{aligned} x_1 &= \alpha x + \alpha_1 y + \alpha_2 z \\ x_2 &= \beta x + \beta_1 y + \beta_2 z \\ x_3 &= \gamma x + \gamma_1 y + \gamma_2 z, \end{aligned}$$

und es bestehen die Relationen:

$$x_1^2 + x_2^2 + x_3^2 = x^2 + y^2 + z^2 = \mathfrak{p}^2,$$
$$\alpha^2 + \beta^2 + \gamma^2 = 1, \quad \alpha^2 + \alpha_1^2 + \alpha_2^2 = 1,$$
$$\alpha_1 \alpha_2 + \beta_1 \beta_2 + \gamma_1 \gamma_2 = 0, \quad \beta\gamma + \beta_1 \gamma_1 + \beta_2 \gamma_2 = 0, \text{ u. s. w.}$$

Um nun die auf das Axensystem X, Y, Z bezogene Gleichung der Schnittcurve $\mathfrak{P}$ der Einfallsebene ($z = 0$) und der Normalenfläche:

$$(2)\qquad \frac{x_1^2}{\mathfrak{a}_1^2 - \mathfrak{p}^2} + \frac{x_2^2}{\mathfrak{a}_2^2 - \mathfrak{p}^2} + \frac{x_3^2}{\mathfrak{a}_3^2 - \mathfrak{p}^2} = 0$$

zu bilden, haben wir die Werthe (1) in die Gleichung (2) einzutragen und dabei $z = 0$ zu setzen:

$$\frac{(\alpha x + \alpha_1 y)^2}{\mathfrak{a}_1^2 - \mathfrak{p}^2} + \frac{(\beta x + \beta_1 y)^2}{\mathfrak{a}_2^2 - \mathfrak{p}^2} + \frac{(\gamma x + \gamma_1 y)^2}{\mathfrak{a}_3^2 - \mathfrak{p}^2} = 0.$$

Wenn hierin:

$$x = \mathfrak{p} \cos \psi, \quad y = \mathfrak{p} \sin \psi$$

gesetzt und das Resultat nach $\mathfrak{p}$ geordnet wird, erhalten wir die *Gleichung des Centralschnittes $\mathfrak{P}$ der Normalenfläche in Polarcoordinaten:*

$$(3)\qquad \begin{aligned} \mathfrak{f}(\mathfrak{p}, \psi) = \mathfrak{p}^4 - \mathfrak{p}^2 (L \cos^2 \psi + L_1 \sin^2 \psi + 2 L_2 \cos \psi \sin \psi) \\ + M \cos^2 \psi + M_1 \sin^2 \psi + 2 M_2 \cos \psi \sin \psi = 0, \end{aligned}$$

[1] Th. Liebisch, N. Jahrb. f. Min. 1886, **1**, 23.

worin:

$$(3^*)\quad \begin{aligned} L &= (\mathfrak{a}_2^2 + \mathfrak{a}_3^2)\alpha^2 + (\mathfrak{a}_3^2 + \mathfrak{a}_1^2)\beta^2 + (\mathfrak{a}_1^2 + \mathfrak{a}_2^2)\gamma^2 \\ L_1 &= (\mathfrak{a}_2^2 + \mathfrak{a}_3^2)\alpha_1^2 + (\mathfrak{a}_3^2 + \mathfrak{a}_1^2)\beta_1^2 + (\mathfrak{a}_1^2 + \mathfrak{a}_2^2)\gamma_1^2 \\ L_2 &= (\mathfrak{a}_2^2 + \mathfrak{a}_3^2)\alpha\alpha_1 + (\mathfrak{a}_3^2 + \mathfrak{a}_1^2)\beta\beta_1 + (\mathfrak{a}_1^2 + \mathfrak{a}_2^2)\gamma\gamma_1 \\ M &= \mathfrak{a}_2^2\mathfrak{a}_3^2\alpha^2 + \mathfrak{a}_3^2\mathfrak{a}_1^2\beta^2 + \mathfrak{a}_1^2\mathfrak{a}_2^2\gamma^2 \\ M_1 &= \mathfrak{a}_2^2\mathfrak{a}_3^2\alpha_1^2 + \mathfrak{a}_3^2\mathfrak{a}_1^2\beta_1^2 + \mathfrak{a}_1^2\mathfrak{a}_2^2\gamma_1^2 \\ M_2 &= \mathfrak{a}_2^2\mathfrak{a}_3^2\alpha\alpha_1 + \mathfrak{a}_3^2\mathfrak{a}_1^2\beta\beta_1 + \mathfrak{a}_1^2\mathfrak{a}_2^2\gamma\gamma_1. \end{aligned}$$

Es sollen nun die Hauptlichtgeschwindigkeiten $\mathfrak{a}_1$, $\mathfrak{a}_2$, $\mathfrak{a}_3$ unter der Voraussetzung berechnet werden, dass die krystallographische Orientirung des Prismas, welche durch die Richtungscosinus $\alpha \ldots \gamma_2$ bestimmt ist, bekannt sei.

Die Gleichung (3) nimmt, nach $\mathfrak{a}_1$, $\mathfrak{a}_2$, $\mathfrak{a}_3$ geordnet, die Gestalt an:

$$(4)\quad \mathfrak{f}(\mathfrak{p}, \psi) = a\,\mathfrak{a}_2^2\mathfrak{a}_3^2 + b\,\mathfrak{a}_3^2\mathfrak{a}_1^2 + c\,\mathfrak{a}_1^2\mathfrak{a}_2^2 + d\,\mathfrak{a}_1^2 + e\,\mathfrak{a}_2^2 + f\,\mathfrak{a}_3^2 + g = 0,$$

worin:

$$\begin{aligned} a &= \alpha^2\cos^2\psi + \alpha_1^2\sin^2\psi + 2\,\alpha\alpha_1\cos\psi\sin\psi \\ b &= \beta^2\cos^2\psi + \beta_1^2\sin^2\psi + 2\,\beta\beta_1\cos\psi\sin\psi \\ c &= \gamma^2\cos^2\psi + \gamma_1^2\sin^2\psi + 2\,\gamma\gamma_1\cos\psi\sin\psi \\ d &= -\,\mathfrak{p}^2[(\beta^2+\gamma^2)\cos^2\psi + (\beta_1^2+\gamma_1^2)\sin^2\psi + 2\,(\beta\beta_1+\gamma\gamma_1)\cos\psi\sin\psi] \\ e &= -\,\mathfrak{p}^2[(\gamma^2+\alpha^2)\cos^2\psi + (\gamma_1^2+\alpha_1^2)\sin^2\psi + 2\,(\gamma\gamma_1+\alpha\alpha_1)\cos\psi\sin\psi] \\ f &= -\,\mathfrak{p}^2[(\alpha^2+\beta^2)\cos^2\psi + (\alpha_1^2+\beta_1^2)\sin^2\psi + 2\,(\alpha\alpha_1+\beta\beta_1)\cos\psi\sin\psi] \\ g &= \mathfrak{p}^4. \end{aligned}$$

Zur Bestimmung von $\mathfrak{a}_1^2$, $\mathfrak{a}_2^2$, $\mathfrak{a}_3^2$ sind drei derartige Gleichungen, also drei Werthepaare ψ, $\mathfrak{p}$ nothwendig. Allein die Lösung ist dann im Allgemeinen fünfdeutig. Um Eindeutigkeit zu erzielen, muss man zuvörderst Näherungswerthe für $\mathfrak{a}_1$, $\mathfrak{a}_2$, $\mathfrak{a}_3$ ermitteln.[1]

45. Wir fragen jetzt nach den Fällen, in denen an Prismen optisch zweiaxiger Krystalle die Beobachtung des *Minimums der Ablenkungen* zur Berechnung von Hauptlichtgeschwindigkeiten ausreicht, derart, dass die zugehörigen Einfallswinkel nicht gemessen zu werden brauchen.[2] Die Fortpflanzungsgeschwindigkeit $\mathfrak{p}$ einer gebrochenen, zur Prismenkante parallelen Wellenebene befriedigt gleichzeitig die allgemeine Relation (S. 388):

$$\mathfrak{p}^2 = \mathbf{M} + \mathbf{N}\cos 2\psi$$

und die Gleichung der Curve $\mathfrak{P}$ (S. 391):

$$\mathfrak{f}(\mathfrak{p}, \psi) = 0.$$

Trägt man jenen Werth von $\mathfrak{p}$ in diese Gleichung ein, so folgt:

$$\text{I.}\qquad F(D, \psi) = 0,$$

worin:

$$\begin{aligned} F(D, \psi) &= \mathbf{M}^2 + \mathbf{N}^2\cos^2 2\psi + 2\,\mathbf{M}\mathbf{N}\cos 2\psi \\ &\quad - (\mathbf{M} + \mathbf{N}\cos 2\psi)(L\cos^2\psi + L_1\sin^2\psi + L_2\sin 2\psi) \\ &\quad + M\cos^2\psi + M_1\sin^2\psi + M_2\sin 2\psi. \end{aligned}$$

---

[1] M. Born, N. Jahrb. f. Min. Beil.-Bd. **5**, 40, 1887.

[2] Th. Liebisch, Ueber das Minimum der Ablenkung durch Prismen optisch zweiaxiger Krystalle. Nachr. Ges. d. Wiss. Göttingen. 1888, 197.

In dem Falle des Minimums der Ablenkung ist $\partial D / \partial \psi = 0$, also:

II. $$\frac{\partial F}{\partial \psi} = 0,$$

oder:

$$(\mathsf{M} + \mathsf{N} \cos 2\psi)[(4\mathsf{N} - L + L_1) \sin 2\psi + 2 L_2 \cos 2\psi]$$
$$- \sin 2\psi \, [2\mathsf{N}(L \cos^2\psi + L_1 \sin^2\psi + L_2 \sin 2\psi) + M - M_1] - 2 M_2 \cos 2\psi = 0.$$

Die Lösung der vorliegenden Aufgabe kommt jetzt darauf hinaus, den Winkel ψ, zu dessen Bestimmung die Messung des Einfallswinkels erforderlich sein würde, aus den Gleichungen I und II zu eliminiren, um auf diese Weise eine zur Berechnung der Hauptlichtgeschwindigkeiten geeignete Relation zwischen diesen letzteren Grössen, den zur Orientirung des Prismas dienenden Winkeln, dem Prismenwinkel und dem Minimum der Ablenkung zu gewinnen.

Es ist ersichtlich, dass ein beliebig orientirtes Prisma eines optisch zweiaxigen Krystalls practisch verwerthbare Resultate nicht liefert. Wir wenden uns daher zur Ableitung specieller Fälle.

A. *Wenn die Querschnittsebene des Prismas eine optische Symmetrieebene ist, zerfällt die Curve* $\mathfrak{P}$ *in einen Kreis und ein Oval. Die nach der Querschnittsebene polarisirte Welle von constanter Geschwindigkeit liefert eine Hauptlichtgeschwindigkeit und die Bestimmung des Minimums der Ablenkung der parallel zur Prismenkante polarisirten Welle von veränderlicher Geschwindigkeit ergiebt eine zuerst von* G. G. Stokes[1] *aufgestellte Relation zwischen den beiden anderen Hauptlichtgeschwindigkeiten.*

Es sei X_1 die Richtung der Prismenkante und $(X_2 X) = (X_3 Y) = \mu$. Alsdann nehmen die Richtungscosinus $\alpha_1 \ldots \gamma_2$ folgende Werthe an:

	X_1	X_2	X_3
X	0	$\cos\mu$	$\sin\mu$
Y	0	$-\sin\mu$	$\cos\mu$
Z	1	0	0

und die Gleichung der Curve $\mathfrak{P}$ lautet:

$$\mathfrak{f}(\mathfrak{p}, \psi) = (\mathfrak{p}^2 - \mathfrak{a}_1^2)[\mathfrak{p}^2 - \mathfrak{a}_2^2 \sin^2(\mu + \psi) - \mathfrak{a}_3^2 \cos^2(\mu + \psi)] = 0.$$

Bilden wir nun mit dem zweiten Factor von $\mathfrak{f}$, welcher, gleich Null gesetzt, die Gleichung des Ovals darstellt, die Gleichungen I und II:

$$\mathsf{M} + \mathsf{N} \cos 2\psi = \tfrac{1}{2}(\mathfrak{a}_2^2 + \mathfrak{a}_3^2) - \tfrac{1}{2}(\mathfrak{a}_2^2 - \mathfrak{a}_3^2) \cos 2(\mu + \psi)$$
$$2\mathsf{N} \sin 2\psi = -(\mathfrak{a}_2^2 - \mathfrak{a}_3^2) \sin 2(\mu + \psi),$$

so ergiebt sich jene Relation in der Form:

$$(\mathfrak{a}_2^2 - \mathfrak{a}_3^2)^2 \sin^2\mu \cos^2\mu = \left(\mathfrak{a}_2^2 \sin^2\mu + \mathfrak{a}_3^2 \cos^2\mu - \frac{1}{C^2}\right)\left(\mathfrak{a}_2^2 \cos^2\mu + \mathfrak{a}_3^2 \sin^2\mu - \frac{1}{S^2}\right)$$

[1] Vgl. die auf S. 387 citirte Abhandlung.

worin:

$$\frac{1}{C} = \frac{\cos\frac{A}{2}}{\cos\frac{A+\Delta}{2}}, \quad \frac{1}{S} = \frac{\sin\frac{A}{2}}{\sin\frac{A+\Delta}{2}}.$$

Aus der Gleichung des Ovals:

$$\mathfrak{p}^2 - \mathfrak{a}_2{}^2 \sin^2(\mu + \psi) - \mathfrak{a}_3{}^2 \cos^2(\mu + \psi) = 0$$

folgt, dass *zwei* Werthepaare $\mathfrak{p}$, ψ für zwei parallel zur Prismenkante polarisirte Wellen erforderlich sind zur Berechnung der Hauptlichtgeschwindigkeiten $\mathfrak{a}_2$, $\mathfrak{a}_3$. Um den Einfluss der Beobachtungsfehler herabzumindern, wird man indessen eine grössere Reihe von Messungen anstellen, aus jeder derselben die zugehörigen Werthe von $\mathfrak{p}$, ψ berechnen und dann nach der Methode der kleinsten Quadrate $\mathfrak{a}_2$, $\mathfrak{a}_3$ bestimmen. Dieses Verfahren zur *Ermittelung der drei Hauptlichtgeschwindigkeiten eines optisch zweiaxigen Krystalls an einem einzigen Prisma* ist von G. G. Stokes vorgeschlagen und von V. von Lang[1] am Gyps, von M. Born am Anglesit durchgeführt worden.

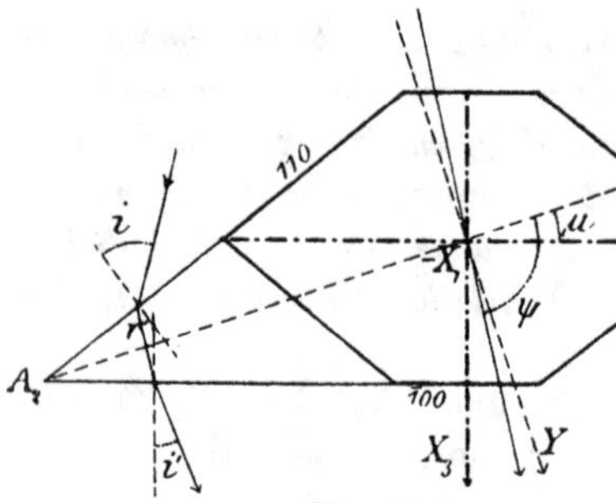

Fig. 206.

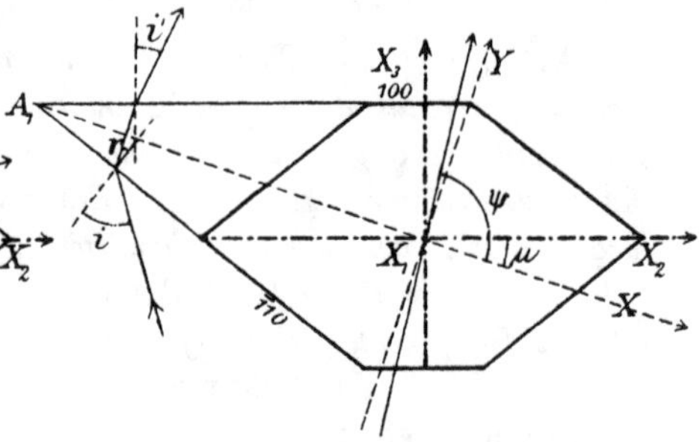

Fig. 207.

In Fig. 206, 207 ist der von M. Born (a. a. O. S. 42) benutzte Krystall des Anglesit vom Monte Poni dargestellt. Es wurde einmal $\bar{1}10$ zur Eintrittsfläche und 100 zur Austrittsfläche, das andere Mal 110 zur Eintrittsfläche und $\bar{1}00$ zur Austrittsfläche gewählt. Wie aus den Bezeichnungen der Figuren hervorgeht, ist:

$$\alpha = 0, \quad \beta = \cos\mu, \quad \gamma = -\sin\mu,$$
$$\alpha_1 = 0, \quad \beta_1 = \sin\mu, \quad \gamma_1 = \cos\mu,$$

so dass die Curve $\mathfrak{P}$ dargestellt wird durch:

$$\left| \begin{array}{l} \mathfrak{p} = \mathfrak{a}_1 \\ \mathfrak{p}^2 = \mathfrak{a}_2{}^2 \sin^2(\psi - \mu) + \mathfrak{a}_3{}^2 \cos^2(\psi - \mu). \end{array} \right.$$

Es seien die dem Einfallswinkel i entsprechenden Brechungswinkel und Ablenkungswinkel der nach der Querschnittsebene und der parallel zur Prismenkante polarisirten Welle bezeichnet mit r_1, D_1 und r_2, D_2, so dienen zur Berechnung von $\mathfrak{a}_1$, $\mathfrak{p}$, ψ die Relationen:

[1] V. von Lang, Grösse und Lage der optischen Elasticitätsaxen beim Gypse. Sitzungsber. Wien. Akad. 76 (2), 793, 1877.

$$\tan\left(r_1 - \frac{A}{2}\right) = \tan\frac{A}{2}\tan\left(i - \frac{A + D_1}{2}\right)\cot\frac{A + D_1}{2}$$

$$\mathfrak{a}_1 = \frac{\sin r_1}{\sin i}$$

$$\tan\left(r_2 - \frac{A}{2}\right) = \tan\frac{A}{2}\tan\left(i - \frac{A + D_2}{2}\right)\cot\frac{A + D_2}{2}$$

$$\mathfrak{p} = \frac{\sin r_2}{\sin i}, \quad \psi = \frac{\pi}{2} + \left(r_2 - \frac{A}{2}\right).$$

Nachdem $\mathfrak{a}_1$, $\mathfrak{p}$, ψ an dem Prisma Fig. 207 für sechs und an dem Prisma Fig. 206 für fünf verschiedene Einfallswinkel gefunden waren, wurde zunächst der Mittelwerth von $\mathfrak{a}_1$ gebildet und darauf das zur Berechnung von $\mathfrak{a}_2$, $\mathfrak{a}_3$ dienende Gleichungssystem hergestellt. Es folgen nämlich aus:

$$\mathfrak{p}_h^2 - \mathfrak{a}_2^2 \sin^2(\psi_h - \mu) - \mathfrak{a}_3^2 \cos^2(\psi_h - \mu) = 0, \quad (h = 1, 2, \ldots 11)$$

nach der Methode der kleinsten Quadrate die Normalgleichungen:

$$\Sigma \cos^2(\psi_h - \mu)\,\mathfrak{p}_h^2 - \mathfrak{a}_2^2 \Sigma \sin^2(\psi_h - \mu)\cos^2(\psi_h - \mu) - \mathfrak{a}_3^2 \Sigma \cos^4(\psi_h - \mu) = 0$$

$$\Sigma \sin^2(\psi_h - \mu)\,\mathfrak{p}_h^2 - \mathfrak{a}_2^2 \Sigma \sin^4(\psi_h - \mu) - \mathfrak{a}_3^2 \Sigma \sin^2(\psi_h - \mu)\cos^2(\psi_h - \mu) = 0.$$

Sind die numerischen Werthe der hierin auftretenden Coëfficienten berechnet, so ergiebt die Auflösung dieser Gleichungen die gesuchten Werthe von $\mathfrak{a}_2$, $\mathfrak{a}_3$.

B. *Soll bei dem Minimum der Ablenkung die gebrochene Wellenebene den Winkel A halbiren* ($\psi = 90^0$), *also der Einfallswinkel gleich dem Austrittswinkel sein, so muss offenbar die Halbirungsgerade des inneren oder des äusseren Prismenwinkels die Richtung einer optischen Symmetrieaxe haben oder es muss beides gleichzeitig stattfinden.* Dieses Resultat ergiebt sich aus Gleichung II in folgender Weise. Ist $\psi = 90^0$, so müssen die Richtungscosinus $\alpha \ldots \gamma_2$ die Bedingung befriedigen:

$$(\mathsf{M} - \mathsf{N}) L_2 - M_2 = 0$$

oder:

$$\alpha\alpha_1 = 0, \quad \beta\beta_1 = 0, \quad \gamma\gamma_1 = 0.$$

Hierin sind drei wesentlich verschiedene Fälle enthalten. Ist zunächst:

a) $$\left|\begin{array}{lll} \alpha = 1, & \beta = 0, & \gamma = 0, \\ \alpha_1 = 0, & \beta_1 = 1, & \gamma_1 = 0, \end{array}\right.$$

so fallen die optischen Symmetrieaxen X_1, X_2, X_3 *der Reihe nach mit* X, Y, Z *zusammen:* Aus I folgt:

$$\left(\frac{1}{S^2} - \mathfrak{a}_3^2\right)\left(\frac{1}{S^2} - \mathfrak{a}_1^2\right) = 0;$$

wir erhalten also durch Beobachtung des Minimums der Ablenkung die beiden Hauptlichtgeschwindigkeiten $\mathfrak{a}_3$, $\mathfrak{a}_1$, mit denen sich in der Richtung X_2 ebene Wellen fortpflanzen. Für das Quadrat der dritten Hauptlichtgeschwindigkeit $\mathfrak{a}_2$ liefert die Gleichung der Curve $\mathfrak{P}$ eine lineare Relation:

$$\mathfrak{p}^2 - \mathfrak{a}_1^2 \sin^2\psi - \mathfrak{a}_2^2 \cos^2\psi = 0,$$

so dass zur Berechnung von $\mathfrak{a}_2$ nur noch ein Werthepaar $\mathfrak{p}$, ψ erforderlich ist.

Beachten wir jetzt, dass die Symmetrieaxe X_2 in zwei verschieden orientirten Prismen beim Minimum der Ablenkung Fortpflanzungsrichtung sein kann:

Kante des Prismas	$\parallel X_3$		$\parallel X_1$	
Polarisationsrichtung . . .	$\parallel$ zur Kante	$\perp$ zur Kante	$\parallel$ zur Kante	$\perp$ zur Kante
Fortpflanzungsgeschwindigkeit	$\mathfrak{a}_1$	$\mathfrak{a}_3$	$\mathfrak{a}_3$	$\mathfrak{a}_1$

so ist ersichtlich, dass sich zur Bestimmung der drei Paare von Hauptlichtgeschwindigkeiten nach dem in Rede stehenden Verfahren sechs Prismen darbieten (vgl. Fig. 152, Seite 318):

Kante des Prismas		X_1	X_2	X_3
Fortpflanzungs-richtung	X_1	*	$\mathfrak{a}_3,\ \mathfrak{a}_2$	$\mathfrak{a}_2,\ \mathfrak{a}_3$
	X_2	$\mathfrak{a}_3,\ \mathfrak{a}_1$	*	$\mathfrak{a}_1,\ \mathfrak{a}_3$
	X_3	$\mathfrak{a}_2,\ \mathfrak{a}_1$	$\mathfrak{a}_1,\ \mathfrak{a}_2$	*

In dieser Tabelle ist die Geschwindigkeit der parallel zur Kante des Prismas polarisirten Welle jedesmal an erster Stelle genannt.

Topas. Die optische Orientirung sei aus der Beobachtung der Interferenzerscheinungen an basischen Spaltplatten im convergenten polarisirten Lichte bekannt: Ebene der optischen Axen (010), erste Mittellinie $\grave{c}$, Charakter der Doppelbrechung positiv. Folglich entsprechen den krystallographischen Symmetrieaxen $\breve{a}$, $\bar{b}$, $\grave{c}$ die optischen Symmetrieaxen X_1, X_2, X_3. *Das Prisma* $m = (110)$ *kann nun benutzt werden, um durch Messung des Minimums der Ablenkung die Hauptlichtgeschwindigkeiten* $\mathfrak{a}_2$, $\mathfrak{a}_3$ *zu bestimmen* (Fig. 208). Wir erblicken im Beobachtungsfernrohr zwei Bilder des Collimatorspaltes: das weniger abgelenkte (rechte) Bild ist, wie die Prüfung mit einem Nicol'schen Prisma ergiebt, parallel zur Kante m/m polarisirt, während die Polarisationsebene des stärker abgelenkten (linken) Bildes senkrecht zu jener Kante liegt; das erstere Bild liefert bei dem Minimum seiner Ablenkung die Geschwindigkeit $\mathfrak{a}_2$, das letztere $\mathfrak{a}_3$.

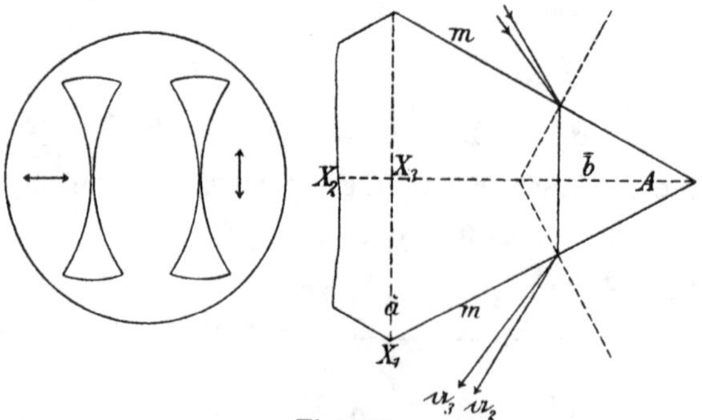

Fig. 208.

Kieselzinkerz. Die in Fig. 209 dargestellte Combination bietet *zwei Prismen* $i = (031)$ *und* $t = (301)$ *zur Messung der drei Hauptlichtgeschwindigkeiten* dar. V. von Lang erhielt für gelbes Licht folgende Werthe der drei Hauptbrechungsindices:[1]

[1] V. von Lang, Bestimmung der Hauptbrechungsquotienten von Galmei und unterschwefelsaurem Natron. Sitzungsber. Wien. Akad. **37**, 380, 1859.

Prisma 031 : 0$\bar{3}$1. Kante || $\breve{a}$. Fortpflanzungsrichtung || $\bar{b}$.
Polarisationsrichtung || zur Kante, ⊥ zur Kante,
1,6360, 1,6170.

Prisma 301 : $\bar{3}$01. Kante || $\bar{b}$. Fortpflanzungsrichtung || $\breve{a}$.
Polarisationsrichtung || zur Kante, ⊥ zur Kante,
1,6360, 1,6136.

Demnach ist: 1,6136 = α_1, 1,6170 = α_2, 1,6360 = α_3. Folglich entsprechen den krystallographischen Axen $\breve{a}$, $\bar{b}$, $\dot{c}$ die optischen Symmetrieaxen X_2, X_1, X_3

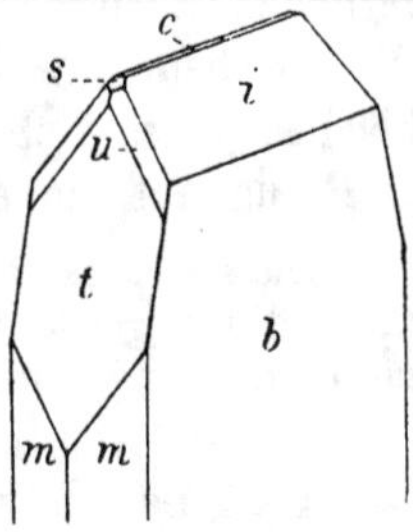

Fig. 209.

Ist ferner:

b) $\left|\begin{array}{lll} \alpha = 0, & \beta = -\sin\mu, & \gamma = \cos\mu, \\ \alpha_1 = 1, & \beta_1 = 0, & \gamma_1 = 0, \end{array}\right.$

so fällt die Halbirungsgerade des *äusseren* Prismenwinkels Y mit der optischen Symmetrieaxe X_1 zusammen. Zur vollständigen Orientirung des Prismas dient $(X_2 Z) = (X_3 X) = \mu$. Da nach I:

$$\left(\frac{1}{S^2} - \mathfrak{a}_2^2\right)\left(\frac{1}{S^2} - \mathfrak{a}_3^2\right) = 0$$

ist, *so ergeben sich auch in diesem Falle beim Minimum der Ablenkung direct die Werthe von zwei Hauptlichtgeschwindigkeiten* $\mathfrak{a}_2$, $\mathfrak{a}_3$. Ist ausserdem noch ein Werthepaar $\mathfrak{p}$, ψ bestimmt, so liefert die Gleichung der Curve $\mathfrak{P}$ zur Berechnung von $\mathfrak{a}_1^2$ eine lineare Relation:

$$v\,\mathfrak{a}_1^2 + w = 0$$

worin:

$$v = [\mathfrak{a}_2^2 \cos^2\mu + \mathfrak{a}_3^2 \sin^2\mu - \mathfrak{p}^2] \cos^2\psi$$
$$w = [\mathfrak{a}_2^2 \mathfrak{a}_3^2 - \mathfrak{p}^2(\mathfrak{a}_2^2 + \mathfrak{a}_3^2)] \sin^2\psi - \mathfrak{p}^2(\mathfrak{a}_2^2 \cos^2\mu + \mathfrak{a}_3^2 \sin^2\mu)\cos^2\psi + \mathfrak{p}^4.$$

Hierher gehören: 1) die Prismen *rhombischer* Krystalle, welche von zwei in Bezug auf eine Symmetrieebene gleichberechtigten Flächen einer rhombischen Pyramide gebildet werden; 2) die Prismen *monokliner* Krystalle, deren Flächen symmetrisch zur Ebene $\pi_3\ \pi_1$ (S. 49) liegen.

Endlich kann:

c) $\left|\begin{array}{lll} \alpha = 1, & \beta = 0, & \gamma = 0 \\ \alpha_1 = 0, & \beta_1 = \cos\mu, & \gamma_1 = -\sin\mu \end{array}\right.$

sein. Hier fällt die Halbirungsgerade X des *inneren* Prismenwinkels mit einer der optischen Symmetrieaxen X_1 zusammen, und die Orientirung des Prismas ist gegeben durch $(X_2 Y) = (X_3 Z) = \mu$. Aus I folgt:

$$\left(\frac{1}{S^2} - \mathfrak{a}_1^2\right)\left(\frac{1}{S^2} - \mathfrak{a}_2^2 \sin^2\mu - \mathfrak{a}_3^2 \cos^2\mu\right) = 0.$$

Demnach liefert beim Minimum der Ablenkung nur die parallel zur Prismenkante polarisirte Welle eine Hauptlichtgeschwindigkeit, nämlich die constante

Geschwindigkeit der Wellen, welche senkrecht zur Halbirungsgeraden des inneren Prismenwinkels polarisirt sind. Die Geschwindigkeit $\mathfrak{p}_\mu$ der zweiten, nach der Querschnittsebene des Prismas polarisirten Welle, die beiden anderen Hauptlichtgeschwindigkeiten und der Winkel μ sind durch die Relation:

$$\mathfrak{p}_\mu^2 - \mathfrak{a}_2^2 \sin^2 \mu - \mathfrak{a}_3^2 \cos^2 \mu = 0$$

verbunden. Hierher gehören: 1) Prismen *rhombischer* Krystalle, deren Flächen einem Sphenoid angehören oder an einer rhombischen Pyramide so liegen wie Flächen eines Sphenoids; 2) Prismen *monokliner* Krystalle, deren Flächen in Bezug auf die Axe π_2 (S. 49) gleichberechtigt sind.

Diese Methode ist von V. von Lang (a. a. O. S. 382) an einem von den Flächen 121 und $1\bar{2}\bar{1}$ gebildeten Prisma des *unterschwefelsauren Natrium* = $Na_2S_2O_6 . 2H_2O$ zur Bestimmung eines Hauptbrechungsindex benutzt worden.

46. Lassen wir die Voraussetzung, dass die Lage der Prismenflächen gegen die optischen Symmetrieaxen bekannt sei, fallen, so erhebt sich die Frage, ob an einem einzigen beliebig orientirten Prisma eines optisch zweiaxigen Krystalls sowohl die Werthe der Hauptlichtgeschwindigkeiten, als die Lage der optischen Symmetrieaxen aus dem Prismenwinkel A und den zur Bestimmung des Centralschnittes $\mathfrak{P}$ erforderlichen Werthepaaren ψ, $\mathfrak{p}$ berechnet werden können.[1]

Da die Gleichung der Curve $\mathfrak{P}$, in welcher die Normalenfläche von der Querschnittsebene des Prismas geschnitten wird, sechs Coëfficienten $L, \ldots, M_2$ enthält (S. 392), so reichen die Beobachtungen von sechs Werthepaaren ψ, $\mathfrak{p}$ hin, um diese Grössen und damit die Curve $\mathfrak{P}$ zu ermitteln. *Allein durch einen so bestimmten Centralschnitt der Normalenfläche lässt sich, wie* A. Brill *gezeigt hat,*[2] *im Allgemeinen noch eine reelle, von der ersten verschiedene Normalenfläche legen,* so dass also die Lösung der vorliegenden Aufgabe im Allgemeinen zweideutig ist. Die beiden Normalenflächen unterscheiden sich lediglich hinsichtlich der mittleren Hauptlichtgeschwindigkeit, während die Werthe der kleinsten und der grössten Hauptlichtgeschwindigkeit übereinstimmen. *Sie fallen nur dann zusammen, wenn die Prismenkante auf einer optischen Axe senkrecht steht.*

Zu dem Ergebniss, dass im Allgemeinen *zwei* reelle Normalenflächen durch denselben Centralschnitt $\mathfrak{P}$ gelegt werden können, gelangt man schon durch die Erwägung, dass insbesondere eine aus einem Kreise und einem concentrischen, den Kreis nicht schneidenden Oval bestehende Curve $\mathfrak{P}$ ebensowohl als Schnitt der Normalenfläche eines optisch zweiaxigen Krystalls mit einer optischen Symmetrieebene wie als schiefer Centralschnitt der Normalenfläche eines optisch einaxigen Krystalls auftreten kann. Auch in diesem speciellen Falle kann die in Rede stehende Aufgabe erst dann eindeutig gelöst werden, wenn man weiss, ob das Prisma einem optisch einaxigen oder einem optisch zweiaxigen Krystall angehört.

---

[1] Th. Liebisch, N. Jahrb. f. Min. 1886, **1**, 31.

[2] A. Brill, Bestimmung der optischen Wellenfläche aus einem ebenen Centralschnitte derselben. Sitzungsber. bayer. Acad. 1883, 423. Math. Ann. **34**, 297, 1889.

47. Es gilt jetzt die Brechung des Lichtes durch Prismen unter dem zweiten, auf S. 376 erläuterten Gesichtspunkte zu untersuchen. Wir wünschen an einem Prisma, dessen Strahlenfläche unbekannt ist, *einen gebrochenen Strahl OS, dessen Welle zur Kante des Prismas parallel ist, auf experimentellem Wege vollständig zu bestimmen.* Hierzu ist, falls die Geschwindigkeit $\mathfrak{p}$ der Welle und der Richtungswinkel ψ ihrer Normale OP gegeben sind, die Kenntniss der Winkel $\zeta = (POS)$, $\Omega = (RPS)$ erforderlich. Diese Winkel können berechnet werden, wenn die Coordinaten x, y, z des Punktes S bekannt sind, denn es bestehen folgende Relationen (Fig. 210, 211).

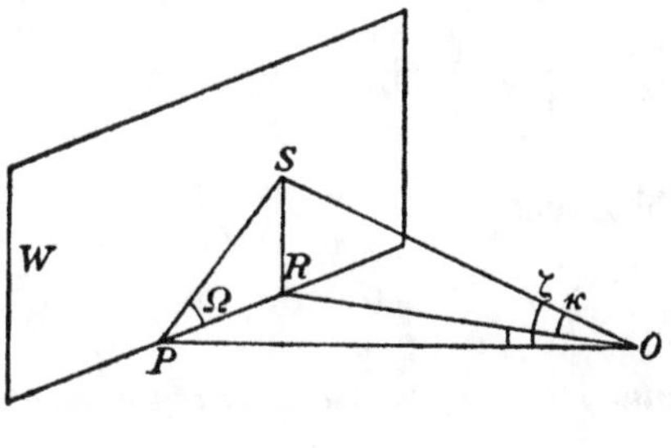

Fig. 210.

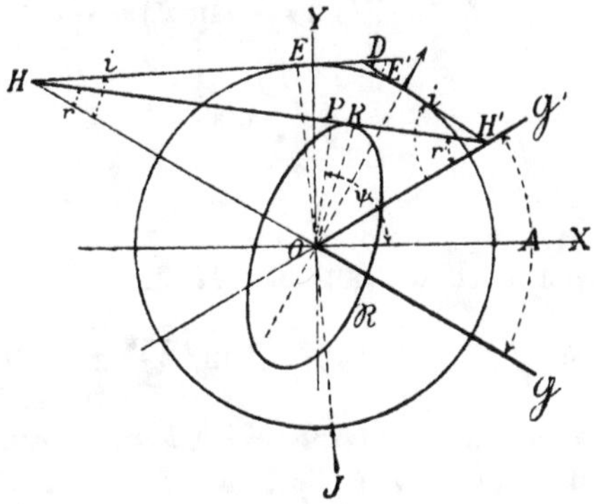

Fig. 211.

Wir setzen den Winkel des Strahles gegen die Brechungsebene $(SOR) = \varkappa$ und die mit ψ in demselben Sinne gerechnete Neigung von OR gegen die X-Axe, $(ROX) = \psi'$. Alsdann ist $(POR) = \psi - \psi'$. Da R die Coordinaten x, y hat, so folgt:

$$\tan \psi' = \frac{y}{x}. \tag{1}$$

Jetzt kann der in der Richtung der Prismenkante genommene Abstand des Punktes S von der Brechungsebene, $SR = z$, in folgender Weise durch $OP = \mathfrak{p}$ und die Winkel $\varkappa$, $\psi - \psi'$ ausgedrückt werden:

$$z = OR \tan \varkappa, \quad OR = OP / \cos(\psi - \psi'),$$

$$z = \mathfrak{p} \frac{\tan \varkappa}{\cos(\psi - \psi')}. \tag{2}$$

Beachtet man noch die für die Ecke O geltenden Beziehungen:

$$\cos \zeta = \cos \varkappa \cos(\psi - \psi'), \quad \tan \Omega = \frac{\tan \varkappa}{\sin(\psi - \psi')}, \tag{3}$$

so kann man in der That, falls $\mathfrak{p}$, ψ und x, y, z gegeben sind, der Reihe nach ψ', $\varkappa$ und *die gesuchten Winkel* ζ, Ω berechnen.

Was nun die Bestimmung der Coordinaten x, y, z angeht, so gelingt sie mit Hülfe der Beziehungen, welche x, y, z verbinden mit dem Winkel

φ_0', unter welchem das Bild eines geradlinigen, zur Prismenkante parallelen Spaltes gegen diese Kante geneigt erscheint, und dem Winkel φ_0, um den jener Spalt aus seiner Anfangslage gedreht werden muss, damit sein Bild zur Prismenkante parallel laufe. Es ist nämlich, wie A. CORNU gezeigt hat:

$$(4)\qquad \begin{aligned} x\sin\frac{A}{2} + y\cos\frac{A}{2} + z\frac{\sin A}{\cos i'}\cot\varphi_0' &= 0 \\ x\sin\frac{A}{2} - y\cos\frac{A}{2} + z\frac{\sin A}{\cos i}\cot\varphi_0 &= 0. \end{aligned}$$

Diese beiden Relationen sind im Verein mit der Gleichung der Wellenebene W:

$$\sin\frac{A}{2}(\sin i - \sin i')x - \cos\frac{A}{2}(\sin i + \sin i')y + \sin A = 0$$

oder:

$$\sin\frac{i-i'}{2}\,\frac{\cos\frac{i+i'}{2}}{\cos\frac{A}{2}}\,x - \cos\frac{i-i'}{2}\,\frac{\sin\frac{i+i'}{2}}{\sin\frac{A}{2}}\,y + 1 = 0$$

oder nach der auf S. 297 benutzten Abkürzung:

$$(5)\qquad C\sin\frac{i-i'}{2}x - S\cos\frac{i-i'}{2}y + 1 = 0$$

nothwendig und ausreichend zur Berechnung von x, y, z aus den gemessenen Winkeln A, i, i', φ_0, φ_0'.

Zu diesem Resultate führt die Betrachtung der Brechung einer zur Prismenkante *nicht* parallelen Wellenebene. Es ist zunächst ersichtlich, dass die austretende Welle denselben Winkel ϑ mit der Kante des Prismas bildet, wie die eintretende. Führt man nämlich die Huyghens'sche Construction um O als Einfallspunkt aus, so wird die einfallende Welle die Kugel, deren Radius die Geschwindigkeit $\mathfrak{v} = 1$ in dem äusseren Mittel darstellt, berühren und demnach die Prismenkante in der Entfernung $OK = 1/\sin\vartheta$ von O schneiden. Die gebrochene Welle geht durch die Schnittgerade der einfallenden Welle mit der Eintrittsfläche $\mathfrak{S}$ und berührt die Strahlenfläche des Prismas. Endlich erhält man die austretende Welle, indem man die gebrochene Welle bis zur Austrittsfläche $\mathfrak{S}'$ verlängert und durch die Schnittgerade eine Tangentialebene an die Kugel legt. Diese drei Wellen schneiden sich offenbar in demselben Punkte K der Prismenkante. Da nun die einfallende und die austretende Welle Tangentialebenen an dieselbe Kugel sind, so sind sie gleich geneigt gegen KO.

Wir können jetzt die *Gleichung der gebrochenen Wellenebene* bilden, von der drei Punkte K, H, H' bekannt sind (Fig. 212):

1) der allen drei Wellen gemeinsame Punkt K der Prismenkante mit den Coordinaten:

$$x_1 = 0, \quad y = 0, \quad z_1 = -\frac{1}{\sin\vartheta};$$

2) der Schnittpunkt H der Spur der einfallenden Welle mit der Spur der Eintrittsfläche auf dem Querschnitt; H ist um $OH = OE/\sin i = 1/\cos\vartheta\sin i$ von O entfernt und besitzt die Coordinaten:

$$x_2 = -\frac{\cos\frac{A}{2}}{\cos\vartheta\sin i}, \quad y_2 = \frac{\sin\frac{A}{2}}{\cos\vartheta\sin i}, \quad z_2 = 0;$$

3) der Schnittpunkt H' der Spur der austretenden Welle und der Spur der Austrittsfläche auf dem Querschnitt mit den Coordinaten:

$$x_3 = \frac{\cos\frac{A}{2}}{\cos\vartheta\,\sin i'}, \quad y_3 = \frac{\sin\frac{A}{2}}{\cos\vartheta\,\sin i'}, \quad z_3 = 0.$$

Demnach lautet die gesuchte Gleichung:

$$\begin{vmatrix} x & y & z & 1 \\ x_1 & y_1 & z_1 & 1 \\ x_2 & y_2 & z_2 & 1 \\ x_3 & y_3 & z_3 & 1 \end{vmatrix} = 0$$

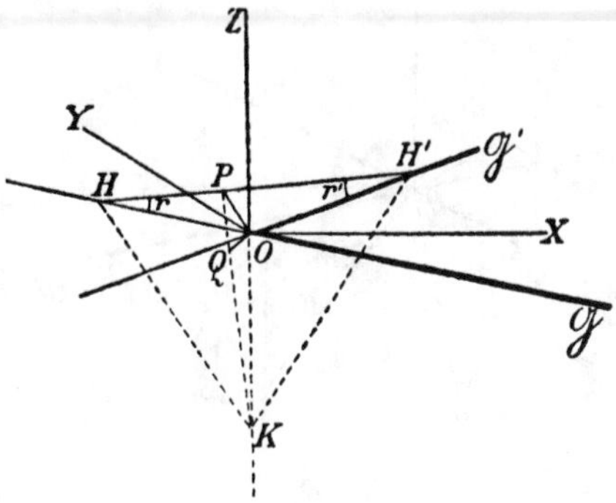

Fig. 212.

oder:

$$\text{(a)} \qquad \begin{aligned} &\sin\frac{A}{2}(\sin i - \sin i')\,x \\ &-\cos\frac{A}{2}(\sin i + \sin i')\,y \\ &+\tan\vartheta \sin A\,.\,z + \frac{\sin A}{\cos\vartheta} = 0. \end{aligned}$$

Folglich ist das Quadrat des Abstandes der gebrochenen Wellenebene vom Punkte O, also das Quadrat ihrer Geschwindigkeit gegeben durch:

$$p^2 = \frac{\sin^2 A}{\cos^2\vartheta}\cdot\frac{1}{\sin^2\frac{A}{2}(\sin i - \sin i')^2 + \cos^2\frac{A}{2}(\sin i + \sin i')^2 + \tan^2\vartheta\sin^2 A}.$$

Schreibt man diese Relation in der Form:

$$\frac{1}{p^2} + \left(\frac{1}{p^2} - 1\right)\tan^2\vartheta = \frac{\sin^2 i + \sin^2 i' + \sin i\,\sin i'\cos A}{\sin^2 A},$$

so erhält man aus dem Vergleich mit (12) auf S. 297 folgenden Satz: *Das Sinusgesetz ist auch auf die in der Querschnittsebene des Prismas erzeugten Spuren jener einfallenden und gebrochenen Wellen, die nicht zur Kante des Prismas parallel laufen, anwendbar, falls man nur den wahren Brechungsindex* $1/p$ *einer gebrochenen Welle ersetzt durch:*

$$\left[\frac{1}{p^2} + \left(\frac{1}{p^2} - 1\right)\tan^2\vartheta\right]^{\frac{1}{2}},$$

worin ϑ *die Neigung der entsprechenden einfallenden Welle gegen die Prismenkante bedeutet.*

Es seien jetzt x, y, z insbesondere die Coordinaten des Berührungspunktes der Wellenebene KHH' mit der Strahlenfläche des Prismas; dann müssen dieselben die Gleichung (a) dieser Wellenebene und ausserdem die Gleichung:

$$\sin\frac{A}{2}(\cos i\,di - \cos i'\,di')\,x - \cos\frac{A}{2}(\cos i\,di + \cos i'\,di')\,y$$
$$+\frac{\sin A}{\cos^2\vartheta}\,z\,d\vartheta + \frac{\sin A}{\cos^2\vartheta}\sin\vartheta\,d\vartheta = 0$$

oder:

$$\text{(b)} \qquad \begin{aligned} &di\left(x\sin\frac{A}{2} - y\cos\frac{A}{2}\right)\cos i - di'\left(x\sin\frac{A}{2} + y\cos\frac{A}{2}\right)\cos i' \\ &+ d\vartheta\,(z + \sin\vartheta)\,\frac{\sin A}{\cos^2\vartheta} = 0 \end{aligned}$$

befriedigen. *Die Verhältnisse $di/d\vartheta$ und $di'/d\vartheta$ gestatten nun eine einfache Deutung für den Fall, wo die einfallende Wellenebene zur Prismenkante parallel läuft, also $\vartheta = 0$ ist.* Die Normale EO einer solchen Wellenebene W sei unter dem Winkel i gegen die Normale g der Eintrittsfläche $\mathfrak{G}$ geneigt (Fig. 213); $E_1 O$ bedeute eine unter dem Winkel $d\vartheta$ gegen den Querschnitt des Prismas geneigte Wellennormale, deren Einfallswinkel gleich $i + di$ ist. Bezeichnen wir jetzt mit φ die Neigung der Verbindungsebene EOE_1 gegen die Prismenkante, so ist:

$$\tan\varphi = \frac{di}{d\vartheta}.$$

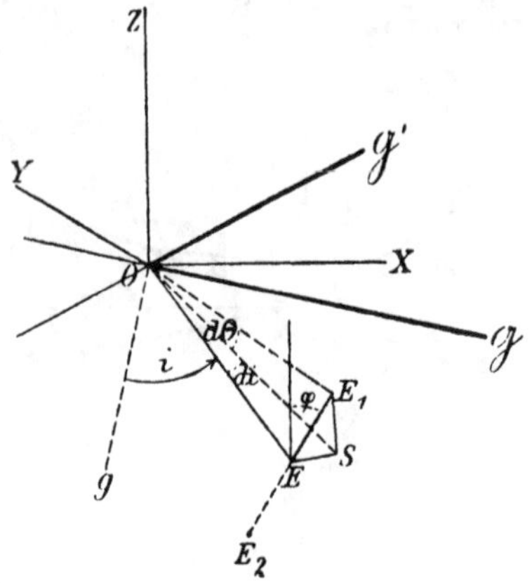

Fig. 213.

Die Normalen OE', OE_1' der austretenden Wellen, welche den Normalen EO, $E_1 O$ der einfallenden Wellen entsprechen, bilden rückwärts verlängert mit dem Querschnitt des Prismas dieselben Winkel, wie $EO, E_1 O$. Ihre Verbindungsebene $E'OE_1'$ schliesse mit der Prismenkante den Winkel φ' ein, so ist:

$$\tan\varphi' = -\frac{di'}{d\vartheta},$$

denn der Zuwachs von di' ist jenem von di entgegengesetzt, während der Zuwachs von ϑ für die austretenden Wellen sein Vorzeichen behält. Folglich ist für $\vartheta = 0$:

$$(\mathbf{b}^*) \quad \cos i\left(x\sin\frac{A}{2} - y\cos\frac{A}{2}\right)\tan\varphi + \cos i'\left(x\sin\frac{A}{2} + y\cos\frac{A}{2}\right)\tan\varphi' + z\sin A = 0.$$

Nehmen wir also an, das einfallende Licht entstamme einer unendlich fernen, sehr kleinen geraden Lichtlinie E_1EE_2, die mit der Prismenkante den Winkel φ einschliesst, so wird das Bild derselben eine unter dem Winkel $-\varphi'$ gegen die Kante geneigte Linie sein. Daraus ergiebt sich aber für den zu dem Winkel $\varphi = 0$ gehörigen Winkel φ_0':

$$\tan\varphi_0' = -\frac{z}{x\sin\frac{A}{2} + y\cos\frac{A}{2}}\,\frac{\sin A}{\cos i'},$$

d. h. das durch ein Prisma gesehene Bild eines sehr kleinen geradlinigen, zur Kante des Prismas parallelen Spaltes E_1EE_2 im Collimator erscheint gegen jene Kante *geneigt*, sobald die gebrochene Wellenebene W, welche der mittleren Wellennormale EO entspricht, ihre Strahlenfläche *ausserhalb* der Einfallsebene berührt. Damit das Bild zur Kante des Prismas parallel liege ($\varphi' = 0$), muss der Spalt den Winkel φ_0 mit jener Kante bilden, welcher gegeben ist durch:

$$\tan\varphi_0 = -\frac{z}{x\sin\frac{A}{2} - y\cos\frac{A}{2}}\,\frac{\sin A}{\cos i}.$$

Die vollständige Bestimmung des gebrochenen Strahles vereinfacht sich erheblich, wenn die Bedingung für das *Minimum der Ablenkung*: $dD = 0$ oder $di + di' = 0$ erfüllt ist. Denn die Gleichung (5) der Wellenebene W ergiebt durch Differentiation, wobei x, y, C, S Constanten sind:

$$\left(C\cos\frac{i-i'}{2}x + S\sin\frac{i-i'}{2}y\right)(di - di') = 0.$$

Folglich ist:

(1*) $$\tan\psi' = \frac{y}{x} = -\frac{C}{S}\cot\frac{i-i'}{2}.$$

In diesem Falle sind also die Ausdrücke für die Coordinaten x, y des Punktes R (Fig. 211):

(4*) $$x = -\frac{1}{C}\sin\frac{i-i'}{2}, \quad y = \frac{1}{S}\cos\frac{i-i'}{2}.$$

Demnach lautet jetzt die Relation (b*):

$$\tan\varphi - \tan\varphi' - z\frac{\sin(i+i')}{\cos i\cos i'} = 0;$$

insbesondere ist:

(5*) $$\tan\varphi_0' = -z\frac{\sin(i+i')}{\cos i\cos i'} = -\tan\varphi_0.$$

Die Gleichungen (4*) und (5*) liefern die überraschend einfache Lösung der vorliegenden Aufgabe.

An demselben *Kalkspathprisma* (Fig. 203, S. 390), welches zur Bestimmung der Hauptlichtgeschwindigkeiten benutzt wurde, erhielt A. Cornu[1] die in der ersten Reihe der folgenden Tabelle aufgezählten Werthe von A, Δ_e, i, i', φ_0' für Natriumlicht. Daraus folgen zunächst der Richtungswinkel ψ der Wellennormale OP nach (15), S. 297:

$$\tan\psi = -\tan\frac{A+\Delta_e}{2}\cot\frac{A}{2}\cot\frac{i-i'}{2}$$

und der Brechungsindex $n = 1/\mathfrak{p}$ aus (6) oder aus (7), S. 296:

$$n = \frac{\sin\frac{A+\Delta_e}{2}}{\sin\frac{A}{2}}\,\frac{\cos\frac{i-i'}{2}}{\sin\psi}, \qquad n = -\frac{\cos\frac{A+\Delta_e}{2}}{\cos\frac{A}{2}}\,\frac{\sin\frac{i-i'}{2}}{\cos\psi}.$$

Demnächst ergiebt sich der Richtungswinkel ψ' der Projection OR des zugehörigen Strahles auf die Einfallsebene aus (1*):

$$\tan\psi' = \cot^2\frac{A+\Delta_e}{2}\tan^2\frac{A}{2}\tan\psi.$$

Berechnet man nun die Neigung $\varkappa$ des Strahles OS gegen die Einfallsebene aus (5*) und (2):

$$z = -\frac{\cos i\cos i'}{\sin(A+\Delta_e)}\tan\varphi_0', \qquad \tan\varkappa = z\,n\cos(\psi-\psi'),$$

so findet man die gesuchten Bestimmungsstücke ζ, Ω des Strahles OS aus (3):

$$\cos\zeta = \cos\varkappa\cos(\psi-\psi'), \qquad \tan\Omega = \frac{\tan\varkappa}{\sin(\psi-\psi')}.$$

Andererseits kann man aus den Hauptlichtgeschwindigkeiten des Kalkspath und den auf S. 390 erwähnten Winkeln A, τ, ϱ welche das gewählte Prisma definiren, ebenfalls die in Rede stehenden Grössen berechnen. *In der nahen Uebereinstimmung der auf diesen beiden Wegen erhaltenen Resultate besitzen wir nicht allein eine experimentelle Bestätigung der allgemeinen geometrischen Theoreme über die Brechung ebener Wellen, sondern gleichzeitig auch eine Verification der Huyghens'schen Strahlenfläche.*

[1] A. Cornu, Ann. de l'éc. norm. (2) 3, 1, 1874.

$A = 60^0\,25'\,14{,}25''$, $i = 49^0\;\,6'\,51{,}98''$, $\tan\varphi_o' = -\,0{,}011$,
$\Delta_e = 43\;\,26\;\,20{,}25$, $i' = 54\;\,44\;\,42{,}52$, $\varphi_o' = 0^0\,38'$.

ψ	88° 42′ 54,79″	88° 42′ 17,87″
n	1,563 079	1,563 093
ψ'	83° 50′ 44,04″	83° 47′ 42,68″
$\psi-\psi'$	4 52 15,07	4 54 35,19
z	+ 0,042 280	+ 0,042 692
$\varkappa$	3° 47′ 47,5″	3° 48′ 13,75″
ζ	6 10 7	6 12 28,90
Ω	38 0 5	37 50 28,37

Totale Reflexion.

48. Zur Bestimmung der Hauptlichtgeschwindigkeiten krystallisirter Körper und zur Prüfung der Gesetze der Doppelbrechung benutzte schon Wollaston [1] (1802) mit Erfolg die Beobachtung der von den Grenzstrahlen der totalen Reflexion an einer ebenen Krystallfläche gebildeten Kegel (S. 292—294). Eine ausführliche Beschreibung derjenigen Kegel, welche an den durch die Huyghens'sche oder die Fresnel'sche Strahlenfläche charakterisirten Krystallen zu erwarten sind, gab H. de Senarmont [2] (1856). Indessen blieben seine geometrischen Resultate lange unbeachtet, weil nicht nur ein strenger Beweis für die Richtigkeit seiner Construction der Grenzstrahlen, sondern vor allem eine zur Beobachtung der Kegel geeignete Methode fehlte. Nachdem in neuester Zeit die Methoden zur Messung von Grenzwinkeln der Totalreflexion erheblich vereinfacht und vervollkommnet worden sind, haben die Erscheinungen der Totalreflexion an Krystallen ein erhöhtes theoretisches Interesse und hervorragende praktische Bedeutung gewonnen.

Bei dem einfachsten, von F. Kohlrausch angegebenen Beobachtungsverfahren fällt diffuses homogenes Licht auf eine ebene, vertikal stehende Fläche eines Krystalls, der in einem Glasgefäss von einer stärker brechenden Flüssigkeit umgeben ist (Fig. 214). Das reflectirte Licht gelangt durch eine Glasplatte p in ein auf Unendlich accommodirtes Fernrohr. Da jedem eintretenden Bündel paralleler Strahlen ein Bildpunkt im Gesichtsfelde des Fernrohres entspricht, so können wir uns der Vorstellung bedienen, dass die reflectirten Strahlen von dem Schnittpunkte O der optischen Axe f des Fernrohres und der reflectirenden Grenzebene ausgehen. In O liegt also

[1] Wollaston, On the Oblique Reflection of Iceland Crystal. Phil. Trans. **92** (2), 381, 1802.

[2] H. de Senarmont, Recherches sur la double réfraction. Compt. rend. **42**, 65, 1856. Pogg. Ann. **97**, 605, 1856. Sur la réflexion totale de la lumière extérieurement à la surface des cristaux biréfringents. Journ. de Math. (2) **1**, 305, 1856.

auch der Scheitelpunkt der Kegel der Grenzstrahlen $\mathfrak{K}$, $\mathfrak{K}'$, welche die Gebiete des partiell reflectirten und des total reflectirten Lichtes trennen.

Der Krystall befinde sich nun in einer solchen Stellung, dass ein Grenzstrahl $O\Phi_0$ die Richtung f annimmt. Alsdann bemerkt man, dass sich im Gesichtsfelde des Fernrohres das helle Gebiet des total reflectirten und das weniger helle Gebiet des partiell reflectirten Lichtes in einer scharfen Grenzlinie berühren, welche durch den Mittelpunkt des Fadenkreuzes geht, aber im allgemeinen auf der Reflexionsebene $\mathfrak{E}$ des Strahles $O\Phi_0$ nicht senkrecht steht. Diese Grenzlinie ist die Schnittcurve des auf $O\Phi_0$ senkrechten Gesichtsfeldes mit einem kleinen Ausschnitte aus dem Mantel des Kegels $\mathfrak{K}$, welchem $O\Phi_0$ angehört. In dem beschränkten Gesichtsfelde erscheint sie annähernd geradlinig. *Ihre Neigung* χ *gegen die Ebene* $\mathfrak{E}$ *ist in der Nähe von* $O\Phi_0$ *gleich dem Winkel, welchen* $\mathfrak{E}$ *mit der in* $O\Phi_0$ *an den Kegel* $\mathfrak{K}$ *gelegten Tangentialebene einschliesst.*[1] Daraus folgt, dass für jeden Grenzstrahl $O\Phi_0$ *zwei* Winkel charakteristisch sind: 1) der Grenzwinkel i_0, d. i. der Winkel, welchen die Normale der Grenzebene mit der optischen Axe des Fernrohres in der Ebene $\mathfrak{E}$ bildet, wenn die Stellung des Krystalls so gewählt ist, dass die zu dem Kegel $\mathfrak{K}$ gehörige Grenzlinie durch den Mittelpunkt des Fadenkreuzes hindurchgeht; 2) der Neigungswinkel χ der Grenzlinie gegen die Reflexionsebene $\mathfrak{E}$.

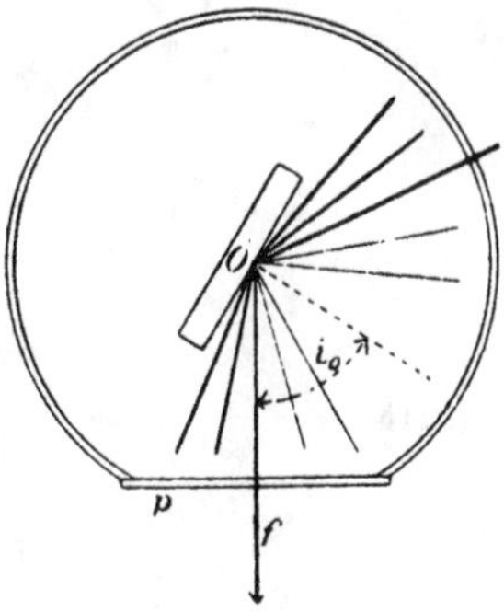

Fig. 214.

Die Grenzlinien stehen nur dann senkrecht zur Reflexionsebene $\mathfrak{E}$, wenn die letztere einer optischen Symmetrieebene des Krystalls parallel läuft, oder wenn die Schnittgerade von $\mathfrak{E}$ mit der Grenzebene die Richtung einer optischen Symmetrieaxe besitzt.

Um ein bestimmtes Beispiel vor Augen zu haben, betrachten wir einen *optisch einaxigen Krystall,* dessen Grenzebene zur optischen Axe unter einem von 90° verschiedenen Winkel geneigt ist. Der Charakter der Doppelbrechung sei *positiv.* Diffuses homogenes Licht falle von links her auf die in ihrer Ebene drehbare Grenzfläche. Bringt man, während das Beobachtungsfernrohr fest steht, den Krystallträger in die Lage, dass im Gesichtsfelde des Fernrohres der Uebergang aus dem Gebiet des partiell reflectirten Lichtes (zur Linken) in das Gebiet des total reflectirten Lichtes (zur Rechten) wahrzunehmen ist, so erscheinen zwei Grenzlinien (Fig. 215, 216). Die linke Grenze steht vertical und behält ihre Stellung bei der Drehung der Grenzfläche unverändert bei, sie entsteht durch die ordentliche Grenzbrechung, für welche die Einfallsebene $\mathfrak{E}$ in jeder Lage eine Symmetrieebene ist. Die rechte Grenzlinie ändert bei der Drehung der Grenzfläche stetig ihren

[1] Th. Liebisch, N. Jahrb. f. Min. 1886, 2, 51.

Abstand von der festen Grenze und ihre Neigung gegen dieselbe; sie wird durch die ausserordentliche Grenzbrechung erzeugt, für welche im Allgemeinen die Ebene 𝔈 nicht Symmetrieebene und die Durchschnittsgerade von 𝔈 mit der Grenzfläche nicht Symmetrieaxe ist. Der Abstand der beiden Grenzlinien von einander erreicht seinen grössten Werth, wenn die Ebene 𝔈 senkrecht zum Hauptschnitt ℌ der Grenzfläche steht, den kleinsten, wenn 𝔈 mit ℌ zusammenfällt. Die veränderliche Grenzlinie convergirt gegen die feste nach *oben*, wenn der spitze Winkel zwischen dem Hauptschnitt und der Einfallsebene 𝔈 rechts oben und links unten von 𝔈 liegt, nach *unten*, wenn sich dieser Winkel rechts unten und links oben von 𝔈 befindet; sie liegt parallel zur festen Grenze, wenn die Ebenen ℌ und 𝔈 einander parallel sind

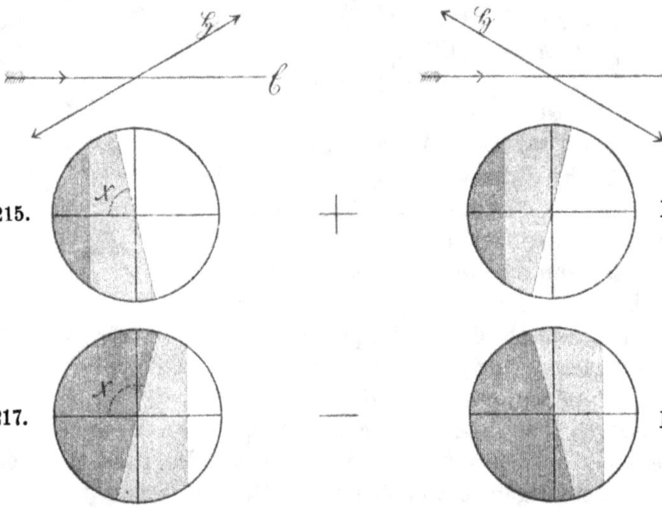

Fig. 215. Fig. 216. Fig. 217. Fig. 218.

oder senkrecht auf einander stehen. Nun ist der Hauptschnitt der Grenzfläche eine optische Symmetrieebene, die zu ihm senkrechte Gerade eine optische Symmetrieaxe des Krystalls. Demnach nimmt in der That die veränderliche Grenzlinie nur in den durch Symmetrieeigenschaften ausgezeichneten Positionen der Ebene 𝔈 die besonderen, durch die äussersten Werthe ihres Abstandes von der festen Grenze und durch den Parallelismus mit dieser Grenze bestimmten Lagen an.

Ist der Charakter der Doppelbrechung *negativ*, so tritt die veränderliche Grenzlinie links von der festen Grenze auf. Im Uebrigen gelten aber dieselben Regeln wie in dem vorigen Falle (Fig. 217, 218).

Unsere Aufgabe besteht jetzt darin, auf Grund der allgemeinen Gesetze (S. 292—294), denen die Richtungen der Wellennormalen und Strahlen bei der Totalreflexion an Krystallen unterworfen sind, die Grenzwinkel i_0 und die zugehörigen Winkel χ auszudrücken als Funktionen der Lichtgeschwindigkeit in dem äusseren einfach brechenden Mittel, der Hauptlichtgeschwindigkeiten des Krystalls und der zur krystallographischen Orientirung der Grenzebene und der Reflexionsebene erforderlichen Grössen.

49. Totalreflectometer. — Das Totalreflectometer von F. Kohlrausch[1] wird durch Fig. 219 erläutert.[2] Die Säule *M*, welche so abgeschrägt ist, dass sie die Beleuchtungsrichtungen möglichst wenig beschränkt, trägt einen Ring *R*, auf welchem der Theilkreis *K* mit Hülfe der Schrauben *r* befestigt ist. In der Durchbohrung von *K* sitzt eine Hülse *b*, von welcher eine mit Nonien versehene Alhidade ausgeht. In *b* kann der Krystallträger vertical verschoben werden; ist derselbe in der gewünschten Stellung durch die Schraubenmutter *c* festgeklemmt, so dreht er sich gleichzeitig mit der Alhidade. Ein Krystallträger für Präparate, welche nicht um die Normale der spiegelnden Fläche gedreht zu werden brauchen, besteht aus einer geschwärzten Metallplatte mit einem Fensterchen, dessen Wände möglichst abgeschrägt sind, um noch nahezu streifend einfallendem Lichte den Zutritt zu gestatten; das Präparat wird mit der zu untersuchenden Fläche an die Rückwand, welche der Drehungsaxe des Theilkreises *K* parallel gehen muss, durch eine Feder angedrückt. Soll dagegen das Präparat gedreht werden, so wird der in Fig. 219 dargestellte Krystallträger eingeschaltet.[3] Das in Kork gefasste Präparat wird auf die drei Spitzen der Hülse *g* gedrückt und mit dieser in die Durchbohrung des kleinen verticalen Theilkreises eingeführt. Die Drehung des Kreises ist dann dadurch zu bewirken, dass die Schraube ohne Ende *s*, welche

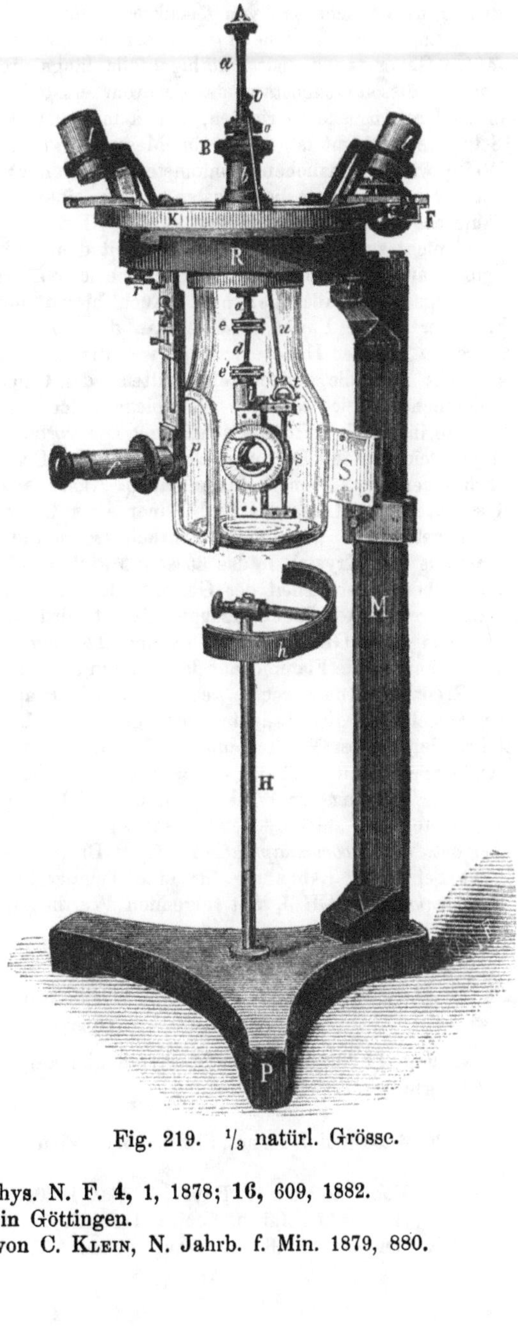

Fig. 219. 1/3 natürl. Grösse.

[1] F. Kohlrausch, Ann. d. Phys. N. F. **4**, 1, 1878; **16**, 609, 1882.
[2] Angefertigt von W. Apel in Göttingen.
[3] Construirt nach Angaben von C. Klein, N. Jahrb. f. Min. 1879, 880.

in das Zahnrad des Kreises eingreift, mit Hülfe des Schlüssels *u* gedreht wird. Das Flüssigkeitsgefäss ist durch einen Bajonnettverschluss mit dem Ringe *R* zu verbinden. An einem Häkchen an der unteren Seite des Theilkreises kann ein Thermometer angehängt werden. Das Beobachtungsfernrohr *f* ist an dem Träger *T* in vertikaler Richtung verschiebbar. Gleichzeitig sind an *T* die Schrauben angebracht, welche dazu dienen, die optische Axe von *f* senkrecht zur Drehungsaxe des Theilkreises *K* zu stellen. Diese Lage wird hinreichend genau erreicht, wenn man über den Theilkreis nach einem fernen Gegenstande visirt, nöthigenfalls längs eines auf den Kreis gelegten Lineals, und auf diesen Gegenstand das Fernrohr einstellt. Um die Grenzebene des Präparates in die Drehungsaxe zu richten, ersetzt man den Halter *H*, welcher zur Aufnahme eines Schirmes bestimmt ist, durch eine Messerschneide, welche die Drehungsaxe in ähnlicher Weise wie bei manchen Goniometern bezeichnet. Die Parallelstellung des Objectes mit der Axe wird am bequemsten mittelst eines kleinen Spiegels *S* bewirkt, der an der Säule des Instrumentes angebracht wird. Damit das von dem Spiegel zurückgeworfene Licht nicht zu hell ist im Vergleiche mit dem Lichte von der Objectfläche, besteht der Spiegel aus schwarzem Glase. Derselbe ist corrigirbar und wird ein für alle Mal der Drehungsaxe parallel gerichtet. Auch hierzu dient am besten ein in der Kreisebene liegender ferner Punkt, indem man den Spiegel so neigt, dass das Spiegelbild des Auges in gleicher Höhe erscheint, wie dieser ferne Punkt. Ist der Spiegel gerichtet, so stellt man die Objectfläche mittelst der Gelenkaxe des Krystallträgers in leicht ersichtlicher Weise so, dass die Spiegelbilder des Auges in dem Spiegel und in dem Objecte in gleicher Höhe erscheinen. Die vorhin erwähnte Schneide lässt hierbei das Object leicht in der Drehungsaxe halten. Die Beleuchtung erfolgt am zweckmässigsten nach einer zuerst von E. Mach und J. Arbes angewendeten Methode[1] in der Weise, dass durch eine Linse das Licht einer etwa 1 m entfernten Na-Flamme auf dem Präparat gesammelt wird. Sehr deutlich treten die Grenzlinien hervor, wenn man das Licht aus dem Krystall in das äussere Mittel *streifend* eintreten lässt; alsdann erscheint der vorher hellste Theil des Gesichtsfeldes vollständig dunkel und das bislang durch partiell reflectirtes Licht erzeugte Gebiet wird durch partiell gebrochenes erleuchtet.

Um einen Grenzwinkel i_0 in einer bestimmten Einfallsebene $\mathfrak{E}$ zu messen, bringt man, während die Flamme auf der rechten Seite des Beobachters steht und die Normale der Grenzebene nach rechts geneigt ist, das Präparat in die Lage, dass die Grenzlinie den Mittelpunkt des Fadenkreuzes schneidet. Darauf verfährt man ebenso auf der linken Seite. Der Winkel, um welchen man das Präparat aus der ersten Lage in die zweite drehen muss, ist der doppelte Grenzwinkel für den Strahl $O\Phi_0$.

Zur Messung der Winkel χ dient ein OcularSgoniometer (vgl. S. 383).

Unter den starkbrechenden Flüssigkeiten sind für Totalreflectometer vor allem geeignet: *α-Monobromnaphtalin*[2] = $C_{10}H_7Br$ mit dem Brechungsindex 1,66264 für Na-Licht bei 8° C. (Abnahme für eine Temperaturerhöhung von 1° C.: 0,00045) und *Methylenjodid*[3] = CH_2J_2 mit folgenden Werthen der Brechungsindices bei 8° C.:

Li	Na	Tl
1,7346	1,7466	1,7584;

die Abnahme für eine Erhöhung der Temperatur um 1° C. beträgt:

0,00067	0,00071	0,00073.

Löst man Jod und Schwefel in Methylenjodid auf, so erhält man eine Flüssigkeit, deren Brechungsindex 1,85 übersteigt.[4]

[1] E. Mach und J. Arbes, Sitzungsber. Wien. Akad. **92** (2), 416, 1885. Rep. d. Phys. **22**, 31, 1886.

[2] A. Fock, Zeitschr. f. Kryst. **4**, 590, 1880.

[3] R. Brauns, N. Jahrb. f. Min. 1886, **2**, 72; 1888, **1**, 213.

[4] E. Bertrand, Bull. soc. franç. de min. **11**, 31, 1888.

50. Diejenigen Methoden zur Bestimmung von Grenzwinkeln der Totalreflexion, welche der grössten Genauigkeit fähig sind, beruhen auf einem im Princip von WOLLASTON [1] angegebenen Beobachtungsverfahren.

In der von F. KOHLRAUSCH [2] vorgeschlagenen Versuchsanordnung fällt diffuses homogenes Licht durch die Fläche I eines dreiseitigen Glasprismas (Fig. 220) um alsdann an der Fläche II partiell oder total reflectirt zu werden und durch die Fläche III in Luft auszutreten. Mit einem vor der Fläche III aufgestellten, auf Unendlich accomodirten Fernrohre kann man die Grenze zwischen den Gebieten der partiellen und der totalen Reflexion beobachten. Wir bezeichnen den Winkel II:III mit A und den Grenzwinkel der totalen Reflexion an II oder, was auf dasselbe hinauskommt, den Brechungswinkel des an II streifend einfallenden Lichtes mit i_0. Der Grenzstrahl falle auf III unter dem Winkel β und trete unter dem Winkel α aus. Dabei soll α von der Normale der Fläche III nach der Prismenkante II : III hin positiv gerechnet werden. Dann ist der Grenzwinkel:

(1) $$i_0 = A \pm \beta$$

und der Brechungsindex des Prismas:

(2) $$N = \frac{\sin \alpha}{\sin \beta} = \frac{1}{\sin (A \pm \beta)},$$

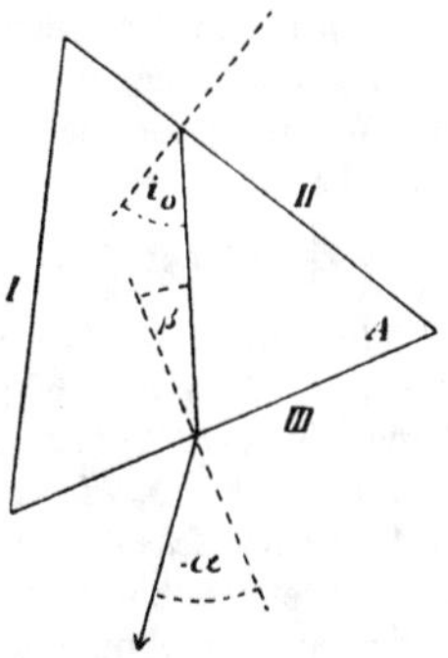

Fig. 220.

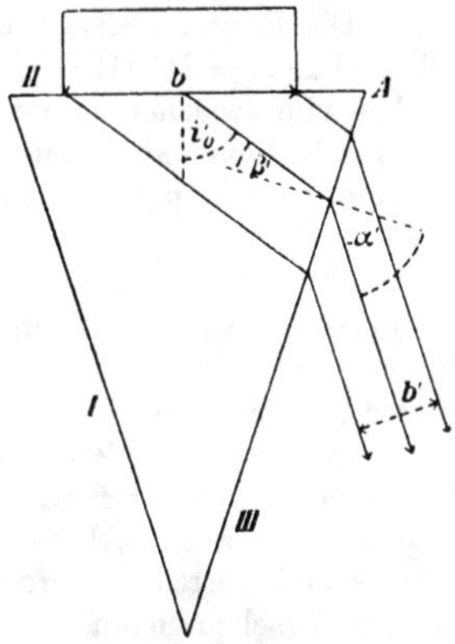

Fig. 221.

je nachdem α positiv oder negativ ist. Hieraus folgt durch Elimination von β:

$$N^2 - 1 = \frac{\cos A \mp \sin \alpha}{\sin A},$$

eine Relation, welche man für die numerische Berechnung von N aus den gemessenen Winkeln A, α ersetzen kann durch: [3]

$$\tan p = 2\, \frac{\sin\left(\frac{\pi}{4} + \frac{A \mp \alpha}{2}\right) \sin\left(\frac{\pi}{4} - \frac{A \pm \alpha}{2}\right)}{\sin A}, \quad N = \frac{1}{\cos p}.$$

Es befinde sich nun ein einfach brechender Körper, dessen Brechungsindex $n < N$ ist, mit einer ebenen Fläche in Berührung mit der Prismenfläche II (Fig. 221). Die vollständige Verbindung sei hergestellt durch Zwischenschaltung eines Flüssigkeitstropfens, dessen Brechungsindex $> n$ ist. Sind N, A und der Austrittswinkel α' bestimmt, so kann man den Werth von n berechnen. Denn aus:

$$N = \frac{\sin \alpha'}{\sin \beta'} = \frac{n}{\sin (A \pm \beta')}$$

folgt durch Elimination von β':

$$n = \sin A \sqrt{N^2 - \sin^2 \alpha'} \pm \cos A \sin \alpha',$$

[1] WOLLASTON, Phil. Trans. **92** (2), 381, 1802.
[2] F. KOHLRAUSCH, Ann. d. Phys. N. F. **16**, 603, 1882.
[3] K. SCHERING, N. Jahrb. f. Min. 1883, **1**, 171.

oder:

$$\sin q = \frac{\sin \alpha'}{N}, \qquad n = N \sin(A + q),$$

je nachdem α' positiv oder negativ ist.

Diese Methode hat den Vortheil, dass sie nicht nur auf jedes Spektrometer, sondern auch auf jeden Theilkreis, vor welchem ein Fernrohr fest aufgestellt werden kann, anwendbar ist. Dem Totalreflectometer von F. Kohlrausch gegenüber ist sie einer grösseren Genauigkeit fähig, weil die Temperatur auf die Lichtgeschwindigkeit im Prisma einen viel geringeren Einfluss übt, als auf den Brechungsindex der in jenem Apparate angewandten Flüssigkeit. Auch verfügt man in den Jenenser Glassorten über Substanzen von höheren Brechungsindices, als die zu Gebote stehenden Flüssigkeiten besitzen.

Die Frage, welchen Querschnitt man für ein gleichschenkliges Prisma mit dem Winkel I : II = II : III = A und dem Brechungsindex N wählen müsse, so dass an demselben alle zwischen 1 und N gelegenen Brechungsindices n gemessen werden können, ist von K. Schering beantwortet worden.[1] Bezeichnet man mit A' und A'' zwei Grenzwerthe, welche gegeben sind durch:

$$\cos A' = \frac{1}{N}, \qquad \cot \frac{A'}{2} = \sqrt{N^2 - 1},$$

so muss A zwischen A' und A'' liegen: $A' \leqq A \leqq A''$. Fallen A' und A'' zusammen, so folgt aus $1/N = \cos A = \sin A/2$, dass $A = 60^0$ und $N = 2$ ist. Für $N < 2$ wird $\cos A' > 1/2$, also $A' < 60^0$, und $\sin A''/2 > 1/2$, also $A'' > 60^0$. *Daher wird man an allen Prismen, deren Brechungsindex N kleiner als 2 ist und deren Querschnitt ein gleichseitiges Dreiseit bildet, die zwischen 1 und N liegenden Brechungsindices n bestimmen können.* Allein die theoretisch möglichen Grenzen von n können in der Praxis nicht erreicht werden, da bei der Annäherung an dieselben die zu beobachtenden Erscheinungen undeutlich werden. Die Deutlichkeit hängt nämlich von der *Breite des Lichtbündels* ab, welches von der Grenzfläche des Körpers hinter der Fläche II reflectirt und an III gebrochen wird, um dann in das Fernrohr zu gelangen. Bezeichnet man die Breite der reflectirenden Fläche mit b und die Breite des austretenden Lichtbündels mit b' (Fig. 221), so ist:

$$b' = b \frac{\cos i_o}{\cos \beta} \cos \alpha .$$

Betrachtet man jetzt b' als Funktion von N und A, so kann man die relativen Maxima von b' für einen constanten Brechungsindex N oder einen constanten Prismenwinkel A aufsuchen. Das von B. Hecht[1] erhaltene Resultat ist dieses: Für jene Winkel α, welche in dem auf S. 409 erläuterten Sinne positiv gerechnet sind, ist b' kleiner als $b/2$ und zwar um so kleiner, je mehr α nach der positiven Seite hin zunimmt; für negative Winkel α wächst b' bis zu einem *Maximum*, welches etwa bei $\alpha = -27^0$ bis -28^0 erreicht wird, um darauf wieder abzunehmen. Dieser Zusammenhang wird durch folgende Tabelle erläutert, welche die zu den angegebenen Werthepaaren n, N gehörigen Werthe des Faktors $\cos i_o \cos \alpha / \cos \beta$ und des Winkels α enthält.

n	$N = 2{,}04$		$N = 1{,}93$		$N = 1{,}82$		$N = 1{,}72$		$N = 1{,}61$	
1,1	0,413	−69,8°	0,514	−55,6°	0,612	−44,9°	0,659	−36,4°	**0,675**	**−27,9°**
1,2	0,494	−56,1	0,593	−45,3	0,644	−35,7	**0,658**	**−27,7**	0,643	−19,2
1,3	0,578	−45,3	0,629	−35,9	**0,644**	**−26,9**	0,630	−19,0	0,585	−10,9
1,4	0,615	−35,9	**0,632**	**−26,8**	0,617	−17,9	0,575	− 9,5	0,494	+ 0,6
1,5	**0,621**	**−26,6**	0,607	−17,6	0,562	− 8,2	0,489	+ 1,2	0,356	+14,1
1,6	0,599	−17,1	0,555	− 7,7	0,477	+ 2,7	0,358	+14,7		
1,7	0,550	− 7,4	0,474	+ 3,3	0,346	+16,7				
1,8	0,468	+ 4,1	0,349	+17,2						
1,9	0,349	+18,0								

[1] K. Schering, N. Jahrb. f. Min. 1883, **1**, 169.

[2] B. Hecht, N. Jahrb. f. Min. 1886, **2**, 186.

Da hiernach zur Bestimmung von n ein Prisma am geeignetsten ist, *für welches α möglichst nahe an* -27° *liegt*, so wird mit Rücksicht darauf, dass n in der überwiegenden Mehrzahl der Fälle $> 1{,}5$ ist, ein gleichseitig dreiseitiges Prisma aus Jenenser Glas mit dem Brechungsindex $N = 1{,}96$ für Na-Licht am geeignetsten sein zur Ermittelung der zwischen 1 und N liegenden Brechungsindices. Indessen empfiehlt es sich für schwächer brechende Substanzen noch ein zweites Prisma mit $N = 1{,}7$ zur Verfügung zu haben.

51. Um nach dieser Methode die bei der Totalreflexion an Krystallen auftretenden Erscheinungen mit Hülfe eines Spektrometers messend verfolgen zu können, muss neben den *Vorrichtungen zur Justirung des Prismas* noch ein *Krystallträger* angebracht werden, welcher das an der Prismenfläche II anliegende Object um eine auf II senkrecht stehende Axe zu drehen und die Drehungswinkel zu messen gestattet. Ein hierzu geeigneter Apparat ist in Fig. 222 abgebildet.[1]

Fig. 222.

Die verticale Axe S des Spektrometers (Fig. 193, S. 378) trägt einen Tisch, welcher dazu dient, die Drehungsaxe des Theilkreises T senkrecht zu S zu richten. Von den beiden kreisförmigen Scheiben dieses Tisches ist die untere mit S fest verbunden, die obere liegt auf der unteren nur im Centrum mittels einer kleinen Kugelfläche auf, wird gegen dieselbe durch eine in der Zeichnung nicht sichtbare Feder angepresst und kann durch die beiden Schrauben aa etwas verstellt werden. Auf der oberen Platte des Tisches sitzt die Schiene d, auf welche das Totalreflectometer vermittelst des Schiebers e aufgeschoben wird. Mit e ist die Schiene i fest verbunden, welche das Lager g für die Axe h des Theilkreises T trägt. Auf h sitzt eine aus zwei Cylinderschlitten xx bestehende Justirvorrichtung. Um h senkrecht auf S zu

[1] Th. Liebisch, Zeitschr. f. Instr. **4**, 185, 1884; **5**, 13, 1885. (Construirt von R. Fuess in Berlin 1882.) Mit diesem Totalreflectometer sind die Messungen von J. Danker (N. Jahrb. f. Min. Beil.-Bd. **4**, 241, 1885) und Fr. L. Perrot (Arch. sc. phys. et nat. (3) **21**, 113, 1889; Compt. rend. **108**, 137, 1889) ausgeführt worden.

richten, befestigt man auf xx einen Spiegel und bringt das Totalreflectometer in die Lage, dass man im Beobachtungsfernrohr F ein Bild des im Collimator C enthaltenen Signals erblickt; mit Hülfe von xx erreicht man, dass dieses Bild bei einer Drehung des Theilkreises T seine Lage nicht ändert. Darauf wird h mit Hülfe der Schrauben aa so gestellt, dass sich jenes Bild mit dem Fadenkreuz in F deckt, also der auf h senkrechte Spiegel parallel S steht. Nunmehr ersetzt man den Spiegel durch eine selbstthätige, aus einem Cardanischen Ringsystem bestehende Andrückvorrichtung cr, auf deren Mittelstück das Präparat geklebt wird.

Auf die Schiene i wird der Schlitten f mit dem Prisma P geschoben. Um durch Bewegungen, welche von einander unabhängig sind, successive die Prismenfläche II senkrecht zur Axe h und die Kante II:III parallel zur Axe S richten zu können, sind Drehungen um drei auf einander senkrechte Axen erforderlich: zwei auf einander und zur Axe h senkrechte Axen $\beta\beta$ und δ ermöglichen mit Hülfe der Schrauben α und $\gamma\gamma$ die erste, eine auf S senkrechte Axe $\eta\eta$ gestattet mittelst der Schraube s die zweite Justirung.

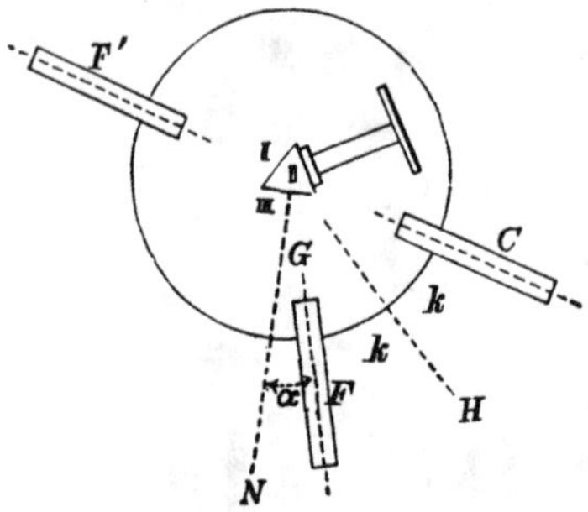

Fig. 223.

Zur Bestimmung des *Austrittswinkels* α des Grenzstrahles G an der Prismenfläche III (Fig. 223) bedient man sich eines Gauss'schen Oculars im Beobachtungsfernrohr F, oder man benutzt den Collimator C. Bei dem letzeren Verfahren muss man zunächst den Winkel $(FC) = 2k$ bestimmen. Dreht man nun den Theilkreis des Spektrometers mit dem Totalreflectometer aus der Anfangslage, wo der Grenzstrahl G in die optische Axe von F fällt, in die Endlage, wo das an III gespiegelte Bild des Collimatorsignales die Richtung F besitzt, so beschreibt die Normale N der Fläche III den Winkel $\alpha + k = (NH)$, falls H die Halbirungsgerade von (FC) bedeutet.

Besitzt das Präparat ausser der Grenzebene $\mathfrak{G}$ an seinem Rande noch eine zweite spiegelnde Fläche $\mathfrak{G}'$, so kann die krystallographische Orientirung der *Einfallsebene* $\mathfrak{E} = (FC)$ auf die Schnittgerade $\mathfrak{G}:\mathfrak{G}'$ bezogen werden. Man hat nur nöthig dem Präparat durch Drehen von T und S die Stellung zu geben, in welcher das an $\mathfrak{G}'$ gespiegelte Bild des Collimatorsignales in die Richtung F fällt. Alsdann ist $\mathfrak{G}:\mathfrak{G}'$ parallel zur Axe S und senkrecht zur Ebene $\mathfrak{E}$.

Zur Messung der *Winkel* χ dient das Oculargoniometer Fig. 201, S. 383. Dabei ist zu beachten, dass in Folge der Ablenkung durch das Prisma die Abweichung jener Winkel von 90° etwas grösser erscheint, als sie in Wirklichkeit ist.[1]

52. Die Wollaston'sche Methode ist ferner in der Weise modificirt worden, dass an Stelle des Glasprismas eine halbkugelförmige Linse (E. Bertrand,[2] E. Abbe) oder ein Glascylinder (C. Pulfrich) gesetzt wurde.

Das Bertrand'sche Instrument, welches nur zu angenäherten Messungen dient, besteht aus einer Metallhülse, welche an dem einen Ende unter 30° gegen die Richtung ihrer Axe abgeschnitten ist. Auf der Schnittfläche ist eine Metallplatte befestigt, welche in der Mitte eine *halbkugelförmige Linse* von 5 mm Radius aus stark brechendem Glase trägt, derart, dass der Mittelpunkt der Linse in die Axe der Hülse und die ebene Aussenfläche derselben in die Metallplatte fällt. Die Beleuchtung der Linse, in deren hinterer Brennebene sich ein Glasmikrometer befindet, erfolgt durch eine mit

[1] Th. Liebisch, N. Jahrb. f. Min. 1886, **2**, 63. — B. Hecht, N. Jahrb. f. Min. 1887, **1**, 218; **2**, 180. Ann. d. Phys. N. F. **32**, 275, 1887.

[2] E. Bertrand, Bull. soc. min. de France **8**, 375, 426, 1885. Bull. soc. franç. de min. **9**, 15, 1886; **10**, 140, 1887. — E. Mallard, Bull. soc. franç. de min. **9**, 167, 1886.

mattem Glase verschlossene seitliche Oeffnung der Hülse. An dem anderen Ende dieser Hülse ist eine verschiebbare Ocularlinse angebracht. Zur Herstellung der Verbindung des Präparates mit der Aussenfläche der Linse empfiehlt Bertrand *Dibromnaphtylphenylaceton*, dem einige Tropfen Monobromnaphtalin hinzugefügt sind; der Brechungsindex für Na-Licht beträgt 1,70.[1]

Ein gerader, vertikal stehender und drehbarer *Glascylinder*, dessen Mantel und obere Endfläche gut geschliffen und polirt sind, ist von C. Pulfrich zur Construktion eines Totalreflectometers vorgeschlagen worden.[2] Der Cylinder ruht auf einer Centrirvorrichtung, die sich über dem Mittelpunkte eines drehbaren Horizontalkreises erhebt. Das Präparat wird auf die obere Endfläche des Cylinders gelegt und von unten her durch diffuses homogenes Licht beleuchtet. Besitzt das Präparat vertikale Seitenflächen, so ist streifend einfallendes Licht vorzuziehen. Das reflectirte Licht gelangt in ein gebrochenes, um die Axe eines Vertikalkreises drehbares Fernrohr.

Für das Totalrefractometer von E. Abbe[3] (Fig. 224) ist wieder eine *Halbkugel K* aus Glas gewählt. Eine solche ist einerseits leichter in grosser Vollkommenheit herzustellen als ein Cylinder. Dieselbe bietet andererseits die Möglichkeit, den Mangel an Bildschärfe, welcher durch die Brechung der Strahlen an der Austrittsfläche unvermeidlich herbeigeführt wird, auf bequeme Weise und vollständig zu beseitigen. Zu diesem Zwecke ist folgende Anordnung getroffen: Die Vorderlinse *o* des Beobachtungsfernrohrs besteht aus gleichem Glase wie die Halbkugel, hat nach Aussen dieselbe Krümmung wie jene und ist ihr ganz nahe gerückt. Es wird daher die Brechung der Strahlen an der Halbkugel *gerade compensirt* durch die Brechung an der Hohlfläche von *o*. Das Fernrohrobjectiv aber ist so berechnet, dass es für *unendlich ferne Objecte* korrigirt wäre, wenn seine Aussenseite *eben* wäre. Man

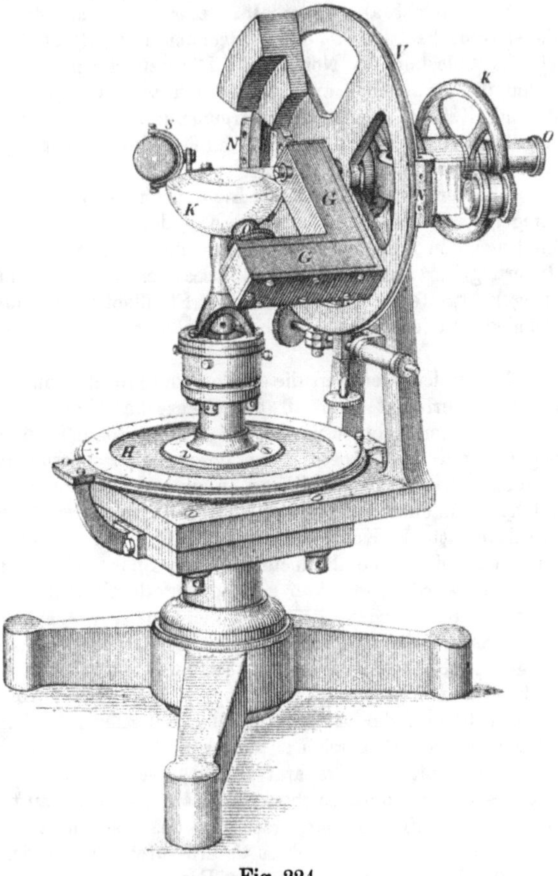

Fig. 224.

[1] Vgl. H. G. Madan, Phil. Mag. (5) **21**, 245, 1886.

[2] C. Pulfrich, Ann. d. Phys. N. F. **30**, 193, 487; **31**, 724, 1887. Zeitschr. f. Instr. **7**, 16, 55, 392, 1887. (Construirt von M. Wolz in Bonn.)

[3] S. Czapski, Zeitschr. f. Instr. **9**, 360, 1889. (Construirt von C. Zeiss in Jena.)

kann sich also das wirkliche Fernrohrobjektiv bestehend denken aus jenem Objectiv mit planer Vorderfläche und einer darauf gesetzten Planconcavlinse aus gleichem Glase, welche letztere mit der planen Oberfläche der Halbkugel gewissermassen ein *Prisma von variablem Winkel* bildet. Die Einstellung auf die Grenzen im reflectirten wie im durchgelassenen Licht ist daher von vorzüglicher Schärfe über das ganze Sehfeld.

Die Ablesung am verticalen Theilkreis *V* ergiebt mit Nonien *N* noch gut 20″. Die Einstellung ist eine entsprechend scharfe, so dass die Genauigkeit der Messung die vierte Decimale des Brechungsindex bis auf wenige Einheiten sicherstellt. Zur Erleichterung der Beobachtung ist das Fernrohr ein *dreifach gebrochenes*, derart, dass die aus der Kugel parallel zum Verticalkreis *V* austretenden Strahlen durch dreimalige Totalreflexion in die hohle Axe jenes Kreises gelenkt werden. Das Bild der Grenzen entsteht also innerhalb dieser Axe und wird hier durch ein Ocular *O* mit Fadenkreuz beobachtet. Diese Beobachtung erfolgt daher auf derselben Seite von *V* wie die Ablesung der Nonien *N*. Die reflectirenden Flächen in dem Gehäuse *G G* bilden die Endflächen an einander gekitteter Glasprismen, so dass Lichtverluste und störende Reflexe, wie sie durch trennende Luftschichten hervorgerufen werden würden, möglichst vermieden sind. Der Kreis *K* dient zur Drehung des ganzen Fernrohres um die horizontale Axe von *V*.

Um ferner das einfallende Licht bequem in die Kugel zu dirigiren, ist ein kleiner Spiegel *s* an einem Arm um die Axe des Verticalkreises drehbar und innerhalb des ihn tragenden Bügels neigbar. Man kann dann die Lichtquelle, etwa in der Verlängerung der Axe des Verticalkreises, fest aufstellen und nach Belieben mittelst des Spiegels streifende oder gegen die Planfläche der Halbkugel geneigte Incidenz der Strahlen von jeder Seite her bewirken.

53. Beleuchtet man die Hypothenusenfläche eines Reflexionsprismas mit *weissem* Licht, so erblickt man an der Grenze der Gebiete der totalen und der partiellen Reflexion einen farbigen Saum, den „blauen Bogen“, wie ihn Newton nannte. E. Mach[1] zeigte durch eine grosse Reihe interessanter Versuche, wie man die spektrale Zerlegung dieses Farbengemisches an einem Spektrometer beobachten könne, und mit welchen einfachen Hülfsmitteln die objective Darstellung des Spektrums gelingt. Inzwischen hatte F. Kohlrausch[2] empfohlen, zur *Bestimmung der Dispersion* der Krystalle an seinem Totalreflectometer ein Spektroskop als Ocular anzubringen. Dieser Vorschlag wurde zuerst von Ch. Soret[3] durch einen sehr complicirten Apparat ausgeführt. In einfacherer Weise erreicht man, wie später C. Pulfrich[4] nachgewiesen hat, dasselbe Ziel, indem man den Ocularauszug des Beobachtungsfernrohres durch ein geradsichtiges Spektroskop ersetzt und dabei nach der von E. Mach angegebenen Methode den Spalt des Spektroskops *parallel* zur Verbindungsebene der Normale der Grenzfläche mit der Axe des Beobachtungsfernrohres richtet, so dass ein Spektrum entsteht, dessen Dispersion zu dieser Einfallsebene senkrecht liegt.

Man stellt das Präparat zunächst so ein, dass bei Beleuchtung mit Na-Licht eine Grenzcurve im Gesichtsfelde des Fernrohres auftritt. Darauf bringt man dicht hinter die Na-Flamme zur Erzeugung des Spektrums eine weisse Flamme und ersetzt nun das Ocular des Fernrohres derart durch ein geradsichtiges Spektroskop, dass der Spalt des letzteren in die hintere Brennebene des Objectivs, in der sich vorher das Fadenkreuz befand, und gleichzeitig in die Einfallsebene zu liegen kommt. Alsdann erblickt man eine das Spektrum schräg durchziehende Grenzcurve. Gleichzeitig ist in

[1] E. Mach und v. Osnobischin, Anz. Wien. Akad. 1875, No. X. E. Mach und J. Arbes, Sitzungsber. Wien. Akad. **92**, (2), 416, 1885. Rep. Exp. Phys. **22**, 31, 1886.

[2] F. Kohlrausch, Ann. d. Phys. N. F. **4**, 8, 1878.

[3] Ch. Soret, Arch. sc. phys. et nat. (3) **9**, 5, 1883. Zeitschr. f. Kryst. **7**, 529, 1887.

[4] C. Pulfrich, Ann. d. Phys. N. F. **30**, 487, 1887. Zeitschr. Instr. **7**, 55, 1887.

der hellen Natriumlinie die Grenze deutlich zu sehen. In analoger Weise kann man im Spektrum die hellen Linien anderer Metalle (Ka_α, Li_α, Th_α, Cs_α u. s. w.) hervorrufen. Hat man noch vor dem Spalt einen Querfaden angebracht, der als eine das Spektrum durchziehende dunkle Linie erscheint, so kann man jetzt das Präparat so einstellen, dass der Schnittpunkt der Grenzcurve mit einer hellen Spektrallinie auf jene dunkle Linie fällt. Auf diesem Wege gelingt es die Grenzwinkel der Totalreflexion für eine grössere Zahl von Wellenlängen zu ermitteln.

54. Totalreflexion an optisch einaxigen Krystallen.[1] — Die Orientirung der Grenzebene $\mathfrak{G}$ sei durch den Winkel μ zwischen ihrer Normale und der optischen Axe gegeben; die Einfallsebene $\mathfrak{E}$ sei gegen den Hauptschnitt $\mathfrak{H}$ der Grenzebene unter dem Winkel $(\mathfrak{H}\mathfrak{E}) = \vartheta$ geneigt. Ferner seien $\mathfrak{o}$, $\mathfrak{e}$ die Hauptlichtgeschwindigkeiten im Krystall und $\mathfrak{v}$ die Lichtgeschwindigkeit in dem an die Fläche $\mathfrak{G}$ grenzenden einfach brechenden Mittel, in welchem die totale Reflexion stattfindet. *Dann sind die Grenzwinkel der totalen Reflexion i_0 und i_0' in der Ebene $\mathfrak{E}$ als Funktionen von μ, ϑ, $\mathfrak{o}$, $\mathfrak{e}$, $\mathfrak{v}$ bestimmt durch:*

$$\text{I.} \qquad \sin i_0 = \frac{\mathfrak{v}}{\mathfrak{o}}$$

$$\text{II.} \qquad \frac{\sin^2 i_0'}{\mathfrak{v}^2} = \frac{1}{\mathfrak{e}^2} \cdot \frac{\mathfrak{e}^2 + (\mathfrak{o}^2 - \mathfrak{e}^2)\cos^2\mu}{\mathfrak{e}^2 + (\mathfrak{o}^2 - \mathfrak{e}^2)(\cos^2\mu + \sin^2\mu\cos^2\vartheta)}.$$

Diese Relationen ergeben sich aus den Gleichungen (2), S. 313, welche zur Berechnung der Brechungswinkel φ der Wellennormalen in der Ebene $\mathfrak{E}$ dienen. Soll totale Reflexion eintreten, so haben wir in der ersten dieser Gleichungen $\varphi = 90^0$ zu setzen; dadurch erhalten wir I. Andererseits muss nach S. 293 die Discriminante der zweiten Gleichung verschwinden:

$$a_0 a_2 - a_1^2 = 0,$$

und diese Bedingung liefert uns die Relation II, welche nach Einführung zweier Hülfswinkel $\varkappa$, λ in eine logarithmisch bequemere Form gebracht werden kann. Je nachdem der Charakter der Doppelbrechung *positiv* ($\mathfrak{o} > \mathfrak{e}$) oder *negativ* ($\mathfrak{o} < \mathfrak{e}$) ist, setzen wir:

$\tan\varkappa = \dfrac{\sqrt{(\mathfrak{o}+\mathfrak{e})(\mathfrak{o}-\mathfrak{e})}}{\mathfrak{e}}\cos\mu$	$\sin\varkappa = \dfrac{\sqrt{(\mathfrak{e}+\mathfrak{o})(\mathfrak{e}-\mathfrak{o})}}{\mathfrak{e}}\cos\mu$
$\sin\lambda = \dfrac{\sqrt{(\mathfrak{o}+\mathfrak{e})(\mathfrak{o}-\mathfrak{e})}}{\mathfrak{o}}\sin\mu\sin\vartheta,$	$\tan\lambda = \dfrac{\sqrt{(\mathfrak{e}+\mathfrak{o})(\mathfrak{e}-\mathfrak{o})}}{\mathfrak{o}}\sin\mu\sin\vartheta.$

Dann ist:

$$\frac{\sin i_0'}{\mathfrak{v}} = \frac{1}{\mathfrak{o}\cos\varkappa\cos\lambda}, \qquad \frac{\sin i_0'}{\mathfrak{v}} = \frac{\cos\varkappa\cos\lambda}{\mathfrak{o}}.$$

Liegt die Einfallsebene $\mathfrak{E}$ parallel zum Hauptschnitt $\mathfrak{H}$ der Grenzebene $\mathfrak{G}$ ($\vartheta = 0$), so ist nach II:

$$\frac{\sin^2 i_0'}{\mathfrak{v}^2} = \frac{1}{\mathfrak{o}^2} + \left(\frac{1}{\mathfrak{e}^2} - \frac{1}{\mathfrak{o}^2}\right)\cos^2\mu = \frac{1}{\mathfrak{s}'^2},$$

[1] Th. Liebisch, N. Jahrb. f. Min. 1885, **1**, 246; **2**, 203; 1886, 2, 52.

falls mit $\mathfrak{s}'$ die Geschwindigkeit des ausserordentlichen Strahles bezeichnet wird, dessen Richtung durch die Schnittgerade von $\mathfrak{G}$ und $\mathfrak{H}$ gegeben ist. Andererseits erhalten wir für die zum Hauptschnitt senkrechte Einfallsebene ($\vartheta = 90^0$):

$$\frac{\sin i_0'}{\mathfrak{v}^2} = \frac{1}{\mathfrak{e}}.$$

Daraus folgt,[1] *dass an einer beliebigen Grenzebene eines gewöhnlichen optisch einaxigen Krystalls aus den vier Grenzwinkeln der totalen Reflexion, welche man erhält, wenn man als Einfallsebenen den Hauptschnitt und die zu ihm senkrechte Ebene wählt, nicht nur die beiden Hauptlichtgeschwindigkeiten* $\mathfrak{o}$, $\mathfrak{e}$ *sondern auch den Winkel* $(90^0 - \mu)$ *der Grenzebene gegen die optische Axe ermittelt werden können.* Dabei bestimmt man die Geschwindigkeit $\mathfrak{o}$ zwei Mal und findet jenen Winkel aus:

$$\sin^2(90^0 - \mu) = \frac{\frac{1}{\mathfrak{o}^2} - \frac{1}{\mathfrak{s}'^2}}{\frac{1}{\mathfrak{o}^2} - \frac{1}{\mathfrak{e}^2}}.$$

Die Gleichung I *stellt einen für jede Lage der Grenzebene constanten Kreiskegel* $\mathfrak{K}$ *dar*, dessen Axe die Normale der Grenzebene ist. Auf $\mathfrak{K}$ liegen in dem äusseren Mittel die Grenzstrahlen der totalen Reflexion, welche den in der Grenzebene enthaltenen *ordentlichen* Strahlen entsprechen.

Betrachtet man in II die Grössen μ, $\mathfrak{o}$, $\mathfrak{e}$, $\mathfrak{v}$ als constant, dagegen ϑ, i_0' als veränderlich, *so stellt diese Gleichung den Kegel* $\mathfrak{K}'$ *dar, auf welchem die den ausserordentlichen Strahlen der Grenzebene entsprechenden Grenzstrahlen in dem äusseren Mittel liegen.* Da II nicht geändert wird durch Vertauschung von i_0' mit $-i_0'$ oder $\pi - i_0'$ und von ϑ mit $-\vartheta$ oder $\pi - \vartheta$, so ist $\mathfrak{K}'$ symmetrisch nach drei auf einander senkrechten Ebenen: der Grenzebene $\mathfrak{G}$, dem Hauptschnitt derselben $\mathfrak{H}$ und der zu $\mathfrak{G}$ und $\mathfrak{H}$ normalen Ebene.

Die folgende Untersuchung wird vereinfacht, wenn wir das durch die Symmetrieebenen von $\mathfrak{K}'$ definirte, also mit der Grenzebene fest verbundene rechtwinklige Coordinatensystem einführen. Wir bezeichnen die Schnittgerade von $\mathfrak{G}$ und $\mathfrak{H}$ mit Ξ, die Normale von $\mathfrak{H}$ mit H und die Normale von $\mathfrak{G}$ mit Z. Dann sind die Coordinaten eines Punktes, der sich in der Entfernung ϱ vom Einfallspunkte O (Fig. 133, S. 292) auf dem durch die Winkel i_0 und ϑ, resp. i_0' und ϑ, seiner Richtung nach bestimmten Grenzstrahle befindet:

$$\xi = \varrho \sin i_0 \cos \vartheta, \qquad \eta = \varrho \sin i_0 \sin \vartheta, \qquad \zeta = \varrho \cos i_0,$$

so dass:

$$\xi^2 + \eta^2 + \zeta^2 = \varrho^2,$$
$$(\xi^2 + \eta^2) = (\xi^2 + \eta^2 + \zeta^2)\sin^2 i_0, \qquad \xi^2 = (\xi^2 + \eta^2)\cos^2\vartheta.$$

[1] Dieser Satz wurde von F. Kohlrausch ohne Beweis aufgestellt. Ann. d. Phys. N. F. 4, 15, 1878.

Demnach gehen die Gleichungen I *und* II *der Kegel* $\mathfrak{K}$ *und* $\mathfrak{K}'$ *über in:*

$$\text{I*.}\qquad (\mathfrak{o}^2 - \mathfrak{v}^2)(\xi^2 + \eta^2) - \mathfrak{v}^2\zeta^2 = 0,$$

$$\text{II*.}\qquad \left(\frac{\mathfrak{o}^2\mathfrak{e}^2}{\mathfrak{o}^2\cos^2\mu + \mathfrak{e}^2\sin^2\mu} - \mathfrak{v}^2\right)\xi^2 + (\mathfrak{e}^2 - \mathfrak{v}^2)\eta^2 - \mathfrak{v}^2\zeta^2 = 0.$$

Der Differenz derselben:

$$\mathfrak{o}^2\cos^2\mu\,\xi^2 + (\mathfrak{o}^2\cos^2\mu + \mathfrak{e}^2\sin^2\mu)\,\eta^2 = 0$$

genügen nur die Werthe $\xi = \eta = 0$; d. h. im Allgemeinen haben die Kegel $\mathfrak{K}$ und $\mathfrak{K}'$ nur ihre Spitze O gemein. Ist aber die Grenzebene parallel zur optischen Axe ($\cos\mu = 0$), so berühren sie sich in den im Hauptschnitt ($\eta = 0$) gelegenen Geraden.

Nach dieser Vorbereitung können wir *den Winkel* χ *berechnen, welchen die Einfallsebene* $\mathfrak{E}$ *des durch die Winkel* ϑ, i_0' *gegebenen Grenzstrahles* $O\Phi_0'$ *mit der in diesem Strahle an den Kegel* $\mathfrak{K}'$ *gelegten Tangentialebene* $\mathfrak{T}$ *einschliesst.* Die Gleichung jener Einfallsebene lautet:

$$\xi' - \cot\vartheta\,\eta' = 0$$

und die Gleichung der Tangentialebene ist:

$$\left(\frac{\mathfrak{o}^2\mathfrak{e}^2}{\mathfrak{o}^2\cos^2\mu + \mathfrak{e}^2\sin^2\mu} - \mathfrak{v}^2\right)\xi\xi' + (\mathfrak{e}^2 - \mathfrak{v}^2)\,\eta\eta' - \mathfrak{v}^2\zeta\zeta' = 0,$$

oder, wenn die Werthe für die Coordinaten ξ, η, ζ eines Punktes des Grenzstrahles eingesetzt werden:

$$\left(\frac{\mathfrak{o}^2\mathfrak{e}^2}{\mathfrak{o}^2\cos^2\mu + \mathfrak{e}^2\sin^2\mu} - \mathfrak{v}^2\right)\cos\vartheta\,\xi' + (\mathfrak{e}^2 - \mathfrak{v}^2)\sin\vartheta\,\eta' - \mathfrak{v}^2\cot i_0'\,\zeta' = 0.$$

Aus diesen Gleichungen der Ebenen $\mathfrak{E}$ und $\mathfrak{T}$ folgt, nachdem $\cot i_0'$ durch den aus II fliessenden Werth ersetzt ist:

$$\text{(1)}\qquad \cos(\mathfrak{E}\mathfrak{T}) = \cos\chi = \frac{\mathfrak{e}(\mathfrak{o}^2 - \mathfrak{e}^2)\sin^2\mu\sin\vartheta\cos\vartheta}{\sqrt{\mathfrak{N}}}$$

worin:

$$\mathfrak{N} = \mathfrak{o}^2[\mathfrak{o}^2\mathfrak{e}^2 - \mathfrak{v}^2(\mathfrak{o}^2\cos^2\mu + \mathfrak{e}^2\sin^2\mu)]\cos^2\vartheta + (\mathfrak{e}^2 - \mathfrak{v}^2)(\mathfrak{o}^2\cos^2\mu + \mathfrak{e}^2\sin^2\mu)^2\sin^2\vartheta.$$

Hieraus ersieht man, dass die Grenzlinie im Gesichtsfelde des Beobachtungsfernrohres, welche der ausserordentlichen Grenzbrechung entspricht (Fig. 215—218), nur dann senkrecht zur Einfallsebene $\mathfrak{E}$ stehen kann, wenn *die Grenzebene senkrecht zur optischen Axe steht* ($\mu = 0$ oder 180^0), oder wenn bei einem von 0 oder 180^0 verschiedenen Werthe von μ *die Einfallsebene parallel oder senkrecht zum Hauptschnitte der Grenzebene liegt* ($\vartheta = 0$, 90^0, 180^0, 270^0).[1]

Für eine bestimmte Grenzebene und ein gegebenes äusseres Mittel, d. h. für bestimmte Werthe von μ, $\mathfrak{v}$, stellt die Relation (1) das Gesetz

[1] Messungen des Winkels χ wurden am Kalkspath ausgeführt von F. Danker (N. Jahrb. f. Min. Beil.-Bd. **4**, 265, 1885), C. Pulfrich (ibid. **5**, 182, 1887) und J. Norrenberg (Verh. naturh. Ver. d. pr. Rheinl. **45**, 32, 1888).

dar, nach welchem sich im Gesichtsfelde des Beobachtungsfernrohres die Neigung der Grenzlinie gegen die Einfallsebene mit dem Azimut dieser Ebene ändert. Die Abweichung des Winkels χ von 90^0 wird ein *Maximum* für diejenigen Werthe ϑ_m von ϑ, welche durch:

$$\frac{\partial}{\partial \vartheta} \frac{\sin \vartheta \cos \vartheta}{\sqrt{\mathfrak{N}}} = 0$$

oder durch:

$$\tan^4 \vartheta_m = \frac{\mathfrak{o}^2 [\mathfrak{o}^2 \mathfrak{e}^2 - \mathfrak{v}^2 (\mathfrak{o}^2 \cos^2 \mu + \mathfrak{e}^2 \sin^2 \mu)]}{(\mathfrak{e}^2 - \mathfrak{v}^2)(\mathfrak{o}^2 \cos^2 \mu + \mathfrak{e}^2 \sin^2 \mu)^2} \tag{2}$$

gegeben sind. Hieraus ist ersichtlich, dass den Symmetrieeigenschaften des Kegels $\mathfrak{K}'$ entsprechend das Maximum jener Abweichung unter den vier Azimuten ϑ_m, $-\vartheta_m$, $180^0 - \vartheta_m$, $180^0 + \vartheta_m$ eintritt, wo $0 < \vartheta_m < \pi/2$ ist.

In dem besonderen Falle *einer zur optischen Axe parallelen Grenzebene* ($\mu = 90^0$) lautet die Gleichung des Kegels $\mathfrak{K}'$:

$$\frac{\sin^2 i_0'}{\mathfrak{v}^2} = \frac{1}{\mathfrak{e}^2 + (\mathfrak{o}^2 - \mathfrak{e}^2) \cos^2 \vartheta} = \frac{1}{\mathfrak{q}'^2},$$

wenn mit $\mathfrak{q}'$ die Fortpflanzungsgeschwindigkeit der ausserordentlichen Wellenebene bezeichnet wird, deren Normale wie die Schnittgerade von Grenzebene und Einfallsebene gerichtet ist. Der Winkel χ ist bestimmt durch:

$$\cos \chi = \frac{(\mathfrak{o}^2 - \mathfrak{e}^2) \sin \vartheta \cos \vartheta}{\sqrt{\mathfrak{o}^2 (\mathfrak{o}^2 - \mathfrak{v}^2) \cos^2 \vartheta + \mathfrak{e}^2 (\mathfrak{e}^2 - \mathfrak{v}^2) \sin^2 \vartheta}},$$

und die Azimute der Einfallsebene, unter welchen die Abweichung des Winkels χ von 90^0 ein Maximum erreicht, sind gegeben durch:

$$\tan^4 \vartheta_m = \frac{\mathfrak{o}^2 (\mathfrak{o}^2 - \mathfrak{v}^2)}{\mathfrak{e}^2 (\mathfrak{e}^2 - \mathfrak{v}^2)}.$$

55. Verfolgen wir jetzt die *Veränderungen, welche die Kegel der Grenzstrahlen erleiden*, wenn sich der Brechungsindex $1/\mathfrak{v}$ des äusseren Mittels ändert, so müssen wir zwischen *positivem* und *negativem* Charakter der Doppelbrechung unterscheiden.

In dem ersten Falle ist:

$$\mathfrak{o}^2 \geqq \frac{\mathfrak{o}^2 \mathfrak{e}^2}{\mathfrak{o}^2 \cos^2 \mu + \mathfrak{e}^2 \sin^2 \mu} \geqq \mathfrak{e}^2.$$

1. Es sei $\mathfrak{v} < \mathfrak{e}$, also der Brechungsindex $1/\mathfrak{v}$ grösser als der Hauptbrechungsindex $1/\mathfrak{e}$ der ausserordentlichen Strahlen, so wird der *äussere* Kegel $\mathfrak{K}'$ von einer zur Grenzebene parallelen Ebene in einer *Ellipse* geschnitten, deren *grössere* Axe senkrecht zum Hauptschnitt $\mathfrak{H}$ steht und für alle Winkel μ constant bleibt

In dem zweiten Falle ist:

$$\mathfrak{o}^2 \leqq \frac{\mathfrak{o}^2 \mathfrak{e}^2}{\mathfrak{o}^2 \cos^2 \mu + \mathfrak{e}^2 \sin^2 \mu} \leqq \mathfrak{e}^2.$$

1. Es sei $\mathfrak{v} < \mathfrak{o}$, also der Brechungsindex $1/\mathfrak{v}$ grösser als der Brechungsindex $1/\mathfrak{o}$ der ordentlichen Strahlen, so wird der *innere* Kegel $\mathfrak{K}'$ von einer zur Grenzebene parallelen Ebene in einer *Ellipse* geschnitten, deren *kleinere* Axe senkrecht zum Hauptschnitt $\mathfrak{H}$ steht und für alle Winkel μ constant bleibt (Fig. 226). Die grössere Axe

(Fig. 225). Die kleinere Axe erhält ihren kleinsten Werth, welcher gleich dem Radius des Schnittkreises jener Ebene mit dem inneren Kreiskegel $\mathfrak{K}$ ist, wenn die Grenzebene zur optischen Axe parallel läuft ($\mu = 90^0$).

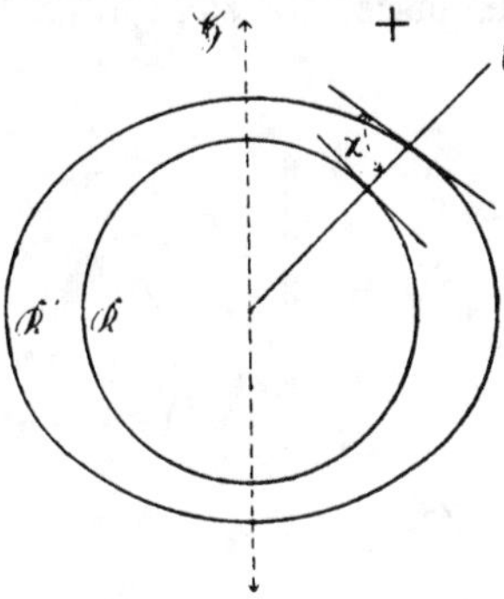

Fig. 225.

2. Ist $\mathfrak{v} = \mathfrak{e}$, so zerfällt $\mathfrak{K}'$ in zwei auf dem Hauptschnitte senkrechte Ebenen, welche mit der Normale der Grenzebene den Winkel Θ bilden:

$$\cot \Theta = \frac{\zeta}{\xi}$$

$$= \pm \sqrt{\frac{\mathfrak{o}^2 - \mathfrak{e}^2}{\mathfrak{o}^2 \cos^2 \mu + \mathfrak{e}^2 \sin^2 \mu}} \, . \sin \mu \, .$$

Diese Ebenen fallen für eine zur optischen Axe senkrechte Grenzebene ($\zeta = 0$) mit dieser zusammen; sie berühren den Kreiskegel $\mathfrak{K}$ in den im Hauptschnitte ($\eta = 0$) gelegenen Geraden, falls die Grenzebene zur optischen Axe parallel läuft.

3. Ist $\mathfrak{o} > \mathfrak{v} > \mathfrak{e}$, so zerfällt $\mathfrak{K}'$ auf derjenigen Grenzebene, für welche der Winkel μ die Bedingung:

$$\mathfrak{v}^2 (\mathfrak{o}^2 \cos^2 \mu + \mathfrak{e}^2 \sin^2 \mu) = \mathfrak{o}^2 \mathfrak{e}^2$$

erfüllt, in zwei imaginäre Ebenen:

$$\frac{\zeta}{\eta} = \pm \frac{\sqrt{-(\mathfrak{o}^2 - \mathfrak{e}^2)}}{\mathfrak{o}} \sin \mu \, .$$

erhält ihren grössten Werth, welcher gleich dem Radius des Schnittkreises jener Ebene mit dem äusseren Kreiskegel $\mathfrak{K}$ ist, wenn die Grenzebene zur optischen Axe parallel läuft ($\mu = 90^0$).

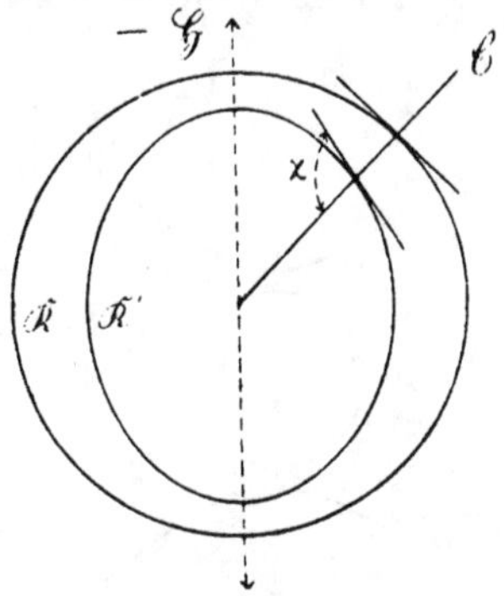

Fig. 226.

2. Ist $\mathfrak{v} = \mathfrak{o}$, so verschwindet der Kreiskegel $\mathfrak{K}$ vollständig; $\mathfrak{K}'$ bleibt im Allgemeinen ein elliptischer Kegel, zerfällt aber auf einer zur optischen Axe parallelen Grenzebene in zwei zum Hauptschnitte derselben symmetrisch liegende Ebenen, deren Gleichungen gegeben sind durch:

$$\frac{\zeta}{\eta} = \pm \frac{\sqrt{\mathfrak{e}^2 - \mathfrak{o}^2}}{\mathfrak{o}} \, .$$

3. Ist $\mathfrak{o} < \mathfrak{v} < \mathfrak{e}$, so zerfällt $\mathfrak{K}'$ auf derjenigen Grenzebene, für welche der Winkel μ die Bedingung:

$$\mathfrak{v}^2 (\mathfrak{o}^2 \cos^2 \mu + \mathfrak{e}^2 \sin^2 \mu) = \mathfrak{o}^2 \mathfrak{e}^2$$

erfüllt, in zwei zum Hauptschnitte symmetrische Ebenen:

$$\frac{\zeta}{\eta} = \pm \frac{\sqrt{\mathfrak{e}^2 - \mathfrak{o}^2}}{\mathfrak{o}} \sin \mu \, .$$

Für kleinere Werthe von μ ist $\mathfrak{K}'$ ein imaginärer, für grössere ein reeller Kegel, welcher von einer zur Grenzebene parallelen Ebene derart in einer Hyperbel geschnitten wird, dass die reelle Axe derselben in den Hauptschnitt fällt (Fig. 227).

Für kleinere Werthe von μ ist $\mathfrak{K}'$ ein elliptischer Kegel; dagegen wird $\mathfrak{K}'$ für grössere Winkel μ von einer zur Grenzebene parallelen Ebene derart in einer Hyperbel geschnitten, dass die reelle Axe derselben senkrecht zum Hauptschnitte steht (Fig. 228).

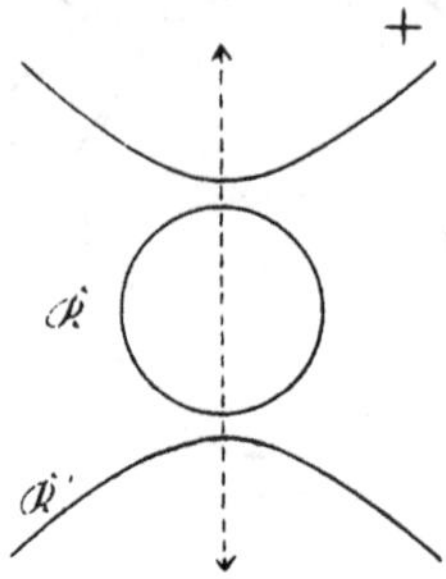

Fig. 227.

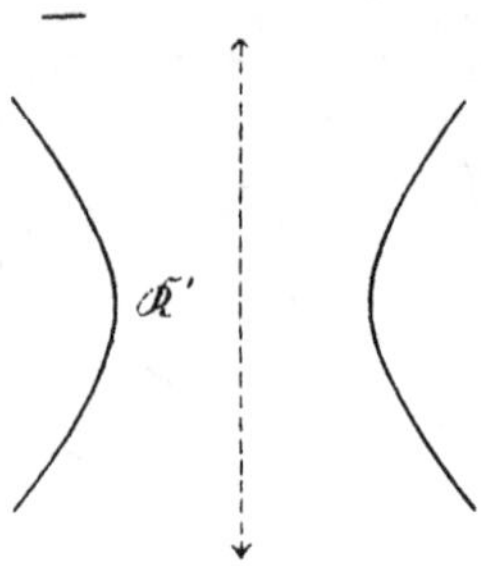

Fig. 228.

Zur experimentellen Verfolgung dieser Modificationen der Kegel der Grenzstrahlen bieten sich zwei Wege dar. Man kann die relativen Werthe der Lichtgeschwindigkeit $\mathfrak{v}$ in dem äusseren Mittel und der Hauptlichtgeschwindigkeiten $\mathfrak{o}$, $\mathfrak{e}$ im Krystall einmal dadurch abändern, dass man die Grenzebene $\mathfrak{G}$ des Krystalls mit verschiedenen äusseren Mitteln in Berührung bringt, aber jedesmal mit demselben einfarbigen Licht beleuchtet. Andererseits braucht man nur ein einziges äusseres Mittel von geeigneter Dispersion zu wählen, um dieselben Modificationen durch Beleuchtung mit verschiedenen Lichtsorten hervorzurufen.

Nach dem ersten Princip hat C. Pulfrich[1] eine zur optischen Axe parallele Schliffläche von *Kalkspath* am Totalreflectometer von F. Kohlrausch in fünf Flüssigkeiten mit Na-Licht untersucht, nämlich 1. in einer concentrirten Lösung von Phosphor in Schwefelkohlenstoff, 2. in Monobromnaphtalin, 3. in Schwefelkohlenstoff, 4. in Anilin und 5. in Aethylenbromid. Zwischen den Grenzkegeln, welche in der zweiten und der dritten Flüssigkeit erhalten werden, liegen die von J. Danker[2] an einem Glasprisma auf dem in Fig. 222, S. 411 abgebildeten Totalreflectometer im Na-Licht beobachteten Kegel. Aus der folgenden Tabelle der Brechungsindices ergiebt sich sofort, welche Gestalt die Kegel der Grenzstrahlen in diesen Fällen annehmen müssen.

[1] C. Pulfrich, N. Jahrb. f. Min. Beil.-Bd. **5**, 167, 1887.

[2] J. Danker, N. Jahrb. f. Min. Beil.-Bd. **4**, 241, 1885.

		𝔎	𝔎′
Kalkspath . . . . ω	1,65850		
ε	1,48635		
Phosphor in Schwefelkohlenstoff (20,0°)	1,71898	Kreiskegel	Elliptischer Kegel
α-Monobromnaphtalin . . . . (16,2°)	1,65850	—	Zwei zum Hauptschnitt symmetrische Ebenen.
Glasprisma . . . . (21,5°)	1,65011	—	Hyperbolischer Kegel.
Schwefelkohlenstoff . . . . . (15,0°)	1,63190	—	„
Anilin . . . . (21,0°)	1,58325	—	„
Aethylenbromid . . . . . . (22,5°)	1,53631	—	„

Die zweite Methode erfordert ein äusseres Mittel von solcher Dispersion, dass $1/\mathfrak{v}$ für gewisse Wellenlängen zwischen den Hauptbrechungsindices ω und ε liegt, für andere dagegen $> \varepsilon$ oder $> \omega$ ist, je nachdem der Krystall einen positiven oder einen negativen Charakter der Doppelbrechung besitzt. Diese Forderung ist, wie J. Norrenberg[1] gezeigt hat, erfüllt für eine zur optischen Axe parallele Fläche von *Kalkspath,* welche sich im F. Kohlrausch'schen Totalreflectometer in *Monobromnaphtalin* befindet. Bei 16,1° C. stimmt der Brechungsindex dieser Flüssigkeit für Na-Licht mit ω überein; für rothes Licht liegt $1/\mathfrak{v}$ zwischen ω und ε, und für blaues Licht ist $1/\mathfrak{v} > \omega$:

	$1/\mathfrak{v}$ (16,1° C.)	ω	ε
Ka_α	1,63988	1,64993	1,48268
Li_α	1,64816	1,65391	1,48420
Na	1,65846	1,65850	1,48639
Tl	1,66868	1,66292	1,48840
Cs_α	1,69394	1,67196	1,49245

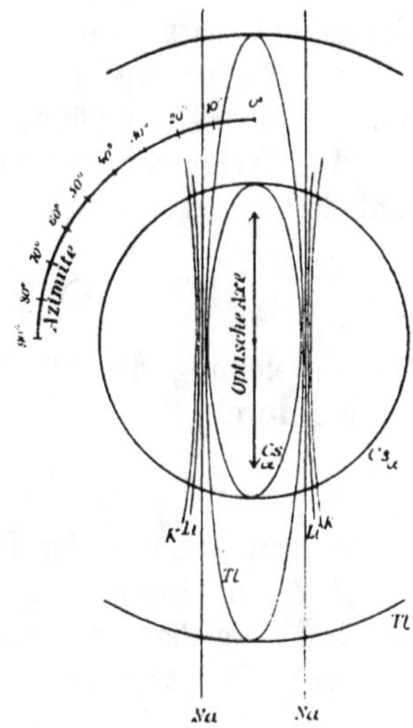

Fig. 229.

Die in Fig. 229 dargestellten Schnittcurven der Kegel der Grenzstrahlen mit einer zur Grenzebene parallelen Ebene im Abstande Eins werden erhalten, indem man die Werthe der trigonometrischen Tangenten der Grenzwinkel, $\tan i_0'$ und $\tan i_0'$, als Radien in den zugehörigen Azimuten ϑ abträgt.

56. Totalreflexion an optisch zweiaxigen Krystallen.[2] — Die Kegel der Grenzstrahlen werden dargestellt durch die Gleichung $\mathbf{D} = 0$ (S. 293), in welcher a_0, a_1, a_2, a_3, a_4 die auf S. 354 angegebenen Werthe besitzen.

[1] J. Norrenberg, Ueber Totalreflexion an doppelbrechenden Krystallen. Verh. naturh. Ver. d. pr. Rheinl. **45**, 1, 1888. Im Auszuge: Ann. d. Phys. N. F. **34**, 843, 1888.

[2] Th. Liebisch, N. Jahrb. f. Min. 1885, **2**, 198; 1886, **2**, 49, 58.

Von besonderem Interesse sind die Fälle, in denen *die Grenzebene eine optische Symmetrieebene* ist. Alsdann werden die Grenzwinkel definirt durch die Bedingung $a_0 = 0$ (S. 294), worin a_0 aus zwei in Bezug auf $\sin^2 i$ linearen Factoren besteht (S. 354), so dass die Kegel der Grenzstrahlen getrennt dargestellt werden können.

Wir wählen zunächst $X_2 X_3$ zur Grenzebene und nehmen das Azimut ϑ der Einfallsebene von $X_1 X_2$ aus. Unter diesen Voraussetzungen ist:

$$\frac{\sin i_0}{\mathfrak{v}} = \frac{1}{\mathfrak{a}_1}, \quad \frac{\sin^2 i_0'}{\mathfrak{v}^2} = \frac{1}{\mathfrak{a}_2^2 \sin^2 \vartheta + \mathfrak{a}_3^2 \cos^2 \vartheta}.$$

Lassen wir nun die Coordinatenaxen Ξ, H, Z (S. 416) der Reihe nach mit den optischen Symmetrieaxen X_2, X_3, X_1 zusammenfallen, so lauten die Gleichungen der Kegel der Grenzstrahlen:

$$\mathfrak{K} \ldots \quad (\mathfrak{a}_1^2 - \mathfrak{v}^2)(\xi^2 + \eta^2) - \mathfrak{v}^2 \zeta^2 = 0$$
$$\mathfrak{K}' \ldots \quad (\mathfrak{a}_3^2 - \mathfrak{v}^2)\xi^2 + (\mathfrak{a}_2^2 - \mathfrak{v}^2)\eta^2 - \mathfrak{v}^2 \zeta^2 = 0.$$

$\mathfrak{K}'$ ist für $\mathfrak{v} < \mathfrak{a}_3$ ein elliptischer Kegel, welcher den Kreiskegel $\mathfrak{K}$ umschliesst; die grössere Ellipsenaxe liegt parallel X_2. Ist $\mathfrak{v} = \mathfrak{a}_3$, so zerfällt $\mathfrak{K}'$ in zwei zu X_2 parallele Ebenen. Für $\mathfrak{v} > \mathfrak{a}_3$ wird $\mathfrak{K}'$ von einer zur Grenzebene parallelen Ebene in einer Hyperbel geschnitten, deren reelle Axe auf X_2 senkrecht steht.[1] Ist $\mathfrak{a}_1 > \mathfrak{v} \geqq \mathfrak{a}_2$, so wird $\mathfrak{K}'$ imaginär und nur der Kreiskegel bleibt bestehen.

Die Neigung[2] der zu dem Kegel $\mathfrak{K}'$ gehörigen Grenzlinie gegen die Einfallsebene ergiebt sich aus:

$$\cos \chi = - \frac{(\mathfrak{a}_2^2 - \mathfrak{a}_3^2) \sin \vartheta \cos \vartheta}{\sqrt{\mathfrak{a}_2^2 (\mathfrak{a}_2^2 - \mathfrak{v}^2) \sin^2 \vartheta + \mathfrak{a}_3^2 (\mathfrak{a}_3^2 - \mathfrak{v}^2) \cos^2 \vartheta}};$$

die Abweichung des Winkels χ von 90^0 nimmt ihren grössten Werth an für die durch:

$$\tan^4 \vartheta_m = \frac{\mathfrak{a}_3^2 (\mathfrak{a}_3^2 - \mathfrak{v}^2)}{\mathfrak{a}_2^2 (\mathfrak{a}_2^2 - \mathfrak{v}^2)}$$

bestimmten Azimute der Einfallsebene.

Auf der Grenzebene $X_1 X_2$ erhalten wir für $\mathfrak{v} < \mathfrak{a}_3$ einen elliptischen Kegel $\mathfrak{K}'$, welcher von einem Kreiskegel $\mathfrak{K}$ umschlossen wird; die grössere Ellipsenaxe liegt parallel X_1. Ist $\mathfrak{v} = \mathfrak{a}_3$, so fällt $\mathfrak{K}$ mit der Grenzebene zusammen, und für $\mathfrak{v} > \mathfrak{a}_3$ ist $\mathfrak{K}$ imaginär. Der Kegel $\mathfrak{K}'$ zerfällt, wenn $\mathfrak{v} = \mathfrak{a}_2$ ist, in zwei zu X_1 parallele Ebenen; er wird von einer zur Grenzebene parallelen Ebene in einer Hyperbel geschnitten, deren reelle Axe auf X_2 senkrecht steht, falls $\mathfrak{a}_1 > \mathfrak{v} > \mathfrak{a}_2$ (Fig. 226, 228).

---

[1] Fig. 225, 227 können auch zur Erläuterung dieser Erscheinungen dienen, wenn die Axe X_3 in die Schnittgerade des Hauptschnittes $\mathfrak{H}$ mit der Grenzebene gelegt wird.

[2] Hierüber liegen Beobachtungen von J. Danker am Aragonit vor (N. Jahrb. f. Min. Beil.-Bd. 4, 272, 1885).

Die bemerkenswerthen Erscheinungen der totalen Reflexion, welche *eine zur Ebene der optischen Axen parallele Grenzebene* darbietet, lassen sich leicht aus den Eigenschaften der Indexfläche entwickeln. Durch jede gemeinsame Tangente des Kreises und der Ellipse, in denen jene Fläche von der Ebene $X_3 X_1$ geschnitten wird (Fig. 173, S. 350), geht eine auf der Ebene der optischen Axen senkrecht stehende singuläre Tangentialebene der Indexfläche, deren Normale eine Strahlenaxe ist; die Radien nach ihrem Berührungskreise bilden den zu dieser Strahlenaxe gehörigen Kegel von Wellennormalen (Fig. 168, S. 343). Hieraus ergiebt sich, dass die Berührungspunkte des auf der Ebene der optischen Axen senkrecht stehenden Tangentencylinders der Indexfläche nicht nur den Kreis und die Ellipse erfüllen, in denen $X_3 X_1$ die Indexfläche schneidet, sondern ausserdem noch die vier Berührungskreise, welche auf den reellen singulären Tangentialebenen der Indexfläche liegen. Verbindet man jetzt die Schnittcurve, welche der Tangentencylinder auf der Kugel mit dem Radius $1/\mathfrak{v}$ erzeugt, mit dem Einfallspunkt O, so erhält man als Gesammtheit der Grenzstrahlen: 1. einen Kreiskegel $\mathfrak{K}_\varkappa$, welcher den in der Grenzebene enthaltenen Strahlen von constanter Geschwindigkeit entspricht; 2. einen Kegel $\mathfrak{K}_\iota$, entsprechend den Strahlen der Grenzebene, deren Geschwindigkeit sich mit ihrer Richtung ändert; 3. vier Kegelmantelausschnitte $\mathfrak{L}$, welche den Wellennormalenkegeln der Strahlenaxen entsprechen.

Wenn die Coordinatenaxen $\mathsf{\Xi}$, H, Z der Reihe nach zusammenfallen mit X_3, X_1, X_2 und das Azimut ϑ der Einfallsebene von $X_2 X_3$ aus gerechnet wird, so erhalten wir folgende Gleichungen:

$$\mathfrak{K}_\varkappa \ldots \quad \frac{\sin i_0}{\mathfrak{v}} = \frac{1}{\mathfrak{a}_2}, \quad (\mathfrak{a}_2{}^2 - \mathfrak{v}^2)(\xi^2 + \eta^2) - \mathfrak{v}^2 \zeta^2 = 0,$$

$$\mathfrak{K}_\iota \ldots \quad \frac{\sin^2 i_0}{\mathfrak{v}^2} = \frac{1}{\mathfrak{a}_3{}^2 \sin^2 \vartheta + \mathfrak{a}_1{}^2 \cos^2 \vartheta}, \quad (\mathfrak{a}_1{}^2 - \mathfrak{v}^2)\xi^2 + (\mathfrak{a}_3{}^2 - \mathfrak{v}^2)\eta^2 - \mathfrak{v}^2 \zeta^2 = 0.$$

Für $\mathfrak{v} < \mathfrak{a}_3$ ist $\mathfrak{K}_\iota$ ein elliptischer Kegel; die grössere Halbaxe der elliptischen Basis liegt parallel X_1.

Die Kegel $\mathfrak{K}_\varkappa$ und $\mathfrak{K}_\iota$ haben die vier Geraden K gemein, welche in den Azimuten $\vartheta = \pm V$ und $180^0 \pm V$ liegen. Fällt aus dem äusseren Mittel ein Strahl in der Richtung einer Geraden K auf die Grenzebene, so ist die zugehörige gebrochene Wellennormale im Krystall eine der optischen Axen. Daraus ergiebt sich, dass die in den Richtungen K einfallenden Strahlen beim Eindringen in den Krystall der *inneren konischen Refraction* unterliegen. Von den Strahlen, welche den zu einer optischen Axe gehörigen Strahlenkegel bilden, fallen nur zwei in die Grenzebene, von denen der eine die optische Axe selbst ist; die übrigen entgehen der Grenzbrechung. Besitzt das Krystallpräparat die Form einer hinreichend ausgedehnten planparallelen Platte, so treten die aus der inneren konischen Refraction hervorgegangenen Strahlen parallel zur Einfallsrichtung als Strahlencylinder wieder aus der Platte heraus.

Wir betrachten jetzt diejenigen Geraden des Tangentencylinders, welche in die vier singulären Tangentialebenen der Indexfläche fallen. Jede dieser Geraden berührt die Indexfläche in zwei zur Grenzebene symmetrisch liegenden Punkten des Berührungskreises der zugehörigen Tangentialebene. Die Verbindungsgeraden dieser Punkte mit dem Einfallspunkt sind die gebrochenen Wellennormalen. Für alle Wellennormalen nach einem Berührungskreise ist die zugehörige Strahlenaxe der ihnen gemeinsame Strahl. Es können also aus dem äusseren Mittel unter verschiedenen Winkeln Strahlen derart auf die Grenzebene fallen, dass sie bei dem Uebergange in den Krystall die Grenzbrechung erleiden und dabei *sämmtlich in eine Strahlenaxe vereinigt* werden. Die Grenzstrahlen von dieser Beschaffenheit bilden einen Theil eines Umdrehungskegels $\mathfrak{L}$ um die zugehörige Strahlenaxe $\mathfrak{A}$, denn ihre Richtungen sind bestimmt durch Punkte der Schnittcurve, welche die zu $\mathfrak{A}$ senkrechte singuläre Tangentialebene der Indexfläche auf der Kugel mit dem Radius $1/\mathfrak{v}$ erzeugt. Bezeichnet man die Neigung einer Geraden E des Kegels $\mathfrak{L}$ zu seiner Axe mit ψ, so ist die Gleichung von $\mathfrak{L}$:

$$\cos\psi = \mathfrak{v}/\mathfrak{a}_2 .$$

Hierfür kann mit Rücksicht auf:

$$\cos\psi = \cos(\mathfrak{A}X_1)\cos(\mathfrak{E}X_1) + \cos(\mathfrak{A}X_3)\cos(\mathfrak{E}X_3)$$

gesetzt werden:

$$\mathfrak{v} = \mathfrak{a}_2\left[\sin\mathfrak{B}\cos(\mathfrak{E}X_1) + \cos\mathfrak{B}\cos(\mathfrak{E}X_3)\right]$$

oder nach S. 326:

$$\mathfrak{L}\ldots\quad \mathfrak{v}^2(\xi^2+\eta^2+\zeta^2) = \left[\mathfrak{a}_3\sqrt{\frac{\mathfrak{a}_1^{\,2}-\mathfrak{a}_2^{\,2}}{\mathfrak{a}_1^{\,2}-\mathfrak{a}_3^{\,2}}}\,\eta + \mathfrak{a}_1\sqrt{\frac{\mathfrak{a}_2^{\,2}-\mathfrak{a}_3^{\,2}}{\mathfrak{a}_1^{\,2}-\mathfrak{a}_3^{\,2}}}\,\xi\right]^2 .$$

Wie sich aus der Construction ergiebt und aus den Gleichungen für $\mathfrak{K}_\kappa$, $\mathfrak{K}_\varepsilon$ und $\mathfrak{L}$ abzulesen ist, berührt jeder Kegel $\mathfrak{L}$ die Kegel $\mathfrak{K}_\kappa$ und $\mathfrak{K}_\varepsilon$ in je einer Geraden. Die Berührung von $\mathfrak{L}$ und $\mathfrak{K}_\kappa$ findet in derjenigen Geraden statt, welche gleichzeitig in der Verbindungsebene der Axe X_2 und der zu $\mathfrak{L}$ gehörigen Strahlenaxe $\mathfrak{A}$ enthalten ist. Die Berührungsgerade von $\mathfrak{L}$ und $\mathfrak{K}_\varepsilon$ fällt in die Verbindungsebene der Axe X_2 mit derjenigen Wellennormale der Grenzebene, welche in dem zu $\mathfrak{A}$ gehörigen Wellennormalenkegel der Strahlenaxe gegenüberliegt. Nur die innerhalb dieser beiden Berührungsgeraden gelegenen Strahlen des Kegels $\mathfrak{L}$ sind Grenzstrahlen der totalen Reflexion und werden beim Uebergang in den Krystall sämmtlich in eine Strahlenaxe vereinigt. Die Geraden, welche ausserhalb dieses Bereiches auf $\mathfrak{L}$ liegen, gehören dem Gebiet der totalen Reflexion an.

Auf solche Weise erklären sich die Erscheinungen, welche man im Totalrefractometer an einer zur Ebene der optischen Axen parallelen Grenzfläche wahrnimmt, falls eine Schnittgerade **K** der Kegel der Grenzstrahlen $\mathfrak{K}_\kappa$ und $\mathfrak{K}_\varepsilon$ in die Richtung der optischen Axe des Beobachtungsfernrohres fällt (Fig. 230).[1]

[1] Hierüber hat W. Kohlrausch an einem Weinsäurekrystall interessante Beobachtungen angestellt (Ann. d. Phys. N. F. **6**, 113, 1879; Taf. I).

Den Umstand, dass die Schnittgeraden **K** der Kegel der Grenzstrahlen in den Azimuten $\pm V$ und $180^0 \pm V$ liegen, kann man zur *Messung des Winkels der optischen Axen* $2V$ an einer zur Ebene $X_3 X_1$ genau parallelen Fläche benutzen. Die Genauigkeit dieser Methode hängt von der Stärke der Doppelbrechung ab; sind zwei der Hauptlichtgeschwindigkeiten nur wenig von einander verschieden, so lassen sich die Azimute der Geraden **K** nicht mehr mit ausreichender Sicherheit ermitteln.[1]

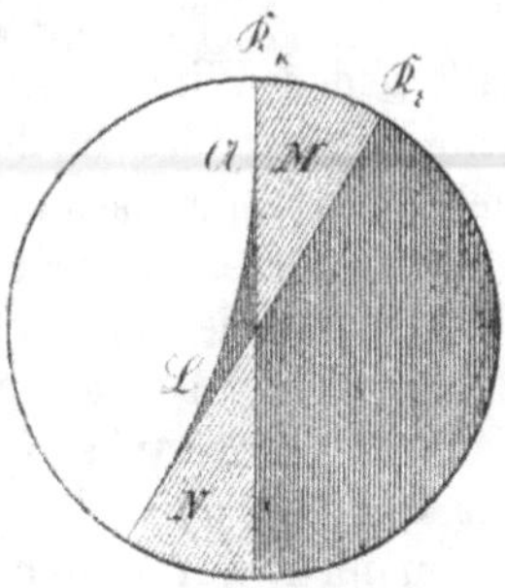

Fig. 230.

57. Was nun die *Bestimmung der Hauptlichtgeschwindigkeiten* eines optisch zweiaxigen Krystalls angeht, so ergeben sich folgende Sätze.

Fällt die Schnittgerade $\mathfrak{X}_1$ *von Grenzebene und Reflexionsebene in eine optische Symmetrieaxe, so folgt aus der Bedingung* $a_0 = 0$, *dass jeder der beiden Quotienten* $\sin i_0 / \mathfrak{v}$ *gleich dem reciproken Werthe einer Hauptlichtgeschwindigkeit ist.* Hat z. B. $\mathfrak{X}_1$ die Richtung von X_1, so ist:

$$\frac{\sin i_{02}}{\mathfrak{v}} = \frac{1}{\mathfrak{a}_2}, \quad \frac{\sin i_{03}}{\mathfrak{v}} = \frac{1}{\mathfrak{a}_3}.$$

Liegt die *Grenzebene parallel zu einer optischen Symmetrieebene*, so entspricht, wie aus $a_0 = 0$ hervorgeht (S. 354), der constante Grenzwinkel einer Hauptlichtgeschwindigkeit; der mit der Reflexionsebene veränderliche Grenzwinkel liefert für $\sin i_0 / \mathfrak{v}$ einen Werth gleich dem reciproken Betrage der Geschwindigkeit jener ausserordentlichen Welle, die sich in der Richtung $\mathfrak{X}_1$ fortpflanzt. Indem man die Maxima und Minima des Grenzwinkels i_{01}, i_{02}, i_{03} bestimmt, welche noch dadurch charakterisirt sind, dass für sie die Grenzlinie senkrecht zu der mit einer Symmetrieebene zusammenfallenden Reflexionsebene steht ($\chi = 90^0$), ermittelt man an einer einzigen Grenzebene die Werthe der drei Hauptlichtgeschwindigkeiten, und zwar einen derselben zweimal.

Geht die *Grenzebene einer optischen Symmetrieaxe* X_h *parallel*, so bieten sich zwei ausgezeichnete Reflexionsebenen dar, deren experimentelle Bestimmung wieder dadurch ermöglicht wird, dass für diese Ebenen die Winkel $\chi = 90^0$ werden. Die erste derselben läuft parallel X_h und dient daher zur Messung der beiden dieser Axe entsprechenden Hauptlichtgeschwindigkeiten. Die zweite Reflexionsebene ist die auf X_h senkrechte Symmetrieebene. Alsdann zerfällt die Curve Γ in einen Kreis und eine Ellipse (S. 294). Der Grenzwinkel, welcher der ordentlichen, parallel zur Reflexionsebene polarisirten Welle entspricht, liefert die dritte Hauptlichtgeschwindigkeit. Dagegen ist der mit Hülfe des anderen Grenzwinkels gebildete Quotient $\sin i_0 / \mathfrak{v}$ gleich dem reciproken Werthe der Geschwindigkeit desjenigen senkrecht zur Reflexionsebene polarisirten Strahles, der in der Grenzebene senkrecht auf

[1] A. Mühlheims, Zeitschr. f. Kryst. **14**, 202, 1888.

X_h steht. Es gehe z. B. die Grenzebene parallel X_1, so gelten für die Einfallsebene $X_2 X_3$ folgende Relationen:

$$\frac{\sin i_{01}}{\mathfrak{v}} = \frac{1}{\mathfrak{a}_1}, \quad \frac{\sin^2 i_0}{\mathfrak{v}^2} = \frac{1}{\mathfrak{a}_3^2} + \left(\frac{1}{\mathfrak{a}_2^2} - \frac{1}{\mathfrak{a}_3^2}\right)\cos^2\mu = \frac{1}{\mathfrak{s}^2},$$

falls μ den Winkel der Normale der Grenzebene gegen X_2 und $\mathfrak{s}$ die Geschwindigkeit des in der Ebene $X_2 X_3$ unter dem Winkel μ gegen X_3 geneigten Strahles bedeuten. Daraus folgt, dass man neben den Hauptlichtgeschwindigkeiten auch noch die durch den Winkel μ definirte Orientirung der Grenzebene auf optischem Wege in ähnlicher Weise ermitteln kann, wie die Lage einer beliebigen Grenzebene eines optisch einaxigen Krystalls (S. 416).

Die Grenzwinkel i_{01}, i_{02}, i_{03}, welche dadurch charakterisirt sind, dass der Quotient $\sin i_{0h}/\mathfrak{v}$ gleich dem Hauptbrechungsindex α_h ist ($h = 1, 2, 3$), treten nicht nur in den speciellen, durch Symmetrieeigenschaften ausgezeichneten Fällen auf, wo die Grenzebene einer optischen Symmetrieebene oder einer optischen Symmetrieaxe parallel geht: sie können, wie leicht einzusehen ist, an *jeder* Grenzebene beobachtet werden. Nur liegen sie dann nicht mehr in Einfallsebenen, die auf einander senkrecht stehen. Bezeichnen wir die Schnittgeraden der Grenzebene $\mathfrak{X}_1 \mathfrak{X}_2$ (Fig. 133, S. 292) mit den Symmetrieebenen der Indexfläche durch ON_1, ON_2, ON_3 derart, dass der Punkt N_h dem Kreise mit dem Radius α_h angehört, so liegen die Punkte N_1, N_2, N_3 gleichzeitig auf der Berührungscurve des zur Normale $\mathfrak{X}_3$ der Grenzebene parallelen Tangentencylinders der Indexfläche. Beachten wir jetzt, dass in jedem Diametralschnitt der Indexfläche der grösste Radius der äusseren Curve gleich α_3 und der kleinste Radius der inneren Curve gleich α_1 ist, während α_2 entweder den kleinsten Radius der äusseren oder den grössten Radius der inneren Curve bildet, je nachdem der Schnitt durch den von der Axe X_3 halbirten Winkel $2V$ der optischen Axen oder durch den Nebenwinkel gelegt ist (Fig. 173, S. 350). Daraus folgt, dass man durch Messung des absolut grössten Grenzwinkels i_{03} und des absolut kleinsten Grenzwinkels i_{01} an einer beliebig orientirten Grenzebene eines optisch zweiaxigen Krystalls immer die Hauptbrechungsindices α_3 und α_1 bestimmen kann. Dagegen lässt sich an einer einzigen Grenzebene nicht entscheiden, ob der kleinste Grenzwinkel in dem äusseren oder der grösste Grenzwinkel in dem inneren Kegel der Grenzstrahlen den Werth i_{02} liefert. In der That kann, wie aus einem von A. Brill[1] bewiesenen Satze hervorgeht, durch einen Diametralschnitt einer Indexfläche im Allgemeinen noch eine zweite reelle Indexfläche gelegt werden, welche die Halbaxen α_3 und α_1 mit jener gemein hat und sich nur durch einen anderen Werth der Halbaxe α_2 von ihr unterscheidet. *Man muss daher, wenn zur Ermittelung der Hauptbrechungsindices α_1, α_2, α_3 keine durch Symmetrieeigenschaften ausgezeichnete Grenzebene benutzt werden kann, die Beobachtung der grössten und der kleinsten Grenzwinkel der totalen Reflexion in dem äusseren und dem inneren Kegel der Grenzstrahlen an zwei*

[1] A. Brill in der auf S. 398 citirten Abhandlung.

verschieden orientirten Grenzebenen ausführen, um die allen Grenzebenen gemeinsamen Grenzwinkel i_{01}, i_{02}, i_{03} zu bestimmen.[1]

58. Die Messung von Grenzwinkeln der Totalreflexion bietet ein vortreffliches Mittel zur experimentellen Prüfung der Gesetze der Doppelbrechung dar. Schon WOLLASTON benutzte das von ihm ersonnene Beobachtungsverfahren (S. 409) zur Verification des Huyghens'schen Gesetzes der Doppelbrechung im Kalkspath (1802). Von der allerdings nur in speciellen Fällen zutreffenden Annahme ausgehend, dass die beobachteten Werthe des Quotienten $\mathfrak{v} / \sin i_0$ gleich den Geschwindigkeiten der in der Schnittlinie von Grenzebene und Einfallsebene gelegenen Strahlen seien, fand er mit den unvollkommenen Hülfsmitteln, die ihm zur Verfügung standen, eine nahe Uebereinstimmung zwischen den beobachteten und den aus den Hauptlichtgeschwindigkeiten des Kalkspath berechneten Werthen von $\mathfrak{v} / \sin i_0$. Indessen reichte der Wollaston'sche Apparat zu genaueren Untersuchungen nicht aus. Erst nachdem F. KOHLRAUSCH das nach ihm benannte Totalreflectometer (S. 407) construirt hatte, wurden von W. KOHLRAUSCH[2] umfassende Messungsreihen an verschieden orientirten Grenzebenen optisch einaxiger und zweiaxiger Krystalle mit grosser Sorgfalt ausgeführt (1879). Unter der Annahme, dass der beobachtete Werth des Quotienten $\mathfrak{v} / \sin i_0$ die Geschwindigkeit einer in der Schnittlinie von Grenzebene und Einfallsebene gelegenen Wellennormale darstelle, wurden die gemessenen Wellengeschwindigkeiten mit den aus den Hauptlichtgeschwindigkeiten berechneten Werthen derselben verglichen. Für Grenzebenen, die gleichzeitig optische Symmetrieebenen sind, erweist sich jene Annahme als richtig (S. 418, 422), und die hierauf bezüglichen Beobachtungen und Berechnungen von W. KOHLRAUSCH bilden in der That eine der zuverlässigsten Bestätigungen des Fresnel'schen Gesetzes der Doppelbrechung.

Nachdem ich die Abhängigkeit der Grenzwinkel der totalen Reflexion von den optischen Constanten des Krystalls und des äusseren Mittels, sowie von den Grössen, welche die Lage der Grenzebene und der Einfallsebene zu den optischen Symmetrieaxen des Krystalls angeben, entwickelt hatte, unternahm J. DANKER[3] (1885) an dem auf S. 411 beschriebenen Totalreflectometer Messungen der *beiden* Winkel, welche für den Beginn der totalen Reflexion charakteristisch sind: des Grenzwinkels i_0 und des Winkels χ der Grenzlinie gegen die Einfallsebene, und gewann einen bis dahin nicht erreichten Grad der Uebereinstimmung zwischen den Beobachtungen und dem Fresnel'schen Gesetz.

[1] CH. SORET, Compt. rend. **106**, 176, 479, 1888. Arch. des sc. phys. et nat. (3) **20**, 263, 1888. Zeitschr. f. Kryst. **15**, 45, 1889. — F. L. PERROT, Compt. rend. **108**, 137, 1889. Arch. des sc. phys. et nat. (3) **21**, 113, 1889. — B. HECHT, N. Jahrb. f. Min. Beil.-Bd. **6**, 241, 1889.

[2] W. KOHLRAUSCH, Ann. d. Phys. N. F. **6**, 86; **7**, 427, 1879.

[3] J. DANKER, N. Jahrb. f. Min. Beil.-Bd. **4**, 241, 1885.

Brechung und Reflexion des Lichtes an vollkommen durchsichtigen Krystallen.

59. Die Grundlage unserer Entwickelungen über Brechung und Reflexion des Lichtes in vollkommen durchsichtigen Krystallen bildeten bisher die Huyghens'sche Construction (S. 286) und die Gesetze der Doppelbrechung von Huyghens und Fresnel. Es gelang für gegebene Grenzebenen und Einfallsebenen die Richtungen und Geschwindigkeiten der von einer einfallenden Welle hervorgerufenen gebrochenen und reflectirten Wellen und Strahlen und die Polarisationsrichtungen der im Krystall sich fortpflanzenden Wellen zu bestimmen (S. 311, 355). Dagegen konnte die Frage nach der Abhängigkeit, in welcher die Intensität der gebrochenen Wellen, sowie der Polarisationszustand und die Intensität der reflectirten Welle von dem Polarisationszustande und der Intensität der einfallenden Welle stehen, mit den in der Einleitung vorausgeschickten Hülfsmitteln nicht beantwortet werden.

Dieses Problem wurde mit bewunderungswürdigem Scharfsinne in voller Allgemeinheit von F. E. Neumann[1] gelöst. Nahezu gleichzeitig gelangte J. Mac Cullagh[2] durch eine glücklich gewählte geometrische Methode zu überraschend einfachen Theoremen, welche eine bequeme Uebersicht der charakteristischen Erscheinungen der Krystallreflexion vermitteln. Die Fruchtbarkeit seines Verfahrens bewährte sich von Neuem in den eleganten Resultaten von A. Cornu,[3] welche das Studium der Krystallreflexion in theoretischer und experimenteller Hinsicht wesentlich vereinfacht haben.

Nachdem die experimentellen Untersuchungen von Brewster[4] und Seebeck,[5] die umfassenden Messungen von Neumann,[6] die sorgfältigen Beobachtungen von Cornu, Glazebrook[7] u. A. zu einer vollständigen Be-

[1] F. E. Neumann, Theoretische Unters. der Gesetze, nach welchen das Licht an der Grenze zweier vollkommen durchsichtigen Medien reflectirt und gebrochen wird. Abh. Berlin. Akad. 1835, 1—158. Journ. de Mathém. **7**, 369, 1842.

[2] J. Mac Cullagh, On the Laws of Crystalline Reflexion and Refraction. Trans. Irish Acad. **18**, 31, 1837. Coll. Works 87. Journ. de Mathém. **7**, 217, 1842.

[3] A. Cornu, Recherches sur la réflexion cristalline. Thèses fac. des sc. Paris 1867. Ann. chim. phys. (4) **11**, 283, 1867. (Compt. rend. **56**, 87; **57**, 1327, 1863; **60**, 47, 1865. Pogg. Ann. **118**, 492, 1863; **126**, 466, 1865.)

[4] D. Brewster, On the Action of Crystallized Surfaces upon Light. Phil. Trans. 1819, 145. (Proc. Edinb. Soc. **5**, 175, 1864).

[5] A. Seebeck, Ueber die Polarisationswinkel am Kalkspath. Pogg. Ann. **21**, 290; **22**, 126, 1831. Ueber die Polarisation des Lichts durch Spiegelung, besonders an doppelt brechenden Körpern. ibid. **38**, 276, 1836; **40**, 462, 1837.

[6] F. E. Neumann, Photometrisches Verfahren, die Intensität der ordentlichen und ausserordentlichen Strahlen, so wie die des reflectirten Lichtes zu bestimmen. Pogg. Ann. **40**, 497, 1837. Beobachtungen über den Einfluss der Krystallflächen auf das reflectirte Licht, und über die Intensität des ordentlichen und ausserordentlichen Strahls. ibid. **42**, 1, 1837.

[7] R. T. Glazebrook, On the Refraction of Plane Polarized Light at the Surface of a Uniaxal Crystal. Phil. Trans. **173**, 595, 1883.

stätigung der Ergebnisse von Neumann und Mac Cullagh geführt haben, sind zahlreiche Versuche einer strengeren theoretischen Begründung derselben unternommen worden, deren Darlegung indessen den Rahmen dieser Schrift überschreiten würde. Indem wir zum Ausgangspunkt der folgenden Einführung unmittelbar die von Neumann und Mac Cullagh aufgestellten Grenzbedingungen nehmen, welche die Gesammtheit der Erscheinungen der Brechung und Reflexion des Lichtes an vollkommen durchsichtigen Krystallen umspannen, interessirt uns vor allem *der Einfluss der Krystallflächen auf das reflectirte Licht.* Die Beobachtungen über diesen Gegenstand haben den directesten Beweis für die Richtigkeit der Neumann'schen Gesetze geliefert.

60. Einfach brechende Körper. — Wir betrachten zuvörderst den Uebergang einer geradlinig polarisirten Welle aus einem vollkommen durchsichtigen einfach brechenden Mittel durch eine ebene Grenzfläche in einen zweiten derartigen Körper. Die Grenzebene und die Einfallsebene bestimmen das auf S. 290 erläuterte rechtwinklige Axensystem $\mathfrak{X}_1$, $\mathfrak{X}_2$, $\mathfrak{X}_3$. Wir stellen uns vor, dass die hier in Betracht kommenden Geraden und Ebenen durch den Mittelpunkt O der Constructionskugel Fig. 231 gelegt seien, und bezeichnen die Normale der einfallenden, reflectirten, gebrochenen Welle mit OE, OR, OD, ihre Winkel gegen die Normale der Grenzebene:

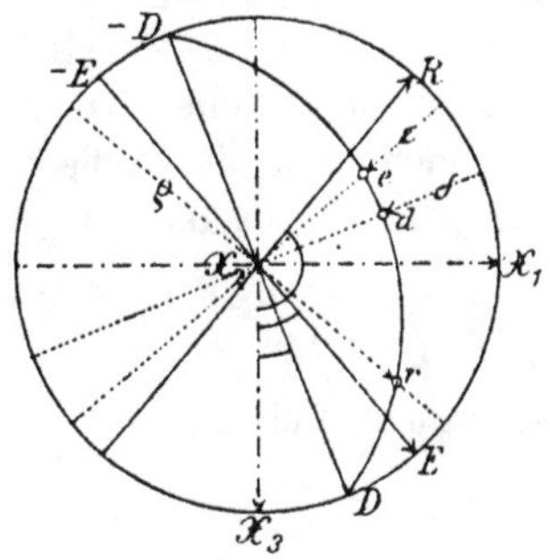

Fig. 231.

$$(E\mathfrak{X}_3) = i, \quad (R\mathfrak{X}_3) = 180^0 - i, \quad (D\mathfrak{X}_3) = \varphi$$

und ihre Polarisationsrichtungen mit e, r, d. Dabei sollen die Azimute ε, δ, ϱ der Geraden e, r, d von der Einfallsebene aus gegen $+\mathfrak{X}_2$ hin nach dem in Fig. 231 angegebenen Sinne genommen werden. Alsdann erhalten wir aus Fig. 231 für die Richtungscosinus von e, d, r folgende Werthe:

	e	r	d
$\mathfrak{X}_1$	$\cos\varepsilon\cos i$	$-\cos\varrho\cos i$	$\cos\delta\cos\varphi$
$\mathfrak{X}_2$	$\sin\varepsilon$	$\sin\varrho$	$\sin\delta$
$\mathfrak{X}_3$	$-\cos\varepsilon\sin i$	$-\cos\varrho\sin i$	$-\cos\delta\sin\varphi$

Nehmen wir an, dass in einer geradlinig polarisirten Welle die Schwingungsrichtung mit der experimentell definirten Polarisationsrichtung zusammenfällt, und bezeichnen wir die Amplitude der einfallenden, reflectirten, gebrochenen Welle mit E, P, Δ, so gelten nach Neumann und Mac Cullagh folgende Grenzbedingungen:

$$\begin{aligned}
&1. && (\mathsf{E}\cos\varepsilon - \mathsf{P}\cos\varrho)\cos i &&= \Delta\cos\delta\cos\varphi\\
&2. && \mathsf{E}\sin\varepsilon + \mathsf{P}\sin\varrho &&= \Delta\sin\delta\\
&3. && (\mathsf{E}\cos\varepsilon + \mathsf{P}\cos\varrho)\sin i &&= \Delta\cos\delta\sin\varphi\\
&4. && (\mathsf{E}\sin\varepsilon - \mathsf{P}\cos\varrho)\sin i\cos i &&= \Delta\sin\delta\sin\varphi\cos\varphi,
\end{aligned}$$

von denen die drei ersteren aussagen, dass die Verrückungen eines Aethertheilchens der Grenzebene nach Grösse und Richtung in den beiden Mitteln übereinstimmen, während die vierte Grenzbedingung durch das Princip der Erhaltung der lebendigen Kraft in Verbindung mit 1—3 geliefert wird.

Beachten wir nun, indem wir von zahlreichen anderen Folgerungen aus diesen fundamentalen Gleichungen absehen, vor allem die durch Fig. 231 veranschaulichten Beziehungen. Aus dem gleichzeitigen Bestehen der drei ersten Grenzbedingungen folgt, dass die aus den Richtungscosinus von e, d, r gebildete Determinante verschwindet; daher das Theorem von Mac Cullagh: *Die Polarisationsrichtungen der einfallenden, reflectirten und gebrochenen Wellen liegen in einer Ebene.* Gleichzeitig ist ersichtlich, dass die Amplitude Δ der gebrochenen Welle als die Resultante der Amplituden E und P der einfallenden und der reflectirten Welle betrachtet werden kann. Verbinden wir jetzt die beiden aus 1, 2, 3 und 1, 3, 4 fliessenden Gleichungen:

$$\begin{aligned}
\tan\varepsilon\sin(i+\varphi) - \tan\varrho\sin(i-\varphi) - \tan\delta\sin 2i &= 0\\
\tan\varepsilon\sin(i+\varphi) + \tan\varrho\sin(i-\varphi) - \tan\delta\sin 2\varphi &= 0,
\end{aligned}$$

so ergiebt sich:

$$\text{f.}\qquad \frac{\tan\varepsilon}{\cos(i-\varphi)} = -\frac{\tan\varrho}{\cos(i+\varphi)} = \frac{\tan\delta}{1}.$$

Dies ist das Fresnel'sche Theorem über die Drehung der Polarisationsebene durch Reflexion und Brechung an der Grenze zweier einfach brechender Mittel: *Die trigonometrischen Tangenten der Winkel, welche die Polarisationsebenen der einfallenden, reflectirten und gebrochenen Wellenebenen mit der Einfallsebene bilden, sind proportional den Cosinus der Winkel, welche diese Wellen mit der gebrochenen Wellenebene einschliessen.* Die Gleichungen f bedingen, dass die aus den Richtungscosinus der Polarisationsrichtungen e, r und der Normale OD der gebrochenen Welle gebildete Determinante verschwindet:

$$\begin{vmatrix} \cos\varepsilon\cos i & -\cos\varrho\cos i & \sin\varphi\\ \sin i & \sin\varrho & 0\\ -\cos\varepsilon\sin i & -\cos\varrho\sin i & \cos\varphi \end{vmatrix} = 0.$$

Demnach geht die Ebene (e, d, r) durch OD hindurch: *Die Verbindungsebene der Polarisationsrichtungen der einfallenden, reflectirten und gebrochenen Wellen ist gleichzeitig die Polarisationsebene der gebrochenen Welle.*

61. Optisch zweiaxige Krystalle. — Wir wenden uns jetzt zu dem Uebergange einer geradlinig polarisirten Welle aus einem einfach brechenden Mittel in einen vollkommen durchsichtigen optisch zweiaxigen Krystall und benutzen die auf S. 355—357 und durch Fig. 176, 177 erläuterten Bezeichnungen.

Es seien e, r und d_1, d_2 die Polarisationsrichtungen, ε, ϱ und δ_1, δ_2 die auf die Einfallsebene bezogenen Polarisationsazimute der einfallenden, der reflectirten und der gebrochenen Wellen; dann erhalten wir für die Richtungscosinus von e, r, d_1, d_2 folgende Werthe:

	e	r	d_1	d_2
$\mathfrak{X}_1$	$\cos\varepsilon\cos i$	$-\cos\varrho\cos i$	$\cos\delta_1\cos\varphi_1$	$\cos\delta_2\cos\varphi_2$
$\mathfrak{X}_2$	$\sin\varepsilon$	$\sin\varrho$	$\sin\delta_1$	$\sin\delta_2$
$\mathfrak{X}_3$	$-\cos\varepsilon\sin i$	$-\cos\varrho\sin i$	$-\cos\delta_1\sin\varphi_1$	$-\cos\delta_2\sin\varphi_2$

Die Amplituden jener Wellen seien bezeichnet mit E, P, Δ_1, Δ_2. Unter diesen Voraussetzungen gelten nach Neumann und Mac Cullagh folgende Grenzbedingungen:

$$\begin{aligned}
&\text{I.} && (\mathsf{E}\cos\varepsilon-\mathsf{P}\cos\varrho)\cos i &&= \Delta_1\cos\delta_1\cos\varphi_1+\Delta_2\cos\delta_2\cos\varphi_2\\
&\text{II.} && \mathsf{E}\sin\varepsilon+\mathsf{P}\sin\varrho &&= \Delta_1\sin\delta_1+\Delta_2\sin\delta_2\\
&\text{III.} && (\mathsf{E}\cos\varepsilon+\mathsf{P}\cos\varrho)\sin i &&= \Delta_1\cos\delta_1\sin\varphi_1+\Delta_2\cos\delta_2\sin\varphi_2\\
&\text{IV.} && (\mathsf{E}\sin\varepsilon-\mathsf{P}\sin\varrho)\sin i\cos i &&= \Delta_1\sin\varphi_1(\cos\varphi_1\sin\delta_1+\sin\varphi_1\tan s_1)\\
& && &&\quad+\Delta_2\sin\varphi_2(\cos\varphi_2\sin\delta_2-\sin\varphi_2\tan s_2).
\end{aligned}$$

Wieder sagen die drei ersten Gleichungen aus, dass ein Aethertheilchen der Grenzebene durch die einfallende und die reflectirte Welle dieselbe Verrückung erfährt wie durch die gebrochenen Wellen. Die vierte Gleichung ergiebt sich aus dem Princip der Erhaltung der lebendigen Kraft in Verbindung mit I—III und mit der auf S. 357 erwähnten Neumann'schen Relation.

Die Methode von Mac Cullagh zur Anwendung dieser Gleichungen beruht nun auf folgender Ueberlegung. Die *Polarisationsrichtungen* d_1, d_2 sind abhängig von den Fortpflanzungsrichtungen der gebrochenen Wellen im Krystall; sie werden also durch die Orientirung von Grenzebene und Einfallsebene und durch den Einfallswinkel bestimmt. Dagegen sind d_1, d_2 unabhängig von dem Polarisationsazimut ε der einfallenden Welle. Aendert sich ε, so erhalten lediglich die *Amplituden* Δ_1, Δ_2 der gebrochenen Wellen andere Werthe. Wie aus der Gestalt der Fundamentalgleichungen unmittelbar hervorgeht, giebt es zwei Azimute ε, welche dadurch ausgezeichnet sind, dass jedesmal *nur eine einzige gebrochene Welle* erzeugt wird, also entweder $\Delta_2 = 0$ oder $\Delta_1 = 0$ ist. Mac Cullagh bezeichnete diese Azimute ε_1, ε_2 und die entsprechenden Polarisationsazimute ϱ_1, ϱ_2 der reflectirten Welle als *uniradiale Azimute der Polarisationsrichtungen der einfallenden und der reflectirten Welle.* Entsteht nur die schnellere gebrochene Welle, ist also $\Delta_2 = 0$, so mögen hinfort die Amplituden der einfallenden, reflectirten und gebrochenen Welle mit E_1, P_1 und $\overline{\Delta}_1$, die Polarisationsrichtungen der beiden ersteren Wellen mit e_1, r_1 und die Azimute derselben mit ε_1, ϱ_1 bezeichnet werden. Analoge Bedeutungen haben E_2, P_2, $\overline{\Delta}_2$, e_2, r_2, ε_2, ϱ_2 für den Fall, wo $\Delta_1 = 0$ ist.

Kennt man die Polarisationsrichtungen e_1, r_1, e_2, r_2 und die Amplituden E_1, P_1, E_2, P_2, so ist das Problem der Krystallreflexion gelöst. Denn es genügt alsdann eine beliebig gerichtete Amplitude E der einfallenden Welle in zwei Componenten nach e_1, e_2 zu zerlegen, darauf die zugehörigen, nach r_1, r_2 genommenen Componenten der Amplitude P der reflectirten Welle zu berechnen, um endlich P selbst aus diesen letzteren Componenten zusammenzusetzen. Eben jene ausgezeichneten Polarisationsrichtungen und Amplituden lassen sich aber mit Hülfe der Fundamentalgleichungen leicht ermitteln. Da man nämlich von vorn herein nach dem Fresnel'schen Satze (S. 357, Fig. 159, 177) die unveränderlichen Polarisationsazimute δ_1, δ_2 der gebrochenen Wellen kennt, so liefern I—IV für $\Delta_2 = 0$, resp. $\Delta_1 = 0$ je vier Gleichungen, welche zur Berechnung der gesuchten Grössen $\bar{\Delta}_1$, P_1, ε_1, ϱ_1, resp. $\bar{\Delta}_2$, P_2, ε_2, ϱ_2 erforderlich und ausreichend sind.

Wir erhalten für $\Delta_2 = 0$:

$$\begin{aligned}
&1. && (\mathsf{E}_1 \cos\varepsilon_1 - \mathsf{P}_1 \cos\varrho_1)\cos i &&= \bar{\Delta}_1 \cos\delta_1 \cos\varphi_1\\
&2. && \mathsf{E}_1 \sin\varepsilon_1 + \mathsf{P}_1 \sin\varrho_1 &&= \bar{\Delta}_1 \sin\delta_1\\
&3. && (\mathsf{E}_1 \cos\varepsilon_1 + \mathsf{P}_1 \cos\varrho_1)\sin i &&= \bar{\Delta}_1 \cos\delta_1 \sin\varphi_1\\
&4. && (\mathsf{E}_1 \sin\varepsilon_1 - \mathsf{P}_1 \sin\varrho_1)\sin i \cos i &&= \bar{\Delta}_1 \sin\varphi_1 (\cos\varphi_1 \sin\delta_1 + \sin\varphi_1 \tan s_1).
\end{aligned}$$

Aus den drei ersten Gleichungen folgt, dass die aus den Richtungscosinus von e_1, r_1, d_1 gebildete Determinante verschwindet:

$$\begin{vmatrix} \cos\varepsilon_1 \cos i & -\cos\varrho_1 \cos i & \cos\delta_1 \cos\varphi_1 \\ \sin\varepsilon_1 & \sin\varrho_1 & \sin\delta_1 \\ \cos\varepsilon_1 \sin i & \cos\varrho_1 \sin i & \cos\delta_1 \sin\varphi_1 \end{vmatrix} = 0$$

oder:

$$\text{(a)} \qquad \sin(i+\varphi_1)\tan\varepsilon_1 - \sin(i-\varphi_1)\tan\varrho_1 = \sin 2i \tan\delta_1.$$

Ist das Polarisationsazimut (ε_1) der einfallenden Welle so gewählt, dass nur die schnellere gebrochene Welle erzeugt wird, so liegen die Polarisationsrichtungen der einfallenden, der reflectirten und der gebrochenen Welle in einer Ebene (e_1, r_1, d_1), welche hinfort mit P_1 bezeichnet werden soll. Gleichzeitig ist ersichtlich, dass die Amplitude $\bar{\Delta}_1$ der gebrochenen Welle als die Resultante der Amplituden E_1 und P_1 der einfallenden und der reflectirten Welle betrachtet werden kann.

Auch die aus den Coëfficienten der Gleichungen 1, 3, 4 gebildete Determinante verschwindet; daher ergiebt sich:

$$\text{(b)} \qquad \sin(i+\varphi_1)\tan\varepsilon_1 + \sin(i-\varphi_1)\tan\varrho_1 = \sin 2\varphi_1 \tan\delta_1 + 2\frac{\sin^2\varphi_1 \tan s_1}{\cos\delta_1}.$$

Alsdann erhalten wir aus (a) und (b):

$$\text{A.} \quad \begin{aligned}
\tan\varepsilon_1 &= \cos(i-\varphi_1)\tan\delta_1 + \frac{\sin^2\varphi_1 \tan s_1}{\sin(i+\varphi_1)\cos\delta_1}\\
\tan\varrho_1 &= -\cos(i+\varphi_1)\tan\delta_1 + \frac{\sin^2\varphi_1 \tan s_1}{\sin(i-\varphi_1)\cos\delta_1}.
\end{aligned}$$

Hierdurch sind die gesuchten uniradialen Azimute ε_1, ϱ_1 bestimmt als Funktionen bekannter Grössen, nämlich des Einfallswinkels i, des Brechungswinkels φ_1, der Wellennormale OD_1, des Winkels s_1 zwischen OD_1 und dem zugehörigen Strahle OS_1 und des Polarisationsazimutes δ_1. Darauf findet man die Amplituden P_1 und $\bar{\Delta}_1$ aus je zwei der Gleichungen 1—4.

In analoger Weise ergiebt sich für $\Delta_1 = 0$:

$$\mathrm{A}_2.\quad \begin{aligned}\tan\varepsilon_2 &= \cos(i-\varphi_2)\tan\delta_2 - \frac{\sin^2\varphi_2\tan s_2}{\sin(i+\varphi_2)\cos\delta_2}\\ \tan\varrho_2 &= -\cos(i+\varphi_2)\tan\delta_2 - \frac{\sin^2\varphi_2\tan s_2}{\sin(i-\varphi_2)\cos\delta_2}.\end{aligned}$$

62. Wir wenden uns nun zu dem bemerkenswerthen Theorem von MAC CULLAGH, demzufolge die Verbindungsebenen der uniradialen Polarisationsrichtungen e_1, r_1 und e_2, r_2 mit d_1 und d_2, $(e_1, r_1, d_1) = P_1$ und $(e_2, r_2, d_2) = P_2$, die Polarebenen der gebrochenen Strahlen OS_1 und OS_2 sind.

Da die Ebene P_1 durch die Polarisationsrichtung d_1 (Fig. 176, S. 356) hindurchgeht, so muss sie auf der Verbindungsebene der Wellennormale OD_1 und des Strahles OS_1 senkrecht stehen. Daher wird ihre Lage vollständig bestimmt sein, wenn der Winkel ihrer Normale OU_1 gegen OD_1, $(U_1D_1) = \chi_1$, bekannt ist. Nun ist $(ED_1U_1) = \pi/2 + \delta_1$ und $(U_1ED_1) = \pi/2 - \varepsilon_1$, folglich:

$$\begin{aligned}\cot\chi_1\sin(i-\varphi_1) &= \cot\left(\frac{\pi}{2}-\varepsilon_1\right)\sin\left(\frac{\pi}{2}+\delta_1\right) + \cos(i-\varphi_1)\cos\left(\frac{\pi}{2}+\delta_1\right)\\ &= \tan\varepsilon_1\cos\delta_1 - \cos(i-\varphi_1)\sin\delta_1\end{aligned}$$

oder nach A_1:

$$\text{(c)}\qquad \cot\chi_1 = \tan s_1\frac{\sin^2\varphi_1}{\sin(i+\varphi_1)\sin(i-\varphi_1)} = \tan s_1\frac{\sin^2\varphi_1}{\sin^2 i - \sin^2\varphi_1}.$$

Erinnern wir uns jetzt an die Definiton der *Polarebene* P_1 eines Strahles OS_1 (S. 351). Diese Ebene verbindet den Punkt S_1, in welchem OS_1 die um O als Mittelpunkt beschriebene Strahlenfläche trifft, mit dem correspondirenden Punkte N_1 der Indexfläche und steht gleichzeitig senkrecht auf S_1ON_1 (Fig. 232). Sie ist also parallel zu der Polarisationsrichtung d_1 des Strahles.[1] Ihre Richtung ist vollständig bestimmt, wenn der Winkel s_1', bekannt ist, den sie mit der Wellennormale OQ_1 bildet. Nun ist: $OQ_1 = \mathfrak{q}_1$, $ON_1 = 1/\mathfrak{q}_1$, $OS_1 = \mathfrak{s}_1$, $Q_1S_1 = \mathfrak{q}_1 \tan s_1$, folglich:

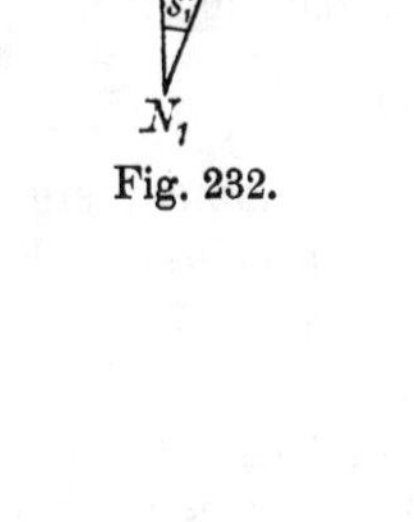

Fig. 232.

$$\tan s_1' = \frac{Q_1S_1}{ON_1 - OQ_1} = \tan s_1\frac{\mathfrak{q}_1^2}{1-\mathfrak{q}_1^2}$$

oder nach dem Brechungsgesetz:

$$\text{(d)}\qquad \tan s_1' = \tan s_1\frac{\sin^2\varphi_1}{\sin^2 i - \sin^2\varphi_1}.$$

[1] In einem einfach brechenden Mittel sind Polarebene und Polarisationsebene gleichbedeutend.

Vergleichen wir die Ausdrücke (c) und (d), so ergiebt sich, dass U_1 die Normale der Polarebene P_1 ist, und wir erhalten den Satz: *Wenn eine ebene Welle aus einem einfach brechenden Mittel durch eine ebene Grenzfläche in einen optisch zweiaxigen Krystall übergeht, so werden die einfallende und die reflectirte Welle von den Polarebenen P_1 und P_2 der beiden gebrochenen Strahlen OS_1 und OS_2 in correspondirenden uniradialen Polarisationsrichtungen e_1, r_1 und e_2, r_2 geschnitten.*[1]

63. Es ist eine experimentell festgestellte Thatsache, dass jedem Polarisationsazimut ε einer ebenen Welle, welche an einer bestimmten Grenzebene $\mathfrak{G}$ in derselben Einfallsebene $\mathfrak{E}$ unter dem constanten Winkel i einfällt, ein bestimmtes Polarisationsazimut ϱ der reflectirten Welle entspricht. Wir fragen nach der Relation, welche ε und ϱ verbindet.[2]

Aus **1** und 3 (S. 432) folgt:

$$\mathsf{E}_1 = \overline{\Delta}_1 \frac{\cos\delta_1}{\cos\varepsilon_1}\frac{\sin(i+\varphi_1)}{\sin 2i}, \quad \mathsf{P}_1 = \overline{\Delta}_1 \frac{\cos\delta_1}{\cos\varrho_1}\frac{\sin(\varphi_1 - i)}{\sin 2i}.$$

Analog ist:

$$\mathsf{E}_2 = \overline{\Delta}_2 \frac{\cos\delta_2}{\cos\varepsilon_2}\frac{\sin(i+\varphi_2)}{\sin 2i}, \quad \mathsf{P}_2 = \overline{\Delta}_2 \frac{\cos\delta_2}{\cos\varrho_2}\frac{\sin(\varphi_2 - i)}{\sin 2i}.$$

Daraus ergiebt sich:

$$(1) \qquad \frac{\mathsf{E}_1\cos\varepsilon_1}{\mathsf{E}_2\cos\varepsilon_2} : \frac{\mathsf{P}_1\cos\varrho_1}{\mathsf{P}_2\cos\varrho_2} = \frac{\sin(i+\varphi_1)}{\sin(i+\varphi_2)} : \frac{\sin(i-\varphi_1)}{\sin(i-\varphi_2)}.$$

Nun ist die Amplitude E einer unter dem Azimut ε polarisirten einfallenden Welle die Resultante von E_1 und E_2, also:

$$\frac{\mathsf{E}}{\mathsf{E}_1} = \frac{\sin[180^0 - (\varepsilon_1 - \varepsilon_2)]}{\sin(\varepsilon - \varepsilon_2)}, \quad \frac{\mathsf{E}_1}{\mathsf{E}_2} = \frac{\sin(\varepsilon - \varepsilon_2)}{\sin(\varepsilon_1 - \varepsilon)},$$

oder:

$$\frac{\mathsf{E}}{\sin(\varepsilon_1 - \varepsilon_2)} = \frac{\mathsf{E}_1}{\sin(\varepsilon - \varepsilon_2)} = \frac{\mathsf{E}_2}{\sin(\varepsilon_1 - \varepsilon)}.$$

Andererseits ist die Amplitude P der reflectirten Welle mit dem Polarisationsazimut ϱ die Resultante von P_1 und P_2, also:

$$\frac{\mathsf{P}}{\sin(\varrho_1 - \varrho_2)} = \frac{\mathsf{P}_1}{\sin(\varrho - \varrho_2)} = \frac{\mathsf{P}_2}{\sin(\varrho_1 - \varrho)}.$$

Hieraus folgt:

$$(2) \qquad \frac{\mathsf{E}_1\cos\varepsilon_1}{\mathsf{E}_2\cos\varepsilon_2} = \frac{\tan\varepsilon - \tan\varepsilon_2}{\tan\varepsilon_1 - \tan\varepsilon}, \quad \frac{\mathsf{P}_1\cos\varrho_1}{\mathsf{P}_2\cos\varrho_2} = \frac{\tan\varrho - \tan\varrho_2}{\tan\varrho_1 - \tan\varrho}.$$

Nunmehr ergiebt sich aus (1) und (2) die gesuchte *Beziehung zwischen correspondirenden Polarisationsazimuten der einfallenden und der reflectirten Welle:*

$$A\tan\varepsilon\tan\varrho + B\tan\varepsilon + C\tan\varrho + D = 0,$$

[1] Ich bitte den Leser sich die Figuren 176, 177 auf S. 356, 357 durch Eintragung der Polarebenen in der Weise zu vervollständigen, welche durch Fig. 146, 147 auf S. 312, 313 für den speciellen Fall eines optisch einaxigen Krystalls erläutert wird (vgl. S. 437).

[2] F. E. Neumann, Abh. Berlin. Akad. 1835, 51, 142.

worin

$$A = M - N, \quad D = M \tan \varepsilon_1 \tan \varrho_2 - N \tan \varepsilon_2 \tan \varrho_1,$$
$$B = - M \tan \varrho_2 + N \tan \varrho_1, \quad C = - M \tan \varepsilon_1 + N \tan \varepsilon_2,$$
$$M = \frac{\sin (i + \varphi_1)}{\sin (i + \varphi_2)}, \quad N = \frac{\sin (i - \varphi_1)}{\sin (i - \varphi_2)}.$$

Stellen wir uns vor, dass die Polarisationsebenen der einfallenden und der reflectirten Welle durch die Normalen OE und OR dieser Wellen gelegt seien, so bilden dieselben zwei projectivische Ebenenbüschel. *Demnach beschreibt die Durchschnittsgerade correspondirender Polarisationsebenen der einfallenden und der reflectirten Welle einen Kegel zweiten Grades, welcher durch den einfallenden Strahl OE und den reflectirten Strahl OR hindurchgeht.*[1] Zur vollständigen Bestimmung dieses Kegels sind ausser OE und OR noch drei seiner Erzeugenden nothwendig. Wir gewinnen dieselben durch folgende Ueberlegung. Die Amplituden E, P, Δ_1, Δ_2 bilden im Allgemeinen ein geschlossenes windschiefes Vierseit, in welchem zwei Seiten, nämlich die Amplituden Δ_1, Δ_2 der gebrochenen Wellen, unveränderliche Richtungen d_1, d_2 besitzen. Die beiden anderen Seiten sind mit den Polarisationsazimuten ε, ϱ in der einfallenden und der reflectirten Wellenebene veränderlich. Beachten wir, dass jenes Vierseit in drei Fällen ein ebenes wird: 1), 2) wenn $\Delta_2 = 0$ oder $\Delta_1 = 0$ ist, sind nur je drei Amplituden vorhanden, welche der Polarebene des gebrochenen Strahles angehören; 3) wenn die Polarisationsrichtung e der einfallenden Welle in die Ebene (d_1, d_2) fällt, so muss auch die Polarisationsrichtung r der reflectirten Welle in dieser Ebene liegen.[2] Demnach kann man von vorn herein drei Paare correspondirender Polarisationsebenen angeben, nämlich die Ebenen, welche OE und OR mit den Geraden verbinden, in denen die einfallende und die reflectirte Welle von den Polarebenen der gebrochenen Strahlen und der Ebene (d_1, d_2) geschnitten werden.

Der bekannte Satz, dass in zwei projectivischen Ebenenbüscheln zwei correspondirende Paare von Ebenen vorhanden sind, die auf einander senkrecht stehen, liefert uns nun sofort das interessante physikalische Theorem: *in der reflectirten Welle giebt es zwei um* 90^0 *verschiedene Polarisationsazimute* ϱ', ϱ'' *von der Beschaffenheit, dass sich die entsprechenden Polarisationsazimute* ε', ε'' *der einfallenden Welle ebenfalls um* 90^0 *von einander unterscheiden.*[3] Die Existenz dieser *Hauptazimute* wurde von A. Cornu am Kalkspath und Schwefel mit grosser Genauigkeit experimentell verificirt.

64. Wenn der besondere Fall eintritt, dass die beiden uniradialen Polarisationsrichtungen r_1, r_2 in der reflectirten Welle zusammenfallen, also $\varrho_1 = \varrho_2$ ist, so wird die Orientirung der Polarisationsebene der reflectirten Welle *unabhängig* von der Lage der Polarisationsebene der einfallenden Welle.

---

[1] A. Cornu, Recherches, § 48.
[2] Mac Cullagh, Coll. Works 113.
[3] A. Cornu, Recherches, § 68.

Soll aber $\varrho_1 = \varrho_2$ sein, so muss die reflectirte Welle durch die Schnittgerade der Polarebenen P_1, P_2 der gebrochenen Strahlen hindurchgehen. Demnach definirt jene Bedingung einen bestimmten Einfallswinkel i^*, der als *Polarisationswinkel*[1] bezeichnet wird und nach A_1, A_2 aus folgender Gleichung zu berechnen ist:

$$\cos(i^* + \varphi_1)\tan\delta_1 - \frac{\sin^2\varphi_1 \tan s_1}{\sin(i^* - \varphi_1)\cos\delta_1} = \cos(i^* + \varphi_2)\tan\delta_2 + \frac{\sin^2\varphi_2 \tan s_2}{\sin(i^* - \varphi_2)\cos\delta_2}.$$

Fällt natürliches Licht unter dem Polarisationswinkel ein, so ist das reflectirte Licht *vollständig polarisirt* unter einem bestimmten Azimut ϱ^*. Dieser gemeinsame Werth von ϱ_1 und ϱ_2 wird die *Ablenkung der Polarisationsebene* genannt. In speciellen, durch Symmetrieeigenschaften ausgezeichneten Fällen muss $\varrho^* = 0$ sein, so dass alsdann wie bei der Reflexion an der Grenzebene zweier einfach brechender Mittel die Polarisationsebene der reflectirten Welle mit der Reflexionsebene zusammenfällt.[2]

65. Optisch einaxige Krystalle. — In dem besonderen Falle eines optisch einaxigen Krystalls von *negativem* Charakter der Doppelbrechung lauten die Grenzbedingungen (S. 431):

$$\begin{aligned}
&\text{I.} && (\mathsf{E}\cos\varepsilon - \mathsf{P}\cos\varrho)\cos i && = \Delta_e \cos\delta_e \cos\varphi_e + \Delta_o \cos\delta_o \cos\varphi_o\\
&\text{II.} && \mathsf{E}\sin\varepsilon + \mathsf{P}\sin\varrho && = \Delta_e \sin\delta_e + \Delta_o \sin\delta_o\\
&\text{III.} && (\mathsf{E}\cos\varepsilon + \mathsf{P}\cos\varrho)\sin i && = \Delta_e \cos\delta_e \sin\varphi_e + \Delta_o \cos\delta_o \sin\varphi_o\\
&\text{IV.} && (\mathsf{E}\sin\varepsilon - \mathsf{P}\sin\varrho)\sin i\cos i && = \Delta_e \sin\varphi_e (\sin\delta_e \cos\varphi_e + \sin\varphi_e \tan s)\\
& && && \quad + \Delta_o \sin\delta_o \sin\varphi_o \cos\varphi_o.
\end{aligned}$$

Hierin sind die früher (S. 311—314) gewählten und durch die Fig. 146, 147 erläuterten Bezeichnungen beibehalten. Betrachten wir zunächst wieder die uniradialen Polarisationsrichtungen, so ergiebt sich aus A_2 (S. 433) der Satz: *Ist die einfallende Welle W_i polarisirt unter dem Azimut ε_o:*

(a) $$\tan\varepsilon_o = \tan\delta_o \cos(i - \varphi_o),$$

so verschwindet die ausserordentliche gebrochene Welle W_e ($\Delta_e = 0$) *und die reflectirte Welle W_r ist polarisirt unter dem Azimut ϱ_o:*

(b) $$\tan\varrho_o = -\tan\delta_o \cos(i + \varphi_o).$$

Das Polarisationsazimut der ordentlichen gebrochenen Welle W_o hat für eine bestimmte Grenzebene (μ), eine feste Einfallsebene (ϑ) und einen constanten Einfallswinkel (i) einen unveränderlichen Werth δ_o. Findet nun

---

[1] F. E. NEUMANN, Abh. Berlin. Akad. 1835, 33. — MAC CULLAGH, Coll. Works 99, 111, 114.

[2] Stellen wir uns vor, dass die Doppelbrechung des Krystalls abnimmt, so wird im Grenzfall die Schnittgerade der Polarebenen P_1, P_2 mit dem gebrochenen Strahl zusammenfallen; alsdann ist keine Ablenkung der Polarisationsebene der reflectirten Welle vorhanden, und der reflectirte Strahl steht auf dem gebrochenen senkrecht, wie es das bekannte Brewster'sche Gesetz (Phil. Trans. 1815, 125) über den Polarisationswinkel an der Grenze zweier einfach brechender Mittel verlangt.

zwischen δ_o und den veränderlichen Polarisationsazimuten ε, ϱ der einfallenden und der reflectirten Welle insbesondere die Beziehung statt, welche an der Grenze zweier einfach brechender Mittel stets erfüllt wird (S. 430):

$$\frac{\tan\varepsilon_o}{\cos(i-\varphi_o)} = -\frac{\tan\varrho_o}{\cos(i+\varphi_o)} = \frac{\tan\delta_o}{1},$$

so verschwindet, wie aus (a) und (b) hervorgeht, die ausserordentliche gebrochene Welle. Die uniradialen Polarisationsrichtungen e_o und r_o in W_i und W_r liegen in der Polarebene des ordentlichen gebrochenen Strahls OD_o, $P_o = (e_o, r_o, d_o)$, welche mit seiner Polarisationsebene, also mit dem Hauptschnitte D_oX_3 (Fig. 146) identisch ist.

Ersetzt man $\tan\delta_o$ durch den auf S. 314 angegebenen Werth, so stellen sich die uniradialen Polarisationsazimute ε_o und ϱ_o als Funktionen der gegebenen Winkel μ, ϑ, i und des aus $\mathfrak{v}\sin\varphi_o = \mathfrak{o}\sin i$ zu berechnenden Brechungswinkels φ_o in folgender Weise dar:

$$\text{(a*)} \qquad \tan\varepsilon_o = \cos(i-\varphi_o)\frac{\sin\vartheta}{\sin\varphi_o\cot\mu - \cos\varphi_o\cos\vartheta}$$

$$\text{(b*)} \qquad \tan\varrho_o = -\cos(i+\varphi_o)\frac{\sin\vartheta}{\sin\varphi_o\cot\mu - \cos\varphi_o\cos\vartheta}.$$

Andererseits ergiebt sich aus A_2 (S. 433): *Ist die einfallende Welle polarisirt unter dem Azimut* ε_e:

$$\text{(c)} \qquad \tan\varepsilon_e = \cos(i-\varphi_e)\tan\delta_e + \frac{\sin^2\varphi_e\tan s}{\sin(i+\varphi_e)\cos\delta_e},$$

so verschwindet die ordentliche gebrochene Welle W_o ($\Delta_o = 0$) *und die reflectirte Welle ist polarisirt unter dem Azimut* ϱ_e:

$$\text{(d)} \qquad \tan\varrho_e = -\cos(i+\varphi_e)\tan\delta_e + \frac{\sin^2\varphi_e\tan s}{\sin(i-\varphi_e)\cos\delta_e}.$$

Die Polarisationsrichtungen e_e, r_e *und* d_e *der einfallenden, reflectirten und ausserordentlichen gebrochenen Welle liegen in der Polarebene* P_e *des ausserordentlichen gebrochenen Strahles* OS (Fig. 146), *deren Neigung* s_1 *gegen die Wellennormale* OD_e (Fig. 147) *gegeben ist durch:*

$$\tan s_1 = \tan s\frac{\sin^2\varphi_e}{\sin(i-\varphi_e)\sin(i+\varphi_e)}.$$

Ersetzt man $\tan\delta_e$ und $\tan s$ durch die auf S. 313, 314 angegebenen Werthe, so erhält man für die uniradialen Polarisationsazimute ε_e und ϱ_e folgende Ausdrücke:

$$\text{(c*)} \qquad -\tan\varepsilon_e = \cos(i-\varphi_e)\frac{\sin\varphi_e\cot\mu - \cos\varphi_e\cos\vartheta}{\sin\vartheta} + \frac{\sin(\varphi_o-\varphi_e)\sin(\varphi_o+\varphi_e)}{\sin\mu\sin\vartheta\sin(i+\varphi_e)}[\cos\mu\cos\varphi_e + \sin\mu\sin\varphi_e\cos\vartheta]$$

$$\text{(d*)} \qquad -\tan\varrho_e = -\cos(i+\varphi_e)\frac{\sin\varphi_e\cot\mu - \cos\varphi_e\cos\vartheta}{\sin\vartheta} + \frac{\sin(\varphi_o-\varphi_e)\sin(\varphi_o+\varphi_e)}{\sin\mu\sin\vartheta\sin(i-\varphi_e)}[\cos\mu\cos\varphi_e + \sin\mu\sin\varphi_e\cos\vartheta].$$

66. Die Beobachtungen über die Reflexion des Lichtes an ebenen Grenzflächen *durchsichtiger* Krystalle haben ergeben, dass die von F. E. Neumann aufgestellten Gesetze sehr angenähert gelten, falls die Grenzflächen von natürlichen oder künstlichen Oberflächenschichten frei sind. Diese Voraussetzung ist nur bei frischen Spaltflächen vollkommen erfüllt; Aenderungen der ursprünglichen Beschaffenheit bewirken ausnahmslos, dass die aus einer geradlinig polarisirten einfallenden Welle hervorgehende reflectirte Welle nicht mehr linear, sondern elliptisch polarisirt ist.[1]

Ein Spektrometer, welches zur Beobachtung der Erscheinungen der Krystallreflexion dienen soll, muss einen Krystallträger besitzen, welcher die krystallographische Orientirung der Einfallsebene zu bestimmen gestattet. Ausserdem müssen Collimator und Beobachtungsfernrohr mit polarisirenden Vorrichtungen versehen sein, welche die Polarisationsazimute der einfallenden und der reflectirten Welle zu messen erlauben.

Benutzt man das in Fig. 193 abgebildete Spektrometer, so ersetzt man den Centrir- und Justirkopf durch den Krystallträger des in Fig. 222 dargestellten Totalreflectometers und befestigt vor den Objectiven des Collimators C und des Beobachtungsfernrohres F die in Fig. 233 im Querschnitt angedeuteten Nicol'schen Prismen P und A mit den Theilkreisen T und T'. Sollen auch die Constanten elliptisch polarisirter reflectirter Wellen gemessen werden, so wird auf den Träger b ein Compensator gesetzt.[2]

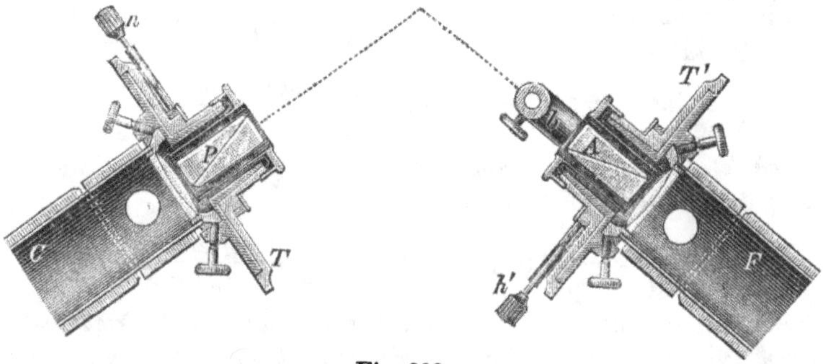

Fig. 233.

1. Beobachtungen über uniradiale Polarisationsazimute.

An einer Spaltungsfläche des *Kalkspath* hat F. E. Neumann[3] die für optisch einaxige Krystalle geltenden Gesetze (a) und (c) auf S. 436—437 einer Prüfung unterworfen, indem er für verschiedene Azimute ϑ der Ein-

[1] Der Einfluss natürlicher oder künstlicher, durch Poliren entstandener Oberflächenschichten ist vor Kurzem von P. Drude experimentell und theoretisch erforscht worden. Unter den durchsichtigen krystallisirten Körpern wurden namentlich Steinsalz und Kalkspath eingehend untersucht (Ann. d. Phys. N. F. **36**, 532, 865, 1888; **38**, 265, 1889).

[2] Eine ausführliche Discussion der Beobachtungsmethoden gab A. Cornu, Recherches 71.

[3] F. E. Neumann, Pogg. Ann. **42**, 9—12, 1837.

fallsebene und verschiedene Einfallswinkel ι diejenigen Polarisationsazimute ε_o und ε_e der einfallenden Welle bestimmte, bei denen entweder die ausserordentliche oder die ordentliche gebrochene Welle verschwand.

Um die gebrochenen Wellen beobachten zu können, wurde an dem Spaltungsstück unter 20° gegen die zur Eintrittsfläche gewählte Spaltfläche eine Austrittsfläche angeschliffen, so dass ein Prisma entstand, welches durch ein kleines Glasprisma möglichst achromatisirt wurde. Nachdem die Theilkreise des Goniometers und des Krystallträgers auf bestimmte Werthe von ϑ und i gestellt waren, wurde der Polarisator in die Lage gedreht, dass für ein hinter dem Doppelprisma befindliches Auge entweder die ausserordentliche oder die ordentliche gebrochene Welle verschwand. Die Resultate der Beobachtung und der Berechnung sind in der folgenden Tabelle enthalten:

ϑ	i	ε_o beobachtet	ε_o berechnet nach (a*)	Differenz	ε_e beobachtet	ε_e berechnet nach (c*)	Differenz
45°	45°	−72°38′	−72°36′	−2′	+15°27,8′	+15°26′	−1,8′
60	50	+88 20,5	+88 16	−4,5	− 1 39	− 1 30	−9
90	45	+65 25	+65 20,5	−4,5	−22 28	−22 33	+5
90	53	+61 55	+61 51	−4	−24 27,5	−24 29	+1,5
135	45	+31 53	+31 52	−1	−55 27,5	−55 31	+3,5
135	45	+31 48	+31 52	+4	−55 28,5	−55 31	+2,5
141	50	+28 30	+28 27,5	−2,5	−59 44	−59 39	+5

Die Werthe der Differenzen liegen innerhalb der Grenzen der Beobachtungsfehler. Zur Erläuterung des Sinnes, in welchem die Azimute ε nach der auf S. 429 getroffenen Festsetzung positiv zu rechnen sind, diene Fig. 234 (vgl. Fig. 146, 147).

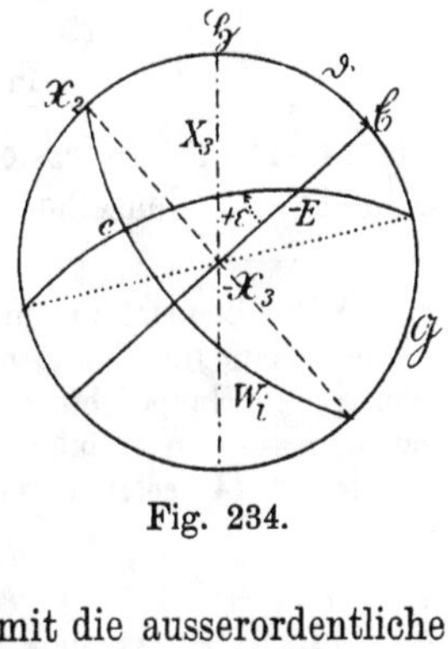

Fig. 234.

Liegt das Azimut ϑ der Einfallsebene zwischen 0° und ± 90°, so ändert das Polarisationsazimut ε_o sein Vorzeichen, sobald der Nenner in (a*):

$$\sin \varphi_o \cot \mu - \cos \varphi_o \cos \vartheta = 0 \qquad (x)$$

wird, oder nach S. 314, wenn

$$\cot \delta_o \sin \vartheta = 0$$

ist. Diese Aenderung tritt demnach ein für $\delta_o = 90°$, d. h. wenn die Polarisationsebene der ordentlichen gebrochenen Welle auf der Einfallsebene senkrecht steht; in diesem Falle muss auch die einfallende Welle senkrecht zur Einfallsebene polarisirt sein, damit die ausserordentliche gebrochene Welle vollständig verschwinde. Je nachdem der Einfallswinkel kleiner oder grösser ist als der jener Gleichung (x) entsprechende Winkel i, erhält ε_o einen negativen oder einen positiven Werth.[1]

[1] F. E. Neumann hat eine sehr einfache Construction des durch die Gleichung (x) dargestellten Kegels angegeben. Abh. Berl. Akad. 1835, 50; Fig. 7.

Liegt das Azimut ϑ jenseits $\pm 90^0$, so ist ε_o immer positiv.

Aus der Tabelle ist ersichtlich, dass die Summe der zu demselben Werthepaar ϑ, i gehörigen Azimute ε_o und ε_e nicht genau 90^0 beträgt.[1]

Während F. E. NEUMANN mit Rücksicht auf den zuerst von A. SEEBECK constatirten Einfluss der Politur auf die Reflexion des Lichtes eine frische Spaltfläche benutzte, die mit grosser Sorgfalt rein erhalten wurde, sind die später von R. T. GLAZEBROOK[2] über uniradiale Polarisationsazimute am Kalkspath unternommenen Beobachtungen an polirten Flächen angestellt worden. Diese sehr ausgedehnten und genauen Messungen ergaben geringe, aber immerhin die Beobachtungsfehler übersteigende Abweichungen von der Theorie, welche zweifellos durch Oberflächenschichten bedingt sind.[3]

2. Beobachtungen über Polarisationswinkel.

Die sorgfältigen Beobachtungen von A. SEEBECK über die vollständige Polarisation des Lichtes durch Reflexion am *Kalkspath* haben eine hervorragende Bedeutung für die Krystalloptik dadurch gewonnen, dass sie zu einer directen Prüfung der Neumann'schen Theorie der Krystallreflexion dienen konnten. SEEBECK bestimmte nicht allein den Winkel, unter welchem natürliches Licht auf eine Kalkspathfläche fallen muss, damit das reflectirte Licht vollständig polarisirt ist, sondern auch das Azimut der Polarisationsebene des unter jenem Polarisationswinkel reflectirten Lichtes.

Für optisch einaxige Krystalle ist der durch die Bedingung $\varrho_o = \varrho_e$ charakterisirte Polarisationswinkel i^* nach (b*) und (d*) auf S. 437 zu berechnen aus:

$$(1)\quad \cos(i^* + \varphi_o)\frac{\sin\vartheta}{\sin\varphi_o\cot\mu - \cos\varphi_o\cos\vartheta} = -\cos(i^* + \varphi_e)\frac{\sin\varphi_e\cot\mu - \cos\varphi_e\cos\vartheta}{\sin\vartheta} + \frac{\sin(\varphi_o - \varphi_e)\sin(\varphi_o + \varphi_e)}{\sin\mu\sin\vartheta\sin(i^* - \varphi_e)}[\cos\mu\cos\varphi_e + \sin\mu\sin\varphi_e\cos\vartheta].$$

Hieraus ist sofort ersichtlich, dass die Polarisationswinkel für die Azimute ϑ und $-\vartheta$ denselben Werth besitzen. Dass aber auch die Polarisations-

[1] Die Beobachtungen von F. E. NEUMANN sind mit *weissem* Licht angestellt. Berechnet man für die gegebenen Werthe von ϑ und i mit Hülfe der von RUDBERG gemessenen Hauptlichtgeschwindigkeiten für Na-Licht (S. 309) die Azimute ε_o und ε_e, indem man den Winkel der Normale einer Spaltfläche gegen die optische Axe $\mu = 44^0\,36'\,14''$ setzt, so erhält man z. B. für $\vartheta = 45^0$ und $i = 45^0$:

$$\varphi_o = 25^0\,14'\,11'',\quad \varepsilon_o = -72^0\,41'\,42''$$
$$\varphi_e = 26\;\;32\;\;54,\quad \varepsilon_e = \;\;15\;\;17\;\;40.$$

[2] R. T. GLAZEBROOK, On the Refraction of Plane Polarized Light at the Surface of a Uniaxal Crystal. Phil. Trans. for 1882 **173**, 595, 1883. Proc. Roy. Soc. **32**, 30, 1881.

[3] R. T. GLAZEBROOK, On the Effect of Moisture in modifying the Refraction of Plane Polarized Light by Glass. Proc. Cambr. Phil. Soc. **5**, 169, 1885. — C. SPURGE, On the Effect of Polish on the Reflexion of Light from Surface of Iceland Spar. Proc. Roy. Soc. **41**, 463, 1886; **42**, 242, 1887. — Vgl. die auf S. 438 citirten Abhandlungen von P. DRUDE.

winkel für die Azimute ϑ und $180^0 - \vartheta$ übereinstimmen, wie die Beobachtungen von Brewster und Seebeck ergeben haben, erkennt man aus der Formel erst, nachdem dieselbe durch Elimination von φ_e auf folgende Gestalt[1] gebracht ist:

$$\cos(i^* + \varphi_o) = \frac{\mathfrak{e}^2 - \mathfrak{o}^2}{1 - \mathfrak{o}^2} \frac{F + G}{H}, \tag{2}$$

worin:

$$F = [\sin^2\mu \sin^2\vartheta \cos(i^* + \varphi_o)\cos(i^* - \varphi_o) + \sin^2\mu \cos^2\vartheta \cos^2\varphi_o - \cos^2\mu \sin^2\varphi_o]^2$$
$$G = \sin^2\mu \sin^2\vartheta \cos^2(i^* + \varphi_o)\sin^2(i^* - \varphi_o)$$
$$H = \sin^2\mu \sin^2\vartheta \cos(i^* + \varphi_o) + [\sin^2\mu \cos^2\vartheta \cos^2\varphi_o - \cos^2\mu \sin^2\varphi_o]\cos(\varphi - \varphi_o).$$

a. Die Gleichung für den Polarisationswinkel reducirt sich auf eine sehr einfache, schon von Seebeck[2] aufgestellte Relation, *wenn die Einfallsebene mit dem Hauptschnitte der reflectirenden Fläche zusammenfällt*, also $\vartheta = 0$ ist:[3]

$$\sin^2 i^* = \frac{(1 - \mathfrak{o}^2)\cos^2\mu + (1 - \mathfrak{e}^2)\sin^2\mu}{1 - \mathfrak{o}^2\mathfrak{e}^2}.$$

b. *Steht die Einfallsebene senkrecht zum Hauptschnitt der Grenzfläche* ($\vartheta = 90^0$), so erhält man i^* in erster Annäherung mit Vernachlässigung von $(\mathfrak{e}^2 - \mathfrak{o}^2)^2$ aus der Gleichung:[4]

$$\sin^2 i^* = \frac{1}{1 + \mathfrak{o}^2}\left(1 + \mathfrak{o}^2 \cos^2\mu \frac{\mathfrak{e}^2 - \mathfrak{o}^2}{1 - \mathfrak{o}^4}\right).$$

Hierauf beziehen sich die folgenden Angaben.

Neigung der reflectirenden Fläche gegen die optische Axe. $90^0 - \mu$	i^* beobachtet von Seebeck	i^* berechnet von Neumann	Differenz
0° 12′	58° 56′	58° 54,9′	− 1,1′
0 23	58 56,1	58 54,9	− 1,2
27 2	59 3,9	59 19,1	+15,2
45 23,5	59 50,9	59 53,4	+ 2,5
45 29	59 47,7	59 53,5	+ 5,8
45 43,5	59 46,7	59 54,1	+ 7,4
64 1,5	60 14,8	60 26,5	+11,7
89 47,5	60 33,4	60 47	+13,6

Der Werth $90^0 - \mu = 45^0\ 23{,}5'$ entspricht einer Spaltungsfläche.

c. In dem *allgemeinen* Falle, wo das Azimut der Einfallsebene ϑ einen von 0 und 90^0 verschiedenen Werth besitzt, findet man i^* in erster Annäherung aus:[5]

$$\sin^2 i^* = \frac{1}{1 + \mathfrak{o}^2} - \frac{\mathfrak{e}^2 - \mathfrak{o}^2}{1 - \mathfrak{o}^4} \frac{\sin^2\mu - \mathfrak{o}^2\cos^2\mu}{1 + \mathfrak{o}^2}.$$

---

[1] F. E. Neumann, Abh. Berlin. Akad. 1835, 43 (21).
[2] A. Seebeck, Pogg. Ann. **22**, 133, 1831.
[3] F. E. Neumann, a. a. O. 34—35.
[4] F. E. Neumann, a. a. O. 38 (15).
[5] F. E. Neumann, a. a. O. 43 (23).

Polarisationswinkel auf einer Spaltungsfläche von Kalkspath.

ϑ	i^* beobachtet von SEEBECK	i^* berechnet von NEUMANN	Differenz
0^0 $0'$	57^0 $19{,}7'$	57^0 $20{,}1'$	$+\ 0{,}4'$
22 30	57 45,9	57 42,9	$-\ 3{,}0$
45 0	58 33,9	58 34,9	$+\ 1{,}0$
67 30	59 29,1	59 30,1	$+\ 1{,}0$
90 0	59 50,9	59 53,4	$+\ 2{,}5$

A. CORNU fand an verschiedenen Spaltungsflächen für $\vartheta = 0$:

$$i^* = 57^0\,20{,}8',\quad 57^0\,22{,}5',\quad 57^0\,17',\quad 57^0\,16'$$

und für $\vartheta = 90^0$:

$$i^* = 59^0\,44',\quad 59^0\,50'.$$

Aus den RUDBERG'schen Werthen der Hauptlichtgeschwindigkeiten für Na-Licht ergiebt sich für den ersteren Winkel $57^0\,22'$, für den letzteren $59^0\,50'$.

d. Wenn der Einfallswinkel gleich dem Polarisationswinkel ist, so ergiebt sich die *Ablenkung* ϱ^* *der Polarisationsebene der reflectirten Welle von der Einfallsebene* nach (b), S. 436, aus:

$$\tan \varrho^* = -\tan \delta_o \cos (i^* + \varphi_o),$$

oder nach (b*) aus:

$$\tan \varrho^* = -\frac{\cos (i^* + \varphi_o) \sin \vartheta}{\sin \varphi_o \cot u - \cos \varphi_o \cos \vartheta}.$$

Zur Aufsuchung derjenigen Orientirungen der Einfallsebene, in denen diese Ablenkung verschwindet, dient die Bemerkung, dass, wie aus (2) auf S. 441 hervorgeht, $\cos (i^* + \varphi_o)$ stets und nur in den Fällen verschwindet, wo $\cos^2 \mu \sin^2 \varphi_o - \sin^2 \mu \cos^2 \vartheta \cos^2 \varphi_o$ der Null gleich wird. Demnach muss:

$$\sin \mu \sin \vartheta (\cos \mu \sin \varphi_o + \sin \mu \cos \varphi_o \cos \vartheta) = 0$$

sein. Folglich findet *keine Ablenkung* statt: 1) für $\mu = 0$, also auf der zur optischen Axe senkrechten Fläche, 2) für $\vartheta = 0$ oder 180^0, d. h. wenn die Einfallsebene in den Hauptschnitt der reflectirenden Fläche fällt, 3) für diejenigen Azimute $\bar{\vartheta}$, welche die Bedingung:

$$\cos \bar{\vartheta} = -\cot \mu \tan \varphi_o$$

erfüllen. Beachten wir, dass für $i = i^*$ die Tangente des Brechungswinkels der ordentlichen Welle gegeben ist durch $\tan \varphi_o = \mathfrak{o}$, so wird:

$$\cos \bar{\vartheta} = -\mathfrak{o} \cot \mu.$$

Diese Relation definirt im Allgemeinen zwei Azimute $\bar{\vartheta}$ von gleichem Werthe, aber mit entgegengesetzten Vorzeichen.

Hiernach haben wir auf jeder Fläche eines optisch einaxigen Krystalls in Bezug auf das Azimut der Einfallsebene im Allgemeinen *vier* Winkelräume zu unterscheiden, welche durch den Hauptschnitt und die Winkel $\pm \bar{\vartheta}$

bestimmt sind (Fig. 235). Geht das Azimut ϑ aus einem Gebiet in ein benachbartes über, so wechselt das Vorzeichen der Ablenkung ϱ^*. Die Gesammtheit der Ablenkungen ist nur symmetrisch zum Hauptschnitt, während die Gesammtheit der Polarisationswinkel ausserdem noch in der zur Grenzfläche und zum Hauptschnitt derselben senkrechten Ebene eine Symmetrieebene besitzt (S. 441).

Liegt die reflectirende Fläche parallel zur optischen Axe, so stehen die Spuren OA und OA' der durch die Azimute $\pm\bar{\vartheta}$ bestimmten Einfallsebenen auf der optischen Axe senkrecht. Je mehr sich die Fläche gegen die optische Axe neigt, um so mehr nähern sich OA und OA' dem Hauptschnitt OH', bis sie auf einer durch die Relation:

$$\tan \mu = \mathfrak{o}$$

charakterisirten Fläche mit OH' zusammenfallen. Auf allen noch stärker gegen die optische Axe geneigten Flächen verschwindet die Ablenkung der Polarisationsebene nur dann, wenn die Einfallsebene die Richtung des Hauptschnitts besitzt. Beim Kalkspath erhalten wir für jene ausgezeichnete Fläche aus: $\mathfrak{o} = 0,6029$ (Na-Licht), $\mu = 31^0\,5'$ die Neigung gegen die optische Axe:

$$90^0 - \mu = 58^0\,55'.$$

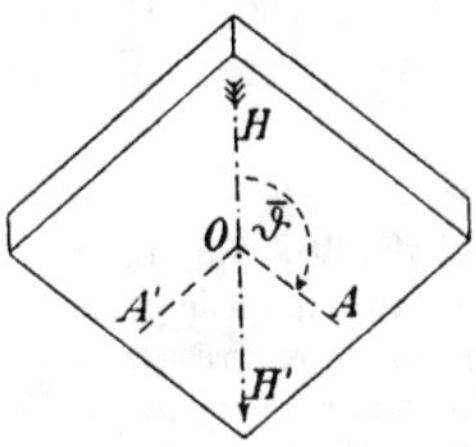

Fig. 235.

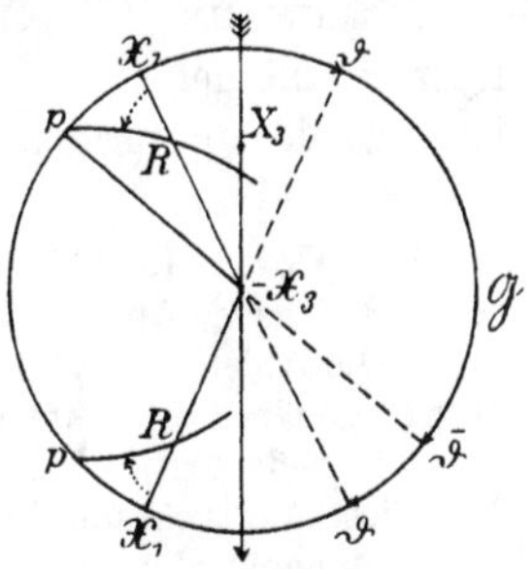

Fig. 236.

Am *Kalkspath* hat SEEBECK zwei Reihen von *Beobachtungen über die Ablenkung* ϱ^* angestellt; die Berechnungen von NEUMANN[1] stimmen damit sehr gut überein. Zur Erläuterung der ersten Reihe möge Fig. 236 dienen. Es ist darin der Sinn, in welchem ϱ^* zu rechnen ist, für zwei Azimute ϑ durch Pfeile angedeutet; p bedeutet die Schnittgerade der Polarisationsebene der reflectirten Welle mit der spiegelnden Fläche $\mathfrak{G}$. Im Uebrigen entsprechen die Bezeichnungen den früher in Fig. 146 benutzten.

ϑ	*Spaltfläche*			*Fläche parallel zur optischen Axe*		
	beobachtet	berechnet	Differenz	beobachtet	berechnet	Differenz
0°	0°			0°		
22½	+2 9′	+2° 16′	+ 7′	+2 43′	+2° 45,5′	+ 2,5′
45	+3 38	+3 38,3	+ 0,3	+3 57	+4 7,5	+10,5
67½	+3 34	+3 42,3	+ 8,3	+2 46	+3 2,5	+16,5
90	+2 30	+2 26,3	− 3,7	0		
112½	+0 48	+0 52	+ 4			
135	−0 23	−0 16,3	− 6,7			
157½	−0 18	−0 28,7	+10,7			
180	0					

[1] F. E. NEUMANN, Pogg. Ann. **42**, 26, 1837.

A. Cornu[1] fand an einer Spaltfläche für $\vartheta = 90^0$ den Werth $\varrho^* = 2^0 27{,}5'$. Auch die Beobachtungen von P. Drude[2] bestätigen die von Seebeck erhaltenen Resultate.[3]

Interferenzerscheinungen im polarisirten Licht.

67. Die Interferenzerscheinungen, welche planparallele Platten doppeltbrechender Krystalle im *senkrecht einfallenden* polarisirten Lichte darbieten, wurden von F. Arago (1811) entdeckt,[4] von J. B. Biot (1812—14) auf experimentellem Wege eingehend untersucht[5] und von A. Fresnel (1816—21) auf Grund der von ihm in Gemeinschaft mit Arago aufgestellten Gesetze über die Interferenz des polarisirten Lichtes erklärt.[6]

Einen Theil der überaus mannigfachen Interferenzerscheinungen, die im *convergenten* polarisirten Lichte beobachtet werden, aufgefunden zu haben, ist das Verdienst von D. Brewster[7] (1813—18). Nachdem es G. B. Airy[8] (1831) gelungen war, die Interferenzbilder an Platten optisch einaxiger Krystalle, die zur optischen Axe senkrecht stehen, zu erklären, entwickelte F. E. Neumann[9] (1834) die Grundlage für eine allgemein gültige Theorie dieser Phänomene, aus der sich insbesondere die bis dahin zweifelhafte Bedeutung der optischen Axen zweiaxiger Krystalle für jene Interferenz-

[1] A. Cornu, Recherches 96.

[2] P. Drude, Ann. d. Phys. N. F. **38**, 265, 1889 (Fig. 7).

[3] Die Ablenkung ϱ^* beträgt, wenn das Licht aus Luft auf Kalkspath fällt, immer nur wenige Grade; sie kann aber enorm vergrössert und bis auf 90° gesteigert werden, wenn die reflectirende Fläche mit einer geeigneten *Flüssigkeitsschicht* bedeckt wird. Eben diese Versuchsanordnung führte D. Brewster zur Entdeckung jener Ablenkung. Vgl. die eingehenden theoretischen Untersuchungen von F. E. Neumann (Abh. Berlin. Akad. 1835, § 10). Später hat J. Conroy zahlreiche Messungen am Kalkspath angestellt (Proc. Roy. Soc. **40**, 173, 1886).

[4] F. Arago, Sur une modification remarquable qu'éprovent les rayons lumineux dans leur passage à travers certains corps diaphanes. Mém. de la Cl. des sc. math. et phys. de l'inst. imp. de France. Année 1811. **12**, 93, 1812. Oeuvr. compl. **10**, 36. Gilbert, Ann. d. Phys. **40**, 145, 1812.

[5] Eine Zusammenstellung der Ergebnisse dieser Untersuchungen findet sich in: J. B. Biot, Traité de phys. **4**, 1816.

[6] A. Fresnel, Note sur le calcul des teintes que la polarisation développe dans les lames cristallisées. Ann. chim. phys. (2) **17**, 102, 167, 1821. Oeuvr. compl. **1**, 609. Pogg. Ann. **12**, 366, 1828. Vgl. Verdet, Introduction § VII.

[7] D. Brewster, Treatise on New Philosophical Instruments. Edinburgh 1813, 336. On the Affections of Light transmitted through Crystallized Bodies. Phil. Trans. 1814, 187. On the Laws of Polarisation and Double Refraction in Regularly Crystallized Bodies. ibid. 1818, 199.

[8] G. B. Airy, On the Nature of the Light in the two Rays produced by the Double Refraction of Quartz. Trans. Cambr. Phil. Soc. **4**, 79, 198 (read 1831) 1833. Pogg. Ann. **23**, 204, 1831.

[9] F. E. Neumann, Ueber die optischen Axen und die Farben zweiaxiger Krystalle im polarisirten Licht. Pogg. Ann. **33**, 257, 1834.

erscheinungen ergab. Einheitliche Gesichtspunkte für eine übersichtliche geometrische Deutung der NEUMANN'schen Formeln wurden erst von A. BERTIN[1] (1861) durch die Einführung der *Oberflächen gleichen Gangunterschiedes* und von E. LOMMEL[2] (1883) durch die Construction der *Isogyrenflächen* gewonnen.

69. Polarisationsapparate. — Die Anordnung der Polarisationsapparate beruht auf den FRESNEL'schen Gesetzen über die Interferenz linear polarisirter ebener Wellen von gemeinsamer Fortpflanzungsrichtung: 1) parallel polarisirte Wellen interferiren wie natürliches Licht; 2) senkrecht gegen einander polarisirte Wellen interferiren gar nicht; 3) es tritt auch keine Interferenz ein, wenn senkrecht gegen einander polarisirte Wellen auf eine gemeinsame Polarisationsebene zurückgeführt werden, wofern jene Wellen aus der Zerlegung natürlichen Lichtes hervorgegangen waren; 4) dagegen findet Interferenz statt, wenn eine linear polarisirte Welle in zwei senkrecht gegen einander polarisirte Wellen zerlegt wird und diese letzteren Wellen wieder auf eine gemeinsame Polarisationsebene zurückgeführt werden.

Ein Polarisationsapparat für *senkrecht einfallendes* Licht wird im Wesentlichen aus zwei hinter einander gestellten geradlinig polarisirenden Vorrichtungen P, A gebildet. Aus dem Polarisator trete eine in der Richtung $\mathfrak{P}$ polarisirte ebene Welle homogenen Lichtes W aus, deren Amplitude gleich a sei. Ist der Analysator ein Nicol'sches Prisma, so erzeugt W beim Eintritt in denselben zwei gebrochene Wellen W_o und W_e, von denen nur die ausserordentliche Welle W_e austreten kann. Ihre Polarisationsrichtung $\mathfrak{A}$ bilde mit $\mathfrak{P}$ den Winkel $(\mathfrak{P}\mathfrak{A}) = \chi$. Dann ist ihre Amplitude gleich $a \cos\chi$, wenn von den Schwächungen durch Absorption und durch partielle Reflexionen an der Eintrittsfläche, der Trennungsschicht und der Austrittsfläche des Analysators abgesehen wird. Demnach ist die Intensität des austretenden und in das Auge des Beobachters eindringenden Lichtes proportional $a^2 \cos^2\chi$.

Unsere Aufgabe besteht zunächst darin, die Modificationen zu untersuchen, welche diese ursprüngliche Intensität des Gesichtsfeldes unseres Polarisationsapparates erfährt, wenn zwischen Polarisator und Analysator eine planparallele Platte K eines doppeltbrechenden, vollkommen durchsichtigen Krystalls senkrecht zur Fortpflanzungsrichtung der Welle W eingeschaltet wird. Die Welle W wird beim Eintritt in die Krystallplatte gebrochen in zwei, nach der Richtung der Plattennormale fortschreitende Wellen W_1, W_2. Wir bezeichnen die Polarisationsrichtungen dieser Wellen mit $\mathfrak{H}_1$, $\mathfrak{H}_2$, den Winkel $(\mathfrak{P}\mathfrak{H}_1)$ mit φ (Fig. 237), die Wellenlänge des Lichtes mit λ, die Brechungsindices von W_1, W_2 mit ν_1, ν_2 $(\nu_1 < \nu_2)$ und die Dicke

[1] A. BERTIN, Mémoire sur la surface isochromatique, théorie générale des franges des lames cristallisées. Ann. chim. phys. (3) **63**, 57, 1861.

[2] E. LOMMEL, Die Isogyrenfläche der doppelbrechenden Krystalle; allgemeine Theorie der Curven gleicher Schwingungsrichtung. Ann. d. Phys. N. F. **18**, 56, 1883.

der Platte mit l. Unter diesen Voraussetzungen ist *die Intensität der aus dem Analysator austretenden Welle* proportional:

$$\mathsf{A}^2 = a^2\left[\cos^2\chi - \sin 2\varphi \sin 2(\varphi - \chi) \sin^2 \pi \frac{l(\nu_2 - \nu_1)}{\lambda}\right]. \tag{1}$$

Dieser Ausdruck bildet die Grundlage für die Erklärung aller Interferenzerscheinungen, welche an doppeltbrechenden Krystallplatten im senkrecht einfallenden polarisirten Lichte beobachtet werden, wenn die gebrochenen Wellen geradlinig polarisirt sind, wie bisher stets vorausgesetzt wurde.

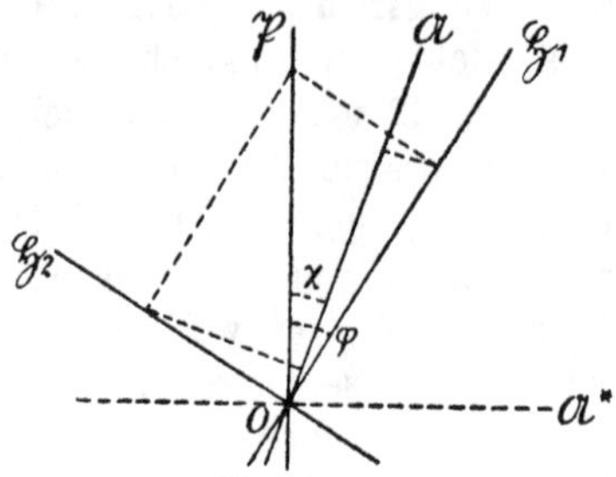

Fig. 237.

Zur Zeit t sei der Schwingungszustand in der einfallenden Welle W an der Eintrittsfläche der Platte K dargestellt durch:

$$\varrho = a \sin 2\pi \frac{t}{T} \ldots\ldots \parallel \mathfrak{P}$$

worin ϱ die Entfernung des schwingenden Theilchens von der Gleichgewichtslage und T die Schwingungsdauer des Lichtes, dessen Wellenlänge in Luft gleich λ ist, bedeuten. Wird die Schwächung der Amplitude durch partielle Reflexion unberücksichtigt gelassen, so sind die Componenten von ϱ nach $\mathfrak{H}_1$ und $\mathfrak{H}_2$:

$$\varrho \cos\varphi = a \cos\varphi \sin 2\pi \frac{t}{T} \ldots\ldots \parallel \mathfrak{H}_1$$

$$\varrho \sin\varphi = a \sin\varphi \sin 2\pi \frac{t}{T} \ldots\ldots \parallel \mathfrak{H}_2.$$

Bezeichnen wir mit o_1, o_2 ($o_1 < o_2$) die Dicken derjenigen Luftschichten, welche die Wellen W_1, W_2 mit der durch die Relation $\lambda = \mathfrak{v}\, T$ gegebenen Geschwindigkeit $\mathfrak{v}$ in denselben Zeiten durchlaufen würden, die zum Durchschreiten der Krystallplatte mit den Geschwindigkeiten $\mathfrak{q}_1$, $\mathfrak{q}_2$ ($\mathfrak{q}_1 > \mathfrak{q}_2$) erforderlich sind, so wird der Schwingungszustand von W_1, W_2 an der Austrittsfläche zur Zeit t dargestellt durch:

$$\varrho_1 = a \cos\varphi \sin 2\pi \left(\frac{t}{T} - \frac{o_1}{\lambda}\right) \ldots\ldots \parallel \mathfrak{H}_1$$

$$\varrho_2 = a \sin\varphi \sin 2\pi \left(\frac{t}{T} - \frac{o_2}{\lambda}\right) \ldots\ldots \parallel \mathfrak{H}_2.$$

Nun ist $o_1 : \mathfrak{v} = l : \mathfrak{q}_1$, $o_2 : \mathfrak{v} = l : \mathfrak{q}_2$, folglich:

$$\varrho_1 = a \cos\varphi \sin \frac{2\pi}{T}\left(t - \frac{l}{\mathfrak{q}_1}\right)$$

$$\varrho_2 = a \sin\varphi \sin \frac{2\pi}{T}\left(t - \frac{l}{\mathfrak{q}_1} - \mathsf{T}\right),$$

falls die Zeitdifferenz $l/\mathfrak{q}_2 - l/\mathfrak{q}_1 = \mathsf{T}$ gesetzt wird.

Wir betrachten jetzt die Wirkung des Analysators auf die ausgetretenen Wellen, wobei wieder die Schwächungen der Amplituden durch Absorption und partielle Reflexionen vernachlässigt werden sollen. Die Componenten von ϱ_1, ϱ_2 nach $\mathfrak{A}$ sind:

$$\sigma_1 = \varrho_1 \cos(\varphi - \chi), \quad \sigma_2 = \varrho_2 \sin(\varphi - \chi) \ldots\ldots \parallel \mathfrak{A}.$$

Demnach wird der Schwingungszustand der durch Interferenz resultirenden, aus dem Analysator austretenden Welle dargestellt durch:

$$\sigma = \sigma_1 + \sigma_2 = \mathsf{A} \sin \frac{2\pi}{T}\left(t - \frac{\Phi}{\mathfrak{v}}\right) \ldots\ldots \parallel \mathfrak{A}.$$

Mithin ist ***das Quadrat der Amplitude der austretenden Welle:***

$$\mathsf{A}^2 = a^2\left[\cos^2\varphi\cos^2(\varphi-\chi) + \sin^2\varphi\sin^2(\varphi-\chi) + 2\cos\varphi\sin\varphi\cos(\varphi-\chi)\sin(\varphi-\chi)\cos 2\pi\frac{\mathsf{T}}{T}\right]$$

oder, wenn $\cos 2\pi\,\mathsf{T}/T$ durch $1 - 2\sin^2\pi\,\mathsf{T}/T$ ersetzt wird:

$$\mathsf{A}^2 = a^2\left[\cos^2\chi - \sin 2\varphi \sin 2(\varphi-\chi)\sin^2\pi\frac{\mathsf{T}}{T}\right].$$

Führen wir noch für den Gangunterschied $o_2 - o_1$ der gebrochenen Wellen die Bezeichnung Γ ein, so ist:

$$\Gamma = l\left(\frac{\mathfrak{v}}{\mathfrak{q}_2} - \frac{\mathfrak{v}}{\mathfrak{q}_1}\right) = l(\nu_2 - \nu_1)$$

und T/T kann ersetzt werden durch Γ/λ. Hierdurch gewinnt der Ausdruck für das Quadrat der Amplitude A die unter (1) angegebene Gestalt.

Die Interferenzerscheinungen hängen nach (1) ab: a) von der Differenz der Brechungsindices $\nu_2 - \nu_1$, also von der Substanz und der Orientirung der Platte, b) von der Dicke l der Platte, c) von der durch den Winkel φ bestimmten Lage der Platte gegen den Polarisator, d) von dem Winkel χ, d. h. von der Stellung des Analysators, e) von der Wellenlänge λ. Wir werden auf diese Abhängigkeit noch ausführlicher eingehen. Einstweilen heben wir nur den besonders interessanten Fall hervor, dass $\chi = 90^0$ ist, also $\mathfrak{A}$ die Lage $\mathfrak{A}^*$ (Fig. 237) annimmt. Dann folgt aus:

(2) $$\mathsf{A}^2 = a^2 \sin^2 2\varphi \sin^2\pi\frac{\Gamma}{\lambda},$$

dass die Intensität der aus dem Analysator austretenden Welle gleich Null wird, falls $\sin^2 2\varphi = 0$, d. h. $\varphi = 0^0, 90^0, \ldots$ ist. Demnach wird die Krystallplatte bei einer vollen Umdrehung in ihrer Ebene vollkommen dunkel erscheinen, wenn die Polarisationsebenen $\mathfrak{H}_1$, $\mathfrak{H}_2$ der Wellen W_1, W_2 mit den Polarisationsebenen $\mathfrak{P}$ und $\mathfrak{A}^*$ zusammenfallen. Und dies geschieht, wofern die Lage der Ebenen $\mathfrak{H}_1$, $\mathfrak{H}_2$ in der Krystallplatte von der Wellenlänge λ unabhängig bleibt, nicht nur im homogenen, sondern auch im weissen Lichte. Hierauf beruht eine *Anwendung des Polarisationsapparates für senkrecht einfallendes Licht zur Ermittelung der krystallographischen Orientirung der Polarisationsebenen* $\mathfrak{H}_1$, $\mathfrak{H}_2$, deren Bedeutung für die Bestimmung des Krystallsystems und der optischen Constanten alsbald hervortreten wird.

69. Um die Krystallplatte K im *convergenten* polarisirten Lichte zu untersuchen, bringen wir über dem Polarisator P ein centrirtes System von Sammellinsen S und unter dem Analysator A ein gleiches System S' an (Fig. 238). Es bedeute B die vordere Brennebene von S und B' die hintere Brennebene von S'. Dann werden alle von einer hinreichend entfernten lichtgebenden Fläche ausgehenden Strahlenbündel, welche nach dem Durchschreiten des Polarisators gegen einen Punkt p in B convergiren, ein von p divergirendes Strahlenbündel bilden, welches das System S als ein Bündel unter einander paralleler Strahlen verlässt und durch S' in ein nach dem Punkte p' der Ebene B' convergirendes Strahlenbündel gebrochen wird. Dieses letztere Bündel gelangt durch den Analysator in das Auge des Beobachters. Bei dieser Versuchsanordnung fallen also auf die zwischen S und S' liegende Krystallplatte K ebene Wellen, deren Normalen einen Kegel erfüllen. Zu jeder Welle W gehört in den Brennebenen B, B' ein Paar von Punkten p, p', welche die *Spuren* von W in B und B' genannt werden sollen.

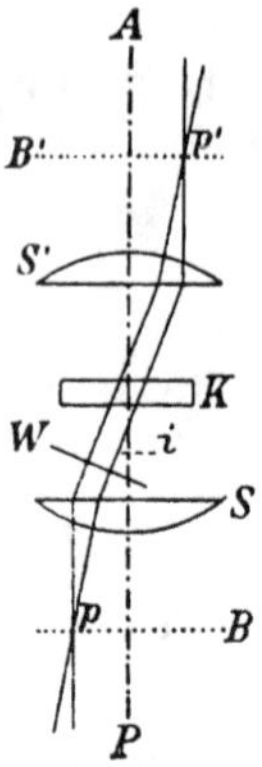

Fig. 238.

Die Interferenzerscheinung, welche der Beobachter im homogenen Lichte erblickt, wenn sich sein Auge in der Entfernung der deutlichen Sehweite von B' befindet, ist dadurch charakterisirt, dass sich die Intensität des Lichtes auch mit der Lage der Spur p', also mit dem Einfallswinkel i der zugehörigen Wellenebene W ändert. Bleibt die Platte in der zur Axe von S und S' senkrechten Lage, so wird unter der Voraussetzung, dass der Polarisator keine Beschränkung des Gesichtsfeldes herbeiführt, der grösste Werth i_m des Winkels i nach der von E. Abbe begründeten Theorie optischer Instrumente[1] bestimmt durch die *numerische Apertur* α des Systems S, nach der Relation:

$$\alpha = n \sin i_m,$$

worin n den Brechungsindex des Mittels bedeutet, welches den Raum zwischen S und der Krystallplatte einnimmt. Soll nun das System S' den aus der Platte austretenden Lichtkegel sammeln, so darf seine numerische Apertur α' nicht kleiner als α sein. Wir setzen voraus, dass $\alpha' = \alpha$ sei, und nehmen an, dass sich die Platte K in einer Flüssigkeit befinde, welche den Raum zwischen S und S' erfüllt und deren Brechungsindex *grösser* als α ist.

Um die Vorstellung von der Wirkung der Linsensysteme S, S' mehr zu fixiren, betrachten wir ein bestimmtes Beispiel von hervorragender praktischer Bedeutung. In der von einer Platte eines optisch zweiaxigen Krystalls hervorgerufenen Interferenzerscheinung geben, wie alsbald des Näheren dargelegt werden soll, zu ausgezeichneten Spuren diejenigen Wellen Veranlassung, welche sich in den Richtungen der optischen Axen OA, OA' fortgepflanzt haben. Wir fragen nach der Bedingung, unter welcher diese Spuren im Gesichtsfelde unseres Apparates auftreten. Die Platte stehe insbesondere senkrecht zur Halbirungsgeraden OM des spitzen Winkels AOA'

[1] Aus der Reihe der weit zerstreuten Abhandlungen von E. Abbe kommen hier namentlich die folgenden in Betracht: Arch. f. mikrosk. Anat. **9**, 413, 1873. Journ. Roy. Microsc. Soc. 1879, 19; 1880, 21; 1881, 388. Sitzungsber. Jenaische Ges. f. Med. u. Naturw. 1878, XI; 1879 (= Repert. f. Exp.-Phys. **16**, 303, 1880).

(Fig. 239). Damit die Spur der Welle, welche sich im Krystall in der Richtung OA und darauf in der Flüssigkeit in der Richtung AB fortpflanzt, in der Brennebene B' erscheint, muss das Product $\alpha_2 \sin V = n \sin E$, worin α_2 den mittleren Hauptbrechungsindex des Krystalls und V den halben Winkel AOA' bedeutet, kleiner als die numerische Apertur a' sein. Ist $\alpha_2 \sin V$ gerade gleich a', so wird die Spur jener Welle auf den Rand des Gesichtsfeldes fallen. Liegt die Platte senkrecht zur zweiten Mittellinie, so erhalten wir die Bedingung $\alpha_2 \cos V \leqq a'$. Bezeichnet man bei einer Platte von beliebiger Orientirung die Neigung von OA gegen die Plattennormale mit U, so wird die Brennebene B' die Spur der in der Richtung OA sich fortpflanzenden Welle enthalten, wenn das Product $\alpha_2 \sin U \leqq a'$ ist.

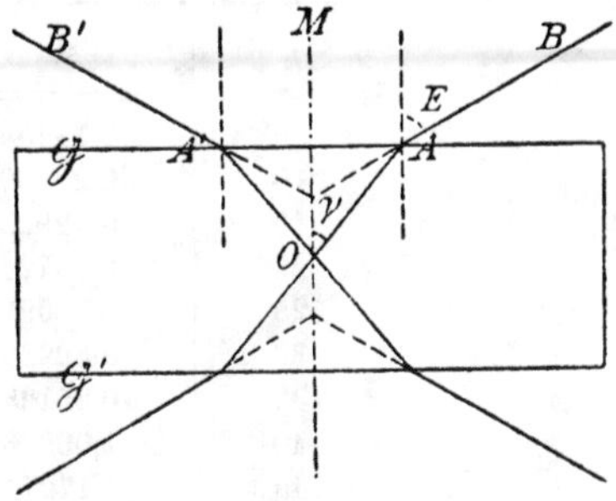

Fig. 239.

Hiernach ist ersichtlich, unter welchen Betrag die numerische Apertur der Linsensysteme S, S' nicht herabsinken darf, wenn an den in der folgenden Tabelle aufgezählten Krystallen (vgl. S. 321) an Platten senkrecht zur ersten oder zur zweiten Mittellinie im Na-Licht der Austritt der optischen Axen beobachtet werden soll. Insbesondere ist aus der Tabelle sofort zu entnehmen, ob Trockensysteme ($a' < 1$) ausreichen oder Immersionssysteme angewendet werden müssen.

	$\beta \sin V$	$\beta \cos V$		$\beta \sin V$	$\beta \cos V$
7. *Cerussit* . .	0,1490	2,0709	**12.** *Diopsid* . .	0,8269	1,4624
4. *Aragonit* . .	0,2607	1,6612	**19.** *Orthoklas* . .	0,8304	1,2768
6. *Borax* . . .	0,4971	1,3819	**24.** *Weinsäure* .	0,9548	1,2019
22. *Schwerspath* .	0,5162	1,5540	**5.** *Axinit* . . .	0,9858	1,3577
3. *Anhydrit* . .	0,5879	1,4618	**11.** *Datolith* . .	0,9996	1,3172
16. *Kieselzinkerz*	0,6413	1,4856	**10.** *Cordierit* . .	1,0194	1,1556
8. *Chrysoberyll* .	0,6738	1,6134	**2.** *Anglesit* . .	1,0563	1,5579
13. *Euklas* . . .	0,6945	1,5130	**1.** *Andalusit* . .	1,0879	1,2246
15. *Gyps* . . .	0,7015	1,3516	**18.** *Olivin* . . .	1,1647	1,2080
9. *Cölestin* . .	0,7086	1,4609	**21.** *Schwefel* . .	1,2030	1,6455
23. *Topas* . . .	0,7693	1,4186			

Betrachtet man eine Platte eines optisch einaxigen Krystalls, deren Normale den Winkel μ mit der optischen Axe einschliesst, so muss das Product $\omega \sin \mu$, worin ω den Brechungsindex der ordentlichen Wellen bedeutet, kleiner als die numerische Apertur a' sein, wenn in der Brennebene B' die Spur der Welle erscheinen soll, welche sich in der Platte nach der Richtung der optischen Axe fortgepflanzt hat. Am *Kalkspath* ($\omega = 1{,}65850$ Na-Licht) ergiebt sich für eine Spaltungsplatte ($\mu = 44^0\,36'\,34''$) der Werth

1,1647; demnach kann in diesem Falle die Spur der optischen Axe nur mit Hülfe von Immersionssystemen wahrgenommen werden. Die folgende Tabelle giebt eine Uebersicht der Zunahme von $\omega \sin \mu$ mit wachsenden Winkeln μ für Kalkspath.

μ	$\omega \sin \mu$	μ	$\omega \sin \mu$
5°	0,14454	50°	1,27049
10	0,28800	55	1,35856
15	0,42925	60	1,43630
20	0,56724	65	1,50311
25	0,70091	70	1,55848
30	0,82925	75	1,60199
35	0,95128	80	1,63330
40	1,06606	85	1,65215
45	1,17274	90	1,65850

70. Nach dieser Vorbereitung wenden wir uns zur Beschreibung der jetzt gebräuchlichen Polarisationsapparate.[1] Es genügt, die Apparate für convergentes Licht zu erläutern, da dieselben leicht zur Beobachtung im senkrecht einfallenden Licht umgewandelt werden können.

Eine erste Gruppe umfasst Apparate zur Untersuchung grösserer Krystallplatten. Ihre Construction beruht im Wesentlichen auf Angaben von Nörremberg.[2]

Bei dem in Fig. 240 dargestellten Instrumente[3] dient ein Glasplattensatz P als Polarisator, ein Nicol'sches Prisma A als Analysator. Jedes der Systeme S, S' besteht aus drei Sammellinsen.[4] Das Interferenzbild wird durch eine auf die Brennebene B' eingestellte Lupe L betrachtet. Das Präparat liegt auf einer drehbaren, mit einem Theilkreise versehenen Hülse.

Vorzügliche Interferenzbilder liefert der folgende, von R. Fuess construirte Apparat (Fig. 241).[5] In der von dem Arme B getragenen Hülse g befindet sich eine zweite

[1] Ueber ältere Constructionen geben die Lehrbücher der Physik Auskunft. Vgl. ferner H. W. Dove, Beschreibung eines Apparats für geradlinige, elliptische und circulare Polarisation des Lichts. Pogg. Ann. **35**, 596, 1835. Darstellung der Farbenlehre. Berlin 1853, 202.

[2] J. Grailich, Kryst.-optische Untersuchungen. Wien 1858, 42. — E. Reusch, Ueber Linsen und Linsensysteme zur Beobachtung der Farbenringe im polarisirten Lichte. Bericht 34. Naturf.-Vers. Karlsruhe 1858. — A. Bertin, Note sur le microscope polarisant de Nörremberg. Ann. chim. phys. (3) **69**, 87, 1863.

[3] Ausgeführt von R. Brünnée (Voigt und Hochgesang) in Göttingen. — Aehnlich ist der von A. Descloizeaux benutzte Apparat. (Note sur une nouvelle disposition du microscope polarisant. Ann. des mines. (5) **16**, 239, 1859. Mém. sur l'emploi du microscope polarisant et sur l'étude des propriétés optiques biréfringentes propres à déterminer le système cristallin dans les cristaux naturels ou artificiels. Ann. des mines (6) **6**, 557, 1864; Pogg. Ann. **126**, 387, 1865.)

[4] Auf die Fassung der Linsen ist besondere Sorgfalt zu verwenden. Vgl. V. von Lang, Nörremberg's Polarisations-Mikroskop. Rep. f. Exp. Phys. **7**, 377, 1871.

[5] P. Groth, Ueber Apparate und Beobachtungsmethoden für krystallographisch-optische Untersuchungen. Pogg. Ann. **144**, 34, 1871. — Th. Liebisch, Die krystalloptischen Apparate. In: Bericht üb. d. wiss. Instr. auf der Berliner Gewerbeausstellung i. J. 1879, 342.

Hülse *f*, welche den nach einem Vorschlage Nörremberg's von den Sammellinsen *e*, *e'* eingeschlossenen Polarisator *p* enthält. Die beiden Linsen, deren gemeinsamer Brennpunkt in der Mitte von *p* liegt, bewirken, dass die von dem Beleuchtungsspiegel *S* in den Apparat geleiteten Lichtstrahlen als ein Bündel nahezu paralleler Strahlen in das Sammellinsensystem *nn* gelangen. Der Objectträger *k* liegt auf dem Ringe *l*. An *l* sitzt der in ganze Grade getheilte Kreis *i*, dessen Stellung an dem mit *B* fest verbundenen Nonius *h* abgelesen werden kann. — Um die Hülse *f* ist ein mit einem dreieckigen Ansatze versehener Anschlagring *f'* gelegt. Dem Ansatze entsprechen zwei um 45⁰ von einander entfernte Ausschnitte der Hülse *g*. Der Ring *f'* umschliesst nun die Hülse *f* derart, dass der Hauptschnitt des Polarisators mit der durch den Nullstrich des Nonius und die Axe des Apparates gelegten Ebene zusammenfällt oder einen Winkel von 45⁰ bildet, je nachdem der Ansatz *f'* in den einen oder den anderen

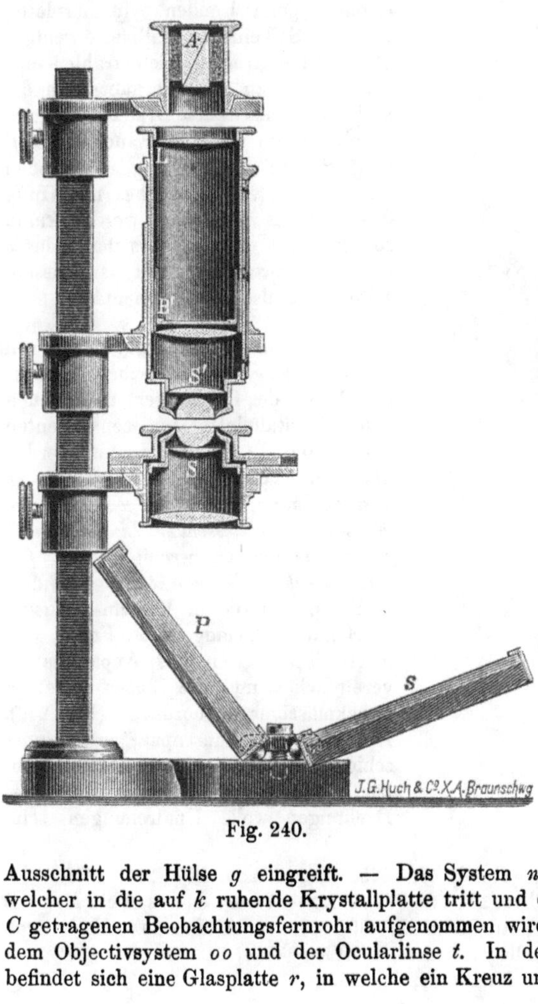

Fig. 240.

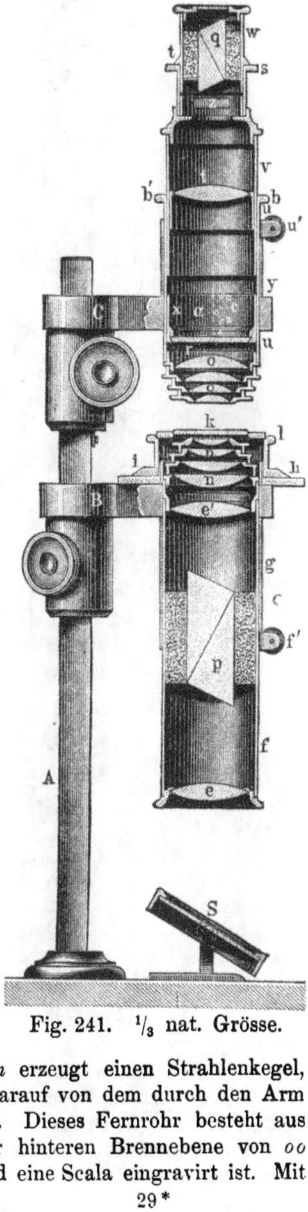

Fig. 241. $^1/_3$ nat. Grösse.

Ausschnitt der Hülse *g* eingreift. — Das System *nn* erzeugt einen Strahlenkegel, welcher in die auf *k* ruhende Krystallplatte tritt und darauf von dem durch den Arm *C* getragenen Beobachtungsfernrohr aufgenommen wird. Dieses Fernrohr besteht aus dem Objectivsystem *oo* und der Ocularlinse *t*. In der hinteren Brennebene von *oo* befindet sich eine Glasplatte *r*, in welche ein Kreuz und eine Scala eingravirt ist. Mit

Hülfe des Anschlagringes u' kann die Stellung der Hülse u des Fernrohres gegen die mit C fest verbundene Hülse y so geregelt werden, dass der jene Scala durchschneidende Strich des Mikrometers r senkrecht zu der durch die Instrumentaxe und den Noniusnullstrich gehenden Ebene steht.

Damit die Ocularhülse v eine Verschiebung in verticaler Richtung, aber keine Drehung um ihre Axe gestatte, ist in dem Rande der Hülse u bei b' ein Stift angebracht, der in einen verticalen Einschnitt von v eingreift. In die Ocularhülse wird der Analysator q eingesetzt, dessen Hülse w einen Theilkreis t trägt; zeigt t mit 0^0 oder 180^0 resp. mit 90^0 oder 270^0 auf die Marke s an dem oberen Rande von v, so sind die Nicols parallel resp. gekreuzt. Bei z befindet sich ein Schlitz zur Aufnahme eines Quarzkeiles, einer circular polarisirenden Glimmerplatte, u. dgl. — Soll eine Krystallplatte weniger stark convergirenden Lichtstrahlen ausgesetzt werden, so schraubt man die kleineren Linsen der Systeme nn und oo ab. Dann muss aber auch die Stellung des in der Fassung x sitzenden Glasmikrometers r, welches mit Hülfe des Knopfes α geführt werden kann, so verändert werden, dass der Index c mit einer der Marken auf der Aussenseite der Hülse u zusammenfällt.

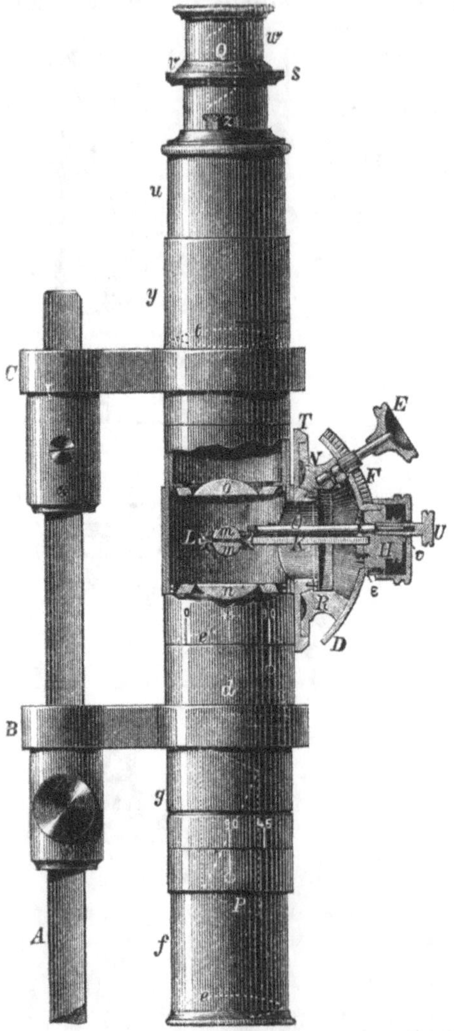

Fig. 242.

Um auch bei Linsensystemen von relativ geringer numerischer Agentur das Gebiet der Richtungen, nach denen eine Krystallplatte im convergenten polarisirten Lichte betrachtet werden kann, zu erweitern, hat W. G. ADAMS vorgeschlagen,[1] *die beiden centralen, den Krystall einschliessenden Linsen mm in einer Fassung zu vereinigen und für sich drehbar einzurichten.* Nachdem E. SCHNEIDER diesen Vorschlag ausgeführt hatte,[2] gelang es R. FUESS, den mechanischen Bau des Apparates zu vereinfachen und die Linsen desselben zweckmässiger anzuordnen[3] (Fig. 242). Die von dem Linsenpaar mm eingeschlossene Platte ist um drei Axen drehbar. Naturgemäss können nur zwei Drehungen volle Umdrehungen sein.

[1] W. G. ADAMS, Phil. Mag. (4) **50,** 13, 1875. Pogg. Ann. **157,** 297, 1876.

[2] E. SCHNEIDER, Repert. f. Phys. **15,** 119, 774, 1879. — W. G. ADAMS, Phil. Mag. (5) **8,** 275, 1879. — F. BECKE, Min. petr. Mitth. **2,** 430, 1879. — A. BREZINA, Verh. geol. Reichsanst. 1880, **14,** 47. Krystallogr. Unters. I. Wien, 1884, 318.

[3] TH. LIEBISCH, N. Jahrb. f. Min. 1885, **1,** 175.

Eine derselben kann um die zur verticalen Axe des Instrumentes senkrechte Axe des Theilkreises T ausgeführt werden. Ausserdem kann man aber der Platte mit Hülfe der in ein Kronrad der Linsenfassung L eingreifenden Triebstange O eine volle Umdrehung in ihrer Ebene, also um ihre Normale, ertheilen. Endlich lässt sich die Platte um ihre Schnittgerade mit der Verbindungsebene ihrer Normale und der Axe des Instrumentes mittelst des Triebes E neigen. Befindet sich die Platte in der Stellung (Fig. 241), dass ihre Normale mit der Axe des Instrumentes zusammenfällt, so stehen die Axen dieser Drehungen auf einander senkrecht.

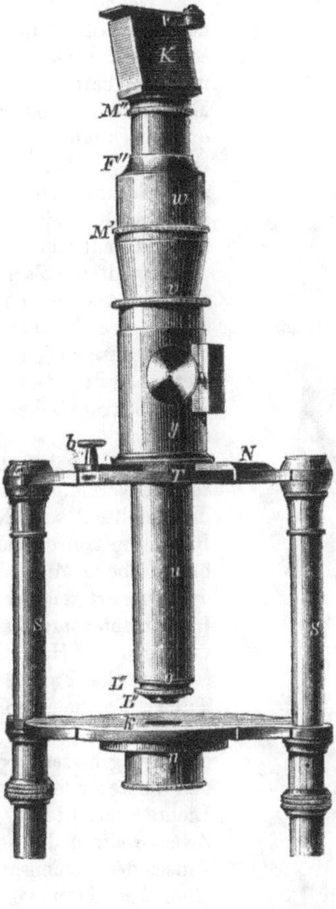

Fig. 243.

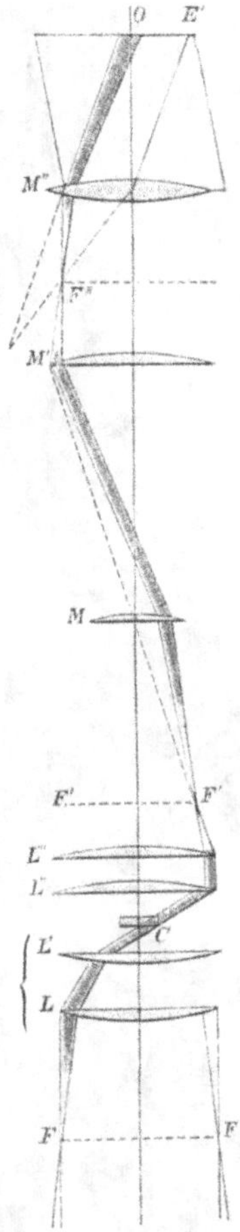

Fig. 244.

Eine zweite Gruppe von Polarisationsapparaten stellen die nach den Angaben von G. B. Amici[1] (1830) zur Beobachtung im convergenten polarisirten Lichte eingerichteten *Mikroskope* dar. Die Fig. 243, 244 erläutern eine von Soleil[2] ausgeführte

---

[1] G. B. Amici, Note sur un appareil de polarisation. Ann. chim. phys. (3) **12**, 114, 1844. Pogg. Ann. **64**, 472, 1845.

[2] J. Babinet, Note sur le microscope polarisant d'Amici. Compt. rend. **19**, 36, 1844.

Construction. Dabei entsprechen den Systemen S, S' der Fig. 238 auf S. 448 die Linsenpaare LL', $L''L'''$ und den Brennebenen B, B' die mit FF, $F'F'$ bezeichneten Ebenen. *Das Interferenzbild in $F'F'$ wird nicht wie bei den* NÖRREMBERG'*schen Apparaten durch eine einfache Lupe, sondern durch ein Mikroskop mit dem Objectiv **M** und dem Ocular $M'M''$ betrachtet.* Unter den Linsen LL' befindet sich ein in der Figur nicht abgebildeter Polarisator; auf dem Ocular sitzt eine analysirende Kalkspathplatte K.

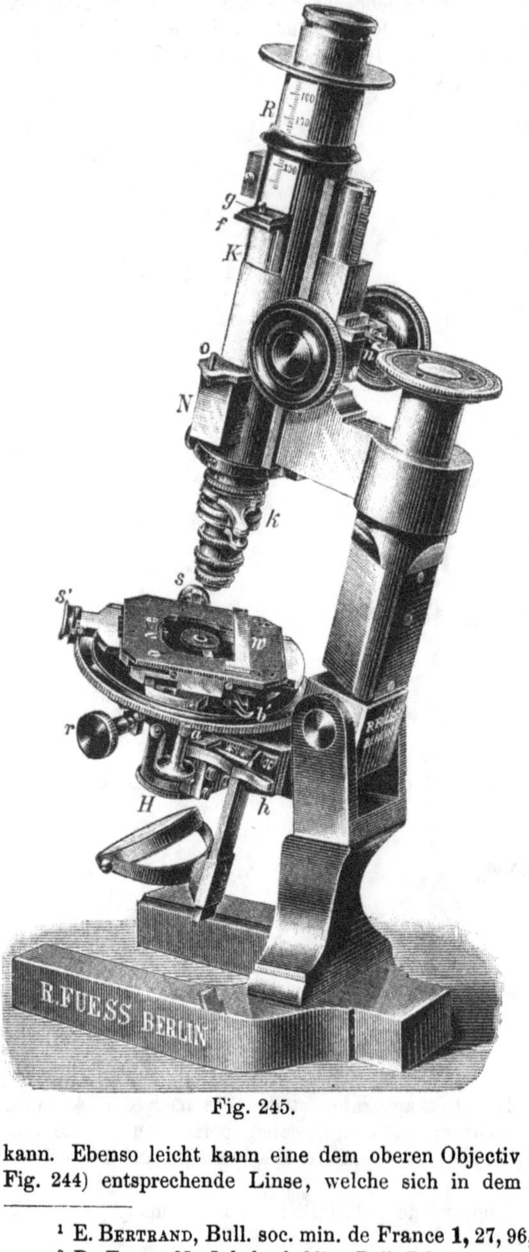

Fig. 245.

Nachdem E. BERTRAND 1878 das Princip des AMICI'schen Polarisationsapparates wieder aufgenommen hatte,[1] ist es gelungen Mikroskope zu construiren, deren optische und mechanische Einrichtungen den mannigfachen Anforderungen, welche die Untersuchung durchsichtiger Krystalle im senkrecht einfallenden und im convergenten polarisirten Lichte stellen muss, in so hohem Grade zu entsprechen, dass diese Apparate gegenwärtig eines der wichtigsten instrumentellen Hülfsmittel krystallographischer Forschung bilden.

Die bewährtesten Einrichtungen vereinigt das in Fig. 245 dargestellte, von R. FUESS in Berlin construirte und ausführlich beschriebene Mikroskop.[2] Unter den eigenartigen Vorzügen dieses Instrumentes interessiren uns hier vor allem die Hülfsmittel an dem Objecttische (Fig. 246) und in dem Tubus, welche einen äusserst bequemen Uebergang von der Beobachtung im senkrecht einfallenden Lichte zu der im convergenten Lichte vermitteln. Zu diesem Zwecke sitzen die beiden oberen Linsen des Condensatorsystems in einer besonderen, von dem Polarisatortubus H getrennten Fassung, welche von dem Arme b getragen wird und mittelst des Armes b' ein- oder ausgeschaltet werden kann. Ebenso leicht kann eine dem oberen Objectiv des Amici'schen Apparates (M in Fig. 244) entsprechende Linse, welche sich in dem Schieber f des Auszugsrohres R

[1] E. BERTRAND, Bull. soc. min. de France **1**, 27, 96, 1878; **3**, 97, 1880; **8**, 29, 377, 1885.
[2] R. FUESS, N. Jahrb. f. Min. Beil.-Bd. **7**, 55, 1890.

befindet, eingeführt oder herausgezogen werden. Endlich lässt sich der in einem Ausschnitte des Tubus angebrachte Analysator N lediglich durch einen Druck auf das linke oder das rechte Knöpfchen der Leiste o während der Beobachtung einschieben oder zurückziehen. Ein Theil der Attribute dieses Mikroskops wurde schon auf S. 346, 361 erwähnt; andere Vorrichtungen sollen demnächst beschrieben werden.

Fig. 246.

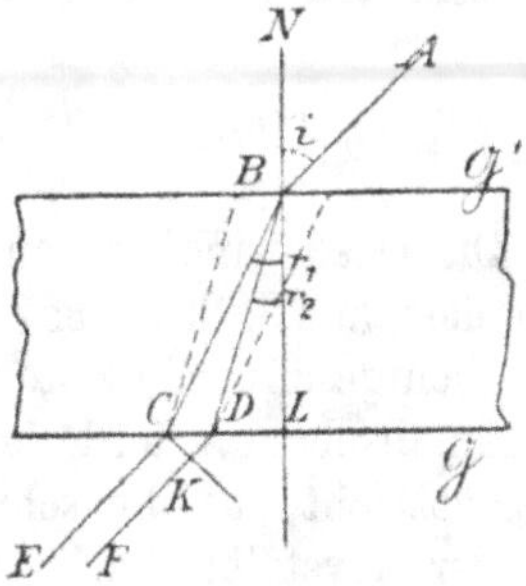

Fig. 247.

71. Oberfläche gleichen Gangunterschiedes.

— Untersuchen wir die Modificationen, welche in einem Polarisationsapparate die Einschaltung einer doppeltbrechenden Krystallplatte in der Intensität des aus dem Analysator austretenden Lichtes hervorruft, so ergiebt sich, wie an dem besonderen Falle des senkrecht einfallenden homogenen Lichtes des Näheren erläutert wurde (S. 447), dass der Ausdruck für die Intensität von dem *Gangunterschiede* Γ der beiden aus einer einfallenden Welle hervorgehenden gebrochenen Wellen abhängt. Es handelt sich jetzt darum, den Werth von Γ als Function der Hauptlichtgeschwindigkeiten des Krystalls und der Fortpflanzungsrichtungen der gebrochenen Wellen darzustellen.

Eine in der Richtung AB (Fig. 247) einfallende Welle erzeugt zwei gebrochene Wellen, deren Normalen BC und BD in der Einfallsebene liegen. Die aus der Platte in das äussere Mittel austretenden Wellen pflanzen sich in den zu AB parallelen Richtungen CE und DF fort. Der Gangunterschied dieser letzteren Wellen steht zunächst in einer sehr einfachen Beziehung zu dem Einfallswinkel i, den Brechungswinkeln r_1, r_2 und der Dicke l der Platte.

Die Differenz der Zeiten, in denen die langsamere Welle den Weg BDK und die schnellere Welle den Weg BC zurücklegt, ist:

$$\mathsf{T} = \frac{BD}{\mathfrak{q}_2} + \frac{DK}{\mathfrak{v}} - \frac{BC}{\mathfrak{q}_1},$$

wenn die Geschwindigkeiten in dem Krystall mit $\mathfrak{q}_1$, $\mathfrak{q}_2$, in dem äusseren Mittel durch $\mathfrak{v}$ bezeichnet werden. Nun ist: $BD = l/\cos r_2$, $BC = l/\cos r_1$ und:

$$DK = DC \sin i = (BC \sin r_1 - BD \sin r_2) \sin i,$$

folglich:

$$\mathsf{T} = \left(\frac{\sin i \sin r_1}{\mathfrak{v}} - \frac{1}{\mathfrak{q}_1}\right) \frac{l}{\cos r_1} - \left(\frac{\sin i \sin r_2}{\mathfrak{v}} - \frac{1}{\mathfrak{q}_2}\right) \frac{l}{\cos r_2}.$$

Hierfür können wir mit Rücksicht auf das Brechungsgesetz: $\sin i / \mathfrak{v} = \sin r_1 / \mathfrak{q}_1 = \sin r_2 / \mathfrak{q}_2$ schreiben:

$$\mathsf{T} = l\left(\frac{\cos r_2}{\mathfrak{q}_2} - \frac{\cos r_1}{\mathfrak{q}_1}\right).$$

Demnach ergeben sich für den Gangunterschied $\Gamma = \mathfrak{v}\mathsf{T}$ folgende Ausdrücke:[1]

$$(1) \quad \Gamma = l\,\mathfrak{v}\left(\frac{\cos r_2}{\mathfrak{q}_2} - \frac{\cos r_1}{\mathfrak{q}_1}\right) = l \sin i\,(\cot r_2 - \cot r_1) = l \sin i \frac{\sin(r_1 - r_2)}{\sin r_1 \sin r_2}.$$

Die Geschwindigkeiten $\mathfrak{q}_1$, $\mathfrak{q}_2$ und die Brechungswinkel r_1, r_2 können nach dem auf S. 355—357 erläuterten Verfahren berechnet werden aus den Hauptlichtgeschwindigkeiten $\mathfrak{a}_1$, $\mathfrak{a}_2$, $\mathfrak{a}_3$, den zur Orientirung der Platte und der Einfallsebene erforderlichen Grössen und dem gegebenen Einfallswinkel. Mit Rücksicht auf die schwache Doppelbrechung der überwiegenden Mehrzahl der krystallisirten Körper und die geringe Dicke der Platten genügt hier eine angenäherte Lösung der vorliegenden Aufgabe.

Wir vernachlässigen zuvörderst bei der Berechnung von $\mathfrak{q}_1$, $\mathfrak{q}_2$ den sehr geringen Richtungsunterschied der Wellennormalen *BC* und *BD*, so dass:

$$\mathfrak{q}_1^2 = \frac{\mathfrak{a}_1^2 + \mathfrak{a}_3^2}{2} + \frac{\mathfrak{a}_1^2 - \mathfrak{a}_3^2}{2}\cos(\varphi' - \varphi)$$

$$\mathfrak{q}_2^2 = \frac{\mathfrak{a}_1^2 + \mathfrak{a}_3^2}{2} + \frac{\mathfrak{a}_1^2 - \mathfrak{a}_3^2}{2}\cos(\varphi' + \varphi)$$

ist, worin φ und φ' die Winkel der Wellennormale *BC* gegen die optischen Axen bedeuten. Demgemäss erhalten wir, wenn (1) in der Form:

$$\Gamma = l \sin i \frac{\sin^2 r_1 - \sin^2 r_2}{\sin r_1 \sin r_2 \sin(r_1 + r_2)}$$

geschrieben wird, für den Factor:

$$\sin^2 r_1 - \sin^2 r_2 = \frac{\sin^2 i}{\mathfrak{v}^2}(\mathfrak{q}_1^2 - \mathfrak{q}_2^2)$$

des Zählers den Werth:

$$\frac{\mathfrak{a}_1^2 - \mathfrak{a}_3^2}{\mathfrak{v}^2}\sin^2 i \sin\varphi \sin\varphi'.$$

Um den Nenner von Γ für den gemeinsamen Mittelwerth r der Winkel r_1, r_2 zu bilden, vernachlässigen wir auch noch die mit der Differenz $\mathfrak{a}_1^2 - \mathfrak{a}_3^2$ multiplicirten Glieder, betrachten also den Krystall als ein einfach brechendes Mittel, in welchem das Quadrat der Lichtgeschwindigkeit den Werth $(\mathfrak{a}_1^2 + \mathfrak{a}_3^2)/2$ besitzt. Dann müssen wir ersetzen $\sin r_1 \sin r_2$ durch $\sin^2 r$ oder durch:

$$\frac{\mathfrak{a}_1^2 + \mathfrak{a}_3^2}{2\mathfrak{v}^2}\sin^2 i$$

und $\sin(r_1 + r_2)$ durch $2 \sin r \cos r$ oder durch:

$$2 \cos r \sqrt{\frac{\mathfrak{a}_1^2 + \mathfrak{a}_3^2}{2\mathfrak{v}^2}\sin^2 i}.$$

[1] F. Neumann, Pogg. Ann. **33**, 265, 1834. — A. Cauchy, Compt. rend. **30**, 97, 1850.

Bezeichnen wir noch den von den gebrochenen Wellen in der Platte zurückgelegten Weg $BG = l/\cos r$ mit ϱ (Fig. 248), und setzen wir den nur von $\mathfrak{a}_1$, $\mathfrak{a}_3$ und $\mathfrak{v}$ abhängigen Ausdruck:

$$\mathfrak{v} \cdot \frac{\frac{\mathfrak{a}_1^2 - \mathfrak{a}_3^2}{2}}{\left(\frac{\mathfrak{a}_1^2 + \mathfrak{a}_3^2}{2}\right)^{3/2}} = F,$$

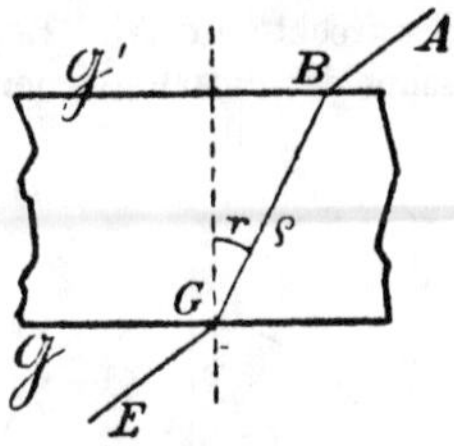

Fig. 248.

so lautet das Resultat[1]:

(2) $$\Gamma = F\varrho \sin\varphi \sin\varphi'.$$

Hiernach ist der Gangunterschied unabhängig von der Orientirung der Platte und lediglich eine Function der Hauptlichtgeschwindigkeiten $\mathfrak{a}_1$, $\mathfrak{a}_3$, der Neigungen φ, φ' der Wellennormale gegen die optischen Axen und der durchlaufenen Strecke ϱ. Betrachten wir die von einem festen Punkte O im Krystall ausgehenden Fortpflanzungsrichtungen, so können wir aus (2) für einen gegebenen Werth von Γ die Strecke ϱ berechnen, welche zu einer beliebigen, durch ein Winkelpaar φ, φ' bestimmten Richtung gehört. Die Endpunkte der auf solche Weise gewonnenen Strecken erfüllen eine *Oberfläche gleichen Gangunterschiedes*,[2] deren Gleichung durch (2) gegeben ist. Für jedes System von Hauptlichtgeschwindigkeiten und jeden Werth von Γ erhalten wir eine bestimmte, für den Krystall charakteristische Oberfläche gleichen Gangunterschiedes, welche dieselben Symmetrieeigenschaften besitzt, wie die Strahlenfläche und die Normalenfläche.[3]

Optisch einaxige Krystalle.

In dem speciellen Falle eines optisch einaxigen Krystalls wird $\varphi = \varphi'$. Folglich ist die Oberfläche gleichen Gangunterschiedes eine Umdrehungsfläche um die optische Axe:

$$\Gamma = F\varrho \sin^2\varphi.$$

Ihre Schnittcurve mit einem Hauptschnitte ist leicht in folgender Weise zu construiren (Fig. 249). Es sei die Richtung

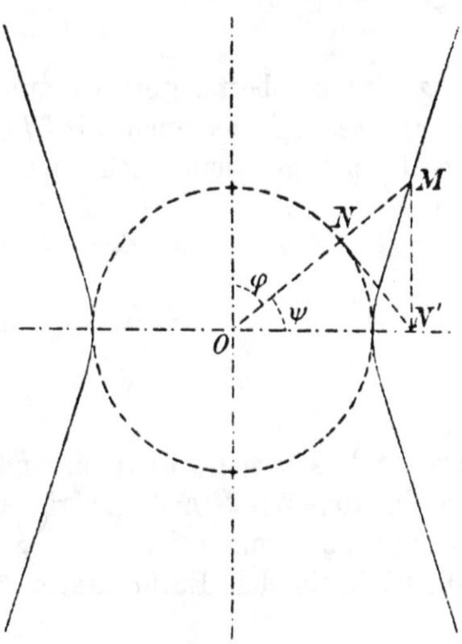

Fig. 249.

[1] F. E. Neumann, Pogg. Ann. **33**, 281, 1834.

[2] Bertin, Ann. chim. phys. (3) **63**, 57, 1861. — E. Mallard, Traité de cristallographie. **2**, 200, 1884.

[3] Im Text sind als Coordinaten eines Punktes M einer Oberfläche gleichen Gangunterschiedes die Länge des Radius $OM = \varrho$ und die Winkel φ, φ' zwischen OM und den optischen Axen OA, OA' gewählt. Führt man rechtwinklige Coordinaten ein, so ersieht man, dass jene Oberfläche von der *vierten* Ordnung ist.

eines Radiusvectors OM durch den Winkel φ gegeben. Um den Endpunkt M zu bestimmen, zeichne man mit dem Radius $m = \Gamma/F$ einen Kreis, der von OM in N getroffen wird. Die Tangente in N trifft die in O auf der optischen Axe errichtete Senkrechte in N'. Legt man jetzt durch N' eine Parallele zur optischen Axe, so schneidet dieselbe jenen Radiusvector in dem gesuchten Endpunkte M. Denn es ist:

$$ON' = \frac{m}{\sin\varphi}, \quad OM = \frac{ON'}{\sin\varphi} = \frac{m}{\sin^2\varphi} = \varrho.$$

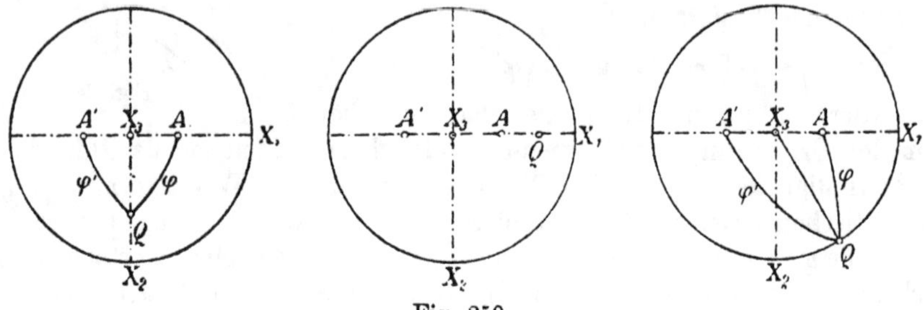

Fig. 250.

Optisch zweiaxige Krystalle.

Um eine Vorstellung von der Gestalt der Oberfläche:

$$\Gamma = F\varrho \sin\varphi \sin\varphi'$$

zu gewinnen, betrachten wir zunächst ihre *Schnittcurven mit den drei Symmetrieebenen.* Bezeichnen wir Γ/F mit m, so erhalten wir aus Fig. 250 für die Gleichungen jener Schnittcurven in den Ebenen:

$$X_2 X_3 \ldots . \; \varrho = \frac{m}{1 - \cos^2\zeta \cos^2 V} \qquad (QX_3 = \zeta)$$

$$X_3 X_1 \ldots . \; \varrho = \frac{m}{\sin(V - \zeta)\sin(V + \zeta)} \qquad (QX_3 = \zeta)$$

$$X_1 X_2 \ldots . \; \varrho = \frac{m}{1 - \cos^2\zeta \sin^2 V}. \qquad (QX_1 = \zeta)$$

Hieraus lassen sich, wenn m und V gegeben sind, die zu einer beliebigen Anzahl von Winkeln ζ gehörigen Radien ϱ berechnen. Auf diesem Wege ist Fig. 251 construirt. Die Symmetrieaxen X_1, X_2, X_3 schneiden die Oberfläche in den Entfernungen l, m, n, so dass:

$$l = \frac{m}{\cos^2 V}, \quad n = \frac{m}{\sin^2 V}.$$

Eine sehr einfache Construction lässt sich für die Schnittcurve der Oberfläche gleichen Gangunterschiedes mit der *Ebene der optischen Axen* angeben. Durch ein Winkelpaar φ, φ' sei die Richtung des Radiusvectors OC gegeben (Fig. 252). Es soll die Länge $OC = \varrho$ construirt werden. Zu diesem Zwecke legen wir um O einen Kreis mit dem Radius $m = \Gamma/F$ und ziehen den Radius Oc, der in Bezug auf X_1 zu OC symmetrisch liegt. Die Tangente in c schneide die in O auf der optischen Axe OA' senkrechte Gerade in c', dann wird die in c' auf Oc' errichtete Senkrechte, welche zu OA parallel läuft, den Radiusvector OC in dem gesuchten Endpunkte C treffen. Denn es ist:

$$OC = \frac{Oc'}{\sin\varphi'} = \frac{Oc}{\sin\varphi\sin\varphi'} = \frac{m}{\sin\varphi\sin\varphi'} = \varrho.$$

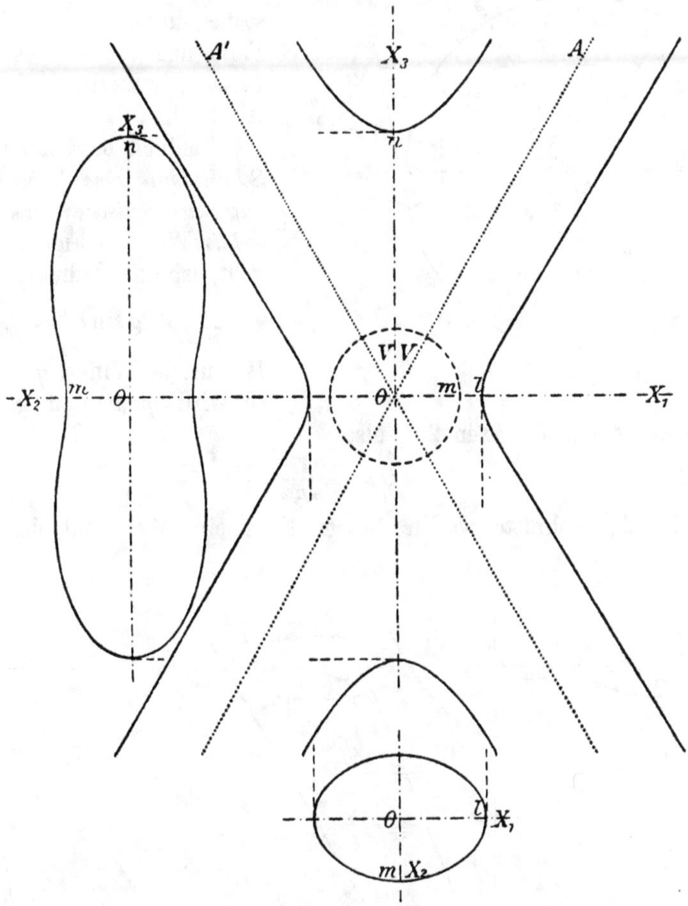

Fig. 251.

Wir schneiden jetzt die Oberfläche gleichen Gangunterschiedes durch *eine auf der ersten Mittellinie senkrechte Ebene* in dem Abstande $OX_3 = l$ (Fig. 253). Es seien r, r' die Entfernungen eines beliebigen Punktes der Schnittcurve von den Spuren A, A' der optischen Axen und ξ, ξ' die Neigungen von r, r' gegen OA, OA'. Dann ist:

$$\sin\varphi = \frac{r}{\varrho}\sin\xi, \quad \sin\varphi' = \frac{r'}{\varrho}\sin\xi',$$

folglich:

$$\Gamma = F\frac{rr'}{\varrho}\sin\xi\sin\xi'.$$

Ist nun der Winkel der optischen Axen sehr klein, so sind ξ, ξ' nahezu gleich 90° und ϱ angenähert gleich l, demnach:

$$\frac{\Gamma l}{F} = r r',$$

so dass die Schnittcurve in diesem Falle nahezu die Gestalt einer *Lemniscate* besitzt, deren Pole A, A' sind.

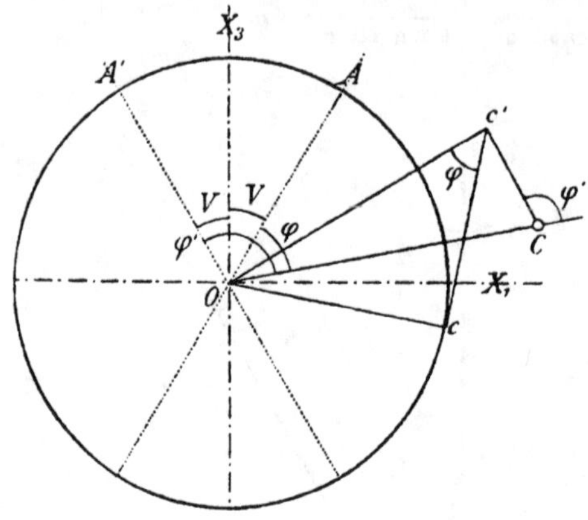

Fig. 252.

Endlich betrachten wir den *Schnitt mit einer Ebene, welche auf einer optischen Axe senkrecht steht.* Wie aus Fig. 254 hervorgeht, ist der Radiusvector:

$$A'C = \varrho \sin \varphi' = \frac{\Gamma}{F \sin \varphi}.$$

Ist nun der Winkel φ' sehr klein, so wird φ nahezu gleich dem Winkel der optischen Axen $2V$, also:

$$A'C = \frac{\Gamma}{F \sin 2V}.$$

Daher ist die Schnittcurve in diesem Falle ein *Kreis* mit dem Radius $\Gamma / F \sin 2V$.

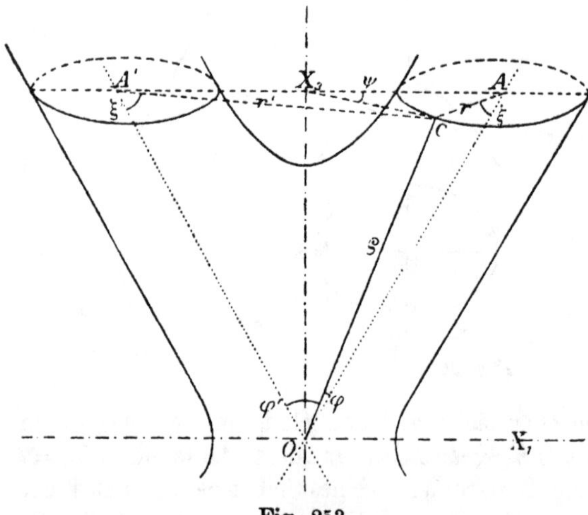

Fig. 253.

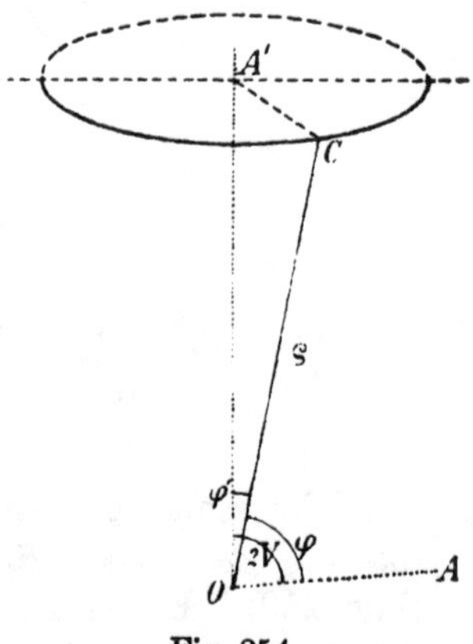

Fig. 254.

72. Interferenzerscheinungen im senkrecht einfallenden polarisirten Licht. — Wir schreiten jetzt zur Discussion der Erscheinungen, welche durch den Ausdruck (1) auf S. 446:

$$\text{(1)} \qquad \mathbf{A}^2 = a^2 \left[\cos^2 \chi - \sin 2\varphi \sin 2(\varphi - \chi) \sin^2 \pi \frac{\Gamma}{\lambda} \right]$$

beschrieben werden. Polarisator und Analysator sollen ihre Stellungen behalten, während der Platte in ihrer Ebene eine volle Umdrehung ertheilt wird. Dann ist χ constant, φ veränderlich von 0 bis 2π. Für alle von 0 und $\pi/2$ verschiedenen Werthe von χ ist die Intensität der aus dem Analysator austretenden Welle dem ursprünglichen Werthe $a^2\cos^2\chi$ proportional, sobald:

$$\varphi = 0,\ \chi,\ \frac{\pi}{2},\ \frac{\pi}{2}+\chi,\ \pi,\ \pi+\chi,\ \frac{3\pi}{2},\ \frac{3\pi}{2}+\chi$$

ist. Demnach wird die Intensität des Gesichtsfeldes nicht geändert, wenn eine der Polarisationsebenen $\mathfrak{H}_1$, $\mathfrak{H}_2$ parallel oder senkrecht zu $\mathfrak{P}$ oder $\mathfrak{A}$ liegt. Zwischen diesen acht Stellungen der Platte erreicht jene Intensität viermal ein Maximum und viermal ein Minimum.

In dem besonderen Falle, wo die Polarisationsebenen $\mathfrak{P}$ und $\mathfrak{A}$ dieselbe Richtung haben ($\chi = 0$), ist:

$$\mathbf{A}^2 = a^2\left[1-\sin^2 2\varphi\sin^2\pi\frac{\Gamma}{\lambda}\right]. \tag{2}$$

Demnach tritt das Maximum der Intensität ein, wenn $\varphi = 0,\ \pi/2,\ \pi\ldots$ ist, also $\mathfrak{H}_1$ oder $\mathfrak{H}_2$ parallel zu $\mathfrak{P}$ und $\mathfrak{A}$ liegt. Das Minimum findet statt, wenn $\mathfrak{P}$ und $\mathfrak{A}$ einen der beiden Winkel ($\mathfrak{H}_1\mathfrak{H}_2$) halbiren ($\varphi=\pi/4,\ 3\pi/4\ldots$); ist gleichzeitig der Gangunterschied ein ungerades Vielfaches einer halben Wellenlänge:

$$\Gamma = l(\nu_2-\nu_1) = (2n-1)\frac{\lambda}{2}, \qquad (n = 1, 2, 3\ldots)$$

so ist $\mathbf{A}^2 = 0$, und die Platte erscheint in diesen Stellungen vollkommen dunkel.

Stehen die Polarisationsebenen $\mathfrak{P}$ und $\mathfrak{A}$ *senkrecht* auf einander ($\chi=\pi/2$), so ist:

$$\mathbf{A}^2 = a^2\sin^2 2\varphi\sin^2\pi\frac{\Gamma}{\lambda}. \tag{3}$$

Folglich erscheint die Platte im Allgemeinen nur in den Stellungen vollkommen dunkel, wo $\varphi = 0,\ \pi/2,\ \pi\ldots$ ist, also die Polarisationsebenen $\mathfrak{H}_1$, $\mathfrak{H}_2$ mit $\mathfrak{P}$ und $\mathfrak{A}$ zusammenfallen (S. 447). Beträgt aber der durch die Platte hervorgerufene Gangunterschied insbesondere eine ganze Anzahl von Wellenlängen:

$$\Gamma = l(\nu_2-\nu_1) = 2n\frac{\lambda}{2}, \qquad (n = 1, 2, 3\ldots)$$

so bleibt die Platte bei einer vollen Umdrehung in ihrer Ebene stets dunkel.

Hierdurch erklären sich auch die Erscheinungen, welche ein *Keil* im homogenen Lichte zeigt. Betrachten wir insbesondere den Fall, wo Polarisator und Analysator *gekreuzt* sind ($\chi = \pi/2$). Beschreibt der Keil eine volle Umdrehung, so erscheint er in vier Stellungen, nämlich für die Werthe $\varphi = 0,\ \pi/2,\ \pi,\ 3\pi/2$, in seiner ganzen Ausdehnung vollständig dunkel.

In den Zwischenlagen zeigt er eine Schaar von dunklen und hellen Streifen, welche zur Kante des Keils parallel liegen und in gleichen Abständen auf einander folgen. Die dunklen Streifen entstehen da, wo die Dicke l der Bedingung:

$$l = 2n \frac{\lambda}{2(\nu_2 - \nu_1)}$$

genügt; die hellen Streifen liegen dort, wo die Relation:

$$l = (2n - 1) \frac{\lambda}{2(\nu_2 - \nu_1)}$$

erfüllt wird. Der Abstand benachbarter Streifen nimmt also mit der Wellenlänge des einfallenden Lichtes ab.

73. Fällt *weisses* Licht ein, so muss man, um das Quadrat der Amplitude der austretenden Welle zu erhalten, die Summe aller Ausdrücke (1) bilden, welche den in dem einfallenden Lichte enthaltenen Lichtsorten entsprechen. Im Allgemeinen ist ausser der Amplitude a und dem Gangunterschiede Γ auch noch der Winkel φ von der Wellenlänge λ abhängig. Nur wenn die Platte auf einer allen Lichtgattungen gemeinsamen Symmetrieebene senkrecht steht, müssen $\mathfrak{H}_1$, $\mathfrak{H}_2$ für alle Farben dieselbe Orientirung besitzen, so dass in diesem Falle das Product $\sin 2\varphi \sin 2(\varphi - \chi)$ sich nicht mit dem Werthe von λ ändern kann. Ist aber die Dispersion der optischen Axen sehr klein, so findet, wie aus der Construction der Polarisationsebenen zweier Wellen mit gemeinsamer Wellennormale (Fig. 159) hervorgeht, auch bei einer beliebig orientirten Platte nur eine äusserst geringe Dispersion der Polarisationsebenen $\mathfrak{H}_1$, $\mathfrak{H}_2$ statt, die in der folgenden Betrachtung vernachlässigt werden soll. Unter dieser Voraussetzung gilt:

$$\text{(4)} \qquad \mathsf{A}^2 = \cos^2\chi \, \Sigma a^2 - \sin 2\varphi \sin 2(\varphi - \chi) \, \Sigma a^2 \sin^2 \pi \frac{\Gamma}{\lambda},$$

Hierin liegt die Erklärung für das Verhalten einer Platte, welche in ihrer Ebene eine volle Umdrehung beschreibt, während *der Winkel* χ *einen constanten, von* 0 *und* $\pi/2$ *verschiedenen Werth* behält: das Gesichtsfeld erscheint in acht Stellungen der Platte weiss und in den Zwischenlagen derart gefärbt, dass zwei complementäre Färbungen abwechselnd auftreten. Es stellt nämlich in (4) das erste Glied der rechten Seite einen, von der Stellung des Analysators gegen den Polarisator abhängigen Theil des einfallenden weissen Lichtes dar, und das zweite Glied verschwindet, wenn $\sin 2\varphi \sin 2(\varphi - \chi) = 0$ ist, also wenn der Winkel φ einen der folgenden acht Werthe annimmt (Fig. 255):

$$\varphi = 0, \ \chi, \ \frac{\pi}{2}, \ \frac{\pi}{2} + \chi, \ \pi, \ \pi + \chi, \ \frac{3\pi}{2}, \ \frac{3\pi}{2} + \chi.$$

Demnach wird das Gesichtsfeld weiss erscheinen, wenn eine der Polarisationsebenen $\mathfrak{H}_1$, $\mathfrak{H}_2$ parallel oder senkrecht zu $\mathfrak{P}$ oder $\mathfrak{A}$ liegt. Für alle übrigen Stellungen der Platte bedingt das zweite Glied in (4) eine Färbung des

Gesichtsfeldes. Denn es kann von einer Lichtsorte, deren Wellenlänge λ ist, nur ein durch den Ausdruck:

$$a^2 \sin^2 \pi \frac{\Gamma}{\lambda}$$

bestimmter Antheil zur Zusammensetzung des aus dem Analysator austretenden Lichtes beitragen, und es fehlen darin insbesondere alle Lichtsorten, für welche der Gangunterschied eine ganze Anzahl von Wellenlängen beträgt. So oft nun der Werth des Productes $\sin 2\varphi \sin 2(\varphi - \chi)$ durch Null hindurchgeht, wechselt das zweite Glied in (4) sein Vorzeichen. Demnach sind zwei durch Weiss getrennte Färbungen complementär.

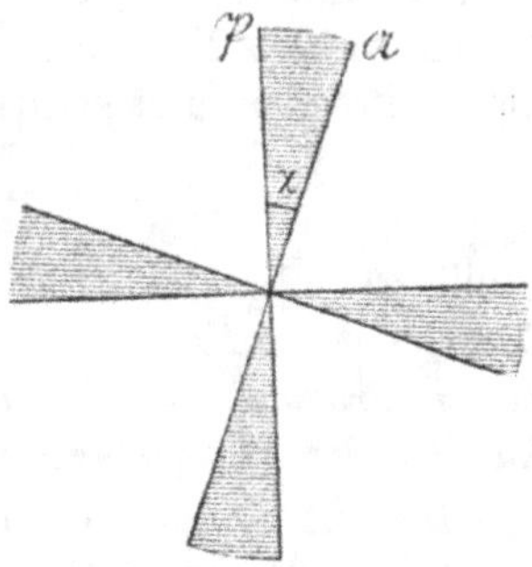

Fig. 255.

Das Gesichtsfeld zeigt bei einer vollen Umdrehung der Platte *nur eine einzige Färbung*, wenn $\chi = 0$ oder $\pi / 2$ ist. In dem ersten Falle ist:

$$(5) \qquad \mathsf{A}^2 = \Sigma a^2 - \sin^2 2\varphi \, \Sigma a^2 \sin^2 \pi \frac{\Gamma}{\lambda}.$$

Das Gesichtsfeld erscheint daher hell und ungefärbt, sobald eine der Polarisationsebenen $\mathfrak{H}_1$, $\mathfrak{H}_2$ mit $\mathfrak{P}$ und $\mathfrak{A}$ zusammenfällt. In dem zweiten Falle, wo Polarisator und Analysator *gekreuzt* stehen, erhalten wir:

$$(6) \qquad \mathsf{A}^2 = \sin^2 2\varphi \, \Sigma a^2 \sin^2 \pi \frac{\Gamma}{\lambda}.$$

Folglich ist das Gesichtsfeld vollständig dunkel, wenn die Richtungen von $\mathfrak{H}_1$ und $\mathfrak{H}_2$ mit $\mathfrak{P}$ und $\mathfrak{A}$ übereinstimmen. Das Maximum der Färbung tritt ein für $\sin^2 2\varphi = 1$, d. h. in den Stellungen der Platte, wo der Winkel ($\mathfrak{P}\mathfrak{A}$) von $\mathfrak{H}_1$ oder $\mathfrak{H}_2$ halbirt wird. Da die Summe der Ausdrücke (5) und (6) der Intensität des einfallenden Lichtes proportional ist, so müssen die Färbungen der Platte in diesen beiden Fällen complementär sein.

Wir setzen jetzt voraus, dass die Platte eine feste Lage gegen den Polarisator, also *der Winkel φ einen constanten Werth* behält, während der Analysator eine ganze Umdrehung beschreibt. Dann verschwindet in (4) das zweite Glied für die Werthe (Fig. 256):

$$\chi = \varphi, \quad \varphi + \frac{\pi}{2}, \quad \varphi + \pi, \quad \varphi + \frac{3\pi}{2}.$$

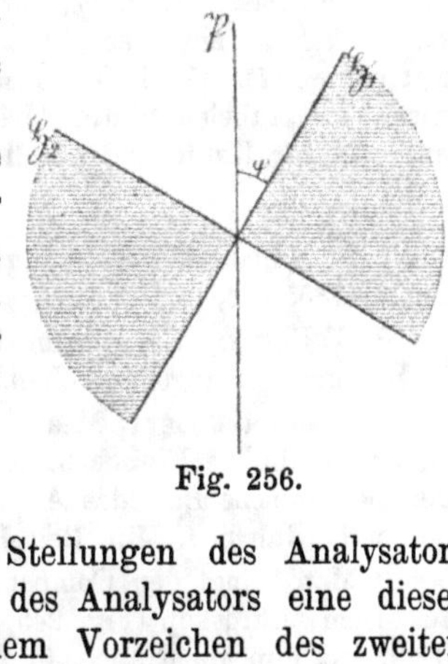

Fig. 256.

Demnach erscheint das Gesichtsfeld bei vier Stellungen des Analysators ungefärbt. Ueberschreitet man beim Drehen des Analysators eine dieser vier Lagen, so geht mit dem Wechsel in dem Vorzeichen des zweiten Gliedes die Färbung des Gesichtsfeldes in die complementäre über.

74. Ein *Keil* zeigt im weissen Lichte die Farben der Newton'schen Ringe. Dabei entsprechen die Interferenzfarben zwischen *gekreuzten* Nicols ($\chi = 90^0$) den Ringen, die im *reflectirten* Lichte entstehen, und die Interferenzfarben zwischen *parallelen* Nicols ($\chi = 0^0$) den Ringen, die im *durchgehenden* Lichte beobachtet werden.

Bezeichnet man mit h die Dicke einer Luftschicht, welche zur Erzeugung einer bestimmten Farbe im senkrecht einfallenden Lichte dient, so folgt aus der Theorie der Newton'schen Ringe,[1] dass eine Krystallplatte im polarisirten Lichte dieselbe Interferenzfarbe darbieten wird, falls die Relation:

$$\Gamma = o_2 - o_1 = l(\nu_2 - \nu_1) = 2h$$

erfüllt ist. *Demnach stimmt die Interferenzfarbe einer Krystallplatte von der Dicke l mit der Farbe einer Luftschicht überein, deren doppelte Dicke $2h$ gleich ist dem Producte aus l in die Differenz der Brechungsindices der beiden, in der Richtung der Plattennormale sich fortpflanzenden Wellen.*

Die auf S. 465 folgende Tabelle giebt eine Uebersicht der Interferenzfarben von der ersten bis zur fünften Ordnung nach G. QUINCKE.[2]

Zu einer angenäherten *Bestimmung der Differenz* $\nu_2 - \nu_1$ der Brechungsindices der beiden Wellen, welche sich in der Richtung der Normale einer dünnen doppeltbrechenden Krystallplatte fortpflanzen, hat A. MICHEL-LÉVY einen *Quarzkeil-Compensator* vorgeschlagen, der mit dem Ocular eines Mikroskops durch ein Seitenrohr verbunden wird. Man erblickt im Gesichtsfelde neben dem zu untersuchenden Präparat das Bild eines kleinen Ausschnittes aus dem Quarzkeil, der so geschnitten ist, dass eine seiner Flächen zur optischen Axe parallel liegt. Die Stellung des Keiles kann an einer graduirten Scala abgelesen werden. Bewirkt man durch Verschiebung des Keiles, dass Uebereinstimmung in den Polarisationsfarben des Präparates und des Keiles herrscht, so findet man, falls die Dicke l des Präparates bekannt ist, aus $\Gamma = l(\nu_2 - \nu_1)$ die gesuchte Differenz.[3]

Zweckmässiger ist es, zur Messung des Gangunterschiedes Γ eine *Combination zweier Keile* zu benutzen, wie sie in dem bekannten *Babinet'schen Compensator*[4] vorliegt (Fig. 257). Zwei Quarzkeile P_1, P_2 von gleichem Winkel α sind vereinigt zu einer planparallelen Platte. Die optische Axe liegt in P_1 parallel zur Kante, in P_2 senkrecht zur Kante und parallel zur Austrittsfläche. Schaltet man diese Combination

---

[1] F. NEUMANN, Vorlesungen über theoretische Optik. Herausg. von E. DORN. Leipzig 1885, 26, 221.

[2] E. BRÜCKE, Pogg. Ann. **74**, 582, 1848. — G. QUINCKE, ibid. **129**, 180, 1866. — A. ROLLETT, Sitzungsber. Wien. Akad. **77** (3), 117, 1878.

[3] A. MICHEL-LÉVY, Mesure du pouvoir biréfringent des minéraux en plaque mince. Bull. soc. min. de France **6**, 143, 1883. Les minéraux des roches. Paris 1888, 54. — Der mechanische Bau des Apparates wurde vortheilhaft abgeändert von R. FUESS in Berlin (N. Jahrb. f. Min. Beil.-Bd. **7**, 23, 1890).

[4] Man bringt den Compensator unter dem Analysator des Polarisationsapparates an. Dem Mikroskop (Fig. 245, S. 454) wird nach einem Vorschlage von E. MALLARD (Bull. soc. min. de France. **6**, 129, 1883) ein besonderes, mit dem Compensator verbundenes Ocular beigegeben.

h	$\Gamma = o_2 - o_1 = l(\nu_2 - \nu_1) = 2h$	Interferenzfarben zwischen *gekreuzten* Nicols. $\Gamma = 2n\frac{\lambda}{2}$.	Interferenzfarben zwischen *parallelen* Nicols. $\Gamma = (2n-1)\frac{\lambda}{2}$.
$\frac{mm}{10^6}$	$\frac{mm}{10^6}$	**1. Ordnung.**	
0	0	Schwarz	Weiss
20	40	Eisengrau	Weiss
48	97	Lavendelgrau	Gelbl. Weiss
79	158	Graublau	Bräunl. Weiss
109	218	Klareres Grau	Gelbbraun
117	234	Grünl. Weiss	Braun
129	259	Fast rein Weiss	Klares Roth
133	267	Gelbl. Weiss	Carminroth
137	275	Blass Strohgelb	Dunkel Rothbraun
140	281	Strohgelb	Dunkel Violett
153	306	Klares Gelb	Indigo
166	332	Lebhaft. Gelb	Blau
215	430	Braungelb	Graublau
252	505	Röthl. Orange	Bläulich Grün
268	536	Warmes Roth	Blass Grün
275	551	Tieferes Roth	Gelblich Grün
		2. Ordnung.	
282	565	Purpur	Helles Grün
287	575	Violett	Grünlich Gelb
294	589	Indigo	Goldgelb
332	664	Himmelblau	Orange
364	728	Grünlich Blau	Bräunlich Orange
374	747	Grün	Hell Carminroth
413	826	Helleres Grün	Purpur
421	843	Gelblich Grün	Violett-Purpur
433	866	Grünlich Gelb	Violett
455	910	Reines Gelb	Indigo
474	948	Orange	Dunkelblau
499	998	Lebhaft röthlich Orange	Grünlich Blau
550	1101	Dunk. Violettroth	Grün

h	$\Gamma = o_2 - o_1 = l(\nu_2 - \nu_1) = 2h$	Interferenzfarben zwischen *gekreuzten* Nicols. $\Gamma = 2n\frac{\lambda}{2}$.	Interferenzfarben zwischen *parallelen* Nicols. $\Gamma = (2n-1)\frac{\lambda}{2}$.
$\frac{mm}{10^6}$	$\frac{mm}{10^6}$	**3. Ordnung.**	
564	1128	Hell bläulich Violett	Gelblich Grün
575	1151	Indigo	Unrein Gelb
629	1258	Blau (grünlich)	Fleischfarben
667	1334	Meergrün	Braunroth
688	1376	Glänz. Grün	Violett
713	1426	Grünlich Gelb	Graublau
747	1495	Fleischfarbe	Meergrün
767	1534	Carminroth	Schön Grün
810	1621	Matt Purpur	Matt Meergrün
826	1652	Violett Grün	Gelblich Grün
		4. Ordnung.	
841	1682	Graublau	Grünlich Gelb
855	1711	Matt Meergrün	Gelbgrau
872	1744	Bläulich Grün	Malven Grauroth
905	1811	Schön Hellgrün	Carminroth
963	1927	Hell Graugrün	Grauroth
1003	2007	Grau, fast Weiss	Graublau
1024	2048	Fleischroth	Grün
		5. Ordnung.	
1169	2338	Matt Blaugrün	Matt Fleischroth
1334	2668	Matt Fleischroth	Matt Blaugrün

zwischen gekreuzte Nicols derart ein, dass ihre Symmetrieebene xy unter 45° gegen die Polarisationsebenen 𝔓, 𝔄 geneigt ist, so erblickt man im *homogenen* senkrecht einfallenden Lichte eine Schaar zu den Kanten der Keile paralleler dunkler Streifen, die in gleichen Abständen auf einander folgen. Im *weissen* Lichte erscheint in der Ebene xz, in welcher die in P_1 und P_2 zurückgelegten Wege einander gleich sind, ein schwarzer Streifen, dem sich nach beiden Seiten hin farbige Streifen nach der Newton'schen Scala anreihen.

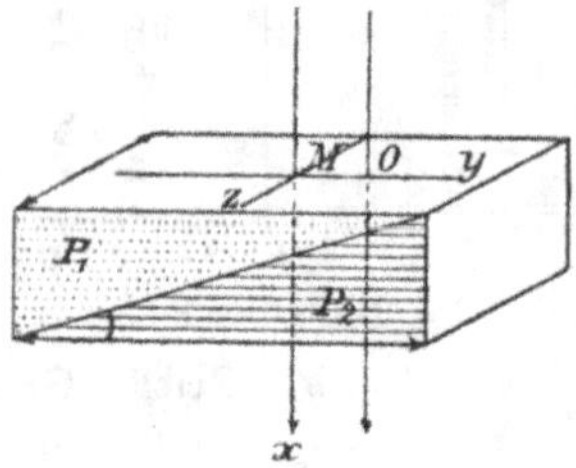

Fig. 257.

Wir betrachten einen in O auf P_1 senkrecht einfallenden Strahl. Der gebrochene ordentliche Strahl ist polarisirt parallel z, der ausserordentliche parallel y. Bedeuten jetzt ω, ε ($\omega < \varepsilon$) die Hauptbrechungsindices im Quarz für die Wellenlänge λ und l_1 die Dicke des Keiles P_1 an der Stelle O, so sind ωl_1 und εl_1 die Dicken zweier Luftschichten, welche mit der Geschwindigkeit Eins in denselben Zeiten durchschritten werden, die zum Durchlaufen der Strecke l_1 mit den Geschwindigkeiten $1/\omega$ und $1/\varepsilon$ erforderlich sind. Demnach haben die beiden gebrochenen Strahlen beim Austritt aus P_1 den Gangunterschied $l_1(\omega - \varepsilon)$ erreicht. Ist der Winkel α hinreichend klein, so findet keine merkliche Aenderung der Fortpflanzungsrichtung statt. Beim Eintritt in den zweiten Keil setzt sich der nach z polarisirte Strahl als ausserordentlicher, der nach y polarisirte Strahl als ordentlicher fort. Bedeutet nun l_2 die Dicke von P_2 in der durch O gelegten Fortpflanzungsrichtung, so ist der Gangunterschied der nach z und y polarisirten Strahlen an der Austrittsfläche:[1]

$$\Gamma = \omega l_1 + \varepsilon l_2 - \varepsilon l_1 - \omega l_2 = (l_2 - l_1)(\varepsilon - \omega). \tag{1}$$

Je nachdem $l_2 >$ oder $< l_1$ ist, wird Γ positiv oder negativ; der nach y polarisirte Strahl ist also dem nach z polarisirten in dem ersten Falle vorausgeeilt, dagegen in dem zweiten Falle hinter demselben zurückgeblieben.

Um mit Hülfe dieser Vorrichtung Gangunterschiede von Null an hervorzurufen, kann man entweder die Stellung der Keile festhalten und die Ebene xz der einfallenden Strahlen in der Richtung y verschieben, oder umgekehrt die Ebene xz unverändert lassen und einen der beiden Keile mit Hülfe einer Mikrometerschraube verschieben. In dem letzteren Falle erreicht man eine doppelt so grosse Empfindlichkeit als in dem ersten Falle. Denn nach einer Verschiebung der Ebene xz um $MO = \eta$ ist in der durch O gelegten Fortpflanzungsrichtung:

$$l_2 - l_1 = 2\eta \tan\alpha,$$

während eine Verschiebung des Keiles P_1 in der Richtung y um die Strecke η bewirkt, dass die Differenz $l_2 - l_1$ in der Ebene xz nur die Hälfte dieses Werthes beträgt:

$$l_2 - l_1 = \eta \tan\alpha. \tag{2}$$

Die Verschiebung η des Keiles P_1, welche einen Gangunterschied von einer Wellenlänge hervorruft, muss für jede Lichtgattung besonders ermittelt werden. Dabei ist eine directe Messung von η nur für eine einzige Lichtgattung erforderlich. Alle übrigen Werthe der Verschiebung können mit Hülfe der bekannten Dispersionsformeln für Quarz berechnet werden.[2]

---

[1] Eine Berechnung des Gangunterschiedes mit Rücksicht auf die Reflexion des Lichtes an den Grenzflächen der Keile gab W. Voigt, Ann. d. Phys. N. F. **22**, 234, 1884. Vgl. K. E. F. Schmidt, ibid. **35**, 360, 1888.

[2] W. König, Ann. d. Phys. N. F. **17**, 1018, 1882.

Es sei η diejenige Verschiebung von P_1, welche an der durch den Mittelpunkt eines Fadenkreuzes fixirten Stelle M eine Dickendifferenz $l_2 - l_1$ erzeugt, die einen Gangunterschied Γ von *einer* bestimmten Wellenlänge λ hervorruft, so ist:

$$l_2 - l_1 = \frac{\lambda}{\varepsilon - \omega} = \eta \tan \alpha$$

also:

$$\eta = \frac{\lambda}{(\varepsilon - \omega) \tan \alpha}.$$

Dabei ist η ausgedrückt in derjenigen Einheit, in welcher die Wellenlänge λ gegeben ist, also in Millimetern. Ist aber der absolute Werth der Theilung der Mikrometerschraube des Compensators, welche die Verschiebungen η misst, unbekannt, so muss man einführen:

$$\eta = m g,$$

wo g die in der Einheit der Theilung ausgedrückte Verschiebung bedeutet und m einen zu bestimmenden constanten Factor bedeutet, der durch die Beziehung gegeben ist, dass m Einheiten der Theilung gleich 1 mm sind. Bezeichnet man $m \tan \alpha = c$ als die zu ermittelnde *Constante des Compensators*, so ist:

(3) $$g = \frac{\lambda}{(\varepsilon - \omega) c}.$$

Hat man nun für eine bestimmte Wellenlänge λ (z. B. im Na-Licht) so genau wie möglich diejenige Verschiebung g des Keiles P_1 bestimmt, welche bewirkt, dass an Stelle eines schwarzen Streifens, der in der Anfangsstellung durch den Mittelpunkt des Fadenkreuzes lief, der nächstfolgende Streifen dieselbe Lage annimmt, so findet man mit Hülfe der jener Wellenlänge entsprechenden Werthe von ε und ω die Constante c aus:

(4) $$c = \frac{\lambda}{g(\varepsilon - \omega)}.$$

Darauf ergiebt sich aus (3) der Werth von g für jede beliebige Wellenlänge, nachdem man die zugehörigen Werthe der Hauptbrechungsindices des Quarz aus einer Dispersionsformel berechnet hat.

Die *Bestimmung der Differenz* $\nu_2 - \nu_1$ ist nun in folgender Weise auszuführen. Man bringt den Compensator in die Nullstellung, so dass im weissen Lichte der schwarze Streifen den Mittelpunkt des Fadenkreuzes schneidet. Schaltet man jetzt die zu untersuchende Krystallplatte derart ein, dass die Polarisationsebenen $\mathfrak{H}_1$, $\mathfrak{H}_2$ unter 45° gegen $\mathfrak{P}$ und $\mathfrak{A}$ geneigt sind, so tritt eine Verschiebung der Streifen ein. Bestimmt man nun im einfarbigen Lichte von der Wellenlänge λ die Verschiebung G des Keiles P_1, welche die Streifen in ihre Anfangslage zurückführt, so ergiebt sich der durch die Platte bewirkte, in Millimetern ausgedrückte Gangunterschied aus $\Gamma = \lambda\, G/g$ und die gesuchte, der Wellenlänge λ entsprechende Differenz der Brechungsindices aus $\nu_2 - \nu_1 = \Gamma / l$.

75. Zur Untersuchung der Natur der Interferenzfarben dient die *spektrale Zerlegung* derselben.[1] Wir betrachten insbesondere den Fall, wo Polarisator und Analysator gekreuzt sind, so dass für das Quadrat der

[1] J. Müller, Pogg. Ann. **69,** 98, 1846; **71,** 91, 1847. — H. Fizeau et L. Foucault, Ann. chim. phys. (3) **26**, 138, 1849; **30,** 146, 1850. — J. Stefan, Sitzungsber. Wien. Akad. **50,** (2), 481, 1864. — L. Ditscheiner, ibid. **57** (2), 15, 1868. — E. Mach, Optisch-akustische Versuche. Prag 1873. — Deas, Trans. R. Soc. Edinburgh. **26,** 69, 177, 1872; Maxwell, ibid. 185.

Amplitude der aus dem Polarisator austretenden Welle nach (6) S. 463 der Ausdruck gilt:

$$A^2 = \sin^2 2\varphi \sum a^2 \sin^2 \pi \frac{\Gamma}{\lambda}.$$

Die Krystallplatte werde so eingestellt, dass die Intensität des austretenden Lichtes ein Maximum ist ($\varphi = 45^0$). Schaltet man jetzt in den Gang des aus der Platte austretenden Lichtes ein Spektroskop ein, *so erblickt man in dem Spektrum eine Reihe dunkler Streifen*, denn es fehlen darin alle Lichtsorten, für welche der Gangunterschied eine ganze Anzahl von Wellenlängen beträgt:

$$\Gamma = l(\nu_2 - \nu_1) = 2n\frac{\lambda}{2}.$$

Benutzt man Sonnenlicht, so erscheinen ausserdem auch noch die Fraunhofer'schen Linien. Es lässt sich nun im Voraus die *Anzahl N* der dunklen Streifen bestimmen, welche zwischen zwei Fraunhofer'schen Linien mit den Wellenlängen λ und λ' auftreten müssen. Bezeichnet man nämlich mit ν_1, ν_2 und ν_1', ν_2' die Werthe der Brechungsindices für jene Wellenlängen, so ist N gegeben durch die Anzahl der ganzen Zahlen, welche zwischen den Zahlen:

$$\frac{l(\nu_2 - \nu_1)}{\lambda} \quad \text{und} \quad \frac{l(\nu_2' - \nu_1')}{\lambda'}$$

liegen.

Um ein bestimmtes Beispiel anzuführen, betrachten wir eine zur optischen Axe parallele *Quarzplatte* von 1 mm Dicke. Für die Fraunhofer'schen Linien B und H mit den Wellenlängen $\lambda = 0{,}000\,687$ mm und $\lambda' = 0{,}000\,397$ mm sind die Brechungsindices der beiden in der Richtung der Plattennormale sich fortpflanzenden Wellen nach Rudberg:

$$\varepsilon = 1{,}54990, \qquad \varepsilon' = 1{,}56772$$
$$\omega = 1{,}54090, \qquad \omega' = 1{,}55817;$$

folglich ist:

$$\frac{\varepsilon - \omega}{\lambda} = 13{,}1, \qquad \frac{\varepsilon' - \omega'}{\lambda'} = 24{,}05.$$

Da zwischen diesen Zahlen elf ganze Zahlen liegen, so enthält das Spektrum *elf dunkle Streifen zwischen den Fraunhofer'schen Linien B und H.*

Verschiebt man vor dem Spalt des Spektroskops einen *Keil* in dem Sinne, dass die Ordnung der Interferenzfarben in der Newton'schen Scala steigt, so bewegen sich die dunklen Streifen in dem Spektrum vom Violett gegen das Roth hin. Das Eintreten neuer Streifen am violetten Ende erfolgt aber rascher als das Austreten der Streifen am rothen Ende, so dass die Anzahl der im Spektrum vorhandenen Streifen mit dem Gangunterschiede wächst.

Sind in dem Spektrum *neun* oder mehr als neun dunkle Streifen vorhanden, so erregt die Mischung der übrigen Lichtsorten, wie sie nach Ausschaltung des Spektroskops stattfindet, die Empfindung von Weiss. Dieses für *dicke* Platten charakteristische *Weiss höherer Ordnung* ist also keineswegs identisch mit dem einfallenden weissen Lichte.

Beobachtet man Interferenzfarben doppeltbrechender Krystallplatten im polarisirten Lichte unter dem Mikroskop, so benutzt man zur spektralen Zerlegung derselben ein Spektral-Ocular. Am vortheilhaftesten ist das nach Angaben von Abbe construirte Mikro-Spektroskop Fig. 258, welches die absolute Lage heller oder dunkler Streifen im Spektrum durch *directe Bestimmung ihrer Wellenlängen* zu messen gestattet.[1] Die ganze Vorrichtung wird wie ein gewöhnliches Ocular in den Tubus des Mikroskops gesteckt und durch die Schraube *M* festgeklemmt. Die untere Hülse enthält zwischen den Linsen eines achromatischen Oculars einen Spalt mit symmetrisch beweglichen Backen, der sich hinreichend weit öffnen lässt, um das Gesichtsfeld übersehen zu können, und dessen Länge durch einen Hebel regulirt werden kann. Soll ein Vergleichsspektrum einer zweiten Lichtquelle erzeugt werden, so schiebt man ein Reflexionsprisma mittelst eines Hebels vor eine Hälfte des Spaltes; die Zuführung des Lichtes erfolgt durch einen hinter der Oeffnung *l* angebrachten Beleuchtungsspiegel. Die obere Hülse enthält ein Amici'sches Prisma von starker Dispersion; sie wird beim Einstellen des Präparates um den Zapfen *K* zur Seite gedreht. Die Sperrklinke *L* sichert die Orientirung des Prismas über dem Ocular. Ein Seitenrohr enthält ein achromatisches Objectiv *R* und in der Brennebene desselben eine Ångström'sche Scala *N*, welche durch ihre Theilung und Bezifferung die Wellenlänge an jeder Stelle des Spektrums angiebt (Fig. 258). Beleuchtet man die Scala durch den Spiegel *O*, so wird ein virtuelles Bild von *N* durch Reflexion an der oberen Endfläche des Prismas auf das Spektrum projicirt.

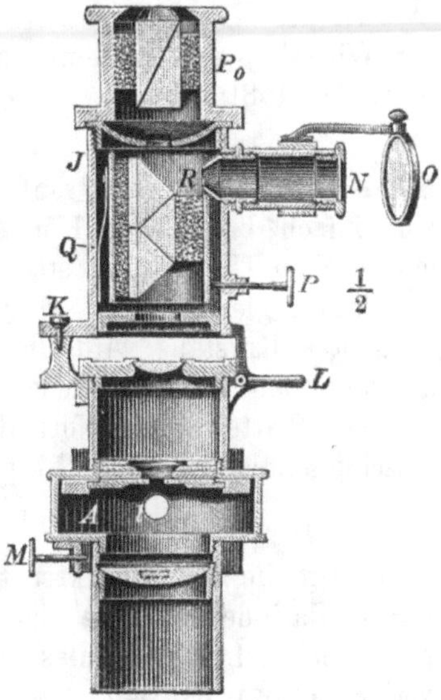

Fig. 258.

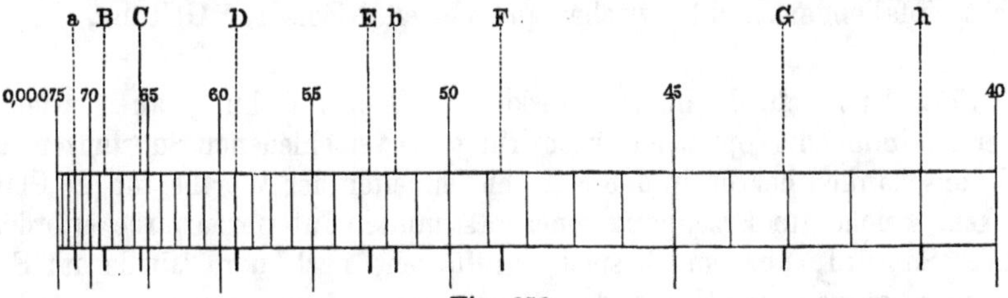

Fig. 259.

Dabei muss die Linie *D* mit 0,000 589 zusammenfallen. Zu dieser Einstellung dient die Schraube *P*, welcher die Feder *Q* entgegenwirkt. Das Augenglas des Oculars und die Scala sind durch Verschiebung so einzustellen, dass die Fraunhofer'schen Linien gleichzeitig mit der Scala deutlich erscheinen und bei einer Bewegung des Auges keine parallaktische Verschiebung gegen die Theilstriche erkennen lassen. Zum Aufzeichnen der Beobachtungen dienen Blätter, auf welchen die Scala wie in Fig. 259 auf 100 mm Länge vergrössert vorgezeichnet ist.

[1] Dieser von Carl Zeiss in Jena construirte Apparat bildet auch ein Attribut der Mikroskope von R. Fuess (S. 454).

76. Sollen verschieden orientirte Platten desselben Krystalls zwischen gekreuzten Nicols übereinstimmende Interferenzfarben darbieten, so müssen sich, wie aus $\Gamma = l(\nu_2 - \nu_1)$ hervorgeht, ihre Dicken l verhalten wie die in den Richtungen der Plattennormalen genommenen Radien einer Oberfläche gleichen Gangunterschiedes (S. 455).

Ist der Krystall *optisch einaxig*, so wächst die Dicke der Platte, wenn der Winkel φ der Plattennormale gegen die optische Axe abnimmt, denn es ist (S. 458):

$$\Gamma = Fl \sin^2 \varphi.$$

Eine zur optischen Axe senkrechte Platte ($\varphi = 0$, $\Gamma = 0$) verhält sich wie ein einfach brechender Körper: sie bleibt zwischen gekreuzten Nicols bei einer vollen Umdrehung stets dunkel.

Unter gleich dicken aber verschieden orientirten Platten eines *optisch zweiaxigen* Krystalls wird die höchste Interferenzfarbe an einer zur Ebene der optischen Axen parallelen Platte auftreten, denn der Gangunterschied in einer Platte, deren Normale die Winkel φ, φ' mit den optischen Axen einschliesst, ist nach S. 457 gegeben durch:

$$\Gamma = Fl \sin \varphi \sin \varphi'.$$

Liegt die Platte senkrecht zu einer optischen Axe (φ oder $\varphi' = 0$), so ist $\Gamma = 0$. Da indessen diese Platte im senkrecht einfallenden Licht zur inneren konischen Refraction Anlass giebt, so kann sie, wie aus den Versuchen von H. Lloyd (S. 345—348) hervorgeht, zwischen gekreuzten Nicols nicht dunkel werden.[1] Die wiederholt hervorgehobene Verschiedenheit in der physikalischen Bedeutung der optischen Axe eines einaxigen Krystalls und einer optischen Axe eines zweiaxigen Krystalls gelangt also auch in dem abweichenden Verhalten dünner, zu diesen Axen normaler Platten im senkrecht einfallenden Licht zwischen gekreuzten Nicols zur Geltung.

77. Unterschiede in der Stärke der Doppelbrechung an Platten von übereinstimmender optischer Orientirung aus verschiedenen Substanzen treten sehr anschaulich hervor in den Verschiedenheiten der Werthe für die Plattendicken, welche zur Erzeugung einer bestimmten Interferenzfarbe erforderlich sind. So wird, um ein Beispiel anzuführen, nach der Tabelle auf S. 465 zwischen gekreuzten Nicols das *Roth erster Ordnung* erscheinen, falls der Gangunterschied $\Gamma = 0{,}000\,551$ mm ist. Demnach ist die Dicke l in Millimetern gegeben durch:

$$l = \frac{\Gamma}{\nu_2 - \nu_1} = \frac{0{,}000\,551}{\nu_2 - \nu_1}.$$

Die folgenden Tabellen enthalten eine Uebersicht dieser Werthe von l für die auf S. 309 und 321 genannten Substanzen. Die Anordnung entspricht der Abnahme der Doppelbrechung.

[1] E. Kalkowsky, Zeitschr. f. Kryst. **9**, 486, 1884.

Optisch einaxige Krystalle.
Platten parallel zur optischen Axe.

	$\pm(\omega - \varepsilon)$	$\pm\frac{1}{\omega - \varepsilon}$	l in mm
Hg_2Cl_2	0,64	1,5625	0,00086
Zinnober[1] . . .	0,326	3,0675	0,00169
Proustit	0,2953	3,3864	0,00182
Rutil	0,2871	3,4832	0,00192
Natriumnitrat . .	0,2504	3,9936	0,00220
Dolomit	0,1792	5,5810	0,00307
Kalkspath . . .	0,1721	5,8089	0,00321
Zirkon	0,05	20,0	0,01102
Anatas	0,0395	25,329	0,01396
Turmalin	0,0173	57,803	0,03185
Phenakit	0,0157	63,694	0,03510
Quarz[2]	0,0091	109,89	0,06055
Korund	0,0083	120,48	0,06639
Beryll	0,0064	155,52	0,08569
Apatit	0,0043	229,89	0,12667

[1] $\omega = 2,816$, $\varepsilon = 3,142$ (Li) Des Cloizeaux. [2] $\omega = 1,54418$, $\varepsilon = 1,55328$ (Na) Rudberg.

Optisch zweiaxige Krystalle.
Platten parallel zur Ebene der optischen Axen.

	$\alpha_3 - \alpha_1$	$\frac{1}{\alpha_3 - \alpha_1}$	l in mm
21. *Schwefel* . . .	0,29005	3,4476	0,00190
7. *Cerussit* . . .	0,27435	3,645	0,00201
4. *Aragonit* . . .	0,15576	6,420	0,00354
24. *Weinsäure* . .	0,1103	9,066	0,00450
11. *Datolith* . . .	0,0440	22,727	0,01252
3. *Anhydrit* . . .	0,0440	22,727	0,01252
14. *Glimmer* . . .	0,0388	25,774	0,01420
18. *Olivin*	0,036	27,778	0,01531
12. *Diopsid*	0,0299	33,445	0,01843
6. *Borax*	0,0247	40,485	0,02231
16. *Kieselzinkerz* . .	0,020	50,0	0,02755
13. *Euklas*	0,0190	52,632	0,02900
2. *Anglesit* . . .	0,01656	60,386	0,03327
17. *Natrolith* . . .	0,0119	84,033	0,04630
22. *Schwerspath* . .	0,01167	85,690	0,04722
1. *Andalusit* . . .	0,011	90,91	0,05009
10. *Cordierit* . . .	0,011	90,91	0,05009
15. *Gyps*	0,00977	102,4	0,05642
8. *Chrysoberyll* . .	0,0095	105,26	0,05800
23. *Topas*	0,00948	105,49	0,05812
5. *Axinit*	0,0090	111,11	0,06122
9. *Cölestin*	0,00894	111,86	0,06163
19. *Adular*	0,0054	185,19	0,10204
20. *Sanidin*	0,0047	212,77	0,11723

78. Es seien *zwei über einander liegende Platten K* und K' in den Polarisationsapparat eingeschaltet. Die Neigungen der Polarisationsebenen der schnelleren Wellen $\mathfrak{H}_1$ und $\mathfrak{H}_1'$ gegen die Polarisationsebene der einfallenden Welle $\mathfrak{P}$ seien (Fig. 260):

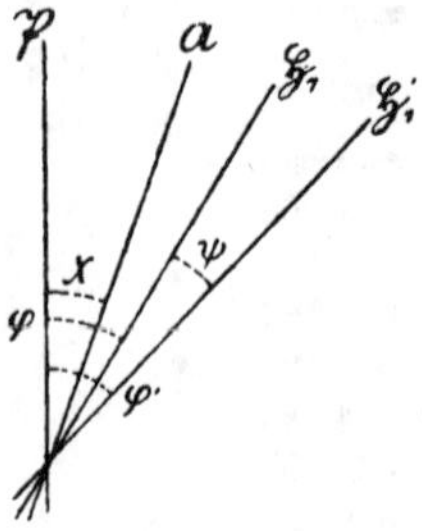

Fig. 260.

$$(\mathfrak{P}\,\mathfrak{H}_1) = \varphi, \quad (\mathfrak{P}\,\mathfrak{H}_1') = \varphi', \quad \varphi' - \varphi = \psi.$$

Ferner seien bezeichnet die Dicken der Platten mit l und l', die Brechungsindices der schnelleren und der langsameren Welle in der Richtung der Plattennormale mit ν_1 und ν_2, resp. ν_1' und ν_2', so dass die Gangunterschiede in den beiden Platten folgende Werthe erhalten:

$$\Gamma = l(\nu_2 - \nu_1), \quad \Gamma' = l'(\nu_2' - \nu_1').$$

Alsdann ergiebt sich für das Quadrat der Amplitude der aus dem Analysator austretenden Welle auf dem früher (S. 446) angedeuteten Wege:[1]

$$(1) \qquad \begin{aligned} A^2 = a^2 \Big[& \cos^2\chi + \cos 2(\varphi + \psi - \chi) \sin 2\varphi \sin 2\psi \sin^2 \pi \frac{\Gamma}{\lambda} \\ & - \sin 2(\varphi + \psi - \chi) \cos 2\varphi \sin 2\psi \sin^2 \pi \frac{\Gamma'}{\lambda} \\ & - \sin 2(\varphi + \psi - \chi) \sin 2\varphi \cos^2 \psi \sin^2 \pi \frac{\Gamma + \Gamma'}{\lambda} \\ & + \sin 2(\varphi + \psi - \chi) \sin 2\varphi \sin^2 \psi \sin^2 \pi \frac{\Gamma - \Gamma'}{\lambda} \Big]. \end{aligned}$$

Liegt insbesondere die Polarisationsebene $\mathfrak{H}_1$ parallel oder senkrecht zu $\mathfrak{P}$ ($\varphi = 0$ oder 90^0), so verhält sich die Combination so, als wäre nur die *zweite* Platte vorhanden (vgl. den Ausdruck (1) S. 446):

$$A^2 = a^2 \left[\cos^2\chi - \sin 2(\varphi' - \chi) \sin 2\varphi' \sin^2 \pi \frac{\Gamma'}{\lambda} \right].$$

Liegt die Polarisationsebene $\mathfrak{H}_1'$ parallel oder senkrecht zu $\mathfrak{A}$ ($\varphi + \psi - \chi = 0$ oder 90^0), so verhält sich die Combination so, als wäre nur die *erste* Platte vorhanden:

$$A^2 = a^2 \left[\cos^2\chi - \sin 2(\varphi - \chi) \sin 2\varphi \sin^2 \pi \frac{\Gamma}{\lambda} \right].$$

Zwischen gekreuzten Nicols ($\chi = 90^0$) kann, wenn ψ von 0 oder 90^0 verschieden ist, die Combination zweier Platten bei einer vollen Umdrehung nur dann vollkommen dunkel erscheinen, wenn Γ und Γ' ganze Vielfache von λ sind.

Je nachdem die Polarisationsebenen der beiden schnelleren Wellen $\mathfrak{H}_1$ und $\mathfrak{H}_1'$ *zusammenfallen* ($\psi = 0$) oder *auf einander senkrecht stehen* ($\psi = 90^0$), ist:

$$A^2 = a^2 \left[\cos^2\chi - \sin 2(\varphi - \chi) \sin 2\varphi \sin^2 \pi \frac{\Gamma + \Gamma'}{\lambda} \right],$$

oder:

$$(2) \qquad A^2 = a^2 \left[\cos^2\chi - \sin 2(\varphi - \chi) \sin 2\varphi \sin^2 \pi \frac{\Gamma - \Gamma'}{\lambda} \right];$$

[1] A. Fresnel, Ann. chim. phys. (2) **17**, 167, 1821.

d. h. die Combination wirkt wie eine einzige Platte K oder K' von *grösserer* resp. *geringerer* Dicke als zuvor. Daher wird im weissen Lichte die Interferenzfarbe der Combination in der Newton'schen Scala *höher* resp. *tiefer* liegen als die Färbungen, welche K und K' einzeln genommen darbieten. In dem speciellen Falle, wo Polarisator und Analysator *gekreuzt* sind, erhalten wir aus (2):

$$\mathsf{A}^2 = a^2 \sin^2 2\varphi \sin^2 \pi \frac{\Gamma - \Gamma'}{\lambda}. \tag{2a}$$

Hierauf beruht ein Verfahren zur *Ermittelung der Ordnung der Interferenzfarbe* einer planparallelen Platte K mit Hülfe einer schwach keilförmigen Platte K' (S. 463—464). Namentlich aber gestattet der zuletzt ausgesprochene Satz *die Polarisationsrichtungen der schnelleren und der langsameren Welle* $\mathfrak{H}_1$, $\mathfrak{H}_2$, *deren gemeinsame Fortpflanzungsrichtung die Plattennormale ist, zu unterscheiden.*

Wir stellen die zu untersuchende Platte K, die nur einen Theil des Gesichtsfeldes einnehmen soll, zwischen gekreuzten Nicols auf grösste Helligkeit ($\varphi = 45^0$) und schieben dann die schwach keilförmige Platte K' mit dem dünneren Ende voran derart über K, dass $\mathfrak{H}_1'$ auf $\mathfrak{H}_1$ senkrecht steht. Alsdann wird die Ordnung der farbigen Interferenzstreifen des Keiles da, wo er die Platte überdeckt, in dem Masse sinken, in welchem dickere Stellen des Keiles über die Platte gelangen. Endlich erscheint an der Stelle des Keiles, wo der durch die Platte hervorgerufene Gangunterschied durch den Keil vollständig aufgehoben wird, ein *schwarzer Streifen*, in dessen Verlängerung der Keil gerade die Interferenzfarbe zeigt, welche die Platte für sich darbietet.

Hat man nun mit Hülfe einer Platte, in welcher man die Orientirung der Polarisationsebenen der schnelleren und der langsameren Welle $\mathfrak{H}_1$, $\mathfrak{H}_2$ kennt (z. B. einer zur optischen Axe parallelen Quarzplatte), die Lage der Polarisationsebenen $\mathfrak{H}_1'$, $\mathfrak{H}_2'$ in dem Keil ermittelt, so ist man im Stande die Richtungen $\mathfrak{H}_1$, $\mathfrak{H}_2$ an der zu untersuchenden Platte K zu bestimmen, indem man diejenige Stellung des Keiles über K aufsucht, in welcher die soeben beschriebene Erscheinung der Compensation der Doppelbrechung eintritt. Dieses Verfahren ist mit hinreichend dicken Keilen auch an Platten durchführbar, welche für sich das Weiss höherer Ordnung zeigen.

79. Zum *Nachweis schwacher Doppelbrechung* und zur Bestimmung ihres Charakters kann man eine Platte benutzen, welche zwischen gekreuzten Nicols eine *violette* Färbung zeigt. Denn aus der Newton'schen Scala (S. 465) ist ersichtlich, dass diese Färbung durch eine sehr geringe Vergrösserung des Gangunterschiedes in Blau, durch eine sehr geringe Verminderung desselben in Roth übergeht. Combinirt man also eine Platte P, welche jene *empfindliche Färbung* (teinte sensible) besitzt, mit einer schwach doppeltbrechenden Platte K, derart, dass beide Platten zwischen gekreuzten Nicols das Maximum der Helligkeit darbieten, so wird die von der Combination hervorgerufene Interferenzfarbe in der Scala höher oder tiefer liegen als die empfindliche Färbung. Kennt man nun die Orientirung der Polarisationsebenen $\mathfrak{H}_1$, $\mathfrak{H}_2$ der schnelleren und der langsameren Welle in P, so ergiebt sich aus dem Sinne der Farbenänderung sofort die Lage der Polarisationsebenen $\mathfrak{H}_1'$ $\mathfrak{H}_2'$ der entsprechenden Wellen in K. — Sehr zweckmässig sind die nach einem Vorschlage von A. Bravais[1] construirten *Doppelplatten.* Man durchschneidet eine Platte, welche eine empfindliche Färbung zeigt, in der Richtung der Halbirungsgeraden des Winkels ($\mathfrak{H}_1$ $\mathfrak{H}_2$) und vereinigt die beiden Hälften wieder mit der Schnittfläche, nachdem eine derselben um die Normale der

[1] A. Bravais, Ann. chim. phys. (3) **43**, 129, 1855.

Schnittebene um 180° umgeklappt ist. Alsdann erfolgt die Aenderung der empfindlichen Färbung in den beiden Theilen der Platte in entgegengesetztem Sinne. Man kann mit dieser Vorrichtung z. B. leicht nachweisen, dass der Druck, welchen man mit den Fingern auf einander gegenüberliegende Flächen eines Glaswürfels auszuüben vermag, genügt, um Doppelbrechung zu erzeugen.

Zu demselben Zwecke werden Gypsblättchen benutzt, welche das *Roth erster Ordnung* zeigen. Je nachdem in der Combination $\mathfrak{H}_1$ mit $\mathfrak{H}_1'$ oder mit $\mathfrak{H}_2'$ zusammenfällt, beobachtet man eine höhere Interferenzfarbe (violett, blau, grün ... zweiter Ordnung) oder eine tiefere Färbung (orange, braungelb, gelb ... erster Ordnung). Instructiv ist in dieser Hinsicht das Verhalten eines parallelepipedischen Glasstabes, den man mit den Fingern biegt.

80. Erinnern wir uns der Sätze von Huyghens und Fresnel über die Orientirung der Polarisationsebenen $\mathfrak{H}_1$, $\mathfrak{H}_2$ zweier Wellen von gemeinsamer Fortpflanzungsrichtung (S. 304, 333), so ist ersichtlich, dass die Messung der Winkel, unter welchen die Polarisationsebenen der beiden, in der Richtung der Normale einer planparallelen Platte sich fortpflanzenden Wellen gegen eine Kante k in der Begrenzung der Platte oder gegen einen Spaltriss s in dieser Platte geneigt sind, ein Hülfsmittel zur *Bestimmung des Krystallsystems* darbietet.

In einem *einaxigen* Krystall lässt sich die Lage jener Polarisationsebenen für jede beliebige Orientirung der Platte, welche stets zu einer optischen Symmetrieaxe parallel liegt, von vorn herein angeben: Die Polarisationsebene der ordentlichen Welle fällt in den Hauptschnitt der Fortpflanzungsrichtung, jene der ausserordentlichen Welle liegt senkrecht zu diesem Hauptschnitte. Demnach ist aus der krystallographischen Orientirung einer Platte eines hexagonalen oder tetragonalen Krystalls, dessen Doppelbrechung durch das Huyghens'sche Gesetz beschrieben wird, sofort zu entnehmen, in welcher Stellung diese Platte im senkrecht einfallenden Lichte zwischen gekreuzten Nicols dunkel erscheinen muss.

Dagegen hängt in einem *zweiaxigen* Krystall die krystallographische Orientirung der Ebenen $\mathfrak{H}_1$, $\mathfrak{H}_2$ von der Lage der optischen Axen ab (Fig. 159). Beachten wir nun, dass in den besonderen Fällen, wo die Platte zu einer optischen Symmetrieaxe parallel liegt, $\mathfrak{H}_1$ und $\mathfrak{H}_2$ wieder eine krystallographisch feste, im Voraus angebbare Lage besitzen, so gewinnen wir ein Mittel zur Unterscheidung rhombischer, monokliner und trikliner Krystalle. Denn hiernach müssen in einer Platte eines rhombischen Krystalls, welche der Zone einer der drei krystallographischen Axen angehört, jene Ebenen parallel resp. senkrecht zu dieser Axe liegen. In monoklinen Krystallen kann nur den Platten aus der Zone der Axe π_2 (S. 49) diese Eigenschaft zukommen, und in triklinen Krystallen herrscht keine Beziehung dieser Art.

Zur Messung der Winkel der Ebenen $\mathfrak{H}_1$, $\mathfrak{H}_2$ gegen eine Kante k oder einen Spaltriss s dient das *Mikroskop* (Fig. 245, S. 454), nachdem dasselbe so justirt ist, dass die Polarisationsebenen $\mathfrak{P}$, $\mathfrak{A}$ der aus dem Polarisator H einfallenden und der aus dem Analysator N austretenden Welle den Fäden f, f' des Ocularfadenkreuzes parallel laufen und die durch den Mittelpunkt des Fadenkreuzes fixirte Axe des Mikroskops durch das Drehungscentrum des Objecttisches geht. Man bringt die zu untersuchende Platte auf dem Objecttische mit Hülfe der Kreuzschlitten in die Lage, dass sich k, resp. s mit f oder f' deckt. Darauf dreht man den Tisch bis die Platte *vollständig dunkel* erscheint, also $\mathfrak{H}_1$, $\mathfrak{H}_2$ parallel zu $\mathfrak{P}$, $\mathfrak{A}$ liegen. Alsdann erhält man aus den Ablesungen an den beiden festen Nonien einen der beiden Winkel, welche $\mathfrak{H}_1$ und $\mathfrak{H}_2$ mit k, resp. s bilden.[1]

Grössere Krystallplatten, in deren seitlicher Begrenzung eine spiegelnde Fläche w'' auftritt, können in einem von R. Fuess construirten Polarisationsapparate (Fig. 261) untersucht werden, den man aus dem Polarisationsapparate für convergentes Licht (Fig. 241, S. 451) nach Ausschaltung der Condensorlinsen und des Beobachtungsfernrohres durch Einführung des Krystallträgers γ und der Hülse z gewinnt.[2] Man klebt die Krystallplatte w' derart auf eine rechteckige Glasplatte v' (Fig. 262), dass die Kante $\eta = [w', w'']$ so genau als möglich mit der Kante $\xi = [v', v'']$ zusammenfällt. Darauf legt man diese Combination so auf den Träger γ, dass die Glasplatte durch eine Feder an eine feste Stahlplatte angedrückt wird (Fig. 261 oben). Alsdann liegt die Kante ξ parallel zu der verticalen Verbindungsebene der Striche 90° und 270° des Theilkreises an dem drehbaren Objecttische. Die Nicols p, q sind so eingestellt, dass die Polarisationsebenen $\mathfrak{P}$, $\mathfrak{A}$ zu der durch den Nullstrich des festen Nonius und die Drehungsaxe des Theilkreises gelegten Ebene parallel, resp. senkrecht liegen. Nachdem man nun die Winkel der Polarisationsebenen $\mathfrak{H}_1$, $\mathfrak{H}_2$ gegen die Kante ξ gemessen hat, muss man zur Bestimmung der gesuchten Winkel zwischen $\mathfrak{H}_1$, $\mathfrak{H}_2$ und η noch den Winkel der Kanten (ξ, η) ermitteln.[3]

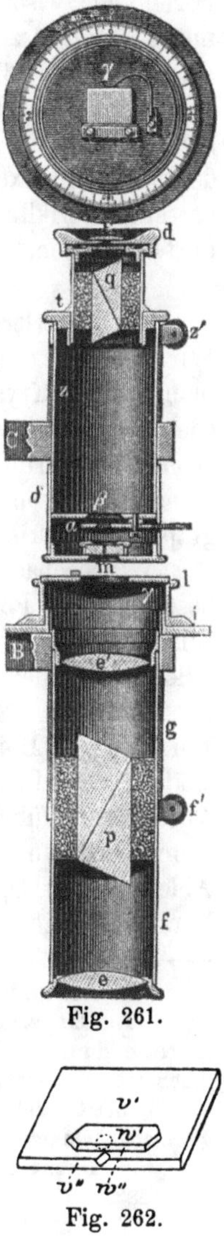

Fig. 261.

Die Einstellung der Krystallplatte auf grösste Dunkelheit gewährt nicht den Grad von Genauigkeit, der mit Rücksicht auf die Bedeutung der in Rede stehenden Messungen erforderlich ist. Um die Empfindlichkeit der Einstellung zu erhöhen hat Fr. von Kobell unter dem Analysator des Polarisationsapparates eine senkrecht zur optischen Axe geschliffene *Kalkspathplatte* angebracht, deren Interferenzbild (Taf. II, Fig. 1) nur dann ungestört erscheint, wenn die Polarisationsebenen $\mathfrak{H}_1$, $\mathfrak{H}_2$ mit $\mathfrak{P}$, $\mathfrak{A}$ zusammenfallen.[4] Indessen genügt diese Vorrichtung eben so wenig wie die später von A. Brezina vorgeschlagene *Kalkspathdoppelplatte*.[5] Erheblich genauer und bequemer ist die von E. Bertrand nach dem Vorbilde der bekannten Quarzdoppelplatte von H. Soleil construirte *vierfache Quarzplatte*, deren Zusammensetzungsflächen

Fig. 262.

[1] Der kleinere dieser beiden Winkel wird zuweilen als die auf die Kante k oder den Spaltriss s bezogene *Auslöschungsschiefe* der Platte bezeichnet.

[2] Th. Liebisch, Bericht wiss. Instr. auf d. Berliner Gewerbeausst. 1879, 345, 347. — H. Laspeyres, Zeitschr. Instr. **2**, 14, 54, 1882. Zeitschr. f. Kryst. **6**, 433, 1882; **8**, 97, 1884.

[3] Die Bestimmung der Correction (ξ, η) kann mit Hülfe eines Reflexionsgoniometers ausgeführt werden. Vgl. M. Websky, Zeitschr. f. Kryst. **4**, 567, 1880. — Th. Liebisch, ibid. **7**, 304, 1882.

[4] Fr. von Kobell bezeichnete diese Anordnung als „Stauroskop“. Pogg. Ann. **95**, 320, 1855.

[5] A. Brezina, Pogg. Ann. **128**, 146, 1866; **130**, 141, 1867. — A. Schrauf, Lehrb. phys. Min. **2**, 219, 1868.

gleichzeitig als Ersatz für ein Fadenkreuz dienen.[1] Den höchsten Grad von Genauigkeit erreicht man aber hier wie bei den Saccharimetern und Polaristrobometern durch die Einführung von *Halbschattenvorrichtungen.*[2]

81. Kennt man die krystallographische Orientirung einer Platte eines optisch *zweiaxigen* Krystalls, und hat man an dieser Platte die Winkel der Polarisationsebenen $\mathfrak{H}_1$, $\mathfrak{H}_2$ gegen eine krystallographisch feste Richtung gemessen, so gewährt die nach dem Fresnel'schen Satze (S. 333) herrschende Beziehung zwischen $\mathfrak{H}_1$, $\mathfrak{H}_2$ und den optischen Axen ein Mittel zur Bestimmung dieser Axen, d. h. *zur Auffindung ihrer Richtungen und des von ihnen eingeschlossenen Winkels* 2 *V*. Bei einem Krystall des rhombischen Systems reicht die Beobachtung der Lage von $\mathfrak{H}_1$, $\mathfrak{H}_2$ an einer einzigen Platte, welche keiner optischen Symmetrieaxe parallel läuft, zur vollständigen Bestimmung der optischen Axen (ihrer Ebene und des Winkels 2 *V*) aus.[3] Dagegen muss bei einem triklinen Krystall die Lage von $\mathfrak{H}_1$ und $\mathfrak{H}_2$ an fünf Platten ermittelt werden.[4]

82. Interferenzerscheinungen im convergenten polarisirten Lichte. — Wir wenden uns zur Untersuchung der Interferenzerscheinungen, welche planparallele Krystallplatten, deren Doppelbrechung durch das Huyghens'sche oder das Fresnel'sche Gesetz beschrieben wird, im *convergenten* polarisirten Lichte hervorrufen. Vor allem interessirt uns die Abhängigkeit dieser Erscheinungen von der optischen Symmetrie des Krystalls und der krystallographischen Orientirung der Platte.

Wir beobachten diese Interferenzbilder[5] mit Hülfe der auf S. 450—455 beschriebenen Polarisationsapparate direct in der oberen Brennebene B' des Linsensystems S' (Fig. 238), welche die Spuren p' der auf die Krystallplatte fallenden Wellen W enthält, oder in einer zu B' conjugirten Ebene. Es handelt sich demnach um die Berechnung der Intensität des Lichtes in den Punkten p'. Die Berücksichtigung aller Modificationen, welche diese Intensität in dem Polarisationsapparate erfährt, würde zu wenig übersichtlichen Ausdrücken führen. Unter dem soeben hervorgehobenen Gesichtspunkte können wir uns auf eine Annäherung beschränken, welche zu den bei der Ableitung der Oberflächen gleichen Gangunterschiedes (S. 455) eingeführten Voraussetzungen hinzutritt.

---

[1] E. Bertrand, Zeitschr. f. Kryst. **1**, 69, 1877.

[2] L. Calderon, Zeitschr. f. Kryst. **2**, 68, 1878. — H. Laspeyres, a. a. O. — In der Abbildung des Polarisationsapparates Fig. 261 bedeutet *m* eine von Calderon vorgeschlagene Kalkspathdoppelplatte. Das von R. Fuess construirte Mikroskop (Fig. 245, S. 454) besitzt neben besonderen Ocularen mit einer Calderon'schen Platte und einer vierfachen Quarzplatte noch einen Halbschattenpolarisator mit geraden Endflächen.

[3] A. Beer, Pogg. Ann. **91**, 279, 1854. — Th. Liebisch, Zeitschr. f. Kryst. **7**, 433, 1883.

[4] Th. Liebisch, N. Jahrb. f. Min. 1886, **1**, 155.

[5] Eine Auswahl wird durch die Lichtdrucke auf Taf. II—IX veranschaulicht.

Betrachten wir nur solche Fortpflanzungsrichtungen, die wenig gegen die Normale $\mathfrak{Z}$ der Platte geneigt sind, so wird die Gesammtheit der auf die Platte einfallenden Wellen W eine gemeinschaftliche Polarisationsebene $\mathfrak{P}$ und die Gesammtheit der aus dem Analysator austretenden Wellen eine gemeinschaftliche Polarisationsebene $\mathfrak{A}$ besitzen. Gleichzeitig werden die Polarisationsrichtungen σ_1, σ_2 der aus einer Welle W hervorgehenden gebrochenen Wellen W_1, W_2 sehr nahe parallel zur Platte liegen.

Die Axe des Polarisationsapparates schneide die Eintrittsfläche $\mathfrak{G}$ der Platte in O, die Austrittsfläche $\mathfrak{G}_1$ in O_1 und die Ebene B' in O'. Stellen wir uns vor, dass alle Fortpflanzungsrichtungen durch O gelegt seien, so möge die Normale der Wellen W_1, W_2 die Austrittsfläche in p_1 treffen. Bezeichnet man nun den Einfallswinkel von W mit i, den Brechungswinkel von W_1, W_2 mit r, so ist angenähert:

$$\sin i = \frac{\mathfrak{v}}{\mathfrak{a}} \sin r,$$

worin $\mathfrak{v}$ die Geschwindigkeit in dem äusseren Mittel und $\mathfrak{a}$ eine constante mittlere Fortpflanzungsgeschwindigkeit in der Platte bedeutet.[1] Ferner sei l die Dicke der Platte und f die Aequivalentbrennweite des Linsensystems S'. Alsdann gilt neben:

$$\tan r = \frac{O_1 p_1}{l}$$

die von E. Abbe aufgestellte Beziehung:

$$\sin i = \mathfrak{v} \frac{O' p'}{f}.$$

Da r sehr klein vorausgesetzt wurde, kann $\tan r$ ersetzt werden durch $\sin r$, so dass:

$$O' p' = \frac{f}{\mathfrak{a}\, l} \cdot O_1 p_1 .$$

Hieraus ist ersichtlich, dass unter den angegebenen Voraussetzungen das System der Spuren p' in der Ebene B' *ähnlich* ist dem System der Punkte p_1 auf der Austrittsfläche $\mathfrak{G}_1$ der Krystallplatte.

Setzen wir jetzt die Winkel $(\mathfrak{P}\,\mathfrak{A}) = \chi$, $(\mathfrak{P}\,\sigma_1) = \psi$, so wird die Intensität des Lichtes an der Stelle p' in erster Annäherung proportional sein dem Ausdrucke (1) auf S. 446:

$$\mathsf{A}^2 = a^2 \left[\cos^2 \chi - \sin 2\psi \sin 2(\psi - \chi) \sin^2 \pi \frac{\mathfrak{r}}{\lambda}\right].$$

Beziehen wir hinfort die Lage von $\mathfrak{P}$, $\mathfrak{A}$, σ, auf eine feste Gerade $\mathfrak{X}$ in der Austrittsfläche und setzen wir $(\mathfrak{P}\,\mathfrak{X}) = \beta$, $(\mathfrak{A}\,\mathfrak{X}) = \alpha$, $(\sigma_1\,\mathfrak{X}) = \eta$, so ist:

$$(1) \qquad \mathsf{A}^2 = a^2 \left[\cos^2(\beta - \alpha) - \sin 2(\beta - \eta) \sin 2(\alpha - \eta) \sin^2 \pi \frac{\mathfrak{r}}{\lambda}\right].$$

[1] Dieselbe Annahme musste auf S. 456 bei der Ableitung der Oberfläche gleichen Gangunterschiedes eingeführt werden.

Gehen wir nun zu einem anderen Punkte der Ebene B' über, so ändert sich in diesem Ausdrucke der Werth des Gangunterschiedes Γ und die durch den Winkel η definirte Orientirung der Polarisationsrichtungen σ_1, σ_2. Hieraus ergiebt sich, dass *zwei Curvenschaaren* für die Interferenzerscheinung charakteristisch sind: *die Curven gleichen Gangunterschiedes*, $\Gamma =$ const., und die *Curven gleicher Polarisationsrichtung* oder *Isogyren*, $\eta =$ const.

83. Die Curven gleichen Gangunterschiedes in der Ebene B' sind ähnlich den Schnittcurven der Austrittsfläche $\mathfrak{S}_1$ der Platte mit der um O als Mittelpunkt beschriebenen *Oberfläche gleichen Gangunterschiedes*, die wir auf S. 455—460 des Näheren untersucht haben.

Auch die Isogyren können als Schnitt von $\mathfrak{S}_1$ mit einer Oberfläche gewonnen werden, zu der wir durch folgende Ueberlegung gelangen.[1] Die Polarisationsebenen, deren Schnittgeraden mit der Austrittsfläche eine vorgeschriebene Richtung p haben sollen, liegen parallel p; ihre Normalen stehen also auf p senkrecht. Nun sind in den hier betrachteten Körpern die Normalen von Polarisationsebenen wieder Polarisationsrichtungen. *Daher kann man die Isogyrenfläche definiren als den geometrischen Ort aller vom Einfallspunkte O in der Eintrittsfläche ausgehenden Wellennormalen, für welche eine der zugehörigen Polarisationsrichtungen σ_1, σ_2 senkrecht auf der gegebenen Geraden p steht.*

Bezogen auf die optischen Symmetrieaxen X_1, X_2, X_3 seien q_1, q_2, q_3 die Richtungscosinus einer Wellennormale, $\sigma_{11}, \sigma_{12}, \sigma_{13}$ und $\sigma_{21}, \sigma_{22}, \sigma_{23}$ die Richtungscosinus der zugehörigen Polarisationsrichtungen σ_1, σ_2, so ist:

1. $$\sigma_{11} q_1 + \sigma_{12} q_2 + \sigma_{13} q_3 = 0.$$

2. $$\sigma_{21} q_1 + \sigma_{22} q_2 + \sigma_{23} q_3 = 0.$$

Ferner besteht nach II auf S. 322 (vgl. S. 336) die Relation:

$$\mathfrak{a}_1^2 \sigma_{11} \sigma_{21} + \mathfrak{a}_2^2 \sigma_{12} \sigma_{22} + \mathfrak{a}_3^2 \sigma_{13} \sigma_{23} = 0,$$

aus der in Verbindung mit:

$$\sigma_{11} \sigma_{21} + \sigma_{12} \sigma_{22} + \sigma_{13} \sigma_{23} = 0$$

folgt:

3. $$\sigma_{11} \sigma_{21} : \sigma_{12} \sigma_{22} : \sigma_{13} \sigma_{23} = \mathfrak{a}_2^2 - \mathfrak{a}_3^2 : \mathfrak{a}_3^2 - \mathfrak{a}_1^2 : \mathfrak{a}_1^2 - \mathfrak{a}_2^2.$$

Sind nun p_1, p_2, p_3 die Richtungscosinus der gegebenen Geraden p, so besteht nach der Definition der Isogyrenfläche noch die Beziehung:

4. $$\sigma_{21} p_1 + \sigma_{22} p_2 + \sigma_{23} p_3 = 0.$$

Eliminiren wir aus diesen Gleichungen die Richtungscosinus von σ_1, σ_2, so erhalten wir die Gleichung der Isogyrenfläche in Polarcoordinaten. Zunächst folgt aus 1 und 3:

$$(\mathfrak{a}_2^2 - \mathfrak{a}_3^2) \frac{q_1}{\sigma_{21}} + (\mathfrak{a}_3^2 - \mathfrak{a}_1^2) \frac{q_2}{\sigma_{22}} + (\mathfrak{a}_1^2 - \mathfrak{a}_2^2) \frac{q_3}{\sigma_{23}} = 0,$$

demnächst aus 2 und 4:

$$\sigma_{21} : \sigma_{22} : \sigma_{23} = \begin{vmatrix} q_2 & q_3 \\ p_2 & p_3 \end{vmatrix} : \begin{vmatrix} q_3 & q_1 \\ p_3 & p_1 \end{vmatrix} : \begin{vmatrix} q_1 & q_2 \\ p_1 & p_2 \end{vmatrix}.$$

[1] E. Lommel, Ann. d. Phys. N. F. **18**, 56, 1883; Pogg. Ann. **120**, 69, 1863. — J. Macé de Lépinay, Journ. de phys. (2) **2**, 162, 1883. — H. Pitsch, Sitzungsber. Wien. Akad. **91** (2), 527, 1885.

Mithin ist:

$$\frac{\mathfrak{a}_2^2 - \mathfrak{a}_3^2}{q_2 p_3 - q_3 p_2} q_1 + \frac{\mathfrak{a}_3^2 - \mathfrak{a}_1^2}{q_3 p_1 - q_1 p_3} q_2 + \frac{\mathfrak{a}_1^2 - \mathfrak{a}_2^2}{q_1 p_2 - q_2 p_1} q_3 = 0.$$

Hiernach lautet die *Gleichung der Isogyrenfläche* in Punktcoordinaten:

$$\frac{\mathfrak{a}_2^2 - \mathfrak{a}_3^2}{x_2 p_3 - x_3 p_2} x_1 + \frac{\mathfrak{a}_3^2 - \mathfrak{a}_1^2}{x_3 p_1 - x_1 p_3} x_2 + \frac{\mathfrak{a}_1^2 - \mathfrak{a}_2^2}{x_1 p_2 - x_2 p_1} x_3 = 0,$$

oder nach Einführung des Winkels der optischen Axen $(A A') = 2V$:

I. $$\frac{x_1 \cos^2 V}{p_3 x_2 - p_2 x_3} + \frac{x_2}{p_3 x_1 - p_1 x_3} + \frac{x_3 \sin^2 V}{p_2 x_1 - p_1 x_2} = 0.$$

Die Isogyrenfläche ist also eine Kegelfläche dritter Ordnung, welche durch die beiden optischen Axen ($x_2 = 0$, $x_3 = \pm x_1 \cot V$) *hindurchgeht.* Sie ist allerdings kein festes, nur von den optischen Constanten des Krystalls abhängiges Gebilde, wie die Oberfläche gleichen Gangunterschiedes. *Ihre Gestalt ist vielmehr von der Orientirung der Krystallplatte abhängig,* da die Richtungscosinus der Geraden p der Bedingung:

5. $$p_1 g_1 + p_2 g_2 + p_3 g_3 = 0$$

unterworfen sind, worin g_1, g_2, g_3 die Richtungscosinus der Plattennormale $\mathfrak{Z}$ bedeuten. Gleichwohl gewährt die Einführung dieser Fläche den Vortheil, dass alle Einzelfälle umfasst werden von der einzigen Gleichung I, welche in Verbindung mit der Gleichung der Austrittsfläche:

6. $$p_1 g_1 + p_2 g_2 + p_3 g_3 - l = 0$$

und unter Berücksichtigung der Relation:

7. $$p_1^2 + p_2^2 + p_3^2 = 1$$

jedesmal die Gleichung der Isogyren in übersichtlicher Gestalt liefert.

84. Die *ursprüngliche Lichtstärke* des Gesichtsfeldes, welche vor der Einschaltung der Krystallplatte beobachtet wird, bleibt an den Stellen erhalten, wo die Bedingung:

(2) $$\sin 2(\beta - \eta) \sin 2(\alpha - \eta) \sin^2 \pi \frac{\Gamma}{\lambda} = 0$$

erfüllt ist. Hierdurch sind definirt: 1) die Schaar von Curven, in denen der Gangunterschied eine ganze Anzahl von Wellenlängen beträgt ($\Gamma = n\lambda$), und 2) die beiden Isogyren, in denen $\eta = \beta$ oder $\eta = \alpha$ ist, d. h. die Verbindungscurven der Punkte, in denen die Polarisationsrichtungen σ_1, σ_2 parallel und senkrecht zu $\mathfrak{P}$ oder parallel und senkrecht zu $\mathfrak{A}$ liegen. Wir bezeichnen jene als *Hauptcurven gleichen Gangunterschiedes* und diese als *Hauptisogyren.* Während die ersteren Curven ihrer Lage nach unabhängig sind von der Orientirung der Platte gegen Polarisator und Analysator und nur ihre Lichtstärke mit dem Winkel $(\mathfrak{P}\mathfrak{A})$ ändern, sind die letzteren auch in ihrer Lage mit $\mathfrak{P}$ und $\mathfrak{A}$ veränderlich.

Die beiden Hauptisogyren, welche sich wie alle übrigen Curven gleicher Polarisationsrichtung in den Spuren der optischen Axen A, A' kreuzen, trennen die Gebiete des Gesichtsfeldes, in denen die Intensität kleiner oder grösser ist als die ursprüngliche. *Sie fallen zusammen*, wenn die Polarisationsebenen 𝔓 und 𝔄 einander parallel sind ($\beta - \alpha = 0$) oder auf einander senkrecht stehen ($\beta - \alpha = 90^0$); dabei reducirt sich in dem ersteren Falle der ganze *hellere*, in dem letzteren Falle der ganze *dunklere* Raum des Gesichtsfeldes auf die alsdann allein vorhandene Hauptisogyre.

Beachten wir noch, dass durch die Hauptcurven gleichen Gangunterschiedes und die Hauptisogyren das Gesichtsfeld in krummlinig begrenzte Felder zerschnitten wird, so dass sich in jedem Felde eine Stelle befindet, wo die Intensität ein Maximum oder ein Minimum erreicht, je nach der Lage der Feldes in den durch die Hauptisogyren bestimmten Gebieten. Dann ist ersichtlich, dass jede dieser ausgezeichneten Stellen umgeben wird von geschlossenen *Curven gleicher Intensität*, deren Gleichungen in (1) enthalten sind, wenn darin A als constant, Γ und η als veränderlich betrachtet werden.

85. Optisch zweiaxige Krystalle.

Platten senkrecht zur ersten Mittellinie X_3.

Die Curven gleichen Gangunterschiedes besitzen, wenn der Winkel der optischen Axen hinreichend klein ist, die Gestalt von *Lemniscaten*, deren Pole in den Spuren jener Axen liegen (S. 460, Fig. 253).

In der Gleichung der Isogyrenfläche wird, wenn die Plattennormale mit der Axe X_3 zusammenfällt: $g_1 = 0$, $g_2 = 0$, $g_3 = 1$, $p_3 = 0$. Bezeichnet man den Winkel $(p X_1)$ mit η, so ist $p_1 = \cos\eta$, $p_2 = \sin\eta$, und die Gleichung der Isogyren in der Austrittsfläche ($x_3 = l$) lautet jetzt:

II. $$x_1^2 \cos^2 V - (\cos^2 V \cot\eta - \tan\eta)\, x_1 x_2 - x_2^2 = l^2 \sin^2 V.$$

Demnach ist jede Isogyre (η = const.) eine durch die Spuren der optischen Axen A, A' (mit den Coordinaten $x_2 = 0$, $x_1 = \pm\, l \tan V$) hindurchgehende Hyperbel. Für kleine Winkel der optischen Axen kann $\cos V = 1$, $\sin V = \tan V$ gesetzt werden; unter dieser Voraussetzung nehmen die Isogyren die Gestalt von *gleichseitigen Hyperbeln* an:

$$x_1^2 - 2\, x_1 x_2 \cot 2\eta - x_2^2 = l^2 \sin^2 V.$$

In allen Punkten einer Hyperbel liegen, wie man leicht sieht, die zusammengehörigen Polarisationsrichtungen parallel zu den durch den Mittelpunkt des Lemniscatensystems hindurchgehenden Asymptoten. Der Winkel, welchen eine Hyperbel in der Spur einer optischen Axe mit der Axe X_1 bildet, ist gleich 2η, denn dx_2/dx_1 nimmt für $x_2 = 0$ den Werth $\tan 2\eta$ an. Hieraus folgt, dass *die beiden Haupthyperbeln* ($\eta = \beta$, resp. $\eta = \alpha$), deren Asymptoten parallel und senkrecht zu 𝔓, resp. parallel und senkrecht zu 𝔄 liegen, in ihren Schnittpunkten A, A' den Winkel $2(\beta - \alpha) = 2\,(𝔓𝔄)$ einschliessen.

Stehen Polarisator und Analysator *gekreuzt*, $(𝔓𝔄) = 90^0$, so müssen die beiden Haupthyperbeln zusammenfallen und wie die Schaar der Hauptlemniscaten, auf denen der Gangunterschied eine ganze Anzahl von

Wellenlängen beträgt, vollkommen dunkel erscheinen. Diesen Fall stellen die Lichtdrucke auf Taf. V dar. Dreht man die Platte in ihrer Ebene, so geht die Haupthyperbel in die beiden zu X_1 und X_2 parallelen *Geraden* über ($x_1 x_2 = 0$), wenn die Ebene der optischen Axen die Richtung von $\mathfrak{P}$ oder von $\mathfrak{A}$ annimmt (Fig. 1, 2). In der Stellung, wo die Ebene der optischen Axen den Winkel ($\mathfrak{P}\mathfrak{A}$) halbirt, liegt die Haupthyperbel ($x_1^2 - x_2^2 = l^2 \sin^2 V$) symmetrisch zu der Spur X_1 dieser Ebene (Fig. 5, 6).

Platten senkrecht zur Halbirungsgeraden X_1 des stumpfen Winkels der optischen Axen.

Die Curven gleichen Gangunterschiedes besitzen in der Mitte des Gesichtsfeldes angenähert die Gestalt von Hyperbeln, die sich nur wenig von gleichseitigen Hyperbeln unterscheiden, um so weniger, je kleiner der Winkel der optischen Axen ist; denn man erhält aus (2) auf S. 457 für Fortpflanzungsrichtungen, die unter so kleinen Winkeln r gegen X_1 geneigt sind, dass man $\sin^3 r$ gegen $\sin^2 r$ vernachlässigen kann:

$$x_2^2 - x_3^2(1 + \sin^2 V) = 2\, l^2\left(\frac{\Gamma}{l F} - \cos^2 V\right).$$

Verfolgt man die Curven in denjenigen Quadranten, welche die Richtung der Axe X_2 enthalten, so beobachtet man, dass in grösserer Entfernung vom Mittelpunkte des Gesichtsfeldes Wendepunkte auftreten; von hier an richten alsdann diese Curven, wie die in den beiden anderen Quadranten gelegenen, ihre concaven Seiten nach den Spuren der optischen Axen hin. Diese Aenderung der Krümmung ist charakteristisch gegenüber dem Verhalten einer zur Ebene der optischen Axen parallelen Platte.

Können Linsensysteme von hinreichend grosser Apertur am Polarisationsapparate angebracht werden, so gelingt es, die Spuren der optischen Axen selbst im Gesichtsfelde zu erblicken und dabei zu beobachten, wie sich alle Curven gleichen Gangunterschiedes lemniscatenartig um diese Spuren anordnen.

Ein vorzügliches Beispiel bieten die leicht herzustellenden Spaltungsplatten des Anhydrit nach (010) dar, die man in dem Mikroskop Fig. 245 im Na-Lichte der Reihe nach mit Objectiven von wachsender Apertur betrachtet. Wie aus der Tabelle auf S. 449 hervorgeht, ist die num. Ap. 1, 4618 erforderlich, damit die Spuren der optischen Axen am Rande des Gesichtsfeldes erscheinen.

Die Isogyren sind Hyperbeln wie an Platten senkrecht zur ersten Mittellinie.

Platten parallel zur Ebene der optischen Axen.

In einem kleinen Bereich um den Mittelpunkt des Gesichtsfeldes können die Curven gleichen Gangunterschiedes unabhängig von der Grösse des Winkels der optischen Axen als zwei Schaaren *gleichseitiger Hyperbeln* angesehen werden, deren reelle Axen mit X_3, resp. X_1 zusammenfallen (Taf. VI, Fig. 2); denn aus (2), S. 457 folgt mit derselben Annäherung wie in dem vorigen Falle:

$$x_1^2 - x_3^2 = \frac{l\Gamma - F}{\frac{1}{2} - \sin^2 V}.$$

Jede Isogyre ist eine Hyperbel. Da aber hier die Orientirung der Polarisationsrichtungen innerhalb des Gesichtsfeldes nur sehr geringe Aenderungen erfährt, so tritt bei gekreuzten Nicols die vollkommen dunkle Isogyre viel weniger deutlich hervor, als an den soeben betrachteten Platten.

Platten senkrecht zu einer optischen Axe.

Sind die Fortpflanzungsrichtungen nur wenig gegen die optische Axe geneigt, so erhalten wir nach S. 460 für die Curven gleichen Gangunterschiedes eine Schaar concentrischer *Kreise*, deren Durchmesser sich wie die Zahlen der natürlichen Zahlenreihe verhalten (Taf. VI, Fig. 1).

Um die Gestalt der Isogyren zu ermitteln transformiren wir die Gleichung der Isogyrenfläche auf ein rechtwinkliges Coordinatensystem X, Y, Z, in welchem Z die Richtung einer optischen Axe besitzt, während X in die Ebene der optischen Axen fällt. Bezeichnet man noch den Winkel der Geraden p gegen X mit η, so lautet jetzt die Gleichung der Isogyren in der Austrittsfläche der Platte ($z = l$),

$$(x \sin\eta - y\cos\eta)^2 y - 2\,l \cot 2\,V (x\sin\eta - y\cos\eta)(x\cos\eta + y\sin\eta) \\ - l^2 (x \sin 2\eta - y\cos 2\eta) = 0.$$

In einem hinreichend kleinen Bereich um die Mitte des Gesichtsfeldes können die höheren Potenzen von x, y gegen diese Grössen selbst vernachlässigt werden; dann erhalten wir eine einzige gerade Linie:

$$x \sin 2\,\eta - y\cos 2\,\eta = 0,$$

welche durch die Spur der optischen Axe hindurchgeht und gegen X unter dem Winkel $2\,\eta$ geneigt ist. Hieraus folgt, dass die zwischen gekreuzten Nicols auftretende, vollkommen dunkle Isogyre (Taf. VI, Fig. 1) in erster Annäherung als *geradlinig* angesehen werden kann. Die Winkel zwischen diesen Geraden und der Spur X der Ebene der optischen Axen werden in jeder Stellung der Platte halbirt durch die Polarisationsebenen $\mathfrak{P}$ und $\mathfrak{A}$, da $(\mathfrak{P}\,X) = \eta$, $(X\,\mathfrak{A}) = 90^0 - \eta$. Daher wird bei einer Drehung der Platte in ihrer Ebene die Isogyre sich gleichschnell in entgegengesetzter Richtung drehen.

Vergleicht man dieses Ergebniss mit dem auf S. 480—481 gewonnenen, so ersieht man, dass die eben beschriebenen Erscheinungen schon an Platten senkrecht zur ersten Mittellinie verfolgt werden können, falls der Winkel der optischen Axen hinreichend klein ist.

86. Optisch einaxige Krystalle.

Bildet die Plattennormale mit der optischen Axe einen Winkel $\mu < \operatorname{arc} \tan \sqrt{2}$ oder $\mu < 54^0\,44'$, so sind die Curven gleichen Gangunterschiedes, welche stets symmetrisch zum Hauptschnitt der Platte angeordnet sind, concentrische *Ellipsen*, deren Mittelpunkt jenseits der Spur der optischen Axe liegt (Taf. II, Fig. 5, 6). Für $\mu = 54^0\,44'$ erhält man *Parabeln* (Taf. III, Fig. 1). Ist $\mu > 54^0\,44'$, so bilden jene Curven concentrische *Hyperbeln*, deren Mittelpunkt jenseits der Spur der im Hauptschnitt der Platte gelegenen Normale der optischen Axe liegt (Taf. III, Fig. 2, 3, 4).

Um diesen Satz nachzuweisen, beziehen wir die Oberflächen gleichen Gangunterschiedes (S. 457):

$$\Gamma = \frac{l}{\cos r} \cdot F \sin^2 \varphi$$

auf ein rechtwinkliges Coordinatensystem X, Y, Z, dessen Z-Axe die Plattennormale ist und dessen X-Axe in den Hauptschnitt der Platte fällt. Die Fortpflanzungsrichtung Q bildet mit Z den Winkel φ. Das Azimut der Ebene QZ in Bezug auf den Hauptschnitt sei bezeichnet mit ϑ. Dann ist:

$$\cos\varphi = \cos\mu\cos r + \sin\mu\sin r\cos\vartheta$$

folglich:

$$\sin^2\varphi = \sin^2\mu + \cos^2\mu\sin^2 r - \sin^2\mu\sin^2 r\cos^2\vartheta - \sin 2\mu\sin r\cos r\cos\vartheta.$$

Vernachlässigen wir, indem wir uns auf den centralen Bereich des Gesichtsfeldes beschränken, $\sin^3 r$ gegen $\sin^2 r$, so können wir $\cos r$ durch $1 - \frac{1}{2}\sin^2 r$ und $1/\cos r$ durch $1 + \frac{1}{2}\sin^2 r$ ersetzen. Alsdann wird:

$$\frac{\sin^2\varphi}{\cos r} = \sin^2\mu + \cos^2\mu\sin^2 r - \sin^2\mu\sin^2 r\cos^2\vartheta - \sin 2\mu\sin r\cos\vartheta + \tfrac{1}{2}\sin^2\mu\sin^2 r.$$

Für die Coordinaten x, y der Spur von Q in der Austrittsfläche ($z = l$) erhalten wir, wenn $\tan r$ durch $\sin r$ ersetzt wird:

$$x = l\sin r\cos\vartheta, \qquad y = l\sin r\sin\vartheta.$$

Demnach ergiebt sich folgende *Gleichung der Schnittcurven der Oberflächen gleichen Gangunterschiedes mit der Austrittsfläche:*

$$\frac{l\Gamma - l^2 F\sin^2\mu}{F} = (\cos^2\mu - \tfrac{1}{2}\sin^2\mu)x^2 + (\cos^2\mu + \tfrac{1}{2}\sin^2\mu)y^2 - l\sin 2\mu\, x.$$

Die beiden Hauptisogyren werden für hinreichend kleine Werthe des Winkels μ gebildet von den beiden Paaren von Geraden, welche parallel und senkrecht zu der Polarisationsebene $\mathfrak{P}$, resp. zu der Polarisationsebene $\mathfrak{A}$ liegen und durch die Spur der optischen Axe hindurchgehen. Daher erblickt man zwischen gekreuzten Nicols ein dunkles Kreuz, dessen Arme mit $\mathfrak{P}$ und $\mathfrak{A}$ parallel laufen und sich im Centrum der Curven gleichen Gangunterschiedes schneiden (Taf. II, Fig. 5, 6).

Transformirt man nämlich die Gleichung der Isogyrenfläche (I, S. 479) auf das Axensystem X, Y, Z, so werden in der Umgebung der Mitte des Gesichtsfeldes die Isogyren dargestellt durch:

$$\left| \begin{array}{l} x - y\cot\eta + l\tan\mu = 0 \\ x + y\tan\eta + l\tan\mu = 0. \end{array} \right.$$

Hieraus ergiebt sich der soeben ausgesprochene Satz.

Platten senkrecht zur optischen Axe ($\mu = 0$).

Die Curven gleichen Gangunterschiedes sind concentrische *Kreise* (Taf. II, Fig. 1—4):

$$x^2 + y^2 = \frac{l\,\Gamma}{F}.$$

Die Radien der Hauptkreise, auf denen der Gangunterschied eine ganze Anzahl von Wellenlängen beträgt ($\Gamma = n\lambda$), verhalten sich wie die Quadratwurzeln aus den Zahlen der natürlichen Zahlenreihe. Für verschiedene Wellenlängen verhalten sich die Radien der zu derselben Zahl gehörigen Hauptkreise wie die Quadratwurzeln aus den Wellenlängen; daher sind im rothen Lichte die Radien grösser als im blauen Lichte. An verschieden dicken Platten desselben Krystalls verhalten sich die Winkelhalbmesser correspondirender Hauptkreise wie die reciproken Werthe der Quadratwurzeln aus den Dicken. Bei gleichdicken Platten verschiedener Substanzen sind die Radien correspondirender Hauptkreise umgekehrt proportional der Grösse $\sqrt{F}$; demnach sind die Hauptkreise um so enger, je stärker die Doppelbrechung ist.

Die Hauptisogyren bestehen aus den beiden, durch den Mittelpunkt des Gesichtsfeldes laufenden Paaren von Geraden, welche parallel und senkrecht zu der Polarisationsebene 𝔓, resp. parallel und senkrecht zu der Polarisationsebene 𝔄 liegen. Dieser Fall wird durch Taf. II, Fig. 3 veranschaulicht, wo (𝔓 𝔄) = 45° gewählt ist. Die Hauptisogyren fallen zusammen und bilden ein dunkles resp. ein helles Kreuz, je nachdem (𝔓 𝔄) = 90° (Taf. II, Fig. 1, 2) oder = 0 ist (Taf. II, Fig. 4).

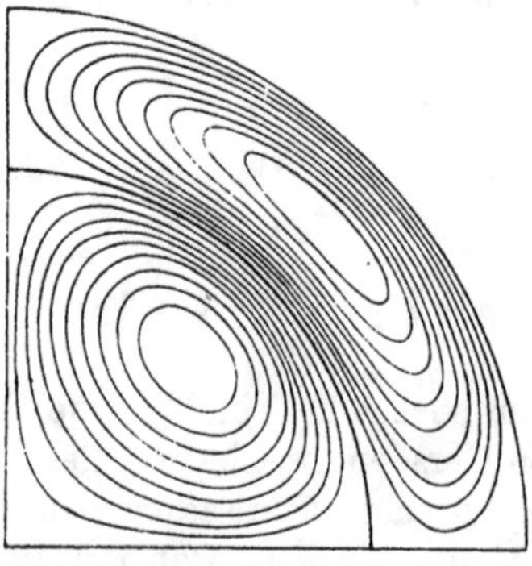

Fig. 263.

Sind Polarisator und Analysator in gekreuzter oder in paralleler Stellung, so werden die Curven gleicher Intensität in Polarcoordinaten dargestellt durch:

$$k^2 = a^2 \sin^2 2\psi \sin^2 R,$$

worin $R = \pi\,\Gamma/\lambda$ gesetzt ist und k eine Constante bedeutet. Aus der Discussion dieser Gleichung ergeben sich folgende Sätze.[1] Für einen gegebenen Werth von k besteht die Curve aus unendlich vielen geschlossenen Ovalen. Fig. 263 veranschaulicht die ersten und die zweiten Ovale für neun Curven gleicher Intensität; vgl. Taf. II, Fig. 1, 2 und 4. Während die in die Nähe des Mittelpunktes des Gesichtsfeldes heranreichende Curve sich einer gleich-

[1] Diese von R. T. Glazebrook (Proc. Cambridge Phil. Soc. **4**, 299, 1883) und C. Spurge (ibid. **5**, 74, 1885; Trans. Cambridge Phil. Soc. **14**, 63, Pl. 2, 1885) entwickelten Theoreme sind zum Theil specielle Fälle der von E. Lommel (Pogg. Ann. **120**, 69, 1863) abgeleiteten Sätze über die analogen Eigenschaften der Interferenzbilder an Platten optisch zweiaxiger Krystalle, die zur ersten Mittellinie senkrecht stehen (vgl. E. Lommel, Ann. d. Phys. N. F. **39**, 258, 1890).

seitigen Hyperbel nähert, treten in der Begrenzung der vom Centrum entfernten Ovale nahezu Stücke von concentrischen Kreisbogen auf. Alle Ovale gleicher Intensität berühren zwei durch den Mittelpunkt gehende Geraden und besitzen denselben Flächeninhalt.

Platten parallel zur optischen Axe ($\mu = 90^0$).

Wie bei den zur Ebene der optischen Axen parallelen Platten optisch zweiaxiger Krystalle sind auch hier die Curven gleichen Gangunterschiedes in der Mitte des Gesichtsfeldes *gleichseitige concentrische Hyperbeln*, deren Mittelpunkt in das Bildcentrum fällt (Taf. III, Fig. 5).

87. Benutzt man zur Beleuchtung des Polarisationsapparates *weisses Licht*, so entstehen farbige Interferenzbilder.

In einem optisch *einaxigen* Krystall ist die Richtung der optischen Axe von der Wellenlänge unabhängig. Daher liegen correspondirende Oberflächen gleichen Gangunterschiedes, auf denen der Gangunterschied dasselbe Vielfache der zugehörigen Wellenlängen ist, vollständig getrennt. Hierauf beruht es, dass in dem Gesichtsfelde alle Punkte einer Curve gleichen Gangunterschiedes auch mit gleichen Interferenzfarben erscheinen. Durchschreiten wir, von der Spur der optischen Axe ausgehend, die Reihe der isochromatischen Curven im Sinne wachsender Gangunterschiede, so durchlaufen die Farben derselben die Newton'sche Scala. Mit dem Auftreten des Weiss der höheren Ordnungen verschwindet die Erscheinung der isochromatischen Curven. Demnach muss eine Platte, die zur Beobachtung dieser Curven dienen soll, um so dünner sein, je grösser der Winkel μ der Plattennormale gegen die optische Axe ist.

Die isochromatischen Curven liegen stets symmetrisch zum Hauptschnitte $\mathfrak{H}$ der Platte. Damit aber das ganze Interferenzbild in dieser Weise *monosymmetrisch* angeordnet sei, muss die Platte in ihrer Ebene so gedreht werden, dass $\mathfrak{H}$ einen der beiden Winkel zwischen den Polarisationsebenen $\mathfrak{P}$ und $\mathfrak{A}$ halbirt. In dem besonderen Falle gekreuzter Nicols, $(\mathfrak{P}\mathfrak{A}) = 90^0$, erscheint das Interferenzbild ausser in den Diagonalstellungen der Platte, $(\mathfrak{P}\mathfrak{H}) = (\mathfrak{H}\mathfrak{A}) = 45^0$, auch noch in den Normalstellungen, wo der Hauptschnitt parallel zu $\mathfrak{P}$ oder $\mathfrak{A}$ läuft, monosymmetrisch. Das Interferenzbild einer zur optischen Axe parallelen Platte ist zwischen gekreuzten Nicols in den Normalstellungen und in den Diagonalstellungen *disymmetrisch* in Bezug auf die Spuren des Hauptschnittes und der zur optischen Axe senkrechten Ebene. Die von einer zur optischen Axe senkrechten Platte hervorgerufene Interferenzerscheinung ist zwischen gekreuzten Nicols *tetrasymmetrisch* nach den Spuren von $\mathfrak{P}$, $\mathfrak{A}$ und den Halbirungsgeraden der Winkel zwischen diesen Spuren. Hieraus geht hervor, dass die Interferenzbilder einaxiger Krystalle im homogenen und im weissen Lichte übereinstimmende Symmetrie darbieten (Taf. II, III).

An Platten *zweiaxiger* Krystalle sind von hervorragendem Interesse die durch die Dispersion der optischen Axen und der optischen Symmetrieaxen hervorgerufenen Erscheinungen, welche vortrefflich geeignet sind rhombische, monokline und trikline Krystalle von einander zu unterscheiden.

Rhombische Krystalle. Da die Richtungen der optischen Symmetrieaxen für alle Lichtgattungen mit den Richtungen der krystallographischen Axen zusammenfallen (S. 300), so können sich mit der Wellenlänge nur der Winkel der optischen Axen (S. 320) und die Anordnung der Symmetrieaxen (S. 358) ändern. In der überwiegenden Mehrzahl rhombischer Krystalle besitzt nicht nur die erste Mittellinie, sondern auch die Ebene der optischen Axen eine von der Wellenlänge unabhängige krystallographische Lage.

Das Interferenzbild einer zur ersten Mittellinie senkrechten Platte ist stets centrisch symmetrisch und ausserdem zwischen gekreuzten Nicols in der Normalstellung der Platte, wo die Ebene 𝔈 der optischen Axen mit 𝔓 oder 𝔄 zusammenfällt, und in der Diagonalstellung, wo 𝔈 den Winkel (𝔓 𝔄) halbirt, *disymmetrisch* nach den Richtungen der beiden zur Platte parallelen optischen Symmetrieaxen. Da sich die Spuren der optischen Axen mit der Wellenlänge ändern, so können correspondirende Curven gleichen Gangunterschiedes, welche verschiedenen Wellenlängen entsprechen, zum Durchschnitt gelangen; dieses Verhalten bedingt in der Anordnung der Interferenzfarben eine Abweichung von der Newton'schen Scala,[1] die um so mehr hervortreten muss, je stärker die Dispersion der optischen Axen ist (Taf. IX, Fig. 5, 6).

Mit den Spuren der optischen Axen ändert sich auch die Lage der Hauptisogyren. Im weissen Lichte bildet die Schaar dieser Curven in allen Stellungen der Platte mit Ausnahme der Normalstellung ein Büschel farbiger Hyperbeln oder wenigstens eine farbig umsäumte dunkle Hyperbel. Die Beobachtung der Vertheilung dieser Interferenzfarben gestattet einen Schluss auf die Dispersion der optischen Axen: je nachdem in der Diagonalstellung der Platte auf der convexen, dem Mittelpunkte des Gesichtsfeldes am nächsten liegenden Seite der Hyperbel eine rothe oder eine blaue Interferenzfarbe auftritt, ist der Winkel der optischen Axen für rothes Licht grösser oder kleiner als der für blaues Licht.

Monokline Krystalle. Da alle Krystalle des monoklinen Systems in ihrem optischen Verhalten denselben Grad von Symmetrie besitzen, so können wir in der folgenden Erläuterung an holoëdrische Krystalle anknüpfen. Für jede Wellenlänge fällt eine optische Symmetrieaxe mit der geometrischen Symmetrieaxe σ und eine optische Symmetrieebene mit der geometrischen Symmetrieebene 𝔖 zusammen. Daraus folgt, wie F. E. Neumann[2] erkannt hat, dass mit Bezug auf die Orientirung der ersten Mittellinie und der Ebene der optischen Axen drei Fälle möglich sind.

A. Fällt die Ebene 𝔈 der optischen Axen für alle Lichtgattungen in die Symmetrieebene 𝔖, so ändert sich mit der Wellenlänge ausser dem

---

[1] J. Herschel, Phil. Trans. R. S. London. 1820, 45.

[2] F. E. Neumann, Pogg. Ann. **35**, 381, 1835.

Winkel der optischen Axen auch die Lage der ersten und der zweiten Mittellinie. Das Interferenzbild einer Platte, die auf irgend einer der ersten Mittellinien senkrecht steht, kann im weissen Lichte zwischen gekreuzten Nicols in der Normalstellung oder in der Diagonalstellung nur noch *monosymmetrisch* sein nach der Spur der Ebene 𝕰. Diese *geneigte Dispersion* (dispersion inclinée nach Des Cloizeaux) wurde von Nörremberg am Gyps entdeckt.[1] In der schematischen Fig. 264 bedeuten *R, V* die ersten Mittellinien für rothes und violettes Licht, *r r* und *v v* die optischen Axen für diese Lichtsorten.

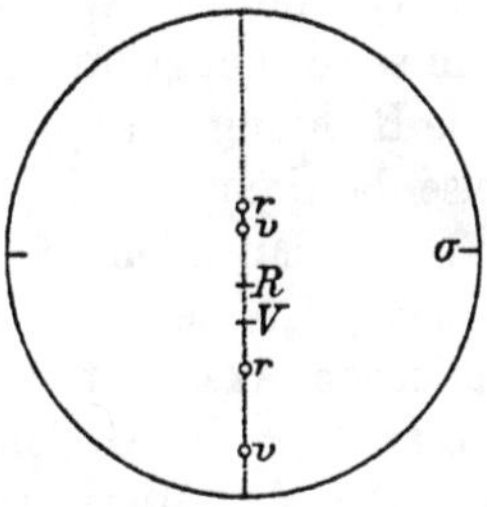

Fig. 264.

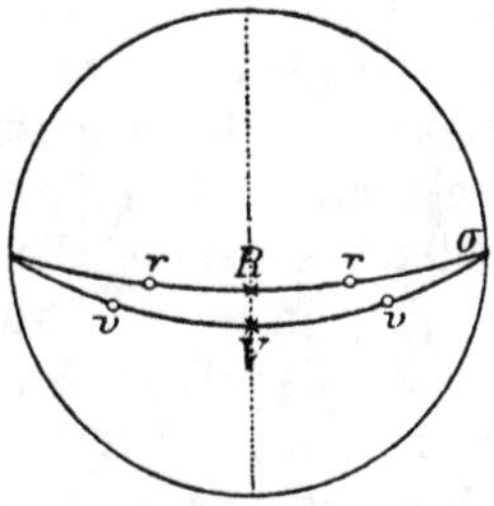

Fig. 265.

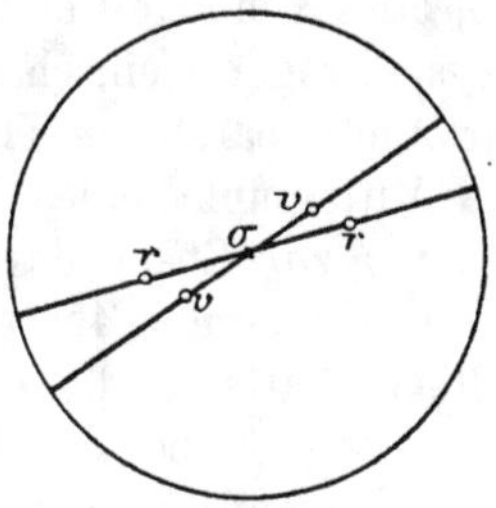

Fig. 266.

B$_1$. Steht die Ebene der optischen Axen für alle Lichtgattungen auf der Symmetrieebene 𝔖 senkrecht und fallen die ersten Mittellinien in diese Ebenen, so hängt ausser dem Winkel der optischen Axen noch die Lage der ersten Mittellinie in der Ebene 𝔖 von der Wellenlänge ab, während die zweite Mittellinie stets die Richtung der Axe σ behält (Fig. 265). Eine Platte, die auf irgend einer der ersten Mittellinien senkrecht steht, wird ein Interferenzbild erzeugen, welches unter den in A. angegebenen Voraussetzungen *monosymmetrisch* ist nach der auf den Ebenen der optischen Axen senkrechten Spur der Ebene 𝔖. Diese *horizontale Dispersion* (dispersion horizontale nach Des Cloizeaux) wurde von F. E. Neumann am Adular entdeckt.[2]

B$_2$. Endlich kann der Fall eintreten, dass die erste Mittellinie für alle Lichtgattungen mit der Symmetrieaxe σ zusammenfällt (Fig. 266). Alsdann ändert sich mit der Wellenlänge ausser dem Winkel der optischen Axen noch die Lage der zweiten Mittellinie in der Ebene 𝔖. Daher liefert eine zu dieser Ebene parallele Platte ein *centrisch symmetrisches* Interferenzbild. Diese *gekreuzte Dispersion* (dispersion croisée ou tournante nach Des Cloizeaux)

---

[1] F. E. Neumann, Pogg. Ann. **35**, 81, 1835. — Später hat V. von Lang (Sitzungsberichte Wien. Akad. **76** (2), 793, 1877) nachgewiesen, dass die geneigte Dispersion der optischen Symmetrieaxen im Gyps anormal ist, und dass gleichzeitig der Winkel der optischen Axen für die Fraunhofer'sche Linie *D* ein Maximum erreicht.

[2] F. E. Neumann, Pogg. Ann. **35**, 205, 1835.

wurde gleichzeitig von J. HERSCHEL[1] und von NÖRREMBERG[2] am Borax aufgefunden.

Trikline Krystalle. Die Interferenzbilder zeigen bei jeder Orientirung der Platte eine völlig unsymmetrische Vertheilung der Farben.

88. Bestimmung des Winkels der optischen Axen. — Soll an einer zur ersten Mittellinie senkrechten Platte der scheinbare Winkel der optischen Axen AB, $A'B'$ (Fig. 239, S. 449) mit Hülfe eines Polarisationsapparates für convergentes Licht gemessen werden, so bieten sich zwei Wege dar.

Die erste Methode erfordert einen hinreichend grossen Abstand des Objectivs von dem Condensor, um einen zur Axe z des Apparates senkrechten Krystallträger t einschalten zu können, der mit einem seitlich angebrachten, zur Axe z parallelen Theilkreise k verbunden ist. Die Richtung z sei durch den Mittelpunkt eines Fadenkreuzes ff' in der Weise bestimmt, dass der Faden f zur Ebene des Theilkreises parallel läuft. Die Polarisationsebenen 𝔓, 𝔄 seien unter 45° gegen f, f' geneigt. Bringt man jetzt die von t gehaltene Platte in die Lage, dass die Ebene ihrer optischen Axen parallel k ist, so werden bei der Drehung von t die Spuren dieser Axen im Gesichtsfelde sich auf dem Faden f bewegen und nach einander auf den Mittelpunkt

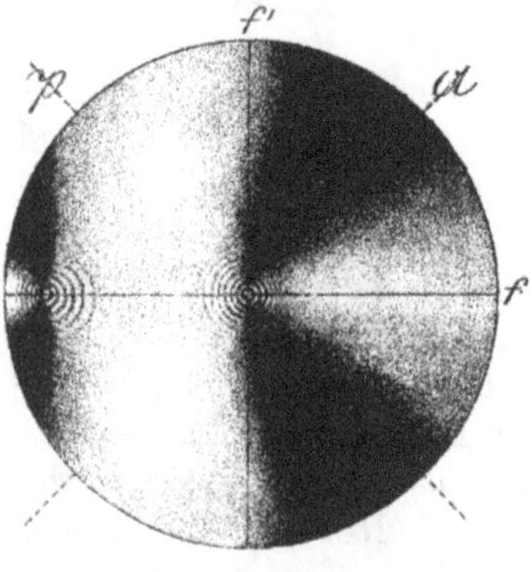

Fig. 267.

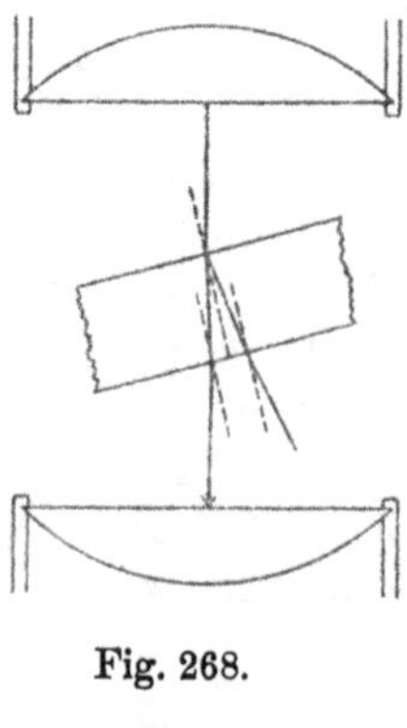

Fig. 268.

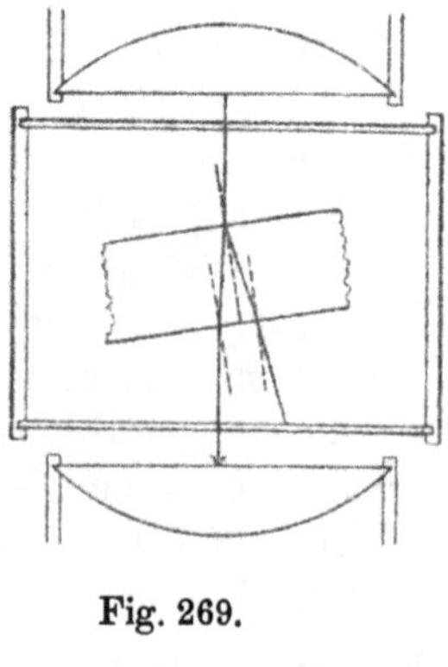

Fig. 269.

des Fadenkreuzes eingestellt werden können (Fig. 267). Die Differenz der Ablesungen an dem Theilkreise in diesen beiden Stellungen giebt den gesuchten Winkel (AB, $A'B'$). Je nachdem sich die Platte in Luft oder in einer Flüssigkeit befindet (Fig. 268, 269), bezeichnet man nach DES CLOIZEAUX diesen Winkel mit $2\,E_a$ oder $2\,H_a$. Alsdann ist:

$$\sin V = \frac{1}{\alpha_2} \sin E_a = \frac{n}{\alpha_2} \sin H_a,$$

falls n den Brechungsindex der Flüssigkeit bedeutet.

[1] J. HERSCHEL, Corresp. math. et phys. de l'obs. de Bruxelles. **7**, 77, 1839; Pogg. Ann. **26**, 308, 1832.

[2] NÖRREMBERG, Pogg. Ann. **26**, 309, 1832; **35**, 380, 1835. — F. E. NEUMANN, Pogg. Ann. **35**, 84, 1835.

Steht eine hinreichend grosse Krystallplatte zur Verfügung, so kann man zur Bestimmung des Winkels $2E_a$ mit Vortheil ein Reflexionsgoniometer (Fig. 193, 196) benutzen, an welchem vor dem Collimator und hinter dem Ocular Nicol'sche Prismen angebracht sind.[1]

Kleinere Platten bringt man in einen *Axenwinkelapparat.* Fig. 270 stellt den einfacheren der beiden von R. Fuess construirten Apparate dar. Die optischen Theile desselben sind dem auf S. 451 beschriebenen Polarisationsapparate (Fig. 241) entlehnt. Der von den Säulen *S*, *S'* getragene Theilkreis *K* führt in einer centralen Durchbohrung die Axe *B*, welche mit Hülfe des Armes *D* gedreht werden kann. An einem zu *D* senkrecht stehenden Arme sitzen zwei Nonien, welche Minuten angeben. In *B*

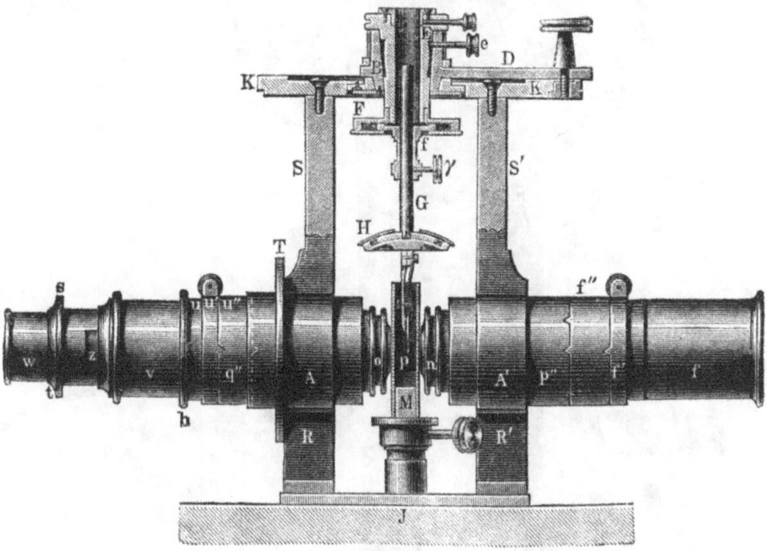

Fig. 270.

befindet sich eine zweite Axe *E*, an welche der Krystallträger geschraubt wird. Derselbe besteht aus der Scheibe *F*, in der eine Platte *f* verschoben werden kann. Die centrale Durchbohrung von *f* nimmt den vertical verschiebbaren Stab *G* auf, an welchem der Petzval'sche Träger *H* mit der Pincette *P* sitzt.[2]

Dem zu genaueren Messungen bestimmten Axenwinkelapparate[3] (Fig. 271) sind zwei Beleuchtungsvorrichtungen beigegeben. Die eine derselben dient, wie die entsprechende Vorrichtung der gewöhnlichen Polarisationsapparate zu Beobachtungen im Lichte einfarbiger Flammen oder im weissen Lichte. Die andere enthält ein Spektroskop, dessen Combination mit dem Axenwinkelapparate die Messung des scheinbaren Winkels der optischen Axen für Licht von bestimmter Wellenlänge nach der von G. Kirchhoff angegebenen Methode[4] gestattet. In Fig. 271 bedeuten *C* das mit einem

[1] F. E. Neumann, Pogg. Ann. **35,** 85, 1835.

[2] A. Des Cloizeaux, Ann. des mines (6) **6,** 572, 1864; Pogg. Ann. **126,** 403, 1865. — V. von Lang, Sitzungsber. Wien. Akad. **45** (2), 587, 1862; **55** (2), 545, 1867; Rep. d. Exp.-Phys. **3,** 201, 1867. — P. Groth, Pogg. Ann. **144,** 49, 1871. — Th. Liebisch, Ber. üb. d. wiss. Instr. etc. 345.

[3] Th. Liebisch, N. Jahrb. f. Min. 1885, **1,** 180.

[4] G. Kirchhoff, Pogg. Ann. **108,** 567, 1859; Gesammelte Abh. Leipzig 1882, 577. — V. von Lang, Sitzungsber. Wien. Akad. **76** (2), 805, 1877. Zeitschr. f. Kryst.

geradlinigen Spalt versehene Collimatorrohr, c die Schraube, durch welche die Spaltweite regulirt wird, B das Prisma und D das Fernrohr des Spektroskops. Die ganze Vorrichtung kann durch den Trieb d bewegt werden. Um eine bestimmte Stelle des Spektrums mit dem verticalen Faden des Beobachtungsfernrohres F zur Deckung zu bringen, wird das mit dem Collimator C fest verbundene Prisma durch die Mikrometerschraube T gedreht. Da die Trommel von T getheilt ist, so kann der Apparat, nachdem er einmal für bestimmte Linien des Spektrums justirt ist, mit beliebigen

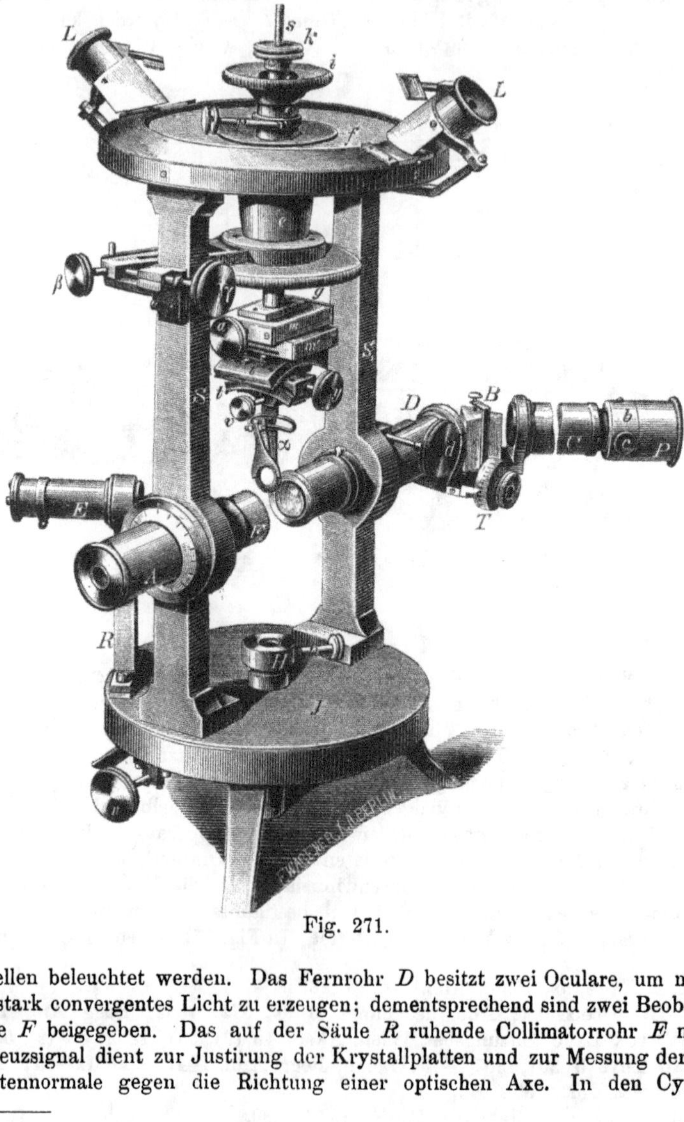

Fig. 271.

Lichtquellen beleuchtet werden. Das Fernrohr D besitzt zwei Oculare, um mehr oder minder stark convergentes Licht zu erzeugen; dementsprechend sind zwei Beobachtungsfernrohre F beigegeben. Das auf der Säule R ruhende Collimatorrohr E mit einem Fadenkreuzsignal dient zur Justirung der Krystallplatten und zur Messung der Neigung der Plattennormale gegen die Richtung einer optischen Axe. In den Cylinder H,

2, 492, 1878. — H. Dufet, Bull. soc. franç. de min. **9**, 275, 1886; Journ. de phys. (2) **5**, 564, 1886.

welcher mit Hülfe der Schraube n gehoben oder gesenkt werden kann, wird der Träger eines Gefässes zur Aufnahme einer Flüssigkeit oder ein Erhitzungsapparat eingesetzt. An dem Theilkreise f können direct halbe Minuten abgelesen werden. Der Krystallträger besteht, wie der Centrir- und Justirkopf der Reflexionsgoniometer (Fig. 193, 196), aus zwei ebenen Schlitten und zwei Cylinderschlitten. Die Einstellung der Krystallplatte wird wesentlich erleichtert durch eine Pincette α, welche eine bequeme Drehung der Platte in ihrer Ebene gestattet.

Eine zweite, an dem Mikroskop Fig. 245 durchzuführende Messungsmethode gründet sich auf das von E. ABBE[1] 1873 angegebene Verfahren zur Bestimmung der Spur p' einer Welle W in der hinteren Brennebene des Objectivsystems S' (Fig. 248). Eine zur ersten Mittellinie senkrechte Platte befinde sich auf dem Objecttische in der Stellung, dass die Richtung der Mittellinie mit der Axe des Mikroskops zusammenfällt. Dann gelten die Relationen (S. 477):

$$\sin E = \frac{1}{n}\frac{O'p'}{f}, \quad \sin V = \frac{1}{\alpha_2}\frac{O'p'}{f}.$$

Demnach ist zur Berechnung von E resp. V die Kenntniss der Aequivalentbrennweite f des Objectivsystems, des Brechungsindex n resp. α_2 und des Abstandes $O'p'$ erforderlich. f kann direct gemessen[2] oder indirect aus bekannten Werthsystemen $E, n, O'p'$ resp. $V, \alpha_2, O'p'$ berechnet werden. Zur Messung von $O'p'$ wird das Hülfsmikroskop mit einem Ocularschraubenmikrometer versehen.[3]

Soll dieses Verfahren nicht nur angenäherte, sondern möglichst genaue Werthe für E und V liefern, so ergiebt sich aus der ABBE'schen Theorie optischer Instrumente, dass vor Allem das Objectivsystem S' in Bezug auf zwei seiner Axe angehörende Punkte aplanatisch, oder, wenn Messungen für verschiedene Wellenlängen auszuführen sind, apochromatisch sein muss. Ferner müssen die Strahlen, welche die Spur p' erzeugen, vor der Brechung in S' nahe am ersten aplanatischen Punkte die Axe geschnitten haben; um dieser Bedingung zu genügen, wird in der hinteren Brennebene des Hülfsobjectivs ein geeignetes Diaphragma angebracht. Endlich ist darauf zu achten, dass die Messung des Abstandes der Spuren der optischen Axen genau in der hinteren Brennebene des Objectivsystems S' erfolge.

89. Die Beobachtung des Austritts der optischen Axen auf Flächen, welche zur Ebene der optischen Axen A, A' senkrecht stehen, kann man benutzen zur *Ermittelung des wahren Winkels der optischen Axen* $(AA') = 2V$ *und des mittleren Hauptbrechungsindex* α_2.

Es seien N, N' die Normalen zweier Flächen h, h' aus der Zone der optischen Symmetrieaxe X_2, deren Winkel gegen die Halbirungsgerade X_3 des Winkels $2V$ bekannt sind:

$$(NX_3) = q, \quad (N'X_3) = q'.$$

Auf h trete die Axe A, auf h' die Axe A' aus: die Richtungen dieser Axen nach dem Austritt seien bezeichnet mit B, B'. Setzen wir:

$$(NA) = r, \quad (N'A') = r', \quad (NB) = i, \quad (N'B') = i' \quad (X_3B) = e, \quad (X_3B') = e',$$

[1] Vgl. die auf S. 448 citirten Abhandlungen.

[2] Die Methoden zur Messung von f sind ausführlich beschrieben in: L. DIPPEL, Das Mikroskop. 2. Aufl. Braunschweig. **1**, 329—339, 1882.

[3] Ohne die ABBE'sche Theorie optischer Instrumente und die darauf beruhenden Messungsmethoden zu kennen hat E. MALLARD gefunden, dass der Abstand $O'p'$ dem Werthe von $\sin E$ proportional ist (Bull. soc. min. de France **5**, 77, 1882).

so bestehen die Relationen:

(1) $$\alpha_2 = \frac{\sin i}{\sin r} = \frac{\sin i'}{\sin r'} \quad .$$

(2) $$q = r + V = i + e, \quad q' = r' + V = i' + e',$$

falls A zwischen N und X_3, A' zwischen N' und X_3 liegt. Wir haben also sechs Gleichungen zwischen zehn Grössen, von denen q, q', i, i' gemessen werden können. Eliminiren wir aus (1) und (2) die Winkel r, r', e, e' und den Index α_2, so ergiebt sich eine von H. de Senarmont[1] aufgestellte Gleichung zur Berechnung von V:

(3) $$\tan\left(\frac{q+q'}{2} - V\right) = \tan\frac{q-q'}{2}\,\frac{\tan\frac{1}{2}(q+q'-e-e')}{\tan\frac{1}{2}(q-q'-e+e')} = \tan\frac{q-q'}{2}\,\frac{\tan\frac{1}{2}(i+i')}{\tan\frac{1}{2}(i-i')}.$$

Alsdann folgen aber sofort aus (2) die Werthe von r, r' und aus (1) der Werth von α_2.

Liegt N zwischen X_3 und A, A' zwischen X_3 und N', so wird:

$$q = -r + V = -i + e, \quad q' = r' + V = i' + e',$$

$$\tan\left(\frac{q+q'}{2} - V\right) = \tan\frac{q-q'}{2}\,\frac{\tan\frac{1}{2}(i-i')}{\tan\frac{1}{2}(i+i')},$$

Von hervorragender praktischer Bedeutung sind die folgenden durch Symmetrieeigenschaften ausgezeichneten speciellen Fälle.

a. Steht h auf der Symmetrieaxe X_3 senkrecht, so ist $q = 0$, also:

$$\tan\left(\frac{q'}{2} - V\right) = -\tan\frac{q'}{2}\,\frac{\tan\frac{1}{2}(i-i')}{\tan\frac{1}{2}(i+i')}.$$

Dieser Fall tritt ein, wenn ein Krystall des rhombischen Systems in seiner Begrenzung das zur ersten Mittellinie senkrechte Flächenpaar und ausserdem ein auf der Ebene der optischen Axe senkrecht stehendes Prisma darbietet, derart, dass die optischen Axen durch jenes Flächenpaar unter dem Winkel $2i$ und durch die beiden Flächenpaare des Prismas unter dem Winkel $2(q'-i')$ austreten können.

b. Steht h auf der ersten Mittellinie X_3 und h' auf der zweiten Mittellinie X_1 senkrecht, so ist $q = 0$, $q' = 90^0$, folglich:

$$\tan V = \frac{\sin i}{\sin i'}.$$

Unter den Methoden zur Bestimmung der Constanten optisch zweiaxiger Krystalle ist keine häufiger angewendet worden als dieses von Des Cloizeaux[2] vorgeschlagene *Verfahren zur Ermittelung von $2V$ und α_2 durch Messung der scheinbaren Winkel der optischen Axen an zwei Platten, von denen die eine zur ersten, die andere zur zweiten Mittellinie senkrecht steht.*

Liegt A zwischen N und X_3, X_3 zwischen A' und N', so wird:

$$q = r + V = i + e, \quad -q' = -r' + V = -i' + e',$$

$$\tan\left(\frac{q-q'}{2} - V\right) = \tan\frac{q+q'}{2}\,\frac{\tan\frac{1}{2}(i-i')}{\tan\frac{1}{2}(i+i')}.$$

---

[1] H. de Senarmont, Ann. chim. phys. (3) **33**, 412, 1851; Pogg. Ann. **86**, 55, 1852.
[2] A. Des Cloizeaux, Compt. rend. **52**, 784, 1861.

In dem besonderen Falle, wo die beiden optischen Axen gleichzeitig aus einer Fläche, welche der Zone der Symmetrieaxe X_2 angehört, austreten, ist $q = q'$, folglich:

$$\tan V = \tan q \frac{\tan \frac{1}{2}(i' - i)}{\tan \frac{1}{2}(i' + i)}.$$

90. Wenn der Winkel der optischen Axen $(AA') = 2V$ an einer Platte, welche zur Ebene der optischen Axen nicht senkrecht steht, bestimmt werden soll, so müssen der scheinbare Winkel der optischen Axen $(\mathfrak{A}\mathfrak{A}') = 2\mathfrak{E}$ und die Neigungen von $\mathfrak{A}$, $\mathfrak{A}'$ gegen die Plattennormale N gemessen werden, und ausserdem muss die mittlere Hauptlichtgeschwindigkeit $\mathfrak{a}_2$ bekannt sein.[1]

Bezeichnet man die Fortpflanzungsgeschwindigkeit in dem äusseren Mittel durch $\mathfrak{v}$, und setzt man die Winkel (Fig. 272):

$$(AN) = n, \quad (A'N) = n', \quad (\mathfrak{A}N) = \mathfrak{n}, \quad (\mathfrak{A}'N) = \mathfrak{n}',$$

so bestehen folgende Gleichungen:

$$\sin n : \sin \mathfrak{n} = \sin n' : \sin \mathfrak{n}' = \mathfrak{a}_2 : \mathfrak{v}$$
$$\cos 2V = \cos n \cos n' + \sin n \sin n' \cos (ANA')$$
$$\cos 2\mathfrak{E} = \cos \mathfrak{n} \cos \mathfrak{n}' + \sin \mathfrak{n} \sin \mathfrak{n}' \cos (ANA').$$

Hieraus ergiebt sich zunächst:

$$\mathfrak{a}_2{}^2 \cos 2\mathfrak{E} - \mathfrak{v}^2 \cos 2V - \mathfrak{a}_2{}^2 \cos \mathfrak{n} \cos \mathfrak{n}' = - \mathfrak{v}^2 \cos n \cos n'.$$

Quadrirt man diese Relation, so können n, n' eliminirt werden, und man erhält eine quadratische Gleichung für $2V$.

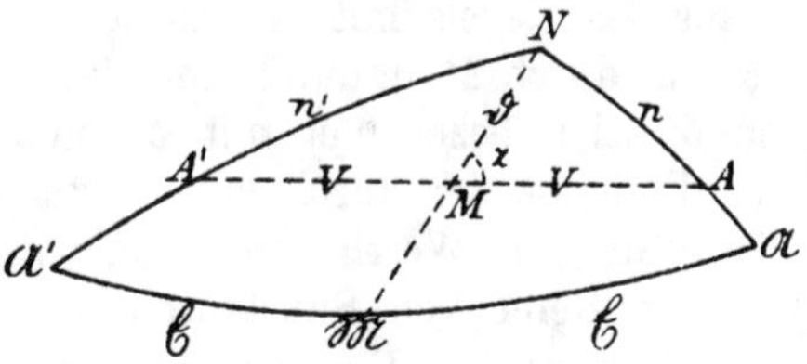

Fig. 272.

Um diese Berechnung und die Beobachtung der Winkel $\mathfrak{n}$, $\mathfrak{n}'$ zu vermeiden, wird man eine Platte zu schleifen suchen, welche möglichst genau senkrecht zur ersten Mittellinie M steht. Alsdann wird der aus dem gemessenen Winkel $2\mathfrak{E}$ nach der Relation:

$$\text{(a)} \qquad \mathfrak{a}_2 \sin \mathfrak{E} = \mathfrak{v} \sin U$$

berechnete Winkel $2U$ um so mehr von $2V$ abweichen, je fehlerhafter die Orientirung der Platte war. Es erhebt sich nun die Frage, welchen Betrag der Fehler der Orientirung nicht überschreiten darf, wenn die Differenz $2U - 2V$ unter einer gewissen Grenze bleiben soll.

Eine nähere Untersuchung[2] zeigt, dass der aus (a) gewonnene Winkel $2U$ grösser oder kleiner als $2V$ ist, je nachdem $\mathfrak{v} >$ oder $< \mathfrak{a}_2$ gewählt wurde. Ferner ergiebt sich, dass $2U$ nicht nur dann mit $2V$ übereinstimmt, wenn die Plattennormale N mit der ersten Mittellinie M zusammenfällt,

[1] G. Kirchhoff, Pogg. Ann. **108**, 571, 1859.

[2] B. Hecht, N. Jahrb. f. Min. 1887, **1**, 250.

sondern auch, *wenn N in die durch M gehende, auf der Ebene der optischen Axen A, A' senkrechte Ebene fällt.*

Diesen letzteren Satz kann man in folgender Weise ableiten. Zunächst ist ersichtlich, dass die Plattennormale N, die erste Mittellinie M und die Halbirungsgerade $\mathfrak{M}$ des Winkels $(\mathfrak{A}\mathfrak{A}')$ in einer Ebene liegen. Steht nun NM auf AA' senkrecht, so ist $(NMA) = (N\mathfrak{M}\mathfrak{A}) = 90^0$, also:

$$\sin V = \sin n \sin(ANM), \quad \sin \mathfrak{E} = \sin \mathfrak{n} \sin(\mathfrak{A}N\mathfrak{M}),$$

folglich:

$$\sin V = \frac{\mathfrak{a}_2}{\mathfrak{v}} \sin \mathfrak{E} = \sin U.$$

Es sei $\mathfrak{v} > \mathfrak{a}_2$. Setzt man $\mathfrak{a}_2 : \mathfrak{v} = \sin W$ und beschreibt um die optischen Axen A, A' Kreiskegel mit dem Oeffnungswinkel $2W$, so können jene *beiden* Axen nur aus denjenigen Platten austreten, deren Normalen N gleichzeitig innerhalb der *beiden* Kreiskegel liegen. Fällt N ausserhalb des um A beschriebenen Kreiskegels, so wird die in der Richtung A sich fortpflanzende Welle an der Austrittsfläche der Platte total reflectirt. Die Normalen aller Platten des Krystalls, an denen man dieselben Werthe für $2\mathfrak{E}$ und $2U$ gewinnt, gehören einem elliptischen Kegel an, und die Gesammtheit dieser Kegel erfüllt den Raum, der jenen Kreiskegeln gemein ist. Einem gegebenen Werthe der Differenz $U - V$ entspricht ein bestimmter elliptischer Kegel. Jede Gerade desselben ist durch ein Werthepaar $(NM) = \vartheta$ und $(NMA) = \chi$ definirt. Insbesondere erhalten wir für $\chi = 0$ und $\chi = 90^0$ je eine Schnittgerade des Kegels mit der Ebene der optischen Axen und der zu ihr senkrechten, durch M hindurchgehenden Symmetriebene; die zugehörigen Werthe von ϑ seien bezeichnet mit ϑ_0 und ϑ_{90}. Um nun eine Vorstellung von dem Einflusse der durch ein Werthepaar ϑ, χ bestimmten Orientirung der Platte auf den Werth von U zu vermitteln, sind in der folgenden Tabelle für eine Reihe von Substanzen *die Winkel ϑ_0 und ϑ_{90} angegeben, welche einer Differenz $U - V = 0{,}1^0$ entsprechen.* Die letzte Reihe enthält die Werthe von $U_m - V$, worin U_m das aus der Relation:

$$\sin^2 U_m = \sin V \sin W \cos(W - V)$$

zu berechnende Maximum des Winkels U bedeutet.

	α_2	V	$1/\mathfrak{v} = 1$				$1/\mathfrak{v} = 1{,}6$			
			W	ϑ_0	ϑ_{90}	$U_m - V$	W	ϑ_0	ϑ_{90}	$U_m - V$
Cerussit . .	2,0763	4,12 ⁰	28,79 ⁰	6,70 ⁰	28,50 ⁰	6,09 ⁰	50,41 ⁰	14,58 ⁰	50,27 ⁰	7,16 ⁰
Aragonit . .	1,6816	8,92	36,49	6,02	35,50	7,69	72,08	24,21	71,80	6,04
Schwerspath	1,6374	18,39	37,64	3,84	33,37	6,86	77,72	23,67	76,90	4,97
Topas . . .	1,6150	32,61	38,26	1,62	21,04	2,58	82,19	23,37	80,32	3,43
Anglesit . .	1,8830	33,42	32,08	—	—	—	58,18	5,06	50,69	7,26
Schwefel . .	2,0383	36,17	29,38	—	—	—	51,72	3,28	39,73	5,75
Olivin . . .	1,678	43,87	36,58	—	—	—	72,46	7,36	65,04	5,75

Hieraus geht hervor, dass es für die Bestimmung des Winkels der optischen Axen am günstigen ist, *wenn die Platte in eine Flüssigkeit getaucht wird, deren Brechungsindex* $1/\mathfrak{v}$ *möglichst nahe an dem mittleren Hauptbrechungsindex des Krystalls liegt.* Im Allgemeinen wird hierzu $1/\mathfrak{v} = 1,6$ ausreichen. Nur bei Substanzen, die einen grossen Winkel $2V$ und gleichzeitig eine starke Lichtbrechung besitzen (wie Anglesit und Schwefel), würde dann in dem für jene Bestimmung ungünstigsten Falle, wo die Plattennormale N in die Ebene der optischen Axen fällt ($\chi = 0$, $\vartheta = \vartheta_0$), eine Abweichung dieser Normale von der ersten Mittellinie im Betrage von ca. 3^0 einen Fehler von ca. $0,1^0$ in V hervorrufen.

91. Bestimmung des Charakters der Doppelbrechung. — Eine äusserst bequeme Methode zur Bestimmung des Charakters der Doppelbrechung einer Krystallplatte in einem Polarisationsapparate für convergentes Licht ist von H. W. Dove angegeben worden.[1] Sie beruht auf der Combination der zu untersuchenden Platte H mit einer zweiten Krystallplatte H', deren Dicke so gewählt ist, dass die beiden in H' in der Richtung der Plattennormale sich fortpflanzenden Wellen W_1', W_2' einen Gangunterschied von $^1/_4$ oder von $^3/_4$ Wellenlängen über eine beliebige Anzahl von ganzen Wellenlängen erreichen. Schaltet man H' zwischen den Polarisator und die Platte H derart ein, dass die Polarisationsebene $\mathfrak{P}$ der aus dem Polarisator tretenden Welle den Winkel der Polarisationsebenen $\mathfrak{H}_1'$, $\mathfrak{H}_2'$ von W_1', W_2' halbirt, so ist die aus der Interferenz von W_1' und W_2' hervorgehende Welle circularpolarisirt. Die Dove'sche Methode besteht also darin, die Krystallplatte H im *circularpolarisirten* convergenten Lichte zu untersuchen. Dieselben Erscheinungen treten auf, wenn H' unter dem Analysator in der Stellung angebracht wird, dass $\mathfrak{H}_1'$ und $\mathfrak{H}_2'$ unter 45^0 gegen die Polarisationsebene $\mathfrak{A}$ der aus dem Analysator tretenden Welle geneigt sind.

Der Erläuterung dieser Methode schicken wir folgende Bemerkungen voraus.

Im Allgemeinen beschreibt ein Aethertheilchen, welches gleichzeitig von den Bewegungen zweier aus einer doppeltbrechenden Krystallplatte austretenden, senkrecht gegen einander polarisirten und in derselben Richtung sich fortpflanzenden Lichtwellen W_1', W_2' ergriffen wird, eine *elliptische* Bahn, deren Mittelpunkt in die Ruhelage des Theilchens fällt. Eine elliptisch polarisirte Welle heisst eine *linke* oder eine *rechte*, je nachdem der in der Schwingungsellipse eines Theilchens in der Richtung der Bewegung desselben liegende und nach dem Mittelpunkte der Ellipse hinsehende Beobachter die Fortpflanzungsrichtung der Welle mit der ausgestreckten linken oder der ausgestreckten rechten Hand bezeichnet.

Ist der Gangunterschied Γ' von W_2' und W_1' gleich einer ganzen Anzahl von Wellenlängen vermehrt um eine Grösse, die kleiner als eine halbe Wellenlänge ist, so erhält man den Bewegungssinn der elliptischen Schwingung, indem man von der Polarisationsebene $\mathfrak{P}$ der einfallenden Welle, aus deren Brechung W_1 und W_2' hervorgehen, zur Polarisationsebene $\mathfrak{H}_2'$ der *langsameren* Welle W_2' in der Weise übergeht, dass man den spitzen Winkel ($\mathfrak{P}\,\mathfrak{H}_2'$) beschreibt.

---

[1] H. W. Dove, Pogg. Ann. **40**, 457, 482, 1837. — A. Bertin, Ann. chim. phys. (4) **13**, 240, 1868.

Besitzen W_2' und W_1' insbesondere einen Gangunterschied von $^1/_4$ oder $^3/_4$ Wellenlängen über eine beliebige Anzahl von ganzen Wellenlängen, $\Gamma' = (4q + 1)\lambda/4$ oder $= (4q - 1)\lambda/4$, so liegen die Hauptaxen der Schwingungsellipse parallel zu den Polarisationsebenen $\mathfrak{H}_1'$, $\mathfrak{H}_2'$ der interferirenden Wellen. Soll die Bahn ein *Kreis* werden, so muss ausserdem noch die Bedingung $(\mathfrak{P}\,\mathfrak{H}_1') = \pm 45^0$ erfüllt sein. Der Bewegungssinn ergiebt sich dann aus folgendem Schema:

Γ'	$(\mathfrak{P}\,\mathfrak{H}_1') = +45^0$	$(\mathfrak{P}\,\mathfrak{H}_1') = -45^0$
$(4q+1)\frac{\lambda}{4}$	↺	↻
$(4q-1)\frac{\lambda}{4}$	↻	↺

Dabei ist $(\mathfrak{P}\,\mathfrak{H}_1')$ positiv gerechnet im Sinne der Bewegung des Uhrzeigers.

Zur Herstellung einer Krystallplatte, welche einen Gangunterschied von $(4q+1)\lambda/4$ für mittleres gelbes Licht hervorruft, bedient man sich nach einem Vorschlage von G. B. Airy[1] des Glimmers (Muscovit). Durch fortgesetzte Spaltung kann man ein Blättchen herstellen, welches der Bedingung $\Gamma = \lambda/4$ genügt. Dieses „Viertelundulationsglimmerblättchen" muss im senkrecht einfallenden weissen Lichte zwischen gekreuzten Nicols Graublau erster Ordnung zeigen und in Verbindung mit einer zur optischen Axe senkrechten Platte eines einaxigen Krystalls von bekanntem Charakter der Doppelbrechung in einem Polarisationsapparate für convergentes Licht eines der in Fig. 273, 274 dargestellten Interferenzbilder liefern. Um die Lage der Polarisationsebenen $\mathfrak{H}_1'$, $\mathfrak{H}_2'$ zu bestimmen, beachten wir, dass im Muscovit die erste Mittellinie sehr nahe senkrecht zur Spaltfläche steht, und der Charakter der Doppelbrechung negativ ist. Daher liegen $\mathfrak{H}_1'$ und $\mathfrak{H}_2'$ parallel und senkrecht zur Spur der Ebene der optischen Axen.

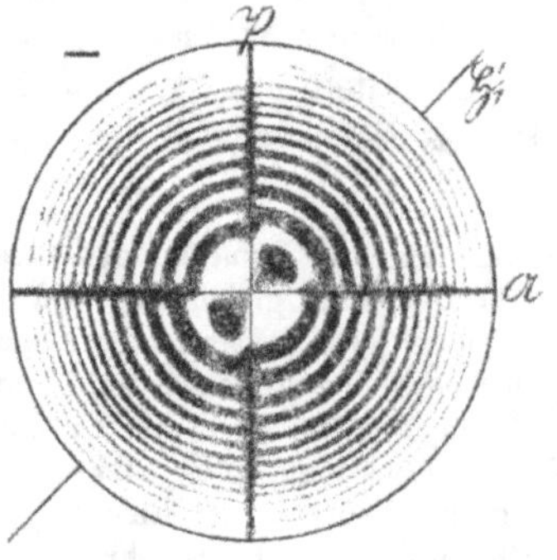

Fig. 273.

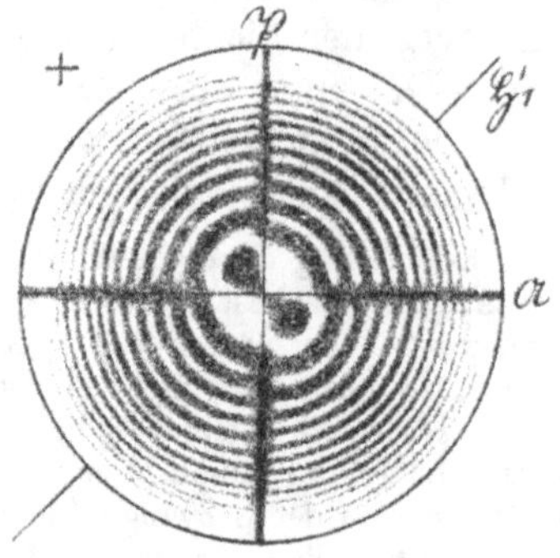

Fig. 274.

Optisch einaxige Krystalle.

Wir betrachten im homogenen convergenten polarisirten Lichte zwischen gekreuzten Nicols die Combination einer zur optischen Axe senkrechten Platte H eines gewöhnlichen einaxigen Krystalls und eines $\lambda/4$-Glimmerblättchens H', welches über oder unter H so eingeschaltet ist, dass die Spur $\mathfrak{H}_1'$ der Ebene der optischen Axen den positiven Quadranten $\mathfrak{P}\mathfrak{A}$ halbirt (Fig. 273, 274;

[1] G. B. Airy, Cambr. Phil. Trans. **4**, 313, 1832. Pogg. Ann. **26**, 140, 1832.

Taf. III, Fig. 6). *Alsdann erscheinen, je nachdem der Charakter der Doppelbrechung in H negativ oder positiv ist, die Curven gleichen Gangunterschiedes in den beiden Quadranten, welche durch die Spur $\mathfrak{H}_1'$ halbirt werden, erweitert oder verengert.* Das entgegengesetzte Verhalten zeigen die beiden anderen Quadranten. In Folge hiervon treten nahe dem Mittelpunkte des Interferenzbildes in den Quadranten, wo die Erweiterung der Ringe stattfindet, zwei schwarze Flecken auf, deren Verbindungsgerade mit der Spur $\mathfrak{H}_1'$, dem Charakter der Doppelbrechung in H entsprechend, das Zeichen $-$ oder $+$ bildet.

Das Interferenzbild verändert sich nicht, wenn der unter der Platte H liegende Glimmer mit dem Polarisator, oder der über H liegende Glimmer mit dem Analysator zusammen gedreht wird, so dass beständig $(\mathfrak{P}\,\mathfrak{H}_1') $ oder $(\mathfrak{H}_1'\mathfrak{A}) = +45^0$ bleibt. *Charakteristisch ist also in der ersten resp. zweiten Anordnung die Lage der schwarzen Flecke gegen den feststehenden Analysator resp. Polarisator.*

Wir setzen voraus, der Glimmer liege *unter* der Platte H, so dass $(\mathfrak{P}\,\mathfrak{H}_1') = +45^0$ ist. Dann fällt eine *links*-circularpolarisirte Welle auf H. Der Schwingungszustand an der Eintrittsfläche von H sei zur Zeit t dargestellt durch:

$$\varrho_1 = \frac{a}{\sqrt{2}} \sin 2\pi \frac{t}{T} \quad \ldots\ldots \parallel \mathfrak{H}_1'.$$

$$\varrho_2 = \frac{a}{\sqrt{2}} \sin\left(2\pi\frac{t}{T} - \frac{\pi}{2}\right) = -\frac{a}{\sqrt{2}} \cos 2\pi\frac{t}{T} \quad \ldots\ldots \parallel \mathfrak{H}_2'$$

Wie der soeben beschriebene Versuch lehrt, können wir die Polarisationsebenen $\mathfrak{H}_1'$, $\mathfrak{H}_2'$ um die Einfallsrichtung beliebig drehen. Wir können sie also auch zusammenfallen lassen mit den Polarisationsebenen $\mathfrak{H}_1$, $\mathfrak{H}_2$ zweier Wellen von gemeinsamer Fortpflanzungsrichtung in H. Dann ist die Lichtbewegung an der Austrittsfläche von H darzustellen durch:

$$\varrho_1 = \frac{a}{\sqrt{2}} \sin 2\pi \left(\frac{t}{T} - \frac{o_1}{\lambda}\right) \quad \ldots\ldots \parallel \mathfrak{H}_1$$

$$\varrho_2 = -\frac{a}{\sqrt{2}} \cos 2\pi \left(\frac{t}{T} - \frac{o_2}{\lambda}\right) \quad \ldots\ldots \parallel \mathfrak{H}_2.$$

Setzen wir den im Sinne des Uhrzeigers gerechneten Winkel $(\mathfrak{A}\,\mathfrak{H}_1) = \alpha$, so sind die Componenten von ϱ_1, ϱ_2 nach der *feststehenden* Polarisationsebene $\mathfrak{A}$:

$$\sigma_1 = \varrho_1 \cos\alpha, \quad \sigma_2 = \varrho_2 \sin\alpha \quad \ldots\ldots \quad \mathfrak{A},$$

und der Schwingungszustand in der austretenden Welle ist gegeben durch $\sigma_1 + \sigma_2$. Demnach erhalten wir für das Quadrat der Amplitude dieser Welle:

$$\mathsf{A}^2 = \frac{a^2}{2}\left[\cos^2\alpha + \sin^2\alpha + 2\cos\alpha\sin\alpha\cos\left(2\pi\frac{\Gamma}{\lambda} + \frac{\pi}{2}\right)\right]$$

oder:

$$(1) \qquad \mathsf{A}^2 = \frac{a^2}{2}\left[1 - \sin 2\alpha \sin 2\pi\frac{\Gamma}{\lambda}\right].$$

Die Intensität des Lichtes, mit welcher die Spur dieser Welle im Gesichtsfelde auftritt, hängt also auch von dem *Vorzeichen* des Gangunterschiedes $\Gamma = o_2 - o_1$ ab. Vollkommene Dunkelheit herrscht dort, wo gleichzeitig:

$2\pi \frac{\Gamma}{\lambda} = + \frac{4n+1}{2}\pi$	$+ \frac{4n-1}{2}\pi$	$- \frac{4n+1}{2}\pi$	$- \frac{4n-1}{2}\pi$
$\alpha = \frac{\pi}{4}$	$\frac{3\pi}{4}$	$\frac{3\pi}{4}$	$\frac{\pi}{4}$

ist. Beachten wir jetzt, dass Γ positive oder negative Werthe annimmt, je nachdem der Charakter der Doppelbrechung der Platte H *positiv* oder *negativ* ist. Dann ist ersichtlich, dass in dem ersten Falle die vollkommen dunklen Stellen auf den Schnittpunkten der Kreise $\Gamma = (4n+1)\lambda/4$ mit der Geraden $\alpha = \pi/4$ und der Kreise $\Gamma = (4n-1)\lambda/4$ mit der Geraden $\alpha = 3\pi/4$ liegen. Hierdurch erklärt sich die Lage der erweiterten und der verengerten Ringe gegen die Polarisationsebene $\mathfrak{A}$ in Fig. 274. Ist Γ negativ, so erhalten wir die in Fig. 273 dargestellte Anordnung der Ringe.

Optisch zweiaxige Krystalle.

Wir schalten jetzt, nachdem die Nicols wieder in gekreuzte Stellung gebracht sind, eine zur ersten Mittellinie senkrechte Platte H eines optisch zweiaxigen Krystalls derart ein, dass die Spur der Ebene der optischen Axen A, A' in die Polarisationsebene $\mathfrak{A}$ fällt. Dabei möge die Spur $\mathfrak{H}_1'$ der Ebene der optischen Axen des Glimmers wieder den positiven Quadranten $\mathfrak{P}\mathfrak{A}$ halbiren. Alsdann erscheinen, je nachdem der Charakter der Doppelbrechung in H *negativ* oder *positiv* ist, die Curven gleichen Gangunterschiedes in den beiden Quadranten, welche durch die Spur $\mathfrak{H}_1'$ halbirt werden, *erweitert* oder *verengert*. Gleichzeitig treten in der Nähe der Spuren von A, A' zwei schwarze Flecken auf, welche im ersten Falle $\mathfrak{H}_1'$ zugewendet, im zweiten Falle von $\mathfrak{H}_1'$ abgewendet liegen, so dass sie, wenn der Winkel (AA') bis Null abnehmen könnte, die in Fig. 273, 274 angegebenen Lagen einnehmen würden.

Sind die Curven gleichen Gangunterschiedes um die Spuren der optischen Axen A, A' herum sehr eng, so ist diese Erweiterung oder Verengerung derselben in der Normalstellung nicht deutlich wahrzunehmen. In diesem Falle drehe man die Platte H in die Diagonalstellung, so dass die Ebene AA' den Winkel $(\mathfrak{P}\mathfrak{A})$ halbirt. Alsdann beobachtet man, am besten im Na-Lichte, dass durch die Einschaltung des Glimmers die Curven gleichen Gangunterschiedes in den beiden durch $\mathfrak{H}_1' \parallel AA'$ halbirten Quadranten eine Verschiebung vom Mittelpunkte des Gesichtsfeldes fort oder nach diesem Punkte hin erfahren, je nachdem der Charakter der Doppelbrechung in H negativ oder positiv ist.

92. Kennt man an einer zur ersten Mittellinie senkrechten Platte die Lage der Ebene der optischen Axen, so kann man den Charakter der Doppelbrechung in einem Polarisationsapparate für senkrecht einfallendes Licht durch Combination mit einem *Keil* oder einem *Gypsblättchen* nach dem auf S. 473, 474 beschriebenen Verfahren bestimmen, indem man beachtet, dass jener Charakter negativ oder positiv ist, je nachdem die schnellere der beiden in der Richtung der Plattennormale sich fortpflanzenden Wellen parallel oder senkrecht zur Ebene der optischen Axen polarisirt ist. Die Umkehrung dieser Regel gilt für Platten, die zur zweiten Mittellinie senkrecht stehen. Wird eine zur Ebene der optischen Axen parallele Platte, in welcher die

Richtung der ersten Mittellinie bekannt ist, nach demselben Verfahren geprüft, so ergiebt sich ein negativer oder ein positiver Charakter der Doppelbrechung, je nachdem die Polarisationsebene der schnelleren Welle zur ersten Mittellinie senkrecht oder parallel liegt.

Hieraus ist sofort ersichtlich, wie die entsprechenden Regeln für Platten optisch einaxiger Krystalle lauten, an denen man im convergenten polarisirten Lichte die Richtung des Hauptschnittes bestimmt hat.

93. Krystallzwillinge. — Unter den Interferenzerscheinungen, welche von Combinationen planparalleler Krystallplatten hervorgerufen werden, interessiren uns vor allem die für Krystallzwillinge charakteristischen Phänomene.

Optisch einaxige Krystalle.

Wir stellen eine Zwillingsplatte her, indem wir zwei gleich dicke Platten eines einaxigen Krystalls von übereinstimmender Orientirung so über einander legen, dass ihre Hauptschnitte zusammenfallen und die Richtungen ihrer optischen Axen A_1, A_2 symmetrisch zur Plattennormale N liegen. Betrachtet man diese Combination im homogenen convergenten Lichte zwischen gekreuzten Nicols in den beiden Lagen, wo die Ebene $A_1 A_2$ mit $\mathfrak{P}$ zusammenfällt (Normalstellung) oder den Winkel ($\mathfrak{P}\,\mathfrak{A}$) halbirt (Diagonalstellung), so erhält man je nach der Neigung der Platten gegen die optischen Axen die auf Taf. VII, Fig. 3, 6 und Taf. VIII, Fig. 1—6 dargestellten Interferenzbilder.[1]

Bezeichnet man mit J_0 die Intensität des in den Polarisator eintretenden Lichtes, mit ψ_1, ψ_2 die Winkel, unter welchen die Verbindungsebenen der Fortpflanzungsrichtung Q mit den optischen Axen A_1 und A_2 gegen die Ebene $A_1 A_2$ geneigt sind, ferner mit Γ_1 und Γ_2 die Gangunterschiede, welche die in der Richtung Q in der ersten und der zweiten Platte sich fortpflanzenden Wellenpaare erreichen, endlich mit J die Intensität des Lichtes an derjenigen Stelle des Gesichtsfeldes, wo die Spur dieser Wellen auftritt, so ist (vgl. S. 472, 1):

$$J = J_0 \left[a_1 \sin^2 \pi \frac{\Gamma_1}{\lambda} + a_2 \sin^2 \pi \frac{\Gamma_2}{\lambda} + b_1 \sin^2 \pi \frac{\Gamma_1 + \Gamma_2}{\lambda} + b_2 \sin^2 \pi \frac{\Gamma_1 - \Gamma_2}{\lambda} \right].$$

Hierin bedeuten die Coëfficienten a_1, a_2, b_1, b_2 in der

Normalstellung	*Diagonalstellung*
$a_1 = \sin 2\psi_1 \cos 2\psi_2 \sin 2(\psi_1 - \psi_2)$	$a_1 = \cos 2\psi_1 \sin 2\psi_2 \sin 2(\psi_2 - \psi_1)$
$a_2 = \cos 2\psi_1 \sin 2\psi_2 \sin 2(\psi_2 - \psi_1)$	$a_2 = \sin 2\psi_1 \cos 2\psi_2 \sin 2(\psi_1 - \psi_2)$
$b_1 = \sin 2\psi_1 \sin 2\psi_2 \cos^2(\psi_2 - \psi_1)$	$b_1 = \cos 2\psi_1 \cos 2\psi_2 \cos^2(\psi_2 - \psi_1)$
$b_2 = - \sin 2\psi_1 \sin 2\psi_2 \sin^2(\psi_2 - \psi_1)$	$b_2 = - \cos 2\psi_1 \cos 2\psi_2 \sin^2(\psi_2 - \psi_1)$.

[1] Unvollständige Beschreibungen und Erklärungsversuche gaben Chr. Langberg (Pogg. Ann. Erg.-Bd. **1**, 529, 1842), G. S. Ohm (Abh. München. Akad. Math.-phys. Cl. **7**, 41, 265, 1855; Pogg. Ann. **90**, 327, 1853; vgl. C. Neumann, Fortschr. d. Phys. **9**, 224; **11**, 287), van der Willigen (Arch. musée Teyler. **3**, 241, 1873; Pogg. Ann.

Der Ausdruck für J enthält die Erklärung der auf Taf. VII, Fig. 3—6 *und* Taf. VIII, Fig. 1—6 *dargestellten Interferenzbilder.* Es handelt sich um die Aufsuchung der absolut oder relativ dunklen Stellen des Gesichtsfeldes. In dieser Hinsicht müssen wir beachten, dass J aus vier Gliedern zusammengesetzt ist, deren Coëfficienten zu je dreien einen Factor gemein haben. Daraus folgt, dass in dem Gesichtsfelde Gebiete vorhanden sein werden, wo nur einer jener Coëfficienten von Null verschieden ist. In den hierdurch ausgezeichneten Gebieten sind daher die dunklen Stellen dadurch bestimmt, dass eine der Bedingungen:

$$\sin^2\pi\frac{\Gamma_1}{\lambda}=0,\quad \sin^2\pi\frac{\Gamma_2}{\lambda}=0,\quad \sin^2\pi\frac{\Gamma_1+\Gamma_2}{\lambda}=0,\quad \sin^2\pi\frac{\Gamma_1-\Gamma_2}{\lambda}=0$$

erfüllt ist. Die beiden ersten Relationen definiren *die primären Systeme von Curven gleichen Gangunterschiedes,* $\Gamma_1 = n\lambda$ und $\Gamma_2 = n\lambda$, welche die Platten einzeln genommen darbieten würden; je nach der Schnittrichtung der Platten erhalten wir Ellipsen, Parabeln oder Hyperbeln (S. 483). Dazu treten die durch die beiden letzten Relationen definirten *secundären Systeme von Curven gleichen Gangunterschiedes* $\Gamma_1 + \Gamma_2 = n\lambda$ und $\Gamma_1 - \Gamma_2 = n\lambda$. Das erste System besteht aus concentrischen Kegelschnitten, deren Centrum mit dem Mittelpunkte des Gesichtsfeldes zusammenfällt. Bezeichnen wir die Winkel $NA_1 = NA_2$ mit μ, so ergeben sich für die Werthe von μ, welche kleiner als $54^3/_4{}^0$ sind, *Ellipsen* (Taf. VII, Fig. 3—6), für $\mu = 54^3/_4{}^0$ *gerade Linien, welche zur Ebene der optischen Axen* A_1, A_2 *parallel laufen* (annähernd erreicht in Taf. VIII, Fig. 1, 2), und für grössere Winkel μ *Hyperbeln* (Taf. VIII, Fig. 3—6). Das zweite System wird von *geraden Linien gebildet, welche zur Ebene* $A_1 A_2$ *senkrecht stehen* (sehr deutlich auf Taf. VII, Fig. 3, 4, aber auch noch in Fig. 5, 6 erkennbar); da auf der mittleren Geraden der Gangunterschied Null ist, so wird man im *weissen* Lichte eine Anzahl dieser Geraden als *farbige,* zur Ebene $A_1 A_2$ senkrechte Streifen wahrnehmen.

Durch specielle Werthe der Winkel ψ_1, ψ_2 sind in dem Gesichtsfelde ausgezeichnet: die Spur der Ebene $A_1 A_2$, die Geraden, welche in den primären Interferenzbildern dunkel erscheinen würden, der Kreis $\mathfrak{K}$ mit dem Durchmesser $A_1 A_2$. Hiervon ausgehend, betrachten wir nach einander die beiden Stellungen der Zwillingsplatte.

Normalstellung. Auf der Spur der Ebene $A_1 A_2$ (ψ_1 und $\psi_2 = 0$ oder 180⁰) herrscht die Intensität Null (Taf. VII, Fig. 3, 5; Taf. VIII, Fig. 1, 3). Auf der zu $A_1 A_2$ senkrechten Geraden der primären dunklen Kreuze (ψ_1 oder $\psi_2 = \pm 90^0$) sind lediglich die primären Curven sichtbar und zwar auf dem durch A_1 resp. A_2 gehenden Querbalken das zu A_2 resp. A_1 gehörige Ring-

Jub.-Bd. 491, 1874) und A. Bertin (Ann. chim. phys. 6 (2), 485, 1884). — Nachdem ich die auf Taf. VII und VIII im Lichtdruck reproducirten photographischen Aufnahmen im Natrium-Licht ausgeführt hatte (1888), gelang es Fr. Pockels alle Einzelheiten dieser Interferenzbilder zu erklären (Nachr. Ges. d. Wiss. Göttingen 1890).

system (sehr deutlich auf Taf. VII, Fig. 3). Auf dem Kreise $\mathfrak{K}$ ($\psi_2 - \psi_1 = \pm 90^0$) und zu beiden Seiten desselben auf beträchtliche Entfernungen hin erblickt man nur das secundäre Curvensystem zweiter Art, nämlich die Schaar der zu $A_1 A_2$ senkrechten Geraden (am deutlichsten auf Taf. VII, Fig. 3, in Fig. 5 noch mit Hülfe einer Lupe).

In der Nähe des schwarzen Balkens $A_1 A_2$ treten continuirliche relativ dunkle Curven des secundären Systems erster Art auf (Taf. VII, Fig. 3, 5; Taf. VIII, Fig. 1, 3). Dazwischen liegen abwechselnd helle und dunkle Flecken in schachbrettartiger Anordnung, die am deutlichsten auf Taf. VIII, Fig. 1, 3 hervortritt, weil sich diese Erscheinung für grosse Winkel μ über das ganze Gesichtsfeld erstreckt. Auf den durch die Spuren von A_1 und A_2 unter 45^0 gegen die Axenebene $A_1 A_2$ gelegten Geraden treten in der Nähe von A_1 und A_2 die primären Curvensysteme stark hervor (Taf. VII, Fig. 3, 5).

Diagonalstellung. In der Nähe der Ebene der optischen Axen $A_1 A_2$ ($\psi_1 = 0$, $\psi_2 = \pm 180^0$, oder $\psi_1 = \psi_2 = 0$ resp. 180^0) sieht man continuirliche Stücke des secundären Curvensystems erster Art (am besten Taf. VII, Fig. 6 und Taf. VIII, Fig. 4). Wie in der Normalstellung ist auf den Geraden, welche die dunklen Kreuze in den primären Interferenzfiguren bilden würden (ψ_1 oder $\psi_2 = \pm 45^0$, resp. $\pm 135^0$), nur je ein primäres Curvensystem zu erkennen; die Schnittpunkte jener Geraden und ihre nächste Umgebung erscheinen als absolut dunkle Flecke (Taf. VII, Fig. 4, 6). Auf dem Kreise $\mathfrak{K}$ ($\psi_2 - \psi_1 = \pm 90^0$) erblickt man wieder die Geraden, welche das secundäre Curvensystem zweiter Art bilden (namentlich auf Taf. VII, Fig. 4, aber auch noch mit Hülfe einer Lupe in dem unteren Axenpunkte der Fig. 6).

In der Mitte des Gesichtsfeldes zu beiden Seiten von $A_1 A_2$ wird das secundäre System erster Art unterbrochen durch das secundäre System zweiter Art (Taf. VII, Fig. 4, 6, besonders deutlich auf Taf. VIII, Fig. 2, 4). Continuirliche relativ dunkle Curven sind in der Diagonalstellung nicht vorhanden.

Ist der Winkel μ nur wenig von 90^0 verschieden, liegen die Platten also nahezu parallel zu den optischen Axen, so erblickt man lediglich die Hyperbeln des secundären Curvensystems erster Art (Taf. VIII, Fig. 5, 6), welche sich von den durch eine einfache Platte hervorgerufenen Hyperbeln gleichen Gangunterschiedes (Taf. III, Fig. 3, 4) sofort durch ihre centrische Lage unterscheiden.

Optisch zweiaxige Krystalle.

Analoge Erscheinungen beobachtet man an *Zwillingen von Diopsid* nach 100. Wie zuerst von J. W. Ewald[1] erkannt wurde, tritt durch (100) je eine optische Axe der zum Zwilling verbundenen Individuen aus. Sind

[1] J. G. Ewald, De crystallis duorum axium opticorum. Berolini 1837. Pogg. Ann. **56**, 174, 1842.

die beiden Individuen in der Richtung der Normale von (100) gleich dick, so erhält man im weissen Lichte in der Normalstellung das auf Taf. VI, Fig. 4 dargestellte Interferenzbild, in welchem namentlich die zur Ebene der optischen Axen senkrechten farbigen Geraden, das secundäre Curvensystem zweiter Art (S. 500), deutlich wahrzunehmen sind. Dasselbe Präparat zeigt im Na-Licht die Interferenzfigur Taf. VI, Fig. 5 mit den continuirlichen elliptischen Curven des secundären Systems erster Art und den dazwischen liegenden schachbrettartig angeordneten hellen und dunklen Flecken (S. 501). Ungleich dicke Individuen liefern im Na-Lichte das auf Taf. VI, Fig. 6 reproducirte Interferenzbild.

Eine erschöpfende Darstellung der Interferenzerscheinungen an Krystallzwillingen liegt ausserhalb des Rahmens dieser Schrift. Es möge indessen noch hingewiesen werden auf das Interferenzbild, welches eine zur optischen Axe senkrechte Platte von *Kalkspath* darbietet, wenn sie von einer Zwillingslamelle nach einer Gleitfläche durchsetzt wird (Taf. VII, Fig. 1, 2; vgl. S. 104), und auf die Interferenzfigur einer zur ersten Mittellinie $\mathfrak{c}$ senkrechten Platte aus einem Zwilling von *Aragonit* nach 110 (Taf. VI, Fig. 3).

Krystalle mit optischem Drehungsvermögen.

94. Im Jahre 1811 entdeckte F. Arago,[1] dass *Quarz* in der Richtung der Axe der Isotropie ein optisches Drehungsvermögen besitzt. Betrachtet man eine Quarzplatte, deren Flächen auf jener Axe senkrecht stehen, im senkrecht einfallenden homogenen Lichte zwischen gekreuzten Nicols, so erscheint sie im Allgemeinen nicht dunkel wie die entsprechenden Platten gewöhnlicher optisch einaxiger Krystalle. Die Intensität des austretenden Lichtes ändert sich auch nicht, wenn man die Platte in ihrer Ebene dreht. Man muss den Analysator um einen gewissen Winkel ω drehen, damit die Platte dunkel werde, wobei der von der Platte nicht eingenommene Theil des Gesichtsfeldes aufgehellt wird. Das aus der Platte austretende Licht ist also *linear polarisirt*, wie das einfallende; seine Polarisationsebene ist aber gegen die Polarisationsebene des eintretenden Lichtes um einen Winkel $\omega + x \, . \, 180^0$ *abgelenkt.* Um den Sinn und die Grösse des Ablenkungswinkels unzweideutig zu bestimmen, muss man eine Reihe von Platten mit wachsender Dicke prüfen.

95. Eingehendere experimentelle Untersuchungen wurden alsbald von J. B. Biot[2] angestellt. Zunächst ergab sich, dass die Drehung der Polarisationsebene proportional der Dicke der Quarzplatte ist. Bei gleich dicken

[1] F. Arago in der auf S. 444 citirten Abhandlung.

[2] J. B. Biot, Mém. de la Cl. des sc. math. et phys. de l'inst. imp. de France. Année 1812. **13**, 218, 1814. Mém. de l'acad. roy. des sc. de l'inst. de France. Année 1817. **2**, 41, 1819.

Platten aus verschiedenen Quarzkrystallen stimmt die Drehung ihrem absoluten Betrage nach zwar sehr nahe überein, ihrem Sinne nach kann sie aber verschieden sein, indem sie bei einem Theile der Krystalle nach *rechts* (für den Beobachter im Sinne der Bewegung des Uhrzeigers), bei den übrigen Krystallen dagegen nach *links* stattfindet.

Der Zusammenhang dieses Verhaltens mit der Flächenausbildung der Krystalle wurde von J. Herschel[1] aufgedeckt (Fig. 275, 276). *Je nachdem das optische Drehungsvermögen ein linkes oder ein rechtes ist, liegen die Flächen der trigonalen Pyramide* $s = (11\bar{2}1)$ *und der directen trigonalen Trapezoëder* $x = (51\bar{6}1)$, $y = (41\bar{5}1)$, $u = (31\bar{4}1)$ u. s. w. *links oben oder rechts oben an den abwechselnden Flächen des hexagonalen Prismas* $a = (10\bar{1}0)$ *und gleichzeitig links unten oder rechts unten an den Flächen des Grundrhomboëders* $p = (10\bar{1}1)$.

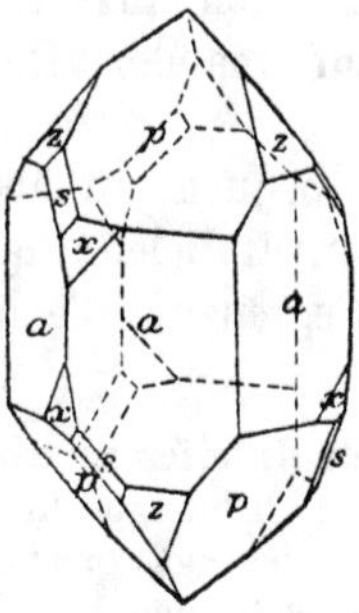

Fig. 275.

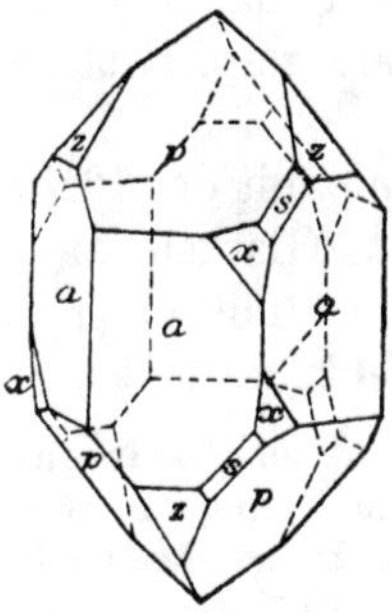

Fig. 276.

96. Durch die Versuche von Biot wurde ferner festgestellt, dass die durch eine planparallele Quarzplatte hervorgerufene Drehung der Polarisationsebene des senkrecht einfallenden linear polarisirten Lichtes *wächst,* wenn man successive homogenes rothes, gelbes . . . violettes Licht eintreten lässt. Diese Abhängigkeit der Drehung von der Wellenlänge bedingt, dass bei der Beleuchtung der Platte mit *weissem* Lichte eine besondere Art von *Dispersion* eintritt, indem die Polarisationsebene jeder in dem einfallenden Lichte enthaltenen Lichtgattung um einen anderen Winkel gedreht wird. *In Folge hiervon erscheint die Platte in einer von ihrer Dicke und der Stellung des Analysators gegen den Polarisator abhängigen Interferenzfarbe.*

Wir bezeichnen hinfort mit α den Drehungswinkel für eine Platte von 1 mm Dicke und eine Lichtgattung von der Wellenlänge λ in Luft. Ferner sei χ der Winkel zwischen den Polarisationsebenen $\mathfrak{P}$ und $\mathfrak{A}$ der aus dem Polarisator und dem Analysator tretenden Wellen. Alsdann bildet die Polarisationsebene $\mathfrak{H}$ der aus einer Platte von der Dicke l austretenden Welle mit $\mathfrak{A}$ den Winkel:

$$(\mathfrak{H}\mathfrak{A}) = \chi + l\,\alpha \quad \text{oder} \quad (\mathfrak{H}\mathfrak{A}) = \chi - l\,\alpha,$$

je nachdem die Platte ein linkes oder ein rechtes Drehungsvermögen besitzt. Demnach ist die Intensität der aus dem Analysator tretenden Welle proportional:

$$a^2 \cos^2(\chi \pm l\,\alpha), \tag{1}$$

[1] J. Herschel, Trans. Cambr. Phil. Soc. **1**, 43, 1821. Edinb. Phil. Journ. **4**, 371. 1821; **6**, 379, 1822. Pogg. Ann. **21**, 288, 1831. — H. W. Dove, Pogg. Ann. **40**, 607, 1837. Farbenlehre 1853, 247. — G. Rose, Monatsber. Berlin. Akad. 1844, 144. Abhandl. Berlin. Akad. 1846.

worin a die Amplitude der in die Platte eintretenden Welle bedeutet. Der Ausdruck (1), in welchem sich a und α mit der Wellenlänge λ ändern, ist also in der That *abhängig von der Dicke l und dem Winkel* ($\mathfrak{P}\mathfrak{A}$) $= \chi$.

Aus (1) ist ersichtlich, dass die Intensitäten verschiedener Lichtgattungen des einfallenden *weissen* Lichtes in ungleichem Masse geschwächt werden. Das aus dem Polarisationsapparate austretende Licht zeigt daher eine bestimmte Interferenzfarbe oder, wenn die Plattendicke hinreichend gross gewählt wird, das Weiss höherer Ordnung.

Die Abhängigkeit der Interferenzfarbe von der Stellung des Analysators gestattet in einfacher Weise Platten aus linken und aus rechten Krystallen von einander zu unterscheiden; dreht man den Analysator nach links resp. nach rechts, so folgen bei Linksquarz resp. Rechtsquarz auf einander: Roth, Gelb . . . Violett.

Um die Aenderung der Färbung mit der Plattendicke bequem zu überblicken, kann man einen mit einem Glaskeil zu einer planparallelen Platte verbundenen *Quarzkeil* benutzen, der mit einer seiner Begrenzungsflächen zur Axe der Isotropie senkrecht steht.

Zwischen *gekreuzten* Nicols erblickt man weit ausgebreitete Interferenzfarben, in denen man, wie bei den Newton'schen Farben (S. 465), mehrere Ordnungen unterscheiden kann. An der Stelle, wo die Dicke des Keils 7,50 mm beträgt, erscheint Violett. Hier fehlen, wie die spektrale Zerlegung ergiebt, in dem austretenden Lichte die hellsten gelben Strahlen des einfallenden weissen Lichtes, weil für diese, deren Wellenlänge $\lambda = 0{,}00055$ mm beträgt, die Drehung der Polarisationsebene 180^0 erreicht. (Fig. 277 veranschaulicht die Grösse der Drehungswinkel für eine Quarzplatte von 7,50 mm Dicke und für die Lichtgattungen, welche den Fraunhofer'schen Linien $B, \ldots G$ entsprechen.)

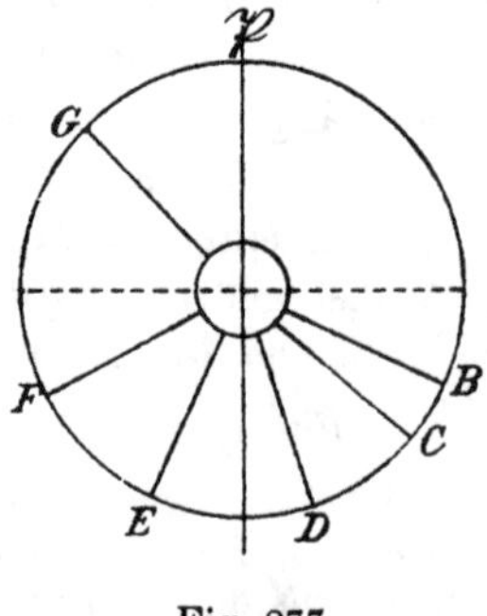

Fig. 277.

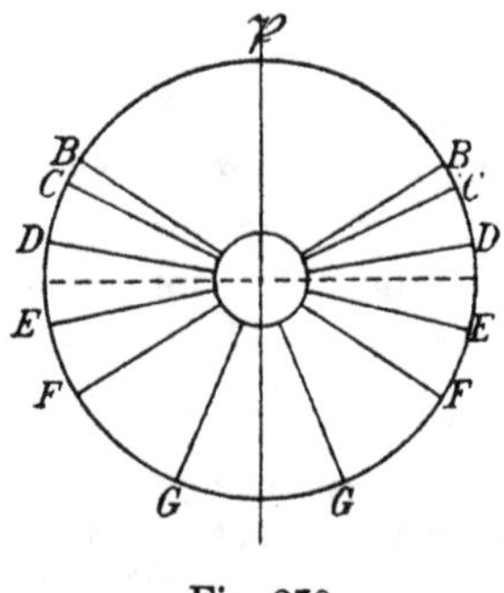

Fig. 278.

Legt man nun nach einem Vorschlage von Soleil zwei Quarzplatten von 7,50 mm Dicke, von denen die eine aus einem rechtsdrehenden, die andere aus einem linksdrehenden Krystall hergestellt ist, neben einander, so erscheint die *Doppelplatte* gleichmässig violett gefärbt, falls die beiden Nicols genau gekreuzt sind. Eine geringe Drehung eines der beiden Nicols bewirkt sofort eine auffallende Veränderung der Färbung in Roth der ersten Ordnung oder in Blau der zweiten Ordnung, je nach dem Drehungssinne in der einzelnen Platte. Daher kann man diese Doppelplatte benutzen, um mit Hülfe jener empfindlichen violetten Färbung (teinte sensible ou teinte de passage) zwei geradlinig polarisirende Vorrichtungen in die gekreuzte Lage einzustellen. — In analoger Weise kann eine Doppelplatte von 3,75 mm Dicke (Fig. 278) dazu dienen, jene Vorrichtungen in *parallele* Stellung zu bringen.

97. Die ungleichen Intensitätsänderungen, welche verschiedene Antheile des einfallenden weissen Lichtes erleiden, lassen sich nachweisen mit Hülfe der *spektralen Zerlegung* des austretenden Lichtes[1] (S. 468). Befinden sich anfänglich Polarisator und Analysator in *paralleler* Stellung ($\chi = 0$), so fehlen in dem Spektrum alle Lichtgattungen, deren Polarisationsebenen um 90°, 270°, ..., allgemein um:

$$l\alpha = (2n + 1)\,90^0 \qquad (n = 0, 1, 2 \ldots) \tag{2}$$

gedreht sind. Das Spektrum zeigt also *dunkle Streifen*, deren Anzahl N mit der Plattendicke l zunimmt. Um N aus (2) für das zwischen den Fraunhofer'schen Linien B und H gelegene Gebiet zu bestimmen, beachten wir, dass die Drehungswinkel für diese Grenzen 15° und 51° betragen. Daher ist N gegeben durch die Anzahl der ungeraden Zahlen, welche zwischen $l/6$ und $l.17/30$ fallen. Eine Quarzplatte von weniger als 30/17 mm Dicke kann also bei paralleler Stellung der Nicols keinen dunklen Streifen in jenem Bereich des Spektrums hervorrufen. Dagegen liefert z. B. eine Platte von 10 mm Dicke zwei dunkle Streifen.

Dreht man den Analysator um den Winkel χ in dem Sinne, welcher dem Drehungsvermögen der Platte entspricht, so wandern die Streifen gegen das violette Ende des Spektrums hin, denn es werden diejenigen Lichtgattungen ausgelöscht, welche der Bedingung:

$$l\alpha = (2n + 1)\,90^0 + \chi \tag{3}$$

genügen. Die Anzahl der Streifen kann hierdurch höchstens um eine Einheit geändert werden.

98. Auf dieser spektralen Zerlegung des aus dem Analysator tretenden Lichtes beruht die genaueste, zuerst von Broch[2] durchgeführte *Methode zur Ermittelung der Drehungswinkel für verschiedene Wellenlängen:* man bestimmt die Winkel χ, um welche der Analysator gedreht werden muss, damit ein dunkler Streifen der Reihe nach mit den Fraunhofer'schen Linien zusammenfällt, und berechnet daraus die Werthe von α. Es könnte scheinen, als seien hierzu relativ dünne Platten am geeignetsten, da bei ihnen geringe Drehungen des Analysators grosse Verschiebungen der Streifen bewirken. Aus (3) folgt nämlich:

$$\frac{d\alpha}{d\chi} = \frac{1}{l}.$$

Der Quotient $d\alpha/d\chi$, welcher als Mass für die Geschwindigkeit der Wanderung der Streifen gelten kann, ist also umgekehrt proportional der Plattendicke. Allein die Einstellung eines Streifens auf eine Linie des Spektrums hängt auch von der Breite des Streifens ab, und in dieser Hinsicht sind dicke Platten, welche schmale und scharfe Streifen erzeugen, vortheilhafter.

---

[1] J. Stefan, Sitzungsber. Wien. Akad. **50** (2), 88, 1864; Pogg. Ann. **122**, 631, 1864.
[2] Broch, Dove's Rep. d. Phys. **7**, 91, 113, 1846. Ann. chim. phys. (3) **34**, 119, 1852.

Die Messungen von J. STEFAN wurden an Quarzplatten angestellt, deren Gesammtdicke 70,08 mm betrug.

Die folgende Tabelle giebt eine Uebersicht der *Drehungswinkel* α *für eine Quarzplatte von* 1 mm *Dicke* nach den Messungen von BROCH, J. STEFAN und V. VON LANG:[1]

Fraunhofer'sche Linie	BROCH	STEFAN	V. VON LANG (21° C.)
B	15,30°	15,55°	—
C	17,24	17,22	17,299
D	21,67	21,67	21,727
E	27,46	27,46	—
F	32,50	32,69	32,722
G	42,20	42,37	—
H	—	50,98	—

L. BOLTZMANN[2] hat nachgewiesen, dass die von ihm auf theoretischem Wege abgeleitete *Dispersionsformel:*

$$\alpha = \frac{\mathfrak{B}}{\lambda^2} + \frac{\mathfrak{C}}{\lambda^4} + \frac{\mathfrak{D}}{\lambda^6} + \ldots,$$

worin λ die Wellenlänge in Luft bedeutet, die Beobachtungen von STEFAN mit grosser Genauigkeit darstellt. Mit Hülfe der von DITSCHEINER ermittelten Werthe der Wellenlängen ergab sich:

$$(1) \qquad \alpha = \frac{7{,}07018}{10^6\,\lambda^2} + \frac{0{,}14983}{10^{12}\,\lambda^4}.$$

Die hiernach berechneten Winkel α weichen nur um Hundertstel Grade von den beobachteten Werthen ab.

Sehr sorgfältige Messungen von J. L. SORET und ED. SARASIN[3] nach wesentlich verbesserten Methoden erstrecken sich auf das ganze Gebiet des *sichtbaren* und des *ultravioletten* Spektrums zwischen der Fraunhofer'schen Linie *A* und der Linie *Cd* 26 des Cadmiumspektrums bei 20° C. Den Grenzen dieses Bereiches entsprechen die Wellenlängen $760{,}4 \,.\, 10^{-6}$ mm und $214{,}31 \,.\, 10^{-6}$ mm in Luft und die Drehungswinkel 12,666° und 235,972°. Nach diesen Beobachtungen wird die Abhängigkeit des Drehungswinkels α von der Wellenlänge λ in Luft innerhalb der Grenzen des Sonnenspektrums zwischen den Linien *A* und *R* ($\lambda = 317{,}98 \,.\, 10^{-6}$) mit hinreichender Genauigkeit dargestellt durch:

$$(2) \qquad \alpha = \frac{7{,}106\,565}{10^6\,\lambda^2} + \frac{0{,}148\,693\,33}{10^{12}\,\lambda^4}.$$

[1] V. VON LANG, Sitzungsber. Wien. Akad. **74** (2), 209, 1876.

[2] L. BOLTZMANN, Pogg. Ann. Jub.-Bd. 128, 1874.

[3] J. L. SORET et ED. SARASIN, Arch. sc. phys. et nat. (2) **54**, 253, 1875; (3) **8**, 5, 97, 201, 1882.

Werden auch noch die äussersten Linien des Cadmiumspektrums berücksichtigt, so ergiebt sich:

$$\alpha = \frac{7{,}060\,741}{10^6\,\lambda^2} + \frac{0{,}168\,535\,2}{10^{12}\,\lambda^4} - \frac{0{,}002\,589\,487}{10^{18}\,\lambda^6} + \frac{0{,}000\,130\,708\,3}{10^{24}\,\lambda^8}.$$

Ueber die Drehung der Polarisationsebenen *ultrarother Wärmestrahlen* vgl. P. DESAINS, Pogg. Ann. **128**, 487, 1866; Compt. rend. **84**, 1056, 1877.

99. A. FRESNEL[1] gab die Erklärung des optischen Drehungsvermögens des Quarzes, indem er zeigte, *dass sich in der Richtung der Axe der Isotropie zwei Wellen fortpflanzen, die in entgegengesetztem Sinne circularpolarisirt sind und ungleiche Fortpflanzungsgeschwindigkeiten besitzen.* Je nachdem das Drehungsvermögen des Krystalls ein rechtes oder ein linkes ist, pflanzt sich die rechts- oder die linkscircularpolarisirte Welle mit der grösseren Geschwindigkeit fort.

Die Existenz der beiden Wellen wurde von FRESNEL experimentell festgestellt an einer sinnreichen Combination dreier Prismen. Sie lässt sich indessen, wie V. VON LANG[2] und A. CORNU[3] gefunden haben, schon an einem einfachen Prisma, dessen innerer Winkel durch die zur optischen Axe senkrechte Ebene halbirt wird, nachweisen. Bringt man das Prisma auf ein Spektrometer, dessen Spalt mit einfarbigem Lichte beleuchtet wird, so beobachtet man beim Minimum der Ablenkung zwei in entgegengesetztem Sinne circularpolarisirte Bilder, deren Abstand im Na-Lichte für einen Prismenwinkel von 60^0 etwa $27''$ beträgt. Je nachdem das Prisma einem Krystall mit rechtem oder linkem Drehungsvermögen entnommen ist, findet man das weniger abgelenkte Bild rechts oder links circularpolarisirt. Lässt man circularpolarisirtes Licht einfallen, so verschwindet das in dem entgegengesetzen Sinne circularpolarisirte Bild.[4]

Die FRESNEL'sche Prismencombination zeigt in einem Polarisationsapparat für senkrecht einfallendes Licht eine Schaar farbiger Interferenzstreifen, welche den Prismenkanten parallel laufen. Dass diese Streifen auch an dem einfachen Prisma von der soeben beschriebenen Orientirung wahrzunehmen sind, ist vor Kurzem von E. LOMMEL nachgewiesen worden (Ann. d. Phys. N. F. **36**, 731, 1889).

100. *Der Zusammenhang zwischen den Fortpflanzungsgeschwindigkeiten* $\mathfrak{v}', \mathfrak{v}''$ *der beiden circularpolarisirten Wellen, der Wellenlänge* λ *des angewandten homogenen Lichtes in Luft und dem Drehungswinkel* α ergiebt sich aus folgender Ueberlegung.

---

[1] A. FRESNEL, Ann. chim. phys. (2) **28**, 147, 1822. Pogg. Ann. **21**, 276, 1831. Oeuvr. compl. **1**, 731.

[2] V. VON LANG, Sitzungber. Wien. Akad. **60** (2), 767, 1869. Pogg. Ann. **140**, 460, 1870.

[3] A. CORNU, Compt. rend. **92**, 1365, 1881.

[4] Auch durch Interferenzversuche kann der Nachweis der Existenz jener beiden Wellen geführt werden. Vgl. BABINET, Compt. rend. **4**, 900, 1837. Pogg. Ann. **42**, 30, 1837. — J. STEFAN, Sitzungsber. Wien. Akad. **50** (2), 380, 1864. Pogg. Ann. **124**, 623, 1865. — A. CORNU, Compt. rend. **92**, 1369, 1881.

Geradlinig polarisirtes Licht falle auf eine zur Axe der Isotropie senkrechte planparallele Platte. Durch den Einfallspunkt O sei ein rechtwinkliges Coordinatensystem gelegt. Die Z-Axe falle in die Fortpflanzungsrichtung; die $+X$-Axe sei nach vorn, die $+Y$-Axe nach rechts gerichtet. Der Schwingungszustand in O zur Zeit t sei dargestellt durch:

$$x = a \sin 2\pi \frac{t}{T} = a \sin \chi,$$

worin a die Amplitude, T die Schwingungsdauer bedeuten. Jede geradlinige Schwingung kann in zwei circulare Schwingungen von entgegengesetztem Bewegungssinne zerlegt werden; setzen wir:

$$x = x' + y' + x'' + y'',$$

$$\left| \begin{aligned} x' &= \frac{a}{2} \sin \chi \\ y' &= \frac{a}{2} \cos \chi, \end{aligned} \right. \qquad \left| \begin{aligned} x'' &= \frac{a}{2} \sin \chi \\ y'' &= -\frac{a}{2} \cos \chi, \end{aligned} \right.$$

so stellen (x', y') eine rechte, (x'', y'') eine linke circulare Schwingung dar. Beim Austritt aus der Platte, deren Dicke mit l bezeichnet sei, wird der Bewegungszustand dargestellt durch:

$$\left| \begin{aligned} x' &= \frac{a}{2} \sin (\chi - \delta') \\ y' &= \frac{a}{2} \cos (\chi - \delta'), \end{aligned} \right. \qquad \left| \begin{aligned} x'' &= \frac{a}{2} \sin (\chi - \delta'') \\ y'' &= -\frac{a}{2} \cos (\chi - \delta''), \end{aligned} \right.$$

worin:

$$\delta' = 2\pi \frac{l}{\mathfrak{o}' T}, \quad \delta'' = 2\pi \frac{l}{\mathfrak{o}'' T}.$$

Hieraus folgt:

$$\begin{aligned} x' + x'' &= a \cos \frac{\pi l}{T} \left(\frac{1}{\mathfrak{o}'} - \frac{1}{\mathfrak{o}''} \right) \sin 2\pi \left[\frac{t}{T} - \frac{l}{2T} \left(\frac{1}{\mathfrak{o}'} + \frac{1}{\mathfrak{o}''} \right) \right] \\ y' + y'' &= a \sin \frac{\pi l}{T} \left(\frac{1}{\mathfrak{o}'} - \frac{1}{\mathfrak{o}''} \right) \sin 2\pi \left[\frac{t}{T} - \frac{l}{2T} \left(\frac{1}{\mathfrak{o}'} + \frac{1}{\mathfrak{o}''} \right) \right]. \end{aligned}$$

Diese beiden geradlinigen, auf einander senkrecht stehenden Schwingungen haben dieselbe Phase, unterscheiden sich aber durch ihre Amplituden. Aus ihrer Zusammensetzung resultirt eine geradlinige Schwingung mit der Amplitude a nach einer Richtung, welche gegen die X-Axe unter dem durch:

$$\tan l\alpha = \frac{y' + y''}{x' + x''}$$

gegebenen Winkel $l\alpha$ geneigt ist. *Demnach gilt für den Drehungswinkel α die Relation:*

$$\alpha = \frac{\pi}{\lambda} \left(\frac{\mathfrak{v}}{\mathfrak{o}'} - \frac{\mathfrak{v}}{\mathfrak{o}''} \right), \tag{1}$$

worin $\mathfrak{v}$ die Geschwindigkeit des Lichtes in Luft bedeutet. Je nachdem $\mathfrak{o}'$ kleiner oder grösser als $\mathfrak{o}''$ ist, wird α positiv oder negativ. *Die Drehung der Polarisationsebene erfolgt also nach links oder nach rechts, je nachdem die links- oder die rechtscircularpolarisirte Welle die schnellere ist.*

Nach (1) kann man aus dem Drehungswinkel α und der Wellenlänge λ in Luft die *Differenz der Brechungsindices:*

$$\omega' - \omega'' = \frac{\mathfrak{v}}{\mathfrak{v}'} - \frac{\mathfrak{v}}{\mathfrak{v}''}$$

der beiden in der Richtung der Axe der Isotropie sich fortpflanzenden circularpolarisirten Wellen berechnen. Legen wir die von J. STEFAN ermittelten Drehungswinkel α zu Grunde, so ergiebt sich:

	λ	α	$\omega' - \omega''$
B	0,000 687 mm	15,55°	0,000 059
C	656	17,22	063
D	589	21,67	071
E	527	27,46	080
F	486	32,69	088
G	431	42,37	101
H	397	50,98	111

101. Von den früher (S. 301–316) betrachteten Krystallen mit einer Axe der Isotropie unterscheidet sich der Quarz in seinem optischen Verhalten dadurch, dass in der Richtung und in der Nähe jener Axe die *Strahlenfläche* und der *Polarisationszustand* einer Lichtbewegung nicht mehr dem auf S. 304 ausgesprochenen Gesetze der Fortpflanzung und der Polarisation des Lichtes unterworfen sind.

Unter den experimentellen Methoden zur Bestimmung der Lichtgeschwindigkeiten bieten sich in erster Linie wieder die Prismenbeobachtungen (S. 295, 376) dar, welche die Gestalt einer ebenen Schnittcurve der Normalenfläche liefern. Zunächst ergeben sich an einem Prisma, dessen Kante die Richtung der Axe der Isotropie besitzt, die Werthe der Fortpflanzungsgeschwindigkeiten $\mathfrak{o}, \mathfrak{e}$ in einer auf dieser Axe senkrechten Richtung. Hierüber liegen umfassende Messungsreihen von F. RUDBERG,[1] E. ESSELBACH,[2] MASCART,[3] VAN DER WILLIGEN,[4] ED. SARASIN,[5] MOUTON[6] und J. MACÉ DE LÉPINAY[7] vor, aus denen u. A. die hohe Durchlässigkeit des Quarz für ultraviolette und ultrarothe Strahlen hervorgeht.

[1] F. RUDBERG, Pogg. Ann. **14,** 45, 1828.
[2] E. ESSELBACH, Pogg. Ann. **98,** 541, 1856.
[3] MASCART, Compt. rend. **57,** 789, 1863; **58,** 1111, 1864. Ann. de l'éc. norm. (1) **1,** 238, 1864.
[4] VAN DER WILLIGEN, Arch. musée Teyler **3,** 34, 1870.
[5] ED. SARASIN, Compt. rend. **85,** 1230, 1877. Arch. sc. phys. et nat. (2) **61,** 109, 1878.
[6] MOUTON, Compt. rend. **88,** 1087, 1189, 1879.
[7] J. MACÉ DE LÉPINAY, Compt. rend. **101,** 874, 1885. Journ. de phys. (2) **4,** 159, 261, 1885; **6,** 190, 1887.

Vor allem interessiren uns aber hier die sorgfältigen Messungen, welche V. VON LANG[1] an einem Quarzprisma ausgeführt hat, dessen Kante auf der Axe der Isotropie senkrecht stand und dessen Flächen gegen diese Axe nahezu gleich geneigt waren. Denn aus diesen Beobachtungen folgt, *dass im Quarz, der einen positiven Charakter der Doppelbrechung besitzt, in der Nähe der Axe der Isotropie die Geschwindigkeit der schnelleren Welle nicht constant ist, während gleichzeitig die Geschwindigkeit der langsameren Welle ein anderes Gesetz befolgt, als die ausserordentliche Welle in den gewöhnlichen positiven optisch einaxigen Krystallen.* Bezeichnet man die Neigung der Wellennormale gegen die Axe der Isotropie mit u, die Geschwindigkeiten der schnelleren und der langsameren Welle mit $\mathfrak{q}_1$ und $\mathfrak{q}_2$, so ergaben sich folgende Werthe für Na-Licht:

u	$1/\mathfrak{q}_1$	$1/\mathfrak{q}_2$
0° 27,0′	1,544 188 7	1,544 260 5
1 54,7	192 5	264 9
2 48,4	194 2	276 6
4 40,4	204 3	300 9
5 4,8	208 8	304 3

Diese Messungsresultate werden mit hinreichender Genauigkeit dargestellt durch die von V. VON LANG[2] auf theoretischem Wege abgeleitete *Gleichung der Normalenfläche:*

$$(1)\qquad (\mathfrak{o}^2 - \mathfrak{q}^2)\,[\mathfrak{o}^2 \cos^2 u + \mathfrak{e}^2 \sin^2 u - \mathfrak{q}^2] = \mathfrak{g}^4 \cos^4 u.$$

Hierin treten *drei Constanten* auf, nämlich die Hauptlichtgeschwindigkeiten $\mathfrak{o}$, $\mathfrak{e}$ für die zur Axe der Isotropie senkrechten Richtungen ($u = 90°$) und ausserdem die für das optische Drehungsvermögen charakteristische Constante $\mathfrak{g}$. In der That erhalten wir, wenn $\mathfrak{g} = 0$ ist, aus (1) die Normalenfläche der gewöhnlichen optisch einaxigen Krystalle (S. 307). Die Auflösung von (1) ergiebt:

$$(2)\qquad \mathfrak{q}^2 = \mathfrak{o}^2 - \tfrac{1}{2}(\mathfrak{o}^2 - \mathfrak{e}^2)\sin^2 u \pm \sqrt{\tfrac{1}{4}(\mathfrak{o}^2 - \mathfrak{e}^2)^2 \sin^4 u + \mathfrak{g}^4 \cos^4 u},$$

worin das obere Zeichen der schnelleren, das untere der langsameren Welle entspricht. Um nun aus (2) die Geschwindigkeiten $\mathfrak{q}_1$, $\mathfrak{q}_2$ für die in der Tabelle angegebenen Winkel u berechnen zu können, müssen die Constanten $\mathfrak{o}$, $\mathfrak{e}$, $\mathfrak{g}$ bekannt sein. V. VON LANG erhielt mit Benutzung der Hauptbrechungsindices:

$$\frac{1}{\mathfrak{o}} = 1{,}544\,224\,3\,, \quad \frac{1}{\mathfrak{e}} = 1{,}543\,324\,3$$

[1] V. VON LANG, Sitzungsber. Wien. Akad. **60** (2), 767, 1869. Pogg. Ann. **140**, 460, 1870.

[2] V. VON LANG, Pogg. Ann. **119**, 74, 1863. Sitzungsber. Wien. Akad. **75** (2), 719, 1877; Pogg. Ann. Erg.-Bd. **8**, 622, 1878.

und des Ergebnisses der ersten Messung ($u = 0^0\,27{,}5'$), welche bei weitem das meiste Vertrauen verdiente, aus (2) zunächst:

$$\frac{1}{\mathfrak{g}} = 226{,}495$$

und darauf folgende Brechungsindices:

u	$1/\mathfrak{q}_1$	Beob.-Rechn.	$1/\mathfrak{q}_2$	Beob.-Rechn.
1^0 54,7′	1,544 193 6	$-0{,}0_5 11$	1,544 265 6	$-0{,}0_5 07$
2 48,4	197 7	— 35	272 6	— 40
4 40,0	207 5	— 32	300 7	— 02
5 4,8	209 4	— 06	310 0	— 57

Die Uebereinstimmung zwischen Beobachtung und Berechnung ist daher ziemlich befriedigend.

Vergleicht man jetzt die aus der Gleichung der Normalenfläche für wachsende Winkel u berechneten Brechungsindices $1/\mathfrak{q}_1$ und $1/\mathfrak{q}_2$ mit den entsprechenden Werthen $1/\mathfrak{p}_1$ und $1/\mathfrak{p}_2$, welche sich aus denselben Hauptbrechungsindices $1/\mathfrak{o}$, $1/\mathfrak{e}$ ergeben würden, wenn die Constante $\mathfrak{g} = 0$ wäre:

u	$1/\mathfrak{q}_1$	$1/\mathfrak{p}_1 = 1/\mathfrak{o}$	$1/\mathfrak{q}_2$	$1/\mathfrak{p}_2$
0^0	1,544 188 4	1,544 224 3	1,544 260 2	1,544 224 3
5	209 3	„	4 308 1	4 292 9
10	220 0	„	4 500 9	4 496 5
15	222 5	„	4 830 9	4 829 0
20	223 4	„	5 281 6	5 280 6
25	224 2	„	5 838 2	5 838 0

so ist ersichtlich, *dass in Fortpflanzungsrichtungen, die unter 25^0 gegen die Axe der Isotropie geneigt sind, eine Abweichung von dem Huyghens'schen Gesetze der Fortpflanzung sich nicht mehr nachweisen lässt.*

Die Differenz der Brechungsindices der beiden in der Richtung der Axe der Isotropie sich fortpflanzenden circular polarisirten Wellen beträgt nach den Prismenbeobachtungen von V. von Lang für Na-Licht $1/\mathfrak{o}'' - 1/\mathfrak{o}' = 1{,}544\,260\,2 - 1{,}544\,188\,4 = 0{,}000\,071\,8$. Dieser Werth stimmt befriedigend überein mit dem aus Stefan's Messung des Drehungswinkels α für die Fraunhofer'sche Linie D berechneten Betrage 0,000 071 3 (S. 506). Jene Differenz ist also kleiner als $^1/_{20000}$ des Werthes eines der beiden Brechungsindices.

Um nun von der *Gestalt der Strahlenfläche im Quarz* (Fig. 279) eine Vorstellung zu gewinnen, können wir uns eine Deformation einer Huyghens'schen Strahlenfläche für einen Krystall von positivem Charakter der Doppelbrechung in dem Sinne ausgeführt denken, dass dadurch in der Nähe der Axe der Isotropie das Ellipsoid ein wenig abgeplattet, die Kugel dagegen etwas erweitert wird.

Aus den Gleichungen der Normalenflächen für Quarz und für einen gewöhnlichen optisch einaxigen Krystall mit denselben Hauptlichtgeschwindigkeiten $\mathfrak{o}$, $\mathfrak{e}$ (S. 307) ergiebt sich:

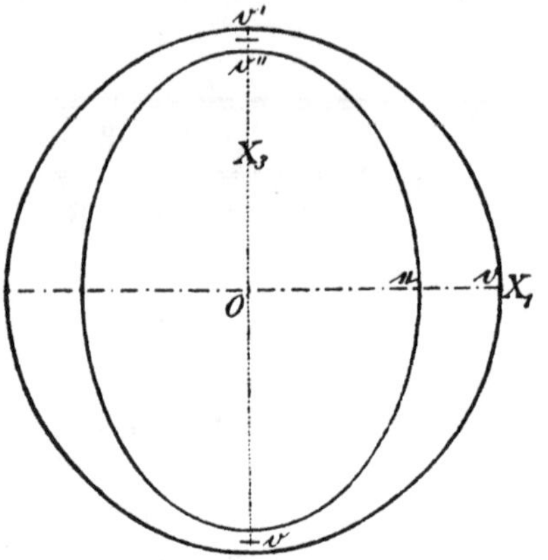

Fig. 279.

$$\tfrac{1}{2}(\mathfrak{q}_1^2 + \mathfrak{q}_2^2) = \tfrac{1}{2}(\mathfrak{p}_1^2 + \mathfrak{p}_2^2).$$

Berücksichtigt man nun, dass die Differenzen $\mathfrak{q}_1 - \mathfrak{p}_1$ und $\mathfrak{p}_2 - \mathfrak{q}_2$ merklich gleich sind, so folgt, dass auch:

$$\tfrac{1}{2}(\mathfrak{q}_1 + \mathfrak{q}_2) = \tfrac{1}{2}(\mathfrak{p}_1 + \mathfrak{p}_2)$$

ist; d. h. für irgend eine Fortpflanzungsrichtung im Quarz ist das arithmetische Mittel der beiden Geschwindigkeiten $\mathfrak{q}_1$, $\mathfrak{q}_2$ gleich dem arithmetischen Mittel jener Geschwindigkeiten $\mathfrak{p}_1$, $\mathfrak{p}_2$, welche derselben Fortpflanzungsrichtung in einem Krystall ohne optisches Drehungsvermögen aber mit denselben Hauptlichtgeschwindigkeiten $\mathfrak{o}$, $\mathfrak{e}$ entsprechen würden.[1]

102. In dem Interferenzbilde, welches von einer zur Axe senkrechten Quarzplatte im homogenen *convergenten* polarisirten Lichte zwischen gekreuzten Nicols erzeugt wird, bilden die Curven gleichen Gangunterschiedes eine Schaar concentrischer Kreise. Die zu den Polarisationsebenen $\mathfrak{P}$, $\mathfrak{A}$ parallelen Balken des schwarzen Kreuzes reichen, wenn die Plattendicke 1 mm übersteigt, nicht wie bei den basischen Platten gewöhnlicher optisch einaxiger Krystalle bis zum Mittelpunkte des Gesichtsfeldes. Das centrale Feld erscheint im Allgemeinen hell; nur wenn die Dicke der Platte so gewählt wird, dass die Drehung der Polarisationsebene für die angewandte Lichtgattung ein ganzzahliges Vielfaches von 180° beträgt, ist das Gesichtsfeld in der Nähe des Mittelpunktes vollkommen dunkel.

Dreht man den Analysator, so zerfällt jeder dunkle Hauptkreis in vier Bogenstücke, die sich erweitern und verengern, je nachdem jene Drehung im Sinne des Drehungsvermögens der Platte oder in dem entgegengesetzten Sinne erfolgt. In dem ersteren Falle tritt, falls die Plattendicke 5 mm nicht überschreitet und nicht unter 1 mm herabsinkt, im centralen Felde ein kurzarmiges dunkles Kreuz auf, welches bei fortgesetzter Drehung des Analysators in vier Ringsegmente zerfällt, die sich alsbald zu dem ersten dunklen Kreise erweitern. Die entgegengesetzte Drehung des Analysators bedingt den umgekehrten Vorgang.

---

[1] A. Cornu, Compt. rend. **92**, 1365, 1881; Journ. de phys. (2) **1**, 157, 1882. — K. Exner, Sitzungsber. Wien. Akad. **91** (2), 218, 1885. Ann. d. Phys. N. F. **25**, 141, 1885.

Im weissen Lichte erscheint das centrale Feld mit der Färbung, welche die ganze Platte in einem Polarisationsapparate für senkrecht einfallendes Licht darbietet. Die Erweiterung oder Verengerung der isochromatischen Ringe beim Drehen des Analysators kann in derselben Weise wie die entsprechenden Veränderungen der Hauptcurven gleichen Gangunterschiedes zur Unterscheidung von linken und rechten Krystallen dienen.

Legt man zwei gleich dicke Platten aus entgegengesetzt drehenden Krystallen über einander, so erblickt man im homogenen convergenten polarisirten Lichte zwischen gekreuzten Nicols die zuerst von Airy beobachteten dunklen Spiralen. Vom Mittelpunkte des Gesichtsfeldes gehen *vier Spiralen* aus, deren Drehungssinn jedesmal dem Drehungsvermögen der *unteren* Quarzplatte entspricht. Demnach erhält man die beiden durch Taf. IV, Fig. 3, 4 veranschaulichten Interferenzbilder, je nachdem die untere Platte einem linken oder einem rechten Krystall entnommen ist. Gegen die Peripherie des Gesichtsfeldes hin treten die dunklen zu 𝔓 und 𝔄 parallelen Balken auf. Im weissen Lichte erscheinen die Spiralen an der concaven Seite roth, an der convexen blau gefärbt.

Man kann die Airy'schen Spiralen schon an einer einzigen Quarzplatte beobachten, wenn man sich eines von Nörremberg angegebenen Polarisationsapparates bedient. Dieses Instrument trägt auf seinem Fusse einen horizontalen Spiegel s. Darüber folgen eine Sammellinse l im Abstande ihrer Brennweite, eine geneigte Glasplatte g und ein Nicol'sches Prisma n. Durch Reflexion an g wird das von der Seite her einfallende Licht polarisirt und gelangt dann durch die Linse in eine auf s gelegte Quarzplatte, um dieselbe zuerst von oben nach unten, darauf nach der Reflexion an s in entgegengesetzter Richtung zu durchschreiten. Das aus dem Analysator n austretende Licht verhält sich demnach so, als wäre es durch zwei Quarzplatten von gleicher Dicke aber entgegengesetztem Drehungsvermögen gegangen. — Nach dieser Methode kann man prüfen, ob eine Quarzplatte genau senkrecht zur Axe der Isotropie geschnitten ist, da eine geringe Abweichung von dieser Orientirung sofort die symmetrische Vertheilung der Farben der Airy'schen Spiralen stört.

Ueber die optischen Eigenschaften der *Ergänzungszwillinge* des Quarz aus einem rechtsdrehenden und einem linksdrehenden Krystall (S. 259) und über die Structur des *Amethyst* vgl. D. Brewster, Trans. R. Soc. Edinburgh **9**, 139, 1821. — H. W. Dove, Pogg. Ann. **40**, 607, 1837; **122**, 457, 1864. Farbenlehre 1853, 247. — W. Haidinger, Sitzungsber. Wien. Akad. **12**, 401, 1854. — A. Des Cloizeaux, Ann. chim. phys. (3) **45**, 129, 1855; Mém. prés. par div. sav. à l'acad. des sc. **15**, 404, 1858. — P. Groth, Zeitschr. f. Kryst. **1**, 297, 1877. — H. Böklen, N. Jahrb. f. Min. 1883, **1**, 62.

Wir lassen jetzt bei gekreuzten Nicols *circularpolarisirtes* Licht einfallen, indem wir über dem Polarisator ein Viertelundulationsglimmerblättchen in der Stellung anbringen, dass die Spur $\mathfrak{H}_1'$ der Ebene der optischen Axen unter 45° gegen die Polarisationsebene 𝔓 geneigt ist (S. 495). Alsdann erzeugt eine Quarzplatte *ein Paar in einander gewundene Spiralen*,[2] welche in der Nähe des Mittelpunktes des Interferenzbildes beginnen. Je nachdem das Drehungsvermögen der Platte ein rechtes oder ein linkes ist, wird der

[1] G. B. Airy, Cambr. Phil. Trans. **4**, 79, 198, 1831. Pogg. Ann. **23**, 204, 1831.

[2] G. B. Airy, a. a. O.

Drehungssinn der Spiralen ein linker oder ein rechter, gleichviel ob links- oder rechtscircularpolarisirtes Licht einfällt, also der Winkel ($\mathfrak{P}\mathfrak{H}_1'$) = + 45° oder = − 45° gewählt wurde; nur die Anfangspunkte der Spiralen ändern mit der Richtung $\mathfrak{H}_1'$ ihre Lage. Die Fig. 280, 281 stellen diese Erscheinung im rechtscircularpolarisirten Lichte an Platten aus Rechtsquarz, resp. Linksquarz dar. — Bringt man den Glimmer unter dem Analysator an, so liefert ein rechter Krystall rechte Spiralen (Fig. 281), ein linker Krystall linke Spiralen (Fig. 280).

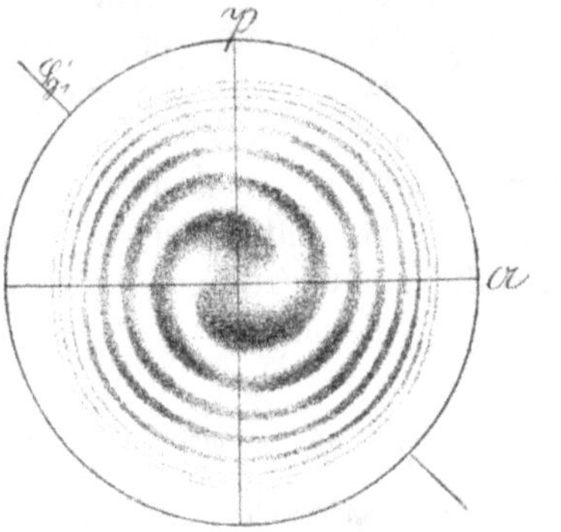

Fig. 280.

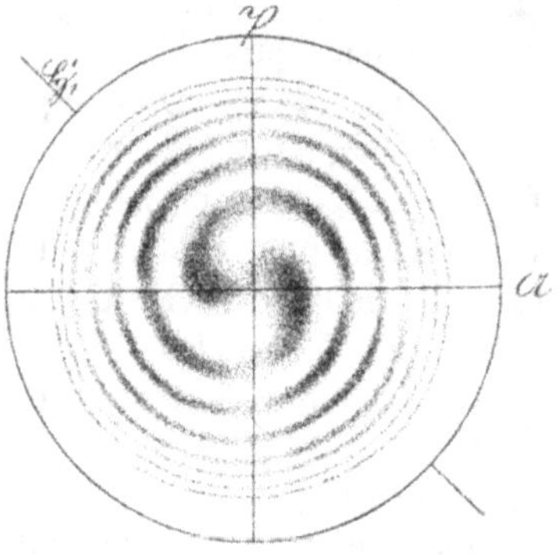

Fig. 281.

103. Die Erklärung der soeben beschriebenen Interferenzerscheinungen gelang G. B. Airy mit Hülfe der folgenden Annahmen. In den Richtungen, welche der Axe der Isotropie zunächst liegen, pflanzen sich jedesmal *zwei entgegengesetzt elliptisch polarisirte Wellen* fort. Die grössere Ellipsenaxe liegt bei der schnelleren Welle im Hauptschnitte, bei der langsameren Welle senkrecht zum Hauptschnitte der Fortpflanzungsrichtung. Das Verhältniss der Halbaxen ist für beide Ellipsen dasselbe. Wächst die Neigung der Fortpflanzungsrichtung gegen die Axe der Isotropie, so werden die Schwingungsellipsen sehr bald so gestreckt, dass sie als geradlinig betrachtet werden können. Der Gangunterschied zweier Wellen von gemeinsamer Fortpflanzungsrichtung ist gleich dem für die gewöhnlichen einaxigen Krystalle geltenden Werthe, vermehrt um einen von der Fortpflanzungsrichtung unabhängigen und *angenähert* dem Quadrate der Wellenlänge proportionalen Betrag.[1] Die letzte Annahme gilt indessen nur für grössere Neigungen der Fortpflanzungsrichtungen gegen die Axe der Isotropie.

104. Eine Bestimmung des Axenverhältnisses der Schwingungsellipsen zweier Wellen von gemeinsamer Wellennormale führte zuerst J. Jamin[2] aus. Dabei wurde eine zur Axe der Isotropie senkrechte Platte im schief einfallenden geradlinig polarisirten

[1] G. B. Airy, a. a. O. — Eine ausführliche Darstellung der Airy'schen Entwickelungen ist enthalten in F. Neumann, Vorlesungen über theoretische Optik. Herausg. von E. Dorn. Leipzig 1885, 251—266.

[2] J. Jamin, Ann. chim. phys. (3) **30**, 55, 1850.

Lichte untersucht. Indessen ist es, wie B. HECHT[1] gezeigt hat, zweckmässiger, Quarzplatten, deren Normalen mit jener Axe kleine Winkel ϑ einschliessen, im *senkrecht* einfallenden Lichte zu beobachten. Alsdann liefert jede Platte nur das *Axenverhältniss k der Schwingungsellipsen* und den *Gangunterschied d* des Wellenpaares, welches sich in der Richtung der Plattennormale fortpflanzt. Die elliptisch polarisirten gebrochenen Wellen, welche aus einer nach $\mathfrak{P}$ geradlinig polarisirten einfallenden Welle hervorgehen, setzen sich beim Austritt aus der Platte zu einer elliptisch polarisirten Welle W zusammen. Bezeichnet man das Axenverhältniss der Schwingungsellipse in W mit e und den Winkel einer Halbaxe der Ellipse gegen $\mathfrak{P}$ mit γ, so lassen sich aus den gemessenen Grössen e und γ die gesuchten Grössen k und d (für eine Plattendicke von 1 mm) berechnen. B. HECHT fand an drei Platten für Na-Licht:

ϑ	d	k
2,37°	0,1235	0,809
7,18	0,2665	0,230
14,89	1,060	0,084.

Andererseits lassen sich nach den von A. CAUCHY, V. VON LANG, E. LOMMEL, W. VOIGT, E. KETTELER entwickelten Theorieen über die Fortpflanzung und die Polarisation des Lichtes im Quarz die Grössen d und k berechnen aus den Hauptbrechungsindices $\omega = 1{,}54423$, $\varepsilon = 1{,}55338$ (nach MASCART), der Wellenlänge $\lambda = 0{,}000\,589$, dem Gangunterschiede der beiden in der Richtung der Axe der Isotropie sich fortpflanzenden circularpolarisirten Wellen $d_0 = 0{,}1207$ und dem Winkel ϑ. Es ist nach jenen Theorieen:

$$d^2 = p^2 \sin^4 \vartheta \, \frac{1+h^2}{h^2}, \quad k = \sqrt{1+h^2} - h,$$

worin p und h folgende Werthe besitzen:

	p		h
A. CAUCHY[2], V. VON LANG[3]	$\frac{\omega}{\varepsilon}\,\frac{\varepsilon-\omega}{\lambda}$	$= 15{,}44$	$\frac{p}{d_0}\tan^2\vartheta$
E. LOMMEL[4]	$\frac{\omega^2-1}{\varepsilon^2-1}\,\frac{\varepsilon^2-\omega^2}{2\omega\lambda}$	$= 15{,}27$	$\frac{p}{d_0}\tan^2\vartheta$
E. KETTELER[5]	$\frac{\varepsilon^2-\omega^2}{2\omega\lambda}$	$= 15{,}58$	$\frac{p}{d_0}\tan\vartheta\sin\vartheta$
V. VON LANG[6], W. VOIGT[7]	$\frac{\omega}{\varepsilon}\,\frac{\varepsilon^2-\omega^2}{2\varepsilon\lambda}$	$= 15{,}40$	$\frac{p}{d_0}\sin^2\vartheta$

Die Abweichungen der hiernach berechneten Werthe der Grössen d und k von den aus e und γ abgeleiteten Werthen liegen stets innerhalb der Grenzen der Beobachtungsfehler.

---

[1] B. HECHT, Ann. d. Phys. N. F. **20**, 426, 1883; **30**, 274, 1887.
[2] In: J. JAMIN, a. a. O. p. 68.
[3] V. VON LANG, Pogg. Ann. **119**, 85, 1863.
[4] E. LOMMEL, Ann. d. Phys. N. F. **15**, 389, 1881.
[5] E. KETTELER, Theoretische Optik. Braunschweig 1885, 419—421.
[6] V. VON LANG, Pogg. Ann. Erg.-Bd. **8**, 622, 1878.
[7] W. VOIGT, Ann. d. Phys. N. F. **19**, 899, 1883.

Messungen des Gangunterschiedes d hat J. C. Mc Connel[1] durch Beobachtung der Hauptcurven gleichen Gangunterschiedes im convergenten polarisirten Na-Licht unternommen. Er findet, dass nur der von Sarrau[2] abgeleitete Ausdruck:

$$d^2 = p^2 \sin^4 \vartheta + d_0{}^2 \cos^4 \vartheta,$$

worin:

$$p = \frac{\omega}{\varepsilon^2} \frac{\varepsilon^2 - \omega^2}{2\lambda}$$

ist, die Messungsresultate innerhalb der Fehlergrenzen darzustellen geeignet sei.

105. Glimmercombinationen. — E. Reusch[3] hat nachgewiesen, dass man die Erscheinungen, welche senkrecht zur Axe der Isotropie stehende Quarzplatten im senkrecht einfallenden und im convergenten polarisirten Lichte darbieten, auch an *Combinationen von Glimmerspaltungsblättchen* wahrnehmen kann. Schichtet man eine grössere Anzahl (12 bis 36) Muscovitblättchen von möglichst gleicher, sehr geringer Dicke so auf einander, dass die Ebene der optischen Axen jedes weiter hinzugefügten Blättchens gegen die des darunter liegenden um 120° im Sinne der Bewegung des Uhrzeigers gedreht ist (Fig. 283), und lässt man auf diese Combination nach 𝔓 geradlinig polarisirtes Licht senkrecht auffallen, so tritt eine *nahezu geradlinig* polarisirte Welle aus, deren Polarisationsebene gegen 𝔓 ebenfalls im Uhrzeigersinne abgelenkt ist; diese Combination verhält sich also wie eine Platte aus einem *rechtsdrehenden* Quarz. Erfolgt die Aufschichtung in dem entgegengesetzten Sinne (Fig. 282), so ist die Combination *linksdrehend*. Im convergenten Lichte beobachtet man die für Quarzplatten charakteristischen Interferenzfiguren (Tafel IV, Fig. 2); insbesondere liefern zwei entgegengesetzt drehende Glimmercombinationen übereinander gelegt die Airy'schen Spiralen (Taf. IV, Fig. 3, 4). Nur insofern weicht das Verhalten dieser Combinationen von dem des Quarz ab, als sich bei der Drehung derselben in ihrer Ebene kleine Aenderungen der Farbenerscheinungen zeigen. In dieser Hinsicht vermuthete E. Reusch, dass sich die Eigenschaften der Glimmercombinationen um so mehr jenen des Quarz nähern würden, je dünner die Lamellen und je grösser die Zahl der Umgänge gewählt werden.

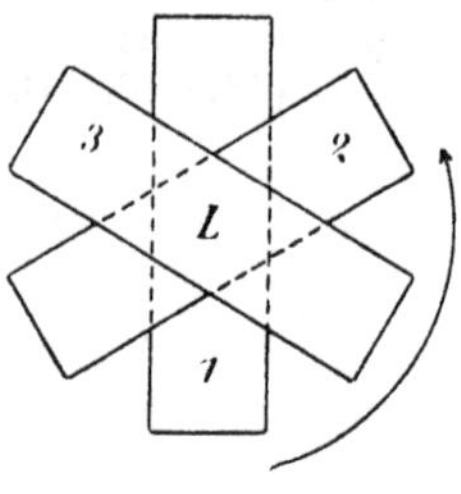

Fig. 282.

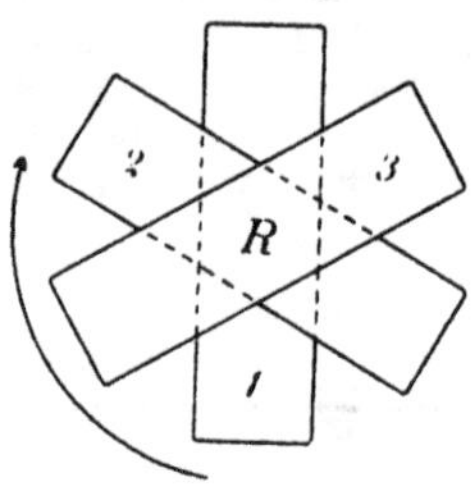

Fig. 283.

Diese Vermuthung wurde von L. Sohncke[4] für senkrecht einfallendes Licht auf experimentellem und theoretischem Wege bestätigt. Je dünner die Blättchen einer Glimmertriade gewählt werden, um so mehr gestreckt ist die Schwingungsellipse der austretenden Welle, wie auch die Polarisationsebene 𝔓 der einfallenden Welle orientirt sein mag. Schon wenn die Dicke l eines einzelnen Blättchens eine solche ist, dass

[1] J. C. Mc Connel, Proc. Cambr. Phil. Soc. **5**, 53, 1883. Proc. London R. Soc. **39**, 409, 1885. Trans. Phil. Soc. for 1886. **177**, 299, 1887.

[2] Sarrau, Journ. de math. (2) **13**, 101, 1869.

[3] E. Reusch, Monatsber. Berlin. Akad. 1869, 530. Pogg. Ann. **138**, 628, 1869.

[4] L. Sohncke, Math. Ann. **9**, 504, 1876. Pogg. Ann. Erg.-Bd. **8**, 16, 1878. Entwickelung einer Theorie der Krystallstruktur. Leipzig 1879, 241. Zeitschr. f. Kryst. **13**, 229, 1888.

die dritte Potenz der Grösse $s^2 = \sin^2 \pi \Gamma / \lambda$ gegen 1 vernachlässigt werden kann, unterscheidet sich die austretende Welle nicht mehr merklich von einer geradlinig polarisirten. Dasselbe gilt von einer durch Aufschichtung beliebig vieler Triaden gebildeten Combination. — Je dünner die Blättchen einer Triade sind, um so weniger ist die Drehung der Polarisationsebene der austretenden Welle von der Orientirung der Ebene $\mathfrak{P}$ abhängig. Ist l so klein, dass s^4 gegen 1 vernachlässigt werden kann, so bleibt die Drehung unabhängig von jener Orientirung. In diesem Falle ist die durch parallele Aufschichtung von n congruenten Triaden bewirkte Drehung n-mal so gross als jene der einzelnen Triade, also proportional mit der Dicke des Präparates. — Die Drehung in Combinationen von 3 oder mehr Blättchen ist abhängig von der Wellenlänge λ. Diese Abhängigkeit lässt sich mit grosser Annäherung durch die von L. Boltzmann aufgestellte Dispersionsformel für Quarz (S. 506) ausdrücken (natürlich mit anderen Zahlenwerthen der Coëfficienten), und zwar um so genauer, je dünner die Blättchen gewählt sind. — Je mehr die Richtung der Fortpflanzungsrichtung von der Normale der Blättchen abweicht, um so mehr verliert sich die Erscheinung der Drehung.

Aus diesen Thatsachen folgt, dass man bei fortgesetzter Verminderung der Blättchendicke zu Combinationen gelangen muss, deren Drehwirkung mit derjenigen des Quarzes qualitativ übereinstimmt. L. Sohncke zieht daher den Schluss, dass die *Structur* des Quarzes dem Bau jener Glimmercombinationen analog sei.[1]

106. Stellen wir uns vor, dass auf der Strahlenfläche des Quarzes in den Endpunkten der Radien der zugehörige Polarisationszustand markirt werde, so erkennen wir, dass jene Fläche weder ein Centrum der Symmetrie noch Symmetrieebenen besitzt (S. 299), während jede zur Axe der Isotropie senkrechte Gerade eine zweizählige Symmetrieaxe ist.

Zur Erläuterung des charakteristischen Unterschiedes zwischen dem optischen Drehungsvermögen im *Quarz* und in *magnetisch activen* Substanzen mögen die Fig. 285, 284 dienen. Der Quarzkrystall sei linksdrehend. Deuten wir auf zwei zur optischen Axe pp' senkrechten Kreisen den Drehungssinn für die Fortpflanzungsrichtung p resp. p' durch einen Pfeil π an, so ist für die so entstehende Fig. 285 jede auf pp' senkrechte Gerade σ eine zweizählige Symmetrieaxe. Bezeichnen wir noch die Lage von π gegen p als positiv resp. negativ, je nachdem ein in π liegender und nach dem Mittelpunkte des Kreises hinsehender Beobachter die Fortpflanzungsrichtung mit der ausgestreckten linken resp. rechten Hand markirt, so erhalten die einander entgegengesetzten Richtungen p und p' dasselbe Symbol $+\pi$. Bilden wir nun die analoge Fig. 284 für magnetisch active Substanzen, so besitzt dieselbe ein Centrum der Symmetrie und die beiden Richtungen p und p' erhalten die Symbole $+\pi$ und $-\pi$.

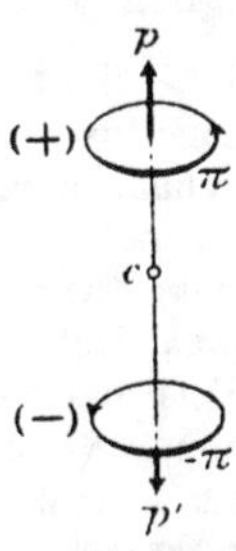

Fig. 284.

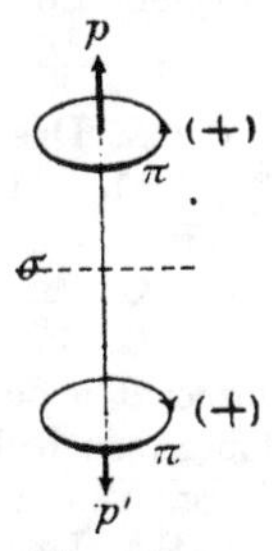

Fig. 285.

107. Ausser Quarz besitzen folgende *Krystalle mit einer Axe der Isotropie* ein optisches Drehungsvermögen.

[1] Eine verwandte Theorie des optischen Drehungsvermögens in Krystallen hat E. Mallard entwickelt (Ann. des mines (7) **19**, 256, 1881. Compt. rend. **92**, 1155, 1881. Journ. de phys. (1) **10**, 479, 1881. Traité de crist. **2**, 262, 305, 1884).

Hexagonal, trapezoëdrisch-tetartoëdrisch.

Substanz	Formel	α	Licht
Zinnober[1]	HgS	= 325°	(roth)
Unterschwefelsaures Kalium[2]	$K_2S_2O_6$	8,4	(D)
„ *Calcium*[2]	$CaS_2O_6 . 4H_2O$	2,1	(grün)
„ *Strontium*[3]	$SrS_2O_6 . 4H_2O$	1,8	(λ = 0,000556)
„ *Blei*[3]	$PbS_2O_6 . 4H_2O$	6,3	(λ = 0,000556)
Benzil[4]	$C_{14}H_{10}O_2$	24,8	(Na)
Matico-Stearopten[5]	$C_{10}H_{16}O$	2	(Na)

Hexagonal, ogdoëdrisch.

Substanz	Formel	α	Licht
Ueberjodsaures Natrium[6]	$NaJO_4 . 3H_2O$	23,3	(Na)

Tetragonal, trapezoëdrisch-hemiëdrisch.

Substanz	Formel	α	Licht
Schwefelsaures Strychnin[7]	$(C_{21}H_{24}N_2O_2)S_2O_8 . 13H_2O$	= 9—10°	(roth)
„ *Aethylendiamin*[8]	$(C_2H_4 . H_4N_2)H_2SO_4$	15,5	(Na)
Kohlensaures Guanidin[9]	$(CH_5N_3)_2H_2CO_3$	14,3	(Na)
Diacetylphenolphtaleïn[10]	$(C_{20}H_{12}O_4)(C_2H_3O)_2$	19,7	(Na)

108. H. Marbach[11] entdeckte 1854, dass auch die in der *tetartoëdrischen Gruppe des regulären Systems* krystallisirenden Substanzen: *chlorsaures Natrium, bromsaures Natrium, essigsaures Uranylnatrium* ein optisches Drehungsvermögen besitzen. Da reguläre Krystalle optisch isotrop sind, so ist auch das Drehungsvermögen nach allen Richtungen dasselbe. Die Strahlenfläche besteht also aus zwei concentrischen Kugeln. Markirt man an den Endpunkten der Radien den Polarisationszustand, so erkennt man, dass ein

[1] A. Des Cloizeaux, Compt. rend. **44,** 876, 909, 1857. Ann. des mines (5) **11,** 339, 1857. Ann. chim. phys. (3) **51,** 361, 1857. Pogg. Ann. **102,** 471, 1857. — G. Tschermak, Min. petr. Mitth. **7,** 361, 1886.

[2] C. Pape, Pogg. Ann. **139,** 224, 1870.

[3] G. Bodländer, Ueb. d. opt. Drehungsvermögen isomorpher Mischungen aus den Dithionaten des Bleis und des Strontiums. Inaug.-Dissert. Breslau 1882. — Pape und Bodländer bedienten sich zur Bestimmung des Drehungsvermögens der von R. Lüdtge (Pogg. Ann. **137,** 271, 1869) angegebenen Methode.

[4] A. Des Cloizeaux, Compt. rend. **68,** 308, 1869. Pogg. Ann. **137,** 629, 1869; **141,** 300, 1870. — J. Martin, N. Jahrb. f. Min. Beil.-Bd. **7,** 30, 1890.

[5] C. Hintze, Min. Mitth., herausg. von Tschermak 1874, 227.

[6] P. Groth, Monatsber. Berlin. Akad. 1869, 140. Pogg. Ann. **137,** 435, 1869.

[7] A. Des Cloizeaux, Compt. rend. **44,** 909, 1857. Ann. des mines (5) **11,** 340, 1857. Ann. chim. phys. (3) **51,** 364, 1857. Pogg. Ann. **102,** 474, 1857. — J. Martin a. a. O. 41.

[8] V. von Lang, Sitzungsber. Wien. Akad. **65** (2), 30, 1872. Pogg. Ann. **148,** 496, 1873.

[9] C. Bodewig, Pogg. Ann. **157,** 122, 1876. — J. Martin a. a. O. 26.

[10] C. Bodewig, Zeitschr. f. Kryst. **1,** 72, 1877.

[11] H. Marbach, Pogg. Ann. **91,** 482, 1854; **94,** 412, 1855; **99,** 451, 1856. Compt. rend. **40,** 793, 1855.

Centrum der Symmetrie und Symmetrieebenen fehlen, während jeder Durchmesser eine Axe der Isotropie ist.

Linksdrehende und rechtsdrehende Krystalle von chlorsaurem Natrium lassen sich schon an ihrer Form von einander unterscheiden, wenn neben dem Hexaëder $h = (100)$, dem Dodekaëder $d = (110)$ und dem Tetraëder $o' = (1\bar{1}1)$ ein Pentagondodekaëder p auftritt: an einem linksdrehenden Krystall erscheint links von $d = 110$ die Fläche $p = 210$, an einem rechtsdrehenden dagegen rechts von $d = 110$ die Fläche $p = 120$.

Das Drehungsvermögen des chlorsauren Natrium ist für verschiedene Wellenlängen von L. Sohncke[1] und Ch. E. Guye[2] bestimmt worden. Nach Guye entsprechen der Fraunhofer'schen Linie a und der Linie Cd 18 des Cadmiumspektrums die Drehungswinkel $\alpha = 2{,}070^0$ und $14{,}727^0$.

Nach Marbach ist für gelbes Licht:

$$NaBrO_3 \ldots\ldots\ldots \alpha = 6{,}3^0$$
$$NaUO_2(C_2H_3O_2)_3 \ldots\ldots = 4.$$

109. *Erfahrungsgemäss sind die Formen der Körper, die im krystallisirten Zustande ein optisches Drehungsvermögen besitzen, „gewendet“,* (S. 19); sie besitzen keine Deckoperationen zweiter Art, welche im Allgemeinen aus der Verbindung von Drehungen mit Spiegelungen hervorgehen (S. 5). Da es aber Krystalle giebt, welche gewendete Formen und doch kein Drehungsvermögen zeigen,[3] so ist die Ursache der Bildung einer gewendeten Form zwar eine nothwendige, aber keineswegs die einzige Bedingung für das Vorhandensein des optischen Drehungsvermögens.

Absorption des Lichtes in Krystallen.

110. Krystalle, in welchen die Absorption so *gering* ist, dass sie noch im *durchgehenden* Lichte betrachtet werden können, zeigen, wie aus den Beobachtungen an planparallelen Platten im senkrecht einfallenden und im convergenten polarisirten Lichte hervorgeht, keine merklichen Abweichungen von den Gesetzen über die Fortpflanzungsgeschwindigkeit und den Polarisationszustand ebener Wellen, welche für vollkommen durchsichtige Krystalle gelten.

In Bezug auf die Abhängigkeit der Absorption von der Fortpflanzungsrichtung und von der Orientirung der Polarisationsebene ist durch qualitative Prüfungen im senkrecht einfallenden Lichte von D. Brewster,[4]

[1] L. Sohncke, Ann. d. Phys. N. F. **3**, 516, 1878.

[2] Ch. E. Guye, Compt. rend. **108**, 348, 1889. Arch. sc. nat. (3), **22**, 130, 1889.

[3] Z. B. Salmiak und Sylvin (regulär, plagiëdrisch-hemiëdrisch), die isomorphen Nitrate von Blei, Barium und Strontium (regulär, tetartoëdrisch), die in der hemiëdrischen Gruppe des rhombischen Systems und der hemimorphen Gruppe des monoklinen Systems krystallisirenden Körper.

[4] D. Brewster, Edinb. Phil. Journ. **4**, 348, 1817. Phil. Trans. 1819, 11.

W. HAIDINGER[1] (mit Hülfe der dichroskopischen Lupe[2]) u. A. festgestellt worden, *dass sich die Absorption einer ebenen Welle in einem pleochroitischen Krystall nicht ändert, wenn die Polarisationsebene ungeändert bleibt.* Dieses Ergebniss wird bestätigt durch qualitative und quantitative Bestimmungen von H. BECQUEREL[3] an Krystallen, deren Absorptionsspektren charakteristische Streifen darbieten.

Die Fortpflanzungsrichtungen, in denen *Maxima oder Minima der Absorption* für homogenes Licht stattfinden, sind in optisch einaxigen Krystallen gegeben durch die Axe der Isotropie und die zu ihr senkrechten Symmetrieaxen, in rhombischen Krystallen durch die mit den krystallographischen Axen zusammenfallenden optischen Symmetrieaxen X_1, X_2, X_3. In monoklinen Krystallen besteht eine solche Beziehung nur noch für die auf (010) senkrecht stehende optische Symmetrieaxe; die beiden in (010) gelegenen Fortpflanzungsrichtungen grösster und kleinster Absorption für Wellen homogenen Lichtes, deren Polarisationsebenen auf (010) senkrecht stehen, fallen im Allgemeinen nicht mit den Symmetrieaxen der Fortpflanzungsgeschwindigkeiten zusammen und stehen im Allgemeinen auch nicht auf einander senkrecht.[4]

111. Zu photometrischen Untersuchungen über die Abhängigkeit der Absorption ebener Wellen homogenen Lichtes von der Fortpflanzungsrichtung und der Orientirung der Polarisationsebene ist namentlich das *Spektrophotometer* von P. GLAN[5] geeignet. Die Fig. 286—288 erläutern eine von R. FUESS in Berlin ausgeführte Construction dieses Apparates, der sich von einem gewöhnlichen Spektrometer durch die im Beobachtungsfernrohr F und im Collimatorrohr C angebrachten Attribute unterscheidet. Das Fernrohr enthält einen horizontal verschiebbaren VIERORDT'schen Ocularspalt s (Fig. 286, 287), so dass man das Spektrum bis auf die Region, deren Intensität geprüft werden soll, abblenden kann. Der verticale, durch zwei symmetrisch verschiebbare Platten ss gebildete Spalt S des Collimatorrohres wird durch einen schmalen Metallstreifen t (Fig. 288) unterbrochen. Das von einer constanten Petroleumflamme ausgehende Licht gelangt durch den Spalt in das Rochon'sche Prisma R, dessen Hauptschnitt $\mathfrak{R}$ zum Spalt parallel liegt, und darauf in das drehbare, mit einem Theilkreise T versehene Nicol'sche Prisma N (Fig. 287). Das durch eine Hälfte des Spaltes eingetretene Licht wird durch das Prisma R in zwei, senkrecht zu einander polarisirte und nach der Längsrichtung des Spaltes verschobene Strahlenbündel zerlegt. Die

[1] Unter den zahlreichen Abhandlungen von W. HAIDINGER über Pleochroismus der Krystalle in Pogg. Ann. und Sitzungsber. Wien. Akad. kommen hier namentlich in Betracht: Pogg. Ann. **65**, 1, 1845; **86**, 131, 1852; Sitzungsber. Wien. Akad. **13**, 3, 306, 1854.

[2] W. HAIDINGER, Sitzungsber. Wien. Akad. **1**, 70, 1848. V. VON LANG, Sitzungsber. Wien. Akad. 82 (2), 174, 1880.

[3] H. BECQUEREL, Ann. chim. phys. (6) **14**, 170, 257, 1888.

[4] Dies ergiebt sich aus den Beobachtungen von H. LASPEYRES am Piemontit von Saint-Marcel bei Ivrea (Zeitschr. f. Kryst. **4**, 454, 1880) und von W. RAMSAY am Epidot von der Knappenwand im Untersulzbachthal (ibid. **13**, 97, 1888).

[5] P. GLAN, Ann. d. Phys. N. F. **1**, 351, 1877. — E. KETTELER und C. PULFRICH, ibid. **15**, 337, 1882.

Verschiebung der Bündel erfolgt für die beiden Spalthälften in entgegengesetztem Sinne, so dass in der Axe des Collimatorrohres ein Bündel der oberen Spalthälfte an eines der unteren angrenzt. Diese beiden dem Centrum zunächst liegenden Bündel werden nun nach dem Durchgange durch das Nicol'sche Prisma spektral zerlegt durch das Prisma P (Fig. 286). Man erblickt daher im Beobachtungsfernrohre zwei aneinander grenzende Spektren, deren Helligkeitsverhältniss von dem Winkel α abhängt, welchen die Polarisationsebene $\mathfrak{N}$ des Nicol'schen Prismas mit dem Hauptschnitte $\mathfrak{R}$ des Rochon'schen Prismas einschliesst.

Fig. 286.

Es seien i_1 und i die Intensitäten der beiden aus dem Rochon'schen Prisma austretenden, parallel und senkrecht zu $\mathfrak{R}$ polarisirten Strahlenbündel. Das Nicol'sche Prisma werde in die Anfangsstellung gebracht, wo i verschwindet, also $(\mathfrak{N}\mathfrak{R}) = 0$ ist, und darauf um den Winkel β gedreht, bis die beiden Bilder im Beobachtungsfernrohr *gleich hell* erscheinen. Dann ist (S. 303):

$$(1) \qquad i_1 \, b_1 \cos^2 \beta = i \, b \sin^2 \beta.$$

Hierin bedeuten b_1, b zwei durch die Brechungen und Absorptionen des Lichtes im Apparate selbst bedingte Schwächungscoëfficienten; β ist wenig von 45^0 verschieden.

Jetzt werde die Intensität des von der einen Spalthälfte ausgehenden Lichtes dadurch geändert, dass vor derselben eine planparallele Krystallplatte angebracht wird. Dabei soll die Polarisationsebene $\mathfrak{H}'$ einer der beiden in der Richtung der Plattennormale sich fortpflanzenden Wellen mit der Spaltrichtung, also auch mit $\mathfrak{R}$ zusammenfallen. Um wieder zwei *gleich helle* Bilder zu erhalten, muss man dem Nicol'schen Prisma eine andere Stellung, $(\mathfrak{N}'\,\mathfrak{N}) = \beta'$, geben. Dann wird:

$$(2) \qquad i_1'\, b_1 \cos^2 \beta' = i\, b \sin^2 \beta';$$

folglich ist das Verhältniss:

$$\text{I.} \qquad \frac{i_1'}{i_1} = \tan^2 \beta' \cot^2 \beta.$$

Man drehe nun die Krystallplatte um 90°, so dass die Polarisationsebene $\mathfrak{H}''$ die Richtung von $\mathfrak{N}$ annimmt. Dann erhält man in analoger Weise das Verhältniss:

$$\text{II.} \qquad \frac{i_1''}{i_1} = \tan^2 \beta'' \cot^2 \beta.$$

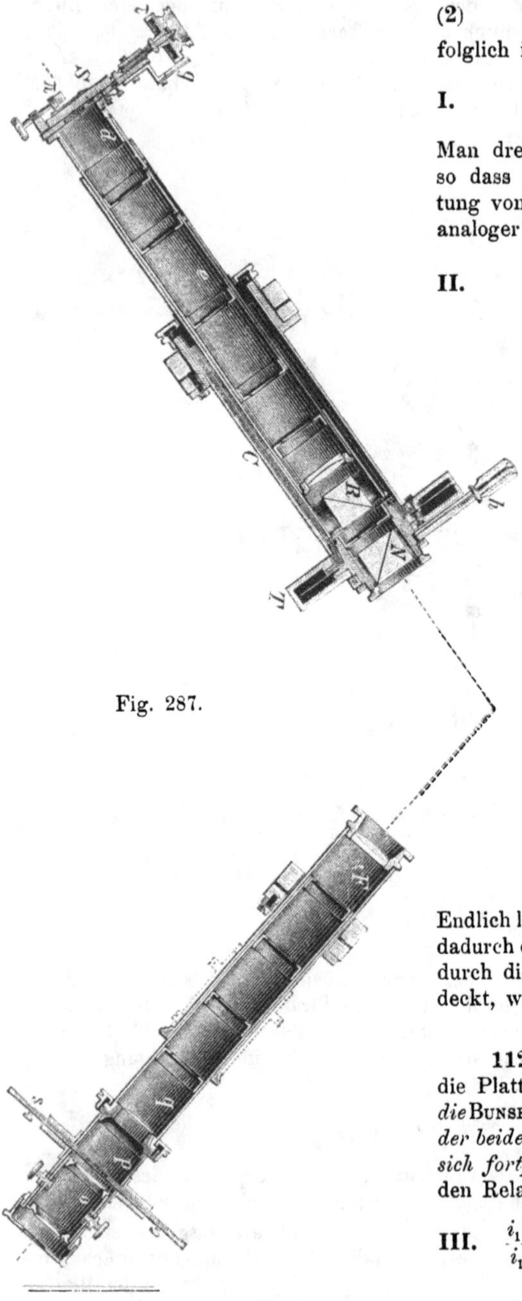

Fig. 287.

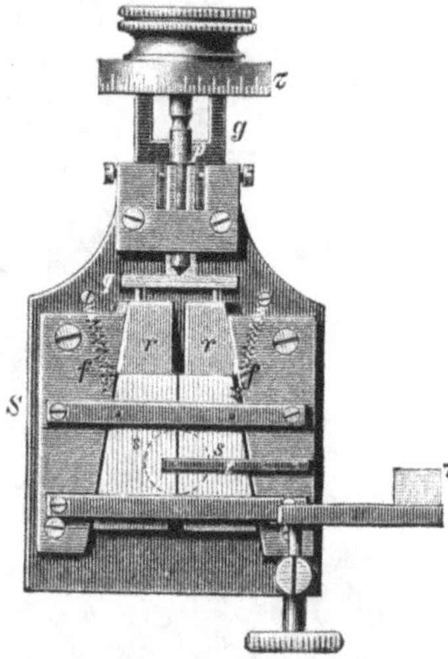

Fig. 288.

Endlich lässt sich das Verhältniss $i_1' : i_1''$ direct dadurch ermitteln, dass man beide Spalthälften durch die Krystallplatte in der Stellung bedeckt, wo $\mathfrak{H}'$ parallel $\mathfrak{N}$ liegt.

112. Hat man die Winkel β, β', β'' und die Plattendicke L gemessen, so kann man *die* BUNSEN'*schen Extinctionscoëfficienten*[1] α', α'' *der beiden in der Richtung der Plattennormale sich fortpflanzenden Wellen* berechnen nach den Relationen:

$$\text{III.} \qquad \frac{i_1'}{i_1} = 10^{-\alpha' L}, \qquad \frac{i_1''}{i_1} = 10^{-\alpha'' L}.$$

[1] H. BUNSEN und H. ROSCOE, Pogg. Ann. **101,** 235, 1857.

Hierin bedeuten $1/\alpha'$ und $1/\alpha''$ die Plattendicken, bei welchen die Intensität des einfallenden Lichtes auf $^1/_{10}$ ihres ursprünglichen Betrages herabgemindert wird.

Die Gleichungen III folgen aus dem Satze, dass die Intensität des austretenden Lichtes derjenigen des einfallenden proportional ist:

$$\frac{d i_1'}{d L} = - p i_1',$$

folglich:

$$\log \text{nat} \frac{i_1'}{i_1} = - p L, \quad \frac{i_1'}{i_1} = e^{-pL} = 10^{-pL \log e},$$

und demnach:

$$\alpha' = p \log e = \frac{1}{L} \log \frac{i_1}{i_1'}.$$

Ist insbesondere $\alpha' L = 1$, so ergiebt sich hieraus $i_1 = 10 . i_1'$.

113. Im Folgenden wird als Mass für die Absorption der von A. CAUCHY eingeführte *Absorptionscoëfficient* benutzt werden, dessen Definition sich aus folgender Ueberlegung ergiebt. Eine senkrecht auf die Krystallplatte einfallende Welle pflanzt sich in der Platte so fort, dass die Elongationen zur Zeit t gegeben sind durch:

$$u = a e^{-\frac{\varkappa \varrho}{\tau \mathfrak{q}}} \sin \frac{1}{\tau} \left(t - \frac{\varrho}{\mathfrak{q}} \right).$$

Hierin bedeuten ϱ den von der Eintrittsfläche an zurückgelegten Weg, a die beim Eintritt stattfindende Amplitude, $\mathfrak{q}$ die Fortpflanzungsgeschwindigkeit der Welle in der Platte, $\varkappa$ den *Absorptionsindex*, von welchem die Geschwindigkeit der Intensitätsverminderung abhängt. Ferner ist $2\pi\tau$ gleich der Schwingungsdauer T. Der Quotient $\varkappa/\mathfrak{q}$ besitzt eine einfache Bedeutung; bezeichnet man nämlich die Amplitude der aus einer Platte von der Dicke Eins austretenden Welle mit a', so ist:

$$a' = a e^{-\frac{\varkappa}{\tau \mathfrak{q}}}$$

folglich:

$$\frac{\varkappa}{\mathfrak{q}} = \tau \log \text{nat} \frac{a}{a'}.$$

Es bedeute nun λ_1 die Wellenlänge *im Inneren* der Platte, n den auf das äussere Mittel bezogenen Brechungsindex, so ist:

$$\frac{\varkappa}{\tau \mathfrak{q}} = \frac{2\pi \varkappa}{\lambda_1} = \frac{2\pi \varkappa n}{\lambda_1 n}.$$

Das Product aus dem Absorptionsindex $\varkappa$ und dem Brechungsindex n ist der *Absorptionscoëfficient*, $\varkappa n = s$. Um die Beziehung desselben zu dem Extinctionscoëfficienten α zu bestimmen, bezeichnen wir die Intensitäten der einfallenden und der aus einer Platte von der Dicke Eins austretenden Welle mit i und i'. Alsdann ist:

$$i' = i e^{-\frac{2\varkappa}{\tau \mathfrak{q}}} = i e^{-p},$$

folglich:

$$p = \frac{\alpha}{\log e} = \frac{2\varkappa}{\tau \mathfrak{q}} = \frac{4\pi s}{\lambda_1 n}.$$

114. Nach der von W. VOIGT[1] entwickelten Theorie der Absorption des Lichtes in Krystallen gelten folgende *Gesetze über die Abhängigkeit des*

[1] W. VOIGT, Nachr. Ges. d. Wiss. Göttingen 1884, 337. Ann. d. Phys. N. F. **23**, 577, 1884. N. Jahrb. f. Min. 1885, **1**, 119.

Absorptionsindex von den Richtungen der Fortpflanzung und Polarisation in schwach absorbirenden Krystallen.

In gewöhnlichen *einaxigen* Krystallen sind die Fortpflanzungsgeschwindigkeiten zweier Wellen, deren Normale Q mit der optischen Axe den Winkel u einschliesst, nach S. 307 gegeben durch:

$$\mathfrak{q}_o = \mathfrak{o}, \quad \mathfrak{q}_e^2 = \mathfrak{o}^2 \cos^2 u + \mathfrak{e}^2 \sin^2 u.$$

Die zugehörigen Absorptionsindices sind bestimmt durch:

$$2\tau\varkappa_o = \frac{C_o}{\mathfrak{o}^2}, \quad 2\tau\varkappa_e = \frac{C_o \cos^2 u + C_e \sin^2 u}{\mathfrak{o}^2 \cos^2 u + \mathfrak{e}^2 \sin^2 u}.$$

Aendert sich $\mathfrak{q}_e$ nur wenig mit dem Winkel u, wie bei der überwiegenden Mehrzahl der einaxigen Krystalle, so kann man an Stelle von $\mathfrak{o}$ und $\mathfrak{e}$ eine constante mittlere Geschwindigkeit $\mathfrak{m}$ einführen, so dass in dieser Annäherung das Gesetz der Absorption dargestellt wird durch:

$$2\tau\varkappa_o = \frac{C_o}{\mathfrak{m}^2}, \quad 2\tau\varkappa_e = \frac{C_o}{\mathfrak{m}^2}\cos^2 u + \frac{C_e}{\mathfrak{m}^2}\sin^2 u.$$

Je nachdem der constante Absorptionsindex $\varkappa_o$ der ordentlichen Wellen *kleiner* oder *grösser* ist als der Hauptabsorptionsindex $C_e / 2\tau\mathfrak{m}^2$ der ausserordentlichen Wellen (für $u = 90^0$), wird $\varkappa_e$ mit wachsenden Werthen von u wachsen oder abnehmen. Die Quadratwurzeln $\varkappa_e$ werden stets dargestellt durch die Radien eines *Ovals* mit den Halbaxen $\mathfrak{m}\sqrt{2\tau / C_o}$ und $\mathfrak{m}\sqrt{2\tau / C_e}$ in den Richtungen parallel und senkrecht zur optischen Axe.[1]

Wird in einem *zweiaxigen* Krystall eine Wellennormale Q bestimmt, einmal durch ihre Richtungscosinus q_1, q_2, q_3 in Bezug auf die Symmetrieaxen $X_1, X_2 X_3$, andererseits durch ihre Neigungen u, v gegen die optischen Axen A, A', so sind die Fortpflanzungsgeschwindigkeiten $\mathfrak{q}_1, \mathfrak{q}_2$ der zugehörigen Wellenebenen nach S. 322 und 334 gegeben durch:

1. $$\frac{q_1^2}{\mathfrak{a}_1^2 - \mathfrak{q}^2} + \frac{q_2^2}{\mathfrak{a}_2^2 - \mathfrak{q}^2} + \frac{q_3^2}{\mathfrak{a}_3^2 - \mathfrak{q}^2} = 0,$$

oder durch:

2. $$\mathfrak{q}_1^2 = \mathfrak{a}_1^2 + (\mathfrak{a}_3^2 - \mathfrak{a}_1^2)\sin^2\frac{u - v}{2}$$
$$\mathfrak{q}_2^2 = \mathfrak{a}_1^2 + (\mathfrak{a}_3^2 - \mathfrak{a}_1^2)\sin^2\frac{u + v}{2}.$$

Analog können die Absorptionsindices der beiden Wellen in zwei Formen dargestellt werden. Wir betrachten zunächst *rhombische* Krystalle, in denen die Symmetrieaxen der Absorption Ξ_1, Ξ_2, Ξ_3 mit X_1, X_2, X_3 zusammenfallen. Dann hängen die Absorptionsindices für jede Wellenlänge von den Haupt-

[1] Die photometrischen Beobachtungen von P. SCHWEBEL an verschieden orientirten Platten von Turmalin sind zur Prüfung der Theorie nicht geeignet, da das benutzte Material nicht hinreichend homogen war und die Werthe der Brechungsindices nicht ermittelt wurden (Zeitschr. f. Kryst. 7, 153, 1882).

lichtgeschwindigkeiten $\mathfrak{a}_1$, $\mathfrak{a}_2$, $\mathfrak{a}_3$ und *drei Constanten* C_1, C_2, C_3 in folgender Weise ab. Setzt man:

$$\begin{aligned} C_3(\mathfrak{a}_2^2 - \mathfrak{q}_\varepsilon^2) + C_2(\mathfrak{a}_3^2 - \mathfrak{q}_\varepsilon^2) &= \mathfrak{C}_{\varepsilon 1} \\ \mathfrak{a}_3^2(\mathfrak{a}_2^2 - \mathfrak{q}_\varepsilon^2) + \mathfrak{a}_2^2(\mathfrak{a}_3^2 - \mathfrak{q}_\varepsilon^2) &= \mathfrak{A}_{\varepsilon 1}, \end{aligned} \qquad (\varepsilon = 1, 2)$$

und bildet man die analogen, durch cyclische Vertauschung der Zeiger 1, 2, 3 entstehenden Ausdrücke, so sind die Absorptionsindices $\varkappa_1$, $\varkappa_2$ der beiden in der Richtung Q sich fortpflanzenden Wellen gegeben durch:

$$\text{I.} \qquad 2\tau\varkappa_1 = \frac{q_1^2\mathfrak{C}_{11} + q_2^2\mathfrak{C}_{12} + q_3^2\mathfrak{C}_{13}}{q_1^2\mathfrak{A}_{11} + q_2^2\mathfrak{A}_{12} + q_3^2\mathfrak{A}_{13}}, \quad 2\tau\varkappa_2 = \frac{q_1^2\mathfrak{C}_{21} + q_2^2\mathfrak{C}_{22} + q_3^2\mathfrak{C}_{23}}{q_1^2\mathfrak{A}_{21} + q_2^2\mathfrak{A}_{22} + q_3^2\mathfrak{A}_{23}}.$$

Insbesondere erhalten wir für die Richtungen der Symmetrieaxen (vgl. S. 318):

(1)

Q	$q_1\, q_2\, q_3$	$\mathfrak{q}_1$	$2\tau\varkappa_1$	$\mathfrak{q}_2$	$2\tau\varkappa_2$
X_1	100	$\mathfrak{a}_2$	$C_2/\mathfrak{a}_2^2$	$\mathfrak{a}_3$	$C_3/\mathfrak{a}_3^2$
X_2	010	$\mathfrak{a}_1$	$C_1/\mathfrak{a}_1^2$	$\mathfrak{a}_3$	$C_3/\mathfrak{a}_3^2$
X_3	001	$\mathfrak{a}_1$	$C_1/\mathfrak{a}_1^2$	$\mathfrak{a}_2$	$C_2/\mathfrak{a}_2^2$

Ferner ist ersichtlich, dass eine Wellenebene von constanter Fortpflanzungsgeschwindigkeit, deren Polarisationsebene unveränderlich ist (S. 328), auch ihren Absorptionsindex nicht ändert. Es ergiebt sich z. B. für eine in der Symmetrieebene $X_3 X_1$ ($q_2 = 0$) gelegene Wellennormale:

$$\text{(2)} \qquad 2\tau\varkappa = \frac{C_2}{\mathfrak{a}_2^2}, \quad 2\tau\varkappa = \frac{C_1 q_3^2 + C_3 q_1^2}{\mathfrak{a}_1^2 q_3^2 + \mathfrak{a}_3^2 q_1^2},$$

je nachdem die Polarisationsebene parallel oder senkrecht zu $X_3 X_1$ liegt.

Bezeichnet man jetzt den Ausdruck:

$$(\mathfrak{a}_3^2 - \mathfrak{a}_1^2)\sin^2\frac{u \mp v}{2}\cos^2\frac{u \mp v}{2}\left[\frac{C_1 - C_2}{\mathfrak{a}_1^2 - \mathfrak{a}_2^2}\sin^2\frac{u \pm v}{2} + \frac{C_2 - C_3}{\mathfrak{a}_2^2 - \mathfrak{a}_3^2}\cos^2\frac{u \pm v}{2}\right]$$
$$+ C_1\cos^2\frac{u \mp v}{2}\sin^2\frac{u \pm v}{2} - C_3\sin^2\frac{u \mp v}{2}\cos^2\frac{u \pm v}{2}$$

mit M_1 resp. M_2, je nachdem die oberen oder die unteren Vorzeichen gelten, und den Ausdruck:

$$\left[\mathfrak{a}_3^2\sin^2\frac{u \mp v}{2} + \mathfrak{a}_1^2\cos^2\frac{u \mp v}{2}\right]\left[\cos^2\frac{u \mp v}{2} - \cos^2\frac{u \pm v}{2}\right]$$

mit N_1 resp. N_2, so nehmen die Werthe der Absorptionsindices $\varkappa_1$, $\varkappa_2$ folgende Gestalt an:

$$\text{II.} \qquad 2\tau\varkappa_1 = \frac{\mathrm{M}_1}{\mathrm{N}_1}, \quad 2\tau\varkappa_2 = \frac{\mathrm{M}_2}{\mathrm{N}_2}.$$

Wie aus 2. und II. hervorgeht, pflanzt sich in einem *schwach* absorbirenden Krystall in der Richtung einer *optischen Axe* allerdings nur eine einzige Welle mit der Geschwindigkeit $\mathfrak{a}_2$ fort, wie in einem vollkommen durchsichtigen Krystall; allein der Absorptionsindex $\varkappa$ dieser Welle ändert sich mit der Polarisationsrichtung, die eine ganz beliebige sein kann (S. 342, Fig. 166). Hierdurch werden die im convergenten Lichte in der Umgebung dieser Axe auftretenden charakteristischen Erscheinungen bedingt.

Betrachten wir eine Wellennormale Q, welche mit der optischen Axe A den gegen $(A A') = 2V$ kleinen Winkel $(QA) = u$ einschliesst. Setzt man den Winkel $(X_3 A Q) = \psi$, so ist:

$$(Q A') = v = 2V - u \cos\psi,$$

und aus II. folgt unter Vernachlässigung der Quadrate von u;

$$(3) \qquad \begin{aligned} 2\tau\varkappa_1 &= \frac{C_1 \cos^2 V + C_3 \sin^2 V}{\mathfrak{a}_2^2} \cos^2\frac{\psi}{2} + \frac{C_2}{\mathfrak{a}_2^2} \sin^2\frac{\psi}{2} \\ 2\tau\varkappa_2 &= \frac{C_1 \cos^2 V + C_3 \sin^2 V}{\mathfrak{a}_2^2} \sin^2\frac{\psi}{2} + \frac{C_2}{\mathfrak{a}_2^2} \cos^2\frac{\psi}{2}. \end{aligned}$$

Demnach sind die Absorptionsindices in jener Richtung Q nur abhängig von ψ, d. h. von der Orientirung der Verbindungsebene QA, nicht aber von der Neigung (QA). Beschreibt die Wellennormale Q einen engen Kreiskegel um die optische Axe A in einem bestimmten Bewegungssinne von der Ebene $X_3 X_1$ aus bis in diese Ebene zurück, so ändert sich $\varkappa_1$ in derselben Weise wie $\varkappa_2$ bei dem entgegengesetzten Drehungssinne.

Für die optische Axe selbst werden die Ausdrücke (3) unbestimmt, weil ψ seine Bedeutung verliert; aber aus (2) folgt:

$$(4) \qquad 2\tau\varkappa = \frac{C_2}{\mathfrak{a}_2^2}, \quad 2\tau\varkappa = \frac{C_1}{\mathfrak{a}_2^2}\cos^2 V + \frac{C_3}{\mathfrak{a}_2^2}\sin^2 V = \mathsf{K},$$

je nachdem die Polarisationsebene parallel oder senkrecht zu $X_3 X_1$ liegt.

Vor allem interessiren uns die besonderen Fälle, wo in (3) das erste oder das zweite Glied so bedeutend an Grösse überwiegt, dass entweder $C_2 = 0$ oder $C_1 = C_3 = 0$ gesetzt werden kann.

a. Erfährt die in der Ebene der optischen Axen sich fortpflanzende und *parallel* zu dieser Ebene polarisirte Welle ($\mathfrak{q} = \mathfrak{a}_2$) nur eine unmerkliche Absorption ($C_2 = 0$), so ist:

$$2\tau\varkappa_1 = \mathsf{K}\cos^2\frac{\psi}{2}, \quad 2\tau\varkappa_2 = \mathsf{K}\sin^2\frac{\psi}{2}.$$

In diesem Falle erhalten wir für die Richtung einer optischen Axe:

$$\varkappa = 0, \quad 2\tau\varkappa = \mathsf{K},$$

je nachdem die Polarisationsebene parallel oder senkrecht zu $X_3 X_1$ liegt.

b. Wird dagegen die in der Ebene der optischen Axen sich fortpflanzende und *senkrecht* zu dieser Ebene polarisirte Welle ($\mathfrak{q}^2 = \mathfrak{a}_1^2 q_3^2 + \mathfrak{a}_3^2 q_1^2$) nur unmerklich absorbirt, so ist:

$$2\tau\varkappa_1 = \mathsf{K}\sin^2\frac{\psi}{2}, \quad 2\tau\varkappa_2 = \mathsf{K}\cos^2\frac{\psi}{2},$$

und insbesondere in der Richtung einer optischen Axe:

$$2\tau\varkappa = \mathsf{K}, \quad \varkappa = 0,$$

je nachdem die Polarisationsebene parallel oder senkrecht zu $X_3 X_1$ liegt.[1]

Stellt man die Werthe der Absorptionscoëfficienten $\varkappa_1/\mathfrak{q}_1$ und $\varkappa_2/\mathfrak{q}_2$ geometrisch durch Strecken dar, die von einem gemeinsamen Anfangspunkte aus wie die zugehörigen Wellennormalen gerichtet sind, so erfüllen die Endpunkte eine zweischalige, der Normalenfläche (S. 326) analog gestaltete *Oberfläche der Absorptionscoëfficienten*, deren Schalen indessen, wie P. Drude[2] gezeigt hat, nicht nur in einzelnen Punkten, sondern längs gewisser Curvenstücke zusammenhängen. Es giebt also in schwach absorbirenden Krystallen nur zwei Axen gleicher Fortpflanzungsgeschwindigkeit (optische Axen), aber eine continuirliche Reihe von *Axen gleicher Absorption*, welche in rhombischen Krystallen symmetrisch zu einer der drei optischen Symmetrieebenen angeordnet sind; diese Ebene fällt im Allgemeinen nicht mit der Ebene der optischen Axen zusammen.

P. Drude hat ferner nachgewiesen, dass in einem Krystall des *monoklinen* Systems die Oberfläche der Absorptionscoëfficienten für homogenes Licht nur noch *eine* Symmetrieebene parallel (010) und *eine* zweizählige Symmetrieaxe in der Richtung der Normale von (010) besitzt. In Folge hiervon stehen diejenigen in (010) gelegenen Fortpflanzungsrichtungen, in denen die Absorption der senkrecht zu (010) polarisirten Wellen ein Maximum resp. ein Minimum erreicht, im Allgemeinen nicht mehr auf einander senkrecht.[3]

In einem *triklinen* Krystall ist die Oberfläche der Absorptionscoëfficienten nur noch centrisch symmetrisch.

115. Zur Beobachtung der Erscheinungen, welche planparallele Platten schwach absorbirender Krystalle im *convergenten* Lichte darbieten, eignet sich unter den auf S. 450—455 beschriebenen Apparaten vor allem das Mikroskop von R. Fuess, an welchem man leicht Polarisator- und Analysator während der Beobachtung aus- und einschalten kann.

Optisch einaxige Krystalle.

Als Repräsentanten der beiden auf S. 524 unterschiedenen Typen seien *Magnesiumplatincyanür*[4] und dunkelfarbiger *Turmalin*[5] gewählt. Wir benutzen

[1] In jedem Falle erhält man die Werthe $\varkappa$ für die Richtung einer optischen Axe aus den allgemeinen Ausdrücken durch die Substitution $\psi = \pi$.

[2] P. Drude, Ann. d. Phys. N. F. **32**, 584, 1887; **40**, 665, 1890.

[3] Dieses Ergebniss befindet sich in Uebereinstimmung mit den Beobachtungen von W. Ramsay am Epidot (Zeitschr. f. Kryst. **13**, 97, 1887). Vgl. P. Drude, ibid. **13**, 574, 1887.

[4] E. Bertrand, Bull. soc. min. de France. **2**, 67, 1879; Journ. de phys. **8**, 227, 1879. — E. Lommel, Ann. d. Phys. N. F. **9**, 108, 1880.

[5] Th. Liebisch, Nachr. Ges. d. Wiss. Göttingen 1888, 202.

zunächst dünne, zur optischen Axe *senkrechte* Platten und setzen voraus, dass Magnesiumplatincyanür im blauen Lichte betrachtet werde.

Fällt natürliches Licht auf die Platte, so erblickt man nach Ausschaltung des Analysators im Centrum des Gesichtsfeldes einen *hellen* resp. *dunklen* Fleck. Ist das einfallende Licht geradlinig polarisirt nach 𝔓, so tritt ein Absorptionsbüschelpaar *senkrecht* resp. *parallel* zur Polarisationsebene 𝔓 auf. Schaltet man auch noch den Analysator ein, so erscheinen zwei dunkle Absorptionsbüschelpaare *senkrecht* resp. *parallel* zu den Polarisationsebenen 𝔓 und 𝔄, während in der Richtung der optischen Axe nach wie vor *Helligkeit* resp. *Dunkelheit* herrscht. Nur wenn 𝔓 und 𝔄 gekreuzt stehen, ist auch bei Magnesiumplatincyanür der Mittelpunkt des Gesichtsfeldes vollkommen dunkel; die nächste Umgebung desselben erscheint aber immer noch bedeutend heller als der ganze übrige Theil des Gesichtsfeldes.

Hieraus geht hervor, dass eine sehr dünne Platte von *Magnesiumplatincyanür* blaue *ausserordentliche* Strahlen nicht mehr durchlässt, wenn die Einfallswinkel derselben einen gewissen kleinen Werth, der von E. Lommel zu 2° bestimmt wurde, überschreiten; dagegen werden die ordentlichen blauen Strahlen durchgelassen. — Betrachtet man die Platte im *weissen* Lichte zwischen gekreuzten Nicols, so erblickt man das auf Taf. IX, Fig. 1, 2 dargestellte Interferenzbild. Dasselbe erscheint vorwiegend in der purpurrothen, dem Krystall eigenthümlichen Färbung. Im Centrum tritt ein blaues Feld auf. Dreht man den Analysator um 45° oder um 90°, so entspricht das Interferenzbild den Figuren 3, 4 auf Taf. II mit der Modification, dass die hellen Felder auf der rechten und linken Seite, durch welche die von vorn nach hinten gerichtete Polarisationsebene des feststehenden Polarisators nicht hindurchgeht, eine mehr *orangerothe* Färbung annehmen.

Da die Absorptionsbüschel an basischen *Turmalinplatten* erst im stark convergenten Licht und nur an der Peripherie des Gesichtsfeldes wahrgenommen werden können, liegt es nahe, die Erscheinung an Platten, die zur optischen Axe *geneigt* sind, weiter zu verfolgen. Schliffe nach einer Fläche des Rhomboëders *R* aus einem blau durchscheinenden Krystall bieten im natürlichen Lichte einen auffallenden Contrast der Färbung in der durch den Hauptschnitt des Schliffes gegebenen Richtung dar. Derjenige Theil des Gesichtsfeldes, welcher der Spur der optischen Axe am nächsten liegt, wird von einem blauen oder blaugrauen Fleck erfüllt, der am Rande des Feldes am dunkelsten ist und allmählich in die violettgraue Färbung der gegenüberliegenden Seite verläuft. Lässt man polarisirtes Licht einfallen und dreht man die Platte in ihrer Ebene, so tritt, wenn der Hauptschnitt zur Polarisationsebene 𝔓 parallel steht, in dem der Spur der optischen Axe abgewendeten Theile des Gesichtsfeldes ein sehr scharf ausgeprägtes Absorptionsbüschel parallel zur Ebene 𝔓 hervor, welches nach dem gegenüberliegenden dunklen Fleck hin breiter und schwächer wird. Das Büschel folgt einer Drehung der Platte aus dieser Stellung und tritt erst vollständig aus dem Gesichtsfeld heraus, wenn der Betrag der Drehung ca. 45° nach der einen oder der anderen Seite überschreitet. Liegt der Hauptschnitt senkrecht zu 𝔓, so ist die Färbung des Gesichtsfeldes dieselbe wie im natürlichen Lichte. Wird ein drehbarer Analysator eingeschaltet, so beobachtet man je nach den Winkeln, welche der Hauptschnitt mit 𝔓 und 𝔄 bildet, zwei Büschel, ein Büschel oder ein von Büscheln freies Gesichtsfeld. Der letzte Fall tritt ein, wenn 𝔓 und 𝔄 senkrecht zum Hauptschnitt stehen. Zur Beobachtung dieser Erscheinungen empfiehlt es sich etwas dickere Schliffe zu benutzen, damit die Ringsysteme auf dem um die Spur der optischen Axe ausgebreiteten dunklen Fleck nicht zum Vorschein kommen. — Platten, deren Begrenzungsebenen parallel zur optischen Axe liegen, zeigen im natürlichen Lichte auf dunkelblauem Felde einen hellviolettgrauen, zur Axe senkrechten Streifen. Das Gesichtsfeld erfährt keine Veränderung, wenn polarisirtes Licht einfällt, und die Platte in die Stellung gebracht wird, dass die Richtung der optischen Axe auf der Polarisationsebene $\mathfrak{P}$ senkrecht steht. Dagegen erscheint die ganze Platte dunkel, wenn der Hauptschnitt derselben zu $\mathfrak{P}$ parallel läuft, da alsdann ein Büschelpaar auf jenen Streifen fällt. Dreht man nun die Platte ein wenig aus dieser Lage, so bemerkt man sofort die aus einander tretenden Büschel auf dem helleren Streifen.

Die Absorptionsphänomene an Platten senkrecht zur optischen Axe erklären sich in folgender Weise.[1] Es seien bezeichnet die Dicke der Platte mit L, der Hauptschnitt einer gegen die Plattennormale wenig geneigten Wellennormale Q mit $\mathfrak{H}$, die Winkel ($\mathfrak{P}\,\mathfrak{H}$) und ($\mathfrak{A}\,\mathfrak{H}$) mit α und β, die Amplitude der einfallenden Welle mit a. Dann sind die Amplituden der austretenden, parallel und senkrecht zu $\mathfrak{H}$ polarisirten Wellen:

$$a\,e^{-\varkappa_o l_o}, \quad a\,e^{-\varkappa_e l_e},$$

worin die Absorptionsindices $\varkappa_o$, $\varkappa_e$ die auf S. 524 angegebenen Werthe haben und $l_o = L/\tau\,\mathfrak{o}$, $l_e = L/\tau\,\mathfrak{q}_e$ gesetzt ist. Demnach ist die Intensität des Lichtes an der Stelle des Gesichtsfeldes, wo die Spur jener Wellen auftritt, nach S. 447, 477 in erster Annäherung proportional:

$$\text{(1)} \qquad \mathsf{A}^2 = a^2\Big[\cos^2\alpha\cos^2\beta\,e^{-2\varkappa_o l_o} + \sin^2\alpha\sin^2\beta\,e^{-2\varkappa_e l_e} + 2\sin\alpha\sin\beta\cos\alpha\cos\beta\cos 2\pi\frac{\Gamma}{\lambda}\,e^{-(\varkappa_o l_o + \varkappa_e l_e)}\Big].$$

Ist die Platte einem Krystall des *ersten* Typus ($C_o < C_e$) entnommen, so wächst der Absorptionsindex der ausserordentlichen Welle $\varkappa_e$ mit der Neigung u der Wellennormale Q gegen die optische Axe. In Folge hiervon werden, auch wenn dieses Anwachsen nicht besonders rasch erfolgt, lediglich wegen der Natur der Exponentialfactoren, die beiden von $\varkappa_e$ abhängigen Glieder schon für kleine Winkel u unmerklich, so dass alsdann:

$$\text{(2)} \qquad \mathsf{A}^2 = a^2\cos^2\alpha\cos^2\beta\,e^{-2\varkappa_o l_o}$$

ist. Hierin tritt Γ nicht mehr auf; demnach fehlen in dem Interferenzbilde Curven gleichen Gangunterschiedes. Die Intensität wird Null, wenn α oder $\beta = 90^0$ ist; folglich treten dunkle, zu den Polarisationsebenen $\mathfrak{P}$ und $\mathfrak{A}$ senkrechte Balken auf. Die Spur der optischen Axe erscheint *nur* bei gekreuzten Nicols dunkel, da für $\varkappa_o = \varkappa_e$ die beiden letzten Glieder in (1) *nicht* verschwinden.

Wird jetzt der Polarisator ausgeschaltet, so ist die Intensität proportional dem Ausdruck, welchen man aus (2) erhält, indem man, einer sehr schnellen Rotation des Polarisators entsprechend, den Mittelwerth für alle möglichen Winkel α bildet:

$$\text{(3)} \qquad \mathsf{A}^2 = \frac{a^2}{2}\cos^2\beta\,e^{-2\varkappa_o l_o}.$$

Die Intensität ist also Null für $\beta = 90^0$; hierdurch erklärt sich das zur Polarisationsebene $\mathfrak{A}$ senkrechte Absorptionsbüschelpaar. Die Spur der optischen Axe erscheint aus dem soeben angeführten Grunde hell.

Entfernt man auch noch den Analysator, so ist in (3) für alle Winkel β das Mittel zu nehmen:

$$\text{(4)} \qquad \mathsf{A}^2 = \frac{a^2}{4}e^{-2\varkappa_o l_o};$$

[1] W. Voigt, a. a. O.

die Büschel verschwinden, und es bleibt nur ein hellerer Fleck um die Spur der optischen Axe herum.

Gehört der Krystall dem *zweiten* Typus ($C_o > C_e$) an, so ist $\varkappa_o$ gross und $\varkappa_e$ nimmt ab, wenn der Winkel u wächst. Demnach herrscht in der Spur der optischen Axe stets Dunkelheit. Erst in einiger, möglicherweise ziemlich bedeutender Entfernung nimmt das zweite Glied in (1):

$$(2^*) \qquad \mathsf{A}^2 = a^2 \sin^2 \alpha \sin^2 \beta \, e^{-2\varkappa_e l_e}$$

merkliche Werthe an. Hierdurch ist das Auftreten der zu 𝔓 und 𝔄 parallelen Büschelpaare ($\alpha = 0$, $\beta = 0$) bedingt.

Optisch zweiaxige Krystalle.

Das Auftreten von Absorptionsbüscheln an optisch zweiaxigen Krystallen wurde von D. Brewster (1818) entdeckt.[1] Später hat W. Haidinger die charakteristischen Merkmale der beiden auf S. 526 unterschiedenen Typen erkannt.[2]

Eine Platte, deren Begrenzungsebenen annähernd *senkrecht zu einer optischen Axe* stehen, zeigt im natürlichen Lichte ohne Analysator ein dunkles Büschelpaar normal zur Ebene der optischen Axen; die Spur jener Axe selbst ist hell.[3] — Fällt geradlinig polarisirtes Licht auf eine Platte aus einem Krystall des *ersten* Typus, so erblickt man, wenn die Polarisationsebene 𝔓 parallel zur Spur 𝔈 der Ebene der optischen Axen liegt, dunkle Büschel normal zu 𝔈 und ein helles, jener Ebene paralleles Feld (Taf. IX, Fig. 3); steht dagegen die Ebene 𝔓 senkrecht zu 𝔈, so erscheinen dunkle Büschel sowohl normal als parallel zur Ebene der optischen Axen, die Spur der Axe selbst ist dunkel. Eine Platte aus einem Krystall des *zweiten* Typus verhält sich, falls die Ebene der optischen Axen parallel resp. senkrecht zur Polarisationsebene des Polarisators liegt, ebenso wie eine Platte des ersten Typus, wenn 𝔈 senkrecht resp. parallel zur Ebene 𝔓 ist. — Schaltet man den Analysator in paralleler Stellung zum Polarisator ein, so ist das Bild im Wesentlichen identisch mit dem soeben beschriebenen. — Befinden sich Polarisator und Analysator in gekreuzter Stellung, so erscheint neben dem zu 𝔈 normalen Absorptionsbüschelpaar ein dunkler Balken, die auf S. 482 beschriebene Isogyre. In der Normalstellung der Platte, wo die Spur 𝔈 parallel zu 𝔓 oder 𝔄 ist, liegen die Büschel senkrecht zu diesem Balken (Taf. IX, Fig. 4). Dreht man dann die Platte in ihrer Ebene, so schreitet der in entgegengesetzter Richtung sich bewegende dunkle Balken über die in jeder Lage der Platte zu 𝔈 normalen Büschel fort.

[1] D. Brewster, Phil. Trans. **1**, 11, 1819. Edinb. Phil. Journ. **2**, 341, 1820.

[2] W. Haidinger, Sitzungsber. Wien. Akad. **13**, 316, 1854. — A. Bertin, Ann. chim. phys. (5) **15**, 396, 1878. Bull. soc. min. de France. **2**, 54, 1879. Journ. de phys. **8**, 217, 1879. Zeitschr. f. Kryst. **3**, 449, 1879. — Th. Liebisch, Nachr. Ges. d. Wiss. Göttingen 1888, 202.

[3] Diese Erscheinung ist schon mit blossem Auge bequem zu beobachten an Platten von Andalusit (Brasilien) und Spaltungsplatten von Epidot (Untersulzbachthal) nach $M = (001)$, wenn man durch diese Platten nach einer hell beleuchteten Fläche blickt.

Um an einer *zur ersten Mittellinie senkrechten Platte* den Verlauf der von den optischen Axen ausgehenden Absorptionsbüschel zu verfolgen, muss man so stark convergentes Licht anwenden, dass die Spuren der optischen Axen möglichst weit innerhalb des Gesichtsfeldes liegen. Ein für den Nörremberg'schen Polarisationsapparat geeignetes Präparat bieten Spaltungsplatten von *Muscovit* (Monroe, Orange Co., New York; Acworth, New Hampshire) dar. Steht die Spur $\mathfrak{E}$ der Ebene der optischen Axen senkrecht zur Polarisationsebene $\mathfrak{P}$ des einfallenden Lichtes, so erblickt man nach Ausschaltung des Analysators die beiden zu $\mathfrak{E}$ normalen Büschelpaare, während die Spuren der Axen selbst hell erscheinen. Demnach gehört Muscovit dem *zweiten* Typus an.

Die folgende Tabelle giebt eine Uebersicht optisch zweiaxiger Körper, an denen sich leicht Absorptionsbüschel beobachten lassen.

	1. Typus.	2. Typus.
Rhombisch	*Andalusit* von Brasilien.	*Cordierit*
Monoklin	*Anomit* von Nertschinsk. *Vivianit* [Spaltblättchen nach (010)]. *Kobaltblüthe* desgl. *Hornblende* aus Basalttuff, Böhmen. *Titanit* (braun) Zillerthal.	*Muscovit* *Epidot* *Augit*
Triklin		*Axinit*

Wir schreiten nun zur *Erklärung*[1] *der Absorptionserscheinungen an einer zur optischen Axe A senkrechten Platte eines* r h o m b i s c h e n *Krystalls* von der Dicke L. Die Spur $\mathfrak{E}$ der Ebene der optischen Axen bilde mit den Polarisationsebenen $\mathfrak{P}$ und $\mathfrak{A}$ die Winkel η und ζ. Eine Wellennormale Q sei nach S. 526 durch die Winkel u, ψ bestimmt; dann schliessen die zugehörigen Polarisationsebenen $\mathfrak{H}_1$, $\mathfrak{H}_2$ mit $\mathfrak{E}$ die Winkel $\psi/2$ und $-(\pi-\psi)/2$ ein, so dass $(\mathfrak{P}\,\mathfrak{H}_1) = \eta - \psi/2$, $(\mathfrak{A}\,\mathfrak{H}_1) = \zeta - \psi/2$. Demnach ist die Intensität des Lichtes an der Stelle des Gesichtsfeldes, wo die Spur von Q auftritt, in erster Annäherung proportional:

$$(5)\qquad \mathsf{A}^2 = a^2\Big[\sin^2\Big(\eta-\frac{\psi}{2}\Big)\sin^2\Big(\zeta-\frac{\psi}{2}\Big)e^{-2\varkappa_1 l_1} + \cos^2\Big(\eta-\frac{\psi}{2}\Big)\cos^2\Big(\zeta-\frac{\psi}{2}\Big)e^{-2\varkappa_2 l_2}$$

$$+\,2\sin\Big(\eta-\frac{\psi}{2}\Big)\sin\Big(\zeta-\frac{\psi}{2}\Big)\cos\Big(\eta-\frac{\psi}{2}\Big)\cos\Big(\zeta-\frac{\psi}{2}\Big)\cos 2\pi\frac{\Gamma}{\lambda}\,e^{-(\varkappa_1 l_1+\varkappa_2 l_2)}\Big],$$

worin $l_1 = L/\tau\,\mathfrak{q}_1$, $l_2 = L/\tau\,\mathfrak{q}_2$ gesetzt ist, und die Absorptionsindices $\varkappa_1$, $\varkappa_2$ die auf S. 526 (3) angegebenen Werthe haben. Wählt man die Platte hinreichend dick, so wird der Exponentialfactor des letzten Gliedes in (5) sehr klein; in Folge hiervon sind Curven gleichen Gangunterschiedes nicht mehr sichtbar. Die beiden ersten Glieder in (5) sind jedenfalls beizubehalten, weil die in ihnen auftretenden Exponenten für gewisse Richtungen Q sehr klein werden können.

Wir bringen nun Polarisator und Analysator in *gekreuzte* Stellung ($\eta - \zeta = 90^0$); dann ist:

$$\mathsf{A}^2 = \frac{a^2}{4}\sin^2(2\eta-\psi)\big[e^{-2\varkappa_1 l_1} + e^{-2\varkappa_2 l_2}\big]$$

[1] W. Voigt, a. a. O.

oder in der soeben eingeführten Annäherung:

$$\text{(6)} \qquad \mathsf{A}^2 = \frac{a^2}{4}\sin^2(2\eta - \psi)\left[e^{-\varkappa_1 l_1} + e^{-\varkappa_2 l_2}\right]^2.$$

Folglich herrscht die Intensität Null in der durch die Spur der optischen Axe A gehenden Ebene $\psi = 2\eta$, also auf der früher (S. 482) beschriebenen Isogyre. Allein im Allgemeinen erscheint dieser dunkle Balken in der Spur der Axe A *unterbrochen*; nur in der Normalstellung der Platte ($\eta = 0$ oder 90^0) setzt er sich durch die Spur von A fort. In der That, führt man in den Ausdruck (6) den Werth $\psi = \pi$ ein (S. 527), so verschwindet A^2 nur für $\eta = 0$ oder 90^0. *Diese Erscheinung ist bei vielen Krystallen zu beobachten, die zu schwach absorbiren, um auch das Folgende zu zeigen.* Der zweite Factor in (6) bedingt nämlich, wie aus $d\left[e^{-\varkappa_1 l_1} + e^{-\varkappa_2 l_2}\right]/d\psi$ mit Rücksicht auf die Werthe von $\varkappa_1$, $\varkappa_2$ hervorgeht, stets ein Maximum der Intensität für $\psi = 0$ und π, ein Minimum für $\psi = \pi/2$ und $3\pi/2$. Hierdurch sind die zur Ebene der optischen Axen normalen Absorptionsbüschel gegeben.

Befinden sich jetzt Polarisator und Analysator in *paralleler* Stellung ($\eta = \zeta$), so folgt aus (5) für hinreichend dicke Platten:

$$\text{(7)} \qquad \mathsf{A}^2 = a^2\left[\sin^4\left(\eta - \frac{\psi}{2}\right)e^{-2\varkappa_1 l_1} + \cos^4\left(\eta - \frac{\psi}{2}\right)e^{-2\varkappa_2 l_2}\right].$$

Andererseits ergiebt sich aus (5) für den Fall, wo der *Analysator ausgeschaltet* ist, durch Bildung des Mittelwerthes für alle möglichen Winkel ζ:

$$\text{(8)} \qquad \mathsf{A}^2 = \frac{a^2}{2}\left[\sin^2\left(\eta - \frac{\psi}{2}\right)e^{-2\varkappa_1 l_1} + \cos^2\left(\eta - \frac{\psi}{2}\right)e^{-2\varkappa_2 l_2}\right].$$

Demnach sind in diesen beiden Fällen die Erscheinungen im Wesentlichen identisch.

Indem wir nun in (8) für die Absorptionsindices $\varkappa_1$, $\varkappa_2$ die besonderen Werthe einführen, welche für die auf S. 526 unterschiedenen Typen charakteristisch sind, erkennen wir sofort, dass sich Krystalle des *ersten* Typus für $\eta = 0$, wo $\mathfrak{P}$ parallel $\mathfrak{E}$ liegt, ebenso verhalten müssen, wie Krystalle des *zweiten* Typus für $\eta = 90^0$, wo $\mathfrak{P}$ auf $\mathfrak{E}$ senkrecht steht. Um die Einzelheiten der Erscheinung selbst abzuleiten, betrachten wir eine Platte aus einem Krystall des ersten Typus. Dann ist, je nachdem $\eta = 0$ oder 90^0 gesetzt wird:

$$\text{(9)} \qquad \mathsf{A}^2 = \frac{a^2}{2}\left[\sin^2\frac{\psi}{2}\,e^{-2\mathsf{K} l_1 \cos^2\frac{\psi}{2}} + \cos^2\frac{\psi}{2}\,e^{-2\mathsf{K} l_2 \sin^2\frac{\psi}{2}}\right]$$

oder:

$$\text{(10)} \qquad \mathsf{A}^2 = \frac{a^2}{2}\left[\cos^2\frac{\psi}{2}\,e^{-2\mathsf{K} l_1 \cos^2\frac{\psi}{2}} + \sin^2\frac{\psi}{2}\,e^{-2\mathsf{K} l_2 \sin^2\frac{\psi}{2}}\right].$$

Sind K und L hinreichend gross gewählt, um $e^{-2\mathsf{K}L}$ neben 1 vernachlässigen zu können, so wird, je nachdem ψ nahe gleich 0 oder gleich π ist, die erste oder die zweite Exponentialgrösse zu vernachlässigen sein. Für mittlere Winkel ψ werden beide Grössen sehr kleine und nahezu gleiche Werthe besitzen. In (9) nehmen nun die Factoren der Exponentialgrössen zugleich mit diesen selbst den grössten und kleinsten Werth an; man erhält also ein Büschelpaar normal zur Spur $\mathfrak{E}$ der Ebene der optischen Axen ($\psi = \pi/2$) und ein helles Feld parallel $\mathfrak{E}$ ($\psi = 0$ oder π), welches auch die Spur der Axe A enthält. Dagegen erreichen in (10) die entsprechenden Factoren ein Maximum für die Winkel ψ, welche ein Minimum der Exponentialgrössen bedingen. In Folge hiervon erblickt man mässig dunkle Büschel sowohl normal als parallel zu $\mathfrak{E}$; die Spur der Axe A ist dunkel.

Wird endlich auch noch der *Polarisator ausgeschaltet*, so gilt der aus (8) durch Bildung des Mittelwerthes für alle Winkel η hervorgehende Ausdruck:

(11) $$\mathsf{A}^2 = \frac{a^2}{4}\left[e^{-2\varkappa_1 l_1} + e^{-2\varkappa_2 l_2}\right].$$

Da der Exponentialfactor, wie auf S. 532 erwähnt wurde, für $\psi = \pi/2$ ein Minimum annimmt, so muss stets, welchem Typus der Krystall auch angehören mag, ein dunkles Absorptionsbüschelpaar senkrecht zur Ebene der optischen Axen auftreten; die Spur der Axe A erscheint hell.

116. Wir wenden uns jetzt zu Krystallen, welche so *stark absorbiren*, dass sie nur im *reflectirten* Lichte untersucht werden können, und betrachten zunächst *isotrope* Krystalle. Erfahrungsgemäss ist die aus einer einfallenden, parallel oder senkrecht zur Einfallsebene $\mathfrak{E}$ polarisirten Welle hervorgehende reflectirte Welle ebenfalls parallel oder senkrecht zu $\mathfrak{E}$ polarisirt. Allein die *Amplitude* und die *Phase* der einfallenden Welle werden durch die Reflexion geändert; dabei ist in dem letzteren Falle die Phasenänderung geringer als in dem ersteren. Fällt nun eine Welle ein, deren Polarisationsebene $\mathfrak{P}$ mit der Einfallsebene den Winkel χ einschliesst, so können wir dieselbe in zwei Componenten zerlegt denken, von denen die eine parallel, die andere senkrecht zu $\mathfrak{E}$ polarisirt ist, während sich ihre Amplituden verhalten wie $\cos\chi : \sin\chi$. Nach der Reflexion sei das Verhältniss der Amplituden der Componenten $\mathfrak{p}\cos\chi : \mathfrak{s}\sin\chi$. Gleichzeitig ist die letztere Componente gegen die erstere verzögert um einen Bruchtheil Γ einer Wellenlänge λ. *Die reflectirte Welle ist daher im Allgemeinen elliptisch polarisirt*, und es handelt sich nun um die experimentelle Bestimmung der Constanten $\mathfrak{s}/\mathfrak{p}$ und Γ dieser Welle für Licht von der Wellenlänge λ. Hierzu dient ein Spektrometer, welches ausser einem polarisirenden und einem analysirenden Nicol'schen Prisma einen Compensator besitzt (S. 438, 464): Compensirt man den Gangunterschied Γ mit Hülfe des Compensators, so tritt aus dem letzteren wieder geradlinig polarisirtes Licht, dessen Polarisationsebene $\mathfrak{P}'$ mit $\mathfrak{E}$ den Winkel ψ bilde; dann ist:

$$\tan\psi = \frac{\mathfrak{s}}{\mathfrak{p}}\tan\chi,$$

der Winkel ψ ist am Analysator abzulesen.

Der Gangunterschied Γ ist Null für den Einfallswinkel $\varphi = 0$; mit wachsenden Einfallswinkeln nimmt er continuirlich zu, um für $\varphi = 90^0$ den Werth $\lambda/2$ erreichen. Als *Haupteinfallswinkel* $\overline{\varphi}$ bezeichnet man denjenigen Werth von φ, für welchen $\Gamma = \lambda/4$ ist. Fällt eine unter dem Azimut $\psi = 45^0$ polarisirte Welle unter dem Winkel $\overline{\varphi}$ ein, so bezeichnet man das zugehörige Azimut $\overline{\psi}$ als *Hauptazimut:*

$$\tan\overline{\psi} = \frac{\mathfrak{s}}{\mathfrak{p}}\,.$$

Es liefert also die Tangente von $\overline{\psi}$ das Verhältniss der Amplituden der beiden senkrecht und parallel zur Einfallsebene polarisirten Componenten der reflectirten Welle, falls die einfallende Welle unter dem Haupteinfallswinkel so auffällt, dass ihre Componenten gleiche Amplituden besitzen.

Aus den beobachteten Grössen φ, ψ, Γ oder $\overline{\varphi}$, $\overline{\psi}$ lassen sich die beiden charakteristischen Constanten eines stark absorbirenden Körpers für homogenes Licht, der *Absorptionsindex* $\varkappa$ (S. 523) und der *Brechungsindex* n, berechnen. Dabei bedeutet n das Verhältniss der Fortpflanzungsgeschwindigkeiten in dem umgebenden durchsichtigen Mittel und in dem absorbirenden Körper für eine *senkrecht* einfallende ebene Welle.

Nach der von A. Cauchy[1] und W. Voigt[2] entwickelten Theorie der Metallreflexion findet man $\varkappa$ und n aus φ, ψ, Γ nach folgenden Relationen. Man setze:

$$\sin 2\pi \frac{\Gamma}{\lambda} \tan 2\psi = \tan Q, \quad \cos 2\pi \frac{\Gamma}{\lambda} \sin 2\psi = \cos P, \quad \tan \tfrac{1}{2} P \sin\varphi \tan\varphi = S,$$

so ergiebt sich:

$$(1) \qquad \varkappa = \tan Q, \quad n = S \cos Q;$$

folglich ist der Absorptionscoëfficient:

$$n\varkappa = S \sin Q.$$

Umgekehrt kann man ψ, Γ aus n, $\varkappa$, φ berechnen. Setzt man:

$$\varkappa = \tan Q, \quad \frac{n}{\sin\varphi \tan\varphi \cos Q} = \tan \tfrac{1}{2} P,$$

so ist:

$$(2) \qquad \tan 2\pi \frac{\Gamma}{\lambda} = \tan P \sin Q, \quad \cos 2\psi = \sin P \cos Q.$$

Andererseits dienen zur Berechnung von $\varkappa$ und n aus dem Haupteinfallswinkel $\overline{\varphi}$ und dem Hauptazimut $\overline{\psi}$ die Beziehungen:

$$(3) \qquad \varkappa = \tan 2\overline{\psi}, \quad n = \sin\overline{\varphi} \tan\overline{\varphi} \cos 2\overline{\psi}, \quad n\varkappa = \sin\overline{\varphi} \tan\overline{\varphi} \sin 2\overline{\psi},$$

also umgekehrt zur Berechnung von $\overline{\varphi}$, $\overline{\psi}$ aus $\varkappa$, n die Formeln:

$$(4) \qquad \cos\overline{\varphi} = \frac{n}{n\sqrt{1+\varkappa^2}}, \quad \tan 2\overline{\psi} = \varkappa.$$

Der *Einfluss von Oberflächenschichten* auf die Werthe von Γ, $\overline{\varphi}$, $\overline{\psi}$ wird vermieden, wenn es gelingt *frische Spaltflächen* zu untersuchen.

In dieser Hinsicht sind die Beobachtungen von P. Drude[3] an Spaltflächen des regulär krystallisirenden *Bleiglanz* von Interesse. Es ergab sich für Na-Licht:

$$n = 4{,}300, \quad \varkappa = 0{,}400, \quad n\varkappa = 1{,}719.$$

Eine Politur der Spaltfläche ändert diese Constanten, namentlich n, sehr bedeutend:

$$n = 2{,}96, \quad \varkappa = 0{,}629, \quad n\varkappa = 1{,}86;$$

[1] A. Cauchy, Compt. rend. **8**, 560, 969, 1839; **26**, 87, 1848. — A. Beer, Pogg. Ann. **92**, 402, 522, 1854. — G. Quincke, Pogg. Ann. **128**, 551, 1866.

[2] W. Voigt, Nachr. Ges. d. Wiss. Göttingen 1884, 337. Ann. d. Phys. N. F. **23**, 104, 1884. — P. Drude, Ann. d. Phys. N. F. **32**, 613, 1887; **35**, 508, 1888; **36**, 543, 1889; **39**, 481, 1890.

[3] P. Drude, Nachr. Ges. d. Wiss. Göttingen. 1888, 283. Ann. d. Phys. N. F. **36**, 548, 1889.

und durch eine nachträgliche Reinigung der Fläche mit Gelatine nach dem von Wernicke angegebenen Verfahren ist es nicht möglich, die ursprünglichen Werthe wieder zu erreichen:

$$n = 3{,}313,\quad \varkappa = 0{,}520,\quad n\varkappa = 1{,}724.$$

Die folgende Tabelle enthält die optischen Constanten der *regulär krystallisirenden Metalle* nach den Messungen von P. Drude.[1] Die Werthe n, $\varkappa$, $n\varkappa$ beziehen sich auf Na-Licht, n', $\varkappa'$ auf rothes Licht von der Wellenlänge $\lambda' = 630 \cdot 10^{-6}$ mm in Luft. Um die Aenderung der Durchsichtigkeit mit der Wellenlänge zu beurtheilen, muss man die Werthe des Exponenten von e (S. 523) vergleichen. Nun ist:

$$\frac{2\pi L n\varkappa}{\lambda_1 n} = \frac{2\pi L n\varkappa}{\lambda},$$

wenn λ_1 und λ die Wellenlängen in dem absorbirenden Körper und in Luft bedeuten. Daher ist mit $n\varkappa$ für Na-Licht zu vergleichen das Product aus $n'\varkappa'$ für rothes Licht und dem Verhältniss λ/λ' der Wellenlängen für diese beiden Lichtsorten.

	n	n'	$\varkappa$	$\varkappa'$	$n\varkappa$	$n'\varkappa' \cdot \frac{\lambda}{\lambda'}$
Blei	2,01	1,97	1,73	1,74	3,48	3,21
Platin	2,06	2,16	2,06	2,06	4,26	4,17
Gold	0,366	0,306	7,71	10,2	2,82	2,94
Silber	0,181	0,203	20,3	19,5	3,67	3,70
Kupfer	0,641	0,580	4,09	5,24	2,62	2,84
Nickel	1,79	1,89	1,86	1,88	3,32	3,32
Eisen	2,36	—	1,36	—	3,20	—

117. Die Theorie der Reflexion des Lichtes an stark absorbirenden Krystallen, welche nur eine einzige oder keine Axe der Isotropie besitzen, ist von P. Drude entwickelt[2] und alsbald durch Beobachtungen an dem im rhombischen System krystallisirenden *Antimonglanz*[3] geprüft worden. Die leicht herzustellenden, vollkommen ebenen und lebhaft metallisch glänzenden Spaltflächen des Antimonglanz nach (010) bieten einmal den grossen Vortheil dar, dass sie im frischen Zustande unter Vermeidung des störenden Einflusses einer natürlichen oder künstlichen Oberflächenschicht untersucht werden können.[4] Andererseits vereinfachen sich in diesem speciellen Falle, wo die Grenzebene eine optische Symmetrieebene ist, die Relationen zwischen den zu beobachtenden Grössen φ, ψ, Γ und den zu berechnenden Constanten des Krystalls.

[1] P. Drude, Ann. d. Phys. N. F. **39**, 537, 1890.

[2] P. Drude, Ann. d. Phys. N. F. **32**, 584, 1887.

[3] P. Drude, Ann. d. Phys. N. F. **34**, 489, 1888.

[4] Aus den Beobachtungen an den ursprünglichen Begrenzungsflächen oder an polirten Schliffflächen krystallisirter Körper lassen sich die wahren Werthe ihrer optischen Constanten nicht entnehmen. Daher sind auch die Untersuchungen von E. A. Schenck (Ann. d. Phys. N. F. **15**, 177, 1882) über die Reflexion des Lichtes an Pyrargyrit und Magnesiumplatincyanür zur Prüfung der Theorie nicht geeignet.

Wir bezeichnen die Hauptbrechungsindices und die Hauptabsorptionsindices eines *rhombischen* Krystalls mit α_1, α_2, α_3 und $\varkappa_1$, $\varkappa_2$, $\varkappa_3$ in der Anordnung, dass den durch die krystallographischen Axen $\breve{a}$, $\bar{b}$, $\dot{c}$ gegebenen Fortpflanzungsrichtungen die Werthsysteme: $\alpha_3, \alpha_1, \varkappa_3, \varkappa_1$; $\alpha_1, \alpha_2, \varkappa_1, \varkappa_2$; $\alpha_2, \alpha_3, \varkappa_2, \varkappa_3$ entsprechen. Es seien jetzt an der Grenzebene $\breve{a}\dot{c} = 010$ für eine nach dem Azimut 45° geradlinig polarisirte, unter dem Winkel φ einfallende Welle die Werthe von ψ, Γ in den beiden Hauptlagen der Einfallsebene $\mathfrak{E}$ bestimmt, wo $\mathfrak{E}$ mit der Symmetrieebene $\breve{a}\bar{b} = 001$ resp. $\bar{b}\dot{c} = 100$ zusammenfällt. Alsdann können aus den auf solche Weise gewonnenen Grössen ψ_a, Γ_a und ψ_c, Γ_c *die Hauptbrechungsindices und die Hauptabsorptionsindices für die durch die Normale* $\bar{b}$ *der Grenzebene gegebene Fortpflanzungsrichtung*, α_1, α_2 und $\varkappa_1$, $\varkappa_2$, berechnet werden. Zu diesem Zwecke muss man nach der von P. Drude entwickelten Theorie zunächst die beiden complexen Grössen:

$$a_1 = a_{11} + i\,a_{12}, \quad a_2 = a_{21} + i\,a_{22}$$

auf folgendem Wege ermitteln. Man bilde:

$$R_a = \frac{\cos 2\psi_a}{1 - \sin 2\psi_a \cos 2\pi\frac{\Gamma_a}{\lambda}} + i\frac{\sin 2\psi_a \sin 2\pi\frac{\Gamma_a}{\lambda}}{1 - \sin 2\psi_a \cos 2\pi\frac{\Gamma_a}{\lambda}}$$

und den entsprechenden Ausdruck R_b. Dann ist in erster Annäherung:

$$R_a + R_b = (\sqrt{a_1} + \sqrt{a_2})\frac{\sin^2\varphi}{\cos\varphi}$$

$$R_a - R_b = (\sqrt{a_2} - \sqrt{a_1})\frac{1+\cos^2\varphi}{\cos\varphi}.$$

Sind hieraus a_1 und a_2 bestimmt, so findet man α_1, $\varkappa_1$ aus:

$$\varkappa_1 = \frac{-a_{11} + \sqrt{a_{11}^2 + a_{12}^2}}{a_{12}}, \quad \frac{1}{\alpha_1^2} = 2\varkappa_1\frac{a_{11}^2 + a_{12}^2}{a_{12}}$$

und α_2, $\varkappa_2$ aus den entsprechenden Formeln:

$$\varkappa_2 = \frac{-a_{21} + \sqrt{a_{21}^2 + a_{22}^2}}{a_{22}}, \quad \frac{1}{\alpha_2^2} = 2\varkappa_2\frac{a_{21}^2 + a_{22}^2}{a_{22}}.$$

P. Drude erhielt in erster Annäherung für Na-Licht:

$$\alpha_1 = 5{,}17, \quad \varkappa_1 = 0{,}143, \quad \alpha_1\varkappa_1 = 0{,}740,$$
$$\alpha_2 = 4{,}49, \quad \varkappa_2 = 0{,}177, \quad \alpha_2\varkappa_2 = 0{,}795.$$

Demnach besitzt Antimonglanz *sehr hohe Brechungsindices.* Die Absorption ist etwa viermal kleiner als im Silber. Trotzdem gelang es nicht, so dünne Platten herzustellen, dass die Absorption direct gemessen werden konnte. Spaltstücke und Dünnschliffe von etwa $^1/_{100}$ mm Dicke waren bei intensiver Beleuchtung roth durchscheinend; das durchgehende Licht besass eine grössere Wellenlänge als Lithiumlicht.

Bezeichnet man das Azimut der Einfallsebene auf der Spaltfläche gegen die Basis 001 mit ζ, so lässt sich nach P. Drude die Abhängigkeit der Grössen ψ, Γ von ζ angenähert darstellen durch:

$$R = R_a \cos^2 \zeta + R_b \sin^2 \zeta.$$

worin:

$$R = \frac{\cos 2\psi + i \sin 2\psi \sin 2\pi \frac{\Gamma}{\lambda}}{1 - \sin 2\psi \cos 2\pi \frac{\Gamma}{\lambda}}.$$

In der That befindet sich diese Relation in Uebereinstimmung mit den Beobachtungen. Doch ist dabei zu beachten, dass nach P. Drude die optischen Symmetrieaxen in der Spaltfläche des Antimonglanz nicht genau mit den Axen $\breve{a}$ und $\grave{c}$ zusammenfallen, sondern unter ca. 8° geneigt gegen dieselben liegen. Hiernach müsste die Symmetrie des Antimonglanz niedriger sein, als nach den Messungen der Flächenwinkel anzunehmen ist. Auf die oben angegebenen Werthe von α_1, α_2, $\varkappa_1$, $\varkappa_2$ würde jene Abweichung einen die Grenze der Beobachtungsfehler überschreitenden Einfluss nicht ausüben, da sich die Werthe von ψ und Γ in der Nähe ihrer Maxima resp. Minima nur sehr wenig ändern.

118. Aus dem G. Kirchhoff'schen Gesetze über das Verhältniss zwischen dem Emissionsvermögen und dem Absorptionsvermögen für Wärme und Licht bei derselben Temperatur folgt, dass ein Körper, der von Strahlen *einer* Polarisationsrichtung mehr absorbirt als von Strahlen einer *anderen* Polarisationsrichtung, in demselben Verhältniss die ersteren Strahlen mehr aussendet als die letzteren. Die Anwendung dieses Satzes auf pleochroitische Krystalle wurde von G. Kirchhoff alsbald experimentell geprüft.[1]

Eine zur optischen Axe parallele Platte von *Turmalin* absorbirt bei gewöhnlicher Temperatur senkrecht einfallende geradlinig polarisirte Strahlen stärker, wenn die Polarisationsebene zum Hauptschnitt der Platte parallel liegt, als wenn jene Ebene zur optischen Axe senkrecht steht. Behält nun der Turmalin diese Eigenschaft auch in der Glühhitze, so muss er in der Richtung der Plattennormale Strahlen aussenden, welche theilweise polarisirt sind nach dem Hauptschnitt der Platte.

Um diese Folgerung der Theorie zu prüfen, brachte G. Kirchhoff eine Turmalinplatte in die Flamme eines Bunsen'schen Brenners. Sie ertrug lange Zeit eine mässige Glühhitze ohne eine bleibende Veränderung zu erleiden. Die Eigenschaft, ordentliche und ausserordentliche Strahlen in ungleichem Masse zu absorbiren, kam ihr auch noch in der Glühhitze zu, wenngleich in erheblich geringerem Grade als bei niederer Temperatur. Wurde nämlich ein Platindraht, der in derselben Flamme glühte, durch ein

[1] G. Kirchhoff, Untersuchungen üb. d. Sonnenspectrum und die Spectren der chem. Elemente. 2. Ausg. Berlin 1862, § 16. Ges. Abh. Leipzig 1882, 596.

doppeltbrechendes Prisma und durch die Platte hindurch betrachtet, so besassen die beiden Bilder des Drahtes ungleiche Helligkeit; das den ausserordentlichen Strahlen im Turmalin entsprechende Bild blieb *heller* als das von den ordentlichen Strahlen erzeugte; doch war der Unterschied viel geringer, als wenn sich die Turmalinplatte ausserhalb der Flamme befand. Nachdem nun das doppeltbrechende Prisma in die Stellung gebracht war, wo der Intensitätsunterschied der beiden Bilder des Drahtes ein Maximum erreichte, wurde der Draht entfernt, so dass jetzt die beiden Bilder, welche die glühende Turmalinplatte für sich lieferte, unter einander verglichen werden konnten. *Das vorher hellere Bild war, nicht auffallend, aber unzweifelhaft dunkler als das andere.* Die beiden Bilder erschienen so, wie zwei gleiche Körper im glühenden Zustande erscheinen müssen, wenn die Temperatur des einen niedriger, als jene des anderen ist.

Einfluss der Temperatur auf die optischen Eigenschaften der Krystalle.

119. Die bisher untersuchten *einfach brechenden* Krystalle: Steinsalz, Sylvin, Flussspath und Kalium-Alaun werden mit steigender Temperatur schwächer brechend. Die Abnahme der Brechungsindices n ist nach J. STEFAN[1] der Temperaturerhöhung proportional; nach N. LAGERBORG[2] wächst der absolute Werth von dn/dt für Steinsalz mit der Temperatur. Steinsalz und Sylvin überragen alle bislang geprüften festen Körper in Bezug auf die Empfindlichkeit ihrer Brechungsindices gegen Aenderungen der Temperatur. Die folgende Tabelle giebt die Werthe der Brechungsindices für Na-Licht bei Θ^0 C.

Steinsalz.	$n_0 = 1{,}54483 - 0{,}0_4 373\,\Theta$.	J. STEFAN	
	$1{,}54489 - 0{,}0_4 307\,\Theta$.	N. LAGERBORG	(14,5—42,5° C.)
	„ $- 0{,}0_4 343\,\Theta$.	„	(„ —90,5° C.)
Sylvin.	$1{,}49110 - 0{,}0_4 345\,\Theta$.	J. STEFAN	
Flussspath.	$1{,}43416 - 0{,}0_4 124\,\Theta$.	J. STEFAN	
	$n_0 - 0{,}0_4 134\,\Theta$.	H. DUFET[3]	
Kalium-Alaun.	$1{,}45629 - 0{,}0_4 134\,\Theta$.	J. STEFAN.	

120. Unter den gewöhnlichen *optisch einaxigen* Krystallen sind Beryll und Kalkspath näher untersucht worden. H. DUFET[4] hat nachgewiesen, dass im *Beryll*, der auch hinsichtlich seiner thermischen Dilatation eine Ausnahmestellung einnimmt (S. 96—97), die beiden *Hauptbrechungsindices* ω, ε mit der Temperatur *wachsen.* Diese Zunahme erfolgt für ω in stärkerem

[1] J. STEFAN, Sitzungsber. Wien. Akad. **63** (2), 223, 1871. Rep. Exp.-Phys. **8**, 97, 1872.

[2] N. LAGERBORG, vgl. S. 71.

[3] H. DUFET, Bull. soc. min. de France. **8**, 257, 1885.

[4] H. DUFET, a. a. O. 261. Ohne Temperaturangabe fügt DUFET hinzu: $\omega = 1{,}58935$, $\varepsilon = 1{,}58211$ (Na-Licht).

Masse als für ε, so dass *auch die Doppelbrechung* mit der Erhöhung der Temperatur zunimmt.

$$\frac{d\omega}{d\Theta} = [189{,}4 - 10{,}34\,\Theta + 0{,}2735\,\Theta^2]\,10^{-7}$$

$$\frac{d\varepsilon}{d\Theta} = [180{,}3 - 10{,}314\,\Theta + 0{,}2735\,\Theta^2]\,10^{-7}$$

$$\frac{d(\omega-\varepsilon)}{d\Theta} = 0{,}0_6 91 - 0{,}0_8 26\,\Theta.$$

Schon F. Rudberg[1] fand, dass im *Kalkspath* der Hauptbrechungsindex ε der ausserordentlichen Strahlen mit steigender Temperatur ziemlich rasch *wächst.* Später ermittelte H. Fizeau,[2] dass auch der Brechungsindex ω der ordentlichen Strahlen um einen allerdings viel geringeren Betrag zunimmt. Nach Fizeau ist nämlich für Na-Licht bei einer mittleren Temperatur von 40° C.:

$$\frac{d\omega}{d\Theta} = +\,0{,}0_6 565, \quad \frac{d\varepsilon}{d\Theta} = +\,0{,}0_4 108.$$

Indem die beiden Brechungsindices wachsen, kommen sie einander näher; die Doppelbrechung wird also *schwächer.*[3] Der Einfluss der Temperatur auf die Dispersion ist sehr gering.[4]

Die Hauptbrechungsindices ω, ε des *Quarz* zeigen mit steigender Temperatur eine *Abnahme,* die für ε rascher erfolgt, als für ω. Nach H. Fizeau[5] ist:

$$\frac{d\omega}{d\Theta} = -\,0{,}0_5 54, \quad \frac{d\varepsilon}{d\Theta} = -\,0{,}0_5 63 \text{ (Na-Licht).}$$

Daraus folgt, dass die Stärke der Doppelbrechung, deren Charakter positiv ist, durch eine Temperaturerhöhung *vermindert* wird. Nach H. Dufet[6] ist zwischen 4° und 99° C. für Na-Licht:

$$-\frac{d\omega}{d\Theta} = 0{,}0_5 6248 + 0{,}0_9 5\,\Theta, \quad -\frac{d\varepsilon}{d\Theta} = -\,0{,}0_5 7223 + 0{,}0_8 37\,\Theta,$$

$$-\frac{d(\varepsilon-\omega)}{d\Theta} = 0{,}0_6 97 + 0{,}0_8 32\,\Theta.$$

Die Aenderung der Dispersion ist fast unmerklich.[7]

121. Eine beträchtliche Zahl *rhombischer Krystalle* (Cerussit, K_2SO_4, Baryt, Cölestin, Struvit, Kieselzinkerz u. s. w.) erleidet, wie A. Des Cloizeaux[8]

---

[1] F. Rudberg, Pogg. Ann. **26**, 291, 1832.

[2] H. Fizeau, Ann. chim. phys. (3) **66**, 429, 1862. Pogg. Ann. **119**, 297, 1863.

[3] Dieses Ergebniss wurde von Fr. Vogel auch für die Wasserstofflinien bestätigt (Ann. d. Phys. **25**, 87, 1885).

[4] G. Müller, Publ. des astrophys. Observ. zu Potsdam. **4**, 151, 1885.

[5] H. Fizeau, Ann. chim. phys. (4) **2**, 143, 1864. Pogg. Ann. **123**, 515, 1864.

[6] H. Dufet, a. a. O. 187—214.

[7] G. Müller, a. a. O.

[8] A. Des Cloizeaux, Nouv. rech. sur les propr. opt. des cristaux nat. ou artif., et sur les variations que ces propr. éprouvent sous l'influence de la chaleur. Mém. prés.

an dem mit einem Erhitzungsapparate verbundenen Axenwinkelapparate (S. 489) nachgewiesen hat, bei Temperaturänderungen bedeutende *Aenderungen des Winkels der optischen Axen.* In diesen Fällen ist also das Verhältniss der Differenzen der Quadrate der Hauptlichtgeschwindigkeiten gegen Temperaturänderungen sehr empfindlich. Erheblich geringer ist die Zahl der Körper, für die auch die Aenderungen der Hauptbrechungsindices untersucht worden sind.[1]

F. Rudberg[2] fand, dass im *Arugonit* die Hauptbrechungsindices mit steigender Temperatur *abnehmen.* Es ergab sich für die Fraunhofer'sche Linie F bei:

	α_1	α_2	α_2	$2V$	$2E$
16° C.	1,53478	1,69058	1,69510	17° 57′	30° 36′
80	16	8976	421	50	22;

folglich ist unter der Annahme, dass die Verminderung der Werthe von α_1, α_2, α_3 der Temperaturänderung proportional erfolge:

$$\frac{d\alpha_1}{d\Theta} = -\,0{,}0_4097, \quad \frac{d\alpha_2}{d\Theta} = -\,0{,}0_4128, \quad \frac{d\alpha_3}{d\Theta} = -\,0{,}0_4139.$$

Auch im *Baryt, Cölestin* und *Anglesit* nehmen nach A. Arzruni[3] die Hauptbrechungsindices mit der Erhöhung der Temperatur ab; indessen ist die Abnahme nicht der Temperaturänderung proportional. Die Angaben über unregelmässige Aenderungen der Dispersion scheinen auf Beobachtungsfehlern zu beruhen.

Am *rechtsweinsauren Natron-Kali* (Seignettesalz) = $KNaH_4C_4O_6 \cdot 4H_2O$ fand A. Müttrich[4] für rothes Licht bei:

	α_1	α_2	α_3	$2V$
16° C.	1,49117	1,49299	1,49641	72° 29,5′
45° C.	1,48690	1,48886	1,49200	76 24,5.

122. In *monoklinen* Krystallen ändern sich mit der Temperatur nicht nur die Werthe der Hauptbrechungsindices und der Winkel der optischen Axen, sondern auch die Orientirung der in der Symmetrieebene (010) gelegenen optischen Symmetrieaxen, wie namentlich am Gyps, Borax und Quercit nachgewiesen werden konnte. Von besonderem Interesse sind die starken Aenderungen des Winkels der optischen Axen im Orthoklas, Gyps und Glauberit.

---

par div. sav. à l'acad. des. Sc. de l'inst. imp. de France. **18**, 511, 1867. Pogg. Ann. **129**, 345, 1866.

[1] Sind die Aenderungen der Hauptbrechungsindices angenähert proportional den Temperaturänderungen, so wird dasselbe von den Aenderungen der Werthe von $\sin^2 E$ gelten.

[2] F. Rudberg, Pogg. Ann. **17**, 1, 1829; **26**, 291, 1832.

[3] A. Arzruni, Zeitschr. f. Kryst. **1**, 165, 1877.

[4] A. Müttrich, Pogg. Ann. **121**, 193, 398, 1864.

Im *Orthoklas* stehen bei gewöhnlicher Temperatur die Ebenen der optischen Axen für alle Lichtgattungen *senkrecht auf* 010. Die erste Mittellinie (in Fig. 64, S. 77 mit E bezeichnet) liegt in 010 im stumpfen Winkel ($\grave{a}\,\grave{c}$) unter ca. 5° geneigt gegen die Klinoaxe $\grave{a}$. Der Charakter der Doppelbrechung ist negativ, die Dispersion der optischen Axen $\varrho > v$. Wird die Temperatur erhöht, so nimmt der Winkel der optischen Axen ab; er sinkt der Reihe nach für violettes ... rothes Licht auf Null herab, um darauf *in der Ebene* 010 zu wachsen, so dass schliesslich die Ebene der optischen Axen für alle Lichtgattungen mit 010 zusammenfällt und die Dispersion dieser Axen $\varrho < v$ ist. Es seien die scheinbaren Winkel der optischen Axen in Luft mit $-2E$ resp. $+2E$ bezeichnet, je nachdem die Ebene dieser Axen senkrecht oder parallel zu 010 liegt. Alsdann werden die Beobachtungen, welche A. Des Cloizeaux[1] an einem *Sanidin* von Wehr im rothen Licht angestellt hat, durch folgende Tabelle wiedergegeben:

Θ	$2E$	Θ	$2E$
18,7° C.	− 16°	100° C.	+ 30°
42,5	0	150	+ 40
50	+ 12	200	+ 46 23′
60	+ 18	250	+ 55
70	+ 22	300	+ 59 46
80	+ 25	343	+ 64
90	+ 27		

Der Einfluss der Temperatur auf die horizontale Dispersion war unmerklich und der auf die geneigte Dispersion sehr schwach;[2] die optischen Symmetrieaxen ändern ihre Lage also nur sehr wenig.

Im *Gyps* fallen bei gewöhnlicher Temperatur die Ebenen der optischen Axen für alle Wellenlängen *in die Symmetrieebene* 010. Die erste Mittellinie (in Fig. 62, S. 75 mit E bezeichnet) liegt im stumpfen Winkel ($\grave{a}\,\grave{c}$) und in dem spitzen Winkel zwischen $\grave{c}$ und dem faserigen Bruch, unter ca. 13° gegen den letzteren geneigt. Der Charakter der Doppelbrechung ist positiv, die Dispersion der optischen Axen $\varrho > v$. Wird die Temperatur gesteigert, so nimmt der Winkel der optischen Axen ab, sinkt der Reihe nach für violettes ... rothes Licht auf Null, um darauf in einer auf 010 *senkrechten* Ebene zu wachsen.[3] Nach A. Des Cloizeaux[4] ist für rothes Licht bei einer Temperatur:

Θ	47°	71,5°	95,5°	116° C.
$2E$	76°	$59^1/_3$°	39°	0.

[1] A. Des Cloizeaux, Man. de Min. **1**, 232, 1862.
[2] A. Des Cloizeaux, Nouv. Rech. 662.
[3] E. Mitscherlich, Pogg. Ann. **8**, 519, 1826. — F. E. Neumann, ibid. **35**, 85, 1835.
[4] A. Des Cloizeaux, Nouv. Rech. 644.

Sorgfältige Messungen über die Aenderungen der Hauptbrechungsindices zwischen 5° und 45° C. hat H. DUFET[1] unternommen. Die Aenderung von α_3 wurde direct an einer Spaltungsplatte nach 001 durch Beobachtung der Verschiebung Talbot'scher Interferenzstreifen bestimmt. An derselben Platte ergab sich die Aenderung von α_1 aus den Aenderungen des Gangunterschiedes der beiden in der Richtung der Plattennormale sich fortpflanzenden Wellen. Endlich wurde die Aenderung von α_2 indirect aus den Aenderungen des Winkels der optischen Axen:

$$-\frac{dV}{dt} = 0{,}0_2 2348 + 0{,}0_4 48\,\Theta$$

ermittelt. Es ergab sich für Na-Licht bei 19° C.:

$$\begin{aligned}\alpha_1 &= 1{,}52046, & d\alpha_1/d\Theta &= -0{,}0_4 148\\ \alpha_2 &= 1{,}52260, & d\alpha_2/d\Theta &= -0{,}0_4 431\\ \alpha_3 &= 1{,}52962, & d\alpha_3/d\Theta &= -0{,}0_4 265.\end{aligned}$$

Hieraus folgt $2V = 58^0\,1'\,30''$ bei 19° C. Nach DUFET erreicht die Aenderung der Orientirung der optischen Symmetrieaxen in 010 nur den Betrag $d\varphi/d\Theta = 1'\,32''$; DES CLOIZEAUX hatte einen erheblich grösseren Werth gefunden.

Der starke Einfluss der Temperatur auf die Winkel der optischen Axen im *Glauberit* wurde von D. BREWSTER[2] entdeckt und von H. LASPEYRES[3] näher untersucht. Der Charakter der Doppelbrechung ist zwischen 0° und 100° C. für alle Wellenlängen negativ. Die erste Mittellinie X_1 liegt im stumpfen Winkel der Axen $\grave{a}\,\acute{c}$, und bildet mit der Verticalaxe $\acute{c}$ die Winkel:

$(X_1\,\acute{c}) =$	30° 10′	für blaues Licht
	30 39	„ grünes (Tl) Licht
	30 46	„ gelbes (Na) „
	31 3	„ rothes (Li) „ ;

eine Aenderung derselben durch Temperaturänderungen konnte nicht nachgewiesen werden. Bei Temperaturen unterhalb 17° C. stehen die Ebenen der optischen Axen für alle Lichtgattungen senkrecht zur krystallographischen Symmetrieebene $\mathfrak{S} = (010)$, und die Dispersion der optischen Axen ist $\varrho > v$. Liegt die Temperatur über 58°, so fallen die Ebenen der optischen Axen mit $\mathfrak{S}$ zusammen und die Dispersion dieser Axen ist $\varrho < v$. Wächst die Temperatur continuirlich von 17° bis 58°, so wird der Glauberit successive für blaues, grünes, ... rothes Licht optisch einaxig, wie aus folgender Tabelle für den scheinbaren Winkel der optischen Axen in Luft $2E$ hervor-

[1] H. DUFET, Bull. soc. min. de France. **4**, 113, 191, 1881; Journ. de phys. **10**, 513, 1881. Bull. soc. franç. de min. **11**, 123, 1888; Journ. de phys. (2) **8**, 292, 1888.

[2] D. BREWSTER, Edinb. Phil. Trans. **11**, 273, 1831. Phil. Mag. (3) **1**, 417, 1832. Pogg. Ann. **21**, 607, 1831; **27**, 480, 1833.

[3] H. LASPEYRES, Zeitschr. f. Kryst. **1**, 529, 1877.

geht. Dabei sind die Winkel $2E$ positiv oder negativ gerechnet, je nachdem sie in einer zu 𝔖 senkrechten Ebene oder in 𝔖 selbst liegen.

Θ	− 1,7°	+ 17,8°	+ 35,7°	+ 45,8°	+ 58,2°	+ 85,2°
blaues Licht . .	+ 9°29′	0	− 8°42′	−11° 8′	−13° 2′	−17° 7′
grünes „ . .	+12 27		0	− 7 8	−10 32	−15 15
gelbes „ . .	+14 32		+ 8 9	0	− 7 14	−13 14
rothes „ . .	+16 30		+11 1	+ 8 40	0	−10 47

123. Der Einfluss der Temperatur auf das *optische Drehungsvermögen des Quarzes* wurde zuerst von V. von Lang[1] untersucht. Bedeutet α_0 den Drehungswinkel bei 0° C., so ist hiernach der Drehungswinkels bei Θ° C. für alle Wellenlängen gegeben durch:

$$\alpha_\Theta = \alpha_0 (1 + 0{,}000\,149\,\Theta).$$

Später fand L. Sohncke[2], dass die Zunahme des Drehungswinkels nicht proportional der Temperaturzunahme, sondern schneller als diese erfolgt. Die Ergebnisse seiner Messungen lassen sich durch folgende Interpolationsformel darstellen, welche innerhalb der Fehlergrenzen ebenfalls für alle Wellenlängen gelten soll:

$$\alpha_\Theta = \alpha_0 (1 + 0{,}000\,099\,9\,\Theta + 0{,}000\,000\,318\,\Theta^2).$$

Nach J. L. Soret und E. Sarasin[3] wächst im Quarz der Einfluss der Temperatur auf den Drehungswinkel, allerdings nur in geringem Masse, wenn man von grösseren zu kleineren Wellenlängen hinabsteigt.

Auch im *Natriumchlorat* nimmt nach L. Sohncke der Drehungswinkel mit steigender Temperatur zu und zwar stärker als im Quarz:

$$\alpha_\Theta = \alpha_0 (1 + 0{,}00061\,\Theta).$$

---

124. Aus den Darlegungen dieses Kapitels geht hervor, dass nach dem optischen Verhalten in der That *sieben* Klassen krystallisirter Körper unterschieden werden müssen (S. 298). Zu den isotropen und einfach brechenden Krystallen gesellen sich die isotropen Krystalle mit optischem Drehungsvermögen (S. 518). Neben den gewöhnlichen optisch einaxigen Krystallen, welche durch die von Huyghens angegebene Strahlenfläche (S. 301) charak-

[1] V. von Lang, Sitzungsber. Wien. Akad. **71** (2), 707, 1875. Pogg. Ann. **156**, 422, 1875.
[2] L. Sohncke, Ann. d. Phys. N. F. **3**, 516, 1878.
[3] J. L. Soret et E. Sarasin, Compt. rend. **95**, 635, 1882.

terisirt sind, wenn die Absorption gering ist, beobachten wir Krystalle mit einer Axe der Isotropie, welche eine von der HUYGHENS'schen abweichende Strahlenfläche (S. 512, Fig. 279) und in der Richtung jener Axe ein optisches Drehungsvermögen (S. 502) darbieten. Endlich sind unter den Krystallen ohne Axe der Isotropie, deren Strahlenfläche die von FRESNEL entdeckte Form (S. 316, 325) besitzt, falls die Absorption nur schwach ist, nach Symmetrieeigenschaften die drei Gruppen der rhombischen, monoklinen und triklinen Krystalle zu trennen, wobei vor allem die Interferenzerscheinungen im senkrecht einfallenden polarisirten Licht (S. 460), jene im convergenten Licht (S. 476) und die Absorptionsphänomene (S. 519) bequem zu benutzen sind.

Wir sind nicht im Stande lediglich nach der Gestalt der Strahlenfläche hexagonale und tetragonale Krystalle von einander zu unterscheiden. Und die Trennung durchsichtiger Krystalle des rhombischen, monoklinen und triklinen Systems gelingt erst dann, wenn der Einfluss der Wellenlänge und der Temperatur auf die Gestalt und die Orientirung der Strahlenfläche berücksichtigt werden. Um durchgreifende charakteristische Merkmale für jedes einzelne Krystallsystem zu gewinnen, müssen wir uns zu dem elastischen Verhalten der Krystalle wenden, dessen Symmetrieeigenschaften allerdings immer noch von höherer Ordnung sind als die Symmetrie der Vorgänge des Wachsthums und der Auflösung, mit deren Hülfe allein die vollständige Trennung der 32 Gruppen (S. 33—50) durchgeführt werden kann.

9. Elasticität.

1. Das Interesse, welches sich an die Kenntniss der elastischen Eigenschaften der Krystalle knüpft, wird noch wesentlich erhöht durch die in neuester Zeit hervorgetretenen innigen Beziehungen des elastischen Verhaltens der Krystalle zu thermischen, optischen und elektrischen Vorgängen. Um die Ergebnisse der auf diesem Gebiete unternommenen Forschungen darlegen zu können, erscheint es unerlässlich, zuvörderst in Kürze an die Grundlagen der Mechanik elastischer Körper zu erinnern.[1]

2. Deformationen. — Bei elastischen Deformationen findet in der Umgebung eines beliebigen Punktes O innerhalb eines hinreichend kleinen Bereiches B eine *homogene* Deformation statt: ein im ursprünglichen Zustande kugelförmiger Theil dieses Bereiches geht in ein Ellipsoid über, welches ähnlich und ähnlich gelegen ist zu dem Deformationsellipsoid (S. 53). Bezeichnen wir die bei der Deformation stattfindenden sehr kleinen Dilatationen der Längeneinheit nach drei durch O gelegten Geraden, welche vor der Deformation die auf einander senkrechten, im Uebrigen aber willkürlich gewählten Richtungen der Coordinatenaxen X, Y, Z hatten, mit x_x, y_y, z_z und die sehr kleinen Abnahmen der Winkel (YZ), (ZX), (XY) mit y_z, z_x, x_y, so bestimmen diese sechs Grössen die Deformation in jenem Bereiche. Wir nennen $x_x, \ldots, x_y$ die *Deformationscomponenten an der Stelle* O. Bedeuten u, v, w die Componenten der sehr kleinen Verschiebung, welche ein Punkt im Bereiche B bei der Deformation erfährt, so ist:

$$x_x = \frac{\partial u}{\partial x}, \qquad y_y = \frac{\partial v}{\partial y}, \qquad z_z = \frac{\partial w}{\partial z},$$

$$y_z = \frac{\partial v}{\partial z} + \frac{\partial w}{\partial y}, \quad z_x = \frac{\partial w}{\partial x} + \frac{\partial u}{\partial z}, \quad x_y = \frac{\partial u}{\partial y} + \frac{\partial v}{\partial x}.$$

---

[1] Zur Einführung in die Theorie der Elasticität ist vortrefflich geeignet: W. J. Ibbetson, An Elementary Treatise of the Math. Theory of Perfectly Elastic Solids. London 1887. — Sehr ausführliche und wohl abgewogene historische Angaben findet man in: J. Todhunter and K. Pearson, A History of the Theory of Elasticity. Cambridge. 1, 1886; 2 (1), 1889.

Die Gleichung des *Deformationsellipsoids* im Bereiche B, bezogen auf drei den Coordinatenaxen X, Y, Z parallele Durchmesser, lautet:

$$(1 - 2x_x)\xi^2 + (1 - 2y_y)\eta^2 + (1 - 2z_z)\zeta^2 - 2y_z\eta\zeta - 2z_x\zeta\xi - 2x_y\xi\eta = 1,$$

oder:

$$\frac{\xi^2}{(1 + x_x)^2} + \frac{\eta^2}{(1 + y_y)^2} + \frac{\zeta^2}{(1 + z_z)^2} - 2y_z\eta\zeta - 2z_x\zeta\xi - 2x_y\xi\eta = 1.$$

Daraus folgt unter der hier stets benutzten Annäherung:

$$\sqrt{\xi^2 + \eta^2 + \zeta^2} - 1 = x_x\xi^2 + y_y\eta^2 + z_z\zeta^2 + y_z\eta\zeta + z_x\zeta\xi + x_y\xi\eta.$$

Bezeichnen wir jetzt die Richtungscosinus der Geraden, welche vor der Deformation dem Radiusvector nach dem Punkte ξ, η, ζ des Ellipsoids entspricht, mit α, β, γ, so können auf der rechten Seite der vorstehenden Gleichung die Coordinaten ξ, η, ζ, da sie mit den gegen 1 sehr kleinen Deformationscomponenten multiplicirt sind, durch α, β, γ ersetzt werden. Wir erhalten daher für die auf der linken Seite stehende *Dilatation der Längeneinheit* in der Richtung α, β, γ den Ausdruck:

$$\delta = x_x\alpha^2 + y_y\beta^2 + z_z\gamma^2 + y_z\beta\gamma + z_x\gamma\alpha + x_y\alpha\beta.$$

Diese Dilatation ist also eine *lineare* Function der Deformationscomponenten.

Die *Aenderung τ der Grösse der Volumeneinheit* ist gegeben durch die Summe der linearen Dilatationen in den Richtungen X, Y, Z (S. 59, 101):

$$\tau = x_x + y_y + z_z.$$

Geht man von dem Coordinatensystem X, Y, Z zu einem neuen rechtwinkligen Coordinatensystem X', Y', Z' über, so mögen die Richtungscosinus bezeichnet werden nach dem Schema:

	X	Y	Z
X'	α_1	α_2	α_3
Y'	β_1	β_2	β_3
Z'	γ_1	γ_2	γ_3

Alsdann erhält man für die neuen Deformationscomponenten folgende Ausdrücke:

$$x_x' = \alpha_1^2 x_x + \alpha_2^2 y_y + \alpha_3^2 z_z + \alpha_2\alpha_3 y_z + \alpha_3\alpha_1 z_x + \alpha_1\alpha_2 x_y$$

$$\cdot\;\cdot$$

$$x_y' = 2\alpha_1\beta_1 x_x + 2\alpha_2\beta_2 y_y + 2\alpha_3\beta_3 z_z + (\alpha_2\beta_3 + \alpha_3\beta_2)y_z + (\alpha_3\beta_1 + \alpha_1\beta_3)z_x + (\alpha_1\beta_2 + \alpha_2\beta_1)x_y.$$

Bei dieser Transformation tritt als einfachste Invariante die räumliche Dilatation τ auf.

3. Druckkräfte. — Durch die Deformation werden im Innern des Krystalls Reactionskräfte hervorgerufen, welche nach dem Eintritt des Ruhezustandes den äusseren, die Deformation erzeugenden Kräften das Gleichgewicht halten. Es möge auf die Flächeneinheit eines ebenen Flächenstückes, dessen Normale die Richtung n besitzt, der elastische Druck P_n wirken. Dabei soll n diejenige Seite der Normale bedeuten, auf welcher der Theil des Krystalls liegt, gegen welchen der Druck ausgeübt wird. Im Allgemeinen fällt die Richtung p von P_n keineswegs mit n zusammen. Die Dimension des Druckes P_n ist Kraft / Fläche = $[M L^{-1} T^{-2}]$. Die Componenten von P_n seien bezeichnet mit:

(1) $$X_n = P_n \cos(p x), \quad Y_n = P_n \cos(p y), \quad Z_n = P_n \cos(p z),$$

so dass:

$$P_n^2 = X_n^2 + Y_n^2 + Z_n^2.$$

Die auf ein Flächenelement von entgegengesetzten Seiten her einwirkenden Drucke sind gleich gross und entgegengesetzt gerichtet; bezeichnet man die beiden Richtungen der Normale mit n und $-n$, so ist hiernach:

(2) $$X_n = -X_{-n}, \quad Y_n = -Y_{-n}, \quad Z_n = -Z_{-n}.$$

In analoger Weise bezeichnen wir[1] die Componenten der durch die Deformation des Krystalls an der Stelle x, y, z erregten Druckkraft gegen die zur X-, Y-, Z-Axe senkrechten Flächeneinheiten mit:

(3) $$X_x, \; Y_x, \; Z_x; \; X_y, \; Y_y, \; Z_y; \; X_z, \; Y_z, \; Z_z.$$

Sind diese Grössen bekannt, so kann der auf die Flächeneinheit einer durch den Punkt x, y, z gelegten Ebene von beliebiger Richtung wirkende Druck P_n der Grösse und Richtung nach berechnet werden. Dies ergiebt sich aus den Bedingungen für das Gleichgewicht eines kleinen Tetraëders, welches begrenzt wird von drei durch diesen Punkt gelegten, den Coordinatenebenen parallelen Flächen und einer vierten Ebene, deren äussere Normale die Richtung n besitzt:

(4) $$\begin{aligned} X_n &= X_x \cos(n x) + X_y \cos(n y) + X_z \cos(n z) \\ Y_n &= Y_x \cos(n x) + Y_y \cos(n y) + Y_z \cos(n z) \\ Z_n &= Z_x \cos(n x) + Z_y \cos(n y) + Z_z \cos(n z). \end{aligned}$$

Unter den hierin auftretenden neun Druckcomponenten sind thatsächlich nur *sechs* von einander unabhängig; es ergeben sich nämlich als Bedingungen für das Gleichgewicht eines Würfels, dessen Flächen den Coordinatenebenen parallel gehen und die Flächeneinheit zum Inhalt haben, die Relationen:

(5) $$Y_z = Z_y, \quad Z_x = X_z, \quad X_y = Y_x;$$

d. h. für zwei durch denselben Punkt gehende und auf einander senkrechte Flächenelemente sind die Tangentialdrucke, welche auf der Schnittlinie der beiden Elemente senkrecht stehen, einander gleich.

Wir können jetzt die Grösse und die Richtung des Druckes P_n, welcher durch die Gleichungen (4) in Verbindung mit

$$\cos^2(p x) + \cos^2(p y) + \cos^2(p z) = 1$$

---

[1] Nach F. E. Neumann, Abh. Berl. Akad. aus d. J. 1841, 94.

vollständig bestimmt ist, für alle durch den Punkt $O = (x, y, z)$ gelegten Ebenen geometrisch darstellen. Setzen wir die aus den Druckcomponenten gebildete Determinante:

$$\begin{vmatrix} X_x & X_y & X_z \\ Y_x & Y_y & Y_z \\ Z_x & Z_y & Z_z \end{vmatrix} = \Delta,$$

die zweigliedrigen Unterdeterminanten:

$$\begin{vmatrix} Y_y & Y_z \\ Z_y & Z_z \end{vmatrix} = \Delta_{11}, \quad \begin{vmatrix} X_z & X_x \\ Y_z & Y_x \end{vmatrix} = \begin{vmatrix} X_y & X_x \\ Z_y & Z_x \end{vmatrix} = \Delta_{23} = \Delta_{32}, \text{ u. s. f.}$$

und die Verhältnisse $\Delta_{hk} : \Delta = \delta_{hk}$, so ergiebt die Auflösung von (4):

$$\begin{aligned} \cos(nx) &= P_n [\delta_{11} \cos(px) + \delta_{21} \cos(py) + \delta_{31} \cos(pz)] \\ \cos(ny) &= P_n [\delta_{12} \cos(px) + \delta_{22} \cos(py) + \delta_{32} \cos(pz)] \\ \cos(nz) &= P_n [\delta_{13} \cos(px) + \delta_{23} \cos(py) + \delta_{33} \cos(pz)]. \end{aligned} \tag{6}$$

Beachten wir jetzt, dass in dem Punkte ξ, η, ζ, in welchem die Oberfläche zweiter Ordnung:

$$f = \delta_{11} \xi^2 + \delta_{22} \eta^2 + \delta_{33} \zeta^2 + 2 \delta_{23} \eta \zeta + 2 \delta_{31} \zeta \xi + 2 \delta_{12} \xi \eta = 1$$

von einem zu p parallelen Radiusvector getroffen wird,

$$\xi : \eta : \zeta = \cos(px) : \cos(py) : \cos(pz)$$

ist, so verhalten sich nach (6):

$$\cos(nx) : \cos(ny) : \cos(nz) = \frac{\partial f}{\partial x} : \frac{\partial f}{\partial y} : \frac{\partial f}{\partial z};$$

d. h. die Tangentialebene in jenem Punkte liegt parallel zu der Ebene, auf welche der Druck P_n wirkt. Demnach ist die Richtung des Druckes, welcher auf eine beliebige, durch den Punkt O gelegte Ebene wirkt, gegeben durch die Richtung des Durchmessers der Oberfläche f, welcher zu jener Ebene conjugirt ist.

Tragen wir jetzt in der Richtung des Druckes P_n die Grösse desselben als Strecke auf, so erhalten wir das *Elasticitätsellipsoid*, welches in Verbindung mit der Fläche f eine anschauliche Uebersicht der Vertheilung der elastischen Druckkräfte an der Stelle O vermittelt. Bezeichnet man die Componenten (1) von P_n mit ξ, η, ζ, so ergiebt sich aus (6) die Gleichung des Elasticitätsellipsoids:

$$(\delta_{11} \xi + \delta_{21} \eta + \delta_{31} \zeta)^2 + (\delta_{12} \xi + \delta_{22} \eta + \delta_{32} \zeta)^2 + (\delta_{13} \xi + \delta_{23} \eta + \delta_{33} \zeta)^2 = 1.$$

Jeder Radius des Elasticitätsellipsoids giebt Richtung und Grösse des Druckes an, welcher auf die zu dieser Richtung in Bezug auf die Fläche f conjugirte Ebene ausgeübt wird. Demnach werden die Drucke, welche an der Stelle O auf die Flächeneinheiten von irgend drei auf einander senkrechten Ebenen wirken, dargestellt durch ein System von drei conjugirten Durchmessern des Elasticitätsellipsoids.

Führt man ein neues rechtwinkliges Coordinatensystem ein, so ergiebt sich:

$$X_x' = \alpha_1^2 X_x + \alpha_2^2 Y_y + \alpha_3^2 Z_z + 2\alpha_2 \alpha_3 Y_z + 2\alpha_3 \alpha_1 Z_x + 2\alpha_1 \alpha_2 X_y$$

. . . .

$$X_y' = \alpha_1 \beta_1 X_x + \alpha_2 \beta_2 Y_y + \alpha_3 \beta_3 Z_z + (\alpha_2 \beta_3 + \alpha_3 \beta_2) Y_z + (\alpha_3 \beta_1 + \alpha_1 \beta_3) Z_x + (\alpha_1 \beta_2 + \alpha_2 \beta_1) X_y.$$

Die *Gleichgewichtsbedingungen* für einen deformirten elastischen Körper, auf welchen keine anderen äusseren Kräfte als Oberflächendrucke einwirken, sind folgende. Für jeden Punkt x, y, z *im Inneren* des Körpers gelten die Gleichungen:

$$\text{I.}\qquad \begin{aligned} \frac{\partial X_x}{\partial x} + \frac{\partial X_y}{\partial y} + \frac{\partial X_z}{\partial z} &= 0 \\ \frac{\partial Y_x}{\partial x} + \frac{\partial Y_y}{\partial y} + \frac{\partial Y_z}{\partial z} &= 0 \\ \frac{\partial Z_x}{\partial x} + \frac{\partial Z_y}{\partial y} + \frac{\partial Z_z}{\partial z} &= 0. \end{aligned}$$

Für jeden Punkt x, y, z der *Oberfläche* bestehen die Bedingungen:

$$X_n + X = 0, \quad Y_n + Y = 0, \quad Z_n + Z = 0$$

oder:

$$\text{II.}\qquad \begin{aligned} X_x \cos(nx) + X_y \cos(ny) + X_z \cos(nz) + X &= 0 \\ Y_x \cos(nx) + Y_y \cos(ny) + Y_z \cos(nz) + Y &= 0 \\ Z_x \cos(nx) + Z_y \cos(ny) + Z_z \cos(nz) + Z &= 0. \end{aligned}$$

Hierin bedeutet n die äussere Normale der Oberfläche, und X, Y, Z sind die Componenten des auf die Flächeneinheit der Oberfläche an der Stelle x, y, z von Aussen wirkenden Druckes. Was die Vorzeichen von X, Y, Z angeht, so ist z. B. unter einem allseitig gleichen Drucke P:

$$X = -P\cos(nx), \quad Y = -P\cos(ny), \quad Z = -P\cos(nz).$$

Nach dieser Vorbereitung wenden wir uns zu den elastischen Eigenschaften der krystallisirten Körper.

4. Elementargesetz. — Für einen vollkommen elastischen Krystall gilt innerhalb der Elasticitätsgrenze das Princip der Superposition der Deformationen und der inneren elastischen Kräfte. Daraus folgt, dass *die sechs Druckcomponenten an der Stelle x, y, z lineare Functionen der sechs Deformationscomponenten an derselben Stelle* sind (verallgemeinertes HOOKE'sches Gesetz). Da wir voraussetzen, dass im Anfangszustande $x_x = \ldots = x_y = 0$ ist, so müssen diese Functionen überdies *homogen* sein.

$$(1)\qquad \begin{aligned} -X_x &= c_{11} x_x + c_{12} y_y + c_{13} z_z + c_{14} y_z + c_{15} z_x + c_{16} x_y \\ -Y_y &= c_{21} x_x + c_{22} y_y + c_{23} z_z + c_{24} y_z + c_{25} z_x + c_{26} x_y \\ -Z_z &= c_{31} x_x + c_{32} y_y + c_{33} z_z + c_{34} y_z + c_{35} z_x + c_{36} x_y \\ -Y_z = -Z_y &= c_{41} x_x + c_{42} y_y + c_{43} z_z + c_{44} y_z + c_{45} z_x + c_{46} x_y \\ -Z_x = -X_z &= c_{51} x_x + c_{52} y_y + c_{53} z_z + c_{54} y_z + c_{55} z_x + c_{56} x_y \\ -X_y = -Y_x &= c_{61} x_x + c_{62} y_y + c_{63} z_z + c_{64} y_z + c_{65} z_x + c_{66} x_y. \end{aligned}$$

Die hierin auftretenden 36 Coëfficienten c_{hk} sind abhängig von den elastischen Eigenschaften des Krystalls und der willkürlich gewählten krystallographischen Orientirung des Coordinatensystems. Sie werden die zu dem gewählten Coordinatensystem gehörenden *Elasticitätsconstanten* des Krystalls genannt. Ihre Dimension ist dieselbe wie die einer Druckkraft (S. 547), also $[M L^{-1} T^{-2}]$. Entspricht das Coordinatensystem insbesondere den Symmetrieeigenschaften des Krystalls, so bezeichnen wir dasselbe als *Hauptcoordinatensystem* und die zugehörigen Elasticitätsconstanten als die für den Krystall charakteristischen *Hauptelasticitätsconstanten.*

Die Beobachtungen über die elastischen Eigenschaften eines Krystalls sind zuvörderst darauf gerichtet, die numerischen Werthe der Constanten c_{hk} für ein bestimmtes Coordinatensystem zu ermitteln. Nachdem diese Aufgabe gelöst ist, kann man das elastische Verhalten des Krystalls unter jeder gegebenen Art von Krafteinwirkung voraus bestimmen.

Bezeichnen wir die Determinante $|c_{hk}|$ mit C, die fünfgliedrigen Unterdeterminanten mit C_{hk} und die Verhältnisse $C_{hk} : C$ mit s_{hk}, so ergiebt die Auflösung von (1):

$$(2)\quad \begin{aligned} -x_x &= s_{11} X_x + s_{21} Y_y + s_{31} Z_z + s_{41} Y_z + s_{51} Z_x + s_{61} X_y \\ &\quad \cdots\cdots\cdots\cdots \\ -x_y = -y_x &= s_{16} X_x + s_{26} Y_y + s_{36} Z_z + s_{46} Y_z + s_{56} Z_x + s_{66} X_y. \end{aligned}$$

Für jene durch die Determinantenverhältnisse s_{hk} gegebenen Aggregate der Elasticitätsconstanten hat W. Voigt[1] die Benennung „*Elasticitätsmoduln* des Krystalls“ vorgeschlagen. Aus den Beobachtungen über elastische Deformationen gewinnt man direct nur die Werthe der s_{hk}, aus denen dann erst die Werthe der c_{hk} berechnet werden müssen. Daher sind die Elasticitätsmoduln mit grösserer Genauigkeit zu bestimmen als die Elasticitätsconstanten.

Führt man die Ausdrücke (2) in die Gleichung des Deformationsellipsoids ein, so ersieht man, dass dieses Ellipsoid nicht auf seine Hauptaxen bezogen ist, wenn die Hauptaxen des Elasticitätsellipsoids zu Coordinatenaxen gewählt, also $Y_z = Z_x = X_y = 0$ gesetzt werden. Demnach fallen in krystallisirten Körpern die Hauptaxen des Deformationsellipsoids im Allgemeinen nicht wie bei amorphen Körpern mit den Hauptaxen des Elasticitätsellipsoids zusammen.

5. Potentielle Energie eines bei constanter Temperatur im deformirten Zustande erhaltenen Krystalls. — Wird die Deformation an der Stelle x, y, z:

$$(x_x, \ldots, x_y)$$

vergrössert auf:

$$(x_x + dx_x, \ldots, x_y + dx_y)$$

so erhält die potentielle Energie Φ der durch die Deformation hervorgerufenen elastischen Kräfte für die Volumeneinheit an jener Stelle den Zuwachs:

$$\delta\Phi = -(X_x dx_x + \cdots + X_y dx_y).$$

Berücksichtigt man jetzt, dass nach dem Princip der Erhaltung der Energie $\delta\Phi$ ein vollständiges Differential einer Function der sechs unabhängigen Variablen $x_x, \ldots, x_y$ sein muss:

[1] W. Voigt, Abh. Ges. d. Wiss. Göttingen. **36**, 40, 1890.

$$d\Phi = \frac{\partial \Phi}{\partial x_x} dx_x + \cdots + \frac{\partial \Phi}{\partial x_y} dx_y,$$

so folgt:

(3) $$X_x = -\frac{\partial \Phi}{\partial x_x}, \quad \ldots, \quad X_y = -\frac{\partial \Phi}{\partial x_y}.$$

Nun sind nach der zu Grunde liegenden Annahme (1) die Druckcomponenten ganze homogene lineare Functionen der Deformationscomponenten. *Demnach ist das auf die Volumeneinheit bezogene Potential der durch die Deformation hervorgerufenen elastischen Kräfte eine ganze homogene Function zweiten Grades der Deformationscomponenten.* Beachten wir jetzt, dass nach (3) die Relationen bestehen:

$$\frac{\partial X_x}{\partial y_y} = \frac{\partial Y_y}{\partial x_x}, \ldots, \frac{\partial X_x}{\partial x_y} = \frac{\partial X_y}{\partial x_x}, \ldots,$$

so ergiebt sich, dass die zur Diagonale symmetrischen Coëfficienten c_{hk} und c_{kh} in (1) einander gleich sind. Wir erhalten hiernach:

$$\begin{aligned} 2\Phi = c_{11} x_x^2 &+ 2c_{12} x_x y_y + 2c_{13} x_x z_z + 2c_{14} x_x y_z + 2c_{15} x_x z_x + 2c_{16} x_x x_y \\ &+ c_{22} y_y^2 \quad + 2c_{23} y_y z_z + 2c_{24} y_y y_z + 2c_{25} y_y z_x + 2c_{26} y_y x_y \\ &\qquad + c_{33} z_z^2 \quad + 2c_{34} z_z y_z + 2c_{35} z_z z_x + 2c_{36} z_z x_y \\ &\qquad\qquad + c_{44} y_z^2 \quad + 2c_{45} y_z z_x + 2c_{46} y_z x_y \\ &\qquad\qquad\qquad + c_{55} z_x^2 \quad + 2c_{56} z_x x_y \\ &\qquad\qquad\qquad\qquad + c_{66} x_y^2. \end{aligned}$$

Es reducirt sich also, wie zuerst von G. GREEN[1] nachgewiesen worden ist, die Zahl der Elasticitätsconstanten in dem allgemeinsten Falle eines *triklinen* Krystalls auf **21**.

Damit die Gleichungen (S. 549), welche für das elastische Gleichgewicht gelten, die relativen Verrückungen der Theilchen eines festen Körpers eindeutig bestimmen, muss das elastische Potential Φ eine stets *positive* Grösse sein. Daraus ergeben sich *Relationen, denen die Elasticitätsconstanten* c_{hk} *genügen müssen.* Setzt man nämlich die Determinante:

$$\begin{vmatrix} c_{11} & c_{12} & \cdots & c_{1,m+1} \\ c_{21} & c_{22} & \cdots & c_{2,m+1} \\ \cdot & \cdot & \cdots & \cdot \\ c_{m+1,1} & c_{m+1,2} & \cdots & c_{m+1,m+1} \end{vmatrix} = p_m,$$

so dürfen keine negativen Werthe p_m *auftreten.*[2]

6. Symmetrieeigenschaften. — Um die Klassen krystallisirter Körper zu gewinnen, welche nach der Symmetrie des elastischen Verhaltens zu

[1] G. GREEN, Cambr. Phil. Soc. **7**, 121, 1839. Math. Papers. 1871, 291.

[2] W. THOMSON, Math. Phys. Papers. **3**, 386, 1890 (1862). — W. THOMSON und P. G. TAIT, Handb. d. theoret. Physik. **1** (2), 204, 426, 1874. — G. KIRCHHOFF, Journ. f. Math. **56**, 291, 1859. Ges. Abhandl. 292. — R. LIPSCHITZ, ibid. **78**, 329, 1874. — K. WESENDONCK, Ann. d. Phys. N. F. **35**, 121, 1888; **36**, 725, 1889.

unterscheiden sind, müssen wir zunächst beachten, dass die Deformationscomponenten und die Componenten des inneren elastischen Druckes *centrisch symmetrische* Grössen sind. In der That, bei den Vertauschungen der Coordinaten x, y, z mit $-x, -y, -z$ und den dadurch bedingten Vertauschungen der Verschiebungscomponenten u, v, w mit $-u, -v, -w$ ändern sich die auf S. 545 definirten Grössen $x_x, \ldots, x_y$ nicht; demnach findet nach dem Elementargesetz (S. 549) auch keine Vorzeichenänderung der Druckcomponenten statt. Es kommen also zuvörderst nur die auf S. 65 zusammengestellten 11 Gruppen in Betracht. Die Zahl reducirt sich indessen, wie B. MINNIGERODE[2] nachgewiesen hat, auf *neun*, wenn wir jetzt auf den allgemeinen Ausdruck für das Potential Φ der elastischen Kräfte, der seiner Natur nach von dem benutzten Coordinatensystem unabhängig bleibt, die in der Einleitung (S. 33—50) hervorgehobenen Substitutionen anwenden.

Monoklines System.

Die charakteristische Substitution lautet nach S. 49:

$$S_2 = \begin{pmatrix} x\ y\ z \\ \bar{x}\ y\ \bar{z} \end{pmatrix}.$$

Durch die Vertauschungen von x, z, u, w mit $-x, -z, -u, -w$ gehen aber y_z und x_y nach der Definition dieser Grössen (S. 545) über in $-y_z$ und $-x_y$. Soll also das Potential Φ bei der Substitution:

$$(y_z, \bar{y}_z)\ (x_y, \bar{x}_y)$$

ungeändert bleiben, so müssen die in y_z und x_y linearen Glieder, deren Vorzeichen sich umkehren würde, fortfallen. Demnach verschwinden:

$$(1) \qquad c_{14},\ c_{24},\ c_{34},\ c_{16},\ c_{26},\ c_{36},\ c_{46},\ c_{56},$$

so dass nur **13** Elasticitätsconstanten bleiben:

$$\text{II.} \qquad \begin{matrix} c_{11} & c_{12} & c_{13} & 0 & c_{15} & 0 \\ c_{21} & c_{22} & c_{23} & 0 & c_{25} & 0 \\ c_{31} & c_{32} & c_{33} & 0 & c_{35} & 0 \\ 0 & 0 & 0 & c_{44} & c_{45} & 0 \\ c_{51} & c_{52} & c_{53} & c_{54} & c_{55} & 0 \\ 0 & 0 & 0 & 0 & 0 & c_{66}\,. \end{matrix}$$

Rhombisches System.

Die Substitutionen (S. 47):

$$S_2 = \begin{pmatrix} x\ y\ z \\ x\ \bar{y}\ \bar{z} \end{pmatrix},\quad S_2' = \begin{pmatrix} x\ y\ z \\ \bar{x}\ y\ \bar{z} \end{pmatrix}$$

und die entsprechenden Aenderungen von u, v, w liefern die Vertauschungen:

$$(y_z, \bar{y}_z)\quad (z_x, \bar{z}_x)\quad (x_y, \bar{x}_y),$$

[1] B. MINNIGERODE, Nachr. Ges. d. Wiss. Göttingen 1884, 195, 374, 488.

so dass in Φ alle in y_z, z_x, x_y linearen Glieder fortfallen. Es verschwinden also ausser den Coëfficienten (1) auch noch:

(2) $$c_{15},\quad c_{25},\quad c_{35},\quad c_{45}.$$

Die Anzahl der Elasticitätsconstanten beträgt demnach **9**:

III. $$\begin{array}{cccccc} c_{11} & c_{12} & c_{13} & 0 & 0 & 0 \\ c_{21} & c_{22} & c_{23} & 0 & 0 & 0 \\ c_{31} & c_{32} & c_{33} & 0 & 0 & 0 \\ 0 & 0 & 0 & c_{44} & 0 & 0 \\ 0 & 0 & 0 & 0 & c_{55} & 0 \\ 0 & 0 & 0 & 0 & 0 & c_{66}. \end{array}$$

Tetragonales System.

Nach S. 65 haben wir zwei Abtheilungen zu unterscheiden. Für die erste, welche die *pyramidale Hemiëdrie*, die *hemimorphe Tetartoëdrie* und die *sphenoidische Tetartoëdrie* umfasst, ist charakteristisch die Substitution:

$$S_4 = \begin{pmatrix} x & y & z \\ \bar{y} & x & z \end{pmatrix}.$$

Daraus folgt, dass die Vertauschungen:

$$(x_x,\ y_y)\quad (y_y,\ x_x)\quad (y_z,\ z_x)\quad (z_x,\ \bar{y}_z)\quad (x_x,\ \bar{x}_y)$$

den Werth des Potentials Φ ungeändert lassen müssen. Dies ist nur möglich, wenn die Coëfficienten:

(3) $$c_{14},\quad c_{24},\quad c_{34},\quad c_{15},\quad c_{25},\quad c_{35},\quad c_{45},\quad c_{36},\quad c_{46},\quad c_{56}$$

verschwinden und die Relationen:

(4) $$c_{11} = c_{22},\quad c_{13} = c_{23},\quad c_{44} = c_{55},\quad c_{16} + c_{26} = 0$$

bestehen. Demnach bleiben nur die **7** Constanten des folgenden Schema:

IV^b. $$\begin{array}{cccccc} c_{11} & c_{12} & c_{13} & 0 & 0 & c_{16} \\ c_{21} & c_{11} & c_{13} & 0 & 0 & -c_{16} \\ c_{31} & c_{31} & c_{33} & 0 & 0 & 0 \\ 0 & 0 & 0 & c_{44} & 0 & 0 \\ 0 & 0 & 0 & 0 & c_{44} & 0 \\ c_{61} & -c_{61} & 0 & 0 & 0 & c_{66}. \end{array}$$

Die zweite Abtheilung enthält die *Holoëdrie*, die *hemimorphe Hemiëdrie*, die *trapezoëdrische Hemiëdrie* und die *sphenoidische Hemiëdrie*. Hier tritt zu der Substitution S_4 nach S. 44 noch hinzu:

$$S_2 = \begin{pmatrix} x & y & z \\ x & \bar{y} & \bar{z} \end{pmatrix}.$$

Dabei bleiben x_x, y_y, z_z, y_z unverändert, während z_x und x_y übergehen in $-z_x$ und $-x_y$. Folglich ist $c_{16} = 0$, so dass nur **6** Constanten übrig bleiben:

$$\text{IV}^a. \qquad \begin{matrix} c_{11} & c_{12} & c_{13} & 0 & 0 & 0 \\ c_{21} & c_{11} & c_{13} & 0 & 0 & 0 \\ c_{31} & c_{31} & c_{33} & 0 & 0 & 0 \\ 0 & 0 & 0 & c_{44} & 0 & 0 \\ 0 & 0 & 0 & 0 & c_{44} & 0 \\ 0 & 0 & 0 & 0 & 0 & c_{66}. \end{matrix}$$

Hexagonales System.

Wir beginnen mit der letzten Abtheilung, welche die *rhomboëdrische Tetartoëdrie* und die *Ogdoëdrie* umfasst (S. 65). Legen wir zunächst ein rechtwinkliges Coordinatensystem zu Grunde, dessen Axen gegen die 3-zählige Symmetrieaxe gleich geneigt sind, so muss Φ bei einer cyclischen Vertauschung von (x_x, y_y, z_z) und (y_z, z_x, x_y) ungeändert bleiben. Daraus folgt:

$$c_{11} = c_{22} = c_{33},$$
$$c_{12} = c_{13} = c_{23}, \quad c_{14} = c_{25} = c_{36}, \quad c_{15} = c_{26} = c_{34}$$
$$c_{16} = c_{24} = c_{35}, \quad c_{44} = c_{55} = c_{66}, \quad c_{45} = c_{46} = c_{56}.$$

Es bleiben also **7** Constanten. Transformirt man den hiernach gebildeten Ausdruck Φ auf ein neues rechtwinkliges Coordinatensystem, dessen Z-Axe in die 3-zählige Symmetrieaxe fällt, so ergiebt sich folgendes Schema für die Elasticitätsconstanten:

$$\text{V}^c. \qquad \begin{matrix} c_{11} & c_{12} & c_{13} & c_{14} & c_{15} & 0 \\ c_{21} & c_{11} & c_{13} & -c_{14} & -c_{15} & 0 \\ c_{31} & c_{31} & c_{33} & 0 & 0 & 0 \\ c_{41} & -c_{41} & 0 & c_{44} & 0 & -c_{15} \\ c_{51} & -c_{51} & 0 & 0 & c_{44} & c_{14} \\ 0 & 0 & 0 & -c_{51} & c_{41} & \frac{c_{11}-c_{12}}{2}. \end{matrix}$$

Die nächste Abtheilung enthält die *rhomboëdrische Hemiëdrie*, die *zweite hemimorphe Tetartoëdrie* und die *trapezoëdrische Tetartoëdrie.* Das Coordinatensystem sei so gewählt, dass die Z-Axe in die 3-zählige Symmetrieaxe und die X-Axe in eine 2-zählige Queraxe, also die ZY-Ebene in eine Symmetrieebene fällt. Dann muss in dem zuletzt erhaltenen Ausdruck für Φ der Coëfficient $c_{15} = 0$ sein, so nur **6** Elasticitätsconstanten bleiben:

$$\text{V}^b. \qquad \begin{matrix} c_{11} & c_{12} & c_{13} & c_{14} & 0 & 0 \\ c_{21} & c_{11} & c_{13} & -c_{14} & 0 & 0 \\ c_{31} & c_{31} & c_{33} & 0 & 0 & 0 \\ c_{41} & -c_{41} & 0 & c_{44} & 0 & 0 \\ 0 & 0 & 0 & 0 & c_{44} & c_{14} \\ 0 & 0 & 0 & 0 & c_{41} & \frac{c_{11}-c_{12}}{2}. \end{matrix}$$

Führt man jetzt die Bedingung dafür ein, dass die Symmetrieaxe Z auch noch geradzählig ist ($c_{14} = c_{15} = 0$), so ergiebt sich für die beiden ersten auf S. **65** unterschiedenen Abtheilungen des hexagonalen Systems derselbe, von **5** Constanten abhängige Ausdruck für das Potential Φ. Es gilt also für die *Holoëdrie*, die *hemimorphe, trapezoëdrische, sphenoidische* und *pyramidale Hemiëdrie*, die *erste hemimorphe* und die *sphenoidische Tetartoëdrie* folgendes Schema:

$$\mathrm{V^a.}\qquad \begin{array}{cccccc} c_{11} & c_{12} & c_{13} & 0 & 0 & 0 \\ c_{21} & c_{11} & c_{13} & 0 & 0 & 0 \\ c_{31} & c_{11} & c_{33} & 0 & 0 & 0 \\ 0 & 0 & 0 & c_{44} & 0 & 0 \\ 0 & 0 & 0 & 0 & c_{44} & 0 \\ 0 & 0 & 0 & 0 & 0 & \frac{c_{11}-c_{12}}{2}. \end{array}$$

Reguläres System.

Die beiden auf S. 65 unterschiedenen Abtheilungen des regulären Systems liefern denselben Ausdruck für das Potential der elastischen Kräfte. Führen wir nämlich in den für das rhombische System geltenden Ausdruck zunächst die auf S. 34 mit S_3 bezeichnete Bedingung ein, dass x, y, z und u, v, w cyclisch vertauschbar sind, so findet auch eine cyclische Vertauschung von x_x, y_y, z_z und von y_z, z_x, x_y statt. Daher ist in III zu setzen:

$$c_{11} = c_{22} = c_{33}, \quad c_{44} = c_{55} = c_{66}, \quad c_{23} = c_{31} = c_{12},$$

so dass nur **3** Constanten übrig bleiben. Es gilt also für die *pentagonale Hemiëdrie* und die *Tetartoëdrie* der Ausdruck:

$$2\Phi = c_{11}(x_x^2 + y_y^2 + z_z^2) + c_{44}(y_z^2 + z_x^2 + x_y^2) + 2c_{12}(y_y z_z + z_z x_x + x_x y_y).$$

Derselbe befriedigt aber auch die weitere, für die *Holoëdrie*, die *tetraëdrische Hemiëdrie* und die *plagiëdrische Hemiëdrie* bestehende, auf S. 35 mit T bezeichnete Bedingung:

$$\begin{pmatrix} x\, y\, z \\ y\, x\, \bar{z} \end{pmatrix},$$

der zufolge die Vertauschungen:

$$(x_x, y_y) \quad (y_y, x_x) \quad (y_z, \bar{z}_x) \quad (z_x, \bar{y}_z)$$

den Werth von Φ ungeändert lassen müssen.

7. Homogene Deformationen der Krystalle unter allseitig gleichem Druck. — Unter den elastischen Erscheinungen in Krystallen nimmt die durch einen allseitigen gleichförmigen Druck erzeugte Compression eine besondere Stellung ein: es sind hier nicht die soeben betrachteten neun Gruppen, sondern nur die für homogene Deformationen, welche die Symmetrie des Krystalls ungeändert lassen, charakteristischen *fünf Gruppen* (S. 66) zu unterscheiden. Insbesondere verhalten sich die regulären Krystalle wie homogene amorphe Körper, in denen ein allseitig gleicher Druck eine reine Compression bewirkt ohne gleichzeitig eine Aenderung der Gestalt hervorzurufen. Alle übrigen krystallisirten Körper ändern unter denselben Bedingungen ausser ihrem Volumen auch ihre Gestalt.

Der gegebene, normal zur Oberfläche des Krystalls wirkende Druck sei bezeichnet mit P. Dann gelten die Bedingungen II, S. 549, für jeden Punkt der Oberfläche, also für jedes Werthsystem $\cos(nx)$, $\cos(ny)$, $\cos(nz)$. Daraus folgt:

$$(1)\qquad \begin{array}{ll} X_x = P, & Y_z = Z_y = 0 \\ Y_y = P, & Z_x = X_z = 0 \\ Z_z = P, & X_y = Y_x = 0. \end{array}$$

Das Elasticitätsellipsoid ist also in diesem Falle eine *Kugel:*

$$x^2 + y^2 + z^2 = P^2.$$

Trägt man in (1) für $X_x, \ldots, X_y$ die auf S. 549 angegebenen Werthe ein, so erhält man sechs lineare Gleichungen zur Berechnung der gesuchten sechs Deformationscomponenten; die Auflösung derselben ergiebt die *constanten*, nur von P und einem Theile der Grössen s_{hk} abhängigen Werthe:

$$(2)\qquad \begin{array}{ll} x_x = - P(s_{11} + s_{21} + s_{31}), & y_z = - P(s_{14} + s_{24} + s_{34}) \\ y_y = - P(s_{12} + s_{22} + s_{32}), & z_x = - P(s_{15} + s_{25} + s_{35}) \\ z_z = - P(s_{13} + s_{23} + s_{33}), & x_y = - P(s_{16} + s_{26} + s_{36}). \end{array}$$

Hieraus folgt, dass die Verrückungen u, v, w *lineare* Functionen von x, y, z und die neuen relativen Coordinaten eines Punktes lineare Functionen der ursprünglichen sind. Es findet also eine *homogene Deformation des ganzen Krystalls* statt. Wie aus der Gleichung des Deformationsellipsoids (S. 546):

$$(\xi^2 + \eta^2 + \zeta^2) + 2P[(s_{11} + s_{21} + s_{31})\xi^2 + (s_{12} + s_{22} + s_{32})\eta^2 + (s_{13} + s_{23} + s_{33})\zeta^2 + (s_{14} + s_{24} + s_{34})\eta\zeta + (s_{15} + s_{25} + s_{35})\zeta\xi + (s_{16} + s_{26} + s_{36})\xi\eta] = 1$$

hervorgeht, bewahren die *Hauptaxen* desselben unter der Annahme, dass die Grössen s_{hk} von der Grösse des Druckes unabhängig bleiben, auch in triklinen Krystallen ihre Richtungen unverändert, wenn der Druck geändert wird.

Die *räumliche Dilatation* (S. 546) ist gegeben durch:

$$\tau = x_x + y_y + z_z = - P[(s_{11} + s_{22} + s_{33}) + 2(s_{23} + s_{31} + s_{12})] = - PM.$$

M, der *cubische Compressionscoëfficient bei constanter Temperatur*, kann mit Hülfe eines Piëzometers gemessen werden.[1]

8. **Deformation der Krystalle durch einseitigen Druck.** — Aus einem Krystall sei ein rechtwinkliges Parallelepiped mit den Kantenrichtungen ξ, η, ζ geschnitten. In der Richtung ζ werde ein gleichförmiger Druck ausgeübt, so dass auf jeder Flächeneinheit der Ebene $\xi\eta$ der Druck P lastet.

[1] Directe Messungen von M mit dem Piëzometer sind bislang nur am *Steinsalz* von W. C. Röntgen und J. Schneider (Ann. d. Phys. N. F. **31**, 1000, 1887) durchgeführt worden; es ergab sich $M = 5{,}0 \cdot 10^{-6}$ [Atm.$^{-1}$], wenn als Druckeinheit der Druck von einer Atmosphäre auf ein mm² gewählt wird. — Die Berechnung von M aus den Elasticitätsmoduln s_{hk} ist weniger genau als die directe Bestimmung; vgl. W. Voigt, Ann. d. Phys. N. F. **35**, 660, 1888.

Es soll die hierdurch erzeugte Deformation, insbesondere die in der Druckrichtung stattfindende Compression bestimmt werden.

Bezeichnen wir die Richtungscosinus von ξ, η, ζ in Bezug auf das Hauptcoordinatensystem des Krystalls (S. 550) nach dem Schema:

$$\begin{array}{cccc} & X & Y & Z \\ \xi & \alpha_{11} & \alpha_{12} & \alpha_{13} \\ \eta & \alpha_{21} & \alpha_{22} & \alpha_{23} \\ \zeta & \alpha_{31} & \alpha_{32} & \alpha_{33}, \end{array}$$

so gilt nach S. 549, II für die dem Druck P ausgesetzten Flächen:

$$\begin{aligned} P\alpha_{31} &= X_x\alpha_{31} + X_y\alpha_{32} + X_z\alpha_{33} \\ P\alpha_{32} &= Y_x\alpha_{31} + Y_y\alpha_{32} + Y_z\alpha_{33} \\ P\alpha_{33} &= Z_x\alpha_{31} + Z_y\alpha_{32} + Z_z\alpha_{33}; \end{aligned}$$

dagegen bestehen für die freien Seitenflächen die Bedingungen:

$$\begin{aligned} 0 &= X_x\alpha_{11} + X_y\alpha_{12} + X_z\alpha_{13}, & 0 &= X_x\alpha_{21} + X_y\alpha_{22} + X_z\alpha_{23} \\ 0 &= Y_x\alpha_{11} + Y_y\alpha_{12} + Y_z\alpha_{13}, & 0 &= Y_x\alpha_{21} + Y_y\alpha_{22} + Y_z\alpha_{23} \\ 0 &= Z_x\alpha_{11} + Z_y\alpha_{12} + Z_z\alpha_{13}, & 0 &= Z_x\alpha_{21} + Z_y\alpha_{22} + Z_z\alpha_{23}. \end{aligned}$$

Da die Componenten des elastischen Druckes $X_x, \ldots, X_y$ constant sind, so folgt aus der Verbindung entsprechender Gleichungen dieser drei Systeme:

$$\begin{aligned} P\alpha_{31}^2 &= X_x, & P\alpha_{32}\alpha_{33} &= Y_z = Z_y \\ P\alpha_{32}^2 &= Y_y, & P\alpha_{33}\alpha_{31} &= Z_x = X_z \\ P\alpha_{33}^2 &= Z_z, & P\alpha_{31}\alpha_{32} &= X_y = Y_x. \end{aligned}$$

Trägt man hierin die auf S. 549 angegebenen Werthe der Druckcomponenten ein, so erhält man die zur Berechnung der Deformationscomponenten erforderlichen Gleichungen. Die Auflösung derselben ergiebt:

$$(1)\quad \begin{aligned} x_x &= -P[s_{11}\alpha_{31}^2 + s_{21}\alpha_{32}^2 + s_{31}\alpha_{33}^2 + s_{41}\alpha_{32}\alpha_{33} + s_{51}\alpha_{33}\alpha_{31} + s_{61}\alpha_{31}\alpha_{32}] \\ &\cdots\cdots\cdots \\ x_y &= -P[s_{16}\alpha_{31}^2 + s_{26}\alpha_{32}^2 + s_{36}\alpha_{33}^2 + s_{46}\alpha_{32}\alpha_{33} + s_{56}\alpha_{33}\alpha_{31} + s_{66}\alpha_{31}\alpha_{32}]. \end{aligned}$$

Hieraus ist zunächst ersichtlich, dass unter einseitigem Druck das *Deformationsellipsoid* (S. 546) im Allgemeinen auch in regulären Krystallen ein dreiaxiges ist; dasselbe geht in ein Umdrehungsellipsoid über, wenn die Druckrichtung mit einer Symmetrieaxe von der Periode 3, 4 oder 6 zusammenfällt.

Vor allem interessirt uns aber *die für krystallisirte Körper charakteristische Abhängigkeit des Dehnungscoëfficienten* E *in der Druckrichtung* ζ *von der Orientirung dieser Richtung.* Es bedeutet E diejenige Compression (oder Dilatation) der Längeneinheit in der Richtung ζ, welche durch einen in derselben Richtung ausgeübten Druck Eins (oder Zug Eins) erzeugt wird. Wir erhalten also aus dem auf S. 546 angegebenen Ausdruck für die lineare Dilatation mit Rücksicht auf die soeben berechneten Werthe (1) der

Deformationscomponenten, wenn noch der Kürze wegen die Richtungscosinus $\alpha_{31}, \alpha_{32}, \alpha_{33}$ von ζ mit α, β, γ bezeichnet werden:

$$\begin{aligned}
\mathrm{E} = s_{11}\alpha^4 &+ 2s_{12}\alpha^2\beta^2 + 2s_{13}\alpha^2\gamma^2 + 2s_{14}\alpha^2\beta\gamma + 2s_{15}\alpha^2\gamma\alpha + 2s_{16}\alpha^2\alpha\beta \\
&+ s_{22}\beta^4 \quad + 2s_{23}\beta^2\gamma^2 + 2s_{24}\beta^2\beta\gamma + 2s_{25}\beta^2\gamma\alpha + 2s_{26}\beta^2\alpha\beta \\
&\qquad + s_{33}\gamma^4 \quad + 2s_{34}\gamma^2\beta\gamma + 2s_{35}\gamma^2\gamma\alpha + 2s_{36}\gamma^2\alpha\beta \\
&\qquad\qquad + s_{44}\beta^2\gamma^2 \quad + 2s_{45}\beta\gamma\gamma\alpha + 2s_{46}\beta\gamma\alpha\beta \\
&\qquad\qquad\qquad + s_{55}\gamma^2\alpha^2 \quad + 2s_{56}\gamma\alpha\alpha\beta \\
&\qquad\qquad\qquad\qquad + s_{66}\alpha^2\beta^2.
\end{aligned}$$

Stellen wir uns jetzt vor, dass die Werthe der Dehnungscoëfficienten durch Strecken, die von einem gemeinsamen Anfangspunkte ausgehen, repräsentirt werden, so erfüllen die Endpunkte eine *geschlossene Oberfläche,* welche dieselben Symmetrieverhältnisse besitzt wie das Potential Φ und daher vorzüglich geeignet ist, die Unterschiede in dem elastischen Verhalten der auf S. 551—555 abgeleiteten *neun Gruppen* krystallisirter Körper zu veranschaulichen. Die *Gleichung der Oberfläche der Dehnungscoëfficienten* ist durch den vorstehenden Ausdruck für E gegeben, wenn E, α, β, γ als Polarcoordinaten gedeutet werden.[1]

9. Bestimmung von Dehnungscoëfficienten durch Biegung dünner prismatischer Stäbchen. — Der Werth des Dehnungscoëfficienten in der Richtung L lässt sich, wie F. E. Neumann[2] hervorgehoben hat, bestimmen aus der Biegung eines dünnen Stäbchens von rechteckigem Querschnitte, dessen Längskante parallel L ist. Wird dieses Stäbchen, während es mit seiner Breitseite auf zwei Schneiden horizontal ruht, mit Hülfe einer mittleren Schneide belastet, so beobachtet man an der Stelle dieser Schneide eine verticale Senkung:

$$\eta = \frac{L^3}{4BD^3} P \mathrm{E}.$$

Hierin bedeuten L die freie Länge, B die Breite, D die Dicke des Stäbchens in Millimetern, P die Belastung der Mitte in Grammen. Bezeichnet man mit $\varkappa$ den Zuwachs von η, der einem Zuwachs der Belastung von 1 g entspricht, so ist der *Dehnungscoëfficient* gegeben durch:

$$\mathrm{E} = \frac{4BD^3}{L^3} \varkappa.$$

Uebrigens ergiebt die nähere theoretische Untersuchung[3] der Biegung von prismatischen oder cylindrischen Stäbchen, die aus Krystallen hergestellt sind, dass im Allgemeinen bei einer Biegung auch eine Torsion stattfindet, und dass die Biegung eines Stäbchens bei behinderter Torsion (reine Biegung)

[1] In dieser allgemeinsten Gestalt wurde die Gleichung der Oberfläche der Dehnungscoëfficienten zuerst aufgestellt von A. Cauchy (Exercices de math. **4**, 30, 1829); bald darauf gab F. E. Neumann einen speciellen Fall derselben an (Pogg. Ann. **31**, 177, 1834).

[2] F. E. Neumann, Pogg. Ann. **31**, 189, 1834.

[3] W. Voigt, Ann. d. Phys. N. F. **16**, 273, 398, 1882. Abh. Ges. d. Wiss. Göttingen. **34**, Theil II und III, 1887.

stets kleiner ausfällt als die bei unbehinderter Torsion (freie Biegung). Umgekehrt tritt bei einer Torsion des Stäbchens im Allgemeinen auch eine Biegung desselben ein; wieder ist die Torsion bei verhinderter Biegung (reine Torsion) stets kleiner als die bei unbehinderter Biegung (freie Torsion). Liegt die Längsrichtung des Stäbchens normal zu einer elastischen Symmetrieebene, so verschwinden jene Nebenerscheinungen.

Biegungsapparate. — Der NEUMANN'sche Biegungsapparat, zuerst benutzt und beschrieben von G. BAUMGARTEN,[1] ist von W. VOIGT[2] wesentlich verbessert worden (Fig. 289). Zwischen zwei auf einem starken Tischchen befestigten Schienen verschieben sich die stählernen, oben etwas abgeschrägten und zur Vermeidung der

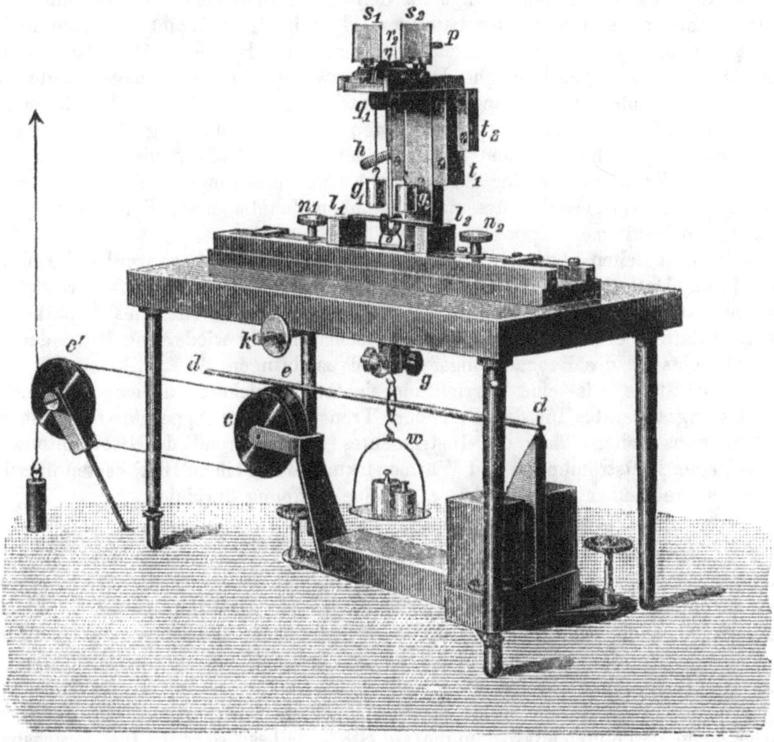

Fig. 289.

Oxydation vergoldeten Lager l_1, l_2, welche sich mittelst der Klemmschrauben n_1, n_2 in jeder Stellung festhalten lassen. Ihr Abstand ist mit Hülfe eines Nonius an der auf einer der Schienen angebrachten Theilung abzulesen. Auf jenen Lagern ruht das zu biegende Stäbchen. Dasselbe trägt einen in den Bügel *o* gefassten vergoldeten Stahlcylinder, an welchem die Belastung angreift. Es hängt nämlich *dauernd* an *o* ein ca. 20 g schweres Messingstück *g* mit vier verstellbaren kleinen Gewichten, welche dazu dienen, den unterhalb *g* sichtbaren spitzen Haken genau unter die Mitte des

[1] G. BAUMGARTEN, Pogg. Ann. **152**, 369, 1874.

[2] Die folgende Beschreibung verdanke ich einer Mittheilung von W. VOIGT.

Stäbchens zu bringen. *Während der Beobachtung* hängt ausserdem an o die mit Gewichten beschwerte Wagschale w, welche je nach Umständen 5 oder 10 g wiegt. Die Belastung und Entlastung des Stäbchens erfolgt vom Beobachtungsplatze aus mittelst eines nach Art eines Klingelzuges geführten Drahtes, welcher über die beiden Rollen c, c' gelegt ist. Durch das Anziehen dieses Drahtes wird die excentrische Scheibe e und dadurch auch der Stahlstab $d\,d$ gehoben und gesenkt. Um die Belastung unter Vermeidung eines Stosses auf das Stäbchen einwirken zu lassen, ist zwischen o und g ein aus hartem Neusilber gedrehter federnder Ring eingeschaltet.

Gerade oberhalb des Stäbchens liegen auf zwei horizontalen Glasstreifen die beiden, um Stahlschneiden drehbaren Röllchen r_1, r_2, welche die Spiegel s_1, s_2 und die sie äquilibrirenden Gegengewichte q_1, q_2 tragen. Ein sehr dünner Platindraht liegt in einer feinen Rille des kleinen Stahlcylinders des Bügels o, läuft in verschiedenem Sinne über die Röllchen r_1, r_2 und endigt an den je ca. 10 g schweren Gewichten g_1, g_2, welche die Spannung des Drahtes bewirken. Durch diesen Draht wird die in Folge der Biegung des Stäbchens eintretende Senkung des Bügels o übertragen auf die Spiegel s_1, s_2. Die eigenthümliche Form der zwischen g und w angebrachten Oese gestattet, worauf hier nur hingewiesen werden kann, die Elimination der Reibung der Spiegelaxen auf ihrer Unterlage. Die gegenseitige Verschiebung der Spiegel wird mittelst eines Fernrohres an den beiden Bildern einer Scala gemessen. Dabei entspricht einer Verschiebung der Scala um 1 mm eine Biegung des Stäbchens um 0,000 295 4 mm. Wiederholte Messungen erlauben Zehntel dieses Betrages noch ziemlich sicher zu bestimmen.

Soll ein Stäbchen gegen ein anderes ausgewechselt werden, so werden die Röllchen r_1, r_2 durch Drehung des Hebels h, welcher den Schlitten t_2 hebt, arretirt. Die Schraube p, welche mit dem Schlitten t_1 den ganzen oberen Theil des Apparates verschiebt, gestattet bei verschieden dicken Stäbchen immer wieder die Mitte der Scala in das Gesichtsfeld des Beobachtungsfernrohres zu bringen.

An der Stelle k ist eine Vorrichtung sichtbar, welche dazu dient den Theil $o\,g$ des Belastungsapparates für den Fall eines Transportes des Apparates festzuklemmen.

Der ganze obere Theil des Instrumentes wird während der Beobachtung zum Schutze gegen Luftströmungen und Wärmewirkungen mit einem Blechkasten überdeckt, welcher nur gegenüber den Spiegeln s_1, s_2 eine Oeffnung darbietet.

Der Biegungsapparat von E. Warburg und K. R. Koch [1] beruht auf demselben Princip, welches dem Dilatometer von H. Fizeau zu Grunde liegt (S. 87). In geringem Abstande unter dem zu biegenden Stäbchen wird ein Reflexionsprisma in der Lage angebracht, dass die nach oben gerichtete Kathetenfläche desselben zu dem Stäbchen parallel liegt. Vor der verticalen Kathetenfläche befindet sich eine verticale Glasplatte, welche das Licht einer seitlich aufgestellten Na-Lampe auf die Hypothenusenfläche des Prismas wirft. Alsdann erblickt man in einem horizontalen, auf die verticale Prismenfläche gerichteten Mikroskop die auf S. 87—88 beschriebenen Interferenzstreifen. Erfolgt jetzt eine Biegung des Stäbchens, so tritt eine Bewegung der Streifen ein. Nachdem ein dunkler Streifen an dem Mittelpunkte des Ocularfadenkreuzes vorübergeschritten ist, hat sich die Mitte des Stäbchens um eine halbe Wellenlänge des Natrium-Lichtes gesenkt. Mit Hülfe dieses Apparates gelang es K. R. Koch, die Biegung sehr kurzer Stäbchen, bei denen der sich biegende Theil nur 10 mm Länge besass, zu bestimmen. [2]

---

[1] K. R. Koch, Ann. d. Phys. N. F. **5**, 521, 1878; **18**, 325, 1883.

[2] Derselbe Apparat diente zu den Biegungsbeobachtungen von J. Beckenkamp (Zeitschr. f. Kryst. **10**, 41, 1885; **12**, 419, 1887), H. Vater (ibid. **11**, 549, 1886) und H. Niedmann (ibid. **13**, 362, 1888).

Der Ausdruck für den Dehnungscoëfficienten E auf S. 558 lässt erkennen, dass sich aus *Biegungsbeobachtungen* niemals alle Elasticitätsconstanten eines Krystalls, sondern nur *gewisse Aggregate* derselben bestimmen lassen. So erhält man in dem allgemeinsten Falle eines triklinen Krystalls 15 Aggregate der 21 Grössen s_{hk}. Fügt man aber zu den Biegungsbeobachtungen noch *Torsionsbeobachtungen* hinzu, so gelingt es, wie W. Voigt gezeigt hat, in der That die Elasticitätsconstanten der krystallisirten Körper vollständig zu ermitteln.

10. Bestimmung von Torsionscoëfficienten. — Die Torsion eines Stäbchens von rechtwinkligem Querschnitt hängt im Allgemeinen nicht nur durch einen einzigen Coëfficienten mit den Elasticitätsconstanten des Krystalls zusammen.[1] Bezeichnet man das um die Längsrichtung des Stäbchens ausgeübte Drehungsmoment mit N und den Torsionswinkel des Stäbchens mit τ, so ist:

$$\tau = \mathfrak{T} \frac{3\,NL}{D^3 B\left(1 + \frac{D}{B} f\right)}.$$

Hierin bedeuten L die freie Länge, B die Breite und D die Dicke des Stäbchens. Die Grösse f ist eine Function des Verhältnisses der Querdimensionen $B:D$, die für Werthe desselben, welche 3 übersteigen, als constant angesehen und durch die Combination von Beobachtungen eliminirt werden kann, falls sie sich nicht theoretisch bestimmen lässt. $\mathfrak{T}$ stimmt mit dem von W. Voigt als *Torsionscoëfficient eines rechtwinkligen Prismas* T bezeichneten Ausdrucke überein, wenn die kleinere Querdimension D neben der grösseren B vernachlässigt werden kann, oder wenn die Längsrichtung des Prismas normal zu einer elastischen Symmetrieebene liegt. Anderenfalls unterscheidet sich $\mathfrak{T}$ von T durch gewisse Correctionsglieder.

Bezeichnet man in dem Hauptcoordinatensystem (S. 550) die Richtungscosinus der Längsrichtung L und der grösseren Querdimension B des Stäbchens mit α, β, γ und α_1, β_1, γ_1, so ist in einem triklinen Krystall:

$$\begin{aligned}
\mathrm{T} = {} & 4\,(s_{11}\,\alpha^2\alpha_1^{\,2} + s_{22}\,\beta^2\beta_1^{\,2} + s_{33}\,\gamma^2\gamma_1^{\,2}) + s_{44}\,(\beta\gamma_1 + \gamma\beta_1)^2 + s_{55}\,(\gamma\alpha_1 + \alpha\gamma_1)^2 + s_{66}\,(\alpha\beta_1 + \beta\alpha_1)^2 \\
& + 8\,(s_{23}\,\beta\gamma\beta_1\gamma_1 + s_{31}\,\gamma\alpha\gamma_1\alpha_1 + s_{12}\,\alpha\beta\alpha_1\beta_1) \\
& + 4\,(\beta\gamma_1 + \gamma\beta_1)\,(s_{14}\,\alpha\alpha_1 + s_{15}\,\beta\beta_1 + s_{16}\,\gamma\gamma_1) \\
& + 4\,(\gamma\alpha_1 + \alpha\gamma_1)\,(s_{24}\,\alpha\alpha_1 + s_{25}\,\beta\beta_1 + s_{26}\,\gamma\gamma_1) \\
& + 4\,(\alpha\beta_1 + \beta\alpha_1)\,(s_{34}\,\alpha\alpha_1 + s_{35}\,\beta\beta_1 + s_{36}\,\gamma\gamma_1) \\
& + 2\,[s_{56}(\gamma\alpha_1 + \alpha\gamma_1)(\alpha\beta_1 + \beta\alpha_1) + s_{64}(\alpha\beta_1 + \beta\alpha_1)(\beta\gamma_1 + \gamma\beta_1) + s_{45}(\beta\gamma_1 + \gamma\beta_1)(\gamma\alpha_1 + \alpha\gamma_1)].
\end{aligned}$$

Da sich dieser Ausdruck nicht ändert, wenn man α, β, γ und α_1, β_1, γ_1 vertauscht, so liefern zwei Stäbchen, deren Orientirungen durch eine Drehung um 90° um die kleinere Querdimension D in einander übergehen,

[1] W. Voigt, Ann. d. Phys. N. F. **29**, 604, 1886.

so dass Längsrichtung und Breitenrichtung vertauscht sind, denselben Torsionscoëfficienten.[1]

Torsionsapparat von W. Voigt (Fig. 290). Die Rollen r_1, r_2 sind zwischen Spitzen drehbar in zwei Böcken, die auf Schienen einander beliebig genähert werden können. Die Schraubenpaare b_1, b_1' und b_2, b_2' gestatten die eine oder die andere Rolle festzuklemmen. Eine Drehung der freien Rolle wird mittelst eines Kräftepaares bewirkt, das in leicht erkennbarer Weise durch die Wagschaale w und die auf w gelegten Gewichte mit Hülfe des hohlen Querbalkens $a\,a$ und der festen Rolle r erzeugt wird. Die Belastung und die Entlastung wird in derselben Weise wie bei dem Biegungsapparate (Fig. 289) vorgenommen. Das zu drillende Stäbchen ist an beiden Enden in kleinen Klemmfuttern k_1, k_2 befestigt. Die Verbindung von k_1, k_2 mit den Rollen r_1, r_2

Fig. 290.

wird hergestellt durch Rahmen, welche die oberen Enden der Böcke umgeben. Besondere Hülfsapparate gestatten das Stäbchen mit seiner Axe sehr genau in die Drehungsaxe der Rollen r_1, r_2 zu bringen.

Die Messung der Drillung geschieht mit Fernrohr und Scala an den Spiegeln s_1, s_2, welche *nicht* auf den Klemmfuttern k_1, k_2, sondern *auf dem Stäbchen selbst* angebracht werden, da das Stäbchen auch bei der sorgfältigsten Einklemmung immer in seinen Fassungen etwas beweglich bleibt. Jeder Spiegel sitzt auf einer scharfen Zange, welche auf das Stäbchen an einer mit Stanniol überzogenen Stelle geklemmt wird und dadurch eine feine Linie ausdrückt. Der Abstand der beiden auf solche Weise auf dem Stäbchen gewonnenen Marken liefert diejenige Länge des Stäbchens, deren Drillung gemessen wird.

[1] W. Voigt, Nachr. Ges. d. Wiss. Göttingen. 1886, 337. Ann. d. Phys. N. F. **31**, 721, 1887.

Die Griffe t_1, t_2 erlauben die beiden Spiegel um horizontale Axen so zu drehen, dass die beiden Bilder der Scala, deren relative Verschiebung ein Maass der stattfindenden Drillung ist, gleichzeitig in das Gesichtsfeld des Fernrohres treten. Einer Verschiebung der Scala um 1 mm entspricht eine Drillung um 0,000 097 0 = 20″.

Die Abhängigkeit der Torsionseigenschaften eines Krystalls von der Orientirung der Drehungsaxe kann in analoger Weise wie die Abhängigkeit der Dehnungscoëfficienten von der Richtung durch eine Oberfläche veranschaulicht werden, wenn man den *Torsionscoëfficienten eines Kreiscylinders* T^0 durch eine nach der Axe des Cylinders gerichtete Strecke repräsentirt. Bedeuten R den Radius des Cylinderquerschnittes, L die Länge des Cylinders, α, β, γ die Richtungscosinus der Axe desselben, N das um die Axe ausgeübte Drehungsmoment, so ist der Torsionswinkel des Cylinders gegeben durch:

$$\tau = \frac{LN}{\pi R^4} T^0,$$

worin für einen Krystall des triklinen Systems:

$$\begin{aligned} T^0 = {} & \alpha^2 (s_{55} + s_{66}) + \beta^2 (s_{66} + s_{44}) + \gamma^2 (s_{44} + s_{55}) \\ & + 4\beta^2\gamma^2 (s_{22} + s_{33} - s_{44} - 2 s_{23}) + 4\gamma^2\alpha^2 (s_{33} + s_{11} - s_{55} - 2 s_{31}) + 4\alpha^2\beta^2 (s_{11} + s_{22} - s_{66} - 2 s_{12}) \\ & + 2\beta\gamma (2 s_{15} + 2 s_{16} + s_{56}) + 2\gamma\alpha (2 s_{24} + 2 s_{26} + s_{64}) + 2\alpha\beta (2 s_{34} + 2 s_{35} + s_{45}) \\ & - 8\alpha^2\beta\gamma (s_{14} + s_{56}) - 8\alpha\beta^2\gamma (s_{25} + s_{64}) - 8\alpha\beta\gamma^2 (s_{36} + s_{45}) \\ & - 8 (\beta^3\gamma s_{15} + \beta\gamma^3 s_{16} + \gamma^3\alpha s_{26} + \gamma\alpha^3 s_{24} + \alpha^3\beta s_{34} + \alpha\beta^3 s_{35}). \end{aligned}$$

Dieser Torsionscoëfficient ist wie der Dehnungscoëfficient ausser von den Grössen s_{hk} nur noch von den Richtungscosinus der Längsaxe abhängig.

11. Resultate der Beobachtungen von W. Voigt.

Reguläres System.[1]

Die regulären Krystalle besitzen *drei* Elasticitätsconstanten c_{hk} und demnach auch *drei* Constanten s_{hk}, zwischen denen folgende Beziehungen bestehen:

$$s_{11} = \frac{c_{11} + c_{12}}{(c_{11} - c_{12})(c_{11} + 2 c_{12})}, \quad s_{12} = \frac{- c_{12}}{(c_{11} - c_{12})(c_{11} + 2 c_{12})}, \quad s_{44} = \frac{1}{c_{44}};$$

$$c_{11} = \frac{s_{11} + s_{12}}{(s_{11} - s_{12})(s_{11} + 2 s_{12})}, \quad c_{12} = \frac{- s_{12}}{(s_{11} - s_{12})(s_{11} + 2 s_{12})}, \quad c_{44} = \frac{1}{s_{44}}.$$

Der *Dehnungscoëfficient* für eine Richtung, deren Richtungscosinus in Bezug auf die Krystallaxen α, β, γ sind, ist gegeben durch:

$$E = s_{11} (\alpha^4 + \beta^4 + \gamma^4) + (s_{44} + 2 s_{12}) (\beta^2\gamma^2 + \gamma^2\alpha^2 + \alpha^2\beta^2)$$

oder:

$$E = \tfrac{1}{2} (s_{44} + 2 s_{12}) + (s_{11} - s_{12} - \tfrac{1}{2} s_{44}) (\alpha^4 + \beta^4 + \gamma^4).$$

[1] W. Voigt, Pogg. Ann. Erg.-Bd. **7**, 1, 177, 1876 (*Steinsalz*). Sitzungsber. Berlin. 1884, 989 (*Steinsalz, Flussspath*). Nachr. Ges. d. Wiss. Göttingen. 1888, 299, 323. Ann. d. Phys. N. F. **35**, 642, 1888 (*Flussspath, Pyrit, Steinsalz, Sylvin*).

Die charakteristische Eigenschaft der *Oberfläche der Dehnungscoëfficienten* besteht darin, dass die auf den 3-zähligen Symmetrieaxen senkrechten, also den Flächen des Oktaëders parallelen Centralschnitte *Kreise* liefern.[1] In der That hat $\alpha^4 + \beta^4 + \gamma^4$ für alle auf einer 3-zähligen Axe senkrechten Richtungen den constanten Werth 1/2. Diese Kreise bestimmen eine Kugel, welche sie in 8 Dreiseite und 6 Vierseite theilen; die Ecken b liegen auf den 2-zähligen, die Mittelpunkte der Dreiseite c auf den 3-zähligen, jene der Vierseite a auf den 4-zähligen Symmetrieaxen. Beachten wir nun, dass der Dehnungscoëfficient ein absolutes Maximum oder Minimum in den Richtungen der 3-zähligen oder der 4-zähligen Axen annimmt,[2] so gewinnen wir leicht eine Vorstellung von den beiden Typen, welche die Oberfläche der Dehnungscoëfficienten darbieten kann: je nachdem der Dehnungscoëfficient in den Richtungen der 4-zähligen Axen ein Minimum oder ein Maximum besitzt, denken wir uns die Vierseite auf der Kugel eingedrückt und die Dreiseite herausgewölbt oder umgekehrt. Bei den bis jetzt untersuchten vier Substanzen gehört die Oberfläche der Dehnungscoëfficienten dem *ersten* Typus an; sie ist in Fig. 291 für Flussspath dargestellt.[3]

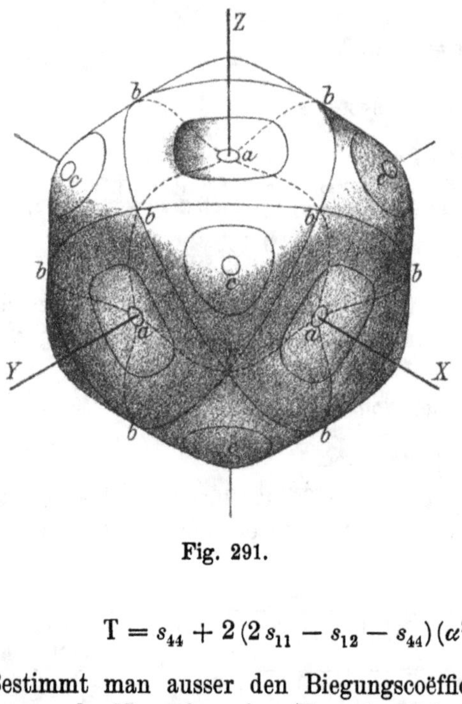

Fig. 291.

Der *Torsionscoëfficient* für ein Prisma, dessen Längsrichtung die Richtungscosinus α, β, γ und dessen grössere Querdimension die Richtungscosinus $\alpha_1, \beta_1, \gamma_1$ hat, ist:

$$T = s_{44} + 2(2s_{11} - s_{12} - s_{44})(\alpha^2\alpha_1^2 + \beta^2\beta_1^2 + \gamma^2\gamma_1^2).$$

Bestimmt man ausser den Biegungscoëfficienten E_h und E_d für die Richtungen der Normalen einer Hexaëderfläche und einer Dodekaëderfläche noch den Drillungscoëfficienten T_h für ein Prisma, dessen Längsrichtung normal zu einer Hexaëderfläche steht, so findet man s_{11}, s_{12}, s_{44} aus den Relationen:

$$E_h = s_{11}, \quad E_d = \tfrac{1}{4}(2s_{11} + 2s_{12} + s_{44}), \quad T_h = s_{44}.$$

[1] Von H. Klang (Ann. d. Phys. N. F. **12**, 332, 1881) experimentell bestätigt am Flussspath.

[2] F. Neumann, Vorl. üb. d. Theorie d. Elast. 1885, 186.

[3] Finsterwalder, Sitzungsber. bayr. Akad. 1888, 257.

Der Torsionscoëfficient eines Kreiscylinders, dessen Axe die Richtungscosinus α, β, γ hat, ist:

$$T^0 = 2\,s_{44} + 4\,[2\,(s_{11} - s_{12}) - s_{44}]\,(\beta^2\gamma^2 + \gamma^2\alpha^2 + \alpha^2\beta^2).$$

Die Oberfläche dieses Torsionscoëfficienten besitzt dieselben Kreisschnitte wie die Oberfläche der Dehnungscoëfficienten.

Unter allseitig gleichem Druck ist der *Coëfficient der cubischen Compression:*

$$M = 3\,(s_{11} + 2\,s_{12}),$$

also der Coëfficient der linearen Compression $s_{11} + 2\,s_{12}$.

Farbloser Flussspath vom Brienzer See.

$s_{11} = (6{,}789 \pm 0{,}005)\,.\,10^{-8}$ [mm . sec²/g], $c_{11} = 16{,}70\,.\,10^6$ [g/mm . sec²]
$s_{12} = -(1{,}46 \pm 0{,}015)$, $c_{12} = 4{,}57$
$s_{44} = (29{,}02 \pm 0{,}019)$, $c_{44} = 3{,}45$.

$$E = [13{,}05 - 6{,}26\,(\alpha^4 + \beta^4 + \gamma^4)]\,.\,10^{-8}.$$
$$T^0 = [58{,}04 - 50{,}08\,(\beta^2\gamma^2 + \gamma^2\alpha^2 + \alpha^2\beta^2)]\,.\,10^{-8}.$$
$$M = 11{,}61\,.\,10^{-8}.$$

Steinsalz von Stassfurt.

$s_{11} = (23{,}82 \pm 0{,}02)\,.\,10^{-8}$, $c_{11} = 4{,}77\,.\,10^6$
$s_{12} = -(5{,}165 \pm 0{,}03)$, $c_{12} = 1{,}32$
$s_{44} = (77{,}29 \pm 0{,}07)$, $c_{44} = 1{,}294$.

$$E = [33{,}48 - 9{,}66\,(\alpha^4 + \beta^4 + \gamma^4)]\,.\,10^{-8}.$$
$$T^0 = [154{,}6 - 77{,}28\,(\beta^2\gamma^2 + \gamma^2\alpha^2 + \alpha^2\beta^2)]\,.\,10^{-8}.$$
$M = 40{,}47\,.\,10^{-8} = 417\,.\,10^{-8}$ (für Atmosphären als Druckeinheiten).[1]

Sylvin von Stassfurt.

$s_{11} = (26{,}85 \pm 0{,}06)\,.\,10^{-8}$, $c_{11} = 3{,}75\,.\,10^6$
$s_{12} = -(1{,}35 \pm 0{,}46)$, $c_{12} = 0{,}198$.
$s_{44} = (153{,}0 \pm 0{,}5)$, $c_{44} = 0{,}655$.

$$E = [75{,}1 - 48{,}2\,(\alpha^4 + \beta^4 + \gamma^4)]\,.\,10^{-8}.$$
$$T^0 = [306{,}0 - 193{,}8\,(\beta^2\gamma^2 + \gamma^2\alpha^2 + \alpha^2\beta^2)]\,.\,10^{-8}.$$
$$M = 72{,}3\,.\,10^{-8}.$$

Der sehr geringe Torsionswiderstand liess alle Fehlerquellen bei den Torsionsbeobachtungen grossen Einfluss gewinnen; überdies zwang eine deutliche elastische Nachwirkung zu einer Beschränkung auf sehr kleine Belastungen. Der Werth von c_{12} ist kaum bis auf den dritten Theil genau bestimmt.

Pyrit aus Cornwall.

$s_{11} = 2{,}832\,.\,10^{-8}$, $c_{11} = 36{,}80\,.\,10^6$
$s_{12} = 0{,}428$, $c_{12} = -4{,}83$
$s_{44} = 9{,}296$, $c_{44} = 10{,}75$.

$$E = [5{,}076 - 2{,}244\,(\alpha^4 + \beta^4 + \gamma^4)]\,.\,10^{-8}.$$
$$T^0 = [18{,}60 - 17{,}65\,(\beta^2\gamma^2 + \gamma^2\alpha^2 + \alpha^2\beta^2)]\,.\,10^{-8}.$$
$$M = 11{,}07\,.\,10^{-8}.$$

[1] Vgl. S. 556.

Die Werthe der Constanten liessen sich nur angenähert bestimmen. Bemerkenswerth ist das Auftreten einer *negativen Elasticitätsconstante* (c_{12}) und des *kleinsten bisher beobachteten Dehnungscoëfficienten:*

$$E_h = s_{11} = 2{,}832 \,.\, 10^{-8}.$$

Selbst die kleinsten Dehnungscoëfficienten des Topas sinken nicht auf diesen Betrag herab.

Hexagonales System.[1]

Zu Grunde liegt ein rechtwinkliges Coordinatensystem X, Y, Z, in welchem X mit einer Queraxe α, Y mit der dazu senkrechten Queraxe β und Z mit der Verticalaxe γ zusammenfällt.

A. Ein Krystall der *ersten* Abtheilung des hexagonalen Systems (S. 555) besitzt *fünf* Constanten c_{hk} und demnach auch *fünf* Constanten s_{hk}, zwischen denen folgende Beziehungen bestehen:

$$c_{11} = \frac{s_{11}\, s_{33} - s_{13}^2}{(s_{11} + s_{12})\,[s_{33}\,(s_{11} + s_{12}) - 2\, s_{13}^2]}, \quad c_{33} = \frac{s_{11} + s_{12}}{s_{33}\,(s_{11} + s_{12}) - 2\, s_{13}^2},$$

$$s_{44} = \frac{1}{s_{44}}, \quad c_{12} = \frac{s_{13}^2 - s_{12}\, s_{33}}{(s_{11} - s_{12})\,[s_{33}\,(s_{11} + s_{12}) - 2\, s_{13}^2]}, \quad c_{13} = \frac{-\, s_{13}}{s_{33}\,(s_{11} + s_{12}) - 2\, s_{13}^2}.$$

Der *Dehnungscoëfficient* in einer gegen Z unter dem Winkel φ geneigten Richtung:

$$E = s_{11} \sin^4 \varphi + s_{33} \cos^4 \varphi + (s_{44} + 2\, s_{13}) \sin^2 \varphi \cos^2 \varphi$$

und der *Torsionscoëfficient* für ein rechtwinkliges Prisma von der Länge l, der Breite b und der Dicke d ($b > d$) mit den Winkeln $(l\,Z) = \varphi$, $(b\,Z) = \varphi_1$, $(d\,Z) = \varphi_2$:

$$T = s_{44} + [2\,(s_{11} - s_{12}) - s_{44}] \cos^2 \varphi_2 + 4\,(s_{11} + s_{33} - s_{44} - 2\, s_{13}) \cos^2 \varphi \cos^2 \varphi_1$$

sind rings um die Axe γ constant. *Folglich ist die Verticalaxe für die Oberflächen der Dehnungscoëfficienten* E *und der Torsionscoëfficienten* T *eine Axe der Isotropie.* Demnach können X, Y in der Horizontalebene beliebig gewählt werden.

Der Torsionscoëfficient eines Kreiscylinders mit der Axe l ist:

$$T^0 = s_{44} + 2\,(s_{11} - s_{12}) + [s_{44} - 2\,(s_{11} - s_{12})] \cos^2 \varphi + 4\,(s_{11} + s_{33} - s_{44} - 2\, s_{13}) \sin^2 \varphi \cos^2 \varphi.$$

Da in dem Ausdruck für E *drei* Aggregate der fünf Grössen s_{hk} auftreten, so muss die Beobachtung der Biegung von drei Prismengattungen combinirt werden mit Torsionsbeobachtungen an zwei verschieden gerichteten Prismen. Am zweckmässigsten wählt man Prismen mit folgender Orientirung:

$\varphi = 0, \quad \varphi_1 = \varphi_2 = 90^0, \quad \ldots \; E = s_{33}, \quad T = s_{44},$

$\varphi = 45^0, \quad \ldots \quad \ldots \; E = \frac{1}{4}\,(s_{11} + s_{33} + s_{44} + 2\, s_{13}),$

$\varphi = 90^0, \quad \ldots \quad \ldots \; E = s_{11},$

$\varphi = 90^0, \quad \varphi_1 = 90^0, \quad \varphi_2 = 0, \quad \ldots \; T = 2\,(s_{11} - s_{12}),$

$\varphi = 90^0, \quad \varphi_1 = 0, \quad \varphi_2 = 90^0, \quad \ldots \; T = s_{44}.$

[1] W. Voigt, Nachr. Ges. d. Wiss. Göttingen. 1886, 39, 289. N. Jahrb. f. Min. Beil.-Bd. **5**, 68, 1887. Ann. d. Phys. N. F. **31**, 474, 701, 1887 (*Beryll, Quarz*). — Nachr. Ges. d. Wiss. Göttingen 1889, 483, 512. Ann. d. Phys. N. F. **39**, 412, 432, 1890 (*Kalkspath*). — Ann. d. Phys. N. F. **40**, 642, 1890 (*Dolomit*). — Nachr. Ges. d. Wiss. Göttingen. 1890, 255 (*Turmalin*).

Die Messung der Torsion an Prismen der ersten und der fünften Gattung muss also denselben Werth für T liefern.

Unter allseitig gleichem Druck ist der *Coëfficient der cubischen Compression für alle hexagonalen Krystalle*:

$$M = s_{33} + 2(s_{11} + s_{12}) + 4 s_{13} = 2 A_1 + A_3,$$

und die linearen Compressionscoëfficienten senkrecht und parallel zur Verticalaxe sind gegeben durch:

$$A_1 = s_{11} + s_{12} + s_{13}, \quad A_3 = 2 s_{13} + s_{33}.$$

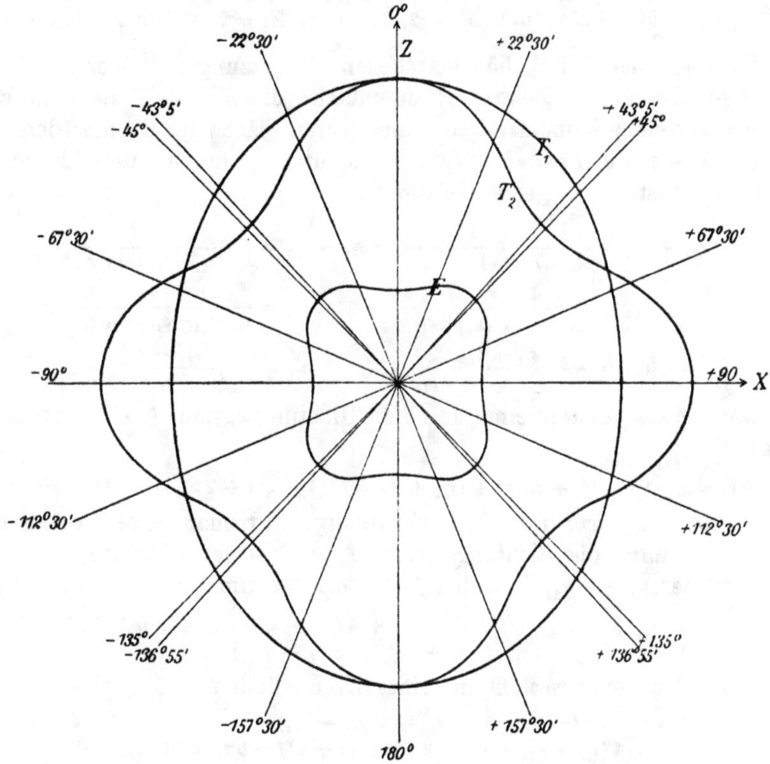

Fig. 292.

Beryll vom Ural (Fig. 292).

$$\begin{aligned}
s_{11} &= (4{,}325 \pm 0{,}012) \,.\, 10^{-8}, & c_{11} &= 27{,}46 \,.\, 10^{6}\\
s_{33} &= (4{,}619 \pm 0{,}009), & c_{33} &= 24{,}09\\
s_{44} &= (15{,}000 \pm 0{,}036), & c_{44} &= 6{,}66\\
s_{12} &= -(1{,}338 \pm 0{,}029), & c_{12} &= 9{,}80\\
s_{13} &= -(0{,}836 \pm 0{,}043), & c_{13} &= 6{,}74.
\end{aligned}$$

Der Dehnungscoëfficient:

$$E = [4{,}325 \sin^4\varphi + 4{,}619 \cos^4\varphi + 13{,}328 \sin^2\varphi \cos^2\varphi] \,.\, 10^{-8}$$

besitzt relative Maxima oder Minima in den Richtungen $\varphi = 0$, $43^\circ 5'$, 90°, nämlich: E = 4,619, 5,573, 4,325.

$$T = 15{,}000 - 3{,}675 \cos^2 \varphi_2 - 17{,}536 \cos^2 \varphi \cos^2 \varphi_1.$$

Die mit T_1 und T_2 bezeichneten Curven in Fig. 292 stellen die Aenderung des Torsionscoëfficienten dar, wenn man entweder b oder d senkrecht zur Axe der Isotropie Z lässt und die Längsrichtung l des Stäbchens in einer Verticalebene dreht ($\varphi_1 = 90^\circ$, $\varphi_2 = 90^\circ + \varphi$ oder $\varphi_1 = 90^\circ + \varphi$, $\varphi_2 = 90^\circ$):

$$T_1 = 15{,}00 - 3{,}675 \sin^2 \varphi, \quad T_2 = 15{,}00 - 17{,}536 \sin^2 \varphi \cos^2 \varphi.$$

Die Curve T_1 giebt zugleich die Aenderung des Torsionscoëfficienten, wenn die Längsrichtung senkrecht und b unter dem Winkel φ gegen die Axe Z geneigt liegt.

$$T^0 = [30{,}00 - 3{,}675 \sin^2 \varphi - 17{,}54 \sin^2 \varphi \cos^2 \varphi] \,.\, 10^{-8}.$$
$$M = 7{,}255 \,.\, 10^{-8}, \quad A_1 = 2{,}154 \,.\, 10^{-8}, \quad A_3 = 2{,}947 \,.\, 10^{-8}.$$

B. Nach der auf S. 554 getroffenen Festsetzung fällt hier die X-Axe mit einer 2-zähligen Queraxe α zusammen; die Axe $+Y$ liegt in einer Symmetrieebene $\gamma\beta$ und tritt aus einer oberen Fläche des Rhomboëders $+R$ heraus. Zwischen den *sechs* Elasticitätsconstanten c_{hk} und den *sechs* Elasticitätsmoduln s_{hk} bestehen folgende Relationen:

$$c_{11} + c_{12} = \frac{s_{33}}{s_{33}(s_{11}+s_{12}) - 2 s_{13}^2}, \quad c_{11} - c_{12} = \frac{s_{44}}{s_{44}(s_{11}-s_{12}) - 2 s_{14}^2}$$
$$c_{13} = \frac{-s_{13}}{s_{33}(s_{11}+s_{12}) - 2 s_{13}^2}, \quad c_{14} = \frac{-s_{14}}{s_{44}(s_{11}-s_{12}) - 2 s_{14}^2}$$
$$c_{33} = \frac{s_{11} + s_{12}}{s_{33}(s_{11}+s_{12}) - 2 s_{13}^2}, \quad c_{44} = \frac{s_{11} - s_{12}}{s_{44}(s_{11}-s_{12}) - 2 s_{14}^2}.$$

Der *Dehnungscoëfficient* in einer durch die Richtungscosinus ξ, η, ζ bestimmten Geraden ist:

$$E = s_{11}(1-\zeta^2)^2 + s_{33}\zeta^4 + (s_{44} + 2 s_{13})\zeta^2(1-\zeta^2) + 2 s_{14}\eta\zeta(3\xi^2 - \eta^2).$$

Der *Torsionscoëfficient* für ein rechtwinkliges Prisma, dessen Orientirung gegeben ist durch die Richtungscosinus ξ, η, ζ seiner Längsaxe, ξ_1, η_1, ζ_1 seiner grösseren, ξ_2, η_2, ζ_2 seiner kleineren Querdimension, hat den Werth:

$$T = s_{44} + [2(s_{11} - s_{12}) - s_{44}]\zeta_2^2 + 4(s_{11} + s_{33} - s_{44} - 2 s_{13})\zeta^2\zeta_1^2$$
$$+ 4 s_{14}[(\zeta\eta_1 + \eta\zeta_1)(3\xi\xi_1 - \eta\eta_1) - \eta_2\zeta_2].$$

Ferner ist der Torsionscoëfficient eines Kreiscylinders:

$$T^0 = s_{44} + 2(s_{11} - s_{12}) + [s_{44} - 2(s_{11} - s_{12})]\zeta^2$$
$$+ 4(s_{11} + s_{33} - s_{44} - 2 s_{13})\zeta^2(1-\zeta^2) - 8 s_{14}\eta\zeta(3\xi^2 - \eta^2).$$

Die vollständige Bestimmung der sechs Grössen s_{hk} erfordert, dass Beobachtungen der Biegung von *vier* Prismengattungen verbunden werden mit Torsionsbeobachtungen an zwei verschieden gerichteten Prismen.

Kalkspath von Island (Fig. 293).

$$\begin{aligned}
s_{11} &= (11{,}14 \pm 0{,}008) \,.\, 10^{-8}, & c_{11} &= 13\,970\,000\\
s_{33} &= (17{,}13 \pm 0{,}007), & c_{33} &= 8\,120\,000\\
s_{44} &= (39{,}52 \pm 0{,}002), & c_{44} &= 3\,490\,000\\
s_{12} &= -(3{,}67 \pm 0{,}013), & c_{12} &= 4\,650\,000\\
s_{13} &= -(4{,}24 \pm 0{,}015), & c_{13} &= 4\,600\,000\\
s_{14} &= (8{,}98 \pm 0{,}017), & c_{14} &= -2\,120\,000.
\end{aligned}$$

$$E = [11{,}14\,(1 - \zeta^2)^2 + 17{,}13\,\zeta^4 + 31{,}05\,(1 - \zeta^2)\,\zeta^2 + 17{,}97\,\eta\,\zeta\,(3\,\xi^2 - \eta^2)]\,.\,10^{-8}.$$
$$T^0 = [69{,}13 - 1{,}21\,\zeta^2 + 11{,}12\,\zeta^4 - 71{,}86\,\eta\,\zeta\,(2\,\xi^2 - \eta^2)]\,.\,10^{-8}.$$
$$M = 15{,}11\,.\,10^{-8}, \quad A_1 = 3{,}23\,.\,10^{-8}, \quad A_2 = 8{,}65\,.\,10^{-8}.$$

Fig. 293 stellt die Schnittcurven der Oberflächen der Dehnungscoëfficienten E und der Torsionscoëfficienten für einen Kreiscylinder T° mit einer Symmetrieebene $\gamma\,\beta = Z\,Y$ ($\xi = 0$) und der zu ihr senkrechten Verticalebene $\gamma\,\alpha = Z\,X$ ($\eta = 0$) dar. Dabei ist zu beachten, dass eine Fläche des Spaltungsrhomboëders über dem Quadranten $+Z$ und $+Y$, eine Endkante desselben über dem Quadranten $+Z$ und $-Y$ liegt.

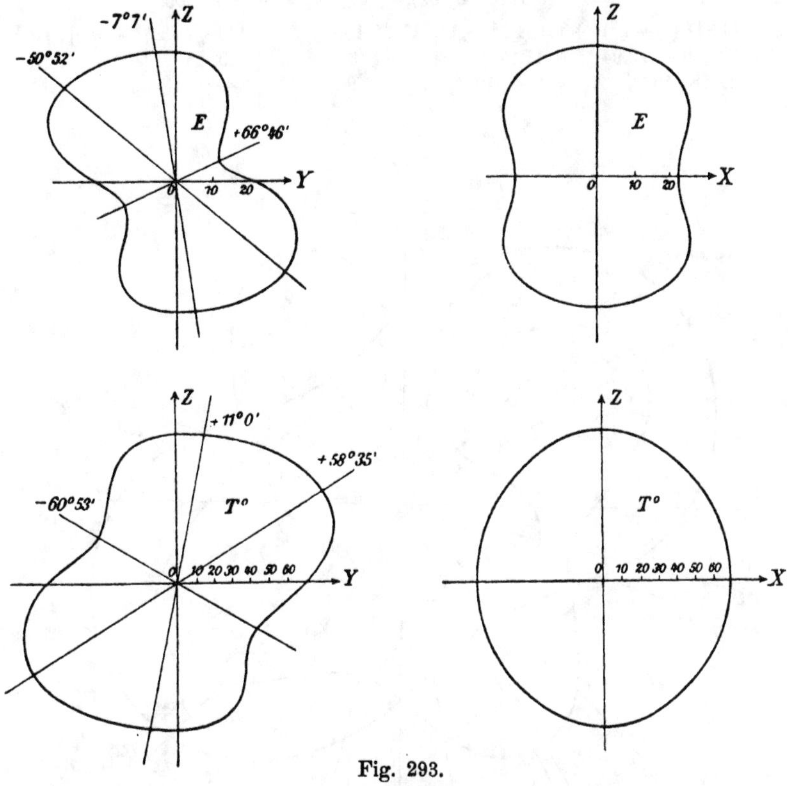

Fig. 293.

In der Symmetrieebene findet man relative Maxima und Minima von E resp. T° in vier Richtungen, welche folgende Winkel mit der Verticalaxe einschliessen:

$\varphi =$	$-\,50^0\,52'$	$-\,7^0\,7'$	0^0	$+\,66^0\,46'$
$10^8\,.\,E =$	19,49	17,12	17,13	6,94,
$\varphi =$	$-\,60^0\,53'$	0^0	$+\,11^0\,0'$	$+\,58^0\,35'$
$10^8\,.\,T^0 =$	46,15	79,04	78,77	92,90.

In der Ebene $Z\,X$ ist E resp. T° eine gerade Function von ζ; die Schnittcurve ist also symmetrisch zu Z und X. Nur in diesen Geraden existiren relative Maxima und Minima:

	Z	X
$10^8\,.\,E =$	17,13	11,14,
$10^8\,.\,T^0 =$	79,04	69,13.

Im Kalkspath findet eine elastische Schiebung nahezu den kleinsten Widerstand, wenn sie parallel einer *Gleitfläche* (S. 104) stattfindet.

Grüner **Turmalin** aus Brasilien.

$$s_{11} = (3,911 \pm 0,005) \,.\, 10^{-8}, \quad c_{11} = 27\,540\,000$$
$$s_{33} = (6,124 \pm 0,002), \quad c_{33} = 16\,380\,000$$
$$s_{44} = (14,837 \pm 0,019), \quad c_{44} = 6\,800\,000$$
$$s_{12} = -(1,011 \pm 0,009), \quad c_{12} = 7\,040\,000$$
$$s_{13} = -(0,160 \pm 0,017), \quad c_{13} = 900\,000$$
$$s_{14} = (0,572 \pm 0,009), \quad c_{14} = -\ 790\,000.$$

$$E = [3,911\,(1-\zeta^2)^2 + 6,124\,\zeta^4 + 14,517\,\zeta^2\,(1-\zeta^2) + 1,144\,\eta\,\zeta\,(3\,\xi^2 - \eta^2)] \,.\, 10^{-8}.$$
$$T^0 = [24,68 - 12,94\,\zeta^2 + 17,93\,\zeta^4 - 4,58\,\eta\,\zeta\,(3\,\xi^2 - \eta^2)] \,.\, 10^{-8}.$$
$$M = 11,28 \,.\, 10^{-8}, \quad A_1 = 2,74 \,.\, 10^{-8}, \quad A_3 = 5,80 \,.\, 10^{-8}.$$

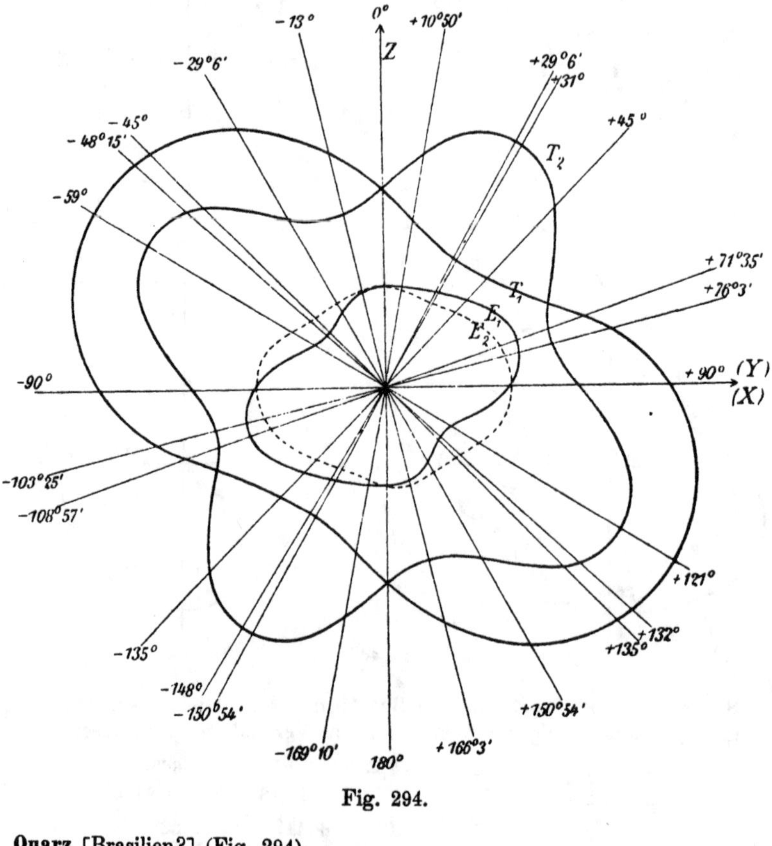

Fig. 294.

Quarz [Brasilien?] (Fig. 294).

$$s_{11} = (12,734 \pm 0,011) \,.\, 10^{-8}, \quad c_{11} = 8\,682\,000$$
$$s_{33} = (9,705 \pm 0,011), \quad c_{33} = 10\,745\,000$$
$$s_{44} = (19,665 \pm 0,018), \quad c_{44} = 5\,823\,000$$
$$s_{12} = -(1,629 \pm 0,019), \quad c_{12} = 709\,000$$
$$s_{13} = -(1,486 \pm 0,015), \quad c_{13} = 1\,438\,000$$
$$s_{14} = -(4,230 \pm 0,010), \quad c_{14} = 1\,715\,000.$$

$$E = [12{,}734\,(1-\zeta^2)^2 + 9{,}705\,\zeta^4 + 16{,}693\,(1-\zeta^2)\,\zeta^2 - 8{,}460\,\eta\,\zeta\,(3\,\xi^2-\eta^2)]\,.\,10^{-8}.$$
$$T = \{19{,}665 + 9{,}060\,\zeta_2{}^2 + 22{,}984\,\zeta^2\,\zeta_1{}^2 - 19{,}920\,[(\zeta\,\eta_1+\eta\,\zeta_1)\,(2\,\xi\,\xi_1-\eta\,\eta_1) - \eta_2\,\zeta_2]\}\,.\,10^{-8}.$$

Liegt die Längsrichtung l und die *grössere* Querdimension b des Prismas in der Symmetrieebene ZY, so ist $\xi = \xi_1 = \eta_2 = \zeta_2 = 0$, $\xi_2 = 1$, also, falls $\zeta = \eta_1 = \cos\varphi$, $\eta = \zeta_1 = \sin\varphi$ gesetzt wird:

$$T_2 = 19{,}665 + 5{,}746\,\sin^2 2\,\varphi + 8{,}460\,\sin 2\,\varphi\,\cos 2\,\varphi.$$

Hiernach wird T_2 nicht geändert, wenn φ um 90° wächst (vgl. S. 561). Relative Maxima und Minima treten ein für:

$$\varphi = 31^0\,3' \text{ und } 121^0\,3', \quad 76^0\,3' \text{ und } 166^0\,3'$$
$$10^8\,.\,T_2 = \quad 27{,}652, \qquad 17{,}424.$$

Fällt die Längsrichtung l und die *kleinere* Querdimension d in die Symmetrieebene ZY, so ist $\xi = \xi_2 = \eta_1 = \zeta_1 = 0$, $\xi_1 = 1$, also, falls $\zeta = -\eta_2 = \cos\varphi$, $\eta = \zeta_2 = \sin\varphi$ gesetzt wird:

$$T_1 = 19{,}665 + 9{,}060\,\sin^2\varphi - 8{,}460\,\sin 2\,\varphi.$$

Hier finden sich relative Maxima und Minima für:

$$\varphi = 30^0\,55', \qquad 120^0\,55',$$
$$10^8\,.\,T_1 = 14{,}600, \qquad 33{,}791.$$

Ferner ist:

$$T^0 = [48{,}391 + 13{,}923\,\zeta^2 - 22{,}984\,\zeta^4 + 33{,}840\,\eta\,\zeta\,(3\,\xi^2-\eta^2)]\,.\,10^{-8}.$$
$$M = 25{,}97\,.\,10^{-8},\quad A_1 = 9{,}62\,.\,10^{-8},\quad A_3 = 6{,}73\,.\,10^{-8}.$$

In Fig. 294 sind vereinigt die Schnittcurven E_1 und E_2 der Oberfläche der Dehnungscoëfficienten mit der Symmetrieebene ZY und der zu ihr senkrechten Ebene ZX; die letztere (punktirte) Curve ist symmetrisch zu Z und X. Ausserdem enthält diese Figur die Curven für die Torsionscoëfficienten T_2 und T_1; dabei nimmt die Längsrichtung l alle möglichen Lagen in der Ebene ZY an, während einmal die kleinere, das andere Mal die grössere Querdimension in die X-Axe fällt. Die Curve T_1 giebt gleichzeitig die Aenderung des Torsionscoëfficienten für ein mit der Längsrichtung in die X-Axe fallendes Prisma, wenn die grössere Querdimension alle möglichen Orientirungen in der ZY-Ebene annimmt.

C. Ein Krystall der *dritten* Abtheilung des hexagonalen Systems besitzt *sieben* Constanten c_{hk}, resp. s_{hk}. Die Lage der Axe X in der Horizontalebene ist keiner Beschränkung durch Symmetrieeigenschaften unterworfen; wählen wir nun zur X-Axe wieder eine krystallographische Axe α, die hier nicht Symmetrieaxe ist, und lassen wir die Axe $+Y$ aus einer oberen Fläche des Grundrhomboëders $+R$ austreten, so ist die Ebene ZY keine Symmetrieebene. In der That zeigt der Ausdruck für den *Dehnungscoëfficienten:*

$$E = s_{11}\,(1-\zeta^2)^2 + s_{33}\,\zeta^4 + (s_{44} + 2\,s_{23})\,\zeta^2\,(1-\zeta^2) + 2\,s_{14}\,\eta\,\zeta\,(3\,\xi^2-\eta^2)$$
$$+ 2\,s_{25}\,\xi\,\zeta\,(3\,\eta^2-\xi^2),$$

dass die Oberfläche dieses Coëfficienten zur ZY-Ebene *nicht* symmetrisch ist, denn eine Vertauschung von $+\xi$ mit $-\xi$ lässt den Werth von E nicht ungeändert.

Dass die Oberfläche der Dehnungscoëfficienten weder verticale Symmetrieebenen noch horizontale Symmetrieaxen besitzt, wie die entsprechende Oberfläche der Krystalle der zweiten Abtheilung, wird bestätigt durch Biegungsbeobachtungen am *Dolomit* von

Viesch, Wallis, welcher der rhomboëdrisch-tetartoëdrischen Gruppe des hexagonalen Systems angehört. Die Schnittcurve jener Oberfläche mit einer Fläche eines Spaltungsrhomboëders ist hier in der That *nur centrisch symmetrisch* und nicht, wie die entsprechende Curve des Kalkspath, gleichzeitig disymmetrisch nach den Diagonalen der Rhomboëderfläche.

Rhombisches System.[1]

Ein rhombischer Krystall besitzt *neun* Elasticitätsconstanten c_{hk} und demnach auch *neun* Constanten s_{hk}, zwischen denen folgende Beziehungen bestehen:

$$c_{11} = \frac{1}{\sigma}\begin{vmatrix} s_{22} & s_{23} \\ s_{32} & s_{33} \end{vmatrix} \qquad c_{22} = \frac{1}{\sigma}\begin{vmatrix} s_{33} & s_{31} \\ s_{13} & s_{11} \end{vmatrix} \qquad c_{33} = \frac{1}{\sigma}\begin{vmatrix} s_{11} & s_{12} \\ s_{21} & s_{22} \end{vmatrix}$$

$$c_{23} = \frac{1}{\sigma}\begin{vmatrix} s_{31} & s_{32} \\ s_{11} & s_{12} \end{vmatrix} \qquad c_{31} = \frac{1}{\sigma}\begin{vmatrix} s_{12} & s_{13} \\ s_{22} & s_{23} \end{vmatrix} \qquad c_{12} = \frac{1}{\sigma}\begin{vmatrix} s_{23} & s_{21} \\ s_{33} & s_{31} \end{vmatrix}$$

$$c_{44} = 1/s_{44}, \quad c_{55} = 1/s_{55}, \quad c_{66} = 1/s_{66}$$

worin:

$$\begin{vmatrix} s_{11} & s_{12} & s_{13} \\ s_{21} & s_{22} & s_{23} \\ s_{31} & s_{32} & s_{33} \end{vmatrix} = \sigma$$

gesetzt ist. Aus dem allgemeinen Ausdruck für den *Dehnungscoëfficienten* in der durch die Richtungscosinus α, β, γ gegebenen Richtung:

$$\mathrm{E} = s_{11}\,\alpha^4 + s_{22}\,\beta^4 + s_{33}\,\gamma^4 + (s_{44} + 2\,s_{23})\,\beta^2\gamma^2 + (s_{55} + 2\,s_{31})\,\gamma^2\alpha^2 + (s_{66} + 2\,s_{12})\,\alpha^2\beta^2$$

folgt, dass aus Biegungsbeobachtungen an Prismen sechs Aggregate der neun Constanten s_{hk} bestimmt werden können. Zunächst liefern die Stäbchen, deren Längsaxen den drei krystallographischen Symmetrieaxen $\breve{a} = [100]$, $\bar{b} = [010]$, $\dot{c} = [001]$ parallel gehen:

$$\mathrm{E}_I = s_{11}, \qquad \mathrm{E}_{II} = s_{22}, \qquad \mathrm{E}_{III} = s_{33}.$$

Darauf liefern die Stäbchen, deren Längsaxen in die drei Symmetrieebenen 100, 010, 001 fallen:

$$\begin{aligned} \mathrm{E}_{IV} &= s_{22}\,\beta^4 + s_{33}\,\gamma^4 + (s_{44} + 2\,s_{23})\,\beta^2\gamma^2, \\ \mathrm{E}_{V} &= s_{33}\,\gamma^4 + s_{11}\,\alpha^4 + (s_{55} + 2\,s_{31})\,\gamma^2\alpha^2, \\ \mathrm{E}_{VI} &= s_{11}\,\alpha^4 + s_{22}\,\beta^4 + (s_{66} + 2\,s_{12})\,\alpha^2\beta^2. \end{aligned}$$

Um die drei noch fehlenden Aggregate der s_{hk} zu bestimmen, genügt es, drei Gattungen von Torsionsbeobachtungen an Prismen vorzunehmen. Allgemein ist der *Torsionscoëfficient* eines Prismas:

$$\begin{aligned} \mathrm{T} = {} & 4\,(s_{11}\,\alpha^2\alpha_1{}^2 + s_{22}\,\beta^2\beta_1{}^2 + s_{33}\,\gamma\gamma_1{}^2) \\ & + 2\,[(s_{44} + 4\,s_{23})\,\beta\beta_1\,\gamma\gamma_1 + (s_{55} + 4\,s_{31})\,\gamma\gamma_1\,\alpha\alpha_1 + (s_{66} + 4\,s_{12})\,\alpha\alpha_1\,\beta\beta_1] \\ & + s_{44}\,(\beta^2\gamma_1{}^2 + \gamma^2\beta_1{}^2) + s_{55}\,(\gamma^2\alpha_1{}^2 + \alpha^2\gamma_1{}^2) + s_{66}\,(\alpha^2\beta_1{}^2 + \beta^2\alpha_1{}^2), \end{aligned}$$

worin α, β, γ die Richtungscosinus der Längsrichtung, α_1, β_1, γ_1 die Richtungscosinus der grösseren Querdimension des Prismas bedeuten. Bezeichnet man z. B. mit T_{III^a} den Torsionscoëfficienten eines Prismas, dessen Längs-

[1] W. Voigt, Nachr. Ges. d. Wiss. Göttingen. 1887, 561. Ann. d. Phys. N. F. **34**, 981, 1888.

axe parallel zur dritten und dessen Breite parallel zur ersten Krystallaxe ist, so ergiebt sich entsprechend dem allgemeinen Satze (S. 561):

$$T_{IIc} = T_{IIIb} = s_{44}, \quad T_{IIIa} = T_{Ic} = s_{55}, \quad T_{Ib} = T_{IIa} = s_{66}.$$

Der Torsionscoëfficient eines Kreiscylinders ist:

$$T^0 = \alpha^2 (s_{55} + s_{66}) + \beta^2 (s_{66} + s_{44}) + \gamma^2 (s_{44} + s_{55})$$
$$+ 4\beta^2\gamma^2 (s_{22} + s_{33} - s_{44} - 2s_{23}) + 4\gamma^2\alpha^2 (s_{33} + s_{11} - s_{55} - 2s_{31}) + 4\alpha^2\beta^2 (s_{11} + s_{22} - s_{66} - 2s_{12}).$$

Der *Coëfficient der cubischen Compression* bei allseitig gleichem Druck hat den Werth:

$$M = (s_{11} + s_{22} + s_{33}) + 2(s_{23} + s_{31} + s_{12})$$

gleich der Summe der den Symmetrieaxen parallelen linearen Compressionscoëfficienten:

$$A_a = s_{11} + s_{12} + s_{13}, \quad A_b = s_{21} + s_{22} + s_{23}, \quad A_c = s_{31} + s_{32} + s_{33}.$$

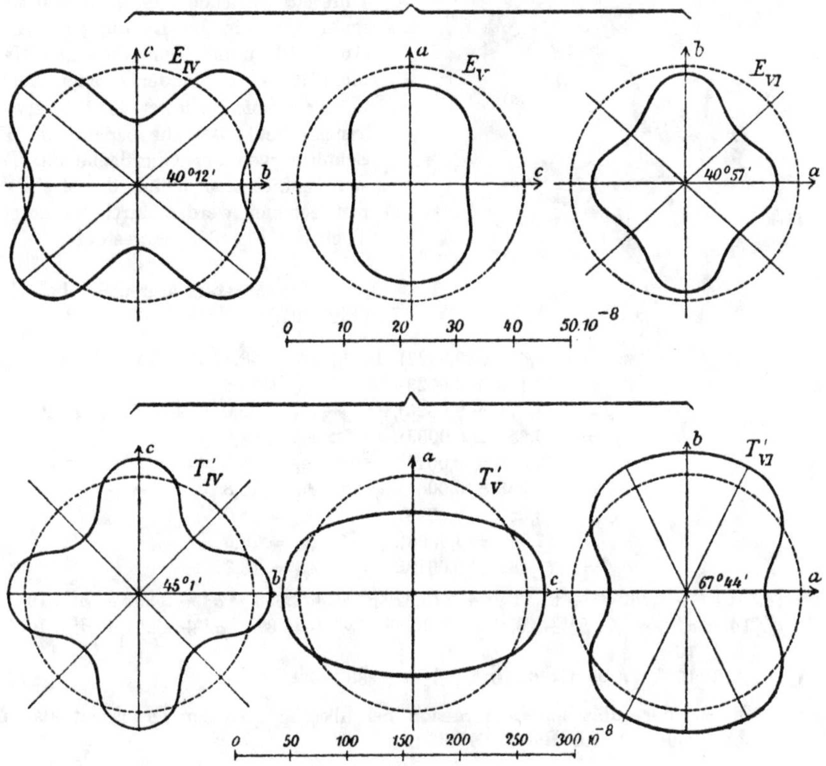

Fig. 295.

Baryt von Alston Moor in Cumberland (Fig. 295, 296).

$$\begin{aligned} s_{11} &= (16{,}13 \pm 0{,}015) \cdot 10^{-8}, & c_{21} &= 9{,}0 \cdot 10^6 \\ s_{22} &= (18{,}57 \pm 0{,}008), & c_{22} &= 8{,}0 \\ s_{33} &= (10{,}42 \pm 0{,}010), & c_{33} &= 10{,}7 \\ s_{23} &= -(2{,}46 \pm 0{,}075), & c_{23} &= 2{,}7 \end{aligned}$$

$$s_{31} = -(1{,}88 \pm 0{,}015)\,.\,10^{-8}, \quad c_{31} = 2{,}7\,.\,10^{6}.$$
$$s_{12} = -(8{,}80 \pm 0{,}021), \quad c_{12} = 4{,}6$$
$$s_{44} = (82{,}30 \pm 0{,}140), \quad c_{44} = 1{,}2$$
$$s_{55} = (34{,}16 \pm 0{,}022), \quad c_{55} = 2{,}9$$
$$s_{66} = (35{,}36 \pm 0{,}015), \quad c_{66} = 2{,}8.$$

$$E = [16{,}13\,\alpha^4 + 18{,}51\,\beta^4 + 10{,}42\,\gamma^4 + 2\,(38{,}79\,\beta^2\gamma^2 + 15{,}21\,\gamma^2\alpha^2 + 8{,}88\,\alpha^2\beta^2)]\,.\,10^{-8}.$$
$$T^0 = [69{,}52\,\alpha^4 + 117{,}66\,\beta^4 + 116{,}46\,\gamma^4 + 2\,(20{,}16\,\beta^2\gamma^2 + 85{,}29\,\gamma^2\alpha^2 + 127{,}35\,\alpha^2\beta^2)]\,.\,10^{-8}.$$
$$M = 18{,}78\,.\,10^{-8}.$$
$$A_a = 5{,}45\,.\,10^{-8}, \quad A_b = 7{,}25\,.\,10^{-8}, \quad A_c = 6{,}08\,.\,10^{-8}.$$

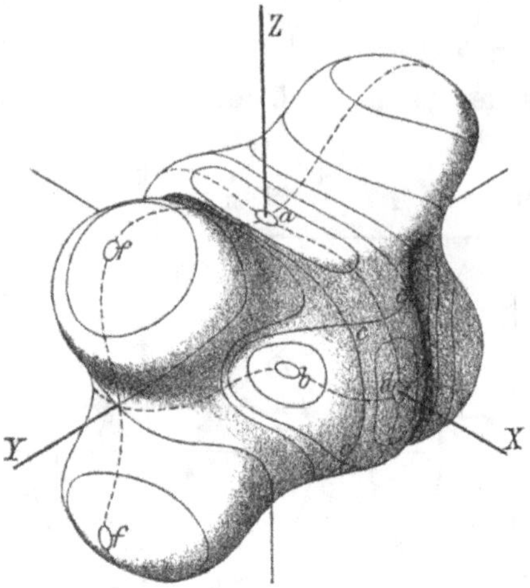

Fig. 296.

Interessant ist das verschiedene Verhalten des Dehnungscoëfficienten E in den drei Symmetrieebenen, welches durch die Schnittcurven der Oberfläche der Dehnungscoëfficienten (Fig. 296[1]) mit diesen Ebenen veranschaulicht wird. Die Differenz zwischen dem absoluten Minimum von E in der Richtung der Axe $\bar{c}$ ($10{,}42\,.\,10^{-8}$) und dem absoluten Maximum ($26{,}93\,.\,10^{-8}$) in der Geraden, welche in der Ebene $\bar{b}\,\bar{c}$ unter $40^0\,12'$ gegen $\bar{b}$ geneigt liegt, ist sehr bedeutend. Die Schnittcurven der Oberfläche der Torsionscoëfficienten T^0 mit den drei Symmetrieebenen werden durch den unteren Theil der Fig. 295 dargestellt.

Topas von Mursinsk im Ural. (Fig. 297.)

$$s_{11} = (4{,}341 \pm 0{,}0023)\,.\,10^{-8}, \quad c_{11} = 28{,}7\,.\,10^{6}$$
$$s_{22} = (3{,}460 \pm 0{,}0023), \quad c_{22} = 35{,}6$$
$$s_{33} = (3{,}771 \pm 0{,}0026), \quad c_{33} = 30{,}0$$
$$s_{23} = -(0{,}651 \pm 0{,}0083), \quad c_{23} = 9{,}0$$
$$s_{31} = -(0{,}840 \pm 0{,}0077), \quad c_{31} = 8{,}6$$
$$s_{12} = -(1{,}353 \pm 0{,}0067), \quad c_{12} = 12{,}8$$
$$s_{44} = (9{,}059 \pm 0{,}0099), \quad c_{44} = 11{,}0$$
$$s_{55} = (7{,}391 \pm 0{,}0098), \quad c_{55} = 13{,}5$$
$$s_{66} = (7{,}485 \pm 0{,}0078), \quad c_{66} = 13{,}3.$$

$$E = [4{,}341\,\alpha^4 + 3{,}460\,\beta^4 + 3{,}771\,\gamma^4 + 2\,(3{,}879\,\beta^2\gamma^2 + 2{,}856\,\gamma^2\alpha^2 + 2{,}390\,\alpha^2\beta^2]\,.\,10^{-8}.$$
$$T^0 = [14{,}88\,\alpha^4 + 16{,}54\,\beta^4 + 16{,}45\,\gamma^4 + 30{,}89\,\beta^2\gamma^2 + 40{,}89\,\gamma^2\alpha^2 + 43{,}51\,\alpha^2\beta^2]\,.\,10^{-8}.$$
$$M = 5{,}884\,.\,10^{-8}.$$
$$A_a = 2{,}148\,.\,10^{-8}, \quad A_b = 1{,}456\,.\,10^{-8}, \quad A_c = 2{,}280\,.\,10^{-8}.$$

Der Coëfficient der cubischen Compression bei allseitig gleichem Druck ist also für Topas noch kleiner als für Beryll (S. 568).

12. Thermoelastische Eigenschaften der Krystalle. — Ein Krystall, der äusseren Drucken nicht ausgesetzt ist, werde einer in seiner ganzen Ausdehnung gleichmässigen Temperaturänderung ϑ unterworfen. Hierdurch wird eine homogene Deformation des Krystalls hervorgerufen (S. 67, 545).

[1] FINSTERWALDER, a. a. O.

Wir fragen nach den Beziehungen zwischen den Zuwachsen der molekularen Drucke im Krystall, der dadurch erzeugten Deformation und den isothermischen Elasticitätsconstanten des Krystalls.

Die Deformation sei so beschaffen, dass die Deformationscomponenten $x_x, \ldots, x_y$ *lineare* Functionen der Temperaturänderung sind:

$$(1) \quad x_x = a_1 \vartheta, \quad y_y = a_2 \vartheta, \quad z_z = a_3 \vartheta, \quad y_z = a_4 \vartheta, \quad z_x = a_5 \vartheta, \quad x_y = a_6 \vartheta.$$

Hierin bedeuten a_1, a_2, a_3 die linearen thermischen Ausdehnungscoëfficienten in den Richtungen der Coordinatenaxen (also die Aenderungen der Längen-

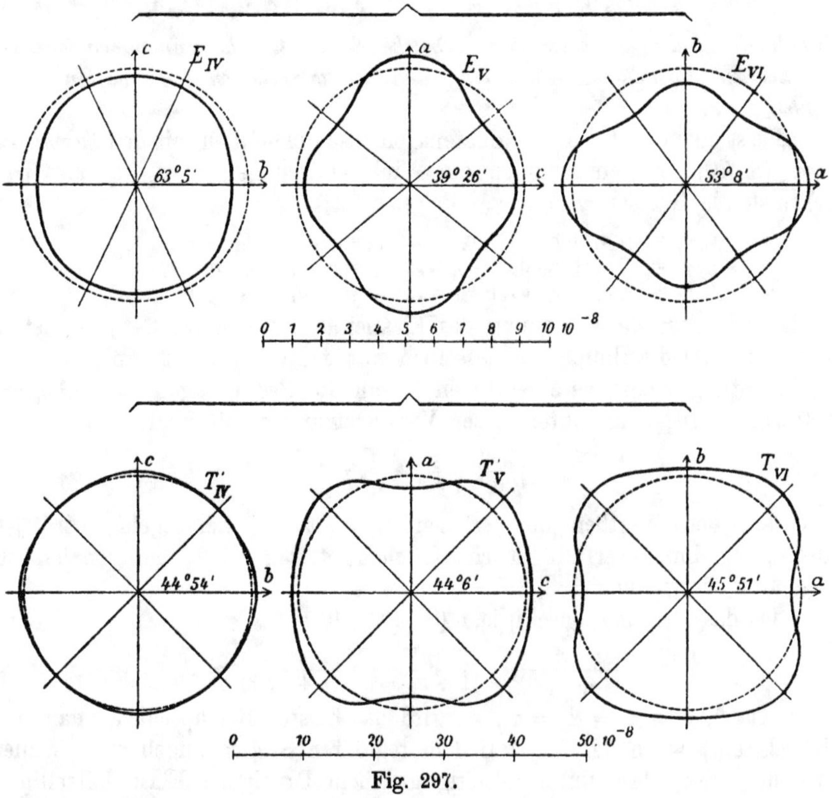

Fig. 297.

einheit in Folge einer Temperaturerhöhung um 1° C.) und a_4, a_5, a_6 die Coëfficienten der thermischen Aenderungen der Winkel zwischen den Richtungen jener Axen.

Findet Gleichgewicht statt zwischen den jene Deformation erzeugenden Zuwachsen der molekularen Drucke, deren Componenten bezeichnet seien mit $(X_x), \ldots, (X_y)$, und den durch die Deformation hervorgerufenen inneren elastischen Kräften mit den Componenten $X_x, \ldots, X_y$, so ist:

$$(2) \qquad X_x + (X_x) = 0, \ \ldots, \ X_y + (X_y) = 0,$$

worin (S. 549):

$$-X_x = c_{11}x_x + \cdots + c_{16}x_y, \text{ u. s. w.}$$

Aus (1) und (2) folgt, dass auch $(X_x), \ldots, (X_y)$ lineare Functionen von ϑ sind:

$$(X_x) = q_1\vartheta, \ldots, (X_y) = q_6\vartheta. \tag{3}$$

Die hierin auftretenden Factoren $q_1, \ldots, q_6$ werden *thermische Drucke* genannt. Der Zustand des Gleichgewichts ist also unter der nur angenähert zutreffenden Annahme, von der wir ausgingen, charakterisirt durch die Bedingungen:

$$q_h = c_{h1}a_1 + c_{h2}a_2 + c_{h3}a_3 + c_{h4}a_4 + c_{h5}a_5 + c_{h6}a_6. \quad (h = 1,2\ldots6)$$

Hierdurch sind die thermischen Drucke dargestellt als Functionen der isothermischen Elasticitätsconstanten c_{hk} *und der thermischen Deformationscomponenten* $a_1, \ldots, a_6$.

Lässt man jetzt die Coordinatenaxen zusammenfallen mit den *thermischen Axen* (S. 70), so verschwinden die Winkeländerungen a_4, a_5, a_6, also nach (1) auch die Grössen y_z, z_x, x_y. Folglich ist:

$$\begin{aligned} q_1 &= c_{11}a_1 + c_{12}a_2 + c_{13}a_3, & q_4 &= c_{41}a_1 + c_{42}a_2 + c_{43}a_3 \\ q_2 &= c_{21}a_1 + c_{22}a_2 + c_{23}a_3, & q_5 &= c_{51}a_1 + c_{52}a_2 + c_{53}a_3 \\ q_3 &= c_{31}a_1 + c_{32}a_2 + c_{33}a_3, & q_6 &= c_{61}a_1 + c_{62}a_2 + c_{63}a_3. \end{aligned}$$

Bilden wir nun die Gleichung des Elasticitätsellipsoids (S. 548), so ist ersichtlich, dass die Hauptaxen desselben nur dann mit den thermischen Axen der Richtung nach übereinstimmen, wenn die Bedingung $q_4 = q_5 = q_6 = 0$ befriedigt wird; denn unter dieser Voraussetzung erhält man:

$$\frac{x^2}{q_1^2} + \frac{y^2}{q_2^2} + \frac{z^2}{q_3^2} = 1.$$

Wie aus den Werthen der Grössen a_1, a_2, a_3, c_{hk} hervorgeht, wird jene Bedingung immer erfüllt in rhombischen, tetragonalen, hexagonalen und regulären Krystallen.

Ist das Deformationsellipsoid (S. 55, 546):

$$\frac{x^2}{(1 + a_1\vartheta)^2} + \frac{y^2}{(1 + a_2\vartheta)^2} + \frac{z^2}{(1 + a_3\vartheta)^2} = 1$$

eine Kugel, also $a_1 = a_2 = a_3$, so wird das Elasticitätsellipsoid nur dann eine Kugel sein, wenn der Krystall dem regulären System angehört. Erinnern wir uns nun, dass unter allseitig gleichem Druck das Elasticitätsellipsoid bei allen Krystallen eine Kugel sein muss (S. 556), so ergiebt sich, *dass die durch eine gleichmässige Erwärmung hervorgerufene Deformation nur bei regulären Krystallen durch einen allseitig gleichen Druck compensirt werden kann.*

Aus den früher angegebenen Werthen der thermischen Ausdehnungscoëfficienten und der Elasticitätsconstanten erhält man folgende *Werthe der thermischen Drucke.*

Rhombisches System. Das Axensystem x, y, z falle zusammen mit $\breve{a}, \bar{b}, \dot{c}$.

$$\begin{aligned} q_1 &= c_{11}a_1 + c_{12}a_2 + c_{13}a_3 \\ q_2 &= c_{21}a_1 + c_{22}a_2 + c_{23}a_3 \\ q_3 &= c_{31}a_1 + c_{32}a_2 + c_{33}a_3. \end{aligned}$$

	q_1	q_2	q_3
Topas S. 97, 574 . .	243	263	256
Baryt S. 98, 573 . .	276	288	263

Hexagonales System.

$$q_1 = q_2 = (c_{11} + c_{12})\,a_1 + c_{13}\,a_3$$
$$q_3 = 2\,c_{13}\,a_1 + c_{33}\,a_3.$$

	q_1	q_3
Beryll S. 94, 567 . .	43,9	−7,10
Kalkspath S. 94, 568	20,1	163,1
Turmalin S. 94, 570 .	275	167,5
Quarz S. 94, 570 . .	144	125

Reguläres System.

$$q = (c_{11} + 2\,c_{12})\,a.$$

	q
Flussspath S. 93, 565 .	505
Steinsalz S. 92, 565 . .	301
Sylvin S. 92, 565 . . .	154
Pyrit S. 92, 565 . . .	273

Hiernach entwickelt *Flussspath* eine sehr bedeutende Druckkraft bei der Erwärmung. Von besonderem Interesse ist das Verhalten von Beryll und Kalkspath. Wir sahen (S. 96), dass im *Beryll* durch eine Steigerung der Temperatur in der Richtung der Axe der Isotropie eine deutliche Zusammenziehuug, in den dazu senkrechten Richtungen eine sehr schwache Ausdehnung hervorgerufen wird. Dabei findet nun, wie aus dem *negativen* Werthe von q_3 hervorgeht, in der Richtung jener Axe keine „Wärme-Abstossung", sondern eine „Wärme-Anziehung" statt. Dieses Resultat folgt keineswegs schon aus dem negativen Werthe von a_3 ($= \alpha$ auf S. 94); denn q_3 ist eine Function von a_1, a_3 und den Elasticitätsconstanten c_{13}, c_{33}. Das singuläre Verhalten des Beryll tritt namentlich im Vergleich mit *Kalkspath* hervor, der sich bei einer Temperaturerhöhung in den zur Axe der Isotropie senkrechten Richtungen zusammenzieht (S. 96), und trotzdem *positive* Werthe der thermischen Drucke q_1, q_3 liefert.

13. Ein Krystall, der sich anfänglich bei constanter Temperatur in einem Gleichgewichtszustande befindet, erfahre unter der Einwirkung äusserer Kräfte und durch Zuführung oder Entziehung von Wärme eine Zustandsänderung bis zur Herstellung eines neuen Gleichgewichtszustandes. Dann ist der innere Zustand an jeder Stelle x, y, z bestimmt durch *sieben* unabhängige Veränderliche: die Deformationscomponenten $x_x, \ldots, x_y$ und die Temperaturänderung $\vartheta = \Theta - \Theta_0$, wenn mit Θ und Θ_0 die absoluten Temperaturen des deformirten und des ursprünglichen Zustandes des Krystalls bezeichnet werden.

Auf diese Zustandsänderung sollen jetzt die beiden Hauptgleichungen der Thermodynamik angewendet werden.[1]

Nach dem Energieprincip ist der Zuwachs, welchen die Energie E durch die von Aussen zugeführte Arbeit dS und Wärme dQ empfängt, gegeben durch:

$$\text{I.} \qquad dE = dS + J\,dQ,$$

worin J das Arbeitsäquivalent der Wärmeeinheit bedeutet; und dieser Zuwachs ist ein vollständiges Differential:

$$dE = \frac{\partial E}{\partial x_x} dx_x + \cdots + \frac{\partial E}{\partial x_y} dx_y + \frac{\partial E}{\partial \Theta} d\Theta.$$

Die Gleichung I soll auf eine beliebige Stelle x, y, z des Krystalls angewendet und auf die Volumeneinheit bezogen werden.

Andererseits ist nach dem Entropieprincip der Quotient dQ/Θ ein vollständiges Differential:

$$\text{II.} \qquad \frac{dQ}{\Theta} = dH = \frac{\partial H}{\partial x_x} dx_x + \cdots + \frac{\partial H}{\partial x_y} dx_y + \frac{\partial H}{\partial \Theta} d\Theta.$$

Durch die Zustandsänderung wird an der Stelle x, y, z ein thermisch-elastischer Druck erzeugt, dessen Componenten, bezogen auf die Flächeneinheit, mit $\Xi_x, \ldots, \Xi_y$ bezeichnet seien; dann ist:

$$(1) \qquad dS = -(\Xi_x\,dx_x + \cdots + \Xi_y\,dx_y).$$

Führen wir jetzt die von H. von Helmholtz[2] als *freie Energie* bezeichnete Grösse:

$$\Psi = E - J\Theta H$$

ein, so folgt aus den vorstehenden Gleichungen:

$$(2) \qquad \Xi_x = -\frac{\partial \Psi}{\partial x_x}, \quad \ldots, \quad \Xi_y = -\frac{\partial \Psi}{\partial x_y}, \quad JH = -\frac{\partial \Psi}{\partial \Theta}.$$

Demnach ist:

$$(3) \qquad J\frac{\partial H}{\partial x_x} = \frac{\partial \Xi_x}{\partial \Theta}, \quad \ldots, \quad J\frac{\partial H}{\partial x_y} = \frac{\partial \Xi_y}{\partial \Theta},$$

und die Gleichung II geht über in:

$$\text{II*.} \qquad \frac{dQ}{\Theta} = \frac{1}{J}\left(\frac{\partial \Xi_x}{\partial \Theta} dx_x + \cdots + \frac{\partial \Xi_y}{\partial \Theta} dx_y\right) + \frac{\partial H}{\partial \Theta} d\Theta.$$

---

[1] M. Planck, Ueber Gleichgewichtszustände isotroper Körper in verschiedenen Temperaturen. München 1880. — N. Schiller, Journ. russ. phys. Ges. **11**, 6, 1879. Ann. d. Phys. Beiblätter **4**, 423, 1880. — W. Voigt, Nachr. Ges d. Wiss. Göttingen 1888, 359. Ann. d. Phys. N. F. **36**, 743, 1889.

[2] H. von Helmholtz, Sitzungsber. Berlin. Akad. 1882, **1**, 23. Wiss. Abh. **2**, 958, 1883. — Vgl. F. Massieu, Compt. rend. **69**, 858, 1057, 1869. Mém. des sav. étrang. **22**, 67, 1876. — J. W. Gibbs, Trans. Connecticut Acad. **3**, 108, 1874—78 [— Ψ ist die Kraftfunction des Krystalls für constante Temperatur S. 145]. Amer. Journ. of Sc. (3) **16**, **441**, 1878.

Bezeichnet man mit ϱ die Dichte, mit c_d die specifische Wärme bei constanter Deformation ($dx_x = \dots\dots = dx_y = 0$), so folgt aus II*:

$$\frac{\varrho c_d}{\Theta} = \frac{\partial H}{\partial \Theta} = -\frac{1}{J}\frac{\partial^2 \Psi}{\partial \Theta^2}. \tag{4}$$

Ferner ergiebt sich für die specifische Wärme bei constanter Spannung ($d\Xi_x = \dots\dots = d\Xi_y = 0$):

$$c_p = c_d + \frac{\Theta}{J\varrho}\left(\frac{\partial \Xi_x}{\partial \Theta}\frac{\partial x_x}{\partial \Theta} + \dots\dots + \frac{\partial \Xi_y}{\partial \Theta}\frac{\partial x_y}{\partial \Theta}\right). \tag{5}$$

Es bietet sich hier eine *Verallgemeinerung der Wärmeleitungsgleichung* (S. 152) dar; denn es ist nach unserer früheren Bezeichnung:

$$dQ = -\left(\frac{\partial U_1}{\partial x} + \frac{\partial U_2}{\partial y} + \frac{\partial U_3}{\partial z}\right) dt,$$

also:

$$-\varrho c_d \frac{\partial \Theta}{\partial t} = \frac{\partial U_1}{\partial x} + \frac{\partial U_2}{\partial y} + \frac{\partial U_3}{\partial z} + \frac{\Theta}{J}\left(\frac{\partial \Xi_x}{\partial \Theta}\frac{\partial x_x}{\partial t} + \dots\dots + \frac{\partial \Xi_y}{d \Theta}\frac{\partial x_y}{\partial t}\right).$$

14. Wir betrachten nun den speciellen Fall, in welchem *die Temperaturänderung ϑ lediglich eine Folge der Deformation,* also von der Ordnung der Deformationscomponenten $x_x, \dots, x_y$ ist. Alsdann wird *die freie Energie Ψ eine homogene Function zweiten Grades* der sieben unabhängigen Veränderlichen. Bezeichnen wir mit $X_x, \dots, X_y$ (S. 547) die Componenten des durch die Deformation bei der constanten Temperatur Θ_0 ($\vartheta = 0$) an der Stelle x, y, z hervorgerufenen elastischen Druckes, mit $q_1, \dots, q_6$ (S. 576) die Componenten des thermischen Druckes an derselben Stelle, so sind die Componenten des gesammten thermisch-elastischen Druckes:

$$\Xi_x = X_x + q_1 \vartheta, \; \dots, \; \Xi_y = X_y + q_6 \vartheta. \tag{6}$$

Demnach ist mit Rücksicht auf (2) und (4) für die freie Energie zu setzen:

$$2\Psi = 2\Phi - 2\vartheta(q_1 x_x + \dots\dots + q_6 x_y) - \frac{J\varrho c_d \vartheta^2}{\Theta}, \tag{7}$$

worin 2Φ das elastische Potential bei constanter Temperatur bedeutet (S. 551). Der Werth der Entropie H, die im Anfangszustande gleich Null gesetzt wird, ist jetzt nach (2) bestimmt durch:

$$JH = (q_1 x_x + \dots\dots + q_6 x_y) + \frac{J\varrho c_d \vartheta}{\Theta}. \tag{8}$$

In diesen Ausdrücken ist Θ als constant anzusehen, nämlich als sehr gross gegen die Temperaturänderung ϑ; die specifische Wärme c_d ist unabhängig von Θ und den Deformationscomponenten.

Aus II* ergiebt sich mit Rücksicht auf (6) für die Wärmemenge, welche dem Krystall von Aussen zugeführt werden muss, um eine Temperaturänderung in Folge der elastischen Deformation zu *verhindern* ($d\Theta = 0$), der Ausdruck[1]:

$$dQ = \frac{\Theta}{J}(q_1\, dx_x + \dots\dots + q_6\, dx_y).$$

[1] W. Thomson, Quart. Journ. of Math. **1**, 57, 1857; Phil. Mag. (5) **5**, 1878. Math. Phys. Papers **1**, 291, 1882.

Es sei nun die Deformation eine solche, wie sie durch eine gleichförmige Erwärmung um 1° hervorgerufen werden würde; dann ist $dx_x = a_1, \ldots,$ $dx_y = a_6$ (S. 575), so dass, wenn die auf S. 576 angegebenen Werthe der thermischen Drucke eingetragen werden:

$$dQ = \frac{\Theta}{J} \Sigma c_{hk} a_h a_k.$$

Hierin ist die Summe auf der rechten Seite das elastische Potential (S. 551). Demnach ist dQ stets positiv. *Bringt man also in dem Krystall durch eine äussere mechanische Einwirkung eine Deformation von der Beschaffenheit hervor, wie sie durch eine gleichförmige Erwärmung erzeugt werden würde, so kühlt sich der Krystall ab;* umgekehrt tritt eine Erwärmung des Krystalls ein, wenn jene Deformation rückgängig gemacht wird.

15. Für *adiabatische Deformationen*, wie sie bei Schwingungen stattfinden, bei denen die Deformationszustände sich allzu rasch ändern, als dass eine Ausgleichung der eingetretenen Temperaturdifferenzen möglich wäre, ist $H = 0$, also nach (9):

$$\varrho c_d \vartheta = -\frac{\Theta}{J}(q_1 x_x + \cdots + q_6 x_y).$$

Trägt man den hieraus resultirenden Werth von ϑ in die Relationen (7) ein, so ergiebt sich:

$$-\Xi_x = \gamma_{11} x_x + \cdots + \gamma_{16} x_y$$
$$\ldots\ldots\ldots\ldots,$$

worin:

$$\gamma_{hk} = c_{hk} + \frac{q_h q_k \Theta}{J \varrho c_d}.$$

Es treten also in den Ausdrücken für die Druckcomponenten an die Stelle der isothermischen Elasticitätsconstanten c_{hk}, welche die durch gegebene äussere Kräfte bei constanter Temperatur hervorgebrachten Deformationen messen, die *adiabatischen Elasticitätsconstanten* γ_{hk}, welche die Deformation bei verhinderter Wärmebewegung bestimmen. In analoger Weise sind die isothermischen Elasticitätsmoduln s_{hk} zu ersetzen durch die adiabatischen:

$$\sigma_{hk} = s_{hk} - \frac{a_h a_k \Theta}{J \varrho c_p}.$$

Hieraus ergeben sich einfache Relationen zwischen den Dehnungscoëfficienten und den Torsionscoëfficienten für constante Temperatur einerseits und gehinderten Wärmeaustausch andererseits. Bedeutet E den adiabatischen Dehnungscoëfficienten für eine bestimmte Richtung in dem Krystall, a den thermischen linearen Dilatationscoëfficienten für dieselbe Richtung, ferner T den adiabatischen Torsionscoëfficienten für einen Kreiscylinder, a' die thermische Winkeländerung der Längsaxe des Cylinders gegen die Ebene des Querschnitts desselben, so ist:

$$\mathsf{E} = \mathrm{E} - \frac{a^2 \Theta}{J \varrho c_p}, \quad \mathsf{T} = \mathrm{T} - \frac{a'^2 \Theta}{J \varrho c_v}.$$

Reguläre Krystalle.

	Flussspath	Steinsalz	Sylvin	Pyrit
$\varrho \cdot 10^3$	3,18	2,15	1,98	5,03
c_p	0,209	0,219	0,171	0,126
$(s_{11} - \sigma_{11}) \cdot 10^8 = (s_{12} - \sigma_{12}) \cdot 10^8$	0,040	0,25	0,29	0,011
$c_p - c_d$	0,0065	0,0120	0,0061	0,0012
$\varkappa$ [1]	1,031	1,048	1,036	1,009

Hexagonale Krystalle.

	Beryll	Kalkspath	Turmalin	Quarz
$\varrho \cdot 10^3$	2,70	2,715	3,116	2,65
c_p	0,212	0,207	0,245	0,186
$(s_{11} - \sigma_{11}) \cdot 10^8 = (s_{12} - \sigma_{12}) \cdot 10^8$	0,00023	0,0036	0,0067	0,028
$(s_{13} - \sigma_{13}) \cdot 10^8$	−0,00017	−0,0173	0,0081	0,016
$(s_{33} - \sigma_{33}) \cdot 10^8$	0,00014	0,084	0,0098	0,0085
$c_p - c_d$	0,000033	0,00103	0,00128	0,0013
$\varkappa$	1,00016	1,005	1,0052	1,0070

Rhombische Krystalle.

	Topas	Baryt
$\varrho \cdot 10^3$	3,54	4,48
c_p	0,206	0,108
$(s_{11} - \sigma_{11}) \cdot 10^8$	0,0023	0,029
$(s_{22} - \sigma_{22}) \cdot 10^8$	0,0016	0,072
$(s_{33} - \sigma_{33}) \cdot 10^8$	0,0031	0,032
$(s_{23} - \sigma_{23}) \cdot 10^8$	0,0023	0,048
$(s_{31} - \sigma_{31}) \cdot 10^8$	0,0026	0,030
$(s_{12} - \sigma_{12}) \cdot 10^8$	0,0019	0,046
$c_p - c_d$	0,00037	0,00220
$\varkappa$	1,0039	1,020

16. Innere Reibung der Krystalle. — Die Vorgänge der inneren Reibung der Krystalle, welche in der Dämpfung gleichförmiger langsamer Schwingungen von Stäben hervortreten, hat W. Voigt[2] zunächst theoretisch zu untersuchen begonnen. Es zeigt sich, dass dieselben *neun* Gruppen krystallisirter Körper zu unterscheiden sind, die wir auf S. 552—555 kennen gelernt haben; nur ist die Zahl der Reibungsconstanten α_{hk}, $(h, k = 1, 2 \ldots 6)$, grösser als die Zahl der Elasticitätsconstanten c_{hk}, weil α_{hk} im Allgemeinen von α_{kh} verschieden ist.

[1] $\varkappa$ bedeutet das Verhältniss der specifischen Wärmen $c_p : c_d$.

[2] W. Voigt, Abh. Ges. d. Wiss. Göttingen. **36**, 1890. — Nach einer mündlichen Mittheilung von W. Voigt ist diese Theorie inzwischen durch Beobachtungen an Steinsalz und Quarz bestätigt worden.

10. Beziehungen zwischen dem elastischen, optischen und dielektrischen Verhalten der Krystalle.

Einfluss elastischer Deformationen auf das optische Verhalten der Krystalle.

1. D. Brewster[1] fand (1815—18), dass in einfach brechenden amorphen oder krystallisirten Körpern durch einseitigen Druck Doppelbrechung erzeugt wird, und dass optisch einaxige Krystalle durch eine senkrecht zur optischen Axe ausgeübte Compression zweiaxig werden. Nach den Beobachtungen von Moigno und Soleil[2] liegt die Ebene der optischen Axen parallel oder senkrecht zur Druckrichtung, je nachdem der Charakter der Doppelbrechung des einaxigen Krystalls positiv oder negativ ist.[3]

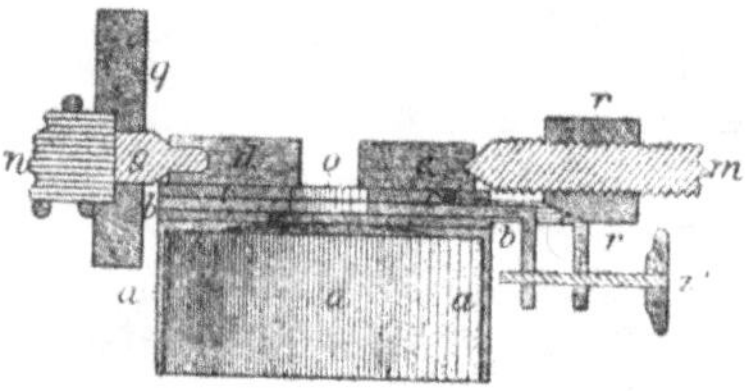

Zu diesen Versuchen ist eine von R. Fuess in Berlin construirte Presse (Fig. 298) geeignet, welche mit dem Polarisationsapparate Fig. 241, S. 451 verbunden werden kann. Auf

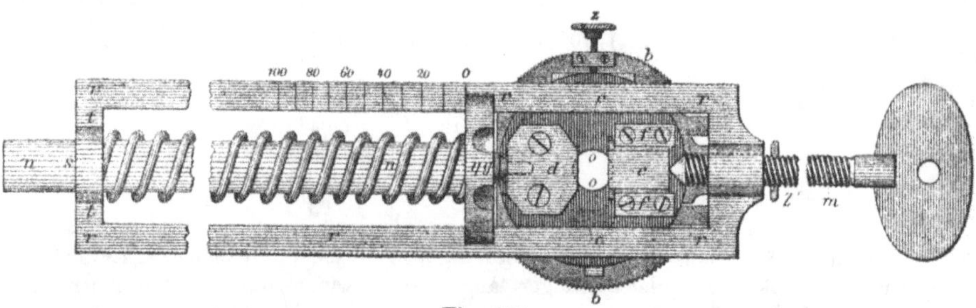

Fig. 298.

eine zwischen die Stahlplatten d, e einzuschaltende Krystallplatte wird mit Hülfe der Schraube m, welche eine starke Spiralfeder zusammenpresst, ein seitlicher Druck aus-

[1] D. Brewster, Phil. Trans. 1815, 60; 1816, 156. Trans. R. Soc. Edinburgh. **8**, 281, 369, 1818. Pogg. Ann. **19**, 527, 1830.

[2] Moigno et Soleil, Compt. rend. **30**, 361, 1850. — Moigno, Rép. d'opt. mod. Paris. **4**, 1592, 1850.

[3] Weitere Angaben über den Einfluss des Druckes auf die optischen Eigenschaften der Krystalle findet man in: W. Wertheim, Compt. rend. **33**, 576, 1851; **35**, 276, 1852.

geübt, dessen Grösse an der Stellung der Messingplatte q auf der Scala des Rahmens r abgelesen wird.[1]

2. Eine vollständige Erklärung der überaus mannigfachen Erscheinungen der Doppelbrechung in gleichförmig oder ungleichförmig dilatirten amorphen Körpern gelang F. E. NEUMANN[2] 1841 in einer für diese und analoge Probleme grundlegenden Untersuchung. Den Ausgangspunkt derselben bilden folgende Annahmen: 1. In einem gleichförmig dilatirten amorphen Körper befolgt die Doppelbrechung dieselben Gesetze, welche für homogene optisch zweiaxige Krystalle gelten; dabei fallen die optischen Symmetrieaxen mit den Hauptaxen des Deformationsellipsoids zusammen. 2. Ein ungleichförmig dilatirter amorpher Körper ist einem Aggregat von unendlich vielen sehr kleinen Krystallindividuen zu vergleichen, wobei die Richtungen der optischen Symmetrieaxen und die Werthe der Hauptlichtgeschwindigkeiten stetige Functionen des Ortes sind.

3. Die NEUMANN'sche Theorie ist von FR. POCKELS[3] auf gleichförmig deformirte Krystalle erweitert und alsbald durch Beobachtungen geprüft worden. Im Allgemeinen können die optischen Symmetrieaxen in dem deformirten Krystall nicht mehr mit den Hauptaxen des Deformationsellipsoids zusammenfallen, sondern ihre Lage muss erst aus der gegebenen Deformation berechnet werden. Dagegen ist an der Annahme, dass auch in einem innerhalb der Elasticitätsgrenzen deformirten Krystall noch die Fresnel'schen Gesetze der Doppelbrechung gelten, festzuhalten.

Ist die Gleichung des Indexellipsoids E_0 (S. 317, 351) für den natürlichen Zustand des Krystalls, bezogen auf die optischen Symmetrieaxen X_0, Y_0, Z_0, in Polarcoordinaten:

$$E_0 \qquad \mathfrak{a}_{01}^2 \mu_0^2 + \mathfrak{a}_{02}^2 \nu_0^2 + \mathfrak{a}_{03}^2 \pi_0^2 = \frac{1}{\varrho^2},$$

so ist die Gleichung des durch die Deformation veränderten Indexellipsoids, bezogen auf die festliegenden Coordinatenaxen X_0, Y_0, Z_0:

$$E \ldots B_{11} \mu_0^2 + B_{22} \nu_0^2 + B_{33} \pi_0^2 + 2 B_{23} \nu_0 \pi_0 + 2 B_{31} \pi_0 \mu_0 + 2 B_{12} \mu_0 \nu_0 = \frac{1}{\varrho^2},$$

Pogg. Ann. **86**, 321; **87**, 498, 1852. — A. BRAVAIS, Ann. chim. phys. (3) **43**, 147, 1855; Pogg. Ann. **96**, 395, 1855. — FR. PFAFF, Pogg. Ann. **107**, 333; **108**, 598, 1859. — E. MACH und J. MERTEN, Sitzungsber. Wien. Akad. **72** (2), 315, 1875. Pogg. Ann. **156**, 639, 1875. — F. KLOCKE, N. Jahrb. f. Min. 1881, **2**, 249. — H. BÜCKING, Zeitschr. f. Kryst. **7**, 555, 1883. — R. BRAUNS, N. Jahrb. f. Min. 1886, **1**, 232. — C. KLEIN, Sitzungsber. Berlin. Akad. 1890, I, 724.

[1] H. BÜCKING, a. a. O.

[2] F. E. NEUMANN, Die Gesetze der Doppelbrechung des Lichts in comprimirte oder ungleichförmig erwärmten unkrystallinischen Körpern. Abh. Berlin. Akad. aus d. J. 1841. — Im Auszuge: Pogg. Ann. **54**, 449, 1841. — Vgl. das auf S. 545 citirte Werk von TODHUNTER und PEARSON, **1**, 639—656.

[3] FR. POCKELS, Ueber den Einfluss elastischer Deformationen, speciell einseitigen Druckes, auf das optische Verhalten krystallinischer Körper. Inaug.-Dissert. Göttingen 1889. Ann. d. Phys. N. F. **37**, 144, 269, 372, 1889; **39**, 440, 1890.

worin die Grössen B Functionen der in der ganzen Ausdehnung des Krystalls constanten Deformationscomponenten $x_x, \ldots, x_y$ sind. Verschwindet die Deformation, so gehen B_{11}, B_{22}, B_{33} über in $\mathfrak{a}_{01}^2, \mathfrak{a}_{02}^2, \mathfrak{a}_{03}^2$, während $B_{23} = B_{31} = B_{12} = 0$ wird. Die einfachste Annahme besteht daher darin, für die Grössen $B_{11} - \mathfrak{a}_{01}^2, \ldots, B_{23}, \ldots$ *homogene lineare Functionen* der auf das Coordinatensystem X_0, Y_0, Z_0 bezogenen Deformationscomponenten zu setzen:

$$
(1) \qquad \begin{aligned}
B_{11} - \mathfrak{a}_{01}^2 &= a_{11} x_x + a_{12} y_y + a_{13} z_z + a_{14} y_z + a_{15} z_x + a_{16} x_y \\
&\cdots\cdots\cdots\cdots \\
B_{23} &= a_{41} x_x + a_{42} y_y + a_{43} z_z + a_{44} y_z + a_{45} z_x + a_{46} x_y \\
&\cdots\cdots\cdots\cdots
\end{aligned}
$$

Als *gegeben* sind anzusehen: die optischen Constanten des Krystalls im natürlichen Zustande, die aus den äusseren mechanischen Kräften und den Elasticitätsconstanten des Krystalls nach der Elasticitätstheorie zu berechnenden Deformationscomponenten und die für die hier zu untersuchenden optischen Aenderungen des Krystalls *charakteristischen Constanten* a_{hk}. Die letzteren, experimentell zu bestimmenden Grössen können noch von der Wellenlänge des Lichtes abhängen; ihre Anzahl beträgt in dem allgemeinsten Falle eines triklinen Krystalls **36**, weil nicht nothwendig $a_{hk} = a_{kh}$ zu sein braucht.

Nachdem mit Hülfe dieser Grössen die Werthe B aus (1) berechnet sind, handelt es sich darum, *die Richtungen X, Y, Z und die Längen* $1/\mathfrak{a}_1$, $1/\mathfrak{a}_2$, $1/\mathfrak{a}_3$ *der Halbaxen des Indexellipsoids* E *für den deformirten Zustand des Krystalls zu ermitteln.*

Aus der Gleichung des Indexellipsoids E geht hervor, dass sich die Grössen B bei der Einführung eines neuen rechtwinkligen Coordinatensystems X, Y, Z transformiren wie elastische Druckcomponenten (S. 549):

$$
(2) \qquad \begin{aligned}
B_{11}' &= B_{11} \alpha_1^2 + \cdots + 2 B_{12} \alpha_1 \alpha_2 \\
&\cdots\cdots\cdots \\
B_{12}' &= B_{11} \alpha_1 \beta_1 + \cdots + B_{12} (\alpha_1 \beta_2 + \alpha_2 \beta_1).
\end{aligned}
$$

Soll nun dieses neue Coordinatensystem insbesondere in das Hauptaxensystem des Indexellipsoids E fallen, so müssen die Richtungscosinus $\alpha_1, \ldots, \gamma_3$ (S. **546**) den Bedingungen genügen:

I. $$B_{23}' = B_{31}' = B_{12}' = 0.$$

Gleichzeitig wird dann:

II. $$B_{11}' = \mathfrak{a}_1^2, \quad B_{22}' = \mathfrak{a}_2^2, \quad B_{33}' = \mathfrak{a}_3^2.$$

Hierdurch sind die gesuchten Richtungen der neuen optischen Symmetrieaxen und die Werthe der neuen Hauptlichtgeschwindigkeiten vollständig bestimmt.

Diese Formeln vereinfachen sich bedeutend, wenn die durch äussere mechanische Kräfte hervorgebrachten optischen Aenderungen sehr klein sind gegen die ursprünglichen Differenzen der Hauptlichtgeschwindigkeiten.

4. Für Krystalle mit Symmetrieelementen reduciren sich die Constanten a_{hk} auf eine geringere Zahl. Wählt man das Coordinatensystem jedesmal den Symmetrieverhältnissen entsprechend, so dürfen die fundamentalen Relationen (1) zwischen den Grössen B und den Deformationscomponenten keine Aenderungen erfahren, wenn der Krystall den für ihn charakteristischen Deckoperationen unterworfen wird. Auf diesem Wege gewinnt man dieselben *neun Gruppen*, welche nach dem elastischen Verhalten der Krystalle zu unterscheiden sind (S. 552); nur ist zu beachten, dass die Anzahl der Constanten a_{hk} stets grösser ist, als die Zahl der Elasticitätsconstanten c_{hk}, weil im Allgemeinen a_{hk} von a_{kh} verschieden bleibt. Wir können die auf S. 552—555 mitgetheilten Verzeichnisse der Constanten c_{hk} mit einigen Modificationen übertragen und erhalten dann folgende Tabelle.

Triklines System.		**36** Constanten	($a_{hk} \gtreqless a_{kh}$).
Monoklines System	(S. 552, II).	**20.**	
Rhombisches System	(S. 553, III).	**12.**	
Tetragonales System	(S. 553, IV^b).	**9.**	($a_{12} = a_{21}$).
„	(S. 554, IV^a).	**7.**	($a_{12} = a_{21}$).
Hexagonales System	(S. 554, V^c).	**11.**	($a_{12} = a_{21}$, $a_{45} = - a_{54}$).
„	(S. 554, V^b).	**8.**	($a_{12} = a_{21}$).
„	(S. 555, V^a).	**6.**	($a_{12} = a_{21}$).
Reguläres System	(S. 555).	**3.**	($a_{12} = a_{21}$).

5. Zu den Beobachtungen von Fr. Pockels dienten rechtwinklige Prismen von ca. 13 mm Höhe und 2,5 bis 5 mm Breite und Dicke, welche mittelst eines am Ende belasteten einarmigen Hebels aus Stahl parallel ihrer Längsrichtung comprimirt wurden. Die ausgeübten Drucke betrugen im Maximum bei Quarz ca. 3000 g, Flussspath 1000 g, Steinsalz 400 g, Sylvin 200 g pro mm². Es wurden bei jedem Prisma zwei verschiedene Drucke angewendet, wobei sich die in der Theorie vorausgesetzte Proportionalität der optischen Aenderungen mit dem Drucke bestätigte. Um den Druck möglichst gleichmässig auf den Querschnitt zu vertheilen, wurden auf die Endflächen der Krystallprismen Zinn-, Blei- oder Kautschuckplatten gelegt. Auch wurden zur Elimination der Ungleichförmigkeit des Druckes die Beobachtungen stets an mehreren Stellen jedes Prismas angestellt.

Es wurden ausgeführt: 1. Messungen des *Gangunterschiedes* der beiden in der Beobachtungsrichtung senkrecht zur Druckrichtung durch das Prisma sich fortpflanzenden Wellen mittelst eines Babinet'schen Compensators im Na-Lichte; 2. Messungen der *absoluten* Verzögerungen, welche jede einzelne dieser Wellen erleidet, nach der schon von A. Fresnel, F. E. Neumann u. A. angewandten Methode, welche auf der Verschiebung von Beugungsstreifen beruht; 3. Bestimmungen der Auslöschungsrichtungen auf einem Flächenpaar des Prismas.

6. Wir betrachten jetzt insbesondere die *Doppelbrechung regulärer Krystalle, welche durch einseitigen Druck erzeugt wird.* Aus den allgemeinen Gleichungen (1) folgt, wenn die Richtungen der Kanten des Hexaëders zu Coordinatenaxen X_0, Y_0, Z_0 gewählt und an Stelle der Deformationscomponenten die Componenten des inneren elastischen Druckes eingeführt werden:

$$(3)\quad \begin{aligned} B_{11}-\mathfrak{a}_0^2 &= (a_{11}-a_{12})x_x + a_{12}(x_x+y_y+z_z) = -a X_x - c(X_x+Y_y+Z_z)\\ B_{22}-\mathfrak{a}_0^2 &= (a_{11}-a_{12})y_y + a_{12}(x_x+y_y+z_z) = -a Y_y - c(X_x+Y_y+Z_z)\\ B_{33}-\mathfrak{a}_0^2 &= (a_{11}-a_{12})z_z + a_{12}(x_x+y_y+z_z) = -a Z_z - c(X_x+Y_y+Z_z)\\ B_{23} &= a_{44}y_z = -b Y_z,\quad B_{31} = a_{44}z_x = -b Z_x,\quad B_{12} = a_{44}x_y = -b X_y; \end{aligned}$$

hierin ist $\mathfrak{a}_0$ die Lichtgeschwindigkeit in dem Krystall vor der Deformation, und zur Abkürzung ist gesetzt:

$$a = (a_{11}-a_{12})(s_{11}-s_{12}),\quad b = a_{44}s_{44},$$
$$c = a_{11}s_{12} + a_{12}(s_{11}+s_{12}).$$

Bildet man nun mit Hülfe der Ausdrücke (3) die Gleichung des Indexellipsoids E, so ist sofort ersichtlich, dass auch in einem regulären Krystall die Symmetrieaxen dieses Ellipsoids keineswegs mit den Hauptaxen des Deformationsellipsoids zusammenfallen. Da E im Allgemeinen ein dreiaxiges Ellipsoid ist, so ergiebt sich ferner, *dass ein regulärer Krystall unter der Einwirkung mechanischer Kräfte im Allgemeinen optisch zweiaxig wird.*

Für einen regulären Krystall, und nur für einen solchen, kann man in I die Grössen B_{11}, B_{22}, B_{33} ersetzen durch $B_{11}-\mathfrak{a}_0^2$, $B_{22}-\mathfrak{a}_0^2$, $B_{33}-\mathfrak{a}_0^2$. Da nun diese letzteren Grösseren nach (3) sich den elastischen Druckcomponenten proportional ändern, so bleiben die Gleichungen I ungeändert, wenn man $X_x, \ldots, X_y$ mit einem gemeinschaftlichen Factor multiplicirt. Hieraus folgt, dass die Lage der optischen Symmetrieaxen in dem deformirten Krystall durch derartige Druckänderungen nicht beeinflusst wird. Wendet man jetzt die Gleichungen II auf reguläre Krystalle an, so ersieht man, dass auch die Differenzen $\mathfrak{a}_1^2-\mathfrak{a}_0^2$, $\mathfrak{a}_2^2-\mathfrak{a}_0^2$, $\mathfrak{a}_3^2-\mathfrak{a}_0^2$ sich proportional mit den Druckcomponenten ändern; *daher behalten die optischen Axen in dem deformirten Krystall ihre Lage, wenn sich nur die absolute Grösse der äusseren Drucke ändert, während die Verhältnisse der elastischen Druckcomponenten ungeändert bleiben, wie es bei einseititigem Drucke der Fall ist.*

Um eine bequeme Uebersicht des optischen Verhaltens regulärer Krystalle unter einseitigem Druck zu gewinnen, erscheint es hiernach zweckmässig, vor allem *die Abhängigkeit der Lage der optischen Axen des deformirten Krystalls von der Druckrichtung* zu verfolgen. Es möge die Druckrichtung eine elastische Symmetrieebene 100 oder 110 durchwandern. Dann ist die Lage der zugehörigen optischen Axen nur abhängig von den Verhältnissen der Grössen B_{23}, B_{31}, B_{12}, $B_{22}-B_{33}$, $B_{33}-B_{11}$, $B_{11}-B_{22}$, also nach (3) nur von dem Verhältniss $b:a$. Hinsichtlich der in Rede stehenden Erscheinungen ist also ein regulärer Krystall charakterisirt durch *eine einzige Constante* $b:a$. Die nähere Untersuchung ergiebt, dass *vier wesentlich verschiedene Typen* nach den Bedingungen:

I.	II.	III.	IV.
$\frac{b}{a} > +1,$	$1 > \frac{b}{a} > 0,$	$0 > \frac{b}{a} > -1,$	$\frac{b}{a} < -1$
	(Steinsalz)	**(Flussspath)**	**(Sylvin)**

zu unterscheiden sind. Die gegebene Druckrichtung sei bestimmt in der Hexaëderfläche $X_0\,Y_0 = 001$ durch ihren Winkel φ gegen die Hexaëderkante

X_0 und in der durch die Axe Z_0 gelegten Dodekaëderfläche $1\bar{1}0$ $(x = y)$ durch ihre Neigung χ gegen Z_0. Bezeichnet man nun den Winkel einer der beiden in 001 liegenden optischen Symmetrieaxen (X) gegen X_0 mit ψ und die Neigung einer der beiden in $1\bar{1}0$ liegenden Symmetrieaxen (Z) gegen Z_0 mit ϑ, so dienen zur Berechung von ψ, ϑ die Relationen:

$$\tan 2\psi = \frac{b}{a}\tan 2\varphi, \quad \tan 2\vartheta = \frac{4b\sin 2\chi}{a - b + (3a + b)\cos 2\chi}.$$

Das charakteristische Verhalten der vier Typen ist aus folgender Tabelle ersichtlich, in welcher $\mathfrak{E}$ die Ebene der optischen Axen und $2V$ den Winkel dieser Axen bedeuten.

	Hexaëderfläche $0 < \varphi < 45^0$	Dodekaëderfläche $0 < \chi < 54^3/_4{}^0$	 $54^3/_4{}^0 < \chi < 90^0$
I.	$0 < \psi < 45^0$ $\psi > \varphi$ $\mathfrak{E} \parallel 001$ $\sin^2 V = \frac{\cos 2\varphi - \cos 2\psi}{2\cos 2\varphi}$	$0 < \vartheta < 54^3/_4{}^0$ $\vartheta > \chi$ $\mathfrak{E} \parallel 1\bar{1}0$ $\sin^2 V = \frac{\sin\vartheta \sin(\vartheta - \chi)}{\cos\chi}$	$54^3/_4{}^0 < \vartheta < 90^0$ $\vartheta < \chi$ $\mathfrak{E} \perp 1\bar{1}0$ $\sin^2 V = \tan\vartheta \tan(\chi - \vartheta)$
II.	$0 < \psi < 45^0$ $\psi < \varphi$ $\mathfrak{E} \perp 001$ $\sin^2 V = \tan(\varphi + \psi)\tan(\varphi - \psi)$	$0 < \vartheta < 54^3/_4{}^0$ $\vartheta < \chi$ $\mathfrak{E} \perp 1\bar{1}0$ $\sin^2 V = \tan\vartheta \tan(\chi - \vartheta)$	$54^3/_4{}^0 < \vartheta < 90^0$ $\vartheta > \chi$ $\mathfrak{E} \parallel 1\bar{1}0$ $\sin^2 V = \frac{\sin\vartheta \sin(\vartheta - \chi)}{\cos\chi}$
III.	$0 > \psi > -45^0$ $-\psi < \varphi$ $\mathfrak{E}$ und $\sin^2 V$ wie in II.	$90^0 > \vartheta > 54^3/_4{}^0$ $90^0 - \vartheta < \chi,\ \vartheta > \chi$ $\mathfrak{E}$ und $\sin^2 V$ wie in I.	$54^3/_4{}^0 > \vartheta > 0$ $\vartheta < \chi$ $\mathfrak{E}$ und $\sin^2 V$ wie in I.
IV.	$0 > \psi > -45^0$ $-\psi > \varphi$ $\mathfrak{E}$ und $\sin^2 V$ wie in I.	$0 < \chi < \frac{1}{2}\,\mathrm{arc}\cos\frac{b + 3a}{b - a} < \chi < 90^0$ $90^0 > \vartheta > \frac{1}{2}\,\mathrm{arc}\tan\frac{-b\sqrt{2}}{\sqrt{-a(a+b)}} < \vartheta < 90^0$ $\mathfrak{E}$ und $\sin^2 V$ wie in I.	

Aus dem Gange der Aenderungen der Winkel ψ, ϑ ist ersichtlich, dass durch Aenderung der Druckrichtung in einer Hexaëder- oder Dodekaëderfläche alle möglichen Orientirungen der in diesen Ebenen gelegenen optischen Symmetrieaxen (Auslöschungsrichtungen) gegen die Druckrichtung hergestellt werden können. Diese Folgerung fand Fr. Pockels durch Beobachtungen am Flussspath und Sylvin bestätigt.

Die Constanten der drei untersuchten Körper (für Na-Licht) sind in der folgenden Tabelle enthalten; $\mathfrak{v}$ bedeutet die Lichtgeschwindigkeit in Luft.

	$a \cdot 10^8 : \mathfrak{v}^2$	$b \cdot 10^8 : \mathfrak{v}^2$	$b : a$	$(a_{11} - a_{12}) : \mathfrak{v}^2$	$a_{12} : \mathfrak{v}^2$	$a_{44} : \mathfrak{v}^2$
II. *Steinsalz* .	− 1,183	− 0,833	+0,704	− 0,0408	+ 0,178	− 0,0108
III. *Flussspath*	− 1,420	+ 0,685	−0,482	− 0,1722	+ 0,228	+ 0,0236
IV. *Sylvin* . .	+ 1,67	− 4,22	−2,525	+ 0,0595	−	− 0,0276

Mit Hülfe dieser Constanten ergeben sich die aus der folgenden Zusammenstellung ersichtlichen Aenderungen der optischen Eigenschaften jener Körper unter einseitigem Druck.

Druckrichtung	II. *Steinsalz*	III. *Flussspath*	IV. *Sylvin*
senkrecht zu einer Hexaëderfläche	einaxig, negativ	einaxig, negativ	einaxig, positiv
senkrecht zu einer Oktaëderfläche	einaxig, negativ	einaxig, positiv	einaxig, negativ
senkrecht zu einer Dodekaëderfläche	zweiaxig, Ebene der opt. Axen die zur Druckrichtung parallele Fläche des Dodekaëders, Druckrichtung = I. Mittellinie, Char. d. Doppelbr. −, $2V = 49^0 20'$.	zweiaxig, Ebene der opt. Axen die zur Druckrichtung senkrechte Fläche des Dodekaëders, Druckrichtung = I. Mittellinie, Char. d. Doppelbr. −, $2V = 72^0 10'$	zweiaxig, Ebene der opt. Axen die zur Druckrichtung parallele Fläche des Hexaëders, Druckrichtung = II. Mittellinie, Char. d. Doppelbr. + (um die II. Mittellinie), $2V = 66^0 46'$.

Die Aenderung der Lichtgeschwindigkeit $\mathfrak{a}_0$ *unter allseitig gleichem Druck* ist gegeben durch:

$$\mathfrak{a}^2 - \mathfrak{a}_0^2 = \frac{a_{11} + 2\,a_{12}}{3}(x_x + y_y + z_z).$$

Da $a_{11} + 2\,a_{12}$ für Steinsalz, Flussspath und Sylvin positiv ist, so bewirkt allseitig gleicher Druck in diesen Körpern eine *Abnahme* der Lichtgeschwindigkeit.

Nimmt man an, dass die thermische Dilatation eines *regulären* Krystalls ebenso wirke, wie die gleich grosse mechanische, so muss *die Aenderung der Lichtgeschwindigkeit durch eine Erwärmung* von 1^0 dargestellt sein durch:

$$\mathfrak{a}^2 - \mathfrak{a}_0^2 = -(a_{11} + 2\,a_{12})\,\alpha,$$

worin α den linearen thermischen Ausdehnungscoëfficienten bedeutet (S. 92). Die hiernach für Steinsalz und Flussspath berechneten Werthe der Aenderung des Brechungsindex mit der Temperatur $dn/d\Theta$ stimmen mit den direct beobachteten Werthen (S. 538) nahe überein.

7. Sehr interessante qualitative Resultate über die Aenderung der Doppelbrechung im *Quarz* durch einen senkrecht zur Axe der Isotropie ausgeübten Druck gewannen E. Mach und J. Merten. Die Beobachtungsmethode bestand in der spektralen Zerlegung des Interferenzbildes, welches im convergenten polarisirten Lichte an Platten parallel zur Basis entsteht (S. 512). *Der comprimirte Quarz wird optisch zweiaxig, bleibt aber in den Richtungen der optischen Axen circularpolarisirend* und besitzt in diesen Richtungen merklich dasselbe Drehungsvermögen, welches im ursprünglichen Zustande in der Richtung der Verticalaxe vorhanden war. Die Ebene der optischen Axen fällt in die Druckrichtung. In der Richtung der Verticalaxe pflanzen sich jetzt zwei entgegengesetzt elliptisch polarisirte Wellen fort; die Vergrösserung ihres Gangunterschiedes kommt dadurch zu Stande, dass die langsamere Welle stärker verzögert wird als die schnellere. Die längeren Hauptaxen der Schwingungsellipsen zweier Wellen von gemeinsamer Fortpflanzungsrichtung werden durch dasselbe Gesetz beherrscht, welches A. Fresnel für die Schwingungsrichtungen in gewöhnlichen optisch zweiaxigen Krystallen aufgestellt hat (S. 333).

Diese Beobachtungen wurden von Fr. Pockels bestätigt und durch quantitative Bestimmungen ergänzt. Es handelt sich um die Ermittelung der 8 Constanten a_{hk} in den Gleichungen:

$$B_{11} - \mathfrak{o}^2 = a_{11}\, x_x + a_{12}\, y_y + a_{13}\, z_z + a_{14}\, y_z, \quad B_{23} = a_{41}\,(x_x - y_y) + a_{44}\, y_z$$
$$B_{22} - \mathfrak{o}^2 = a_{12}\, x_x + a_{11}\, y_y + a_{13}\, z_z - a_{14}\, y_z, \quad B_{31} = a_{44}\, z_x + a_{41}\, x_y$$
$$B_{33} - \mathfrak{e}^2 = a_{31}\, x_x + a_{31}\, y_y + a_{33}\, z_z, \quad B_{12} = a_{14}\, z_x + \frac{a_{11} - a_{12}}{2}\, x_y.$$

Zu diesem Zwecke wurden nach den auf S. 585 erwähnten Methoden an sechs verschieden orientirten Prismen, deren Längsrichtungen unter 0°, ± 45° und 90° gegen die Verticalaxe geneigt waren, Messungen angestellt. Es ergab sich:

$$a_{11} = 0{,}138\,.\,\mathfrak{o}^2, \quad a_{12} = 0{,}250\,.\,\mathfrak{o}^2, \quad a_{13} = 0{,}259\,.\,\mathfrak{o}^2$$
$$a_{33} = 0{,}098, \quad a_{31} = 0{,}258,$$
$$a_{14} = -0{,}029, \quad a_{41} = -0{,}042, \quad a_{44} = -0{,}068.$$

Hiernach werden die Geschwindigkeiten der senkrecht zur Druckrichtung sich fortpflanzenden Wellen vermindert. Bei einem Druck in der Richtung der Axe der Isotropie und bei allseitig gleichem Druck bleibt Quarz einaxig, aber seine Doppelbrechung wird verringert. Im Gegensatz zu Steinsalz und Flussspath wirkt im Quarz eine Erwärmung nicht in derselben Weise auf die Lichtgeschwindigkeit (S. 588) wie diejenige mechanisch hervorgebrachte Deformation, welche der thermischen Dilatation gleich ist.

Elektricitätserregung durch elastische Deformationen und thermische Dilatationen.

8. Die zuerst von J. und P. Curie (S. 269) ausgesprochene und darauf von W. C. Röntgen (S. 257, 273, 277) und A. Kundt (S. 275) experimentell weiter verfolgte Anschauung, dass die bestimmende Ursache der piëzoelektrischen und pyroelektrischen Erscheinungen an Krystallen in den durch äussere Kräfte oder durch Temperaturänderungen hervorgerufenen Deformationen dieser Krystalle zu suchen sei, bildet die Grundlage der von W. Voigt[1] entwickelten *Theorie der Piëzo- und Pyroelektricität.* Es wird darin vorausgesetzt, dass die nach den Coordinatenaxen X, Y, Z genommenen Componenten a, b, c der Aenderung des elektrischen Momentes der Volumeneinheit an irgend einer Stelle x, y, z des Krystalls lediglich Functionen der Deformationscomponenten $x_x, \ldots, x_y$ an derselben Stelle seien, eine Annahme, die im Allgemeinen um so genauer der Wirklichkeit entsprechen wird, je kleiner die in dem Volumenelemente durch die Deformation geschiedenen Elektricitätsmengen sind. Da erfahrungsgemäss die elektrische Erregung mit der Deformation, durch welche sie erzeugt wird, das Vorzeichen wechselt, so müssen a, b, c ungerade Functionen der Deformationscomponenten sein. Das Princip der Superposition führt dann hier, wie in

[1] W. Voigt, Abh. Ges. d. Wiss. Göttingen **36,** 1890.

der Elasticitätstheorie (S. 549), insbesondere auf *lineare* Functionen. Demnach gilt das allgemeine *Elementargesetz:*

$$
(1) \quad \begin{aligned}
a &= \varepsilon_{11}\, x_x + \varepsilon_{12}\, y_y + \varepsilon_{13}\, z_z + \varepsilon_{14}\, y_z + \varepsilon_{15}\, z_x + \varepsilon_{16}\, x_y \\
b &= \varepsilon_{21}\, x_x + \varepsilon_{22}\, y_y + \varepsilon_{23}\, z_z + \varepsilon_{24}\, y_z + \varepsilon_{25}\, z_x + \varepsilon_{26}\, x_y \\
c &= \varepsilon_{31}\, x_x + \varepsilon_{32}\, y_y + \varepsilon_{33}\, z_z + \varepsilon_{34}\, y_z + \varepsilon_{35}\, z_x + \varepsilon_{36}\, x_y .
\end{aligned}
$$

Die *achtzehn Constanten* ε_{hk} sind abhängig von der Beschaffenheit des Krystalls und der Orientirung des Coordinatensystems in ihm. Die Deformationscomponenten müssen berechnet werden aus den gegebenen äusseren Kräften oder aus der vorhandenen Temperaturvertheilung mit Hülfe der Elasticitätsconstanten c_{hk} und der Grössen $a_1, \ldots, a_6$ (S. 575), welche die thermische Dilatation bestimmen. Ist die Gesammtheit der Constanten c_{hk}, a_k, ε_{hk} experimentell ermittelt, so können alsdann vermöge des allgemeinen Ansatzes (1) alle durch irgend welche Deformationen hervorgerufenen elektrischen Erregungen qualitativ und quantitativ voraus bestimmt werden.

Wenn man in (1) die Ausdrücke (S. 550) einführt, welche die Deformationscomponenten als Functionen der von ihnen (bei unbehinderter dielektrischer Polarisation) erzeugten Componenten des elastischen Druckes an der Stelle x, y, z darstellen, so erscheinen die Componenten des elektrischen Momentes als homogene lineare Functionen der Druckcomponenten:

$$
(2) \quad \begin{aligned}
-a &= \delta_{11}\, X_x + \delta_{12}\, Y_y + \delta_{13}\, Z_z + \delta_{14}\, Y_z + \delta_{15}\, Z_x + \delta_{16}\, X_y \\
-b &= \delta_{21}\, X_x + \delta_{22}\, Y_y + \delta_{23}\, Z_z + \delta_{24}\, Y_z + \delta_{25}\, Z_x + \delta_{26}\, X_y \\
-c &= \delta_{31}\, X_x + \delta_{32}\, Y_y + \delta_{33}\, Z_z + \delta_{34}\, Y_z + \delta_{35}\, Z_x + \delta_{36}\, X_y ,
\end{aligned}
$$

worin:

$$
\delta_{ih} = \sum_{k=1}^{6} \varepsilon_{ik}\, s_{hk}, \quad \varepsilon_{ih} = \sum_{k=1}^{6} \delta_{ik}\, c_{hk} .
$$

Mit s_{hk} sind wieder die Elasticitätsmoduln des Krystalls bezeichnet (S. 550).

9. Der Ansatz (1) kann nach den auf S. 249 hervorgehobenen Symmetrieeigenschaften einer homogenen Deformation und einer dielektrischen Polarisation von Null verschiedene Werthe a, b, c nur für solche Krystalle liefern, welche *kein Centrum der Symmetrie* besitzen. Aus der Reihe der 32 Gruppen krystallisirter Körper scheiden also für die folgende Untersuchung von vorn herein die in der Aufzählung S. 33—50 unter 1], 4], 6], 9], 13], 16], 18], 21], 25], 28], 31] genannten elf Gruppen aus. Aus dem Rest sondern sich noch, wie die Einführung der schon in der Elasticitätstheorie benutzten krystallographischen Axensysteme und der charakteristischen Substitutionen erkennen lässt, die plagiëdrisch-hemiëdrischen Krystalle des regulären Systems ab, in denen wie in centrisch symmetrischen Krystallen stets $a = b = c = 0$ sein muss. Daher kommen hier *zwanzig Gruppen* in Betracht, unter denen aber nur 16 nach ihrem piëzo- und pyroelektrischen Verhalten von einander verschieden sind.

I. *Reguläres System.* 2] Tetraëdrische Hemiëdrie = 5] Tetartoëdrie. (1 Constante).

$$a = \varepsilon_{14}\, y_z, \quad b = \varepsilon_{14}\, z_x, \quad c = \varepsilon_{14}\, x_y.$$

II. *Hexagonales System.* 7] Hemimorphe Hemiëdrie. (3).

$$a = \varepsilon_{15}\, z_x, \quad b = \varepsilon_{15}\, y_z, \quad c = \varepsilon_{31}\,(x_x + y_y) + \varepsilon_{33}\, z_z.$$

8] Trapezoëdrische Hemiëdrie. (1).

$$a = \varepsilon_{14}\, y_z, \quad b = -\,\varepsilon_{14}\, z_x, \quad c = 0.$$

10] Erste hemimorphe Tetartoëdrie. (4).

$$a = \varepsilon_{14}\, y_z + \varepsilon_{15}\, z_x, \quad b = \varepsilon_{15}\, y_z - \varepsilon_{14}\, z_x, \quad c = \varepsilon_{31}\,(x_x + y_y) + \varepsilon_{33}\, z_x.$$

11] Sphenoidische Hemiëdrie. (1).

$$a = \varepsilon_{11}\,(x_x - y_y), \quad b = -\,\varepsilon_{11}\, x_y, \quad c = 0.$$

12] Sphenoidische Tetartoëdrie. (2).

$$a = \varepsilon_{11}\,(x_x - y_y) - \varepsilon_{22}\, x_y, \quad b = -\,\varepsilon_{22}\,(x_x - y_y) - \varepsilon_{11}\, x_y, \quad c = 0.$$

14] Zweite hemimorphe Tetartoëdrie. (4).

$$a = \varepsilon_{15}\, z_x - \varepsilon_{22}\, x_y, \quad b = -\,\varepsilon_{22}\,(x_x - y_y) + \varepsilon_{15}\, y_z,$$
$$c = \varepsilon_{31}\,(x_x + y_y) + \varepsilon_{33}\, z_z.$$

15] Trapezoëdrische Tetartoëdrie. (2).

$$a = \varepsilon_{11}\,(x_x - y_y) + \varepsilon_{14}\, y_z, \quad b = -\,\varepsilon_{14}\, z_z - \varepsilon_{11}\, x_y, \quad c = 0.$$

17] Ogdoëdrie. (6).

$$\begin{aligned} a &= \varepsilon_{11}\,(x_x - y_y) + \varepsilon_{14}\, y_z + \varepsilon_{15}\, z_x - \varepsilon_{22}\, x_y \\ b &= -\,\varepsilon_{22}\,(x_x - y_y) + \varepsilon_{15}\, y_z - \varepsilon_{14}\, z_x - \varepsilon_{11}\, x_y \\ c &= \varepsilon_{31}\,(x_x + y_y) + \varepsilon_{33}\, z_z. \end{aligned}$$

III. *Tetragonales System.* 19] Hemimorphe Hemiëdrie. = 7].
20] Trapezoëdrische Hemiëdrie. = 8].
22] Hemimorphe Tetartoëdrie. = 10].
23] Sphenoidische Hemiëdrie. (2).

$$a = \varepsilon_{14}\, y_z, \quad b = \varepsilon_{14}\, z_x, \quad c = \varepsilon_{36}\, x_y.$$

24] Sphenoidische Tetartoëdrie. (4).

$$a = \varepsilon_{14}\, y_z + \varepsilon_{15}\, z_x, \quad b = -\,\varepsilon_{15}\, y_z + \varepsilon_{14}\, z_x,$$
$$c = \varepsilon_{31}\,(x_x - y_y) + \varepsilon_{36}\, x_y.$$

IV. *Rhombisches System.* 26] Hemiëdrie. (3).

$$a = \varepsilon_{14}\, y_z, \quad b = \varepsilon_{25}\, z_x, \quad c = \varepsilon_{36}\, x_y.$$

27] Hemimorphie. (6).

$$a = \varepsilon_{15}\, z_x, \quad b = \varepsilon_{34}\, y_z, \quad c = \varepsilon_{31}\, x_x + \varepsilon_{32}\, y_y + \varepsilon_{33}\, z_x + \varepsilon_{36}\, x_y.$$

V. *Monoklines System.* 29] Hemimorphie. (8).

$$a = \varepsilon_{14}\, y_z + \varepsilon_{16}\, x_y, \quad b = \varepsilon_{21}\, x_x + \varepsilon_{22}\, y_y + \varepsilon_{23}\, z_z + \varepsilon_{25}\, z_x,$$
$$c = \varepsilon_{34}\, y_z + \varepsilon_{36}\, x_y.$$

30] Hemiëdrie. (10).

$$\begin{aligned} a &= \varepsilon_{11}\, x_x + \varepsilon_{12}\, y_y + \varepsilon_{13}\, z_z + \varepsilon_{15}\, z_x \\ b &= \varepsilon_{24}\, y_z + \varepsilon_{26}\, x_y \\ c &= \varepsilon_{31}\, x_x + \varepsilon_{32}\, y_y + \varepsilon_{33}\, z_z + \varepsilon_{35}\, z_x. \end{aligned}$$

VI. *Triklines System.* 32] Hemiëdrie. (18).

10. Sollen elektrische Erregungen insbesondere durch *allseitigen gleichförmigen Druck P* oder durch eine *gleichförmige Temperaturerhöhung* ϑ erzeugt werden, so vermindert sich die Zahl der Gruppen auf 10. Trägt man nämlich in (1) die für diese Fälle geltenden Werthe der Deformationscomponenten (S. 556, 575) ein, so erhält man von Null verschiedene Werthe a, b, c nur in den Gruppen mit *einer einzigen polaren Symmetrieaxe* 7], 10], 14], 17], 19], 22], 27], 29] und in den hemiëdrischen Gruppen des monoklinen und triklinen Systems 30], 32]. Für die Gruppe 32] gelten die allgemeinen Relationen:

$$(4)\quad \begin{aligned} a &= -P\Sigma\,\varepsilon_{1h}(s_{1h}+s_{2h}+s_{3h}) \\ b &= -P\Sigma\,\varepsilon_{2h}(s_{1h}+s_{2h}+s_{3h}) \\ c &= -P\Sigma\,\varepsilon_{3h}(s_{1h}+s_{2h}+s_{3h}), \end{aligned} \qquad (5)\quad \begin{aligned} a &= \vartheta\Sigma\,\varepsilon_{1h}\,a_h \\ b &= \vartheta\Sigma\,\varepsilon_{2h}\,a_h \\ c &= \vartheta\Sigma\,\varepsilon_{3h}\,a_h, \end{aligned}$$

$$(h = 1, 2, \ldots, 6).$$

Hieraus ergiebt sich für den zur Gruppe 14] gehörenden *Turmalin*:

$$a = b = 0 \qquad\qquad a = b = 0$$

$$c = -P[2\varepsilon_{31}(s_{11}+s_{12}+s_{13})+\varepsilon_{33}(2s_{13}+s_{33})], \qquad c = \vartheta(2\varepsilon_{31}\,a_1+\varepsilon_{33}\,a_3).$$

Richtet man die Axe $+Z$ nach dem analogen Pol hin, so ist das durch gleichförmige Erwärmung erregte Moment c positiv.

11. Wir betrachten jetzt die elektrische Erregung eines rechtwinkligen Prismas durch *einseitige Compression.* Die Kanten des Prismas seien parallel zu den Axen X, Y, Z, auf welche das elastische Potential Φ und der Ansatz (1) bezogen sind. Wird auf die zur Axe X senkrechten Flächen der Druck P ausgeübt, so erhalten wir aus (1) mit Rücksicht auf die früher angegebenen Werthe der Deformationscomponenten (S. 557) für die Componenten des elektrischen Momentes:

$$(6)\qquad a_x = -P\Sigma\,\varepsilon_{1h}\,s_{1h}, \quad b_x = -P\Sigma\,\varepsilon_{2h}\,s_{1h}, \quad c_x = -P\Sigma\,\varepsilon_{3h}\,s_{1h}.$$

Analoge Ausdrücke gelten, wenn der Druck auf die zu den Axen Y und Z senkrechten Flächen wirkt.

Insbesondere ergiebt sich für *Turmalin* aus (6):

$$\begin{aligned} a_x &= 0, & b_x &= +P[\varepsilon_{22}(s_{11}-s_{12})-\varepsilon_{15}\,s_{14}], & c_x &= -P[\varepsilon_{31}(s_{11}+s_{12})+\varepsilon_{33}\,s_{13}], \\ a_y &= 0, & b_y &= -b_x, & c_y &= c_x, \\ a_z &= 0, & b_z &= 0, & c_z &= -P(2\varepsilon_{31}\,s_{31}+\varepsilon_{33}\,s_{33}). \end{aligned}$$

Bezeichnet man die auf den Endflächen des Prismas entwickelten Gesammtmengen der Elektricität je nach der Druckrichtung mit m_x, m_y, m_z und die Flächeninhalte der zu X, Y, Z senkrechten Prismenflächen mit Q_x, Q_y, Q_z, so ist:

$$m_x = \pm Q_z\,c_x, \quad m_y = \pm Q_z\,c_y, \quad m_z = \pm Q_z\,c_z.$$

Bedeuten nun A, B, Γ die Gesammtbelastungen auf denselben Prismenflächen, so erhalten wir:

$$\begin{aligned} m_x &= \mathrm{A}\,\frac{Q_z}{Q_x}[\varepsilon_{31}(s_{11}+s_{12})+\varepsilon_{33}\,s_{13}] \\ m_y &= \mathrm{B}\,\frac{Q_z}{Q_y}[\varepsilon_{31}(s_{11}+s_{12})+\varepsilon_{33}\,s_{13}] \\ m_z &= \Gamma\,(2\varepsilon_{31}\,s_{31}+\varepsilon_{33}\,s_{33}). \end{aligned}$$

Aus diesen Relationen ergeben sich die von J. *und* P. Curie *auf empirischem Wege gefundenen Sätze* 1)—5) *auf* S. 271. Dagegen lässt sich die Beziehung $\varkappa = \varkappa'$ theoretisch nicht begründen, denn es ist:

$$\varkappa = 2\varepsilon_{31}\,s_{31}+\varepsilon_{33}\,s_{33}, \qquad \varkappa' = \varepsilon_{31}(s_{11}+s_{12})+\varepsilon_{33}\,s_{13}.$$

Wendet man die Gleichungen (6) auf das *Quarzprisma* Fig. 118, S. 272, an, indem man die X-Axe in die elektrische Axe α fallen lässt, so ergeben sich für die Elektricitätsmengen auf den zu dieser Axe senkrechten Prismenflächen je nach der Druckrichtung die Werthe:

$$m_x = + \mathrm{A}\,[\varepsilon_{11}(s_{11} - s_{12}) + \varepsilon_{14}\, s_{14}] = m$$

$$m_y = - \mathrm{B}\,\frac{Q_x}{Q_y}[\varepsilon_{11}(s_{11} - s_{12}) + \varepsilon_{14}\, s_{14}] = m'$$

$$m_z = 0.$$

Hierin sind die von J. *und* P. CURIE *durch Beobachtung entdeckten Sätze* 1) *bis* 3) *auf* S. 272—273 *enthalten.* Die von ihnen mit $\varkappa$ bezeichnete „piëzoelektrische Constante" des Quarz ist gegeben durch:

$$\varkappa = \varepsilon_{11}(s_{11} - s_{12}) + \varepsilon_{14}\, s_{14}.$$

12. Um die *Wirkungen der elektrischen Erregung eines Krystalls auf äussere Punkte* zu bestimmen, muss das Potential V des erregten Krystalls auf einen äusseren positiv elektrischen Einheitspunkt O_1 (x_1, y_1, z_1) berechnet werden. Bezeichnet man das Volumenelement des Krystalls, dessen Moment die Componenten a, b, c hat, mit dk und den Abstand desselben von O_1 mit r, so ist:

$$V = \int\left(a\,\frac{\partial\frac{1}{r}}{\partial x} + b\,\frac{\partial\frac{1}{r}}{\partial y} + c\,\frac{\partial\frac{1}{r}}{\partial z}\right)dk = \int \sigma\,\frac{do}{r} + \int \varrho\,\frac{dk}{r},$$

worin σ, ϱ die auf S. 260 angegebenen Dichtigkeiten und do ein Element der Oberfläche des Krystalls bedeuten. Dieses Potential liefert durch Differentiation nach x_1, y_1, z_1 die Componenten der auf den Punkt O_1 ausgeübten Kraft. Hierdurch sind die Gesetze gegeben, nach denen sich der erregte Krystall bei dem KUNDT'schen *Bestäubungsverfahren* (S. 249) mit den Bestandtheilen des Pulvergemisches bedeckt. Ausserdem bestimmt das Potential auch die elektrische Vertheilung in Leitern, welche dem erregten Krystall genähert werden, und bietet hiermit die Grundlage für die Theorie wichtiger *Messungsmethoden* dar.

Die Berechnung des Potentials V für einen Cylinder führt auf folgenden ganz allgemein geltenden Satz: Ein beliebig gegen die Krystallaxen orientirter *Kreiscylinder,* dessen Länge gross ist gegen seinen Durchmesser, wird durch *gleichförmige Biegung* oder durch *gleichförmige Drillung,* wenn er überhaupt erregbar ist, stets in der Weise erregt, dass sich sein Umfang in vier gleiche Zonen von abwechselnd entgegengesetzter elektrischer Wirkung auf äussere Punkte theilt. Dieses Ergebniss der Theorie wird bestätigt durch die Beobachtungen von W. C. RÖNTGEN[1] über die durch Torsion hervorgerufene elektrische Erregung eines Cylinders von *Quarz,* dessen Axe nahezu aber nicht genau mit der 3-zähligen Symmetrieaxe γ zusammenfiel; dabei trat auf der Mantelfläche eine Theilung des Umfanges in jene vier gleichen Zonen deutlich hervor.

[1] W. C. RÖNTGEN, Ann. d. Phys. N. F. **39,** 16, 1890.

13. Unter den durch eine ungleichförmige Erwärmung oder Abkühlung erzeugten elektrischen Erregungen interessiren besonders die Erscheinungen, welche *auf einer oberflächlich erwärmten oder abgekühlten Kugel* beobachtet werden. Bemerkenswerth ist zunächst, dass dabei Krystalle der trapezoëdrischen Hemiëdrie des tetragonalen und des hexagonalen Systems nicht reagiren können. Berechnet man das Potential der Kugel auf einen Punkt einer äusseren concentrischen Kugel, so ergiebt sich, dass sich der Werth desselben mit der Richtung des Radius nach jenem Punkte im Allgemeinen nicht in derselben Weise ändert, wie die elektrische Oberflächendichte der erregten Kugel. Diese Verschiedenheit verschwindet bei Krystallen der folgenden 8 Gruppen.

Reguläres System:	2] Tetraëdrische Hemiëdrie,
	5] Tetartoëdrie.
Hexagonales System:	8] Trapezoëdrische Hemiëdrie,
	11] Sphenoidische Hemiëdrie,
	12] Sphenoidische Tetartoëdrie,
	15] Trapezoëdrische Tetartoëdrie.
Tetragonales System:	20] Trapezoëdrische Hemiëdrie,
	23] Sphenoidische Hemiëdrie,
	24] Sphenoidische Tetartoëdrie.
Rhombisches System:	26] Hemiëdrie.

Die hierher gehörigen Krystalle sind dieselben, welche durch allseitig gleichen Druck oder durch gleichförmige Erwärmung *nicht* erregt werden. Nur in diesen Fällen liefert also die Anwendung des KUNDT'schen Bestäubungsverfahrens auf eine oberflächlich erwärmte oder abgekühlte Kugel direct ein richtiges Bild von der Vertheilung der elektrischen Oberflächendichte. Hierdurch erklärt sich u. A. das auf S. 257 erwähnte Verhalten einer Quarzkugel (Taf. I, Fig. 12).

Elastische Deformationen dielektrischer Krystalle im elektrischen Felde.

14. Es erhebt sich jetzt die Frage, ob das von J. und P. CURIE, W. C. RÖNTGEN und A. KUNDT beobachtete reciproke Phänomen, nämlich die elastische Deformation eines dielektrischen Krystalls durch gegebene elektrostatische Kräfte (S. 275—280), mit Hülfe der Umkehrung des Ansatzes (1) auf S. 590 dargestellt werden kann. In der That führt, wie FR. POCKELS[1] gezeigt hat, die Annahme, dass die Deformationscomponenten an einer beliebigen Stelle des Krystalls homogene *lineare* Functionen der Componenten des an dieser Stelle vorhandenen elektrischen Momentes seien, u. A. auf das LIPPMANN'sche Gesetz.

Befindet sich ein Krystall in einem elektrischen Felde, so wird an der Stelle O (x, y, z) ein dielektrisches Moment (resp. ein Zuwachs des schon

[1] FR. POCKELS, N. Jahrb. f. Min. Beil.-Bd. 7, 253, 1890.

vorhandenen Momentes) inducirt. Die Componenten des auf die Volumeneinheit bezogenen Momentes nach den Hauptaxen X, Y, Z des Inductionsellipsoids (S. 226, 201) seien:

$$a = -r_1 \frac{\partial U}{\partial x}, \quad b = -r_2 \frac{\partial U}{\partial y}, \quad c = -r_3 \frac{\partial U}{\partial z}. \tag{1}$$

Hierin haben a, b, c dieselbe Bedeutung wie auf S. 589. Die Constanten r_1, r_2, r_3 hängen mit den Dielektricitätsconstanten μ_1, μ_2, μ_3 des Krystalls durch die Relationen: $1 + 4\pi r_n = \mu_n$ zusammen (S. 227, 203). U ist das Gesammtpotential der resultirenden Kraft an der Stelle O (S. 197).

Kennt man die Werthe von r_1, r_2, r_3 und die Richtungen von X, Y, Z im Krystall, so kann man die in einem gegebenen elektrischen Felde inducirten Momente a, b, c berechnen. Daher sehen wir a, b, c hinfort als gegebene Grössen an.

Wir legen nun die Annahme zu Grunde, dass die dielektrische Polarisation eine elastische Deformation des Krystalls hervorrufe nach folgendem *Gesetz:*

$$\text{I.} \quad \begin{aligned} x_x &= \mu_{11} a + \mu_{12} b + \mu_{13} c & y_z &= \mu_{41} a + \mu_{42} b + \mu_{43} c \\ y_y &= \mu_{21} a + \mu_{22} b + \mu_{23} c & z_x &= \mu_{51} a + \mu_{52} b + \mu_{53} c \\ z_z &= \mu_{31} a + \mu_{32} b + \mu_{33} c, & x_y &= \mu_{61} a + \mu_{62} b + \mu_{63} c. \end{aligned}$$

Es handelt sich hiernach wieder nur um Deformationen, welche sich mit der Richtung der Elektrisirung umkehren. Daher können nur solche Krystalle in Betracht kommen, welche *kein Centrum der Symmetrie* besitzen (S. 249, 590).

Die Constanten μ_{hk} brauchen nicht experimentell bestimmt zu werden, wenn die Elasticitätsmoduln s_{hk} (S. 550) bei ungehinderter dielektrischer Polarisation, die piëzoelektrischen Constanten ε_{hk} oder δ_{hk} (S. 590) und die Dielektricitätsconstanten des Krystalls bekannt sind. Denn *das Princip der Erhaltung der Energie vermittelt folgende Beziehungen:*

$$\text{II.} \quad r_i \mu_{hi} = \delta_{ih} = \varepsilon_{i1} s_{h1} + \cdots + \varepsilon_{i6} s_{h6},$$

durch welche jene Constanten μ_{hk} *zurückgeführt sind auf die Constanten* δ_{hk}, r_h *oder* ε_{hk}, s_{hk}, r_h. Man kann also unter der angeführten Voraussetzung die durch gegebene elektrische Momente erzeugte elastische Deformation des Krystalls mit Hülfe der Relationen II und I voraus berechnen.

Um zu den Relationen II zu gelangen, betrachten wir eine Krystallplatte von der Dicke Eins, deren Flächen A, B, mit leitenden Belegungen versehen sind. B sei zur Erde abgeleitet, A auf das Potential U geladen. Bezeichnen wir die Dichtigkeit der elektrischen Belegung auf A mit e, so ist e zugleich die Masse der Belegung auf der Flächeneinheit. A und B seien hinreichend gross, um die Annahme zu gestatten, dass innerhalb eines cylindrischen Stückes R vom Querschnitt Eins die Kraftlinien senkrecht zu A und B verlaufen. Dann ist das Potentialgefäll (S. 129) zwischen A und B direct gleich $-U$, also wenn n die äussere Normale von A bedeutet:

$$-\frac{dU}{dn} = -U. \tag{2}$$

Durch die zwischen A und B wirkende elektrostatische Anziehung und durch mechanische Oberflächendrucke sei an der Stelle O in R eine elastische Druckkraft mit den Componenten $X_x, \ldots, X_y$ hervorgerufen. Von denselben und von U hängen alsdann die Deformationscomponenten $x_x, \ldots, x_y$ in R und die Masse e auf A ab. *Erfahren diese letzteren Grössen die Aenderungen $dx_x, \ldots, dx_y, de$, so erhält die Energie E des Plattenstückes R den Zuwachs dE,* dessen Betrag jetzt ermittelt werden soll.

Bei der Aenderung der Deformation leisten die Druckcomponenten die Arbeit: $-(X_x dx_x + \ldots + X_y dx_y)$. Andererseits bewirkt die Zufuhr der Elektricitätsmenge de, welche auf das Potential U gebracht werden muss, die Energieänderung $U de$. Demnach ist die gesammte Aenderung der Energie:

$$dE = -(X_x dx_x + \ldots + X_y dx_y) + U de. \tag{3}$$

Nach dem Princip der Erhaltung der Energie muss dE ein vollständiges Differential sein. Unabhängig veränderlich sind die Druckcomponenten und das Potential. Daher ist zu setzen:

$$dx_x = \left(\frac{\partial x_x}{\partial X_x} dX_x + \ldots + \frac{\partial x_x}{\partial X_y} dX_y\right) + \frac{\partial x_x}{\partial U} dU$$

$$\ldots\ldots\ldots\ldots\ldots\ldots\ldots\ldots$$

$$de = \left(\frac{\partial e}{\partial X_x} dX_x + \ldots + \frac{\partial e}{\partial X_y} dX_y\right) + \frac{\partial e}{\partial U} dU.$$

Beachten wir nun, dass die Deformationscomponenten sich mit U nur indirect ändern, insofern das durch das Potential U inducirte dielektrische Moment in R eine Aenderung erfährt. Bezeichnen wir die Richtungscosinus der Normale n mit α, β, γ, so ist die Componente des Momentes nach n:

$$m = a\alpha + b\beta + c\gamma, \tag{4}$$

worin nach (1) und (2) mit Rücksicht auf S. 122, 123:

$$a = -r_1 U\alpha, \quad b = -r_2 U\beta, \quad c = -r_3 U\gamma, \tag{5}$$

so dass:

$$\frac{\partial x_x}{\partial U} = \frac{\partial x_x}{\partial a}\frac{\partial a}{\partial U} + \frac{\partial x_x}{\partial b}\frac{\partial b}{\partial U} + \frac{\partial x_x}{\partial c}\frac{\partial c}{\partial U} = -\left(r_1 \alpha \frac{\partial x_x}{\partial a} + r_2 \beta \frac{\partial x_x}{\partial b} + r_3 \gamma \frac{\partial x_x}{\partial c}\right).$$

In dem Ausdrucke für de bedeutet $\partial e / \partial U$ die Capacität von A bei constantem Druck; wir bezeichnen diese unter der Annahme I constante Grösse mit C. Andererseits ist, da in der Belegung A bei constant gehaltenem Potential in Folge eines Druckzuwachses die Elektricitätsmenge $de = -dm$ inducirt wird:

$$\left(\frac{\partial e}{\partial X_x} dX_x + \ldots\right) = -\left(\frac{\partial m}{\partial X_x} dX_x + \ldots\right).$$

Hiernach ergiebt sich mit Rücksicht darauf, dass $-\partial x_x / \partial X_x$, u. s. w. die Elasticitätsmoduln des Krystalls sind, wenn bei der Deformation die dielektrische Polarisation aufgehoben wird, für dE der Werth:

$$\begin{aligned} dE &= UC dU + d\Phi \\ &+ r_1 \alpha \left(\frac{\partial x_x}{\partial a} X_x + \ldots\right) + r_2 \beta \left(\frac{\partial x_x}{\partial b} X_x + \ldots\right) + r_3 \gamma \left(\frac{\partial x_x}{\partial c} X_x + \ldots\right) \\ &- U\left[\left(\alpha \frac{\partial a}{\partial X_x} + \beta \frac{\partial b}{\partial X_x} + \gamma \frac{\partial c}{\partial X_x}\right) dX_x + \ldots\right]. \end{aligned} \tag{6}$$

Damit dieser Ausdruck für jede Orientirung von n ein vollständiges Differential sei, müssen folgende Bedingungen befriedigt werden:

$$r_1 \frac{\partial x_x}{\partial a} = - \frac{\partial a}{\partial X_x}, \quad r_2 \frac{\partial x_x}{\partial b} = - \frac{\partial b}{\partial X_x}, \quad r_3 \frac{\partial x_x}{\partial c} = - \frac{\partial c}{\partial X_x}$$

$$\cdots\cdots\cdots\cdots\cdots\cdots$$

$$r_1 \frac{\partial x_y}{\partial a} = - \frac{\partial a}{\partial X_y}, \quad r_2 \frac{\partial x_y}{d b} = - \frac{\partial b}{\partial X_y}, \quad r_3 \frac{\partial x_y}{\partial c} = - \frac{\partial c}{\partial X_y}.$$

Diese Beziehungen gehen aber nach den Ansätzen I (S. 595) und (2) (S. 590) sofort in die gesuchten Relationen II über.

15. In diesem Resultat ist als ein specieller Fall das LIPPMANN'sche Gesetz (S. 275) enthalten: *wird eine Fläche A einer Platte eines piëzoelektrischen Krystalls durch einen zu dieser Fläche senkrechten Druck P positiv elektrisch, so erzeugt eine positive Ladung der Fläche A eine lineare Dilatation δ der Platte in der Richtung ihrer Normale n.*

Ein *Druck P* in der Richtung $-n$ mit den Druckcomponenten (S. 557):

$$X_x = P\alpha^2, \quad Y_y = P\beta^2, \quad Z_z = P\gamma^2,$$
$$Y_z = P\beta\gamma, \quad Z_x = P\gamma\alpha, \quad X_y = P\alpha\beta$$

erzeugt das dielektrische Moment:

$$m = a\alpha + b\beta + c\gamma = PK,$$

worin nach S. 590:

$$K = -\{[\delta_{11}\alpha^2 + \cdots + \delta_{16}\alpha\beta]\alpha + [\delta_{21}\alpha^2 + \cdots + \delta_{26}\alpha\beta]\beta + [\delta_{31}\alpha^2 + \cdots + \delta_{36}\alpha\beta]\gamma\}.$$

Setzen wir voraus, dass die auf der Fläche A durch Druck entwickelte Elektricität positiv sei, so ist m, also auch K *positiv.*

Wird A auf das Potential U geladen, so sind nach I und nach (5) die Deformationscomponenten:

$$x_x = -U[\mu_{11} r_1 \alpha + \mu_{12} r_2 \beta + \mu_{13} r_3 \gamma]$$
$$\cdots\cdots\cdots\cdots$$
$$x_y = -U[\mu_{61} r_1 \alpha + \mu_{62} r_2 \beta + \mu_{63} r_3 \gamma].$$

Demnach erhalten wir für die Dilatation δ der Längeneinheit in der Richtung n nach S. 546 mit Rücksicht auf die Relationen II den Werth

$$\delta = + UK.$$

Folglich bewirkt eine positive Ladung der Fläche A (nämlich positives U) einen positiven Werth von δ, d. h. eine *Dilatation* in der Richtung der Plattennormale.

Das durch eine positive Ladung der Fläche A inducirte dielektrische *Moment m* ist *negativ*; denn nach (4) und (5) erhalten wir:

$$m = -U(r_1\alpha^2 + r_2\beta^2 + r_3\gamma^2),$$

worin r_1, r_2, r_3 stets positiv sind. Daher kann das Lippmann'sche Gesetz auch so ausgesprochen werden: *Erzeugt Druck nach der Richtung n ein positives Moment m nach dieser Richtung, so bewirkt ein durch elektrostatische Kräfte inducirtes positives Moment m Contraction in derselben Richtung.* Hiernach wird also die durch einen Druck hervorgebrachte Compression in der Druckrichtung durch die gleichzeitig entstehende dielektrische Polarisation noch *verstärkt.* Dabei können aber die übrigen Deformationen (z. B. die Querdilatation), welche einerseits durch Druck, andererseits durch die Polarisation bedingt werden, ganz verschieden und dem Sinne nach entgegengesetzt sein.

Elektrooptische Erscheinungen in piëzoelektrischen Krystallen.

16. Piëzoelektrische Krystalle erfahren, wie von W. C. Röntgen und A. Kundt am Quarz nachgewiesen wurde (S. 275—277), im elektrischen Felde Aenderungen ihrer optischen Eigenschaften, welche eine unverkennbare Analogie mit den früher (S. 582) beschriebenen, durch elastische Deformationen bewirkten Erscheinungen darbieten. Es liegt daher, wie Fr. Pockels[1] dargelegt hat, nahe, den Zusammenhang zwischen der dielektrischen Polarisation und den durch sie hervorgerufenen optischen Aenderungen in den hierher gehörigen Krystallen auf ähnliche Weise darzustellen, wie früher (S. 584) die Beziehung zwischen einer Deformation und der durch sie erzeugten Modification des optischen Verhaltens. Dabei kann einstweilen unentschieden bleiben, ob diese elektrooptischen Phänomene lediglich der im elektrischen Felde eintretenden Deformation des Krystalls oder gleichzeitig einer directen Einwirkung der elektrostatischen Kräfte auf die Lichtbewegung ihre Entstehung verdanken.

Es seien $\mathfrak{a}_{01}$, $\mathfrak{a}_{02}$, $\mathfrak{a}_{03}$ die ursprünglichen Hauptlichtgeschwindigkeiten in einem optisch zweiaxigen Krystall. Das Indexellipsoid E in dem dielektrisch polarisirten Krystall habe in Bezug auf das System der ursprünglichen optischen Symmetrieaxen X_0, Y_0, Z_0 die Gleichung:

$$B_{11}\mu_0^2 + B_{22}\nu_0^2 + B_{33}\pi_0^2 + 2B_{23}\nu_0\pi_0 + 2B_{31}\pi_0\mu_0 + 2B_{12}\mu_0\nu_0 = \frac{1}{\varrho^2}.$$

Dann gehen wir aus von der Annahme (vgl. S. 584), dass $B_{11} - \mathfrak{a}_{01}^2, \ldots, B_{23}, \ldots$ *homogene lineare Functionen der Componenten a, b, c des in der Volumeneinheit des Krystalls inducirten dielektrischen Momentes* (S. 589) seien:

$$(1)\qquad \begin{aligned} B_{11} - \mathfrak{a}_{01}^2 &= e_{11}a + e_{12}b + e_{13}c & B_{23} &= e_{41}a + e_{42}b + e_{43}c \\ B_{22} - \mathfrak{a}_{02}^2 &= e_{21}a + e_{22}b + e_{23}c & B_{31} &= e_{51}a + e_{52}b + e_{53}c \\ B_{33} - \mathfrak{a}_{03}^2 &= e_{31}a + e_{32}b + e_{33}c, & B_{12} &= e_{61}a + e_{62}b + e_{63}c. \end{aligned}$$

Hierin bedeuten die Grössen e_{hk} die für den Krystall charakteristischen *elektrooptischen Constanten.* Sind a, b, c und e_{hk} gegeben, so berechnet man die Richtungen X, Y, Z und die Längen der Halbaxen $1/\mathfrak{a}_1$, $1/\mathfrak{a}_2$, $1/\mathfrak{a}_3$ des Indexellipsoids E auf dem früher (S. 584) angegebenen Wege.

Die durch (1) dargestellten optischen Aenderungen kehren sich mit den Vorzeichen von a, b, c, also mit dem Sinne der Elektrisirung um. Daher können nur *Krystalle ohne Centrum der Symmetrie* die in Rede stehenden elektrooptischen Erscheinungen darbieten. Dabei sind nach speciellen Symmetrieeigenschaften wieder die auf S. 591 angeführten 20 Gruppen zu unterscheiden.

---

[1] Fr. Pockels, N. Jahrb. f. Min. Beil.-Bd. **7**, 253, 1890.

17. Wenden wir den Ansatz (1) insbesondere auf die *trapezoëdrische Tetartoëdrie des hexagonalen Systems* an, so gewinnen wir *die Erklärung der von* W. C. RÖNTGEN *und* A. KUNDT *am Quarz beobachteten elektrooptischen Phänomene* (S. 275—277). Es falle X_0 mit einer polaren Queraxe $+ \alpha_1$, Z_0 mit der Verticalaxe γ zusammen (S. 256, 274; Taf. I, Fig. 6, 7, 8). Dann ist:

$$(2)\qquad \begin{aligned} B_{11} - \mathfrak{o}^2 &= e_{11}\, a, & B_{23} &= e_{41}\, a \\ B_{22} - \mathfrak{o}^2 &= - e_{11}\, a, & B_{31} &= - e_{41}\, b \\ B_{33} - \mathfrak{e}^2 &= 0, & B_{12} &= - e_{11}\, b. \end{aligned}$$

Hierin sind nur *zwei* Constanten e enthalten. Da die Componente c des Momentes nach der Verticalaxe nicht auftritt, so ist sofort ersichtlich, dass ein elektrisches Feld, dessen Kraftlinien zur Verticalaxe des Krystalls parallel liegen, keine Wirkung auf die Strahlenfläche des Quarzes ausüben kann.

Es mögen nun die Kraftlinien des homogenen Feldes senkrecht zur Verticalaxe verlaufen und dabei mit der Axe $+ X_0$ den gegen $+ Y_0$ hin positiv gerechneten Winkel ψ einschliessen. Als positive Richtung der Kraftlinien sei diejenige festgesetzt, welche von Orten höheren Potentials zu solchen niederen Potentials (von der positiv geladenen Belegung zur negativ geladenen, Fig. 121—124, S. 277) hinführt. Alsdann erhalten wir, weil das Inductionsellipsoid des Quarzes ein Rotationsellipsoid und daher das Gesammtmoment hier gleich m ist, (S. 596),

$$(3)\qquad a = m \cos \psi, \quad b = m \sin \psi.$$

Bei dieser Versuchsanordnung wird der Krystall optisch zweiaxig, derart, dass die Axe Z des Indexellipsoids E sehr nahe mit der Verticalaxe Z_0 zusammenfällt und die optischen Symmetrieaxen X, Y in der Horizontalebene gegen X_0, Y_0 um den Winkel $(XX_0) = \varphi$ im positiven Sinne gedreht liegen. Es ist:

$$(4)\qquad \tan 2\varphi = \frac{2 B_{12}}{B_{11} - B_{22}},$$

und die Hauptlichtgeschwindigkeiten $\mathfrak{a}_1$, $\mathfrak{a}_2$, $\mathfrak{a}_3$ sind gegeben durch:

$$(5)\qquad \begin{aligned} \mathfrak{a}_1^2 &= \tfrac{1}{2}(B_{11} + B_{22}) + \tfrac{1}{2}(B_{11} - B_{22}) \cos 2\varphi + B_{12} \sin 2\varphi \\ \mathfrak{a}_2^2 &= \tfrac{1}{2}(B_{11} + B_{22}) - \tfrac{1}{2}(B_{11} - B_{22}) \cos 2\varphi - B_{12} \sin 2\varphi \\ \mathfrak{a}_3 &= \mathfrak{e}. \end{aligned}$$

Hieraus folgt nach (2) und (3):

$$(6)\qquad 2\varphi = - \psi,$$

$$(7)\qquad \mathfrak{a}_1^2 = \mathfrak{o}^2 + e_{11}\, m, \quad \mathfrak{a}_2^2 = \mathfrak{o}^2 - e_{11}\, m, \quad \mathfrak{a}_3 = \mathfrak{e}.$$

Dieses Resultat enthält folgenden, mit den Beobachtungen völlig übereinstimmenden Satz: *Lässt man die Richtung der dielektrischen Polarisation, ohne die Stärke derselben zu ändern, sich in der Ebene der polaren Queraxen eines Quarzkrystalls drehen, so drehen sich die in dieselbe Ebene fallenden Symmetrieaxen des Indexellipsoids* E *mit der halben Winkelgeschwindigkeit in entgegengesetztem Sinne; dabei bleibt die Differenz der Lichtgeschwindigkeiten* $\mathfrak{a}_1$, $\mathfrak{a}_2$ *in der Richtung der Verticalaxe des Quarzes constant Fällt die Elektrisirungsrichtung insbesondere mit einer polaren Queraxe* α *zusammen* ($\psi = \varphi = 0$), *so liegt auch eine der horizontalen optischen Symmetrieaxen* (X) *dieser Queraxe parallel. Ertheilt man dagegen den Kraftlinien die Richtung einer Zwischenaxe* β (z. B. $\psi = 90^0$, $\varphi = - 45^0$), *so bilden die horizontalen optischen Symmetrieaxen* $\pm 45^0$ *mit* β.

Die Beobachtungen von W. C. RÖNTGEN und A. KUNDT gestatten noch das Vorzeichen von e_{11} zu bestimmen. Wie aus Fig. 120 und 121 hervorgeht, entspricht einer positiven Ladung der zu einer polaren Queraxe α senkrechten Fläche, also einem negativen Momente a, eine zu α senkrechte Lage der Ebene der optischen Axen, wie sie durch eine Dilatation nach α erzeugt werden würde. Es ist hiernach $\mathfrak{a}_1$ die mittlere und $\mathfrak{a}_2$ die grösste Hauptlichtgeschwindigkeit. Folglich ist e_{11} *positiv*. Ueber die Constante e_{41} geben die vorhandenen Beobachtungen keinen Aufschluss.

Nach (7) ändert sich $\mathfrak{a}_3$ gar nicht, während eine der beiden Hauptlichtgeschwindigkeiten $\mathfrak{a}_1$, $\mathfrak{a}_2$ stets sehr nahe um ebensoviel $> \mathfrak{o}$ ist, wie die andere $< \mathfrak{o}$ (streng gilt dies von den Quadraten dieser Grössen). Daher müssen die Gangunterschiede der parallel zur X-Axe einerseits, parallel zur Y-Axe andererseits sich fortpflanzenden Wellenpaare immer *entgegengesetzt gleich* sein, und *in einer unter* 45° *gegen diese Axen geneigten Richtung darf keine Aenderung der Doppelbrechung eintreten.* Eine Richtung dieser letzteren Art ist aber, wie aus Fig. 123 und 124 hervorgeht, im Falle einer Elektrisirung nach einer Zwischenaxe β die zu β senkrechte polare Axe α. In der That hat W. C. Röntgen[1] nachgewiesen, dass unter diesen Umständen keine Aenderung der Doppelbrechung in der Richtung α wahrzunehmen ist.

18. Die Beobachtungen am Quarz stehen also im Einklang mit der von Fr. Pockels entwickelten Theorie über die Erzeugung oder die Aenderung der Doppelbrechung in Krystallen durch dielektrische Polarisation. Darüber hinaus liefert diese Theorie eine Reihe höchst interessanter Folgerungen über das elektrooptische Verhalten piëzoelektrischer Krystalle, deren experimentelle Prüfung die Kenntniss der Einwirkung elektrostatischer Kräfte auf das optische Verhalten der Krystalle wesentlich zu fördern verspricht.

[1] W. C. Röntgen, Ann. d. Phys. N. F. **19**, 320—321, 1883.

Berichtigungen.

S. 16 Zeile 28 v. o. lies „an“ statt „von“.
S. 18 vor Zeile 3 v. u. ergänze 3].
S. 40 Zeile 6 v. o. lies „6-zählige“ statt „4-zählige“.
S. 49 Zeile 6 v. u. lies „Operation“ statt „Operationen“.
S. 64 Anmerkung Zeile 6 v. u. lies „Homographic“ statt „Homographie“.
S. 87 Anmerkung Zeile 2 v. u. lies „18“ statt „8“.
S. 120 Zeile 24 v. o. lies „unabhängigen“ statt „unabhängen“.
S. 228 Zeile 23 v. o. lies „$\mu_3 \mathfrak{x}_3^2$“ statt „$\mu_3 \mathfrak{x}_1^2$“.
S. 244 Zeile 18 v. o. lies „Leitungsfähigkeit“ statt „Leitungsflüssigkeit“.
S. 268 Zeile 26 v. o. lies „$- b\,\Theta^2$“ statt „$- b\,\Theta^3$“.
S. 373 Anmerkung 2 lies „Meibauer“ statt „Weibauer“.
S. 416 Zeile 5 v. o. lies „$\mathfrak{v}$“ statt „$\mathfrak{v}^2$“.
S. 445 Zeile 5 v. o. lies „**68**“ statt „**69**“.
S. 452 Zeile 29 v. o. lies „Apertur“ statt „Agentur“.
S. 519 Anmerkung 4 lies „**2**, 341, 1820“ statt „**4**, 348, 1817“.

Erklärung der Tafeln.

Tafel I.

Anwendung des Bestäubungsverfahrens von Kundt (S. 249) *zur Ermittelung der elektrischen Vertheilung auf der Oberfläche pyroelektrischer und piëzoelektrischer Krystalle.*

Fig. 1, 2. Turmalin; S. 253.
Fig. 3.[1] Kieselzinkerz; S. 254.
Fig. 4, 5. Struvit; S. 254.
Fig. 6, 7, 8. Quarz, einfache Krystalle während der Abkühlung bestäubt; S. 256—257.
Fig. 9. Quarz, Platte parallel zur Basis, vom Centrum aus erwärmt; S. 257.
Fig. 10, 11. Amethyst; S. 259.
Fig. 12. Quarzkugel, oberflächlich erwärmt oder abgekühlt; S. 257.
Fig. 13, 14.[1] Quarz, Platte parallel zur Basis, einseitig gepresst; S. 270.
Fig. 15, 16. Topas aus Brasilien, Spaltungsplatte parallel zur Basis; S. 259.

Interferenzerscheinungen im convergenten polarisirten Lichte (Taf. II—VIII).

Tafel II.

Einfache Platten aus Kalkspath.

Fig. 1. Platte senkrecht zur optischen Axe im weissen Lichte bei gekreuzten Nicols; S. 484.

Fig. 2. Desgl., dickere Platte im Na-Lichte bei gekreuzten Nicols; S. 484.

Fig. 3. Desgl., im weissen Lichte; der Winkel zwischen den Hauptschnitten der Nicols beträgt 45^0; S. 484.

Fig. 4. Desgl., im weissen Lichte bei parallelen Nicols; S. 484.

Fig. 5. Platte unter $67\frac{1}{2}^0$ gegen die optische Axe geneigt, im Na-Lichte bei gekreuzten Nicols; der Hauptschnitt der Platte liegt parallel zum Hauptschnitt des Polarisators; S. 483.

Fig. 6. Desgl.; der Hauptschnitt der Platte halbirt den Winkel zwischen den Hauptschnitten der gekreuzten Nicols (Diagonalstellung); S. 483.

Tafel III.

Einfache Platten aus Kalkspath und Quarz bei gekreuzten Nicols.

Fig. 1. Quarzplatte unter $35\frac{1}{4}^0$ gegen die Axe der Isotropie geneigt, im Na-Licht; der Hauptschnitt der Platte in Diagonalstellung; S. 483.

---

[1] In dieser Figur sind die Zeichen + und — zu vertauschen.

Fig. 2. Desgl. unter $22\frac{1}{2}^0$ gegen jene Axe geneigt; S. 483.
Fig. 3. Desgl. unter 10^0 gegen jene Axe geneigt; S. 483.
Fig. 4. Kalkspathplatte unter 10^0 gegen die optische Axe geneigt; S. 483.
Fig. 5. Quarzplatte parallel zur Axe der Isotropie; S. 485.
Fig. 6. Gewöhnlicher einaxiger Krystall von positivem Charakter der Doppelbrechung; Platte senkrecht zur optischen Axe, combinirt mit einem Viertelundulationsglimmerblättchen, im weissen Lichte; S. 477 (vgl. Fig. 274, S. 496).

Tafel IV.

Quarz, Platten senkrecht zur Axe der Isotropie im weissen Lichte bei gekreuzten Nicols.

Fig. 1. Einfache Platte, 1 mm dick; S. 512.
Fig. 2. Desgl., 3,75 mm dick; S. 512.
Fig. 3, 4. Zwei gleich dicke über einander liegende Platten aus einem linken und einem rechten Krystall (vierfache Airy'sche Spiralen); S. 513.
Fig. 5, 6. Einfache Platte combinirt mit einem Viertelundulationsglimmerblättchen (Airy'sche Doppelspiralen); S. 514 (vgl. Fig. 280, 281).

Tafel V.

Platten optisch zweiaxiger Krystalle, senkrecht zur ersten Mittellinie, im weissen Lichte bei gekreuzten Nicols.

Fig. 1, 2. Ebene der optischen Axen parallel zum Hauptschnitte des Analysators (Fig. 1 Muscovit, Fig. 2 Aragonit); S. 481.
Fig. 3, 4. Ebene der optischen Axen unter $22\frac{1}{2}^0$ gegen jenen Hauptschnitt geneigt; S. 481.
Fig. 5, 6. Ebene der optischen Axen in der Diagonalstellung; S. 481.

Tafel VI.

Platten aus optisch zweiaxigen Krystallen bei gekreuzten Nicols.

Fig. 1. Platte nahezu senkrecht auf einer optischen Axe, im weissen Lichte, Diagonalstellung (Phenylessigsäureamid); S. 482.
Fig. 2. Platte parallel zur Ebene der optischen Axen, im Na-Lichte (Anhydrit); S. 482.
Fig. 3. Platte aus einem Zwilling von Aragonit nach 110, senkrecht zur ersten Mittellinie $\mathfrak{c}$, im Na-Lichte; S. 502.
Fig. 4. Diopsidzwilling nach 100, aus zwei gleich dicken Individuen gebildet, im weissen Lichte, Normalstellung; S. 502.
Fig. 5. Desgl., im Na-Lichte: S. 502.
Fig. 6. Desgl., zwei ungleich dicke Individuen, im Na-Lichte; S. 502.

Tafel VII.

Zwillingsplatten optisch einaxiger Krystalle im Na-Lichte bei gekreuzten Nicols.

Fig. 1, 2. Kalkspathplatte, senkrecht zur optischen Axe, mit einer Zwillingslamelle nach einer Gleitfläche; S. 502.
Fig. 3. Zwei gleich dicke über einander liegende Kalkspathplatten unter 80^0 gegen die optische Axe geneigt, Normalstellung; S. 499—501.
Fig. 4. Desgl., Diagonalstellung.
Fig. 5. Desgl., Neigungswinkel $67\frac{1}{2}^0$, Normalstellung.
Fig. 6. Desgl., Diagonalstellung.

Tafel VIII.

Fortsetzung.

Fig. 1. Zwei gleich dicke über einander liegende Quarzplatten, unter $35^1/_4{}^0$ gegen die Axe der Isotropie geneigt, Normalstellung. S. 499—501.

Fig. 2. Desgl., Diagonalstellung.

Fig. 3. Desgl., Neigungswinkel $22^1/_2{}^0$, Normalstellung.

Fig. 4. Desgl., Diagonalstellung.

Fig. 5. Zwei gleich dicke über einander liegende Kalkspathplatten, unter $22^1/_2{}^0$ gegen die optische Axe geneigt, Diagonalstellung.

Fig. 6. Desgl., Neigungswinkel 10^0, Diagonalstellung.

Tafel IX.

Fig. 1, 2. Magnesiumplatincyanür, dünne Platte senkrecht zur optischen Axe, im weissen Lichte bei gekreuzten Nicols; S. 528.

Fig. 3. Andalusit aus Brasilien, Platte nahezu senkrecht auf einer optischen Axe, Analysator ausgeschaltet, Ebene der optischen Axen parallel zum Hauptschnitt des Polarisators, im weissen Lichte.

Fig. 4. Desgl., bei gekreuzten Nicols; S. 530.

Fig. 5. Optisch zweiaxiger Krystall (Titanit, monoklin, mit starker Dispersion der optischen Axen aber ohne merkliche Dispersion der optischen Symmetrieaxen), Platte senkrecht zur ersten Mittellinie, im weissen Lichte bei gekreuzten Nicols, Normalstellung; S. 486.

Fig. 6. Desgl. (Calciumplatincyanür, rhombisch), Diagonalstellung; S. 486.

Autoren-Register.

Sach-Register.

Verlag von VEIT & COMP. in Leipzig.

HANDBUCH
DER
MINERALOGIE.

Von

Dr. C. Hintze,
Professor an der Universität Breslau.

Lex.-Octav-Format. Mit zahlreichen Abbildungen im Text.

In Lieferungen zum Preise von 5 Mark.

(Bis jetzt sind drei Lieferungen erschienen.)

Ein umfassendes Handbuch der Mineralogie ist ein längst empfundenes Bedürfniss. Es dürfte daher in den Interessentenkreisen mit allseitiger Freude das Erscheinen eines neuen Werkes begrüßt werden, welches über das, was wir von den Eigenschaften der Mineralien und besonders auch von ihrem Vorkommen in der Natur gegenwärtig wissen, mit ausführlichen Litteraturangaben einen eingehenderen Überblick giebt, als er in den vorhandenen Werken nach deren Ziel und Anlage geboten wird.

Von dem Plane des Werkes ist ein sogenannter „allgemeiner Theil" d. h. die propaedeutische Behandlung der Krystallographie, Mineralphysik u. s. w., wie sie in Lehrbüchern der Mineralogie üblich ist, ausgeschlossen. Das *Handbuch* behandelt nur den „speciellen Theil" der Mineralogie, diesen dafür aber um so ausführlicher.

Hintze's *Handbuch der Mineralogie* wird zwei Bände umfassen und in Lieferungen zur Ausgabe gelangen, von denen jährlich zwei bis drei erscheinen sollen, so dass die Vollendung des ganzen Werkes innerhalb drei bis vier Jahren zu erwarten ist. — Wenn die Veröffentlichung des Werkes mit den Silicaten (dem zweiten Bande des Ganzen) begonnen wird, so war hierfür die Rücksicht massgebend, dass die Silicate für Viele vor den anderen Klassen der Mineralien ein besonders hervorragendes Interesse bieten. —

Einzelne Lieferungen sind nicht käuflich.

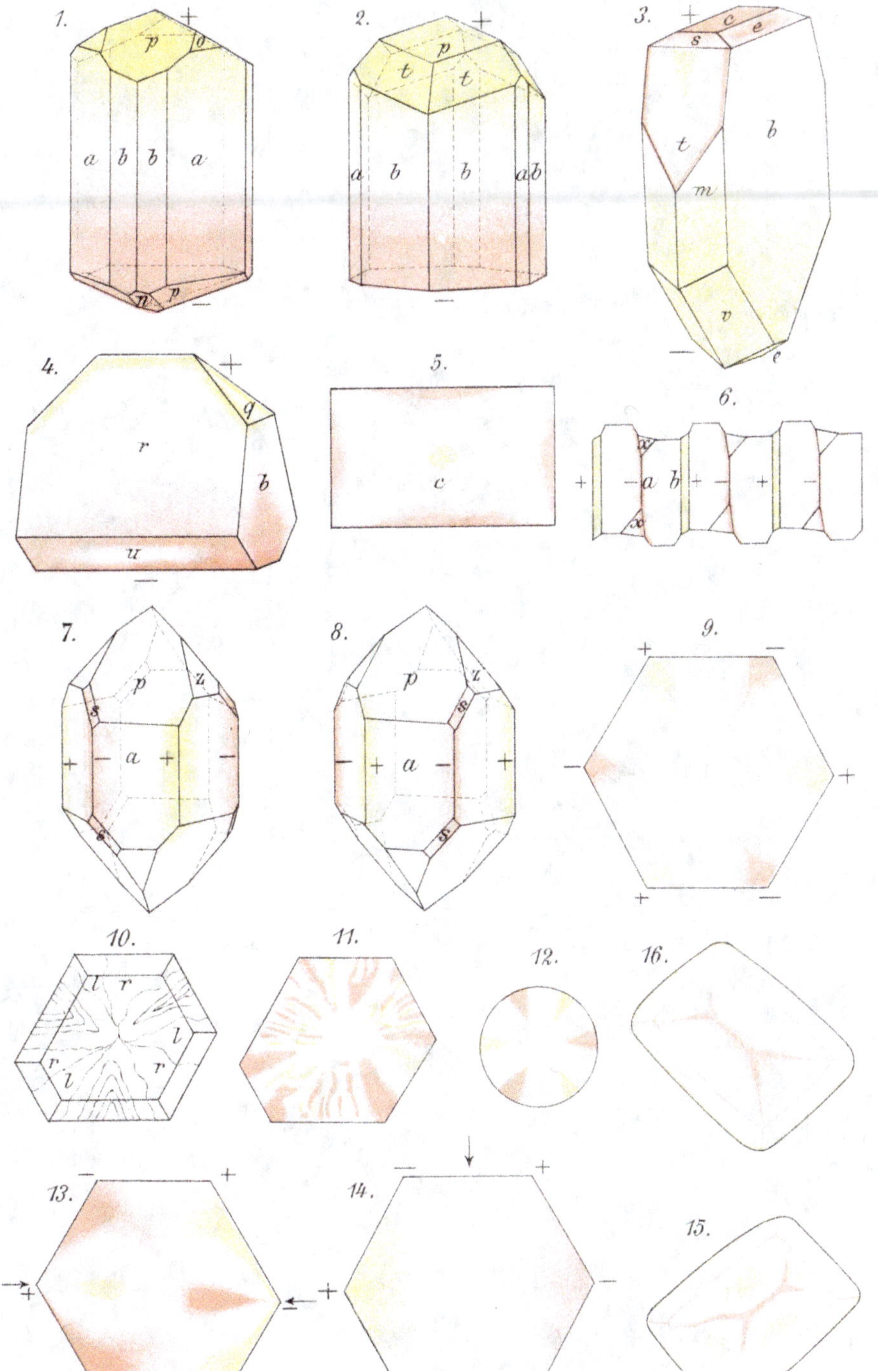

Verlag Veit & Comp. Leipzig.

Lith. Anst. v. E. A. Funke, Leipzig.

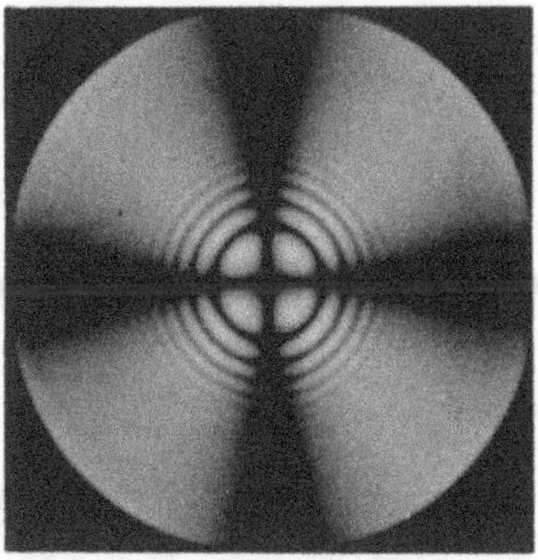

Fig. 1.

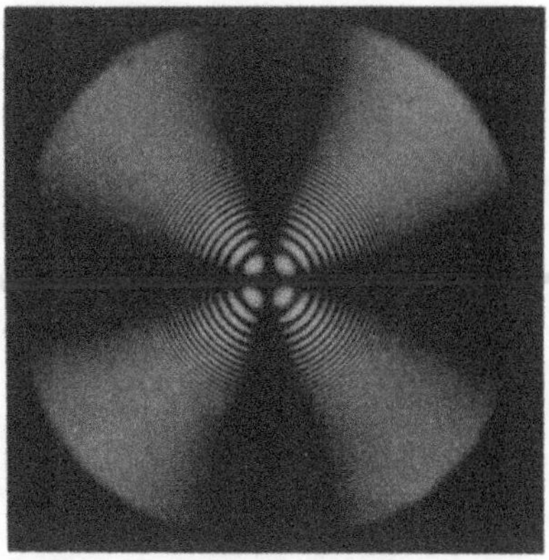

Fig. 2.

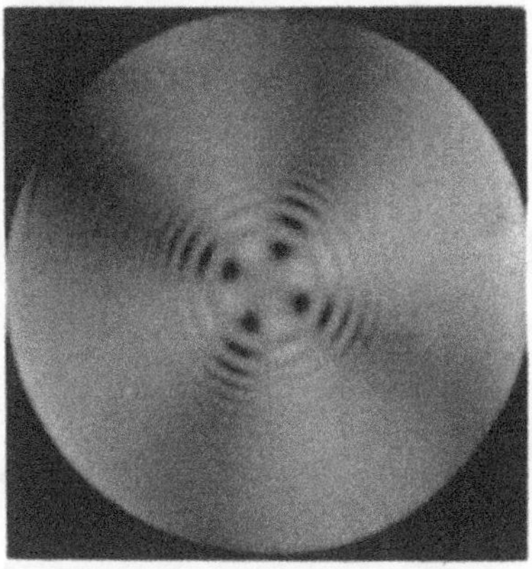

Fig. 3.

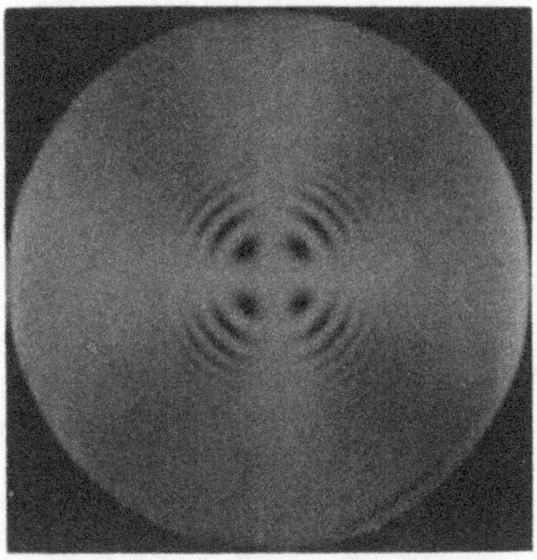

Fig. 4.

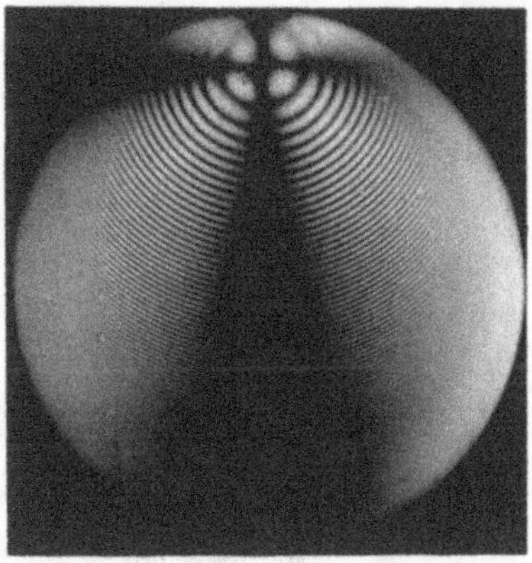

Fig. 5.

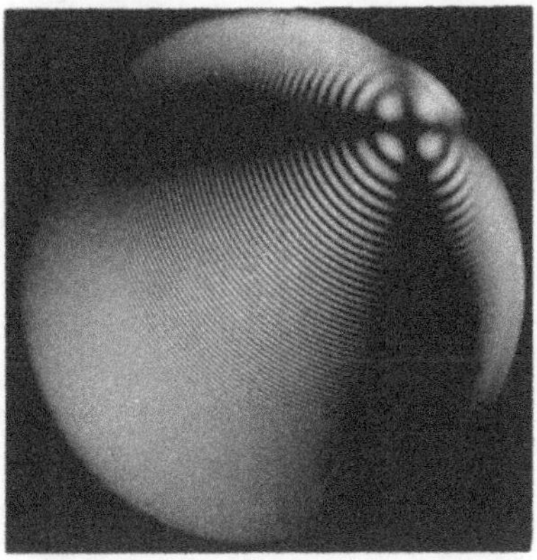

Fig. 6.

Th. Liebisch phot. Verlag Veit & Comp. Leipzig.

Fig. 1.

Fig. 2.

Fig. 3.

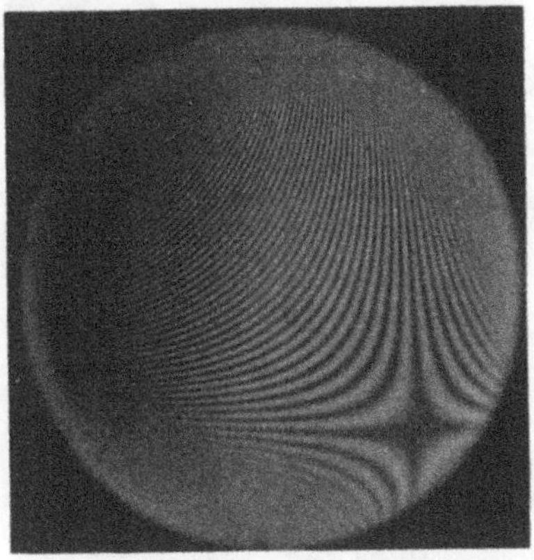

Fig. 4.

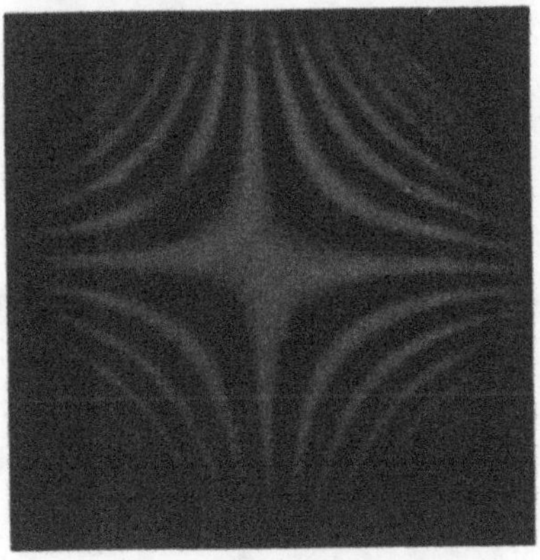

Fig. 5.

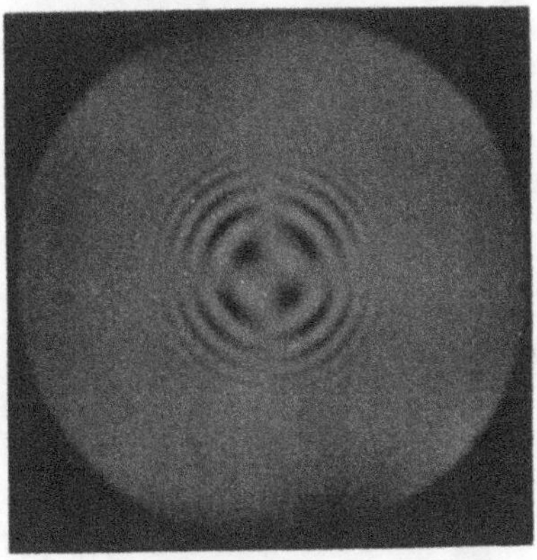

Fig. 6.

Th. Liebisch phot.

Verlag Veit & Comp. Leipzig.

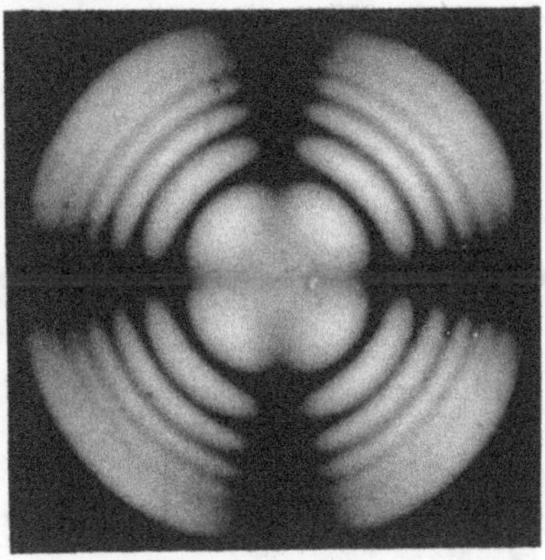

Fig. 1.

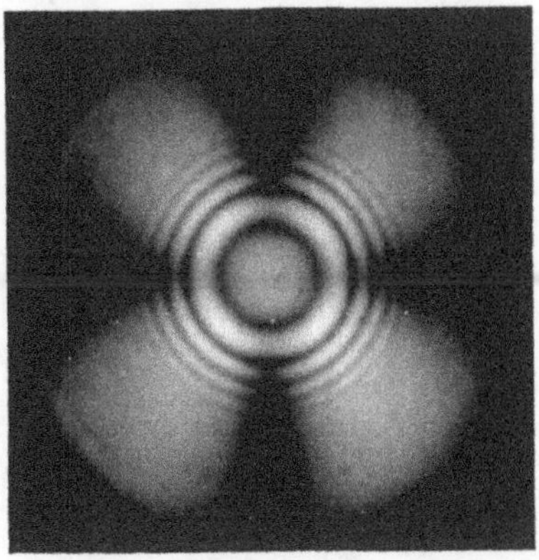

Fig. 2.

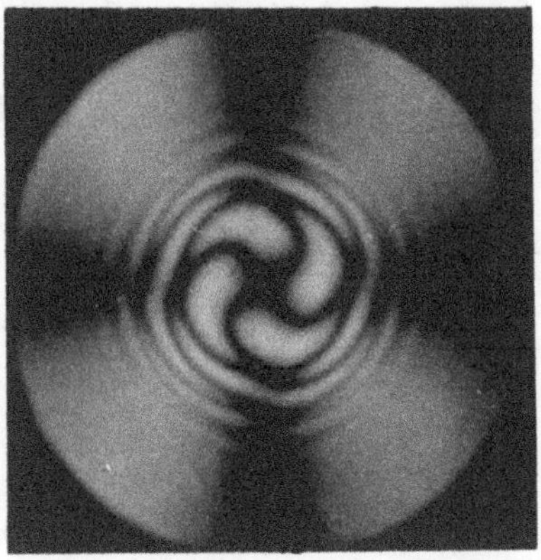

Fig. 3.

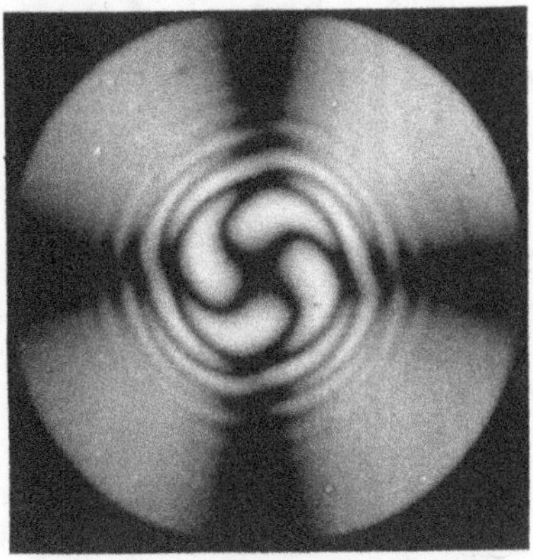

Fig. 4.

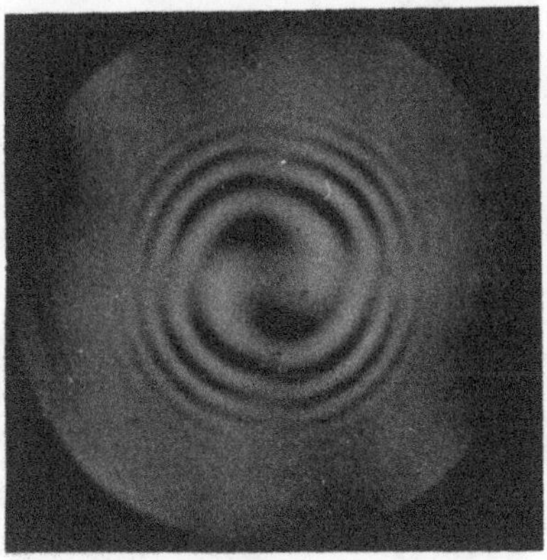

Fig. 5.

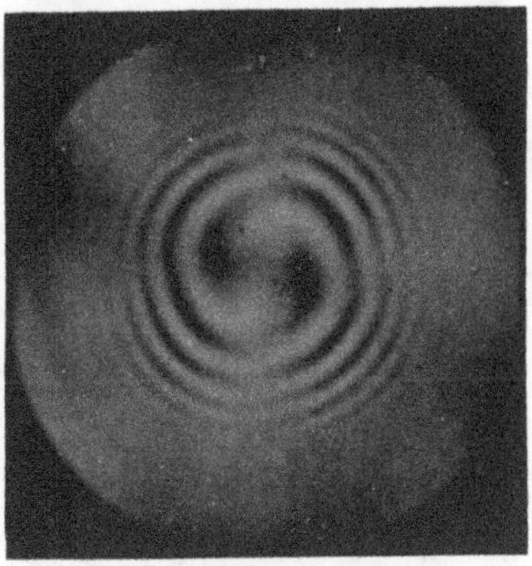

Fig. 6.

Th. Liebisch phot.

Verlag Veit & Comp. Leipzig.

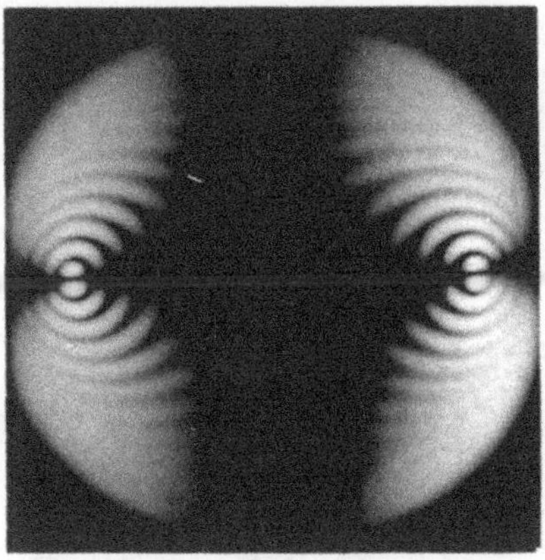

Fig. 1.

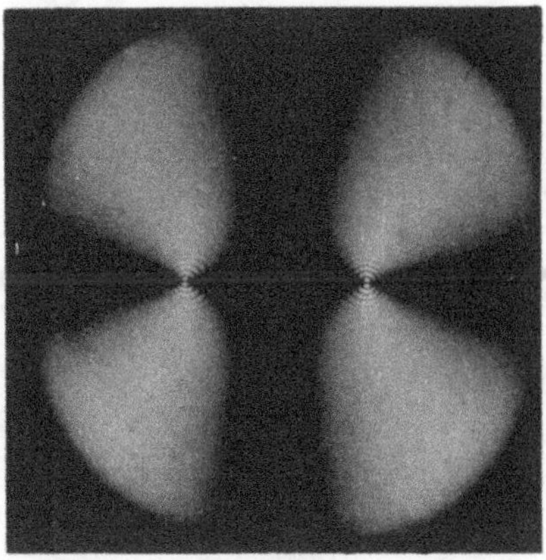

Fig. 2.

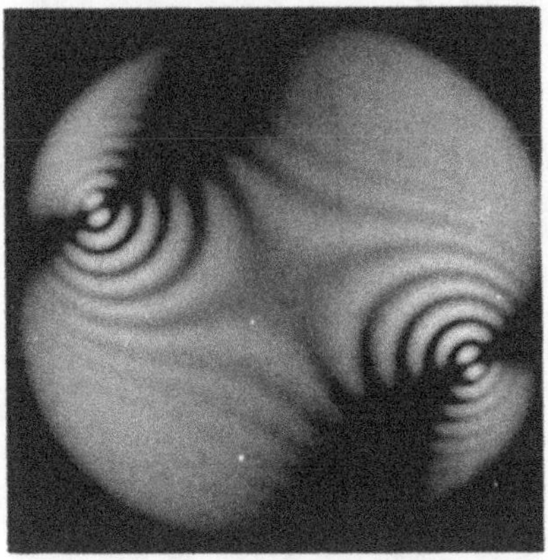

Fig. 3.

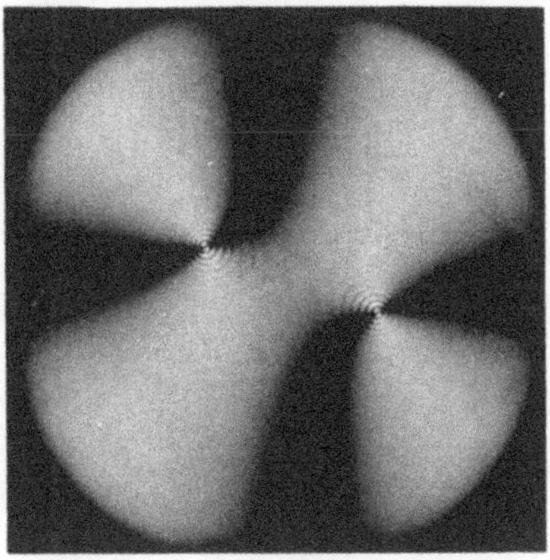

Fig. 4.

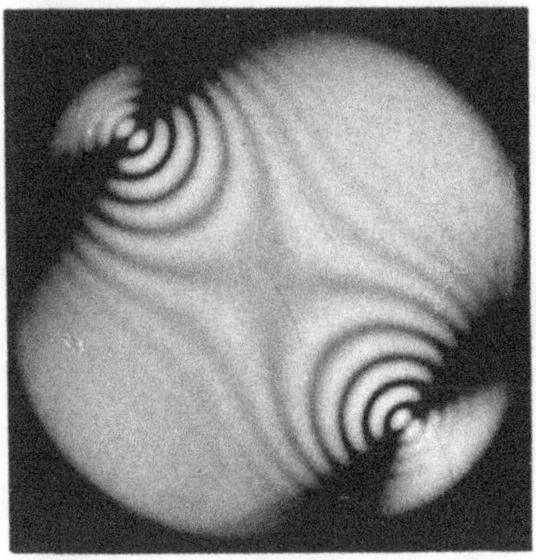

Fig. 5.

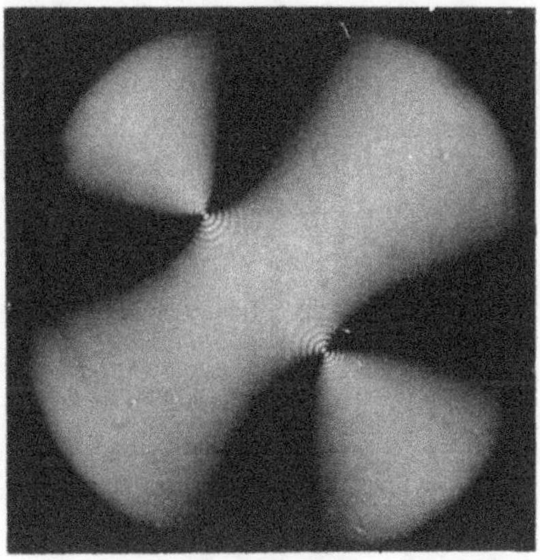

Fig. 6.

Th. Liebisch phot.

Verlag Veit & Comp. Leipzig.

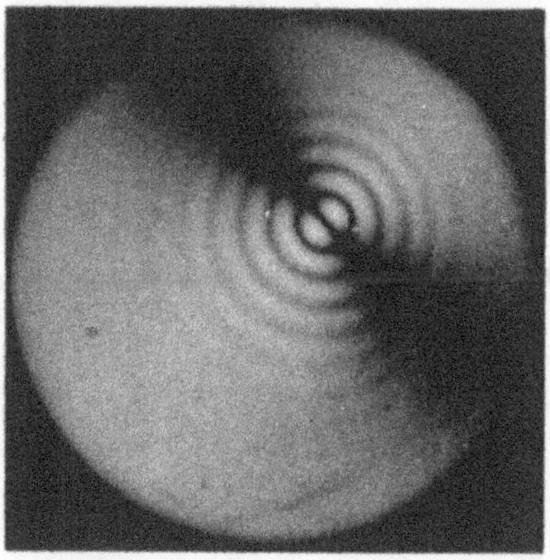

Fig. 1.

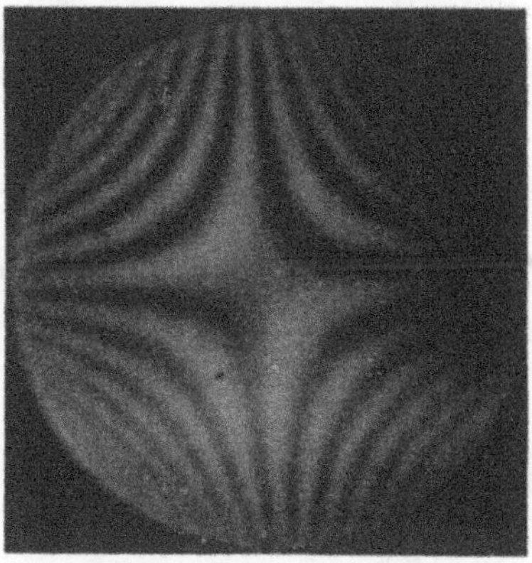

Fig. 2.

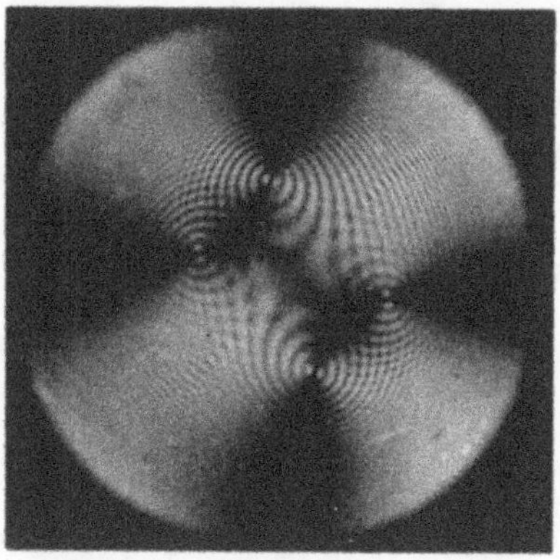

Fig. 3.

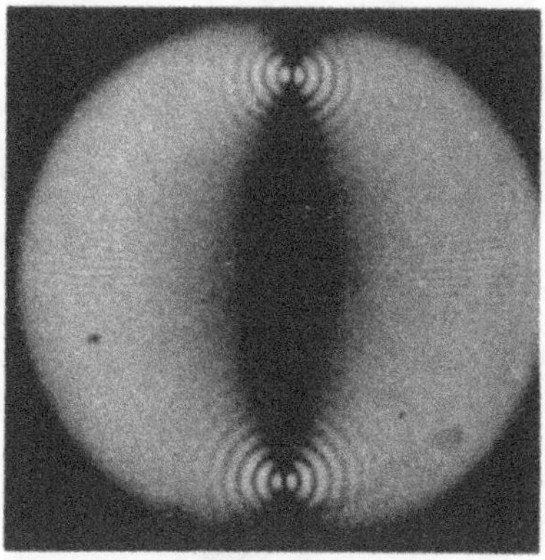

Fig. 4.

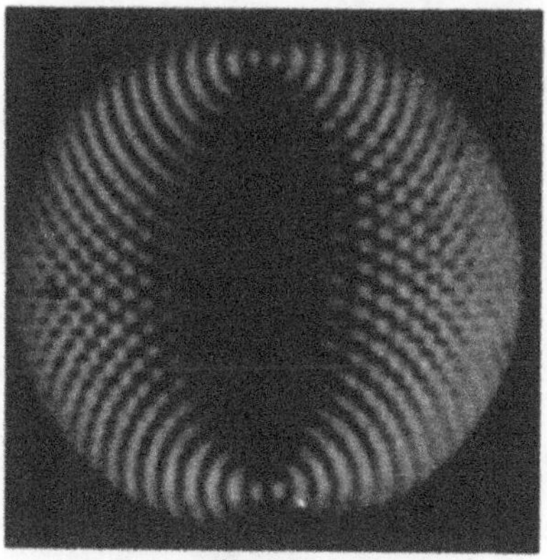

Fig. 5.

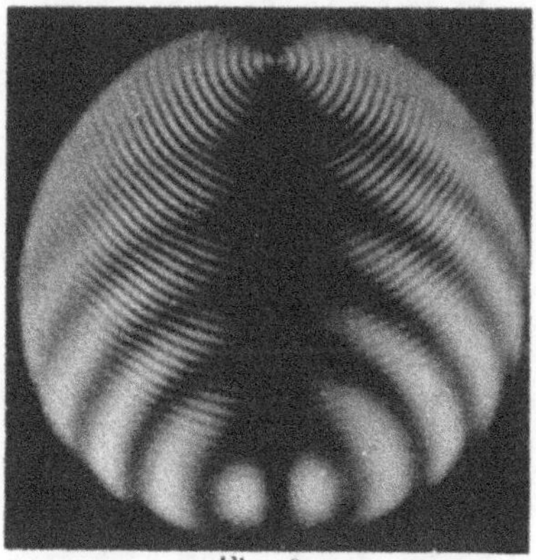

Fig. 6.

Th. Liebisch phot. Verlag Veit & Comp. Leipzig.

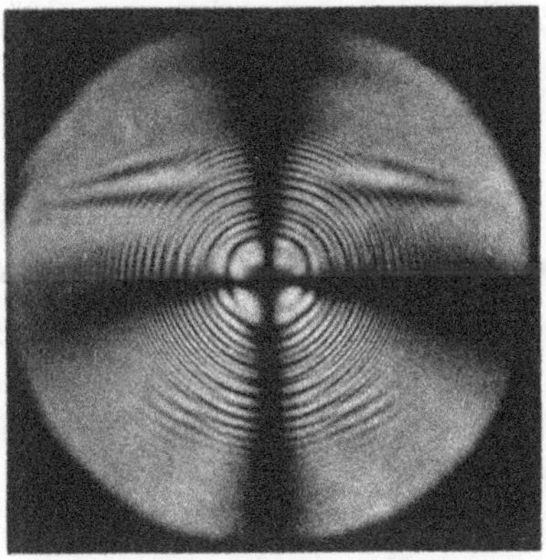

Fig. 1.

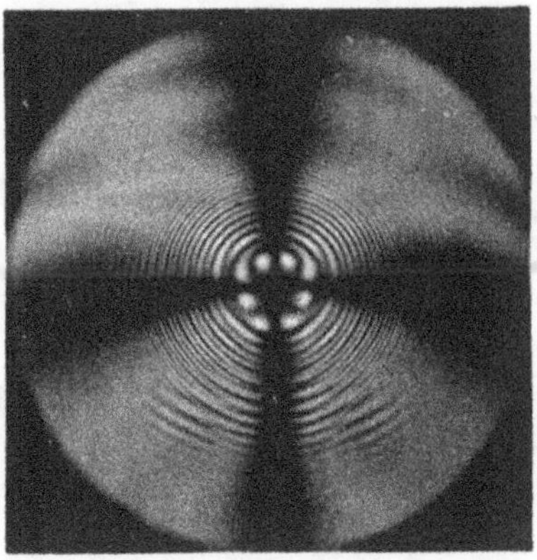

Fig. 2.

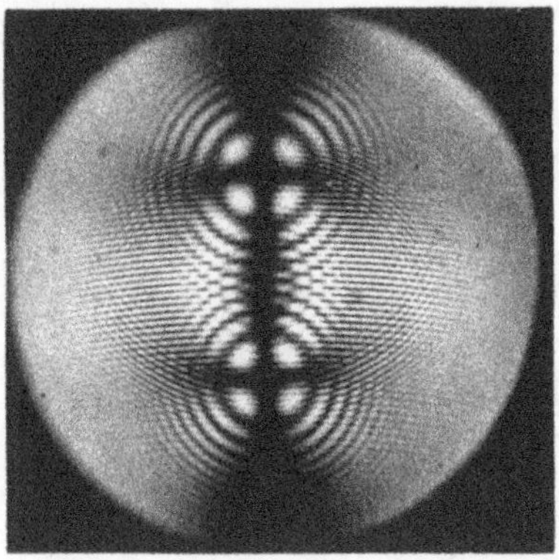

Fig. 3.

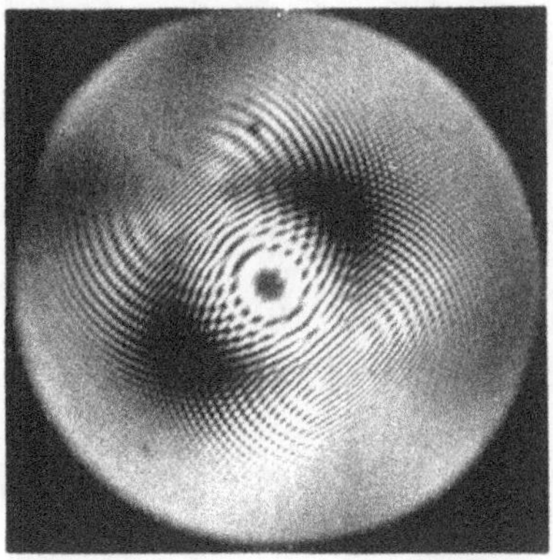

Fig. 4.

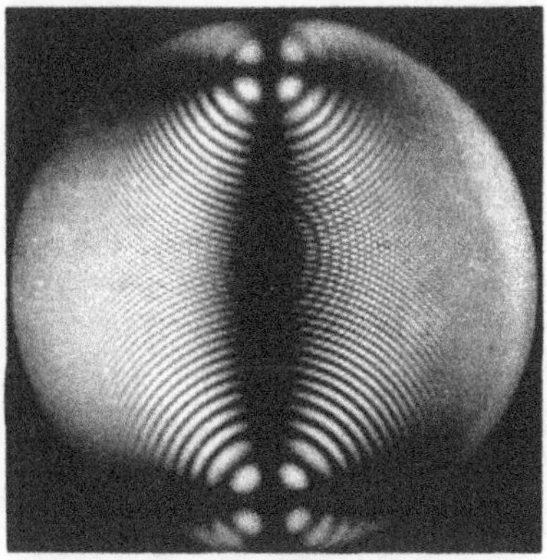

Fig. 5.

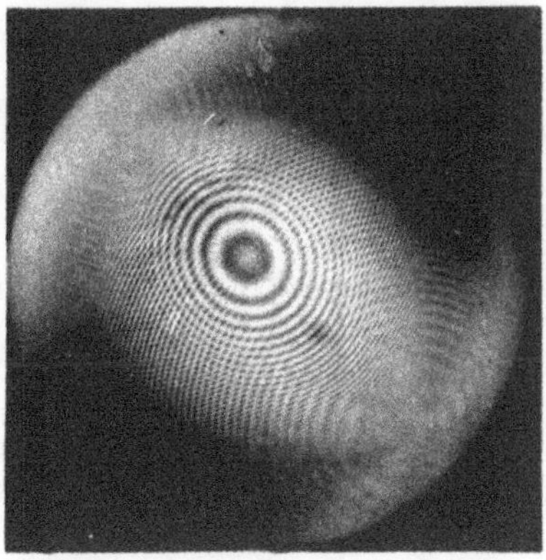

Fig. 6.

Th. Liebisch phot.

Verlag Veit & Comp. Leipzig.

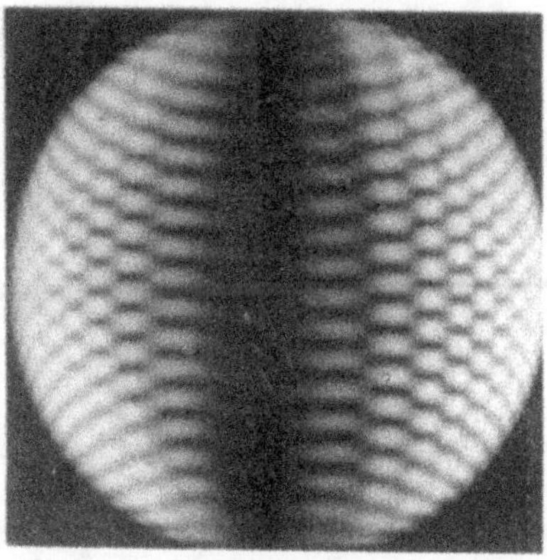

Fig. 1.

Fig. 2.

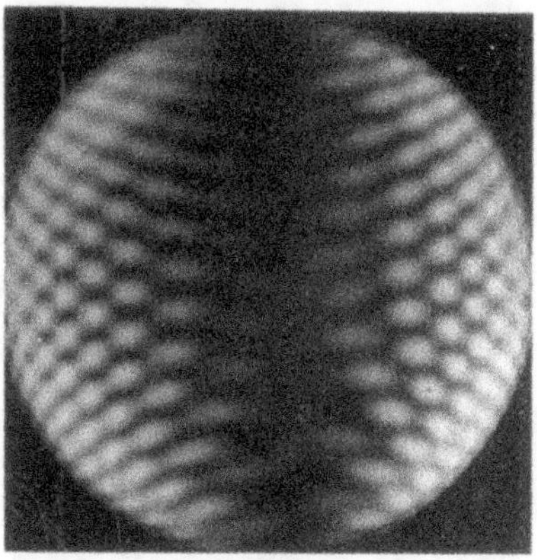

Fig. 3.

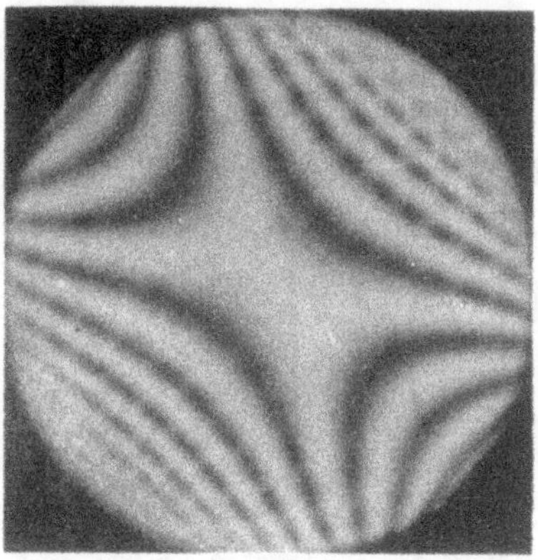

Fig. 4.

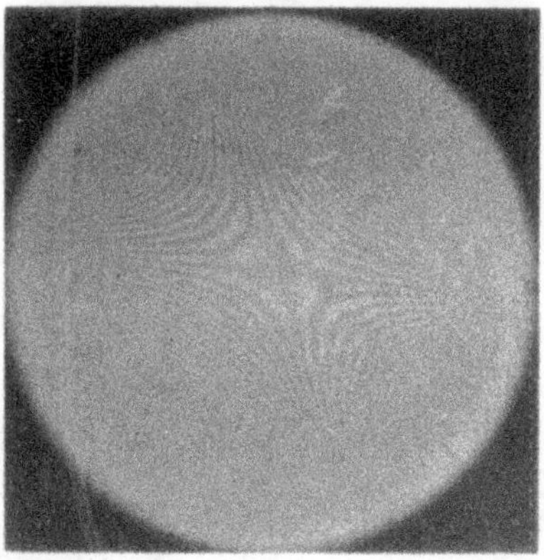

Fig. 5.

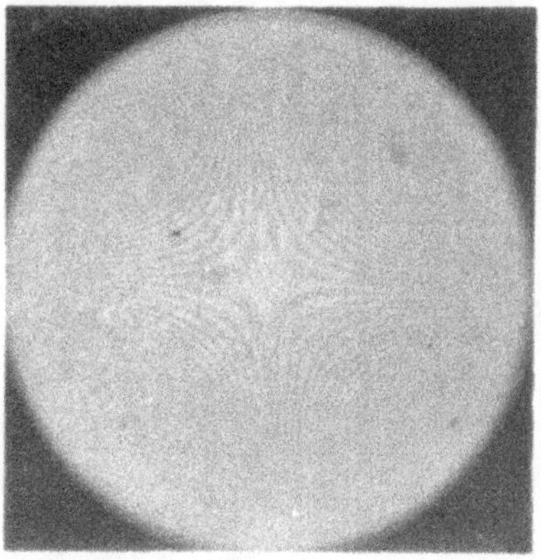

Fig. 6.

Th. Liebisch phot.

Verlag Veit & Comp. Leipzig.

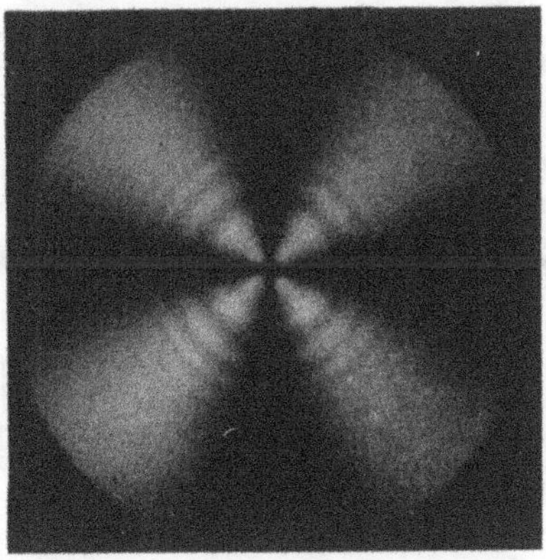

Fig. 1.

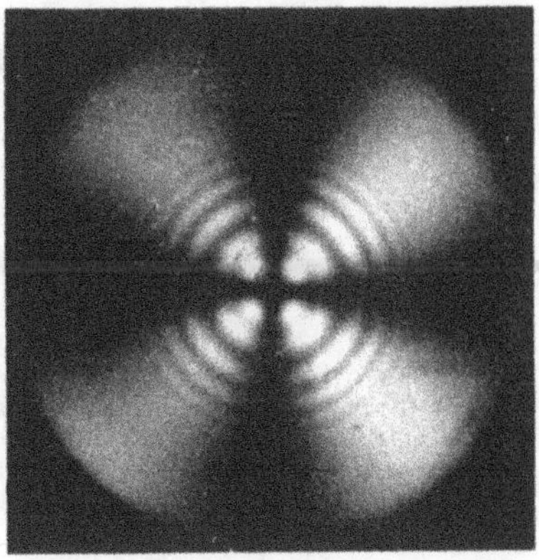

Fig. 2.

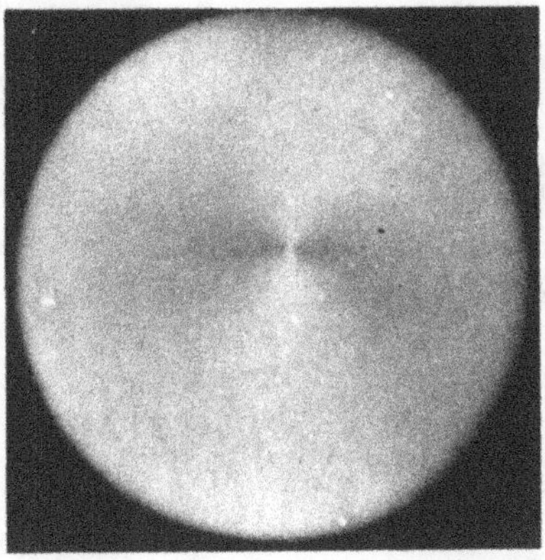

Fig. 3.

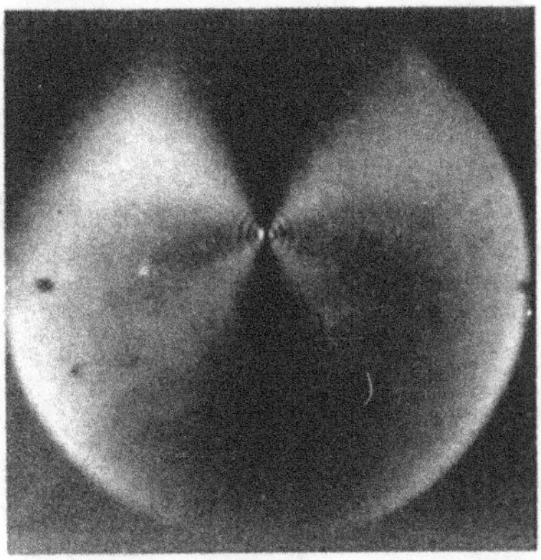

Fig. 4.

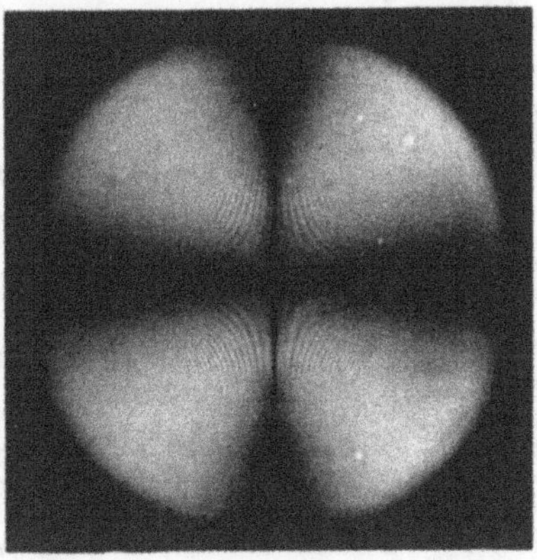

Fig. 5.

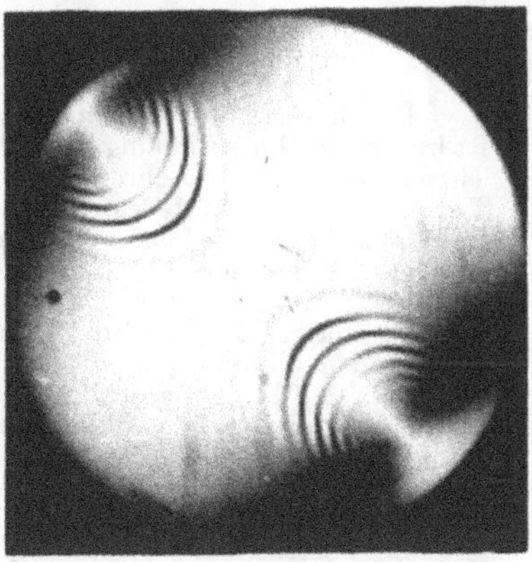

Fig. 6.

Th. Liebisch phot. Verlag Veit & Comp. Leipzig.

Druck von Metzger & Wittig in Leipzig.

www.ingramcontent.com/pod-product-compliance
Lightning Source LLC
LaVergne TN
LVHW010646300926
849161LV00005B/1046